2018
天津科技年鉴

天津市科学技术局主办
天津市科技史志编修办公室编

方志出版社
Publishing House of Local Records

图书在版编目（C I P）数据

天津科技年鉴. 2018 / 天津市科技史志编修办公室编. -- 北京 : 方志出版社，2018.12
ISBN 978-7-5144-3455-2

Ⅰ. ①天… Ⅱ. ①天… Ⅲ. ①科学研究事业—天津—2018—年鉴 Ⅳ. ①G322.721-54

中国版本图书馆CIP数据核字(2018)第272289号

天津科技年鉴（2018）

编　　者：天津市科技史志编修办公室
责任编辑：陈　效　张　昊
出 版 人：冀祥德
出 版 者：方志出版社
地址　北京市朝阳区潘家园东里9号(国家方志馆4层)
邮编　100021
网址　http://www.fzph.org
发　　行：方志出版社图书经销中心
电话（010）67110500
经　　销：各地新华书店
印　　刷：天津中铁物资印业有限公司
开　　本：889×1194　　1/16
印　　张：34
字　　数：928千字
版　　次：2018年12月第1版　　2018年12月第1次印刷
印　　数：0001～1000册
ISBN 978-7-5144-3455-2　　定价：300.00元

Tianjin science and technology yearbook

部分重大科技成果选介

天津大学等单位王天友等完成的“内燃机气流快速检测与评价技术及应用”项目，获 2017 年度国家技术发明二等奖。图为用于潍柴发动机生产线在线检测的气流试验台

天津大学等单位尧命发（图中）等完成的“新一代超低排放重型商用柴油机关键技术开发及产业化”项目，获 2017 年度国家科技进步二等奖。图为研究人员在试验室现场讨论和解决问题

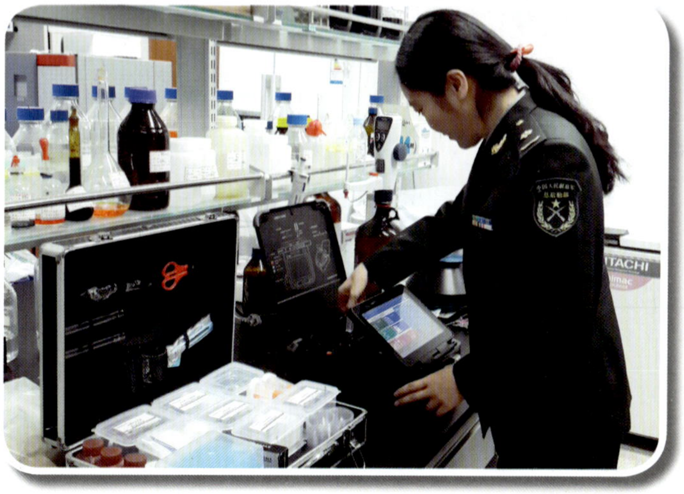

中国人民解放军军事医学科学院卫生学环境医学研究所等单位高志贤等完成的“食品和饮水安全快速检测、评估和控制技术创新及应用”项目，获 2017 年度国家科技进步二等奖。图为便携式食品安全检测仪在军队的应用

天津医科大学总医院和天津医科大学肿瘤医院薛凤霞等完成的“代谢综合征在子宫内膜癌发生发展中的作用及其机制和临床应用研究”，获 2017 年度天津市科技进步一等奖。图为薛凤霞现场教授试验原理

天津大学和海洋石油工程股份有限公司徐连勇等完成的“深海油气管道全寿命评估与焊接制造关键技术开发及应用”项目，获 2017 年度天津市科技进步一等奖。图为全尺寸管道大应变弯曲疲劳试验装置

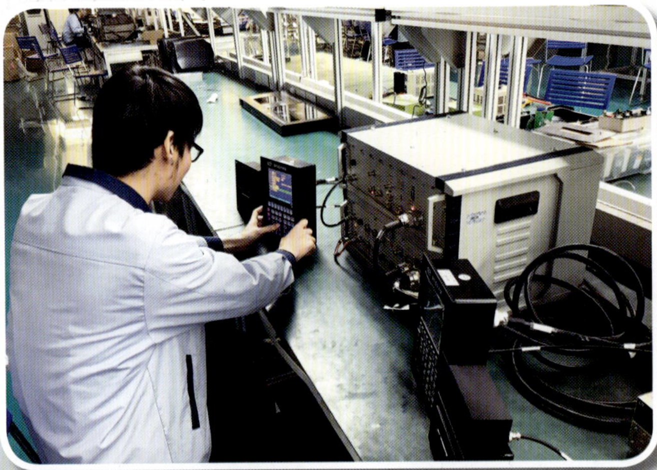

天津七一二通信广播股份有限公司董国军等完成的“机车综合无线通信设备（CIR）研发及产业化项目”，获 2017 年度天津市科技进步一等奖。图为项目研制现场

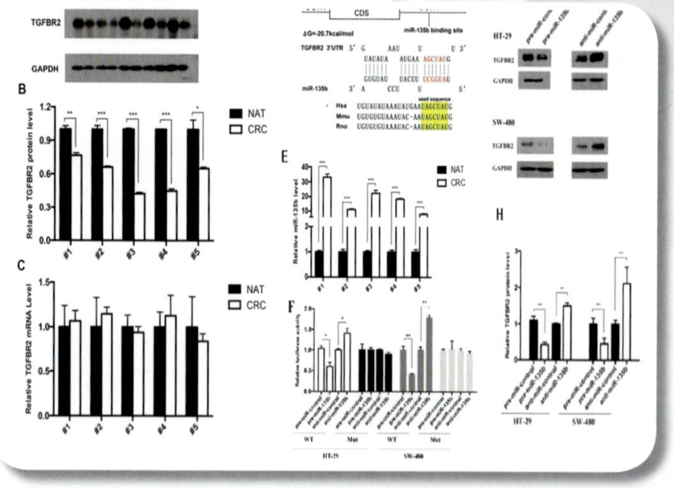

天津医科大学肿瘤医院和天津医科大学总医院巴一等完成的“胃肠肿瘤的个体化诊治”项目，获 2017 年度天津市科技进步一等奖。图为 TGFBR2 在结直肠癌中的表达与调控

天津大学前沿技术研究院等单位王继敏等完成的“特高坝枢纽泄洪消能运行安全监测控制技术”，获 2017 年度天津市科技进步一等奖。图为泄洪雾化测试设备安装现场

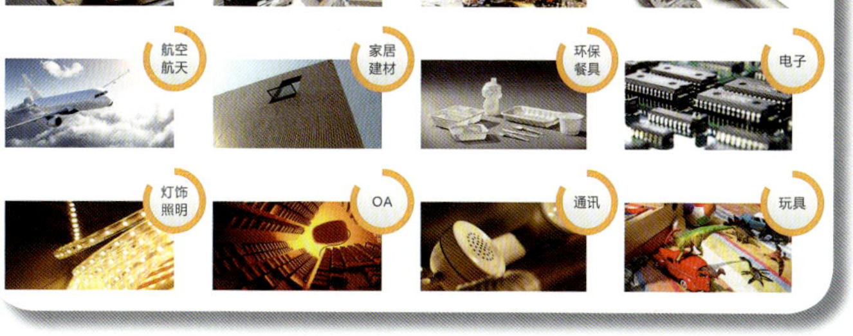

天津金发新材料有限公司陈国雄等承担的“高性能与多功能化改性高分子材料技术创新工程”，获 2017 年度天津市科技进步一等奖。图为该项目研制的产品

《天津科技年鉴》编辑委员会

《天津科技年鉴》编辑人员

编辑说明

一、编辑科技年鉴，坚持以马列主义、毛泽东思想、邓小平理论、“三个代表”重要思想、科学发展观、习近平新时代中国特色社会主义思想为指导，坚持辩证唯物主义和历史唯物主义方法，科学地分析研究天津科技进步的发展规律和特点，为开展自主创新提供参考依据。

二、每卷新版年鉴，力求全面反映上年度天津科技发展的新面貌、新变化，系统介绍从基础研究到高新技术的新进展、新成果，记载科技促进天津经济社会发展的主要成就和一年的科技大事、要事。有些重要科技事项记述的时限向前延伸，以保持天津科技资料的完整性。年鉴力求突出科技在天津经济社会发展中的第一生产力作用，体现科学发展、和谐发展、率先发展的要求。

三、年鉴采用分类编辑法，以类目为纲，类目下设分目，分目下设条目，以条目为主体。此外还设有“特载”“大事记”“附录”。记述使用规范的语体文，文中涉及的计量单位、数字等均按国家相关标准和规范使用。

四、为便于读者使用，年鉴卷首设目录，卷末附单位名称和人名索引。根据目录，读者可按学科、技术类别查找到相关条目。索引按汉语拼音音序排列，索引后的数字表示该内容所在的页码。

目 录

特 载

中央领导和天津市领导谈科技工作

重要科技活动

专 文

科技政策法规

基础研究与前沿技术研究

生命科学

材料科学

环境科学

高新技术及产业化

制造业科技

轻　工

农业科技

卫生健康科技

城建与交通科技

概　况

市政工程

公用事业

国土资源与房屋管理

水　务

电　力

港　口

航道与水运

轨道交通

现代服务业科技

检验检疫技术

公共安全

气　象

科技创新创业

科技队伍与人才

科技管理与服务

滨海新区科技

各区科技

2017年科技大事记

附　录

文件辑录

重要报道

2017年天津市科委领导成员及机构名录

2017年天津滨海新区科委、各区科委领导名单

索引

CONTENTS

Special Publications

Sci.&Tech. Policy and Regulation

Basic Science Research and Frontier Technology Research

High Technology and Industry

Sci.&Tech. Manufacturing Industry

Sci.&Tech. in Agriculture

Sci.&Tech. Health Undertaking

Sci.&Tech. in Urban Construction and Traffic

Sci.&Tech. Modern Service Industry

Sci.&Tech. Innovation and Entrepreneurship

Sci.&Tech. Team and Professionals

Sci.&Tech. Administration and Service

Sci.&Tech. in Tianjin Binhai New Area

Sci.&Tech. in Districts

Chronicle of Sci.&Tech. Events

Appendix

Index

特　载

中央领导和天津市领导谈科技工作

中共中央总书记习近平在中国共产党第十九次全国代表大会上的报告(摘要)
(2017年10月18日)

中国共产党第十九次全国代表大会，是在全面建成小康社会决胜阶段、中国特色社会主义进入新时代的关键时期召开的一次十分重要的大会。

大会的主题是：不忘初心，牢记使命，高举中国特色社会主义伟大旗帜，决胜全面建成小康社会，夺取新时代中国特色社会主义伟大胜利，为实现中华民族伟大复兴的中国梦不懈奋斗。

不忘初心，方得始终。中国共产党人的初心和使命，就是为中国人民谋幸福，为中华民族谋复兴。这个初心和使命是激励中国共产党人不断前进的根本动力。全党同志一定要永远与人民同呼吸、共命运、心连心，永远把人民对美好生活的向往作为奋斗目标，以永不懈怠的精神状态和一往无前的奋斗姿态，继续朝着实现中华民族伟大复兴的宏伟目标奋勇前进。

实现“两个一百年”奋斗目标、实现中华民族伟大复兴的中国梦，不断提高人民生活水平，必须坚定不移把发展作为党执政兴国的第一要务，坚持解放和发展社会生产力，坚持社会主义市场经济改革方向，推动经济持续健康发展。

我国经济已由高速增长阶段转向高质量发展阶段，正处在转变发展方式、优化经济结构、转换增长动力的攻关期，建设现代化经济体系是跨越关口的迫切要求和我国发展的战略目标。必须坚持质量第一、效益优先，以供给侧结构性改革为主线，推动经济发展质量变革、效率变革、动力变革，提高全要素生产率，着力加快建设实体经济、科技创新、现代金融、人力资源协同发展的产业体系，着力构建市场机制有效、微观主体有活力、宏观调控有度的经济体制，不断增强我国经济创新力和竞争力。

（一）深化供给侧结构性改革。建设现代化经济体系，必须把发展经济的着力点放在实体经济上，把提高供给体系质量作为主攻方向，显著增强我国经济质量优势。加快建设制造强国，加快发展先进制造业，推动互联网、大数据、人工智能和实体经济深度融合，在中高端消费、创新引领、绿色低碳、共享经济、现代供应链、人力资本服务等领域培育新增长点、形成新动能。支持传统产业优化升级，加快发展现代服务业，瞄准国际标准提高水平。促进我国产业迈向全球价值链中高端，培育若干世界级先进制造业集群。加强水利、铁路、公路、水运、航空、管道、电网、信息、物流等基础设施网络建设。坚持去产能、去库存、去杠杆、降成本、补短板，优化存量资源配置，扩大优质增量供给，实现供需动态平衡。激发和保护企业家精神，鼓励更多社会主体投身创新创业。建设知识型、技能型、创新型劳动者大军，弘扬劳模精神和工匠精神，营造劳动光荣的社会风尚和精益求精的敬业风气。

（二）加快建设创新型国家。创新是引领发展的第一动力，是建设现代化经济体系的战略支撑。要瞄准世界科技前沿，强化基础研究，实现前瞻性基础研究、引领性原创成果重大突破。加强应用基础研究，拓展实施国家重大科技项目，突出关键共性技术、前沿引领技术、现代工程技术、颠覆性技术创新，为建设科技强国、质量强国、航天强国、网络强国、交通强国、数字中国、智慧社会提供有力支撑。加强国家创新体系建设，强化战略科技力量。深化科技体制改革，建立以企业为主体、市场为导向、产学研深度融合的技术创新体系，加强对中小企业创新的支持，促进科技成果转化。倡导创新文化，强化知识产权创造、保护、运用。培养造就一大批具有国际水平的战略科技人才、科技领军人才、青年科技人才和高水平创新团队。

（三）实施乡村振兴战略。农业农村农民问题是关系国计民生的根本性问题，必须始终把解决好“三农”问题作为全党工作重中之重。要坚持农业农村优先发展，按照产业兴旺、生态宜居、乡风文明、治理有效、生活富裕的总要求，建立健全城乡融合发展体制机制和政策体系，加快推进农业农村现代化。巩固和完善农村基本经营制度，深化农村土地制度改革，完善承包地“三权”分置制度。保持土地承包关系稳定并长久不变，第二轮土地承包到期后再延长三十年。深化农村集体产权制度改革，保障农民财产权益，壮大集体经济。确保国家粮食安全，把中国人的饭碗牢牢端在自己手中。构建现代农业产业体系、生产体系、经营体系，完善农业支持保护制度，发展多种形式适度规模经营，培育新型农业经营主体，健全农业社会化服务体系，实现小农户和现代农业发展有机衔接。促进农村一二三产业融合发展，支持和鼓励农民就业创业，拓宽增收渠道。加强农村基层基础工作，健全自治、法治、德治相结合的乡村治理体系。培养造就一支懂农业、爱农村、爱农民的“三农”工作队伍。

（四）实施区域协调发展战略。加大力度支持革命老区、民族地区、边疆地区、贫困地区加快发展，强化举措推进西部大开发形成新格局，深化改革加快东北等老工业基地振兴，发挥优势推动中部地区崛起，创新引领率先实现东部地区优化发展，建立更加有效的区域协调发展新机制。以城市群为主体构建大中小城市和小城镇协调发展的城镇格局，加快农业转移人口市民化。以疏解北京非首都功能为“牛鼻子”推动京津冀协同发展，高起点规划、高标准建设雄安新区。以共抓大保护、不搞大开发为导向推动长江经济带发展。支持资源型地区经济转型发展。加快边疆发展，确保边疆巩固、边境安全。坚持陆海统筹，加快建设海洋强国。

（五）加快完善社会主义市场经济体制。经济体制改革必须以完善产权制度和要素市场化配置为重点，实现产权有效激励、要素自由流动、价格反应灵活、竞争公平有序、企业优胜劣汰。要完善各类国有资产管理体制，改革国有资本授权经营体制，加快国有经济布局优化、结构调整、战略性重组，促进国有资产保值增值，推动国有资本做强做优做大，有效防止国有资产流失。深化国有企业改革，发展混合所有制经济，培育具有全球竞争力的世界一流企业。全面实施市场准入负面清单制度，清理废除妨碍统一市场和公平竞争的各种规定和做法，支持民营企业发展，激发各类市场主体活力。深化商事制度改革，打破行政性垄断，防止市场垄断，加快要素价格市场化改革，放宽服务业准入限制，完善市场监管体制。创新和完善宏观调控，发挥国家发展规划的战略导向作用，健全财政、货币、产业、区域等经济政策协调机制。完善促进消费的体制机制，增强消费对经济发展的基础性作用。深化投融资体制改革，发挥投资对优化供给结构的关键性作用。加快建立现代财政制度，建立权责清晰、财力协调、区域均衡的中央和地方财政关系。建立全面规范透明、标准科学、约束有力的预算制度，全面实施绩效管理。深化税收制度改革，健全地方税体系。深化金融体制改革，增强金融服务实体经济能力，提高直接融资比重，促进多层次资本市场健康发展。健全货币政策和宏观审慎政策双支柱调控框架，深化利率和汇率市场化改革。健全金融监管体系，守住不发生系统性金融风险的底线。

（六）推动形成全面开放新格局。开放带来进步，封闭必然落后。中国开放的大门不会关闭，只会越开越大。要以“一带一路”建设为重点，坚持引进来和走出去并重，遵循共商共建共享原则，加强创新能力开放合作，形成陆海内外联动、东西双向互济的开放格局。拓展对外贸易，培育贸易新业态新模式，推进贸易强国建设。实行高水平的贸易和投资自由化便利化政策，全面实行准入前国民待遇加负面清单管理制度，大幅度放宽市场准入，扩大服务业对外开放，保护外商投资合法权益。凡是在我国境内注册的企业，都要一视同仁、平等对待。优化区域开放布局，加大西部开放力度。赋予自由贸易试验区更大改革自主权，探索建设自由贸易港。创新对外投资方式，促进国际产能合作，形成面向全球的贸易、投融资、生产、服务网络，加快培育国际经济合作和竞争新优势。

同志们！解放和发展社会生产力，是社会主义的本质要求。我们要激发全社会创造力和发展活力，努力实现更高质量、更有效率、更加公平、更可持续的发展！

中共中央政治局常委、国务院总理李克强在国家科学技术奖励大会上的讲话（2017年1月9日）

同志们，朋友们：

今天，我们隆重召开国家科学技术奖励大会，表彰为我国科技事业和现代化建设作出突出贡献的科技工作者。刚才，习近平总书记等党和国家领导同志，向获得国家最高科学技术奖的赵忠贤院士、屠呦呦研究员和其他获奖代表颁了奖。在此，我代表党中央、国务院，向全体获奖人员表示热烈祝贺！向全国广大科技工作者致以崇高敬意和诚挚问候！向参与和支持中国科技事业的外国专家表示衷心感谢！

刚刚过去的一年，面对复杂严峻的国内外环境，在以习近平同志为核心的党中央坚强领导下，我国经济社会发展取得了显著成就，科技战线大事喜事多、创新成果多。党中央、国务院召开全国科技创新大会，明确提出要建设世界科技强国。创新驱动发展战略深入实施，《国家创新驱动发展战略纲要》颁布施行，面向2030年的科技创新重大项目部署启动，科技体制改革和管理方式创新加快推进，以增加知识价值为导向的分配政策制定实施，有效调动了广大科技人员的积极性。一批具有标志性意义的重大科技成果涌现，不少达到国际先进水平。神舟十一号载人飞船与天宫二号空间试验室成功交会对接，航天员实现中期驻留，世界最大单口径射电望远镜建成使用，世界首颗量子科学实验卫星“墨子号”发射升空，使用中国自主研发芯片的超级计算机“神威·太湖之光”再次刷新世界纪录。科技创新成果加速转化，大众创业、万众创新蓬勃兴起，创新作为引领发展的第一动力作用更加显现。中国创新令世界瞩目、让人民自豪。中华大地在创新中展现出勃勃生机与活力。

当前，世界新一轮科技革命和产业变革孕育兴起，抢占未来制高点的国际竞争日趋激烈。我国经济结构深度调整、新旧动能接续转换，已到了只有依靠创新驱动才能持续发展的新阶段，比以往任何时候都更加需要强大的科技创新力量。必须认真学习贯彻习近平总书记系列重要讲话精神，把创新摆在国家发展全局的核心位置，以新发展理念为引领，以供给侧结构性改革为主线，深入实施创新驱动发展战略，加快培育壮大新动能、改造提升传统动能，推动经济保持中高速增长、迈向中高端水平。

我们要全面提高科技创新能力，筑牢国家核心竞争力的基石。瞄准世界科技前沿，紧扣经济社会需求，在战略必争领域前瞻部署、超前研究，推进国家科技重大项目、重大工程和重大基础设施建设，夯实科技创新的基础支撑。要大力加强基础研究和原始创新，充分发挥科研院所和高校的主力军作用，建立长期稳定的支持机制，鼓励从事基础研究和原始创新的科研人员潜心研究，可以十年不鸣，争取一鸣惊人。要建立以企业为主体、以市场为导向的技术创新机制，引导社会各方面力量投入创新领域。推动开放式科技创新，深化国际科技合作，利用互联网等新平台新模式，加强产学研协同，集聚优化创新要素，提高科技创新和成果转化效率。

我们要深化科技体制改革，充分调动科技人员积极性。人才是科技创新最关键的因素。必须充分尊重科技人才，保障科技人才权益，最大限度激发科技人才的创造活力。要深入推进科技领域简政放权、放管结合、优化服务改革，推行科研管理清单制度，实施更加方便简约有效的规则，赋予科研院所和高校更大的科研自主权，赋予创新领军人才更大的人财物支配权。要加大成果处置、收益分配、股权激励、人才流动、兼职兼薪等政策落实力度，使创新者得到应有荣誉和回报，增强科技人员的持久创造动力。

我们要推动大众创业、万众创新，着力激发全社会创新潜能。人民群众是历史的创造者，也是推动创新的根本力量。我们有1.7亿多受过高等教育或拥有专业技能的人才，蕴藏着巨大的创新潜能，这是我国发展用之不竭的最大“富矿”。要不拘一格用好各方面创新人才，集众智、汇众力，提高社会创新效率。既要支持专业人才在创新上不断突破，也要激发普通民众的创造潜力；既要支持本土人才勇攀高峰，也要吸引海归人才、外国人才来华创业创新。我们要以海纳百川、求贤若渴的气度，为各类创新人才施展才华提供更大空间、更广阔的舞台。

我们要全面提高创新供给能力，推动科技创新成果向各行业各领域覆盖融合，加快新旧动能转换。新动能既来自新兴产业成长，也来自于传统产业的改造提升。在科技创新的推动下，我国新兴产业快速成长，数字经济、分享经济、平台经济等新业态方兴未艾，对这些产业要审慎监管，使之健康发展。同时，要促进新技术、新业态、新模式加快与一二三产业融合发展，推动实体经济升级，使传统产业焕发新的生机与活力。要实施普惠性创新政策，落实和完善研发费用加计扣除、固定资产加速折旧等措施，支持企业与高校、科研院所、创客合作建立协同创新平台，推广“小核心、大协作”的“双创”模式，促进源头创新、成果转化、市场开发齐头并进，重点围绕提升产业竞争力、满足多层次消费需求和助力破解医疗、环保等领域民生难题，大力研发新品、多出优品、打造精品，着力提升“中国制造”的品质和“中国创造”的影响力。

我们要加强知识产权保护，打造良好创新生态环境。保护知识产权就是保护和激励创新。要开展知识产权综合管理改革试点，构建知识产权创造、保护、运用体系，严厉打击侵权假冒行为，使创新者的合法权益得到切实有力的保护，使知识产权更多转化为现实生产力。要努力营造支持创新、追求卓越的社会氛围，让尊重劳动、尊重知识、尊重人才、尊重创造蔚然成风，让人人皆可创新、处处是创新之地，促进科学创新精神与企业家精神、工匠精神相结合，形成推动创新发展的强大动力。

同志们，朋友们，科技改变世界，创新决定未来。让我们更加紧密地团结在以习近平同志为核心的党中央周围，倍加珍惜荣誉，切实担当使命，奋力创造辉煌，推动科技事业更好更快发展，以优异成绩迎接党的十九大胜利召开，为实现“两个一百年”奋斗目标和中华民族伟大复兴的中国梦、建设富强民主文明和谐的社会主义现代化国家，作出新的更大贡献。

重要科技活动

天津市召开科技和知识产权工作会议

2017年1月25日，天津市召开2017年科技和知识产权工作会议，全面总结2016年科技和知识产权工作，安排部署2017年重点工作。天津市委常委、市委教育工委书记陈浙闽出席会议，副市长何树山出席会议并讲话。各区政府负责同志递交2017年科技型企业发展行动计划目标责任书。会议指出，2016年全市科技和知识产权工作取得显著成绩，新增科技型企业1.5万家、小巨人企业450家、国家级高新技术企业957家，众创空间总量达到139家，有效专利数量达到12.48万件，自主创新示范区等创新平台建设加快推进，科技创新能力进一步提高，实现了“十三五”良好开局。会议要求，2017年，科技和知识产权系统要深入贯彻习近平总书记系列重要讲话精神和视察天津提出的“三个着力”重要要求，认真落实市委、市政府决策部署，全面实施创新驱动发展战略，突出科技型企业培育发展、国家自主创新示范区建设、京津冀协同创新三个重点任务，抓好高水平创新平台构建、科技创新供给质量水平提升、科技成果转移转化三项关键工作，提升科技创新为供给侧结构性改革服务、金融与科技创新融合发展、知识产权创造，运用三个水平，进一步加强和改善党对科技工作的领导，推动全面从严治党向纵深发展，不断开创全市科技和知识产权工作的新局面。

天津市召开2016年度科技奖励大会

2017年3月28日，天津市召开2016年度科学技术奖励大会，天津共有189个项目获奖。其中，一等奖23项、二等奖57项、三等奖109项，涵盖自然科学奖、技术发明奖和科技进步奖。2016年度天津获奖项目总体质量显著提高，反映出天津在科学技术方面的创新能力明显提升，产学研结合更加紧密。按照国家奖励办“减少数量、提高质量、优化结构、严格程序”的要求，2016年度天津一等奖总数适当减少。在此前提下，2016年度天津自然科学奖和技术发明奖获一等奖数量占总数30.4%，彰显天津原始创新能力显著提升。同时，天津45岁以下青年科技工作者占获奖总人数的49.7%，较去年提高了1.7个百分点，凸显出天津科技人才培养取得的显著成绩。2016年度天津科技型企业获奖项目数显著提升，产学研结合更加紧密。2016年度获奖项目中共有124项为企业第一完成单位或产学研结合的项目，占获奖总数的65.6%，为天津科技型企业发展提供了强劲动力。

2017中国·天津投资贸易洽谈会暨PECC国际贸易投资博览会

2017中国·天津投资贸易洽谈会暨PECC国际贸易投资博览会于5月12日在天津梅江会展中心隆重开幕。天津市科委组织21家高新技术企业参展。该次“津洽会”，市科委紧紧围绕“加快科技成果转化，助力科技型企业发展”主题，以声光电等形式，突出宣传天津市企业在自主研发、产学研合作、引进落地等三个方面的先进科技成果，精心组织21家高新技术企业参展。参展企业涉及智能制造、环保、新型材料、电子信息、新能源等5大领域，包括集研发、生产、销售北斗定位、通信产品、模拟仿真技术产品于一体的启联（天津）科技股份有限公司；专业从事海洋技术产品研发设计生产和应用服务的天津海之星水下机器人有限公司；实现将石墨烯技术广泛应用于新能源汽车、轨道交通、智能电网、微电网、军工、工程机械等领域的天津普兰能源科技有限公司；以PTFE自组装滤料涂层技术研究为重点的清华大学天津高端装备等一批优秀亮点项目。开幕式当天，天津市副市长赵海山视察了天津科技展团，对参展项目的创新性、科技含量，以及对项目的筛选组织工作给予充分的肯定。

第十一届中国企业国际融资洽谈会

2017年6月5～6日，第十一届中国企业国际融资洽谈会——科技国际融资洽谈会在天津举办。会议由天津市人民政府、科技部、全国工商联、美国企业成长协会共同主办。融洽会科技板块突出科技金融这一主题，体现新常态、抢抓新机遇，支持科技创新创业和新兴产业发展，建立多元化、多层次、多渠道的科技投融资体系，搭建国际化、专业化、立体化的融资平台，举办引导基金论坛、融资项目路演对接、创新企业展览展示、科技金融开放服务日等一系列活动。科技部以及全国各省（直辖市）科技部门、科技企业、金融机构踊跃报名参会，共有30多个省（直辖市）、近200名代表参会。由科技部主办、火炬中心及天津市科委承办的以“机遇·共享·创新·使命”为主题的科技创新投资引导基金论坛于2017年6月5日举办。来自科技部、各省（直辖市）科技管理部门、创业投资机构、天使投资人、科研院所、科技企业代表200余人出席科技金融论坛。科技板块融资路演对接活动于2017年6月5日举办，参加路演对接的企业共11家，涉及了先进制造、生物医药、新能源等多个领域，融资需求为3.43亿元。活动中60余家银行、投资机构等金融领域的负责人与企业进行了现场提问和对接项目，现场投递融资路演对接邀约函，11家企业分别与金融机构签约，达成意向融资额3.41亿元。2017年6月6日，全市科技金融对接服务平台举办了以“科技金融·融合发展”为主题的科技金融开放服务日系列活动，20家科技金融对接服务平台同时向社会开放，组织金融机构现场为科技企业提供政策解读、融资业务介绍、对接洽谈等服务。

“智汇天津”2017国际技术转移大会在津举办

2017年11月30日，由天津市科委主办，天津市对外科技交流中心、北方技术交易市场、天津市国际科技合作协会和国际技术转移协作网络（ITTN）共同承办的“智汇天津”2017国际技术转移大会在津成功举办。该次会议是以习近平总书记新时代中国特色社会主义思想为指引，深入学习贯彻党的十九大精神，扎实推进“一带一路”建设，深化国际科技合作的重要举措。天津市科委领导出席开幕式并致欢迎辞，澳大利亚知识商业化联盟前主席安迪、丹麦王国驻华使馆参赞石波、丹麦Sustainia智库全球总监埃米尔、中国驻瑞典大使馆科技参赞戴钢、中国驻德国大使馆公使衔参赞尹军、中国驻休斯顿总领馆科技参赞陈宏生、科技部国际合作司政策研究与驻外指导处处长王凌等出席，来自天津市各区县科技部门、示范区、高校、科研机构、科技型企业、创新创业载体代表300余人参加。会议内容丰富、形式多样，大会聚焦新一代信息技术、生物医药、节能环保、新能源新材料和现代农业等 重点产业。美国、加拿大、意大利、瑞典、丹麦、塞尔维亚、克罗地亚、以色列、澳大利亚等9个国家40余位知名专家、学者、企业家，携带96项技术到津参会，进行160余项次的技术需求与供给对接，达成合作意向50项，签署合作备忘录10项。

特载

专 文

天津科技进步综述

2017年，在市委、市政府的正确领导下，科技战线深入学习贯彻习近平新时代中国特色社会主义思想和党的十九大精神，认真落实市第十一次党代会和市委十一届历次全会部署，紧紧围绕“五个现代化天津”奋斗目标，坚持以习近平总书记对天津工作的“三个着力”重要要求为元为纲，突出“三个面向”、坚持“双轮驱动”，抢抓京津冀协同发展历史性窗口期，全面深入推进创新驱动发展战略，有力推动创新型城市和产业创新中心建设取得新成效。全市R&D占GDP比重达到3.0%，连续10年位居全国第三；综合科技创新水平指数达到80.55%，连续15年位居全国第三。科技进步贡献率预计达到59%。全市获国家科技奖励19项，获奖数同比提高近60%。国务院第四次大督查发现全市企业科技特派员等2项典型经验，国办给予通报表扬。

（一）落实全面从严治党要求扎实推进党的建设。坚持党对科技工作的全面领导不动摇，坚决做到党建工作与科技工作同部署、同推动、同落实。始终把政治建设放在首位，深入学习宣传贯彻党的十九大精神，迅速掀起学习宣贯热潮，推动“学懂弄通做实”。认真履行“两个责任”，坚决肃清黄兴国恶劣影响，坚决整治圈子文化和好人主义，严格落实意识形态工作责任制，推动全面从严治党向基层延伸、向纵深发展。持续加强思想建设，扎实推进“两学一做”学习教育常态化制度化，强化“四个意识”，坚决维护习近平总书记核心地位，坚决维护党中央权威和集中统一领导。不断加强基层党建，严格落实党建工作联系点制度，认真开展基层党建巡查，扎实推动党建工作责任书任务落实。结合新时代党建工作形势，会同市委组织部起草《关于进一步加强和改进新形式下科研院所党的建设工作的意见》。深入开展党风廉政建设，严格落实中央八项规定精神，坚决整治“四风”突出问题。大力开展不作为不担当问题专项治理和作风纪律专项整治，充分应用“四种形态”，严肃追责问责，敢于“开刀问斩”。发挥巡视巡察利剑作用，全力配合完成新一届市委首轮巡视，大力推进系统直属单位巡察“全覆盖”，发现问题、形成震慑。

（二）京津冀科技优势互补、协同创新良好局面加快形成。突出政治站位，坚持“一盘棋”思想，全力抢抓京津冀协同发展历史性窗口期，持续深化与科技部的部市会商、与中科院的院市合作，促成中国工程院、中国人民解放军军事科学院与市政府首次签订市级层面科技合作协议，在申报建设重大科技基础设施、重大创新平台方面成效显著，其中国家科技统计数据中心、省部共建食品安全与营养国家重点实验室已获批准，大型地震工程模拟研究设施、国家合成生物技术创新中心建设方案已正式上报，新一代人工智能发展战略研究院、中科院北京分院天津创新产业园、军民融合创新中心共建取得阶段性成果，全市获国家自然科学基金、科技重大专项等项目经费近14亿元。新引进中国地质调查局水文地质环境地质调查中心等国家级大院大所20家，总数达到152家。设立专项积极支持滨海—中关村科技园、京津中关村科技城创新发展，助推京津冀产业转移承接重点基地建设。与京冀科技部门在基础研究、节能环保、成果转化等领域深化合作取得显著成效。

（三）科技型企业成为引领高质量发展的新动能。全市新增科技型企业、科技“小巨人”企业超过1.19万家和420家，净增国家高企835家，总数超过9.69万家、4200家和4000家。累计培养中科曙光、力神电池等160多家科技领军企业，其中主板上市15家、主营业务收入超10亿元40家。科技服务业规上营业收入超过2300亿元。新支持199家科技型企业开展股份制改造，推动110家科技型企业上市挂牌，其中主板及新三板40家；天使、创投等引导基金参股子基金26支、基金规模超过50亿元。累计选派2200多名科技特派员带着技术、成果入驻服务企业2000多家。科技“小巨人”工业总产值占规上工业比重达到54%，较2016年底提高2.1个百分点。科技型企业为全市深化供给侧结构性改革，加快转方式、调结构做出积极贡献。

（四）国家自主创新示范区成为创新驱动重要载体。《天津国家自主创新示范区条例》列入2018年市人大常委会预备审议项目，不断健全委区共建机制，大力推动示范区创新生态系统建设，积极支持引导核心区推广创新创业通票等原创政策，培育新能源和新能源汽车等新兴产业，支持分园打造工业设计等特色园区实现错位发展。示范区注册企业超过11万家，实现总收入超过2.2万亿元，累计建成新型研发机构近30家，初步形成新一代信息技术、高端装备、生物医药等主导产业集群。

（五）科技体制机制改革取得突破性成效。大力推进科技计划和资金管理改革,修订科技计划管理办法，出台新的财政项目资金管理办法、释放科技人员创新活力意见等突破性政策，赋予高校、院所更多自主权，多方位解决科技人员绩效激励、分类评价、兼职创业等问题。加快建立科技成果市场化转移转化体系,出台新的促进科技成果转化条例，制定科技成果转化和技术转移体系建设等方案，大力推进成果展示、交易、转化“三位一体”展交运营中心建设。全市技术交易市场签订技术合同超过1.2万项，合同成交总金额超过650亿元，同比增长9%以上。

（六）科技创新体系和创新能力建设迈上新台阶。全市国家和市级重点实验室超过260个，市级及以上工程技术中心、生产力促进中心、孵化器近400家。微分几何、组合数学等基础领域处于全国领先，内燃机动力研究、合成生物学等领域领跑全国，肿瘤疫苗、光学自由曲面制造等前沿领域处于国际先进。全市被国际三大检索系统收录科技论文达到2.33万篇，同比增长近6%。酵母长染色体精准定制合成被评为“2017年度中国科学十大进展”。由全市团队作为主要技术合作方，参与研发并在津投产的我国首个埃博拉病毒疫苗，使我国成为继美国、俄罗斯之后全球第三个有可供使用自主疫苗的国家。

（七）高水平人才队伍不断壮大。全市国家“千人计划”“创新人才推进计划”和国家杰出青年科学基金获得者累计达到369人；国家创新人才培养基地累计达8家。市级“千人计划”“创新人才推进计划”人才超过1360人，“新型企业家”超过730人。以加强高端人才后备队伍建设为目标，创新实施天津市杰出青年科学基金，遴选支持30名青年杰出人才。

（八）“双创”氛围日益浓厚活力不断释放。坚持以众创空间建设助力大众创业、万众创新，大力推动众创空间“放管服”改革，出台众创空间备案管理与绩效评估办法，众创空间由认定制改为备案制、由认定支持改为绩效择优支持，进一步发挥市场和政府“两只手”作用，支持引导众创空间专业化发展。全市众创空间总数达到154家，81家经科技部备案；4家众创空间被认定为国家专业化众创空间，其中光电众创工场、九安智慧健康众创空间支持内部创业、推动裂变发展的模式得到过李克强总理肯定。全市众创空间共聚集创业团队5600多个，孵化企业3500多家，研发转化技术成果超过2000个，申请和批准知识产权2000多件。

（九）“一带一路”科技开放合作广泛深入。坚持以“一带一路”倡议框架整合国际科技合作资源，出台“一带一路”科技创新合作行动计划和专项，与14个国家成立“一带一路”科技合作创新联盟，进一步畅通20多个国家和地区合作渠道；认定市级国际科技合作基地37个，总数达到147个；支持建设中外联合研究中心和海外研发推广中心26个，总数达到49个；开通科技外交官技术转移服务线上平台，依托驻47个国家144名科技外交官搭建的国家科技外交体系，为科技型企业“走出去”提供有力支撑；举办“科技企业跨境合作与投资贸易洽谈会”等系列国际交流培训活动，促成合作意向260多项，签署战略合作框架协议60多项。

（十）科技创新广泛服务民生福祉。科学普及与科技创新协同稳步推进，开展科普“大咖秀”等系列品牌科普活动，持续推进科普人才队伍和基地建设，全市公民科学素质普及率处于全国领先。科技有力支撑“美丽天津”建设，围绕钢铁行业节能减排等重点领域累计建立示范点37个，推广先进适用技术超过1000项。科技在治疗“未病之病”方面发挥积极作用，冠脉药物支架、抗脑胶质瘤药物等取得重大突破。科技支农成效显著，构建起覆盖全市困难村的科技帮扶网络，累计帮扶农户近3万户、带动就业超过1.3万人。科技援助工作取得显著阶段性成效，围绕特色农业、便捷医疗等重点领域实施系列援助项目，有力助推西藏、新疆、青海、甘肃等受援地区经济社会发展。

科技政策法规

概　况

【国家科技政策概况】　2017年，中国开始进入“十九大时间”，新一轮科技革命和产业变革与中国加快转变经济发展方式形成历史性交汇。习近平总书记指出，“创新是引领发展的第一动力，是建设现代化经济体系的战略支撑”。围绕科技支撑经济产业社会发展和创新驱动发展战略，2017年，国家层面科技创新政策密集出台，政策数量创历年之最，政策内容主要聚焦在以下几方面。

第一，出台多项产业专项规划，促进科技创新与产业发展深度融合。2017年，围绕新一代人工智能、汽车动力电池、生物医药、先进制造等关系到国计民生的重要产业和战略性新兴产业，有关部门出台了十余项专项发展规划，旨在依靠科技创新支撑产业发展，促进转变发展方式、优化经济结构、转换增长动力，不断增强中国经济创新力和竞争力。其中，新一代人工智能产业发展规划由国务院签发，汽车动力电池产业发展规划由工信部、发改委、科技部和财政部等四部委签发，体现在国家未来发展战略中的重要地位。

第二，出台多项科技创新专项规划，促进科技支撑经济社会发展。2017年，围绕农业农村、资源能源、气候变化、交通、公共安全、城镇化与城市发展等关系国计民生根本基础的若干领域，有关部门出台了近十项科技创新专项规划，目的是促进科技创新真正融入到社会发展的方方面面，支撑社会发展加速进步。

第三，继续推进科技计划管理改革。科技计划管理历来是科技工作的重点内容，也是深化科技体制改革的突破口和抓手。2017年，财政部、科技部、教育部、国家发改委等四部门联合出台了《关于进一步做好中央财政科研项目资金管理等政策贯彻落实工作的通知》（财科教〔2017〕6号），对项目承担单位的职责与工作做出了明确要求，规定项目承担单位应当结合本单位实际，抓紧制定和完善项目预算调剂、间接费用统筹使用、劳务费分配管理、结余资金使用、科研财务助理岗位设立、内部信息公开公示等内部管理办法，为切实增强科研人员改革“成就感”“获得感”提供制度保障。

第四，进一步推进科技创新成果转移转化。为推动科技成果的扩散、流动、共享、应用，国务院出台了《国家技术转移体系建设方案》（国发〔2017〕44号），面向当前国内技术转移链条不畅、人才队伍不强、体制机制不健全等问题，提出构建符合科技创新规律、技术转移规律和产业发展规律的国家技术转移体系的具体方案，推动科技成果加快转化为经济社会发展的现实动力。

第五，服务支撑创新驱动发展国家战略。2017年出台的四项服务支撑创新驱动发展战略的政策措施，全部由国务院颁行实施。《关于推广支持创新相关改革举措的通知》（国办发〔2017〕80号）明确规定将13项创新改革举措向全国或8个改革试验区推广，旨在提高创新效率、缩短创新路径；《国务院关于强化实施创新驱动发展战略进一步推进大众创业万众创新深入发展的意见》（国发〔2017〕37号）提出加快科技成果转化、拓展企业融资渠道、促进实体经济转型升级、完善人才流动激励机制、创新政府管理方式等三十余项具体任务，为全面实施创新驱动发展战略、培育壮大新动能、改造提升传统动能提供政策支撑。

第六，依靠财税手段持续推进科技企业发展。作为最重要的政策手段之一，研发投入加计扣除政策在国内已推行多年，取得良好效果。2017年，国家层面新出台四项政策，扩大针对科技企业的税收优惠，研发投入加计扣除政策力度进一步加大。财政部、税务总局、科技部三部委联合出台的《关于提高科技型中小企业研究开发费用税前加计扣除比例的通知》（财税〔2017〕34号），规定“科技型中小企业开展研发活动中实际

科技政策法规

发生的研发费用，未形成无形资产计入当期损益的，在按规定据实扣除的基础上，在2017年1月1日至2019年12月31日期间，再按照实际发生额的75%在税前加计扣除；形成无形资产的，在上述期间按照无形资产成本的175%在税前摊销”，将研发费用抵扣额由原来的150%提高到175%。

2017年国家科技创新政策汇总表

表1

类别	文件名称	文件编号	签发单位
科技支撑产业发展	国务院关于印发新一代人工智能发展规划的通知	国发〔2017〕35号	国务院
	促进汽车动力电池产业发展行动方案	工信部联装〔2017〕29号	工信部，发改委，科技部，财政部
	“十三五”生物技术创新专项规划	国科发社〔2017〕103号	科技部
	“十三五”中医药科技创新专项规划	国科发社〔2017〕146号	科技部
	“十三五”卫生与健康科技创新专项规划	国科发社〔2017〕147号	科技部
	“十三五”健康产业科技创新专项规划	国科发社〔2017〕149号	科技部
	“十三五”医疗器械科技创新专项规划	国科办社〔2017〕44号	科技部
	“十三五”材料领域科技创新专项规划	国科发高〔2017〕92号	科技部
	“十三五”先进制造技术领域科技创新专项规划	国科发高〔2017〕89号	科技部
	十三五”现代服务业科技创新专项规划	国科发高〔2017〕91号	科技部
科技支撑经济社会发展	“十三五”农业农村科技创新专项规划	国科发农〔2017〕170号	科技部
	“十三五”应对气候变化科技创新专项规划	国科发社〔2017〕120号	科技部，环境保护部，气象局
	“十三五”资源领域科技创新专项规划	国科发社〔2017〕128号	科技部，国土资源部，水利部
	“十三五”海洋领域科技创新专项规划	国科发社〔2017〕129号	科技部，国土资源部，海洋局
	“十三五”科技军民融合发展专项规划	国科发资〔2017〕85号	科技部，中央军委科学技术委员会
	“十三五”交通领域科技创新专项规划	国科发高〔2017〕121号	科技部，交通运输部
	“十三五”国家科普与创新文化建设规划	国科发政〔2017〕136号	科技部，中央宣传部
	“十三五”公共安全科技创新专项规划	国科发社〔2017〕102号	科技部
	“十三五”城镇化与城市发展科技创新专项规划	国科发社〔2017〕100号	科技部
	“十三五”国家基础研究专项规划	国科发基〔2017〕162号	科技部
科技计划管理	关于进一步做好中央财政科研项目资金管理等政策贯彻落实工作的通知	财科教〔2017〕6号	财政部，科技部，教育部，发改委
	国家重点研发计划管理暂行办法	国科发资〔2017〕152号	科技部，财政部
	国家科技重大专项(民口)管理规定	国科发专〔2017〕145号	科技部，发改委，财政部
科技创新成果转移转化	“十三五”国家技术创新工程规划	国科发创〔2017〕104号	科技部、发改委等15个部委机关
	“十三五”技术市场发展专项规划	国科发火[2017] 157号	科技部
	国家科技企业孵化器“十三五”发展规划	国科办高〔2017〕55号	科技部
	国家科技创新基地优化整合方案	国科发基〔2017〕250号	科技部
	国家高新技术产业开发区“十三五”发展规划	国科发高〔2017〕90号	科技部
	国家技术转移体系建设方案	国发〔2017〕44号	国务院
	“十三五”国际科技创新合作专项规划	国科发外〔2017〕118号	科技部
创新驱动发展战略支撑	关于推广支持创新相关改革举措的通知	国办发〔2017〕80号	国务院办公厅
	国务院关于强化实施创新驱动发展战略进一步推进大众创业万众创新深入发展的意见	国发〔2017〕37号	国务院
	国务院办公厅印发关于深化科技奖励制度改革方案的通知	国办函〔2017〕55号	国务院办公厅
	国务院办公厅关于县域创新驱动发展的若干意见	国办发〔2017〕43号	国务院办公厅

续表1

类别	文件名称	文件编号	签发单位
科技企业财税支持	关于提高科技型中小企业研究开发费用税前加计扣除比例的通知	财税〔2017〕34号	财政部，税务总局，科技部
	关于创业投资企业和天使投资个人有关税收试点政策的通知	财税〔2017〕38号	财政部，税务总局
	科技型中小企业评价办法	国科发政〔2017〕115号	科技部，财政部，国家税务总局
	关于将技术先进型服务企业所得税政策推广至全国实施的通知	财税〔2017〕79号	财政部，税务总局，商务部，科技部，发改委

（贾蓓妮）

【天津市科技政策概况】 2017年，天津市新出台20条科技创新政策，数量较上年有所增加。从政策工作角度来看，体现了三个特点：一是紧跟中央步伐，按照国家科技工作重点和发展战略要求，推进中央层面政策在天津市落地；二是注重政策实施，绝大部分政策措施均落脚于执行层面；三是进一步完善体系，精准支撑区域科技创新发展。政策内容方面，重点聚焦在以下几方面：

第一，推进科技计划管理改革不断深入。2017年，市科委出台了《天津市科技计划管理办法》（津科计〔2017〕27号，以下简称“27号文”），积极贯彻落实国家科技体制改革的各项精神，结合天津实际情况，将全市科技计划管理工作的各项制度与流程在文件中明确，推动了本市科技体制机制改革向纵深延展。按照27号文中关于制度建设的要求，同年又出台了《天津市科技计划项目验收管理办法（暂行）》（津科规〔2017〕2号）和《天津市科技计划项目相关责任主体失信行为管理暂行办法》（津科规〔2017〕10号），科技计划管理工作的制度体系基本形成。

第二，继续支持科技企业发展。政策支持科技型企业发展连续多年成为天津市科技创新工作的重点。2017年，市科委出台的支持科技型企业创新发展的政策多达6项；政策支持手段多采用认定—补贴方式，提高了政策的可操作性，有效降低了企业申请政策资助的难度，激发了科技型企业的创新积极性。

第三，完善科技创新载体建设，吸引集聚创新要素，不断完善科技创新平台体系建设，推进形成以产业技术研究院建设为龙头、企业研发机构为主体、高校技术转移中心为辅助、科技公共服务平台为支撑的科技平台体系，努力提高本市自主创新活力与水平。

第四，大力促进科技成果转移转化。2017年，天津市深入贯彻国家科技体制改革精神，加速科技成果转移转化政策体系建设，《促进科技成果转化条例》正式实施；《关于深化体制机制改革释放科技人员创新活力的意见》（津党办发〔2017〕44号）出台。在全国各地区深入贯彻2016年全国科技三会精神、加快推动创新驱动发展战略、竞相出台力度大的体制机制改革措施的大背景下，大胆突破现行做法，在科技成果转化收入分配机制、科研经费管理等方面提出了一套解渴管用的政策措施，并要求市级各责任单位按照职责分工，分解工作任务，落实到位。

第五，大力推进科技产业发展。根据国家《新一代人工智能发展规划》（国发〔2017〕35号）和市委市政府《关于大力发展智能科技产业推动智能经济发展建设智能社会的实施意见》，本市出台了《天津市加快推进智能科技产业发展总体行动计划和十大专项行动计划》（津政办发〔2017〕112号）。十大专项行动计划涵盖智能制造发展、智能医疗与健康、智能农业、智能文化创意产业、智能交通、智能商贸物流、智慧城市、智能科技领域军民融合、人工智能科技创新、智能科技产业人才引育等方面，为天津市科技产业发展谋划了蓝图。

2017年天津市新出台科技创新政策列表

表2

类别	文件名称	文件编号	签发单位
科技计划管理	天津市财政科研项目资金管理办法	津财教〔2017〕72号	市财政局,市科委,市教委
	天津市科技计划管理办法	津科计〔2017〕27号	市科委
	天津市科技计划项目验收管理办法(暂行)	津科规〔2017〕2号	市科委
	天津市科技计划项目相关责任主体失信行为管理暂行办法	津科规〔2017〕10号	市科委
科技企业支持	天津市企业科技特派员工作实施细则(试行)	津科基〔2017〕14号	市科委
	天津市深入推行科技特派员制度行动方案	津科农〔2017〕24号	市科委
	关于企业研究开发费用税前加计扣除项目鉴定有关问题的通知	津国税发〔2017〕59号	天津市国税局,天津市地税局,天津市科委
	科技型企业股份制改造补贴资金管理办法	津科金〔2017〕116号	市科委
	天津市"杀手锏"产品认定补贴办法	津科规〔2017〕3号	市科委
	天津市重点新产品认定补贴办法	津科规〔2017〕4号	市科委
创新载体建设	天津市国际科技合作基地考核评估办法(试行)	津科合〔2017〕64号	市科委
	天津市众创空间备案管理与绩效评估办法	津科规〔2017〕1号	市科委
促进科技成果转化	天津市促进科技成果转化条例	2017年7月26日天津市第十六届人民代表大会常务委员会第三十七次会议通过	市人大
	关于深化体制机制改革释放科技人员创新活力的意见	津党办发〔2017〕44号	市委,市政府
	天津市"一带一路"科技创新合作行动计划(2017~2020年)	津科规〔2017〕5号	市科委
	天津市"一带一路"科技创新合作专项管理办法(试行)	津科规〔2017〕6号	市科委
	天津市技术转移示范机构管理办法(试行)	津科规〔2017〕7号	市科委
	天津市技术转移体系建设方案	津科规〔2017〕9号	市科委
产业发展	天津市加快推进智能科技产业发展总体行动计划和十大专项行动计划	津政办发〔2017〕112号	市政府
其它	天津市深化科技奖励制度改革方案	津政办函〔2017〕92号	市政府
	天津市全民科学素质行动计划纲要实施方案(2016~2020年)	津政办发〔2017〕28号	市政府

(贾蓓妮)

基础研究与前沿技术研究

概　况

【天津市应用基础与前沿技术研究年度工作简况】　2017年，天津市新增国家和天津市基础研究类项目1559项。其中，国家重点研发计划项目（课题）27项，获得国拨经费2.4亿元；国家自然科学基金项目1068项，获经费5.4亿元；天津市自然科学基金项目464项，新增项目市财政投入7790万元。项目支撑天津重点实验室和领军人才团队建设，取得一批基础研究领域原创性成果。2017年度，新增省部共建国家重点实验室1个、天津市重点实验室1个、天津市企业重点实验室30个。截至2017年底，天津市建设各类重点实验室331个，其中国家重点实验室7个，省部共建国家重点实验室2个，企业国家重点实验室4个，国家部委级重点实验室48个，依托于高校和科研机构的市级重点实验室108个，认定市级企业重点实验室141个，筹建市级企业重点实验室21个。2016年度，天津市被国际三大检索系统收录科技论文23328篇，其中被SCI收录11964篇，被EI收录8945篇，被ISTP收录2419篇（截至2017年8月底的数据），SCI－E科技论文在影响因子10以上的60个刊物上共发表论文365篇，在影响因子20以上的18个刊物上共发表论文52篇。申请专利1560项，其中申请发明专利1346项，授权发明专利739项。培养人才4467人，其中培养博士1103人，硕士3364人。取得一批高水平的创新成果。曾获天津市绿色通道项目资助的天津大学陈于蓝，致力于聚合物机械力化学与机械力响应性高分子的研究，在机械力诱导发光聚合物的研究上取得突破，首次实现机械力诱导聚合物的高效发光，实现化学键断裂的可视化检测，发展一种无源（无需外界激发光源）探伤的新方法。京津冀基础研究合作项目“软土地区高铁桥轨系统环境温度效应与安全控制技术研究”针对国际上尚未解决的复杂遮挡问题，自主开发三维光线遮挡算法程序，自动更新轨道各组件之间、轨道与桥梁之间、桥梁各构件之间的遮挡关系，该程序在2022年冬奥会重大建设工程京张高铁中的官厅水库悬索桥修建中得到应用。新增丁龙云、陈弓、李勇建等3人获国家杰出青年科学基金资助，新增石磊、雷建军、季青、张志明、展思辉、汪磊、李兰冬、胡献刚、钟澄、张兮、王延辉、王拓、田震、马超、刘炳胜、凌涛等16人获得优秀青年基金资助。　（郭　彤）

【南开大学年度科技工作简况】　2017年，南开大学入选世界一流大学建设A类高校，数学、化学、统计学、材料科学与工程等4个理工类学科入选国家一流学科，学校以科研为引领，推进“双一流”建设。①理工科单位获批国家自然科学基金项目立项182项，其中获重大项目牵头申报立项1项，重大项目课题立项2项；国家杰出青年基金3项、优秀青年基金4项。获批立项国家重点研发计划项目5项。②陈军教授增选为中国科学院院士。5人入选中组部第二批国家“万人计划”科技创新领军人才，3团队入选第二批天津市人才发展特殊支持计划高层次创新创业团队，3人入选中青年科技创新领军人才，6人入选青年科技优秀人才，团队入选重点领域创新团队。③新增教育部－国家外专局“高等学校学科创新引智计划”1项，新增天津市重点实验室1个，天津市工程技术中心1个，天津市国际科技合作基地4个。④龙以明院士获第十三届华罗庚数学奖。以第一完成单位获得天津市科学技术奖励4项，获教育部高等学校科学研究优秀成果奖（科学技术）2项，获第七届吴文俊人工智能自然科学奖一等奖1项，获2017年度中国产学研合作创新成果一等奖1项，个人奖2项。2006～2016年，论文累计被引用12564篇，在全国高校中排名第15位，累计被引用210847次，篇均被引用16.78次，在全国累计被引用篇数较多的高校中位居第1。⑤2017年提交专利申请343项（其中发明专利323项，实用新型20项）；取得授权专利161项（其中发明专利156项，实用新型5项)。计算机软件著作权登记申请32项,国际专利申请7项。获2017年度天津市专利金奖1项,天津市专利创业奖1项。⑥新增科技特派员27人,有4名教师被评为优秀科技特派员。开展中学生英才计划、"2017年青少年高校科学营"等重点工作,已经成为特色科普基地平台。2017年首届世界智能大会期间,中国工程院与天津市人民政府举行"中国新一代人工智能发展战略研究院"签约和揭牌仪式。该人工智能战略院依托南开大学进行建设。2017年10月,南开大学医学联盟战略发展论坛暨战略合作签约仪式举行。南开大学分别与12家医院签署合作协议,确立战略合作关系,共同推进医学教育改革。(孙嘉欣)

【天津大学年度科技工作简况】 2017年,天津大学科研业务总经费达到26.68亿元;以第一作者且唯一通讯作者单位在*Science*上发表2篇文章,介绍真核生物基因设计与化学合成方面取得的重大突破;筹建的国家重大科技基础设施"大型地震工程模拟研究设施"项目建议书通过教育部评审,上报国家发展改革委;"海燕"圆满完成"中尺度旋涡"海洋立体综合观测阶段性任务,该观测任务为世界上持续时间最长、投放设备类型最多、覆盖海域最广;天津大学科研团队为国产大飞机C919造干净的"肺"——新型空气分配系统。2017年,天津大学获批重点研发计划15项,排名全国高校前列,获批国家科技重大专项课题1项,获批国家自然科学基金项目345项,天津市自然科学基金68项。4项成果获国家科学技术奖,1项成果获中国高等学校十大科技进展,4项成果获高等学校科学研究优秀成果奖,陈予恕院士获天津市重大科技成就奖,32项成果获天津市科学技术奖,6项专利获中国专利奖,6项专利获天津市专利奖,发表SCI论文3531篇,申请专利3178项;聚焦人才培养,新增创新研究群体1项,国家优秀青年科学基金获得者10名,29人入选"北洋青年学者"计划,61人入选"北洋学者·青年骨干教师"计划;积极推进产学研深度融合,区域服务功能提升,校企合作进入深层次,打通基础研究、技术发明与产业发展的通道,推动成果转化与创新创业的融合;创新能力平台体系不断提升与完善,精密测试技术及仪器国家重点实验室和光电信息技术教育部重点实验室获评优秀;新增1个国家地方联合工程研究中心、6个天津市工程中心、7个天津市国际联合研究中心。聚焦军民融合国家发展战略,贯彻落实国家军改新政策,军民两用技术呈迅猛发展势头;人文社会科学逐渐发展壮大,社科项目立项数量提升、研究领域多元化,获批国家社科基金项目14项,新增4家智库入选中国智库索引(CTTI)来源智库。

(天津大学)

【天津城建大学年度科技工作简况】 2017年,天津城建大学科研工作取得成效。获批国家级项目22项,国家自然科学基金项目16项,国家社科基金项目1项,国家重点研发计划子课题5项;获批省部级项目75项;横向科研项目69项。科研经费2575.53万元,其中纵向经费1424.05万元;横向1151.48万元。科技成果:申请国家专利304项,其中申请国家发明专利153项;专利授权126项,其中发明专利授权34项,获国际发明专利1项。获科技进步奖6项,其中作为第一单位获天津市科技进步一等奖1项、二等奖1项、三等奖3项,获山东省科技进步二等奖1项(第一负责人,第二承担单位)。科技平台:获批"天津市化工废水源头减排与资源化工程技术中心""山东省有机颜料清洁生产全过程控制工程技术研究中心"(参与单位);"天津市建筑智能化系统集成与检测技术工程中心"通过市科委验收;天津市人文社科重点研究基地"城镇化与新农村建设研究中心"通过市教委测评。国家级科技平台"建筑固体废弃物资源化利用国家地方联合工程研究中心"立项公示。培育校级"工程建设装备智能化工程技术研究中心""城市智慧交通工程技术研究中心""智慧城镇时空大数据工程技术研究中心""京津冀新建城镇海绵城市工程技术研究中心"。创新人才培养:"城市地下工程安全与防灾创新团队"入选第四批天津市创新人才推进计划。刘志锋教授获天津市杰出青年科学基金项目,资助金额100万元。科技成果转化与科技服务:获批天津高校科技成果转化奖励专项资金421万元;制作完成科技成果转化宣传片和宣传推广手册。72名专家经市科委、市教委认定为科技特派员,获批15项优秀科技特派员项目。两批共18名教师参加市科委技术经纪人培训并获经纪人认证。参加教育部首届中国高校科技成果交易会、第二届京津冀鲁技术交易会、科技部深圳高新技术交易会等高水平科技成果交易会，10余项成果入选技术成果库，转让专利技术成果6项。学校8个学术机构加入天津国际智库联盟；举办天津城建大学首届（2017）高校智库论坛；向市委报送9项智库咨政建议研究成果；10名社科理论专家围绕“生态文明、乡村振兴、城市治理、特色村镇、绿色城市”5大类30个选题，开展党的十九大精神宣讲，为15个基层单位开展15场讲座辅导报告，共计1120人参加宣讲辅导，为服务基层创新发展提供智力支持。科技交流：举办第七届建筑类高校科研管理工作研讨会。组织青年博士论坛系列活动等各类学术活动20余次，举办天津市社会科学界第十三届（2017）学术年会天津城建大学分会场会议。

（韩庚君）

数学　物理　化学

【南开大学数学科学学院年度科研工作简况】 2017年，南开大学数学科学学院举办“Analysis and PDEs on Manifolds”国际会议，邀请国内外多位数学家到数学科学学院访问、讲学；举办“计算调和分析国际研讨会”，针对各自研究领域的论文进行交流合作。学院邀请新加坡国立大学、美国AMS Fellow、武汉大学、北京大学、中山大学等国内外知名专家作学术报告。该院教师多次出访或参加国内外学术会议，就前沿课题开展合作研究。该院2017年开题项目16项，总经费631.06万元，主承担12项，包括国家自然科学基金8项、国家杰出青年科学基金1项；在研项目81项，总经费2131.417万元，主承担78项，包括国家自然科学基金10项；完成科研项目24项，总经费411万元，主承担项目10项，包括国家自然科学基金10项。被国内外学术杂志录用发表科研论文78篇，包括*Front. Math*、*Nonlinear Anal.*、*Linear Algebra and its applications*、*Journal of Functional Analysis*、*Statistics and Probability Letters*等杂志。在出版专著教材方面，数学科学学院教师邓少强、朱富海合著《抽象代数》；薛运华、赵志勇合著《高等数学习题课讲义（下册）》；周迈、张阳、由同顺合著《高等数学（下）》。（李建新）

【南开大学组合数学中心年度科研工作简况】 2017年，该中心被国际学术期刊录用发表科研论文36篇，其中多数发表在本专业权威刊物上，包括*Adv. Appl. Math.*、*SIAM J. Discrete Math.*、*MATCH*、*J. Number Theory*等；在高等教育出版社出版译著1部。陈永川教授应邀在“第26届英国组合数学会议”上作一小时大会报告，是该会议自1969年举办以来首位来自中国的大会报告人，报告内容被收录在伦敦数学会学术丛书系列“*Surveys in Combinatorics* 2017”。美国人文与科学院院士、美国科学院院士、美国工程院院士、法国科学院外籍院士、中国科学院外籍院士Michael Waterman教授，欧洲科学院院士、奥地利开普勒·林茨大学符号计算研究所（RISC）主任Peter Paule教授等38位专家学者来组合数学中心访问、讲学。组合数学中心共举办四次学术会议，分别为：“2017 Workshop on Colored Notions of Connectivity in Graphs”“第四届图论与组合优化研讨会”“南开大学首届博士生论坛（组合数学方向）”“南开大学首届博士生论坛（图论与组合优化方向）”。会议总计安排报告146个，参会学者300余人。其中5月29日至31日举办的“2017 Workshop on Colored Notions of Connectivity in Graphs”，其主题“Colored notions of connectivity”是图论领域里的一个新的、活跃的研究课题，在网络信息安全传输方面有重要的应用背景。会议共安排12个1小时报告，15个半小时报告。报告人包括国家自然科学基金海外杰出青年基金获得者、*SIAM Journal on Discrete Mathematics*等杂志编委郁星星教授，法国国家科研中心（CNRS）信息研究实验室（LRI）主任Yannis Manoussakis教授，*Graphs and Combinatorics*执行主编Ingo Schiermeyer教授，*Theory and Applications of Graphs*主编Colton Magnant教授等。

（任晓艳）

【南开大学陈省身数学研究所年度科技工作简况】 2017年，陈省身数学研究所在国内外发表学术论文41篇，98%的学术论文发表在SCI期刊上。张伟平院士的论文“Positive Scalar curvature on foliations”（叶状流形上的正数量曲率度量）发表于国际顶尖数学期刊*Annals of Mathematics*（数学年刊），这是2002年以来，继龙以明院士、朱朝锋教授之后，南开学者又一次在此期刊上发表论文，文中深入研究状流形的几何与流形拓扑之间的关系，包含菲尔兹奖得主Connes的一个著名定理的微分几何证明。Connes的这一定理被公认为是其发展起来的非交换几何理论的早期重要成就之一，关于Connes定理的微分几何证明一直是对微分几何学家们的一个挑战。2017年10月，龙以明院士获中国数学会华罗庚数学奖。华罗庚数学奖是中国数学领域最高奖项，颁发给长期以来在数学研究以及培养人才方面有卓越成就、对发展中国数学事业做出杰出贡献的数学家，每两年颁发一次，每届不超过两个人。2017年，该所研究人员主要承担在研究的课题共计15项，2017年内到款1593万元（不包括校人事处拨款）。2017年，新增科研课题1项，结题3项。该所2017年完成九场国际国内学术会议的主办任务，参会人员共约540人次，其中境外人员约90人次。年度内共有来自世界各地的访问学者147人次，举办学术报告75场，其中包含Colloquium高级学术讲座17场。

（冯国苹）

【催化过程中的表界面结构调控与机理研究】 天津大学、南开大学巩金龙、李兰冬、王拓、闫俊青、赵志坚、李水荣等完成，获2017年度天津市自然科学一等奖。系统研究空间结构、电子和化学结构、缺陷结构对表界面催化过程的影响。①建立催化剂表界面空间结构的系统性调控方法，推动催化空间限域理论发展，提升金属催化剂高温稳定性及目标反应产物选择性。精确调控Ni等金属在氧化物载体孔道中的空间分布，通过空间限域抑制烧结和积碳引起的失活。美国化学会C&ENs以“Nanoconfinement Prevents Nickel Catalyst from Fouling”为题对三维纳米限域的工作进行热点评述；②发展表界面电子结构和化学结构的调控策略。实现多功能催化活性位点在催化剂表界面的可控分散，有效调变活性位点的电子结构。提出载体表面化学环境的构建方法，利用载体与活性组分的界面调控活性金属/氧化物以及金属/高分子界面的电子结构，获得可控的反应/吸附活性位点，提高催化剂制备及催化过程的效率；③揭示表界面缺陷对光生电荷传输的影响规律。开辟对光生电荷激发、传输进行系统引导的新途径。基于表层/次表层缺陷位调控，提出通过自掺杂实现吸光增强的新思路；发现异质结界面缺陷对电荷跨界面传输的促进机制，实现 太阳能向氢能的高效转换。研究成果入选ESI Top 0.1%热点论文，多次被*Materials Views*、*C&ENs*报道。在*JACS*、*Nature Commun*等期刊发表SCI论文20篇，SCI他引925次。8篇代表性论文影响因子（IF）均大于8，其中IF>10有5篇，5篇入选ESI高被引论文；SCI他引446次。成果被C&ENs等国际学术媒体报道，国内外同行在*Chem. Rev.*等国际顶级期刊中给予高度肯定。

（天津大学）

【功能导向金属—有机框架的设计、合成与性质研究】 南开大学程鹏、赵斌、师唯、马建功等完成，获2017年度天津市自然科学一等奖。金属—有机框架是由金属离子与有机配体通过配位键形成的三维框架材料，由于结构的复杂多变、孔道尺寸可调、功能性质多样等特点，在清洁能源、工业催化、荧光传感、药物传递等领域都有重要的应用前景。该项目围绕金属—有机框架的合理设计、可控合成和性能调控的科学问题，开展深入系统的研究。主要科学发现如下：①以发光功能为导向，基于双发光中心的策略制备混合稀土金属—有机框架荧光探针，成功实现其对有机小分子混合物的定量检测，研究主—客体间的相互作用对混合稀土金属—有机框架内不同组分间能量传递的影响。②以磁功能为导向，率先开展以高核稀土金属簇为节点组装成金属—有机框架结构的分子磁制冷研究，获得首例多功能稀土沸石材料，其磁熵变处于目前国际报道的最大值之列，并且耐强碱，为分子磁制冷材料走向应用提供基础。③以催化功能为导向，提出金属—有机框架与CO_2分子之间的多位点相互作用机理，通过动力学与热力学手段在分子层面精确调控配位键的打开与重构，显著提高CO_2吸附量，将金属纳米颗粒包覆在金属—有机框架中，获得将CO_2高效吸收—转化—步完成的双功能可再生复合催化剂。研究成果在*J. Am. Chem. Soc.*、*Angew. Chem. Int. Ed.*、*Adv. Mater.*、*Nature Commun.*等国际刊物上共发表论文105篇，被SCI他引3582次。获授权中国发明专利5项。应德国*Springer*出版社邀请主编第一本稀土金属–有机框架专著*Lanthanide Metal–Organic Frameworks*。项目第一完成人连续3年（2014~2016年）入选爱思唯尔中国高被引学者榜单，项目主要完成人分别获得国家杰出青年科学基金、国家优秀青年科学基金和天津市青年拔尖人才计划资助。（程 鹏）

【二氧化碳活化转化催化剂创新研究】 天津大学刘昌俊、祝新利、潘云翔、程党国、王周君等完成，获2017年度天津市自然科学三等奖。①通过室温到100多度温度范围操作的冷等离子体调控镍基催化剂形貌与尺寸。利用高能电子等高活性物质作用，获得具有更小尺寸、晶面结构单一和载体相互作用更强的有很好抗积碳效应的镍催化剂，显著提高催化剂活性和稳定性。为开发高性能甲烷-CO_2重整反应、CO_2甲烷化镍基催化剂提供 很好的模型催化剂，解决常规热化学方法镍催化剂尺度、晶面结构难控制的难题；②阐明第三主族（Al、Ga、In）氧化物的二氧化碳活化机制。第三主族元素氧化物作为载体或者助剂，广泛应用于CO_2转化。揭示Al_2O_3表面水化生成羟基有利于负载镍催化CO_2加氢生成CO，而抑制生成甲酸盐。阐明Ga_2O_3和In_2O_3中氧空位是CO_2吸附和活化位点，有利于甲烷-CO_2重整中消除积碳和CO_2加氢高选择性生成甲醇。开发的氧化铟基CO_2加氢合成甲醇催化剂催化活性超过目前文献报道的其他类型催化剂合成甲醇活性；③提出等离子体诱导制备多肽自组装膜提高CO_2光还原催化剂中的电子传输效率。CO_2光还原受限于电子传输效率。开发等离子体室温等离子体还原Pt纳米粒子，同时诱导多肽自组装膜，制备曙红Y/Pt/薄膜催化剂，显著提高电子传输效率并提高CO_2光还原效率。研究成果对CO_2活化转化的催化剂设计与调控提供了理论基础。该项目在*EES*、*Appl Catal B*等期刊发表论文30篇，他引929次，其中8篇代表性论文他引418次。（天津大学）

【万吨级墨粉树脂新工艺及产业化】 天津市合成材料工业研究所有限公司李振东、王雪辉、姚雪丽、王肖、陈辉辉完成，获2017年度天津市科技进步三等奖。墨粉树脂系高科技高附加值功能性高分子材料，属于精细化工产品，是制造激光打印机及静电复印机用墨粉的主要原料，约占墨粉总量的50%~90%，其功能在于将墨粉中颜料、炭黑、荷电控制剂等其他成分很好的粘合、相容在一起，并在显影、定影、印刷过程中起到携带电荷、受热熔融、粘附纸张、快速固化的作用。因此，墨粉树脂的质量是影响打印、复印质量的关键因素。该项目以墨粉树脂聚合反应工艺、脱挥装置及脱挥工艺等自主创新核心技术为基础进行万吨级墨粉树脂产业化新工艺开发，主要研究内容为：①10000吨/年产业化装置设计、设备选型及建设；②1000升反应釜放大至6500升反应釜聚合反应工艺研究、配方优化；③脱挥装置设计及脱挥工艺研究；④清洁生产、节能减排生产工艺研究；⑤自动化控制系统设计。在墨粉树脂生产行业，首次在6500升反应釜聚合反应过程中，采用低位泵送滴加工艺和双滴加工艺，大幅提高滴加的准确性，保证产品的质量和稳定性，同时提高生产的安全性，实现聚合反应工艺创新。首次将聚合物移出聚合釜，采用专为墨粉树脂高黏流体特性设计的脱挥模块装置进行脱挥。采用结片机冷却粉碎物料的新工艺，解决大批托盘出料的无组织排放问题，建成一条包括反应装置、脱挥装置和后处理装置及自动化控制的专用墨粉树脂生产线，使墨粉树脂产能达到10000吨/年；实现树脂生产过程环保化，溶剂排放量由原来的18千克/吨降低至小于0.1千克/吨，树脂产品环保化，即挥发份≤0.1%。

（天津市合成材料工业研究所有限公司）

【多通道光–电化学型生化检测系统中关键技术的研究及产业化应用】 该项目由南开大学、天津市兰力科化学电子高技术有限公司、天津市兰标电子科技发展有限公司，贾芸芳、范清杰、谷雅君、魏翠梅、龚振武完成，获2017年度天津市科技进步三等奖，属于仪器仪表领域。该项目研究成果：①解决多通道生化传感器研制与光—电化学分析的系统集成问题：自主研发具有埋沟隔离结构的阵列式光电化学型传感器芯片，研发调制光寻址–电化学检测系统集成技术、移动智能终端控制技术，发明生理体液–多指标联合检测芯片及系统，解决多通道寻址及并行检测等关键技术问题；②创建光谱–电化学–显微成像联用技术：创新性的将光纤束成像压缩方法、CCD显微成像技术以及光谱成像理论有机融合，研制”光谱—显微成像”新型显微物镜分光系统，创建光谱电化学池，以及时间分辨、空间分辨、电位分辨3种电化学显微光谱分析新方法，研制电化学显微光谱成像现场分系统。③解决抗干扰、多通道高灵敏度和流动检测等技术难题：研发“光电化学工作站一体机”专利技术，有效解决“搅拌机构”的干扰问题；全功率扩展电路与去卷积/分数微分算法相结合，研制4通道高灵敏度电化学检测新技术；以流动进样、在线自动进样消解等专利技术为基础，研发流动式光电化学检测系统。④实现上述技术的产业化应用：自主开发光LK5600电化学工作站、LK3100电化学发光分析系统等科研仪器；自主开发用于血液、尿液、水环境的多种生化分析新产品，如新型尿碘测定仪及体外诊断试剂、总磷总氮自动检测仪、绿色无汞重金属传感器及4通道快速检测仪、维生素测定仪及样本处理液等。发表论文46篇（SCI23篇，引用103次）、专利12项（其中授权6项）、软件著作权1项；项目产品通过临床应用测试、获医疗器械认证3项；销售收入近6000万元，上缴利税近1500万元。（南开大学）

【蛋白/肽聚集组装的设计、调控与应用基础研究】 天津大学齐崴、苏荣欣、何志敏、王梦凡、黄仁亮、王跃飞等完成，获2017年度高等学校科学研究优秀成果奖自然科学二等奖。①首次提出“对离子诱导”以及界面组装的调控策略，设计新型两亲多肽序列和修饰刺激响应型功能基团，构建肽基手性自组装体系，实现不同尺度功能结构的精准可控制备，揭示静电作用、界面毛细力等关键作用机制，解决小分子多肽手性组装过程难以调控放大、组装体结构功能单一难题，强化组装体的力学强度及刺激响应特性。JACS期刊在亮点文章评述：相关策略是实现手性功能结构精细调控与潜在应用的有效途径；②以酶蛋白为研究对象，针对酶聚集失活问题，提出糖类调控酶聚集体必需水层的新方法，结合化学交联稳定酶的活性结构，提升交联酶聚集体（CLEAs）保留酶活2倍以上；针对CLEAs可操作粒径小及内部传质阻力大的缺陷，提出固载化和多孔化CLEAs两类调控新方法，解决CLEAs操作稳定性差、回收利用率低和大分子底物催化效率低难题，成功应用于丙谷二肽、抗生素的酶法合成及蛋白组学高通量分析，实现高效酶催化。相关工作受Chem Eng Sci邀请，发表专题综述；③针对蛋白聚集组装体功能单一问题，提出仿生矿化新方法，对溶菌酶晶体、蛋白聚集膜表面进行交联和修饰，制得具有稳定吸附和还原金属纳米晶优异特性的微型反应器，借助限域空间解决组装过程难以调控的难题，实现金属纳米晶在交联酶晶体和天然蛋白膜内部的定向生长与可控合成，获得“晶中晶”“膜中晶”等新型功能材料，在污染物降解中实现高效应用。生物矿化领域奠基人Mann教授认为完成人巧妙设计的交联酶晶体是金属纳米晶有序组装的理想宏观三维模板。成果在*JACS*、*Small*、*BEJ*、*J Biotechnol*、*Catal Sci Technol*等期刊发表SCI论文32篇，SCI他引512次；10篇代表性论文，影响因子累计53，SCI他引227次。

（天津大学）

【离散系统量子态的拓扑性及抗干扰能力的研究】 天津师范大学完成的国家青年科学家基金项目。量子态是量子系统性质的基本描述，对于量子态性质的研究在发展量子物理基本理论和实际应用方面都具有重要的意义。与连续系统相比，在离散系统中更容易对量子态进行解析分析和数值模拟，因此更具可行性。即便如此，大部分系统仍是很难精确求解的，即使有精确解也可能由于形式过于复杂而使得量子态的性质难以被发掘。该项目利用一种特殊的方式将量子态投影到一个低维辅助空间中，在该空间中不同的量子态对应着不同的曲线，而量子态的拓扑性则由曲线的几何性质清晰的表现出来。同时一条曲线在轻微的扰动下，一般其拓扑性不会发生变化，这也就意味着量子态的拓扑性具有很好的抗干扰能力。该项目意在推广此方法的适用范围，研究量子态的拓扑性和其他性质的联系，同时以在系统中增加随机数项的方式来模拟外界干扰，从而研究量子态拓扑性的抗干扰能力。研究成果将使人们对拓扑性的认识更加清晰，加深人们对一些基本问题的理解，并对相关的实验和应用可以起到指导作用。（天津师范大学）

【基于积分模度量的折线模糊神经网络与广义模糊系统的逼近分析及图像处理】 天津师范大学完成的国家自然科学基金面上项目。折线模糊神经网络通过确定折线模糊数的有限个点来完成模糊信息处理，其表达式是基于折线模糊数的算术运算体系。模糊系统通过测量数据或数字传感器来获得反映该系统输入输出关系的数据信息。二者虽不依赖于精确的数学模型，但却具有逻辑推理、数值计算功能和较强的非线性函数逼近能力。该项目依几类新型模糊积分定义的不同积分模为度量。首先，利用折线模糊数的线性运算和模糊值简单函数研究多输入单输出（MISO）折线模糊神经网络的逼近性能及学习算法；其次，通过调节参数将Mamdani和T－S模糊系统统一起来建立广义混合模糊系统，利用不同分层方法和多元分片线性函数讨论该系统推理规则总数的降低和逼近能力问题，进而优化学习算法和进行数值仿真；最后，在随机环境下借助随机过程的典则表示探究混合随机模糊系统的逼近性及实现过程。此外，应用二维数字图像编码建立一类广义模糊推理网络和优化滤波器，为进一步研究数字图像恢复技术提供理论依据。

（天津师范大学）

【偶氮材料填充的介质纳米波导阵列的光学性质的研究】 南开大学物理科学学院陈靖主持完成的天津市自然科学基金青年基金项目。在理论方面构建纳米阵列光耦合方程，研究纳米介质波导阵列光耦合特性；研究波导耦合本征常数对纳米阵列中光传输的影响。偶氮材料制备方面，制备出表面平滑、响应时间快速、光致物质迁移调制度高的偶氮材料。实验模拟方面，设计各种微纳波导结构，模拟光在其中的传输特性；研究各向异性偶氮材料同纳米波导中局域光场的相互作用，微纳结构中光学延迟以及光开关特性，为全光器件的开发奠定基础。主要发现和创新有：①构建介质纳米阵列的光耦合方程。②研究偶氮薄膜对泵浦光的响应特性。③制备交联侧链偶氮材料，4分钟内实现调制度达1微米的浮雕光栅的构建，其稳定性可以达到24小时以上。④设计并研究偶氮填充的纳米波导的全光开关。⑤研究各种微纳结构的光传输性质，实现不同目标的纳米光调制。项目发表研究论文6篇，其中：国内刊物3篇，国外刊物3篇；SCI检索4篇，EI检索2篇。培养博士研究生2名、硕士研究生3名。

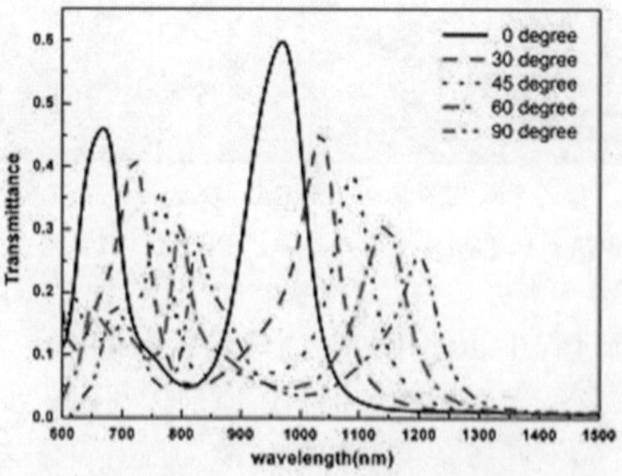

偶氮材料填充的环形谐振腔的滤波特性泵浦光光轴为0o、30o、45o、60o和90o情况下的透射光谱图

【偶氮基配体构筑的光控动态金属有机框架材料及其二氧化碳捕获性能研究】 天津师范大学完成的国家青年科学家基金项目。因金属有机框架材料结构可调并具有高的比表面积，利用其对CO_2进行捕获的研究近年来备受关注。项目通过设计合成含有偶氮基元或双键基元的唑类配体、吡啶类配体等，将具有光控活性的偶氮等基元引入到多孔MOFs材料中，在光照条件下，偶氮键等光活性基元可发生构象转变，从而使得所制备的MOFs对CO_2展现光控动态吸附。羧酸共配体的引入，对基于“构象柔性”的双咪唑偶氮类配体，吡啶基团拓展的含有双键基团偶氮类配体、苯并噻二唑修饰的含有双键的双吡啶配体等MOFs的构筑及其结构都起到重要的影响。苯并噻二唑的修饰作用可以改善所制备MOFs对可见光的响应，并在可见光下展现了对有机污染物很好的光降解性能。此外，利用晶体工程的方法来调节磁性链的距离，实现磁相互作用的调节。在改善MOFs时，发现其可作为碳源及金属源，通过合金化和（或）碳包覆手段来制备具有高比容量和高倍率性能的新型负极材料。

（天津师范大学）

【异质原子一元和多元可控掺杂石墨烯及其储锂性能的研究】 天津师范大学物理与材料科学学院能源与材料工程中心李喜飞主持完成，是天津市自然科学基金重点项目。执行期间旨在制备多元掺杂的石墨烯，并研究其电化学性能。在后期的

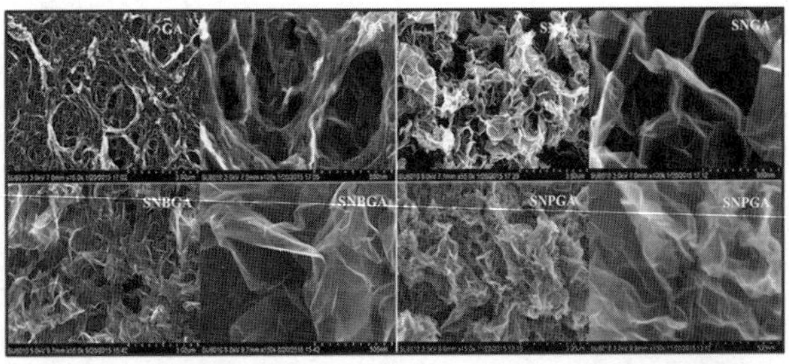

GA：还原氧化石墨烯；SNGA：硫氮共掺杂石墨烯；SNBGA：硫氮硼共掺杂石墨烯；SNPGA：硫氮磷共掺杂石墨烯

挖掘过程中，使用较为高效环保的硫脲、硼酸、磷酸氢铵等作为掺杂剂和还原剂，利用一步法水热合成不同掺杂类型的多元掺杂石墨烯，这种多元掺杂的石墨烯作为锂/钠离子电池负极材料均表现出优异的电化学性能。实验所采用的合成方法简单、绿色环保，无需表面活性剂以及有毒的有机溶剂，为掺杂石墨烯的绿色合成提供了新的方法，为锂/钠离子电池负极材料的开发提供了新的思路。主要发现和创新：①表面缺陷的可控合成对石墨烯气凝胶电化学性能的影响并获得最佳优化条件。②同时引入N、S、B或P等异质原子成功制备出二元以及多元共掺杂石墨烯，其电极材料均具有优异的电化学性能。③阐明一元掺杂、多元掺杂和石墨烯物理性能以及电化学储锂/钠性能之间的相互内在关联。④通过调控掺杂原子的定位，能带间隙得到有效调节，从本质上优化石墨烯的电化学性能。项目发表SCI论文16篇；申请专利5项，其中授权4项；培养博士和硕士各2名。

【基于KARI的新型哌嗪类衍生物合成和活性研究】 南开大学化学学院王宝雷承担的国家自然科学基金项目，2017年12月结题。酮醇酸还原异构酶（KARI）是植物和微生物（如细菌、真菌）体内催化支链氨基酸生物合成的关键酶之一，人畜等温血动物体内缺乏支链氨基酸的生物合成能力，因此KARI可作为设计除草剂和杀菌剂的靶标，通过抑制剂对该酶的作用在阻断支链氨基酸生物合成起到杀灭杂草或植物病菌作用的同时而对人畜无害，符合绿色农药发展方向。该课题基于KARI靶标以及前期发现的先导结构和数据库虚拟筛选所得潜在KARI抑制剂结构信息，开展各类新型哌嗪类衍生物的设计合成和生物活性研究。共设计合成多个系列计约400个新化合物，测试新化合物对小麦纹枯病菌、油菜菌核病菌、苹果轮纹病菌、黄瓜霜霉病菌等多种植物病菌，对油菜、稗草等双、单子叶代表性杂草模式植物，对东方粘虫等的农药生物活性，以及对KARI的抑制活性。通过计算机辅方法例如CoMFA，分子对接等研究分析了化合物结构－活性的关系规律，为进一步优化设计提供指导。该课题发现含三氟甲基三唑并[4，3－a]哌嗪的1，2，4－三唑Mannich碱类等一批杀菌活性优良、具有一定应用价值的新化合物，以及含哌嗪和芳磺酰基甲酰胺类、含哌嗪的三氟甲基咪唑并噻二唑Mannich碱类等一些除草、杀虫活性突出的新化合物，其中许多可作为新的农药先导开展深入研究；获得诸多结构新颖的KARI抑制剂，例如含哌嗪的1，3，4－噁二唑Mannich碱类。该课题首次进行含哌嗪结构的各类包括杂环Mannich碱类等衍生物的合成和农药生物活性系统研究，合成许多类型新化合物有望在此基础上继续优化开发为有应用前景的农用杀菌剂候选。产物步骤杂环Mannich反应条件温和，反应时间短，后处理简便，收率高，具备较大的应用前景。课题中发现一批结构新颖的高效KARI抑制剂，拓宽和丰富现有的抑制剂种类，有望引领深入和持续的基于酮醇酸还原异构酶的相关基础研究。该课题共发表包括 *Eur. J. Med.Chem.*，*Bioorg. Med. Chem. Lett.*，*J. Fluorine Chem.* 等在内的SCI收录研究论文20篇，申请专利5项（获得授权1项）；培养博士生1人，硕士生4人。

（王宝雷）

【碳酸酯接枝聚合物电解质的合成与性能研究】 天津科技大学孙冬兰主持完成的国家自然科学基金项目，2017年12月结题。聚合物电解质是锂离子电池和电致变色器件的关键组成部分，其性能优劣直接关系到锂离子电池、电致变色器件的寿命和功率。该项目合成一系列含有碳酸丙烯酯/亚硫酸丙烯酯基团的超分子，利用TG－FTIR、结合Gaussian理论计算，系统研究这些化合物热稳定性，并且提出其裂解可能过程。用作锂离子电池电解液添加剂，采用倍率测试、恒流充放电测试、交流阻抗测试和扫描电子显微镜测试等手段研究这些化合物对锂离子电池工作性能的影响。通过对循环20周前后球化石墨电极形貌的对比，球化石墨电极表面相对于空白电解液可形成一层致密而稳定的固体电解质中间相膜（SEI），从而优化电极电解液的界面性能，改善电池的倍率性能。该项目合成含有碳酸丙烯酯基团的高分子，如聚2，3—环碳酸甘油酯甲基丙烯酸酯和聚2，3—环碳酸甘油酯丙烯酸酯。为控制聚合物分子量、分子量分布，系统研究聚合条件的影响。在此基础上，制备多孔凝胶聚乙烯—聚2，3—环碳酸甘油酯甲基丙烯酸酯/聚2，3—环碳酸甘油酯丙烯酸酯复合物电解质膜，离子导电率高达10^{-3}西/厘米，并且，这种多孔凝胶电解质复合膜可以有效提高锂离子电池的工作性能。

（李丽娜）

【卤水共晶冷冻结晶过程冰晶生长机理及其应用研究】 天津科技大学朱亮主持的天津市应用基础与前沿技术研究计划项目，2017年3月完成。以硝酸钾溶液体系为研究对象，以冷冻共晶过程中冰晶粒度控制所涉及的结晶热力学及结晶动力学进行系统研究。①考察不同价态的阴、阳离子对硝酸钾体系冰点及冷冻共晶介稳区的影响及其影响规律；②采用间歇动态法实验考察硝酸钾水溶液体系冷冻共晶过程中冰晶成核及生长动力学，建立硝酸钾水溶液体系冷冻共晶过程中冰晶生长动力学模型。确定影响冰晶成核及生长的因素及其影响规律；③结合硝酸钾水溶液冰晶的结晶热力学和动力学分析结果，对硝酸钾水溶液冰晶的粒度控制进行研究。实验考察降温速率、搅拌速率及晶种添加策略等工艺参数对硝酸钾水溶液中冰晶粒度及粒度分布的影响。项目执行期间，申请专利5项，发表论文10篇，其中SCI检索5篇，培养研究生6人。（李丽娜）

【基于双氮氧自由基的单分子/单链磁体的构筑及磁行为研究】 天津师范大学完成的国家自然科学基金面上项目。稳定的氮氧自由基本身既是自旋载体，又具有配位功能，是当前分子磁性材料的研究热点之一。该课题拟以苯、联苯、三唑和吡啶为取代基，合成三个系列的九种双氮氧自由基，这类配体具有两个氮氧自由基，与金属离子配位时增加了配位单元中自旋载体的数量，从而可以进一步增强磁相互作用。另外，通过引入有配位能力的吡啶和三唑环等与自由基所在的氢化咪唑环形成稳定的共轭体系，增强配体的稳定性和配位能力。由于大多数稀土离子存在旋轨偶合引起的强磁各向异性和较高的基态自旋，因而是合成单分子和单链磁体的理想选择。研究三个系列的九中双氮氧自由基与稀土金属的配位条件，经过大量实验合成出新型的双氮氧自由基—稀土杂自旋配合物。对得到的杂自旋配合物进行X—单晶衍射，直流和交流磁化率的表征，最终得到性能优异的单分子和单链磁体。研究两个氮氧自由基所在位置对配合物磁性的影响，探索结构和性能之间的关系。（天津师范大学）

【系列Topsentin生物碱的合成、结构改造、生物活性及作用机制研究】 天津师范大学完成的国家青年科学家基金项目。系统开展Topsentin类生物碱的设计、合成及生物活性研究。探索简洁实用的全合成路线大量制备Topsentin类生物碱及其衍生物。对各类化合物进行系统的抗植物病毒和抗植物病原菌活性测试，总结构效关系，开展结构再优化，发现先导化合物。首次发现Topsentin类生物碱及其结构改造产物具有优异的抗烟草花叶病毒活性和抗植物病原菌活性。①发展制备Topsentin类生物碱的简洁路线，合成Topsentin类生物碱。设计合成系列Topsentin类生物碱衍生物，并对这些化合物进行生物活性和构效关系研究。②首次发现Topsentin类生物碱表现出很好的抗病毒活性。化合物Ⅰ—1c，Ⅰ—1e，Ⅰ—2b和Ⅰ—2d表现出很好的抗TMV活性，整体高于商品化的病毒唑。③首次发现Topsentin类生物碱及其衍生物表现出很好的杀菌活性。化合物Ⅰ—2a在浓度为50mg/kg条件下对大部分测试菌的抑制活性均达到60%以上，化合物Ⅰ—2d对油菜菌核、水稻纹枯和黄瓜灰霉的杀菌活性最好（EC50分别为4毫克/千克，5毫克/千克，5毫克/千克）。④合成Nortopsentin类生物碱，基于探究双吲哚结构对生物活性的影响，设计合成系列Nortopsentin类衍生物，并系统研究该类化合物的构效关系。⑤首次发现Nortopsentin类化合物表现出优异的抗TMV活性。化合物Ⅱ—8c，Ⅱ—8e，Ⅱ—8h，Ⅱ—8k，Ⅱ—8l，Ⅱ—8n，Ⅱ—9f，Ⅱ—9l，Ⅱ—14a和Ⅱ—16b活性远高于病毒唑，与宁南霉素相当；化合物Ⅱ—17d活性高于宁南霉素。⑥首次发现Nortopsentin类化合物表现出很好的杀菌活性，化合物Ⅱ－9b对花生褐斑的抑制活性与商品化的多菌灵相当；化合物Ⅱ－8f和化合物Ⅱ－8j对小麦纹枯病的抑制活性接近商品化的多菌灵和百菌清；化合物Ⅱ-8h（94.7%）以及Ⅱ-13a（94.7%）对油菜菌核的活性与商品化的多菌灵（96.4%）活性相当。发现高效候选品种3个，发表SCI一区论文5篇，SCI二区1篇，SCI四区2篇，申请发明专利4项。

（天津师范大学）

【非真空纳晶液相法制备铜锌锡硫薄膜及其光电性能研究】 天津师范大学完成的国家青年科学家基金项目。针对传统纳米晶液相法制备铜锌锡硫（CZTS）薄膜过程中存在纳米晶产量小、难以长成大晶粒以及薄膜中大量碳残留等问题，该项目拟采用小分子量的硫醇和有机胺为混合溶剂，通过选择合适的金属源和硫源，提出一种操作简单的大规模纳米晶墨水的制备方法，通过监测溶液成分的变化以及体系中硫化物纳米晶的组成，探索纳米晶墨水溶液形成机制，改善薄膜中大量碳残留以及纳米晶产量低等问题。通过系统研究退火参数（时间、温度、升温速率）对薄膜相变规律以及硒化参数对CZTS薄膜带隙调控规律，揭示由室温下合成的纳米晶墨水到CZTS薄膜的动力学形成机理。该项目可望为发展绿色环保、低成本、高转换效率的CZTS薄膜太阳电池吸收层制备方法提供技术基础和理论依据。

（天津师范大学）

【草酸酯加氢制乙二醇铜基规整结构催化剂关键技术】 天津市应用催化科学与工程重点实验室赵玉军主持完成的天津市自然科学基金重点项目。针对合成气制乙二醇技术中传统颗粒型催化剂在工艺放大过程中的内扩散阻力大、床层温度场不均、热稳定性差和床层阻力高等棘手难题，开发新型高效的草酸酯加氢制乙二醇规整结构催化剂，成功开发催化剂涂层制备关键技术，并通过助剂对催化剂涂层进行改性调控铜基规整结构催化剂的稳定性和活性，明确内扩散与表面反应之间的耦合行为。基于开发的规整结构催化剂进行模试研究，为该催化剂的工程化应用奠定基础，该技术达到工程化应用水平。主要发现和创新：①从根本上解决颗粒型催化剂存在的床层和内扩散阻力大、物料分布不均造成的温度场分布不均等缺点，从而提高反应活性与目标产品乙二醇的选择性。②开发铜基催化剂涂层涂覆关键技术与提高铜催化剂稳定性的助剂改性方案。③规整结构催化剂在草酸酯加氢制乙二醇选择性调控方面具有显著优势。发表论文15篇，其中SCI论文12篇，核心期刊4篇；申请专利6项，其中授权中国专利2项，授权美国和欧洲专利2项。

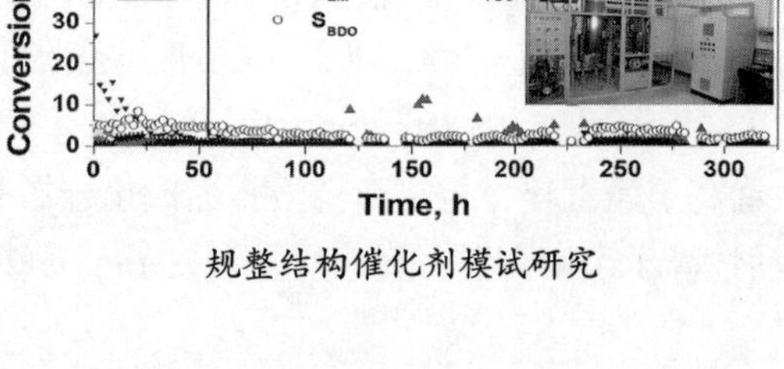

规整结构催化剂模试研究

地球 海洋

【莱曼α发射线星系的深度巡天观测研究】 天津师范大学完成的国家自然科学基金面上项目。项目将基于已经申请到和将要申请的国外大口径地面光学/红外望远镜时间，用天津师范大学设计和购买的中心波长在3928埃，带宽为70埃的窄带滤光片对选定的天区做窄带深曝光观测。结合已有的相邻宽带归档成像数据，将建立一个红移在2.23±0.03的莱曼α发射线星系（LAEs）样本。这一样本将比相近红移处莱曼α发射线星系的已有的观测深2～3倍。基于这一前所未有的深度曝光和高空间分辨率的LAEs样本，将对LAEs的尘埃消光、恒星形成率、恒星质量、星系形态、环境、面亮度分布等进行研究。进而对高红移的小质量、低恒星形成率的星系的恒星形成模式以及对总光度密度和恒星形成率密度的贡献做出观测限制。结合对近红外窄带观测选取的位于相同红移的Hα发射线星系的研究对红移2～3处的恒星形成星系有一个更为全面的认识。

（天津师范大学）

【小流域化学风化及迁移过程中Y、Ho分异机制研究】 天津师范大学完成的国家自然科学基金面上项目。Y/Ho比值在地球科学物源和过程地球化学研究中是重要的示踪指标，对于表生过程中Y、Ho分异机制的探讨是稀土元素地球化学理论体系建设的重要组成部分。对于海水Y/Ho比值明显大于陆壳的结果，到底来自于稀土自陆到海迁移的哪个环节还有较大的分歧，主要是缺乏对陆地化学风化和迁移过程中Y/Ho分异机制的系统认识。该研究拟采用ICP—MS和TIMS等分析技术，并结合颗粒物相态提取以及粒度分级提取等方法，通过对特定岩性的代表性小流域风化剖面、水/岩相互作用和水/土相互作用以及水体中Y/Ho分异行为进行研究，探讨小流域化学风化及物质迁移过程中Y/Ho比值的变化特征和可能的Y、Ho分异机制，判断小流域化学风化过程中对Y和Ho分异行为起控制作用的关键环节。最终为地表物质循环过程中Y/Ho分异机制的认识及其地球化学意义提供可供参考的研究结果，是对稀土元素地球化学示踪理论的适当补充。

（天津师范大学）

【不同植被类型对降水和土壤水分关系的影响研究】 天津师范大学郝永红、邹伯才团队、刘琦合作完成，是国家自然科学基金面上项目。其中，刘琦运用小波分析方法研究不同植被覆盖下的土壤水分与降水关系，撰写跨学科交叉融合学术论文“不同植被类型对降水和土壤水分关系的影响研究”，在美国《地球物理研究快报》（*Geophysical Research Letters*）刊发。卫星探测技术的发展促进了卫星遥感数据在地学领域的应用，卫星遥感数据的降尺度问题制约着遥感数据在地学领域的应用。基于不同植被类型覆盖下，不同深度的土壤水分的定位、定量研究是实现卫星遥感数据在地学研究应用的基础性工作。课题分析美国中部典型草地、林地和林地入侵草地后所形成的林草混合区等三种植被类型，揭示土壤水分在空间和时间上的变异性，以及降雨在表土和深层土壤中渗透的动态模式。其创新观点对复杂植被覆盖地区土壤水分的研究具有重要价值。

（天津师范大学）

【海洋中无色溶解有机物的光敏及生物降解的研究】 天津科技大学谢会祥主持完成的国家自然科学基金项目，2017年12月结题。该项目以实验室与现场结合方式，进行光敏剂稳定性测试、无色溶解有机碳（TDOC）相对含量推算、无色溶解有机物（TDOM）光化学与微生物降解动力学及其相互作用机制、长江口溶解有机物（DOM）光化学降解随温度、盐度和pH的变化以及光降解表观量子产率等研究工作。研究结果表明，硝酸（NO^{3-}）是一种合适的光敏剂，当NO^{3-}浓度达到50molL^{-1}时，能够显著催化降解有色溶解有机物（CDOM）和TDOM，而当NO^{3-}浓度为200molL^{-1}时，NO^{3-}对TDOM（同TDOC）的催化效率达到最高值。这一结果也进一步揭示，目前以陆源为主的河口和陆架海区DOM光化学活性结果显著受到NO^{3-}的影响，值得今后开展重构其与海源DOM相对活性的研究。2014年和2016年夏季分别对表层、叶绿素最大层和底层海水中DOM进行光化学与微生物降解现场培养。培养结果表明，光化学过程主要引起CDOM降解，而微生物既可以摄食CDOM，又能摄食部分TDOM，因此当光化学过程和微生物过程同时存在时，二者存在复杂的相互作用，既相互促进又相互竞争，在这一过程中，TDOM分解速率显著提高。此外，通过实验结果计算得到的TDOC相对含量在富里酸（代表陆源DOM）中最低，在外海海水（代表海源DOM）中较高，而在陆架海区处于中间值。在长江口，温度和pH能够显著影响CDOM光漂泊速率，而盐度的效应可以忽略不计；在长江口及邻近海域，CDOM光漂白速率约为DOC光降解速率的10倍。研究结果有助于从全新的视角进一步了解海洋碳循环机制，尤其是海洋DOM降解方面，主要包括：①在光敏剂催化和微生物作用下，TDOM可以同CDOM一样被分解；②在河口和陆架海区，NO^{3-}含量丰富，提高DOM光化学降解速率；③天然水体中，光化学过程和微生物摄食二者存在复杂的相互作用；④在温带河口和陆架海区，环境因子效应导致DOM光降解具有显著的空间和季节变化。

（李丽娜）

【中国海洋绿藻门刚毛藻目的分子系统发育学及其DNA条形码库构建】 天津师范大学完成的青年科学家基金项目。针对课题组在刚毛藻目海藻形态分类学研究过程中发现的具体问题，采用DNA

条形码和分子系统发育学相关技术，结合形态学比较分析，开展国内刚毛藻目海藻的表型及基因型融合的分类研究。主要内容包括：①通过野外调查，获得不同生长发育期、生境、生态类型的样品，并进行形态分类鉴定。②筛选合适的分子标记，设计引物并扩增目的基因片段，进行多序列比对，构建系统发育树。③分析国内海水刚毛藻目不同科、属、种及种下类群和生物地理株的系统发育及进化关系，整合其形态与分子特征，提出新的分类学观点和对问题物种的处理意见。④对获得的基因序列进行筛选，比较、分析、研究物种鉴定的典型表型特征和基因序列，建立刚毛藻目海藻DNA条形码分子识别体系。该研究结果有助于大型海藻物种的可靠及标准化快速鉴定平台的构建，有利于推动该领域与国际接轨和学科发展。（天津师范大学）

信息科学

【南开大学统计研究院年度科研工作简况】 南开统计学科为全国首批统计学一级学科博士点及博士后流动站之一，是全国首批应用统计专业硕士学位授权点之一，2017年9月，南开大学统计学入选“双一流”建设学科名单，在全国第四轮学科评估中，一级学科统计学南开大学统计学并列第三。科研项目及标志性学术论文：2017年，发表SCI论文近30篇，新增科研项目6项，总经费250万元，其中天津市人才发展特殊支持计划“高层次创新创业团队”1项，国家自然科学基金青年科学基金项目2项、国家自然科学基金面上项目2项，中国博士后科学基金面上项目1项。在研项目23项，总经费1360.06万元。其中国防“973”项目子课题1项、国家自然科学基金重点项目1项、国家自然科学基金重大项目1项、国家科技支撑计划子课题1项、国家自然科学基金优秀青年科学基金1项；学术讲座与短期课程：该院邀请国内外统计学专家学者访问交流、开展短期课程和学术讲座并举办学术会议。2017年度共举办学术讲座六十余场；举办四场学术会议：“数据科学与大数据技术论坛”“南开统计校友论坛”“南开概率统计论坛暨统计学一流学科建设咨询会”“南开生物统计青年学者论坛”“大数据与人工智能论坛”；外出交流与交叉学科研究：该院教师受邀赴境外参加国际学术会议并做邀请报告，包括“Stu Hunter Conference”“2017 Spring Research Conference”“中国现场统计研究会第十届全国会员代表大会暨2017学术年会”等。该院现有南开大学讲座教授10名，促进青年师生和海外著名高校的交流合作，杨建峰教授参加美国加州大学洛杉矶分校青年教师研修项目，邹长亮教授在美国宾州州立大学访问6个月。该院设置交叉学科办公室，进一步拓展与金融、环境、计算机、医药、生物等学科深入交叉，积极开展大数据方面的理论研究和实践应用，加强适应社会需求的大数据统计分析人才。

（周晓英）

【视觉感知方法及其在智慧城市交通中的应用】 天津天地伟业数码科技有限公司、天津理工大学、浙江工业大学陈胜勇、王景彬、杨淑莹、郑宇军、王志岗、刘凯、张剑华、高赞完成，获2017年度天津市科技进步二等奖，属于电子信息、计算机技术以及控制技术交叉学科，主要运用物联网、计算机视觉、模式识别、运筹学、云计算和网络技术进行研究开发。①城市智慧安监的主动视觉感知。以任务驱动方式实现联合分析、视觉规划、动态配置、行为识别、线索研判、疏导调度等感知和控制技术。②基于场景约束的适应性调整和资源调控方法。提出动态可重配感知技术，快速调用周围的监控资源，进行联合视觉分析。使得多目视觉自适应地对可疑目标和事件进行定位、关注、跟踪和分析。③基于生物视觉感知机理的目标识别和描述方法。研究生物自组织模型的个体和群体活动行为特征分析，基于生物视觉模型对车和人进行识别和活动描述。④构建云服务为基础的高效处理平台。实现大量数据和算法兼容的系统，使用云存储和云计算，实时检索，快速分析，实时响应危机，用创新的信息技术及时感知和控制城市交通和安防事件。对城市交通和安防采用主动视觉感知技术。以任务驱动方式，集成国际前沿的理论方法和实用的云服务，为完成复杂任务，研究视觉自适应调整、生物感知机理的视觉决策和时空线索研判、生物自组织模型的个体和群体活动行为特征分析等技术，使系统具备任务规划协调，信息融合分析，实现自主的风险预警及响应功能。

（天津天地伟业数码科技有限公司）

【图像紧致嵌套理论方法研究】 天津大学、中国科学院西安光学精密机械研究所，庞彦伟、李学龙、袁媛、冀中完成，获2017年度天津市自然科学三等奖。主要科学发现点：①面向大规模图像高效理解的重大需求：创建排序紧致嵌套理论框架，将不同程度的图像相关度信息纳入紧致嵌套系统，使图像排序结果更逼近人们的真实意图。据此建立基于超球相关性保持的紧致嵌套理论，能提取最优紧致嵌套语义特征；提出提取共性和个性主题的概率图主题模型，可从大规模图像数据库中选取最具代表性的图像；提出二值二维主成分分析理论，使训练复杂度指数级下降同时提升测试效率，为大规模高分辨率图像的高效紧致嵌套提供新途径。该工作被SCI引用129次。②面向小样本情况下图像识别泛化力低的难题：提出基于子空间函数的最近邻特征线紧致嵌套理论，将特征线和特征线距离均表示成子空间的函数，显著提升系统的泛化能力；构建Gabor区域协方差矩阵描述子，突破协方差矩阵不适合高质量图像识别的局限；提出基于聚类正则化的线性判别分析方法，在小样本情况下提高图像识别率。该工作被SCI引用233次。③面向遥感领域对高质量高光谱图像的重大需求，建立一套基于正则化的紧致嵌套方法：提出基于流形正则化稀疏非负矩阵分解的高光谱图像解混方法，充分利用高光谱图像嵌套低维子流形空间的特点，构建包含非负性、稀疏性和流形性的解混框架，显著提高高光谱图像的解混效果；提出基于图正则化的低秩紧致嵌套理论，在抑制高光谱图像条形噪声方面效果显著。该工作被SCI引用105次。

（天津大学）

【互联网环境中文言语信息处理与深度计算的基础理论和方法】 天津大学党建武主持完成的国家“973计划”项目。通过大量互联网聊天数据分析言语行为模式和意图表示的关系，揭示互联网环境言语交互的行为规律，发现互联网环境信息不完备情况下言语碎片的整合规则，创立互联网环境中文言语行为理论。以中文言语信息的深度理

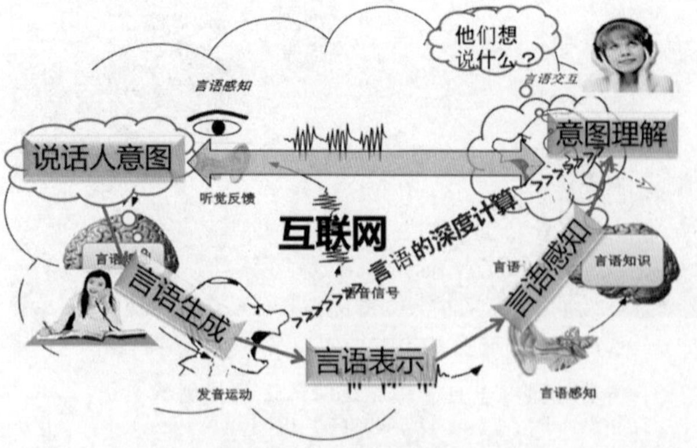

互联网言语信息表示模型

解为目标，融合传统的语言学、自然语言处理和言语工程的标注体系，构建新的中文言语信息表示体系；建立概念复合块、复杂句子话题链、语篇连贯性、对话行为等概念语义体系标注规范，形成一体化的计算描述框架。基于言语生成与感知机理以及个人信息在语谱上的分布，发现超越人类听觉生理制约的长时稳定语音个人特性参数，构建声纹识别标准体系，形成多项声纹识别的国家标准。在互联网环境中文言语信息深度处理方面，构造多模态言语行为特征集，形成新的融合词法、句法等多层信息的汉语语义整合框架，基于语义理解解析出言语的言内意、言外意以及言后意，实现言语的深度理解。在上述成果基础上，提出层次化互联网言语信息表示模型和复杂事件检测、挖掘与推演方法，研发的基于互联网言语信息的异常资金查控分析平台成功地应用在国家金融安全领域，获得巨大的经济效益。

【基于输出调节的非线性多自主体系统分布式协同控制研究】 南开大学天津市智能机器人技术重点实验室陈增强主持完成的天津市自然科学基金一般项目。项目针对非线性多自主体系统，研究分布式输出调节控制的系统化设计方法与分析理论。包括：研究多自主体控制系统的能控性和能观性理论；研究非线性多自主体系统分布式优化控制；提出针对非线性多自主体系统的分布式输出调节控制器并进行稳定性分析，提出针对非线性多自主体系统的分布式鲁棒输出调节控制器并进行鲁棒性分析；获得基于输出调节的非线性多自主体系统分布式协同控制的系统性的设计方法和理论分析结果，研制仿真软件平台以及硬件实验平台，将研究的理论与方法在多机器人编队控

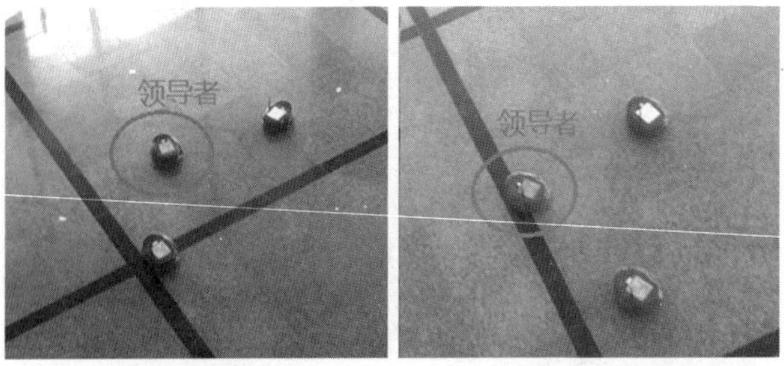

（a）t1时刻的编队　　（b）t2时刻的编队

移动机器人多自主体系统编队运动控制状态图：（a）t1=5s，（b）t2=15s

制中进行应用研究。主要发现和创新有：①提出基于鲁棒输出调节理论的非线性多自主体系统一致性与编队控制方法，并给出鲁棒性和稳定性证明。②提出基于扩张状态观测器（ESO）的自抗扰控制（ADRC）编队控制方案。③提出含有广义动态的异质多自主体系统的一致性控制协议并给出理论分析结果。④开发基于无线传感器网络的多自主体系统仿真软件平台和基于OpenCV的多自主体系统协同控制多机器人实验系统。研究结果在航空航天和机器人领域有重要应用价值。项目发表研究论文26篇，其中ESI高被引热点论文2篇，SCI论文16篇；申请软件著作权1项；培养博士后1名，博士8名和硕士16名；研究团队青年教师被评聘为正级高职称1名。获国家自然科学基金面上项目资助1项。

【面向脊髓损伤修复的三维生物打印系统研制】 南开大学天津市智能机器人技术重点实验室赵新主持完成的天津市自然科学基金重点项目。该项目研究小微器官受损部位的三维重建方法；研制高精度三维生物打印机；研制高精度气动注射系统，实现水凝胶流量精确控制；完成水凝胶气动注射系统与三维生物打印机的集成，并以含细胞的水凝胶纤维制备以及受损肝脏模型修复为研究

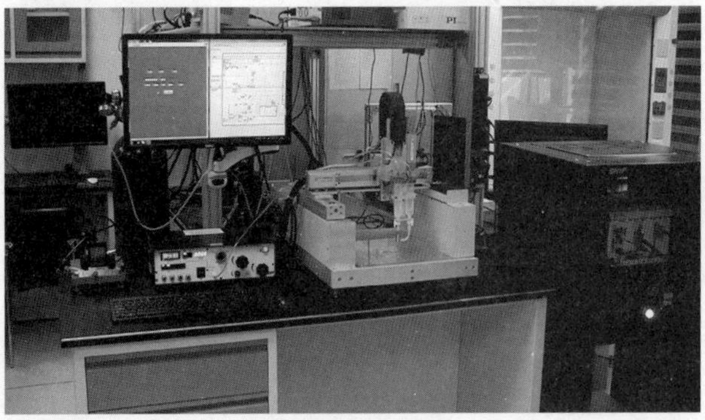

三维生物打印

对象，完成示范应用。主要发现和创新点：①小微器官受损部位高精度三维重建：提出利用器官残存部位的轮廓估算缺失部位的轮廓、利用放样重建缺失部位三维模型的重建方法；②三维生物打印机高精度运动控制：研制开源的高精度三维生物打印机，具备多种打印材料的可拓展性，并可以转换为高精度的非接触式三坐标测量仪；③凝胶微流量控制：利用高精度双阀压力控制器，实现气动注射系统压强的精确控制，保证水凝胶流量连续、稳定。项目发表研究论文20篇，其中SCI论文11篇；申请专利3项；培养博士研究生3名、硕士研究生4名。

【机器人视觉场景理解的条件随机场模型及算法研究】 天津理工大学天津市智能计算及软件新技术重点实验室张桦主持完成的天津市自然科学基金重点项目。研究语义分割、目标检测、目标及场景分类等二维场景目标解析快速算法，研究基于深度学习的场景理解算法及其优化，构建条件随机场模型，研究条件随机场的参数学习及推理算法；研究基于最小生成树的非局部聚合推理模型，及其在二三维信息转换中的应用；结合时序信息研究三维场景的建立及识别、理解，实现一致性约束下的机器人视觉场景理解。主要发现和创新：①提出一种基于分级判断的目标检测方法。②将条件随机场模型的平滑约束引入到深度学习框架中，提出平滑约束下的卷积神经网络损失函数，用于图像语义理解。③提出基于迭代颜色－深度最小生成树代价聚合的立体匹配算法，实现二三维信息转换。④提出一种新的3D特征描述符——NSHOT特征描述符及相应点云匹配算

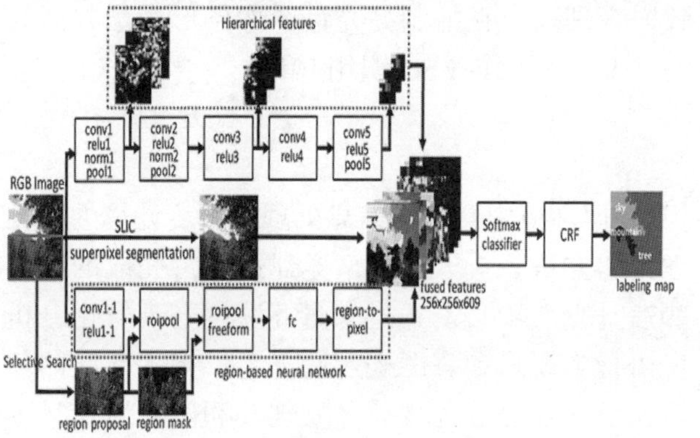

条件随机场模型

法，提出基于多特征的室内场景语义标注算法。发表研究论文16篇，其中SCI论文3篇，EI论文12篇；申请专利2项；申请软件著作权6项；撰写著作1部，培养研究生7名。

【多通道神经核团电信号编码分析系统的研究】 天津大学天津市过程检测与控制重点实验室于海涛主持完成的天津市自然科学基金青年基金项目。采用多电极阵列测取针刺足三里诱发的丘脑核团电信号，经过非线性分析提取特征参数，并建立针刺作用下丘脑核团神经元网络模型；基于同步和共振机理，研究刺激输入和噪声对神经元网络放电特性的影响，揭示丘脑核团对针刺电信息的神经编码机制；与实验相结合设计一个多通道神经核团电信号编码分析系统。主要发现和创新有：①获得针刺作用下丘脑神经元的放电特征和功能网络结构特征。②建立丘脑核团的小世界和模块化神经元网络模型。③发现丘脑核团对针刺电信息编码的同步放电和随机共振机制，并获得了经元网络结构和突触等因素对针刺神经编码的影响规律。④开发一个多通道神经元放电序列编码特征分析系统软件。项目发表研究论文20篇，其中SCI论文18篇；申请发明专利5项，授权发明专利1项；获得计算机软件著作权1项；培养博士2名、硕士3名；晋升副高级职称1人；获得中国中西医结合学会科学技术奖一等奖1项。

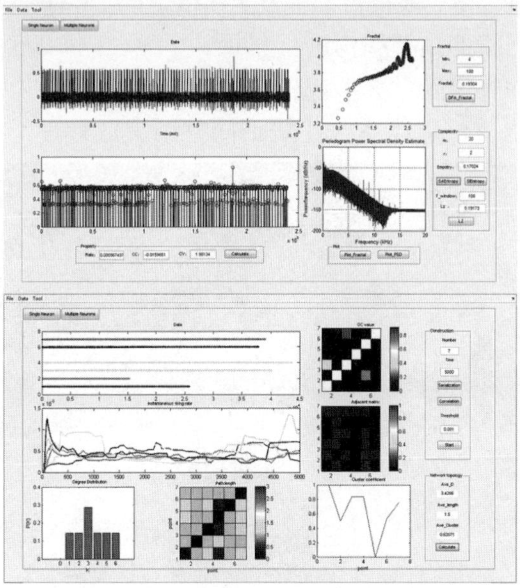

多通道神经元放电序列编码特征分析系统软件

【采用稀疏表示的大规模植物叶片图像分类关键技术研究】 天津科技大学计算机科学与信息工程学院张传雷主持完成的天津市自然科学基金一般项目。将稀疏流形学习算法引入到植物叶片分类中，用以提取植物叶片图像序列的鲁棒分类特征，来提高植物叶片图像分类的精度、速度和稳定性。在项目研究中，除了针对植物叶片图像，也针对植物病害叶片研究如何快速进行检测和分割方案。为了加速分类算法速度，研究基于CUDA的高效植物叶片图像并行分类算法，实现一个具有高识别率的实时植物叶片图像分类系统。同时，提出一种基于稀疏表示字典学习的植物分类方法，利用面向类别的字典学习求得超完备字典来计算待识别图像的稀疏表示，减少算法的计算时间，满足实时性要求，并且取得较高的识别率。主要发现和创新有：①针对植物叶片图像数据，提出OMMDP（正交最大间距判别投影）的降维方法。②针对基于叶片图像进行植物分类任务，提出一个新的权重度量方法和半监督正交判别投影（SSODP）降维算法。③提出基于局部判别切空间排列降维法（LDTSA）的叶片图像识别方法。④提出一种监督正交局部保持映射算法，并应用于基于植物叶片图像分类中。项目发表研究论文13篇，其中SCI论文10篇；申请专利3项；培养硕士2名；项目期间1名助教职称晋升为讲师职称。

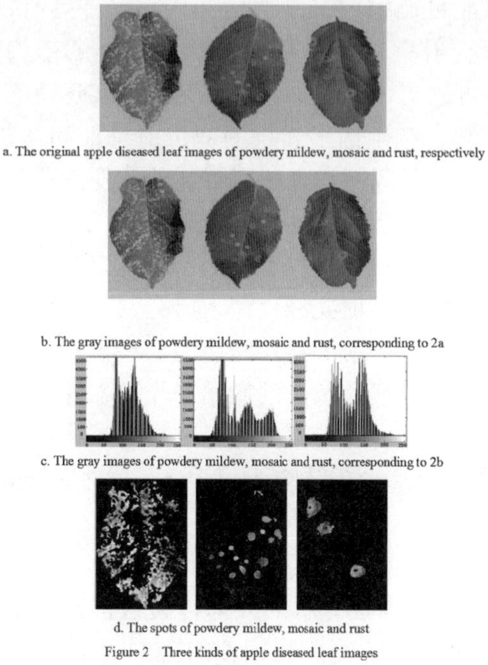

实时植物叶片图像分类系统

【混合无线网络中频谱资源优化和协同传输机制研究】 天津师范大学完成的国家自然科学基金面上项目。混合无线网络环境中存在频谱资源匮乏和传输环境恶劣的问题，这些问题对通信的有效性和可靠性带来极大的挑战。该项目拟研究混合无线网络中频谱资源优化方案和多用户协同传输机制，以满足未来混合无线网络为更多用户提供更高质量传输速率服务的需求。①分析衰落信道下混合无线网络容量的变化规律；②研究互质参数与信号频谱相关特性，优化信号频谱；③研究基于博弈论联盟结构的频谱资源和发射功率的联合分配方案；④研究混合无线网络中多用户协同传输机制。该研究得到频谱资源优化算法和多用户协同方案能够充分发挥混合无线网络的结构优势，有助于推动频谱资源优化和协同传输机制在混合无线网络中实际应用。

（天津师范大学）

【基于选择性填充微结构光纤双折射特性调控机理及其应用研究】 天津师范大学完成的青年科学家基金项目。微结构光纤是近年来发展起来的一种新型光纤，它独特的结构和特性扩展光纤的应用领域。其微纳尺度的空气孔为光、电、磁、热等可控的功能材料的集成提供便利，对研究微结构光纤中光与填充物质的相互作用规律以及研制高性能可调控的光纤通信和传感器件具有意义。将高折射率功能材料选择性填充入微结构光纤中，可以提出新颖的不对称结构，实现特殊的传导机制，产生诸多新奇的双折射特性和新机理，可以利用外场对功能材料性质的改变来调控微结构光纤的双折射特性，具有理论研究价值和实用意义。该项目首先提出并研制具有多种选择性填充结构的双折射光纤，深入研究其传导机制、模式耦合、双折射等特性间诸多物理机理和科学技术问题，开展对填充的微结构光纤在外场调控下传输、双折射等特性的理论、技术、物理现象和应用的研究，为研制新型可控光子器件提供空间。

（天津师范大学）

【基于混合属性分析的人体行为识别方法研究】 天津师范大学完成的国家自然科学基金面上项目。行为属性需要人为定义，因此很难保证完全描述行为类别的所有视觉信息。针对人为定义属性相对主观的问题，该课题拟研究利用混合属性（数据驱动属性和人为定义属性）对人体行为进行识别。①研究数据驱动属性的生成方法，拟提出语义约束模糊聚类方法，使数据驱动属性既与人为定义属性互补又能考虑特征点之间的时空关系。③充分利用混合属性的语义特征，拟提出属性约束弱监督多任务学习方法，建立底层特征、数据驱动属性、人为定义属性和行为类别之间的关系。③针对混合属性方法中无训练样本类别的分类问题，拟研究多任务学习框架下的零样本学习方法。该研究学习得到的模型可以充分挖掘语义信息，帮助提高属性方法的实用性。

（天津师范大学）

【空中交通冲突风险传播机理研究】 中国民航大学天津市空管运行规划与安全技术重点实验室王红勇主持完成的天津市自然科学基金青年基金项目。建立反映扇区内空中交通冲突特征的风险网络模型，研究基于网络科学的宏观空中交通冲突风险评价方法，形成扇区宏观冲突风险的精确化测度体系；基于Agent与复杂网络混合建模方法，构建扇区内冲突风险动态传播模型，研究风险传播与风险网络结构、热点风险区域演变等之间的相互影响机制，揭示宏观冲突风险传播机理。主要发现和创新有：①建立全面反映扇区交通特征的宏观冲突风险评价体系。基于复杂网络理论，从航空器、航空器群、整个网络3个粒度对冲突风险网络的拓扑结构进行分析，全方位刻画扇区宏观冲突风险。②形成较为完备的空中交通冲突风险传播机理体系。建立不同空中交通管理策略、

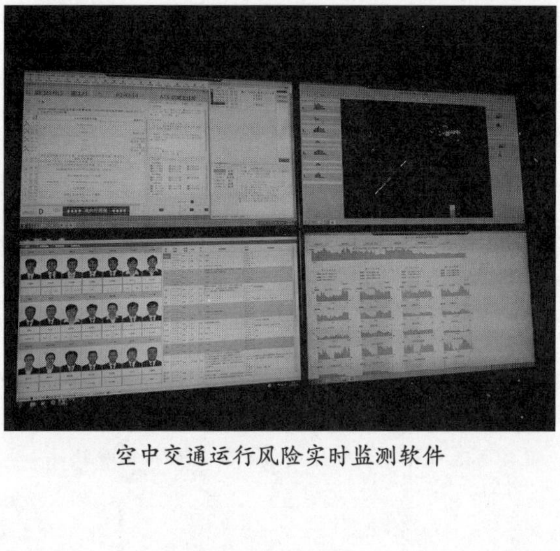

空中交通运行风险实时监测软件

不同交通拓扑特征与冲突风险传播的动态影响范式。③基于核心技术研发一套空中交通运行风险实时监测软件，成功应用国内空中交通管理服务单位，为提高该单位的空中交通安全管理水平提供有力支撑。项目发表研究论文10篇，其中SCI论文3篇，国际空管领域顶级会议最佳论文奖1篇；申请专利2项；培养博士1名，硕士3名；培养天津市“131”创新型人才培养工程第三层次1名；研发空中交通运行风险实时监测软件1套；成功申报国家自然科学基金1项。

【云计算课程共享型教学资源库建设研究】 天津电子信息职业技术学院齐虹、崔宝才、孙健、闫明等承担的中国教师发展基金会“十三五”规划全国重点课题，2017年9月结题验收。课题研究成果在中国教师发展基金会“十三五”规划全国重点课题研究成果评选中获一等奖。由于教学资源库采用资源碎片化设计模式，任课教师从教学知识点、技能点中选取个性化的教学资源进行多样化的组课。利用课程资源池可以由专业教师组成多门课程，推广应用于不同专业。通过研究推动高职学院专业教学资源库的建设，充分体现“互联网+教育”的教学信息化理念，提升学生学习积极性。《云计算及其应用》教学资源库课程在智慧职教平台上应用推广。

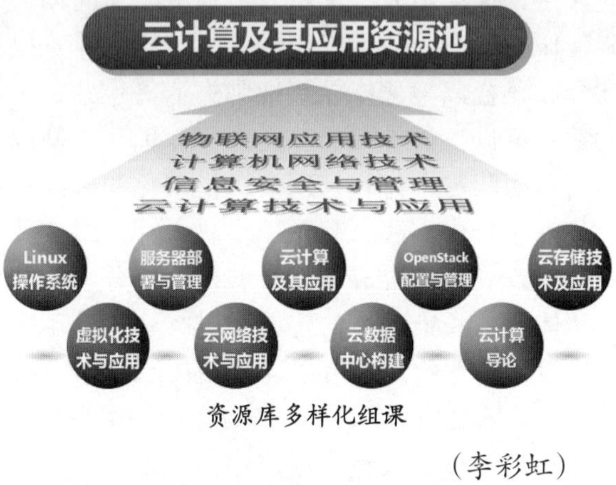

资源库多样化组课

（李彩虹）

生命科学

【南开大学生命科学学院年度科研工作简况】 2017年南开大学生命科学学院在职教职工162人，拥有教授/研究员66人、副教授/副研究员32人、讲师8人。中国科学院院士1人，教育部“长江学者奖励计划”入选者11人，国家杰出青年基金获得者10人、国家优秀青年科学基金获得者6人、教育部（跨）新世纪人才计划入选者16人、天津市131创新型人才工程项目第一层次入选者2人、南开大学“百名青年学科带头人培养计划”入选者11人，形成一支实力强、水平高、学科齐全、结构合理的学术队伍。2017年在研纵向项目163项、横向45项，其中纵向项目包括：国家级121项、省部级37项、校级4项、地市级1项。包含重点重大项目35项、优青3项。获得国家重点研发计划首席科学家2项，分别是沈月全教授牵头的“线粒体内膜膜蛋白结构研究的新方法及应用”项目和孔德领教授牵头的“新型响应性智能水凝胶的设计、制备及工程化技术”项目。共申报国家自然科学基金48项，获批15项，资助率31.25%。其中，申报国家自然科学基金委面上项目28项，获批11项，资助率39.3%。获国家自然科学基金委青年科学基金项目4项。获天津市应用基础与前沿技术研究计划项目9项，其中青年项目1项，一般项目2项，重点项目6项。全年总到位经费6031万元，以南开大学为第一单位共发表SCI第一或通讯署名论文188篇，其中影响因子大于5的文章43篇，影像因子大于9的文章6篇，多数发表在*Nature Communications*、*Advanced Science*、*Journal of the American Chemical Society*、*Trends in Genetics*、*Hepatology*、*Proc Natl Acad Sci USA*等国际顶级杂志，获得授权专利6项。韩际宏教授获2017年度高等学校科学研究优秀成果奖（自然科学奖）二等奖；王春国副教授获天津市科技进步二等奖；陈凌懿教授获2017年天津青年科技奖；郑乐怡教授获第二届“中国昆虫学会终身成就奖”。马挺研究员牵头的天津市生物基材料绿色制造工程技术中心获批筹建。组织召开学院三个天津市重点实验室年度学术会议，为下一年度天津市基金申请打下良好基础。学术交流方面，2017年度累计邀请近60位国内外知名生物学家做短期访学和交流合作，同时派出60人次赴国外及港澳地区开展合作研究、参加学术会议、进行访问考察及短期讲学等。举办病原菌致病耐药机制论坛、京津冀地区遗传学博士生论坛及学术交流会、第四届京津冀植物分子生物学博士生会议、2017年“组织工

程”博士生学术会议、生命科学学院第十届学术交流会议。（吝春红）

【南开大学药学院年度科研工作简况】 2017年南开大学药学院获国家自然基金项目5项，其中国际（地区）合作与交流项目1项，联合基金项目1项，面上项目1项，青年项目2项，资助经费共计363.6万元。获得横向项目7项，经费共计195.588万元。到账经费共计857.112万元。发表各类论文共70篇，其中SCI收录69篇。提交专利申请16项，获得专利授权5项，其中杨诚、白钢、王鹏、王彬、尹正课题组各1项。陈悦课题组在《德国应用化学》（*Angewandte Chemie International Edition*）发表最新的研究成果“Cyclic Depsipeptide BE—43547A2:Synthesis and Activity against Pancreatic Cancer Stem Cells”。药学院“肿瘤免疫药物国际联合研究中心”获天津市第三批国际科技合作基地认定。2017年药学院总共举办15场高水平的学术报告，报告人均来自国内外知名专家学者和著名医药企业的负责人。2017年8月，张泉获“第二十届—中国药学会—施维雅青年药物化学奖”，2017年10月，郭宇获“2017年天津市创新人才推进计划青年科技优秀人才”荣誉称号。（曹　曼）

【动脉粥样硬化干预靶点与机制研究】 南开大学韩际宏、张智松、段亚君、陈元利、杨潇潇、李小菊、孙蕾等完成，获教育部2017年度高等学校科学研究优秀成果奖（科学技术）自然科学二等奖，属生物医药领域的前沿研究。在国家“973计划”等资助下，系统阐明动脉粥样硬化发展过程中的关键靶点与机制与治疗策略。①课题组针对巨噬细胞泡沫化进行深入探索并提出细胞外调节蛋白激酶ERK1/2抑制剂和肝X受体激动剂组合疗法，二者组合能够降低肝X受体激动剂剂量、从而抑制甘油三酯的合成、促进其代谢进而避免肝X受体激动剂的副作用。该方法在模式动物中具有极其显著的疗效，不仅显著抑制动脉粥样硬化形成，而且能够促进成熟动脉粥样硬化斑块消退；②首次发现肝X受体刺激干扰素γ表达、发挥调节炎症和抑制肿瘤生长的作用。虽然干扰素γ属促炎因子，但肝X受体刺激干扰素γ表达并不影响其激动剂的抗动脉粥样硬化功能。发现一些抗肿瘤药物通过抑制巨噬细胞泡沫化发挥抗动脉粥样硬化作用，揭示脂代谢异常相关疾病与肿瘤之间存在共同作用靶点，为不同重大疾病防治提供理论基础；③首次发现肿瘤坏死因子超家族成员TNFSF15是内皮祖细胞EPC支持的血管新生过程中关键负调控因子，具备良好的抗肿瘤或血管畸形类疾病的临床应用前景，后续研究显示其对动脉粥样硬化起始阶段的内皮损伤修复具有积极作用。该项目全面系统地揭示动脉粥样硬化发展过程中非降脂的关键新靶点与调控机制，相关成果发表在*PNAS*、*Arterioscler Thromb Vasc Biol*等期刊。经检索10篇代表作SCI他引121次，其中*Nat Rev Cancer*、*Circ Res*、*Cancer Cell*、*Cell Metab*、*Sci Signal*等期刊多次引用、发表亮点评论或编辑推荐。项目主要成员多次获邀在国内外大型学术会议上作相关主题发言。该项目推动学科建设和人才培养，项目组1人入选长江学者、“973”首席科学家（2014年顺利结题），2人入选天津市“131”人才计划，1人入选天津市创新人才推进计划青年科技优秀人才。（吝春红）

【酵母长染色体的精准定制合成】 基因组设计合成是对基因组进行全新设计和从头构建，能够按需塑造生命，开启从非生命物质向生命物质转化的大门，推动生命科学研究由理解生命向创造生命延伸。然而，基因组合成面临长染色体难以精准合成、合成染色体导致细胞失活等难题。天津大学元英进、清华大学戴俊彪、深圳华大基因杨焕明等团队与合作者利用多级模块化和标准化人工基因组合成方法，基于一步法大片段组装技术和并行式染色体合成策略，实现由小分子核苷酸到活体真核长染色体的定制合成，建立基于多靶点片段共转化的基因组精确修复技术和DNA大片段重复的修复技术，设计构建4条酿酒酵母长染色体，实现真核长染色体合成序列与设计序列的完全匹配；原创性地建立基因组缺陷靶点快速定位方法，提供表型和基因型关联分析的新策略，通过缺陷靶点的定位与排除，解决合成基因组导致细胞失活的难题；在此基础上，构建人工环形染色体，为当前无法治疗的染色体成环疾病发生机理和潜在治疗手段建立研究模型。该研究为深化理解生命进化、基因组与功能关系等基础科学问题提供新的思路。相关研究进展以4篇论文形式在《科学》发表。*Science*同期发表专文评论，*Nature*、*Nature Biotechnology*、*Nature Reviews Genetics*、*Molecular Cell*等多个期刊均发表专文或亮点介绍。

（天津大学）

【内皮细胞示踪的研究】 南开大学丁丹课题组在内皮细胞示踪方面的研究取得重要进展，该项目的一项研究成果“Amplification of Near-infrared Fluorescence in Semiconductingpolymer Nanoprobe for Grasping the Behaviors of Systemicallyadministered Endothelial Cells in Ischemia Treatment”于2017年8月2日在线发表*Biomaterials*杂志。功能细胞特别是内皮细胞的体内示踪一直是细胞治疗领域的一个重要的科学问题。该项目制备基于半导体共轭高分子的纳米探针并将其应用于内皮细胞示踪的研究中，合成一种近红外发光的共轭高分子。为提高其在近红外区域的发光强度以及在水中的荧光量子产率，该项目选取另一种共轭高分子（命名为PFBD）作为荧光共振能量转移的给体。将PFDBD10与PFBD共同包裹在同一个纳米尺寸的共轭高分子纳米微粒中，通过荧光共振能量转移，实现PFDBD10的近红外发光增强53.7倍，所制备的近红外发射的共轭高分子纳米探针在水中的荧光量子产率高达47%。该项目将该共轭高分子纳米探针应用于内皮细胞的体内示踪中。首先将共轭高分子纳米探针在体外标记内皮细胞，然后将标记后的内皮细胞通过尾静脉或股动脉注射入患有下肢缺血疾病的小鼠中，可以通过荧光成像清晰地观察到内皮细胞随着时间在下肢缺血疾病部位的归巢。通过共轭高分子纳米探针的标记，还能够清楚地观察到内皮细胞在疾病部位形成新生血管，并以此方式来治疗下肢缺血。此外，由于所制备的共轭高分子纳米探针在近红外区域具有很高的亮度，共轭高分子纳米探针最少能够准确示踪通过股动脉注射的2000个内皮细胞。在相同实验条件下，Qtracker655和PKH26无法示踪这么少的细胞。这一结果证实该项目制备的共轭高分子纳米探针在细胞体内示踪方面的优越性。该项目受到国家自然科学基金和国家重点基础研究发展计划等资助。

（客春红）

【集成单细胞分析技术可同时检测同一细胞的转录组和端粒长度】 端粒（Telomere）是位于染色体末端的重复序列，其长度的维持对基因组稳定性至关重要。端粒长度异质性已经被广泛报道与肿瘤的形成密切相关。然而，现有的端粒长度检测技术均要求较多的起始细胞数，并且很难在单细胞水平上对端粒长度进行准确定量。近几年，单细胞组学新技术（包括转录组、基因组、表观组等）层出不穷并被用于揭示细胞的异质性，但是还没有一种技术可以在同一个细胞中同时对转录组和端粒长度进行关联分析。南开大学生命科学学院/药物化学生物学国家重点实验室刘林教授课题组联合同济大学医学院李思光教授研究团队在单细胞组学研究中获得重要进展。该成果在线发表*BMC Biology*。该研究首次建立可以在单细胞水平上同时对端粒长度和转录组进行准确检测的集成新方法（scT&R－seq），其原理是通过特异性的磁珠对单细胞的mRNA和gDNA进行高效分离后，按照单细胞Smart－seq2技术，将mRNA反转成cDNA并扩增后进行转录组测序分析；单细胞端粒长度则通过端粒序列特异性引物和内参序列引物对gDNA进行预扩增后再用qPCR进行定量获得。利用该新技术对人多能干细胞进行分析发现多能干细胞端粒长度与细胞多能性状态正相关，长端粒细胞群的糖酵解信号强且表达更高水平的真正多能性基因，而短端粒细胞群代谢主要依赖氧化磷酸化且多能性基因表达较低。通过该技术刘林教授课题组发现多能性基因NANOG、ZFP42/REX1、PRDM14以及Shelterin复合物基因TERF1/TRF1的表达与端粒长度显著正相关，并通过CRISPR/Cas9技术验证了TERF1/TRF1与端粒长度的相关性。此外，一些与端粒长度显著相关的新基因也被发现，包括MELK、MSH6和UBQLN1。这一集成单细胞技术在单细胞水平上精准的对端粒长度和转录组状态同时进行关联分析，认识端粒长度调控的潜在机制和意义，进一步用于研究发育过程中细胞分化机制，肿瘤的异质性形成和筛选抗肿瘤药物。该研究得到刘林教授主持的国家国际科技合作专项的资助。

（客春红）

【自身免疫缺陷疾病研究取得重要进展】 南开大学药物化学生物学国家重点实验室、生命科学学院沈月全教授团队在免疫细胞休眠的分子机制方面取得重要进展，其研究成果“Calmodulin Dissociates the STIM1－Orai1 Complex and STIM1 Oligomers”于2017年10月19日在线发表*Nature Communications*。免疫细胞是指生物体参与免疫应答或与免疫应答相关的细胞，是生物体防御病毒、细菌和其他病原体入侵的卫士。其激活和休眠状态的转换调节是细胞发挥功能非常重要的方式。人体免疫细胞的功能紊乱和免疫缺陷疾病密切相关。沈月全教授团队通过七年的潜心研究，利用多种先进的生物技术，研究发现受到外部刺激激活后的细胞（特别是免疫细胞），能够利用细胞内钙离子信号传导网络，关闭细胞表面的钙离子通道，从而使得激活态的细胞恢复到静息态。其研究结果对于自身免疫缺陷疾病的防治具有重要的指导意义和广泛的应用前景。该研究成果是沈月全教授团队和南开大学元素有机化学国家重点实验室苏循成教授团队以及药物化学生物学国家重点实验室杨雪副研究员合作完成。沈月全教授实验室博士研究生李欣和吴广彦为共同第一作者。

（吝春红）

【干细胞分化产生的免疫原性与免疫耐受诱导】 天津医科大学施福东主持完成的国家“973计划”项目。该项研究以阐明iPSC分化细胞产生免疫原性的机制及探讨通过基因手段避免或降低免疫原性的产生为研究主线，以寻找并鉴定免疫原性分子的种类及特点，明确hiPSC在分化过程中是否产生于小鼠iPSC类似的免疫原性和建立抑制免疫排斥和诱导免疫耐受的策略为重要切入点，通过分子生物学及多学科交叉结合疾病模型等多种途径，对iPSC在分化细胞产生免疫原性的关键环节特别是关键分子靶点及网络进行系统和全面的研究，并利用分子生物学及疾病模型等方法和技术加以验证和补充，为多能干细胞应用于临床细胞替代治疗提供重要的实验依据。项目的创新点：①基于目前多能干细胞替代治疗过程中存在的免疫排斥重大科学问题，以疾病的细胞替代治疗为出发点，重点研究人多能性干细胞在分化过程中免疫原性变化规律及探讨诱导免疫耐受的策略，为解决人的多能干细胞应用于临床治疗提供更可靠的实验基础。②研究多能干细胞衍生细胞的免疫和耐受问题和评估移植的有效性和可行性着重于多能干细胞分化的神经干细胞并在神经系统疾病模型中进行。③着眼干细胞与转化医学前沿问题，充分体现前瞻性和战略性，具有很高的研究起点和可行性，研究结果填补国内空白并在国际上占领干细胞免疫研究领域中的新高地。在*Cell Stem Cell*、*Immunity*、*PNAS*、*JAMA Neurology*、*Neurology*、*American J Transplant*等杂志共发表论文50余篇；申请专利6项；培养博士后、博士及硕士研究生68人。

揭示在中枢神经系统自身免疫性疾病下炎症微环境影响神经修复

【囊胚中Hippo调控新机制】 南开大学生命科学学院、药物化学生物学国家重点实验室的陈凌懿教授课题组在着床前胚胎中Hippo信号通路的调控机制方面取得突破，该成果2017年11月发表*Development*。Hippo信号通路是调控滋养层细胞和内细胞团细胞分化的重要信号，但其在囊胚中的调控机制未明。陈凌懿教授课题组应用一个小规模的抑制剂/激活剂文库进行筛选，发现Rho在滋养层细胞中抑制Hippo信号，而PKA则在内细胞团中激活Hippo。Rho通过阻止Amot和Nf2之间的相互作用来抑制Hippo。活性的Rho抑制Amot的176位丝氨酸的磷酸化，从而促进Amot和F－actin之间的结合，并阻止Amot和Nf2之间的相互作用。此外，Rho还可结合到Amot的coiled－coil结构域上，来减弱Amot和Nf2之间的相互作用。这些新发现的机制有别于现有的观点——Rho通过调控细胞骨架的动态组装或细胞极性来抑制Hippo，加深对胚胎发育的分子机制的理解，对优生优育有重要指导意义。此外，陈凌懿课题组在家族性非髓样甲状腺癌的遗传学研究中取得新进展。应用家系连锁分析和外显子组测序，在一个家族性非髓样甲状腺癌家系中找到一个致病基因C14orf93（陈凌懿教授课题组将之命名为RTFC）。RTFC及其突变体促进饥饿条件下甲状腺肿瘤细胞的存活，以及甲状腺肿瘤细胞的迁移能力和克隆形成能力。另外，Rtfc可促进胚胎干细胞的体外甲状腺分化；敲除Rtfc小鼠能够存活和繁殖，敲除Rtfc并不影响甲状腺的形态和大小，但Rtfc敲除的雌性小鼠的血清中T4水平略有下调，展现出轻度的甲减表型；然而Rtfc敲除的雄性小鼠没有甲减表型。这些工作发表在*Biochem Biophys Res Commun*、*Scientific Reports*上。以上研究得到国家自然科学基金优青和面上项目、以及天津市应用基础与前沿技术研究计划的资助。陈凌懿教授获2017年天津市青年科技奖。

（吝春红）

【肿瘤干细胞在实体肿瘤发展中的调控机制研究】 南开大学向荣主持完成的国家“973计划”项目。重点研究CSCs的分离、识别及其分子调控特征、TME中“Niche”细胞如何通过与CSCs相互作用达到维持CSCs的特性，如自我更新、高水平表达耐药基因、病毒致瘤蛋白在CSCs介导的放疗抵抗中的作用及机制以及设计和筛选出一批靶向肿瘤CSCs的化学小分子候选物。项目组在前沿性科学研究基础上，重点将研究成果与临床需要紧密结合，积极将研究成果进行转化，在药物分子设计新方法、针对肿瘤干细胞多个信号通路和关键调控分子的新型靶向小分子的发现等方面研究处于国际前沿，经过5年研究，发现1个具有良好开发前景的抗肿瘤候选药物SKLB816，该候选药物进入临床前研究。申请国际PCT专利，并转让到国内制药公司。发现SKLB816是针对Fra—1的小分子靶向药物，是国内外第一个靶向Fra—1的小分子候选药物，有可能成为First—in—Class类抗肿瘤干细胞药物。项目实施将加强中国在CSCs领域的研究平台条件和人才团队建设，在CSCs研究领域取得突破，推动肿瘤学等相关学科发展。发表高水平SCI论文72篇，其中国际杂志发表论文2篇；申请国家发明专利19项，国际PCT专利3项，获国家发明专利授权9项；培养博士后9名、博士研究生43名、硕士研究生63名；举办2次全国/国际性CSCs基础理论学术研讨会，开展2项国际合作项目。

【“聚集诱导发光”（AIE）新应用：肿瘤细胞的放疗增敏】 南开大学丁丹课题组、南京医科大学李晓林和香港科技大学唐本忠院士课题组在“聚集诱导发光”新应用——肿瘤细胞的放疗增敏方向的一项研究成果——“Mitochondrion — Anchoring Photosensitizer with Aggregation — Induced Emission Characteristics Synergistically Boosts the Radiosensitivity of Cancer Cells to Ionizing Radiation.”，于2017年2月13日在线发表*Advanced Materials*。由于肿瘤细胞对放射治疗产生耐受性常导致放疗的失败，研究人员开发多种增敏剂，使癌细胞对放疗更敏感。评价放疗增敏剂效果的重要指标是SER10，其值越高说明增敏剂的增敏能力越强。然而，目前无论是临床化疗药物，还是金纳米粒子的放疗增敏效果均不佳。该项目设计一种基于“聚集诱导发光”（Aggregation—inducedemission）特性的线粒体靶向放疗增敏剂DPA—SCP。在DPA—SCP的设计中采用AIE荧光材料，克服传统光敏剂聚集诱导荧光淬灭和无法在聚集态有效产生单线态氧等问题。DPA—SCP在水相环境中荧光信号很弱，而在靶向到肿瘤细胞的线粒体之后能够产生极强的荧光。此外，聚集在肿瘤细胞线粒体中的DPA—SCP在白光照射下能够有效产生单线态氧，在线粒体中形成氧化环境，增强肿瘤细胞对放射治疗敏感性。通过优化条件，例如调节白光功率等，DPA-SCP在线粒体中产生的单线态氧对肿瘤细胞本身并没有实质性的杀伤作用，一旦与放射治疗联手，便能发挥远优于传统增敏剂的协同治疗效果。细胞克隆实验表明，DPA—SCP对肺癌A549细胞放疗增敏的SER10值高达1.62。相同条件下，金纳米粒子的SER10值为1.19，化疗药物紫杉醇的SER10值为1.32，证明DPA-SCP出众的放疗增敏效果。由于DPA—SCP对肿瘤细胞无杀伤作用甚至也不会引起肿瘤细胞凋亡，该团队将此协同方式命名为“0+1＞1”。为进一步探究其机制，研究团队分析肿瘤细胞中凋亡存活通路中关键蛋白水平变化。通过实验发现将DPA—SCP光照处理后再进行放的实验组，其PI3k/Akt和MAPK

两条促存活通路蛋白p—Akt和p—ERK均降低，而相应凋亡通路蛋白Bax，Bad，Caspase—3等水平明显上调。结果表明DPA—SCP光照产生的单线态氧与放疗在肿瘤治疗当中有很好的协同效果。该实验结果与细胞克隆实验相互验证，从机理上进一步做出阐释。该研究得到国家“973计划”项目和国家自然科学基金项目等资助。

（吝春红）

【癌细胞精确诊断和协同放大紫杉醇抗癌效果的研究】 南开大学丁丹教授课题组和香港科技大学唐本忠院士合作，基于“聚集诱导发光”性质的荧光探针，对癌细胞精确诊断和协同放大紫杉醇抗癌效果方面进行研究，该项研究成果——“AIE-gen－based Theranostic System: Targeted Imaging of Cancer Cells and Adjuvant Amplification of Antitumor Efficacy of Paclitaxel.”于2017年1月在线发表*Chemical Science*杂志。诊疗一体化，因其将影像诊断和疾病治疗有机的整合在一起，能够同时实现两种功能而广泛受到研究者的关注。在各种影像诊断体系中，荧光成像体系因其灵敏度高，生物安全性好，价格便宜而显出极大优势，同时很多荧光材料具有产生活性氧簇（ROS）的能力，从而发挥特定的治疗功效。传统的荧光材料在聚集状态下会产生荧光淬灭，减弱产生ROS的能力，限制荧光材料的使用浓度，使得治疗功效不能有效发挥。在新型诊疗体系中采用“聚集诱导发光”（Aggregation-induced emission；AIE）材料来制备新的诊疗体系。这种材料在聚集状态下能够有效产生ROS，其发光机制为限制分子内苯环旋转。该项目利用这种AIE荧光材料合成一种可实现诊疗一体化的荧光探针：TPE－Py－FFGYSA，其中TPE—Py为具有AIE性质的荧光分子，其能够在聚集状态下发出明亮荧光并且有效产生ROS，FFG三肽序列能够诱导探针在疾病部位实现有序自组装，提高探针的灵敏度和ROS产率，YSA为肿瘤细胞靶向序列，是实现诊断治疗的重要基础。其中值得关注的是该新型诊疗体系所发挥出的“辅佐”性质的功效。也就是说其本身产生的ROS不对组织细胞造成任何实质性的杀伤或引起细胞凋亡，而在同一线化疗药物紫杉醇的联合使用下能够极大的放大紫杉醇的抗癌效果，将紫杉醇杀伤人前列腺癌细胞的半致死浓度从75.9纳米提高到了7.8纳米，命名为“0+1>1”的协同治疗。该项目开发出一种新型的诊疗体系，为癌症的治疗提供新思路，得到国家重点基础研究发展计划和国家自然科学基金项目资助。

（吝春红）

【自噬在异硫氰酸酯抑制肺癌细胞生长中的作用机制研究】 天津医科大学总医院天津市肺癌转移与肿瘤微环境重点实验室徐克主持完成的天津市自然科学基金重点项目。项目组在前期工作基础上，运用体外细胞模型和体内裸鼠模型，研究异硫氰酸酯诱导肺癌细胞自噬作用，明确自噬在异硫氰酸酯抑制肺癌细胞生长作用中所起的保护细胞的作用；并进一步探讨其作用机制，包括通过诱导内质网应激反应诱导自噬，通过激活Akt信号通路保护细胞。该研究还探索通过抑制自噬增强异硫氰酸酯抗癌作用的策略。主要发现和创新有：①在国际上首次报道异硫氰酸酯在抑制肺癌细胞生长的同时还诱导自噬，且自噬起保护细胞的作用。②机制研究表明，异硫氰酸酯通过激活内质网应激反应诱导自噬。③体内研究进一步验证异硫氰酸酯诱导保护性自噬，且保护性自噬的发生是由内质网应激介导的。④该研究还发现，异硫氰酸酯诱导的保护性自噬可维持肺癌细胞的侵袭迁移能力；抑制自噬可进一步增强异硫氰酸酯抑制肺癌细胞侵袭迁移的能力。项目发表研究论文8篇，其中SCI收录论文4篇，国内论文4篇；

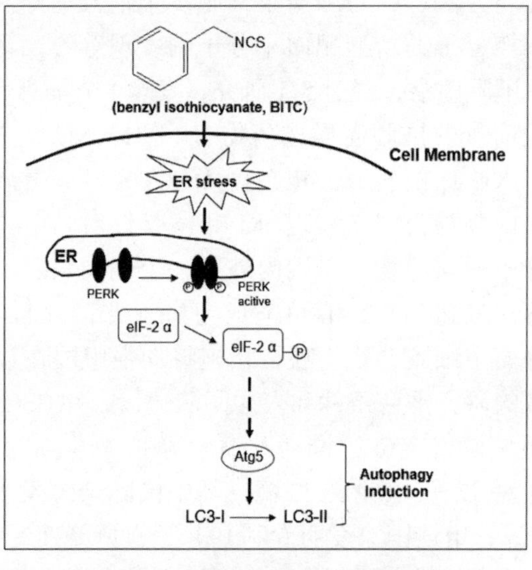

异硫氰酸酯诱导肺癌细胞自噬的作用机制

在海外出版英文学术专著1部；培养博士研究生1名，硕士研究生1名。

【化疗—光热疗一体化壳聚糖—纳米金杂化药物制剂肿瘤治疗机制的研究】 中国医学科学院生物医学工程研究所张其清等承担完成的国家自然科学基金面上项目，2017年2月结题。课题组结合多糖纳米药物载体构建和纳米金可控制备的研究基础，完成一系列含巯基的壳聚糖衍生物的合成，和壳聚糖纳米粒子、壳聚糖—金纳米棒组装体、杂化药物载体的构建，并对其形貌、组装机理、偶联效果、稳定性及其在SERS效应方面的应用进行研究；以阿霉素为模型药物构建杂化药物制剂，并就其释药行为、近红外响应性、细胞摄取、细胞毒性、体内外肿瘤抑制和杀伤的效果进行系统的研究；在相关研究基础上获得抗肿瘤药物制剂，在光热疗—化疗一体化联合治疗肿瘤方面取得明显进展。该课题不仅为恶性肿瘤治疗研究出新型杂化药物制剂，而且在杂化生物材料的制备方法、扩展纳米金在生物医学领域的应用上取得进展。以纳米金为基础，成功合成新型纳米金—丝素蛋白多功能杂化微囊，在调控其通透性的同时赋予微囊无机纳米粒子特殊的光学性质以及DNA的多种生物学功能；以纳米金为基础设计的检测传感器，可以特异性检测三聚氰胺、Hg^{2+}离子、茶碱分子等，大大提高检测的灵敏度，检测限分别达到1纳米，0.1纳米，0.05微米；建立比色法测定聚乙二醇和聚乙烯亚胺分子量的方法，PEG分子量在600Da到20000Da和PEI在800Da到750000Da范围均符合线性关系，纳米金用于生物传感器的应用范围得到扩展。科研人员研制的力学性质可调、微观形貌可控的杂化生物材料的制备方法，可作为纳米金—壳聚糖抗肿瘤药物制剂应用于光热疗—化疗联合治疗肿瘤的科学依据，扩展纳米金杂化材料在生物医学领域的应用。项目执行期间，在Nature系列杂志等发表研究论文19篇：其中SCI收录论文17篇（总IF=64.789）；EI收录论文1篇；国内核心期刊论文1篇；授权发明专利4项；培养硕士、博士研究生4名。

（段炳柱）

【激活脂联素受体调控PCSK9的机制研究】 南开大学生命科学学院/药物化学生物学国家重点实验室韩际宏团队与多单位合作在激活脂联素受体调控PCSK9机制方面的研究取得重要进展，研究成果2017年发表在动脉粥样硬化领域顶级期刊*Arterioscler Thromb Vasc Biol*。前蛋白转化酶枯草溶菌素9（proprotein convertase subtilisin/kexin type9，PCSK9）是治疗动脉粥样硬化的靶标之一。它主要由肝脏产生，经过剪切后分泌到循环系统中。PCSK9会促进低密度脂蛋白受体（low—density lipoprotein receptor，LDLR）进入溶酶体中降解，导致肝细胞对血液中低密度脂蛋白胆固醇（LDL—cholesterol，LDL—C）的吸收和代谢减少。因此，血浆中LDL—C水平的上升和冠心病风险的加大与高水平的PCSK9或PCSK9功能获得性突变正相关。相反，低水平的PCSK9或PCSK9功能缺失性突变可以降低血浆LDL—C水平和冠心病的患病风险。该团队2012年发现PCSK9基因的表达可以被转录因子过氧化物酶体增殖物激活受体γ（peroxisome proliferator-activated receptorγ，PPARγ）调控，更进一步，团队对该蛋白进行跟踪和深入研究。该论文发现，脂联素受体激动剂（ADP355和AdipoRon）能够在细胞水平上诱导PCSK9的转录和表达，并且这种诱导作用是通过激活PCSK9基因启动子上的PPARγ应答元件来实现的。脂联素受体激动剂能够诱导PPARγ的表达，因此在肝PPARγ特异性敲除小鼠的原代肝细胞中，脂联素受体激动剂对PCSK9的诱导作用被消除。同时，脂联素受体激动剂还通过激活LDLR基因启动子上的固醇调节元件来诱导LDLR的转录和表达。此外，AMPKα也参与到脂联素受体激动剂对PCSK9的诱导过程中。在野生型小鼠中，ADP355虽然上调肝脏中PCSK9的表达及血清中PCSK9的水平，但LDLR的表达也同时被上调，LDLR水平的升高导致血清中LDL—C水平降低，这与肝脏中PPARγ、AMPKα和SREBP2的激活相关。与之相反，在载脂蛋白E敲除（ApoE敲除）小鼠中，ADP355降低肝脏中PCSK9的表达和分泌，同时升高LDLR的水平、并伴随着PPARγ和SREBP2的表达及AMPKα的磷酸化增强，最终改善血脂水平。更重要的是，ADP355抑制ApoE敲除小鼠全主动脉和主动脉根部斑块的发展。综上，该研究表明脂联素受体激动剂对PCSK9表达的调控在野生型和ApoE敲除小鼠中不同，但ADP355在两种小鼠中均能诱导

LDLR的表达，并改善机体的脂质代谢。此外，ADP355还能抑制ApoE敲除小鼠动脉粥样硬化的发展。（吝春红）

【乙肝致癌研究领域取得新进展】 乙型肝炎病毒（hepatitis B virus，HBV）的慢性感染是肝癌发生的重要原因，在临床上表现为乙肝、肝硬化和肝癌三部曲。南开大学生命科学学院张晓东教授领衔的实验室主要致力于乙肝致癌分子机制研究。2017年张晓东教授在*Hepatology*、*Oncogene*、*Cancer Lett*和*JBC*等国际著名学术刊物上以南开大学为第一完成单位和通讯作者共发表SCI论文8篇。2017年，张晓东教授课题组获得的主要研究成果有，首次报道乙肝病毒X基因可编码乙肝病毒X蛋白（hepatitis B virus X protein，HBx）通过上调P4HA2的表达发挥促进肝组织由肝纤维化向肝癌发生发展过程，进一步揭示"乙肝三部曲"的分子机制。HBx可通过上调C4BPα的表达使肝癌细胞逃避补体系统的攻击，导致肝癌细胞的免疫逃逸，从而促进肝癌细胞的生长。为了给临床应用抗乙肝药物治疗肝癌提供实验证据，该课题组评价LdT、ETV和IFN－α2b在体内和体外对于抗乙肝相关性肝癌增殖的效果，进一步探索HBx蛋白在其中发挥的重要介导作用。该研究为LdT、ETV和IFN－α2b在临床上作为抗HBV相关性肝癌用药提供实验依据。HBx对上述进程起到重要的介导作用。此发现为临床上抗乙肝药物用于抗HBV相关性肝癌治疗提供新的指导，并且提示HBx可以作为肝癌治疗的靶点。HBV共价闭合环状DNA（cccDNA）作为病毒复制和转录的模板在肝细胞核内以稳定的"cccDNA池"存在，其难以清除是目前抗乙肝药物治疗无效的一个重要原因。因此，该课题组提出一个假说：乙肝病毒X蛋白（HBx）激活的MSL2基因通过调控HBV cccDNA稳定性促进HBV生活周期以及肝癌的发生发展。免疫组织化学分析表明，MSL2蛋白表达与HBV感染呈正相关，该结论在HBV转基因小鼠及其临床HBV相关肝癌组织中得到验证。另外，通过基因芯片大数据分析，MSL2基因表达显著调控病毒感染相关信号通路。具体来说，MSL2作为E3泛素化连接酶调节APOBEC3B泛素化水平促进其在肝癌细胞中的降解进而增强HBV cccDNA的稳定性。另外，在HBx转基因小鼠肝组织以及HBx稳定表达的肝癌细胞系中研究发现，HBx促进MSL2基因表达。总之，HBx蛋白上调MSL2的表达以增强HBV cccDNA在肝癌细胞中的稳定性进而促进肝癌发生，形成HBx/MSL2/HBV cccDNA/HBV的正反馈回路。此发现揭示在病毒与宿主细胞相互作用过程中，MSL2做为宿主效应因子可以选择性的激活宿主细胞内染色体外DNA的新机制，并且为进一步发现新的靶点以及肝癌的治疗提供新的理论依据。该实验室在研究肝癌发生发展过程的过程中，从细胞代谢，细胞增殖，细胞凋亡以及病毒细胞相互作用等各个角度为出发点，致力于功能及分子机制研究。为临床乙肝疾病治疗提供新的理论实验依据，并且致力于新的药物开发，为寻找临床新的抗癌靶点具有理论和应用指导意义。上述成果在国家"973计划"项目和国家自然科学基金资助下完成。（吝春红）

【新型双功能肽负载siRNA治疗肝癌的实验研究】 中国医学科学院生物医学工程研究所冷希岗等承担完成的国家自然科学基金面上项目，2017年2月结题。该课题旨在发展可用于肝癌治疗的纳米药物控释技术。课题组设计合成具有肝癌细胞靶向作用的新型双功能肽LHRH－MPG△NLS，用以负载对肝癌细胞生长具有明显抑制作用的siRNA，探讨其应用于肝癌治疗的可行性。结果显示，LHRH－MPG△NLS可与siRNA通过自组装形成纳米粒子，在水溶液中稳定性良好；细胞实验表明与脂质体转染试剂相比，LHRH－MPG△NLS/siRNA纳米复合物细胞毒性低，并对肝癌细胞具有良好靶向性；LHRH－MPG△NLS/siRNA－GAPDH纳米复合物对人肝癌细胞中GAPDH基因具有显著沉默效果；LHRH－MPG△NLS负载Stat3－siRNA对肝癌细胞生长具有明显抑制作用；LHRH－MPG△NLS/Stat3－siRNA复合物与药物Icarrin联用对肝癌细胞生长的抑制作用有所增强；通过荷瘤小鼠观察HRH－MPG△NLS负载Stat3－siRNA静脉给药对肝癌生长的影响，结果显示对肝癌生长没有明显作用，与预期不一致。项目组采用TAT－壳聚糖（TC）对多壁碳纳米管进行修饰，并负载抗癌药物阿霉素进行探讨热疗/化疗联合对肝癌的治疗效果。项目组设计合成TAT多肽

—壳聚糖交联物TC，用以对多壁碳纳米管（MW-CNTs）进行修饰，TC修饰的碳纳米管（MW-CNTs-TC）具有水溶性好、细胞摄取率高、细胞毒性低的优点，荷瘤小鼠体内分布研究显示其对肿瘤具有被动靶向作用。课题组通过分子层层自组装方法，研制一种新型阿霉素（DOX）纳米药物递送系统-MWCNT/DOX/TC，其载药效率高，在溶液中的稳定性好，容易被细胞摄取，进入细胞后主要分布于细胞质，基本不进入细胞核；药物释放研究显示，MWCNT/DOX/TC载药系统具有较好的药物缓释作用，在近红外（NIR）作用下具有热转换效率高、对肝癌生长抑制作用显著的优点，提示其在包括肝癌的多种肿瘤化疗/热疗联合治疗中具有潜在的应用价值。

（段炳柱）

【食管癌侵袭相关表观遗传标志物的鉴定和应用】 天津医科大学天津市医学表观遗传学重点实验室张锴主持完成的天津市自然科学基金一般项目。以组蛋白修饰及其结合蛋白为目标，构建新的分子探针，发展高灵敏分析方法；表征食管癌细胞的组蛋白修饰谱，鉴定异常的表观遗传修饰位点；系统分析食管癌蛋白质组和多种修饰组，筛查蛋白的异常表达和修饰；研究蛋白修饰与食管癌侵袭的相关性，探索潜在的标志物。主要发现和创新有：①建立基于DNA模板亲和光交联的组蛋白修饰结合蛋白分析新方法。②建立基于质谱技术的组蛋白全修饰及赖氨酸修饰组高灵敏分析平台。③鉴定不同侵袭性食管癌细胞的组蛋白修饰谱，发现组蛋白修饰H4K79me2与食管癌侵袭性显著相关。④构建食管癌细胞与对照食管上皮

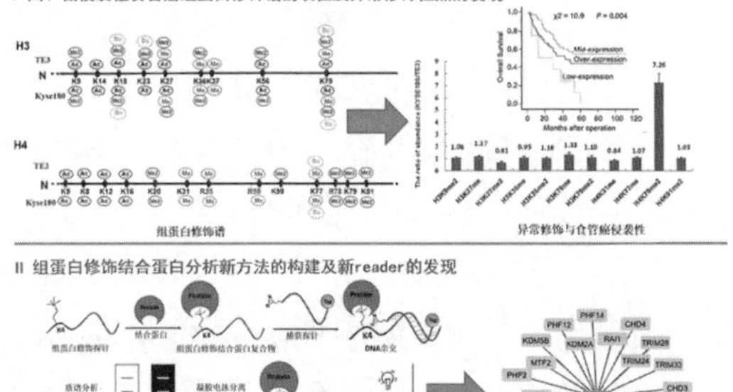

食管癌组蛋白修饰谱的表征

细胞的蛋白质组、赖氨酸乙酰化、琥珀酰化及磷酸化修饰组的数据库，发现肿瘤细胞琥珀酰化异常下调，并研究其调控肿瘤细胞迁移的的分子机制。项目成果发表SCI论文12篇（其中5篇IF>5，1篇IF>10）；发表英文专著1部（负责其中一章）；申请专利1项；培养博士2名、硕士3名。

【基于电刺激诱发体感事件相关电位（ERP）的脑机接口新方法】 中国医学科学院生物医学工程研究所胡勇等承担完成的国家自然科学基金面上项目，2017年2月结题。课题组研制用于脑机接口（Brain－computer Interface，BCI）的新型体感电刺激范式；以少通道体感诱发电位单次信息提取的新方法，研究实现靶刺激快速识别算法；通过在线BCI实验系统验证其准确性、实时性和鲁棒性。该研究取得四项成果：①首先从不同模态脑诱发电位的基础研究出发，证明电刺激体感诱发电位BCI的可行性，并预测其实施性能将低于视觉BCI但高于听觉BCI。②通过比较用于电刺激体感诱发电位的刺激电极位置，优化体感刺激的参数设置，比较任务刺激中不同靶刺激含量组合，优化刺激序列，得到以随机分布空间选择性电刺激作为BCI新模式。通过对人体不同部位电刺激的测试，发现在手指可获得最佳效果，其次为双足和四肢，之后为躯干。对于普通未经训练的受试者，即可轻易分辨刺激目标数达30余处，可方便构建多目标BCI。③研究实现基于概率独立成分分析（PICA）和小波滤波的时域—频域—空间滤波方法用于多通道脑电信息单次提取技术，和基于二阶统计量的盲源分离方法用于少通道脑电信息单次提取技术。快速算法的性能得到提高，所需要的电极数量和计算复杂度大大降低。④课题组研发的实用型体感电刺激BCI，通过在环境视听干扰下的在线实验，验证其具有抗干扰功能和鲁棒性，并研制出可用于临床的电刺激体感诱发BCI驱动机械手康复系统。该项目的科学意义在于为BCI技术提供一种新型的刺激范式，可以应用于临床神经康复，对于中风、脊髓损伤和脊髓型颈椎病的手功能康复具有很好的应用前景。由于其良好的抗环境视听干扰能力，可以作为特殊环境中BCI操控的一种新途径。脑电信息单次提取技术不仅可以用于BCI技术，还可广泛应用于临床神经电生理和神经科学研究。

（段炳柱）

【前胰岛素原低效跨膜转位和蛋白稳态失衡在胰岛beta细胞衰竭和糖尿病中的作用】 天津医科大学总医院刘铭主持完成的国家自然科学基金典型项目。以胰岛素生物合成的起始步骤——前胰岛素原（PPI）从细胞浆向内质网的跨膜转位为切入点，探索在某些病理情况下，胰岛β细胞内前胰岛素原低效的跨膜转位可能通过引起蛋白稳态失衡，进而导致β细胞功能衰竭及糖尿病的发生。主要研究内容：①前胰岛素原跨膜转位方式、效率和影响因素，及前胰岛素原低效转位所致beta胞衰竭和糖尿病的分子机制；②明确转位相关蛋白SSR1在前胰岛素原转位中的作用，以及前胰岛素原低效跨膜转位在Ⅰ型和Ⅱ型糖尿病发生发展中的作用；③探索未转位前胰岛素原在细胞的降解通路及胰岛β细胞对未转位前胰岛素原处理能力的“阈值”。项目在研究前胰岛素原转位方式、效率及其影响因素基础上，深入理解β细胞对低效转位PPI的信号反应及未转位PPI在细胞内的降解过程，明确PPI低效转位在Ⅰ型和Ⅱ型糖尿病中的作用，及由此所致糖尿病的分子机制。主要研究进展：①首次发现包括胰岛素在内的小分子量分泌蛋白的“翻译后转位”效率依赖于其信号肽氨基端的正电荷；②降低小分子量分泌蛋白的多肽合成速度，可减轻信号肽氨基端正电荷缺失所致的转位缺陷，这一效应是通过增加小分子量分泌蛋白的“翻译时转位”而实现；③阐释前胰岛素原信号肽突变所致的青年发病的成人型糖尿病（MODY）的具体分子机制。发表学术论文（SCI）2篇，培养博士研究生3人、硕士研究生4人。

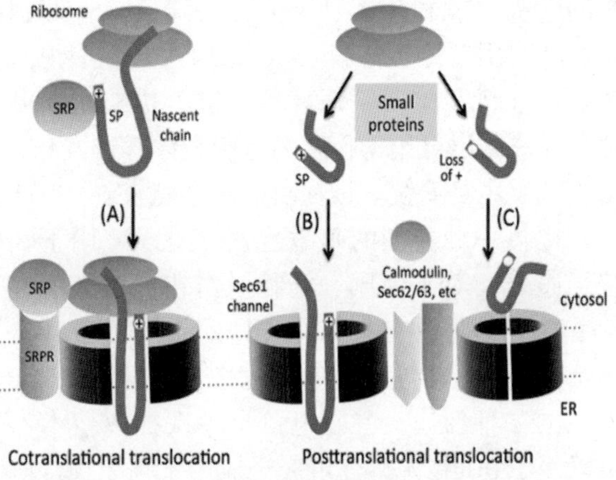

前胰岛素原低效跨膜转位

【HO^{-1}基因修饰骨髓MSCs对移植肝保护作用机制研究】 天津市第一中心医院宋红丽、董冲、张伟英等承担完成的国家自然科学基金项目，2017年5月22日结题。肝移植成为治疗终末期肝病有效的治疗措施，制约肝移植进一步发展的关键因素主要为供体的短缺和肝移植术后排斥，并影响移植肝及受者的长期存活。科研人员通过建立小体积肝移植模型，从体外到体内进行研究，揭示重组腺病毒介导血红素加氧酶－1（Adv－HO^{-1}/BM MSCs）和骨髓间充质干细胞（Bone Marrow Mensenchymal Stem Cell，BM MSCs）Adv－HO^{-1}/BM MSCs移植对小移植肝的作用，明确小移植肝的肝窦微循环和肝脏能量代谢变化的规律，并研究Adv－HO^{-1}/BM MSCs对小移植肝缺血再灌注损伤、排斥反应的影响及其机制。结果显示，BM MSCs、HO^{-1}/ MSCs不仅能够改善减体积肝移植受体的存活率，而且能够促进减体积肝移植术后移植肝脏再生，提示Adv－HO^{-1}/BM MSCs的作用优于BM MSCs；研究发现Adv－HO^{-1}/BM MSCs对减体积排斥模型移植肝的微循环和能量代谢具有保护作用；表明HO^{-1}能够与BM MSCs协同发挥对减体积排斥模型的移植物的保护作用。证实Adv－HO^{-1}/BM MSCs对减体积肝移植排斥反应的移植肝有更好免疫保护作用的机制，与细胞因子、T细胞增殖、NK活性、程序性死亡因子及其配体等相关。

（刘　群）

【H_2S和NO在急性肝损伤中交互作用的信号转导机制】 天津市第一中心医院闫骏、李彦敏、章明放等承担完成的国家自然科学基金项目，2017年3月结题。气体信号分子硫化氢（H_2S）与一氧化氮（NO）在不同水平存在着交互作用并调节彼此的功能，实现其综合的生物学效应。研究人员为阐明急性肝损伤过程中CSE/CBS－H_2S体系和iNOS/eNOS－NO体系之间交互作用及其生物学效应。以合成酶抑制剂为工具，细胞水平以RNAi技术为手段，观察H_2S与NO体系上下游信号转导通路之间的相互调节作用。结果表明，急性肝损伤过程中，抑制CSE/CBS－H_2S体系可上调iNOS/eNOS－NO体系表达，给予外源性H_2S供体可抑制iNOS/eNOS－NO体系；抑制iNOS/eNOS－NO体系可使CSE/CBS－H_2S体系表达增加，而NO供体SNP可抑制CSE/CBS－H_2S体系。而抑制内源性H_2S生成可导致正常培养的肝细胞凋亡，且CSE－CBS之间存在一定的相互调节关系。提示气体信号分子H_2S与NO在介导急性肝（细胞）损伤过程中，不仅通过各自的信号途径、衍生物发挥作用，而且在各自的上、下游信号转导通路、酶分子表达中存在着交互作用并影响着急性肝（细胞）损伤的严重程度。

（刘　群）

【非选择性阳离子通道在GRP调节海马神经通路中机制研究】 天津市第一中心医院、南开大学姚扬、杨卓、臧大维等完成的国家自然科学基金项目，2017年3月结题。胃泌素释放肽（Gastrin－releasing Peptide，GRP）是哺乳动物体内的一种神经肽，它可以和细胞膜表面的胃泌素释放肽受体（GRPR）结合产生相应生理作用，可以调节神经及神经内分泌的许多主要功能，包括认知功能和行为等。研究人员采用慢病毒感染、膜片钳、水迷宫、场电位记录及免疫组织化学等技术，观察GRP对脑缺血大鼠海马神经元电生理特性的影响、对海马神经通路的作用机制，及对血管性痴呆小鼠学习记忆的影响。探讨GRP通过兴奋GRPR增加海马CA1区神经元兴奋性突触传递的机制。结果显示，GRP及神经介素B（Neuromedin B，NMB）对双侧颈总动脉结扎脑缺血大鼠模型造成的学习和记忆障碍的保护作用。提示GRP可以可逆的兴奋Wistar大鼠乳鼠海马区神经元，其机制可能原自激活非选择性阳离子通道和钠—钙交换泵。研究证实GRPR激动剂或拮抗剂，可改善与神经疾病相关的认知和行为缺陷。该研究为认知功能障碍的防治提供新思路和药物作用的新靶点。

（刘　群）

【携温敏神经干细胞纤维蛋白支架联合亚低温修复脊髓损伤】 中国人民武装警察部队后勤学院李晓红主持完成的天津市自然科学基金青年基金项目。拟转染tsSV40LT建立温敏神经干细胞，在亚低温联合下，将温敏干细胞与纤维蛋白植入大鼠全横断脊髓损伤处。活体BBB评分、诱发电位、MRI和致瘤性检测；BDA顺行示踪；离体免疫荧光和免疫电镜检测移植干细胞的存活、迁移、分化、突触形成、神经递质释放、髓鞘再生及宿主轴突的再生。主要发现和创新有：①建立一种新型的温度敏感且无致瘤性的神经干细胞系。②基于组织工程的温敏神经干细胞和亚低温联合方案，显著提高移植干细胞的存活率、迁移率和分化率。③基于组织工程的温敏神经干细胞和亚低温联合方案，显著促进宿主神经轴突的再生和脊髓损伤后神经功能的修复。④通过温敏神经干细胞和亚低温的巧妙联合，解决干细胞移植和神经再生领域面临的关键问题。项目发表研究论文19篇，其中SCI论文7篇；申请专利1项；编写专著2部；培养博士1名、硕士3名；获得武警部队科技进步二等奖2项和天津市科技进步二等奖1项。

纤维蛋白支架与共培养支架大体形态，扫描电镜观察 a图为单纯纤维蛋白支架形成后大体形态；b图为其扫描电镜下观察；c图为神经干细胞与纤维蛋白共培养后三天大体形态；d图为其扫描电镜下观察，黄色箭头所示为神经干细胞

【C-葡萄糖苷类SGLT2抑制剂的脱氧构效关系研究】 天津药物研究院天津市新药设计与发现重点实验室赵桂龙主持完成的天津市自然科学基金青年基金项目。以达格列净为模板对SGLT2抑制剂分子中糖环上的四个羟基进行逐一的单脱氧研究，获得单脱氧的构效关系，并将结果拓展到其余的SGLT2抑制剂分子中，揭示SGLT2抑制剂分子中糖环上的四个羟基在维持SGLT2抑制活性上的作用，并发现一个活性较好的候选药物。主要发现和创新有：①通过研究系统阐述SGLT2抑制剂中葡萄糖环四个羟基的构效关系。②发现葡萄

糖中四个羟基单脱氧的合成方法。③发现三个候选药物，并将其中一个候选药物（泰格列净）经过系统的临床前评价后，获临床批件，并以5500万元实现转让。项目发表研究论文10篇，其中SCI论文4篇；申请专利3项，其中PCT申请1项；培养博士3名、硕士4名；2016年获中国专利优秀奖一项。

Ⅰ类新药泰格列净用于临床试验的原料药生产现场

【美国白蛾及其重要天敌昆虫在中国潜在分布研究】 天津师范大学完成的青年科学家基金项目。美国白蛾是一种重要的世界性入侵害虫，被列入中国首批外来入侵物种。1979年在中国辽宁省丹东被首次发现后呈不断扩散蔓延态势，对农林、园艺植物造成严重危害。随着化学防治造成的环境恶化以及害虫抗药性的增强，探索天敌昆虫资源的自然控制作用以及有效开展生物防治，成为当前防治美国白蛾的主要方向。该研究在野外调查、采集和室内培养美国白蛾蛹获得天敌的基础上，将昆虫有效积温模型和生态位模型相结合，研究美国白蛾及其重要寄生性天敌昆虫周氏啮小蜂、日本追寄蝇和舞毒蛾黑瘤姬蜂的潜在分布。研究提供美国白蛾及3种重要天敌昆虫的潜在分布图，揭示美国白蛾在全国的分布格局及其成因。准确的模拟美国白蛾及其重要天敌的潜在分布，不仅可以准确预测其未来扩散范围，还能推测几种主要天敌分别在自然界对其发挥控制作用的地区，从而通过科学地预测，为利用天敌昆虫控制美国白蛾提供重要依据。

（天津师范大学）

【中国拟短脉瘿蚊族（双翅目：瘿蚊科）系统学研究】 天津农学院焦克龙主持完成的天津市高等学校科技发展基金项目，2017年8月通过验收。该项目主要针对瘿蚊科由原始菌食性向原始木生植食性衍化的重要“过渡”类群——拟短脉瘿蚊族进行分类学和系统发育研究，其研究结果对瘿蚊科昆虫食性衍化路线的研究探索起到引领作用，为世界范围内瘿蚊科昆虫的系统学研究做铺垫。通过该项目研究，撰写关于短脉瘿蚊总族的系统学修订，确定“雄虫抱器基节中基瓣发达与否”是界定拟短脉瘿蚊族和短脉瘿蚊族内部各自所包含属种的主要鉴别特征，编写短脉瘿蚊总族（包括拟短脉瘿蚊族）世界已知雄虫分属检索表，编写中国首部英文版《中国瘿蚊科名录（1900～2012）》，在此基础上构建短脉瘿蚊总族内部以及拟短脉瘿蚊族的系统发育关系树，在世界范围内首次得出其系统发育关系为［Brachyneurina group+ Cingola group +（Brachineura group + Rhizomyia group）］。拟短脉瘿蚊族既有取食真菌的菌食性类群，也存在有专性植物寄主的广义植食性类群，是瘿蚊科重要的经济生物资源类群，研究结果可为农林植保、口岸检验检疫和科研院校等部门快速鉴定、检疫、利用和防治此类经济昆虫提供理论依据和实践方法，也可用于构建该类群的物种名录数据库，便于快速查询到这类经济昆虫的地理分布和物种多样性特点。

（徐大为）

【人际关系影响合作与竞争博弈的认知神经机制】 天津师范大学完成的国家自然科学基金面上项目。人际合作和竞争行为是科学界关注的未解之谜和研究难题，而个体的合作与竞争总是在与不同关系他人的互动中进行的。探查人际关系对合作与竞争的影响机制，对社会进步和人类发展中具有广泛的实践指导价值，亦具有重要的科学意义。该项目从八个研究部分展开，分别使用经典的最后通牒任务、金钱赌博游戏、剪刀石头布及斗鸡博弈等任务，研究设计中包括真人VS电脑、朋友VS生人、组内VS组外等互动对象，力图逐步揭示人际合作和竞争的认知神经机制。旨在充分发挥事件相关脑电位（ERPs）高时间分辨率的优势，并充分运用脑电溯源分析技术，结合时空两维的脑活动参数，测查参与脑区的时间过程和空间模式，深入分析人际合作与竞争的博弈过程和结果评价的认知神经机制，积累人际关系如何影响合作共赢与竞争博弈的电生理学证据。

（天津师范大学）

【中国蔡家人、木雅人等5个族群的体质人类学研究】 天津师范大学张兴华完成的青年科学家基金项目。中国各少数民族均有1份以上体质人类学数据，缺少蔡家人、木雅人、尔苏人、八甲人、空格人5个族群的体质资料。这5个族群分布于云南、贵州、四川，他们也是中华民族的重要组成部分。该项目全面调查测量5个族群的83项体质人类学指标、25项人类群体遗传学经典指标与15项STR遗传多态性位点，调查人数达3600例。得出5个族群的体质特征与群体遗传学特征，分析5个族群体质形成的主要原因，采用聚类分析、主成分分析等多元分析方法研究5个族群与其他族群的亲缘关系。研究5个族群体质的年龄变化，利用Heath－Carter体型法，研究各族群的体型特征。确定5个族群的人种学分类地位。

（天津师范大学）

材料科学

【南开大学材料科学与工程学院年度科研工作简况】 南开大学材料科学与工程学院成立于2015年南开大学新校区启用之际，以建成具有国际水准的高端材料学科平台为目标，以“高起点、有特色、体制新”为建设原则，以新材料为研究对象，以清洁能源、环境保护、生物医药、信息存储等应用为导向，开展新材料的基础和应用研究。学院成立同时中植集团和天津市东丽区政府各投资5000万元建设南开大学国家新材料研究院。研究院依托材料学院，以创新驱动发展为宗旨，致力于材料领域的应用研究和成果转化。学院现有两个研究所、四个研究中心和两个科研基地:新能源材料研究所、新催化材料研究所、光电磁材料研究中心、碳纳米复合材料研究中心、光子学电子学材料研究中心、材料基因组研究中心，以及天津市金属与分子基材料化学重点实验室和天津市新材料和清洁能源国际联合研究中心。学院有一支精干的学术力量，截至2017年年底有教授（研究员）20人，副教授（副研究员）14人，其中中国科学院院士1人，长江学者2人。学院自成立以来，共承担基金委创新群体项目1项，国家重点研发计划项目和课题2项，“973”和“863”项目课题3项，其他项目31项，合同总经费达到3700多万元。其中，2017年度学院国家自然科学基金项目实现较大增长，共获得国家优青项目1项，面上基金项目4项，青年基金项目6项；共获得天津科技计划项目重点项目3项，一般项目1项，青年项目1项。学院共申请发明专利10项，获得授权专利12项。2017年共组织南开—WILEY先进材料与能源传感论坛、固体材料前沿论坛等20多场学术会议及报告会，邀请包括院士在内的80多位知名专家做学术报告。2017年材料学院以卜显和院长为负责人，联合国外近十名知名教授联合申请教育部“高等学校学科创新引智计划”（简称“111计划”），成为教育部12个免答辩获批立项基地之一，成为南开大学第8个学科创新引智基地。2017年，南开大学材料科学与工程学科入选国家一流学科建设名单，成为南开大学5个入选学科之一，这为材料学院在“十三五”的发展打下了良好基础，也是材料学科重大发展契机。

（卢　伟）

【4.3～4.4伏高电压体系锂离子电池电解液的开发】 天津金牛电源材料有限责任公司孙新华、秘军林、张丽红、陈世娟、桑俊利、张冬青、侯雷、冯锐完成，获2017年度天津市科技进步二等奖，属于新能源材料领域，涉及适用于3C领域的4.3～4.4伏高电压体系锂离子电池的电解液，属于高性能锂离子电池电解液的高端产品。该项目主要内容：①4.3～4.4伏高电压电解液配方的开发。常规锂离子电池的充电截止电压是4.2伏，将电池电压从4.2伏提高至4.3伏甚至4.4伏，能量密度也相应地提高，但是由于电解液在高电位下的不稳定性，使得电池在高电压充放电下发生气胀，循环性能变差。形成4.35伏高电压电解液产品，完成4.4伏高电压电解液的产品开发。②确定高电压原料的技术规格指标。确定溶剂原料（如EC、PC、EMC、FEC、EP等）主含量指标都控制在99.99%以上，添加剂主含量≥99.95%。③电解液产品试生产、量产和应用推广。经过反复小试、中试实验，确定配制电解液的工艺参数，实现产品

试生产，量产推广应用。该项目突破传统锂离子电池最高可充电至4.2伏的技术瓶颈，申请3项发明专利，在核心期刊公开发表2篇论文。项目产品有效提升锂离子电池的比能量，符合行业发展趋势，在天津力神电池股份有限公司、天津三星电子有限公司、珠海光宇电池有限公司等十多家企业应用，产品质量和性能得到市场认可。产品近三年销售量为3254吨，销售额高达2亿多元，实现利税8597万元。

（天津金牛电源材料有限责任公司）

【基于高分散纳米陶瓷体系的有机/无机复合材料制备及应用】 天津理工大学，陈民芳、刘德宝、赵云、由臣、杨进军、马玉春完成，获2017年度天津市科技进步二等奖。项目研发高长径比纳米羟基磷灰石（nHA）、氧化镁晶须（MgO—w）和硫酸钡（n—$BaSO_4$）纳米颗粒高分散性溶胶（或悬浮液），并原位共混制备有机/无机纳米复合材料技术。①突破有机/无机复合材料中纳米陶瓷相难于分散的技术瓶颈，通过高长径比纳米陶瓷溶胶与聚合物溶液原位共混制备复合材料新技术，有效改善无机纳米颗粒的分散性及与有机基体间的界面结合，实现复合材料强韧化，通过等通道转角挤压、剪切变形进一步提升材料性能。授权4项发明专利，开发4种新材料。在天津赛宁生物技术有限公司推广应用产品1个。②提出MgO晶须双向调控PLLA降解过程模型，前期MgO晶须通过显著降低PLLA吸水率，抑制其初期水解，减缓降解速率；后期MgO溶解后的孔洞增加PLLA吸水通道，提高其降解速率。经天津医疗器械监督检验中心评价，材料细胞相对增长率为107.9%，毒性为0级。授权国家发明专利1项，获批国家自然科学基金和天津市自然科学青年基金项目各1项。③针对宫铜节育器T型支架易于断裂、寿命偏低问题，通过改性n—$BaSO_4$悬浮液与乙烯单体原位聚合，制备PE/Al—n—$BaSO_4$纳米复合材料，加速老化后其拉伸强度和伸长率比临床应用产品分别提高20.21%和24.02%，产品寿命增加40%，克服临床产品缺陷。授权国家发明专利1项，在天津和杰医疗器械有限公司推广应用形成宫铜节育器支架产品1个。该项目授权国家发明专利6项，发表学术论文16篇，其中SCI检索论文9篇，EI检索论文6篇。成果用于天津赛宁生物技术有限公司，基于高长径比、高分散性nHA溶胶生产胶原/nHA骨填充材料产品，2014～2016年总产值达6005.19万元。2013～2015年，天津和杰医疗器械有限公司采用PE/Al—n—$BaSO_4$纳米复合材料生产宫铜节育器T型支架，每年平均增加利润1000万元。

（天津理工大学）

【类高分子三维交联石墨烯宏观体相材料的制备及其应用研究】 南开大学陈永胜主持完成的国家自然科学基金典型项目。以二维石墨烯为构筑单元，通过化学交联方法构筑类高分子的石墨烯宏观体相材料，探索并理解其构建原理和构效关系，优化和调控材料的结构／形貌以及性能。在获得这种具有石墨烯本征性质的类高分子三维交联石墨烯宏观体相材料的基础上，基于其一系列在宏观体尺度上表现出来的石墨烯的本征优异性能开展材料在非常规催化、光电、储能等方面的宏量应用，主要包括：①宏量类高分子三维交联石墨烯体相材料的可控制备。②类高分子三维交联石墨烯体相材料的光电性能和机械性能研究。③类高分子三维交联石墨烯体相材料在常温电子发射、宏观体材料光驱动效应、及其在绿色能源器件等相关方面应用研究。主要研究进展和突破：①三维石墨烯宏观体的制备及油水可逆吸附性能的研究，实现三维石墨烯海绵在亲水态和疏水态之间的可逆转换以及在有机溶剂和水之间可逆大量吸附；②以沥青为原料，低成本制备高电导率高比表面积的氧化石墨烯三维复合碳材料，比表面可达3500平方米/克，在EMIMBF4离子液体中最高比电容值可达176法/克，能量密度为75瓦时/

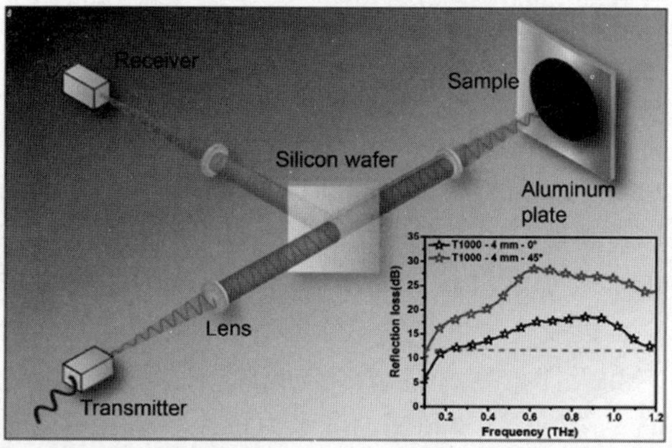

基于三维交联石墨烯的高性能隐身吸波材料

千克；③利用水热合成法制备三维石墨烯基复合催化剂Fe_3DG，研究常压下光催化合成氨反应性能。④制备得到基于三维石墨烯的高性能隐身吸波材料，在0.1~1.2太赫兹频段，正入射条件下实现最大反射损耗值19dB，45°入射角条件下反射损耗值可达28.6dB，比吸收强度超过其他已报道材料3000倍以上；⑤制备得到基于三维石墨烯的高温超级电容器，在120℃、2.5伏、5安/克测试条件下，该柔性超级电容器实现放电比容量101法/克，10000次充放循环保持率在75%以上。发表学术论文16篇，申请中国发明专利4项，培养博士毕业生3人、硕士毕业生3人。

【利用原子层沉积育种技术制备钛酸锂/石墨烯复合电极材料】 2017年，河北工业大学能源装备材料技术研究院新能源材料研究所教师王恭凯博士以第一作者和通讯作者的身份，在纳米能源领域著名期刊Nano Energy上发表题为“Toward Ultrafast Lithium Ion Capacitors:A novel Atomic Iayer Ddeposition Seeded Preparation of $Li_4Ti_5O_{12}$/Graphene Anode”的学术论文。河北工业大学能源装备材料技术研究院为第一署名单位。该研究成果首次报道关于利用原子层沉积育种技术制备钛酸锂/石墨烯复合电极材料的研究，并利用第一性原理从理论上进行计算分析。该材料独特的微观结构使其充电25秒即可实现70%的理论容量（即100C电流密度时的放电容量高达120.8毫安时/克）。此项技术为制备新型石墨烯复合电极材料开辟新思路，以该复合材料为负极的锂离子混合电容器的功率密度甚至超越双电层型超级电容器，具有重要的研究意义和实际应用价值。*Nano Energy*最新（2016年）影响因子为11.553，5年影响因子为12.272，是材料科学、纳米能源领域的著名期刊。

（毛　维）

【高效碳载有机液体储氢催化剂的研究】 南开大学天津市能源材料化学重点实验室刘双喜主持完成的天津市自然基金重点项目。结合有机液体储氢技术和当前国内外废轮胎热解炭材料的发展情况，用废轮胎热解炭再生资源制备高扩散性、高稳定性的碳纳米材料，并用于制备高性能的催化剂载体，以此负载金属活性组分用于有机液体储氢体系的催化脱氢领域。主要发现和创新点：①采用酸碱法、有机溶剂萃取法提纯热解炭，再通过水蒸气活化、微波活化、化学活化、金属络合催化转化等处理过程，以不同批次年产万吨级工业废轮胎热解炭为基础原料，制备新型的纳米碳材料作为催化剂载体。②通过浸渍原位还原法、激光辅助原位合成、激光液相烧蚀法、光原位还原法等方法制备一系列不同负载量（0.18%、0.37%、0.45%、0.60%、0.80%）的高活性的Pt/C催化剂，所有催化剂均获得理想的甲基环己烷转化率（≈90%）和脱氢选择性（≈100%），其中激光辅助原位合成的负载量为0.37wt%的Pt/C催化剂在甲基环己烷脱氢过程中的产氢速率达到575mmol/gmet/min，远超出文献报道的水平46mmol/gmet/min，理论上能够满足应用的要求，有望用于有机液体储氢技术。③在不同有机液体储氢介质的脱氢反应中，结合计算机模拟的结果，表明甲基环己烷在Pt（1，1，1）面具有最负的结合能，因而更易被Pt催化活性中心活化，Pt/C催化甲基环己烷脱氢反应活性活化能为47.09千克/摩尔，低于大多数文献报道；而甲酸在Pd（1，1，0）面以端羟基吸附获得最稳定构形，因而更易于被Pd活性中心活化，催化甲酸脱氢反应活化能分别为52.40千焦/摩尔。发表文章13篇，其中SCI收录12篇；申请中国发明专利2项；培养博士后1人，博士3人，硕士生7人；获国家自然科学基金青年基金项目的支持。

【烯烃与极性单体的高效共聚合】 天津大学的李悦生主持完成的国家自然科学基金典型项目。项目的主要内容是设计合成的新催化剂，调节催化活性中心的空间位阻和和对称环境，通过活性中心控制机理调控丙烯等1—烯烃与极性/功能单体的立构选择性共聚反应，发展新型高效专用催化剂、建立精确合成功能化聚丙烯材料的新方法。项目根据烯烃与极性 / 功能单体配位共聚反应特点和极性官能团毒化催化剂的核心科学问题，设计合成特殊结构的配体消除和抑制链端极性官能团的“回咬”配位副反应，获得一类新型高效催化剂—酚膦中性镍催化剂，催化活性提高1~2数量级、极性单体插入率和共聚物分子量成倍增加。同时，在模型反应和理论计算的基础上，调节催化活性中心的空间位阻和和对称环境，实现丙烯与多种极性/功能单体的高效共聚，建立功能化聚丙烯的合成新方法。主要研究进展：①巧妙设计合成末端含蒽基团的a-烯烃，利用优选的高选择性非茂铪催化剂率先合成侧链含蒽基团的在365纳米紫外光下显示蓝色荧光高分子量聚丙烯。利用聚合物中悬挂的蒽基团与多种多样亲二烯体的D—A环加成反应，引入功能基团。D—A环加成反应完全后，蓝色荧光消失，利用该反应可作为功能化程度的监测。②设计合成一类新型高效酚膦中性镍催化剂，较类似催化活性提高1～2数量级，对于常见的醇、水等极性溶剂具有超强的耐受性，大幅提高乙烯与极性单体共聚时极性单体插入率和共聚物分子量。③利用单晶X—射线衍射方法、原位核磁跟踪检测以及DFT计算方法等对一系列酚膦中性镍催化剂的空间构型、能量状态、与极性官能团的化学反应实质等进行揭示，进一步对酚膦中性镍催化剂引发的乙烯与极性单体的共聚机理进行剖析。刊登学术论文2篇，申请中国发明专利2项，培养博士研究生2人、硕士研究生7人。

【高碾压混凝土坝全寿命周期性能演变机理与安全控制】 天津大学钟登华院士主持完成的国家“973计划”项目。高碾压混凝土坝工程坝址地质条件复杂、气候条件严酷，建设要求标准高、运行影响因素多，针对高碾压混凝土坝工程建设和长期安全运行中面临的关键科学问题，深入开展碾压混凝土材料与结构性能演变的宏细观机制、高碾压混凝土坝建设全过程随机动态监控理论以及高碾压混凝土坝长期性能评估与安全控制理论的基础研究，揭示复杂环境下高碾压混凝土坝全寿命周期的性能演变规律，提出复杂条件下高碾压混凝土坝建设性能智能监控方法，建立基于全寿命周期性能演变的高碾压混凝土坝性能评估与安全控制理论，解决国内高碾压混凝土坝安全性基础理论研究的瓶颈问题，为高碾压混凝土坝安全建设和运行提供理论与技术支持。项目取得的创新性成果主要包括：揭示复杂环境下碾压混凝土材料与成层结构性能演变宏细观机制；首次提出高碾压混凝土坝建设性能智能监控方法；提出高碾压混凝土坝全寿命周期安全评估新方法与结构设计新理论。发表学术论文434篇（其中SCI论文收录183篇）；申请国家发明专利102项，授权国家发明专利73项，出版学术专著7部；获国家科技进步一等奖1项、二等奖1项，省部级科技进步奖近20项；团队骨干1名获得长江学者称号，3名获得国家优秀青年基金；培养博士后11名、博士生89人、硕士生201人。

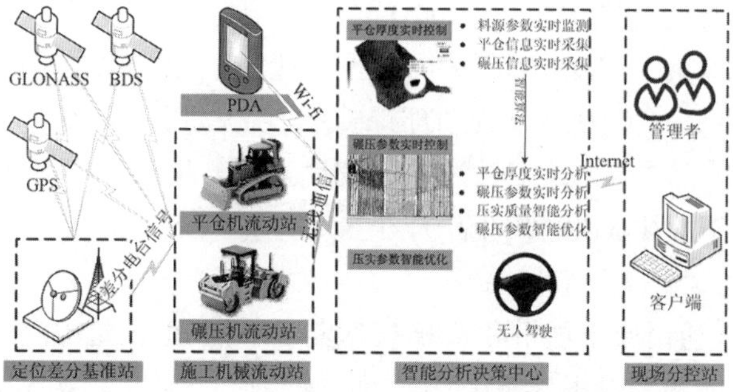

高碾压混凝土坝填筑碾压质量智能监控系统原理

【南水北调总干渠泥砾开挖料筑堤关键技术研究及应用】 南水北调中线工程由汉江丹江口水库引水至北京团城湖，全长1276千米，是一项跨流域、跨省市的基础性战略性特大型水利工程。总干渠河北省磁县至元氏段，渠底线以上长度约36千米穿越泥砾层，仅磁县段和临城县段渠道，泥砾开挖弃土就约650万立方米和890万立方米，占地约2400亩（包括永久占地），筑堤回填约需壤土1060万立方米和570万立方米，填筑土料场占地约4100亩。开采土料和开挖弃土均须占用大量的耕地，且土料运距长，运输成本较高，施工组织和地方协调的难度较大。显而易见，若能利用泥砾开挖料填筑，不仅可以减少取土、弃料征地面积，而且可以推进工程建设速度，经济效益与社会效益均十分显著。所谓泥砾地层，广泛分布在太行山东麓山区向平原过渡地带，由第四纪冰川堆积而成，开挖料级配不良，粒径大于150毫米的卵石约占50%，卵砾间密实充填粘土。利用泥砾开挖料筑堤是南水北调邯邢干渠建设的技术重点、难点与创新点：①工程等级高：南水北调邯邢干渠渠堤按1级坝标准设计，泥砾开挖料多用于高填方渠段，部分为地上河，通水安全不容有失；②超规程用料：《碾压式土石坝设计规范》（SL274—2001）对防渗砾石土的要求是“粒径大于5毫米的颗粒含量不宜超过50%，最大粒径不宜大于150毫米。”可见，泥砾地层为超规料源；③料源变化大：河北省磁县至元氏段总干渠长约180千米，间断分布的泥砾层颗粒级配、工程性能波动较大，工程应用难度极大。④工程资料少：自从1961年日本年建成Miboro坝（最大粒径小于150毫米，大于4.75毫米的组份为60%）以来，心墙堆石坝在世界范围内得以广泛应用，但水利工程对泥砾开挖料的研究与应用几乎为空白，仅岳城水库大副坝防渗墙建设中曾用粒径小于120毫米泥砾料碾压施工平台。为正确、安全、科学与高效地利泥砾开挖料，南水北调中线干线工程建设管理局于2010年7月批准立项专题研究，中水北方勘测设计研究有限责任公司中标开展“南水北调中线一期工程总干渠邯邢渠段泥砾开挖料填筑利用试验研究”项目，并组织相关专家立项开展“南水北调总干渠泥砾开挖料筑堤关键技术研究及应用”科研课题研究工作。

（汤慧卿）

【环保非金属矿物功能材料制备技术及应用研究】 2017年11月3日，由天津水泥工业设计研究院有限公司牵头并联合国内19所高校、企业和科研院所申报的，由河北工业大学生态环境功能材料研究团队带头人梁金生研究员牵头主持承担的“十三五”国家重点研发计划“环保非金属矿物功能材料制备技术及应用研究”项目实施方案咨询及项目启动会在苏州召开。该项目共包括矿物型土壤调理材料关键技术研究及产业化应用示范、低温SCR高效脱硝材料制备技术研究及应用示范、室内空气高效净化矿物材料制备技术研究及应用示范、难处置工业废水高效净化矿物材料制备技术研究及应用示范、饲料脱霉矿物功能材料制备技术研究及应用示范5个课题。针对解决典型环保难题重大需求，充分利用非金属矿物富含成土元素、比表面积大、吸附性能优异、无污染等特性，解决非金属矿物晶体演变、活性基元担载、结构重构、反应活性强化、吸附机制、服役环境下材料适应性、长效机制等科学问题，攻克矿物型土壤调理、低温SCR高效脱硝、室内空气高效净化、高难废水及污泥高效处理、饲料脱霉等环保功能矿物材料制备技术、应用集成技术等关键技术。该项目总经费为5017万元，其中中央财政经费1887万元，企业配套经费3130万元，项目执行周期为3.75年。该项目建立一套环保矿物功能材料设计理论与方法体系，构建环保功能矿物材料新体系和标准化体系，研制一批环保功能矿物材料，提升无机非金属矿物材料高值功能化利用水平以及解决典型环保难题的技术水平，培养一批学术、技术带头人和创新研究团队。项目实施催生土壤调理、低温脱硝、空气净化、高难处理废水、饲料脱霉等系列矿物功能材料产业形成和发展，促进矿业和环保产业发展转型和升级，带动支撑超1000亿元规模的基础材料产业发展。

（毛　维）

环境科学

【南开大学环境科学与工程学院年度科研工作简况】 2017年，南开大学环境科学与工程学院到账科研经费总数5805.6万元，其中横向经费1927.3万元，纵向经费3878.3万元。新立项纵向项目73项，总经费4385万元，其中获批国家自然科学基金15项，其中优青项目3项，面上项目8项，青年科学基金3项，应急管理项目1项；获批天津市科技发展计划项目8项，其中面上项目4项，重点项目2项，青年项目2项；作为牵头单位主持国家重点研发计划重大项目1项，作为课题负责人承担国家重点研发计划项目1项，参与重点研发计划项目8项。新签订横向科技合同105项，合同总金额4201万元。2017年申请专利71项，获得授权13项；发表SCI收录论文231篇。孙红文等完成的项目获教育部自然科学一等奖一项；邵超峰等完成的项目获2017年天津市科技进步二等奖。冯银厂（第二完成人）等完成的项目获天津市科技进步奖二等奖；毛洪钧获得中国产学研创新合作个人一等奖；鞠美庭、李维尊等完成项目获中国产学研合作创新成果一等奖；展思辉等获国家自然科学基金优秀青年科学基金；展思辉获批2017年首届天津市杰出青年基金并入选2017年天津市青年科技奖；孙红文团队获2017年度天津市创新人才推进计划重点领域创新团队；周启星入选2017年度中国高被引学者（环境科学）；于宏兵等完成的项目获2016年上海市科学技术一等奖。新获批2个天津市国际科技合作基地，分别是徐鹤教授领衔的南开大学中—日电子废弃物资源化国际联合研究中心、周启星教授领衔的天津市土壤环境国际科技合作基地建设主办多个学术会议，包括：第六届全国资源循环科学与工程专业建设和人才培养研讨会、第四届污染生态学国际学术研讨会暨第二届土壤环境保护与生态文明建设国际研讨会、新型污染物与环境纳米技术国际会议、首届全国青年环保风云会青年创业者分论坛暨科技成果转化专题论坛、第五届中国战略环境评价学术论坛等。　　　　　　　　　　　　（刘晓玲）

【滨海盐碱地区难降解有机废水提效减排技术及工程示范】　天津市环境保护科学研究院、天津市联合环保工程设计有限公司张志扬、张涛、段云霞、白晓飞、庞维亮、许丹宇、石岩等完成。获2017年度天津市科技进步二等奖。①针对滨海盐碱地区工业废水难以直接进行常规生物处理问题，研究以芬顿和多相催化氧化为核心的高效预处理工艺，可提高10%的B/C比，以利于后续处理；②针对滨海盐碱地区难降解有机废水中的特殊污染物筛选高效的降解菌种，研究开发微生物菌制剂，通过生物强化技术、在线投菌技术与改性的多孔填料固定床反应器技术相结合的联用工艺，在保障出水水质条件下能够缩短15%的水力停留时间。实现对污水处理生化系统的预警与监控；③针对滨海盐碱地区污水提标改造，开发耦合耐盐菌剂与以MBR为主要核心的成套技术及深度处理工艺，出水指标COD和SS稳定达到天津市《城镇污水处理厂水污染物排放标准》（DB12599—2015）或《城镇污水处理厂污染物排放标准》（GB18918—2002）中一级标准，较常规MBR减排能力提高7%～8%；④针对工业园区或企业集群，建立滨海盐碱地区难降解有机废水高效预处理、生物强化及深度处理集成技术，基于废水中生物毒性和盐度作为分类标准，构建预处理、收集、预警监管的管理模式，为工业废水提效减排提供技术保障。

（张志扬　张涛　段云霞　石岩　许丹宇）

【高碳行业温室气体排放核算检测关键技术突破与核查体系建设应用】　天津市环境保护科学研究院、海油总节能减排监测中心有限公司康磊、李波、张宁、张海滨、陈颖、张景奇、王文美等完成，获2017年度天津市科技进步二等奖。在国内首次针对高碳行业提出温室气体排放核算方法，构建天津市关键排放因子库；突破固定源、逸散源温室气体排放在线连续测量和移动间歇测量等多项关键技术；并创新性地将大数据分析技术应用于核查领域。项目成果填补多项国家及天津市空白，为有关部门建立温室气体统计体系提供借鉴和参考，通过天津市碳排放权交易试点实践和中国海洋石油总公司等典型企业应用，进一步验证技术和体系建设的科学性与实用性，具有较高的借鉴和推广价值。研究内容包括：①温室气体排放核算技术体系。采用资料分析和实地调研相结合方法分行业开展高碳行业具体碳核算方法的研究，对电力热力、钢铁、化工、石化和油气开采行业的总体情况、主要生产工艺、排放环节进行深入研究，并结合典型企业进行案例分析，研究得出行业温室气体核算的具体方法学和行业先进值；归纳建立温室气体排放因子库。②温室气体排放检测技术体系。运用实验法和比较法进行固定燃烧检测技术（包括在线检测技术、便携式移动测试技术）和逸散源检测技术研究，总结归纳形成采样技术要求、所需检测设备、操作规程、数据计算等全套检测技术指南。设计研发组合式皮托管、高温烟气采样器、高温烟气湿度测试仪等固定燃烧检测设备，以及模拟温室气体发生装置和联合建模技术对固定燃烧检测技术进行测试。③温室气体排放核查技术体系。根据碳排放权交易试点工作要求和实际情况，研究制定核查规范，研究提出核查原则、核查程序、技术要求分析、报告编制，并归纳总结在实际工作经验中遇到的难点问题的解决方案；并以中国海洋石油总公司碳核查大数据分析系统为例，总结分析碳核查大数据分析系统建立的思路、原则、目标、系统建设内容及其取得的效果，为其他管理部门或企业建立类似系统提供经验建议与技术指导。该项目在天津市碳排放权交易试点、中国海洋石油总公司进行应用，验证其可行性与准确性，取得良好的示范效果，为中国履行气候谈判国际承诺、全国碳排放权交易市场建设以及加快推进低碳城市建设、控制温室气体排放提供更加坚实的技术支持。同时，基于该项目的中国海油温室气体排放统计系统正式上线运行；采用该项目技术制定的多项国家、行业、央企碳排放管理标准均发布实施。此外，作为碳交易试点省市和重工业聚集区，该项目研究成果在其他省市得到推广，技术辐射和示范能力强。

（康磊　李波　张宁　张海滨）

【典型新兴污染物污染特征、降解机制与人体暴露研究】　南开大学、天津大学孙红文、祝凌燕、罗义等完成，获2017年度教育部高等学校科学研究自然科学一等奖。项目阐明全氟化合物、抗生素及其抗性基因等若干典型新兴有机污染物的区域污染特征、迁移转化规律及其微观机制、人体暴露与跨代传输规律。项目取得若干新的科学认知，发表SCI论文88篇，获得国内外同行高度评价，总他引3422次，*Nature*撰文正面评述相关研究成果，为推动相关领域的理论进步做出重要贡献，并为国家化学品管理及履行国际公约提供重要的科技支撑。项目组三人获国家杰出青年基金，2人入选教育部长江学者教授，项目组获天津市“131”“新兴污染物”创新团队以及教育部学科引智创新计划（111计划）“新兴污染物环境过程与风险评估”的支持；科研反哺人才培养，支撑“环境化学”国家精品课建设，获天津市教学名师等称号。（刘晓玲）

【恶臭污染评估技术及环境基准研究】　天津市环境保护科学研究院、中国环境科学研究院完成。由于恶臭污染的特殊性和法规标准的不完善以及缺乏科学的恶臭污染评估技术，恶臭一直是困扰环保管理部门的热点、难点问题。该研究针对中国恶臭环境管理中的关键科技瓶颈问题，开展恶臭污染评估及环境基准的方法学与关键支撑技术研究。①开发智能恶臭感官测量技术：针对现有恶臭嗅觉测试方法存在的自动化水平低、操作步骤繁琐、受人为因素影响大等问题，研制符合中国恶臭测试方法及标准的智能恶臭测量系统，实现人机交互和恶臭测量过程的自动化、可视化和智能化，为嗅觉测试提供高准确度、高效率的新技术。②构建恶臭基准研究技术框架，提出恶臭基准研究的相关理论与方法：分别从单一物质和复合恶臭两方面，构建基于健康和感官的恶臭基准研究技术框架；识别优先控制恶臭污染物，建立“化学物质嗅觉阈值测定技术方法”，创建气味物质嗅阈值数据库，开展环境恶臭背景调查，为制定恶臭环境标准及相关法规奠定科学基础。③建立恶臭污染评价方法及指标体系：根据评估对象的不同，将恶臭污染评估分为环境恶臭评估和污染源恶臭评估，构建涵盖环境敏感点和污染源的恶臭污染评价指标体系，提出相应的评价标准和评价模型，为客观分析恶臭污染的成因及环境影响提供方法依据。④确立恶臭健康风险评估技术方法：针对涂料、垃圾处理、餐饮等典型恶臭污染源开展人群恶臭污染暴露评估研究，确立评估因子以准确表述恶臭暴露影响程度，初步建立臭气浓度与人体反应的量化关系，为恶臭暴露风险评估提供方法与技术支持。

（李伟芳　翟增秀）

【垃圾污染场地胶体吸附态铵在含水介质中迁移－滞留的机理研究】　天津科技大学李海明主持完成的国家自然科学基金项目，2017年12月结题。针对垃圾污染场地胶体吸附态铵污染地下水的科学问题，基于环境水文地质学、水文地球化学和胶体与界面化学理论，采用不同尺度的物理模拟试验、现场试验和数值模拟方法，深入研究不同水化学和水动力条件下垃圾渗滤液胶体吸附态铵在含水介质中迁移、滞留和释放的动力学过程；揭示水化学变化、含水介质物理－化学性质、胶体自身性质与胶体吸附态铵释放、迁移－滞留的内在有机联系；建立固体颗粒表面胶体吸附态铵滞留量与固体颗粒大小、水溶液离子强度、pH、胶体浓度、粒度和动电性质（ζ电位和电泳淌度）之间的定量关系。在此基础上，进一步从微观和宏观角度探索胶体吸附态铵迁移、滞留、释放对含水介质渗透性的影响和效应；分析胶体吸附态铵与溶解态铵迁移的差异和质量平衡关系。该项目为精确掌握垃圾渗滤液铵对地下水污染的过程、定量评价和防治以及垃圾污染场地风险评估、控制和原位修复提供科学依据。

（李丽娜）

【典型散货港口地区$PM_{2.5}$污染机理及其减排技术研究】　交通运输部天津水运工程科学研究所刘长兵、林宇、杨莹、戴明新、熊红霞、黄伟等完成。通过典型港口（以天津港、神华黄骅港为代表的“北煤南运”装船港）大宗散货（煤炭）装卸、堆存、运输过程$PM_{2.5}$起尘机理及扩散模型研究，获得港口煤炭作业$PM_{2.5}$起尘公式，分析港口现有煤炭粉尘防治措施对$PM_{2.5}$的防治效果并提出优化建议。研究成果为有效地控制港口包括煤炭在内的散货装、贮、运过程中$PM_{2.5}$的排放和深入开展港口$PM_{2.5}$污染环境影响评估等提供技术依据，也为典型散货港口制定$PM_{2.5}$减排政策提供决策支持。主要技术创新点：①基于Bagnold公式推导和天津港、黄骅港等典型散货港口地区的环境监测数据数理统计分析，首次确定煤炭堆垛起尘$PM_{2.5}$和PM_{10}的起动风速，构建港口散货作业$PM_{2.5}$起尘模型，建立港口煤炭$PM_{2.5}$起尘源强计算体系，解决低风速段散货堆存起尘量计算的问题，实现港口煤炭作业$PM_{2.5}$源强计算，提高港口散货作业起尘量的预测精度。②首次将CMB模型应用于港口煤炭粉尘源解析，量化港口散货作业排放对区域$PM_{2.5}$的贡献值。③建立港口煤炭作业$PM_{2.5}$起尘的CALPUFF模型参数输入体系，模拟天津港煤炭作业$PM_{2.5}$的扩散情况，预测结果与实测数据基本吻合。④首次开展港口煤炭起尘$PM_{2.5}$风洞模拟试验，获得湿法除尘对散货堆存静态起尘$PM_{2.5}$的综合防治效率达70%以上的结论，得出针对$PM_{2.5}$的港口煤炭抑尘措施优化方案。港口散货堆场是环境空气污染来源之一，该项目针对港口散货堆场$PM_{2.5}$的污染特征，研究其污染机理，有利于今后港口地区城市规划、产业结构布局等；另外在现有港口粉尘防治措施的基础上，提出优化建议，进而控制散货堆场$PM_{2.5}$的排放量，有助于港口地区环境空气质量的改善，具有重要的社会效益。项目研究结果无论是从港口干散货堆场$PM_{2.5}$的污染机理出发，还是港口$PM_{2.5}$污染的防治实践而言，港口煤炭作业$PM_{2.5}$起尘量的研究都是重要的基础工作之一。估算模式的建立不仅有助于理解粉尘污染物的污染机理，还为$PM_{2.5}$量化研究提供科学依据。建立港口散货堆场$PM_{2.5}$源强起尘公式，对于港口$PM_{2.5}$治理技术的发展和各类防治策略的评判，推动港口环境评价水平、比较防治措施的环境效益具有极强的实践意义。同时，确定港口区域煤炭粉尘$PM_{2.5}$的排放总量，对于制定相应的控制和减排措施和政策，具有重大的经济和社会意义。（刘长兵　林　宇）

【再生水管网生物膜中微生物代谢产物对水泥内衬管的腐蚀机理】　天津农学院杨帆主持完成的国家自然科学基金青年基金项目，2017年3月通过国家自然科学基金委验收。该项目开展模拟实验研究再生水水质特征，微生物生长代谢、群落结构和水泥内衬劣化三者之间的相互关系。通过长期监测表明再生水侵蚀性较强（含盐量和微生物量高），模拟管网出水pH值、总氮和TOC等指标受影响超出某些限制标准，水泥砂浆成分（钙、镁等）泄露速率是先快后慢并逐渐稳定，这与其表面形成的$CaCO_3$钝化膜有关。由于制作工艺和组成成分差异，自制水泥砂浆试片被侵蚀的速率始终较高，出水pH值、钙和镁等含量呈增高趋势，总氮浓度也超限制标准。管网水中微生物和水泥砂浆试片表面微生物丰度和群落多样性在2年多实验期内仍然呈增加趋势，优势菌群为多产小分子有机酸代谢产物的变形菌门（Proteobacteria）、放线菌门（Actinobacteria）和拟杆菌门（Bacteroidetes）；水中微生物优势菌属主要有乳球菌（Lactococcus）、芽孢杆菌（Bacillus）、假单胞菌（Pseudomonas）、固氮螺菌属（Azospirillum）、管壁生物膜中微生物优势菌属主要有乳球菌（Lactococcus）、芽孢杆菌（Bacillus）、假单胞菌（Pseudomonas）、固氮螺菌属（Azospirillum）；管壁表面生物膜中微生物优势菌属主要有Anaerolineaceae_uncultured（厌氧绳菌属）、Bacillus、Nitrosomonadaceae（亚硝化单胞菌属）、Methyloversatilis、Woodsholea、Cytophagaceae_uncultured（噬纤维菌属）、Magnetospirillum（磁罗菌属）、Lactococcus（球菌属）等。优势菌属中有少量硫还原菌和硫氧化菌检出，硝化菌在水泥砂浆表面的硝化作用促进水泥的劣化。冗余分析（RDA）表明影响管网水中微生物群落结构或者生长的水质因素主要是pH、DO、电导率、总氮、总磷和氨氮；影响管壁生物膜中微生物群落结构或者生长的水质因素主要是pH、DO、电导率和氧化还原电位。通过实验优化微生物代谢产物提取方法和其提取条件，采用GC－MS测得微生物代谢产物以脂肪酸、氨基酸和糖类为主。再生水中高含盐量、高营养元素含量和微生物代谢活动是水泥砂浆受侵蚀的主要因素。研究成果发表SCI论文1篇，核心论文1篇。

（徐大为）

机械学与制造科学

【基于多元燃料和新型热力学循环协同控制的低碳内燃机】 天津大学内燃机燃烧学国家重点实验室赵华主持完成的国家“973计划”项目。内燃机是交通运输、工程机械、农业机械、船舶舰艇等动力装置的主要原动机，也为坦克、无人飞机、军舰等军事装备提供动力。内燃机每年消耗全国石油总消耗量的60%以上，排出大量污染物，是碳排放的主要来源之一，提高内燃机热效率、降低排放是全国经济和社会可持续发展的重大需求。该项研究提出通过充量密度控制柴油机燃烧路径的学术思想和高密度低温燃烧技术，为国内柴油机排放法规升级到国六提供燃烧新理论和经济可行的技术路线；提出新型2冲程直喷增压汽油机燃烧系统开发准则和微引燃超稀燃烧提高效率的新型燃烧方式，为提升汽油机升功率、降低碳排放提供全新的技术路线；构建内燃机实际运行条件下适用的柴汽油及多种生物燃料化学反应动力学模型，从微观基元反应化学链传播机制层面阐明宏观燃烧参数与边界条件的耦合规律，提出燃料设计准则及燃用多元燃料的发动机控制策略。研究成果形成的工程样机在满足最严格欧六（国六）排放法规下，有效热效率提高10%，达到世界先进水平，显著提升新一代高效清洁内燃机自主研发能力和技术竞争力。

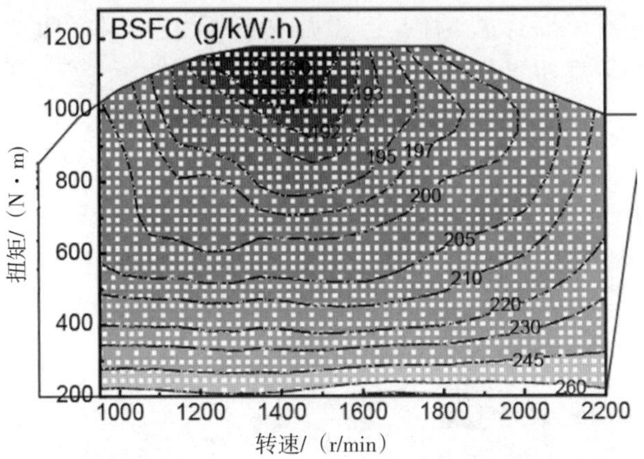

多缸重型发动机上开发的汽油压燃原理样机全负荷运行工况下的燃油消耗量

【高效能电机系统可靠运行与智能控制基础研究】 天津工业大学夏长亮教授主持完成的国家“973计划”项目。电机系统是支撑国民经济发展和国防建设的重要能源动力装备以及重大基础装备的关键与核心，面向电机系统高效能、高可靠性、强环境适应性运行需求，取得重要研究成果：①创建多物理场耦合下磁性材料特性测试平台，提出电机电磁–温度–流体多场耦合建模与求解方法；提出多工作点电机设计和滚动优化–多目标整合调控相结合的电机系统集成设计方法。研究成果有效提升电机系统的模拟与分析精度，实现电机系统的高效能运行。②提出高可靠强容错电机设计理论与分析方法；建立集预警、定位、量化于一体的综合性故障在线诊断方法，提出基于谐波注入、磁场重构技术的电机系统容错控制策略。研究成果有效提升电机系统的运行可靠性，同时使系统应对突发故障具备负载持续运行的能力。③提出基于周期频率调制的电机系统环境兼容策略，建立高压强环境下电机系统仿真与实验测量平台，提出电机系统运行品质智能控制策略。研究成果突破特种电机系统的设计、运行与控制技术，实现电机系统综合性能水平的有效提升。项目组研制的样机成功应用于国内大型舰船推进系统、深海装备电力推进装置中，有力支撑全国全电舰船、深海探测等重大工程的跨越式发展。

研制的深海载人潜水器用深海推进电机

【微细管道管内缺陷及形貌测量关键技术研究】 天津大学精密测试技术及仪器国家重点实验室吴斌教授主持完成的天津市自然科学基金重点项目。针对提出的外部光源导入、内部图像导出微细管道管内测量新方法，设计并制作全景成像及传输光学部件、自适应照明光源系统等基础核心硬件；研究全景图像展开算法，实现环形区域展开及拼接；对非对准所引起的测量误差进行分析，设计两步姿态调整法。针对柔性、在线、高精度管道测量应用需求，基于摄影测量研究与机器人自身定位精度无关的全局空间定位方法；采用纯光学方法模拟相机成像过程，研究定位测量相机精确校准新方法。主要发现和创新：①提出外部光源导入、内部图像导出新方法，实现9～14毫米内径、100毫米深微细管道内0.6毫米大小缺陷的高精度测量。②引入工业机器人和摄影测量技术，实现柔性、自动、高精度的微细管道管内缺陷与形貌测量。③完成固定式微细管道管内缺陷测量系统样机和柔性微细管道管内缺陷测量系统样机各1套，研制用于微细管道管内缺陷测量系统的测量及控制软件。项目发表研究论文11篇，其中SCI论文8篇；申请并获得授权专利2项；培养硕士8名；获得第14届中国青年科技奖及第13届天津市青年科技奖，入选天津市“131”创新型人才计划及天津大学“北洋青年学者”计划。

【柴油机喷雾“湿壁”及其对工作过程影响的基础研究】 天津大学内燃机燃烧学国家重点实验室梁兴雨主持完成的天津市自然科学基金一般项目。采用光学可视化高压定容燃油喷雾撞壁试验系统对柴油及其混合燃料的喷雾撞壁特性进行研究，并针对喷油压力、撞壁距离、撞壁角度和环境压力对喷雾撞壁后附壁油膜的特性进行分析和研究。以一台直列四缸柴油机为基础，采用数值模拟的手段，对早喷参数对燃油湿壁及缸内混合气形成过程的影响进行数值模拟研究。主要发现和创新有：①不同撞壁参数及壁面条件下，柴油喷雾湿壁后近壁区域混合气分布特性；②不同撞壁参数及壁面条件下，柴油喷雾湿壁后所形成的的附壁油膜特性；③从残余油膜质量以及湿壁区域混合气分布均匀度两个角度解释与分析不同早喷参数对整机HC/CO排放的影响，并得到不同壁面润滑油对颗粒排放的影响规律。项目发表研究论文19篇，其中SCI论文8篇；获得发明专利3项，申请发明专利7项；培养博士后1名、博士和硕士各2名；项目负责人晋升为正高级职称并获得国家科技进步二等奖1项、中国机械工业科学技术一等奖1项。获得家自然科学基金支持。

柴油机喷雾“湿壁”实验

【连续吸油与分离功能中空纤维膜结构设计与传质机理】 天津工业大学省部共建膜分离与膜过程国家重点实验室主任肖长发主持完成的天津市自然科学基金重点项目。以超疏水、亲油性石墨烯为表面吸附层，以亲油（非溶胀）性聚合物中空纤维多孔膜为基膜，研制具有连续吸油拒水、油水分离功能的复合吸油中空膜及其连续（动态）油水分离试验装置，阐明连续吸油与分离过程中的传质机理，为规模开发新型吸油与分离功能的复合吸油中空膜材料及技术提供依据。主要发现和创新：①研制的复合吸油中空膜对苯类、卤代烷烃等油性有机化合物的静态吸附量>60克/克。②连续吸油与分离功能中空纤维膜对油品、特别薄油膜，显示出独特的分离性能，突破传统吸油过程间歇操作局限，可实现连续吸油。③获得由复合吸油中空膜、吸油管路、吸油泵及储油装置等组成的动态油水分离装置及处置技术，连续（动态）油水分离试验装置对油水体系中油品的吸附分离效率达96%以上。获得成果：吸油功能中空纤维膜样品1种，连续吸油分离装置1件，吸油与分离功能中空纤维膜工艺技术路线1份，申请专利10项，其中国内授权专利获得2项，美国专利1项，日本专利1项，发表SCI、EI收录论文11篇，培养研究生4名，获第45届瑞士日内瓦国际发明展金奖。

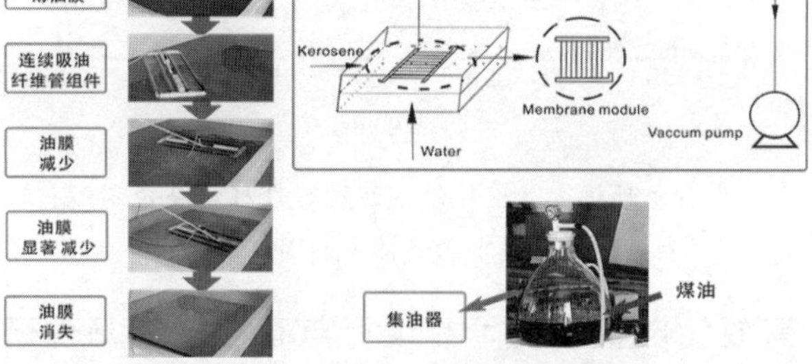

薄油膜处理示意图

【基于数据驱动的工业机器人可靠性质量保障与增长技术】 该项目由河北工业大学韩旭教授负责，获科技部国家重点研发计划“智能机器人”重大专项立项，项目执行期三年，总经费1907万元。该项目以建立面向工业机器人的可靠性质量保障技术体系为总体目标，针对国产工业机器人平均无故障工作时间短、稳定性和精度保持性差等问题，将突破工业机器人可靠性建模、设计、评估和试验中的技术瓶颈，建立工业机器人可靠性质量规范，搭建工业机器人可靠性增长设计平台，形成较为完善的可靠性质量保障技术。最终实现研究成果应用于国内3家以上主机厂产品，产品平均无故障工作时间达80000小时，为提升国产工业机器人可靠性质量水平提供技术保障。针对该项目，河北工业大学作为牵头单位，在复杂装备可靠性设计方法、电器可靠性等领域研究成果丰富，相关研究成果曾多次获国家科技进步二等奖和省部级一等奖。河北工业大学联合电子科技大学、南京埃斯顿机器人工程有限公司、杭州新松机器人自动化有限公司、重庆华数机器人有限公司、宁波智能制造产业研究院、国家机器人检测与评定中心（重庆）、杭州电子科技大学、山东帅克机械制造股份有限公司和东莞市李群自动化有限公司等单位共同成立项目组，在工业机器人可靠性领域开展系统的研究，为项目目标的实现奠定坚实的基础。

（毛　维）

【采摘机械手设计中多领域耦合作用关系识别及设计知识挖掘】 天津农学院宋欣主持完成的国家自然科学基金青年基金项目，2017年3月通过国家自然科学基金委验收。该项目针对机械化采摘过程中存在的采摘机械手对作业环境的适应性、末端执行器抓取过程中的形状自适应性、柔性和稳定性等方面存在的问题开展相关研究。针对典型果实采摘的非结构化作业环境进行数学描述，并利用分形理论建立作业环境采摘难易程度的评价指标及评价方法，为机械手的路径规划和避障策略算法研究提供模拟实验环境和准确的作业环境参数，有助于将农机装备与农艺相结合，为果树树形选择优化，以及提出适合于机械采摘的果树生长和修剪方案提供量化方法和理论依据；提出并建立采摘机械手三个工作性能评价指标：工作空间、静刚度性能及全域速度综合性能，实现从工作空间、位移误差以及运动速度波动三个角度进行采摘机械手综合运动性能的评价；研究分析作业环境关键特征与机械手结构参数、工作性能指标间的耦合作用规律，为指导机械手结构设计，建立适宜机械化采摘的果蔬栽培模式提供有效方法。完成典型果实与不同接触材料间的摩擦系数，以及抗压弹性模量、屈服强度、弹性度等生物力学特性的测定，初步分析机械采摘中果实生物力学性能的影响因素，从降低果实机械损伤角度，为采摘机械手末端执行器指面选材，抓取力和抓取速度的控制提供参考依据；提出一种具有形状自适应性的末端执行器设计方案—欠驱动三指灵巧手，指出其实现柔性和稳定抓取的设计准则；提出基于最小势能原理的末端执行器抓取稳定性分析方法，为抓取点位置规划提供理论依据。

（徐大为）

【先进增压直喷（GDI）汽油机喷油器积碳形成机理及理化特性研究】 天津农学院王莉主持完成的国家自然科学基金青年基金项目，2017年3月通过国家自然科学基金委验收。该项目研究围绕GDI发动机喷油器积碳进行，主要进行GDI发动机喷油器积碳形成机理、GDI发动机喷油器积碳对喷雾特性影响和喷油器积碳对发动机性能影响的研究，研究成果丰富和发展GDI发动机积碳形成理论，为进一步采取措施降低积碳提供理论和实践依据。研究开发一套实验室尺度下GDI喷油器模拟积碳形成装置并证明实验室尺度下喷油器积碳研究的可能性，该装置可快速形成喷油器积碳，同时在该装置下还可以进行单一因素对喷油器积碳的影响研究，以便探寻积碳形成的机理；对GDI喷油器积碳形貌和理化特性进行研究，通过X射线能谱和FTIR分析得出高温喷油器表面形成积碳时经历轻组分的挥发、部分长链结构组分裂解、重组分的浓缩、重组分高温氧化产生大量羟基和氧化合物、积碳的生长和积累等过程的结论；对积碳喷油器喷雾落点情况进行研究，探究积碳喷油器各个喷孔喷雾的落点形态和油量的质量分布状况，得到积碳喷油器喷雾落点质心的偏移规律，得到雾落点质心可以作为GDI喷油器积碳评价体系重要指标的结论；对喷油器尾喷及积碳形成相互作用机制进行研究，结果表明喷油器在实际喷射过程的针阀二次弹起现象引起的尾喷燃油在破碎过程中严重影响雾化质量，高喷射压力和高燃油温度有利于喷油器尾喷油束的蒸发破碎，但对于已经积碳的喷油器来说，高喷射压力会增大积碳对燃油的吸附量，高温燃油使喷油器头部温度升高，从而加速积碳的积累；对喷油器积碳与GDI发动机运行参数相互作用机制进行研究，得到在高碳烟下相同时间内形成的积碳量更多，较高的缸内温度会促进燃油以及润滑油等成分的蒸发裂解，从而使喷油器头部积碳更为致密的结论，进而获得抑制积碳形成的初步控制策略。（徐大为）

农业科学

【果蔬绿色冷链物流保鲜关键技术】 天津科技大学、中华全国供销合作总社济南果品研究院、浙江大学、华东师范大学、天津捷盛东辉保鲜科技有限公司、灵武市果业开发有限责任公司、天津绿新低温科技有限公司，李喜宏、杨相政、李莉、朱品宽、刘霞等完成，获2017年天津市科技进步一等奖。该项目重点研究代表性果蔬冷链物流前沿应用基础理论、系列核心技术和关键设施与装备等3个层面内容。创新冷链靶点调控组学机制，温阶迭代保鲜核心技术15项和研制出制冷、气调、防腐、智能控制装备与保鲜膜新产品5大系列，创建适于国情的“低投入、低能耗、低污染、高科技、高效益”的冷链产业化体系，引领行业技术革命。项目创新点：①首次探明葡萄、草莓、西红柿为代表果蔬衰老腐烂组学机理和靶点调控分子机制，为冷链物流技术提供理论依据。②发现果蔬温阶迭代和葡萄穗轴呼吸跃变规律，发明子母相耦合、传热不传质、不加湿恒湿、蒸发器无霜和控温波动±0.1℃等技术15项。③突破介观热质传递、介质相耦合和纳米雾化技术，研制出第一台脉冲式防腐设备、一体式制冷设备和远程诊断装备等5大系列关键设备，解决国内冷链装备落后难题。技术已覆盖全国32个省及5个国家，近3年建库1420余座，果蔬总贮运量约145万吨，获直接经济效益8732万元、社会效益33.2亿元，授权美国发明专利1项、国家专利11项，制修订国家、行业标准5项，获省级鉴定成果5项，均国际先进水平，发表SCI收录论文13篇。通过新技术→新理论→新产品→产业化示范，有效解决果蔬集中上市、损耗大等问题，同时降低保鲜剂残留率80%，保障果蔬质量安全和消费安全。

（李丽娜）

【高效高值生物转化菌渣及其产品应用技术的示范推广】 天津农学院王小波主持完成的天津市农业科技成果转化与推广项目，2017年5月通过市农委验收。项目组将食用菌菌渣经过腐解微生物菌剂适度发酵，配合辅料，作为白星花金龟的饲料组成原料，然后利用环境昆虫—白星花金龟过腹转化处理食用菌菌渣，生产出白星花金龟虫体和虫粪。利用白星花金龟（幼虫）取食转化食用菌菌渣，首次将环境昆虫应用于废弃菌渣的处理，创新天津有机废弃物处理及资源化利用的技术途径。项目实现利用环境昆虫高效高值转化处理菌渣技术的应用与推广，为一种成熟的技术体系。生产过程中不产生废水、废料，无二次污染；生产原料均为有机废弃物，经过转化处理可以消除污染源。同时转化产物昆虫蛋白是一种新型优质蛋白源，昆虫粪沙可以作为优质有机肥。在项目实施的中，累计处理菌渣120吨，生产白星花金龟6吨，虫粪80吨，创造直接经济价值28万元，虫粪有机肥在设施蔬菜中的应用证明其可减少传统有机肥料的用量，提高蔬菜的品质指标。（徐大为）

【重金属离子在微囊藻群体形成中的作用机制】 天津农学院毕相东副主持完成的国家自然科学基金青年基金项目，2017年3月通过国家自然科学基金委验收。项目组在建立微囊藻群体细胞精准计数方法基础上发现自然水体中微囊藻群体对典型重金属离子具有很强的富集能力，且不同尺寸微囊藻群体细胞对重金属离子的富集能力存在明显差异；发现微囊藻细胞对Cd^{2+}富集过程包括快速吸附和缓慢积累2个阶段；实验生态学条件下开展重金属离子对微囊藻细胞生长及集聚的影响，结果表明在藻细胞耐受范围内重金属离子可不同程度地促进微囊藻群体形成，其中对微囊藻细胞对Pb^{2+}胁迫的耐受性最强，而Cd^{2+}对促进微囊藻群体的早期形成的作用最为明显；Cd^{2+}与Pb^{2+}可分别不同程度地提高微囊藻细胞胶鞘多糖的含量，且在Cd^{2+}与Pb^{2+}作用下胶鞘多糖含量与微囊藻群体形成及增大表现出极为显著的相关性（$P < 0.01$），同时微囊藻胶鞘多糖的单糖组成对不同浓度的Cd^{2+}、Pb^{2+}胁迫表现明显的差异性，其中葡萄糖所占比例对于重金属离子胁迫作用表现最为敏感，暗示在重金属离子胁迫下微囊藻胶鞘多糖中葡萄糖所占比例可能直接影响微囊藻细胞的耐受力及其群体形成；采用iTRAQ技术分析细胞蛋白表达谱时发现Cd^{2+}可不同程度地通过提高多糖合成、三羧酸循环、光合作用及微囊藻毒素合成途径相关蛋白的表达量来增加藻细胞多糖的产量，进而促进微囊藻群体的形成。首次明确典型重金属离子在微囊藻群体形成过程的作用特点。率先明确重金属离子（Cd^{2+}）对微囊藻胞外多糖合成相关蛋白表达的影响，进而从蛋白表达水平深入分析重金属离子促进微囊藻群体形成的作用机制。

（徐大为）

【蕈蚊天敌—瘦弱秽蝇幼虫人工饲料研究】 天津市植物保护研究所承担的天津市农业科学院院长基金项目“蕈蚊天敌—瘦弱秽蝇幼虫人工饲料研究”，由邹德玉主持完成。2017年8月3通过专家结题验收。项目组明确取食凤仙花迟眼蕈蚊幼虫及韭菜迟眼蕈蚊幼虫对瘦弱秽蝇幼虫发育历期、存活率的影响，取食凤仙花迟眼蕈蚊幼虫及韭菜迟眼蕈蚊幼虫的瘦弱秽蝇幼虫发育历期分别为8.8天和7.8天，存活率分别为87.5%和54.5%。研制1种可以室内饲养瘦弱秽蝇幼虫的人工饲料。取食人工饲料的瘦弱秽蝇幼虫发育历期为13.0～16.4天，可正常化蛹，化蛹率为32.9%～45.4%。研制人工饲料配方及饲喂方法，利用该饲料饲养瘦弱秽蝇5545头。研发瘦弱秽蝇应用新技术——banker media技术，应用该技术防控韭菜迟眼蕈蚊，示范面积1067平方米，防效达60%，挽回韭菜损失52.38%。授权发明专利1项；发表论文4篇，其中SCI论文1篇；培养硕士研究生1名。

（刘晓琳）

【含有磷酸酯结构的苯甲酰脲类杀虫剂的合成及活性研究】 天津农学院黄治强主持完成的天津市青年基金项目，2017年10月通过市科委验收 。该项目将有机磷杀虫剂中的活性片段（硫代）磷酸（肟）酯引入到苯甲酰脲的B环，设计合成九个系列含有活性（硫代）磷酸（肟）酯结构的苯甲酰脲类昆虫生长调节剂。运用核磁、LCMS、元素分析、X—射线衍射、红外等分析鉴定手段确定目标化合物的结构并以粘虫、小菜蛾、蚊幼虫等不同科目昆虫为测试对象，通过胃毒等多种作用方式测试目标化合物的生物活性，总结构效关系，发现有潜在应用价值的先导目标化合物三个。研究成果主要以论文、专利等形式进行公开报道。共发表期刊论文4篇（其中SCI检索论文3篇，核心期刊1篇）；共申请发明专利5项（其中授权专利2项）。

（徐大为）

【天津农村土壤中抗生素和抗性基因污染物特征的研究】 天津农学院丁昊楠主持完成的天津市应用基础及前沿技术研究计划一般项目，2017年10月通过市科委验收。项目组针对天津农村地区土壤环境中的抗生素及抗性基因污染水平展开研究。采集天津地区施用过有机肥的7个农田土样及1个未使用有机肥的对照土样，对8种抗性基因（ARGs）和2种可移动基因元件（MGEs）进行定量检测。结果表明施用有机肥可能促进土样中抗生素抗性基因及可移动基因元件的传播与扩散。利用高通量分析，探究土壤中抗性基因ermF和整合子intI1的宿主菌范围。ermF门类水平上宿主菌主要为拟杆菌门Bacteroidetes。而intI1门类水平上宿主菌主要为产金菌门Chrysiogenetes。考察土壤中重金属含量及其他环境因素对抗性基因（ARGs）、可移动基因元件（MGEs）总量的影响。ARGs的数量和土壤基本理化性质TC、OM、TN之间，以及土壤微生物总量之间存在显著相关性。ARGs的绝对丰度和MGEs之间也存在着显著正相关性，进一步印证基因水平转移是ARGs传播的一个重要途径。土壤ARGs和MGEs的绝对丰度与土壤中重金属Cu、Zn、Pb之间也存在显著正相关性。项目的研究为天津地区农田土壤中抗生素耐药性的污染情况提供科学依据，阐明环境中抗生素抗性基因的传播和扩散具有一定的生态健康风险，同时也为国家制定相关政策，合理使用抗生素提供科学依据。

（徐大为）

【基于二维相关荧光谱土壤中PAHs信息提取及检测方法的研究】 天津农学院杨仁杰主持完成的天

津市应用基础及前沿技术研究计划重点一般项目，2017年10月通过市科委验收。该项目采用二维相关荧光谱技术实现多环芳烃的检测，为土壤中PAHs污染物的修复提供科学依据，也为二维相关谱技术在环境监测的推广应用提供理论和实验基础。其技术不仅可用于各级环境监测部门，而且可用于检测污染治理过程。项目基于二维相关荧光谱提取水和土壤中相互重叠的多环芳烃特征荧光信息，依据同步二维相关荧光谱交叉峰的正负，并结合异步谱交叉峰的有无实现土壤中多环芳烃污染物的鉴定和分类；分别以土壤粒径大小和土壤湿度含量为外扰，构建二维相关荧光谱，并与统计学—方差分析，研究土壤理化参数对多环芳烃荧光强度影响的程度和规律，以瑞利散射强度为桥梁，建立一种减小土壤粒径大小对多环芳烃荧光强度影响的校正方法；建立基于一种基于二维相关荧光谱定量分析土壤中多环芳烃含量的多维偏最小二乘模型，并与三维荧光谱模型的预测结果进行对比分析，该方法可提高土壤中多环芳烃的预测精度。项目取得成果，为进一步推广该方法在其他环境安全的检测中应用提供理论和实验依据。该项目申请发明专利3项，发表论文12篇，其中SCI收录6篇，EI检索2篇。

（徐大为）

【草坪杂草发生动态及关键影响因子研究】 天津市植物保护研究所张锦伟主持完成的天津市应用基础与前沿技术研究计划重点项目，2017年12月28日通过结题验收。项目明确每年8～10月份是全年草坪杂草发生的关键时期；通过系统统计分析归纳总结出狗尾草等20种杂草是本地区草坪的常见杂草；苦荬菜等10种杂草是本地区初春季节的重要杂草。运用统计学中因子分析和偏相关分析方法，明确土壤容重、土壤积温、草坪退化率和遮阴程度等4项因子是影响草坪杂草发生的关键因素。项目明确春季适当提高施肥量可以显著提高对草坪内以打碗花等为主的阔叶杂草的防治效果；明确留茬高度是草坪修剪管理中影响杂草发生的主要因素，留茬高度5～6厘米较为适宜；筛选出适合高羊茅草坪杂草防除的化学药剂4种。发表论文3篇，其中EI收录1篇。

（刘晓琳）

【月季叶枯病菌（*Pestalotiopsis clavispora*）发病规律与防控技术研究】 天津市植物保护研究所冯友仁主持完成的天津市农业科学院院长基金项目，2017年10月通过结题验收。该项目明确月季叶枯病在天津市的发病情况、病原菌越冬传播的主要载体及田间动态消长规律，摸清病害侵染方式与发病规律。通过抗性测定确定“粉和平”“红双喜”“拉巴达”“金秀娃”等7个月季叶枯病免疫品种。筛选出田间防效达75%的特基拉枯草芽孢杆菌生防菌株1株，防效达90%以上高效安全药剂80%嘧霉·异菌脲可湿性粉剂（800毫克/升）和40%弗硅唑乳油（100毫克/升）2种。发表学术论文3篇，其中核心期刊2篇，英文综述1篇。

（刘晓琳）

【落叶松AP2/ERF家族分子特征分析及关键成员的功能研究】 天津农学院李爱主持完成的国家自然科学基金青年基金项目，2017年3月通过国家自然科学基金委验收。项目组通过研究取得多个具有较高科学价值的研究成果。首次较为全面的在裸子植物落叶松中分离获得50个AP2/ERF转录因子家族成员序列信息。首次较为系统地揭示落叶松AP2/ERF家族转录因子序列信息、结构特征和系统进化特征。详细阐明落叶松中AP2/ERF转录因子蛋白的二级结构特征和三级结构特征。筛选并确定2个可能在落叶松生长发育过程中起关键调控作用的转录因子。详细阐释落叶松AP2亚家族成员LkANTL1基因的功能特征，通过成功构建35S∷LkANTL1植物转基因表达载体，获得落叶松LkANTL1基因过表达的转基因植株，证实LkANTL1基因的过表达可促使植株生育期提前，在相同的生长条件下35S∷LkANTL1转基因植株的子叶、叶片、根和角果等器官较对照组植株明显增大，同时过表达落叶松LkANTL1基因会影响植株光合特性以及光合色素和淀粉等主要内含物的含量。系统揭示落叶松AP2亚家族另外一个成员LkAP2L2基因的功能，利用35S∷LkAP2L2植物转基因表达载体转化获得LkAP2L2基因过表达的转基因植株，与对照组植株相比，35S∷LkAP2L2转基因植株分支数量明显增多，但是花的形态发生异常，导致角果变小，种子数量明显减少，同时植株的光合特性和主要内含物的含量发生明显变化。项目在落叶松中首次分离、克隆AP2/ERF家族转录因子；首次揭示落叶松AP2/ERF转录因子家族的结构特征及进化特征；阐释落叶松关键AP2/ERF转录因子的功能及其作用机制。

（徐大为）

【落叶松ANT转录调控因子的分子特征及功能研究】 天津农学院李爱主持完成的天津市应用基础与前沿技术研究计划青年项目，2017年10月通过市科委验收。项目通过研究首次克隆获得落叶松AINTEGUMENTA（ANT）转录因子全长编码序列，ANT转录因子基因全长1395 bp，编码464个氨基酸的蛋白质。蛋白质相对分子质量为52.377 kD，等电点为6.58，不稳定系数为52.52，属于不稳定蛋白。揭示落叶松ANT转录因子的结构特征、系统进化特征和时空表达特征，落叶松ANT转录因子含有2个保守的AP2/ERF结构域，二级结构包括α—螺旋、β—折叠和环肽链。该转录因子与葡萄、银杏、大豆等物种的AINTEGUMENTA—like转录因子同源性很高，亲缘关系较近。成功构建含有落叶松ANT转录因子基因的植物表达载体并进行遗传转化，获得具有外源基因的转基因阳性植株。系统阐释落叶松ANT转录因子的功能特征，通过转基因技术证实落叶松ANT基因的异位表达可促使植株生育期提前，同时，落叶松ANT基因的表达会显著提高转基因植株的光合特性，增加转基因植株叶绿体色素和淀粉等内含物的含量。研究成果首次从裸子植物落叶松中分离、克隆到ANT转录因子的全长编码序列。阐明落叶松ANT转录因子的结构特征、时空表达特征和系统进化特征。完成植物表达载体的构建，利用转基因手段首次系统揭示落叶松ANT转录因子基因的功能特征，为该基因的利用奠定理论基础。落叶松ANT转录调控因子的获得为采用基因工程手段获得高效生长能力的农作物或能源植物提供优质的靶基因资源。（徐大为）

【玉米叶夹角主效QTL挖掘的研究】 天津市农作物研究所彭勃、付从贵、赵晓雷、张巧云、王奕完成。该研究构建玉米遗传连锁图谱1张，图谱总长2519.75厘米，包含218个标记，标记间平均距离为12.11厘米；挖掘到控制玉米叶夹角主效QTL3个（叶夹角表型变异率大于10%），分别位于1.03bin、5.06bin和7.03bin；建立高效的分子标记辅助选择回交转育叶夹角主效QTL（qLA5）的技术体系1套，创制出株型紧凑（叶夹角低于轮回亲本30°以上）、产量高（高密度条件下单株产量没有超过轮回亲本的5%）、抗逆性强（空杆率、倒伏倒折率不高于轮回亲本）、品质优良（品质评分不低于对照85分）的糯玉米新种质11份。项目期间，发表论文5篇。该研究挖掘到优良普通玉米自交系郑58中蕴含的糯玉米自交系通759已丢失的调控叶夹角的重要QTL（5.06bin）。

（李素敏）

【果蔬相温气调保鲜库】 天津科技大学、天津绿新低温科技有限公司、国投中鲁果汁股份有限公司、大有作为（天津）冷链技术研究院、宁夏中玺枣业股份有限公司，李喜宏、张继明、刘霞、冷传祝、乔丽萍等完成，获2017年天津市专利优秀奖。以该专利技术为核心，首次研制出国内外第一个果蔬相温保鲜库，主要优势为：①果蔬预冷时间短、效果好。果蔬相温气调库有差压预冷功能，果实刚入库时温度较高，子母库常闭系统启动实现子库与母库热量大幅度强制交换，简约隧道原位差压预冷，6～7小时果温由25℃～30℃降低至0℃～1℃，解决保鲜最先1千米预冷产业难题。②相温贮藏，传热不传质。果实细胞膜低温状态呈玻璃化液晶态，过低将转变为凝胶态，在液晶态与凝胶态过渡温度区间，易产生细胞膜质相分离，导致生理机能障碍，通常称为冷害，专利技术子库内温度波动小于±0.1℃，果温波动小于±0.02℃，细胞膜冰晶压几乎为0，即生物膜零点相变，果蔬保鲜寿命提高2～3倍。③四种方式综合节能。相温库的制冷设备安装在母库、果蔬贮藏在子库，子库与母库相互气密独立，子库传热不传质。不加湿节能、冷风机不除霜节能、充分利用自然通风降温节能、充分利用生物能节能。④果蔬保鲜剂低残留、保鲜效果好。以葡萄为例，该专利技术为“低温+气调+间歇臭氧熏蒸”的脉冲式气调保鲜技术，葡萄保鲜6个月，葡萄好果率高达96%。该专利获新兴际华伊犁农牧科技发展有限公司投资1亿元，在新疆伊宁县建成国内外第一座万吨级特大型相温气调保鲜库。以该专利为基础，与孟加拉国设计完成世界第一座5000吨大型电厂废热制冷相温库，并获天津国际合作项目支持。在天津、云南、宁夏、新疆等10多个省（直辖市、自治区）30多个果蔬主产区，建造相温库420余座，总贮量达5万吨，获直接经济收益1.1亿元，社会经济效益25.5亿元。发表SCI、EI论文22篇，获科技奖励7项（省级一等奖2项），授权同族美国专利1件，外围国家发明专利4件。

（李丽娜）

【桃果实成熟期基因分离研究】 天津农学院冯涛主持完成的天津市应用基础与前沿技术研究计划一般项目，2017年10月通过市科委验收。该项目选用桃成熟期突变体作为研究对象，利用最新的组学和生物信息学方法，探讨果实成熟期的遗传控制基础，分离果实成熟期基因。利用SSR和SRAP分子标记鉴定“小白桃”和芽变“津柳早红”的DNA差异，并进行初步定位。通过对“小白桃”和它的芽变品种“津柳早红”果实品质性状的比较，基因组高通量测序结果，发现一批与重要的果实品质性状相关的基因。对11个不同成熟期的桃品种NAC基因研究，发现SNP和Indel两类变异。蛋白比对发现桃NAC与梅同源性最高，其次是鸭梨；进化树体现物种的亲缘关系。

（徐大为）

【甘薯直链回生淀粉单晶培养及结构表征】 天津商业大学天津市食品生物技术重点实验室连喜军主持完成的天津市自然科学基金一般项目。利用自创回生法得到的甘薯直链淀粉重复进行回生—酶解—纯化三次，使其分子量分布范围分别从$4.2\times10^{7}\sim205$克每摩尔减小到$6.0\times10^{4}\sim730$克每摩尔；直链淀粉的链长范围从DP9～35减小到DP3～13；培养出的直链回生淀粉晶体衍射角2θ出现在14.6°（d=0.606纳米）、25.6°（d=0.348纳米）、29.6°（d=0.302纳米）、31.8°（d=0.282纳米），晶体中含少量水和双螺旋。主要发现和创新有：①利用回生—淀粉酶水解反复操作可以获得分子量分布范围很窄的直链淀粉。②分子量分布范围很窄的直链淀粉可以形成类似金属盐的晶体。③利用差热数据研究直链淀粉回生动力学有局限性，甘薯直链淀粉回生过程是一次成核，25℃是甘薯直链淀粉回生速度最快的温度。④原子力显微镜发现甘薯直链淀粉回生晶体形成过程层状结构的间距缩小。项目发表研究论文12篇，其中SCI收录6篇（一区1篇，二区1篇，三区3篇，四区1篇），EI收录2篇。获得授权发明专利6项，申请发明专利2项。培养硕士生两名。

【当归多糖对点带石斑鱼非特异性免疫和抗氧化机理的研究】 天津农学院邢克智主持完成的国家自然科学基金面上项目，2017年3月通过国家自然科学基金委验收。该项目阐明当归多糖的构效关系和提高点带石斑鱼非特异性免疫和抗氧化能力的机理，并为化学合成法开发高效免疫多糖提供重要参考。研究表明当归多糖为蛋白质多糖，其亚组份的免疫增强效果不及当归多糖，去除蛋白质后的免疫增强效果不及未除蛋白质的当归多糖。表明与蛋白质结合的当归多糖具有更强的免疫增强活性。当归多糖能提高点带石斑鱼溶菌酶活力，头肾白细胞吞噬、增殖和呼吸爆发活力，总抗氧化能力、超氧化物歧化酶活力、谷胱甘肽硫转移酶活力。当归多糖能显著上调/下调TLR—22、MyD88、TNF—α、TRIF和IRF3基因的表达，说明当归多糖能激活TLR—22介导的2条信号通路，即TLR22→MyD88→TNF—α信号通路和TLR22→TRIF→IRF3信号通路。喂食当归多糖能显著上调点带石斑鱼肝胰脏谷胱甘肽硫转移酶基因（Gst）、过氧化物酶基因（Prx）、硫氧还原蛋白基因（Trx）表达。利用iTRAQ技术从蛋白质组学角度证明，当归多糖能使吞噬体信号通路中的vATPase、Rab7蛋白质上调表达，F—actin、MR、gp91蛋白质下调表达；使T细胞受体信号通路和天然杀伤细胞介导的细胞毒性中的CaN蛋白质上调表达。

（徐大为）

【弹状病毒诱导斑马鱼皮肤和鳃免疫应答的蛋白质组学研究】 天津农学院吕爱军主持完成的国家自然科学基金面上项目，2017年3月通过国家自然科学基金委验收。该项目以模式生物斑马鱼（Danio rerio）作为实验动物模型，重点研究弹状病毒感染诱导的成体斑马鱼皮肤和鳃免疫应答的蛋白质组学，有助于阐明鱼类粘膜免疫的调控机制。采用双向凝胶电泳（2—DE）结合同位素标记相对和绝对定量（iTRAQ）、高效液相色谱—串联质谱

（LC－MS/MS）技术等进行斑马鱼鳃免疫应答的差异蛋白质组分析。结果表明，在感染诱导斑马鱼皮肤检测到1000多个蛋白点，鉴定获得17个皮肤免疫相关蛋白，主要包括免疫球蛋白重链可变区、主要组织相容性复合体、甘油醛－3－磷酸脱氢酶、AP2转录因子、KRT4蛋白以及4个未知功能蛋白等。在斑马鱼鳃中鉴定获得1338个蛋白，根据基因蛋白功能聚类（GO）分析表明鳃中33个差异表达蛋白（8.8%）参与应激与免疫应答过程，其中上调表达蛋白主要有补体、丝氨酸蛋白酶肽酶抑制因子、膜联蛋白和组蛋白等，KEGG通路分析表明补体和凝血级联、致病性大肠杆菌感染以及MAPK等信号通路参与鳃抗感染免疫应答机制。通过IlluminaHiseq2000高通量测序结合实时荧光定量PCR（qRT－PCR）技术进行鲫皮肤和鳃免疫转录组学分析，主要发现有抗原加工和呈递、吞噬小体、细胞粘附分子、补体和凝血系统、MAPK、Wnt和mTOR等信号通路参与皮肤和鳃黏膜免疫应答过程。该研究初步揭示病原感染诱导斑马鱼、鲫鱼皮肤和鳃蛋白质组学及其基因蛋白网络调控，有助于理解鱼类黏膜免疫应答的分子机制，为鱼类疾病防治提供科学理论依据。

（徐大为）

【对虾与白斑综合症病毒之间表面蛋白相互作用的大规模筛选与鉴定】 天津师范大学完成的青年科学家基金项目。白斑综合征病毒（WSSV）严重威胁着全球对虾养殖产业，迄今尚无能够有效防控WSSV疫情的药物和措施。对WSSV感染对虾的机制缺乏明确认识，尚不清楚WSSV的病毒受体。筛选病毒囊膜蛋白与宿主细胞表面的相互作用对WSSV的病毒受体鉴定十分关键。但由于WSSV基因组较大，囊膜蛋白众多，以及缺乏有效的WSSV感染宿主细胞模型等原因，无法有效地应用现有的技术手段进行系统性的病原－宿主蛋白互作研究。该项目拟对传统的Pull－Down技术进行改进：利用生物素化修饰的WSSV囊膜蛋白作为诱饵，大规模垂钓其对虾细胞表面受体蛋白并进行shotgun质谱鉴定。将该方法称为基于亲和层析的表面蛋白质组学，它能够高效地大规模筛选对虾细胞表面的WSSV互作蛋白。在此基础上，研究这些蛋白与其配体的结合对WSSV感染宿主的影响，为WSSV的病毒受体研究和白斑综合症防治策略的开发奠定基础。

（天津师范大学）

高新技术及产业化

概　况

【推动自主创新 培育经济发展新动能】　2017年，市发改委贯彻落实国家创新驱动发展战略、供给侧结构性改革、"放管服"改革部署，加快实施创新驱动，培育经济发展新动能，加快新旧动能接续转换，推动全市产业结构优化升级。

做好国家创新驱动发展系列政策落地实施。为贯彻落实国务院战略性新兴产业、新经济培育等创新发展政策，市发改委牵头编制《关于贯彻落实"十三五"国家战略性新兴产业发展规划的实施意见》《关于创新管理优化服务培育壮大经济发展新动能的实施意见》《关于促进创业投资持续健康发展的实施意见》等3个文件。提出天津市在发展战略性新兴产业、培育经济新动能、创业投资健康发展等领域的顶层设计和具体任务分工，进一步明确发展路径、支撑要素和保障机制，完善和丰富全市创新驱动和产业转型发展的政策体系。

深入推进京津冀全面创新改革试验。加快落实国家全面创新改革试验部署，会同北京市、河北省编制出台京津冀系统推进全面创新改革工作方案，牵头编制天津市系统推进全面创新改革试验重点任务分工方案。按照分工方案要求，组织市各相关部门逐项落实。京津冀三地共同承担的全面创新改革各项试验任务，在协同推进全国科技创新中心建设、产业承接平台搭建、区域创新要素自由流动等重点发展任务方面取得成效，授权京津冀的改革举措全部启动实施，一批改革举措取得阶段性成果，逐步向全国推广。落实京津冀全面创新改革试验的同时推动落实天津市试验任务，国家授权天津市的改革举措都落地实施，形成一批可复制可推广的政策经验。

加快推动高技术产业发展。推动航空产业不断壮大，按照《国家发改委关于建设通用航空产业综合示范区的实施意见》要求，编制《天津市通用航空产业综合示范区建设实施方案（2017～2020年）》，筹划一批航空产业项目，为组织推动天津市通用航空产业加快发展奠定基础。发挥重大产业化项目的示范带动作用，支持向战略性新兴产业转型发展，推动全市产业结构优化，围绕新一代信息技术、生物技术与健康、高端制造等战略性新兴产业重点领域，组织开展2017年度市高新技术产业化项目和向战略性新兴产业转型升级项目申报工作。组织参加第十届生物产业大会，集中展示天津市生物技术与健康产业发展成果，促进生物产业合作交流。

进一步推进大众创业万众创新。加快推进国家双创示范基地建设，推动中心商务区作为国家首批双创示范基地积极在创新创业方面开展政策性尝试，进一步提升双创服务效率，组织中心商务区开展国家双创示范基地重点项目申报，争取国家资金支持。在双创基地建设的带动下，中心商务区双创示范基地初步形成创新金融、科技互联网、国际贸易与跨境电商三大特色产业集群。组织滨海高新区开展国家双创示范基地申报工作，指导编制《滨海高新区建设国家双创示范基地工作方案》。2017年6月，滨海高新区获得国务院批复列入国家第二批双创示范基地。加大对企业服务力度，市发改委会同市相关部门推动高新技术产业化项目建设，帮扶企业解决现实困难问题。

（杨振磊）

【培育发展战略性新兴产业】　2017年，天津市把握全市发展历史性窗口期，实施供给侧结构性改革，推进京津冀协同发展，立足全国先进制造研发基地定位，以体制机制改革和发展环境营造为主要途径，聚焦高端制造、网络经济、生物经济、绿色低碳、数字创意等重点领域，加强预期引导，推动新技术、新产品、新业态、新模式发展，全市以战略性新兴产业为代表的高新技术产业实现产值5435.7亿元，占规模以上工业比重29.2%。

全市产业发展呈现四个特点。①发展质量升级。高端装备、新一代信息技术等优势领域不断壮大，航空航天、生物技术与健康、移动互联网、物联网、云计算等新兴产业加快发展；碳纤维增强复合材料、太阳能电池、锂离子电池、集成电路、服务机器人产量分别增长29.3%、27.9%、26.6%、14.2%、3.5%；推动分享经济发展，"摩拜单车"等一批总部企业落户天津，"滴滴出行"等一批新兴企业迅速崛起。②创新能力增强。加快建设全国先进制造研发基地，实施创新能力提升工程，围绕新一代信息技术、生物技术与健康、高端制造等战略性新兴产业重点领域，组织建设一批国家战略性新兴产业项目和全市重点产业化项目，建成一批高水平的创新平台，开发出一批具有自主知识产权的重大创新技术和重点产品，新认定和支持"杀手锏"产品和重点新产品214项。滨海高新区获批成为第二批国家双创示范基地。③环境不断优化。制定《天津市人民政府办公厅关于贯彻落实"十三五"国家战略性新兴产业发展规划的实施意见》等一系列政策文件，明确天津战略性新兴产业的发展思路、重点领域、重点工程、实施路线以及政策保障。设立200亿元天津市海河产业引导基金，吸引社会资本投向支柱产业和新兴产业。加快改革创新，深入推进全面创新改革试验，取得一批可复制推广的改革创新成果，进一步打通战略性新兴产业发展堵点。④大力推动"互联网+"。实施14项"互联网+"行动任务，推动以互联网作为创新要素的新兴产业发展，在"互联网+先进制造""互联网+高效物流""互联网+电子商务""互联网+健康医疗""互联网+社会保障""互联网+教育服务""互联网+便捷交通"等领域取得积极进展。举办首届世界智能大会，开展智慧产业科技合作交流，营造全市发展"互联网+"的良好氛围。

天津加快推动战略性新兴产业发展，重点做好六项工作：加强统筹推进，系统谋划新兴产业发展布局，针对具体产业，细化政策，分类管理，营造新兴产业发展的良好环境；注重市场培育，充分利用首台套政策发展高端装备制造，强化生态环境保护理念大力发展节能环保；推动核心技术和关键产业发展，重点围绕新一代信息技术、新能源汽车、新材料等领域，优先布局，打造发展优势；做好基础性保障，适应新兴产业发展需要，重点做好创新供给保障、政策法规保障、统计监测保障等基础保障；大力发展人工智能，探索在制造、交易、环境、交通、商业、健康医疗、网络安全、社会治理等领域进行试点示范，推动人工智能的规模化应用；进一步突出大众创业万众创新在发展新兴产业中的引领作用，支持国家双创示范基地建设。

（杨振磊）

信息技术

【宽带移动通信信号外场测试设备研发与产业化】 由天津大学、天津市德力电子仪器有限公司合作完成，获2017年度天津市科技进步一等奖。针对国家重大战略需求，天津大学研制成系列宽带移动通信信号外场测试仪器，主要内容和特点：①研制成功具有全频段、多制式、多模式移动通信基站信号测试功能的系列测试仪器，全面支持LTE、WCDMA、TD－SCDMA、CDMA2000、GSM等2G\3G\4G标准基站信号的测试，实现批量生产。产品打破国外垄断，填补国内空白，主要性能指标达到国际先进水平。②发明基于PDCCH信道的干扰谱估计方法、低复杂度DOA估计方法、基于Root－Music及秩损原理的二位测向方法、适用于TDD－LTE系统外干扰的分析方法、数字余晖显示等一系列原创性专利技术，实现快速干扰查找、定位等功能，解决了移动通信网络中同频干扰查找的难题。③发明MER辅助的激活码道检测技术，解决了WCDMA信号码道识别过程中根节点与叶节点码道容易混淆的难题。发明适用于WCDMA的定时误差恢复方法等，为精确的复合EVM测量提供了技术保障。④发明最佳AD输入功率设定方法、多小区信号检测、同步信道功率测量、发射机IQ支路不平衡测量、基于P1符号实现信道多径检测等专利技术，为性能指标达到国际先进水平提供了技术保障。项目成果在国内4G网络建设中发挥重要作用，并销往世界30多个国家，累计实现销售收入2.47亿元人民币，利税3630万元人民币，出口创汇371万美元。申请发明专利12项，授权3项，发表论文12篇。

（天津大学）

【机车综合无线通信设备（CIR）研发及产业化】 由天津七一二通信广播股份有限公司董国军、郑敏、郑彩顺等完成，获2017年度天津市科技进步一等奖。该研究内容及特点：①语音调度通信功能可在450兆赫兹模拟通信和GSM—R数字通信进行北斗卫星定位自动或人工切换。②全新开发的记录单元具有分段转储和快速转储功能。③MMI采用全新工业设计理念，外形美观人机交互快捷方便。④主机设计有标准型和小型化两种形式，采用插箱结构，各功能单元可单独插拔，适合各种机车类型且维修互换方便。⑤只需进行界面的语音配置和国外应用需求的简单更改即可满足海外市场的推广和应用。该公司的CIR设备在整体功能和技术持续保持国内领先水平，成为业内的标杆产品。产品销售到全国18家铁路局（铁路公司）和5家大型机车厂13500余套，市场占有率达到30%以上并逐步扩充到海外铁路市场。该产品拥有专利44项，其中发明专利16项，实用新型专利28项。

（天津七一二通信广播股份有限公司）

【无缝游牧主动服务策略（与系统）及其在移动环境中的应用】 由天津理工大学张德干、李可、姜凯雯等完成，获2017年度天津市科技进步二等奖。项目主要包括：①提出情境认知模型构建新方法，提高游牧服务的主动性。②构建资源自适应管理新策略，提高游牧服务的自适应性。③设计游牧任务无缝迁移新方法，提高游牧服务的连续性。④研发具有认知能力支持无缝游牧主动服务的应用系统。成果特点如下：①适用于多样化的移动应用模式，如游牧任务在位于不同场景下的端系统设备群之间主动无缝地迁移或移动。②提高用户的工作和生活效率，如面向应用的响应时间从原来的0.1秒缩短至1毫秒，完成任务的成功率由原来的45%提高到92%；提高移动应用的智能水平，如完成任务的准确率由原来的50%提高到95%。③经济效益显著，7年累计获效益3亿余元，其中近3年达到9000万元）。④社会效益良好，用户评价高。该成果在中国移动通信天津分公司、中兴通信天津研究院、天津智环网络公司、天津二十一世纪恒丰公司、天津新盾公司、天津智齿公司等多家单位中推广使用。项目在国内外重要核心期刊上发表论文36篇（其中SCI检索论文26篇、EI检索论文7篇、ISTP论文，论文他引达2000余次）；获授权发明专利2项、软件著作权3项；出版专著2部；培养博士后2名，博士生3名，硕士生15名。

（天津理工大学）

【智能制造技术在方矩管生产中的应用及实现】 由天津理工大学、天津市友发德众钢管有限公司李大华、顾金海、高强、陈自林等完成，获2017年度天津市科技进步三等奖。项目主要针对方矩管生产线自动化程度低、耗费人工多、危险程度高、生产效率低、产品质量波动大等问题，提出采用智能制造相关技术对传统大型方矩管加工设备进行全面改造，提高了生产过程自动化程度、生产效率和产品质量，提升了生产管理水平。主要内容是：①方矩管换型配辊参数预测：构建方矩管自动换型配辊参数预报模型，采用数学模型与神经网络结合的预测方法，实现对新型号钢管配辊参数的快速预测，将配辊参数调试时间从原来的1天缩短至1小时，且误差在1毫米以内，提高了成品率。②智能化远程自动换型系统：研制方矩管机组智能化远程自动换型系统，缩短大型方矩管加工设备换型时间、降低人工成本、提高了产品质量，使配辊调节平均耗时从原来的2小时缩短至10～30分钟，且误差小于1毫米。③方矩管在线检测系统：研制大尺寸多规格方矩管在线检测系统，该系统采用激光测量、图像处理等技术。提高了方矩管测量效率、降低了人工成本，检测结果可实时反馈到上位机对轧辊进行调整减小方矩管产品误差，检测精度达到0.5毫米。由原来人工抽检变为实时每3米检测一次，在复杂工况下测量精度高、检测速度快、稳定性好。项目整体达到国际先进水平。该项目在天津市友发德众钢管有限公司新型方矩管孔型的配辊参数预测研究项目、F400机组智能化远程数字控制系统、F400三维仿真质量在线检测系统、邯郸市友发钢管有限公司新型方矩管孔型的配辊预测研究等诸多项目应用，近3年新增利润5235万元。该项目获授权专利4项、公示3项；发表SCI论文1篇、EI论文3篇。

（天津理工大学）

【DVOR900型多普勒甚高频全向信标】 由天津七六四通信导航技术有限公司张宝军、韩亚洲、孟祥鹏等完成，获2017年度天津市科技进步三等奖。项目本着“信号数字化、单元模块化、小型化、标准化、自动化”的最新设计理念，采用多普勒原理，结合国际上先进的测控技术和射频放大技术，应用高频盲配合创新设计等研制开发，填补国内空白。系统由主机柜、副机柜和天线阵组成。主机为双发射机和双监视器结合的双机制工作方式，天线阵采用阿尔福德形式。分为1个载波天线和48个边带天线。项目主要特点：①将DSP+FPGA解算控制技术应用在“系统自动控制与射频相位调整”中。②采用数字化空间调制相位失真调整技术。③具有射频功率放大器开路、短路保护功能，避免设备故障时电路的损坏。④采用高频盲配合连接器创新设计。⑤采用数字化全频段自动监视技术。⑥新增遥控、遥测、遥调功能，具备远程监视和维护功能，可实现无人值守。该项目完全按照国际标准进行研制，符合国际民航公约附件十和民航MH/T4006.2—1998技术要求，系统按照国际一流产品制订研制方案，采用先进技术和标准化设计。经国家无线电委员会专家测试，项目满足相关指标要求，得到民航专家的一致认可。

（天津七六四通信导航技术有限公司）

【高效人脸识别技术研发及应用】 由天津科技大学、常州蓝城信息科技有限公司联合完成，获2017年度天津市科技进步三等奖，主要完成人有杨巨成、赵婷婷、张传雷、刘建征等。该项目以提高识别精度和识别效率为目标，提出一套基于局部视觉描述子和变分贝叶斯极限学习机的人脸识别方法：①提出人脸图像局部视觉特征分析方法，并将局部视觉特征和变分贝叶斯极限学习机相结合，解决传统方法在人脸高层特征表达上特征独立性差和自适应能力差导致识别失效的重大技术难题。②提出稳定的单隐层前向神经网络—变分贝叶斯极限学习机，解决传统方法在人脸分类方面速度慢和分类结果不稳定的重大技术难题。③将局部视觉特征和变分贝叶斯极限学习机相结合，所提方法在人脸识别方面，具有速度快、识别率高等技术特点。该技术在公开的ORL人脸数据库和实际环境达到超过95%的识别率，速度达到毫秒级。研究成果在常州蓝城信息科技有限公司产业化应用，并在十多家企业进行应用推广。近3年来，仅常州、河南、天津、北京等地5家代表性企业总销售10468.75万元，利润914.68万元。

（李丽娜）

【集成电路行业年度简况】 经过十余年发展，天津市集成电路产业覆盖设计、制造、封测、材料及装备等整个产业链，聚集了一批国内、国际知名的领军企业。截至2017年年底，全行业的企业总量为109家，其中设计企业88家、芯片加工制造企业4家、封装测试企业10家，材料装备等企业7家。行业从业人员10071人，其中本科以上人员占47.82%。全年全行业销售额为191.15亿元，同比增加31.17%。其中：集成电路三业为142.09亿元，同比增加17.69%（其中设计业为23.45亿元，同比增加60.09%）；材料装备等支撑企业为49.06亿元，同比增加96.24%。产业结构逐步走向智力密集型的设计业、资产和技术密集型的制造业、劳动技术密集型的封测业三业并举，支撑配套业和应用产业链共同发展相对完整的产业链格局。2017年产业研发投入13.75亿元，占销售总额的7.19%。滨海新区《天津市滨海新区加快发展集成电路设计产业的意见》政策兑现：组织兑现3个年度。2017年，唯捷创芯（天津）电子技术有限公司、恩智浦强芯（天津）集成电路设计有限公司等16家设计企业通过滨海新区集成电路企业认定，共获2023万元政策兑现。

（王瑞霞）

【基于可重构处理器的视觉信息处理应用系统设计】 由天津大学承担（李斌桥为课题负责人、史再峰为技术负责人），2017年7月通过科技部验收。课题主要结合可重构处理器的并行架构和运算特性，开发基于可重构处理器的视觉信息处理并行算子库及和API函数库，完成Harris角点检测、NCC等多种典型视觉处理算法在可重构处理器上的实现，提升算法的性能。与Atom 230处理器对比，算子库的能效比超过5.9～10.4倍，功耗降低到50%以下。课题同时研究开发基于可重构处理器的视觉处理系统。系统分为图像采集、主处理等部分，可实现双路视频解码、图像传感器标定、图像同步校正、视觉匹配、格式转换、双路视频实时拼接、图像缩放、帧频变换及多制式显示输出等典型视觉处理功能。从应用系统的角度验证可重构处理器在视觉处理领域具备高效能的计算处理能力和高度灵活的可扩展性。项目期间申请发明专利41项，获授权12项；发表SCI检索等论文22篇；获软件著作权2项；培养硕士生12人、博士生2人，在可重构处理器及视觉处理领域培养了一支强大的技术力量。

（王瑞霞）

【充电控制器芯片NS3621】 2017年6月，天津瑞发科半导体技术有限公司（高速模拟电路技术及创新I/O架构的无晶圆芯片设计厂商）的充电控制器芯片NS3621取得高通QC3.0产品认证，从而保证未来应用此款芯片的相关充电类产品的QC3.0兼容性。NS3621芯片采用和Power Integrations公司的SC0163D完全兼容的引脚和封装设计，可以搭配相关的电源管理芯片方便地推出能够通过QC3.0认证的充电器方案，充分节省客户产品的上市时间。此款产品采用特有的输入电压设计，无需外部器件的情况下保证芯片能够承受20伏USB电压。通过D+和D-信号的智能识别充电设备，可以高精度调整输出电压，支持3.6～12伏输出电压。不支持QC协议的USB设备插入，经过识别后NS3621将禁止输出高压，保持默认5伏输出电压，保证设备充电安全。该公司还推出NS3621M芯片，不仅符合QC3.0协议，还同时支持苹果2.1/2.4A、三星、BC 1.2快充协议，在封装上完全兼容NS3621芯片，方便客户在不改动电路条件下直接替换。该公司量产的苹果/三星快充控制芯片NS3601/2/3产品被国内外品牌客户和代工厂广泛采用，能够帮助客户以低成本小封装的条件实现苹果/三星手机的快充识别。 （王瑞霞）

【诺思公司成为中国领先的FBAR供应商】 成立于2011年的诺思（天津）微系统有限公司，是由归国留学人员创办的高科技企业，是中国首家FBAR生产企业，国际领先的基于FBAR技术的射频方案提供商，2017年获国家级高新技术企业认证。公司技术人员在国际顶级期刊和会议发表论文300余篇，承接国家重大科技计划、“863计划”等专项科研课题。公司有天津工厂、南昌工厂两个产区。天津工厂位于天津市经济技术开发区，建有一条晶圆生产线和一条工艺研发线，厂房和研发中心总占地面积2.7万平方米。南昌工厂位于南昌高新区，建有两条晶圆生产线，厂房和研发中心总占地面积5万平方米。公司从事无线设备射频前端MEMS滤波芯片、模块、应用方案的设计、研发、制造和销售。拥有在美国公开和获授权专利10项、在中国公开和授权专利50余项，覆盖设计、材料、结构、工艺、封装、测试等各个领域。“滤波器RSFP2402D”获2017年天津市“专精特新”产品奖励。 （王瑞霞）

【FBAR薄膜体声波谐振器】 FBAR薄膜体声波谐振器是诺思（天津）微系统有限公司的核心产品，具有国际领先水平。FBAR作为近些年发展起来的新一代无线射频滤波器、双工器和多工器解决方案，在无线通信中的应用越来越普遍。采用硅衬底和微机电系统（MEMS）制造技术的FBAR射频滤波器，以卓越的性能和微小的器件尺寸受到广泛青睐。该技术主要用于手机、平板电脑和GPS等移动设备，通过过滤进出的无线信号，使用户仅接受和发送其想发送的特定通信，最重要的是，该技术也被用于一系列军事和国防通信技术中。几乎所有的4G手机都会使用FBAR，以排除信号干扰，有效传递信息。由于4G手机生产量的提高，2017年，该元件处于全球缺货状态，能提供这种技术的厂商全球都很少，中国只有诺思公司。

（王瑞霞）

【红黑双色安全打印技术开发平台建设】 2014年被列入天津市科技创新体系及条件平台建设计划，项目总投资600万元，建设具有自主知识产权的红黑双色安全打印技术研发平台，2017年通过天津市科委验收。依托该平台研发填补国内空白的红黑双色安全激光打印机产品，并掌握该产品涉及的核心技术，包括：①基于嵌入式软硬件开发的双引擎激光打印控制技术。②基于传动技术、热流量技术、材料技术结合模具设计、外观工艺设计的整机结构设计技术。③基于Windo和国产Linux平台的打印驱动开发技术。项目购置研发测试仪器设备12台/套，建设专用产品测试实验室，配置专用环境例行试验设备，实验室累计改造场地面积600平方米；培养一支技术全面、创新能力强的研发团队，为彩色打印技术的研发做好前期人才准备；参与制订《台式激光打印机通用规范》国家标准，完成相关规章制度3项；承担中小企业委托或联合研发项目5项，公共服务平台面向中小企业开放服务5次，为中小企业提供咨询和培训4次，面对中小企业聚集区提供服务2次。截至2017年年底，项目产品完成销售收入2800万元，利润854万元，税收212.8万元。项目申请专利10项（其中发明专利5项），国内发表论文5篇，培养硕士研究生5人，晋升正高级职称1人、副高级职称2人。（张天晶）

【具备多种控制功能的直升机机载主显示器】 天津通广集团振通电子有限公司李鹏、潘一爽、徐浩等完成，2017年12月完成样机设计制作。该项目除液晶显示屏，所有功能模块软硬件均完全自主研制，满足直升机机载环境对显示器的各项指标要求，并且具备多种控制功能，实现主显示设备的技术突破，是该公司在航空显示器领域的进一步提升和深入。项目主要内容为：①研制通用显示控制模块，实现显示信号控制和转换以及与上位机的实时通信。②对显示屏背光进行光学仿真和光学设计，结合自动亮度调节措施，实现昼模式阳光下的高亮背光显示，同时保持一般使用环境的低功耗特性。③采用彩色LED与红外滤光结合的方法，满足夜视兼容模式下夜视兼容的色坐标和辐亮度的要求，指标特性优于国内大部分同类产品。④对其进行特殊结构设计，使其可满足多种型号直升飞机的使用要求，拓展了适用范围。项目解决了同领域相当部分显示器夜视兼容指标表现不佳的问题，在不影响一般使用条件的功耗水平的前提下，提升强光下显示性能，产品能更好地满足实际使用需求。

（李　鹏）

【国产龙芯双路服务器】 天津通广集团振通电子有限公司独立研制项目，由史莅全、夏志林等于2017年12月完成。该项目是国家某部国产自主计算机平台升级研制项目，属新一代自主可控信息系统研制建设的基础性工作。项目结构采用标准2U机架式服务器机箱形式。它基于国产龙芯3B3000处理器与国产操作系统loongnix研制，整机综合功能性能得到大幅提升，核心基础自主可控。支持KVM over IP功能；可远程获取主板电压、温度信息、风扇转速等状态信息；可远程实现开关机和复位控制，可以动态调节风扇转速；具有千兆网口、RS232串口、VGA、USB3.0等标准内外部接口和良好的功能扩展性。该项目可应用于综合信息系统和办公业务系统，适用于固定办公场所、机房等有空调使用环境，应用广泛，开发灵活，市场潜力巨大，生产周期长。

（史莅全）

【机场标校终端】 这是机场标校终端项目，由天津通广集团振通电子有限公司研制，邓洪杰于2017年12月完成。该项目采用新型国产嵌入式处理器，集成包括Neon和FPU协处理器在内的四核Cortex－A17处理器，内嵌强大的GPU，搭载Android4.4操作系统。项目主要针对机场精确定位和复杂通信环境等要求研制。接入电台后能够通过卫星、地面节点等移动或固定通信设备互联组网，可执行精确定位、数据通信等综合业务。为通信指挥、精确定位等应用软件系统提供通用信息处理平台。该公司完成两部样机的研制，样机连接电台后，支持北斗二代定位、导航、授时功能，能够在复杂电磁兼容环境和严酷野外环境下工作，屏幕支持多点触控，具有体积小、重量轻、易于操作、可持续工作时间长等特点。样机具有较强的环境适应能力和较高续航能力，适用于移动使用环境，具备装携具，体积、重量、结构便于携行，其应用广泛，开发灵活，市场潜力巨大，生产周期长。

（邓洪杰）

【基于列车控制的多媒体板卡】 由天津通广集团振通电子有限公司谢岩、黄明月、张亚雄等研制，2017年9月开始样板的设计制作，12月完成。基于列车控制的多媒体板卡是具有较高性能的数据分析及处理的板卡，主要应用于铁路列车内部，配合客户的数据采集模块、显示模块等输入输出模块，完成大量的数据接收、处理等人机交互及控制的功能。该板卡主要功能为：①数据处理功能。数据处理模块采用i.MX6Q系列芯片，核心为ARM CORTEX－A9四核，可确保数据处理的高效性、稳定性与安全性。并且满足i.MX6Q系列其他几款处理器的硬件兼容，满足对不同性能的需求。②支持高清显示功能。包含RGB和MIPI等多种显示接口，可兼容高分辨率（1920×1080@60Hz）的显示屏。③图像采集/处理功能。包含一组摄像头接口，可接入监控摄像头，采集车内图像信息，并进行相应的图像处理，能大大提高车厢内部的安全性。④智能亮度调节功能。可通过检测外界使用环境的亮度，判定屏幕亮度是否适宜人眼观看，可自动调节亮度的变化，给用户良好的视觉体验。⑤CAN总线通信功能。包含双路隔离CAN总线，具信速率高、易实现、性价比高等优点，形成国际标准的现场总线。此外还包括许多常用功能。该板卡功能丰富，使用方式灵活，还可以移植到国防、通信等其他领域。其成本低廉，性价比高，受用户好评，市场前景良好。

（方轶添）

【新型三合一通信外壳设备】 这是为适应国家某部通信设备升级改造需要和使用要求，天津通广集团振通电子有限公司为其承担的硬件平台和通信业务软件的研制项目，主要完成人为朱云松、邓洪杰等，2017年8月底完成功能样机的研制。该项目通信外壳设备可与市场主流搭载Android操作系统的智能手机适配，使用时，智能手机可装载到通信外壳之内，扩展手机的功能，使智能手机加入专用无线自组网，实现特殊场合下远距离无线通信要求。同时，使智能手机添加北斗卫星导航系统定位功能，具有位置信息获取和共享能力。该项目采用国产瑞芯微电子研制的高性能主控芯片RK3288，搭载Linux开源操作系统Ubuntu 16.04，核心基础自主可控。可提供Wi－Fi接入点，手机采用加入Wi－Fi热点的方式与通信外壳连接，提高使用便捷性。可以避免不同Android手机数据通信接口不统一引起的线缆兼容性问题。该公司完成两套样机研制，样机可利用智能手机普及率高、人机交互能力强的优点，在传统手机移动通信信号覆盖不足的环境下开展工作。同时突破手机在特殊时期、特殊环境下通信线路不稳定的不足，为有特殊需求的单位和人员，提供远距离话音通信、视频通信和位置定位等功能的一整套通信解决方案，可广泛应用于各种恶劣环境。该设备开发灵活，市场潜力巨大，生产保障周期长，质量稳定可靠。

（朱云松）

【超短波/训练链一体化电台应用于出口型枭龙平台】 ARS－3A型机载超短波电台以及ARS－2D型机载超短波/训练链一体化电台是天津七一二通信广播股份有限公司立项研制的应用于中国对巴基斯坦出口型战机枭龙（FC－1，成都611所的重点出口型号飞机）平台的超短波通信电台，由该公司郑连忠、孙兆博、郭长城等研制，2017年交付5套单座型样机以及4套双座型样机，5月至7月完成单座型样机的鉴定试飞，5月还进行了双座型样机首飞，8月至12月间完成各种鉴定试验工作。ARS－3A型机载超短波电台具有常规话音通信（AM、FM）和抗干扰话音（FH、DS）通信功能、救生通信等功能。ARS－2D型机载超短波/训练链一体化电台包括超短波通信功能模块和训练链通信功能模块，可以实现超短波话音通信和训练链数据通信。超短波通信功能模块具有常规话音通信模式（AM、FM）和抗干扰话音通信模式（DS、FH），可以实现空－空、地－空不同平台的超短波话音通信。训练链通信功能模块具有定频通信模式，可以实现地面指挥中心与空中作战飞机数据传输。使用过程中可实现飞机与地面指挥中心组网，实现地面指挥中心对载机状态监控及评估，并可实现部分指挥控制功能。另外预留加装保密机设计，具有救生、应急功能，采用软件无线电技术，实现波形的可扩展功能。该项目产品具有很好的市场前景。

（张春燕）

【机载北斗导航系统试飞成功】 2017年10月10~10月14日，在山东东营机场，由中国自主研发的基于北斗卫星导航系统的精密进近着陆引导系统首次在中国完全自主设计并制造的支线客机——ARJ21－700飞机103架机上试飞试验成功。天津七一二通信广播股份有限公司作为试飞中卫星导航地基增强系统和机载导航系统的研制生产厂商，为试飞提供重要的技术支持和产品保障。该项目依托北斗卫星导航系统重大专项和大型飞机重大项目，由中国商飞公司牵头，天津七一二公司和北京航空大学共同研制北斗GBAS地面站和机载北斗MMR，主要完成人有王祥峰、侯亚峰、王之波、张建军等；北斗GBAS系统在民航客机上首次搭载试飞，4个架次飞行测试表明，北斗GBAS地面站可与柯林斯930MMR互联互通；试飞过程中，机载北斗MMR着陆引导信息、航路信息、PVT功能及起降全过程工作正常。成功试飞是北斗系统在民航应用中符合国际标准的机载北斗卫星导航设备的零的突破。

（张宏涛）

自动化与精密测控技术

【内燃机气流快速检测与评价技术及应用】 由天津大学、广西玉柴机器股份有限公司、大连理工大学合作完成，主要完成人有王天友、刘书亮、王利民、贾明、孙凯等。针对内燃机节能减排这一国家重大需求，天津大学揭示了内燃机缸内气流运动的基本规律，提出评价气流运动的技术指标和预测模型，发明用于气流评价的高灵敏涡流动量计，形成面向燃烧过程的气流评价技术；提出构建内燃机高碳燃料燃烧机理的解耦方法，发明多目标气流全参数化正向设计方法，研发系列高效清洁燃烧系统，形成气流主导的燃烧系统正向开发技术；提出变压差气流测试方法，发明快速检测内燃机进气流动特性的气流试验台，研发缸盖识别、定位及气门升程控制等关键系统，形成内燃机进气流动在线检测技术。通过气流评价、设计和一致性控制的系列发明，最终建立气流主导的内燃机高效清洁燃烧技术路径。该技术广泛应用于玉柴、潍柴、东风、上汽、长城、中船重工七一一所、兵器七〇所、中国汽车技术研究中心等一百余家内燃机相关单位，有力推进了内燃机节能减排和行业技术进步。截至2017年：该项目获授权发明专利20项、软件著作权6项；发表SCI论文74篇；主持制订行业标准1项；成果分别通过教育部和中国机械工业联合会组鉴定；该项目获2017年度国家技术发明二等奖，还获天津市技术发明一等奖、中国机械工业科学技术一等奖、教育部科技进步一等奖各1项，中国专利优秀奖2项。

（天津大学）

【基于高效焊接技术的柔性机器人工作站开发及产业化】 由天津七所高科技有限公司胡敏、成海晖、洪涛等完成，获2017年度天津市科技进步一等奖。该公司成功地将高速机器人柔性工作站和中频自适应焊机技术应用于焊接生产线，开发出基于高效焊接技术的柔性机器人工作站并成功推广应用，提高了焊接生产线的自动化程度与管理水平。项目以高端汽车制造装备为应用方向，取得创新成果：①以机器人工作站为核心，开发多工位柔性伺服转台以及焊钳快换技术，实现不同产品的柔性切生产。②开发轻量化机器人焊钳配合高速机器人使用，实现焊点的高效快速焊接，比常规设备提高效率近30%。③采用自主研发的恒能量点焊控制技术、焊接参数在线监测及联网技术、多机器人协调控制技术等，解决高强钢板、镀锌钢板自动焊接的焊点在线检测及稳定焊接工艺，实现白车身部件的高质量稳定快速焊接。项目开发出基于高效焊接技术的柔性机器人工作站系列产品，性能达到国际知名同类产品的水平。打破在该领域国外设备长期垄断的地位，解决了汽车零部件及整车生产企业对设备灵活性、稳定性、高效率的需求。产品在一汽大众、东风乘用车等汽车企业以及上海三菱等电梯企业得到应用，截至2017年年底，累计实现销售收入1.06亿元、利税2060万元。项目申请专利18项（其中发明专利11项），发表论文5篇，制修订国家标准6项。

（天津七所高科技有限公司）

【特高坝枢纽泄洪消能运行安全监测控制技术】 由天津大学前沿技术研究院、雅砻江流域水电开发有限公司、中国电建集团成都勘测设计研究院有限公司、中国电建集团中南勘测设计研究院有限公司及华北电力大学王继敏、练继建、马斌、刘昉、周钟、戴晓兵、段绍辉等完成，获2017年度天津市科技进步一等奖。该项目结合10余项重大水利水电工程设计及运行实践，在十余项国家自然科学基金和国家科技支撑计划项目等的支持下，对特高坝枢纽的泄洪消能运行安全和泄洪雾化安全问题开展十多年的研究，主要创新成果是：①揭示泄流结构的“水力拍振”机理；提出一套包括传感器优化布置、模态识别方法、损伤诊断技术、监测指标体系和控制标准的特高坝结构泄洪振动运行监测与损伤诊断技术方法。②发展高水头泄洪洞补气、掺气浓度、空腔长度的计算方法，发明泄水洞掺气水流水面高程的测量方法，完善特高坝消力塘运行安全的耦合指标体系，创建泄洪洞安全监测及实时预警平台，实现泄洪洞和消力塘运行安全的实时测控。③建立泄洪雾化雾雨迁移和扩散的格子Boltzmann模型及水滴随机喷溅数值模型，发明泄洪雾化超高强度降雨的观测装置，实现雾化环境影响的混合模拟预测。④发现坝身中孔闸门泄洪诱发表孔闸门激振的“伴生”振动现象，建立坝体—闸门耦联体系动力学模型，阐明闸门群“伴生”振动机理；揭示高水头泄洪洞事故闸门动水闭门过程的爬振特性，探明其影响因素和发生的临界条件，提出抑振减振措施。该研究成果总体上达到国际领先水平，成功应用于世界最高坝锦屏一级、首个突破200米级的水电站二滩、泄洪功率世界最大的拱坝溪洛渡、水头最高的底流消能水电站官地等工程中，在提高工程运行的安全水平同时，增收11.96亿元，填补多项国际高坝水力学原型观测的空白，推广应用前景广阔。该项成果授权专利15项，发表论文66篇。

（天津大学前沿技术研究院）

【KF1300直流保护测控装置】 由天津凯发电气股份有限公司宋金川、董文宽、武玉明等完成，获2017年度天津市科技进步二等奖。该项目用于城市轨道交通或矿山的直流牵引供电系统，为直流开关设备和接触网提供保护和控制，能快速检测出城市轨道交通直流牵引供电系统的各种故障和异常现象并能及时切除故障或告警，保障人身安全和城市轨道交通的安全运营。其功能配置灵活，可以满足直流牵引供电系统进线、馈线、整流机组、框架、轨电位限制等多种保护、控制模式。项目特点：①采用自适应电流增量的电流变化率保护算法，根据整定的电流变化率和延时定值自适应判断电流增量的变化，可以有效避免干扰情况下导致的电流变化率保护的误动作。②模拟量采集采用光纤传输技术，消除了二次AD转换精度损失，采集精度误差＜2LSB（156微伏），使测量数据准确性更高。③采用自主开发的可编程逻辑KFlogic，基于单片机的快速的布尔运算方法，建立在程序模块化设计的基础上，保护的每一个功能采用模块化封装，用继电器字的方式表示，可以实现复杂的跳合闸逻辑、联跳及闭锁逻辑等。该技术成果应用前景广阔，在北京地铁西郊线、天津地铁5号线、杭州地铁2号线应用，在该技术成果的基础上研制的直流多功能保护控制装置在北京地铁13号线、八通线、苏州地铁2号线等多个项目轨电位限制以及框架保护中应用。该项目申请专利11项，获软件著作权8项。截至2017年年底，实现销售收入14022.13万元，利润3528.04万元，上缴税金1693.46万元。

（天津凯发电气股份有限公司）

【能源计量关键技术及应用】 由天津大学、国网天津市电力公司科学研究院、湖南威胜信息技术有限公司、中国电力科学研究院、天津赛恩能源技术股份有限公司合作完成，主要完成人有杨挺、张卫欣、赵兵、祝恩天等。主要创新成果：①提出复化积分高精度计量算法和内置RTC时钟自适应补偿方法，突破国际专利封锁，研发的国产高精度计量装置技术指标高于国际同类产品。牵头制定国家法定计量检定规程《预付费交流电能表》。②提出计量传输网络隐性拥塞风险点辨识方法和二分边扩充拓扑优化算法，提出基于压缩感知的谐波/间谐波检测方法和230兆赫兹无线高速通信协议，解决能源计量数据上下行信道稳定性难题，实现电、水、气、热多能源信息互联互通。③提出基于国家商用密码的计量数据安全保护方法，研发专用安全芯片和密码机，首次实现国密算法在能源计量领域的规模化应用，覆盖全国4.6亿只能源计量表计。牵头制订行业标准《智能电能表信息交换安全认证技术规范》。该项目获国际PCT发明专利1项，授权国家发明专利22项，软件著作权8项；获2017年度天津市科技进步二等奖，获中国专利优秀奖1项，中国标准创新贡献一等奖1项；发表高水平论文19篇。成果成功应用于全国27个省10亿用户，覆盖国土面积90%，涵盖全国首批“多表合一”采集示范工程等多个国家级重点建设工程。近3年取得直接经济效益10.04亿元、间接经济效益13.09亿元。

（天津大学）

【智能电网感知服务关键技术与应用】 由天津科技大学、国网信息通信产业集团有限公司、嘉兴学院、深圳市国电科技通信有限公司、上海欣影电力科技股份有限公司联合完成，获2017年度天津市科技进步二等奖，主要完成人有张翼英、李祥珍、欧清海、刘柱、杨巨成、林大朋、甄岩等。该项目围绕智能电网中电力物联网应用面临的传感电气融合困难、网络覆盖能力不足、信息共享利用较弱，安全可信机制缺失等问题，针对智能电网输、变、配、用等主要环节业务需求，进行技术攻关，形成感知服务方面三项成果：①在感知层面，突破传感器与一次设备集成面临的电气绝缘等技术，提出适合电力复杂电磁电气环境的传感电气集成方法，首次提出电力物联网传感器标准化信息模型，研发多种类型传感器，实现传感与一次设备的物理、电气集成及信息交互的标准化，研发成3类20种电力物联网传感器。②在传输层及应用层面，突破轻型电力无线通信、电力载波与无线融合通信技术，首次提出网络资源灵活调度、路由智能选择的复合通信网络构建方法，研发电力专用光及无线通信芯片、融合通信终端及系统，解决电力物联网通信网络低成本、高可靠及广域覆盖难题。③在安全层面，首次提出涵盖智能电网不同应用环节的电力物联网动态轻量级安全技术，应用动态平衡树及共享秘密方法，保障电力物联网全生命周期安全，降低利用开放的感知末梢节点反向威胁电力主站系统的风险。该项技术对于提升电网全景全息感知能力，推进电源、电网、负荷资源优化配置和协调发展，提升电网服务水平具有重要意义。成果在北京、辽宁等20余个省直辖市应用，涵盖智能电网各环节不同业务场景，推广应用到煤炭、地铁等行业，出口到海外厄瓜多尔等地。取得授权国家发明专利10项，申请实用新型专利1项、发明专利2项；集成电路布图设计权1项；软件著作权7项；发表SCI/EI收录论文15篇；出版专著3部；制订行业/企业标准5项。

（李丽娜）

【IGL—800全自动真菌/细菌动态检测仪开发及产业化】 由天津理工大学、天津喜诺生物医药有限公司、天津市一瑞生物工程有限公司邵磊、黄炎彬、李超、王兴、张鹏远等完成，获2017年度天津市科技进步三等奖。该项目在国内率先研制成全自动真菌/细菌动态检测仪，实现信息输入、样本前处理、试剂混合配制孵育、样本检测、结果计算等的全自动处理。项目采用一种动态法液位探测和双极值法压力监控相结合提高微量移液精度的方法，其液位探测方法准确，最大限度减少探针挂液引起的携带污染，双极值法压力监控技术将移液精度误差由±5.0%提高到±2.4%；构建基于力反馈和分解运动方式的力觉感应机械手的精准运动控制系统，移动精度为0.1毫米，移动速度为1.2米/秒，重复性好；提出基于线性自抗扰算法的智能温控孵育策略，解决严格孵育温控系统的快速性和超调量的矛盾。采用该仪与人工处理的相比，操作效率提高，实验的可靠性和重复性增加，人员的劳动强度降低，应用效果非常好。项目成果是微生物检验设备及技术的重大革新，产品通过国家药监局许可上市销售，替代进口，近三年实现产值20094.28万元。该产品在上海交通大学医学院附属瑞金医院与天津市第三中心医院等全国多家三甲大型医院推广和使用。该项目申报13项专利，3项实用新型获授权，4项发明和6项实用新型被受理；发表论文1篇，获软件著作权1项。

（天津理工大学）

【面向公共建筑内的智能无线节电控制管理系统开发与应用】 该项目由天津科技大学、天津优特科技有限公司联合完成，获2017年度天津市科技进步三等奖，主要完成人张锐、王以忠、王燕、孙根元等。国内公共建筑内的能源消耗占全国能源消费总量的5%左右，其中行为能源浪费超过了30%。为此，该项目进行智能无线节电技术研究，设计智能节电策略，实现对公共建筑内电力使用过程的有效监测和管理。主要研究内容：①开发功耗低、成本低、抗干扰强的控制单元模块以及网关，设计红外感知算法，组建响应时间快的控制单元无线网络和远程TCP/IP网络，提出一种高可靠性无线局域网的通信协议。②构建人员流动、设备类型、工作时间、空间差别与节电的关系模型，设计节电设备的联动机制，提出一种智能节电策略，节电效率高、适用范围广。③建立节电设备能耗评价数学模型，对网络运行情况、设备能耗情况进行实时监测，将智能无线节电系统与能耗评价数学模型集成，能耗评价准确、快捷，有效提高节电效率。该项目具有模块成本低、网络通信可靠性强、系统节电效率高、能耗评价准等特点，技术达国际先进水平。该成果在河北大学、西安工业大学等单位得到应用，节电20%～30%。采用该系统通过节约的费用一年可收回投资。近3年天津优特科技有限公司累计新增利润3484.98万元，新增税收522.74万元。

（李丽娜）

【长输管道自动焊全自动超声检测（AUT）可靠性及工艺评定技术研究】 由中国石油集团工程技术研究院胡艳华、牛虎理、李春润等完成，获2017年度天津市科技进步三等奖。该项目针对中俄二线、陕京四线、中靖线长输管道（全长2443.38千米）自动焊比例高（70%以上）的大规模应用工程急需，首创建立AUT可靠性评估技术、工艺评定技术与现场质量控制体系，填补国内空白，解决AUT对自动焊质量验收与安全评价等关键技术难题，实现AUT施工应用的全要素与全过程质量控制，保证管道施工运行维护的安全性、可靠性，保证了国家重点工程的顺利实施。项目集基础理论建立、检测评价技术开发、施工质量验收及现场应用于一体，具有如下特点：①工期紧、工程量大、施工难度高，开创国内施工先例，开发独立于RT的AUT可靠性评估及工艺评定技术，对自动焊质量验收与安全评价具有先进性、可靠性与科学性。②开发自动焊与AUT一体化施工新技术，取代常规施工技术，核心攻关研发内容多，涉及面宽，技术构成复杂，攻克管道设计、施工检测、质量验收与安全评价等关键技术难题，填补行业空白。③现场施工技术指标先进，技术难度高，为提升国内管道工程自动化施工水平提供了范例。该项目成果用于国内19家检测公司能力评价与2211千米的自动焊AUT检测施工任务；提交的AUT验证工艺，应用于6家施工单位、36个检测机组的检测施工。截至2017年12月底，实现技术服务收入1018万元，为管道公司等单位实现产值约3亿元，新增利润3824万元，新增税收990万元，节支11316万元。

（中国石油集团工程技术研究院）

【高分辨率凝视型（鱼眼）全景摄像系统】 天津市科技支撑计划资助项目，由天津科技大学、天津峰景光电科技有限公司张宝龙、李丹、戴凤智等完成，2017年2月结题。项目主要创新点：①全景摄像系统镜头的成像视场角达到180度。视场极广会使畸变等评价成像质量的指标数值随之下降，需要对镜头进行优化。项目采用多片透镜组成鱼眼镜头，通过对大视场进行像差分配，达到像差平衡，实现优化。在保持大视场角的同时，尽量减小畸变、提高了镜头分辨率。②针对基本展开算法的不足，采用校正的同心圆环近似展开法以及图像插值运算的方法，采用DSP或FPGA可编程器件，利用软件编程，对鱼眼镜头摄取的圆形畸变全景图像进行坐标变换、图像修正、图面展开等处理，将其校正为适合于人眼观看的失真较小的矩形全景图像，并尽量减小失真。全景摄像系统产品推向市场引起强烈反响，其中车载级全景摄像头产品被比亚迪汽车销售有限公司选定为新系车型标配零部件。截至2017年年底，该产品实现收入280万元，净利润80万元，上缴税金36万元。发表国内外高水平论文7项，获授权实用新型专利7项，培养硕士研究生11人。

（李丽娜）

【汽车小壳体注塑件自动生产系统】 由天津市中环三峰电子有限公司张永春、孙建成、刘浩等承担，2017年5月完成。该系统由注塑机、取出机、自动设备PLC系统、水平4轴工业机器人等独立设备组成。根据生产实际，对构成系统的设备进行符合性改造，在取出机上添加压缩空气吹气喷嘴完成产品快速冷却，设计汽缸驱动传送带传送成品，根据产品尺寸的不同制作相应的模拟人工掰断浇口的治具，从而组合成一个完整的自动生产系统。系统运行中，取出机接到注塑成品出炉信号后取出成品，准确放置在浇口切断治具上，治具按程序要求切断料把，同时将完成信号传输给机器人，机器人按照程序将料把和成品分别取出后归位。成品出炉后到装盘归位的工作流程30秒，与产品在注塑机内成型时间正好切合。PLC系统将工艺状态、操作工具、时间卡位等通过系统编程通信关联互锁，整个生产过程全自动化智能操作。该系统投入生产后，出炉、浇口切削、分拣、装盘各环节产品误差率为零。系统实现智能自动化生产，全天候持续工作，PLC系统的参数根据实际生产情况特定设置，实用性强，注塑行业应用前景广阔。 （王春霞）

现代化工技术

【渤海化工集团年度科技工作简况】 2017年，天津渤海化工集团有限责任公司以重大项目、产学研和创新创业工作为抓手，开创科技工作的新局面。①推进重大科技项目实施。大沽化PVC用非汞触媒项目，完成工业试验催化剂的制备，8月8日投入生产试验，8月16日通过天津市成果转化中心鉴定；渤化永利工业羰基合成中废旧催化剂的回收及综合利用，采用吸附法实现铑回收；海晶公司高纯氢氧化镁项目，完成72小时查定，含量99%以上，取得显著效果；敬业光气法制备酰氯新型催化体系的研制与产业化项目，生产新癸酰氯1481吨，产值3317万元。②推进产学研工作。丙烷一步法催化氧化制丙烯酸催化剂评价实验项目，完成装置建设和催化剂装填；丁醛一步法制备丁酸丁酯，确定中试方案，定制中试装备；在中科院大化所评选首批渤化奖学金，14名大化所博士获奖；组织与中科院大化所、天津大学、天津畜牧所、北京化工大学、大连理工大学等44次对接活动；签订非汞催化剂回收等16项产学研合同。③推动创新创业工作。建成渤化集团双创基地，列入工信部制造业“双创”平台试点示范项目和天津市众创空间备案；入驻孵化团队23个，制定孵化方案；组织传统企业“互联网+”战略转型等9次大型活动、52次对接活动，组织种子资金评选，对八个项目给予32万元资金支持；渤化集团加强支持创新创业，出台创新创业小创企业管理办法，推动渤化永利物流、特种设备服务、盐藻产品销售等团队骨干持股（持股比例由12%～60%），成立12家小创公司，推动集团转型升级。④不断提升技术水平。劳卫所承担化学毒物职业病危害风险评价技术指南，报国家安监总局待批；列入市科委、市工信委和市海洋局等各类项目计划18项，获支持资金1372.55万元；合材所万吨级墨粉树脂新工艺及产业化项目获天津市科技进步三等奖；2017年，完成大口径科技投入12.7亿元，新产品产值174.15亿元；申请专利178项，其中发明41项，专利授权53项。

（殷伊琳）

【水热法制大孔拟薄水铝石技术及产品】 由中海油天津化工研究设计院有限公司于海斌、孙彦民、李晓云等完成，获2017年度天津市技术发明二等奖。该项目利用水热合成方法，首次采用以低廉的无机铝源为原料，在制备过程中添加晶体导向助剂并利用表面活性剂——体生长抑制剂耦合技术，对拟薄水铝石晶粒大小以及微观形貌进行调变，提高拟薄水铝石对酸强度、酸浓度以及热处理过程的耐受度，解决了中和法拟薄水铝石在成型过程中比表面、孔容的大幅下降的问题，形成定制生产低成本孔结构可控的拟薄水铝石技术，制备出比表面100~350平方米/克、孔容0.5~1.5毫升/克、平均孔径最大达到25~30纳米的孔径分布集中的系列拟薄水铝石产品。该产品具有较高的酸的耐受力，成型过程孔容损失率。

（张　红）

【2，4，6-三甲基苯甲酰基苯基膦酸乙酯产品的新工艺研发与产业化】 由天津久日新材料股份

有限公、山东久日化学科技有限公司张建锋、李欢欢、罗想、毛桂红等完成，获2017年度天津市科技进步二等奖。鉴于现有关于2，4，6—三甲基苯甲酰基苯基次膦酸乙酯产品的相关专利技术都存在收率低、反应复杂、对反应设备的要求比较高、副反应难以避免的问题，该项目研发团队经过反复摸索实验，对传统合成方法进行改良，采用“一锅法”制备技术合成重要中间体，无需额外进行其他反应，对所用的原料等进行改良；使用过氧化氢取代价格昂贵、污染环境的过氧化叔丁醇、过氧乙酸、过氧化异丙苯等有机氧化剂，安全性提高，大幅降低产品成本，有效减少环境污染。在碱性条件下催化苯基亚膦酸乙酯与2，4，6—三甲基苯甲醛加成反应，阻断乙醇与苄基苯基次膦酸乙酯产生副反应的媒介，一方面可以用来中和反应过程中产生的氯化氢，另一方面可以用来做为苯基亚膦酸乙酯与2，4，6—三甲基苯甲醛加成反应的催化剂，使反应过程更加可控，产品收率和纯度更加有保证。通过对原有合成方法进行技术改进，与原有路线相比更有效地控制副反应，有效减少杂质，提高产品收率和纯度，提高产量9.95%，减少污水排放14.8%，节约成本2.5%，使其工业化生产更加顺利。经过小试、中试、扩大生产阶段，项目进入产业化阶段，应用前景广阔。项目实施期间，产品获1项中国发明专利，获天津市专利优秀奖1项，制订企业标准1项。

（天津久日新材料股份有限公司）

【甘油法环氧氯丙烷工艺技术开发】 中国天辰工程有限公司、天津天辰绿色能源工程技术研发有限公司杨克俭、赵敏伟、李荣、梁军湘等完成，获2017年度天津市科技进步三等奖。该项目主要内容：①研究开发甘油法环氧氯丙烷的催化剂，研究开发适合甘油和氯化氢反应的高效反应系统，并实现工业应用。②在对甘油氯化、二氯丙醇环化、环氧氯丙烷精制等关键步骤的开发的基础上，对整个甘油法环氧氯丙烷流程进行模拟优化设计，进行物料、能量等的平衡匹配，降低装置消耗，实现全流程的开发并进行工业化应用。③对环化废水进行研究，对其处理和浓缩进行模拟优化设计，完成甘油法环氧氯丙烷环化废水的处理和利用并进行工业化应用。该工艺特点：①降低能量和原料消耗。②大大减少废水排放。③操作安全稳定。反应条件温和，反应控制系统安全可靠，具有更高的操作稳定性。④产品质量好。精制中间产物二氯丙醇，最终产品环氧氯丙烷满足优等品质量指标，且质量指标稳定。该项目的工业化实施分步进行，2013年4～5月，3万吨/年甘油法环氧氯丙烷装置建成并投产，运行效果良好。2016年，第二套3万吨/年甘油法装置成功投产，2017年6月完成扩能改造。

（中国天辰工程有限公司）

【一种奥美拉唑钠半水合物及其制备方法】 由天津大学、海南灵康制药有限公司联合完成，主要发明人有鲍颖、陶灵刚、李龙、郝红勋等，2017年获第十九届中国专利优秀奖。该专利首次发现，溶剂通过配位键和氢键桥连奥美拉唑钠分子。配位键的形成以及密堆积的晶体结构显著增强奥美拉唑钠的稳定性，其热分解温度达到240℃。通过进一步的溶剂—溶质相互作用计算和分析探明，形成类似结构的溶剂化物，溶剂必须满足有氢键供体、极性参数EtN达到一定值、分子体积小于空穴体积三个条件。按照这样的原则，通过筛选的结晶溶剂与奥美拉唑钠水合物中的水分子形成相互作用，脱去其部分水，使每个水分子通过配位和氢键作用连接两个奥美拉唑钠分子，形成结构更稳定的奥美拉唑钠半水合物。该专利在海南灵康制药有限公司实现产业化，截至2016年年底实现新增利润0.64亿元，系列产品占据国内12%的市场份额。

（天津大学）

【一种头孢羟氨苄单水合物的结晶方法及结晶】 由天津大学完成，主要发明人有龚俊波、侯静美、刘胜等，2017年获第十九届中国专利优秀奖。该专利揭示头孢羟氨苄晶体的分子组装机理，确定结晶工艺参数（溶剂、温度、浓度等）对产品晶体形态的影响规律；分析晶体形态学特性（晶体结构、晶形、粒度及其分布）与产品溶解性、堆密度等颗粒性质的关系；针对具有特定晶体形态学特性的头孢羟氨苄产品要求，集成过程分析技术，建立结晶热力学、晶体成核、生长和晶型转化动力学模型，确定速率控制步骤，开发新型绿色结晶精制工艺。该专利技术在华北制药、河北华民药业等企业实现产业化，打破外国公司技术垄断，保障用药安全。

（天津大学）

【一种甲醇合成油精制方法和设备】 由天津大学、云南解化清洁能源开发有限公司联合完成，主要发明人有李鑫钢、王磊、罗铭芳、曾文等，2017年获第十九届中国专利优秀奖。该发明针对芳烃含量较高的甲醇合成油，采用精馏—结晶联合工艺，以获得符合国家汽油标准产品为目的，副产干气、液化气和具有高附加值的高纯均四甲苯产品，提出一种甲醇合成油精制方法和设备。该方法和设备适用于芳烃含量超过40%（其中均四甲苯含量约占总合成油量3%～40%）的甲醇合成油，能够将芳烃含量较高的甲醇合成油精制获得合格的汽油产品，联产高纯度的均四甲苯（>95wt%），副产干气、液化气等产品，大大提升甲醇合成油制备油品的品质，提高市场竞争力，解决了甲醇合成油精制领域关键性、共性的技术难题。2011年及之后截至2017年年底签订的合成油精制项目合同额为14260.50万元，其中合成油精制方法和设备的销售额为4278.15万元，利润约为428.82万元。（天津大学）

【APMP制浆废水中化感物质的提取及对藻类化感效应的研究】 天津科技大学承担的天津市应用基础与前沿技术研究计划项目，2017年3月完成，完成人有刘廷志、田胜艳、刘泽华等。该项目通过采用不同极性有机溶剂并调整抽提过程参数，对制浆废水中抽提物进行抽提，研究优化APMP制浆废水中化感物质的提取工艺。将不同溶剂提取的化感物质应用于水华藻类的抑藻灭藻研究，并结合抽提物化学组成的分析，建立不同提取工艺所得化感物质与不同藻种之间的抑制效果关系，确定针对不同藻种的最佳化感物质提取工艺，从根本上解决高等陆生植物化感抑藻化感物质的来源问题，实现生物质原料精炼和污染水体生态治理修复的有机结合。通过研究优化，化感物质提取率不小于90%，提取后废水活性污泥处理效率提高不少于25%。提取的化感物质用于藻类抑制，淡水藻类实验室研究增殖抑制率不小于60%，用于杀灭藻类，灭藻率不少于80%。项目执行期间，申请发明专利3项，发表论文10篇，培养研究生7人。

（李丽娜）

【生物法生产反式—4—羟基—L—脯氨酸】 由中国科学院天津工业生物技术研究所和天津市敬业精细化工有限公司承担，2017年12月5日通过中国轻工业联合会鉴定。该项目通过生物信息学挖掘、理性设计改造新型脯氨酸4—羟化酶，较文献报道水平提高50%以上。构建基于新型脯氨酸4—羟化酶的直接发酵葡萄糖，生产反式—4—羟基—L—脯氨酸新菌种。通过解除宿主脯氨酸激酶的产物反馈抑制及新途径适配性优化等技术手段，产酸水平到85克/升，糖酸转化率大于30%，生产强度提高4倍。建立基于膜法耦合结晶的反式—4—羟基—L—脯氨酸高效提取绿色工艺，提取总收率大于60%，纯度符合AJI92标准。项目成果实现产业化，并应用于新一代抗生素培南的合成，项目关键技术达到国际领先水平。

（王志东　殷伊琳）

【乙炔氢氯化反应用环保型无汞催化剂开发及应用】 由天津大沽化工股份有限公司承担，2016年8月16日通过天津市高新技术成果转化中心鉴定。该项目开发一种乙炔氢氯化氯乙烯的UDH3型无汞催化剂及工业化制备技术，并在500吨/年工业侧线装置应用。在工况条件下，经9000小时的实验评价，产品性能优于低汞触媒，催化剂单耗为1.02千克/吨氯乙烯。该无汞催化剂工艺所需反应温度条件为130℃～160℃，低于其他无汞催化剂应用反应条件，适用于现有电石法生产装置。该技术解决电石法生产聚氯乙烯工艺过程中汞污染的问题，达到国际先进水平，可在行业中推广。该项目申请国家发明专利3项（获授权1项），在核心期刊上发表论文14篇。

（王志东　殷伊琳）

【铑/YLS催化体系在丙烯羰基化中的工业应用】 由天津渤化永利化工股份有限公司开发，2017年2

月14日通过天津市高新技术成果转化中心鉴定。该项目的主要成果为：设计开发YLS配体，建立铑/YLS催化体系，并在丁辛醇生产侧线试验装置中成功应用；开发的铑/YLS催化体系比丁辛醇生产过程中普遍应用的DAVY铑/TPP催化体系反应温度降低近10℃，铑的用量减少60%以上，正异丁醛比例可根据市场需求实现3：1～40：1灵活调整，醛耗丙烯从0.61吨/吨降至0.58吨/吨。该技术成果应用可增产20%～30%，在行业内具有推广和示范意义。（窦秀桂　李满枝）

【醋酸生产中混合酸的工业化研究与应用】　天津渤化永利化工股份有限公司完成的该项目，针对醋酸行业产生的混合酸废液中有机盐和无机盐的脱除及高聚物分离处理的难题，完成如下工作：开发出刮板降膜分离工艺，将混合酸中的有机盐、无机盐和高碳聚合物进行有效分离，解决混合酸原有分离技术中产品纯度不高、再沸器堵塞、塔盘污染等问题，保证装置的连续稳定运行；开发酸酐分解技术，混合酸中醋酸和丙酸的回收率由80%提高到94%以上；将残液制备成有机钙固硫剂应用于煤气化炉生产，实现醋酸生产的近零排放。2017年12月14日，该项目通过天津市高新技术成果转化中心鉴定。该技术在行业内具有推广和示范意义。

（窦秀桂　李满枝）

生物技术

【生物医药领域科技年度概况】　2017年，天津市生物医药领域科技工作呈现新局面。申报国家合成生物技术创新中心：5月12日，天津市和中科院签署“共建合成生物技术创新中心框架协议”；6月4日，市科委和中科院科发局组织全国相关领域的院士、专家对建设方案进行论证；6月29日，邀请科技部部长万钢到中科院天津工业生物技术研究所进行视察；11月22日，上报《国家合成生物技术创新中心建设方案》。天津市科委推荐50余个课题申报“重大新药创制”“艾滋病和病毒性肝炎等重大传染病防治”等2个国家科技重大专项，15个课题获得立项，获14298.15万元国拨经费资助。推荐10个课题申报国家“生物医用材料研发与组织器官修复替代”“生殖健康和重大出生缺陷防控”“数字诊疗装备研发”“食品安全关键技术研发”“中医药现代化研究”等4个重点研发计划，7个课题获得立项，获11265万元国拨经费资助。天津市科委推荐开发区申报建设天津泰达高端医疗器械产业集群，12月底，获批并纳入2017年度“创新型产业集群试点（培育）”。组织实施2017年天津市新药创制、慢性病防治、生物医药创新园等3个科技重大专项和“互联网+”医疗健康示范工程，共立项50项，资助经费3740万元。康希诺公司参与研发的中国首个埃博拉病毒疫苗获国家食品药品监督管理总局颁发的新药证书和生产批件；尚德药缘公司开发的天津市首个在发达国家进行新药临床试验的化学药“1.1类脑胶质母细胞瘤治疗药ACT001”在澳大利亚结束Ⅰ期临床试验，进入Ⅱ期临床试验阶段，同时在国内开展Ⅰ期临床试验；赛诺医疗的心脏冠脉支架成为首个在欧美发达国家获批并进行临床试验的国产支架产品。（任　戎）

【一种耐酸性高温α—淀粉酶及其基因、工程菌和制备方法】　天津科技大学刘逸寒、路福平、樊帅等的发明专利，获2017年度天津市专利金奖。该专利提供一种耐酸性高温α—淀粉酶及其基因、工程菌和制备方法，对地衣芽孢杆菌所产的耐高温α—淀粉酶基因进行定向改造，获得耐酸性能提升的耐酸性高温α—淀粉酶突变体T353I/H400R；构建可引导耐酸性高温α—淀粉酶基因高效转录、翻译、分泌的表达载体和芽孢形成缺陷的枯草芽孢杆菌宿主细胞，以此为表达系统创建可高效表达耐酸性高温α—淀粉酶的工程菌株；利用该工程菌株进行耐酸性高温α-淀粉酶发酵生产。该专利属于基础型专利，酶分子的设计与改造、表达系统的构建与优化、工程菌株的创建、酶蛋白的制备均具原创性。专利中酶分子的改造可为其他酶基因的进化提供理论借鉴；表达系统的构建和工程菌株的创建方法可为生产其他酶制剂的工程菌株的构建提供范例；构建的工程菌株和建立的制备方法可以直接在企业中应用。该技术在合作企业山东隆科特酶制剂有限公司应用，效益明显。

成果填补国内耐酸性高温α—淀粉酶产品的市场空白，提升其生产和应用水平，促进了酶制剂行业的技术创新。该项目获1项国家级、3项省部级、1项局级科技奖励。（李丽娜）

【基于快速SEP检测的自动脊髓监护系统的研制】 由中国医学科学院生物医学工程研究所、天津医药集团众健康达医疗器械有限公司徐圣普、胡勇、谢小波、伊德尔等完成，获2017年度天津市科技进步二等奖。鉴于现有脊髓监护设备所存在的问题，该项目主要研究快速SEP提取方法和术中脊髓损伤自动判据方法，并开发出自动脊髓监护仪。主要取得的突破：①应用定点径向基函数神经网络的模块设计，达到SEP信号及其特征的快速有效提取，提出适用于SEP快速检测的软件算法。②以FPGA硬件实现对检测信号的提取，提高SEP的提取速度，为临床对神经功能的实时监护提供技术上的保证。③提出新的实时神经功能损伤程度监护指标和新的判断准则。④研制出基于术中诱发电位快速拾取和自动检测技术的术中脊髓监护仪器系统，实现系统自动判断和报警。⑤形成实用性的产品，填补国内空白，并升级和替代进口产品。该技术应用于产品设计，产品获得医疗器械产品注册证书，得到临床的高度认可。

（中国医学科学院生物医学工程研究所）

【食用菌废弃菌糠的综合利用】 由天津大学、天津市林业果树研究所、鼎正动物药业（天津）有限公司合作完成，主要完成人有乔建军、陈晓明、朱宏吉、刘鼎阔、青格乐等，获2017年度天津市科技进步三等奖。主要内容及特点：①建立食用菌香菇菌糠多糖的提取纯化工艺，鉴定多糖结构，确定多糖的抑菌性、抗氧化活性。②首次研究出对菌糠进行双螺杆挤压膨化预处理方法，降解其粗纤维素，为菌剂提供充足的碳源，降低生产成本，避免传统堆肥方法对环境的二次污染，缩短菌肥生产周期。③确定菌糠的预处理工艺，首次提出利用硫酸、氢氧化钾和氨水的酸碱混合预处理工艺，实现菌糠的完全利用及零排放、零污染。④首次筛选得到一株能溶解不溶磷化合物的粉状毕赤酵母菌株FL7，该菌株表现出较好的溶磷效果，有效利用纤维素，对高温、高盐、高铵和偏碱性等环境具有更好的耐受性能，可产生柠檬酸等有机酸，具有改良盐碱地促进植物生长的作用。⑤筛选得到高耐受性的高效解磷、解钾和固氮菌，建立以菌糠为基质混合培养制备菌肥。此菌肥用于盐碱地土壤的改良，研究表明菌肥能明显改善盐碱土壤的理化特性，显著提高土壤中有效氮、磷、钾的含量，促进植物的生长和营养吸收，具有实现土壤修复的巨大潜力。⑥制订1项天津市地方标准：《DB12/T 519—2014食用菌菌糠处理技术规范》。⑦研制出1种微生物生长促进剂TS—1，使得在同样发酵条件下，活菌数提高10倍及以上，该促进剂既可以促进微生物的生长，又能发挥植物生长调节作用。该项目申请国家发明专利11项，授权9项，发表SCI等论文17篇，其中top一区6篇。成果在9家企业成功推广，增加产值8735.95万元，获净利润3619.85万元。（天津大学）

【微生物发酵法生产透明质酸的研究】 由天津市康婷生物工程有限公司刘小兵、李爱红、周莹等完成，获2017年度天津市科技进步三等奖。项目主要内容：①通过细菌发酵法生产透明质酸，筛选出荚膜大、透明质酸产率高、不产透明质酸酶的菌种进行发酵。②发酵结束后，采用先进的后处理技术对透明质酸进行提纯，采用板框过滤、微孔滤板过滤、萃取等处理方法进行提纯。③酸处理后酒精喷淋制粉。④经过脱水干燥等环节得所开发的产品。该技术特点：①采用酸化乙醇喷淋制粉。②发酵pH值调节在6.0~7.5，易于控制。③发酵周期短，一般在26小时左右。④发酵过程不产生透明质酸酶，残糖少，产品回收率高（92%以上）。⑤采用超滤浓缩技术，减少乙醇用量，降低生产成本。⑥采用离心及板框滤板过滤，简化分离纯化工艺，便于操作。⑦可将透明质酸研制成食品级、化妆品级和医用注射凝胶产品。该产品具有良好的保湿性和黏弹性，因而广泛应用于各种化妆品、保健品、眼科手术、关节注射、促进创伤愈合、调节血管壁的通透性、医用整形材料等方面，拥有广阔的市场前景。该产品获国家授权发明专利，并实现产业化，成功拓展出“瑞倪维儿”和“润妮”两大品牌、八大系列、百余种美容护肤产品，销售网点遍布全国，并在海外成立分公司。该公司投资10亿元兴建康婷健康产业园项目，设计生产能力为年产值200亿元至300亿元。

（天津市康婷生物工程有限公司）

【副干酪乳杆菌及其在功能酸奶发酵中应用和产业化】 由天津科技大学、蒙牛高科乳制品（北京）有限责任公司联合完成，获2017年度天津市科技进步三等奖，主要完成人为王海宽、牛天娇、谢玉锋、冯磊等。该项目紧扣酸乳发酵中存在的问题，选育出适合牛乳发酵蛋白酶活性高且能产生生理活性成分的全新副干酪乳杆菌，在功能性酸奶中实现产业化。主要研究内容：①从天然发酵食品中分离获得一株产蛋白酶活力高的菌株，并完成完整基因组测序。该菌在牛乳中生长和乳蛋白降解能力强，还具有高抗腐败菌、耐受胃酸和胆盐、降低胆固醇、抑制α—葡萄糖苷酶活性等特性。②首次研发出副干酪乳杆菌、嗜热链球菌和保加利亚乳杆菌在37℃低温混菌发酵酸乳新工艺，其不影响酸奶的组织状态、口感和风味，克服了传统益生菌发酵带给产品不愉快口味的缺点。③所筛选的副干酪乳杆菌应用于酸乳发酵后，所得产品具有抑制α—葡萄糖苷酶和DPPIV活性及清除DPPH自由基的特性，产品所增加的抗糖尿病和抗氧化效果大大提高了其市场竞争力。该成果在蒙牛高科乳制品（北京）有限责任公司推广应用，近三年产量达到1.2万吨，产值为1.2亿元，创利税1743万元，为企业节支757万元。

（李丽娜）

【铜绿假单胞菌中噬菌体感染必需基因的筛选及功能研究】 天津科技大学杨洪江主持完成的国家自然科学基金项目，2017年12月结题。利用噬菌体治疗耐药性细菌感染具有重要意义，该项目通过构建铜绿假单胞菌转座子突变文库，获得噬菌体耐受突变株。大部分突变子吸附噬菌体能力显著下降，突变基因与噬菌体受体合成或表达相关。少数突变子吸附噬菌体能力与野生型菌株相同，被阻断基因（暂命名为srpA）与噬菌体受体合成或表达无关，srpA基因编码假定调节因子，这是首次发现此类基因的存在，预示噬菌体感染过程可能存在新的分子机制。SrpA蛋白是一个只有84 aa的小调节蛋白，是噬菌体K5基因组复制所必需的因子。SrpA蛋白通过结合噬菌体RNA聚合酶基因启动子区域的（NTATCN（0，9）GATAN）回文结构位点，控制该基因的转录，从而控制噬菌体基因组相关基因的转录。调节蛋白SrpA的结合位点同样广泛存在于细菌的基因组上，初步统计共有66个基因启动子区域具有SrpA的结合位点，其中15个基因编码调节蛋白。该项目进一步进行转录组学分析，发现SrpA能够调节多种关键细胞过程，与细菌的毒力与致病性密切相关。生物信息学分析显示，SrpA同源蛋白的功能未知，广泛地存在于各种微生物中，课题的结果有助于这些蛋白的功能研究。该项目研究srpA基因编码蛋白的功能及调控途径，分析其他突变基因的功能及表达方式，研究已知噬菌体耐受机制及其与srpA基因的关系，揭示SrpA蛋白是一个全局调控因子，最后建立SrpA蛋白调节的理论模型。另一方面，研究结果完善了噬菌体与细菌相互作用的分子机制，有助于筛选和改造适用于临床治疗的噬菌体。

（李丽娜）

【基于转录调节及关键代谢组分控制策略的酱油酿造酵母安全高效育种】 天津科技大学侯丽华主持完成的国家自然科学基金项目，2017年12月结题。该项目采用基于转录调节及代谢组关键成分监控的酿造微生物安全育种策略。通过研究发现：酱油发酵过程中添加的S酵母在甲基磺酸乙酯（EMS）浓度为1%时经过55分钟的诱变，得到1株具有遗传稳定性的尿嘧啶营养缺陷型菌株，命名为WM。以酿酒酵母的全局转录因子SPT15为模板，从几方面进行易错PCR反应，得到SPT15基因突变库。进而得到SPT15基因突变质粒库YEplac195—P—T—SPT15，将其导入酿酒酵母W303中，得到耐盐的菌株。继而分析构建优良菌株的耐盐机制，发现耐盐性能由高到低依次为酵母WM+4、WM+1、WM+2、WM+3、WM+0，WM+4具有很强的氨基酸合成能力。还发现甘油和海藻糖相辅相成共同提高了酵母的耐高渗能力。实时定量PCR考察四个关键基因HOG1、GPD1、TPS1

和TPS2不同时间条件下的表达量变化情况证明，高盐环境下转录因子SPT15诱导了这四个基因的表达。最后，选择耐高温和耐盐性能都较好且具有遗传稳定性的优良菌株酵母，应用于低盐固态发酵工艺和高盐稀态发酵工艺进行发酵。根据其各种理化指标和经济指标判定发酵性能依次为WM+4>WM+1>WM+0>WM。比较设计出的两组周期较短的酱油发酵新工艺表明，添加酵母WM+4的发酵组生产的酱油质量最好。该项目的成功实施，为解决酿造微生物重要生理性状遗传机制认识及安全、高效育种等科学问题提供了重要策略。

（李丽娜）

【丝状真菌来源耐热脂肪酶的挖掘及其酶学特性的研究】 天津科技大学路福平主持完成的国家自然科学基金项目，2017年12月结题。耐热丝状真菌可生产具有重要工业应用价值的耐热酶蛋白和代谢产物，为亟需开发的重要微生物资源之一；耐热脂肪酶在高温条件下可稳定发挥其催化活性，适用于多个工业领域，但可工业应用的耐热脂肪酶来源较少，难以满足相关工业工程中不同加工底物及过程的需要。为丰富耐热丝状真菌微生物资源，获得其所产耐热性能优良的新型脂肪酶，该项目结合合作双方丰富的微生物资源，筛选并建立耐热丝状真菌库；快速筛查耐热丝状真菌脂肪酶的酶学性质及底物特异性，挖掘耐热性能优秀的新型脂肪酶；进一步通过分子生物学技术结合生物信息学手段，揭示新型脂肪酶的空间构象与酶学特性之间的关系。该项目通过对耐热丝状真菌的筛选及其耐热脂肪酶的挖掘，为真菌资源的开发和应用提供了更为丰富的生物材料，并阐明支撑新型耐热脂肪酶酶学特性的分子基础，为理性改造脂肪酶提供理论依据，为脂肪酶的应用提供理论指导，为工业加工过程开发新型的耐热脂肪酶奠定基础。（李丽娜）

【甾体化合物C1，2位高效生物脱氢技术及应用】 天津科技大学路福平主持的天津市科技支撑项目，2014年4月至2017年3月由天津科技大学与天津金汇药业集团有限公司共同完成。该项目利用构建成功的甾体化合物A环C1，2位脱氢的基因工程菌，通过初始底物浓度、补料方式、溶解氧、搅拌转数等发酵工艺的优化，在6吨规模的发酵罐上连续多批次实现补料发酵，不增加设备投资，使单罐投料浓度由4%～7%提高到10%～15%，转化率维持在95%以上。从根本上解决甾体化合物难溶于水造成投料浓度过低的生物脱氢关键技术难题，实现甾体转化的低成本稳定高产。项目主要创新点：①首次采用现代分子生物学等技术手段，针对工业菌株Arthrobacter Simplex，构建高效表达脱氢酶活性的基因工程菌株，实现醋酸可的松的高效生物转化。该研究突破传统诱变育种技术，对其他相关工业菌种的改良工作具有借鉴意义。②为提高醋酸可的松的生物转化效率，建立补料发酵、分批投料的生物转化的工艺，取得显著效果，为其他难溶性的化学物质的生物转化提供理论和实践基础。该技术具有产业化能力，在天津金汇药业集团有限公司运行，每千克醋酸泼尼松的生产成本比现行工艺降低230元，增加赢利150元。

（李丽娜）

海洋技术

【深海油气管道全寿命评估与焊接制造关键技术开发及应用】 由天津大学、海洋石油工程股份有限公司合作完成，主要完成人有徐连勇、陈宝洁、韩永典、李小巍等，获2017年度天津市科技进步一等奖。项目在管道完整性评估、焊接接头性能评价、大变形管道高效焊接、抗腐蚀焊接等方面进行系统研究，取得创新成果：①提出改进的参考应变法、极限载荷解和埋藏裂纹等效表面裂纹化方法，解决了大应变条件下管道深表面裂纹与深埋裂纹、大应变与内压复合条件下管道表面裂纹与深埋裂纹的断裂评定难题，形成深水海底管道铺设、服役阶段全寿期断裂评定技术体系，拓宽了标准适用范围。②开发满足大变形要求的管道双头双炬高效窄间隙焊接技术，研制全尺寸管道大应变弯曲疲劳试验装置，提出管道焊接接头塑性预应变后断裂韧性的预测方法，形成深水大变形管道高效焊接与性能评价技术体系。③探明深海、高温高压等典型腐蚀环境下海底管道焊接接头腐蚀机理和规律，研发相应的抗腐蚀焊接技术，形成完整的深海油气管道抗腐蚀焊接技术体系。该项目获美国发明专利1项（已授权），中国授权发明专利7项，申请发明专利9项，授权实用新型专利4项，软件著作权1项，发表SCI论文21篇，EI论文12篇。成果三年来在中国南海、东海、渤海等15个海上油气田项目和巴西、俄罗斯、泰国3个国际项目中应用，经济效益6.73亿元。（天津大学）

【海洋工程非线性动力学理论及工程应用】 由天津大学、大连理工大学、海洋石油唐友程股份有限公司维修公司、中海油能源发展股份有限公司采油服务分公司联合完成，完成人有唐友刚、刘利琴、李红霞、高喜峰、潘东民、陈东民等，获2017年度天津市科技进步二等奖。结合50余项工程实践，在10余项国家“863计划”与国家自然科学基金等课题支持下，经过20年研究，取得创新成果：①首次提出船舶发生参数横摇运动失稳的临界条件，建立船舶全浪向参数横摇内共振的分析技术，解决了纵浪、斜浪航行船舶的非常规大幅横摇预报及失稳控制问题。②创造以分岔、混沌指标判定海洋平台运动失稳的技术，建立深海平台非线性运动失稳分析技术，形成一套浮式平台运动响应的精确预报方法。③首次提出系泊系统张力冲击因子概念，发明判别系泊系统冲击张力出现的判别方法，建立系泊系统冲击载荷的分析技术，为系泊缆绳的设计提供新的理论指导。④首次提出软刚臂单点系泊系统多自由度非线性刚度的确定方法，建立单点系泊系统FPSO全耦合非线性分析技术，实现单点系泊FPSO系统运动响应的精确预报。该项目获授权专利4项、软件著作权6项，发表论文70余篇、专著3部，成果应用于天津经纬公司、海洋石油工程股份有限公司维修公司等多家单位的多条船舶、平台及FPSO的设计、运营和维修，有1500米水深Spar平台设计，海洋石油112、117FPSO的限位项目，渤海和南海软刚臂和内转塔单点系泊FPSO的维修项目等，截至2017年年底创效益1.1亿元。

（天津大学）

【海洋生态环境悬浮颗粒物在线可视化信息监测装备研发及应用】 由天津城建大学、国家海洋技术中心、天津市科技创业服务中心于翔、朱森、于连生、田桂萍、刘丽娟等完成，获2017年度天津市科技进步三等奖。项目研发一种能在海水中自动成像的数字显微测量设备，原位、自动、长时间拍摄海水中的悬浮颗粒物，分析悬浮颗粒物图像，获取悬浮颗粒物粒径分布和浓度。从研究实验室数字显微镜入手，研究实现自动化，并解决深海耐压水密封问题。研究内容：①研发现场原位自动采样、自动照明、自动拍照的测量技术并开发悬浮物图像检测系统。②解决图像水下储存和传输。③设计耐高压深海水密仪器壳体。④从理论上研究悬浮颗粒图像的质量判别标准。⑤提高图像质量的理论依据和实现方法。⑥图像分析原理和分析软件。⑦海流对图像质量的影响研究。⑧采样体积的代表性问题研究。⑨仪器检测用海洋行业标准制订。项目技术提升中国现场海洋悬浮物原位测量技术水平，填补现场原位光学显微成像测量领域空白并授权或转让给多家企业，近三年实现节支731.49万元，间接帮助企业新增利润1410万元。项目申请国家发明专利4项，获授权3项；获软件著作权1项；发表论文12篇，被SCI收录2篇，EI收录4篇；出版专著1部；参与制订行业标准1部。

（天津城建大学）

【多效板式蒸馏淡化装置研发及应用示范】 天津市科技兴海项目，由国家海洋局天津海水淡化与综合利用研究所承担，主要完成人有谢春刚、张令品、苗超等，2017年9月通过天津市海洋局鉴定验收。该项目研制出一台30吨/天 多效板式蒸馏海水淡化中试装置，并在天津市长芦汉沽盐场有限责任公司精制盐厂完成工程应用示范。该装置产水量36.2吨/天，造水比4.9，产品水电导率小于1.37微西/厘米，各项性能指标达到国际先进水平。该装置是在传统低温多效海水淡化技术的基础上，利用波纹板片作为其换热元件，实现海水与蒸汽的强化传热，相比于管壳式换热器具有传热效率高、设备投资低等优势。设备结构空间紧凑，可根据用户产水量要求，灵活扩展装机容量。在设备使用一定时间后还可进行人工物理清洗除垢，使传热性能完全恢复至原有水平。通过该项目的研发，开发出适合蒸馏海水淡化用换热板片，研发出新型板式蒸发器，掌握了板片污垢控制及清洗技术，实现海水湍流对板片的自清污效果。该项目的成功研发为多效板式蒸馏淡化装置的大型化（百吨级、千吨级）提供了技术支撑。该产品预期效益：在船舶和海岛供水方面年产值1.2亿～1.8亿元，在沿海企业供水方面年产值5.0亿～10.0亿元。该项目申请发明专利2项，发表论文3篇。

（张令品）

【海水循环冷却技术装备产品定型及产业化开发应用】 海洋公益性行业科研专项项目，由国家海洋局天津海水淡化与综合利用研究所承担，主要完成人有尹建华、吴芸芳、李亚红等，2017年1月25日通过国家海洋局科学技术司验收。该项目完成海水缓蚀剂、阻垢剂、菌藻抑制剂等水处理药剂的产品定型及批量生产，形成5000吨/年海水水处理药剂生产能力，为推进海水循环冷却技术的大规模应用提供了重要的技术支撑。项目提出海水循环冷却科学用海和环境评价特征要素及指标，可指导工程取排水设计；完成海水水处理药剂和海水冷却塔等装备产品的设计定型、生产定型及产品应用方案设计；形成海水水处理药剂及冷却塔塔芯构件新产品和批量生产能力；形成4个海域的海水循环冷却技术应用方案；实现海水水处理药剂定型产品SW203、SW303及SW203A在2×10万吨/小时海水循环冷却工程中的推广应用；获得引水工程的优化路由方案，形成引水工程的技术经济可行性论证报告。项目的实施促进了海水循环冷却技术在国内沿海地区更科学地应用，对节能减排有重大意义。（高丽丽）

【可生物降解海水阻垢剂聚衣康酸中试生产技术攻关】 天津市科技支撑计划项目，国家海洋局天津海水淡化与综合利用研究所承担，主要完成人有吴东霞、樊利华、成国辰等，2017年11月通过天津市科委验收。聚衣康酸是一种无毒、可生物降解、高效的海水阻垢剂。该课题将聚衣康酸由自有专利技术转化为工业生产技术及产品，打破国内外该剂工业化生产技术空白，实现聚衣康酸工业化生产。课题攻克pH调节后衣康酸单体溶液黏度大（200cpc以上），滴加过程中易造成滴加管路堵塞、单体与碱中和过程中的热量传导等问题，优化确定该品的中试生产关键技术，实现以生物质衣康酸为主要原料，水为反应介质，可生物降解海水阻垢剂聚衣康酸清洁化生产工艺创新。以聚衣康酸为海水阻垢剂，工程应用阻垢用量仅为市售阻垢剂聚环氧琥珀酸、聚天冬氨酸的1/2，成本降低50%以上；用量与丙烯酸类阻垢剂TS—米604A相当，成本降低25%以上。

（吴东霞）

【油田产能释放项目脱水撬块设计研究与应用】 由博迈科海洋工程股份有限公司承担，2017年5月结题。该项目主要致力于开发老油田的潜力，通过现有生产设施提高产能。以油田产能释放研究为基础，根据油田的生产现状，提供有效的工艺技术解决方案：生产水处理系统安装在生产管汇后，去除、处理并排放一部分产出水；同样处理生产分离器之后的生产水；解决现有的传输管线及下游处理设施的液体处理量受限问题；该系统安装在公用系统供应、空间及重量受限的无人值守的井口平台上。2017年5月完成文昌FPSO116和井口平台的中试，并根据调试的工作原理进行整个平台的后期改造工作。该水处理单元可进行多种组合，文昌19—1N/8—3项目采用的是典型的组合方式。第一级预分离，将多相流体中的水相去除一部分；第二级除油，将分离出的水相中的含油去除；第三级进一步除油及脱气，如需要，将经过第二级除油后的水进一步除油并脱气以达到直接将水排海的要求。该技术主要特点：①高效：脱气装置能将从海管的原油管线除去95%的气体，能将生产管汇中高达95%的水相去除并处理，独特的混合方式，可处理小尺寸油滴。②设计灵活：可根据生产设施轻易改造。③结构紧凑：尺寸合理，重量轻，占地面积小，设计独特，便于维护。④费用低：工程设计简单，无需动任何设备；操作稳定，只需极少的操作人员干预。该项目申请专利2项，获软件著作权1项，发表论文6篇。

（肖祎萌）

【深水高压8吋海洋静态混输复合软管】 由天津市海王星海上工程技术股份有限公司自主研发，2017年8月投产。它是针对文昌9－2/9－3/10－3气田群地质、水文状况、输送要求等环境条件及使用要求，并依据美国石油协会API 17J 17B国际规范进行设计、开发的。这条管线由聚合物和金属层通过物理的方式组合而成，管体由内至外依次为骨架层、内压密封层、抗压铠装层、辅助层、抗拉铠装层、辅助层、抗拉铠装层、辅助层、中间包覆层、配重保护层、辅助层、外包覆层。该管优于钢管，具有耐腐蚀性强、海底地形适应性好、连续长度长、安装方便、总体投资成本低等优点，有广泛的应用前景。它的研发成功实现国内海洋复合软管在研发、设计、生产、市场等方面的4项突破：①静态管线应用的水深最深，达150米。②管线设计压力最大，设计压力27.7兆帕。③单一路由管线长度最长，达21千米。④在国产复合软管首次与国外复合软管巨头TECHNIP、NOV产品竞争中获胜。该项目申请专利15项。

（张　磊）

【国产动态海洋复合软管首次应用】 作为连接海上浮体与海底井口传输油气的关键装备，由天津市海王星海上工程技术股份有限公司自主研发，2017年年底在马来西亚BENTARA油田应用，成为第一条投产应用的国产动态复合软管。与静态管线不同，实现动态管线开发应用的关键在于解决管线金属层应力疲劳失效的问题。该项目通过理论分析、数值模拟机试验研究，开展数以万计的材料测试、试制及整管性能测试，掌握管线铠装层高强钢生产技术，使管线单重减重10%，有效提高材料疲劳寿命，管线设计压力达23兆帕，使用温度达120℃，实现动态应用下高温高压流体的输送。该条管线通过法国船级社认证，产品达到国际先进水平。该项目申请专利8项。

（张　磊）

新材料技术

【新材料领域科技年度概况】 2017年，天津市新材料领域科技获得新进展。1月19日，天津利安隆新材料股份有限公司登陆深圳创业板。5月，天津经纬电材股份有限公司收购新辉开科技（深圳）有限公司的触控显示产品制造，获中国证监会审核通过。7月，市科委面向全市征集新材料科技重大专项项目，累计支持立项7项，共计财政拨款700万元。8月，华海清科国产首台8英寸Universal－200型化学机械抛光机销售出厂，填补国内空白；富通集团（天津）超导技术应用有限公司承担的国家“863”课题“第二代高温超导电缆关键技术与示范应用研究”结题验收。

（段志刚　刘　晓　岳　鑫）

【同质增强型中空纤维膜制备关键技术及其产业化应用】 由天津工业大学、天津膜天膜科技股份有限公司合作完成，负责人为肖长发，获2017年度天津市技术发明奖一等奖。该项目根据热力学相容性理论和聚合物界面相分离原理，发明熔融/溶液一体化同质复合纺丝制膜技术，开发出兼具熔融纺丝法高强度和溶液纺丝法高分离精度及抗污染的新一代同质增强型聚偏氟乙烯（PVDF）中空纤维膜；利用同质共溶－复合效应，发明同质纤维编织管复合制膜技术，研制出界面结合状态优良、兼具高强度和高分离精度的醋酸纤维素（CA）等同质纤维编织管增强型中空纤维膜；发明双螺杆挤出纺丝－拉伸界面致孔技术，阐明高温状态下多相成膜体系中各组分之间物理、化学作用及结构演变过程，制备出具有界面孔结构特征的高强度和大通量PVDF中空纤维膜，解决了常规溶液纺丝法不能兼顾高强度和高孔隙率难题；发明阵列型多孔喷丝头、在线涂覆－防压扁中空纤维膜拉伸－定型设备、中空纤维膜修饰－后处理集成工艺等成套双螺杆纺丝制膜装置，建成国内外首条年产230万平方米同质增强型PVDF中空纤维膜及其帘式和柱式膜组件生产线。该技术获发明专利23项（中国16项、美国4项、日本1项、新加坡1项及中国香港1项），获中国专利优秀奖2项，开发1项国家重点新产品和1项天津市“杀手锏”产品，获天津市政府质量奖。

（郭建辉）

【多尺度结构有序的高强度高导热碳复合材料关键技术】 由天津大学完成，主要完成人有封伟、冯奕钰、秦盟盟等，获2017年度天津市技术发明一等奖。2004年起开展多尺度高性能碳复合材料的研究，突破有序复合结构提升力学承载和热疏导能力的关键技术。主要内容：①发明分子级界面有序复合技术，利用界面分子级相互作用实现高分子链诱导取向，形成高度有序复合阵列，获得高度有序的聚酰亚胺/碳管阵列复合膜，实现平面内定向高强度和高导热（导热系数：平行方向/垂直方向= 10.1），被I.Winey教授评价为制备有序聚合物/碳复合材料的重要途径。②发明跨尺度结构有序复合技术，在碳纤维编织体内构建有序阵列，利用定向阵列和界面锚接结构提高材料的力学强度，获得碳管增强碳纤维复合材料，剪切强度提高30%，被Brinson教授评价为提高碳复合材料剪切强度的重要方法。③发明插层结构有序复合技术，在石墨层间内生长有序碳管阵列，在厚度方向上构建高导热连续通道，实现高效声子传输和界面热传导，碳管阵列/石墨复合材料的厚度方向导热系数提高2.16倍，被C—P.Wong教授评价为构建高导热碳复合材料的重要方法。该项目获授权国家发明专利9项，申请并已公开国家发明专利8项；发表SCI收录论文18篇。成果应用于国家临近空间重大工程的防隔热体系，并在航天材料及工艺研究所、北京空间飞行器总体设计部等7家单位中实现应用推广，截至2017年年底，产生直接经济效益6065万元。

（天津大学）

【微/纳米稀土复合材料关键技术研究】 由天津城建大学、中国人民武装警察部队后勤学院、天津城市建设管理职业技术学院、天津儒创新材料科技有限公司李军伟、张敏、高瑞、鄂磊、李岩、刘志华等完成，获2017年度天津市科技进步二等奖。项目创新性地提出采用无模板均匀沉淀法可控制备微/纳米稀土氧化物，构筑以稀土氧化物纳米结构为壳、空心玻璃微珠为核的微/纳米核壳结构功能体，用于生产高分子基稀土防辐射材料母粒产品，并进行应用推广。具体研究内容：①采用无模板均匀沉淀法，研发以稀土氧化物纳米管为基元的微米球体。②研发大面积二维有序微/纳米稀土薄膜的制备技术。③设计并制备以纳米稀土氧化物为壳、空心玻璃微珠为核的微/纳米核壳结构功能体。④基于微/纳米稀土氧化物材料，研发高分子基稀土防辐射产品，并进行推广应用。项目产品及应用符合《国家中长期科学和技术发展规划纲要（2006～2020）》的优先主题，符合天津市“十三五”规划的政策导向，具有在天津市地区推广的必要性。以纳米稀土氧化物包覆空心玻璃微珠微/纳米核壳结构功能体为填料制备的高分子基稀土防辐射材料母粒在天津儒创新材料科技有限公司实现生产和销售。该项目申请发明专利5项，获授权发明专利2项；在国内外期刊上发表研究论文5篇；培养研究生2名、本科生6名。

（天津城建大学）

【压电陶瓷的组成结构与性能优化新技术】 由天津大学完成，主要完成人有马卫兵、李晓雷、戴叶婧等，获2017年度天津市技术发明三等奖。项目解决的关键科学技术问题：①基于反应模板晶粒生长法织构技术，研制复合铌酸钾钠的BNT—BKT—BT无铅压电陶瓷，开发BCZT的电致伸缩特性，晶粒取向度f达0.80，d33达305 pC/N的国际先进水平，解决了无铅压电不适合应用的难题。②基于压电特性及复合原理，研制一种螺旋形连接方式的压电复合材料，提高了复合材料的压电性能及水声换能性能，静水压电系数gh达到148×10^{-3}伏米/牛，解决了压电复合材料压电性能恶化的难题。③基于烧结助剂的添加与膜特性的分析，研制压电厚膜与银电极低温共烧（850℃）的厚膜材料，解决了陶瓷膜与银电极共烧的难题，制备的11层压电厚膜d33达1835 p库/牛。④基于高性能PZN—PZT，PNN—PZT三元系压电陶瓷的制备，分析镧掺杂对三元系压电陶瓷的影响规律及机理，在PNN-PZT体系中，通过NiNb2O6前驱体的合成，解决抑制焦绿石相生成这一制备难题。成果在常州波速传感器有限公司实现产业化，获得的新型压电材料体系广泛用于汽车智能系统、智能家居、通讯和可穿戴等领域。该项目定型的压电陶瓷产品在西安中科华芯测控有限公司和湖南高地光电科技发展有限公司的光纤陀螺得到应用。替代国外产品，打破国外封锁，在产品质量和性能上大大提高了光纤陀螺的制导精度、稳定性和可靠性。

（天津大学）

【聚天门冬长效防护快干涂料】 由天津科瑞达涂料化工有限公司孟昭辉、姚学民、高鹏等完成，获2017年度天津市科技进步三等奖。该项目立足于一汽青岛汽车厂的新车架生产线，从节能降耗、不影响生产节奏和提高产品质量的目的为出发点，研究聚天门冬涂料在汽车车架及零部件等产品上的应用，从而开发干燥迅速、防腐性和耐候性优异的产品。项目通过对聚天门冬氨酸酯树脂结构的研究，选择适合反应速度的聚天门冬氨酸酯树脂，配合防锈料和抗紫外助剂从而达到超快干、长效防腐和耐候优异的目的；通过对不同类型多异氢酸脂固化剂筛选试验，进一步调节反应速度及涂料性能，使其达到理想的使用时间及各种性能；通过调节不同助剂、溶剂完善涂料状态、漆膜外观及施工性；通过对涂装设备及现场涂装研究涂料的施工技术参数，达到流水线连续生产的目的。该长效防护超快干涂料，相对于传统的丙烯酸聚氨酯防护涂料或涂装快干防护蜡更具有超快干、VOC含量低、能耗低、涂装成本低等优点，涂膜还具有优异的耐候性及耐盐雾性，可以达到长效防护的目的。更重要的是解决了因海上运输或长期使用带来的防腐和耐候性差的问题，延长汽车车架及零部件的使用寿命，可广泛应用于汽车制造及工程机械等领域进行表面涂装，起到保护和装饰的作用。该项目产品在一汽解放青岛汽车有限公司、一汽解放成都汽车有限公司、山西大运汽车集团有限公司、青岛海隆机械集团有限公司等应用，并在一汽长春汽车有限公司、陕西重汽、江淮汽车等进行试涂和推进工作。

（天津科瑞达涂料化工有限公司）

【高质量氮化铝单晶材料研究】 氮化铝（AlN）单晶是超宽禁带半导体材料的典型代表，禁带宽度为6.2电子伏特，具有超高击穿场强（11.7兆伏/厘米），较高热导率（3.4W×$cm^{-1}K^{-1}$），与高铝组分AlGaN外延层晶格高度匹配，在日盲紫外探测器、紫外激光器、深紫外LED、超高压电力电子器件、微波功率器件等方面有广泛应用。中国电子科技集团公司第四十六研究所长期开展AlN单晶材料研究，2017年，突破高耐受性坩埚制备、晶体缺陷抑制、生长速率提升以及晶片表面CMP等关键技术，研制出直径1英寸的AlN单晶及单晶片，(002）和（102）的XRD FWHM达60角秒和30角秒，结晶质量可与Hexa Tech公司产品相媲美，达到国际先进水平。四十六所研制的AlN单晶片在多家单位开展应用验证。以四十六所提供的AlN单晶片为衬底，中科院半导体所同质生长AlN外延层的（002）和（102）XRD FWHM典型值在65角秒和60角秒左右，质量明显优于蓝宝石、SiC等异质衬底。中国电科四十四所在AlN衬底上生长厚度为500纳米高铝组分AlGaN外延层时，仍具有45%的弛豫度，充分显示AlN衬底同质外延的优越性。该项目获得国防技术发明奖三等奖和中国电子科技集团公司技术发明二等奖。

（张　丽）

【3D打印材料质量表征及测试技术研究】 该项目为天津市科技支撑计划项目，由中国电子科技集团公司第四十六研究所王奕、刘兆枫等2017年完成。针对广泛应用于各行各业的3D打印技术，其材料瓶颈是限制3D打印发展的首要问题。3D打印材料质量表征及测试技术的研发迫在眉睫。该项目从3D打印材料实际应用需求着手，成功建立完善的3D打印材料的性能表征及测试体系，适用于医疗、航天、建筑、机械电子及美术工艺等各行各业。该性能表征及测试体系包括成分表征、力学性能表征、热学性能表征及其他性能表征，并包含相应的各项定性定量测试技术。该技术能为材料各项性能的提高，材料的生产控制及选择提供理论依据和科学的指导；能够确保3D打印材料符合人体安全性、绿色环保性的要求；能为3D打印材料国产化提供科学的技术支撑。项目实施期间发表论文6篇，申请部标5项，申请发明专利3项。

（王　奕）

【基于同轴静电纺丝制备超细中空纤维纳滤膜的研究】 天津市应用基础及前沿技术研究计划重点项目，由天津工业大学程博闻等人完成，2017年通过天津市北方技术交易市场验收。该项目以PMIA/DMAc溶液作为皮层溶液，PVP/DMF溶液作为芯层溶液，ZrCl4为致孔剂，基于同轴静电纺丝技术开发PMIA超细中空纤维纳滤膜，为发展新型超细中空纤维纳滤膜的制备提供新途径；设计出一种新型高取向纳米纤维成形技术，实现电纺纤维在高速气流和水流的协同拉伸作用下牵伸、取向和集束，为纳米中空纤维在膜组件中的应用提供条件；通过研究PMIA超细中空纤维膜结构与产品性能间构效关系，为PMIA超细中空纤维纳滤膜分离机制认知奠定基础；基于同轴静电纺丝法技术成功制备PVDF超细中空纤维膜，采用溶液热诱导聚合技术实现PVDF纳微米中空纤维的化学改性，成功获得高表面积的PVDF－g－PMAA中空离子交换纤维膜。该项目申请发明专利9项，获得授权发明专利3项、实用新型1项；发表SCI论文9篇；培养博士研究生2名、硕士研究生4名。

（郭建辉）

【丙烯酰吗啉接枝改性的聚偏氟乙烯膜血液相容性研究】　天津市应用基础及前沿技术研究计划重点项目，由天津工业大学陈莉等人完成，2017年通过天津市北方技术交易市场验收。该项目采用丙烯酰吗啉改善PVDF膜的抗溶血性，利用阿加曲班提高PVDF膜的抗凝血性，通过二者协同作用解决PVDF膜与血液接触的相容性问题，构建出具有良好血液相容性和抗凝性的新型血液透析膜。该项目利用合成的聚丙烯酰吗啉和阿加曲班修饰的PVDF三元共聚物制备出平板膜，探究聚合条件与膜表面性质对血液相容性和抗凝性的影响，并从分子水平上揭示血液组分与膜材料表面微观结构、化学组分等的相互作用和影响规律；通过干－湿法纺制PVDF－g－PACMO/PVDF共混中空纤维膜，探讨关键制膜工艺条件对三元共聚物中空纤维膜表面结构、渗透分离及透析性能的影响，优化制膜参数，实现中空纤维血液透析膜的可控纺制。最后利用偏最小二乘预测模型及神经网络预测模型对PVDF膜制备条件与性能的关系进行高精度的模拟和预测，为指导未来制膜实验条件和设计具有良好血液相容性的新型血液透析膜提供理论依据。该项目发表论文8篇；申请发明专利5项，其中授权发明专利1项；培养人才6人。

（郭建辉）

新能源技术　节能技术

【新能源领域科技年度概况】　2017年，天津市新能源领域科技展现新气象。在新能源汽车动力电池方面，天津市聚集近10家动力电池生产企业，20多家各级研究机构，形成涵盖正负极材料、隔膜、电解液的动力电池的全产业链条和创新链条。天津力神电池股份有限公司实现年销售收入42.1亿元，建成国家唯一的锂离子动力电池工程技术研究中心，国家委托其研发第三代电池技术体系。在风力发电控制方面，天津瑞能电气有限公司逐渐成为国内兆瓦级风力发电机组电控系统整体解决方案领跑者，市场占有率达到8%，全国排名第三位，借助国家“863”项目完成智能微电网相关技术的开发工作，在西青赛达新兴产业园进行示范工程建设，并投入运营。

（段志刚　刘　晓　岳　鑫）

【新一代超低排放重型商用柴油机关键技术开发及产业化】　由天津大学、广西玉柴机器股份有限公司、中自环保科技股份有限公司合作完成，主要完成人有尧命发、郑尊清、王辉、李云、刘海峰等，获2017年度国家科技进步二等奖。该项目立足国内对重型柴油机节能减排先进技术的迫切需求，围绕重型柴油机超低排放关键技术开展创新性研究，完成具有自主知识产权满足国、国5和超低排放欧6柴油机开发并实现产业化应用。该项目开发满足国4、国5和欧6不同阶段排放法规的高效清洁燃烧技术；发明多种新的催化剂配方及制备方法，开发高转化效率后处理器，提出满足不同阶段排放法规的后处理系统解决方案；发明重型柴油机新结构、工艺和轻量化技术，应用新材料、开发并应用新工艺和产品一致性控制技术，开发成功具有自主知识产权的满足国4、国5及欧6排放法规重型柴油机。项目技术应用于广西玉柴YC6L、YC6MK、 YC6A、YC6J和YC6G等重型柴油机平台国4和国5开发，并拓展到YC4A、YC4D、YC4E、YC4F、YC4G和YC4BJ等中型客车用柴油机国4和国5开发；项目突破国内每次排放升级依赖国外技术的局面，开发的YC6L—60超低排放欧6柴油机在国内率先实现产业化应用，是进入市场应用的唯一自主品牌欧6柴油机。项目获授权美国专利1项、国家发明专利17项、实用新型专利11项，软件著作权1部，国家标准1部，PCT专利2项，发表论文30篇。

（天津大学）

【大梯度余热能回收的高效底循环匹配理论及方法】 由天津大学、北京工业大学合作完成，获2017年度天津市自然科学一等奖，主要完成人有舒歌群、田华、张红光、王恩华等。项目在大梯度余热高效回收理论方面取得多项成果：①提出“分区梯级利用”的能质和热源匹配概念，发明复叠式循环的能质分区梯级利用新方法，形成复叠式循环的耦合设计理论。设计双朗肯和TEG—ORC两种复叠循环模式，发现前者最优复叠压力、后者最佳分段比和最佳复叠比的现象以及与能质区间宽度的关联性规律。国际同行认为是“有前途的余热回收方案”（promising scheme），受邀与国际同行合撰专著1本。②发现工质热物性与循环变工况性能的有效性关系，提出与高温热源有效匹配的工质设计新方法，发明高温型新工质设计方法。发现CO_2近临界区物性突增、超临界区类汽液特有物性与内燃机余热特征的适应性规律，提出CO_2动力循环余热回收方法。并利用碳氢工质效率高的特点，发明碳氢与CO_2混合工质的新方法。国际同行认为设计了“最适宜的工质”。③发展了底循环余热回收的评价方法，提出“指标集输出—系统方案寻优—多指标决策”的三域评价体系。构建系统的三域评价体系，提出全历程、遗传寻优法、模糊决策的解决方法。国际同行认为是“有效的方法”。在Energy、Applied Energy等权威杂志发表论文45篇，授权发明专利14项、申请PCT专利4项。被43个国家的800多位学者在51种期刊上引用，8篇代表作被SCI他引467次，其中6篇入选ESI top1%高被引论文。

（天津大学）

【废弃物生物质全组分高效转化利用技术及应用】 由天津大学、天津市天人世纪科技有限公司、广州迪森热能技术股份有限公司、北京化工大学、天津市环境保护科学研究院合作完成，获2017年度天津市技术发明一等奖，主要完成人有陈冠益、崔勇、马革、刘广青、颜蓓蓓、袁敏等。项目主要创新点和成效：①发明基于反向设计装置和工业化气化过程模拟平台的生物质燃气制备技术，包括合成气调整技术、蓄热式气化燃烧装置、生物质燃料并联输送系统、工业化气化过程模拟算法、离心式焦油采集器及焦油催化裂解脱除工艺，结合开发的焦油在线监测技术，优化控制生物质燃气产率和品质，突破工程化气化技术应用的瓶颈。②发明自动力模块式厌氧发酵装置，发明秸秆高效制沼气的方法，实现纤维素、半纤维素与木质素的高效解离活化，改变生物质分子的稳定结构，显著提升厌氧发酵制备沼气的技术水平和资源化利用率。③发明副产物高效利用技术，包括基于气化残渣制备生物炭缓释肥工艺、生物质解聚产物水相重整制氢技术、难降解产物（沼渣）定向气化技术、气化残炭作为催化剂载体技术，实现全组分高效转化利用，提高生物质资源利用效率和效益。成果成功应用于天津市天人世纪、广州迪森、江苏东工集团有限公司等31家公司，覆盖天津、山东、江苏、湖北、河南、安徽等省市。其中，生物质燃气及供热技术推广至珠三角、长三角、华中地区等十余个省，减排量高，用户满意度好。近3年取得经济收益8.1亿元，利润增收3.5亿元，增加税收1.6亿元，节支总额3.0亿元。项目获授权发明专利26项，申请国际PCT专利1项，主参编标准3项（国际标准1项、地方标准2项），发表论文200余篇（SCI论文89篇，他引1000余次），出版专著5部，登记软件2个。

（天津大学）

【高比例可再生能源配电网保护控制关键技术及应用】 由天津大学、许继电气股份有限公司、国网天津市电力公司电力科学研究院、西东控制集团（沈阳）有限公司合作完成，获2017年度天津市技术发明一等奖，主要完成人有李斌、李永丽、李瑞生、陈晓龙、李博通、李国栋等。高比例可再生能源配电网保护控制是实现配电网可靠运行、可再生能源最大化利用的核心支撑技术，该项目在这方面的成果是：①提出自适应快速电流保护和集成保护新原理，从根本上解决可再生能源短路电流受限和运行方式多变的故障保护技术难题，实现配电网安全运行的第一道防线。②提出自适应无功控制的可再生能源孤岛检测新原理和无逆流并网控制方法，从根本上消除可再生能源并网孤岛检测盲区，提高了配电网可再生能源并网安全性。③提出高比例可再生能源微电网并离网运行模式的无缝切换控制和可再生能源配电网无功优化控制方法。实现可再生能源与配电网的协调控制和高比例消纳。研发的高比例可再生能源配电网智能保护装置、孤岛检测与并网控制装置以及微电网保护控制系统，在中国南麂岛独立微电网、东澳岛微网配网一体化等国家级示范工程中实际应用。技术产品在天津、山东、浙江、江苏、辽宁等多个省（直辖市）的配电网中得到推广应用。技术成果与世界500强企业ALSTOM、ABB开展合作推广，产生重要国际影响力。该项目申请国家发明专利28项，其中获授权18项；牵头完成行业标准1项；发表期刊论文80余篇，SCI检索8篇，EI检索44篇；出版中文专著1部，参编英文专著1部、技术报告3部。

（天津大学）

【能质调配与转化关键技术及应用】　由天津大学完成，获2017年度天津市技术发明二等奖，主要完成人张于峰、邓娜、穆永超有等。项目主要发明点：①探明适用于低温热不同温区工作介质热力性能与正/逆向热力循环的内在共性机理，研制出新型能质调配工作介质—高温热泵有机混合工质BY—4及新型能质转化工作介质—低温发电介质TD—2。②研制出能质调配关键设备-单级压缩式高温热泵机组并应用于实际工业生产中，按照国检检测规定，实现制热温度高达109.92℃（国内外80℃），冷源平均温度13.5℃时，发电效率大于4%，领先国际领域同类技术指标。该技术向多家企业转让生产权，实现产业化，在石化、造纸、建材、窑炉、供暖和钢铁等领域实现工程运行稳定，优于国外同类产品，代替进口，且价格只有进口的几分之一。近三年为企业带来新增利润1172.69万元，新增税收193.02万元，节支总额4329.77万元。项目获授权国家专利24项，其中发明专利10项，发表论文33篇，其中SCI、EI检索论文25篇。

（天津大学）

【基于中低温热能的区域能源站关键技术研究与应用】　由天津大学、天津市建筑设计院、哈尔滨工大金涛科技股份有限公司、约克（无锡）空调冷冻设备有限公司、天津地热勘查开发设计院合作完成，获2017年度天津市科技进步二等奖，主要完成人有赵军、伍小亭、安青松、芦岩、赵力、李伟等。项目历时近10年，攻克污水源、深浅层地热能利用等区域能源站在能源提取与转换过程中的技术难点，形成区域能源站绿色、高效、可靠、经济运行的技术体系。主要创新成果：①研发污水流道式换热器，显著提高传热性能和运行稳定性，实现在投入运行的最初24小时内传热系数不低于1500瓦/平方米·℃；提出构建人工流场强化浅层地热能开发利用中地下传热的方法；探索多种地球物理勘查方法在天津市深层地热勘探中的应用，勘探准确率达到95%以上。②研发蒸汽驱动的大型离心式高温热泵，创新低品位热能规模化利用的模式，实现电与热、热与热的高效转换与能源的梯级利用。③主编天津市地埋管地源热泵、污水源热泵系统技术标准，建立基于中低温热能区域能源供应系统综合评价体系，指导可再生能源的规模化应用。部分成果成功应用于王稳庄供热能源站、鹭岭景园供热能源站、沈阳阳光一百污水源热泵能源站等多项工程中。获项目授权国家发明专利6项，实用新型专利5项，软件著作权1项；主编地方标准2项；发表论文55篇，其中SCI收录论文11篇，EI 20篇；发表专著2部。

（天津大学）

【新能源客车用磷酸铁锂电池技术开发及应用】由天津力神电池股份有限公司、力神动力电池系统有限公司、中通客车控股股份有限公司、天津市科技工作者创新创业服务中心张娜、邹玉峰、王钦普、高飞、王永武、刘元刚等完成，获2017年度天津市科技进步二等奖。该项目涉及新能源客车用磷酸铁锂电池技术开发及应用，主要技术创新点：①能量密度提升。通过正负极材料性能改善，配方优化，各类材料匹配性研究，隔膜、电解液等综合性能改善，电池能量密度提升至150瓦时/千克。②环境适应和寿命改善。通过负极颗粒融合包覆技术，正负极箔材修饰，增加电解液在宽的温度、电压、电流范围内与正负极的相容性以及合理的单体结构设计减少内部发热量，实现电池在各种严苛环境下的长期安全使用，特别是低温下的充电性能提升，拓宽电池应用范围，解决北方冬季充电问题。③石墨烯应用，构建立体导电网络，提高电池的能量密度和功率密度。④实现制造过程控制。通过原材料一致性管控、自动化电池制造设备和先进制备工艺研究，自动化分选工艺和设备的研究，提高电池产品的一致性和可靠性。⑤先进的电池结构设计。通过对集流体设计，各零部件之间焊接方式的研究，优化电池结构，保证电池高比功率。

（天津力神电池股份有限公司）

【甲醇替代柴油的关键技术及其相关理论】 由天津大学完成，获2017年度高等学校科学研究优秀成果奖技术发明二等奖，主要完成人有姚春德、姚安仁、窦站成等。项要技术发明点：①提出柴油甲醇组合燃烧技术（DMCC）。阐明多油束柴油引燃甲醇混合气快速燃烧机理，创建柴油甲醇二元燃料燃烧理论，突破甲醇混合气无法直接压燃的技术瓶颈，率先在国际上将甲醇规模应用于柴油机。②建立甲醇喷射精准控制及其与柴油燃料全工况耦合标定体系。发明精准控制甲醇喷射并与柴油协同工作的电控系统，建立全自主双燃料发动机耦合标定体系。创建低制造成本的无尿素辅助满足国Ⅴ（欧Ⅴ）排放法规要求的技术路线。③发明甲醇瞬间高均匀空间分布的喷射装置。阐明甲醇雾化机理，发明高喷射压力、多孔数小孔径、组合贯穿距的喷醇器，可使甲醇在进气管空间内瞬间形成均匀分布的液雾，克服甲醇蒸发性差的缺陷，确保甲醇空气混合气进入各气缸的均匀性，提升了柴油甲醇双燃料发动机的动力性和加速性响应。④发明高可靠、长寿命的涉醇专用部件。阐明甲醇对泵等关键部件腐蚀的机理，发明新结构的耐醇泵、甲醇液位计、滤清器和限压阀以及耐醇的胶管，解决了涉醇部件受甲醇腐蚀造成的早期失效问题。该项目获国家6项发明专利、17件实用新型专利，发表论文100余篇，出版专著1部。成果在全国全部典型地域所有类别和功率段的车用柴油机上应用，实现甲醇对柴油替代率超过30%，燃料经济性提高15%以上，大幅度减少炭烟和氮氧化物排放。该技术被国办文件《关于推进内燃机节能减排的意见》列为柴油机应用甲醇的指定技术路线。 （天津大学）

【正逆联合循环工质替代及泄漏燃爆特性的基础研究】 由天津大学完成，获2017年度天津市自然科学三等奖，主要完成人有杨昭、赵力、赵海波等。项目主要科学发现点：①提出清洁及可再生能源CDI循环及节能机理。首次对正循环输出动力直接驱动逆循环、正循环余热纳入逆循环利用进行科学分析，提出清洁燃料驱动、充分利用可再生热能的CDI循环及其循环过程中不同品位能量梯级利用的节能机理，发现CDI循环效率和热力学完善度显著提高；基于精细化仿真和实验测试发现充分接近卡诺循环的最优匹配策略，证实CDI循环可实现能源高效利用并有效降低温室气体排放和环境污染。②提出CDI循环工质多因素协调优化新理论。系统研究各类工质基础物性、安全性和系统环境适用性，探明多因素协调优化科学依据，首次提出“三原筛选法”“多因素平衡通则”和替代混合工质配比选择的“三重叠”新思想，形成多因素协调优化替代工质新理论，发现并验证性能优良的新工质RTJU系列，自主研发国内首款工质物性及循环分析软件，有效降低新工质研发周期和成本。③揭示CDI循环工质泄漏燃爆特性与抑制惰化机理。首次提出循环工质可燃性评价指标及基团贡献新理论，建立各类工质及混合物的燃爆极限模型；探明阻燃剂的燃爆惰化机理并实现精确定量预测和实验验证，首次提出最小惰化浓度及量化模型；首次提出基于小波分析理论准确判定泄漏点的科学依据；揭示了复杂条件对工质泄漏过程及燃爆特性的影响机制。在*Applied Energy*，*Energy Conversion and Management*等国际著名期刊发表SCI论文37篇，SCI他引377次，8篇代表性论文SCI他引301次。

（天津大学）

【适应负荷灵活转移要求的城市电网规划运行关键技术研究与应用】 由天津大学、国网天津市电力公司合作完成，获2017年度天津市科技进步三等奖，主要完成人有罗凤章、刘洪、王哲、李桂鑫等。项目的主要成果：①系统发展了城市电网互联供电模型和分段联络模型，首次提出雪花格网、单双目环网等一系列灵活可靠的目标网架结构，创新设计最高供电可靠性水准的“双电源、双线路、双接入”供电模式，提出涵盖配网一次网架和二次信息环节的能源信息协调规划理论与方法，为强灵活性城市电网高中压网架结构的构建提供系统化解决方案。②提出城市电网时间维度和空间维度大范围负荷转移模型与方法，提出考虑负荷灵活转移的配电系统动态重构与经济运行模型与方法，发展了风电场/光伏电站与常规变电站的无功优化分配及多无功源时序协调方法，为驾驭具备负荷灵活转移能力的城市电网的安全可靠运行提供有力工具。③提出基于时序分析的有源配电网规划运行一体化精细分析模型与方法体系，包括计及源荷时空互补特性的区域能源可利用潜力分析与优化布局、曲线化时序负荷预测、有源配网“双层”规划和多能互补优化调度等，可为城市电网灵活资源的集成利用提供参考。④基于物联网、大数据等系列现代信息化技术手段，融合已有生产、调度、GIS、营销、用采、配自、抢修等系统数据，开发具备城市电网准实时一张图可视化分析展示，网格化精益规划和多维度灵活调度管理功能的配电网规划运行一体化信息支撑平台，为城市电网的高水平供电运营管理提供高效的智能化工具。成果成功应用于天津“世界一流城市供电网”工程的体系化建设，节约投资1476.8万元。该项目获软件著作权4项，申请发明专利20项，其中4项获授权；发表论文35篇，其中SCI/EI检索论文20篇，出版专著1部。（天津大学）

【节能高效“三抽”采油装备研究与应用】　由中国石油集团渤海石油装备制造有限公司王志明、邹祥城、李春茂等完成，获2017年度天津市科技进步三等奖。该项目针对油田腐蚀油井、大斜度井、超深油井增多的现状，研制出系列节能高效“三抽”采油装备。该装备具有严格的技术指标(现有装备无法满足)：抽油机平衡度95%～105%，节电率10%～15%；抽油杆耐H_2S 30000ppm、Cl-20000毫克/升的腐蚀及各种浓度的CO_2的腐蚀，磨损率≤1×10^{-3}mm/Km·N；斜井抽油泵适用井斜≤65°，超深泵挂抽油泵泵挂深度增加1000～1500米，泵效提高5%以上。主要研究内容和创新成果：①“三抽”装备节能提效的关键问题研究，确定合理的提效指标参数，开展节能配套技术、优化设计技术研究，开发抽油机井优化设计专家系统。②开展高效、可靠、安全抽油机自动调平衡技术研究，开发无线控制太阳能储能自动调平衡技术，据此研制出系列太阳能储能自平衡抽油机。③开展井筒防腐、防偏磨工艺技术研究，开发镀钨合金镀液配方及电镀工艺、超高分子量聚乙烯配方及包覆工艺，研制出防腐耐磨抽油杆。④开展大斜度抽油泵提效技术研究、超深泵挂抽油泵性能提升技术研究，研制出系列高效抽油泵。该成果在大港、长庆、煤层气、吉林、塔里木、青海、阿曼、厄瓜多尔等油田应用，创收13726.6万元，利税2513.5万元。该项目申请发明专利3件，其中获授权1件；申请实用新型专利14件，其中获授权10件；发表论文4篇；主持制订行业标准1项。

（中国石油集团渤海石油装备制造有限公司）

【渔（农）光互补的大型集中式光伏电站工程关键技术研究及应用】　由信义光能（天津）有限公司、天津大学、国网天津市电力公司刘聪、葛磊蛟、陈曦、李盛伟、迟福建等完成，获2017年度天津市科技进步三等奖。该项目以资源综合高效利用为出发点，考虑土地节约和环境保护约束，结合渔业、农业开展集中式光伏电站工程关键技术和相关应用的研究，解决集中式光伏电站工程安装、运行维护和商业模式等“生态光伏+”方面的系列问题，主要成果有：①构建大型集中式光伏电站的最佳安装倾斜角优化模型，采用大数据聚类分析技术，提出区域范围内集中式光伏最佳倾斜角的定位方法，解决光伏电站地处不同经纬区域条件下多目标寻优难的问题，实现集中式光伏电站安装倾斜角定位的准确、快速和简便。②提出一种采用两次线性迭代的光伏发电线性最大功率点跟踪算法，提高算法的稳态跟踪精度，也提高暂态响应速度，攻克以往光伏发电最大功率追踪无法处理局部干扰的难题，实现光伏发电系统对外部干扰的强鲁棒性。③建立包含电容－电感－滤波器和逆变器的光伏并网模型，提出一种组合无源和有源阻尼条件的混合阻尼方法，破解光伏发电间歇性强而对大电网造成影响难处理的问题，实现光伏电站并网的灵活控制；采取先进的变电站“积木块”模块化安装技术，方便拆换的同时使设备占地面积大大减少。④基于区间平衡计分卡法，提出一种考虑城市土地资源稀缺性，结合渔业养殖、光伏蔬菜大棚等特点的“生态光伏+”应用模式，解决集中式光伏占地面积大而提升经济效益渠道少的问题，实现光伏与农业的优势互补。截至2017年，项目成果应用于黄港174兆瓦光伏工程等10多个工程，直接经济效益达0.94亿元，间接经济效益达到80多亿元。项目申请专利10项（其中6项授权），发表SCI/EI论文8篇，中文核心期刊论文5篇，其他论文若干篇。

（信义光能（天津）有限公司）

【降低光伏组件密封胶消耗成本】 由天津环美能源科技有限公司质量攻关小组承担，获天津市2017年质量攻关优秀成果一等奖等奖项，主要完成人有李黎明、宋广、王惠等。光伏组件辅材中，密封胶消耗占总辅材成本的65.8%，因此要降低密封胶材料消耗成本，该课题设定的目标为每块组件密封胶消耗成本从3.85元/块降低到3.5元/块。项目针对人员操作不熟练、设备维护保养不到位、用胶量设计可优化、打胶工序时间不合理、密封胶储存条件不满足这5个末端因素，提出更换密封材质（双面胶）、更换边框结构、实验设计优化（结合密封胶用量）3种改善方案，并确定通过实验设计优化作为最佳对策方案，采用5W1H的方法对要因制订对策表。在保证组件性能（绝缘和防水性）的同时，找出可减少的密封胶最大量，选用L9（34）正交表进行试验设计，得出排胶速度是影响出胶量的主要因素。为验证组件安全性能指标达到标准，做了全项实验，组件性能测试包括湿漏绝缘电阻测试及防水测试等，接线盒密封胶与灌封胶均无渗水现象，满足IP67防水要求。2017年5月22～25日采用新工艺（密封胶减量16毫升）进行50块组件小批量实验（湿绝缘电阻≥0.2吉欧姆；漏电流≤0.05毫安），组件性能均能满足测试要求。采用新工艺后，制作样品送往第三方检测单位，做加速老化实验，实验结果均合格。产线采用新工艺后，6～10月份共节省成本19.21万元，并且取消封口胶打胶，节省打封口胶工时，提高生产效率。为了实施措施，项目将对策中的工艺纳入了相关的工艺规程，传达给各相关部门，并对操作人员进行培训。该项目每年可节省硅胶成本59万元，间接降低人工成本及动力成本。

（蓝梓月）

【谷物冷却机在高大浅圆仓进口大豆储藏中的应用】 天津市粮油学会组织，中储粮（天津）仓储物流有限公司承担，主要完成人有刘根平、宋海涛、李文泉等，2017年获天津市粮油学会科技成果一等奖。项目通过对谷物冷却机进行一系列应用试验，确定最终参数为：总功率64.3千瓦，压缩机功率36.8千瓦，风压2500帕、送风量27200立方米/时。实现谷物冷却技术在更高储粮仓型（内径25米，粮食高度27.15米）的成功运用，结合地槽“梳型”通风管道，突破更高仓型制冷送风的难题。有效解决进口大豆在高大浅圆仓中夏季储粮降温的难题，采用定制机型处理后效果明显，能使平均粮温降低到20℃以下。该公司 结合自有浅圆仓仓型，摸索出一套适合高大浅圆的仓谷物冷却降温经济运行模式，通过合理的操控谷物冷却时间以及运行条件，最终达到节省储粮费用、降低保管人员劳动强度的目的。根据实际情况设计PLC控制系统，集控制、操作、监测、维护等功能于一体，实现维修、保养定时提醒，故障关机保护，固定流量输出、远传输送，PC基本功能，全部数据全数字化显示。该技术的应用有效节省人力，减少人为操作误差，达到工业信息化标准要求。

（王明刚）

【豆粕干燥器热风热能二次利用技术】 天津市粮油学会组织，京粮（天津）粮油工业有限公司承担，主要完成人有王亮、刘聪娟、张光磊等，2017年获天津市粮油学会科技成果一等奖。该项目首次在大豆压榨工艺中对豆粕干燥器高热焓热风进行再次利用，有效降低蒸汽消耗，为大豆压榨节能降耗提供新的研究方向。这项技术创新采用一组自行设计的组合式换热器，其上部为一台换热面积为1000平方米的列管换热器，下部为一台换热面积为800平方米的板式风风换热器。换热器上部及外部安装有喷头，采用雾状喷洒装置，实现换热器的自清洗。豆粕干燥器热风中存在多种造成环境污染的物质，它们在经过换热器的过

程中绝大部分被冷凝和沉降，因此该项目在节能的同时具有环保功能。（王明刚）

【预处理车间工艺冷凝水二次利用】 天津市粮油学会组织，京粮（天津）粮油工业有限公司承担，主要完成人有王亮、刘聪娟、张光磊等，2017年获天津市粮油学会科技成果一等奖。调制塔顶部增加换热器作为大豆预加热层，热源为预处理车间工艺冷凝水，将换热器直接制作成为调制塔的一部分，节能降耗的同时节省空间。换热器内列管布置采用交错方式，物料在向下运动时的路线为S形，使物料受热均匀，达到理想预热效果。热水在加热器内成小水式循环折流，提高热能回收利用率。在新增加的加热层列管上面设计列管防冲击防护。调质塔新增大豆预热层换热器连接冷凝水管道采用下进上出的方式，以保证换热器整体逆流换热，增加换热效率。

（王明刚）

【光伏组件焊带贴膜】 由天津环美能源科技有限公司刘铮、李黎明、段金良等于2017年5～10月完成。典型的单晶组件内，大约有10%的组件受光面积没有被利用，其中焊带占比近3%。在焊带上增加反光膜，利用反光膜微观结构可以将太阳光以一定角度反射到玻璃和空气的界面，然后在反射回太阳能电池表面上，从而增加光的吸收率。按照IEC61215测试标准，太阳能模拟器发出的光通过玻璃和EVA垂直入射到反光膜表面，当$\alpha 1>42.5°$时反射光中更多的光线会被折回到光伏组件内部的太阳能电池片表面，最终提高了光伏组件的功率。该项目采取单片焊接后，串焊的同时在焊带上连续贴LFR反光膜。总目标是组件功率提升3瓦以上，实现组件档位提升1档。对贴膜工艺前后各档位电池片产出组件功率分析，可实现跳档的是5.06/5.08/5.13/5.18瓦，高功率是未来发展的必然趋势，因此焊带贴膜项目定位于5.15WPERC及以上可产生调档电池档位。项目在分析技术难点后，用环晟M2—4BB PERC电池片完成贴膜组件试制，在串焊过程中在焊带表面增贴反光膜，其他制程同常规生产，分别完成样品、小批量和大批量实验验证。实验表明，贴膜组件功率提升4瓦以上，均能实现1档位提升，5.15瓦贴膜组件结合EVA白膜功率提升6瓦以上，年收益可提升315.93万元。

（蓝梓月）

环境技术

【环保科技领域科技年度概况】 2017年，天津市节能环保产业加快发展，市场主体规模进一步壮大。该领域内科技型企业数量超过5000家，涌现一批主营业务收入超过5亿元的科技型企业。组建盐碱地生态、海绵城市、装配式建筑等多个领域内产业技术创新联盟。实施科技支撑计划重点项目、生态环境综合治理科技示范工程、京津冀钢铁行业和重化工业节能减排科技示范工程、院市合作生态环境治理重大专项等多个科技重大专项与示范工程，年内新增立项项目30余项、科技示范工程示范点近20个，突破固定源VOCs在线监测、大气环境遥感监测等关键技术和产品超过50项，转化推广先进技术成果突破300项。实现“气动脱硫塔+湿式电除尘除雾器”超净排放技术突破。海绵城市联盟研发基于渗、滞、蓄技术措施的生物滞留池去除雨水中溶解性有机氮（DON）及填料优化的小试试验研究，编制完成2项海绵城市相关地方标准。研发移动式静电外喷涂工艺，生产成本降低。装配式建筑联盟整合建筑行业产品技术研发等产业链的资源，获批成为国家联盟天津分会，联盟内6家企业通过住建部评审，装配式建筑产业基地获批。（曹建华）

【化工废水全过程控制与资源化成套技术研发与应用】 由天津城建大学、天津大学、山东宇虹新颜料股份有限公司、天津泰达新水源科技开发有限公司、北京津工海水科技有限公司、天津市炜杰科技有限公司季民、费学宁、吕东军、姜远光、王灿、孙淑琴、付翠莲、郝亚超等完成，获2017年度天津市科技进步一等奖。该项目针对化工行业废水高污染问题，开发出化工废水全过程控制与资源化成套技术，具体研究内容是：①采用有机合成新理论及先进的催化技术，构建盐酸埃罗替尼、氟达拉滨及有机胺、酚类等原料药及有机中间体的清洁合成路线；开发出对环境友好的催化介质系统和自组装包核技术，消除了含浓酸及重金属生产废水。②建立高浓度化工废水分质处理体系，开发电渗析—反渗透—机械式蒸汽再压缩组合技术，实现化工浓盐废水零排放；开发萃取分离技术预处理高浓度有机废水，实现有机原料资源化。③建立废水水质指纹识别和生物毒性评价方法，实现化工废水精准诊断，处理工艺精准配置，形成末端处理“水质识别—问题诊断—设计优化”新思路。④阐明化工废水生物强化途径及作用机理，研发基于共代谢途径激发—微生物群落结构改善—外界环境优化的生物多维强化技术，突破化工废水传统生物处理工艺的技术瓶颈。⑤揭示多技术耦合的协同增效机制，创建化工废水整体设计和协同强化的集成工艺：内电解预处理—生物强化—Fenton催化氧化—高效气浮—人工湿地—景观回用。⑥扩展与完善人工湿地类型与功能，构建人工湿地减排绩效评估指标体系和区域运行标准。该项目探索出化工废水源头减排、分质处理和末端高效处理工艺，实现达标排放并资源化的创新思路。其核心技术在山东、北京、上海、江苏、浙江、天津等地应用，近3年实现销售收入3.15亿元，新增利润2325.7万元，节支1755.8万元。该项目申请发明专利58项，获授权22项，含国际专利2项；发表论文74篇；培养博士、硕士28人；编写规程及行业标准4项。

（天津城建大学）

【移动封闭座舱空气环境控制技术】 由天津大学完成，获2017年度天津市技术发明二等奖，主要完成人有刘俊杰、裴晶晶、孙贺江等。项目围绕移动封闭座舱空气环境质量控制问开展系统性研究，创新性成果有：①发明真实客机座舱环境和大视场PIV拼接测量实验平台，及密闭环境测试技术。能够快速、准确、无干扰地进行舱室环境空气流场、温度场和浓度场测量，进行全方位的性能评价，支持国产大型客机的设计及验证。②国际上首次提出适用于密闭座舱空气环境质量控制的计算流体力学仿真反向设计方法。开发相关数值模型和设计工具，大幅降低由于反复修改设计所需的时间和成本。③提出低成本、节能的密闭空间空气质量环控方案。涵盖座舱内气流分配、污染物净化技术及性能评价，支持相关行业标准制订。成果在中国商用飞机有限公司国产大飞机C919的设计中成功应用，实现大飞机“呼吸系统”中国制造。在美国波音公司、空间站等舱室通风系统优化设计及多家环控器材供应商中得到应用。项目获授权发明专利6项，实用新型专利13项，软件著作权1项，申请发明专利6项，发表高水平学术论文50篇。

（天津大学）

【淤泥质海岸带重盐渍土区生态绿化技术体系及可持续性研究】 由天津泰达绿化集团有限公司、天津泰达盐碱地绿化研究中心有限公司张清、王振宇、张金龙、杨永利等完成，获2017年度天津市科技进步二等奖。该项目立足天津开发区（原盐场，平均含盐量4.73%），历经30年探索和实践，创立一套技术先进、经济合理，可复制、可推广的绿化技术体系。主要内容有：①创新重盐渍土区暗管控排盐技术。提出指导控排盐改良设计的地下水“允许深度”和稳定流理论；建立不同地区、不同类型盐渍土暗管控排盐改良关键技术参数优化设计方法；创建重盐渍土区生态绿化暗管控排盐工程工艺技术。②以暗管排盐工艺为基础，探索出土壤快速淋洗脱盐技术。③创建重盐渍土区绿地土壤次生盐化防治技术。建立长期水盐定位监测系统；建立从构建植物群落到绿地养护管理的防治土壤次生盐化的水盐调控系列技术。④创建重盐渍土区“花盆”式立地条件下以水、肥、修剪等为主要手段的植物生长调控技术。⑤调查研究260余种滨海绿化植物，并对主要植物进行耐盐性分级，解决不同类型盐渍土区植物的适生性和建植方法。⑥引进新优植物3000余品种，研究300余品种在重盐渍土区立地条件下的适应性及其栽培方法。⑦研究工业、园林废弃物在暗管裹滤料、土壤结构改良等方面的应用，开发系列产品。⑧创建重盐渍土区绿地规划设计、建植、养护管理等系列技术规范、标准。该成果成为中国海岸带重盐渍土区生态绿化建设的重大支撑性技术，在天津、河北、山东、江苏、辽宁等省（直辖市）海岸带累计推广应用近2亿平方米，近3年推广应用2698万平方米，创收27.52亿元。该成果获专利34项（发明专利25项）；编写企业标准3项，参编行业和地方标准6项；发表论文61篇，出版专著3部。

（天津泰达绿化集团有限公司）

【淤泥质海岸人工港岛水沙环境与海洋生态研究】 由交通运输部天津水运工程科学研究所孙连成、张娜、陈纯等完成，获2017年度天津市科技进步二等奖。该项目针对天津港东疆人工港岛围海造陆工程，开展科学测试研究工作：①对人工港岛工程海域的水沙环境开展了水文全潮测验、底质取样及水深测量等现场勘测工作，并进行系统分析。②采用数学模型和物理模型对东疆人工港岛平面布置方案进行试验研究。③对人工港岛建设对周边海洋环境的影响（包括水动力、污染物扩散、水体交换、地形变化等）进行研究分析。④根据港岛建设可能造成的影响，分析港岛建设潜在的环境问题，并提出防护技术，为人工港岛生态建设奠定科学的技术基础。该研究特点：①采用现场测验分析、数学模型和物理模型试验相结合的方法，从水流、泥沙以及水体交换等角度对淤泥质人工港岛建设的平面布置方案进行试验研究，确定了人工港岛建设中水道数量、宽度、渠化形式、平面位置以及内湖水域大小，为人工港岛规划方案的确定提供了科学技术依据。②自主研发一套阵列式流速流向测量平台和视觉测沙系统，提高了试验精度及技术水平。③首次从水沙环境和生态两个角度对人工港岛建设的合理性进行评估，并提出防护措施，对人工港岛前期规划和后期维护具有十分重要的科学意义和应用价值。该项研究成果全部应用到天津港东疆第二港岛（市政府批复的天津市重点工程）总体规划设计中，得到规划单位和业主单位的一致认可。

（交通运输部天津水运工程科学研究所）

【区域环境风险评价与区划技术及其在土壤分区管理中的应用】 由南开大学、农业部环境保护科研监测所、天津环科环境咨询有限公司邵超峰、鞠美庭、师荣光、康磊、关扬等完成，获2017年度天津市科技进步二等奖。项目主要内容与特点：①科学分析化学工业园区环境风险的形成机制，建立化学工业园区环境风险源识别及分级评价方法体系。建立基于风险场理论的区域环境风险评估技术和区域环境风险区划技术方法。②以环境风险区划为技术手段，综合考虑风险源、风险控制机制和风险受体3个方面，针对环境风险发生的3个阶段，从环境风险源、控制管理机制、环境风险受体3个因素入手，建立环境风险全过程管理体系，建立全国环境风险防控的总体技术路线图。③研究不同土地利用类型下土壤重金属污染物的积累特征及健康风险，建立基于风险源监管的土壤环境分级分区综合评价指标体系和分区方法，形成村镇土壤环境污染风险评价、分区、分级及风险预警技术体系，构建基于GIS的工矿企业周边土壤环境分级分区管理信息系统平台。在天津、湖北及安徽等地应用于受污染耕地重点污染源识别、重点污染区筛查划分以及基于风险源的土壤监测点位布设和农产品产地土壤重金属污染分级。研究成果被天津市环境影响评价协会等13家单位应用于区域环境风险评价与应急管理、土壤环境分级评价与分区管控等领域，取得突出社会效益。该项目取得农业行业标准1项，获国家专利2项、软件著作权6项，发表论文40篇、出版专译著3部、形成相关研究报告20项，培养博士研究生5名、硕士研究生12名。

（南开大学）

【基于阴离子污染物（磷、铬）深度去除的纳米铁基氧化物净水技术】 由天津城建大学、天津市一滋科技有限公司吕建波、程方、苏润西、杨金梅等完成，获2017年度天津市科技进步三等奖。项目主要内容及特点：①针对污水厂二级出水磷不达标排放问题，采用负载法和浸渍法开发出两种类型的颗粒化纳米铁基氧化物吸附剂IOCS和NIOC，揭示了它们深度除磷效能与机理。②针对重金属Cr（VI）污染水质问题，制备出粉末态和颗粒态的双功能作用（吸附和还原）除铬纳米铁基氧化物吸附剂MIZO，考察MIZO和颗粒态NIOC除铬效能，揭示其高效除铬界面作用机制，解决了粉末状纳米氧化铁用除Cr（VI）水处理工艺时的易团聚、难分离等技术难题。③针对湖泊水库等水源地可能产生的富营养化风险，研制出针对主控因子磷高效去除的多元纳米铁基氧化物吸附剂，揭示金属氧化物组分配比与藻类有效态磷的最优形态匹配机制，建立纳米铁基氧化物的规模化制备和投加技术及其系统，构建吸附剂定向沉淀吸附反应池，完成高效除磷控藻示范区工程建设。④针对黄姜皂素废水COD和色度去除率低问题，开发出用于黄姜皂素废水深度处理的电絮凝—斜板沉淀池—砂滤组合工艺技术和装置，以电絮凝为核心，通过铁电极多反应过程，完成COD和色度的高效去除，有效截留悬浮物等杂质，获得水澄清，实现水回用。项目执行过程发表论文15篇，其中SCI论文6篇，EI论文4篇，中文核心期刊论文5篇；申请专利1项，获授权发明专利1项；培养毕业硕士4人。

（天津城建大学）

【小尺度区域大气污染源动态调控关键技术及示范应用】 由天津市环境监测中心陈魁、张骥、孙猛等完成，获2017年度天津市科技进步三等奖。项目以满足精细化环境管理需求为出发点，针对现有大气污染源清单及“一源一策”存在的技缺陷，突破现有污染源管理工作中的瓶颈，构建包含大气污染源识别与分类技术、大气污染源活动水平获取技术、本地化排放因子库构建技术、污染源排放量核算技术、清单更新技术、清单质量控制技术、清单管理应用技术等7大技术为一体的“小尺度区域大气污染源动态调控关键技术体系”。主要内容是：①开发出“市—区—街道”三级协同的大气污染源活动水平获取模式。通过三级协同调查，利用各类污染源的精细化信息调查表，基于遥感数据和地理信息系统的污染源精准定位模式，获取小尺度区域不同类型大气污染源活动水平数据。②多途径构建天津市本地化的排放因子库。针对本地化排放因子缺失的现状，采用大量实测、改进、参考清单指南及文献相结合的方法，构建天津市各类污染源的SO_2、NOX、PM_{10}、$PM_{2.5}$、CO、VOCs排放因子库。③开发出直接在空间上核算大气污染物排放量的技术。基于遥感数据库和地理信息系统，结合不同区域污染源排放特征，开发精细化大气污染物空间核算技术，建立高分辨率大气污染排放清单和网格化清单更新机制。④开发出网格化的清单更新机制。让街镇成为清单更新的主体，可以保障清单更新的及时性和实用性。该项目技术体系可复制、可升级、实用性强，可为大气环境管理提供有力技术支撑。该成果支撑《天津市清新空气行动方案》中环境管理措施的制订和实施，在天津市武清、静海、西青、东丽、津南、宝坻、北辰、和平、河西等区应用。

（天津市环境监测中心）

【涉及居民生活的多用途海水利用关键技术及装备研究与示范】 海洋公益性行业科研专项项目，由国家海洋局天津海水淡化与综合利用研究所承担，主要完成人有张雨山、王静、邱金泉等，2017年5月通过国家海洋局验收。项目针对天津、青岛等沿海地区居民对海水多途径利用的迫切需求，结合不同地区海水水质特征，研发用于冲厕、空调、景观、娱乐、游泳、洗浴等与市政建设、居民生活密切相关的海水利用关键产品、材料、装备和相关技术：开发出海水多途径利用水质控制工艺及设备、海水取水及输送技术装备、居民用海水循环与处理技术、海水净化用复合絮凝剂、海水物化强化处理技术、海水消毒剂及水质控制功能材料、居民用海水计量仪表、海水专用卫生洁具等。在居民海水利用管理科学研究方面，完成海水多途径利用发展模式、海水多途径利用水质标准建议、海水入户运营模式以及居民区海水利用技术成果转化方案研究。在示范工程推广应用方面，建立符合循环经济要求的居民区海水多途径利用示范工程，建立多用途综合利用海水示范区——青岛即墨依泉美庐项目和青岛开发区瑞源名嘉汇项目。实施该项目，形成特色海水利用产业链，推动海水综合利用技术及配套产品装备产业化进程。（苗英霞）

【海洋红球菌SY095产生物表面活性剂性能优化与降解烷烃机制初探】 国家海洋局天津海水淡化与综合利用研究所基本科研业务费个人项目，张晓青2017年完成。项目利用常压室温等离子诱变技术，对筛选自渤海湾天津塘沽海滩生物表面活性剂产生物菌海洋红球菌SY095进行诱变育种，通过筛选获得遗传稳定的高产突变株280—5和300—3。该突变株发酵液表面张力在48h和41h分别降为30.959毫牛/米、28.632毫牛/米，与原始菌株相比，突变株发酵时间缩短40小时，发酵液表面张力、低率分别提高18.3%、15.6%。采用单因素和响应面分析法等对诱变株的培养条件进行优化，获得海洋红球菌SY095产生物表面活性剂最佳培养基配方和最优发酵条件，研究结果显示生物表面活性剂对疏水性底物正十六烷具有很强的增溶作用，可以增加菌体细胞表面疏水性，促进微生物对正十六烷的生物降解。项目从生物表面活性剂、疏水性底物和降解微生物三者之间的相互作用出发，初步阐明生物表面活性剂在强化菌株摄取和降解疏水性烷烃类的有机物作用机制，为其工业化开发提供理论基础。

（苗英霞）

【菌—藻体系处理海水养殖废水的技术研究】 国家海洋局天津海水淡化与综合利用研究所基本科研业务费个人项目，由陈进斌、邱金泉、苗英霞等于2017年完成。该项目针对海水养殖业产生的大量富营养化废水对生产和环境污染问题，从渤海湾天津塘沽海水养殖场取回的海水养殖底泥中分离到3株能够在贫营养条件下高效脱氮的耐盐好氧反硝化菌MCW148、MCW151、MCW154，以“共生、共存、共荣”的微生态学理念为指导构建复合菌剂，确定三者的添加比例为3∶2∶1。为了减少其在海水养殖环境中的流失，采用质量分数为2%的海藻酸钠和质量分数为5%的聚乙二醇对微生物菌剂进行固定化。最后将固定化菌剂的净污功效与大型海藻对氮、磷的去除功能相结合，在实验室条件下构建出高效、稳定的菌—体系。该项目的实施促进将菌—藻体系应用于海水养殖废水处理早日实现。 （苗英霞）

【基于天然高分子改性的海水净化用滤料的制备】 国家海洋局天津海水淡化与综合利用研究所基本科研业务费个人项目，由赵瑾于2017年完成。该项目以含有特殊官能基团天然高分子化合物壳聚糖为改性剂，研发适用于海水净化工程的功能性改性滤料；对其形貌结构进行研究，揭示改性滤料结构形态，优化改性工艺；通过静态吸附与动态过滤试验，考察其过滤速度、进水水质对出水水质的影响，对其进行效果评价，系统考察对海水中污染物吸附能力和拦截过滤效能，即考察其对海水中浊度、TOC、氨氮、磷酸盐的去除效果；开展反冲洗实验，考察其排水浊度、滤料含泥量，获得最佳反冲洗工艺参数，解析改性滤料吸附过滤行为机理；采用响应曲面法，分别设计并建立改性砂吸附氨氮、磷酸盐的多元二次响应面回归数学模型，优化得到最佳吸附条件。该项目制备出适用于海水的改性滤料，效果明显优于传统石英砂，其成果成功用于天津近岸海水的净化。 （苗英霞）

【北大港油田石油污染物在土壤中迁移转化规律研究】 由天津市海洋地质勘查中心于2017年2月完成。研究石油污染物对底质环境的污染，是对油田内部石油土壤防治的基础，为石油开采区底质环境保护与治理提供基础资料，该项目可为开展针对性的污染恢复治理工作提供依据。通过对以往资料收集与分析、现场调查取样，对土壤样品中污染物进行分析测试（主要包括石油类和重金属元素），分析采油区土壤环境背景值和污染现状；针对单一油井，通过布设测量剖面，研究石油类和重金属元素在土壤中的横向和纵向上的分布规律，并对其迁移转化机理做必要的论述。对研究区石油类和几种重金属元素进行土壤背景值及污染现状调查，并对区内污染物分布范围和污染程度状况进行简要分析。通过这些工作，初步掌握油田开采区主要污染物分布特征，明确单一采油井附近土壤中主要污染物空间分布规律。项目还分析污染物在土壤中的迁移转化机理，并探讨污染物迁移与外界条件和土壤性质等因素的关系。

（天津市海洋地质勘查中心）

【袋式除尘器数字化设计与综合研发平台】 由由中材装备集团有限公司、南昌大学、河北工业大学共同承担，2017年7月29日，通过中国建筑材料联合会鉴定。该项目基于TRIZ体系，自主研发出袋式除尘器集成创新技术及平台，实现袋式除尘器构型和关键零部件结构设计的创新，提升袋式除尘器整体研发技术水平；提出袋式除尘器产品集成创新流程和技术进化路线，给出袋式除尘器的功能结构图和多域冲突问题，完成袋式除尘器产品数字化创新的工程示范案例，构建用于产品创新研发的集成平台。该成果不仅拓展袋式除尘器产品创新思路，提升袋式除尘器产品研发的整体技术水平和设计效率，而且为统一袋式除尘器产品创新设计标准，提供良好的技术支撑。该成果用于袋式除尘及装备新技术研发和运行机理的深入探讨时，可获取科学研究的产品开发基础性支撑数据；用于袋式除尘器产品的创新研发全过程时，可节省材料，提高效能，确保排放达标。项目的研发和成果应用，填补国内外空白，可提升袋式除尘器的工业化设计水平。

（赵艳妍）

现代工程技术

【复杂环境下异型深大基坑盖挖逆作综合技术研究及应用】 由中国铁建大桥工程局集团有限公司、中铁建大桥工程局集团第二工程有限公司、天津大学、北京城建设计发展集团股份有限公司刘海员、张新、孙玉永、郑荣凯、胡显鹏、路占峰、刘百会等完成，获2017年度天津市科技进步二等奖。该项目以合肥地铁1号线大东门站基坑工程为背景，攻克盖挖逆作基坑的小变形、高精度和高耐久技术难题，研发复杂环境下异型深大基坑盖挖逆作成套技术。主要研究内容：①提出异型、偏载、深大盖挖逆作基坑的小变形控制技术。系统总结深基坑开挖施工方法、施工技术等的变形控制效应，形成异型、偏载、深大盖挖全逆作基坑与结构施工技术，实现复杂环境下深大基坑小变形控制。②提出上软下硬地层扩底灌注钢管柱（桩）高精度施工技术。针对上软下硬地层的特性，提出扩底灌注桩三段式成孔和钢管柱两点式液压垂直出入技术，提高这种地层深孔扩底灌注钢管柱（桩）的施工精度。③提出逆作地铁车站结构与地下连续墙榫槽连接方法。形成新型复合墙结构形式，提高了车站的防水性能和耐久性。项目针对日益增多的城市地下综合开发工程，形成复杂环境下异型深大盖挖逆作基坑综合技术，解决了面临的小变形、高精度和高耐久技术难题，具有安全、高效、高质、耐久的特点。该技术成功应用于合肥地铁1号线大东门站基坑工程，为类似工程起到示范推动作用。该项目获得授权专利3项、省级工法2项，发表论文9篇，其中SCI/EI检索2篇。

（中国铁建大桥工程局集团有限公司）

【隧道掘进聚能水压光面爆破新技术】 由中铁十八局集团有限公司、中铁十八局集团第五工程有限公司合作完成，2017年4月17日，通过天津市高新技术成果转化中心鉴定，获2017年度天津市科技进步三等奖、中国施工企业管理协会科学技术奖科技创新成果二等奖，获2017年度天津市工法1项、公路协会工法1项，主要完成人有张进增、刘海波、赵帮轩、王树成等。该研究依托中铁十八局集团宝汉高速公路石门特长隧道等多个工程项目展开，主要创新成果为：①自主研发“聚能管”和“水袋”组成的新型装药结构，其光爆炮眼数量降低50%左右，围岩质量得到更好的保证，与常规光面爆破相比可节省周边眼钻爆成本33%左右，并显著降低初喷混凝土成本。②除具有常规光面爆破的应力波和气体准静态作用，还增添高温高压定向聚能效应和“水楔效应”作用，从而解决常规光面爆破存在周边眼布设过密的难题。③操作简便，爆破轮廓面平顺整齐，超欠挖及粉尘减小，洞内施工环境改善，经济效益良好，发展潜力大，有广泛的推广价值。

（刘玉飞）

【大断面瓦斯隧道水力压裂快速揭煤施工技术研究与应用】 由中铁十八局集团有限公司、中铁十八局集团隧道工程有限公司曹美俊、邹永红、李林林、王明慧等完成，获2017年度天津市科技进步三等奖。项目以水力压裂增透技术为核心，运用先进的理论方法和技术手段，开展水力压裂增透试验和数值模拟，优化揭煤工艺流程、增透抽采方式及支护措施，形成大断面瓦斯隧道快速揭煤施工工艺，建立瓦斯隧道高效揭煤体系，解决复杂地质条件下瓦斯隧道施工难度大、安全风险高、进度慢的难题。项目特点：①技术创新程度高。多项技术为国内首次应用，实现技术突破，填补国内外空白，申请多项国家专利。②研究难度大、复杂程度高。原始瓦斯含量高达15.01立方米/吨，极易产生燃烧和爆炸，安全风险和施工技术难度国内罕见。③技术指标高。首次在铁路大断面瓦斯隧道中成功应用水力压裂增透技术，相比常规工艺，工序减少41%，抽排时间缩短56.7%，钻孔工作量减少30%，瓦斯抽采浓度从10%提高到40%。④经济、社会效益显著。将原由9层分别处理的方案简化为分两步处理，所带来的工期缩短（节约200余天）、效率提高、人材机投入减少、生产成本下降等综合经济效益4545万元，对国内其他有煤系地层分布地区的铁路建设具有示范作用。该成果为大断面铁路隧道快速揭煤提供新技术，开创新的探索方法和技术途径。促进了含煤层隧道在防治煤与瓦斯事故方面的生产力水平，为隧道揭煤工艺的发展奠定了坚实的基础。成果在渝黔铁路新凉风垭隧道瓦斯突出工区的成功应用，不仅快速消除揭煤过程中的瓦斯突出危险，而且大幅度提高瓦斯抽采效果，缩短瓦斯抽采时间，为渝黔铁路如期全线通车提供时间保证。（中铁十八局集团有限公司）

【原状非饱和土强度与其微结构的关系研究及在土木工程中的应用】 由津城建大学、中国水利水电第十一工程局有限公司、新乡学院李顺群、尚军、王英红、张少峰、夏锦红等完成，获2017年度天津市科技进步三等奖。该项目针对非饱和土力学基础理论薄弱和工程应用中受限等情况，完善非饱和土的强度理论，构建强度指标与微结构参数之间的关系，取得原创性成果，主要是：①依据水气状态和联通特点，对非饱和土进行重新分类，揭示吸力摩擦角随吸力的增加而增加并逐渐趋近于其水平渐近线的本质。探索出自然环境和轴平移环境下，基质吸力测试数据存在差异的原因，提出轴平移技术的修正方法。②发明能测试混凝土、岩土等材料内部常规应变状态和常规应力状态的接触式三维应变花和三维土压力盒，能同时测定介质内部的3个剪应力（应变）和3个正应力（应变），打破6个方向应力和应变不能同时测试的技术局限。③依据初始应力及其在成土过程中的作用，建立能反映初始应力和增量应力的修正Mohr－Coulomb屈服准则和基于K0线的（修正）剑桥模型。揭示非饱和土强度与应力水平、吸力水平和路径的关系，填补该领域的理论空白。④建立考虑非饱和特性和预留土作用时支护结构的嵌固深度、位移和内力计算方法。建立常气压作用下孔隙水压力消散的偏微分方程，建立以基质吸力为参数的连续可导的强度公式。项目的核心技术应用于天津、江苏等地的路基和边坡工程项目中，近3年累计为相关企业节省支出950万元。项目申请国家专利18项，获授权发明专利4项、实用新型专利6项；发表论文24篇，其中EI收录10篇；培养研究生15名。

（天津城建大学）

【拉萨市防洪续建与配套工程地形图及断面测量】 由中水北方勘测设计有限责任公司刘满杰，高金平，徐寅生等完成，2017年获全国优秀工程勘察设计行业一等奖。该项目包括拉萨河、堆龙曲、流沙河及19条山洪沟等主要泄洪通道的1：5000区域地形图测量、1：2000带状地形图测量、1：1000断面测量和1：200局部地形图测量工作。测区位于西藏自治区东南部高海拔地区，最高海拔约4300米，最低海拔约3620米，地形以山地为主，地势起伏较大，极易缺氧，工作环境极其恶劣。项目组运用国际先进的机载激光雷达测量技术实施测绘工作，大胆采取非密封舱方式，给飞机驾驶员配备吸氧设备，保证低氧环境中航摄的顺利开展和飞行人员人身安全。针对测区高程异常变化较大的现象，运用EGM 2008模型，预测出高程异常变化较大区域，并分区计算小区域七参数，利用小区域七参数对点云数据进行投影转换，大大提高高程精度，较好地解决高原地区高程异常变化降低点云高程精度的难题。航测内业创造性地在点云地面模型上自动提取断面点数据，首次实现激光点云数据用于大比例尺断面提取，拓展测绘模式。新技术、新方法的使用大大缩短工期，保证质量，为后续勘察设计工作赢得的时间。（汤慧卿）

【近邻铁路且既有地铁站下富水地层内盾构接收关键技术研究】 由中铁十八局集团有限公司、中铁十八局集团第四工程有限公司合作完成，2017年8月4日，通过天津市高新技术成果转化中心鉴定，获国家授权专利1项，主要完成人有马国强、董敏忠、温淑荔、翟荟芩等。该研究依托天津地铁5号线张兴庄站－志成路站盾构接收工程项目展开，采用理论计算和现场施工相结合的方式，对盾构掘进参数控制、环境安全精细化控制方法和变形控制指标、桥梁承台加大及注浆加固、桩基托换等一系列工艺措施控制进行研究，解决重叠隧道下穿建（构）筑物、铁路、立交桥及管线的技术难题，提高工程质量与安全性，隧道的线型、地表及建（构）筑物等变形参数符合设计及规程要求。对国内复杂环境条件下城市地铁等工程设计与施工，均具有较高参考和推广价值。主要创新点为：①提出涵盖盾构掘进施工参数、钢护筒接收、洞门周围地层人工冻结为一体的盾构接收关键技术，保障富水粉质黏土和砂质地层盾构的安全出洞。②通过室内冻土试验，得出不同冻土温度、不同围压、天然含水量条件下粉质黏土试样的三轴剪切强度、抗剪强度指标，获得人工冻结粉质黏土的应力－应变关系、强度、模量等力学性能指标，为现场人工冻结提供试验指导。③采用多功能试验机研究不同配合比在常温和负温养护条件下砂浆的单轴抗压强度，获得能够在规定时间内达到预定强度的惰性砂浆不同配比，保证负温条件下砂浆强度满足盾构接收的要求。

（刘玉飞）

【球形网架钢结构屋架抗爆抗震技术研究】 由中铁十八局集团有限公司、中铁十八局集团第四工程有限公司合作完成，2017年8月4日，通过天津市高新技术成果转化中心鉴定，主要完成人有刘大亭、耿志国、钱生泽、李正等。该研究依托东海路站球形网架钢构屋架工程项目展开，通过ABAQUS软件建立网架结构有限元模型进行数值模拟、现场分析，从爆炸空气冲击波防护和爆炸地震波防护两个方面，分析总结建筑工程抗爆的概念设计与防护措施。主要创新点为：①利用ABAQUS有限元软件对柱承式网架结构在连续爆炸空气冲击波荷载作用下的动力响应规律进行研究，通过对爆炸地震单独作用下、空气冲击波单独作用下和两者联合作用下网架结构的动力响应进行数值模拟，对比分析这三种荷载工况对网架结构动力响应的影响规律。②建立非隔震、水平隔震和三维隔震结构有限元模型，对比分析不同隔震措施时网架结构分别在爆炸地震和天然地震作用下的动力响应的差异，对传统水平隔震支座和三维隔震支座的隔震效果进行对比评价。③提出爆炸后受损球形网架结构拆除工程施工指南。该项目技术成果保证天津轻轨东海路站的钢结构屋架安全拆除，关键技术可供类似工程借鉴。

（刘玉飞）

【软弱地质条件下长距离小净距盾构法重叠隧道施工技术】 由中铁十八局集团有限公司、中铁十八局集团第五工程有限公司合作完成，2017年8月4日，通过天津市高新技术成果转化中心鉴定，获国家授权专利1项，主要完成人有谭伟姿、程志强、郑卫红、韩明建等。该研究依托天津地铁5号线土建施工第15合同段两个盾构区间工程项目展开，主要进行重叠隧道施工顺序模拟研究、重叠隧道夹层土加固及先建隧道加固技术研究、软弱地质条件下长距离小净距上下重叠盾构隧道施工技术研究、重叠隧道近距离下（侧）穿既有建（构）筑物、铁路、管线等施工技术研究、重叠隧道穿越桥桩基础施工技术研究及重叠隧道施工监测技术研究等。该项目成果应用于国内软土地层长距离（1776米）小净重叠盾构隧道施工，关键技术在城市地铁建设施工中具有较好的推广应用价值。主要创新成果为：①开展的隧道内深孔注浆加固、先建隧道结构加强和可拆卸环形支撑加固技术及盾构掘进施工控制等技术研究，有效控制超长距离重叠隧道施工相互影响。②采用理论计算和现场施工相结合的方式，提出复杂地质条件重叠隧道下穿建（构）筑物、铁路、立交桥及管线等特殊工况下的盾构法隧道施工技术、环境安全精细化控制方法和变形控制指标，有效控制各种建（构）筑物沉降。③开发并实施一种盾构高空始发和接收平台，解决重叠隧道上线盾构始发与接收的难题。

（刘玉飞）

【隧道围岩松动圈确定方法及应用研究】 由中铁十八局集团有限公司、西安工业大学、中铁十八局集团第五工程有限公司合作完成，2017年8月4日，通过天津市高新技术成果转化中心鉴定，主要完成人有程志强、王睿、邓祥辉、李世争、郝永杰等。该研究依托宝汉高速公路石门隧道工程项目展开，通过弹塑性理论计算和声波法现场测试相结合的方法，研究隧道围岩松动圈的分布范围和规律，优化初期支护锚杆的设计参数，在确保围岩稳定性和施工安全的前提下，减小施工成本，缩短施工周期，对国内隧道工程设计与施工技术发展具有较好的参考和推广价值。主要创新点为：①引入中间主应力，修正Hook—Brown强度准则，基于修正准则提出考虑中间主应力作用的松动圈半径计算公式。②根据岩体完整性系数的定义，结合松动圈的形成机理，提出破碎岩石完整性系数和松动圈完整性系数的定义和理论计算公式，优化初期支护设计参数。③破碎岩石完整性系数和松动圈完整性系数近似相等的条件下，建立不同围岩级别围岩松动圈判别准则和测试方法。该项目获国家授权专利1项，发表核心期刊科技论文7篇，

（刘玉飞）

制造业科技

概　况

【制造业科技年度概况】　2017年，全市工业企业全面落实京津冀协同发展重大国家战略，加快推进全国先进制造研发基地建设。具体表现在：①培育企业创新载体，完善技术创新体系。天津膜天膜科技股份有限公司、天津立中集团股份有限公司、中国汽车工业工程有限公司、天津中环半导体股份有限公司、天津巴莫科技股份有限公司、中冶天工集团有限公司、恒银金融科技股份有限公司等7家企业被认定为第24批国家企业技术中心，申报通过率达到100%，为天津市历年来通过认定国家企业技术中心数量最多的一年，至此全市国家企业技术中心总数达到56家。新认定天津环美能源科技有限公司等46家企业为第24批天津市国家企业技术中心，总数达到620家。天津水泥工业设计研究院有限公司被国家工信部认定为第7批国家技术创新示范企业，总数达到16家。②实施创新中心工程，提升产业创新能力。充分发挥企业、科研院所、高校、行业组织的积极性，以企业为主体，产学研用相结合，采用企业法人形式组建天津市制造业创新中心。其中天津市现代中药制造业创新中心挂牌，全力推动项目研发、人才引进、国际合作等项工作。智能网联车创新中心批准筹建。③提升知识产权运用，夯实产业技术基础。继续开展第二批天津市工业企业知识产权运用标杆评选，贯彻落实工信部《制造业创新中心知识产权指南》，指导制造业创新中心建立知识产权协同运用机制。工业企业全年专利申请量达到6.9万件。④加速新技术新产品研发，推进产业创新发展。围绕十大优势产业和培育战略性新兴产业，重点组织实施一批产业先进工艺和关键核心技术开发。预装式光伏升压逆变站、高镍系正极材料、高速铁路轨道板、重型自航绞吸挖泥船、乙肝体外诊断试剂等一批高水平项目研发成功。　（董锡泉）

电子信息

【电子信息领域科技年度概况】　2017年，天津市电子信息领域全力推进智能科技产业发展。打造“天津智港”，启动“天津市人工智能科技重大专项”，重点围绕“523”任务进行工作，推动5项细分领域关键共性技术创新，开展2个应用示范，强化3大服务支撑平台建设，立项支持18个项目，资金总投入过亿元。出台《关于大力发展智能科技产业推动智能经济发展建设智能社会的实施意见》，依据国家《新一代人工智能发展规划》，编制印发《天津市加快推进智能科技产业发展总体行动计划和十大专项行动计划》，包括《天津市人工智能科技创新专项行动计划》，制订“11893N”任务、1个前沿技术和基础理论的研究、1个重要基础支撑，推动8大关键共性技术创新，开展9个应用示范，强化3大服务平台，打造若干个特色产业聚集区。建立300亿元智能科技产业基金。11月参加科技部新一代人工智能发展规划暨重大科技项目启动会。大数据、云计算产业规模超过350亿元，相关企业超过200家。高端芯片产业规模超过140亿元，相关企业超过100家。软件业务收入超过10亿元企业达到21家，超过亿元企业156家，过亿元企业收入占全市软件业务收入的89%。以曙光、飞腾、展讯、麒麟、南大通用、神舟通用等为代表的科技领军企业不断做大做强，打造出一批科技重大成果。世界第一运算速度的“天河三号”验证系统研发稳步推进；研发近红外与可见光双融合人脸特征识别系统填补国内人工智能领域空白；世界首套在轨脑机交互及脑力负荷测试系统应用于“天宫二号”“神舟十一号”；天津飞腾研发的64位自主高性能CPU－FT2000芯片打破国外垄断；银河麒麟操作系统为长征七号提供安全保障；南大通用数据库连续4年蝉联国产数据库市场第一；曙光“星云”计算机连续8年位居中国高性能计算机市场份额第一；展讯的14纳米手机基带芯片、中星电子的数字监控芯片、国芯的高端加密芯片等一大批具有国际水平的产品实现突破。创新平台不断完善，中国工程院高端智库落地天津，国家超算天津中心成为“国之重器”，组建成立多个软产业联盟，领军人才队伍不断壮大。

（段志刚　刘　晓　岳　鑫）

【天津中环电子信息集团科技工作年度简况】 2017年，天津中环电子信息集团有限公司积极推进科技创新工作。设立集团公司科技专项资金，制定集团公司创新创业基金管理办法、集团公司科技重大项目立项及管理办法等系列激励制度。全年重点企业科技投入11亿元，实现新产品销售120亿元。创新平台建设取得新进展，认定国家级企业技术中心1家、国家技术创新示范企业1家、国家级专业众创空间1家、市级企业技术中心1家、国家级高新技术企业28家。全年完成专利申请529件（其中发明专利244件），获专利授权320件（其中发明专利90件）；获天津市科技进步一等奖1项、三等奖2项，天津市专利优秀奖1项，2017中国电子信息行业优秀创新成果（盘古奖）3项；完成鉴定验收项目23个。通过重点项目实施，一系列关键技术取得新突破，下属公司参与研制的北斗卫星导航系统首次在国产民机应用试飞成功，自主研制的全向信标/测距仪设备成为进入民航市场的首套国产地面导航核心设备，高速互联通信安全关键技术填补国防传输领域在高速率互连技术方面的空白。

（郑宝山）

【光电集团下属十家企业通过国家高新技术企业重新认定】 2017年，天津光电集团有限公司下属光电通信、光电聚能、光电安辰、光电久远、光电惠高、光电润达、斯巴克瑞、三友、光电高斯、海光电子等十家企业通过国家高新技术企业重新认定。光电集团作为国家技术创新示范企业，共拥有十四家国家高新技术企业，实现高新技术企业全覆盖。（张天晶）

【高功率激光器产业化技术研究】 中国电子科技集团（2015~2017年）的产业化项目，由第四十六研究所黄榜才、张培培、龙润泽等完成。高功率光纤激光器是第三代激光器，具有全固体、高可靠性、光束质量好、转换效率高、加热源分散、易于实现高功率输出等显著优点，广泛应用到工业加工、国防军事、医疗卫生、科学研究等领域。项目通过高功率光纤激光器产业化技术研究，进一步完善输出功率500瓦高功率光纤激光器制造工艺。通过产品批量试制及使用，实现小批量生产。通过孵化期平台建设，建立集团内第一条年产量100台工业用500瓦高功率光纤激光器产业化平台，为进一步规模化生产做好准备。在此基础上成功研制出500瓦光纤激光器、800瓦光纤激光器、1000瓦光纤激光器，建立一条完整的中高功率光纤激光器生产线，项目总投资700万元。激光器在抗高反性能方面具有突出优势，特别是在切割铜、铝等材料方面的效果显著，产品在市场上得到广泛的认可和好评。项目发表有专著、论文并获专利2项。（王　征）

【中高功率光纤激光器的产业化】 中国电子科技集团第四十六研究所，多年来着力于光纤激光器（高功率光纤激光器是近年来发展的新技术）及相关核心器件的研发制造，积累了大量特种光纤制造、激光器光路电路设计、结构设计、工艺调试等方面的经验。成功实现科技成果的转化，完成中高功率光纤激光器的产业化运营，2017年5月23日，成立中电晶锐（天津）激光技术有限公司。该公司形成脉冲光纤激光器系列产品、300~1500瓦连续单模光纤激光器系列产品、2000~3000瓦连续多模光纤激光器系列产品等多种型号的激光器产品。这些产品具有光束质量高、抗高反、高稳定性等特点，性能优异，达到国外同类产品水平。该公司初步完成光纤激光器的国内市场布局，构建起华南、华北、华东等销售网点，实现规模化、产业化的良好运转。

（王　征）

【注塑机防堵过滤嘴芯】 由天津市中环三峰电子有限公司李国帅、刘哲、安毅等完成，获2017年度天津市质量攻关优秀成果二等奖。热流道模具存在熔体泄露、热嘴堵塞等问题，因而售后维护技术门槛高、造价高，而防堵过滤嘴芯是解决这一问题的一个创新。该过滤嘴芯为金属圆柱锥形滤网，主体表面呈网孔状，其锥高比模具喷嘴柱长略小，柱锥形状与喷嘴内型相同，热流道热嘴进料口直径为1.8毫米的模具，在注塑机喷嘴内加装直径1.2毫米的过滤嘴芯，过滤嘴芯恰好嵌入注塑机的喷嘴中。注塑机工作时，经此过滤嘴芯的深层过滤，注塑机料筒的材料中混入的大于过滤网孔径的异物进入热流道前被滤住。滤到注塑机过滤嘴芯中的异物根据现场实际定期清理，即在注塑机停机后，用扳手取下机床热嘴，将嵌于内部的过滤嘴芯取出，用气枪去其杂质，然后再将清理干净的过滤嘴芯归位。售后的热流道模具不需模具专业人员直接操作，按说明书即可进行清理异物堵塞，售后服务成本过高的问题迎刃而解，解决堵塞的维护费用由月均7000元每台降至90元每台，客户对模具热嘴阻塞问题的投诉降为零。2017年，该公司的模具产品销售量达400套，客户满意率达98%。

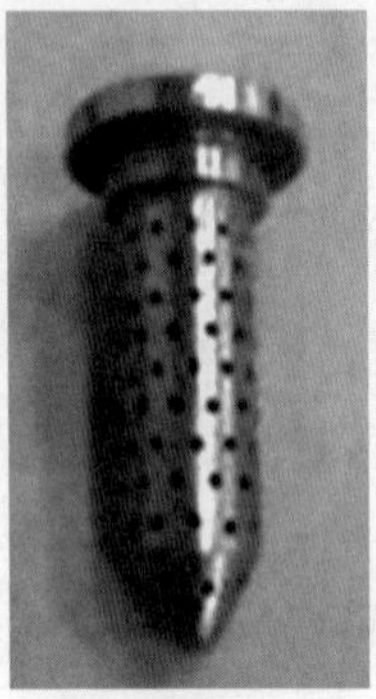

过滤嘴堵芯

（王春霞）

【LSZ—G高性能超声波流量计】 由中环天仪股份有限公司杨彬承担，2017年9月完成，12月27日通过天津市科学技术评价中心结题验收。项目研制成双通道管段式、插入式、外夹式超声波流量计——LSZ—G高性能超声波流量计。其中，在线分析调试诊断软件、全焊接弹压可在线安装的换能器结构、防错波技术和自动增益调节的信号放大电路、局部敏感时间放大技术以及支持多种总线协议等研究具有创新性。其流量计准确度、重复性等技术指标达到项目合同书要求。该项目成果在化工、冶金等领域应用，产品性能稳定可靠，得到客户好评。截至2017年年底，累积实现销收入748万元，利税131万元，上缴税金37万元。该项目申请专利13项，其中发明专利4项；获授权发明专利2件、实用新型5件、外观设计1件；获软件著作权1件。

（皇甫晓蓉）

【OEP103W型便携式打印机】 由天津光电通信技术有限公司张俊辉、孙芳、周育才等于2017年研制成功。这是国内第一款自主研发，既能实现纹身图案转印，又可热敏打印作为普通打印机使用的无线便携式打印机，支持Windows、Android、iOS等操作系统，支持适配器、车载电源、移动电源等多种供电方式。它应用无线通信（WLAN）模块，并根据无线模块的特性编译无线打印功能的代码，实现计算机和手机等设备的无线打印功能。应用触摸按键技术，实现触摸按键与不同颜色指示灯相结合的控制方式，使整机在外观和用户体验上都得到提升。该机具有体积小、重量轻、易于携带等特点，可满足用户移动途中的打印需求，可应用于纹身转印、医疗急救、教育教学、商务谈判、交警执法、个人娱乐等领域。此前国内外市场尚无此类产品，该机获国家实用新型专利2项，申报国家实用新型专利1项、外观专利2项，其整体技术达到国际先进水平。

（张天晶）

【录音屏蔽器系统】 由天津光电安辰信息技术股份有限公司自主研发，2016年12月31日完成，主要研制者有吕前进、胡双喜、姚嘉等。该款高度集成化的信息安全防护产品，采用声学干扰与电磁干扰相结合的方式，当不法人员通过未经授权的录音设备（如手机、录音笔、窃听器、密拍密录等等）进行非法录音时，它采用国密加密芯片的设计，可生成大功率的干扰信号，对其进行录音屏蔽，使录制的只有噪音信号，从而防止语音信息泄密，保障语音信息的安全。该机可广泛应用于政府机要部门、国家安全部门、大型企业、涉密企业、个人，实现对信息的有效保护。该系统成果转化程度高，产品整体技术达到国际先进水平。申请发明专利4项、实用新型专利8项，获授权发明1项、授权实用新型8项，获计算机软件著作权1项。通过国家安全防范报警系统产品质量监督检验中心（北京）及公安部安全与警用电子产品质量检测中心产品检测。获“天津市重点新产品证书”。（张天晶）

【高速互联通信安全关键技术】 由天津光电通信技术有限公司陈伟峰、郝书宁、孙静等完成，2017年通过天津市工信委验收。该项目的软件、电路、结构完全自主研发，具有10G光信号交叉、复制功能，采用O/E/O背板互连架构、有源仿真与无源仿真相结合、自动EDC等创新性设计，填补国防传输领域在高速率互连技术的空白，为光信号的交叉交换、分流筛选等技术提供保障。该技术的应用克服大规模光信号的交叉必须采用光开关且必须依赖进口的问题，实现大规模高速率光信号交叉交换的国有自主可控。项目产品打破光交叉设备的单一性，由于在功能结构设计上的灵活创新，用户可以根据自己的实际需求对接入容量及交叉容量进行定制，而且产品满足冲击振动、电磁兼容、环境温度、盐雾以及霉菌等方面的严酷要求，对用户的信息安全起到保障作用，用户反映良好。该成果获多项国家专利。（张天晶）

【基于机器视觉的输送带故障在线监测系统的研究】 天津市科技支撑计划项目，由天津工业大学、天津市恒一机电科技有限公司共同完成，项目负责人为天津工业大学杨彦利，2017年5月通过天津市科学技术评价中心验收。该项目对基于机器视觉的输送带故障在线监测系统及其关键技术进行研究，采用机器视觉技术，提出输送带纵向撕裂故障在线监测系统研究方案，实现对输送带的跑偏、表面损伤和纵向撕裂等故障的在线检测，并提高故障检测的准确性、可靠性和实时性；提出基于线性差分JPEG的输送带图像压缩编解码算法，实现输送带图像压缩和解压缩编码，减少传输数据量；采用图像处理技术和模式识别技术，提出输送带纵向撕裂故障图像的特征提取和识别与定位算法，实现对输送带纵向撕裂故障的自动识别和定位。该系统图像分辨率达到1毫米×1毫米，可以检测的输送带最大宽度2.4米，最大运行速度6米/秒。基于机器视觉的输送带表面故障在线检测系统在内蒙古、山西等地应用，收到良好的效果。项目申请发明专利6项，其中授权发明专利2项；发表论文12篇，其中SCI、EI收录8篇。

（郭建辉）

石油与石油化工

【辽东湾特稠—超稠油勘探关键技术创新与亿吨级油田发现】 由中海石油（中国）有限公司天津分公司薛永安、徐长贵、谭忠健等完成，获2017年度天津市科技进步一等奖。该项目针对大中型特稠—超稠油油藏油品性质特稠、油藏模式特殊、成藏机理特别及油藏边界预测特难等科学问题和海上平台受限空间特稠—超稠油商业性获取等技术难题，开展勘探关键技术创新，取得系列成果：①创新建立辽东湾走滑断裂带油气差异性成藏模式，明确辽东湾新近系大中型油田勘探方向；首次系统揭示辽东湾走滑断裂带具有时空演化差异性，南北两端晚期运动强烈、主断裂活动强烈，创新建立辽东湾走滑断裂带三种差异性成藏模式。②创新提出增压型走滑转换带是新近系大中型油气田形成的主要场所；建立走滑转换带的成因类型，提出增压型走滑转换带具有控圈作用、控油气运移作用以及控圈断层优越的油气侧封条件。③创新建立波状油水界面不规则特稠—超稠油油藏模式；基于旅大5-2北油田建立渤海首个特稠—超稠油油藏模式，与常规油藏不同，该油模式具有油水界面波状起伏、油藏外含油边界呈现不规则弧形、油层油水关系倒置3个特点。④创新建立特—超稠油油藏边界预测技术和油气测试技术组合，对特—超稠油藏的边界进行准确预测；将该类油藏的产能由0~5吨/天提高到稳产50~80吨/天，填补海上特稠—超稠油测试技术空白。依托这些重大地质认识和技术创新，发现旅大21—2和旅大5—2北两个亿吨级油田，获三级石油地质储量18991.33万立方米（油当量），其中探明石油地质储量12146.1万立方米（油当量）。

（中海石油（中国）有限公司天津分公司）

【复杂井况油井防砂开采一体化系统关键技术及应用】 由大港油田公司李怀文、李志广、董长银等完成，获2017年度天津市技术发明二等奖。该项目主要对油田复杂井况防砂技术难题开展攻关，取得如下成果：①创新套变套漏井的机械防砂新技术。针对套管缩径和套漏井导致机械防砂难度大的问题，研发配套工艺管柱，编制工艺参数优化设计软件。实施后，油井平均防砂有效期由1年提高至3年以上，平均单井产量提高1.2倍以上。②形成高含水井防砂降水新技术。针对高含水出砂井防砂措施效益低的问题，自主研制防砂降水材料，开发油井出水出砂规律判别工艺设计软件，设计防砂降水材料充填方式及充填规模。实施后，在防砂的同时降水达到10%以上。③创新侧钻井塞式防砂技术。针对侧钻井因悬挂器承压低导致化学防砂施工难度大、成功率低、有效期短等难题，自主研发低泵压（<5兆帕）、高强度的侧钻井塞式防砂技术。实施后，防砂有效率提高至100%。④形成分层防砂同采一体化技术。针对多层同采井因层间干扰出砂导致举升效率低的难题，研制5种配套工具，形成分层防砂同采技术。实施后，防砂井举升效率提高57%，检泵周期延长420天以上。该成果应用245井次（其中大港油田204井次），防砂有效率98.5%，有效期达到3年以上，累计恢复产油45.9万吨，新增产值12.38亿元人民币。国外在苏丹Fula油田中标10口井，创效330.7万美元，投入产出比1：8.09。该项成果获授权发明专利6件，受理发明专利1件，授权实用新型专利1件，登记软件著作权2项，制定行业标准2项、企业标准8项，发表论文3篇。

（张景成）

【西非裂谷Agadem沙漠油田勘探开发技术攻关与应用】 该项目由大港油田公司王振升、窦松江、翟光华等完成，获2017年度天津市科技进步二等奖。该项目主要针对低油价下，Agadem沙漠地区、复杂多断块油藏勘探开发矛盾突出、规模增储及效益开发难等技术难题开展攻关，形成4项创新成果。①创新沙漠地区复杂构造地震采集处理技术。研发“无线节点、少台次激发、高密度、节点+滑动扫描”地震采集新技术，施工效率比传统方法提高5.8倍。首次在海外应用“连片沙丘曲线静校正量+三维初至波剩余静校正”地震处理方法，地震分辨率提高15赫兹，小断层识别精度提高到10毫秒。②创新低探区快速增储勘探新技术。按照“区带类比选方向、逐带甩开求突破、集中勘探明资源”新思路，创建基于海相烃源岩的叠置裂谷油气成藏理论新模式，提出古近系“断裂控藏、高点富集”地质新认识，研发EPV圈闭经济效益评价系统，形成复杂断块圈闭精细评价与筛选技术。③创新沙漠地区复杂断块油田上产稳产关键技术。按照“占高定井、隔井生产、逐层上返、控气稳产、井筒掺稀”复杂油气藏上产稳产新思路，形成复杂低阻油层多因素剥离识别技术，首次在西非油气田实现“工厂化”批钻作业，钻井成本下降20.6%。④创新沙漠地区多断块油藏规模建产一体化开发模式。按照以油田群为单元“以大带小、集中建产，逐群接替、分散投资”开发新理念，解决高分散、小规模油藏组合效益建产难题，首次建立沙漠油田地面工程单元模块化管理模式，研发地面工程投资估算平台。应用该成果实现探井成功率84.5%，新增原油储量6亿吨，年产量提高66.7%，累计增油116.9万吨，新增利润2.12亿美元，节约成本0.11亿美元，续建产方案在中国石油西非其他区块作为典型推广，辐射能力较强。该项目申请专利7项（获授权5项），获软件著作权2项，在核心刊物发表论文6篇。

（张景成）

【北大港油田高含水期持续提高采收率技术与实践】 由大港油田公司孟立新、张津、蔡明俊等完成，获2017年度天津市科技进步二等奖。该项目针对已规模开发50余年、含水高达93%、每年减产10万吨以上、挖潜难度日益加大的北大港油田开展提高采收率技术研究。主要研究成果：①揭示高含水开发后期剩余油局部富集特征。按层次分析法将储层表征识别至9级构型单元；综合运用多种技术方法，确定不同类型沉积储层砂体10种剩余油富集模式。②创新复杂断块油田高含水期精细挖潜剩余油技术。首次提出镶嵌式层系重组及多因素变权决策层系重组方法，因藏制宜提高水驱控制程度。创建经济效益与油藏潜力相结合的不同井型及不同井距优化政策界限图版，实现低油价下的效益开发。③自主研发复杂断块油藏分层注水量化配注模型，形成基于特征模型的注水效果定量化评价方法，并配套开发出相应计算机软件，实现高含水油藏均衡水驱。④自主研发新型桥式偏心分注及电动验封等技术系列，配套适应性强的调驱体系，形成满足高含水后期实现有效水驱的工艺配套技术。该成果为北大港油田高含水开发后期稳产及持续提高采收率提供有效技术支撑。5年来，累计增产原油195.37万吨，占北大港油田原油产量的34.2%。在高含水开发后期稳定提高采收率5.5个百分点，在国内外同类油藏中处于领先水平。新增产值64.79亿元，新增利润39.98亿元，新增税收9.41亿元。该项目发表论文20篇（SPE、SCI、EI 5篇）；申请国家专利8件，其中授权发明专利3件、实用新型专利1件，受理4件；申请国家软件著作权3项。

（张景成）

【BH—KSM高性能水基钻井液技术研究与规模化应用】 由中国石油集团渤海钻探工程有限公司泥浆技术服务分公司、中国石油大学（华东）王磊磊、黄达全、邱正松、王伟忠等完成，获2017年度天津市科技进步二等奖。项目主要内容：①针对复杂地质条件下钻探工程中存在的钻井液抗温、抑制等关键问题，自主研发BH—KSM高性能水基钻井液五类核心处理剂，尤其是前瞻性的研发高性能水基钻井液用抑制剂，解决了传统水基钻井液对泥页岩水化抑制性差的技术难题。②形成BH-KSM高性能水基钻井液体系配方，建立高性能水基钻井液特性评价试验方法。BH-KSM高性能水基钻井液核心处理剂抗温200℃，性能与国际知名公司同类产品相当，并实现工业化生产。BH—KSM高性能水基钻井液体系系列配方，体系抗温200℃，密度在1.1～2.4克/立方厘米之间可调，抑制、润滑和抗污染性能优异，形成BH—KSM高性能水基钻井液体系及现场应用技术，打破国外技术保密制约。项目技术在大港、冀东、伊拉克哈法亚、米桑和鲁克等油田应用172口井，最大井深6066米，最高井温204℃，最大井斜斜度93.03°，最大井底位移3312.78米，90%以上的应用井井径平均扩大率小于10%。与钻井液相关的事故复杂率大幅降低，解决了大港油田中深层沙河街组钻井中钻井液高温稳定性、地层污染、砂泥岩井壁稳定、润滑性难题及冀东、伊拉克油田的甚多难题。

（中国石油集团渤海钻探工程有限公司泥浆技术服务分公司）

【海上大型复杂成因油田持续上产关键技术创新与实践】 由中海石油（中国）有限公司天津分公司苏彦春、田立新、张建民等完成，获2017年度天津市科技进步二等奖。针对复杂成因油田储层横向变化快、海上大井距资料少、滚动评价难度大、同时实现均衡驱替提高采收率缺乏理论研究等挑战，该项目创新形成海上大型复杂成因油田持续上产关键技术体系，取得重大突破，达到国际领先水平。主要创新技术：①首次建立渤海海域四种浅水三角洲砂体沉积模式，自主创新沉积过程约束及属性融合的构型边界识别技术，指导砂体四级构型单元刻画，填补国内外技术空白，剩余油预测精度提高20%。②首次创新提出基于控圈断面的封闭参数定量预测技术，建立断层封闭能力及成藏定量化预测模型，指导海上复杂断块油藏定量滚动，预测精度提升30%。③创新不同沉积相带属性融合和三古控砂滩坝相储层定量预测技术，在业内首次实现控砂模式约束下的中深层窄薄储层预测，指导300多口井实施，预测精度提高30%。④基于海上河湖交互复杂成因沉积特征及均衡驱替理论，创新形成复杂河湖相均衡驱替井网部署模式，实现海上复杂成因油田高效开发。该项目核心技术对国内外类似油田开发具有示范作用。其成果在行业内多个油田开发实践中规模化应用，新增地质储量4152万吨，提高采收率10.3%，增加可采储量2472万吨，累增油873万立方米，新增利润1115508万元。推广至渤中34—9油田等10多个开发调整方案编制，预计增加可采储量7856万吨，相当于新发现3个亿吨级油田。该项目获授权专利2件、软件著作权3套、企业标准3件，发表论文42篇（有的在国际顶级会议宣讲）。

（中海石油（中国）有限公司天津分公司）

【油气井连续油管措施改造技术及工具研究】 由中国石油集团渤海钻探工程有限公司工程技术研究院、中国石油集团渤海钻探工程有限公司油气合作开发分公司程智远、张永忠、冯强、丁柯宇等完成，获2017年度天天津市技术发明三等奖。主要研究内容：①连续油管措施改造工艺研究：连续油管带底封喷砂射孔分段压裂工艺研究；连续油管无限级滑套分段压裂工艺研究；连续油管酸化工艺研究。②连续油管措施改造配套工具研究：连续油管带底封喷砂射孔配套工具研究（水力喷射工具整体结构研究，重复座封封隔器的研究，机械定位器、反循环阀、丢手等配套工具研究）；无限级滑套研制；连续油管酸化工具研制。③连续油管措施改造现场施工方案研究：连续油管带底封喷砂射孔分段压裂现场施工方案研究；连续油管无限级滑套分段压裂现场施工方案研究；连续油管旋转酸洗现场施工方案研究。该连续油管措施改造工艺管柱及配套工具，具有结构合理、配套工具性能稳定、操作简便、施工成功率高的特点。重复坐封封隔器采用独特的卡瓦和平衡阀结构，承压50兆帕、耐温120℃、可重复坐封50次以上；无限级滑套采用平衡孔、内滑套键槽插入式防转设计保证性能稳定，无级差、打开不受固井水泥影响；水力喷射工具采用镶嵌式喷嘴结构，经过火焰喷涂处理耐磨性强，抗反洗性能强，可有效喷射15次以上；自旋转喷头洗井射流均匀，洗井射流压力不受旋转影响，高压直流洗井、震动小，冲洗效果好。项目的研究成果在苏里格气田现场应用7口井，措施改造施工成功率100%，改造效果明显。

（中国石油集团渤海钻探工程有限公司工程技术研究院）

【油水井套损机理及防治技术研究与规模应用】 由大港油田公司唐庆、张飙、饶富培等完成，获2017年度天津市科技进步三等奖。该项目有针对性地开展套损机理与防治技术研究，取得四项创新成果。①首次揭示大港油田油水井套损机理及主控因素。以套损特征研究为基础，建立套损力学模型，研究分析地质、工程与开发因素综合作用的套损力学机理，明确泥岩水化是各油田套损主控因素。②研究形成完善的套损预防技术体系。通过优化套管柱设计、提高固井质量预防泥岩水化套损；采用先期防砂、增加套管壁厚、高孔密射孔及控制生产压差等综合措施预防出砂套损；使用套管内涂层处理工艺或油套环空保护液措施预防腐蚀套损；合理控制注水压力维持地层稳定性预防地层滑动导致的套损。③自主研发套损修复配套技术。研制套管补贴用膨胀管配套产品，开发大孔道高渗透井套漏封堵技术，配套完善严重套变井打通道及取换套工艺，套损井修复成功率由65%提升至90%。④自主研发形成多臂井径+电磁探伤、多臂井径+陀螺、多臂井径+伽码仪等多种组合测井技术，攻克套损位置、方位及外壁损伤程度精细描述难题。该项目在大港油田规模推广应用套损预防措施1134口井，平均套损率由13.2%降至3.1%；套损井修复269口，累计增油7.2万吨、增注322万立方米；累计创效3.71亿元，投入产出比1∶4.78。该项目获发明专利1件、实用新型专利7件，受理发明专利2件、实用新型专利2件，获软件著作权1项，制定企业标准3项，发表论文22篇。

（张景成）

【长井段互层油藏稳产关键技术研究与应用】 由大港油田公司陶自强、唐世忠、芦凤明等完成，获2017年度天津市科技进步三等奖。该项目针对老油田开发后期如何稳产进行相关技术攻关，取得五项成果：①提出断陷湖盆沙泥互层油藏冲积扇扇中辫状河和长源缓坡浅水辫状河三角洲两种类型储层构型新认识，形成基于构型的剩余油分布模式，有效解决该类型储层构型刻画及剩余油精确量化的难题。②创新形成长井段互层油藏层系重组新研究方法。依据层间多因素差异化方法，实现动态、静态影响因素的标准化，并通过对其进行矢量化，得到反映开发效果的单层综合因子，突破不同影响因素之间难以比较、无法定量表征的难题。③形成复杂断块低动储量规模效益动用技术方法。提出在复杂断裂系统封闭成藏机理指导下的单堑型和复堑型四种成藏模式，量化小断层封堵性，提高油气分布预测精度63个点达到93%；建立基于多参数定量评价的低动储量评价方法，指导对低动用储量的规模效益动用。④创新形成在高压低渗透油藏固井过程中环空“倒浆柱”技术，研发适合孔南储层、耐高温、高盐的固井入井液，固井优质率提高38.2%。⑤研发油井作业新的油藏保护暂堵剂体系。针对裂缝性发育及油层低压修井漏失问题，研发低密度氮气微泡暂堵体系，封堵能力提高4倍，储层伤害下降80%，降低成本70%。应用该成果3年实施新井349口，新建产能62.78万吨，增油81.5万吨；老井实施293井次，增油22.51万吨；老区增加可采储量349.55万吨，提高采收率1.63%；新增动用地质储量2182.7万吨。该项目获授权专利4项，申请专利1项，获著作权登记2项。

（张景成）

【难采储量全生命周期效益开发技术研究与实践】 由大港油田公司王怀忠、王东林、赵郁文等完成，获2017年度天津市科技进步三等奖。该项目创新形成“一个模式”“四项技术”：①形成难采储量全生命周期评价建产模式。涵盖从开发方案设计、产能建设到生产管理的全过程，其核心理念是：效益为先、一体研究、全程管理、降本增效。实施后米进尺投资节省26.8%，比单井费用下降。②创新基于储量归位和产能类比的油藏再评价技术。通过井震结合精细对比与解释，准确归位油层，重新认识储量；创新产能类比系数法准确评价油藏生产能力，有效解决油藏再评价的技术难题。③创新测井参数重构约束反演优势砂体预测技术。利用自然伽马、自然电位、电阻率等参数与声波时差进行曲线拟合重构，确定渗透砂岩门槛值，在此基础上开展测井约束反演，有效识别厚度小于5米的渗透砂岩，解决低渗储层优势砂体精细刻画的技术难题。④形成储量效益分类评价技术。以难采储量产能建设区块为样本点，统计建立不同油价、井深、单井产能条件下经济效益评价图版，并根据百万吨产能投资和内部收益率交汇分析，把全部难采储量划分为5类，从而实现快速分类筛选评价，并为难采储量的序列化管理奠定基础。⑤自主研发“多簇射孔+新型复合助排剂+高温交联剂”压裂增产技术。通过攻关多簇射孔工艺与压裂液体系的研发，解决大排量体积压裂工艺复杂、费用昂贵等问题。现场应用效果显著，相比常规压裂，单井平均增产1~3倍。应用该技术，累计动用难采储量1368万吨，实施新井83口，钻井成功率100%，建成20万吨/年产能，为大港油田难采储量效益开发探索出一条有效途径。该项目获授权软件著作权1项，受理发明专利3件。（张景成）

【高效长寿命潜油电泵机组研制及应用】 由中国石油集团渤海石油装备制造有限公司汪卫军、王雷、吴频等完成，获2017年度天津市科技进步三等奖。该项目内容：开发基于低损耗的一体化定子高效潜油电机，效率和功率因数明显提升，分别提升2和9个百分点；采用高效气液混合物处理技术，改善离心泵泵送气液混合物适应性；研制高效离心泵泵型，提高离心泵的效率和耐磨性能；自主开发高气液比井系统设计及选型优化软件，应用自主开发的软件对油井和泵内多相流进行分析与数值模拟，根据计算结果确定井液的前置处理结构形式，并通过计算机程序实现多相流进泵后逐级叠加设计，确保各泵级在最佳工作范围内运行，提高机组效率和寿命；研制耐腐蚀电泵、圆扁一体化电缆、整体密封式导流罩等技术。该技术实现重大技术突破，大幅提升潜油电泵整机效率和适应性，扩大潜油电泵的应用范围，产品泵吸入口气液比适应性提高至80%，高效节能，符合国家节能降耗产业政策；通过进一步降低井底流压，可提高潜油电泵井单井产量，为油田创造更高的经济效益。该产品具有明显的性能优势，达国际先进水平，在中海油、冀东、大港、中石化西北局等国内油田及尼日尔、伊朗、厄瓜多尔等国际项目成功应用。项目获1项技术秘密，3项发明专利、6项实用新型专利，1项软件著作权。

（中国石油集团渤海石油装备制造有限公司）

【海上溢油监测、预测及应急决策支持技术研究与应用】 由中海石油环保服务（天津）有限公司、国家海洋局第一海洋研究所、中国海洋大学安伟、宋莎莎、武卫锋、刘怀增、庄继泽等完成，获2017年度天津市科技进步三等奖。该项目以中国海油海上溢油应急系统建设为依托，建立起覆盖整个中国近海海域的溢油监测预测决策支持系统。主要内容：海上溢油SAR卫星遥感监测技术；海上溢油预测预警技术；海上溢油应急辅助决策支持技术；系统集成与业务化运行技术；技术应用。技术特点：①实现全景SAR影像油膜自动识别，识别准确率80%，实现海面溢油识别—漂移预测—敏感资源预警的一体化技术，油膜识别—预测—预警反应时间小于1小时。②海上溢油漂移预测范围覆盖整个中国近海海域，水平网格分辨率1，48小时预报时间小于5分钟，结果误差小于5千米。③溢油应急决策支持技术能够根据现场条件、船舶AIS信息和效果模拟，对16种以上清污技术和相关设备进行分析，按照效果、时间和费用3个指标进行排序，给出溢油清污优化方案。④基于C/S和B/S模式，实现溢油监测、预测及应急决策支持系统7×24小时业务化、网络化运行。该成果在中国海油相关应急部门、海事局和海洋局系统进行推广，在溢油事故应急、应急计划编制、演习和海洋环境影响评价项目中广泛应用。在渤海康菲19—3油田溢油事故、大连“7·16”溢油事故和黄岛“11·22”管道爆炸事故等应急处置中发挥重要技术支持作用。2008年9月至2017年12月，该成果累计产生直接经济效益5500余万元。

（中海石油环保服务（天津）有限公司）

【多功能超声成像测井技术研究】 由中海油田服务股份有限公司陶爱华、陈洪海、刘西恩等完成，获2017年度天津市科技进步三等奖。该项目主要研究目标是研制多功能超声成像测井仪及全部配套技术，使仪器达到现场推广应用水平。主要研究内容包括研究制作多功能超声成像测井仪工程样机，完成井下仪器地面系统的挂接，完成仪器综合测试以及数据处理方法与应用研究。在研制过程中，解决井下高性能波形电路系统分析处理、高温宽频换能器研制、耐高温高压机械结构设计、复杂仪器控制以及多模块数据解释评价软件编制等多方面的技术难题，研制出多功能超声成像测井仪（MUIL），仪器关键技术指标达到国际同类仪器的先进水平 。通过列装至中海油田服务股份有限公司自行研制的电缆测井系统，并出售给国内的油田服务公司，有力地提升国家测井系统的整体服务能力和在国外市场的竞争力。该仪器于2011年开始推广应用，2012年开始产业化生产，2013年开始正式商业作业服务。截至2017年，完成12支仪器的产业化制造，累计节支1.73亿元。在渤海、南海、新疆及加拿大、阿联酋等国内外地区完成55井次商业服务，作业成功率达到100%，创造上千万的作业收入。尤其是在中东地区，形成与国际上三大油田服务商的同类产品抗衡的局面，作业效果得到外方高度认可。 （中海油田服务股份有限公司）

【渤海复杂压力油藏钻完井全过程储层保护关键技术创新】 由中海石油（中国）有限公司天津分公司、中海油田服务股份有限公司油田化学事业部范白涛、张晓诚、叶周明、陈强等完成，获2017年度天津市科技进步三等奖。渤海油田从2010年就开始研究复杂压力油藏在钻完井过程中的储层保护技术，到2014年成立项目组进行系统化研究，逐步形成三大技术体系，并在各大复杂压力体系的老油田中进行技术方案的论证和试验。该技术创新从基础研究着手，采用研发、物模和数模等实验方法，从地质油藏压力分布和预测、钻完井液、钻完井工艺等三个方面进行复杂压力油藏储层保护技术的探索与创新，取得重大技术突破，形成具有渤海复杂压力油田特色的储层保护技术，其主要技术要点为渤海复杂压力油藏注采条件下的压力调控技术、复杂压力油藏储层保护钻完井液技术和复杂压力油藏钻完井全过程储层保护工艺。该技术体系，通过270余口复杂压力井的试验与应用，提高作业效率30%，累计节约775.57天，节省钻完井成本11.29亿元，累计超配产原井油94.5万立方米，累计经济效益达20.5亿元。该自主创新技术体系创新程度很高，技术通用性较好，在海上油田推广使用。该成果成功打破免破胶无固相钻井液体系的国外垄断，填补国内空白1项，获国家专利5项（含1项正在申请中）、软件著作权2项，发表论文7篇。

（中海石油（中国）有限公司天津分公司）

【伊拉克米桑油田复杂地层安全高效米钻井技术研究与应用】 由中海油田服务股份有限公司赵景芳、马德新、罗宇维等完成，获2017年度天津市科技进步三等奖。伊拉克米桑油田位于两伊边境的扎格罗斯山前构造带，地面地雷密布，钻井工程和地面建设难度极大：地下需钻穿盐膏层和裂缝性地层；盐膏层缩径卡钻、高压盐水溢流、井漏后卡钻、固井质量差、套管挤毁；裂缝性地层塌、漏、卡同层，井下复杂情况及事故频发。从2010年起，该公司为此进行重点攻关，形成具有自主知识产权的关键技术，在米桑油田形成中国海油的交井

制造业科技

标准。其主要内容为：①ECD全过程控制技术，解决塌、漏、涌同层的安全钻井难题，使复杂地层钻井效率提高30%。②高效双稳定器组合及配套一次成井技术，突破行规，盐膏层作业提效50%，时间缩短10天。③形成蠕变地层套管柱优化设计新技术。首次引入套管寿命预测，开发相关套管柱设计软件，达到“既安全又经济”的优化设计目标。④研发盐膏层复合盐体系及盐下强封堵水基钻井液体系。HIBDRILL体系在高密度条件下具有良好的流动性和沉降稳定性，有效抑制盐膏层的蠕变缩径；强封堵AQUA－MAX体系提高裂缝性地层承压能力25%，使井下复杂和事故率减少69%。⑤形成盐膏层“双压稳”固井新技术。研发配套水泥浆体系、前置液体系及添加剂，形成“双压稳”固井新技术，解决盐膏层多项世界级固井难题。⑥针对裂缝性地层窄压力窗口和非标井眼窄间隙，形成盐下水平井安全钻井技术，解决油田地面建设难题。该成果成功应用29口井。该项目获授权发明专利3件，实用新型专利1件，登记软件著作权2项，发表论文8篇。

（中海油田服务股份有限公司）

【渤海海上油田电潜泵采油新技术研究及产业化应用】 由中海石油（中国）有限公司天津分公司刘光成、司念亭、唐晓旭等完成，获2017年度天津市科技进步三等奖。针对渤海油田特殊的地理位置及海上平台采油的特点，该项目对以往影响电潜泵采油的众多因素如井口装置、生产管柱设计、电潜泵落井处理及电潜泵国产化租赁等进行研究，主要创新成果如下：①形成一套完整的电潜泵生产管柱集成技术系列，有效地解决油田出砂、油稠、腐蚀性流体、高气油比等复杂井况的油井生产技术难题。②研发一套适合于海上油田电潜泵采油油井井口电缆穿越装置技术系列，解决井口电缆穿越的密封、漏气、鼓包、弯曲无绝缘等问题。③形成一套电潜泵落井后的快速处理技术体系，实现落井机组的快速打捞，使电潜泵得到快速复产。④针对海上油田油稠导致的电潜泵运转周期短的问题，创新性开发热洗解堵工艺及配套设备，满足稠油高效举升的生产需求。⑤开创渤海油田电潜泵国产化租赁的新模式，达到降本增效目的。该创新成果在渤海油田广泛应用，在绥中36－1、旅大油田、渤中油田群等多个油气田使用，形成产业化的规模，5年来累计使用井次1000余口以上，直接节约作业费用约4.77亿元，为渤海油田稳产3000万吨并再上新台阶提供可靠的技术保障，为同类型海上油田开发开采提供重要的借鉴。

（中海石油（中国）有限公司天津分公司）

【大口径高钢级长距离输气管道外防腐关键技术研究】 由中国石油集团工程技术研究院韩文礼、林竹、张红磊等完成，获2017年度天津市科技进步三等奖。该项目针对大口径高钢级长距离输气管道在外防腐方面存在的影响管道安全运行的因素开展研究，形成适用于X80钢管的3PE防腐层低温涂敷工艺。其主要成果：①明确适用的低温涂覆温度，比选出满足标准要求的环氧粉末涂料；确定3PE防腐层低温涂覆关键工艺条件。②研制管道补口防腐层耐热水浸泡加速试验装置，建立快速评价方法，缩短测试周期50%；形成针对不同环境条件的“黏弹体胶带+压敏胶型热收缩带”复合结构、“粘弹体胶带+环氧玻璃钢”复合结构以及“无溶剂环氧”管道防腐层补口修复方案。③确定高压输电线和电气化铁路等典型干扰源影响管道干扰强度的主要因素，并提出相应的评价方法和防控措施。技术创新点：①研发上述复合结构的补口技术，有效提高防腐密封性能和保护层机械强度，适用于强腐蚀、高水位、山区和戈壁等地段的防腐补口。②建立极化测试电流密度值与在役实际工作电流密度值的吻合度来确定测试片有效面积的方法，以及带压条件下热收缩带耐水密闭性快速评价方法。③针对X80钢管的力学性能，研发低于200℃的熔结环氧粉末的涂敷工艺。2008年以来，该成果在西气东输二线三线约6000千米管线3PE防腐、11300多处补口及管体防腐层缺陷修复、西一线全线阴保有效性评价及河西走廊管廊带杂散电流干扰防治中成功应用。项目取得发明专利3件、实用新型专利3件，发表论文9篇。

（中国石油集团工程技术研究院）

【南海东部高含水油田水平井酸化技术研究与应用】 由中海油能源发展股份有限公司工程技术分

公司易飞、黄波、邹信波等完成，获2017年度天津市科技进步三等奖。针对南海油田系列问题（增产挖潜需求越来越多，措施井次不断攀升；东部地区陆丰、西江等多个油田进入特高含水开发后期，采出程度高、单井含水率高、侧钻目标少、稳产难度大；井型70%以上为水平井，面临低渗、疏松、稠油、钻完修污染堵塞等多种困难，酸化增产难度越来越大；国外公司作业成本高，投入产出比低），开展项目攻关和应用工作，形成“南海东部高含水油田水平井酸化技术”，包括：①基于钻井、测井、地质、动态等多维度分析技术，采用模糊数学方法，创新性地形成水平井低效影响因素诊断技术、酸化作业井段优选及决策技术。②针对钻完修及生产过程带来的有机质、无机质、高黏、乳化、润湿反转等伤害，分别开发“多元复合酸、多功能酸”等四类六种酸化体系。③首次在海上采用钻杆拖动水平井适度布酸酸化工艺，实现水平段内有效布酸。跟国内外技术应用对比，采用该技术单井增油从0.28万立方米提高至1.85万立方米，增产倍比从1.4提高至2.6，累计增油51.67万立方米，减排14.84万立方米，成果完成单位收入5600万元，应用单位创利润17.66亿元，投入产出比达1∶22。项目为“国家能源发展战略行动”中南海千万吨级油田的开发提供有效保障。

（中海油能源发展股份有限公司工程技术分公司）

冶　金

【125ksi抗硫化氢应力腐蚀石油套管产品及关键工艺技术开发】　由天津钢管集团完成。该项目开发出国内外急需的石油天然气开采所用的125ksi钢级抗硫化氢应力腐蚀石油套管产品及关键工艺技术。通过对钢管成分的优化设计、无缝管控轧技术和超低残余应力热处理技术的应用，成功开发出TP125S高强抗腐蚀油套管，产品各项性能指标达到国际先进水平，并形成具有自主知识产权的125ksi高钢级抗硫化氢应力腐蚀套管关键工艺技术。产品广泛应用于中石化西南油田、中石化勘探南方油田以及中石化江汉油田等国家重点油田，各项指标均满足客户要求和油田使用环境要求，受到广泛好评。截至2017年年底，该项目申请专利3项，获授权2项。

（田　琨　王　正）

【适用于页岩气开采的高性能套管开发及应用】
由天津钢管集团完成，2017年3月31日结题。国内页岩气储层较深，开发技术难度较大，其开发主要采用工厂式水平井，在水平井多级体积压裂过程中，发现油层套管套损严重。针对这一问题，该项目通过实物评价试验和有限元分析的方法对套损进行分析，开发出TP系列高强度高韧性材质+特殊扣套管，能大幅度提高套管长时间承受挤压、剪切等极端非均布复杂外力作用下的整体稳定性，避免非均布外载作用下导致套管局部失稳产生塑性变形而发生的“点变”套损情况；同样采用有限元分析法，优化套管的使用环境，通过提高套管周围固井用水泥的强度、韧性、降低弹性模量等手段，优化降低套管在使用过程中所承受的复杂载荷，降低套管在外载作用下导致“点变”套损的可能性。TP系列页岩气用高性能套管的成功开发和应用，极大地提升该集团产品在国内页岩气用套管市场的占有率，奠定其在页岩气套管领域的领先地位，为国内页岩气井的安全、高效开发提有力保证，降低客户页岩气井开发成本，提升开发效率。

（田　琨　王　正）

【石化用高合金无缝钢管关键制造技术及应用】
由天津大学、天津钢管集团股份有限公司合作完成，主要完成人有余黎明、刘晨曦、何彪、肖功业等，获2017年度天津市科技进步二等奖。项目针对石化用高合金无缝钢管生产过程中钢种冶炼与轧制困难、热处理组织稳定性差问题开展关键制造技术研发，取得创新性成果：①针对石化用高合金无缝钢管的各工艺环节中组织转变及相变过程开展研究，明确石化用高合金钢在加热、冷却及应力加载等条件下的组织形成规律以及相变行为和机制。②完成石化用高合金钢种的成份优化，开发合金母液感应熔炼和吹氮冶炼方法，解决精炼过程易增碳、氮收得率不稳定等问题，产品的夹杂物控制水平优于国内外同类产品；开发适用于高合金钢的PQF三辊连轧工艺，产品成材率高、产品质量和生产效率优于国内外广泛采用的其他钢管成形技术。③开发奥氏体化以及连续冷却过程微变形马氏体板条细化方法，结合生产过程中的矫直工艺，实现组织细化，产品关键性能达到或优于国外先进产品的水平；发展高效的“正火+回火”热处理工艺，替代传统退火热处理工艺，在保证产品性能的前提下，大幅提高生产效率，有效降低能耗与污染排放。该项目申请国家发明专利6项（其中4项获授权），发表论文29篇，参与中国石化物资采购技术标准的制定。截至2017年年底，累计生产30多个规格的石化用高合金无缝钢管产品1万余吨，在国内石油化工行业批量使用，受到用户好评。

（天津大学　田　琨　王　正）

【适用于高温高压高腐蚀环境的高合金TP-G2油管特殊扣的设计与开发】　由天津钢管集团完成，获2017年冶金科学技术奖三等奖，曾获2016年天津市科技术进步二等奖。在油气田钻采过程中，油井管柱通过螺纹接头将单根油井管连接而成，因国内外油气田普遍存在高温、高压、高腐蚀环境，API标准接头和普通特殊扣接头无法满足“抗三高”的使用要求，必须使用高可靠性的产品。特殊扣接头就是针对API标准螺纹的使用性能不能满足需求而设计的特殊产品，具有可靠的气密封性、较高的连接强度及良好的抗黏扣性能等特点。鉴于对这种产品安全性和经济效益且需求量大的考量，天津钢管集团开展高合金油管特殊扣的研究，开发成功高合金TP－G2油管特殊扣。它的开发成功，增大了产品范围，打造全世界唯一一条中间试验线，专门用于它的研发，使公司成为国内生产高合金特殊扣规格范围最齐全的生产厂，是世界单厂产能最大的生产厂家，也是国内唯一高合金特殊扣进入国际大油公司合格供应商目录厂家。该项目打破国外的垄断，使国内含硫油气田的大规模开发成为可能，为国家能源安全做出贡献。截至2017年年底，特殊扣产能50万吨，西南区块所有勘探井100%使用该集团产品，开发井的市场占有率在60%以上，降低用户采购成本30%左右。　（田　琨　王　正）

【“华龙一号”－EPR堆型核安全壳用高强度预应力钢绞线的研制】　由天津冶金集团中兴盛达钢业有限公司完成，获2017年度天津市科技进步三等奖，主要完成人为王文喜、毛爱菊、王鸿利等。该项目通过控制成分、优化组织，成功研制应用于“华龙一号”核电工程的EPR堆型核安全壳用高强度预应力钢绞线产品，主要内容是：①优化钢绞线结构及工艺参数，提高钢绞线的偏斜拉伸和抗疲劳等性能；抗拉强度极差控制在15兆帕之内，具有整束通条稳定等优点。②通过对涂油、冷却等工装的改进，提高钢绞线的伸直性和耐腐蚀等性能。③研究稳定化处理工艺，提高钢绞线的延伸率5.0%以上，达到张拉控制应力水平；提高松弛性能，满足高温及常温状态下钢绞线长期保持低松弛水平的设计要求。④自主设计疲劳试验用锚具夹片，获得发明专利；参与锚具匹配性能评定国家标准《预应力筋用锚具、夹具和连接器》的修订。该产品中标江苏田湾核电站3#、4#机组核岛，福清核电站5#、6#核岛；作为“一带一路”海外建设项目，“华龙一号”核电站首次走出国门，中标巴基斯坦卡拉奇核电站2#、3#核岛。　（孙春水）

【钢铁企业循环物料使用技术开发与应用】　由天津天铁冶金集团有限公司、河北绿茵工贸有限公司、重庆科技学院凌忠敏、谢文飞、万新、刘瑞东、汤学敏等完成，获2017年度天津市科技进步三等奖。该技术的原理是将高炉布袋灰、烧结机头除尘灰、炼钢除尘灰等循环物料进行湿润后，按照预先设定的比例，通过计算机自动控制给料量，与精粉、膨润土进行合理配比成混合料，经圆盘造球机造球，最终生球粒径控制在8～16毫米。造好的生球采用链篦机－回转窑设备进行干燥、预热、焙烧和冷却，生产出合格碱性球团矿。在链篦机－回转窑里，生球液相形成的过程中，部分钾、钠、铅、锌等有害元素被还原，在高温中汽化，随废气排出，降低碱性球团矿中钾、钠、铅、锌等有害元素含量，降低高炉有害元素入炉负荷。配加循环物料的碱性球团矿具有还原度高、膨胀率低、低温还原粉化率低等优点。该种碱性球团矿在高炉冶炼中，代替部分烧结矿入炉，通过优化炉料结构，控制该种球团矿使用比例，辅以优化布料，合理控制煤气流，可以满足中小高炉使用要求，确保高炉技术经济指标稳定正常。同时，炼钢转炉利用该种碱性球团矿可以优化炼钢吹炼工艺参数控制，有利于降低铁料消耗、降低氧气消耗量，缩短吹炼周期的优点，在吹炼前期和中期适量加入该碱性球团矿，可有效降低炼钢成本。利用该技术生产的球团矿可将烧结机头灰、炼铁干除尘布袋灰以及转炉炼钢除尘灰等含有害元素较多的除尘灰用于碱性球团矿生产。每天碱性球团矿产量700吨左右，在高炉和炼钢转炉生产中使用，各工序技术经济指标正常，实现循环物料的废物利用，并有效降低生铁冶炼成本和炼钢成本。

（天津天铁冶金集团有限公司）

【转炉单渣留渣法炼钢工艺研究与实践】 天津钢铁集团有限公司自主研发技术，获2017年度天津市科技进步三等奖。鉴于“单渣+留渣”工艺炼钢（即循环利用转炉终渣的工艺进行炼钢）在生产实践中存在诸多技术难点（转炉终渣氧化性较强，兑铁过程中可能发生剧烈的碳氧反应，造成重大喷溅事故；转炉终渣P负荷较高，留渣后整体P含量较高，难以保持高的脱P率；单渣留渣工艺会使渣量增加，冶炼过程中容易造成氧枪粘枪，严重时会使氧枪烧穿而影响生产）。该项目开展多方面研究：兑铁喷溅产生的原因及抑制方法的研究、脱P热力学与动力学的分析、冶炼前期喷溅的控制及防止氧枪粘枪技术的研究。针对转炉单渣留渣炼钢工艺的主要技术难点提出终渣改质方法，并采取装料过程中先加废钢后加铁水的措施；冶炼过程中改进底吹模式和优化技术参数，在终渣R=3.5～4.4、终渣循环次数=6～7时加入改质剂调节终渣；通过氧枪喷头喷涂污泥防止粘地枪等技术手段，制定操作方案，有效地解决使用单渣留渣工艺炼钢过程中出现的多个技术难题。该工艺在天钢顶底复吹转炉上得到良好的应用，单渣炼钢工艺脱P率达到88%，转炉终渣TFe≤16%，各项生产技术指标达到国内领先水平，而且有效地降低炼钢工艺的生产成本，与常规工艺相比，辅料消耗降低16.25千克/吨钢，钢铁料消耗降低3.18千克/吨钢。

（张　慈）

【钛合金油井管产品开发】 由天津钢管集团完成，获2017年冶金科学技术奖三等奖。中国天然气多数高产区块开采环境异常不利，要求油井管应具有高强度、耐高压高温、高抗腐蚀等性能，普通管材根本无法满足使用要求，钛合金被认为是国内在苛刻油气环境应用的理想选材。天津钢管集团开展钛合金材料创新、制造工艺、工程评价等多方位创新工作，依托先进的管材制造设备，结合丰富的无缝管生产经验，利用先进成熟的生产工艺，在具有丰富知识储备研发团队的共同努力下，突破小口径高强韧性钛合金无缝的工艺技术瓶颈，形成独有的“钢—钛”结合低成本工业化制造成套技术，国际上首次完成钛合金油井管的批量生产及工程应用。它的开发成功，标志着超深高含硫气田用油井管关键材料技术创新取得重大突破，具有重要的科学价值和广阔应用前景。

（田　琨　王　正）

【中厚板规格拓展及质量提升】 由天津钢铁集团有限公司与连铸技术国家工程研究中心联合完成，获2017年度天津市科技进步三等奖。项目以提升中厚板产品综合质量及规格拓展为目标，以天钢中厚板生产设备及生产工艺为基础，针对中厚板加热质量、一钢多级轧制、超厚板内部组织、超薄钢板板型、中厚板表面缺陷等共性技术难点，系统开发一系列中厚板加热、轧制工艺，实现四种技术创新：热装入炉连铸坯智能化加热技术；钢的集约化轧制技术；超薄规格钢板轧制技术；特厚钢板保性能轧制技术。项目实施后解决了四个方面问题：①达到小批量铸坯在加热炉内不同加热制度的要求，提高了加热炉的加热效率和生产组织的连续性，增加了轧机的作业率、提高了中厚板的生产能力，其中加热速率控制在6.3～9.5分钟/厘米，出钢温度控制在1120℃～1180℃，平均加热时间缩短28分钟。②通过轧机装备潜能释放和工艺技术创新，实现超薄规格（7毫米）和特厚规格钢板（80毫米）的稳定生产，钢板的板形和中心性能满足相关标准的要求，大大提升了中厚板产品的附加值和市场竞争力。③通过对钢种成分进行归并和轧制工艺进行优化，确保钢板的组织和性能满足标准的要求，实现一钢多级、多规格轧制，不但简化了炼钢、连铸工序的生产操作，也有利于生产厂组织、安排生产。④以钢板表面的典型缺陷分析为基础，结合连铸—热送—加热—轧制过程的工艺参数，从钢种的冶炼过程控制及连铸工艺的优化、轧制道次压下量的合理分配，实现钢板表面“鱼眼裂纹”、薄规格钢板板形及厚规格钢板延伸性能的有效控制，提高了中厚板产品生产组织和质量控制的稳定性。（张　慈）

【天钢中低强度石油套管产品获得冶金产品实物质量认定金杯奖】 根据中国钢铁工业协会开展冶金产品实物质量认定管理办法和实施细则要求，天津钢铁集团有限公司生产的“中低强度石油套管和油管用连铸圆管坯37Mn5”获2017年冶金产品实物质量认定金杯奖。该钢种主要用于轧制J55级石油套管，含Al量要求大于0.01%，以细化晶粒提高钢的综合性能。石油套管的管壁较薄，对夹杂物的要求较高，因此夹杂物的控制是关键。钢中Al_2O_3夹杂物的主要来自钢水的脱氧产物及浇注过程中Al的二次氧化，浇注过程全程保护以减少钢水的二次氧化。中间包涂层由原MgAl质更换成MgCa质，以有效避免铝镁尖晶石的生成。调整结晶器保护渣的成分，以减少对钢液的污染，又利于更好地吸附夹杂。优化喂丝工艺，适当调整Ca/Al比，以利于Al_2O_3夹杂及其他夹杂的去除。采取以上措施解决连铸开浇和浇注过程中絮水口问题，改善钢水可浇性，最终提高了钢水质量。（张　慈）

【海洋钻井平台结构用高性能无缝钢管的关键材料技术开发及应用】 由天津钢管集团联合燕山大学共同完成，获2017年度天津市科技进步奖二等奖。该项目围绕海洋油气资源开采用大型自升式钻井平台桩腿这一关键部件的制造，对国产化高性能结构管的技术要求，研究解决材料成分和组织的优化设计、高纯均质化冶炼—连铸工艺、高精度轧管工艺、精确热处理工艺及环焊工艺等多项关键技术问题。该技术使海洋钻井平台用高性能无缝结构管实现国产化，填补国内空白，满足国内海洋重大装备制造对从而基础材料的迫切需求。新一代大型自升式钻井平台已采用该项目开发的高强度、低水阻力的桩腿设计，支撑管在结构上采用大壁厚和小管径壁厚比截面，在选材上采用屈服强度550兆帕的材料。该技术使国内此类产品市场摆脱长期被V&M和Tenaris等国外少数企业垄断的局面，且产品各项性能指标优于国外同类产品，而售价降低约50%。它的成功开发，大幅度提升国内无缝钢管高端产品自主研发的能力和国际影响力，对能源、冶金、造船等诸多行业的发展具有重要意义。项目产品通过上海外高桥、中集来福士、辽河重工、深圳招商局、新加坡吉宝等国内外知名海工企业焊接评价实验，通过廊坊管道局第三方焊接评价实验，通过CCS船级社认证，天津钢管集团成为国内第一个、全球第二个通过美国船级社ABS的海洋结构管认证的公司。（田　琨　王　正）

机械装备

【装备制造领域科技年度概况】 2017年，天津市装备制造领域科技成绩显著。3月，友利控股公司以9亿元现金收购工业机器人制造服务商天津福臻100%股权。4月，天津深之蓝海洋设备科技有限公司完成融资1.1亿元。6月，通用电气（GE）公司在天津启用智能制造技术中心，首届世界智能大会在天津成功举办。7月，天津市科委首次启动实施先进轨道交通科技重大专项。8月，阿童木机器人完成3248万元A轮融资，天津扬天科技有限公司完成Pre—A轮5000万元融资。9月，京东与天津市携手建设全球首个智慧物流产业集群基地，恒银金融科技股份有限公司在上交所挂牌上市。11月，天津工业大学副校长，电机、电气领域专家夏长亮当选中国工程院院士。（段志刚　刘　晓　岳　鑫）

【特大型钢CMA万能轧机成套设备及新工艺技术研发】 由天津市中重科技工程有限公司、燕山大学、鞍山紫竹重型特钢有限公司、天津天重中直科技工程有限公司田学伯、孔祥东、陈延亮、林恩斌、王喜东、孙建亮等完成，获2017年度天津市科技进步一等奖。主要研究内容：①特大型钢

CMA万能轧机半连续轧制工艺方法研究。采用板坯代替矩形坯或异形坯的传统工艺，解决复杂断面轧制过程中不能连续变形的难题。针对H型、U型、Z型、F型进行孔型设计。②万能轧机及其关键结构、部件开展创新设计。包括操作侧可横移机架、中间自动换辊系统、水平辊轴向动态调整机构和多工位辊系拆装机械手等。使设备具有柔性和通用性，适用于多规格、多品种产品的轧制，显著缩短生产辅助时间。③基于转矩记忆法的微张力控制系统和辊缝液压伺服控制系统的设计。自动化程度高、控制精度和生产效率高。④特大型钢CMA万能轧机实验线研发，具备轧制工艺及其设备的验证功能。⑤特大型钢CMA万能轧机成套设备及新工艺技术的工业化验证，具备1200毫米H型钢、900毫米以下特大型Z型钢板桩、U型钢板桩和异型钢的生产能力。该成套设备实现产业化，出售国内13条，出售国外4条。累计销售收入6.03亿元，利润累计1.60亿元，税收累计0.61亿元。轧件销往美、日、韩及欧洲等国家和地区，国内用于国家重大工程建设。项目获授权专利28项。

（天津市中重科技工程有限公司）

【THP11D—16000 160MN超塑性等温锻造智能化压制中心】 由天津市天锻压力机有限公司自主研制，2017年04月21日通过天津市科技评价中心鉴定，获2017年度天津市科技进步二等奖。该压制中心是加工航空特种高温合金、钛合金以及金属间化合物等难变形锻件所需的，集等温超塑成型、机械制造、信息技术、液压、在线监测与控制等多学科先进技术为一体的，具有自行管理和控制加工等数字化功能的先进智能化成套装备。其设计吨位160兆牛，实际可达200兆牛，相当于（800～1000）兆牛普通模锻压力机的锻造能力，可控制压机在全吨位状态下等速压制、恒应变压制，其速度可在0.5～0.005毫米/秒内无极调整，力偶调平精度0.1毫米/米，滑块定程控制的重复控制精度±0.05毫米，滑块定压控制的压力精度±0.01兆帕，炉温集中控制系统控制精度±10℃。该产品技术先进，使用性能好，能够实现大型铝合金、钛合金、高温合金、难变形合金等轻金属材料制件的自主制造，可有效解决部分关键核心部件长期依赖进口的局面，满足国内外航空、航天、核电、超临界和联合循环发电、海上平台等领域所急需的大型（外形投影面积5～6平方米、净投影面积2.8～3平方米）轻合金锻件的等温超塑成型的需要。该项目填补国内航空、航天超塑性等温成形技术的空白，总体技术达到国际先进水平。

（周　正）

【超宽重载卡车高强度铝合金车轮及其液态模锻关键技术】 由天津那诺机械制造有限公司、河北工业大学、辽宁工程技术大学梁春永、孙跃军、张明新、刘杰、胡中潮等完成，获2017年度天津市科技进步二等奖。原材料性能、成型装备与工艺、热处理技术等对超宽重载铝合金车轮的性能都有举足轻重的影响，该项目对此进行研究，其主要内容：①液态模锻适用高性能铝合金新材料的开发。首次针对制造超宽重载车轮液态模锻特殊成型工艺需求，开发一种兼具高流动性、高成型能力与高强度的LZALH2铝合金新材料。②超宽重载高强铝合金车轮液态模锻成型装备与工艺的开发。首次针对超宽复杂车轮结构，计算优化液态模锻模具冷却系统，开发成套模具与成型工艺。③超宽重载液态模锻铝合金车轮热处理工艺技术开发。首次实现大尺寸、复杂结构车轮的均匀快速在线热处理。④超宽重载铝合金车轮性能及服役状态损伤评估技术的开发。通过合金微观结构计算合金的疲劳寿命及服役可靠性，进而优化合金微观结构，获得超宽重载高强液态模锻铝合金车轮。项目技术特点：①SGS检测铝合金车轮抗拉强度达到396兆帕，动态弯曲疲劳和动态径向疲劳指标均超过美国标准。②铝合金车轮代替钢制车轮，单轮减重近3/4，重载卡车应用超宽一代二车轮技术，整车轮重再减少约1/3，油耗降低6%～8%，降低CO_2排放，实现绿色制造。③超宽重载液态模锻车轮制备仅需2道工序，相比锻造车轮制备流程短，生产时间缩短1/3，能耗减少40%，成本降低20%。④超宽重载铝合金车轮具备散热快的特点，能有效保护刹车系统，提高重载卡车运行安全性。采用该技术生产液态模锻铝合金车轮12万只，在交通、航空航天、军工领域等多家单位实现批量装车。

（天津那诺机械制造有限公司）

【高精度轻量化电机外壳生产关键技术研究与应用】 由天津东方兴泰工业科技股份有限公司、天津理工大学、天津中德应用技术大学、天津大学忠宝、刘振忠、毕彦、李洪凤、武晋、乔志峰等完成，获2017年度天津市科技进步二等奖。项目的主要内容：①高精度冲压电机外壳生产工艺研究。解决下料精度、成型精度、焊接质量等关键技术难题，保证产品质量达到或超过国外同类产品水平。②解决电机外壳冲压成型时的回弹问题。整形工序中对外壳外表面进行旋转挤压刻痕，释放表面应力，以降低弯曲回弹。③开发相应的系列冲压模具。包括切边冲孔模具、冲压预弯模具、冲压压圆模具和包口整形模具。④开发自动焊接设备。通过焊接机器人实施氩弧焊；采用双工位专用夹具配合机器人焊接，保证焊接位置的准确性，节省焊接换装工件时间。主要技术特点：①采用精密冲压工艺生产大型电机外壳，取代传统的铸造工艺，实现清洁、绿色生产。精密冲压电机外壳与铸造电机外壳相比重量减轻60%以上，产品合格率99%以上。②选用激光切割定尺下料，切割尺寸公差范围达到-0.3~+0.3毫米。③应用旋转刻痕释放应力的方法，通过整形工序的旋转调整，在产品外侧挤压环形痕，改变外侧表面应力状态，满足电机外壳内部高精度形状和尺寸的要求。④大幅降低电机外壳的制造成本低，是传统铸造电机外壳的1/2；缩短产品生产周期80%以上。该产品打破国外公司的技术垄断，应用于西斯密（天津）电机有限公司、奥的斯电梯公司、长城汽车股份有限公司天津分公司、上海ABB电机、天津长荣印刷设备股份有限公司等企业各种类型电机产品上，并批量出口。

（天津东方兴泰工业科技股份有限公司）

【IMC系列智能型阀门电动装置】 由天津百利二通机械有限公司完成，获2017年天津市科技进步三等奖。该成果的技术特点是转矩控制采用采集电动机电流值及其相位、电动机转速、供电电压等运行变量，通过预先建立的动态函数模型，利用模糊算法确定输出转矩并控制；行程控制采用动态自动检测系统惯性结合自适应算法实时检测控制；采用微处理器的NW技术及零功耗唤醒技术，在无电源供应状态下长期显示阀门的阀位等信息并显示手动后的新的阀门位置；独立的工业控制总线腔，在检修和更换电动装置时不影响总线运行。该成果形成的系列产品体积小、重量轻；非侵入设计，独立接线腔；中/英文双语界面液晶显示；红外遥控功能参数灵活设置；不透水设计本地控制旋钮；微处理器为核心的超大集成线路，可实现各功能的可靠控制；现场总线协议支持；隔爆等级Exd Ⅱ CT4Gb；防护等级可达IP68的功能特点，在国内电厂、水厂项目工程中应用，有效提高国内管道控制设备的控制工艺水平。（郑廼志）

【S—THP63—2000+800/1300航空制件板材充液成形数控生产线】 由天津市天锻压力机有限公司自主研制，获2017年度天津市科技进步三等奖。该生产线具有程序自行管理和控制加工的数字化、自动化功能，能完成航空、汽车等领域新型材料的充液成型工艺，完成对包括模具系统在内个工艺设备系统集中控制，实现机电液及模具工艺一体化集成。该生产线不仅采用先进的成型工艺技术，同时匹配相应的柔性成型模具，解决新型航空材料塑性差、成型性低、型面复杂等阻碍航空零件成型的棘手问题。它将先进充液成型技术应用于航空件的制造，开发用于航空产业双动板式充液成型数控装备及工艺，取代原有工艺、设备，且制件成本只有进口件的1/5。该成果填补国内该领域的空白，达到国际水平，打破国外对该领域的技术封锁，对国内航空航天领域的发展有很大的促进作用。

（周　正）

【重型等温锻造液压机】 由天锻压力机有限公司王鑫完成，获2017年天津市专利优秀奖。该发明专利具有较高的新颖性和创造性：①重型锻造液压装备横梁采用组合式结构，重量轻，便于运输，工艺结构简单成本低。②上打料装置采用滑块与上垫板紧固方式及工作台夹紧方案，满足重型等温锻造压机较大的拔模力要求实现工件脱模，保证工件锻压质量。③设计的移动工作台定位机构实现重型等温锻造压机工作台在换模移入后精确定位、纠偏，运行稳定，不仅满足重型航空锻件的锻造设备生产需求，而且节省压机内部空间、简化加工工艺。该专利可应用在等温锻造液压机、重型锻造液压机、自由锻造液压机等不同系列的大型锻造装备液压机中，同时在有特殊要求的中小型压机中具有广泛的实用性。（王学凤）

【矿石加工用高效料床粉磨技术装备】 天津市科技小巨人领军企业培育重大项目，由中材装备集团有限公司柴星腾负责完成，2017年12月结题。该项目开发出高压辊磨和尾矿及铁矿石立式辊磨，研制出粉磨系统技术装备。项目对铁矿石原料特性、铁矿石干磨磁选工艺技术、铁矿石高压辊磨设备及系统控制进行系统研究，同时对尾矿使用现状、原料特性、粉磨特性、微粉活性等进行研究。该项技术对比传统球磨机粉磨矿石，具有电耗低、金属磨耗低、干磨干选节约用水、尾矿抛废率低等优点，用于处置利用尾矿时，可以变废为宝，保护环境，具有市场潜力及环保价值。实施该项目，使尾矿废弃物得以粉磨资源化利用，在甘肃、福建、湖北等地分别建立工业应用示范工程，系统运行稳定。

（赵艳妍）

【双电源式隔爆型阀门驱动装置】 由天津百利二通机械有限公司自主研制，2017年9月20日通过科技成果鉴定。该成果的主要创新点：①常用电缆接入口具备多种尺寸规格，具有独立的备用电源快速插接端口，具备常用电源和备用电源的供电方式快速切换的隔爆结构设计。②将防爆插销及电源转换开关引入产品整机，并实现便捷的供电电源快速切换功能。③产品隔爆等级可达到Ex-deⅡCT4，防护等级可达IP68。④实现双电源隔爆功能模块化设计，可迅速推广至不同类型的电动装置，形成系列化产品。⑤适合有电气设备具备备用电源要求的现场改造项目，可在短时间内迅速完成项目改造，节约大量的改造资金和现场施工量，安全可靠、快速便捷。该项目的研制填补国内在管道控制领域应用的一项空白，可广泛应用于建成并投入使用的项目，在不影响项目整体运行的情况下，能迅速完成对设备及设施的升级改造，具有资金投入小、改造工期短的优势，提升管道控制技术水平，具有广阔的市场前景。

（郑廼志）

【RS—THP63—800A+5000汽车轻量化管式充液成型生产线】 由天津市天锻压力机有限公司研发，2017年9月9日通过天津市科技评价中心鉴定。该生产线是将先进成型工艺集成于汽车管材成型设备，同时为该先进工艺装备研制相匹配的柔性成型模具。该产品主要由主机、高压源系统、快速换模机构、集成控制系统、管式零件成型工艺系统等组成，能实现汽车管式零件从工艺分析到成型的在线监测，有效可控。它所采用的技术除适用于碳钢、不锈钢的成型，对铝合金、高温合金等塑性差、成型性差、抗拉强度低的材料也具有良好的成型效果，因此可推广应用于新能源汽车、航空航天、民用产品等多种领域。该项技术是传统成型工艺的技术升级，它的成功研制打破国外在该领域的垄断，多种新产品填补国内该领域的空白，并为该领域提供技术支撑。

（周　正）

【RS—YT27—1400A+1200BB×2履带板成型在线检测与远程诊断智能化生产线】 由天津市天锻压力机有限公司研发，2017年11月28日通过天津市科技评价中心鉴定。该生产线是国内首条集智能检测、筛选及远程诊断于一体的全自动化履带板冲压制造生产线，填补国内制造履带板冲压成型液压机成套（成线）全自动化、智能化技术的空白。它用于国内外履带车辆所急需的多工序履带板的冲压成型，对其冲压成型制件具有全自动上料、输送、切断、冲孔、智能检测及筛选、出废料、远程诊断等功能，生产效率比人工生产线提高2～3倍，生产节拍达3件/分。通过引入2D、3D检测技术，提高检测的效率、准确性，使得在线检测与自动化生产线完美融合，提升生产线的智能化程度，实现履带板的批量自动化生产与智能检测，提高生产效率以及产品质量。通过远程诊断技术的引入，提升设备运行的可靠度，缩短设备故障维修时间，同时在节省资源、人力和安全保护等方面具有重要意义。整条生产线达到国际先进水平（周　正）

【直拉炉内导水冷套研发及推广】 由天津环博科技有限责任公司靳立辉、姚长娟、刘旭光等完成，2017年12月结题。鉴于光伏水冷套需求量大，而其外购价格高、要定期检测和更换等问题，该项目采用自主研发的途径，以提高品质、控制成本，更快地推动直拉硅单晶生产技术的自主开发。项目目标：2017年为光伏直拉炉提供1165个内导水冷套。配合光伏加工研作内导水冷套，生产上提拉速，由1.30毫米/分钟提高到1.5毫米/分钟。具体内容：①对比分析水冷套内部结构，进行优化结构设计。外购水冷套采用水道焊接封闭形式，自制水冷套水道采用一体加工的方式，后者更有效阻隔进回水，冷却效果更佳。②更换耐热不锈钢材质，避免使用风险。③原有焊接结构易导致水冷套高温形变，进回水混水，冷却效果不好。新设计结构采用水道整体机加工的方式。现有的焊接工艺可以保证焊接质量。水流量检测、压力检测、PT液缺陷检测及外协三方检测确保产品质量及使用安全性。该项技术达到国内领先水平。2017年按订单加工，销售额9203.5万元，与外购相比，可节约采购及生产成本1.1亿元左右。（姚长娟）

汽车　船舶　航空

【航空航天领域科技年度概况】 2017年，天津市航空航天领域科技成果突出。4月20日，由天津航天长征火箭制造有限公司制造的长征七号遥二火箭发射成功，将天舟一号货运飞船送入预定轨道，中国载人航天工程空间实验室任务收官之战圆满完成。11月5日，天津航天瑞莱科技有限公司自主研发的“高速列车热工试验室”项目在德国纽伦堡发明展上获金奖。11月8日，天津七六四通信导航技术有限公司的成果——首套国产全向信标/测距仪被民航部门列入国产设备采购目录，打破国外产品的垄断，实现空管导航设备国产化的突破。11月20日，一飞智控（天津）科技有限公司与天津泰达科技发展集团有限公司、中信海洋直升机股份有限公司联合打造的华北首家无人机专业试飞基地，在滨海挂牌成立。

（段志刚　刘　晓　岳　鑫）

【基于模型和硬件在环的汽车电控系统关键技术研发及产业化】 由中汽研（天津）汽车工程研究院有限公司、中国汽车技术研究中心高继东、刘全周、朱仲文、韩光省等完成，获2017年度天津市科技进步二等奖。该项目在汽车电控系统研发过程中的电子电气架构、控制器软硬件开发、硬件在环测试评价等关键技术上取得突破，形成具有自主知识产权、达国际先进水平的技术与产品，主要技术内容和特点：①开发基于模型的整车电子电气域架构，提出多方案变型管理的架构评估方法，实现成本、安全性、工作量、可访问性和可扩展性等5个维度共18项指标的优化和平衡。模型架构方法在国内率先应用于多款新车型，开发周期缩短30%，电子零部件复用度提高50%。②建立基于模型和硬件在环的控制器开发技术体系，提出软硬件架构并行协调支撑多信息融合的控制器开发方法，研制出面向产业化的多款汽车电控系统控制器，批量配套于国内12款车型。③提出多处理器联合仿真与多变体参数化模型架构方法，构建整车硬件在环柔性测试平台，开发出涵盖18000余条测试用例的评价方法数据库，实现20余款平台化车型电控系统的开发验证及工程应用。项目成果成功应用于宝骏730、江淮S3、吉利博越等20余款畅销车型。整车控制器产品配套于江苏九龙汽车、厦门金旅等企业的主流车型。该项目申请专利12项、获授权6项，发表学术论文12篇。

（中汽研（天津）汽车工程研究院有限公司）

【车辆转向/驱动/制动集成控制关键技术研究与应用】 由天津职业技术师范大学、天津清源电动车辆有限责任公司、天津圣纳科技有限公司杜峰、关志伟、窦汝振、魏所库、任山等完成，获2017年度天津市科技进步三等奖。为满足用户对汽车行驶安全、易操作性的不断追求，该项目利用主动转向/驱动/制动技术可改善车辆操纵稳定性与行驶安全性的技术原理，针对三者协同作用时需集成控制的关键技术进行研究，研制成具有主动转向与制动功能的汽车新产品。研究的重点集中在主动转向技术的软硬件实现，以及通过主动控制技术来提升车辆操纵稳定性与行驶安全性的控制策略方面。主要内容：车辆纵横向动力学机理分析及面向转向品质提升的主动转向控制方法；融合主动转向与差动制动技术的车辆稳定性集成控制策略；四轮驱动的转矩协调管理策略；转向/驱动/制动协同工作的底盘集成控制技术的工程化应用及推广。项目特点：①开发的系统可以共享当前车辆上现有电控系统的传感器信息，成本增加不多。②主动转向功能实现采用线传驱动、齿轮齿条传动，结构简单易于实现，工程制造复杂程度小。③主动转向研究成果能够扩展汽车线性操纵范围，改善车辆转向品质。④集成控制技术可提高车辆行驶稳定性，增强车辆易操纵性，提升车辆整体安全水平。项目成果可移植于不同车型，优化产品结构。基于该项目研究基础而开发的控制系统用于天津清源电动车辆有限责任公司生产的不同场地电动车型上；与天津圣纳科技有限公司和太原艾逖汽车检测设备有限公司合作，将项目成果成功转化为一种车辆底盘集成控制测试平台。

（天津职业技术师范大学）

【基于中国车辆特征的侧面碰撞关键试验技术研究及应用】　由中国汽车技术研究中心周华、李向荣、刘志新等完成，获2017年度天津市科技进步三等奖。鉴于国内汽车车型特征的明显变化给碰撞安全技术带来的新需求，该中心开展这项研究，其主要内容包括：统计分析中国117款乘用车前端关键部件几何参数及质量分布，并结合25款典型车型的碰撞试验数据及CAE分析结果，运用数学处理方法，计算获取车辆前端的“平均”刚度，并与现有可变形壁障刚度进行耦合性分析，得出基于中国车辆的“平均特征”参数；设计开发基于中国车辆特征的侧面碰撞用移动壁障台车，并基于事故数据挖掘技术，将关联性因素以试验参数的形式纳入其中，提出综合侧面前后排碰撞乘员损伤的评价方法；最后在90度车对车双向车对车侧面碰撞验证试验中，提出采用双挂车牵引试验车辆以控制碰撞车辆纵向运动精度的方法，以运动碰撞形态下车体响应特性为基准，进行测评方法关键参数的边界条件设计和验证。与国内外同类技术比较，该技术在碰撞能量、碰撞强度上要求更高，碰撞能量比欧洲法规提高32%；碰撞吸能壁障刚度也较以前提高约13%，前端刚度及关键结构尺寸更符合中国实际的平均车辆特征。项目成果促进国家相关技术标准的制修订，为行业的技术进步提供更高的技术门槛。项目形成的关键技术也直接应用于整车企业的产品开发，两年来，为企业累计新增利润6788万元，节支748万元。该项目申请/获授权专利10项，培养研究生8人。

（中国汽车技术研究中心）

【新能源汽车动力电池包】　由天津新艺电子有限公司田杰、史夏冬、佟长云等于2017年完成。该产品是这家公司利用先进的智能温控等技术，通过对新能源汽车动力电池的热状态进行智能管理，严格执行企业标准研制而成，经国家轿车质量监督检验中心检测，各项指标均符合国家规定的新能源汽车电池包和系统的相关要求。产品主要创新点：①增加电池组冷却系统，通过设置微控制器，可以实现智能化操作，结构简单，使用方便。②采用第一冷却扇、第二冷却扇和水泵，两种散热技术相结合，并且在箱体上设置散热块，使用寿命延长，预防事故发生。③采用大数据处理平台，采集和分析电池包的各项参数，提供有效信息，灵活配置总线协议和采集策略。④采用PTC加热器，供电池在低温下加热，使电池快速升温，避免低温下电池放电倍率较低、放电容量小，影响循环寿命。⑤引入车辆上的空调冷却液，冷却液在电池包内部的蒸发器布置风扇，将冷风均匀引导到电池包的各个模组中，均匀散热，提高了电池的一致性及使用寿命。该产品主要为大型汽车制造类企业提供电池专业化配套服务，合作客户主要有荣成华泰汽车有限公司、河北御捷车业有限公司、成都大运汽车集团等。年度销售额为为2.41亿元，占企业总销售收入的94%。该产品拥有知识产权15项，其中实用新型专利14项，发明专利1项。

（田　杰）

【新能源汽车动力电池安全性关键测评技术】　由中国汽车技术研究中心有限公司吴志新、王芳、任山等于2017年完成。2012年起，该公司针对动力电池性能微观模糊性、演化复杂性、实际多变性对动力电池安全测试评价带来的挑战，从动力电池本征安全热稳定性测评技术、动力电池全生命周期安全性测评技术、动力电池系统使用安全性测评技术等方面开展研究。主要成果及创新点：①基于动力电池电化学反应机制和产热特性，在国内率先建成动力电池本征热—电耦合测评平台并形成《动力电池本征热—电耦合测试规程》应用于电池联盟。②建立动力电池单体热失控及系统热扩散的测试方法和评价指标，形成《电动客车安全技术条件》及EVS等国际标准草案。③结合动力电池实车使用工况，形成基于动力电池“机—电—热”安全性的测评方法，牵头完成GB/T 31485—2015以及GB/T 31467.3—2015等国家标准，标准应用于产品公告检测。④建立动力电池由单体到系统、全生命周期、基于多种实车工况的安全评价技术体系，率先提出动力电池安全阈值边界的“动态包络图”概念，能在全生命周期内结合电池单体安全等级和系统安全设计，定性定量评价电池安全性，改变了国内动力电池安全评价方法相对单一、相互独立的现状。相关测试方法和指标体系应用于国内动力电池产品的公告管理，研究成果为国际法规起草和国内电池安全性GB强制标准制修定提供了数据和技术支撑。测试评价技术方案应用于行业电池安全技术提升，应用于动力电池测试联盟的对标测试和共性技术研究中，为动力电池行业产品安全性研发、验证与整改提供了科学的定量测试与评价方案。该项目发表论文22篇，其中SCI 3篇、EI 3篇、核心15篇；申请/获授权专利11项，其中发明专利8项，申请软件著作权1项；主持或参与起草国际标准法规1项、国家标准6项、地方标准1项、CATARC规范1项；出版专著2本。

（韩培欣）

【汽车与保险大数据建设及事故车定损估价系统研究开发】 由中国汽车技术研究中心有限公司郑继虎、朱向雷、惠怡静等于2017年完成。2015年4月至2017年12月，该公司围绕汽车与保险大数据建设及事故车定损估价系统，取得多项突破：①定义海量数据规范。开创性地制定乘用车款型数据规范与车辆零部件数据规范，打造出汽车与保险数据融合的核心纽带。②首次实现汽车全生命周期数据打通。首次建立以VIN码为核心的汽车全生命周期全量数据体系，实现跨行业的数据打通，定型准确率和零部件准确率分别达到99%和97%，为跨行业场景化应用提供了数据支撑。③建立国际先进的车险理赔反欺诈体系。创新性地采用元对象机制（MOF）将所有风险信息逐步抽象建模，由模型衍生更多规则，形成一套具有国际先进水平的车险理赔反欺诈体系，规避传统风险管控升级缺陷，实现模型迭代优化、智能更新。④打造保险行业的重要基础设施。事故车定损云平台部署在保监会直属机构—中国保险信息技术管理有限责任公司的行业服务平台上，为整个保险行业提供全流程定损理赔服务，成为中国保险行业的重要基础设施，对推动保险公司的转型升级起到积极作用。该项目是国家大数据战略在汽车产业的场景化落地，打造汽车与保险大数据体系1套，服务百余家汽车企业，年直接产值超1.3亿元；构建事故车定损云平台1个，被定为保险行业基础设施，支撑7000亿元/年规模的车险业务运营，节省车险承保成本7亿元/年。该项目获软件著作权3项，发表学术论文40余篇。

（韩培欣）

【中国汽车行人保护先进测试平台与智能决策系统研发】 由中国汽车技术研究中心有限公司王铁、傅连学、李海斌等于2017年完成。2009年1月至2017年12月，该公司围绕汽车对行人的碰撞保护性能测试、检验评价、优化设计等方面关键技术开展系统性研究，取得多项突破：①腿型飞行姿态监测方法研究与应用。构建腿型飞行姿态计算模型，应用迹线标记法，记录测量腿型飞行过程，快速精准测量行人保护标准法规以及NCAP规程规定的腿型飞行姿态5个角度和2个位置偏差，该方法较通用的高速摄像法测试效率高，且避免技术人员间操作误差。②柔性腿试验方案优化设计研究及应用。通过研究皮肤压缩特性、柔性腿运动原理，设计腿型推进装置，优化腿型试验参数，得出最优腿型试验方案，优化后腿型试验撞击位置偏差由±10毫米提高到±5毫米。柔性腿自由飞行过程中的弯矩由10牛米降低到5牛米。试验精度可达到满足Euro NCAP推荐的更高测试精度要求，解决行业难题。③中国汽车行人保护智能决策系统开发及应用。深入研究与行人保护性能相关的车辆结构特征，采集20余家汽车企业30余款车型数据，建立数据库并搭建行人保护智能决策系统。系统具备试验结果查询、对标分析、统计分析等基础功能，以及智能诊断建议、反推器等特色功能，为企业进行新车型行人保护性能开发定位、车辆关键结构参数优化设计、对标分析等工作提供技术支持。该系统为20余家汽车企业提供服务。研究成果为国内30余家汽车企业进行车辆行人保护性能开发标定测试提供技术支持，为改善行人道路安全问题做出很大贡献。项目获授软件著作权1项、实用新型专利1项，发表学术论文12篇，其中EI检索1篇。（韩培欣）

【国内首艘远洋渔业资源调查和综合科考船“淞航”号】 2017年，天津新港船舶重工有限责任公司建造的国内首艘远洋渔业资源调查和综合科考船“淞航”号正式交付船东。该船总长85米、垂线间长81米、船宽14.96米、型深8.71米、吃水4.95米，总吨位3166吨，排水量3271.4立方米，续航能力10000海里，自持力60天。该公司与上海海洋大学配合，克服直叶桨安装、调试等困难，选用先进的集定位功能和舵桨功能于一体的直叶桨推进系统，通过试航验证，直叶桨达到预定的推进性能指标，并在减震降噪和减摇功能上均有出色效果。它装备SU93声纳、EK80等先进的探鱼设备，单波束、多波束浅剖底层地质勘探设备以及海洋大气遥感探测、水下机器人等先进的海洋科考设备。具有中层和底层拖网、金枪鱼延绳钓和灯光鱿鱼钓三种作业方式，配备海洋生物、水文生化、调查监控、恒温和通用五个实验室，主要承担金枪鱼、鱿鱼、竹筴鱼和南极磷虾等远洋渔业资源的调查、新渔场开发、作业方式创新、大洋环境观测和数据分析等调查研究工作。其船型阻力性能优良，具有较好的燃油经济性，每天消耗燃油仅8吨，该船选用比一般船用钢强度高50%的强度高、耐低温的高强度钢，有助于赴南极附近海域进行调查。该船11月8日出征南海，执行首次科考任务。该船的成功建造，标志着该公司达到国内远洋渔业科考船的设计与建造的先进水平。

（张博洋）

【国内首艘改装的30万吨FPSO船】 2017年，天津新港船舶重工有限责任公司为中和石油改装的30万吨凝析油脱硫醇生产储存船“CCPC VANGUARD”号完工交付船东。凝析油脱硫醇处理是提高油品的重要工艺过程，通常在陆地工厂进行加工处理，用船舶进行凝析油加工处理在国际上属于首创，该船是世界首艘凝析油脱硫醇加工储存船。该项目是跨领域的综合工程，既有海洋工程装备特点，又有船舶性能要求，该公司作为项目的总包方，从设计、建造、调试各阶段进行精心策划，精心实施，项目系统试验一次成功。该项目的成功改装，开创该公司实施超大型船舶改装的先河，对于促进修船向高技术方向转型有着积极作用，对于提高凝析油脱硫醇处理效率和经济效益，对于改变世界凝析油脱硫醇加工处理格局具有重要意义。

（张博洋）

【射频与光栅技术相结合精确对位关键技术研究与应用】 由天津新港船舶重工有限责任公司于2017年完成。针对国内用于焦炉机械对位采用的激光测距技术和编码电缆等方式的局限性和技术缺陷，该公司成功研发出既能保证稳定对位又能够在恶劣环境中使用的技术。该技术采用射频与光栅技术相结合精确对位装置，对位精度可以达到±3毫米，并能识别对位位置标号，实现自动操作对位，提高机车操作效率。利用射频与光栅技术相结合精确对位装置，可以实现焦炉车辆的位置检测、炉号识别、对位联锁、作业计划自动编排、数据通讯和处理、自动记录和生产管理等功能，使车辆协调作业，整体提高焦炉自动化水平，保障焦炉车辆的安全生产运行。在现有焦化设备上运行结果证明，该技术在大车一次走行对位准确率达到99%以上，平均单炉操作时间由原15分钟/炉到现在10分钟/炉，并且实现作业计划的自动下达与执行，整个生产过程可以实现无人操作，焦炉全自动炼焦比例达到90%，四大车自动运行率90%，同时对位精确提高减少因对位不准造成的设备损坏，解决了国内大型焦化设备在实现自动化过程中的技术难题。该技术申请国家发明专利。

（张博洋）

【一种金属陶瓷厨用刀具及制造方法】 为克服3Cr13不锈钢厨用刀具硬度较低、耐磨性能不理想和刃口喷涂硬质合金涂层厨刀涂层易剥落等弊端，2017年，天津修船技术研究所设计研发成功一种金属陶瓷厨用刀具。这是采用激光直接熔覆独特工艺制备的一种具有高硬度（HRC65）、高性能金属陶瓷刀刃的厨用刀具。其刀身基材采用成本低廉的淬火态3Cr13不锈钢材料，刀刃材料采用将金属材料与陶瓷材料激光直接熔覆产生的一种强韧性、高硬度的复合材料，刀刃与刀身基材为冶金结合，抗冲击性能优异，不会出现刀刃熔覆层剥落的现象。其中陶瓷材料以微米级颗粒的形式均匀分布在金属基体材料中，大大提升刀刃的耐磨性能，提高耐用度，最终延长厨用刀具的使用寿命。（董建建　张海华）

【一种流体压力顶升式喷嘴】 2017年，天津修船技术研究所研发一种适用于船舶和海洋石油平台以及直升机甲板等各种恶略工况工作的流体压力顶升式喷嘴。该装置特点：通过消防探头自动或手动开启消防系统后，流体压力喷嘴自动开启灭火，避免人员操作的危险性。该喷嘴采用不锈钢材质，可反复使用。喷头喷洒兼顾垂直和水平两层空间，喷洒覆盖面广，雾化效果好、密度高。它可安装于地面或甲板，正常情况基本与地面齐平，不影响人员及设备工作，只有开启后才会突出地面喷洒工作。该喷嘴根据消防系统的额定压力和容量自由搭配数量，使消防系统的效率最大化，保证每个角落有效喷洒，大大提高消防灭火效果及人身安全。

（赵振杰）

【基于风光互补智能微电网的电动汽车无线充电系统】 天津市科技支撑计划项目，由天津工业大学及天津工大海宇半导体照明有限公司合作完成，负责人为天津工业大学杨庆新，于2017年通过天津市科学技术评价中心验收。该项目提出基于风光互补智能微电网的电动汽车无线充电新模式，并完成电动汽车无线充电系统的研发；提出电动汽车无线充电紧—强耦合协同工作模式，综合感应耦合与近场谐振无线充电技术优势，将线圈偏移的兼容性提升30%；建立光伏和风电最大功率与负荷功率关系的微电网分层控制策略模型，实现输出电压参考值跟随车载电池充电参数改变的自适应调节。该项目主要技术指标超过国内外同类技术指标，抗偏移能力强。设计的微电网孤岛监控系统，包含实时监控和远程监控，分层控制与中央管理功能。该项目建成基于风光互补微电网的电动汽车无线充电示范工程，并应用到保定红日、中海阳等国内企业。项目执行期内申请国家专利7件，其中获授权国家发明专利1件；发表论文18篇，其中SCI检索2篇、EI检索9篇、国内核心期刊检索4篇、国际会议检索3篇。

（郭建辉）

【基于车道偏离与疲劳检测的汽车主动安全预警系统】 天津市科技支撑计划项目，由天津工业大学、天津清源电动车辆有限责任公司共同完成，项目负责人为天津工业大学耿磊，2017年12月通过天津市科学技术评价中心验收。该项目通过建立合理光源和硬件处理平台，匹配红外光源和视觉传感器，使之达到最佳的图像效果和可视距离，实现各种光照条件和天气状况的稳定成像，并解决驾驶员佩戴眼镜、墨镜等对眼睛成像影响的问题。可检测前方一定范围内的车道线、行人、车辆、交通标识牌等，结合车辆信息判断是否会发生车道偏离、车辆碰撞和超速；基于多任务级联卷积神经网络实现人脸定位、人眼定位、眨眼及点头频率统计，结合相关疲劳参数进行多信息融合检测疲劳状态，进行预警。该项目完成包括全天候车道线识别和跟踪、车道保持、单目测距、车辆及行人检测、驾驶员疲劳检测软件等完整的汽车主动安全预警软件系统，完成系统样机，完成新产品定型，提供工业试验结果、软件系统等。申请发明专利16项，获授权专利5项；发表论文21篇，其中SCI检索5篇、EI检索10篇；获软件著作权9项。

（郭建辉）

【首套国产全向信标/测距仪设备进入民航市场】 2017年10月29日，民航局空管局所属中国民用航空青岛空中交通管理站与天津七六四通信导航技术有限公司在天津举行首套国产全向信标／测距仪采购项目合同签订仪式。该公司在推进民航导航设备国产化过程中做出了努力和成绩，对企业制造能力转型升级提出更高的要求，严控产品质量，做大民航产业。签订仪式上重点回顾七六四通导公司研制生产的全向信标/测距仪设备许可证申请过程和该型设备在军用、出口市场取得的业绩，参加单位有民航局空管办、民航局空管局、华东空管局、天津市工业和信息化委员会、天津市发展和改革委员会、天津市科学技术委员会、中国民航大学等。首套国产全向信标／测距仪采购项目合同的正式签订，在空管导航设备国产化领域实现了零的突破。由于民航对航空安全的高度重视，在国产空管设备的推进上一直保持慎重态度。公司经过多年对产品的不断改进升级，终于赢得民航用户的认可，在国产化空管设备的产品门类上也补齐了导航产品类短板，打破了进口同类产品的垄断局面。

现代制药

【中药大品种疏风解毒胶囊二次开发的系统研究及应用】 2017年9月，天津药物研究院参研（合作单位有安徽济人药业有限公司、安徽中医药大学）的该项目获安徽省科技进步一等奖，完成人有刘昌孝、张铁军、朱月信、彭代银、申秀萍等。该项目针对目前中药大品种二次开发存在的技术瓶颈，以疏风解毒胶囊为范例，系统阐释疏风解毒胶囊的药效物质基础、作用机理、配伍合理性，发现并提炼出其独特的作用特点、比较优势以及临床核心价值；以中药质量标志物的核心概念为统领，对疏风解毒胶囊药材和成品质量标准进行系统的研究和提升。建立起中药大品种二次开发系统研究的创新模式，获得系列研究成果。为临床用药和治疗疾病提供了有效药物，超过5000多万名患者使用获益。该项目对中国中药产业产品结构调整和技术升级及中药现代化、国际化起到很大推动作用，近3年累计销售10.9亿元。该项目制订药材和成品质量标准9项，主编出版首部《中药大品种质量标准提升研究》专著，发表论文15篇，获得授权发明专利2项、国家专利金奖1项。

（田成旺）

【自体软骨组织细胞体外培养、移植技术研究与产品开发应用】 由关节动力安达（天津）生物科技有限公司刘晓华、朱建民、孙雪莲等完成，获2017年度天津市科技进步二等奖。该项目所研究的核心技术和产品适用于医疗机构骨科临床创伤性和退行性软骨损伤造成的关节炎疾病的治疗。主要研究内容：①完成“胶原蛋白软骨载体”产品企业标准的制订，“胶原蛋白软骨载体”产品安全性、有效性、稳定性研究，细胞毒性、刺激性与敏感性、植入性等生物学评价试验及产品注册检定等工作。②在天津人民医院、天津骨科医院开展临床应用。③完成企业技术中心建设，具备2500例/批生产能力，完成稳定3个批次的试生产，制定产品生产工艺和质量标准。④研究并优化“胶原蛋白”产品配方，制定临床植入技术规范。⑤完成项目产业化基地基础建设。产品性能全部达到设计标准，获得中国药品生物制品检定所检定合格报告。在全国10个省市，29家临床医院完成临床试验和临床应用的推广工作，累计治愈患者150余名，临床专家和患者反馈良好。

（关节动力安达（天津）生物科技有限公司）

【通脉养心丸物质基础、作用机制及应用研究】 由天津中医药大学、浙江大学医学院附属第二医院、天津中新药业集团股份有限公司乐仁堂制药厂王怡、张玲、王磊、王炎炎、金兆祥等完成，获2017年度天津市科技进步二等奖。该项目围绕通脉养心丸进行药学、药效学、作用及相关机制进行研究。主要内容：①研究通脉养心丸的化学物质基础，明确成品中所含成分的种类，建立主要化学成分定量分析方法，并检测其含量；进行通脉养心丸原药材、中间体、成品的系统研究，并建立通脉养心丸的质量控制方法。②对通脉养心丸进行药效物质基础研究，筛选并鉴定其中具有心肌保护、内皮保护、抗炎、抗纤维化等活性的药效物质。③通脉养心丸对冠心病的治疗作用及机制研究：采用离体大鼠肠系膜动脉血管环，探讨其对血管舒张的影响及作用机制；以载脂蛋白E基因敲除（ApoE-/-）小鼠作为研究对象，考察通脉养心丸对粥样硬化的作用，对小鼠动脉基因表达进行检测；在整体及离体水平上研究通脉养心丸治疗心肌缺血的作用及机制；通脉养心丸治疗心室重塑的作用及机制研究。该项目具有原创性，与天津市中新药业乐仁堂制药厂合作对“通脉养心丸”进行中药大品种二次开发，为该品种做大做强提供充分的科学数据。联合浙江大学进行全方面系统研究，提升通脉养心丸的科技含量。该项目发表论文12篇，其中SCI收录3篇；获专利2项，培养研究生7名。

（天津中医药大学）

【国际标准的甲泼尼龙片生产技术研究与开发】 重大新药创制科技专项项目“甲泼尼龙片实施国际标准，申报FDA注册认证”的成果转化项目，由天津天药药业股份有限公司完成，获2017年度天津市科技进步三等奖。甲泼尼龙片，作为临床危重疾病的治疗药物，适应症广泛，市场前景广阔。甲泼尼龙片非专利药在美国医药市场的年销售额达到12亿美元，较国内市场具有更为广阔的市场空间。但由于欧美等高端医药商品市场的市场准入条件高，极大地提高对产品质量控制和注册文件的要求。针对这一现实，该公司对该符合国际标准的甲泼尼龙片进行技术攻关，通过FDA注册和认证。

（田　妥）

【清肺消炎丸技术改造研究】 由天津中新药业集团股份有限公司达仁堂制药厂完成，获2017年度天津市科技进步三等奖。该项目属清肺消炎丸二次开发，通过优化生产工艺、提高质量标准及对濒临药材替代的研究，进一步提升产品质量及生产效率。依靠产品安全确切的疗效，保证产品可持续性发展，依托品牌与质量优势，使产品做优做强做大。（商丹丹）

【保障动物源食品安全的国家级新兽药生力欣的研制与开发】 由天津生机集团股份有限公司王连民、郭群、刘睿芬等完成，获2017年度天津市科技进步三等奖。该项目针对参龙合剂（生力欣）研究：①生产工艺。采用现代低温循环提取工艺，提高有效成分，避免高温对有效成分的破坏。②质量标准。采用液质联用、HPLC和TLC方法测定党参和黄芪等有效成分和中药材指纹图谱控制，达到准确可靠控制产品质量。③临床试验。采用随机分组、阳性对照的方法考察其临床疗效，显著提高靶动物机体抗体水平，显著改善靶动物毛发。田间试验采用多中心的研究方法，考察该产品对不同区域和养殖品种的疗效，再通过中试生产工艺研究使临床有效率与临床试验一致。该项目具有如下特点：①创新性。在传统中兽医理论基础上开发用于提高机体免疫力的国家级三类新兽药。②领先性。首次将色谱分离纯化技术用于极微量有效成分半定量检测的方法引入到兽药国家标准中，提升国家中兽药质量标准水平。③安全性。具有免疫增强作用的中兽药的开发和应用，特别适合靶动物群防群治的特点，作为实施健康养殖的技术和产品支持的载体，避免抗生素滥用化学药品造成药物残留威胁人类健康。④高效性。可显著改善靶动物因免疫低下造成的疾病传播和感染，增强靶动物抗病能力，提高靶动物生产能力，增加养殖的经济效益。该产品以山东、河北、江苏、广东等养殖大省为中心向全国销售，客户上万家，截至2017年，在约3.5亿只家禽和近万只猪上应用，疗效显著。该项目制订国家标准1个。

（天津生机集团股份有限公司）

【抗血栓药物硫酸氢氯吡格雷绿色关键技术及产业化】 由天津大学、天津药物研究院有限公司（参研主要人员有化学制药部黄汉忠、李树军等）和深圳信立泰药业股份有限公司合作完成，2017年10月，获中国产学研合作创新成果奖一等奖。该项目按二类新药技术要求完成硫酸氢氯吡格雷原料药及片剂的药学研究、药理毒理研究及临床研究，于2000年独家获得新药证书，全球首创25毫克规格片剂。生产上市后，不断进行技术提升研究，完善质量控制方案，提高原料药及片剂质量标准。自主设计硫酸氢氯吡格雷杂质B、C的合成路线、完成杂质A、B、C分离制备、纯度分析及结构确证，制备的杂质对照品纯度高，为原料药及片剂质量标准提高打下基础。建立生产过程的杂质监控分析方法，降低生产过程中的质量风险。完成硫酸氢氯吡格雷合成新技术和I晶型硫酸氢氯吡格雷结晶技术的中试放大，解决产品化学稳定性差、光学纯度及晶型控制难等重要技术难题。深圳信立泰药业股份有限公司生产的硫酸氢氯吡格雷片成为中国心血管药物市场的主流产品，并打入欧盟规范市场，为国产制剂国际化、重点产品替代进口提供引领和示范作用。

（黄汉忠）

【一种补肾健脾填精补髓的药物（生血丸）及其制备方法】 由天津中新药业集团股份有限公司达仁堂制药厂完成，获2017年度天津市专利奖优秀奖。生血丸是1988年经卫生部批准中新药业达仁堂制药厂生产的中药三类新药，具有补肾健脾、填精补髓之功效。其药理及临床试验表明，生血丸对慢性再生障碍性贫血白细胞计数、血小板计数、血红蛋白计数的升高有显著疗效，对放、化疗后全血细胞减少有显著疗效，作为纯中药制剂，毒副作用小，可避免西药损伤肝肾、毒副作用等不良反应。投放市场以来，一直以其可靠的疗效，得到专家、医生和患者的认可。近年来，该厂将生血丸作为重点品种，围绕药理药效、临床等方面进行系列的研究工作，并申请专利，更大程度地保证该产品的市场占有率。

（宋立平）

【天津金耀集团有限公司获多个奖项】 天津金耀集团有限公司获“2017年中国化学制药行业工业企业综合实力百强”“2017年中国化学制药行业原料药出口型优秀企业品牌”；“9－羟基AD生产皮质激素类药物产业化新工艺”获“2017年中国化学制药行业绿色制药特设奖”。该集团具备较强的知识产权保护意识和综合运用能力，积累了大量的知识产权成果转化经验，截至2017年年底，获授权专利173件，其中发明专利124件。在2017年度市工业和信息化委组织开展的“天津市工业企业知识产权运用标杆企业遴选和宣传示范活动”中，该集团以第一名的成绩获“天津市工业企业知识产权运用标杆企业”称号。

（赵　琳）

【《中草药》杂志再次获奖】 《中草药》杂志是天津药物研究院和中国药学会共同主办国内外公开发行的科技核心期刊，创刊以来多次获国家级和市级新闻出版类奖项，2017年又添新荣誉。据2017年11月21日中国知网（CNKI）《中国学术期刊影响因子年报》发布2016年度期刊数据，《中草药》杂志复合总被引频次18677，复合影响因子2.254，期刊综合影响因子1.737，《中草药》杂志再次获“中国最具国际影响力学术期刊”。这是由中国学术文献国际评价研究中心研制的，以SCI收录的1.2万余种期刊为引文统计源，统计了5600余种中外文学术期刊总被引频次、影响因子等各项国际引证指标，并采用新的国际影响力综合评价指标CI对期刊排序，排序在TOP 5%的期刊。该报告的发布，主要是针对在国际上表现优于SCI很多期刊的中文期刊，揭示一批具有相当国际影响力的品牌期刊，为国内的学术期刊争取公平、公正的待遇提供客观真实的依据。该研究报告2012年首次发布，《中草药》杂志2012～2017年连续6次获此荣誉。

（潘明佳）

【《分子生药学》】 中国中医科学院黄璐琦和天津药物研究院刘昌孝主编的《分子生药学》获第四届中国出版政府奖图书奖。《分子生药学（第三版）》出版后，赢得业内高度认可，2017年由中国台北文光图书有限公司出版繁体字版的《分子生药学》。该书的出版，对带动分子生药学科

《分子生物学（第三版）》

研、教学发展产生新影响。该书成为“十三五”研究生规划教材和中医药行业规划教材，推动了分子生药学课程体系建设。

（田　红）

【天士力医药集团股份有限公司认定为“智能制造试点示范企业”】　2017年，天士力医药集团股份有限公司获“智能制造试点示范企业”称号。该公司在现代中药智能制造项目实践过程中，聚焦于“中国制造2025”战略，为适应中药产业转型升级及国际化市场发展需求，创新整合现代化信息技术、系统科学与工程、过程分析技术（PAT）等先进制造技术，在产业链全面标准化的基础上，通过质量数字化解析、过程数字化控制与装备智能化集成，形成一套面向国际的现代中药质量数字化技术体系，打通质量数字化设计、控制与评价的技术路径，形成一套符合国际化要求的工艺质量技术标准。该方法体系，以公司中药滴丸剂、冻干粉针剂代表性品种为对象进行实践研究，技术平台在标准化基础上实现智能化，在行业内具有良好的可推广性。进一步将质量数字化与企业信息化管理融合，通过质量数字化管理系统的开发应用，使生产执行、过程控制及企业管理环节全面数字化，实现产品全生命周期管理的高效协同与集成。

（侯　健）

【Ficellomycin的生物合成及组合生物合成研究】　国家自然科学基金项目，由天津科技大学张会图主持完成，2017年12月结题。近年来，Ficellomycin（非昔罗霉素）以其独特的结构和作用机制受到广泛关注，国际上多家实验室试图通过化学合成的方式获得它，但均未成功。该项目重点对非昔罗霉素的生物合成方式进行深入研究。根据它的结构特征，对构建的S.ficellus NRRL8067基因文库进行筛选。通过基因阻断及回补实验确定与非昔罗霉素生物合成相关的部分基因，并采用染色体步移等方式，最终获得一段65.9kb的连续DNA片段。非昔罗霉素的生物合成基因簇则位于其中一段30 kb的DNA区域，共包含26个开放性阅读框（fic11—fic36）。主要编码参与二肽化合物组装的非核糖体多肽合酶（Fic31），参与稀有氨基酸生物合成的转酮醇酶（Fic23、Fic24）、N—乙酰—乌氨酸/N—乙酰-赖氨酸脱乙酰酶（Fic30），参与胍基合成的转氨酶（Fic25）、脒基转移酶（Fic36），参与Aziridine氮杂环生物合成的Sulfate adenylyltransferase（Fic17、Fic18）、Adenylsulfate kinase（Fic19）、Sulfotransferase（Fic28），以及与非昔罗霉素跨膜转运相关的ABC转运蛋白（Fic11）、AtrA蛋白（Fic12）等。最终通过研究这些酶的生物合成功能，确定非昔罗霉素的生物合成方式。同时，还通过基因阻断实验获得一系列Ficellomycin结构类似物。该研究首次获得并公布非昔罗霉素生物合成基因簇，并首次提出非昔罗霉素的生物合成方式以及重要功能基团Aziridine的生物合成机制。为通过基因工程手段进一步提高该抗生素的发酵产量提供了理论依据。同时还为获得更多的具有更好生物活性的非昔罗霉素结构衍生物奠定基础。

（李丽娜）

【甾体药物无菌滴眼液技术研发平台建设】　科技创新体系及条件平台建设计划项目，由天津药业集团有限公司、天津药业研究院有限公司承担，主要完成人有杨新意、陈立营、涂春玲、吴晨等，2017年12月结题，通过天津市科委验收。通过该项目的实施，建立起国内领先的甾体药物无菌滴眼液技术研发平台，打破国外的技术封锁和跨国大型制药企业的垄断地位，降低生产成本及临床用药费用，缩短与国外同行业的差距，增强国家高端甾体药物制剂核心技术的自主创新能力，进一步加速推进医药重大成果的产业化进程，抢占国内外高端甾体制剂药物市场，将“药业集团”培育成为甾体滴眼液制剂产品技术水平领先的生产基地，提升国内制药行业的国际竞争力。

（吴　晨）

【天药股份原料药通过美国FDA现场认证】　2017年8月21～24日，天津天药药业股份有限公司接受继2016年美国FDA现场认证后的又一次FDA现场认证检查。这是基于2016年检查的部分缺陷的再确认，同时对该公司销售至美国市场的泼尼松、泼尼松龙等六个品种进行全面的认证检查工作。此前，公司通过合理组织安排，各部门积极配合协作，展开自查工作。特别是针对FDA对数据完整性管理的严格要求，认真做好准备，陆续对QC实验室进行硬件改造和系统软件升级工作，对管理人员进行多次培训，并在全公司范围内进行扩大再培训，制定一系列的管理制度，从软件、硬件、人员、管理等多方面满足数据完整性要求。该公司在接到FDA认证的缺陷报告后，迅速高效地组织整改，在不到一个月的时间对于每一个缺陷进行专题探讨、制定整改方案、明确完成时限和责任部门，按计划完成所有整改项目，11月21日获得通过FDA现场认证的EIR报告。这次FDA现场认证的通过，为公司可持续发展成为一流的国际化领先制药企业提供基础保障。

（刘　婷）

【丁酸氢化可的松乳膏】　重点产品产业转化项目，被列为天津市“杀手锏”产品研发项目，由天津金耀药业有限公司研制，主要完成人有杨国存、刘欣、于润芳等，2017年通过结项验收。丁酸氢化可的松乳膏（商品名尤卓尔）临床用于过敏性皮炎、脂溢性皮炎、湿疹、瘙痒症和神经性皮炎。通过该项目的开展，优化工艺处方，优选工艺中pH范围和pH缓冲剂的离子强度，在抑制17－酯的解离同时，也抑制酯交换反应的进行，实现制剂的黏稠度在不同室温变化较大时改变较小，从而提高制剂的稳定性，减少患者使用中的不便，大大降低此类药物的毒副作用，更加适合老人和儿童使用。

（林声雪　谢荣嫱）

【依地酸钙钠原料药研制及注射剂新适应症的开发】　天津市工业科技开发重点项目，由天津金耀药业有限公司于润芳、赵路、吴媛媛等完成，2017年通过结项验收。依地酸钙钠原料药自主研发工作，在制备工序上利用中和反应控制反应终点，提高收率，并以此控制CO_2的排空，使中和反应完全；其次在药物干燥处理方面，创新性地采用喷雾干燥法，实现物料水分瞬间蒸发，实现制备晶型一致、粒径分布均匀、产品纯度高的原料药产品的目标。它临床上用于治疗急、慢性铅中毒（治疗无机铅中毒疗效好，对四乙基铅无效），也可用于皮肤和鼻中隔铬溃疡的治疗。该药作为重金属解毒药上市多年，质量稳定，临床疗效确切，使用安全。

（谢荣嫱）

【乌鸡白凤片检测方法】　乌鸡白凤片是天津中新药业集团股份有限公司乐仁堂制药厂独家品种，2017年，“一种乌鸡白凤片中有效成分的检测方法”获发明专利。该发明涉及乌鸡白凤片有效成分的检测方法，包括：①芍药苷和甘草苷定量检测。②香附、芍药苷和甘草苷的定性检测。该方法专属性良好，灵敏度高，并能够可靠检验成品质量，适合企业日常检验。

（郭　琳）

【通脉养心丸治疗冠心病早搏临床研究】　通脉养心丸是天津中新药业集团股份有限公司乐仁堂制药厂的产品，该药治疗冠心病早搏临床研究项目，由河南中医学院第一附属医院牵头，全国11家三甲医院参与，2017年结项。该项目是针对通脉养心丸治疗冠心病早搏（气阴两虚证）的有效性和安全性的评价研究，通过明确它的治疗作用，为市场推广和合理指定临床用药提供科研依据。研究入组病例240例，多中心、随机双盲、与安慰剂平行对照方法，结果表明：①治疗后试验组早搏综合疗效显效率35.3%，总有效率为80.7%，对照组早搏综合疗效显效率21.7%，总有效率为59.2%，两组差异均有统计学意义（$P<0.05$）。②治疗后试验组中医证候综合疗效显效率为53.4%，总有效率为79.3%，对照组中医证候综合疗效显效率为43.0%，总有效率为64.0%，两组总有效率比较差异有统计学意义（$P<0.05$）。③试验期间未发生不良反应和严重不良反应。通过这次研究，确定通脉养心丸对冠心病早搏（气阴两虚证）的治疗作用显著，能明显减少患者的室性早搏次数，早搏综合疗效、中医证候综合疗效、心悸、心绞痛发作持续时间均有明显改善，进一步证实它的临床疗效，同时再次证明该药用药的安全性。

（王玉晶）

【通脉养心丸电生理研究】 2014年开始，天津中新药业集团股份有限公司乐仁堂制药厂与意大利米兰大学就该厂产品通脉养心丸电生理开展合作研究，2017年取得阶段性成果。研究结果表明：通脉养心丸能有效降低窦房结自律细胞动作电位的频率从而减慢心率，与欧盟推荐新型减慢心率药物伊伐布雷定异曲同工。其不同于临床应用的β受体阻断剂，与M2受体激活无关，不影响正常心肌收缩力，不诱发新的心律失常。通脉养心丸还具有类肾上腺素能效应，产生正性肌力作用，增加心肌收缩力，升高心率。该药具有总心律调节器的作用，整合调律、双向调节、快慢兼治。因此，它既可用于心动过速患者也可用于心动过缓患者，且长期临床观察无显著不良反应，安全性良好。这一通过分子水平阐明的作用机制研究成果引起国内外学者对通脉养心丸极大地兴趣和认可。（王玉晶）

【乐仁堂胃肠安丸系列药理学研究取得阶段性研究成果】 2017年，天津中新药业集团股份有限公司乐仁堂制药厂围绕胃肠安丸开展一系列药理学研究，包括胃肠安丸对非甾体抗炎药致胃黏膜损伤的保护研究、胃肠安丸协同抗结肠癌化疗及缓解酒精胃肠刺激作用研究，取得阶段性研究成果。研究结果表明：①全方能显著抑制非甾体抗炎药（重度吲哚美辛、重度阿司匹林、轻度双氯芬酸）所致的胃黏膜损伤，其中对吲哚美辛引起的胃损伤治疗效果最好。②它能显著抑制非甾体抗炎药引起的胃溃疡，对损伤的胃黏膜具有很好的修复作用，为它成为抗NSAIDs引起的胃溃疡治疗药物提供依据。③对其中的主要药味进行实验筛选，发现木香和厚朴对吲哚美辛所致的胃黏膜损伤有显著保护作用，而其中的单体厚朴酚、和厚朴酚的治疗效果最好。④对主要药味和单体的保护作用机制进行研究，发现其能有效抑制非甾体抗炎药引起的氧自由基的产生，通过抑制炎症因子、促进抗炎因子的释放平衡炎症反应发挥胃黏膜保护作用，同时，厚朴及其单体能有效地促进溃疡的愈合，保护胃黏膜。⑤该药协同化疗药5—Fu治疗结肠癌后起到增效减毒的作用，这为它成为治疗结肠癌的辅助用药提供依据。⑥全方能预防保护乙醇引起的胃溃疡不良反应。君药木香及其主要活性成分木香烃内酯和去氢木香内酯均能预防保护酒精性胃损伤，对胃黏膜具有保护作用。以上研究结果对临床用药有指导意义。

（王玉晶）

【基于气体信号分子调节的舒脑欣滴丸抗老年痴呆作用研究】 2017年12月，天津中新药业集团股份有限公司第六中药厂与天津大学联合完成“基于气体信号分子调节的舒脑欣滴丸抗老年痴呆作用研究”的研究工作。该课题主要从气体信号分子调节水平和动物行为学水平阐述舒脑欣滴丸抗老年痴呆的作用机制。研究结果显示舒脑欣滴丸对神经有保护作用，有利于减缓老化及与年龄相关的神经退行性疾病，可以改善学习记忆能力。该项研究为舒脑欣滴丸的学术推广提供更充分的依据。

（王金磊）

【舒脑欣滴丸降血糖作用研究】 由天津中新药业集团股份有限公司第六中药厂与天津大学药物科学与技术学院联合完成，2017年12月结题。项目对舒脑欣滴丸对Ⅱ型糖尿病相关指标的影响及对药用物质基础进行考察，进一步探讨其活性成分对Ⅱ型糖尿病的治疗作用。结果表明：舒脑欣滴丸具有一定的降糖作用，对降低糖尿病小鼠饮水饮食、空腹血糖的下降、胰岛素水平的下降、脂质代谢紊乱的调节等方面都具有确切疗效，并初步明确其治疗糖尿病的作用机制。该成果不仅为舒脑欣滴丸的市场推广提供强有力的学术支撑，为心脑血管合并糖尿病患者的临床用药选择提供试验基础，同时也为该药增加适应证提供前期研究依据。（王金磊）

【治咳川贝枇杷滴丸】 治咳川贝枇杷滴丸是中新药业集团股份有限公司第六中药厂独家产品，具有宣肺降气、清热化痰的功效，适用于痰热郁肺所致咳嗽，症见咳嗽、咯痰、咽干、咽痛，发热，全身不适以及感冒、支气管炎见上述证候者。多年临床应用证明其疗效确切、起效迅速、无毒副作用、使用安全便捷，得到医生和患者一致好评。治咳川贝枇杷滴丸的制备方法于2017年获国家发明专利。（王金磊）

【紫龙金片成为中保改进提高示范品种】 由天津中新药业集团股份有限公司隆顺榕制药厂完成，主要完成人有朱晓丹、高庆、侯建松等。紫龙金片为该厂的重点品种，是用于肿瘤领域的中成药，是国家中药保护品种。保护期内紫龙金片开展一系列改进提高研究工作，包括考察安全性、完善药材内控标准、细化工艺参数及真实世界临床研究等，这些工作得到国家中药品种保护审评委员会的认可，紫龙金片成为全国仅四个品种入选的2017年中药保护品种改进提高示范品种。

（吕　萌）

【金芪降糖片药理学研究】 由天津中新药业集团股份有限公司隆顺榕制药厂于2017年12月完成。金芪降糖片是该厂的重点品种，企业对其进行二次开发研究，包括“联合用药调控糖脂代谢作用特点及机制研究”和“对糖尿病伴发高血压的改善作用研究”。前者试验结果表明：①金芪降糖片联合辛伐他汀具有明显的协同改善二型糖尿病大鼠脂代谢紊乱的作用，其机制可能与调控花生四烯酸代谢通路有关。②金芪降糖片联合胰岛素具有改善糖尿病大鼠胰岛素抵抗，增加胰岛素敏感性的作用，其机制可能与协同激活PPAR－α/FGF21信号有关。后者试验结果表明，金芪降糖片与硝苯地平联合：①心脏、主动脉形态学观察，联合用药组尤其是联合高剂量组，血管内膜和外膜边界清晰，心肌细胞、血管平滑肌细胞排列、慢性炎细胞浸润以及血管中层细胞增生等均优于单用药组。说明联合用药对高血压引起的心脏及主动脉血管形态损伤具有一定的保护作用。②氧化应激指标SOD含量的检测，联合用药可提高大鼠的SOD活性，可能是通过提高抗氧化应激作用来抵抗糖尿病合并高血压所引起的损伤。③血管紧张素Ⅱ（AngⅡ）含量的检测，联合用药可降低AngⅡ含量，说明联合用药通过降低AngⅡ含量来达到舒张血管、降低血压的作用。

（吕　萌）

【含脱氧葡萄糖结构的芳基C－葡萄糖苷类钠－葡萄糖共转运子2（SGLT2）抑制剂的构效关系研究】 国家自然科学基金青年科学基金项目，由天津药物研究院天津市新药设计与发现重点实验室承担，2017年2月结题。该项目在3年的在研期间，首先完成dapagliflozin分子中葡萄糖环上四个OH单脱氧的系统研究，获得D－6和D－3两个活性优异的SGLT2抑制剂，并得到四个OH的构效关系（SAR）。而后通过3，6－二脱氧和3，6－脱水两条途径对3－OH和6－OH同时脱氧作进一步研究，补充上述SAR。将其中的3－OH和6－OH单脱氧在一系列代表性SGLT2抑制剂上进行验证，得到较为完善的普遍性规律。在拓展研究中，新发现的D－6（泰格列净）完成临床前评价，并获得Ⅰ期临床批件。格列净临床批件和专利以5500万元转让。该项目发表论文15篇（其中SCI收录7篇），申报专利4项，培养学生7人。

（赵桂龙）

【阿德福韦酯及其片剂】 天津市“杀手锏”产品研发项目，由天津药物研究院药业有限责任公司完成，2017年通过结项验收，并完成科技成果登记。该药是该公司自主研发并产业化的产品，为国家一类新药，拥有自主知识产权。上市以来一直在市场竞争中占据优势地位，它的国产化，打破了进口药品在国内乙肝治疗药物市场的垄断局面。同年，该公司承担的“阿德福韦酯及其片剂质量和疗效一致性评价研究”纳入天津市新药创制科技重大专项项目。

（侯珏卓）

【固体制剂及针剂开发】 天津市科技型中小企业专项资金（周转资金）项目，由天津药物研究院药业有限责任公司完成，2017年通过结项验收。该项目包括多种药物的产业化生产，在提升中试能力的同时，扩大生产规模，降低生产成本，并且促进新药的试产过程，缩短投放市场的周期，满足市场对新老药品的需求。项目整合科研、生产、销售资源，通过进一步开发市场，更有效地发挥公司的产业化平台作用，提高科研成果自主产业化水平，完善该院及其药业公司的医药产业链条，实现产学研一体化的技术创新体系，为国家医药产业的发展起到示范及促进作用。

（侯珏卓）

【盐酸氨溴索注射液（伊诺舒）技术改造课题】 2011年12月30日，根据“重大新药创制”科技重大专项领导小组《关于重大新药创制科技重大专项“十二五”第一批项目立项的批复》，天津药物研究院药业有限责任公司的“盐酸氨溴索注射液（伊诺舒）技术改造”课题作为“重大新药创制”科技重大专项子课题获立项支持。2014年，该项目通过技术验收。2017年9月，根据《关于开展重大新药创制科技重大专项“十二五”计划课题财务验收工作的补充通知》卫科专项函，该项目通过财务验收。通过该课题的研究，对医保药物盐酸氨溴索注射液（伊诺舒）大品种进行技术改造，提高药品质量与技术标准，确保用药安全，达到和进口产品一致的质量要求，从而进一步扩大国产药品的市场占有率。

（侯珏卓）

【一类新药知非沙班及制剂】 2017年4月，天津药物研究院与天津药业集团有限公司签订技术转让合同，转让“知非沙班及制剂”项目。该项目是由天津药物研究院药物创新研究中心经多年努力研发的选择性Xa因子抑制剂，为1.1类化学新药，其临床适应证为用于预防髋关节和膝关节置换术后患者深静脉血栓和肺栓塞的形成。该品种抗凝效果显著，同上市品种利伐沙班疗效相当，经安全药理实验、急性毒性试验、长期毒性试验、致突变试验、生殖毒性试验等验证，确定本品具有很高的安全性。天津药业集团有限公司将该项目作为重点进行开发。

（魏文涛）

【天津药物研究院新药评价有限公司通过国家GLP复认证】 2016年天津药物研究院新药评价有限公司向CFDA提交GLP复认证申请，2017年接受GLP复认证考核。为此，公司在承担新药安全评价研究的同时，全面强化管理，从项目管理、SOP完善、人员培训、试验设备设施管理、申报资料及原始记录等方面不断进行完善，2017年3月22日再次通过GLP全项认证，包括：单次给药毒性试验（啮齿类、非啮齿类）、多次给药毒性试验（啮齿类、非啮齿类）、生殖毒性试验（Ⅰ段、Ⅱ段、Ⅲ段）、遗传毒性试验（Ames、染色体畸变、微核）、致癌试验、局部毒性试验、免疫原性试验、安全性药理、毒代动力学试验。此次认证通过，标志新药评价有限公司作为天津市唯一一家获得国家GLP全项认证和国际AAALAC完全认证的机构，将继续作为天津市药物非临床评价的核心力量，为天津市生物医药产业的发展提供强有力的支撑。

（戴嘉骏）

【小儿麻龙止咳颗粒获临床批件】 2017年12月，天津药物研究院和海南葫芦娃药业有限公司共同研发的小儿麻龙止咳颗粒获得国家食品药品监督管理总局（简称“CFDA”）临床批件。小儿麻龙止咳颗粒为天津中医药大学第一附属医院马融的临床经验方。该处方由麻杏石甘汤和定喘汤化裁而成，其配伍合理，组方严谨，具有清肺化痰、降气止咳之功效，用于治疗儿童咳嗽变异性哮喘的常见证型——痰热蕴肺证。该品种的开发与上市填补国内小儿过敏性咳嗽治疗领域的空白。

（田成旺）

【大品种项目地佐辛及其注射液】 天津泰普药品科技发展有限公司研制的地佐辛注射液属阿片类强力镇痛药，能缓解术后疼痛，其镇痛强度、起效时间和作用持续时间与吗啡相当，但副作用小，成瘾性低，临床有效性和安全性良好。该公司于2013年向国家食品药品监督管理总局提交地佐辛及其注射液（属第二类精神药品）的立项研制申请，同年底获立项批件，历经4年，完成申报生产所需全部研究和核查工作，于2017年底完成地佐辛及其注射液生产申报注册。

（王景阳）

【天津药物研究院开展药品一致性评价工作】 天津药物研究院作为专业性、综合性的医药研究开发机构，充分发挥国有研究院所和国家重点实验室的作用，立足行业的至高点，建立仿制药质量和疗效一致性评价和研究的平台。2015年10月，按一致性评价的技术服务要求，该院组建“一致性评价研究中心”。中心由刘昌孝领衔，整合包括药物制剂、生物药剂、药学、药代等优势学科。

中心设立以来接待全国各地企业50多家，提供的120多个品种的咨询，并与天津、福建、广东、河北等地企业签订技术服务合同，承接多个品种的一致性评价研究工作。随着评价研究工作的深入开展，对一致性评价研究积累了丰富的经验，有较为深刻的认识和体会，并不断改进工作中存在的问题。该院此项工作为提高国产药品的质量，带动国内药品生产企业共同完成仿制药质量提升和质量体系的建立，从而达到保障国产药品安全有效的目标，做出了贡献。2017年4月27日，国家食品药品监督管理总局（CFDA）有关领导对该院药品一致性评价的研究工作进行专题调研，对该院此项工作给予肯定并提出要求和建议。

（戴嘉骏）

【小儿化积颗粒完成临床注册申报】 小儿化积颗粒源于海南葫芦娃药业有限公司的小儿化积片。由于小儿化积片不适合小儿吞咽，且口感较差，临床顺应性不理想。根据该公司的需求，天津药物研究院按照中药新药注册法规要求完成8类新药小儿化积颗粒的临床前研究工作，并按照技术服务合同完成申报资料撰写，协助企业完成临床注册申报。2017年12月通过海南省药监局的现场核查工作，该品种正在注册审评中。

（田成旺）

【释药技术与药代动力学国家重点实验室】 依托于天津药物研究院的释药技术与药代动力学国家重点实验室自2015年通过科技部验收以来，继续瞄准国际释药技术与药代动力学研究的前沿、针对医药行业发展中的重大需求，开展药物制剂相关的应用基础研究、关键技术和共性技术研究。在此期间内承担国家和省部级课题36项，开展自主研发课题37项，面向国内18个省（直辖市、自治区）的新药研发与新药生产企业解决药物制剂相关技术服务、技术辐射，开展新药与制剂的生物药剂学研究与技术服务56项，发表研究论文106篇，申请专利104件，获得专利授权52件，获得国家CFDA的新药（新制剂）临床注册20件。重点实验室承担的天津药物研究院2项创新药物知非沙班和泰格列净的新药药学、药剂学、药理学研究通过国家新药技术评审，并于2015年年底获得国家1.1类新药的临床批件。根据科技部批准的重点实验室建设计划任务书的要求，该院不断完善重点实验室的运行、用人机制、培训机制，改善用人环境；不断改善重点实验室的设施条件，提高各级人才的薪酬待遇，以吸引、培养和稳定大批优秀科技人才和学术带头人；积极利用国家、天津市的人才引进政策，为吸引世界一流科学家形成高水平人才梯队创造条件，聚集了世界多所著名大学的博士人才，从事相关专业科研和管理工作。2017年4月21日，该重点国家实验室召开第四届第一次学术委员会会议，会议充分肯定科技部验收以来所取得的进展和成绩，并对未来建设提出了建议。

（戴嘉骏）

【甘肃白银市与天津药物研究院签订框架合作协议】 2017年12月18日，甘肃白银市与天津药物研究院达成多项合作意向，签订合作框架协议。双方就开展研发合作、强化技术交流、建立院士专家工作站等事宜达成一致。天津药物研究院是国家设立的医药行业综合性科研机构集研发、生产、经营于一体的国家级高新技术企业，依托国家重点实验室，承担大批国家、地方重点课题，技术涵盖化学药、中药和生物药的相关领域，具有完整的研发力量，包括药物设计、合成、制剂、药效评价、药代评价、安全性评价、药物分析等，与全国众多企业开展卓有成效的合作，为社会输出大量优秀的医药新产品，促进大批企业快速发展。

（安　超）

【亳州（天津药物研究院）离岸孵化中心揭牌】 2017年8月11日，亳州（天津药物研究院）离岸孵化中心揭牌，这是亳州市第二家离岸孵化中心，也是第一家涉药类离岸孵化中心。该离岸孵化中心旨在进一步推动亳州市企业与天津药物研究院的合作，为亳州市企业在新药创制、药品批号转移、中成药二次开发、经典名方开发、保健食品开发等方面搭建全方位的“政产学研用”合作平台，提升科技创新能力。在签约揭牌仪式上，有8家企业分别与天津药物研究院达成合作意向，签订《战略合作框架协议》。

（魏文涛）

【天津药物研究院完成仪器网络化改造】 2017年1~12月，天津药物研究院完成仪器网络化改造项目。按照仪器集中调整和布线方案，春节前完成两个机房至27个实验室的主干网络、4个实验室间的局部网络的布设工作。春节后对各研究中心的联网仪器进行搬迁调整，完成包括服务器在内的91台计算机和26台其他设备软硬件的安装和验证。经过联网试运行和人员培训，4月10日起，仪器网络正式运行。至2017年年底，联网的各类分析仪器共85台。通过联网改造，初步实现法规对电子数据管理的核心要求，实现数据归属到人、时间同步、权限控制、审计追踪、数据版本可追溯等拟定的网络化改造目标。通过自动与人工相结合的数据备份方式，实现药品相关法规对电子数据进行完整而妥善的保管，满足溯源检查的要求。通过技术手段保障研究数据的真实性和完整性。

（刘　鹏）

【天津药物研究院率先成立经典名方研究中心】 经典名方作为中医药传承的重要载体，是中药发展的重要方向之一，具有良好的市场前景，但也存在工艺放大难度大、质量标准不统一、质量属性阐释不清等技术难题亟须解决。基于这种需求，在多年的复方中药新药研发过程中积累了丰富研究经验的天津药物研究院，2017年5月，在新的《中医药法》颁布实施之际，整合与中药研发相关的优势学科，率先成立经典名方研发中心。开展对外承接项目，已与安徽济人药业、河北恩威药业、安徽亿源药业签订多个经典名方品种的开发研究合同。

（田成旺）

【组建天津市手性和晶型药物制备技术产业创新战略联盟】 2016年年底，天津药物研究院药业有限责任公司在“天津市手性和晶型药物制备技术企业重点实验室”基础上，集结天津市科研院所、大专院校及科技创新领军企业等10家单位，牵头组建“天津市手性和晶型药物制备技术产业创新战略联盟”。该联盟是开放性组织，根据理事会决议可以定期吸收具有相关技术、资金、设备制造、产品生产等优势单位加盟。立足缔约各方共同利益，以企业需求为导向，整合有关科技资源，深化产学研合作机制，集聚创新要素，持续解决制约医药产业发展的共性、关键、前沿性技术难题，形成技术创新链，为药品资源的高效利用和药品产业技术水平的整体提升搭建技术支撑平台，引领医药产业持续、快速、健康发展。在不断完善过程中不断学习，不断修正，将“创新研发/中试技术研究/过程质量控制”各个开发环节紧密结合，不断延伸药物产业化的服务链条，发挥实验室的社会服务功能，引进高水平专业人才，在手性及多晶型领域发挥领头羊作用。为加快建成具有国际影响力的产业创新中心和全国先进医药制造研发基地，贯彻实施科技小巨人升级版战略，形成互动高效的创新创业生态系统，着力实施领军企业创新联盟“511工程”，截至2017年8月，该联盟发展至34家结盟单位。

（侯珏卓）

轻　工

【天津自行车电动车行业科技工作简况】 2017年是天津自行车电动车产业推进结构性改革的攻坚之年，行业面临前所未有的新形势：共享单车异军突起，跨界融合引起自行车的格局变化；治理“散、乱、污”企业的环保政策对部分企业产生影响；电动自行车新国标修订有重大进展，给行业带来新的挑战。这三件大事对天津自行车产业影响深远。全年天津自行车产量达5012.5万辆，比2016年增加18.64%；其中共享单车产量1600余万辆，占全国共享单车产量60%；电动自行车产量为1647.21万辆，比2016年下降0.48%。主要科技工作：①承担的电动自行车新国标《电动自行车安全技术规范》标准修订工作，完成报批稿并进入公示阶段。新标准的出台将对全市电动车产业及行业企业的发展带来新的机遇与挑战，促进电动车行业规范发展，推动产业转型升级。②电动车转为3C认证。电动车3C强制性产品认证制度的实施，将促进行业产品质量的提升，促进行业企业优胜劣汰。③共享单车团体标准出台。天津自行车电动车行业协会与上海自行车协会携手，组织共享单车企业及国内整车和零部件企业联合制定

"共享自行车""共享电动车"和"服务标准"等系列共享单车团体标准，使共享单车步入健康规范的良性发展轨道。④加强专家技术队伍建设，职称评审工作取得进展。截至2017年年底，作为行业职称评审试点，天津市自行车电动车行业协会组织评定高级职称7人、中级职称17人、初级67人。在科技创新方面，从35家企业申报的67项成果中评选出科技创新成果37项，评选出科技创新先进个人13名。企业全年申报专利共计371项，累计拥有专利1717项，其中发明专利243项，全年研发资金投入共计2.7亿元。科技创新的主要特点：①实力型企业研发投入加大。实力型整车企业专利项目和数量进一步增加，涉及新产品、新工艺、新材料、新工艺技术改造和环保工艺技术改造等方面。自行车零部件配套企业推出许多研发新品，如广泛应用于共享单车的免充气内胎、免充气空心轮胎、电子车锁、鼓刹、连体中轴等。部分企业在原有工艺上升级改造，效果明显。②"机器换人"成为行业生产发展的新趋势。越来越多的生产工序开始使用机器人和自动设备。氩弧焊焊接机器人和钎焊自动焊接设备，辐条、条母自动生产线，车圈自动编锁生产线等在行业内开始普及。真空轮胎自动上胎机、涂装机器人、组装线送料机器人也在部分企业得到应用。"机器换人"成为企业提质增效、优化升级的重要手段。③坚持绿色环保理念，搞好清洁生产。广大企业顺应治理"散、乱、污"环保政策新形势，努力搞好清洁生产。针对焊接涂装等加工工艺过程中产生的废气，上马环保处理设备，有效降低VOCs气体的排放。很多企业扩建污水处理站和物化处理系统，扩建增设配套污水管网，收到明显效果。一些企业摒弃酸洗磷化的传统工艺，采用抛丸前处理工艺进行粉末涂装，推行粉末涂装+免涂装无膜标工艺，简化喷涂工序，为自行车涂装全水性涂层的实现奠定基础。

（张瑞华）

【天津海鸥表业集团有限公司科技工作简况】 2017年度，天津海鸥表业集团有限公司科技工作稳步发展。①在技术创新体系建设方面。截至2017年，该集团先后获国家认定企业技术中心、博士后科研工作站、国家技术创新示范企业、市级工业设计中心、国家级工业设计中心、全国企业知识产权运用标杆等称号，2017年，被天津市知识产权局认定为专利保险试点企业，签署国内首单境外展会专利纠纷法律费用保险，承接并完成2017年天津市知识产权优势企业培育项目。通过加强技术创新体系建设，促进产业升级，走出一条符合产业发展规律的道路。②在科技项目方面。全年完成新产品设计项目共计21项，其中雕花镂空机心产品10项。在ST21系列全自动能机械手表的研发上，通过与瑞士、法国知名手表企业合作，引进加工设备及检测仪器，提升零件加工水平和精度，从而综合提升该系列产品质量，增加6种机芯和3大系列4个成表品种。智能手表用机械指针式显示技术填补国内机械指针式智能手表的空白。③在科技队伍建设方面，截至2017年，企业拥有国务院特贴专家5人，中国钟表大师4人（其中机械表机心设计大师2人、机械表机心制作大师2人）；天津市"131"创新型人才培养工程第一层次2人，第二层次5人，第三层次16人；赵国望获天津老字号工匠称号并获中华国际科学交流基金会第二届杰出工程师鼓励奖，李家琦入选首批"津门工匠"。④在知识产权工作方面。全年完成专利申请77项，其中瑞士发明1项，国内发明专利6项、实用新型专利14项；获权专利87项，其中发明专利18项。截至2017年年底，累计申报专利1038项，其中发明专利91项、实用新型256项，境外专利申请19项；拥有有效专利405项，其中发明专利55项、境外专利15项；专利实施转化率到70%以上。2017年10月，通过知识产权管理体系监督审核工作。全年新增两项中国专利优秀奖专利项目（累计获奖21项）："一种机械手表的万年历机构"获第十九届中国专利优秀奖，"机械表表头（3640润世-1）"获第十九届中国外观设计优秀奖。⑤标准制订方面。2017年参与制定国家标准《复杂机械表万年历打簧表机芯零部件名称命名》。近5年累计主持和参与标准制定21项，其中国家标准11项，行业标准10项。

（张　明）

【天津食品集团年度科技创新工作简况】 2017年，天津食品集团有限公司科技创新工作稳步发展。①科技项目管理。全年申报科技项目36项，批复立项25项，批复资金1225万元，完成项目结题23项，截至2017年年底，在研项目总数50项。②科技投入及产出。全年完成科技投入1.54亿元，完成轻零酸奶、新型蒜蓉辣酱等新产品研发108项，新产品销售收入3.05亿元。③知识产权保护。发表科技论文37篇，牵头/参与制定标准11项，申请专利99件，专利授权20件，全系统有效专利拥有量累计达到198件。④科技培训。新建中央农广校卫星远程接收站2个，建站总数达到8个，组织开展新型农工远程教育培训活动，全年培训青年科技人才和生产一线的实用人才1100多人次。⑤企业技术创新机构。新增天津市利民调料有限公司博士后科研工作站1个，嘉立荷畜牧和利民调料企业重点实验室建设通过市级验收，集团拥有市级以上企业技术创新机构11家，其中企业技术中心5家、工程中心3家、企业重点实验室3家。⑥产学研合作。12月20日，天津食品集团与天津农学院签订全面战略合作框架协议，双方就能重点围绕共建科技成果转化平台、开展技术联合攻关、共享科技资源、创新人才合作机制、联合推动双创工作等方面开展合作。天津二商迎宾肉类食品有限公司与天津科技大学联合申报的“基于互联网+肉类食品产运销与安全保障体系京津冀一体化工程建设”项目被市科委批复立项。

（韩占伟）

【一种机械手表的万年历机构的研发及产业化】 由天津海鸥表业集团有限公司赵国望、孙丙霞、王晨完成，获第十九届中国专利优秀奖。普通的年历表需要在每月最后一天手动调整校正日期，而该项目研制的万年历手表年历机构则可以较长时间正确指示年历、日期。其特点是将复杂的年历算法通过一些大小不等的齿轮运作、计算实现，并将零件装入一个小小的手表壳里。其结构中的关键零部件换日部件，具有自动控制识别功能，即手表正常走时条件下，可以自动区分大小月，平年闰年，并正确指示。项目主要创新点：①关键零部件——命令杠杆部件每月拨动一次，大幅降低结构磨损，延长零部件使用寿命；在没有启动命令杠杆部件的时间里，极大降低机芯负载，减小机芯力矩消耗，对机芯摆幅影响较小，进而保证机芯的走时质量。②实现一个按钮调校多个显示功能，解决万年历手表调节的一大难题。③所有拨头均被设计成弹性结构，避免拨头回位过程中指针抖动现象的发生。④该项目结构允许机芯倒拨针，且不影响整个机构的运行。⑤零部件加工工艺简单，装配简易，通用性强。该成果应用在海鸥牌具有万年历功能的超复杂机械表产品中，填补国内空白，攻克行业关键性、共性的难题。2017年进入小批量生产阶段，且接受个人定制。项目自实施以来，累计销售收入298.12万元，利润178.6万元。该项目的实施，推动手表行业高端复杂结构机械领域的技术进步，使中国手表具备与世界名牌手表同台竞技的实力。

海鸥牌具有万年历功能的超复杂机械手表

（张秀红）

【机械表表头（3640润世—1）】 由天津海鸥表业集团有限公司刘英璘、满锐亮与天津大学马征等共同完成，获2017年度中国专利奖外观设计优秀奖。该项目设计创新在于采用海鸥多功能手表机心——ST3640，具有高度稳定性和精度，质量可靠，且无需电池，利用机心内部的摆锤左右摆动而产生动能，随手臂的摆动完成自动上弦，从而推动走时。表盘上整点有明显的刻度标识，黑色的时针和分针显示位于表盘中央位置，能够清晰的指示时间。表盘结构分为上、中、下三层，根据机心的频率，精确计算秒针每次动作的角度与上层表盘镂空的角度，通过两层表盘的配合，将鱼在水中游动的画面跃然盘面。外观设计创意灵感源自中国传统的水墨画，用类似“写意”的绘画手法，结合视错觉原理，呈现鱼游动的动态效果。表盘显示区域将水墨画中的“留白”技法应用其中，把抽象的时间变得具像。表镜中心的图案好似晕染开的墨点，表达出一种“润物细无声”的意境。为实现表盘的动态显示，特意设计“动态影像显示结构”，利用视觉延迟原理，巧妙克服现有手表动态显示功能动作僵硬、缺乏动态变化连续性等缺点，充分体现“海鸥”在精密结构上的优势。该设计增强了品牌在国内外市场上的辨识度，使中国手表具备与世界名牌手表同台竞技的实力。该项目申报瑞士发明专利1项，国内发明专利1项、实用新型专利2项、外观设计专利2项。

润世腕表

（李慧娴）

【ST21系列全自动多功能机械手表的研发】 天津市科委“杀手锏”产品研发项目，由天津海鸥表业集团天津海鸥手表技术有限公司承担，2017年完成。该公司通过与瑞士、法国知名手表企业合作，引进加工设备及检测仪器，提升零件加工水平和精度，从而综合提升ST21系列产品质量，增加6种机芯和3大系列4个成表品种。该项目创新点：①将该系列产品瞬时日差从-10～+25秒/天提升到-10～+20秒/天，远远优于行业标准优等水平，部分精品达到瑞士-5～+15秒/标准。②自主研发检测工具，解决ST21系列产品快慢针与内夹、活动环与外桩扭力的测量技术问题。③推出一款非物质文化遗产“纯银花丝工艺”结合湖水蓝贝母表盘的女性腕表。该项目申请发明专利1项，实用新型专利1项。

（范　琚）

【智能手表用机械指针式显示技术研发】 天津市工信委工业科技开发专项资金项目，由天津海鸥表业集团有限公司承担，2017年完成，主要完成人有周文霞、辛浩、薛超君等。该项目采用海鸥“电机驱动的手表指示机构”等专利技术，开发智能手表用的卫星定位、授时、自动计步、无线对时、指南针、气压及高度测量等功能的机械指针式显示技术。项目采用新型钛合金等先进制造材料，使手表重量更轻，满足智能手表对多功能、大开面表盘的要求，并解决部分佩戴者对不锈钢有过敏反应的问题，产品设计更加符合市场对主流智能产品的功能与结构定位。项目研发过程中，建立相关质量体系要求和产品标准，实现智能手表的产业化生产。应用机械指针式显示技术的钛合金智能手表的推出，填补国内指针式智能手表的空白，促进海鸥产品转型升级，巩固了国内手表知名品牌的地位。

（范　琚）

【一种江米酒酒药微生物源凝乳酶的制备方法】 由天津科技大学完成，获2017年度天津市专利优秀奖，主要发明人有王艳萍、程巧玲、张阳等。该专利是一种江米酒酒药微生物源凝乳酶的制备方法，利用江米面作为培养基，通过酒药微生物发酵制备凝乳酶，采用硫酸铵分级沉淀法、离子交换法、亲和层析等逐级分离纯化，得到不同纯度的凝乳酶。其优势在于：①优化利用摇瓶发酵制备江米酒酒醪产凝乳酶的工艺条件，工艺简单，所确定工艺参数在国内尚无报道，制备的凝乳酶稳定、活力高。②将硫酸铵分级沉淀、凝胶层析、离子交换层析、喷雾干燥、冷冻干燥等方法结合，从江米酒酒醪中分离制备得到的凝乳酶活力可达4300U/mg以上，凝乳性能好。③将制备的凝乳酶用于干酪生产中，制得的干酪蛋白含量为33.0%，脂肪含量27.9%，水分含量26.5%，干酪品质良好。该专利在天津市佳宜酶制剂新技术有限公司、天津御匾国健生物科技有限公司、光明乳业有限公司、诺百克（武汉）生物科技有限公司、上海瀚厨餐饮管理有限公司等单位转化，不仅工艺简单、质量稳定、成本降低，而且能够保证食品酶制剂的产品安全，克服了传统方法中利用动物胃提取物或植物来源的限制，满足素食者的需求。

（李丽娜）

【利用麸皮开发酱油基料产业化应用与示范】 天津市农业科技成果转化与推广项目，由天津农学院刘金福主持完成，2017年9月通过天津市农委验收，10月完成成果登记。项目首次以小麦麸皮酶解液加入到低盐固态酿造酱油的酱醅中进行发酵，增加、强化酱油制曲中没有产生或酶活力较低的酶的分解效果，获得更多的酱油风味和色泽形成的前体物质，从而提高酱油的品质。研究酱油成曲中酶的种类，并对酶活进行测定。发现生产制备的酿造用成曲中除了蛋白酶（酶活性为1677U/g，达到国家标准要求）、淀粉酶（活性为789U/g），纤维素酶和木聚糖酶活性较低，且未检测到阿魏酸酯酶的酶活力。这说明成曲中酶系种类较少，强化或添加纤维素酶和木聚糖酶分解小麦麸皮等原料是提高原料的利用率、提高酱油品质的有效方法。天津农学院将这项授权国家发明专利"一种利用麸皮酶解物生产酱类食品基料的方法"及基料在传统酱油酿造中的应用技术等相关研究成果和技术进行转化，开发利用麸皮酶解液应用于酱油酿造过程，并在天津市利民调料有限公司进行生产和销售，实现销售收入1540万元，2017年全年新增效益200余万元。

（徐大为）

【农垦农产品质量追溯系统建设】 农业部农垦局农产品质量安全监管项目，由天津海河乳业有限公司、中法合营王朝葡萄酿酒有限公司、天津黄庄洼米业有限公司、天津农垦康嘉生态养殖有限公司4家单位共同完成，2017年4月11～14日通过中国农垦经济发展中心验收。项目承担单位从组织和制度建设、软硬件配备及运行、信息档案建立、产品质量控制、标签使用管理等五方面入手，通过将计算机技术运用到产品生产流程控制之中，记录每个批次产品在不同生产环节的质量安全信息，形成完整产品质量追溯链条，完成袋装巴氏奶、王朝干红、黄庄洼大米和农垦康嘉生猪4个产品的质量追溯系统建设，消费者可通过扫描追溯二维码查询产品质量信息。项目执行期间，累计实现追溯产品产量约3.52万吨，完成合同约定的建设内容。（韩占伟）

【具有辅助降血压和护肝功能乳制品的研究与开发】 天津市科技计划产学研合作重点项目，由天津商业大学胡志和和天津海河乳业有限公司武文起等共同完成，2017年4月27日通过天津市科委验收。该项目通过添加富含花青素的紫薯提取物和从牛乳酪蛋白水解物中分离出的具有抑制血管紧张素Ⅰ转换酶（angiotensin－converting enzyme，简称ACE）作用的活性肽，生产具有辅助降血压和护肝功能作用的发酵乳制品。通过每人每天1杯奶的饮食习惯，实现通过饮食预防和缓解高血压症状和保护肝脏的作用。项目开发3种添加富含紫薯花青素紫薯提取物和富含ACE抑制肽酪蛋白水解物的乳制品，包括添加紫薯提取物的发酵酸奶、添加紫薯提取物和酪蛋白水解物的发酵酸奶和添加紫薯提取物和酪蛋白水解物的酸奶粉；确定产品工艺路线和参数，并对产品功能进行评价；完成添加紫薯提取物酸奶、添加紫薯提取物和酪蛋白水解物酸奶2个产品的中试生产。在研究中，申请发明专利3项，获授权专利2项；发表学术论文12篇，其中2篇被EI收录。

（陈小红）

【养心奶的开发及产业化】 天津市工业和信息化委员会新产品新工艺项目，由天津海河乳业有限公司武文起等完成，2017年11月14日通过天津市工信委验收。该项目利用植物甾醇酯具有促进体内胆固醇降解的生理功能，开发添加植物甾醇酯的具有辅助降血脂功能的乳制品，建立养心奶的生产工艺及参数，利用气相色谱法检测养心奶产品中植物甾醇酯的有效含量，并完成消费者满意度调查。项目执行期间：开发植物甾醇酯牛奶（养心奶）产品，确定产品配方、产品工艺、保质期及质量监测标准；实现养心奶的产业化生产，销售645吨，实现销售收入620万元，净利润50万元；取得外观设计专利1项。

（陈小红）

【紫薯花色苷护眼功能食品的产业化开发】 天津市科委科技支撑项目，由天津市食品研究所有限公司蔡跃华等完成，2017年3月通过天津市科学技术评价中心验收。项目通过建立紫薯花青素的提取、纯化及稳定化生产的紫薯深加工成套技术，以紫薯花色苷为原料，开发具有护眼功能的紫薯花色苷产品。项目执行期间，申请发明专利2项，发表论文4篇，培养硕士研究生2人，晋升职称2人。

（王　琦）

【从谷朊粉中提取抗冻蛋白及其多肽的研究与产业化开发】 天津市科委科技支撑项目，由天津市食品研究所有限公司胡兆博等完成，2017年3月通过天津市科学技术评价中心验收。该项目选取谷朊粉为原料，通过酶解技术、UHT灭活技术、二级超滤技术等方法，优化产业化工艺条件，生产抗冻蛋白及多肽产品。提取出的抗冻蛋白含量为82.5%，热滞活性为0.27℃。项目执行期间，申请发明专利2项，发表论文4篇，培养硕士2人，晋升中级职称3人。（王 琦）

【有机无机复合硅钢片绝缘涂料的技术研发】 由天津市硅酸盐研究所有限公司张莉、孙广军、赵岩等完成，2017年9月通过天津市科委结题验收。该硅钢片绝缘涂料是在半无机绝缘涂料的基础上，针对其耐温性差、成分中含有铬酸盐等有毒物质的问题进行研发的。采用有机类成膜物质，加入高温黏结剂，并辅助加入适当的助剂和填料，经高速搅拌、混合，制备出分散均匀的有机无机复合涂料。而后采用适当的涂覆工艺，制备出一种不含铬酸盐等有毒成分，且涂层厚度均匀、绝缘性好，附着力强、耐热性好的环保型硅钢片绝缘涂料。该项目申请1项发明专利。

（杜 懿）

【高档场地竞赛用自行车架前叉组合件落重试验机的研发】 由天津市一轻科技信息研究所王万君、李俊民、石磊等完成，2017年9月通过天津市科委结题验收。项目针对竞赛用自行车的车架、前叉落重及静态弯曲组合测试性能和质量特点进行研发。研制的设备完全满足国家标准、国际标准中对性能、精度、可靠性、智能化和自动化等方面的要求。设备应用计算机与伺服控制技术，模拟遇到障碍物时可承受地面障碍物冲击及静负荷的相关测试，保证测试数据的准确性。采用模块化组合设计技术，满足各种车型测试。试验机的数据采集卡不仅能够成功实现对力值传感器的精确数据采集，而且接口简单，使用方便。设备使用高强度铸铝材料为基本构架，工装系统设计巧妙，整机占地面积较小，适应各类检测机构和企业场地需要。测试结果表明，该系统性能稳定，灵敏度高，精度高，达到设计目标的要求。

（杜 懿）

纺 织

【纺织集团年度科技工作简况】 2017年，天津纺织集团（控股）有限公司科技工作取得较好成绩。新产品试制211项、投产134项、产值1.54亿元；申请国内专利64项，其中发明专利11项、实用新型专利52项、外观专利1项。科技工作在以下几个方面取得进展。一是加强企业产学研合作，推动科技创新。①加强与天津工业大学等科研院所的合作，开展相关项目研发。该集团与天津工业大学签署合作框架协议及共建天津市先进纺织及检测技术协同创新实验室协议，并围绕特种纺织品、防护纺织品、军民融合纺织品等特殊功能纺织品的创新研发、产业化、检测检验等方面进行合作。②结合现有设备，按照产品技术含量高、附加值高的要求，通过多种合作方式在功能纤维及工业用纺织品（丝绸）、特种纤维复合纺织品（涂层）方面进行突破。二是整合科技和市场等资源，发展“两高”和“专精特新”产品。①天纺标、健龙公司、天投棉纺等单位6个产品通过科技成果鉴定。②多个项目获市级立项并获得政府资助。天纺投资控股有限公司、天纺标、纺饰所、器材所、飞天孚泽等单位的项目获市科委等600余万元资金支持。③天纺标的纺织品水分蒸发检验仪器研究与开发项目获中国纺织工业联合会科学技术二等奖。三是拓展高新技术企业、专利试点、科技平台等各类科技型企业。泰克诺尔、飞天孚泽两家企业（截至年底，累计9家企业）通过国家级高新技术企业认定。7家企业被认定为专利试点单位。工程院申报的空港经济区现代纺织特色产业基地通过科技部复核。天纺标获“天津市中小企业公共服务示范平台”称号。市发改委科技服务业专项“天纺标检验检测综合服务平台”项目获批立项，完成大型仪器共享认定工作。中小企业公共服务示范平台建设项目“天纺标检测认证服务平台”获批立项。四是深化创新平台建设。坚持“转思维、变模式”，一批企业在融入互联网、大数据等新模式上取得新进展。自贸通成为全市最大外贸综合服务平台，与中信保、eBay合作，推出为跨境电商海外仓出口提供全流程综合服务，与兆瑞晟宏公司联合，提供前端B2B服务，出口创新高。易跨竞公司启动跨境电商业务。服装进出口公司成立电商部，以俄罗斯为主要市场，以滑雪服为主打产品，销售额逐月上升。孚泽公司加入京东自营，年营业收入同比增加20.1%。天投公司推动网上公开采购销售，加入多个国内纺织专业平台。天纺标利用“互联网+”，打造数据信息平台。铜牛信息中心进入互联网、大数据和云存储实质运营。完善和增强“天纺E创园”创业服务基地功能。拓展天投公司“众创空间”“手工扎染”“无人机”体验馆发展空间和影响力。（王　泓）

【基于不同光催化体系的环境净化功能纺织品制备关键技术及产业化】 由天津工业大学、中纺院（浙江）技术研究院有限公司、江苏腾盛纺织科技集团有限公司、北京中纺化工股份有限公司及广西出入境检验检疫局检验检疫技术中心合作完成，负责人为董永春，获2017年天津市科技进步二等奖。该项目针对国内对环境净化纺织品的迫切需求及其制造技术领域存在的不足，研发基于不同光催化体系的纤维金属配合物和宽光谱响应锐钛型纳米TiO_2水溶胶整理功能织物两类环境净化纺织品制备与应用具有自主知识产权的关键技术。主要内容：①发明改性聚丙烯腈纤维和聚四氟乙烯纤维金属配合物制备技术，首创改性聚丙烯腈纤维和聚四氟乙烯纤维铁配合物及其包芯纱网状织物催化材料制备技术，作为非均相Fenton反应催化剂应用于染色废水的降解处理中。②开发多种含羧酸纤维金属配合物制备技术，成功制备低成本和高催化降解性的含羧酸纤维铁配合物及其网状织物催化材料，并应用在染色废水处理和回用中。③研制宽光谱响应锐钛型纳米TiO_2水溶胶环境净化整理剂工业化生产装置和制备技术，开发固定剂和纤维隔离剂等配套助剂，合成技术绿色节能，产品稳定性高。④攻克宽光谱响应锐钛型纳米TiO_2水溶胶整理功能织物的制备技术，基于轧烘焙工艺建成国内首条光触媒家纺织物和汽车用纺织品生产线。所制备的环境净化纺织品能在太阳光辐射下显示出高催化活性，成功净化室内和车内甲醛等污染物。

（郭建辉）

【新一代大型宽幅聚酯网热定型机】 由天津工业大学及河南华丰网业科技股份有限公司完成，项目负责人为杨涛，获2017年度天津市科技进步三等奖。该项目研制的新一代大型宽幅聚酯网热定型机幅宽可达8.5米，环状聚酯网织物总长度达120米，主要用于对宽幅聚酯网进行热定型加工，消除织物内应力使织物尺寸稳定、表面光滑平整、厚度均匀，延长聚酯网使用寿命。主要内容：①研制8.5米幅宽聚酯网热定型机，包含拉伸结构、拉幅结构、摆臂结构、针板结构和上下风箱等机械结构。②采用现场总线Profibus－DP搭建“一主五从”通信，实现对拉伸张力、拉幅张力、同步控制以及温度控制等多个变量的集散控制集中管理。③拉伸速度及张力控制：设计张力－同步双闭环交叉耦合控制算法，以解决前、后拉伸电机的同步性问题以及拉伸张力波动大引起网密差异性问题。④拉幅张力控制：针对拉幅过程不能一次性用过大张力对织物进行拉幅的问题，设计多段递增拉幅方法，嵌入变结构遇限削弱积分PID算法对拉幅张力进行在线实时调节。⑤针板链条位置同步控制：采用交流驱动和Fuzzy－PID控制算法，实现拉幅过程中前后针板链条以及针板链条和主动辊的同步，防止不同步引起聚酯网的撕裂。⑥温度控制：采用专家智能PID控制算法对热风箱温度进行实时调整，消除聚酯网横向及纵向内应力，改善聚酯网质量。⑦上位监控系统：使用工控机开发基于Wincc监控软件，对聚酯网热定型过程实时监控和参数调节。

（郭建辉）

【喷墨打印用染料/聚合物复合微球制备与性能】 天津市应用基础及前沿技术研究计划重点项目，由天津工业大学房宽峻等人完成，2017年12月通过天津市北方技术交易市场验收。染料/聚合物复合彩色粒子既具有比表面积大、着色能力强，又具有颜料优异的耐久性和染料优异的颜色性能等特点，成为国内外的研究热点，在涂料、化妆品、食品、电子显示和生物医学等许多领域展现出广阔的应用前景。该项目利用聚合物大分子链结构和聚集态结构的多样性和可设计性，通过设计聚合物的结构，制备可与染料牢固结合并上染的聚合物微球，并使用活性染料、分散染料对聚合物微球进行染色，成功得到4色染料/聚合物复合微球，并且将其应用于改性棉织物的染色，棉织物喷墨印花。之后利用染料/共聚物复合纳米球对阳离子化改性棉织物进行染色。通过透射电镜、纳米粒径和Zeta电位分析，差示扫描量热法等对复合纳米球进行表征，测定染色试样的色度学指标，并探讨复合微球用量、烘干温度对织物染色性能的影响，通过扫描电镜观察复合微球在织物上的沉积状态，对染料和所合成的聚合物微球的结构进行分析。结果显示染色及印花后织物的色牢度优良，符合项目合同规定及服用要求，该技术能用于喷墨打印的着色体系。

（郭建辉）

【纤维素纤维包涤纶小提花面料的研制】 天津纺织集团（控股）有限公司企业技术创新项目，由天津天纺投资控股有限公司自主开发，完成人有王梅、孙晶、葛晓华等，2017年通过市科委的科技成果评价。该项目具有自主知识产权和核心技术，申请发明专利1项。该产品采用纤维素纤维包涤纶长丝的包芯纱高速喷气织机梭织织造而成，纱支为9.7～14.8特克斯细纱支，芯纱涤纶采用20D细旦DTY涤纶长丝，织物组织采用平纹地小提花、绉组织、双层组织等。为解决纤维素纤维包芯纱织造时芯纱和外包纤维素纤纤维之间滑移问题，采用复合浆料上浆，提高浆液的渗透力和黏着力。不采用PVA浆料上浆，工艺更环保。严格控制上浆率、回潮率、使用抗静电剂，解决纤维素纤维包涤纶纱线织造时静电问题。小提花组织采用6～14页多综片织造，在保证正常开车的基础上，适当减少上机张力，调整后梁及经停架位置，加大综框动程保障织造过程经纱开口清晰。使用橡胶边撑，解决黏胶包涤纶产品织造边撑疵点问题。该项目主要应用纤维素纤维包涤纶丝复合纱线的优良性能，设计具有各种不同风格效果的提花面料，使该类面料在保留原纤维素纤维柔软、吸湿透气、亲肤性好的特点基础上，增加涤纶丝的芯纱做内衬骨架的效果，折皱回复性和尺寸稳定性增强，更好地满足服用需求，产品市场前景广阔。（王　泓）

【改性聚酯仪纶纤维产品的开发与运用】 天津纺织集团（控股）有限公司企业技术创新项目，由天津天纺投资控股有限公司自主开发，完成人有葛晓华、孙晶、马敬等，2017年通过市科委的科技成果评价。该项目具有自主知识产权和核心技术，申请发明专利1项、实用新型专利1项。项目系统研究仪纶纤维纺纱、织造生产技术。其产品采用新型改性聚酯仪纶纤维纯纺纱或新型改性聚酯仪纶纤维与棉、黏胶、涤纶混纺纱织造而成，织物采用平纹、斜纹、直贡、小提花、双层等多种组织，发挥仪纶纤维的性能特点，满足休闲服装面料的不同需求；选择适当减少棉卷重量与纺纱车速，提高车间温湿度，采用柔性梳理、选用抗静电处理皮辊等综合措施，解决仪纶纤维静电大、强力低造成棉卷蓬松、条子和纱线黏缠、断头等生产技术问题；采用吸湿性、柔软性好的棉、黏胶、莫代尔等纤维与仪纶纤维进行混纺交织，选择适当纱线捻度及斜纹、直贡、双层等交织点较少的组织使产品达到柔软、舒适效果；选择适当仪纶纤维混比、采用紧密纺纱、强捻纱、弹力纱等特殊工艺使产品具有较好的抗皱、保型、易洗、快干、抗起毛起球等特点。采用超仿棉仪纶纤维及其他纤维混纺的纱及其面料，纱线条干均匀度好，毛羽少，适用于高速喷气织机织造，用其制成的面料染色鲜艳、悬垂性好、亲肤性强、手感柔软、穿着舒适，布面丰满清晰，可抗起毛起球，自然抗皱具有优良的服用功能。产品市场前景广阔。（王　泓）

【缘梦健康床垫】 天津市技术创新项目，由天津市健龙科技有限公司自主开发，完成人有陈嘉新、苏盛围、孙瑞芙等，2017年通过市科委的科技成果评价。该项目具有自主知识产权和核心技术，1项专利获授权。缘梦健康床垫是集多领域的先进技术组合创新而研制的新产品，具有负电位、热能、磁、砭功能、负离子功能、远红外功能、静态指压按摩功能、抗菌防螨多功能的现代时尚的高科技寝具产品。该产品由11层材料组成，其核心部位由磁砭层、负电位层、负离子远红外层、麦饭石层、竹炭层、防螨抑菌棉层、分区发热碳纤维层、无胶环保支撑层等叠加组成。碳纤维加热体采用分区发热设计，适应不同体质人群及人体不同部位，更显人性化。将负电位层置于垫体上部，且在该层与发热层之间铺设远红外负离子层，加强负离子远红外功能受热时提升发射的功效，充分发挥负电位功能作用，设计科学，具有创新性。国内未见与该综合技术特征相同的健康床垫的文献报道。

（王　泓）

【多功能颈椎养护枕】 天津市技术创新项目，由天津市健龙科技有限公司自主开发，完成人有陈嘉新、苏盛围、孙瑞芙等，2017年通过市科委的科技成果评价。该项目具有自主知识产权和核心技术，1项专利已获授权。多能颈椎养护枕融入现代材料科学、人体工程学、中医理论、生物磁能、临床医学、纺织工程学等诸多领域技术研制而成，是一款集磁、砭、负离子、远红外、温热及牵伸等多种功能于一体的寝具。该产品在功能材料的选择、工艺制造上具有独到之处，充分发挥磁石、远红外、砭石、负离子等材料的功效，自主研发枕胎的形状和参数，自主开模具，按人体生理曲线特征设计，使之形成多个曲面，保证颈椎均匀受力、舒适。在提供颈椎养护及整体头部健康保健方面效果显著。采用先进的碳纤维发热材料，及8.4伏电压的发热功能设计，有对颈椎提供温热功效，促进血液循环，改善颈椎及头部供血，对肩颈部位的疾病有缓解作用。2017年实现产值350万元，销售收入300万元，利税105万元。

（王　泓）

【纺织品水分蒸发速率测试装置】 天津纺织集团（控股）有限公司企业技术创新项目，由天纺标检测科技有限公司、温州方圆仪器有限公司共同完成，完成人有单学蕾、程剑、葛传兵等，2017年通过市科委的科技成果评价。该项目通过对GB 21655.1—2008标准进行研究，设计生产出符合该标准的能够测量纺织品吸湿速干性能的测试仪。它能够精确地、可重复地进行测试，测量精确度提高，人工工作量减小。该仪器全自动操作，滴液、称量、记录数据和绘曲线、分析及计算、出报告，完全智能化处理，大大提高试验效率和一致性。根据试验要求，增加到洗前测试5个样品，洗后测试5个样品，10个工位，既保证每个样品的精确测试，又可达到多个样品平行比对的目的。增加校准砝码，每次测试前自动校准。升降机采用气动控制，操作运行稳定、噪音小。数据通信稳定，具备异常报警功能。具有远程校准功能。有两种试验结束方式可选（质量变化量、时间），能满足不同测试的需求，增加了试验的灵活性。该测试装置取代相同功能、价格昂贵的进口产品，降低企业的采购和使用成本。该项目的2件实用新型专利获授权。

（王　泓）

建筑材料

【太阳光/人工光半导体稀土转光生态玻璃】 由天津理工大学王达健、毛智勇、陆启飞等完成，获2017年度天津市技术发明三等奖。该项目通过光转换构筑660纳米散射光型PAR平面光源的技术思想，在国际上首创宽谱带稀土发光材料洁净量产技术。发明并实现太阳光和人工光型氮化物稀土转光材料和稀土覆膜玻璃材料的洁净量产，提出特征红光为660纳米、散射型、大尺寸植物照明中空平面光源玻璃的构型和制造技术，解决稀土发光材料的低温等离子体和工业高温微波炉生产工艺、图案化覆膜LED中空转光生态玻璃量产制造的关键技术，制定生态转光玻璃产品企业标准。在国际上率先建成1座太阳能—LED转光玻璃“垂直农场”示范大楼，建成4座360平方米的转光玻璃应用温室，制造各类室内平面光源生长层架并进行种植。经过3年运行，该新产品工艺和性能稳定。项目成果提升稀土发光材料量产和玻璃加工行业技术水平，扩大稀土发光材料及LED的农业照明应用领域，为垂直农场的建造提供关键材料和示范。项目获授权发明专利11项，其中转让6项。

（天津理工大学）

【绿色环保型高分子水中黏接剂的研究与应用】 由天津市建筑科学研究院有限公司、天津宁平化学有限公司承担，纪慧宇、王毅、姚宏亮、张超洞等完成，2017年5月31日通过天津市科委验收。该课题采用环氧高分子树脂做黏接剂的主要成分，改善传统树脂水溶性差、遇水不固化的缺点，研制出复合型活性溶剂和酮亚胺化固化剂。该黏接固化剂既能在干燥基面应用，又能在水中或潮湿基面黏结固化，具备性能全面、黏结性能好、强度高、耐久性好等优点。该课题通过主体树脂型号、固化剂掺量、促进剂的选择进行试验研究，对胶黏剂的合理组成进行系统的研究，同时模拟水下环境进行黏接抗拉试验、水中中砂和细沙灌浆试验、水中黏贴铁片试验、模拟带水灌浆试验，结果表明该胶黏剂指标符合项目使用要求。针对该胶黏剂进行挥发性有机物（VOC）、苯、甲苯+二甲苯、游离甲醛的检测，试验结果符合国家标准要求，属于绿色环保型产品。该研究成果获得国家专利，并获“巨石杯”全国建材行业技术开发类三等奖、天津市建材行业协会“技术革新奖”二等奖。

（张鸿毓　郭岩岩）

【BIM技术在协同设计和工程管理中创新应用】 天津水泥工业设计研究院有限公司完成，2017年

12月获首届“中国企业改革发展优秀成果”二等奖。该项目旨在确定一套合理有效的设计流程，推动设计方式从相对独立的设计转变为多专业协同设计，充分发挥BIM三维可视化设计、精细化设计、协同设计的优势；替代各专业之间的重复性工作，以提高设计效率和质量，缩短设计周期；为BIM技术在工程中材料管理、采购物流、施工模拟、资金管理、运营维护等阶段的应用奠定基础。（赵艳妍）

【新型低钙水泥熟料的研究及工业化应用】 “十二五”国家科技支撑计划项目，由天津水泥工业设计研究院有限公司俞为民牵头完成，2017年6月通过验收。该项目围绕实现水泥工业节能减排和低碳排放的迫切需求，研究开发出以贝利特为主导矿物的新型低钙水泥熟料及其煅烧工艺技术。建立微观结构和水化理论体系，对于新型水泥熟料宏观性能的进一步改进和完善提供理论基础。充分利用新型低钙水泥熟料的矿物组成和特殊配料要求，以各种工业废渣为原料，制备出高性能的低钙水泥熟料，使新型低钙水泥熟料的生产应用具备环保利废特点。通过技术改造建成多条工业化生产示范线，研究总结新型低钙水泥熟料的工业化煅烧关键工艺技术参数和熟料质量控制要素，实现新型低钙水泥熟料的工业化生产示范，获得高质量的水泥熟料，实现节能减排目标。新型低钙水泥混凝土力学性能和耐久性能标，如抗压强度、抗折强度、抗拉强度、弹性模量、抗渗性、抗化学侵蚀性能、抗冻性能、抗干燥收缩性能、抗碱集料反应性能都优于普通硅酸盐水泥混凝土，在水密结构、地下建筑、隧道工程、海洋工程、水工工程等应用中可以解决使用普通硅酸盐不能够解决的质量或耐久性问题，使用价值高于普通硅酸盐水泥。

（赵艳妍）

【立式辊磨半成品颗粒粉磨效率低的问题研究】 由天津水泥工业设计研究院有限公司项目 承担，主要完成人有豆海建、杜鑫等，2017年12月获中国科协第二届全国企业创新方法大赛三等奖（全国水泥行业唯一一家进入总决赛的企业）。该项目围绕立式辊磨半成品颗粒粉磨存在的主要问题（水泥熟料配比≥85%，粉磨效率降低，磨盘上料中半成品（45～80微米）含量增长（>20%），料层不稳，磨机状态急剧恶化、比表低、电耗高）开展研究，采用立磨粗细分级粉磨技术方案。同传统的粗细混合粉磨方案相比，在基本相同的工况条件下，其主机电耗降低8%～10%，系统电耗降低12%～15%。以配套5000吨/天熟料线的TRMK53.4水泥立磨为计算基准，系统电耗33千瓦时/吨，熟料配比90%，系统节电12%，则每吨水泥节电费用2.64元。

（赵艳妍）

【高黏水性环氧乳化沥青层间黏结材料研究】 该项目由天津市交通科学研究院、天津市高速公路管理处、天津市市政工程设计研究院、天津市亨益晟泰筑路材料科技有限公司承担，宋晓燕、周卫峰、苗乾、杨志伟、马洪福等于2017年完成。通过对水性环氧黏结层材料的固化体系进行研究，筛选出最适合用于水性环氧树脂改性乳化沥青的乳化剂、稳定剂及改性剂，进行原材料配伍设计，然后确定其最佳用量。制备出既满足规范要求又大幅提高性能的高黏水性环氧乳化沥青层间黏结材料。在一定的条件下对试件进行层间剪切试验和层间拉拔试验来确定新材料的抗拉强度，检验黏层用水性环氧树脂黏层的黏结性能。最后，对试验数据进行总结归纳并对试验结论进行进一步整理和分析，提出水性环氧树脂黏层的黏结性能评价方法和推荐技术指标。该课题的研究成果应用在天津市中心城区快速路项目勤俭道互通立交桥工程、京津高速公路桥梁养护工程、大港中石油储备基地水泥混凝土路面罩面工程和天津市八里台镇工业园区水泥混凝土路面罩面工程、天津市双青新家园园区、天津市团泊健康产业园区。该技术涉及高黏环氧树脂改性乳化沥青的制备工艺，原材料配伍性设计以及施工技术研究等方面，效果良好。

（苗　乾）

农业科技

概　况

【农业与农村科技】　2017年，天津市农业领域在国家重点研发计划、重大专项计划等共立项9个，获得国家科技经费9572万元。“惠农云商平台星创天地”等16家星创天地通过科技部备案。经过专家评审共有91个项目获得立项，其中兽药专项9项、科技帮扶提升示范工程33项、种业重大专项项目12项、一二三产业融合项目19项、农转项目18项。组织建立天津市优质小麦工程技术中心、天津市食品冷链物流工程技术中心和天津市动植物检疫处理工程技术中心等三家市级工程技术中心。科技帮扶工作进一步提升，天津市科委联合市人力社保局、市农委、市教委、市财政局出台《天津市深入推行科技特派员制度行动方案》，截至2017年年底，由833名科技特派员组成的61支帮扶团队累计帮扶村庄2324个，帮扶农户29947户，解决技术问题17808个，示范新品种362项，新技术304项；组织596场培训观摩会，培训农民34226人，发放技术资料39742份，带动农民就业13332人。（杨　焱）

【现代农业产业技术体系创新团队建设】　2017年，天津市开展农业产业技术体系制度建设，制定《天津市现代农业产业技术体系创新团队建设专项资金管理办法》《天津市现代农业产业技术体系创新团队考评办法》，形成完整的政策支撑体系。建立水产、蔬菜、生猪、奶牛、水稻、林果6个天津市现代农业产业技术体系，紧紧围绕年度制定的任务，解决一批制约产业发展的重大技术问题，在工作中，岗位之间、岗位与试验站之间开展协同攻关，形成团队协同的工作模式，改变单打独斗的研发推广工作模式，在研发攻关与技术推广方面取得重要的成果。全年，各技术体系累计培育和引进新品种192个，研发新技术32个，申请专利27项，解决产业发展的重大问题22项，取得显著的经济效益。

（刘士丛）

【农业科技成果推广】　2017年，天津市进一步加强农业科技推广体系建设，大力推广农业科技成果，组织实施农业科技成果转化与推广项目169项；全市有2283名农业科技人员参与项目实施，建立科技成果试验示范基地1295个、科技示范户5006户，带动农户17441户。全市示范推广一批农业科技新成果，为农业农村发展发挥重要的支撑作用，在推进农业供给侧结构性改革、推广绿色农业技术、农业废弃物资源化利用、推广节水灌溉新技术等领域取得显著成效。

（刘士丛）

【天津市畜牧兽医科技服务活动】　2017年，天津市畜牧兽医局开展畜牧兽医科技下乡服务活动，建立联系点，开展“一对一”“面对面”技术服务。全年组建技术服务小分队17个，派出技术人员55人，建立联系点100个，累计进场入户383人次，开展电话咨询404次，解决问题95个。通过指导服务、技术培训、科普宣传等形式，有效解决畜牧生产中遇到的实际问题，得到养殖场户好评。落实市农委困难村“一村一策”经济发展方案，扎实推进“困难村技术帮扶”工作。市畜牧兽医局派出6名技术帮扶专家，以技术帮扶500个困难村为依托，开展技术服务。通过新品种新技术新设施的引进，开展现场观摩、技术培训等手段，随时随地为困难村提供技术咨询和指导，取得显著成效。以“科技强国 创新圆梦”为主题，组织开展多层次、多形式的“第31届科技周”活动。科技周期间，组织畜牧兽医专题技术培训会和实用技术推动会；通过现场科普宣传、科技赶集等形式，开展科技下乡咨询服务活动。全市共举办畜牧兽医科技咨询服务1230次，1680人参加；举办培训班23次，培训人员1520人；组织义诊咨询3次，接待122人；提合理化建议10条，采纳8条；科普集市5场，860人参加；举办实用技术推动会6场，385人参加；组织科技人员下乡95次，参加科技人员180名；发放科普资料55种，共计48050份。（刘子芝）

【天津市畜牧兽医从业人员教育培训】 2017年，天津市畜牧兽医局贯彻落实中央农村工作会议、全国农业工作会议及市农业农村工作会议精神，树立“创新、协调、绿色、开放、共享”发展理念，以科学发展观为指导，以提高畜牧兽医从业人员素质为目标，围绕设施畜牧业提升工程、重大动物疫病防控、畜产品质量安全以及动物卫生、屠宰管理法律法规和检疫检验规范技术等主要内容，开展畜牧兽医从业人员实用技术普及培训，官方兽医、执业兽医和乡村兽医专业技术培训，为现代都市型畜牧业建设提供科技支撑。全年开展培训119期，培训人员7874人次。其中，针对畜禽养殖、屠宰加工、宠物诊疗等经营者开展畜牧生产、疫病防治、健康养殖技术等实用技术培训61期，培训人员4838人次；针对畜牧兽医管理系统内部官方兽医、职业兽医、乡村兽医等开展畜牧兽医专业技术培训58期，培训人员3036人次，超额完成年初制定的培训计划，通过培训提高从业人员的技术水平和服务质量。

（刘子芝）

【农机化学术交流】 2017年，天津市农机系统先后组织和承办各类学术研讨活动9次，参与科技人员1000余人次。主要活动有：①承办市农委主办的“京津冀农作物秸秆综合利用科技协同发展座谈会”，京津冀50余名专家学者到会，研讨先进适用的秸秆综合利用技术成果及装备，为提升天津市农作物秸秆综合利用科技水平项目奠定基础。②承办中国农机学会现代物理农业分会主办的“第八届全国现代物理农业工程技术发展研讨会”，全国各高等院校、科研院所、生产企业、农业生态园区、示范基地的教学、科研、生产及推广应用人员等专家学者120余人参加会议。与会学者开展学术交流，参观天津滨海国际花卉科技园区、天津滨海德盛农业科技有限公司，学习考察在花卉科技园区内展示的物理农业工程技术及装备。③主办“京津冀设施农业机械化发展研讨会”，研讨交流京津冀设施农业机械化技术，进一步促进农机农艺融合、提高京津冀都市群“菜篮子”产品供给能力、推进京津冀现代设施农业协同发展。④主办“天津市现代设施农业工程技术研讨会”，研讨天津市设施农业标准化、生产机械化、管理智能化、信息化等设施农业机械化技术专题。⑤举办“天津市水产养殖机械化技术研讨及展示会”，现场展示当前国内先进的高科技养殖设备，包括新型高效增氧机、臭氧消毒增氧机、便携式水下视频监控平台等20余种设备，围绕水产养殖技术开展专题技术讲座，该活动在北方网、天津广播电台等多家媒体报道。⑥举办天津市农用无人飞机发展（演示）研讨会，从农艺和农机角度研讨农用无人机飞防作业，现场演示无人机自动规划路线、自主作业、躲避障碍物等各项先进实用的功能。（沈孝均）

【中以农业科技合作】 2017年，天津市建立10个中以农业科技合作示范园区，完成建设智能温室4.28万平方米，建设日光温室12.14万平方米，园区以生产高质量更加安全和绿色生态的农产品，打造农产品品牌为目标，积极引进先进的种植品种和种植技术，推动以色列农业技术在全市的推广应用。

（刘士丛）

农业规划与发展战略研究

【天津市现代农业产业园建设规划方案】 天津市农村工作委员会2017年下达的重点研究项目，由天津市农村经济与区划研究所李瑾、孙国兴、陈丽娜等完成，2017年6月5日通过由天津市农委组织的专家论证评审。该规划方案贯彻全国现代农业产业园建设工作会议精神，按照《农业部、财政部关于开展国家现代农业产业园创建工作的通知》的要求和市委市政府关于发展现代农业产业园的决策部署，在充分调研分析基础上编制完成。一是对天津现代农业园区建设成效进行总结，同时分析存在的问题。二是提出天津现代农业产业园的指导思想、建设目标和建设任务。三是提出天津现代农业示范园的创建条件，特别是与农业特色镇特色村点创建培育相结合，初步确定第一批创建类园区10个、培育类园区22个，并提出具体园区的规划设想。四是提出天津现代农业产业园创建的机制创新与保障措施。专家评审组认为：该规划方案结构合理、思路清晰、目标明确、重点突出、措施具体，对天津打造现代都市型农业发展和社会主义新农村建设两个升级版具有推动作用和指导意义。 （孙国兴）

【大运河天津段沿线现代农业发展规划】 天津市农村工作委员会2017年下达的重点研究项目，由天津市农村经济与区划研究所史佳林、李瑾、张磊等完成，2017年12月22日通过由天津市农委组织的专家评审。该规划对大运河天津段沿线涉农的武清、北辰、西青和静海4个区18个乡镇、269个村农业资源环境条件进行调查分析，一是提出重点打造体现农业科技展示、精品绿色生产、特色产业融合等高端功能的产业发展带，以及打造集运河文化、农耕文化、漕运文化、古镇文化、生态文化于一体的运河休闲观光带、产业发展带、文化传承带和生态景观带的总体定位，并明确涉农区的区域定位。二是明确通过现代农业的开发与建设，实现农业转型、产业集聚、景观提升、服务升级、文化传承的目标。三是规划提出在大运河沿线重点建设田园观光功能区、休闲体验功能区、生态养生功能区、农耕文化功能区4种类型休闲农业功能区。四是规划提出现代农业产业园区、休闲农庄、观光采摘园、农耕文化园、特色种植基地类重点项目34项，产业融合特色村镇共22个，为大运河文化带建设提供载体。五是围绕规划实施明确政策保障、投入保障、科技保障、项目保障和体制保障。规划主要内容被天津市重点规划项目《大运河文化带天津段建设总体规划》采纳。 （孙国兴）

【天津城市化进程中失地农民就业行为、模式与对策机制研究】 该课题为天津市哲学社会科学规划领导小组办公室2014年下达的研究项目，由天津市农村经济与区划研究陈琼、黄学群、辛翔等完成，2017年2月通过专家评审。一是对天津市失地农民的就业现状进行分析。在此基础上，采用无序多分类Logistic回归模型基于对天津4个区县7个村80户失地农民进行的实地调查资料，对天津市失地农民的就业决策行为的影响因素进行实证分析，研究年龄、受教育程度、是否参加过就业培训、家庭人口数量、劳动力数量、未就业劳动力比重、家庭年总收入、对就业方面的法律和政策熟悉程度，以及获取就业信息的渠道对失地农民就业决策行为的影响。二是结合实地调研数据，分析失地农民就业过程中所存在的主要问题主要包括失地农民就业质量不高、就业竞争力弱、就业认知失当、就业渠道少、就业保障水平偏低，而通过深入剖析发现造成这些问题的原因主要是政策上的缺失、制度上的缺陷、发展上的不足和中介组织的能力有限。三是在广泛收集、梳理文献资料的基础上，总结国内现行的失地农民就业安置模式，借鉴各地实践模式的成功经验，提出对天津有益的启示，并对天津市各区域正在实行的就业安置模式进行归纳分析。四是提出天津构建“经济补偿、就业服务、创业扶持、居住安置、社会保障、政府监管”六位一体的失地农民创新安置模式和路径，以及相应的对策措施。

（孙国兴）

【天津新型城镇化进程中的农民生活方式变迁与对策研究】 该课题为天津市哲学社会科学规划领导小组办公室2015年下达的研究项目，由天津市农村经济与区划研究所崔凯、黄学群、郭静利等完成，2017年6月通过专家评审。对天津农民整体生活方式的变化进行梳理，指出新型城镇化背景下的变化趋势。结合实地走访和调研，从主客观视角剖析影响农民生活方式的因素。在实证研究中主要采取典型案例法，对天津环城四区、中部郊区、滨海新区和远郊山区等区域的农民生活方式变化的特点进行总结，归纳出天津农民生活方式变化的4种推进模式，即城镇化推动型、园区带动型、产业引领型和资源开发型。从产业、就业、观念、环境、扶持等方面指出改善农民生活方式需关注的重点，课题成果提出推进天津农民

生活方式转变的针对性建议，为有关部门合理引导农民生活方式转变，制定新型城镇化发展规划等提供研究支撑。（孙国兴）

蔬 菜

【优质多抗西瓜种质资源创新及系列新品种选育】 天津科润农业科技股份有限公司焦定量、商纪鹏、高素燕等完成，获2017年度天津市科技进步二等奖。项目组从创新资源入手，集成杂交、回交、分子标记辅助选择等技术研究，创新一批优质、多抗四倍体和二倍体资源，育成的三倍体无籽西瓜新品种集抗枯萎病、无籽性好、品质优良、耐贮性好等多重优点于一身，成功解决无籽西瓜在冷凉优生地区无法种植的问题，拓宽种植区域；解决二倍体西瓜优质与裂果、耐贮性差、货架期短的矛盾，同时改变目前对瓤色的感官判定方法，使瓤色分类更加精准，促进优质西瓜育种的科技进步和产业快速发展。该项目育成的无籽西瓜新品种“津密35”，填补国内黑皮无籽西瓜抗枯萎病的空白，解决无籽西瓜生产的连作障碍，已成为陕西及东北三省主栽品种，推广面积占同类品种50%以上；“津蜜30”有机地将染色体易位与三倍体败育叠加，突破北纬38度不能种植无籽西瓜的界限，开辟无籽西瓜在西北东北冷凉西瓜优生区栽培的先例。“津秀美”“天望一号”“津花2010”解决优质与耐贮性的矛盾，适收期由3～5天延长到10～15天，货架期由7～10天延长到20天以上。由于货架期的延长，克服现有品种上市货架期短的缺陷，实现了成熟瓜上市，使上市瓜中心含糖量由10%提高到12%，也由一口甜变为口口甜，有效地延长和调节市场供应。项目执行期间，新品种已在全国20多个省（直辖市）推广应用，2014～2016年累计销售西瓜良种39670千克，累计推广60万亩，主栽区占同类型品种的50%以上，新增社会经济效益6.26亿元。

（肖 瑜）

【甜瓜新品种示范推广及产业升级】 天津科润农业科技股份有限公司甜瓜研究室张若纬、彭冬秀、李秀秀等完成，获2017年度天津市科技进步二等奖。项目组结合天津市四季分明、日照充沛、昼夜温差大、土壤偏碱非常适宜甜瓜栽培的生态环境条件和毗邻首都北京、直通东北、东邻渤海、交通便利的区位优势，以具有自主知识产权的“丰雷”“花雷”等14个设施专用甜瓜新品种为核心，以标准化制种技术及高效化鉴定技术为保障，将特色品种、配套技术与高效种植模式有机整合形成的技术体系作为核心技术内容。以示范基地和规模产地的核心示范户作为成果转化平台，与产品销售商联手确保产品安全、优质，打造优势特色甜瓜产业和农业知名品牌，形成甜瓜在国内种业的强势地位，促进全国甜瓜产业向规模化、标准化、品牌化发展。项目成功将14个设施专用甜瓜新品种推广到全国22个省（直辖市）。其中天津市覆盖率达90.6%，河北、山东等主产区，覆盖率达21.1%。累计举办栽培技术讲座316次，技术指导650次，召开新品种展示会184次，建立示范户1350户。保护地制种基地占地面积153亩，年制种量达3700千克，为甜瓜产业升级提供种源保障。2014～2016年累计销售甜瓜良种8175.80千克，实现销售收入2108.36万元，三年全国累计应用面积22.23万亩，新增社会经济收益3.43亿元。（肖 瑜）

【黄瓜商业化育种体系构建及新品种选育与推广】 由天津德瑞特种业有限公司马德华、庞金安、张文珠等完成，获2017年度天津市科技进步二等奖。科研人员构建的黄瓜商业化育种技术体系真正实现了育种的规模化和流程化，育种规模国内最大。确立高通量的鉴定筛选技术体系，每年对3500份以上育种材料进行分离筛选，育成800份以上纯合稳定的亲本自交系，每年可对15000个新组合进行品种测试评价。开展黄瓜多种病害分子标记技术研究，实现分子技术在黄瓜育种中的规模化应用。每年利用抗病分子标记检测黄瓜材料10万份以上，抗性转育过程中实现分子标记的全生育期跟踪，鉴定和筛选效率大幅提高。种质创新过程中充分聚合多国黄瓜优异性状，育成品种实现优质、多抗、丰产特性的完美统一。新品种一经推广迅速成为当地黄瓜主栽品种。项目执行期间，新品种目前已推广到全国31个省（直辖市）；2014～2016年累计推广101.16万亩，新增总产量63730万千克，新增社会经济效益20.82亿元；新品种在天津地区累计推广12.4万亩，新增总产量7812万千克，新增社会经济效益2.56亿元；项目单位2014～2016年通过销售黄瓜良种累计创收16806.1885万元，实现净利润6610.1565万元；获得植物新品种权6项，申请品种权6项。

（天津德瑞特种业有限公司）

【花椰菜靶向分子育种技术及在新型育种材料选育中的应用】 南开大学、天津科润农业科技股份有限公司、天津农学院王春国、宋文芹、江汉民、古瑜、李慧等完成，获2017年度天津市科技进步二等奖。科研人员通过构建花椰菜靶向分子育种技术体系，实现花椰菜新型育种材料的高效、快速、靶向性选育，为花椰菜新品种培育提供丰富的优质种质资源。筛选、克隆花椰菜细胞质雄性不育及育性保持相关基因及特异分子标记。揭示花椰菜细胞质雄性不育性状形成的分子基础，建立花椰菜育性相关分子标记辅助筛选体系并实现花椰菜新型不育系及保持系育种材料的快速、靶向选育；鉴定、克隆花椰菜抗黑腐病相关基因及特异分子标记，构建花椰菜T—DNA突变体库，利用抗黑腐病分子标记筛选体系及突变体库，实现花椰菜抗黑腐病育种新材料的快速、靶向选育；鉴定、克隆花椰菜花球产量调控相关基因及特异分子标记，揭示花球大小调控的关键基因功能，建立花球产量相关分子标记辅助筛选体系，实现对高产花椰菜新型育种材料的快速、靶向选育。项目执行期间，获得2项授权专利；完成国家及省部级科研项目5项，并在天津科润蔬菜研究所、天津惠尔稼种业科技有限公司进行应用，协助企业选育花椰菜不育、优良父本、抗黑腐病、高产等新型育种亲本材料共计248份；研究成果已公开发表25篇学术论文，被引用173次，其中被SCI刊物引用42次。

（南开大学）

【芹菜规模化杂交制种关键技术试验示范】 天津科润农业科技股份有限公司王武台、彭冬秀、李秀秀等完成，2017年1月20日通过结题验收。项目建成芹菜原种扩繁试验基地10亩，建立芹菜杂交种亲本原种生产纯度控制体系，原种纯度达99.5%以上。建立芹菜规模化杂交制种技术示范基地200亩，研究制定出一套芹菜CMS规模化杂交制种技术规范，并在宝坻区制种基地示范应用，亩产量达到57.5千克，累计繁制芹菜优质杂交种17000千克，杂交种纯度达到98%以上。帮助制种农户实现直接经济收入累计超过70万元，平均每亩收入达2380元。项目执行期间，实现直接经济收入349.66万元；新品种在全国范围内累计推广种植17万亩，新增社会效益2亿元；累计培训500人次；申请地方标准1项；在核心期刊发表论文2篇；获得国家发明专利2项。

（肖　瑜）

【优质多抗番茄新品种及配套栽培技术示范与推广】 天津市农业生物技术研究中心吉立柱、金凤媚、郑艳红等承担的国家星火计划项目，2017年11月结题。通过建立番茄品种“津粉207”和“津杂213”安全稳定的制种基地，完善配套高产制种和栽培技术、形成以鲜果商参与、微信实时服务为特点的“试验示范、现场观摩、多方参与、实时服务”的示范推广新模式。一是分别在天津、河北、云南建成1亩亲本繁育田和10亩杂交种制种田的制繁种基地；开展相关繁制种技术试验，制定“津粉207”和“津杂213”高产制种技术规范。杂交种达到国家质量标准GB 16715—2010。制种产量达到18.23千克/亩，较实施前增产18.12%以上，制种成本降低15%以上。二是通过全国设施番茄重点产区的试种，明确示范品种“津粉207”和“津杂213”的适宜推广区域；研究完善示范品种配套的高产栽培技术规范，实现良种良法配套，亩产量均在7200千克以上，单产增加8.25%以上，精品果率均达到90%以上。三是建成“试验示范、现场观摩、多方参与、实时服务”的新品种示范推广新模式。项目执行期间，全国范围内建立示范基地5个，示范点22个，示范面积116亩，召开示范现场会10次，开展各种形式的技术培训12次，累计培训1120人次，发放宣传资料1500余份，新品种推广面积14380亩，销售收入302万元、净利润66万元（含合作单位），新增社会经济效益2935万元。

（王　姝）

【基于蒜氨酸先导化合物的高活性抑菌剂结构效应关系研究】　天津科技大学张民、刘锐、邬素华等承担的天津市应用基础与前沿技术研究计划项目，2017年3月完成。该项目以理化和酶解技术对蒜氨酸进行降解，进而综合采用现代分离纯化技术、分子结构鉴定技术、抑菌活性追踪技术和现代细胞生物学和分子生物学技术，研究确定高活性抑菌成分，明确其作用机理和构效关系。主要研究内容包括：①蒜氨酸降解产物结构鉴定及抑菌机理研究。以蒜氨酸为先导化合物，采用酶法、碱热处理法处理得到蒜氨酸衍生物，对其进行有选择的分离提取、活性追踪、分离纯化，并开展结构鉴定和抑菌活性研究，对蒜氨酸衍生物的抑菌活性机理进行探讨。②老蒜提取物活性成分分析及抑菌活性研究。对自制老蒜提取物进行萃取，体外抗氧化实验进行活性追踪，对活性单体进行结构鉴定。③黑蒜成分分析及其抗氧化活性研究。研究分析黑蒜醇提浸膏不同极性部位的抗氧化能力，并对黑蒜形成过程中糖类的相对分子量分布及其单糖组成进行检测。该部分作为项目成果的延伸内容，为后续的蒜源食品技术开发打下坚实的基础。项目执行期间，发表论文6篇，其中4篇SCI，1篇EI，1篇中文；申请国家发明专利1项，内容为高活性抑菌剂制备方法；培养并毕业博士研究生2名，硕士研究生2名。

（李丽娜）

【保护地蔬菜害虫生物防治新技术应用示范】　天津农学院刘海学主持完成的天津市农业科技成果转化与推广项目，2013年6月开始实施，2017年3月通过市农委验收，2017年4月进行成果登记。项目引进并示范应用天敌昆虫的“接种式释放”“值守与种群自持”和“缓释接力”等保护地蔬菜害虫生物防治新技术，扩繁并释放瓢虫、草蛉、捕食蝽、蚜茧蜂等天敌昆虫产品，显著控制重大蔬菜害虫蚜虫、蓟马、烟粉虱、斑潜蝇等的发生与危害，提升保护地天敌昆虫定殖性和防控作用。针对天津市蔬菜害虫发生特点，优化多种防治措施，对天敌昆虫、理化诱控、生态调控等单项技术进行合理组装，制定出“天津地区保护地蔬菜害虫生物防治技术规范”。在天津市静海区津美蔬菜种植园、西青区绿丰黄瓜种质实验场、武清区北八百户村、武清区后赶庄村、北辰区青光镇青光村、滨海新区万凤园农庄、蓟县侯家营镇示范区的番茄、黄瓜、甜椒、圆茄等10余种保护地蔬菜应用害虫生物防治新技术，示范面积574亩，技术辐射3300亩。示范区虫害防效提高16.9%，减少化学农药投入量60.8%，亩均节本增收3657.4元，实现化学农药的减量控害。

（徐大为）

【蔬菜新品种、新技术示范展示与推广公共服务平台建设】　天津润丰农业生产力促进有限公司李素文、彭冬秀、李秀秀等承担的科技创新体系及条件平台建设计划项目，2017年6月7日通过结题验收。项目建立核心示范基地1个，在天津市主要蔬菜产区武清、宝坻、静海、蓟县及宁河五个区县建立示范基地10个，在全国蔬菜主产区建立示范点102个。引进蔬菜优良新品种100余个，通过示范基地试验示范和辐射带动，提高蔬菜优良新品种覆盖率；引进并集成14项高效栽培技术，并在示范基地进行示范应用；与10家单位联合申报各类项目7项；面向中小企业开放60多次；组织培训49次2321人次，组织现场观摩会67次3335人次。项目执行期间，累计收入1341.7万元，净利润36.59万元。

（肖　瑜）

【菜花、白菜新品种转化体系集成与示范】　天津科润农业科技股份有限公司孙德岭、张斌、闻凤英等完成，2017年12月1日通过结题验收。项目组建成菜花、大白菜和不结球白菜技术创新中心和产业化中心，建立菜花、大白菜和不结球白菜规模化、标准化种子生产技术体系；完善菜花、大白菜和不结球白菜种子生产基地的管理模式。建立菜花、大白菜和不结球白菜原原种、原种基地215亩，年生产能力达1625千克；建立杂交种制种基地1950亩，年生产种子能力13.4万千克。菜花杂交种在天津市占有率达90%以上，占国内杂交种面积43%；青麻叶大白菜占全国同类型大白菜70%以上；不结球白菜占同类型播种面积的20%以上。项目执行期间，建成良种区域化试验示范场15个，面积达354.2亩；建立示范户84户，培训农民2070人次。年销售菜花、大白菜和不结球白菜良种10.55万千克，年销售收入达2340万元；年推广面积90.5万亩，社会经济效益20.25亿元，新增社会经济效益4.425亿元。制作主要技术的视频科普片1套；项目实施过程的影像资料光盘1套。 （肖　瑜）

【黄瓜雄性不育突变株的发现及不育机理研究】 天津科润农业科技股份有限公司黄瓜研究所韩毅科、杜胜利、高尚等承担的应用基础与前沿技术研究计划重点项目，2017年7月结题。项目组对新发现的黄瓜不育突变株进行遗传机制研究，不育突变株败育彻底，不育性状稳定，不育是由一对隐形核单基因控制。对黄瓜雄性不育机理进行系统研究，发现雄性不育发生在花粉母细胞进行减数分裂之前；不育系细胞内各种质体发育异常，细胞液泡化严重，花粉母细胞发育异常，导致不能进行正常减数分裂形成花粉母细胞；精细定位黄瓜雄性不育突变体基因。科研人员利用RNA-seq技术分析黄瓜雄性不育和可育花蕾的差异表达基因，分析在减数分裂时期雄性不育突变体和野生型雄花花蕾基因表达谱，分析可能参与雄性不育发生过程的基因。通过RNA—seq技术筛选黄瓜雄性不育与野生型可育显著性差异表达基因545个，403个基因表达下调，142份基因表达上调。经GO和KEGG分析，差异表达基因与乙烯激活的信号通路、细胞周期和DNA损伤修复等多种代谢途径。该差异基因可作为育性相关候选基因开展进一步研究。 （李　静）

【设施专用型速生白菜系列新品种示范推广】 天津科润农业科技股份有限公司张斌、罗智敏、闻凤英等完成，2017年12月21日通过结题验收。项目累计生产“速生快绿”“30快菜”“速生8号”3个设施专用型速生白菜杂交种子9.5万千克，制种单产76.5千克/亩，回收成品率达到96.0%；80.2%商品种子使用专用种衣剂包衣。种子质量达到国标一级种子标准，即种子纯度达到96.0%，净度99.0%，发芽率90.0%。在天津市建成转化成果示范基地（点）85个，其中帮扶村8个，示范户41户。项目执行期内，3个转化品种累计示范应用面积31.5万亩，其中天津应用面积4.1万亩；新增效益500元/亩，农民新增收入1.58亿元；技术培训1520人次。项目制订出转化品种天津地区设施栽培配套技术规程1套；项目制作栽培技术的视频科普片1套；项目实施过程的影像资料光盘1套。

（肖　瑜）

【韭菜生态基质无土栽培安全生产技术集成与生产示范】 天津农学院、中国农业科学院蔬菜花卉研究所李树和等承担的天津市农业科技成果转化与推广项目，2013年4月开始实施，2017年5月通过市农委验收。2017年8月进行成果登记。项目组利用菇渣、炉渣、作物秸秆等廉价基质，采用槽培、袋培、盆栽、盘栽等有机生态型无土栽培技术，探索条播、穴播等播种方式及播种密度，施用不同的肥料及施肥量，结合物理的、生物的防治病虫害技术，使韭蛆、疫病等病虫害发生频率降低80%。化学农药用量降低75%，产品农残检测合格率达到100%，达到无公害食品标准。该项目在西青、静海、大港等区县实施，减少韭菜的污染，减少“韭蛆”的危害，使天津市韭菜真正达到无公害标准或绿色食品标准。项目执行期间，建立韭菜的有机生态型无土栽培种植基地5处，示范面积达到210亩，亩增产22%，亩增效46.4%；累计推广面积750亩，累计新增经济效益318万元。

（徐大为）

【秋葵优质、高产、生态种植技术示范】 天津农学院陈宏毅主持完成的天津市农业科技成果转化与推广项目，2015年10月开始实施，2017年9月通过市农委验收。2017年10月进行成果登记。项目组在露地栽培条件下，充分利用天津气候变化特点，结合秋葵的生物学生长特性，实现露地双茬密植栽培，达到增产增效目的；在温室条件下，利用温室的温度调节作用，结合秋葵在反季节设施栽培中花粉的萌芽率、生命力和果实内在品质变化特点，采取三茬栽培，实现增产近三倍的目标。利用中草药的药性原理，结合秋葵病虫害特点，确定病虫害防治液制作方案。利用果蔬所含成分特点，结合秋葵在不同生长时期摄取营养成分的需求特点，制定不同时期适合秋葵生长需要的生长促进剂的制作和施用方案。

（徐大为）

【多种活性成分辅助降血糖联合作用及功能性食品开发】 天津农学院、天津核生科技生物工程有限公司刘金福等完成的天津市科技支撑计划重点项目，2013年4月开始实施，2016年11月通过市科委验收。2017年4月进行成果登记。项目组以农产品为主要原料进行精深加工，开发辅助降血糖保健食品及其配料。通过细胞模型和动物模型方法并采用组学的观点和思路，研究活性成分组合后在降血糖、改善糖脂代谢功能方面的系统行为，建立多成分、多层次、多靶向试验技术体系。建立具有氧化应激的2型糖尿病小鼠模型，通过糖脂代谢和氧化应激的主要生化指标的相关性分析及Nrf2—ARE和PI3K/Akt信号通路揭示活性成分联合干预对改善糖脂代谢紊乱与氧化应激的关联性和机制。采用包埋技术、缓释技术和重组技术，开发多成分配合，具有缓释效果的降血糖保健食品。根据不同活性成分的功效，通过科学合理的试验技术体系和数据整合分析方法在体内外、分子水平上研究它们的联合作用及机制；集成现代高新技术，开展辅助降血糖保健食品的开发，为天然产物提取物的深度利用和产业发展提供技术和产品支持。（徐大为）

【西瓜瓤色的数字化分析体系的构建】 该项目由天津科润农业科技股份有限公司蔬菜研究所商纪鹏、彭冬秀、李秀秀等完成，2017年9月通过结题验收。项目组通过对不同瓤色西瓜样品取样，分析得出粉红瓤色的L×S值变化区间为[22.6—55.0]之间，桃红瓤色的L×S值变化区间为[46.7—65.9]之间，红瓤色的L×S值变化区间为[62.3—75.2]之间，橘红瓤色的L×S值变化区间为[68.8—78.4]之间，大红瓤色的L×S值变化区间为[74.4—81.7]之间，完成西瓜瓤色的数字化分类。项目执行期间，建立1套西瓜瓤色数字化评判方法，经验证对西瓜瓤色分类准确性达到了100%。发表核心期刊论文2篇；申请发明专利1项。（肖　瑜）

【黄瓜新品种选育及产业化提升】 天津科润农业科技股份有限公司黄瓜研究所杜胜利、李淑菊、李家旺等承担的科技支撑计划项目。针对影响天津市黄瓜良种产业发展的关键问题，通过黄瓜育种和产业化关键技术创新，全面提升黄瓜良种产业化水平。①研究完善黄瓜单倍体育种技术、分子标记育种技术和多抗性抗病性鉴定技术，创新黄瓜亲本材料30份，育成新品种10个。②研究建立高效黄瓜杂交制种技术体系，建立标准化、简约化、机械化杂交制种技术体系，种子合格率达到96%以上，成本降低10%，研究创制《华北地区黄瓜网室隔离杂交制种技术规范》。③国内首次将分子标记技术规模化应用于黄瓜杂交种种子纯度检测，首次构建多个黄瓜品种标准指纹图谱。研究撰写《SSR技术检测黄瓜杂交种子纯度的技术体系研究》。④建立覆盖国内黄瓜主产区的试验示范网，销售推广网，实现试验—示范—推广一体化，使育成品种迅速实现成果转化。该项目创新点：育种技术创新，实现生物技术与黄瓜遗传育种研究的紧密结合，黄瓜育种效率大幅提高；品种创新，育成品种抗病、抗逆、优质、丰产，适宜不同茬口栽培 满足全国黄瓜生产的多样化需求；制种技术体系创新，将滴灌与机械化采种引入黄瓜杂交制种，结合应用黄瓜网室隔离杂交制种技术，实现黄瓜制种简约化、机械化，显著提高黄瓜杂交种子的质量，有效降低制种成本；种子检测技术创新，种子纯度分子检测及规模化应用，首次构建黄瓜品种标准指纹图谱；推广模式创新，依托全国范围的试验示范基地、试验示范网、销售推广网，建成新品种试验—示范—推广一体化体系，加快品种推广速度，提高推广效率。（李　静）

【黄瓜化学诱雄技术的研究与应用】 该项目由天津科润农业科技股份有限公司黄瓜研究所邓强、曹明明、杨瑞环等完成，2017年3月结题。研究发现田间诱雄试剂的统计范围在20节以内就能直接反应诱雄效果。普通雌雄同株异花株系黄瓜材料Q12，在1叶1心和3叶1心各喷施一次600毫克/升硫代硫酸银溶液诱导出的雄花最多，制种产量提高7%。强雌系黄瓜材料（G5—2），在1叶1心和2

叶1心各喷施1次800毫克/升赤霉素溶液，诱雄效果最好，制种产量比对照提高35%。全雌系材料298，在1叶1心和3叶1心各喷施1次600毫克/升硫代硫酸银溶液，诱雄出的雄花最多，制种产量提高118%。通过该项目的研究，在黄瓜三叶一心期进行化学诱雄，统计不同浓度的赤霉素、硝酸银和硫代硫酸银对雌雄同株异花株系、强雌系和全雌系黄瓜品种的诱雄效果，建立衡量黄瓜化学诱雄效果的方法；选择出最佳药剂及其最佳诱雄浓度。

（李　静）

粮食作物

【白粒抗穗发芽强筋冬小麦新品种‘津农6号’的选育与示范】　该项目由天津市农作物研究所冯刚、王建贺、梁丹等完成，获2017年度天津市科技进步三等奖。白粒小麦具有种皮薄、出粉率高、面粉白度好等优点，深受面粉企业欢迎，但收获期遇雨极易穗发芽，使得面粉发黏，严重影响品质。为选育白粒抗穗发芽优质品种，项目组通过技术创新，利用自主研发强筋冬小麦育种技术体系，历时9年成功培育出白粒抗穗发芽、强筋高产、面包/面条/馒头兼用型小麦新品种“津农6号”，协调“强筋与高产、白粒与抗穗发芽”负相关性状间的矛盾，填补北部冬麦区优质高产、白粒抗穗发芽品种空白。（李素敏）

【水稻新品种津粳优2018】　该项目由天津市国瑞谷物科技发展有限公司刘学军等人完成。粳型杂交水稻品种，整精米率65.5%，垩白粒率26%，垩白度5.8%，直链淀粉含量14%，胶稠度83毫米。栽培技术要点：①育秧，播前药剂浸种，防治干尖线虫病和恶苗病，控制播种量，培育带蘖壮秧。②移栽，手插秧龄35天左右，株行距26.6厘米×13.3厘米，每穴栽3～4株。③肥水管理，氮、磷、钾、锌肥配合使用，施肥宜早，早促早发，搭好丰产架，确保有效穗20万左右。④水浆管理，薄水栽秧、寸水活棵、浅水分蘖、够蘖烤田、深水抽穗扬花、后期干湿交替，忌断水过早。⑤病虫草害防治，注意对稻瘟病、纹枯病、稻曲病、稻飞虱和螟虫防治特别注意防治稻瘟病。该品种符合国家稻品种审定标准，通过审定，适宜在河南沿黄及信阳地区、山东南部、江苏淮北、安徽沿淮及淮北地区种植。稻瘟病重发区不宜种植。（李素敏）

【水稻新品种金粳698】　该项目由天津市水稻研究所刘学军等人完成。金粳698属粳型常规水稻品种，整精米率67.1%，垩白粒率22%，垩白度4.9%，直链淀粉含量16.2%，胶稠度63毫米，达到国家优质稻谷标准3级。栽培技术要点：①育秧，播前药剂浸种，防治干尖线虫病和恶苗病，控制播种量，培育带蘖壮秧。②移栽，手插秧龄35天左右，株行距26.6厘米×13.3厘米，每穴栽4～5株。③肥水管理，氮、磷、钾、锌肥配合使用，施肥宜早，早促早发，搭好丰产架。④水浆管理，薄水栽秧、寸水活棵、浅水分蘖、够蘖烤田、深水抽穗扬花、后期干湿交替，忌断水过早。⑤病虫草害防治，注意对稻瘟病、纹枯病、稻曲病、稻飞虱和螟虫防治，其他病虫草害同一般常规稻。该品种符合国家稻品种审定标准，通过审定，适宜在河南沿黄及信阳地区、山东南部、江苏淮北、安徽沿淮及淮北地区种植。

（李素敏）

【小麦新品种津强11号】　该项目由天津市农作物研究所王建贺、梁丹、王从磊等完成，2017年结题。该品种春性，幼苗直立，株高78.4厘米，穗纺锤型，长芒、壳白色，粒红色，粒质硬质，籽粒较饱满。平均亩穗数36.6万，穗粒数32.1粒，千粒重44.3克，容重809克/升。抗病性鉴定：高感白粉病，病情指数63.5；中感叶锈病，病情指数38.9；中感条锈病，病情指数43.7。品质分析：粗蛋白质含量（干基）16.48%，湿面筋含量32.2%，吸水率62.9毫升/100克，面团稳定时间13.4分钟，最大拉伸阻力Rm.E.U.636，拉伸面积172平方厘米。

（李素敏）

【小麦新品种津强12号】　该项目由天津市农作物研究所王从磊、梁丹、王建贺等完成，2017年结题。该品种春性，幼苗直立，株高73.9厘米，穗纺锤型，长芒、壳白色，粒白色，粒质硬质，籽粒较饱满。平均亩穗数35.8万，穗粒数31.3粒，千粒重42.6克，容重814克/升。抗病性鉴定：中抗白粉病，病情指数15.8；中抗叶锈病，病情指数13.4；中感条锈病，病情指数21.3。品质分析：粗蛋白质含量（干基）15.34%，湿面筋含量31.4%，吸水率62.1毫升/100克，面团稳定时间18.9分钟，最大拉伸阻力Rm.E.U.856，拉伸面积161平方厘米。

（李素敏）

【小麦新品种津强13号】 该项目由天津市农作物研究所梁丹、王建贺、王从磊等完成，2017年结题。该品种春性，全生育期101天。幼苗直立，株高74.1厘米，穗纺锤型，长芒、壳白色，粒红色，粒质硬质，籽粒较饱满。平均亩穗数36.2万，穗粒数32.0粒，千粒重44.8克，容重796克/升。抗病性鉴定：中抗白粉病，病情指数12.5；中感叶锈病，病情指数30.5；中感条锈病，病情指数58.2。品质分析：粗蛋白质含量（干基）16.76%，湿面筋含量31.4%，吸水率62.1毫升/100克，面团稳定时间8.5分钟，最大拉伸阻力Rm.E.U.589，拉伸面积118平方厘米。（李素敏）

【根系活力对有机水稻氮素利用率和品质食味相关性研究】 天津农学院边嘉宾主持完成的天津市应用基础及前沿技术研究计划 项目，2017年3月进行成果登记。课题组以天津、河北地区部分主栽良食味水稻品种为试验材料，在天津水稻主栽地区进行4年的有机栽培试验，每年对选取的一部分样品进行产量和产量构成要素的测定，对另外一部分样品进行品质和食味分析。每年分别调查不同生育时期不同水稻品种基部节间的伤流强度，探讨在不同氮素供应水平条件下，伤流强度与氮素吸收率、与产量及产量构成要素和与品质食味特性的关系，为精确定量合理施肥、节水灌溉和水稻高产优质栽培提供理论基础。

（徐大为）

【小麦磷脂酶Dα调控气孔运动及渗透胁迫响应的研究】 天津农学院王俊斌主持完成的天津市高等学校科技发展基金项目，2017年8月进行成果登记。课题组以过表达小麦PLDα基因拟南芥为材料，研究PLD调控气孔运动及响应渗透胁迫的作用，揭示小麦PLDα在气孔运动调控和渗透胁迫响应中的功能，并为小麦抗逆育种提供依据。科研人员从普通小麦中克隆一个磷脂酶D（phospholipase D， PLD）基因，命名为TaPLDα。响应ABA，MeJA，NaCl，PEG，脱水等刺激后，TaPLDα表达均不同程度升高。借助可诱导的表达载体，并将TaPLDα转化并在拟南芥中过表达。与野生型相比，过表达植株对干旱和渗透胁迫有更强耐受力，种子对ABA的敏感性也增强了。探究其原因发现，过表达导致拟南芥中RD29A，RD29B， KIN1和RAB18等胁迫相关基因表达上调，提高抗逆能力。研究发现，PLDα在植物对低空气湿度的应答过程中起正调节作用。课题组从普通小麦中克隆到PLDα基因，并鉴定其在植物气孔运动和响应渗透胁迫过程中的作用。项目执行期间，发表论文9篇，其中SCI收录论文2篇，核心期刊论文7篇，培养研究生2名。

（徐大为）

【京津冀环境友好生态施肥关键技术与应用】 由北京市土肥工作站，中国农业大学，中国农业科学院农业资源与农业区划研究所，河北省土壤肥料总站，天津市土壤肥料工作站，北京市大兴区土肥工作站，北京市房山区农业科学研究所，秦皇岛三农现代化机械设备有限公司，北京绿得利工贸有限公司，保定民得富新型肥料有限公司等单位完成，获2016～2017年度神农中华农业科技奖科研成果一等奖。课题组针对京津冀地区农业生产施肥过量、环境压力大等突出问题，在2007年3月至2014年10月，通过实施国家自然科学基金“我国典型农业土壤长期施肥下有机碳库组分差异及演变规律”（2009～2011年），农业部支持北京市、天津市、河北省测土配方施肥项目（2007～2014年）和北京市财政支持测土配方施肥项目。京津冀土肥水多家推广、教学、科研和有关公司联合创建环境友好生态施肥关键技术，采取边研究，边示范、边推广的方式，通过大田试验的引领、典型区县的示范带动、配方肥及限量指标的大面积应用，取得多项创新性成果，创建技术产品化、技术信息化、技术政策化、技术社会化的高效推广模式。京津冀累计推广3857.4万亩，节省化肥投入12.6万吨，降低温室气体排放153万吨，防止硝酸盐淋失1.56万吨，节省环境成本3.1亿元，生态、经济效益显著，为京津冀地区农业生态环境政策的制定与实施提供依据。

（郑育锁）

畜牧业

【家禽重大疫病疫苗关键工艺技术创新与集成应用】　天津瑞普生物技术股份有限公司、江苏省农业科学院、瑞普（保定）生物药业有限公司李守军、梁武、于漾、郁宏伟、朱秀同等完成，获2017年度天津市科技进步二等奖。科研人员以促进国内家禽疫苗产业升级换代、提高家禽重大疫病防控水平为目标，针对家禽疫苗抗原含量低、副反应强、质量不稳定、免疫效果差等问题，对新毒株选育、抗原纯化浓缩、多联多价、耐热冻干保护与免疫增强剂和疫苗质量控制5项关键工艺和瓶颈技术进行攻关和集成应用研究，开发出国际首创一类新兽药1个、国内首创二类和三类新兽药13个。该项目特点：①针对家禽重大疫病建立起覆盖主要养殖密集区的疫苗毒株筛选体系，首次选育出鸭坦布苏病毒病疫苗毒株。②开发出具有自主知识产权的大规模抗原纯化浓缩技术，国内首次实现家禽疫苗致敏蛋白和毒蛋白的低成本去除，抗原浓度提高5～10倍，开发出可一针防多病、低免疫剂量、高安全性的多联多价系列灭活疫苗，成本仅为进口产品的1/2，国内市场占有率达到第一。③将活疫苗耐热冻干保护技术与新型免疫增强剂技术结合，解决长期困扰国内家禽活疫苗抗原失活和免疫效力低下两大难题，实现2℃～8℃环境下保存期达到24个月，抗体效价提高1～2个滴度，打破跨国公司长达30余年的技术垄断。④建立新型蚀斑、RT-PCR定量分析、单克隆抗体3种疫苗毒价及效力检测专利技术，替代传统质量检验技术，使疫苗检验期由20～30天缩短到1～3天，精确度提高3～5倍，并且重复性强。项目执行期间，应用至20个产品，覆盖全国30多个省（直辖市），累计推广应用至21.4亿羽家禽，为家禽养殖业增效50亿元以上；项目近3年累计实现销售收入34265.99万元，新增利润7066.64万元，上缴税收2350.85万元。

（天津瑞普生物技术股份有限公司）

【养猪源头减排关键技术研究与应用】　天津市畜牧兽医研究所、中国农业科学院北京畜牧兽医研究所穆淑琴、陈亮、刘静波、唐湘方等完成，获2017年度天津市科技进步二等奖。项目组围绕着生猪养殖过程中的营养调控、环境控制、饲养管理、抗病能力等方面，从基础研究、关键技术和示范推广的角度入手，对养猪源头减排技术展开系统研究。主要创新点如下：①建立猪用蛋白质饲料原料消化能值估算方法，系统研究饲粮纤维类型和水平对生长育肥猪饲粮养分的消化、降解和发酵规律，发现可溶性和不溶性日粮纤维对饲料养分消化率和流量的影响规律。②发现日粮纤维可降低生长猪粪尿氨氮排放，揭示日粮纤维水平对内源磷损失的影响，明确大肠在磷消化吸收中的作用，建立1套标准化的生长猪饲料磷消化率评定方法，提高评定的准确性，减少饲料中磷的添加量，有效降低磷的排放。③构建仔猪抗氧化应激模型，研究以L-茶氨酸、酪酸梭菌为主要成分的抗氧化应激的营养与饲料调控技术，使用该项技术可增强猪的抗氧化能力和免疫力，显著减少仔猪腹泻。研究温度对猪采食行为、生长性能、抗氧化能力及免疫功能的影响规律，优化调节仔猪免疫和缓解应激的饲养管理模式。项目技术成果累计在10余个饲料厂、20个养猪场示范应用，从源头减少氮、磷的排放，显著改善生态环境；生态效益、社会效益和经济效益显著，对促进养猪业与人类社会的协调发展具有重要的意义。

（杨春蕾）

【高产奶牛粗饲料结构优化技术】　天津市科技支撑计划项目，由天津市畜牧兽医研究所、天津嘉立荷畜牧有限公司王丽学、霍文娟、刘景喜等完成，2017年3月结题验收。课题组通过对全株玉米、苜蓿和小黑麦不同收获期（或刈割时期）和留茬高度下营养品质的变化进行研究，确定各自的最佳收获时期（或刈割时期）和留茬高度；粮用型玉米和粮饲兼用型玉米在乳熟中后期收获留茬24厘米左右，平均干物质含量均达到28%以上，在制作全株玉米青贮时添加植物乳杆菌、凝结芽孢杆菌和乳酸片球菌组合微生物添加剂，其中性洗涤纤维控制在60%以下；小黑麦干草平均干物质含量88.18%，在拔节期刈割留茬10厘米时中性洗涤纤维含量＜50.93%；苜蓿平均干物质含量90.25%，在现蕾期一茬和现蕾期五茬以及初花期一茬收获留茬高度10厘米时其中性洗涤纤维含量可控制在45%以下。研究筛选出全株玉米青贮的最佳微生物青贮添加剂菌种组合及最适剂量，以营养价值评定后的全株玉米青贮为基础，搭配苜蓿干草和优质禾本科牧草，优化高产奶牛全混合日粮配方，建立2组高产奶牛不同产奶水平的粗饲料供给模式，并根据"奶产量/666.7平方米"指标进行土地粗饲料生物量的产奶能力评价。项目执行期间，在天津地区5个奶牛场示范应用5700头泌乳牛，奶牛平均年单产提高536千克/头，增加奶产量3055吨，新增产值1130.35万元，新增利润611万元；申请发明专利2项，发表论文8篇。

（杨春蕾）

【国家一类新兽药—禽流感DNA疫苗成果转化与推广】 天津瑞普生物技术股份有限公司承担的中央财政农业技术推广与服务补助资金项目，2017年7月通过结题验收。项目总投资431.12万元，其中财政资金支持200万元。课题组通过对工程菌的发酵、裂解，质粒的分离和纯化等工艺进行放大与优化，开发出成套的DNA疫苗质粒的生产和纯化技术，确定较佳高密度生物发酵工艺流程和参数，制定禽流感DNA疫苗的质量控制标准，建立包括性状、无菌检验、pH值、内毒素检测、安全检验、效力检验等8项检测标准。项目执行期间，制定针对蛋雏鸡、青年蛋鸡和肉鸡的禽流感DNA疫苗免疫程序及临床应用方案，在天津、河南、山东选择5个规模化养殖场进行禽流感DNA疫苗临床扩大试验，并开展技术模式宣传和技术培训，举办技术培训与示范推广会136场次，培训人员12784人次。在天津、河南、山东、陕西、辽宁、宁夏等省市养殖密集区建立15个试验基地和50个示范基地 。项目产品——禽流感DNA疫苗应用推广5330万羽家禽，促进农民增收7400余万元。

（刘子芝）

【奶牛肢蹄病综合防治技术的示范与推广】 天津农学院杨升主持完成的天津市农业科技成果转化与推广项目，2010年9月开始实施，2017年11月通过市农委验收。2017年12月进行成果登记。课题组以现场调查数据为基础，制定有针对性的预防措施，选择示范点形成奶牛肢蹄病的防治技术规范并进行大面积推广；发挥产、学、研相结合优势，企业为示范基地，农学院为技术依托，以技术传递为手段进行示范推广。科研人员调研天津周边14个奶牛养殖场，详细掌握天津周边地区奶牛肢蹄病发病率以及每年因该病淘汰的牛头数和经济损失。根据天津奶牛养殖特点，通过试验和实践，制定《奶牛肢蹄病综合防治技术操作规程》《奶牛肢蹄病监测技术规范》和《奶牛修蹄技术规范》，编著《奶牛肢蹄养护手册》，制作技术操作光盘和纪实光盘各1套。在天津市周边郊区的奶牛场（户）推广奶牛肢蹄病综合防治技术，使得示范户奶牛肢蹄病发病率较之前下降39.75%，因肢蹄病淘汰的牛减少49.69%。在武清区、北辰区和静海等区建立科技示范场（户）2个，辐射带动养殖户24个，累计示范推广奶牛32730头。通过项目实施提高经济效益1515.6万元。

（徐大为）

【面向批量核移植的微操作机器人研发及其在优良种猪产业化中的应用】 天津市科技支撑计划中机器人重大专项，由天津市畜牧兽医研究所、南开大学崔茂盛、孙明竹、赵新、刘曜玮等完成，2017年11月 结题验收。科研人员采用模块化思想，研制完成用于核移植的多臂微操作机器人及可适应细胞弹性模量变化的控制器，在基体于流力学的批量卵母细胞微注射、基于细胞力学性能的通用化卵母细胞拨动方法等方面开展很好的创新性研究，实现卵母细胞三维位姿的准确调节，项目成果在线一生猪养殖专业合作社实现示范应用。项目设计出一个4操作手臂的微操作机器人，4个手臂分别用于卵母细胞吸持、注核去核操作、卵母细胞存储与收集；能够操作直径在100微米上下的卵母细胞；细胞拨动时间小于25秒，细胞姿态调节精度小于1度；实现批量卵母细胞注核操作，核移植针管中一次装入体细胞数目大于10

农业科技

枚，注射时间小于30秒。减小劳动力投入，猪场新增经济效益126万元；降低仔猪死亡率，新增经济效益375万元；降低料肉比，新增经济效益221万元。两年总计新增经济效益722万元，其中技术性收入大幅提高，总计420万元，净利润额总计450万元。项目执行期间，申请发明专利2项，软件登记2项，发表论文8篇，SCI收录5篇。

（杨春蕾）

【母猪专用合生素的研制与开发】 天津市科技支撑项目，由天津市畜牧兽医研究所范寰、韩烨、郑成江等完成，2017年4月结题验收。科研人员采用动物微生态理论、合生素工艺自主研发和动物试验相结合的研究方法，全面开展益生菌和益生元的筛选，发酵工艺优化、母猪专用合生素的配方筛选、生产制备工艺和应用配套技术的研究，在母猪养殖中应用取得显著成效。该项目研制出针对母猪特有的生理特点和生长规律的专用合生素，用以改善母猪的生理机能，促进母猪健康，有效避免用药风险，这对综合提高母猪繁殖效率具有重要意义，成果应用取得了显著的经济、社会和生态效益。主要创新如下：①从健康母猪粪便中首次分离得到1株链球菌，2株约氏乳杆菌，4株乳酸片球菌。体外益生特性结果表明，所有菌株在pH2.0～3.0，胆盐浓度0.1%～0.3%范围内均有较强的耐受能力，所有菌株对大肠埃希氏菌和单核细胞增多症李氏杆菌均有较好的抑制作用。②首次以陈皮作为协同剂，采用L16（45）正交试验优化其对植物乳杆菌的增殖培养条件，结果表明筛选出的最佳培养条件为培养温度35℃，培养时间30小时，接种量为1%（V/V），培养基初始pH值为8，陈皮的添加量为8克/100毫升时，活菌数为1.86×10^{10}cfu/ml。③创制的母猪专用合生素可使每头母猪年均活产仔数增加0.8头，断奶仔猪个体重提高7.77%，断奶仔猪成活率提高6.57%，断奶与发情间隔为6.5天，母猪情期受胎率为90.2%，显著提高母猪繁殖性能。项目研制出的母猪专用合生素在宁河、西青、宝坻、蓟县和东丽区等9个规模化养殖场示范应用，累计示范5.6万头母猪，新增经济效益约1406万元；申请专利1项，发表论文4篇，培养博士生1名。

（杨春蕾）

【畜禽健康保障和安全生产技术集成与示范】 天津市农业科技成果转化与推广项目，由天津市畜牧兽医研究所鄢明华、穆淑琴、刘景喜等完成，2017年10月结题验收。科研人员通过集成畜禽健康保障技术、环境控制技术和标准化精细养殖技术，建立一套畜禽安全饲养管理和动物疾病防控方案，形成饮水质量和投入品质量监测、舍内环境控制、疫病防控与健康保障、标准化饲养管理等适合生猪、奶牛和蛋鸡的健康保障和安全生产技术体系；建立科技示范户242个，其中生猪示范户163个，奶牛示范户47个，蛋鸡示范户32个。项目执行期间，建成固定示范点10个，技术培训1100人次；制作主要技术视频、科普片各1套，项目实施过程影像资料光盘1套；生猪成活率提高5.4%，饲料转化率提高4.7%；奶牛年产奶量提高8.3%，乳房炎发病率下降5.3%；蛋鸡死淘率下降3.3%，饲料转化率提高5.0%；对6个示范企业生产的猪肉、牛奶和鸡蛋中重金属和霉菌毒素残留进行检测，合格率为100%；生猪、奶牛和蛋鸡累计示范规模分别达到124.95万头、5.96万头和136.85万羽，取得经济效益1.86亿元。

（杨春蕾）

【畜禽健康养殖技术合作创新基地】 天津市农业科技合作项目，由天津市畜牧兽医研究所、中国农业大学、哈尔滨兽医研究所王文杰、杨宁、夏树立、安建勇、穆淑琴等完成，2017年11月结题验收。科研人员引进中国农业大学家禽重要经济性状分子标记选育技术、禽就巢性分子标记剔除技术、马立克氏病分子筛选抗性提高技术和蛋鸡高产配套系选育及配套技术；引进中国农业科学院哈尔滨兽医研究所猪流行性腹泻—传染性胃肠炎—轮状病毒三联疫苗及其配套抗体监测技术和中国农业科学院家禽研究所国家基因库特色家禽品种20个；在天津市现代畜牧业科技创新基地（武清区下伍旗镇）建立特色家禽养殖示范基地1个，建立农业部兽用药物及兽医生物技术天津科学观测站，初步建立天津地方特色家禽繁育与利用创新技术团队和5个特色家禽养殖模式；项目集成猪病毒性腹泻病多联苗免疫技术、病原快速诊断技术、药物防治技术、病弱猪治疗和护养管理技术，建立仔猪病毒性腹泻病整体解决方案1个，使示范猪场仔猪腹泻病的发病率控制在10%以下，哺乳仔猪成活率提高20%以上；建立科技示范户125个。其中，蛋鸡示范户44个，鹅示范户12个，鸭示范户8个，特禽示范户11个，生猪示范户50个；技术培训2436人次；发放培训材料2500册；项目执行期间，生猪、蛋鸡、鹅、鸭和特禽累计示范规模分别达到50万头、85万只、12万只、9万只和7300只，取得经济效益4200万元；制作工作光盘和技术光盘各1套。

（杨春蕾）

【试管奶牛生产体系关键技术研究与集成】 天津市科技支撑计划项目，由天津市畜牧兽医研究所刘海军、孙守强、刘景喜等完成，2017年2月结题验收。项目建立奶牛活体采卵技术体系，平均采集卵母细胞6.1枚/头次，每头牛可获得1.3枚IVF囊胚；黄牛每周采卵频率为2次，采卵效果高于每周采卵1次的；建立高效牛体外受精技术体系，卵母细胞体外成熟率87%，IVF囊胚率48%；移植受胎率33.3%，获得1头牛犊。首次揭示层粘连蛋白在牛体外受精胚胎发育阶段表达规律：8细胞胚胎期开始表达，16细胞到囊胚阶段表达递增；添加层粘连蛋白能显著提高体外胚胎发育效果。层粘连蛋白在受精过程中消失，可能是由于阻断了整合素β1及肝素而阻碍了精卵的正常融合。将牛囊胚双重染色方法染色时间由47分钟降至3分钟，染色更高效安全。项目执行期间，申请发明专利1项，发表论文3篇，其中SCI收录1篇。

（杨春蕾）

【优质肉羊生产关键技术集成与示范】 天津农学院宋桂敏主持完成的天津市农业科技成果转化与推广项目，2017年11月通过市农委验收。2017年12月进行成果登记。课题组在天津郊县示范推广适宜舍饲的杜泊羊这一世界级良种肉羊，利用杜泊肉与该地绵羊杂交一代肉羊能够充分利用农作物秸秆、生长发育快、适宜舍饲等生物学特点，采用先进的饲养管理技术和工厂化养殖模式。应用母羊高效产羔技术、优质肉羊杂交改良技术和优质肉羊全价饲料配合技术，使示范户母羊产羔间隔达到210天，6月龄肥羔体重达41.2千克，屠宰率达到48.8%，肉骨比达到3.8：1，胴体等级达到优级。项目执行期间，制定小规模羊群生产优质肉羊关键技术规范1套，获得授权专利2项，研发推广肉羊专用饲料配方3个，制作操作技术光盘1套，项目纪实光盘1套；在武清区、滨海新区和宝坻等区建立优质肉羊科技示场（户）25个，辐射带动养殖户140个，培训农民550人次，累计生产优质羔羊73681只，新增经济效益1844.73万元。

（徐大为）

【紫花苜蓿青贮技术示范推广】 天津市饲草饲料工作站与中国农业大学合作承担的天津市农业科技合作项目，2017年4月通过结题验收并进行科技成果登记。课题组引进中国农业大学“草畜界面生物学转化增效技术研究”技术成果，开展苜蓿青贮关键技术应用与推广，解决天津市苜蓿雨季收贮困难技术瓶颈，提升苜蓿生产质量效益水平，缓解天津市奶牛养殖优质苜蓿供需矛盾，推进奶牛养殖节本提质增效。项目执行期间，建立示范基地8个，累计示范推广苜蓿青贮生产面积3.65万亩，生产苜蓿青贮5.1万吨；降低25%以上苜蓿生产雨淋损失，苜蓿产品质量明显提升，苜蓿青贮粗蛋白含量达到20.29%，相对饲喂价值达到153%；项目辐射奶牛1.9万头，泌乳牛饲喂苜蓿青贮年平均单产达到9.4吨，较全市平均单产水平提高25%；减少456万元苜蓿生产损失，新增3702万元奶牛养殖效益。（刘子芝）

【高效鸡寄生虫疫苗的示范与推广】 天津赫莱恩特生物科技有限公司承担的中央财政农业技术推广与服务补助资金项目，2017年5月通过结题验收。课题组转化上海农科院畜牧兽医研究所二类新兽药“鸡球虫病三价活疫苗”成果，完成禽寄生虫病疫苗车间及配套工程等设施的建设，生产工艺得到改进。2016年1月和9月通过农业部生物制品GMP静态和动态验收，取得生产许可证。项目产品鸡球虫病三价活疫苗悬浮剂性能达到32%，疫苗保护率达到99.2%，养鸡总成本降低20%，肉鸡增重提高11%，饲料转化绿提高9%，鸡存活率提高15.5%；制定的《综合防治技术规程和质量标准》，在天津、山东、安徽等地建立5个核心养殖示范基地和6个示范鸡场，应用示范鸡

3365.4万羽；制定《禽免疫综合防治技术规程》并推出产品使用手册，在全国养殖大省开展技术培训20场次、技术讲座15场次，累计4550人次；申请发明专利10项，发表文章1篇。

（刘子芝）

【山羊核移植胚胎第一细胞周期核和微管重组规律研究】 天津市应用基础与前沿技术研究计划项目，由天津市畜牧兽医研究所、南开大学刘海军、陈乃清、刘如明、张金龙等完成，2017年10月结项验收。科研人员通过免疫荧光染色和激光扫描共聚焦显微镜观察，首次对山羊核移植胚胎和体外受精胚胎第一细胞周期微管和染色质的动态变化规律进行系统研究，发现核移植胚胎第一次有丝分裂中期纺锤体的畸形率高于体外受精胚胎；进入第一次有丝分裂中期及卵裂的时间，核移植胚胎均晚于体外受精胚胎。这些差异可能是造成核移植胚胎发育潜力低的重要因素。项目研究结果，对于优化体细胞核移植方案，提高动物克隆效率，以最大限度地发挥该技术的潜力，具有重要意义。项目研究期间，发表SCI论文2篇，培养硕士研究生1名。（杨春蕾）

【基于代谢组学的枯草芽孢杆菌发酵玉米DDGS评价新方法】 天津市应用基础与前沿技术研究计划青年基金项目，由天津市畜牧兽医研究所史慧玲、范寰、王东等完成，2017年10月通过天津市科委验收。科研人员通过优化枯草芽孢杆菌培养条件后，开展枯草芽孢杆菌发酵玉米DDGS条件的相关研究，设计发酵正交试验，测定发酵前、后玉米DDGS总蛋白、氨基酸、丙酮酸、蔗糖、脂肪酸和葡萄糖含量，及脂肪酶、二糖酶的活力，并结合氨基酸分析仪测定发酵前、后17种氨基酸含量，分析发酵前、后小分子物质变化，确定出枯草芽孢杆菌发酵玉米DDGS的最佳发酵条件，依据最佳发酵条件，利用枯草芽孢杆菌发酵玉米DDGS，通过测定各氨基酸、脂肪酸（中长链）含量变化，评价发酵，为构建枯草芽孢杆菌发酵DDGS技术新评价模型和合理利用枯草芽孢杆菌提升DDGS的饲用价值提供科学依据。项目执行期间，发表学术论文2篇，其中国内发表1篇，国外发表1篇；培养硕士研究生1名。

（杨春蕾）

【猪精液保存技术创新研究与应用】 由天津市畜牧兽医研究所、中国农业科学院北京畜牧兽医研究所崔茂盛、李奎、张春华、安建勇等完成，2017年4月12日，天津市高新技术成果转化中心组织专家进行成果鉴定。该项目建立的猪精液冷冻技术体系及应用可为猪场开展冻精杂交改良、品种选育及代替种公猪引进、促进优秀种公猪的种质资源跨地域和时空传播提供技术保障；猪鲜精保存中长效稀释粉的研发成功，可为广大的养猪企业和种公猪站降低饲养规模，充分发挥种公猪的利用价值，优化猪场生产结构，减少生产成本，提高企业经济效益等多方面都具有重要作用。项目组通过系统研究猪冻精生产技术的关键环节，形成高效猪精液冷冻保存技术方法；组合、优化猪鲜精保存稀释液成分，研发出猪鲜精高倍长效稀释粉。技术成果提高种猪资源保存和利用效果，为促进全国生猪产业健康发展奠定坚实基础。项目通过对冷冻程序的改进，使冻精解冻后精子活率达50%以上，质膜完整率达30%以上，顶体完整率达45%以上；深部输入15亿左右精子妊娠率达71%，平均窝产仔数8.8头。研发的猪精液长效稀释粉，能使精子耐受高倍稀释打击（精子密度：0.2亿/毫升，常规标准为0.5亿/毫升），精子有效保存时间长达5～7天，稀释后精液最佳输精时间3～4天。

（杨春蕾）

【大中型沼气工程处理养殖粪污及沼渣、沼液安全消纳示范】 天津市农业资源与环境研究所承担的天津市农业科技成果转化与推广项目，由吴迪、高贤彪、成振华等完成，2017年6月结题。科研人员进行大中型沼气工程及沼渣、沼液利用情况调研；大中型沼气工程示范点的筛选确定；专利技术的转化及沼液储存、运输系统的建立；沼渣、沼液安全消纳试验示范；沼液的减量、资源化试验以及沼渣、沼液资源化利用与深度开发的探索工作。项目转化涉及规模化养殖场粪污处理的2项专利技术，分别在天津宁河惠康种业和玉祥牧业的养殖基地建立沼气工程2处，日处理粪污130吨，年产沼气30000立方米，沼气产出率0.6立方米/立方米·天。建立沼渣沼液生产、储存、运输和利用模式2套。实现沼液、沼渣应用示范3600亩，年消纳沼渣、沼液3.5万吨，减少施用肥料15%、农药20%。创新性地进行沼液浓缩试验、浓缩产品水溶肥生产试验。项目执行期间，制定《沼液在设施番茄上安全利用技术规范》，培训相关技术人员1000人次，制作项目技术实施指导光盘2套。（田 阳）

【种质奶牛基础信息网络平台建设】 天津市农委农业科技转化与推广项目，由天津市奶牛发展中心马毅、姚强、赵庆彬等完成，2017年10月31日通过市农委组织的结题验收。项目建立种质奶牛基础信息网络平台，建立中心数据库。项目实施期间，共培育优秀种公牛23头，培育优秀种质母牛2200余头，生产并推广冷冻精液68万剂；改良母牛32万头，增产优质原料奶9600吨，新增经济效益3360余万元；建立示范户51户，培训技术人员200余人次。（姚 强）

【引进全基因组选择技术自主培育国内顶级种质奶牛】 天津市农委农业科技成果转化与推广项目，由天津市奶牛发展中心赵庆彬、马毅、李治国等完成，2017年2月24日通过市农委组织的结题验收。该项目引进全基因组选择技术，在国内建立1个顶级种质奶牛培育技术体系，培育优秀种质奶牛。培育的优秀种公牛平均GCPI达到1684，超过2016年农业部良种补贴标准GCPI 1500。建立100头规模的基础种子母牛群，培育种子母牛150头，平均GCPI达到1612。该技术在16个示范场进行推广，改良10000头母牛，培育50头优秀种公牛，新增经济效益1750万元，培训技术人员200人次。（姚 强）

【规模养殖场口蹄疫综合防控技术的集成与示范】 天津市动物疫病预防控制中心承担的天津市农业科技合作项目，技术合作单位是中国农业科学院兰州兽医研究所，2017年9月通过结题验收并进行科技成果登记。课题组引进中国农业科学院兰州兽医研究所的科研成果“口蹄疫病毒非结构蛋白3ABC抗体检测技术及口蹄疫病毒非结构蛋白2C3AB抗体试纸条鉴别诊断技术”，编制3ABC抗体检测技术及2C3AB抗体试纸条检测技术操作规程；利用鉴别诊断技术，开展生猪、奶牛口蹄疫的流行病学调查，提交流行病学调查报告1份，建立口蹄疫流行病学数据库；结合天津地区生猪、奶牛养殖特点，引进环境控制技术、饲养管理技术、免疫技术、监测技术、消毒方法及生物安全管理体系等六大综合防控技术，组装、配套、集成为一套口蹄疫综合防控技术，制定出适合天津地区的《规模猪场口蹄疫综合防控技术规范》《规模牛场口蹄疫综合防控技术规范》，在综合防控技术的基础上研究建立“规模场口蹄疫风险评估模型”，并首次在天津地区4个规模猪场、4个规模牛场进行示范应用，取得良好的效果。项目实施期间，示范推广规模生猪209个场户、66.8万头，奶牛139个场户、推广规模12.66万头；计培训基层技术人员1363人次，入户指导226人次，累计培训人员1610人次，减少4096.44万元养殖场经济损失，社会、经济效益显著。

（刘子芝）

【规模化养殖场粪污高效处理与农牧结合高值利用新技术示范】 天津市畜牧业发展服务中心和农业部环境保护科研监测所共同承担的天津市农业科技成果转化与推广项目，2017年12月通过结题验收并进行科技成果登记。课题组完成针对规模化猪场和规模化牛场的养殖场生产过程中粪污的收集、固体粪便制有机肥的快速发酵、废水的高效生物生态深度处理、粪污的高值综合利用等4项关键技术的研发和示范。在技术示范的基础上，理论结合实际的总结、提升和凝练，结合不同养殖类型养殖场的养殖特点、与需求紧密结合的粪污综合利用方式形成“种养结合资源化利用模式、能源化循环利用模式、基质化综合利用模式、深度处理循环利用模式”4个可复制可推广规模化养殖场粪污高效处理与农牧结合高值利用新模式。项目执行期间，建立示范基地8个，其中规模化猪场示范基地4个，规模化奶牛场示范基地4

个；开展有机肥生产，无害化处理和资源化利用养殖废水17.92万吨，年产沼气141万立方米，生产有机肥2.22万吨，年转化优质回床垫料2.6万吨，年利用牛粪生产可再生颗粒燃料5000吨，实现经济效益730万元；辐射带动养殖场30余家，举办各种培训班3次，培训人员120人次；制定《天津市粪污处理与监测技术规范》等地方标准4项，编写《规模化猪场生产与经营管理》和《规模化牛场生产与经营管理》手册各1册；发表学术论文6篇，获得授权专利5项，其中发明专利1项，实用新型专利4项。

（刘子芝）

林　果

【苹果良种引进及现代化栽培关键技术集成示范与应用】 天津市林业果树研究所、天津田生源林业科技发展有限公司杨丽芳、王芝学、贾爱军、樊春芬等完成，获2017年度天津市科技进步三等奖。①引进日本及国内苹果新品种28个，筛选出各具特色，适宜天津都市果业发展，且具有较高经济价值的优良品种6个，其中优选世界一果实特大型，单果重500克以上，果面全面着红色，香气浓郁，果肉脆甜，品质上乘，平均亩产值较常规品种可增加150%～180%。②首次在国内苹果园开展基于GPS（全球卫星定位系统）和GIS（地理信息系统）信息技术的土壤养分空间变异性研究，为肥料的减施增效创造新途径，实现果园的精准定位施肥。研究自然生草与土壤含水量变化关系，总结出“自然生草—刈割—树盘覆草”管理制度，研究果实精准采收技术，确定不同品种成熟度和适宜采收期。③针对特大果型苹果优选世界一，研究花果精细管理方法，通过促花、控制负载量、二次套袋、防裂防落果等6项关键技术集成，实现80%以上的优质果率和2000～2200千克/亩的最适产量，通过标准化、规范化的管理模式，解决该品种产量与品质不稳定的问题。④研制出“E”字形1年生枝条开角器和多年生枝条撑枝器，大大降低果树整形中人工拉枝的劳动力成本。创新苹果腐烂病防治方法，高效、绿色、环保、经济。改良苹果长枝多头高接换优技术，嫁接成活率达92%，树冠恢复快，第3年实现丰产。⑤建立有机果品科学生产技术体系，集成示范品种选择、整形修剪、花果管理、土肥水管理、病虫害综合防治、采摘及采后处理等有机苹果生产关键技术，大幅提升果品质量效益和果园生态效益。项目执行期间，获得成果登记3项，申请专利4项，授权1项，出版专著1部，发表论文7篇。2014年至2016年苹果新品种、新技术在天津市蓟州区、武清区、静海区累计推广面积2.7万亩，占全市苹果栽培面积的33.8%。累计增收苹果2602.5万千克，实现直接经济效益1016.5万元，间接经济效益2919.3万元，新增社会经济效益1.71亿元。

（天津市林业果树研究所）

【林木主要蛀干害虫信息诱引技术体系构建及非化学防控集成示范】 天津市植物保护研究所、天津市森林病虫害防治检疫站、南开大学谷希树、白义川、张素芬、范志金、刘宝生完成，获2017年度天津市科技进步三等奖。科研人员基于识别、鉴定蛀干害虫种类，系统研究六星黑点豹蠹蛾、白杨透翅蛾等成蛾性素提取及组份优化，建立起白蜡、杨树蛀干害虫监测预警，非化学生态调控两大技术体系，示范后新增蛀孔率5%以下，轻简化技术降低了防控成本和作业强度，为天津市林业害虫的防治提供有力的技术支撑。①明确记述天津市林木六星黑点豹蠹蛾、国槐小卷蛾等优势蛀干害虫16种，建立寄生或捕食性天敌10种并入库；详解蛀干害虫的蛀食轨迹，为精准识别及有效制定防控方案提供强有力技术支撑。②系统研究六星黑点豹蠹蛾等性素提取方法，筛选出蜜源次生物、帖烯类用于增效剂，诱捕效果提高21%～34%。信息物优化及诱捕器器型升级获国家授权专利3项，并成为华北区蛀干害虫主要防控措施。③利用蛀干害虫信息诱引、迷踪或行为干扰特性，协调物理、生物等非化学防控方法，形成2项规范化、标准化的蛀干害虫可持续生态调控模式，较传统防治简便、省工省药，且对环境安全，符合减药增效要旨。该技术体系在武清、静海、蓟州等林区三年示范60140亩，虫蛀率降至4.5%，防控成本下降45%，总节支327万余元；参比主林年材积增量，社会经济效益显著；技术简约，控效突出，环境友好，应用前景广阔。

（天津市植物保护研究所）

【日本优质草莓新品种及配套技术引进、示范与推广】 天津农学院王丽娟主持完成的天津市农业科技成果转化与推广项目，2017年7月通过市农委验收并进行成果登记。课题组引进日本草莓品种7个，筛选出抗性强、耐盐碱、食味佳，适宜天津地区设施栽培的枥木爱、香野、天使3个品种。引进的品种颜色多样，主要为红色、桃色、白色，既能满足鲜食需求，又为草莓加工行业提供很好的食材。通过试种栽培，在品质方面具有独特的优势，具有很好的市场开发潜力及应用价值，适合国内设施栽培，尤其是盐碱地区。科研人员引进日本设施草莓高架栽培技术和绿光灯防虫技术，确定适合采摘的设施草莓栽培模式，降低虫害的发生率，研制出基质配方和营养液配比，提高草莓栽植成活率和品质，提升栽培效益。在设施草莓栽培中使用绿光灯防虫技术，属于国内首次引进。通过引进技术的应用，增加草莓产品的清洁度，减少农药的使用量，对生态环境利好，有利于设施农业的可持续发展，提升设施产品的安全性，保护消费者健康。通过草莓茎尖、叶片、花药组培技术研究，建立健全草莓脱毒种苗繁育体系，确定草莓组培材料的消毒方式、各培养阶段培养基配比、激素适宜的添加量。项目执行期间，编制《草莓组培快繁技术规程》，建立草莓繁育基地，年培育秧苗15万株；编制《设施草莓高架栽培技术规程》，制作主要技术的视频科普片1套，项目实施过程中的影像资料光盘1套；培训技术人员460人次；发表研究论文10篇；获得专利3项。新品种新技术示范应用212.2亩，平均每亩增收1.77万元，新增效益469.28万元。

（徐大为）

【徐堡大枣果实品质提升及标准化栽培技术示范】 天津农学院高梅秀主持完成的天津市农业科技成果转化与推广项目，2017年7月通过市农委验收并进行成果登记。课题组通过对徐堡大枣实施大棚栽培技术，在1月底至2月中旬前进行扣棚，改善和调节大棚内的温、湿度等环境条件，促使徐堡大枣提早萌芽，使开花期和坐果期等物候期明显提早30天左右，果实提早成熟22天，促进早期成熟，早期上市，提高枣的商品价值和经济效益；同时通过实施科学的肥水管理和病虫害防治技术，提高枣果实产量和品质，降低徐堡大枣（马牙枣）的裂果率，从而提高果实的商品率和商品价值，增加经济效益。

（徐大为）

【优质彩叶北美海棠新品种种苗的规模化繁育】 天津农学院、河南天鹰园林工程有限公司刘艳军主持完成的市科委农业科技成果转化项目，2017年4月通过市科委验收并进行成果登记。课题组采用北美海棠无菌组培苗的快繁技术，生产出优质的北美海棠组培苗；高效的北美海棠组培苗入地、移栽技术，同时结合无菌芽、枝的微型嫁接繁殖技术、根团型苗木容器育苗技术生产出优质的入地种苗，满足市场的要求。项目在此基础上制定优质彩叶北美海棠规模化繁育的技术规程，以满足生产的需求。该方法具有繁殖速度快，可根据市场需要控制育苗量，苗木不会退化、长势强，苗木整齐划一，苗木质量高等特点，为其它北美海棠优质苗木的生产奠定基础，也为其它种类苗木的生产提供参考。（徐大为）

【彩叶树优良品种繁殖、栽培技术示范与推广】 天津农学院杨静慧主持完成的天津市农业科技成果转化与推广项目，2017年10月通过市农委验收并进行成果登记。科研人员进行耐盐彩叶植物的筛选和示范、推广，推广抗性强、适应性强的优良彩叶树品种8个；进行标准化栽培技术的推广，苗木标准化培育技术的成果转化和示范；进行彩叶生态林建设、彩叶林生态配置、栽培技术的示范与推广，推广彩叶林种植模式和林木养护技术；对筛选出的金叶白蜡、紫色秋天（美国白蜡）、红叶臭椿、绚丽海棠、紫叶李、红叶杨、金叶榆、金叶槐等彩叶优良树种进行繁育和推广；应用组织快繁、工厂化生产、根系气剪等育苗技术，进行各品种的批量繁殖，使苗木成活率达到95%以上；对彩叶树进行标准化栽植和生态配置比例试验，使彩叶树种的优势得以充分表现，且试验地管理良好；在不同土壤条件下开展彩叶树的标准化栽培和管理，其中在中重度盐碱地上使苗木繁殖率增加2倍，苗木移栽成活率提高22%。项目执行期间，在3个园林公司和两个贫困村示范和推广苗木面积300亩，70万株；建立科技示范50户，带动每个示范户增收1.2万元/户；培训技术骨干70人；申请专利4项，获得专利2项；发表论文15篇；主要技术视频科普篇1套；项目实施的影像资料1套；培养研究生5名、本科生10名。

（徐大为）

水产养殖

【功能性饵料微藻高密度培养关键技术与产业化应用】 天津农学院、天津海友佳音生物科技股份有限公司周文礼主持完成的自选项目，2017年4月通过天津市高新技术成果转化中心鉴定，获2017年度天津市科技进步一等奖。科研人员分离小球藻、新月菱形藻、金藻、海链藻、塔胞藻、扁藻、角毛藻、盐藻等一大批可用于大量规模化生产的饵料藻种，在分子、生理生化和细胞、初级生产力等不同水平上进行探索。创建和利用AHL受体突变株或利用AHL处理微藻细胞，探索微生态操纵下微藻遗传物质、酶活性、色素、生产力的变化，系统反映微藻对胁迫因子的响应，揭示藻类对细菌QS信号AHL的感知和反应及信号转导途径，建立生物标志物检测体系模型。在细胞和亚细胞水平、生理生化水平以及分子生物学水平等不同层次上研究藻际共栖异养异养细菌Pesudomonas sp的代谢产物AHLs对微藻的影响。通过生物传感器确认细菌AHLs在菌—藻共培养系统中的存在，然后采用生态学的研究方法，分析微藻的细胞密度、抗氧化酶系统、PSⅡ光化学活性、光合作用关键限速酶活性对AHLs胁迫的响应，分离纯化小球藻生长因子CGF，探究CGF作为小球藻应对AHLs胁迫的天然抑制剂的可行性，为微藻病原生物控制和小球藻集约化开发提供依据。项目筛选出高抗性、高生产力的小球藻、盐藻等可用于大量规模化生产的饵料藻种。开发出藻种选育、培养基配制、活性成分分析、高密度培养和生产技术。项目执行期间，发表文章13篇，其中SCI、EI和ISTP收录5篇，中文核心收录3篇；申请国家发明专利14项，培养硕士研究生3名。筛选出的功能性饵料微藻可作为水产动物苗种的开口饵料和次级饵料生物的营养强化食物，应用于水产育苗。

（徐大为）

【海水名优品种引进和繁养技术开发与应用】 天津市水产研究所、天津盛亿养殖有限公司、天津市立信水产养殖有限公司夏苏东、尤宏争、冯守明、李玉生、王国彬完成，获2017年度天津市科技进步三等奖。科研人员完成东星斑受精卵引进与孵化、苗种运输与培育、成鱼养殖，并开展盐度胁迫实验、温度影响研究、呼吸代谢研究、营养需求和营养价值分析等，集成东星斑引进与养殖技术；掌握松江鲈鱼亲鱼培育、受精卵孵化、苗种培育、工厂化养殖和增殖放流技术，并进行营养价值分析与自残行为分析，完成松江鲈鱼繁育与增养殖技术手册；开展斑石鲷苗种运输、工厂化养殖、营养价值分析、生物学特征分析，掌握斑石鲷引进与养殖技术并进行养殖示范；研究并掌握斜带髭鲷亲鱼培育、受精卵孵化、苗种培育、工厂化养殖技术，制定天津地区斜带髭鲷繁育与工厂养殖技术手册。该项目技术特点：①根据天津地区地热资源丰富的有利条件，引进热带高价值养殖品种东星斑、斑石鲷与斜带髭鲷并进行示范推广，为天津渔业结构的调整与渔民增收提供重要的技术支撑。②首次利用卤水勾兑地热水的方式在天津地区开展国家二级水生保护动物松江鲈的规模化繁育、养殖与增殖放流工作，放流效果显著，为濒危野生动物资源的保护与生态环境恢复提供重要的技术支持。③系统进行东星斑、松江鲈、斑石鲷和斜带髭鲷养殖关键技术与生物学特性研究，为名优新品种的进一步推广提供重要依据。④利用生态营养学的方法，开展东星斑蛋白质营养需求的研究，考虑东星斑生长速度的同时，注重饲料对水环境的影响，为高效环保饲料的开发提供参考。项目执行期间，获得授权专利2项；在国内外相关领域发表文章11篇，其中SCI收录文章2篇；建立示范基地7个，海水工厂化养殖名优新品种面积1.6万平方米，进行松江鲈鱼增殖放流9.5万尾，放流效果显著；进行技术培训104人次，实现新增利润907.79万元。

（天津市水产研究所）

【免疫芯片在水产养殖动物疾病高通量诊断中的应用】 天津市水产技术推广站、中国海洋大学徐晓丽、绳秀珍、邵蓬、唐小千等完成，获2017年度天津市科技进步三等奖。科研人员系统开展天津地区水产养殖动物重要病害的流行病学调查，阐明腹水病、溃烂病、对虾偷死病等的致病病因及发生规律，研发8种重要水产病原的6种检测技术及产品，满足生产上对致病病原的现场检测与疾病系统诊断，实用性强；针对病原致病因子开发的2种免疫芯片检测试剂盒，简便快速灵敏，可一次性检测8个鱼类样品中7种病原，8个对虾样品中4种病原，准确率在88%以上，无需昂贵的设备，灵敏度可达0.013微克/毫升病原蛋白，仅需2.5小时，明显提高了水产病原检测的水平和效率，有效降低病害防治成本，实现可视化现场高通量检测和有效的病害监控；制备对虾急性肝胰腺坏死病致病因子pir A的特异性单抗，建立pir A—ELISA检测技术，灵敏度可达0.98纳克/毫升；研发基于双抗夹心的WSSV—ELISA定量检测试剂盒，可跟踪监测WSSV在宿主内的增殖进程，评估养殖对虾WSSV的感染严重程度；针对重要病原开发的2种LAMP技术，检测灵敏度为1～10个拷贝，周期为1.5小时，明显优于现有技术，可实现对重要病害潜在威胁的现场监控和预警。项目执行期间，建立示范基地66处，工厂化养殖示范面积15.3×10^4平方米，辐射面积3.4×10^5平方米；池塘养殖示范面积11622亩，辐射面积41000亩；培训检测人员320人次；推广应用疾病检测技术，有效监测危害严重疾病，及时采取针对性强的防控技术措施，降低疾病发病率10%以上，实现新增利润2138.95万元。

（天津市水产技术推广站）

【水质净化高效微生态制剂中试与示范应用】 天津市农业生物技术研究中心、天津市益利来养殖有限公司、天津鑫三角水产养殖有限公司、天津市武清区金锁淡水养殖专业合作社赵玉洁、谢凤行、张峰峰、周可、赖立松、于建胜等完成，获2017年度天津市科技进步三等奖。①科研人员率先开发出光合细菌、反硝化细菌的简易规模化发酵技术，攻克规模生产易污染、有效活菌浓度低等技术难题，生产成本降低32%，活菌浓度高于GB 20287—2006《农用微生物菌剂》10倍以上，产量可根据需要无限扩大。养殖户可自产、自用，每吨节约使用成本76%以上。该技术促进产业升级，在天津及周边地区应用率达到50%以上。②首次制定以微生态制剂产品质量标准为核心的中试生产质量管理体系及使用技术规范，进行技术标准化组装配套，有效保证菌剂质量和使用效果，且使用成本降低36%，促进水产微生态制剂行业的规范健康发展。③创建水产微生态制剂“技术研发+技术服务+企业+合作社”示范推广模式及产品质量追溯与技术服务有机结合的示范体系，助推成果快速转化应用，使天津市的微生态制剂覆盖率从不到10%提高到40%以上，促进水产养殖绿色发展。该技术在津、冀、辽等地示范应用，有效预防养殖病害发生，降低化学杀菌剂、消毒剂使用量80%以上，促进水产品安全生产，降低养殖水排放污染，生态效益显著。2014～2016年累计示范应用72.6万亩，平均每亩增收470元以上，节约成本30元，总新增经济效益2.3亿元，其中天津59.2万亩，市场覆盖率近50%，新增经济效益1.8亿元；获直接经济效益1499.2万元。该项目申请国家发明专利3项，制定企业标准3项，发表论文4篇。

（天津市农业生物技术研究中心）

【名贵品种老鼠斑的引进与养殖试验】 该课题是由天津市水产研究所尤宏争主持完成的天津市水产局科研项目。2017年12月通过结题验收并进行成果登记。该项目在天津市滨海新区秐福水产养殖有限公司进行“名贵品种老鼠斑的引进与养殖试验”。项目组首次将老鼠斑引进到滨海新区汉沽，经过24个月的养殖，老鼠斑生长状况良好，未出现爆发性疾病，成鱼平均体重达508.08克。并且在北方首次对老鼠斑的肌肉营养成分分析进行初步研究。老鼠斑新品种的引进养殖成功，丰富天津市工厂化海水养殖产业，对促进天津地区海水渔业结构的调整，由单纯数量型向质量效益生态型转变，提供支持，推动天津市渔业产业结构升级。项目执行期间，发表1篇文章，新增经济效益为56.09万元。（张　韦）

【溶藻弧菌、副溶血弧菌和迟缓爱德华氏菌三联口服疫苗的优化与示范应用】 该课题是由天津市水产研究所张振国主持完成的天津市水产局科研项目。2017年12月通过结题验收并完成成果登记。科研人员优化溶藻弧菌、副溶血弧菌和迟缓爱德华氏菌的制备方法，累计制备疫苗5千克。采用Elisa方法、抗体凝集试验等方法评价溶藻弧菌、副溶血弧菌和迟缓爱德华氏菌三联口服疫苗免疫效果，免疫保护率62.5%，在天津乾海源水产养殖有限公司进行溶藻弧菌、副溶血弧菌和爱德华氏菌三联口服疫苗示范应用5000平方米。通过项目的实施，有效预防鲆鲽类溶藻弧菌、副溶血弧菌以及迟缓爱德华氏菌病害的发生，提高养殖效益，带动都市型水产养殖业稳定、持续健康发展。项目执行期间，发表科技论文1篇。

（张　韦）

【小丑鱼繁养技术研究】 该课题是由天津市水产研究所夏苏东主持完成的天津市水产局科研项目。2017年12月通过结题验收并完成成果登记。天津市发展观赏渔业地理位置优越，是北方观赏鱼进出口交易中心。天津市观赏鱼养殖品种主要是热带淡水鱼，养殖品种有血鹦鹉、地图、罗汉、锦鲤、金鱼、七星刀、白鲨、蓝鲨、琵琶鼠鱼、红剑、银龙等50多个品种，天津地区海水观赏鱼养殖方面尚属空白。该项目基于小丑鱼规模化养殖与繁育困难的现状，开展小丑鱼养殖技术与人工繁育技术的研究。培育小丑鱼亲鱼20组。掌握小丑鱼亲鱼培育适宜的环境条件与培育方法；亲鱼共产卵约2100粒卵，共孵出仔鱼约1600尾，培育2.5厘米幼鱼632尾，孵化率76.2 %，仔鱼成活率为39.5%。摸索小丑鱼产卵行为学特征，掌握受精卵孵化的方法，小丑鱼幼体阶段培育规律，总结出小丑鱼人工繁育技术要点，为该品种的产业化养殖提供技术支持。通过该项目设计并制作适宜于小丑鱼亲鱼培育，苗种培育与成鱼养殖三种不同的封闭循环水系统，为提高海水观赏鱼的发展提供设备支持。该项目首次在天津地区进行小丑鱼繁育技术的研究，为天津地区小丑鱼养殖的推广提供基础资料。

（张　韦）

【环境胁迫对珍珠龙胆石斑鱼抗氧化及非特异性免疫指标的影响】 该课题是由天津市水产研究所尤宏争主持完成的天津市水产局科研项目。2017年12月通过结题验收并完成成果登记。该项目在天津市兴盛海淡水养殖有限责任公司实施。项目组引进珍珠龙胆石斑鱼12000尾，应用工厂化车间2400平方米，新增经济效益10.37万元。模拟急性拥挤、捕捞和短途运输三种环境因素对鱼体的胁迫，揭示三种环境胁迫对珍珠龙胆石斑鱼血液生化、非特异性免疫、抗氧化、酶活力以及葡萄糖含量等指标影响的机理。探寻珍珠龙胆石斑的科学运输及养殖方法，合理规范养殖密度，提高养殖或运输成活率。通过提高单位水域面积养殖经济效益，促进渔民增收、渔业增效，发挥科学技术在水产养殖上的应用价值。项目执行期间，撰写论文3篇。

（张　韦）

【石斑鱼高效饲料技术转化】 天津农学院、天津市海发珍品实业发展有限公司王庆奎主持完成的国家农业科技成果转化项目，2017年4月通过验收并进行成果登记。项目组将石斑鱼高效饲料技术和中草药专利在天津市海发珍品实业发展有限公司转化生产，在生产过程中调试饲料加工条件，获得成熟的石斑鱼高效饲料生产工艺流程。通过优化饲料原料组成和比例、补足维生素和矿物质的损失、调整脂类内加和外喷比例，以及在饲料中添加复方中草药等措施，使生产出的饲料营养更均衡、能满足石斑鱼不同生长阶段的营养需求，饲料系数1.3，石斑鱼成活率85%、增重率提高32%，发病率降低38%～42%，死亡率降低33%～43%。单位水体产量达50千克/立方米，循环水处理负荷降低，水体利用率达95%以上。该项目生产的石斑鱼高效饲料营养均衡，能提高石斑鱼对饲料的消化吸收率，减少氮、磷、铜、锌的排放。应用复方中草药防治石斑鱼疾病，大幅降低石斑鱼的发病率和死亡率。该项目实现石斑鱼高效饲料规模化批量生产，打破高品质石斑鱼饲料依赖进口的局面，提高海发公司海水鱼饲料加工的技术水平、石斑鱼产品品质和市场竞争力。

（徐大为）

设施农业与农机

【农业机械化科技工作简况】 2017年，天津市农机系统实施市农业科技成果转化与推广项目11项，各项目按照项目合同书的实施内容和计划进度实施，5项完成结题验收、1个项完成现场验收、2个项目提交结题审计申请；引进示范推广设施农业、蔬菜育苗、畜牧水产养殖、设施林果、现代物理农业、农机作业智能监控技术、农作物秸秆综合利用、农用残膜回收等先进的农机化新技术32项、新设备416台（套），示范推广417台（套），参加项目实施的科技人130人次；建立试验、示范基地基地37个，面积48.6万亩；示范推广51万余亩，设施农业1127.5亩，3万只鸡；建立科技示范户310户，技术培训4765人次，项目完成投资307.6415万元。其中，市财政补助经费307.6415万元，新增经济效益1170万元；开展天津市农机化科技项目管理质量提升年活动，农机化科技人员参加各类学术交流活动、大型展会38次，各单位召开项目实施情况汇报会25次；建立项目储备库，规范科技项目档案，增强农机化科技人员严格履职的意识，提升科技项目实施质量；按照《市农委 市财政局关于印发天津市农业科技成果转化与推广项目（农作物秸秆综合利用技术与成果推广专项）申报指南的通知》要求，完成农作物秸秆综合利用技术与成果推广专项申报材料形式审查22项（审查合格14项，不合格8项）。天津市农业机械研究所研发的温室菌肥撒施机“一种粉状微生物肥料撒施机”、天津市农业机械研究所与天津市振兴机械制造有限公司联合开发的设施农业深耕松土机“一种设施农业用深耕机”申报国家实用新型专利。（沈孝均）

【农机化科技下乡】 2017年，农机化科技下乡活动以“加大农机化新技术推广，促进农业供给侧改革”为主题，围绕天津市农业产业结构调整（“一减三增”）、农作物秸秆综合利用等重点领域，以秸秆综合利用、等离子种子处理，莲藕、辣椒、葡萄、马铃薯机械化种植等先进适用的农机化技术及装备为重点内容，直接为农机作业者、农机大户、农民专业合作社、农业企业等新型农业经营主体服务，为农机科研院校、推广、管理、企业、农机手之间搭建交流平台，提升农机化社会影响力。全年成立33个农机化科技小分队，投入技术人员168人次，共开展“天津市春季农机化新技术演示会”“块茎类农机农艺融合机械化技术现场演示会”“农作物秸秆综合利用技术展示演示培训活动”“绿色农机新技术现场演示会”“设施林果机械化作业技术培训暨现场演示会”等市级春季和秋季重点活动19项；举办培训班82期、科技赶大集活动33次、现场演示会56次，科技入户入社310次，服务农业经营组织248个；示范推广或培训新技术91项，示范推广新机具745台（套），发放技术资料35247份，培训农民6236人次。同时，农机化科技下乡活动与帮扶困难村紧密结合，引领有需求的困难村农民到先进的农业示范园区培训，开阔视野、拓展思路，为困难村尽快脱贫提供农机化技术服务。

（沈孝均）

【农机化人才培养】 2017年，农机系统举办2017年度天津市农机化管理人员科技人员培训班、农机化技术学校教师培训研讨班、国Ⅲ发动机技术大讲堂等农机化技术培训班25期，培训科技人员1000余人次。农机职业技能培训工作围绕“百万技能人才培训福利计划”和“新型职业农民”两项重点工作展开。按照实际、实用、实效的要求，采用与乡镇、与农机合作社联合培训等多种形式，通过理论讲座、现场教学、实践操作等方式，培训“百万技能人才培训福利计划”350人、“新型职业农民培训”1560人、“农业实用技术普及性培训”4920人、“农业部新型农业经营主体带头人和青年农场主培训”185人。通过培训，天津市农机操作人员理论知识水平和实际操作技能进一步提升，为用好农机、更好地发挥农机作用促进农民增收提供有力技能人才支撑。举办天津市第三届农机职业技能竞赛活动，发挥竞赛导向功能，提升农民学技能用技能的热情，展现农机从业人员的风采，提高农机职业技能培训的社会影响力。（沈孝均）

【紫外杀菌—低温光照果蔬“产贮运销”全程冷链保鲜技术与集成示范】 天津商业大学、国家农产品保鲜工程技术研究中心（天津）、天津市傲绿农副产品集团股份有限公司、天津科技大学阎瑞香、刘斌、景君、关文强、张娜、陈爱强等完成，获得2017年度天津市科技进步二等奖。①科研人员首次建立LED光照保鲜技术体系。通过果蔬采后生理变化研究，发现4℃条件下，LED红蓝单色20～40Lux弱光持续照射显著促进绿熟期樱桃番茄后熟；600Lux LED红蓝单色光7：1组合比能够保持香芹最大气孔导度，持续光合作用；研制出LED与CA组合的果蔬低温保鲜装备，延长货架期30%以上。②明确UVC的照射工艺和剂量变化规律。研究双孢蘑菇不同位置的PPO活性和AbPPO1—4等4个基因的转录机制，优化双孢菇UV—C照射工艺，研制出LED与UVC组合的保鲜装备，能有效控制双孢蘑菇表面褐变斑的产生。③集成UVC协同LED的低温物理保鲜技术体系。建立UVC协同LED光照技术为核心，自发气调包装为辅助，具有生理与病理调控一体化功能的“产地物理光源照射杀菌+低温自调光照贮藏、运输+低温高湿度光照展示销售”的果蔬全产业链的物流保鲜关键模式。该项目避免化学二次污染。UVC协同LED光照保鲜技术有效降低果蔬“产贮运销”过程中化学保鲜剂的使用，是可持续发展的物理保鲜技术；实现精准扶贫。项目投资少，效益高，可移植性强，推广程度高，技术体系投入在整个果蔬冷链物流投入中的比例不足1%，延长货架期30%以上，技术可适用于个体种植户，在四川阿坝州实现了精准扶贫效果；技术适用性好，集成程度高。研发的低温、气调包装、LED、UVC等技术模块，可以根据果蔬特点选择不同技术模块集成应用。项目执行期间，在天津、四川等6个省（直辖市）示范推广，2014～2016年，累计示范量超过23万吨，涉及种植户超2万户，培养技术骨干16人，实现直接经济产值11.9亿元，利税1.1亿元；发表论文14篇（SCI/EI 8篇），他引用率55次。

（天津商业大学）

【华北平原集约化种植区氮素面源污染防控关键技术研究与应用】 农业部环境保护科研监测所、山东省农业科学院农业资源与环境研究所、河北省农林科学院农业资源环境研究所张克强、王风、李彦、张国印、肖强完成，获2017年度天津市科技进步三等奖。科研人员针对华北农田面源污染发生途径不清与预测评估手段缺乏、环境安全的施氮量阈值空白与技术物化程度不够、养殖肥水农用关键参数和技术规程缺失等亟待解决的技术问题。①系统地阐明华北平原小麦—玉米和设施蔬菜施氮量与土壤氮素残留、土壤氮素淋失之间的关系，提出适宜施氮量，建立华北平原集约化种植区冬小麦—夏玉米、设施蔬菜面源污染发生量与土壤指标之间的关系，提出一条简单直接、快速准确的农田面源污染预测评估方法。②优化华北平原冬小麦夏玉米施氮量，建立基于作物高产和环境安全的合理施肥和分区限量阈值，基于自主研制的新型专用肥料，系统集成华北平原集约化设施蔬菜安全高效施肥和面源污染防控技术模式。③建立华北平原规模化养殖肥水冬小麦—夏玉米轮作农田和设施菜地安全利用技术，形成保证作物产量品质的养殖肥水农田环境安全利用关键技术。项目执行期间，研发设施和露地蔬菜氮素面源污染防控、冬小麦—夏玉米氮素面源污染防控，养殖肥水蔬菜和大田安全利用等3大技术体系，研制新型肥料产品4个，创新氮素面源污染预测评估方法2套，制定并实施面源污染防控技术规程5项；发表学术论文45篇，申请专利13项，其中授权9项，获得软件著作权4项；在华北平原冬小麦—夏玉米集约化种植区推广274万亩，设施蔬菜和露地蔬菜累计推广4.3万亩，在20个规模化养殖场集成示范肥水农田安全利用技术，累计节支增收约24400万元。

（农业部环境保护科研监测所）

【污灌菜地重金属镉污染钝化与农艺调控修复技术】 农业部环境保护科研监测所徐应明、王林、孙约兵等完成，获2017年度天津市科技进步三等奖。该项目研究内容为污灌菜地重金属镉污染钝化修复及其对土壤环境质量影响；轻度重金属镉污染菜地农艺调控技术研究；中度重金属镉污染菜地钝化阻控与农艺调控联合技术研究；开展污灌菜地镉污染钝化修复与农艺调控技术示范与推广应用。科研人员将长期定位试验和土壤微生物学研究引入到化学钝化的田间试验研究中，实现环境科学、土壤学、微生物学、分子生物学等多学科的交叉融合研究，全面阐明农田土壤重金属镉长期钝化稳定性特征及对土壤环境质量的影响机制；同时根据菜地土壤重金属污染特点，结合农艺调控措施，研发出可满足中度重金属镉污染菜地高效钝化阻控—农艺调控联合修复技术体系。项目开发的针对菜地土壤重金属镉污染的高效钝化及农艺调控技术，可有效降低土壤重金属镉有效性，降低率不低于60%，修复后生产的蔬菜镉含量都低于国家食品安全标准限量值。通过大量盆栽实验和大田试验证明，该项目开发的修复技术对土壤环境质量不存在负面影响，可以有效改善土壤养分和生物功能，有利于农作物健康生长。项目执行期间，申请国家发明专利5项，授权4项；发表论文41篇，其中，SCI论文21篇，EI论文4篇，核心期刊论文16篇。项目在天津、湖南、江西等地开展大面积的田间示范与推广应用，累计示范面积达到5000亩以上，推广应用面积达21500亩以上，获得经济效益2410万元。

（农业部环境保护科研监测所）

【肉鸡生产监测与产品质量可追溯平台】 天津农学院陈长喜主持完成的天津市科技支撑计划重点项目，获2017年度天津市科技进步三等奖。课题组将信息技术应用于农业畜牧领域，研发物联网包含环境采集终端、中继器、监控服务器与环境控制器的生产环境监测控制预警系统，实现生产环境的全自动现场及远程监控与预警，并将其集成于包含企业管理、政府管理、追溯管理3个子平台的肉鸡可追溯与监管平台。不同类型的企业及政府用户，具有不同权限，实现肉鸡饲料、用药、疫苗、死淘数、屠宰、加工、储运、销售等信息全程可追溯与监管；政府管理部门全程参与肉鸡生产到销售的全过程，能进行出栏检疫、产品检疫、各项抽检与统计查询，并能实现肉鸡疫情预警与质量安全预警。具有一维条码网络追溯、二维条码扫描追溯、微信追溯相结合的多种追溯方式。项目将GAP、GMP、HACCP等行业标准融入肉鸡生产监测与产品质量可追溯平台，实现饲养、屠宰、加工、储运和销售等环节的信息全程可追溯。该研究成果具有防止SQL注入，动态权限，MD5加密等安全性考虑，技术成熟度高，可扩展至其他农产品的追溯。项目成果已应用于天津市189家肉鸡企业与各级政府管理部门，成果应用后肉鸡合作社、大型企业年增利润3409万元。

（徐大为）

【磷化氢、二氧化碳混合后环流熏蒸在高大浅圆仓的应用】 该项目由天津市粮油学会组织，中储粮（天津）仓储物流有限公司刘根平，宋海涛，李文泉等完成，获2017年度天津市粮油学会科技成果一等奖。科研人员成功将磷化氢、二氧化碳混合环流熏蒸技术应用于高大浅圆仓粮食储藏，操作简便、安全，实现混合熏蒸在更高储粮仓型的成功运用。试验中高大浅圆仓熏蒸系统使用“梳形”地槽式通风管道，经气密性检测压力半衰期达到125秒。粮食熏蒸时，先通入少量的二氧化碳至管道中，保持低浓度，然后逐级升高，至所需浓度后开启磷化氢发生器投药，提高熏蒸杀虫效果。施药后连续环流通风48小时；第3～6天每天通风两次，每次1小时；第7～13天每天环流通风一次，每次1小时。保持熏蒸气体在仓内均匀分布，具有理想的熏蒸效果。

（王明刚）

【瓜类蔬菜土传病害安全防控技术集成与示范】 天津市植物保护研究所郝永娟、王万立、刘春艳等完成，2017年3月结题验收。科研人员历经三年研究，集成创新提出“消灭种子带菌、减少土壤病原、健康栽培、诱抗防病、生防与化防协控”的防控策略，研发和集成高效绿色防控技术体系，实现病害防控从被动应急到主动高效的转变。建立三重PCR检测技术，可对未知病样进行准确快速检测；研制一种含有有机物及拮抗菌的防病促长育苗基质；明确药剂拌种对土传病菌消毒效果最好；国内外首次鉴定出甜瓜细菌性枯萎病新病原为肠杆菌属细菌（Enterobacter.sp）。建立的三重PCR早期诊断技术，检测瓜类枯萎病、疫病及蔓枯病的灵敏度达95%以上，检测最低浓度100fg；无害化土壤消毒及生态调理剂协控防效达77.9%～89.5%；无公害杀菌剂与生防菌剂协控防效76.2%～83.3%。项目执行期间，在天津及周边地区集成应用嫁接防病、健康栽培、土壤消毒、诱抗防病、生物菌剂及化学药剂技术协控瓜类土传病害防效达85%以上，示范应用1670亩，产量提高15.89%～51.4%，辐射推广16640亩。

（刘晓琳）

【枯草芽孢杆菌B579应用技术示范与推广】 天津市植物保护研究所杨秀荣、孙淑琴、田涛等完成，2017年5月结题验收。该项目以生防细菌枯草芽孢杆菌B579前期研究为基础，以育苗基质、有机肥、叶面肥为依托，形成的三种生物产品“微生物育苗基质、生物有机肥、生防菌叶面肥”为主要核心成果，将以上三种产品进行推广和示范，不仅有利于环保，而且对于有害生物的无害化治理意义重大。为蔬菜的无公害生产提供产品依托，提高无公害蔬菜产量，并带动相关产业的发展，有利优化区域农业产业结构的调整，减少农药施用量，实现资源高效利用，改善生态环境。 随着设施蔬菜的发展，土传病害日益严重。无公害蔬菜和有机蔬菜的发展，为该产品的推广提供广阔的市场，三种生防产品可以单独使用或协同配套使用，在设施黄瓜、茄子、辣椒、番茄上应用对植株生长均有明显的促进作用，增产10%以上。同时对瓜类枯萎病、茄子黄萎病、辣椒疫病等土传病害具有较好的预防作用，防效达到80%以上。 （刘晓琳）

【农作物秸秆收集综合利用技术试验示范】 天津市农业机械机械研究所承担的天津市农业科技成果转化与推广项目，由梁学强、翟雯雯、耿贵胜等完成，2017年1月13日通过天津市农委组织的结题验收。科研人员引进小麦9YFQ—1.9型方捆打捆机1台（套）、4YF—360型方捆打捆机2台（套）、4MG—275型自走式棉杆联合收获机2台（套）。经测试，引进的机具作业性能良好，通过性强，作业效率高，捡拾率高，秸秆打捆后，小麦秸秆草捆密度116.8千克/立方米以上。项目试验示范小麦秸秆饲养沤肥利用模式、小麦秸秆堆集生物发酵模式、棉花秸秆制成压块燃料利用模式。实现秸秆处理量8600吨，其中小麦秸秆2600吨，棉花秸秆6000吨，作肥料200吨，生产燃料30000吨。项目执行期间，建立项目示范点7个、科技示范户100户；完成核心示范面积2080亩，累计辐射带动完成小麦秸秆收集打捆13000亩，累计实施棉花秸秆机械化收集作业40000亩，实现节本增效1100万元；制定《小麦秸秆收集打捆技术规范》《棉花秸秆捡拾型机械收集技术规范》《棉花秸秆收割型机械收集技术规范》各1项；完成制作项目实施纪实和技术培训光盘各1张；召开项目技术现场会12次、培训班8期、青年论坛研讨会1次；发放各类宣传培训资料1500余份，培训人员1200人次。

（沈孝均）

【农机精准作业智能化监控技术示范与推广】 天津市农业机械机械研究所承担的天津市农业科技成果转化与推广项目，由冯忻、吴才聪、张怡等完成，2017年9月15日通过天津市农委组织的结题验收。科研人员引进引进示范推广农机精准作业智能化技术与装置，引进推广深松作业智能监控终端206台套。经项目组跟踪测试，引进的智能监控设备作业检测误差为2.4米，适用作业速度2～40千米/小时。项目执行期间，在蓟县、宝坻、武清、宁河、静海、西青、北辰、大港共建立8个项目实施示范区，17个示范点，累计示范推广面积48万亩；建立科技示范户86户，其中困难村建立科技示范户10户；实施示范区通过应用项目技术与设备，累计实现经济效益814.1万元；项目结合试验探索农机精准作业智能化监控技术模式，编制《农机深松作业智能监测系统使用规范》1项；完成制作项目实施纪实和科普培训光盘各1张；召开农机精准作业智能化监控技术现场演示会和培训班共计10次，共发放宣传材料1500余份，累计培训人员3000人次。

（沈孝均）

【现代物理农业工程技术引进试验示范】 天津市农机化示范推广中心承担的天津市农业科技成果转化与推广项目，由韩春洪、于洪鑫、黄贺腾等完成，2017年7月5日通过天津市农委组织的结题验收。科研人员引进大连农机推广站研制的CJ—III磁场种子处理机、声波助长仪和济南益水研制的F—100C磁化水设备共22台（套），太阳能照明和物理杀虫灯115盏。通过项目实施，亩均节本增效3%以上，水稻产量平均提高6.9%，设施辣椒、番茄亩产量平均提高16.5%。项目执行期间，在宁河区建立核心示范区2个，建立科技示范户10个；累计示范面积1100亩，其中试验示范水稻900亩、设施农业200亩；水稻种子磁化处理辐射面积4100亩，设施蔬菜种子磁化处理辐射面积800亩，累计取得经济效益342.02万元；项目制定《现代物理农业工程技术集成应用作业规范》1项；发放技术宣传资料800份，制作项目技术培训光盘和记实光盘各1张，培训农民400人次。

（沈孝均）

【高品质蔬菜基质袋培技术配套产品转化与示范】 天津市农业资源与环境研究所承担的天津市农业科技成果转化与推广项目，由杨军、王艳、廉晓娟等完成，2017年9月结题。项目转化的主要技术是天津市科技支撑计划重点项目“宅基地复垦高标准设施栽培技术研究与示范”取得的研究成果，核心技术为茄果类蔬菜基质袋培技术。项目成果能提高蔬菜产量、提高蔬菜品质、减少蔬菜硝酸盐含量，还能有效地减少劳动成本，改善和洁净蔬菜生产环境，减少病虫害发生率，提高肥料利用率，减少过量使用农药和化肥对环境以及地下水污染的风险，从而使市民食用蔬菜营养、安全。通过该项目实施，实现基质栽培袋和配套滴灌专用肥的中试转化和基质袋栽培技术在设施蔬菜生产中较大规模的生产应用。有力地推动蔬菜种植由传统的分散型、粗放型小生产方式向科技型、集约化、专业化大生产方式转变。进一步提升天津市都市型现代设施农业的技术水平，为农产品优质、高产、高效和安全环保生产提供技术支撑。项目执行期间，建立基质栽培袋和配套滴灌专用肥生产线各1条，实现关键技术产品的中试生产；采用基质袋栽培技术模式生产的蔬菜，与土壤栽培比较，平均增产23.1%，节水49.4%，节肥56.5%；明显提高Vc、可溶性糖和粗蛋白含量，减少硝酸盐含量，蔬菜品质明显提高；在天津市西青区、津南区等区域示范应用基质栽培袋15万袋、滴灌专用肥12500千克；示范应用面积2260亩，新增经济效益1164.53万元；建立科技示范户44户，其中在帮扶村建立示范户21户；组织技术培训5次，培训相关技术人员和农民350人次；发放技术宣传册1500份；制定《设施西红柿生态基质袋培技术操作规程》等实用栽培技术规程3套，制作项目技术实施指导光盘1套；发表文章1篇。

（田　阳）

【种养殖智能化节能光照技术设备引进示范】 天津市农业机械试验鉴定站承担的天津市农业科技成果转化与推广项目，由陈芳、宋樱、孟令宇等完成，2017年10月通过天津市农委组织的结题验收。项目引进养殖智能化LED光照设备20套，安装于8075平方米养殖棚舍用于肉鸡、蛋鸡养殖和鸭鹅育雏，遏制死淘率，实现肉鸡增收2.3%，蛋鸡提高产蛋率2.7%，光照节能70%以上，缩短鸭鹅育雏养殖周期5.9%。引进设施蔬菜LED补光设备3套，示范应用2.5亩，补光后的植株根系发达，叶色浓绿，生长势强，定植后缓苗快，蔬菜亩均增产5%以上。项目实施期间，制定《肉鸡养殖智能化节能光照技术规范》《蛋鸡养殖智能化节能光照技术规范》和《设施农业LED补光技术规范》；建立科技示范点8个，科技示范户53户，其中贫困村23户，培训科技人员和农民200人次；制作技术视频科普片1套和项目实施过程的影像资料光盘1套。

（沈孝均）

【农业生态环保和节能减排技术集成示范】 天津市农业机械机械研究所承担的天津市农业科技成果转化与推广项目，由宁书臣、梁学强、刘志良等完成，2017年1月 通过天津市农委组织的结题验收。科研人员示范推广太阳能照明灯、太阳能灭虫灯、禽类养殖安全洁净饮水等技术，示范推广设备145台（套），其中畜禽净水器平均节药32.9%，太阳能杀虫灯平均节药37.9%，实现综合节能30%以上。试验示范废菌棒及设施种植作物秸秆无害化处理技术及设备。项目执行期间，建立示范点9个、科技示范户100户、示范推广面积3.64万亩；示范户平均增收7500元以上，实现经济效益882.1万元；制定《太阳能照明灯》等技术规范4项，开展技术培训1045人次，制作纪实和技术培训光盘各1套。

（沈孝均）

【基于“互联网+畜禽业”智能化养殖系统的集成与示范】 天津农学院余秋冬主持完成的国家星火计划重点项目，2017年10月通过验收并进行成果登记。课题组根据猪鸡环境生物学特点和福利养殖需要，采用先进数字化摄录装置和分时变频采集技术，完成数字音频指纹和体征图像交互信息的畜禽行为网络化实时无应激快速识别技术的应用与实施，为以物联网为基础的现代化畜禽福利养殖生产管理提供技术支撑；选择3D照相机Kinect，用C#语言进行数字音视频交互技术的畜禽行为网络化实时辨识技术的研发。可同步采集：深度图像、数字图像、音频文件。并对于每种类型的数据，均可自定义其采集参数信息，对采集数据依次按照年\月\日\［数据类型］分目录存放，以加快索引速度，每种类型的文件均以时间戳命名，方便数据同步检索。完成数字化视频图像自动获取种猪体尺参数测量的多目标定位模型的建立、外极限约束原理的猪体立体匹配与准三维重构技术的建立和计算机双目立体视觉的非接触智能检定技术的应用与实施。完成猪只体表温度分布与其热红外图像的关联模型技术以及群体动物热红外成像系统的反演模型和实时标定技术，研发低成本热成像系统以及适用于福利养殖模式下的生猪体温分布热红外监测技术，实现生猪体表温度分布非接触快速自动监测；构建畜禽生产盈亏线势形态分析技术，开发跨平台的可视化实时监控畜禽生产盈亏线势形态分析的专用软件以及畜禽舍嵌入式智能网络节点及信息自动读取技术，实现嵌入式操作系统的畜禽生产过程信息无纸化录入、存储和无线传输技术，研制成功物联网技术的畜禽舍温度、湿度、光照等生长环境监测信息以及生产过程管理信息的模块化软硬件系统。

（徐大为）

【中以合作基于物联网的智能节水灌溉技术研究】 天津市农业资源与环境研究所、天津市农业科学院共同承担的市科委国际合作项目，由王艳、王建春、梁新书、张雪飞等完成，2017年3月结题。课题组在引进以色列先进的节水节肥设备及技术的基础上充分消化、吸收和再创新，研发出能实时监测土壤水分进行变量控制的物联网智能节水控制设备，制作样机2套，采用土壤水分下限+小定额水肥供应的智能水肥管理策略，能够使水分和养分维持在作物根系，在不影响作物生长的前提下，提高水肥利用率，确定黄瓜和番茄基于物联网的精准智能灌溉技术模式，与常规畦灌相比，节水40%以上，省工20个工时以上，做到节水节肥。针对农业节水物联网技术发展上的关键技术问题，与以色列开展技术合作，研发适合天津市设施蔬菜的物联网节水智能控制技术，实现变量灌溉控制，节水潜力巨大。确定主栽设施蔬菜以色列自动灌溉施肥模式，在设施黄瓜上应用效果良好。项目执行期间，示范推广物联网智能节水灌溉模式技术，建立以色列先进节水示范基地，示范面积300亩，生产蔬菜累计产值300万元；开展技术培训50人次；申请专利3项，其中发明专利1项；发表核心期刊论文3篇。

（田　阳）

【设施温室二氧化碳气肥精准补偿智能化控制系统及应用】 该课题是由天津农学院赵辉主持完成的自选项目，2017年4月通过天津市高新技术成果转化中心鉴定，并进行成果登记。课题组在系统研究温室综合环境变化机理的基础上，构建植物在进行高效光合作用时，温室温度、湿度、光照与二氧化碳浓度之间的气肥补施预测模型;提出基于模糊控制理论的温室气肥环境调控决策系统算法，实现温室二氧化碳调控决策目标的动态优化;设计由电加热反应器、二级过滤器、负压与气动排水系统及PLC控制单元组成的电加热型负压二氧化碳气肥发生器，开发设施温室二氧化碳气肥精准补偿智能化控制系统，实现设施温室植物在进行高效光合作用时二氧化碳的精准补偿。项目实现根据温室内植物品种、生长阶段、环境条件自动确定二氧化碳施肥量，避免传统方法过施和欠施的问题；同时，选择番茄、黄瓜、草莓、芹菜等作物进行技术应用试验，试验区与示范区对照，其中黄瓜平均增产幅度达到21.1%以上，番茄平均增产20%，芹菜增产18.4%，草莓增产12%；由于补充二氧化碳后，作物长势较好，作物抵御病害能力有所提高，抽样调查表明黄瓜霜霉病的发病率降低14%，番茄病毒病发病率降低16%。

（徐大为）

卫生健康科技

概　况

【天津市卫生计生委科技概况】　2017年，天津市卫生计生委加强实验室生物安全管理体系建设，强化实验室生物安全的事中事后监管，完成备案二级实验室157个。组织完成2017年度市科委自然科学基金项目遴选及推荐工作，中标天津市应用基础及前沿技术研究计划（重点）项目20项，获专项科研经费486万元；中标天津市首批杰出青年基金项目1人；推荐市级中青年科技创新领军人才3人，青年科技优秀人才3人；天津市科技进步奖申报14项；组织完成133项各级项目验收。“大脑皮层神经元在缺血及变性状态下的神经保护研究”等5个项目，获2017年度天津市科技进步奖，其中由天津市第一中心医院倪红艳、尹建忠、赵欣等承担完成“阿尔茨海默病和轻度认知障碍患者脑微结构、功能及代谢改变的研究”等3项科技成果获2017年度天津市科学技术进步二等奖；由天津市天津医院胡永成、韩岳、张玺等承担完成的“骨巨细胞瘤分层治疗策略及相关研究”等2项科技成果获2017年度天津市科学技术进步三等奖。

（刘　群）

【天津医科大学科技概况】　2017年，天津医科大学申报各类纵向科研项目共计1198项，获立项321项，科研经费超过1.44亿元，较2016年大幅增长。其中，国家级科研项目170项，科研经费超过1.23亿元；省部级科研项目93项，科研经费约1612万元。全年获得国家自然科学基金项目161项，直接经费7602.2万元，较2016年增长16.25%。基础医学院余鹰教授的“花生四烯酸来源的生物活性小分子在病理性心肌重构中作用机制研究”获国家自然科学基金重大项目资助，直接经费1530万元。公共卫生学院黄国伟教授、基础医学院朱毅教授和常永生教授获重点项目资助，直接经费分别为300万元、294万元和292万元；总医院张建宁教授、肿瘤医院郝继辉教授获重点国际合作研究项目资助，直接经费分别为232万元和220万元；公共卫生学院王耀刚教授、基础医学院朱毅教授分别获重大研究计划重点支持项目、战略研究项目资助，直接经费分别为240万元和150万元。国家自然科学基金人才类项目亦有斩获，基础医学院石磊教授获“优秀青年科学基金”项目资助，直接经费130万元。全年获得国家重点研发计划重点专项项目2项，课题9项，科研经费4779万元。基础医学院李光教授作为项目负责人牵头的“儿童重症遗传病的基因编辑、干细胞及药物治疗”项目和肿瘤医院叶兆祥教授作为项目负责人牵头的“基于新型国产化锥光束乳腺CT的乳腺癌诊疗技术临床解决方案”项目获得国家重点研发计划重点专项项目，资助经费分别为1590万元和1041万元。基础医学院吴旭东教授、尹海芳教授、艾玎教授，公共卫生学院汤乃军教授，医学影像学院梁猛教授，总医院朱涛教授，南开临床学院王西墨教授等获得国家重点研发计划重点专项课题资助。基础医学院余鹰教授、常永生教授作为科技部创新人才推进计划人选，获推荐并入选国家“万人计划”领军人才。基础医学院杨洁教授负责的“肿瘤微环境与肿瘤发生和转移”团队获得教育部“创新团队发展计划”滚动支持。总医院陈军教授负责的“肺癌基础与临床转化研究”团队入选天津市人才发展特殊支持计划高层次创新团队。4人入选第三批天津市创新人才推进计划青年科技优秀人才。2017年，学校发表SCI收录论文数量稳步增长，质量保持优异。*Nature Medicine*，*Immunity*，*Advanced Materials* 等国际一流学术期刊上发表学校科研人员的研究成果。全年以天津医科大学为作者单位发表SCI收录论文1671篇，其中表彰高水平论文328篇，影响因子大于5的达到140篇。总医院施福东教授团队以天津医科大学为第一作者、通讯作者单位在Cell子刊*Immunity*（五年影响因子22.928）发表论文。肿瘤医院金勋博士作为第一作者在国际医学著名期刊*Nature Medicine*（五年影响因子32.261）发表论文。修订学校科技奖励办法，对以学校为项目依托单位主持重大纵向科研项目者予以奖励，鼓励科研人员以更加开放协同的科研组织模式承担高水平科研项目。（赵学铭）

【天津中医药大学2017科技工作概况】 2017年，天津中医药大学共申请各级各类课题933项，新增纵向课题173项，其中包括新增国家级课题47项，新增省部级、局级课题126项。新增科研经费总计7962.5万元，其中含纵向科研经费4372.3万元，横向科研经费3590.2万元。学校到账科研经费总计6586.0116万元，其中含纵向科研到账经费4078.7766万元，横向科研到账经费2507.235万元。全年共获得科研成果28项，其中国际领先水平1项，国际先进水平8项，国内领先水平4项。2017年（2018年授奖）获得各级各类科技奖项14项，其中高等学校科学研究优秀成果奖科技进步二等奖2项；天津市科技进步二等奖4项，三等奖4项；获得中国中西医结合学奖科技进步一等奖1项，二等奖1项；中华中医药学会科学技术二等奖1项，三等奖1项。天津中医药大学申请专利56项，授权专利23项。软件著作权3项。2017年，发表SCI收录论文总计258篇，其中作为第一单位或通讯单位发表SCI论文149篇，作为合作单位发表SCI论文109篇。Web of Science JCR分区第一单位1区论文共计49篇，单篇最高影响因子为5.764，平均影响因子2.47。2017年，天津中医药大学共签订54项校企联合科研课题，总经费3590.2万元，选派12位中青年科研专家做为科技特派员入驻科技型中小企业。2017年，天津中医药大学入选教育部“双一流”建设高校名单，中药学科入选“双一流”建设学科。2017年12月，教育部公布全国第四轮学科评估结果，天津中医药大学参评的5个学科获得A档次1个，B+档次2个，C+档次2个。中医学与中药学学科入选天津市一流学科建设名单，中西医结合等三个学科入选天津市特色学科建设名单。2017年8月，国家中医药管理局公布重点研究室评估结果，方剂组分配伍重点研究室获得“优秀”第一名。

（魏　巍）

学术活动

【第十一届世界眼科医院协会年（2017WAEH）】 2017年6月17日，由天津医科大学眼科医院承办的第十一届世界眼科医院协会年会在天津举行，年会聚焦医院管理与创新发展，有十六个国家在内的90余位专家参加。世界眼科医院协会于2007年由新加坡国立眼科中心和荷兰鹿特丹眼科医院倡导成立，天津医科大学眼科医院是加入该协会的国内首家会员单位。该协会致力于通过增进世界各地眼科医院的经验交流，分享眼科诊疗活动的计划、组织管理以及医疗服务实施方面交流最佳的实践经验，达到持续改进提高眼病患者的就诊体验、就诊质量和治疗效果的目标。

（杜　静）

【天津中医药大学承办中药智能制造与绿色制造关键技术国家级高级研修班（第五期）】 2017年11月20日，由人力资源和社会保障部和天津市人力资源和社会保障局主办，天津现代中药协同创新中心、天津中医药大学中药制药工程学院、天津市现代中药产业技术研究院承办的2017年国家人社部高级研修项目“中成药二次开发与大品种培育”（第五期）在津开幕，该研修班主题为“中药智能制造与绿色制造关键技术”，意在促进中药制药工业与装备产业快速升级，加强技术集成和工艺创新，提升中药装备制造水平，开发一批中药制造机械与设备，提高中药制造业技术水平与规模效益。来自全国60多家现代中药企业的150余名制药工程师和科技主管人员参加培训。高级研修班为期5天，研修班学员通过聆听主题演讲、互动研讨、观看展板、课后作业等形式，学习中药智能制造与绿色制造关键技术。组委会还组织学员到天士力集团进行现场考察和调研。108名学员获得人力资源和社会保障部颁发的“国家专业技术人才知识更新工程培训证书”。

（魏　巍）

【天津医科大学获批国家一流学科建设高校】 2017年9月21日，教育部、财政部、国家发展改革委正式公布世界一流大学和一流学科建设高校及建设学科名单。天津医科大学获批国家一流学科建设高校，建设学科名称：临床医学，建设学科口径：肿瘤的基础与临床。天津医科大学肿瘤医院作为天津医科大学附属医院，在国家一流学科建设“临床医学（肿瘤的基础与临床）”以及天津市一流学科“临床医学”“基础医学”和特色学科群建设“肿瘤的基础与临床”建设中承担着重要的建设任务，该学科建设方向有“肿瘤精准诊疗模式及新型诊治技术”，方向负责人为王平教授；“乳腺癌的基础与临床”，方向负责人为徐波教授；“基于人群队列、生物样本资源和大数据的肿瘤精准防控”，方向负责人为陈可欣教授；该学科将建立常见恶性肿瘤病例队列，建立完善国内最大的肿瘤生物样本库，开展常见恶性肿瘤标本的多组学分析，实现临床大数据、生物样本库和组学平台资源共享；围绕常见恶性肿瘤开展基础与临床研究，优化肿瘤个体化治疗策略。

（李　青）

【2017天津国际视网膜论坛暨临床病例讨论会】 2017年9月23日，2017天津国际视网膜论坛暨病例讨论会在天津医科大学眼科医院举行。会议由天津医科大学眼科医院院长李筱荣教授主持，新加坡全国眼科中心医疗院长Prof. Edmund Wong；天医科大学校长、著名眼外伤专家颜华教授致辞。会议邀请新加坡、澳大利亚、韩国、加拿大、中国香港、中国大陆的玻璃体视网膜专家20余人组成专家组，在视网膜疾病的治疗新进展方面进行深入的探讨，10个引人入胜的临床病例讨论，展示专家们扎实的临床功底和丰富的临床经验。北京、大连、沧州、邢台、甘肃、秦皇岛和广州等多地的眼科医生共140人参会。

（杜　静）

【天士力控股集团承办“基因网络药物创新国际合作高峰论坛”】 2017年5月10日，由中华中医药学会、中国药学会、法国工程师与科学家学会联合主办，中国医药创新促进会、中国医药生物技术协会、人民网协办，天士力控股集团与Pharnext公司共同承办的“基因网络药物创新国际合作高峰论坛”在天津天士力大健康城举行。国家中医药管理局科技司、中华中医药协会有关领导出席并致辞，600余名专家同仁出席论坛。论坛由中国中医科学院院长、天津中医药大学校长张伯礼院士主持，邀请基因网络药物研发模式创始人、法国Pharnext公司创始人、CEO Daniel Cohen教授以及国内外在网络药理学领域的专家学者参加。论坛结束后，天士力与法国Pharnext签署研发合作协议，双方将共同开发适用于不同临床适应症的具有协同效应的新型复合药物。基于Pharnext首创的协同药物研发平台和天士力的中药化合物数据库，尝试治疗单体药物所不能治疗的疾病，构建疾病的基因组学及其分子病理学网络，筛选新型复合协同药物，有望开辟一个新的现代中药创制模式。

（侯　健）

【中国免疫学会第十二届全国免疫学学术大会】 中国免疫学会第十二届全国免疫学学术大会于2017年10月26～29日在天津市召开。会议由中国免疫学会主办，天津医科大学承办。会议邀请海外著名免疫学家和中国两院院士、各领域免疫学者进行大会报告，国内外1748名代表参加会议。学术大会期间，国内外27位专家，围绕单细胞水平免疫耐受研究、免疫与炎症的表观遗传调控、肠道微生物塑造肝耐受以及肿瘤微环境、滤泡性调节T细胞调节机制、H7N9禽流感病毒遗传性、病毒性以及传染性研究、肿瘤与免疫调节、肺结核疫苗和MUC1肿瘤疫苗研制新策略、Haplo－HSCT造血干细胞移植法临床应用等题目做了报告。同时，大会设立15个分会场，组织包括肿瘤免疫与肿瘤免疫治疗、感染免疫、自身免疫病与过敏性疾病、天然免疫应答的识别与调控、免疫调节与免疫耐受机制、免疫学课程评价体系的改革与研究等主题进行交流。其间出版交流壁报117篇。

（戚　红）

基础医学研究

【阿尔茨海默病和轻度认知障碍患者脑微结构、功能及代谢改变的研究】 天津市第一中心医院、天津大学倪红艳、尹建忠、赵欣、袁理想等完成，获2017年度天津市科技进步二等奖。该项目历经11年努力，面向当前侵害老年人的最常见老年痴呆疾病AD，采用MR新技术，从结构、功能及代谢3方面研究AD及MCI的异常改变，提出诊断早期AD及MCI较敏感和特异的影像学指标，有助于AD早期发现和早期治疗干预。①率先提出根据不同临床应用选择扩散张量成像（DTI）采集参数的理念；建立基于扩散峰度成像（DKI）模型的高阶张量计算方法；分别采用DTI及DKI两个模型，发现AD患者多处脑白质及灰质微结构损害；同时证明DTI和DKI不同参数有不同的敏感性，DKI是DTI的有力补充。②采用静息态功能磁共振（rs－fMRI）发现AD患者颞叶功能活动改变；采用大尺度脑功能网络方法，发现AD及MCI患者脑中默认模式网络（DMN）、背侧注意网络（DAN）、凸显网络（SAL）及控制网络（ECN）间交互效应的异常；同时多层采集技术（SMS）联合rs－fMRI发现AD和MCI患者的海马与多个大脑皮层功能连接的降低，且具有一侧优势。③采用磁共振波谱（MRS）新技术MEGA－PRESS发现AD疾病发展过程中，谷氨酸能神经元首先被破坏，导致MCI及AD患者大脑的谷氨酰胺/谷氨酸复合物（Glu－Gln）的含量逐渐下降，也验证AD病程发展的渐进性；同时，明确γ－氨基丁酸（GABA）的改变特性。项目执行期间，获得授权国家发明专利1项；国内外核心期刊发表论文17篇（SCI7篇，EI1篇）；培养博士2名、硕士7名；成果在天津及全国11家三甲医院推广应用。

（天津市第一中心医院）

【SKP2作为食管癌放射治疗的新靶向基因研究】　天津市自然基金重点项目，由中国医学科学院放射医学研究所王小春等人完成，2017年3月结题，获2017年度天津市科技进步二等奖。食管癌是世界十大恶性肿瘤之一，在国内有较高的发病率。放射治疗是食管癌的主要治疗手段之一，因此研究食管癌的辐射敏感性有重要的理论和现实意义。该课题在前期工作的基础上，深入研究SKP2表达对食管癌细胞辐射敏感性的影响。首次发现SKP2基因在食管癌组织中扩增，蛋白表达升高，而且SKP2的表达与食管癌细胞的放射治疗敏感性相关，即SKP2高表达可以增加食管癌细胞的辐射抵抗能力，进一步的机理研究发现SKP2可能通过影响DNA损伤修复相关蛋白RAD51的表达，从而影响食管癌细胞的辐射敏感性。该项目研究SKP2对食管癌放射敏感性和治疗疗效的影响。①采用体外食管癌细胞模型研究SKP2对食管癌放射敏感性的调节及机制；②采用体内食管癌动物模型研究SKP2对食管癌放射治疗疗效的影响。实验结果如下：检测SKP2表达对食管癌细胞辐射敏感性的影响，发现SKP2高表达细胞的辐射敏感性显著低于SKP2低表达细胞；通过正义转染和RNA干扰以及“Rescue”实验进一步证实SKP2高表达可以抑制食管癌细胞的辐射敏感性，增加辐射抵抗；SKP2高表达可以促进辐射诱导的食管癌细胞周期进展，抑制凋亡，促进食管癌细胞DNA损伤修复能力。通过进一步研究发现，SKP2可以影响细胞周期、凋亡和DNA损伤修复相关通路关键蛋白的表达，包括SKP2高表达可以降低P27水平，促进RAD51的表达等。体内实验表明SKP2高表达肿瘤组织对γ－射线放射治疗不敏感，而SKP2低表达肿瘤组织对γ－射线放射治疗比较敏感。项目执行期间，发表论文11篇，其中SCI收录3篇，获得天津市科技进步二等奖、三等奖各一项，培养人才3名。

（任春燕）

【大脑皮层神经元在缺血及变性状态下的神经保护研究】　天津市第一中心医院臧大维、拱忠影、郭洁等完成，获2017年度天津市科技进步二等奖。由于严重的神经损伤具有不可逆性，而神经保护治疗成为神经系统损害治疗的关键之一。科研人员在该领域中的研究发现NMB可改善血管性痴呆小鼠突触的可塑性；bFGF及LIF可促进脑梗死后小鼠内源性神经干细胞的表达；LIF可定向调控帕金森内源性神经干细胞的表达。在临床研究阶段帕金森患者血清及脑脊液HFE水平明显增高；ALS患者血清及脑脊液中炎症因子IFN－γ，MIP－1α及FHC、FLC水平增高，血清transferrin水平增高。临床应用研究结论：①脑脊液INF－γ可能是ALS分化和进展的标志物。②血清及脑脊液MIP－1α，FHC，FLC与疾病进展的临床指标及预后密切相关，其是评估疾病进展及预后的有效指标。③调控炎症因子通路可能具有延缓疾病进展，控制病情，保护神经功能的作用。④IFN－γ、MIP－1α等标志物在临床中的应用再结合传统的检测方法，有助于协助评估疾病的预后。项目执行期间，发表SCI收录期刊文章8篇，累计影响因子17.679分，中华及核心级别期刊9篇；国内发明专利1项；培养研究生7名，获得国家奖学金者3名，培养主任医师1名，副主任医师1名，院级青年人才1名。（天津市第一中心医院）

【骨巨细胞瘤分层治疗策略及相关研究】 天津市天津医院胡永成、韩岳、张玺等完成，获2017年度天津市科技进步三等奖。课题组在中国骨巨细胞瘤协作组建立的基础上，收集千余例GCT患者完整的影像学和临床资料，使用专业数字骨科软件，首先采用专家咨询法和层次分析法建立肢体GCT评分系统，并将其作为选择手术方式的依据，规范GCT的治疗流程，提高其整体治疗效果，降低复发率，改善功能和预后，并广泛推广应用。①中国骨巨细胞瘤协作组建立：课题主要负责人发起并建立中国骨巨细胞瘤协作组（简称GTOC），收集千余例完整的GCT影像、临床和随访资料，为GCT评分系统的建立奠定坚实的基础，并取得高水平的研究成果。②膝关节周围GCT评分标准建立：课题使用专业骨科数字化软件SuperImage系统对与GCT评分密切相关的数据进行精确量化测量，在国际上率先创建膝关节GCT临床评分系统，指导膝关节GCT的规范化治疗，填补国际上的空白。③骨盆GCT评分标准建立：基于中国骨巨细胞瘤协作组提供的大样本资料，课题创新性的采用Delphi法和AHP法构建骨盆GCT临床评价标准，规范骨盆GCT的治疗方案，针对不同评分患者采用肿瘤刮除术或切除术等不同手术方式，填补国际上的空白。④分层治疗策略：在国内首次归纳四肢、骨盆和脊柱GCT影像学和临床特点，并依据自行提出的评分系统，基于多中心回顾性研究，提出GCT的分层诊疗策略，以达到手术范围与功能效果间的平衡，并进行回顾性和前瞻性验证。项目执行期间，在骨巨细胞瘤的诊断、治疗及随访病例已达千余例，在济南军区总医院、内蒙古医科大学附属第二医院、浙江大学附属第二医院等多家医院进行推广应用，获得良好的临床疗效；发表国内外论著100余篇，总被引用频率197次，综合影响因子111.883，其中SCI收录26篇，影响因子总数48.86。（天津市天津医院）

【乙肝相关肝细胞肝癌分化程度代谢轮廓研究】 天津市第三中心医院张磊、刘树业、康华等采用高效液相色谱与生物质谱联用代谢组学技术平台，分析乙肝相关肝细胞肝癌患者各组间血清代谢轮廓差异，寻找与肿瘤细胞分化程度相关的特征代谢物，通过对多代谢物指标的联合检测判断乙肝相关肝细胞肝癌分化程度，肝癌组织样本的代谢轮廓分析印证肿瘤因素所导致的异常特征代谢通路；利用受试者工作特征曲线下面积（ROC）对特征代谢物临床潜在诊断能力进行评估，筛选出多种与乙肝相关肝细胞肝癌不同分化程度高度相关的血清潜在代谢标志物，为乙肝相关肝细胞肝癌肿瘤分化程度的血清学实验诊断提供新的诊断方法。2017年5月，该研究通过天津市卫生计生委组织的专家结题验收。

（刘　群）

【LKB1通过抑制脂肪细胞分化和生成参与机体能量平衡调节的分子机制研究】 天津医科大学基础医学院田德润课题组承担的国家自然科学基金项目，2017年12月结题。课题组旨在明确LKB1抑制脂肪细胞分化和脂肪生成的机制，为肥胖的治疗提供有效的靶点。科研人员利用细胞转染技术实现了LKB1基因在3T3－L1细胞内的过表达和沉默，初步明确LKB1可以通过AMPK/mTOR信号通路最终抑制脂肪细胞分化的功能。继而利用腺相关病毒作为载体实现大鼠中枢内LKB1基因的过表达，通过体重、体脂肪含量等指标的检测，明确LKB1通过中枢黑皮素系统对外周脂肪生成的抑制作用，并探讨LKB1促进脂肪棕色化的作用。研究探索LKB1与自噬之间的关系，发现LKB1可以通过促进自噬，最终脂肪的生成和分化，而自噬也参与leptin在中枢内的作用。同时，结合功能磁共振的技术对能量调节的中枢奖赏环路展开研究，发现新的脑中枢参与摄食和能量的调控；为临床肥胖的防治提供新的靶点和理论依据。

（戚 红）

【比较CSC不同方式冲击DC—CIK的免疫原性研究】 天津市卫生计生委重点攻关项目，由天津市第四中心医院庞华、孙雯雯、刘德祥等承担完成，2017年8月通过天津市卫生计生委组织的专家结题验收。研究人员通过选择临床上常见的肿瘤干细胞（Cancer Stem Cell，CSC）表面生物标志明确的5种肿瘤（乳腺癌，膀胱癌，肾癌，结肠癌和直肠癌）传代细胞系，采用三种不同的方式（经CSC特异性抗原制备的RNA转染、慢病毒感染和HSP96纯化蛋白冲击）制备CSC特异性抗原，建立新型的CSC—DC—CIK细胞体系。对相匹配的CSC细胞进行体内外的杀伤实验，探讨其杀伤效应后CSC信号通路PI3K/Akt、Wnt/β—catenin和Notch的关键基因的表达变化。结果显示，经CSC特异性抗原制备的RNA转染、慢病毒感染的DC—CIK细胞体系，可以生成高纯度的成熟CSC—DC—CIK细胞体系或RNA—DC—CIK细胞体系，体内外杀伤效果均高于HSP96—DC—CIK细胞体系和单独的DC—CIK体系。提示CSC特异性标志物加载的DC—CIK能够显著的提高其杀伤能力。2017年8月，该研究通过天津市卫生计生委组织的专家结题验收。

（刘 群）

【HS1—6在Igk基因重排和B细胞发育中作用和机制的研究】 天津医科大学基础医学院项佑贵等承担的国家自然科学基金项目，2017年12月结题。科研人员建立HS1—6基因敲除小鼠并研究HS1—6敲除后Igk基因表观遗传、染色质高级结构及胚系或反义转录等的改变。HS1—6是位于免疫球蛋白Igk基因座Vk和Jk基因之间由6个DNase-I高敏感位点组成的一个V—J重排调控区域，包含Cer和Sis沉默子两个顺式调控元件。之前研究表明尽管Cer和Sis功能不同但均结合CTCF蛋白并抑制Igk基因重排。项目建立缺失HS1—6整个调控区域的小鼠模型以研究Cer和Sis是否有功能冗余以及缺失HS1—6的表型。研究表明HS1—6敲除后Igk基因座临近Jk基因的近端Vk基因的利用显著增加，而离Jk基因较远的中间和远端大部份Vk基因很少利用，结果导致HS1—6缺失的B细胞轻链抗体库的多样性显著降低。通过进一步的机理研究，发现HS1—6敲除后骨髓前B细胞和脾脏B细胞近端Vk基因胚系转录水平显著升高，从而表明HS1—6控制Vk基因胚系转录水平并进而调节Vk基因的利用。研究表明HS1—6并不控制Igk基因等位排斥，以及HS1—6敲除导致近端Vk基因在T细胞的非组织特异性重排。项目阐明HS1—6在控制Igk基因V—J重排中的重要作用，对认识顺式调控元件控制免疫球蛋白抗体多样性形成的机制有重要意义。

（戚 红）

【细胞溶解性阴道病临床分析及发病机制研究】 细胞溶解性阴道病（Cytolytic Vaginosis，CV）是育龄期妇女的常见阴道疾病，临床症状不典型，易与其他阴道感染性疾病混淆而造成漏诊、误诊。天津市中心妇产科医院杨淑华、王建红、刘颖等选择就诊于天津市中心妇产科医院的因阴道炎反复发作而就诊的患者进行临床表现、体征及阴道分泌物检查，确诊病因，并统计各病因构成比。采集CV患者和健康育龄妇女阴道分泌物，分离培养、纯化、提取乳酸杆菌DNA，PCR扩增16S rRNA基因，测序，与基因库（GenBank）中的数据进行比对，确定乳酸杆菌分型，统计分析两组间乳杆菌种属分布差异；并对两组优势乳酸杆菌的产酸能力进行分析。结果显示，CV的发病可能与雌激素分泌有关；CV的症状、体征易与外阴假丝酵母菌病混淆。提示阴道乳酸杆菌的种属差异与可能与CV的发病机制存在相关，CV患者阴道内高产酸能力的卷曲乳酸杆菌过度生长，可能是CV的发病机制之一。充分利用实验室检查患者症状、阴道内pH值、分泌物性状等进行综合评价，有助于对CV与外阴假丝酵母菌病患者的鉴别。2017年8月，该研究通过天津市卫生计生委组织的专家结题验收。

（刘 群）

【脊髓性肌萎缩症基因诊断及邻近基因相关性研究】 脊髓性肌萎缩症（Spinal muscular atrophy，

SMA）是儿科常见的常染色体隐性遗传的神经系统遗传病，发病率较高。通过基因诊断确诊，再行产前诊断是预防SMA出生的唯一手段。天津市儿童医院孟英韬、宋力、党利亨等采用RFLP、Sanger、MLPA测序技术，对88例因肌无力在天津市儿童医院就诊疑似SMA患儿进行SMA家系检测，以了解天津地区SMA发生率，评估其发病特点，探讨SMN2基因突变与脊肌萎缩症表型之间的关系，为产前诊断及携带者筛查项目的开展提供依据。结果显示，共检出SMA患儿74例，其中8例仅存在运动神经元存活基因SMN1外显子7缺失，外显子8不缺失。SMN1相邻基因对SMA表型影响不起决定作用；用SMN2拷贝数SMA病情严重程度可能存在误判，可能与SMN2基因突变有关；Sanger测序法图谱对“2+0”型携带者的检出有一定诊断价值。提示Sanger法测序在操作简便及结果准确性上优于RFLP测序，可取代传统的RFLP法用于临床基因诊断SMA。2017年5月，该研究通过天津市卫生计生委组织的专家结题验收。

（刘　群）

【磷脂酶Cε（PLCε）在皮肤真皮及表皮细胞中调控炎症细胞因子的机制研究】　天津医科大学基础医学院胡立志课题组承担的国家青年科学基金项目，2017年12月结题。课题组通过对PLCε调控炎症细胞因子的机制研究，为其可能作为新型抗炎症药及抗肿瘤药物分子靶点奠定基础。磷脂酶Cε（Phospholipase Cε，PLCε），是Ras/Rap小G蛋白的效应因子，前期研究发现PLCε在成纤维细胞和角质形成细胞中大量表达，且参与调控炎性细胞因子的诱导，在皮肤炎症中发挥重要作用，但机制尚未清楚。科研人员利用皮肤屏障功能的模型，体外细胞培养实验以及皮肤创伤愈合模型进一步探索PLCε在非免疫细胞中对炎症细胞因子的调控机制。在皮肤屏障破坏的模型中，发现PLCε促进皮肤屏障破坏后的重建过程，并推测IL－22，IL－24为PLCε的关键上游因子。体外细胞培养实验验证IL－22可直接活化角质形成细胞PLCε，IL－24经由JAK/STAT3信号传到通路直接活化成纤维细胞PLCε。皮肤创伤愈合模型中，PLCεKO小鼠创缘组织中炎症反应明显减轻。Col6a1，Col17a1胶原的沉积及MMP1，MMP8，MMP9，MMP13等基质金属蛋白酶的表达在PLCεKO小鼠中也明显受到抑制进而影响瘢痕形成。体外细胞培养实验进一步探究Th衍生因子IL－17与PLCε的关系，发现在成纤维细胞体系中，IL－17可诱导IL－6的产生，IL－6再活化PLCε诱导新的炎症细胞因子的调控机制。该课题揭示PLCε在创伤愈合及屏障维护中的作用，确立PLCε上下游关键分子，为PLCε作为皮肤创伤后缓解瘢痕形成，治疗皮肤屏障功能破坏等相关疾病的药物靶点奠定工作基础。

（戚　红）

【p53－miR－509－5p－Mdm2－p53反馈环路影响宫颈癌细胞生长的机制研究】　天津医科大学基础医学院王芳承担的国家青年科学基金项目，2017年12月结题。科研人员围绕miR－509－5p对宫颈癌细胞生长增殖的影响展开研究。微小RNA（miRNA）是一大类约22nt大小的高度保守的非编码单链RNA分子，对细胞内基因表达进行转录后调控。研究已经证实，miRNA参与包括肿瘤发生发展在内的多种生理及病理过程。肿瘤抑制蛋白p53是细胞内非常重要的的抑癌基因，通过转录调控下游基因如鼠双微基因Mdm2、p21和bax等来抑制细胞周期或促进细胞凋亡，进而发挥抑癌基因的作用。同时，Mdm2蛋白又可以与p53特异性结合，抑制其反式激活功能或促进p53蛋白的降解，从而对p53蛋白进行负反馈调控，形成p53和Mdm2之间的精细平衡状态。研究发现并证实，p53与Mdm2之间除了直接相互的调控作用外，还可以通过miR－509－5p来进行间接调控：p53可以直接结合在miR－509－5p上游的启动子区域，在转录水平上调其表达；表达增加的miR－509－5p则结合其下游直接靶基因Mdm2的3＇UTR区进而抑制其mRNA表达及翻译。Mdm2表达水平的降低直接解除了其对p53蛋白的负反馈作用，使得p53表达增加，进而导致p53下游直接靶基因p21及bak的表达增加，从而诱导细胞周期停滞及细胞凋亡。同时，在宫颈癌及肝癌组织中，p53和miR－509－5p表达水平明显偏低，而Mdm2则明显高于其邻近正常组织，而且进一步细胞功能学实验证实miR－509－5p可以抑制宫颈癌和肝癌细胞的生长增殖以及侵袭与迁移能力，同时诱导细胞凋亡及细胞周期停滞于G1期，发挥抑癌基因作用，并且进一步证实该过程是通过抑制其下游直接靶基因Mdm2实现的。（戚　红）

【研究多功能蛋白SND1参与胰岛素抵抗/免疫炎症的生物学功能和分子机制】　天津医科大学基础医学院王鑫廷承担的国家青年科学基金项目，2017年12月结题。科研人员从小鼠代谢表征，胰岛素敏感/抵抗的代谢学检测，SND1在巨噬细胞中介导免疫炎症参与的胰岛素敏感/抵抗机制，以及SND1与PPARgamma二者的调控关系等不同层次和角度重点研究SND1蛋白在小鼠体内参与的免疫炎症/胰岛素抵抗的调控机制。SND1蛋白是多功能蛋白，之前对其研究仅仅局限在细胞分子水平上，关于SND1在小鼠机体内所参与的功能以及相关机制的探讨还未曾有人报道过。为此，项目构建过表达SND1的转基因小鼠，在体内（in vivo）动物水平进一步探讨和解释SND1蛋白的生物学作用。从小鼠代谢表征，胰岛素敏感/抵抗的代谢学检测，在高脂饮食诱导脂肪肝及胰岛素抵抗的小鼠模型中，探讨SND1参与的改善脂肪肝症状以及胰岛素抵抗的调控机制并完成预期的研究目标。研究重要结果如下：HFD－Tg鼠具有体重更轻，肝脏更轻的特点，有显著拮抗脂肪肝的作用，其肝脏的脂肪浸润程度明显低于对照组。有显著拮抗胰岛素抵抗的作用，其肝脏胰岛素受体信号活性更强。此外，HFD－Tg的胆固醇代谢活性更强，肝脏中胆固醇合成和运输通路更加活性，相关基因表达上调明显。SND1对于胆固醇合成的关键调控因子SCAP存在转录共激活的作用，其可以结合到SCAP基因的启动子上促进其转录活性。SND1蛋白在小鼠体内，尤其是肝脏中，具有调控脂肪运输，促进代谢活性的作用，可以检测肝脏的脂肪堆积，降低肝脏的脂质负担。

（戚　红）

【天津婴幼儿感染Saffold病毒检测及基因序列分析】　天津市儿童医院王维、黄敬孚、林书祥等将在天津市儿童医院收集的360份急性呼吸道感染患儿鼻咽抽吸物和384份消化道感染患儿粪便标本，以针对SAFV 5＇－UTR基因序列设计的特异性引物，进行荧光定量PCR扩增，随机挑选阳性扩增产物进行核苷酸序列测定，并将测序结果与Genbank中已知SAFV基因组序列进行比对和进化分析。确定Saffold病毒所致患儿急性呼吸道和消化道感染症状及其分子流行病学特征，探讨Saffold病毒与儿童呼吸道和消化道感染的关系。结果显示，360份鼻咽抽吸物标本检测出43例SAFV阳性，1岁以下感染患儿有34例，占全部阳性患儿的80%，夏季和冬季检出率较高，具有显著差异；384份粪便标本检测出63例SAFV阳性，患儿主要集中在3岁以内，4个季节均有检出。其中11例样本存在与合胞病毒、副流感病毒3型、脑心肌炎病毒、诺如病毒和双埃可病毒的混合感染。研究表明天津地区儿童存在SAFV感染；提示其可能与呼吸道和消化道感染相关。2017年5月，该研究通过天津市卫生计生委组织的专家结题验收。

（刘　群）

【伏立康唑在兔眼局部应用的安全性评价实验研究】　由天津市眼科医院、天津市医药科学研究所闫瑾、贾淑杰、刘美欣等承担的天津市卫生计生委重点项目，2017年6月通过结题验收。研究人员通过观察实验兔眼注射伏立康唑后，行活体共聚焦显微镜观察角膜各层细胞超微结构，计数角膜内皮细胞的数量，并测量角膜厚度。采用全视野视网膜电图检查行较大混合反应（Max－R）对于视网膜功能进行评价，并进行病理组织学观察。为伏立康唑单次玻璃体腔注射安全剂量进行评价。结果显示，兔眼结膜下注射剂量≤100微克的伏立康唑，即使操作间隔时间较短、次数较多，对角膜组织结构和功能都未见损害。单次玻璃体腔注射≤100微克的伏立康唑对兔眼角膜和视网膜无明显影响；单次玻璃体腔注射200微克、400微克的伏立康唑时对兔眼角膜无明显影响，但视网膜功能和组织形态有不同程度损害。提示兔眼结膜下注射≤100微克的伏立康唑对角膜比较安全。

（刘　群）

【肺表面活性物质对新生大鼠急性肺栓塞影响的研究】　天津医科大学第二医院段洋，孙夫强，阙生顺等完成。科研人员通过建立幼年大鼠肺栓塞模型，探讨低分子肝素（LMH）联合肺泡表面活性物质（PS）对幼年大鼠急性肺栓塞的治疗作用，以及研究不同剂量低分子肝素对幼年大鼠急性肺栓塞的治疗及肺动脉内膜增生抑制作用，检测动脉血气、肺动脉压力（mPAP）、右心室压力（RVP）、组织内皮素－1（ET－1）和基质金属蛋白酶9（MMP－9）基因及蛋白表达水平、肺动脉管壁面积/管面积、管壁厚/管外径、肺组织PDGF－B和MCP－1基因及蛋白表达，肺组织HE染色后行病理检查。结果发现联合应用低分子肝素和肺泡表面活性物质较单纯应用其一更能有效治疗大鼠急性肺血栓栓塞。中等剂量低分子肝素更能有效的改善大鼠急性肺栓塞和抑制肺动脉内膜增殖。国内首次探讨低分子肝素联合肺泡表面活性物质对幼年大鼠急性肺栓塞的治疗作用。首次研究不同剂量低分子肝素对幼年大鼠急性肺栓塞的治疗及肺动脉内膜增生抑制作用。该研究对肺栓塞的患者临床个体化治疗起到积极作用。2017年5月，该研究通过天津医科大学组织的专家结题验收。（李劭鹏）

【以FN为靶点的microRNA－1治疗青光眼的实验研究】 天津医科大学眼科医院汪建涛承担的国家自然科学基金项目，2017年结题。小梁网房水流出阻力增加导致病理性高眼压是青光眼视神经损害的主要原因，而细胞外基质（ECM）异常沉积是房水自小梁网流出阻力增加的主要因素。研究结果：①人小梁网细胞（HTMCs）氧化应激下，miRNA－1和纤维连接蛋白表达下调，通过靶基因预测，发现miRNA－1可以靶定FN；②验证miRNA199b－5p对TGF－β2负调控作用；③发现miR－483直接靶定Smad4基因，调控ECM的生成；④提取转染miRNA483过表达质粒HEK293A上清的exosome，并进行exosome鉴定；⑤HTMCs氧化应激下，研究HES1对HTMCs的ECM调控机制，以及对相应细胞增殖和迁移能力的影响。H_2O_2刺激下，HES1表达上调，HES1shRNA可以有效抑制H_2O_2诱导的ECM高表达，HES1不仅对HTMCs的ECM具有调控作用，而且减弱细胞增殖，抑制细胞迁移能力；⑥H_2O_2或TGF－β2刺激下，TMCs的ECM、NF－κB P65及IL－1β表达上调，SIRT1激动剂白藜芦醇（RSV）对ECM的上调具有抑制作用，RSV具有青光眼的可能保护作用；⑦建立不同硬度凝胶上TMCs培养模型，分析差异基因，RNA－seq的测序，lncRNA的鉴定和分析，找到相关差异基因、miRNA、lncRNA以及相互之间的联系。（杜　静）

【间充质干细胞对角膜移植排的免疫调控作用】 天津医科大学眼科医院赵少贞承担的国家自然科学基金项目，2017年结题。角膜移植排斥反应是影响植片长期存活及高危角膜移植失败的主要因素。间充质干细胞（mesenchymal stem cells，MSCs）具有抑制多种免疫细胞增殖的功能，在其它组织器官移植排斥方面作用的研究已经开展，目前MSCs对角膜移植排斥反应作用的研究尚少。该研究采用大鼠异体角膜移植排斥模型，观察MSCs对角膜移植排斥反应临床进程的影响，并通过T细胞增殖实验来检测实验中各组大鼠免疫应答水平，检测IL－2、IL－4、IL－10、IFN－γ和IL－17的因子分泌水平以及CD4+CD25+Foxp3+调节性T细胞的变化，观察MSCs在进行异体角膜移植的大鼠体内的免疫调节作用，并将MSCs与环孢霉素A联合应用，观察二者的相互作用。研究结果显示，角膜移植术后注射MSCs可以抑制T细胞增殖、降低Th1细胞分泌的促炎因子水平、促进T细胞分泌IL－4并上调Treg细胞比率，从而延长植片存活时间。MSCs与CsA联合应用的效果与CsA浓度有关，低剂量CsA在一定程度上起到促进移植排斥作用，中等剂量CsA可以充分发挥MSCs与CsA的协同作用。该研究初步阐明MSCs作用机制和角膜移植免疫排斥机制，并将MSCs与CsA联合应用，观察二者的相互作用并为临床治疗角膜移植排斥反应提供新的思路以及可供选择的治疗方法。（杜　静）

【局部抑制补体以增强间充质干细胞活性研究】 天津医科大学眼科医院兼聘教授林峰承担的国家自然科学基金海外及港澳学者合作研究基金项目，2017年结题。科研人员采用Atorvastatin和Rosuvastatin处理间充质干细胞，发现他汀类药物可以上调补体抑制蛋白CD55，但却下调补体调节蛋白CD59，对CD46影响较小。细胞毒性分析实验显示Atorvastatin和Rosuvastatin均不能保护间充质干细胞免受血清补体的攻击。淋巴细胞增殖实验以及实验性自身免疫性葡萄膜炎动物模型体内实验未发现Atorvastatin和Rosuvastatin对间充质干细胞免疫抑制作用的影响。此外还进行实验性自身免疫性葡萄膜炎的其他治疗和机制研究以及间充质干细胞来源exosomes对小鼠视网膜损伤的研究，推动间充质干细胞在眼部疾病中的应用研究。

（杜　静）

【泪液系统免疫调节性T细胞在干眼发病的免疫调节机制】　天津医科大学眼科医院魏瑞华承担的天津市自然科学基金项目，2017年结题。①成功复制并优化美国南加州大学花费20余年建立的慢性兔自身免疫干眼模型；对兔干眼模型进行临床观察和评分，发现静脉注射自体激活的外周血淋巴细胞可诱发泪腺组织淋巴细胞浸润、泪腺组织萎缩和眼表炎症改变。②通过对正常兔和干眼模型兔的泪腺组织进行real—time qpCR检测，发现促炎性相关因子IL—17、IL—6、IFN—γ、TNF—α的mRNA的表达水平升高，而IL—10TGF—β与抑制炎症相关的细胞因子的mRNA的表达水平有所降低。③通过对正常及干眼模型的兔结膜和泪腺内淋巴细胞进行分析，发现自身免疫干眼干眼模型兔泪腺中致病致病性T细胞比例增加，调节性T细胞比例减少。④通过将免疫磁珠分选出来的treg细胞分别以不同的比例与经泪腺上皮细胞刺激的效应性T细胞混合培养，检测细胞增殖情况发现，加treg细胞的共培养体系中，泪腺抗原特异性T细胞的增殖程度较对照组均有不用程度的降低，说明treg细胞对对致病性T细胞增殖有抑制作用。⑤通过应用间充质干细胞以静脉输注的全身治疗模式对干眼模型进行治疗，进行临床、组织病理学和免疫学检测，发现静脉输注间充质干细胞能降低干眼模型发病程度，对兔自身免疫干眼模型有一定的治疗作用。

（杜　静）

【Toll样受体7对辅助性T细胞17分化的调控及机制】　天津医科大学眼科医院粘红承担的天津市自然科学基金项目，2017年结题。TLR7与自身免疫病密切相关，科研人员从TLR7活化对IRBP—Th17细胞的调控及机制为切入点，研究TLR7与EAU发生发展的关系；证实在EAU中，TLR7活化能增强Th17细胞的反应；TLR7活化能够促进树突细胞产生有利于Th17细胞分化的细胞因子；树突细胞中ERK信号通路与TLR活化导致的IL—17分泌增加密切相关。同时利用IRS661抑制TLR7活化对EAU潜在的治疗作用，证实抑制TLR7活化与EAU的发生和发展密切相关，剖析TLR7活化对Th细胞的调控的细胞学和分子学机制，证明抑制TLR7激活能延缓EAU的发生，将为临床治疗葡萄膜炎提供理论指导和实验依据。

（杜　静）

【上皮—间质转化（EMT）过程中细胞重编程的机制】　天津医科大学基础医学院尚永丰院士课题组承担的国家自然科学基金重大研究计划重点支持项目，2017年12月结题。科研人员围绕EMT过程中细胞重编程的分子机制，建立和完善EMT的表观遗传学研究的新的技术体系，并为恶性肿瘤的转移预警、诊断、治疗和药物筛选提供新思路、新途径和新靶标。肿瘤转移是肿瘤病人最常见的死亡原因。上皮—间质转化（EMT）过程在肿瘤转移的初始阶段是非常重要和必不可少的。该步骤的实质可能归因于一个事件：EMT过程使肿瘤细胞重编程之后具备了干细胞样特性。项目旨在通过高通量的RNAi Library筛选，RNA—Seq及ChIP—Seq等实验方法基于生物信息学的贝叶斯因果分析模型寻找上皮细胞转化为间质细胞的细胞重编程过程中的关键通路与关键调控因子，以及其启动与维持EMT的分子机制，特别是表观遗传学机制。课题组在表观遗传调控肿瘤EMT机制的方面取得了以下成果，为认识肿瘤发生提供新的认识并和治疗靶点。① FOXK2通过募集转录抑制复合物抑制乳腺癌发生发展，该成果2016年在*Cancer Cell*发表；②GATA3和ZEB2之间的负反馈调节失常促进乳腺癌转移的机制，这一研究结果发表在2015年的*Cancer Cell*上；③SCFJFK降解生长抑制因子ING4促进乳腺癌的发生和发展，这一研究成果于2015年发表在*Genes & Development*

上。项目执行期间，论文在*Nature Genetics*和*Molecular Cell*等杂志发表。

（戚　红）

【三苯氧胺作用的分子机理和耐药的表观遗传机制】　天津医科大学基础医学院尚永丰院士课题组承担的国家自然科学基金重点项目，2017年12月结题。课题组利用分子生物学、细胞生物学、遗传学等综合技术手段，全面分析ERα结合雌激素和结合三苯氧胺所介导的基因转录调控的异同和产生这种异同的分子生物学机理。结合生物信息学的综合分析及进一步的分子生物学验证，对潜在的三苯氧胺分子作用及耐药产生的关键基因分析其对细胞生长增殖关键通路及其生物学行为的影响，阐明其在三苯氧胺耐药过程中所发挥的作用。该研究为完善乳腺癌临床治疗方案及发展更为安全有效的抗乳癌药物提供理论依据基础。乳腺癌内分泌治疗（endocrine therapy，ET）在临床面临的主要问题是原发及继发性耐药。有关ET治疗耐药机制及逆转的研究已成为临床亟待解决的主要问题之一。项目建立三苯氧胺耐药的乳腺癌细胞模型，从全基因组角度分析其与三苯氧胺敏感性雌激素受体（ERα）阳性的细胞间的表观遗传学改变的特点及规律。该研究发表在*Nature Genetics*杂志。课题组在表观遗传调控肿瘤发生、转移机制的方面还取得以下成果，为认识乳腺癌发生提供新的认识并和治疗靶点。①组蛋白去甲基酶JMJD6通过羟基化负向调节p53进而促进结肠癌发生（Plos Biology）；②组蛋白去甲基酶KDM5B是重要的基因组稳定因子（PNAS）；③E3泛素连接酶Jade－2通过泛素－蛋白酶体降解LSD1调节胚胎干细胞分化（Molecular Cell）；④SCFJFK降解生长抑制因子ING4促进乳腺癌的发生和发展（Genes & Development）；⑤GATA3和ZEB2之间的负反馈调节失常促进乳腺癌转移的机制（Cancer Cell）；⑥SIRT7是一种组蛋白去琥珀酰化酶（Nature Communications）；⑦FOXK2通过募集转录抑制复合物抑制乳腺癌发生发展（Cancer Cell）。

（戚　红）

【巨噬细胞mTORC1与动脉粥样硬化】　天津医科大学基础医学院艾玎教授课题组承担的国家自然科学基金优秀青年科学基金项目，2017年12月结题。课题组围绕mTORC1在动脉粥样硬化早期病理机制中的作用展开研究，主要集中在两方面：①巨噬细胞中mTORC1通过增加趋化因子的表达增加动脉粥样硬化的发生发展；②脂肪组织局部巨噬细胞中mTORC1通过改变极化水平影响肥胖及胰岛素抵抗的发生发展。Ⅱ型糖尿病作为动脉粥样硬化独立危险因子，在其发生发展中起到重要作用。胰岛素抵抗是Ⅱ型糖尿病的主要特征，虽然胰岛素抵抗情况下PI3K/Akt信号减弱，但是mTORC1的活性却显著增加。尽管许多研究提示mTORC1与动脉粥样硬化有直接关联，但是这些研究都局限于全身给药或基因敲除，对于巨噬细胞中mTORC1在动脉粥样硬化的研究尚属空白。为此科研人员通过研究mTORC1对巨噬细胞的激活，进而引起炎症因子特别是MCP－1的产生和更多巨噬细胞向血管内皮的迁移和粘附，揭示mTORC1在动脉粥样硬化早期病理机制中的作用。将建立巨噬细胞特异性mTORC1激活和抑制的动脉粥样硬化模型小鼠，观察其斑块及斑块区域炎症反应情况，并在细胞水平研究单核细胞mTORC1对于巨噬细胞的激活及激活的巨噬细胞mTORC1对炎症反应的影响和机制。研究成果以SCI原创论文形式发表3篇，特邀综述形式发表1篇，论文平均影响因子9.82。

（戚　红）

【载脂蛋白J防治动脉粥样硬化作用的研究】　天津市胸科医院、天津市心血管病研究所秦勤、杨宁、杨靖宇等从细胞、动物、人体组织三个层面，以球囊损伤后血管内膜平滑肌细胞的增殖迁移致血管再狭窄为重点，应用ELISA方法测定血清ApoJ水平，取出动物模型右侧颈总动脉全段，应用HE染色法观察右侧颈总动脉的形态学变化，免疫组化的方法检测ApoJ蛋白在右侧颈总动脉中表达的部位及变化的趋势，探讨冠心病患者血清ApoJ水平的变化规律。初步探讨应用他汀干预ApoJ抑制动脉粥样硬化及损伤后内膜过度增生的可能性，提出PCI术后ApoJ局部表达上调与VSMC的转型密切相关，通过调控其增殖和迁移的活性而影响再狭窄的进程，可作为新的PCI术后再狭窄的干预靶点及血清ApoJ水平可作为一项新的冠心病预测标记物，为冠心病的早期诊断及支架术后再狭窄的预防与治疗提供新的思路。2017年8月，该研究通过天津市卫生计生委组织的专家结题验收。（刘　群）

【腺苷A2受体的活化诱导心肌再灌注损伤保护作用的线粒体机制】　天津医科大学基础医学院徐哲龙课题组承担的国家自然科学基金项目，2017年12月结题。课题组利用生理学、药理学、分子生物学和蛋白质组学等方法研究再灌注时腺苷A2受体的活化通过线粒体内锌离子和Src酪氨酸激酶抑制复合体I的活性和活性氧（ROS）产生，从而防止mPTP的开放并减轻再灌注损伤的机制。线粒体通透性转换空（mPTP）的开放是心肌再灌注损伤的最重要原因之一。研究证明腺苷A2受体通过各种细胞浆信号物质来防止mPTP的开放并减轻心肌再灌注损伤，但其线粒体内的保护机制尚不清楚。研究的目的是再灌注时腺苷A2受体抑制mPTP开放的线粒体机制。①探讨腺苷A2受体的活化是否通过抑制线粒体氧化应激（ROS的产生）来抑制线粒体膜通透性转换孔（mPTP）的开放；②研究腺苷A2受体的活化抑制线粒体ROS的产生的线粒体信号转导机制；③明确与ROS产生有关的复合体I亚单位及其机制。证实再灌注时腺苷A2受体通过激活线粒体内Src酪氨酸激酶来抑制复合体I活性的急剧增强，从而抑制复合体I中ROS的产生而防止mPTP的开放，进而保护再灌注心脏。研究最重要的发现，利用质谱分析和基因突变的手段首次明确Src酪氨酸激酶的靶蛋白为复合体I中NDUFV2亚单位，并证明Tyr118酪氨酸残基的磷酸化导致复合体I活性的抑制，进而防止ROS的产生，提示腺苷A2受体通过蛋白质翻译后修饰防止再灌注时线粒体ROS的大量产生，保护再灌注心脏。该发现不仅揭示新的线粒体ROS产生调节机制，而且为心肌缺血再灌注损伤的防治提供崭新的策略，为抗心肌梗死药物的开发提供新的靶蛋白。（戚　红）

【反义寡核苷酸介导外显子跳读在杜兴肌肉萎缩症转基因猪模型上的靶向治疗研究】　天津医科大学基础医学院尹海芳课题组承担的国家自然科学基金中加健康研究合作计划项目，2017年12月结题。课题组利用新的靶向肽修饰反义寡核苷酸混合物，并在DMD转基因猪模型上测试其系统效率和安全性。杜兴肌肉萎缩症是一种最为普遍的致死性神经肌肉失调症，由dystrophin蛋白缺失导致，目前临床上未有任何有效的治疗方法。反义寡核苷酸介导的外显子跳读治疗方法，在临床试验中显示出巨大的应用前景。尽管最近FDA已批准首例寡核苷酸药物，然而临床测试的反义寡核苷酸药物存在系统效率低、用药量大和在心肌中作用有限的问题。因此，通过与加拿大阿尔伯特大学合作，拟研发新型肌肉靶向肽及药物运输辅助剂，来提高反义寡核苷酸药物在肌肉中的系统活性。同时，通过在更能模拟临床病人的转基因猪模型上，系统测试新型靶向肽和辅助剂的作用效果，以期为杜兴肌肉萎缩症治疗提供更高效的反义寡核苷酸药物和药物运输辅助剂。①新型靶向肽的筛选、鉴定及在杜兴肌肉萎缩症小鼠模型—mdx小鼠上的系统功能测试；②筛选新型药物运输辅助剂，在mdx小鼠模型上系统测试其功效。基于这两个研究目标，科研人员利用体内生物淘选结合高通量测序的方法，获得一系列具有肌肉和心肌靶向性的候选组织靶向肽。通过在体外和体内系统验证，结果显示：M12和HSP具有较强的肌肉和心肌靶向性。通过对M12和HSP修饰的反义寡核苷酸药物PMO（M12－PMO和HSP－PMO），在mdx小鼠上的系统测试。结果表明：M12－PMO和HSP－PMO均能介导高效的外显子跳读和dystrophin蛋白恢复表达。与前期报道的MSP相比，能够显著提高PMO的系统运输效率和提高其活性。同时，利用mdx小鼠模型，通过对不同的天然小分子化合物筛选，我们发现己糖具有显著提高PMO活性的作用。特别是葡萄糖：果糖（1∶1）混合物（GF），对PMO的活性增强效果尤为明显。在mdx小鼠的系统功能测试中，与生理盐水相比，GF能够显著提高PMO介导的dystrophin蛋白表达，高达10倍。对其作用机理的深入研究，结果揭示：GF通过代谢产能，从而促进PMO在肌肉中的摄取及活性。

（戚　红）

【新型生物纳米结构在肝细胞癌靶向治疗中的应用研究】 天津医科大学基础医学院尹海芳课题组承担的国家自然科学基金项目，2017年12月结题。课题组利用肝细胞癌相对特异的抗原片段甲胎蛋白靶向修饰exosome，并对修饰的exosome展开系统的体外、体内肝细胞癌特异性抑癌功效的测试和相关作用机理的研究。项目以生物纳米结构–exosome为基础，利用基因修饰的手段，获得表达肝癌抗原（AFP）的树突状细胞，通过收集树突状细胞分泌的exosome（DEXAFP），以作为一种新的非细胞疫苗。通过检测发现，DEXAFP富含其他免疫共调控因子，可以作为树突状细胞的取代物，诱导毒性T淋巴细胞产生，发挥抑癌效果。通过在不同肝癌细胞和动物模型上的验证，证明DEXAFP可在体外有效地诱导细胞毒性T淋巴细胞，杀伤肝癌细胞。在肝癌皮下瘤、移植型原位瘤及DENA诱导的原发性肝癌模型上，均能介导高效的肿瘤杀伤，并改善其免疫和肿瘤微环境。通过对其作用效果的动态观测，发现DEXAFP的抑瘤效果与其免疫调控呈正相关。同时，测试肝癌细胞来源的exosome作为肝癌抗原载体的可行性，发现其能够活化并介导树突状细胞高效的肿瘤杀伤，而且对其它肿瘤也具有交叉保护作用。

（戚　红）

【不同流体剪切力对血管内皮细胞损伤与保护的机制研究】 天津医科大学基础医学院朱毅承担的国家自然科学基金重点项目，2017年12月结题。课题组以caveolae为中心，剪切力影响ATPSβ转位为突破点，重点研究：①不同的剪切力改变内皮细胞中花生四烯酸代谢谱及改变ATPSβ转位的分子机制；②异位ATPSβ与γ/δT细胞受体结合的分子机制；③ABCG1增加细胞胆固醇外流对异位ATPSβ的影响；④并运用相关转基因小鼠和基因敲除小鼠进行在体实验验证。动脉粥样硬化斑块局灶性分布的临床特征，提示不同血流动力学对于作为感受器的血管内皮细胞作用不同。为揭示血流动力调控的分子机制，课题组进行了3方面研究：①血流动力学因素对于内皮细胞关键蛋白分子CaMKKβ，Hippo–YAP信号通路等的调控作用，以及在动脉粥样硬化中的作用；②借助蛋白组学筛选，研究血流动力学因素对于关键蛋白（如integrin a5）的细胞膜脂筏转位情况调控，以及在动脉粥样硬化中的作用；③借助脂质代谢组学平台，研究血流动力学因素对于多不饱和脂肪酸代谢的调控，以及多不饱和脂肪酸代谢关键调控酶的作用。通过项目的相关研究，系统的揭示在血流动力学作用下，受到调控的关键信号通路以及关键分子的变化，研究其在血管重塑疾病尤其是动脉粥样硬化疾病中的作用以及具体分子机制。项目执行期间，发表基金标注论文16篇（其中，Nature一篇，PNAS两篇），申请国家发明专利3项（获批1项），培养博士研究生13名，博士后4名。在血流动力学作用下Hippo–YAP信号通路的研究，揭示YAP/TAZ分子在血管炎症中的作用，成果在自然科学综合性杂志Nature发表，该杂志配发述评。另外，在项目支持下建立完整的多不饱和脂肪酸代谢小分子的代谢组学平台，开发一整套检测、分析系统，并与多单位开展广泛合作。

（戚　红）

【阻断HIF1/CXCR4通路对肾移植手术后免疫耐受研究】 天津市自然科学基金项目，由天津市第一中心医院邹循锋、涂阳科、崔子林等完成，2017年5月结题。研究人员通过建立大鼠肾移植模型，观察移植物的炎症反应及长期移植物功能及病理变化，探讨CXCR4受体阻断剂普乐沙福对肾移植术后免疫效果及移植物的功能影响。结果显示，大鼠肾移植物中炎症因子表达增多；术后T淋巴细胞增多，从而导致移植术后长期存活大鼠的肾功能下降、肾纤维化及TGF因子表达增多。在药物处理组中，CXCR4阻断剂普乐沙福联合FK506能延长肾移植物存活，改善肾功能，减低移植物纤维化程度。该研究为临床使用CXCR4阻断剂，减轻移植术后移植物排斥反应，减少临床移植术后免疫抑制剂的用量，减少免疫抑制剂的副作用具有指导作用。

（刘　群）

【表观遗传转录调控与肿瘤发生与转移】 天津医科大学基础医学院王艳课题组承担的国家自然科学基金优秀青年科学基金项目，2017年12月结题。课题组利用分子生物学，细胞生物学及表观遗传学等研究方法，鉴定一系列在上皮间质转化（EMT）及肿瘤转移表观遗传调控网络中处于关键调控位置的调控因子，包括维持上皮稳态的GATA3，MTA3，SIX3，与促进上皮向间质形态转化的CUL4B，ZEB2，MTA1，PHF1，OGT等，建立和完善表观遗传学研究的新的技术体系，揭示其调控EMT过程和肿瘤细胞增殖转移的表观遗传分子机制。揭示维持上皮稳态的转录因子GATA3SIX3通过招募转录抑制复合体LSD1/G9A/NuRD（MTA3）复合体抑制ZEB2，PHF1等维持上皮稳态，抑制肿瘤发生与转移的分子机制；以及ZEB2招募G9A/NuRD（MTA1）复合体，PHF1协同CRL4B/PRMT5复合体促进EMT及肿瘤转移的反馈机制；并且发现CRL4B/SUV39H1/DNMT3A复合体通过协同调控组蛋白泛素化，甲基化及DNA的甲基化而促进宫颈癌发生发展与转移的分子机理。以上发现针对转移型恶性肿瘤尤其是乳腺癌与宫颈癌提供了新的有效治疗靶点，为恶性肿瘤预警、诊断、治疗和药物筛选提供新思路、新途径和新靶标。项目执行期间，王艳作为通讯作者在*Cancer Cell*、*Oncogene*、*Journal of Immunology*、*Nature Communications*等期刊上发表高水平论文，并获得首批2016年国家重点研发计划“干细胞及转化研究”青年科学家项目资助；培养2位博士后，1名已毕业博士生及10位在读研究生。

（戚　红）

【依赖PKC通路IGF—1调控糖尿病心肌病心室重构机制研究】　天津市应用基础及前沿技术研究计划项目，由天津市人民医院林静娜、李静波、王煜伦等完成，2017年5月结题。研究人员通过建立糖尿病心肌病模型（大鼠），经过IGF—1治疗后的糖尿病大鼠的基本生命体征明显优于糖尿病组大鼠，其血糖浓度、糖化血红蛋白以及肝肾功能等相关生化指标明显改善；病理学检测显示，糖尿病心肌病大鼠心肌组织出现明显异常，而经IGF—1治疗后心肌组织病变明显改善；TUNEL染色实验，证实心肌细胞的凋亡率随着IGF—1的使用而明显下降。检测PKC及PKC—NF—κB、TNF—a，TGF—b，c—Jun，c—fos的蛋白表达水平，从PKC信号传导通路角度探讨其对糖尿病心肌病的保护作用。该研究为临床防治糖尿病心肌病心室重构，有效减少心力衰竭的发生，降低糖尿病心肌病死亡率，提供临床治疗新思路。

（刘　群）

【迷迭香酸保护造血干细胞防治骨髓抑制作用及机制】　天津市自然科学基金重点项目，由中国医学科学院放射医学研究所徐文清等人完成。项目组采用整体动物实验观察，通过造血系统辐射损伤动物模型，从整体上观察迷迭香酸对辐射损伤小鼠生存周期的影响，同时观察迷迭香酸对γ射线亚致死剂量照射后，外周血参数以及小鼠骨髓CFU—GM、CFU—S以及DNA含量的影响；采用流式细胞术分选造血祖细胞（HPCs）和造血干细胞（HSCs），观察迷迭香酸对HPCs和HSCs数量的影响；完成迷迭香酸调控细胞中ROS水平的实验；采用RT—PCR分析迷迭香酸对HSCs辐射防护作用的分子机制，整体动物实验和细胞实验证明迷迭香酸对HSCs辐射损伤具有明显的防治效果，其保护作用的分子机制与迷迭香酸降低细胞中ROS水平，减轻DNA损伤，提高SOD、GPX等基因表达有关。项目研究表明，迷迭香酸为持久性骨髓损伤的治疗提供可行的方案。辐射损伤防护药物的研究可以从清除ROS，提高SOD，GPX等基因表达入手，发现新的低毒、高效的药物。该项目创新点：理论创新，该项目从细胞、分子和整体水平上，研究迷迭香酸对辐射损伤小鼠防护作用，分析调控ROS水平变化及相关基因在HSCs辐射损伤保护中的关键作用，揭示迷迭香酸对HSCs保护作用和调控机制。应用创新：迷迭香酸为天然抗氧化剂，毒性低，生物活性强，具有非常好的药物开发前景。项目首次将其用于HSCs辐射损伤的防治研究，具有应用技术成熟、应用成本低、易于在临床推广应用等特点，为其在肿瘤放化疗造成的骨髓持久抑制方面应用提供实验依据。项目执行期间，发表9篇研究论文，其中SCI收录2篇。

（任春燕）

【心肌组织修复温敏型载药近红外荧光水凝胶的研究】　中国医学科学院生物医学工程研究所吕

丰、陆丽、毛丽娜等承担的天津市自然科学基金项目，2017年4月结题。课题组研制的近红外荧光水凝胶载药体系，不仅可以在体对组织工程材料实时监控和跟踪，同时载药水凝胶可促进血管新生，对心肌缺血疾病的治疗提供研究基础。科研人员利用设计制备的几种用于心肌组织工程修复的温敏型载药近红外荧光水凝胶，分别对温敏型荧光水凝胶的制备、药物缓释释放、在体荧光成像、生物安全系评价、血管新生评价等进行研究，针对不适合常规外科手术治疗的心肌缺血疾病，通过载生长因子药物的缓控释水凝胶系统进行微创注射治疗。载药系统不仅能保持良好的生物相容性，避免快速吞噬作用，还可以延长药物作用时间，保持生物活性，实现有效的血管新生治疗效果；通过活体成像技术可以实现材料的实时精确定位，能进行材料的分布和降解跟踪，实现在体无创评价，特别是创新性地完成多光谱荧光成像技术对药物释放的评价。结果表明，该复合血管新生治疗技术能有效的应用到心肌缺血疾病的治疗。该研究成功制备两种酞菁修饰近红外荧光水凝胶，并能够负载药物进行缓慢释放，具有较好缓释药物效果，合适的降解速度及良好的荧光成像效果，能够满足在体荧光影像跟踪要求。载药水凝胶动物实验评价表明具有明显的血管新生及改善心肌功能效果。项目执行期间，发表SCI学术论文8篇。

（段炳柱）

【体感诱发电位术中脊髓功能监护异常逻辑判别准则的研究】 中国医学科学院生物医学工程研究所崔红岩等承担 的国家自然科学基金青年科学基金项目，2017年2月结题。研究人员通过开展SEP时频分析，统计分析术中SEP监护的时频域监护指标及监护标准，研究脊髓急、慢性损伤前后SEP的主、子时频成分变化，以及不同脊髓节段损伤后SEP时频成分的差异，揭示SEP对脊髓损伤部位的诊断作用；通过对限制性二阶盲辨识算法的优化进行SEP的单次提取，分析脊髓不同损伤阶段单次SEP在时域、时频域的变异性，单次SEP时频特征能够明确反映脊髓损伤变化过程中的脊髓功能变化状态，不仅体现术中SEP的动态变异信息，而且显示其时频特征参数具有更好的稳定性。在脊髓损伤过程中单次SEP在时域、时频域的变异性特征具有一致性；通过深入研究脊髓损伤前后单次SEP时频成分变化，及不同脊髓节段损伤后单次SEP时频成分的差异，进一步证明单次SEP的时频信息能更好地确定脊髓损伤部位；通过重点研究麻醉对术中SEP的影响，分析麻醉剂对术中诱发电位的影响规律和确定影响术中SEP变异性的主要因素，将有助于正确解释术中诱发电位监测的结果，提供可靠的术中神经功能监护；通过建立综合多因素的术中脊髓监护动态SEP异常预警判别模型，对术中SEP异常进行逻辑判别，能够更客观的对脊髓功能状态进行监护。本项目提出的新型的综合参数异常预警判别模型，能充分体现脊髓神经功能的动态变化，与传统潜伏期延长10%或者幅值减低50%的SEP异常预警标准相比，能有效减轻在外科手术监护过程中对监护人员的专业经验要求，避免监护专家测量SEP主观性对监护结果的影响和提高术中监护结果的可靠性。

（段炳柱）

【用于癌症化疗的可注射酸敏感前药纳米体系及其温敏超分子水凝胶系统】 中国医学科学院生物医学工程研究所王伟伟等承担的国家自然科学基金青年科学基金项目，2017年2月结题。研究人员首先针对纳米药物的缺点，研发两种前药纳米药物。以靶向肿瘤血管内皮细胞表面过度表达的神经毡蛋白−1的RGDK修饰的阿霉素与聚乙二醇嵌段高分子（RGDK−PEG−CAD）纳米药物为例，该纳米药物的药物负载量达14.6%，RGDK的修饰赋予其肿瘤组织靶向能力和良好的组织渗透效果，用来连接聚乙二醇与阿霉素的顺式乌头酰基使得纳米药物具有酸敏感释放的特性。与小分子阿霉素和未修饰靶向基团的纳米药物相比，该纳米药物能够将更多的药物递送至肿瘤组织，同时延长其滞留时间。课题组将负载阿霉素的纳米药物通过温敏自组装的方式，研究制作成可注射的水凝胶剂型，用于肿瘤的局部化疗研究。在体内，水凝胶系统将纳米药物固定在肿瘤组织，纳米药物的持续解离，在肿瘤内依靠EPR效应，血液运输和渗透扩散，以内吞的形式进入癌细胞并

卫生健康科技

在细胞内快速释放出药物分子，提高药物在肿瘤组织的滞留作用时间与浓度，持续的杀伤肿瘤细胞。小鼠肿瘤模型研究结果表明，该水凝胶系统可以延长药物在肿瘤内的存留时间达21天以上，能够有效的抑制肿瘤生长，同时降低药物的毒副作用。然后，将阿霉素与紫杉醇共负载到温敏可注射水凝胶中，实现两种不同治疗机制药物的协同负载与独立释放。体内动物实验结果表明，两种药物联合化疗的方式与单一药物高剂量治疗相比具有更好的肿瘤生长抑制效果，小鼠存活时间长达29天以上，在治疗周期内未见动物死亡。该研究可以为癌症化疗提供潜在的临床转化前景的纳米药物与水凝胶制剂。

（段炳柱）

【壳聚糖微囊化分泌表达血管内皮抑制素的肿瘤靶向共生菌口服治疗结肠癌的研究】 中国医学科学院生物医学工程研究所张海玲等承担的国家自然科学基金青年科学基金项目，2017年2月结题。结/直肠癌是中国高发生、高死亡率的恶性肿瘤之一，对于不能手术治疗的患者，目前尚缺乏有效的治疗手段。抑制肿瘤血管新生药物一直是实体肿瘤治疗研究的热点，但长期使用具有较大的心脏毒副反应。安全、特异和高效的运送载体将极大降低其副作用，实现在肿瘤局部小剂量给药，达到抑制肿瘤血管新生从而饿死肿瘤的目标。课题组通过分子克隆技术，构建分泌表达血管内皮抑制素的肿瘤靶向共生菌，体外检测重组的内皮抑制素的生物活性与商品化的内皮抑制素无统计学差异；人脐带内皮细胞系增殖实验显示，内皮抑制素的EC50是403纳克/毫升；内皮抑制素基因修饰共生菌的体外分泌量约是472纳克/毫升。采用壳聚糖－海藻酸微囊结肠靶向递送系统包封基因修饰的共生菌，以保护其通过胃酸并靶向递送共生菌到结肠；体外模拟胃酸降解实验显示壳聚糖－海藻酸微囊能有效保护共生菌。体内实验证实微囊化的基因修饰共生菌有效抑制结肠癌肿瘤生长。作为新的口服递送系统，壳聚糖－海藻酸微囊化重组共生菌将对结直肠癌的治疗是经济、便捷和有效的。 （段炳柱）

【多导生物电阻抗胃动力检测机制评价研究】 中国医学科学院生物医学工程研究所赵舒等承担的国家自然科学基金青年科学基金项目，2017年2月结题。课题组为明确体表测量电阻抗信号与腹内胃运动之间的关系，通过建立基于真实人体数据的三维仿真模型，进行电特性仿真研究；通过构建多导电阻抗胃动力检测系统，包括硬件电路与上位采集软件，进行体表检测电极阵列结构优化，开展人体实验研究；设计研制胃动力测量模拟实验装置，开展琼脂模型、螺旋模型和胃排空动态模拟实验研究。结合仿真和实验研究，进行电阻抗胃动力测量影响因素的评价，对消化过程中胃内食物的导电性、胃的体积、胃收缩腔闭合程度和波宽变化等因素多个通道电阻抗测量值的变化进行定量分析。实验显示：在胃的体积和位置不变的条件下，电导率增大时，各通道边界测量电压均呈下降趋势，电压变化率随电导率的增大逐渐减小；当胃容积增大时，高电导率胃内容物的边界测量电压降低，低电导率胃内容物的边界测量电压升高，电压变化率随胃容积的增大而减小；对于高电导率胃内容物，体表电压信号的幅值随胃收缩幅度（包括腔闭合程度和波宽）的增大而升高；电阻抗测量信号的幅值变化，与上述因素成非线性单调变化关系，受到上述因素的综合影响。课题组结合胃收缩蠕动引起的电场分布变化规律及测量电极检测灵敏度分布规律，通过分析多导体表电阻抗信号与腹内胃不同部位运动的相关性，研究胃运动的时间、空间传导机制。结果表明多通道电阻抗测量能够反映由于胃收缩传导引起的局部阻抗的变化，信号的频率反映胃不同部位的收缩节律和传播速度，多个测量通道间的波形存在明显的相位差反映胃收缩蠕动的空间传导过程。科研人员应用多尺度分析、复杂网络分析等非线性信息处理方法，研究胃阻抗信号传播特征方法，可为胃肠病患者胃动力的疗效评价提供新的有效参数。

（段炳柱）

【内源性大麻素信号传导系统在胰岛中的抗炎功效】 中国医学科学院生物医学工程研究所李宸等承担的国家自然科学基金青年科学基金项目，2017年2月结题。课题组围绕内源性大麻素信号传导系统（ECS）展开研究工作。该信号传导系统对机体能量平衡有调控作用，而肥胖以及引起的糖尿病等病症的发病原因也可归为因ECS功能失调而引起的免疫炎症机制受损。该研究针对在其他器官中表现出的抗炎、抗凋亡属性的CB2受体，就其在胰岛中保存胰岛功能、抵制胰岛炎症方面发挥的作用展开研究，评估其在慢性炎症引发的糖尿病、肥胖以及癌症控制中的潜在作用，为糖尿病、肥胖以及癌症的治疗寻求共同药物靶点。基于此，项目组就该受体展开深入研究，评估其在胰岛中的作用及相关机制并探究其潜在的抗炎功效对胰岛细胞功能、胰岛形态、以及胰岛细胞增殖是否具有积极影响。研究结果表明：①ECS信号传导系统在胰岛细胞功能、癌症细胞增殖等信号通路中均发挥重要作用；②接受CB2受体激活剂治疗的糖尿病小鼠对葡萄糖的敏感度显著上调、腹部脂肪堆积程度与对照组小鼠相比也有明显改善；③ECS信号传导系统在防治糖尿病并发症中也具有积极作用，有潜力作为治疗糖尿病及其并发症以及肿瘤的新靶点。

（段炳柱）

【原发性全面性癫痫脑电信号不同导联间多尺度相干性研究】 天津市应用基础及前沿技术研究计划项目，由天津市人民医院、天津大学张美云、姜楠、陈小芳等完成，2017年10月结题。科研人员采用子波变换、条件采样和相位平均波形技术，不同导联间双谱相干分析和互双谱相干分析等先进的技术对不同类型的原发性全面性癫痫（Idiopathic Generalized Epilepsy，IGE）发作期、发作间期的脑电信号进行定量分析，提取不同导联间脑电信号在频率、波幅、相位等细节定量特征的差异及不同导联间的相干性。探讨癫痫脑电信号在不同脑区之间的联系和差异，为全面性癫痫的临床诊断和电生理机制的研究提供新的思路和方法。在研究成果的基础上，建立脑电信号不同导联间多尺度相干性分析系统，应用于癫痫脑电信号的监测，可以提取不同导联间频率、波幅、相位等方面的相干性新的电生理定量参数，用于辅助癫痫的诊断和分型。该脑电分析系统还可以用于睡眠、认知功能的研究。

（刘　群）

【肿瘤干细胞特异性生物标记免疫原性的研究】 天津市应用基础与前沿技术研究计划项目，由天津市第四中心医院孙雯雯、崔晓旭、刘子艳等承担完成。2017年12月结题。研究人员通过制备不同肿瘤干细胞特异性抗原，与其他方式制备的抗原相比较，感染或冲击树突状细胞（Dendritic Cells，DC）细胞，分析其特征和表型变化。成功构建携带CD44、CD133、ALDH1A1的重组慢病毒。成功感染DC，分析其特征和表型变化，诱导CIK使其具有针对CSC的特异杀伤能力，并以CSC全细胞冻融抗原冲击DC作为对照，诱导CIK细胞，进行DC－CIK细胞杀伤相应肿瘤CSC的体内外实验研究，观察杀伤及PI3K/Akt、Wnt/β－catenin和Notch信号通路关键基因的表达变化。通过体内及体外实验，证实在结肠癌、膀胱癌、直肠癌中CD133－DC－CIK组杀伤能力显著高于其他组；在乳腺癌中CD44－DC－CIK组杀伤能力显著高于其他组。

（刘　群）

【心室辅助装置的制备及临床前研究】 天津市应用基础与前沿技术研究计划项目，由天津市胸科医院、中国科学院化学研究所、天津大学化工学院刘建实、黄勇、冯亚凯等承担完成，2017年1月结题。科研人员为解决心脏移植供心来源不足难题，自主研发出气动隔膜式心室辅助装置—人工心脏。主要取得如下研究成果：①完成聚醚型和聚酯型聚氨酯材料的合成工艺，形成公斤级材料制备的实验室技术，用于心室辅助装置的设计制作。②利用低温等离子体等技术手段，在聚氨酯材料表面进行功能化改性，引入聚氧乙烯和肝素等功能性材料，形成一套完整的聚氨酯材料表面改性工艺和技术。③在材料制备的基础上，设计并加工心室辅助装置装置的模具，通过工艺调整和控制，形成较为成熟的心室辅助装置的制备工艺路线，成功制备一批心室辅助装置样品。④根据国家标准，制定材料的生物医学评价方案，完成材料的溶血试验、细胞毒性和免疫排斥试验等生物医学评价工作。⑤通过体外流体力学实验，完成气动隔膜式心室辅助装置密闭性、瓣膜抗反流性、隔膜活动性以及耐久性等检验。并通过大型动物实验检验心室辅助装置样本进行活体检验，证实该装置所产生流体压力可基本满足临床心室辅助要求，短期应用于实验犬有效、安全、稳定。项目执行期间，申请专利5项，授权2项；发表论文17篇，其中国外刊物12篇，SCI、EI、ISTP收录10篇，国内刊物5篇。

（刘　群）

【神经管缺陷基因组水平DNA甲基化特征研究】 天津市应用基础与前沿技术研究计划项目，由天津市儿童医院、天津医科大学蔡春泉、石鸥燕、沈永明等承担完成，2017年11月通过结题验收。神经管缺陷（Neural Tube Defects，NTDs）是由于胚胎发育早期神经管不闭合或闭合不全所造成的一组严重出生缺陷性疾病，其发病机制尚未完全明确。研究人员选取NTDs患者与亲体的Trios形式作研究对象，采用Illumina 450K Infinium Methylation BeadChip甲基化基因组分析芯片技术，对Trios做基因组水平的DNA甲基化分析研究，探讨DNA甲基化状态改变与NTDs密切关联的基因位点，以更好的评估NTDs患病风险。结果显示，NTDs病例组和对照组间的DNA甲基化改变有差异，异常的差异性甲基化改变可能是NTDs病因学方面的表观基因组学机制；母亲的SAM/SAH（DNA甲基化指数）的ROC曲线下面积最大，可达到0.908，约登指数以及灵敏度也最高，提示DNA甲基化指数在NTDs的发病风险评估和预测中的表现均优于叶酸，可能成为NTDs研究中新的标记物，用于NTDs的早期筛查和诊断；基于差异化基因进行GO和KEGG分析，发现异常的甲基化位点所在基因构成的通路（上皮—间充质转化、叶酸和同型半胱氨酸代谢、转录因子、细胞骨架、迁移粘附和凋亡，神经元分化）参与神经管形成过程。项目执行期间 获得实用新型专利1项。

（刘　群）

【白藜芦醇多聚体Vam3和Vam4对造血干细胞辐射损伤防护作用研究】 国家自然科学基金青年项目，由中国医学科学院放射医学研究所张俊伶等人完成，2017年12月结题。电离辐射引起的造血系统损伤是辐射损伤的主要表现之一，也是临床肿瘤病人放疗化疗的主要并发症，缺乏有效的治疗方法。科研人员通过细胞学和整体实验手段探讨Vam3对造血系统辐射防护作用，并深入研究其在DNA损伤、ROS来源、代谢通路及辐射诱导衰老方面的防护作用机制。研究显示，Vam能够减轻电离辐射引起的造血系统损伤，减轻造血干细胞更新及定向分化能力的辐射损伤，影响细胞内的活性氧水平。通过进一步探索Vam3的辐射损伤防护机制发现，Vam3能够影响细胞内Sirt1，Gpx1，Sod2等氧化基因的表达，上调Nrf2及其下游的抗氧化基因表达发挥抗氧化作用。进一步利用Nrf2基因敲除小鼠进行研究，发现Vam3能够影响受照射后Nrf2敲除小鼠细胞内的ROS，但是不能提高其细胞活力，提示Vam3通过部分调控Nrf2信号通路发挥辐射损伤防护作用，Vam3作为辐射损伤防护剂有良好的应用前景，值得深入开发。通过与中国医学科学院药物所合作为其新研发的高效低毒的Vam3及其改良化合物的应用扩大适应症。项目执行期间，发表论文15篇，SCI论文7篇；培养青年科学骨干一名。

（任春燕）

【BAG—1M上调BACE1表达的分子机制及其在阿尔茨海默病发生中作用的研究】 天津医科大学基础医学院洪伟课题组承担的国家自然科学基金项目，2017年12月结题。课题组利用阿尔茨海默病（AD）动物模型来分析BAG—1M通过抑制PPARγ活性促进BACE1表达及Aβ生成增加的机制，为AD的诊断治疗提供靶标。阿尔茨海默病（AD）严重危害健康，已成为国内重点防治疾病之一。科研人员首先在细胞水平和分子水平上阐明AD患者大脑中过表达的BAG—1M在AD发生中的作用及机制，即BAG—1M作为共激活因子与促进BACE1基因表达的转录因子NF—κB相互作用并定位在BACE1基因启动子NF—κB的反应原件上，共激活BACE1基因表达。同时BACE1轻度上调APP基因表达，BACE1蛋白量上升后进一步促进APP的水解产生过多的C99并最终导致Aβ生成增多。上述发现在AD模型鼠得到了进一步验证，即在AD模型鼠的海马中过表达BAG—1M后，脑组织中BACE1表达上调，C99和Aβ生成增多，淀粉样斑块增多，小鼠的记忆力和认知功能明显下降。课题揭示BAG－1M在AD发生中的作用机理及信号通路，表明BAG－1M过表达能够引起AD的发生，为AD的早期诊断和治疗提供靶标。在研究过程中结合文献报道AD患者脑组织中ciRS－7下调，从而拓展研究ciRS－7对APP和BACE1的作用，发现ciRS－7不调控APP和BACE1的基因转录，但是促进APP和BACE1的蛋白酶体和溶酶体途径的降解，而这个过程是通过抑制NF－κB的翻译及诱导胞浆定位而释放对UCHL1的表达抑制而完成的，阐明ciRS－7是一个具有神经保护作用的非编码RNA及AD发生及治疗的靶标。

（戚　红）

【神经介素B对小鼠海马区突触传递的作用研究】 认知功能障碍泛指各种原因导致的各种程度的认知功能损害（Cognitive Impairments）。神经介素B（Neuromedin B，NMB）是一种多肽，有研究证明NMB与情绪记忆功能相关，而其在海马区的作用及其机制尚不明确。天津市第一中心医院姚扬、臧大维、郭洁等运用缺血性脑血管病模型方法观察NMB对缺血所致的学习记忆障碍的作用及其机制。通过对水迷宫、分子生物学及电生理方法，探讨其机制。结果显示，NMB对脑缺血模型大鼠中，缺血所致的突触可塑性损伤的保护，提示NMB对双侧颈总动脉结扎脑缺血大鼠模型造成的学习和记忆障碍的具有一定的保护作用。为研究NMB对学习记忆的影响及其机制提供理论依据，并为认知功能障碍的防治提供新思路和药物作用的新靶点。2017年5月，该研究通过天津市卫生计生委组织的专家结题验收。

（刘　群）

【chemerin在糖尿病肾病发病中的作用的实验研究】 chemerin是新近发现的一种脂肪细胞因子，是G蛋白偶联受体－脂肪细胞因子样受体1（CMKLR1或ChemR23）的配体。研究表明，Chemerin及其配体在炎症的发生发展中发挥主要作用，而炎症反应与糖尿病肾病的进展密切相关。天津市第一中心医院王巍巍、王峪、沈鹏等利用构建chemerin表达载体，转染培养的大鼠系膜细胞，观察高糖、chemerin对系膜细胞的作用，探讨chemerin对于炎症、TGF－β/Smad信号通路及其下游介质的影响。同时，建立糖尿病肾病大鼠模型，转染chemerin表达载体，观察chemerin对于炎症、TGF－β/Smad通路及其下游介质的影响，探讨chemerin在糖尿病肾病发病机制中的作用。结果显示，表达载体pcDNA3.1（+）－chemerin转染大鼠系膜细胞及注入糖尿病大鼠肾脏后，体内、体外试验均发现TGF－β/Smad通路蛋白及其下游介质，包括TGF－β1、Smad2、Smad4和结缔组织生长因子（connective tissue growth factor，CTGF）的转录及表达均明显增加，首次提出chemerin能够通过上调TGF－β/Smad通路加重肾脏纤维化进程，从而促进糖尿病肾病的发生发展。另一方面，经载体pcDNA3.1（+）－chemerin干预后，炎症因子如TNF－α、IL－1表达水平也显著升高，可能通过促进炎症因子的产生，加重肾损害，导致糖尿病肾病。提示chemerin能够通过上调TGF－β/Smad通路及其下游介质，促进糖尿病肾病的发生发展。该研究为将chemerin靶向应用于糖尿病肾病患者的早期干预治疗提供了理论依据，2017年2月，该研究通过天津市卫生计生委组织的专家结题验收。

（刘　群）

【ADAM33对人气道平滑肌细胞增殖作用及机制研究】 哮喘是在宿主易感因素与环境因素相互作用下，以慢性气道炎症和气道重塑为基本病理生理改变的综合征，气道重塑在哮喘发病中的作用受到重视，被认为是引起不可逆性气道阻塞和气道高反应性的病理基础。天津市第一中心医院金成浩、蒋萍、郑洪等通过Real－Time PCR、Western blot证实血管内皮生长因子（VEGF）能够上调ADAM33 mRNA和蛋白表达，以及激活ERK1/2和Akt活性；利用ADAM33 siRNA转染细胞、BrdU法、流式细胞仪以及Western blot发现ADAM33基因沉默和VEGFR2抑制剂能够阻止VEGF促进的ASMCs增殖；VEGF通过对ADAM33的上调，可促进ASMCs的增殖。结果显示，VEGF通过ERK1/2和/或PI3K激酶信号传导，实现对ADAM33的调控作用，后者又能够参与ASMCs增殖的调控。该研究为有效防治哮喘气道重塑提供理论依据和药物新靶点。2017年5月，该研究通过天津市卫生计生委组织的专家结题验收。

（刘　群）

【机械灌注装置在脂肪供肝灌注与保存上实验研究】 天津市卫生计生委科技攻关项目，由天津市第一中心医院蒋文涛、淮明生、马楠等承担完成，2017年8月通过天津市卫生计生委组织的专家结题验收。研究人员利用四环素、酒精、联合高脂饲料及基础饲料快速有效的建立稳定的脂肪肝大动物模型（猪）。通过对不同缺血时间的脂肪供肝病理，术后病理，常规低温保存和新型保存装置保存后肝移植的对比（包括酶学、胆红素水平、死亡率、存活时间）。针对脂肪供肝的特点，对常温机械灌注装置的组成、灌注液成分以及温度、压力、流速、氧分压等灌注参数进行调整，并进行生理模拟保存条件的实验，探讨常温机械灌注对脂肪肝的保护作用。结果显示，脂肪肝常温机械灌注较常温低温保存在一定程度上，可减轻脂肪肝缺血再灌注损伤，减轻术中血流开放时酸中毒，降低手术风险；机械灌注后供肝生化指标及病理表现和移植后肝功能恢复情况均好于对照组；脂肪肝常温机械灌注较常温低温保存可促进术后早期移植肝功能恢复，避免移植物原发无功。研究证实脂肪肝常温机械灌注可减轻供肝脂肪变性对胆道的损伤，减少胆道并发症的发生。

（刘　群）

【超声多模态评价DBCD状态肝、肾损伤分级实验研究】 由于器官移植供体的严重短缺，脑—心双死亡器官捐献（Donation after Brain and Cardiac Death，DBCD）供体的器官捐献已成为缓解器官移植的主要途径，对于DBCD供体的评价目前在国际尚无切实有效的影像学诊断方法。天津市第一中心医院唐缨、牛宁宁、潘澄等通过建立脑死亡动物模型，利用的超声多模态检测对脑死亡所致肝、肾功能损伤进行评价，并与组织病理学结果进行比对分析。临床观察对移植手术转归良好的患者进行相应的回顾性研究，以验证超声多模态对脑死亡状态下的肝、肾损伤诊断的价值。结果显示，联合超声造影和超声实时弹性成像对于脑死亡供体肝脏损伤情况进行评价具有较高的准确性；超声实时弹性成像对于脑死亡供体肾脏损伤的评价具有较高的敏感性和准确性；临床观察，超声弹性成像可以反映肝脏硬度的变化。超声彩色多普勒和超声造影的结果显示肝脏大血管的血流动力学和肝脏整体灌注情况并无明显变化。提示临床上仅依靠超声弹性成像对供体肝脏进行术前评估，有可能造成供体的资源浪费，而应用超声多模态对脑死亡供体肝脏的功能进行联合评价，可全面客观地评估DBCD供体质量，最大限度的扩大边缘性供体的使用率。2017年8月，该研究通过天津市卫生计生委组织的专家结题验收。

（刘　群）

【脑死亡模型炎性细胞因子与器官功能相关性研究】 器官移植是目前挽救终末期器官功能衰竭患者的有效手段，但因供体的短缺使大量患者在等待中死亡。相对于活体移植，脑死亡供体（donation after brain death，DBD）具有伦理学和同时提供多种器官的优势。天津市第一中心医院陈立、冯学泉、徐新女等通过建立渐进式脑死亡动物模型（猪），分别在确立脑死亡时间点及脑死亡后3、6、9小时取静脉血，采用免疫芯片荧光定量法测定脑死亡前、脑死亡0小时、脑死亡后3、6、9小时血清白细胞介素—8（Interleukin—8，IL—8）及炎性细胞因子，观察动物模型连续时间点IL—8、炎性细胞因子、器官损伤和功能的变化情况。结果显示，脑死亡过程的主要损伤反应为血液动力学改变的热缺血因素，细胞炎性免疫因子的不同激活启动损伤与修复双重因素，免疫增强因子如IL—8、TNF—a可加强损伤而免疫抑制因子如IL—10、TGF—β可减弱损伤。提示临床为保护潜在移植器官应在脑死亡确立以后，应尽可能早期针对启动环节进行干预，采取有效的血液净化吸附IL—8，以降低组织器官的炎性损伤。该研究为探索脑死亡器官功能有效维护奠定实验基础。2017年5月，该研究通过天津市卫生计生委组织的专家评审结题。

（刘　群）

【DNA甲基化标志物对早期肝癌诊断价值研究】 天津市第三中心医院杨斌、经翔、张晔等通过收集肝癌和慢性肝病患者血浆标本，应用甲基化特异性PCR方法，检测其血浆游离DNA12个抑癌基因甲基化状态。探讨肿瘤特异基因的甲基化标志物，筛选鉴定出可用于肝癌的早期诊断的甲基化标志物。结果显示，在肝癌组中，APC、p16、GSTP1、Cyclin D2、LHX1、TFPI2、DKK2、DKK3、SFRP2、14-3-3 sigma、ppENK、NPTX2基因的甲基化频率分别为78.18%、63.64%、58.18%、49.09%、49.09%、47.27%、40.00%、18.18%、16.36%、9.09%、7.27%和5.45%，而在慢性肝病组中，各基因的甲基化频率分别为27.78%、22.22%、7.41%、3.70%、16.67%、37.04%、37.04%、11.11%、20.37%、7.41%、7.41%和9.26%。APC、Cyclin D2、TFPI2、DKK3和GSTP1基因在肝癌组中的甲基化频率高于慢性肝病组（$P<0.01$）。通过肝癌和慢性肝病间甲基化频率的比较，筛选出由APC、CyclinD2、TFPI2、DKK3和GSTP1 5个肝癌特异性基因组成甲基化谱。提示APC、CyclinD2、TFPI2、DKK3和GSTP15个甲基化谱，可能成为肝癌辅助诊断的核酸标志物。2017年2月，该研究通过天津市卫生计生委组织的专家结题验收。

（刘　群）

【乙肝肝细胞肝癌代谢组学标志物组合诊断研究】　天津市自然科学基金项目，由天津市第三中心医院刘树业、王凤梅、张立等承担完成，2017年7月结题。研究人员利用超高效液相色谱与质谱联用（Ultra high Performance Liquid Chromatography-Mass Spectrometry，UPLC-MS）技术平台，采用代谢组学方法，分析乙肝相关肝细胞肝癌血清、组织及尿液代谢轮廓，筛选肝癌早期诊断及肝癌病程分级的生物标志物，初步建立基于生物质谱技术的代谢靶标检测方法，探讨乙肝相关原发性肝癌疾病发生发展机制。通过构建基于模式识别及投影映射原理的生物判别模型，筛选出与疾病发生发展显著相关代谢物，并进行模型验证；筛选出具有潜在肝脏疾病的早期诊断标志物及其新的治疗靶点，构建检测方法并验证标志物组的潜在临床诊断效能。

（刘　群）

【FAP新发APC突变的家系分析、功能分析与临床研究】　天津市人民医院张昭、孟令祥、孙伟等通过采用多重连接依赖性探针扩增技术、PCR-变性高效液相色谱技术及DNA直接测序等系统筛查的方法分析22个FAP家系基因突变类型，同时分析FAP家系的临床表现，临床表型，探讨中国北方地区家族性腺瘤性息肉病（Familial Adenomatous Polyposis，FAP）家系的基因突变类型和分布情况，进一步分析FAP基因突变类型与FAP临床表型的关系。结果显示，FAP基因类型的检测可以预测临床表型，有利于预测家系的疾病发展趋势，可以更好地指导家系的临床治疗。研究人员同时发现7个新的基因突变位点，初步明确FAP基因突变类型与FAP临床表型具有一定的相关性，研究同时分析FAP基因突变类型与FAP直肠息肉类型与直肠息肉恶变风险的关系，初步明确FAP基因突变类型与FAP直肠息肉类型与直肠息肉恶变风险的相关性，在手术方式选择上建议基因突变在78-158，531-799可以选择保留直肠的IRA，而基因突变位点在414-451，1140-1744建议选择IPAA。该研究为临床选择手术方式，尤其是在直肠保留方面提供理论依据。2017年8月，该研究通过天津市卫生计生委组织的专家结题验收。

（刘　群）

【碘过量对甲状腺氧化应激-抗氧化防御影响的线粒体机制】　天津医科大学基础医学院姚小梅课题组承担的国家自然科学基金项目，2017年12月结题。课题组在体外研究，利用线粒体荧光探针MitoSOX，发现早期高浓度碘处理大鼠甲状腺FRTL细胞，2小时后线粒体超氧化物产生显著增加、脂质过氧化、细胞色素C大量释放、细胞膜破坏，24小时后出现明显的DNA碎片和凋亡小体的形成；而且，抗甲状腺药丙基硫氧嘧啶（PTU，300微摩尔/升）、TSH（10mU/mL）、NIS竞争抑制剂过氯酸盐（KClO4，30微摩尔/升）干预后，线粒体超氧化物产生明显减少；反之，SOD抑制剂二乙基二硫代氨基甲酸银（DETC，2毫摩尔/升）可促进碘过量诱导的甲状腺线粒体超氧化物产生。线粒体呼吸链抑制剂也参与高碘诱导的ROS

卫生健康科技

产生。线粒体复合体Ⅰ抑制剂鱼藤酮（Rotenone）常被用作植物杀虫剂，线粒体复合体Ⅲ抑制剂Antimycin A 常用于鱼类养殖的杀虫剂，可通过食用植物或鱼类被人体摄入。研究发现碘化钾处理FRTL细胞后2 h，线粒体超氧化物产生显著增加，且SOD抑制剂（DETC 2毫米）、鱼藤酮（0.5微摩尔/升）、Antimycin A（10微摩尔/升）均可促进线粒体超氧化物产生，降低细胞活力，而SOD 1000unit/mL对FRTL细胞具有保护作用。在活体动物研究，将Wistar大鼠随机分为适碘组、10倍和100倍高碘组处理7、14和28天，发现各组间甲状腺激素水平无明显差别，随着碘摄入量的增加，尿碘和组织碘浓度显著增高，碘过量诱导甲状腺的氧化应激线粒体超氧化物产生增加的同时，通过Nrf2－Keap 1通路诱导抗氧化防御的增强以维持碘过量早期甲状腺功能的稳定；哺乳期（哺乳7天、14天和21天）适碘、10倍和100倍高碘喂养的动物模型研究发现随着碘摄入量的增加，母鼠尿碘浓度和甲状腺和乳腺的组织碘浓度也显著增加，FT3水平下降，大鼠甲状腺和乳腺组织线粒体超氧化物生成增加的同时，T3依赖型甲状腺激素受体α1、β1、钠碘转运体也显著下降。100倍高碘的甲状腺组织免疫组化可见出现淋巴细胞浸润。另外，利用金属硫蛋白基因敲除小鼠短期高碘饮食模型研究发现：缺乏金属硫蛋白保护的甲状腺在碘过量处理后会产生更强的氧化应激和甲状腺细胞的损害。

（戚　红）

【用于肝细胞治疗三维iPSCs多细胞球转化增殖体系】 天津市卫生计生委重点攻关项目，由天津市第三中心医院、南开大学于美丽、徐凤梅、张拥军等承担完成，2017年8月通过天津市卫生计生委组织的专家结题验收。研究人员以具有表面溶蚀性能的聚酸酐为模板材料，包载经海藻酸钠保护的细胞生长因子，利用乳化、溶剂挥发技术制备三维多细胞球培养膜板。利用三维多细胞球培养载体，以人骨髓间充质干细胞作为滋养层细胞，诱导iPSCs向肝细胞分化，诱导生成的肝细胞具有更完善的肝细胞功能，其蛋白合成功能及代谢功能接近正常肝细胞。实验表明iPSCs三维多细胞球培养诱导生成细胞ASGPR1表达阳性细胞比率为58.90±15.14%，二维平板对照组为29.67±13.23%；实验组细胞ALB阳性表达率73.4%，对照组细胞阳性表达率27.9%。实验组为三维多细胞球培养，细胞AFP阳性表达率70.3%，对照组位普通培养板，细胞阳性表达率44.9%。研究表明具有凹槽型多细胞培养体系，诱导转化功能明显优于普通培养板，对iPSCs诱导转化为肝细胞的多种活性表达同样具有优势。体系中凹槽型物理结构和生物化学因素对iPSCs细胞向肝细胞分化培养起着关键作用。

（刘　群）

【靶向组蛋白修饰药物逆转肝细胞癌甲基化表型研究】 天津市卫生计生委重点攻关项目，由天津市第三中心医院杨斌、杜智、高英堂等等承担完成，2017年11月通过天津市卫生计生委组织的专家结题验收。课题组以PcG蛋白表观遗传学功能为研究切入点，分析PcG核心蛋白EZH2及组蛋白H3K9、H3K27位点甲基化在DNA甲基化模式建立和维持中的机制；通过靶向组蛋白修饰药物，研究其表观遗传学抗癌机制，探讨靶向组蛋白甲基化药物抑制肿瘤细胞增殖的途径和机理。从转化医学角度探索肝癌中基因表观遗传学失活的起始与维持，为肿瘤分子靶向治疗或药物探索新的途径。研究发现DZNep可以通过干扰细胞内甲硫氨酸代谢与基因的表观遗传学修饰，进而通过DNA损伤反应之间诱导细胞衰老，抑制肿瘤细胞生长。DZNep除传统的逆转组蛋白甲基化作用外，还可以通过激活ATM信号途径诱发DNA损伤反应，并通过p53－p21通路引起细胞衰老。研究表明组蛋白甲基化与细胞衰老，有可能作为抑制肿瘤细胞增殖的两个靶点。

（刘　群）

【组蛋白去甲基化酶KDM5B在DNA损伤修复和维持基因组稳定性中的作用】 天津医科大学基础医学院石磊课题组承担的国家自然科学基金项目，2017年12月结题。课题组探讨KDM5B在DNA损伤修复以及维持基因组稳定性的过程中的作用以及相关分子机制。基因组稳定性对于维持正常组织发育和预防癌症等疾病至关重要。研究表明，基因组信息包裹在染色质中，染色质环境在DNA损伤应答方面扮演重要角色，组蛋白去甲基化酶KDM5B在人体细胞DNA双链断裂应答过程的多个方面都扮演重要角色。研究发现在经过电离辐射（ironizing radiation）或者核酸内切酶处理后，KDM5B会依赖于其自身的多聚核糖化和组蛋白变异体的识别在DNA损伤位点附近募集，通过其去甲基化酶活性改变损伤区域的染色质结构和状态，进而招募非同源末端连接和同源重组的必要因子Ku70和BRCA1，达到调节DNA双链损伤修复的目的。进一步研究发现，KDM5B缺失会阻滞DNA修复的正常进程，使细胞处于对损伤刺激的敏感化状态；同时其缺失会阻碍自发性DNA损伤的修复，激活p53信号通路并抑制细胞周期的进程。研究成果指出，KDM5B是调控DNA损伤应答的一个至关重要的蛋白，而且也是维持基因组稳定性的一个必要的守护者和关键调控因子，该研究有助于解析维持遗传保真性的表观遗传作用，对认识基因组不稳定性相关疾病如癌症等具有重要的意义。项目执行期间，研究论文发表在国际著名综合性科学杂志PNAS，题目为“Histone demethylase KDM5B isa key regulator of genome stability”；揭示蛋白质去泛素化酶USP7和组蛋白去甲基化酶PHF8在乳腺癌发生发展中的作用以及分子机制论文，发表在*The Journal of Clinical Investigation*杂志，并入选*JCI*当期的*Editor′s picks*。

（戚　红）

【PSMC3对Ago2稳定性的调节及其机制研究】 天津医科大学基础医学院汤华课题组承担的国家自然科学基金项目，2017年12月结题。课题组探究PSMC3是否通过作用于E3连接酶（mLin4和RBBP6）和/或去泛素化酶（USP14和UCHL5）调节Ago2蛋白的泛素化水平，及其对Ago2功能的影响。RNAi在生物体内发挥着重要的调控作用，其介导与靶mRNA的碱基互补配对从而产生基因沉默效应。Ago2蛋白作为小RNA介导的基因沉默过程中的核心元件，调控着RNAi的发展。研究表明，很多细胞分子可通过与Ago2蛋白相互作用，继而影响细胞内的RNAi作用。因此，揭示Ago2的相互作用蛋白对理解RNAi途径的网络调控有着重要的意义。项目的前期研究确定PSMC3与人Ago2蛋白相互作用；PSMC3通过调控Ago2的泛素化，改变细胞内Ago2的表达水平，进而影响RNAi的效率。在此基础上，进一步确定PSMC3与Ago2相互作用的位点区域，及其调控Ago2蛋白泛素化的具体分子机制。①项目利用酵母双杂和免疫共沉淀实验确定了PSMC3与Ago2蛋白结合所需的最小区域，PSMC3的N末端97个氨基酸是与Ago2蛋白结合所必须的。②前期工作发现RBBP6与Ago2蛋白也存在相互作用，进一步研究结果表明RBBP6参与Ago2蛋白的泛素化调控过程，进而促进Ago2蛋白在26S蛋白酶体中的降解。③已有研究表明PSMC3可以增强去泛素化酶的活性，从而降低蛋白的泛素化水平。因此，项目结合生物信息学方法和功能分析筛选出可能与PSMC3相互作用的候选蛋白－去泛素化酶USP14。验证发现，USP14与PSMC3和Ago2均存在相互作用，且其参与催化Ago2蛋白的去泛素化过程。挽救实验表明PSMC3是USP14调控Ago2去泛素化过程的关键分子。此外，确定USP14的最小结合区域，USP14通过其C端350－494位点与PSMC3相互作用，其N端1－91结构域与Ago2相互作用。研究表明，PSMC3可能通过与USP14和Ago2结合，从而促进USP14对Ago2的去泛素化。④科研人员分别检测溶酶体抑制剂NH4Cl和蛋白酶体抑制剂MG132处理细胞后Ago2表达的变化，结果显示Ago2蛋白的降解受泛素化调控且在26S蛋白酶体中降解。此外，确定Ago2蛋白的泛素化位点为第607、608、820和844位赖氨酸。⑤Ago2蛋白的表达水平直接关系着RNAi的效率。结果表明USP14、RBBP6和PSMC3表达的改变都可以通过影响Ago2蛋白的稳定性，进而影响RNAi效率。⑥Ago2蛋白的泛素化调控网络的绘制，为Ago2的稳定性功能调控阐明了一新的分子机制。

（戚　红）

临床医学研究

【代谢综合征在子宫内膜癌发生发展中的作用机制及临床应用研究】 天津医科大学总医院薛凤霞、王颖梅等和天津医科大学肿瘤医院朱元喜共同完成，获2017年度天津市科技进步一等奖。科研人员历时16年，致力于针对代谢综合征在子宫内膜癌发生发展中的作用机制及临床应用研究，从临床及基础研究探讨MS与EC发生发展的机制。临床研究MS相关疾病及胰岛素抵抗相关因子（胰岛素、内脂素、SDF－1）与EC发生发展、预后的关系；探讨降低胰岛素抵抗在年轻EC保留生育功能中的治疗价值以及因MS疾病无法手术高龄EC的治疗；体内外实验探讨胰岛素、内脂素、SDF－1促进EC进展的作用机制。该项目探讨MS相关疾病及胰岛素抵抗相关因子促进EC发生发展的新机制，为年轻EC保留生育功能治疗、晚期及复发EC患者靶向治疗提供理论依据。临床研究方面发现：①1014例EC患者50.19%合并MS相关疾病；MS相关疾病及胰岛素抵抗相关因子胰岛素、内脂素、SDF－1α水平升高增加EC发病风险/死亡风险。②年轻EC患者占5.23%，36.23%合并PCOS；PCOS患者47%存在内膜增生及癌变。③临床应用胰岛素增敏剂二甲双胍联合孕激素及宫腔病灶切除治疗年轻EC患者，提高缓解率及妊娠率，为年轻EC保留生育功能提供治疗策略；内分泌治疗合并严重MS相关疾病而无法手术EC患者，缓解症状，提高生活质量。基础研究体内外实验证实：①胰岛素通过激活PI3K、MEK信号通路促进EC增殖和迁移，抑制其凋亡。②内脂素通过激活PI3K、MEK信号通路促进EC增殖和迁移，抑制其凋亡，胰岛素、内脂素二者促EC进展具有叠加作用；抑制胰岛素、内脂素作用可抑制EC进展。③SDF－1通过CXCR4轴促进EC转移、侵袭。项目执行期间，培养博士生10名，硕士生20名；发表文章54篇，其中SCI文章14篇，5篇发表在妇科肿瘤专业权威杂志*Gynecologic Oncology*上，累计影响因子50.1分，正面他引498次，编写专著11部；参加全国妇产科、妇科肿瘤专题会议，进行学术交流35次；连续5年举办学习班、承办全国及京津冀学术会议使该成果得以推广。研究成果被上海交通大学医学院附属仁济医院等23家单位在EC的基础及临床研究中应用，使2000余例EC患者受益。（刘　平）

【脊髓损伤流行病学特征及微环境理论的创立与临床应用】 天津医科大学总医院冯世庆、南开大学孔晓红和天津大学常津共同完成，获2017年度天津市科技进步一等奖。科研人员历时13年，通过建立脊髓损伤病例登记系统，收集区域性患者数据，归纳总结流行病学特征；创立微环境理论，使用基因组学、蛋白组学、脊髓细胞体外培养系统、转基因动物、RNAi等技术，开辟新的脊髓损伤修复手段；针对微环境改变的临床转化研究，开发萘莫司他、神经妥乐平、铁死亡抑制剂SRS－16－86在脊髓损伤中应用，取得良好效果；建立脊髓损伤规范化诊疗体系，开展规范化时间窗用药，规范化手术方式时机，强调规范加速康复外科的应用。①建立国内第一个地区性的脊髓损伤网络登记系统，规范患者资料的采集和统计流程，发现新的病因学特征；②明确提出脊髓损伤微环境失衡理论，为脊髓损伤的复杂机制研究提供理论依据，通过对关键节点的干预，为临床应用转化奠定基础；③针对微环境失衡的特点，开发新型药物；④建立脊髓损伤规范化诊疗体系，涵盖脊髓损伤诊治各个环节，显著提高国内脊髓损伤的诊疗水平。项目执行期间，培养学术骨干9名，硕士生48名，博士生15名；发表国内外论文66篇，其中SCI论文30篇；获得国家发明专利1项，实用新型专利3项；在国内外学术会议进行汇报交流30余次，国际会议宣讲8次。该研究成果被纳入《外科学》统编教材、《晚期完全性脊髓损伤患者临床神经修复进展专家共识》、WHO指南“International Perspectives on Spinal Cord Injury”。研究成果被中国人民解放军总医院、中国医学科学院北京协和医院、北京大学第三医院等36家骨科临床重点专科医院推广应用，成果应用范围基本涵盖全国所有省市地区，共治疗患者3000余例。

（刘　平）

【胃肠肿瘤的个体化诊治】 天津医科大学肿瘤医院、天津医科大学总医院巴一等完成，获2017年度天津市科技进步一等奖。主要解决胃肠肿瘤个体化诊治体系的建立及转化应用推广等问题，通过精准个体化诊治，改善临床治疗效果，延长患者生存时间，提高生活质量。科研人员在胃肠肿瘤、胰腺癌等肿瘤中分别筛选出一组特异表达的血清miRNA并建立预后分子评价体系。根据危险分层体系，确立不同预后人群，展开个体化治疗奠定个体化诊疗的分子模型基础。揭示外泌体运输的miRNA在肿瘤的血管生成、免疫逃逸、MET、间质细胞生长、改造靶器官微环境等多个方面的作用，完善对胃肠肿瘤发生发展的认识。以血清为研究对象，取材微创便捷，易于为人们接受，不仅可筛选治疗敏感人群，还能帮助判断预后，可针对患者不同的个体特征，从而使肿瘤患者得到个体化治疗，提高患者治疗效果及生活质量，改善预后，使有限的医疗资源获得更合理的分配，缓解社会的医疗负担，具有重要的临床意义。项目通过胃肠肿瘤个体化、多学科诊疗模式，及其多项相关新技术，针对不同阶段不同情况的胃肠肿瘤患者，建立从病理诊断学、影像学、到放疗、化疗、介入治疗等多学科综合治疗的精准个体化诊疗体系。结合临床推广应用，建立行业诊疗规范，推动国内胃肠肿瘤诊疗的规范化进程，确立国际化标准的胃肠肿瘤治疗规范，并通过不断完善该体系，避免过度不当治疗，具有重要社会效益。

（李　青）

【基于叶酸代谢关键酶的神经管发育缺陷风险评估体系建立及应用】　天津市儿童医院、天津医科大学蔡春泉、石鸥燕、方玉莲、张瑞苹等完成，获2017年度天津市科技进步二等奖。科研人利用生物信息学方法筛选叶酸代谢通路中关键酶基因（BHMT、MTHFD1、MTHFR、MTR、MTRR、RFC1、SHMT1和TYMS）SNPs位点，MALDI－TOF－MS技术完成SNPs分型。同时检测分析叶酸、Hcy、SAM、SAH及SAM/SAH比值等关键叶酸代谢标志物水平，通过对NTDs患者核心家系（父－母－子）和正常对照进行分析及SNPs与NTDs易感性关联分析，明确其中对患病风险具有评价意义的叶酸代谢物、基因变异特征以及可能存在的交互作用形式。基于该研究建立的风险评估体系改善国内NTDs早期筛查及遗传学咨询手段匮乏的现状。①首先实施针对NTDs核心家系的叶酸代谢通路关键酶基因SNPs位点与NTDs发生风险病例－对照研究。②首次提出母亲SAM/SAH比值（DNA甲基化指数）较单一指标诊断价值更高并用于早期筛查及评价。③发现MTHFR基因rs1801133、MTRR基因rs1801394多态性在核心家系（父－母－子）均为NTDs发生风险因素。项目执行期间，该NTDs风险评估体系在天津、北京、沈阳、武汉、浙江、南京、深圳等多家医疗机构应用，共计4000余例高危人群接受早期筛查及遗传学咨询；参加第7届环渤海儿科论坛、第12届全国小儿外科年会、第7届全球神经管发育缺陷大会及第62届美国人类遗传学年会（讲座/发言）；发表学术论文24篇，SCI收录12篇，专业期刊12篇；获批专利2项，待批1项。

（天津市儿童医院）

【胃癌综合防治体系关键技术的创建及其应用】　北京肿瘤医院、中国人民解放军总医院、天津医科大学肿瘤医院、北京大学人民医院季加孚、梁寒等联合完成，获2017年度国家科技进步二等奖。该项目团队协同攻关创建从胃癌预防到治疗一体化的综合防治体系。首次前瞻随机对照研究证实，根除幽门螺旋杆菌可有效预防胃癌，推动世卫组织相关策略的制定。首次确立国内胃癌手术及围手术期治疗规范，显著提高根治性切除率及生存率，制定首部国家级诊疗规范，创建国际标准样本资源平台，完成系列转化研究。项目成果在200余家单位进行推广，并首次在中国主办国际胃癌大会，彰显国际影响力。天津医科大学肿瘤医院梁寒团队的主要贡献是，组织全国20余家医院有关专家编写中国常见癌症丛书——《胃癌》，是国内第一步部以手术照片为主要内容的治疗胃癌专著。同时，作为抗癌协会胃癌专业委员会副主任委员单位，积极参与胃癌规范化治疗体系的建立及推广。　（李　青）

【甲状腺微小癌精准诊疗策略的建立与应用】　天津医科大学肿瘤医院高明等完成，获2017年度天津市科技进步二等奖。建立和完善甲状腺微小癌的精准诊治策略，通过对患者实施精准诊疗，提升临床治疗效果，减少无效和过度医疗，具有重大的经济和社会意义。项目主要内容为：①开展甲状腺微小癌流行病学调查与研究；②甲状腺微小癌超声影像以及病理亚型精准诊断系统的建立与应用；③甲状腺微小癌精准治疗体系的建立与推广。通过研究，不仅提升甲状腺微小癌的个体化诊疗水平，提高诊断准确率和患者生活质量，又明显减少医疗资源的浪费，实现甲状腺微小癌的精准诊疗。项目执行期间，发表文章127篇，其中SCI 35篇，部分文章被国际权威的美国甲状腺学会（ATA）甲状腺癌诊治指南引用作为参考；开发的微小癌分子分型标志物及二代测序技术申请国家发明专利1项；该诊疗体系在天津、北京、上海、浙江、江苏、陕西、福建、四川等全国22个省（直辖市）近百家医院进行广泛的应用及推广，5.5万名甲状腺微小癌患者受益，节省治疗费用近亿元；课题组负责人牵头编写《2016中国版甲状腺微小乳头状癌诊疗专家共识》，使得该诊疗体系得到国内广大同行认可。

（李　青）

【氢气对脓毒症的保护效应及其机制】 天津医科大学总医院于泳浩，刘刚，谢克亮等完成，获2017年度天津市科技进步三等奖。该项目涉及危重病医学、麻醉学、分子生物学等领域。项目开展以来，研究成果不断应用于临床，更新脓毒症的治疗手段的理念，项目组成员所在单位收治的脓毒症患者超过百例。①首次明确低浓度氢气吸入对脓毒症的治疗作用；②率先阐明2%氢气吸入对脓毒症器官损伤发挥保护作用，为氢气为这一简便易行、安全可靠的方法用于临床脓毒症的治疗打下扎实理论基础；③率先明确氢气治疗脓毒症的机制是通过激活内源性抗氧化系统实现；④以氢气的治疗机制及效果为理论依据，将氢气用于治疗脓毒症患者，取得显著疗效。项目执行期间，课题组获得1项省部级和2项国家自然基金的课题支持；培养硕士研究生6名，博士研究生3名，1篇获得天津市优秀博士论文；成功举办氢气专题学术讲座5场、举办学习班3场；发表国内外论文36篇，其中SCI论文12篇，中华系列文章18篇；参加美国麻醉年会（ASA）、世界麻醉大会（WCA）等国际会议10次，参加全国学术会议20余次，大会重要发言10余次；项目负责人参与2015版《脓毒症患者围术期管理的专家共识》的制定。该成果已应用到河北、天津等多家医院的2700余名脓毒症患者以及老龄患者的麻醉过程中。

（刘　平）

【肠促胰素类药物对2型糖尿病胰腺内外作用及临床应用】 该项目由天津医科大学代谢病医院陈莉明、常宝成、牛文彦等完成，获得2017年度天津市科技进步三等奖。科研人员历经5年，涵盖3个国家自然基金项目，1个天津市科委自然基金面上项目和1项横向课题研究，围绕肠促胰素类药物对T2DM的胰腺内外作用，以系统生物学和转化型研究为基本策略，通过临床队列、动物模型和细胞模型进行研究。①基础实验：以对T2DM的胰腺内外作用为主线，从动物整体、细胞分子水平，探讨该类药物对胰腺、白色脂肪棕色变、骨骼肌、肝脏和肾脏的作用。②临床研究：以T2DM患者为研究对象，观察该类药物对血糖、体重、血压、胰岛素抵抗和血糖波动等指标影响，评价其有效性和安全性及对不同人群的适应症。项目特点：①对肠促胰素类药物在T2DM的适应症有了更深刻的认识：临床特征不同的T2DM患者，如体重、胰岛功能、病程、合并症等不同，对该类药物的获益不同，应根据临床特点，有针对性制定精准治疗方案。②全面探讨该类药物对T2DM的胰内及胰外作用和机制，极大扩宽其临床适应症。③为糖尿病的发病机制和治疗研究提供新靶点和思路，丰富对该类药物作用机制的认识，完善其胰腺内外作用，为审视传统降糖药的作用机制提供全新角度，为开发新型降糖药物提供理论基础。项目执行期间，在全国21家三级甲等医院广泛应用；核心期刊发表论文22篇（SCI10篇），共计影响因子31.6；内外学术会议多次交流。

（天津医科大学代谢病医院）

【快速产前诊断常见染色体非整倍体的应用研究】 天津医科大学总医院张颖、史云芳等和天津市妇女儿童保健中心辛力等共同完成，获2017年度天津市科技进步三等奖。该项目涉及妇产科学和医学遗传学。科研人员历时7年，建立快速产前诊断常见染色体非整倍体技术和孕中期产前诊断染色体异常实施方案，有效避免染色体异常儿出生，帮助不良妊娠史的家庭生育健康后代。该项目具有以下特点：①国内外尚未见13、18和X染色体STR基因座在天津汉族群体遗传多态性的相关报道；②QF－PCR快速产前诊断常见染色体非整倍体特异性强、敏感性高。③含心理治疗模式的遗传咨询、个体化的产前诊断及不良妊娠史家庭再生育指导的孕中期产前诊断染色体异常实施方案适合临床应用。应用该项成果对2482例孕妇进行心理治疗模式的遗传咨询和个体化产前诊断，检出致死致畸染色体异常301例；通过再生育指导使230余例有不良妊娠史的家庭生育健康后代；在第一届全国妇产科疾病与优生科学论坛、京津冀医学遗传学联盟成立大会及北京卫生人才培训中心举办的天津遗传咨询培训班上推广该研究成果；该项成果已在15所医院（含10所三甲医院）临床应用。项目执行期间，发表论文15篇，其中SCI论文4篇，他人引用8次；培养1名博士研究和3名硕士研究生。

（刘　平）

【精准颅底外科手术技术平台的构建和应用】　天津医科大学总医院岳树源、苏少波等完成，获2017年度天津市科技进步三等奖。该项目涉及神经外科、颅底外科、神经影像学、神经电生理学。科研人员历时6年，致力于精准颅底外科手术平台的构建和应用，建立以术前多融合容积成像基础的纤维束、病灶、血管、骨质的三维重建，基于3D slicer的术前颅神经示踪重建，术中神经导航辅助、术中磁共振、神经电生理监测的综合预警、监测平台，保障手术安全，改善患者预后。①率先结合多融合容积成像影像融合手术计划、术中导航、术中磁共振、术中电生监测，实现颅底外科手术的安全预警、监测；②率先将术中磁共振用于经蝶垂体瘤切除术，联合术中导航、神经内镜，在iMRI指导下将肿瘤残余切除，并有效帮助术者辨别保护颅底重要结构；③率先结合弥散张量成像技术及3D Slicer软件，重建多对颅神经，在术前判断前、中、后颅底颅神经与周边病变的毗邻、包裹、侵袭关系，术前精确预警神经损伤风险；④针对面肌痉挛的运用术中持续监测异常肌反应，指导微血管减压术手术操作，以达良好的手术疗效；⑤基于以上技术应用实践，建立精准颅底外科手术技术平台，即术前预警、术中监测平台。项目执行期间，培养硕士生14名，发表论文16篇，其中SCI论文1篇，中华系列文章10篇，共计他引38次；登记天津市科技成果1项；在中华医学会神经外科分会会议、中华医师协会神经外科分会会议、世界华人神经外科学术会议会议发言；在全国20家大型综合医院神经外科得到推广应用，超过1000名患者从中获益。

（刘　平）

【干眼的新型检测及治疗方法的应用研究】　天津医科大学眼科医院赵少贞团队完成，获2017年度天津市科技进步三等奖。科研人员在国内外首次采用先进的iTRAQ技术标记，结合二维纳米高效液相色谱和点喷雾串联质谱（2D－nanoLC－nano－ESI－MS/MS）定量蛋白分析技术分析干眼患者和正常对照组泪液蛋白的不同，为干眼的诊断和治疗提供蛋白水平的指标。临床应用新型的非侵入性眼表综合分析仪（Keratograph 5M），可对干眼的诊疗提供客观的数据和图像，为临床诊断干眼、分析干眼病因及评价干眼的治疗效果提供参考依据。针对水液缺乏型干眼，首次将促黑素（α－MSH）应用于治疗，发现α－MSH具有眼表保护作用和抗炎作用，促进角膜上皮的修复，并证实其发挥保护效应的分子机制。针对发病率较高的蒸发过快型干眼（睑板腺功能障碍），临床采用新研制的LipiView®眼表面干涉仪和LipiFlow®睑板腺热脉动治疗仪，可筛查睑板腺功能障碍患者，并对该类干眼患者进行内眼睑热敷、外眼睑按摩治疗，改善睑板腺功能，效果良好。针对较为严重且治疗困难的自身免疫性干眼，项目组采用具有低免疫原性和免疫调节功能的间充质干细胞进行治疗，发现间充质干细胞能够延缓自身免疫性干眼的病情进展，减轻疾病严重程度。项目执行期间，受到国家自然科学基金、天津市科委支撑项目等资助，培养博硕士研究生15名；发表相关论文20篇。其中，5篇论文被SCI期刊收录，影响因子累计17.38，总SCI引用次数为124次，单篇最高SCI他引为96次；相关研究成果在国内多个学术会议进行汇报交流。该研究的部分研究成果已在山东省眼科医院、山西省眼科医院等全国12所医院推广应用。新型干眼检测仪及睑板腺热脉动治疗仪也应用于临床诊疗中。

（杜　静）

【雄激素受体相关乳腺癌分子亚型的研究及临床应用】 天津医科大学肿瘤医院牛昀等完成，获2017年度天津市科技进步三等奖。该研究在2009年开始进行，2011年即发表雄激素受体（androgen receptor，AR）与乳腺癌的论文（IF：6.425），在国内外产生重要影响。经过8年的潜心研究，在乳腺癌中探讨雄激素受体相关乳腺癌分子亚型的分子机制及临床应用，首次提出除了检测ER、PR、Her2、Ki67指标之外，应把AR作为乳腺癌预后重要指标进行常规检测；证实将乳腺癌分为分子大汗腺型和非分子大汗腺型两大亚型具有重要的预后和治疗意义；采用多种分子生物学技术分析AR对乳腺癌细胞生物学行为的影响及作用机制，从独特的角度揭示AR及其相关因子在乳腺癌发生进展过程中的重要意义；分析AR及其相关因子对ER—PR—乳腺癌的预后价值及相关机制，为ER—PR—乳腺癌进行针对性内分泌治疗和靶向治疗提供了新的靶点和客观依据；提出AR及其相关因子联合协同对AR相关分子亚型乳腺癌的发生进展起重要作用，可作为控制乳腺癌发生发展的新途径。对于AR及其相关因子在AR相关分子亚型乳腺癌中的综合研究国内外尚属首次。项目执行期间，成果已在国内十余家三甲医院推广应用，在临床工作中体现出重要的实用价值；发表相关学术论文21篇，包括SCI收录杂志发表11篇（总影响因子41.156），中文核心期刊10篇；并在国际会议交流报告论文6篇，在全国性会议报告论文5篇。

（李　青）

【下肢想象动作电位空间滤波方法】 该专利由天津大学明东、刘双迟、朱誉环等发明，获得2017年度第十九届中国专利优秀奖。科研人员采用“小波包+独立分量分析+主成分特征筛选”序列化信息处理与特征提取体系，能够加大对下肢想象动作信号空间滤波的力度，从时、频、空、相等多个角度挖掘信号的动态特征，提高信号处理的时空信噪比及特征分辨率，从而实现不同下肢想象动作电位特征的精准提取与识别。以该专利技术作为核心算法，成功研究出全球首台用于全肢体中风康复的人工神经康复机器人系统，为3000余例中风患者带来康复的福音，也为“天宫二号”载人飞行任务开发的空间脑—机交互、脑力负荷诱发试验系统提供技术依托，实现人类历史上首次太空脑—机交互实验，向世界展示中国在人—机交互技术上的最新成果。

（天津大学）

【关节软骨修复用时空控释bFGF胶原基复合材料优化基础】 中国医学科学院生物医学工程研究所、天津理工大学李学敏、陈汉、史艳萍、张哲等完成的天津市基础研究重点项目，2017年5月结题。课题组研究发现bFGF是通过调控关节软骨的软骨下骨活性，上调BMP2等BMP信号通路分子，形成有利微环境促进间充质干细胞早期迁移、增殖及分化，实现有效改善关节软骨的修复效果；破坏软骨下骨活性及结构或抑制BMP信号通路都对关节软骨的修复有抑制作用；通过构建具有定向释放生长因子的胶原基复合材料，使bFGF可以定向释放于软骨下骨，能显著改善关节软骨的修复效果；研究还发现IGF—1可以促进关节软骨的再生修复，尤其是对新生软骨的组织整合性有显著改善作用，并且其可以上调软骨下骨bFGF表达水平，提示bFGF和IGF—1可以协同应用，构建的复合生长因子体系可以明显改进关节软骨的修复效果。

（段炳柱）

【FQNs抗感染给药方案优化设计】 天津市卫生计生委科技攻关项目，由天津市第一中心医院、天津医科大学朱立勤、蒋萍、董林毅等承担完成，2017年8月通过天津市卫生计生委组织的专家结题验收。氟喹诺酮类（Fluoroquinolones，FQNs）抗菌药物使具有4—喹诺酮结构的吡酮酸类化学合成药，具有抗菌谱广、体内分布广、半衰期较长、不良反应程度轻等特点。研究人员通过建立FQNs药物在腹腔感染大鼠中的药动学/药效学（PK/PD）靶值和FNQs在腹腔感染大鼠中的生理药代动力学（PBPK）模型及外推至人的PBPK模型、PK参数，并验证模型。并进行：①FQNs血药浓度测定方法学研究。采用HPLC方法测定FQNs在大鼠体内和人体内血药浓度。②FQNs腹腔感染大鼠中的PK/PD相关性及种属间外推研究。体外测定FQNs的MIC，建立SD大鼠腹腔感染模型，计算FQNs产生抗菌疗效的AUC0—24h/MIC和Cmax/MIC参数值，结合FQNs理化性质参数等数据建立大鼠的PBPK模型，并在此基础上外推FQNs在健康成年及老年人群的PBPK模型。③FQNs在感染患者中的群体药动学/药效学研究。采用NONMEM方法，建立FQNs群体药动学模型。以临床评价患者抗感染效果为药效学指标，采用Logistic回归方法进行PK/PD相关性研究。④FQNs给药方案优化。应用蒙特卡洛方法对FQNs治疗天津地区常见致病菌引起的感染进行模拟，依据达标概率评价疗效并优化FQNs抗菌药物（左氧氟沙星、莫西沙星）抗感染给药方案。为临床合理使用FQNs类药物，减少耐药性提供指导。

（刘　群）

【SLE患者血清中miRNA标志的筛选】　系统性红斑狼疮（Systemic Lupus Erythematosus，SLE）是一种常见的自身免疫病，病因复杂。Micro—RNA（miRNA）是一类由19—25个核苷酸组成的内源性非编码RNA，主要在转录后水平发挥负调节作用。天津市第一中心医院穆红、周春雷、刘萍等利用茎环引物和Taqman探针实现了血清中microRNA的扩增，并对SLE患者血清中miR—126、miR—21、miR—146a和miR—155进行检测。筛选SLE患者血清诊断的分子标志物。结果显示，miR—155在SLE患者血清中表达水平显著降低，降低程度与SLE活动度相关，SLE患者血清中miR—146a明显下调，对于SLE的辅助诊断有一定指导作用。血清miR—155还可以作为SLE与RA或SS鉴别诊断的参考标识。明确了miR—146a的作用机制，即通过调控靶基因IRAK1的表达，抑制NF—κB的活化，进而抑制促炎症细胞因子IL—6、TNF—α的表达，对于SLE的辅助诊断有一定指导作用。研究证实，miRNA在血清和其他体液中亦可稳定存在。2017年8月，该研究通过天津市卫生计生委组织的专家结题验收。

（刘　群）

【多结节肝癌起源方式预测肝移植术后肿瘤复发风险】　天津市卫生计生委科技攻关项目，由天津市第一中心医院郑虹、王政禄、王玉亮等承担完成，2017年8月，通过天津市卫生计生委组织的专家结题验收。研究人员对60例初次多结节型肝细胞癌（Hepatocellular Carcinoma，HCC）肝移植患者的临床病理资料及随访数据为基础，以UCSF标准为参考，以总生存期（OS）为主要研究终点，至复发时间（TTR）为次要研究终点，通过回顾性、实验和前瞻性研究，探讨与肝癌肝移植预后相关性的临床及病理因素的影响。结果显示，多结节型HCC的肿瘤克隆起源方式是肝脏移植术后肿瘤复发的主要影响因素，对临床评估肝移植术后肿瘤复发风险及指导肝癌肝移植患者制定个体化治疗方案具有较强的临床指导作用。

（刘　群）

【甲状腺相关眼病患者眼部表现与血清免疫指标相关性研究】　甲状腺相关眼病（thyroid—associated ophthalmopathy，TAO）是一种与甲状腺功能异常密切相关的自身免疫性疾病，是成人时期常见的眼眶病之一，严重者可危及视功能。天津市第一中心医院吴娜、孙丰源、李佳等通过对TAO患者的眼部表征分析及甲状腺自身抗体TGAb、TRAb、TpoAb等相关免疫学指标的观察，探讨两者在疾病病程的不同时期的诊断价值，为指导临床疾病发展及转归提供参考。结果显示，活动期TAO患者血清中TRAb水平明显高于对照组，TAO患者血清TRAb与CAS、NOSPECS呈正相关，血清TGAb与NOSPECS呈负相关，血清TpoAb与CAS、NOSPECS五相关性，提示血清TGAb水平的变化能够反映TAO患者眼病的活动性及严重程度，在疾病病程不同时期免疫学指标与眼部临床表现具有一定相关性，对评估TAO状态及预后有一定临床价值。2017年5月，该研究通过天津市卫生计生委组织的专家结题验收。

（刘　群）

【2型糖尿病性周围神经病变与维生素D缺乏相关性研究】　糖尿病周围神经病变（Diabetic Peripheral Neuropathy，DPN）为糖尿病主要的慢性并发症之一，是糖尿病晚期致残、致死的主要原因。天津市人民医院林静娜、范乐平、林亚妮等以

2015年6月至2016年7月间在天津市人民医院住院的427例2型糖尿病（Type 2 Diabetes，T2DM）患者为研究对象，根据其是否存在DPN分为T2DM伴DPN组（DPN组），共226例；T2DM不伴DPN组组（NDPN组），共201例。分别检测患者25—羟维生素D（25（OH）D）及肝肾功能、血糖、血脂、糖化血红蛋白、血钙磷、24h尿微量白蛋白等指标。通过比较T2DM伴DPN及NDPN之间维生素D水平差异，观察T2DM伴DPN与维生素D缺乏的相关性，探讨维生素D缺乏导致DPN的可能机制。结果显示，维生素D缺乏与DPN显著相关，可能在2型糖尿病及DPN的发生、发展中发挥作用。维生素D水平与DPN、糖尿病病程、年龄、性别、SBP、TC、LDL—C、24 hUMA、β2MG均显著相关，提示维生素D缺乏是DPN的独立危险因子。该研究为减少T2DM伴DPN患者晚期致残致死率，提高糖尿病病人的生存质量，以及T2DM伴DPN的诊断及治疗提供新的临床思路。2017年5月，该研究通过天津市卫生计生委组织的专家结题验收。（刘　群）

【卒中后抑郁患者的神经递质变化】 脑卒中后抑郁（post—stroke depression，PSD）是缺血性脑卒中常见的心理障碍，是一组以情绪低落、兴趣下降、睡眠障碍为主要表现的临床症状群。天津市第一中心医院宋扬、刘津、臧大维等利用脑电超慢涨落图技术，定量检测PSD发病治疗不同时期脑神经递质活动变化，研究其与心理、社会因素的相互关联性，并探讨它们在PSD的发病机理、早期诊断及疗效观察中作用，为确定PSD的早期诊断的新指标，建立早期干预治疗的新策略提供理论和客观的实验依据。结果显示，治疗前，PSD组患者HAMD评分明显高于PD组，而5种神经递质功率及血浆5—HT水平低于对照组；治疗后，PD组HAMD评分、5种神经递质功率及血浆5—HT基本不变，而PSD组患者HAMD评分明显减低，而5种神经递质功率及血浆5—HT水平明显上升，并于治疗后3个月与PD组水平相当；神经递质功率及血浆5—HT水平与HAMD评分呈负相关。提示PSD患者的神经递质功率及血浆5—HT水平明显下降，与患者的抑郁情况密切相关，临床可用神经递质功率及血浆中5—HT水平评价PSD患者病情发展及治疗效果。2017年11月，该研究通过天津市卫生计生委组织的专家结题验收。（刘　群）

【rhTPO对脓毒症TCP血小板凋亡及活化的影响】 感染诱发的血小板减少症（Thrombocytopenia，TCP）是脓毒症患者死亡的危险标志之一。重组人血小板生成素（Recombinant Human Thormbopoitin，rhTPO），是调节巨核细胞增殖、分化、成熟以及血小板生成主要的调节因子，目前只有rhTPO是保持恒定血小板数量的必需细胞因子。天津市第一中心医院、天津市急救医学研究所王兵、王勇强、姚芳超等通过临床观察和体外试验，探讨rhTPO对脓毒症TCP作用及机制。结果显示，以血小板磷脂酰丝氨酸（PS）暴露增加和线粒体膜电位（ΔΨm）降低为表现的血小板凋亡性改变及以血浆sCD40L升高为表现的血小板活化可能参与脓毒症血小板减少症的发病。抗感染等常规治疗联合应用rhTPO，可通过抑制血小板凋亡性改变，改善脓毒症血小板减少症患者血小板低计数状态。研究证实，rhTPO可抑制LPS诱发的人血小板PS外翻、膜电位衰减，抑制Caspase3活化及下调促凋亡蛋白Bak、Bax的表达和上调抗凋亡蛋白Bcl—xl表达，减少LPS诱导的血小板凋亡。该研究为临床治疗脓毒症血小板减少提供了思路。2017年2月，该研究通过天津市卫生计生委组织的专家结题验收。（刘　群）

【尿毒症血液透析病人脑功能障碍的影像学研究】 终末期肾病（End—stage Renal Disease，ESRD）是指慢性肾病发展至终末期的慢性进行性疾病，血液透析是ESRD患者较常见的维持性治疗方法，但可出现多种神经系统并发症，其中认知功能障碍是血液透析病人常见的神经系统并发症。天津市第一中心医院、美国韦恩州立大学夏爽、E Mark Haacke、柴超等采用定量磁敏感图成像（Quantitative Susceptibility Mapping，QSM）技术、基于体素形态测量学（VBM）技术及动脉自旋标记（ASL）成像技术，以及应用多种图像后处理功能软件观察血液透析病人脑结构（脑铁异常沉积、脑萎缩及脑血流量）的改变，并对脑结构异常改变与临床认知功能进行相关性分析。探讨ESRD血透析患者脑铁代谢的异常、危险因素及对认知的损害，阐明尿毒症血液透析、铁沉积与认知损害的相互关系。结果显示，ESRD患者脑内一些结构的磁敏感值与血液生化指标间存在相关性，透析时间的长短与左右两侧壳核及右侧背侧丘脑的磁敏感值均呈正相关；透析后收缩压与右侧苍白球的磁敏感值呈正相关；透析后脉压与右侧黑质的磁敏感值呈负相关。提示透析患者的脑内一些灰质核团的铁沉积较正常人相应灰质核团增多，即随透析时间的延长而增加。尾状核内磁敏感值的升高可以反映神经认知功能的损害。证实磁敏感值可以作为一种反映脑内铁含量变化的临床指标。2017年11月，该研究通过天津市卫生计生委组织的专家结题验收。

（刘　群）

【OSAHS与冠心病预后的关系】　阻塞性睡眠呼吸暂停低通气综合征（Obstructive Sleep Apnea Hypopnea Syndrome，OSAHS）是一种常见和多发的疾病，可导致心血管疾病的发病率及死亡率明显升高。天津市胸科医院胡越成、李作成、王明辉等随机收集618例冠心病患者，将患者根据呼吸暂停低通气指数（AHI）分为轻、中、重度三组。所有患者均接受冠脉造影检查，并计算SYNTAX积分，按照SYNTAX积分行PCI、CABG或内科药物保守治疗。随访1年，记录患者出院后发生的MACCE事件。通过比较轻、中、重三组的临床数据及冠脉造影SYNTAX积分，明确轻中重OSAHS与冠状动脉SYNTAX积分、冠心病危险因素之间的相关性，探讨AHI指数与SYNTAX积分的关系。结果显示，在OSAHS合并冠心病患者中，BMI、高血压病的发病率随着OSAHS的严重程度增加而增加；重度OSAHS合并冠心病患者中，红细胞计数、纤维蛋白原、低密度脂蛋白水平明显高于轻、中度患者。心脏超声指标分析得出，OSAHS患者的睡眠呼吸暂停越严重，其左室射血分数越低，右室大小及肺动脉压越大。冠心病患者的SYNTAX积分随着AHI指数的增加而逐渐增加。在高血压、糖尿病、肥胖的患者中，AHI较非高血压、非糖尿病、非肥胖患者均明显增加。提示采取积极的OSAHS治疗措施，均可减少MACCE事件的发生，改善冠心病患者的预后。2017年11月，该研究通过天津市卫生计生委组织的专家结题验收。

（刘　群）

【胸腔和呼出气体分压对自发性气胸破口闭合的预测价值】　天津市卫生计生委科技攻关项目，由天津市胸科医院李月川、贾玮、赵晓赟等承担完成，2017年8月通过天津市卫生计生委组织的专家结题验收。研究人员通过对自发性气胸患者胸腔气体分析、呼出气体氧分压及二氧化碳分压的测定分析，寻找三者之间的关系和变化规律，为临床判断患者脏层胸膜是否闭合提供依据。研究发现，PpO_2，$PpCO_2$，p呼O_2/ppO_2，p呼CO_2/$ppCO_2$在闭合性气胸和开放性气胸患者中具有显著差异，其变化规律对判断气胸类型具有一定临床意义；其中p呼O_2/PpO_2，p呼CO_2/$ppCO_2$与气胸临床类型的相关性较强，用于诊断自发性特发性气胸的临床类型其敏感度为92.5%，特异性为100%。当$pO_2/PpO_2 \geq 1.81$时，提示为闭合性气胸；p呼O_2/$PpO_2 < 1.81$，提示为开放性气胸；当p呼CO_2/$PpCO_2 \leq 0.97$时，提示为闭合性气胸；当p呼CO_2/$PpCO_2 > 0.97$，提示为开放性气胸；当p呼O_2/$PpO_2 \geq 1.81$，p呼CO_2/$PpCO_2 \leq 0.97$时可判断为闭合性气胸，当$1 \leq$p呼O_2/$PpO_2 < 1.81$，p呼CO_2/$PpCO_2 > 0.97$时可判断为开放性气胸。

（刘　群）

【持续房颤患者不同消融策略对碎裂电位及预后的影响】　天津市胸科医院卢凤民、马薇、许静等，选择2014年12月至2016年12月间，在天津市胸科医院首次行持续房颤消融术患者135例，随机分为三组，A组，环肺静脉隔离联合左房顶部线、二尖瓣环峡部线线性消融；B组，环肺静脉隔离后行左房顶部线、左房前壁线线性消融；C组，环肺静脉隔离后应用lasso电极导管行碎裂电位标测，根据碎裂电位分布范围设计消融线。根据分组不同采用不同消融策略治疗房颤，观察三种术式的治疗效果。结果显示，三组入选患者成功率无统计学差异。C组成功率有高于其他两组，且术后房速发生率低于其他两组。在此基础上得出：①对持续房颤患者设计不同的消融策略，明确前

卫生健康科技

壁间隔线及顶部线消融策略可以对碎裂电位最大限度改良。②判断通过各种线性消融后有效阻断率，提示二尖瓣环峡部线阻断率最低，且该组中术后房速发生率高。提示对于线性消融首选左房顶部线及二尖瓣环前壁间隔线。③建立全新的个体化治疗持续房颤的策略，即环肺静脉隔离附加碎裂电位标测后线性消融。根据患者具体标测诊断结果确定治疗方案，对减少消融面积同时对减少远期消融相关房性心律失常发生的有益。2017年11月，该研究通过天津市卫生计生委组织的专家结题验收。（刘　群）

【超声心肌声学造影结合应变率成像评价冠脉微循环】 天津市胸科医院林云佳、张玉兰、姜华等应用心肌声学造影技术（Myocardial Contrast Echocardiography，MCE）结合超声二维斑点追踪成像技术（Two－Dimensional Spceckle Tracking Iimaging，2D－STI），通过MCE、2D－STI检查结果分析冠心病患者冠脉微循环障碍与局部心肌功能异常之间的关系，评价冠心病患者心肌微循环功能的早期改变，为临床诊断及早期干预治疗提供参考依据。结果显示，冠心病患者在冠脉主要分支出现明显狭窄之前，心肌微循环的灌注以及局部心肌功能出现异常。提示MCE在评价左室数张功能异常的敏感性高于常规超声心动图检查。可用SRI及SR用于评价局部心肌早期舒张功能异常；2D－STI可客观定位和定量评价心肌应变功能，且纵向收缩峰值应变指标较RS、CS及Rot更敏感，可以早期诊断局部心肌收缩功能异常；2D－STI纵向峰值应变与MCE相关性良好，心肌微循环与局部心肌功能平行相关。两种检查方法均有助于CHD的早期诊断；利用MCE评价冠脉微循环，具有实时、可定量分析等优点。证实两种超声新技术结合均有预测心脏不良事件的价值，而且心肌声学造影相关指标更敏感。2017年11月，该研究通过天津市卫生计生委组织的专家结题验收。

（刘　群）

【术前阿司匹林不同干预方式对OPCAB预后的影响】 阿司匹林是冠心病治疗和二级预防的一线药物。天津市胸科医院、天津市心血管病研究所郭志刚、孙建中、白云鹏等选取2010年1月至2014年6月间，在天津市胸科医院接受非体循环外冠状动脉旁路移植（Off－Pump Coronary Artery Bypass，OPCAB）手术，年龄大于65岁的老年OPCAB术患者1501例，通过回顾分析老年患者术前5天内使用阿司匹林与早期预后的相关性，评价OPCAB术前使用阿司匹林的风险和获益。结果显示，老年OPCAB患者术前5天内口服阿司匹林依然会增加术中和术后红细胞输血率，但没有增加术后2次手术止血的发生率，对其他早期预后因素未发现明显影响。研究表明，术前持续阿司匹林和氯吡格雷的双联抗血小板治疗对OPCABG患者近期预后无明显影响，拟行择期单纯OPCABG患者持续双联抗血小板治疗至术前是可行的。2017年7月，该研究通过天津市卫生计生委组织的专家结题验收。（刘　群）

【JNK信号途径在ADMA致内皮细胞凋亡中作用的研究】 天津医科大学第二医院张福青、李新、田晓琳等利用弃用新鲜脐带血成功分离培养内皮生长晕细胞，应用不同浓度ADMA干预内皮生长晕细胞，研究结果显示ADMA可呈浓度依赖性升高ECOs各个凋亡因子（Bax，caspase3、8、9）浓度，使JNK磷酸化比值升高，ADMA呈浓度依赖性诱导EOCs凋亡，JNK信号途径在ADMA致动脉粥样硬化机制中起到重要作用，推测ADMA可能通过JNK信号途径激活，诱导内皮祖细胞凋亡，损伤内皮修复功能导致动脉粥样硬化。在高浓度ADMA培养基中加用普罗布考及L－精氨酸，发现两者均可明显减少细胞的凋亡，提示普罗布考、L－精氨酸可治疗高ADMA血症，为进一步建立动物模型及临床实验提供理论依据，同时为缺血性卒中的治疗及预防提供新的思路，并揭示可能的治疗靶点。2017年8月该研究通过天津市卫生计生委组织的专家结题验收。

（李劭鹏）

【团队管理下一对一营养干预对早期DN患者生存质量影响】 糖尿病肾病（DN）作为导致终末期肾功能衰竭的主要原因之一，给家庭和社会带来沉重的经济负担。早期DN处于可逆阶段，应及早进行医学营养治疗，对延缓早期DN进程，保护残存肾功能，提高早期DN患者生存质量具有极其重要的现实意义。天津医科大学第二医院马静、郭玉文、郭剑超等针对早期DN患者展开调研，采用医护常规患者教育模式与团队管理下医护营养师一对一营养干预模式进行比较。探讨两组早期DN患者在各项生理生化指标、行为量表的对比，评价一对一营养干预对早期DN患者生存质量的影响。研究提示针对早期DN患者建立适合的团队管理下一对一营养干预模式，据此实现早期DN患者的科学营养干预，保护残存肾功能，控制病情发展，提高生活质量。2017年5月该研究通过天津市卫生计生委组织的专家结题验收。

（李劭鹏）

【枸橼酸咖啡因预防小胎龄早产儿呼吸暂停的研究】 呼吸暂停是早产儿的常见并发症，频繁发作的呼吸暂停如不能及时有效地治疗将严重影响患儿预后。天津市中心妇产科医院赵颖、郑军、田秀英等选择132例，天津市中心妇产科医院新生儿科收治的小胎龄早产儿，随机分为咖啡因组及对照组。咖啡因组于生后满24小时即开始经静脉输入枸橼酸咖啡因，首剂20毫克/千克，24小时后开始给予维持量5毫克/千克，每日1次，直至矫正胎龄满34周。对照组不使用甲基黄嘌呤类药物。至咖啡因组用药48小时后对2组患儿的呼吸暂停发生率、使用呼吸机及经鼻持续呼吸道正压通气（n－CPAP）时长、喂养不耐受发生率、心动过速发生率、动脉导管未闭（PDA）发生率、颅内出血发生率、坏死性小肠结肠炎（NEC）发生率、支气管肺发育不良（BPD）发生率、体质量增长速率及住院时间进行比较。观察对小胎龄早产儿使用枸橼酸咖啡因预防呼吸暂停的临床效果、不良反应及预后，探讨咖啡因预防早产儿呼吸暂停的有效性及安全性。结果显示，咖啡因组用药48 h后呼吸暂停发生率、住院期间使用呼吸机及n－CPAP时长、生后1周PDA发生率、颅内出血发生率、住院时间等均低于对照组（$P<0.05$）；而2组喂养不耐受、心动过速、NEC、BPD等发生率及体质量增长速率差异均无统计学意义（$P>0.05$）。研究证实对小胎龄早产儿预防性给予咖啡因可有效减少原发性呼吸暂停的发生，改善早产儿预后，且无明显不良反应发生。2017年8月，该研究通过天津市卫生计生委组织的专家结题验收。

（刘　群）

【miR－195调控Bcl－2对喉癌细胞增殖凋亡研究】 天津医科大学第二医院双羽、黄永望、欧阳杰等通过通过应用qRT－PCR检测miR－195在喉癌和癌旁组织中表达情况，探讨其与喉癌临床病理分期之间的关系。通过荧光素酶报告基因实验验证miR－195与靶基因Bcl－2的关系，通过体外实验观察miR－195表达上调对喉癌细胞增殖及凋亡的影响以及相关调亡蛋白的表达情况。结果显示miR－195在喉鳞癌组织中表达显著下调，并与喉鳞癌的进展密切相关。Bcl－2是miR－195调控的重要靶基因，miR－195可能通过负向调控靶基因Bcl－2的表达，激活Caspase－3而促进喉鳞癌细胞凋亡。因此，深入研究miR－195在喉鳞癌的表达和调控途径，可能从一个全新的角度探寻喉鳞癌的发生机制，并可能为喉鳞癌的治疗提供新的靶点。2017年11月，该研究通过天津市卫生计生委组织的专家结题验收。

（李劭鹏）

【Hcy代谢基因突变对脑梗死患者VCI的相关性研究】 天津医科大学第二医院刘怀翔，陈金来等对急性脑梗死患者测定血浆空腹Hcy水平，并进行MoCA和MMSE评分，观察HHcy对急性脑梗死患者入院时、14天、30天和90天时的认知功能的影响，同时检测MTHFR和CBS基因型，观察MTHFR和CBS基因突变与脑梗死患者VCI的关系。研究结果表明，MTHFR C677T和CBS T833C基因突变可导致高Hcy血症的发生，进而间接促进脑梗死患者VCI事件的出现，可能是VCI的遗传易感因素，在痴呆预防工作中，特别是缺少传统危险因素的患者，进行MTHFR C677T基因检测是必要的，虽然目前遗传因素仍不能干预，但及早发现Hcy水平异常升高对VCI的预防有着积极预测价值，并进行针对性的干预。2017年8月，该研究通过天津卫生计生委组织的专家结题验收。

（李劭鹏）

【对比剂急性肾损伤早期生物学标志物sema3A的研究】 随着现代影像技术和介入治疗的不断发展，对比剂急性肾损伤的发生率也逐年上升，临床需要寻找早期CIAKI标志物以预防和早期发现对比剂诱发的急性肾损伤。天津医科大学第二医院宁莉，张敬伟，武大伟等通过调查CIAKI的临床流行病学，评价对比剂肾损伤的危险因素和死亡率；观察行造影术患者手术前、后不同时间血、尿中sema3A蛋白和mRNA的表达变化，评价sema3A对CIAKI早期的临床诊断价值与诊断性能；并通过建立大鼠CIAKI模型，观察ema3A基因在肾脏的表达，初步探讨其病理机制。结果显示， sema3A对CIAKI具有早期诊断价值，研究获得尿sema3A检测的最佳时间和相应的cut off值，初步建立尿sema3A mRNA的RT－PCR检测方法；观察sema3A在对比剂肾损伤大鼠肾脏的表达情况，初步探讨sema3A与急性肾损伤时的炎症反应的关系。研究为对比剂急性肾损伤的诊断和治疗提供新的标志物和相应的研究数据，可帮助临床医生对患者尽早干预和采取保护肾脏措施，减少患者住院费用，降低死亡率。2017年8月，该研究通过天津市卫生计生委组织的专家结题验收。

（李劭鹏）

【天津地区健康老年人抗核抗体检测及其临床意义的研究】 天津医科大学第二医院门昆、李立艳、张敬伟等从评价机体的体液免疫功能方面入手，以抗核抗体（ANA）为检测指标，评价该指标在天津地区老年人群中的流行情况，并对抗核抗体阳性人群进行细胞免疫功能评价，分析及其与机体健康状况和CD4/CD8 T细胞比率之间的关系。研究证实SLE患者体内存在着T淋巴细胞亚群失衡，CD4+、CD8+淋巴细胞的组成比例改变与细胞免疫调节失常并最终引起SLE有关，并且ANA滴度在一定程度上可反映SLE的细胞免疫功能的损伤程度，ANA滴度大跨度升高时，CD4+/CD8+比值即细胞免疫功能会大幅度下降，提升CD4+/CD8+比值在SLE、狼疮肾炎（LN）等自身免疫性疾病诊疗中的应用价值。同时研究发现健康老年人群中ANA阳性率较高，以低滴度（1∶160）抗体阳性为主，疾病诊断应结合临床症状综合分析，建议强调年龄在评价抗核抗体诊断自身免疫病中的重要性，在临床上一些其他诱因（如药物、非自身免疫性疾病），也可导致阳性结果的发生，所以须慎重诊断，并结合患者的临床表现及其他相关检测对疾病综合考虑，全面分析，对病情做出客观的判断，避免片面根据某种核型所致的误诊。2017年5月该研究通过天津市卫生计生委组织的专家结题验收。

（李劭鹏）

【TLR4和CD14+CD16+单核细胞在糖尿病早期肾损伤中作用的研究】 天津医科大学第二医院陈雨、门昆、郭剑超等选用TLR4和CD14+CD16+单核细胞等反映机体炎症状态及具有促炎作用的指标，探究2型糖尿病早期肾损伤中免疫微炎症的作用。表明在糖尿病未出现早期肾损伤阶段，体内尚无慢性微炎症反应。而糖尿病肾病微量白蛋白尿患者及糖尿病肾病大量蛋白尿患者与正常人群和单纯糖尿病无肾损伤患者相比，hsCRP、IL6、TLR4、CD14+CD16+单核细胞比例，差别均有统计学意义，并与尿微量白蛋白呈正相关，呈现逐渐升高趋势，表明伴随尿微量白蛋白的升高，肾损伤逐渐加重，体内慢性微炎症水平上升。研究证实，当患者处于糖尿病肾病微量蛋白尿阶段，给予ARB类药物后，TLR4、CD14+CD16+促炎单核细胞水平下降，体内的慢性微炎症水平下降，相应的尿微量白蛋白水平亦有所下降，对于糖尿病肾病早期损伤的缓解及逆转有一定作用，并且CD14+CD16+与临床常用的炎性标志物hsCRP、IL6呈正相关，进一步说明其在糖尿病肾病（包括早期）良好的预测性。TLR4和CD14+CD16+单核细胞在DN早期肾损伤患者体内的升高及应用ARB类药物后下降，并且与尿微量白蛋白下降平行相关，提示可应用该指标作为临床糖尿病肾病治疗后效果监测，病情进展与缓解的靶指标之一。2017年11月，该研究通过天津市卫生计生委组织的专家结题验收。

（李劭鹏）

【阿尔茨海默病初级嗅觉皮层功能改变的早期诊断】 天津市卫生计生委科技攻关项目，由天津市第一中心医院尹建忠、倪红艳、龙森森等完成。2017年8月通过天津市卫生计生委组织的专家结题验收。采用Siemens Trio Tim 3.0T磁共振扫描仪，对阿尔茨海默病（Alzheimer's Disease，AD），帕金森病痴呆（Parkinson Disease with Dementia，PDD），额颞叶痴呆（Frontotemporal Dementia，FTD），血管性痴呆（Vascular Dementia，VaD）四种痴呆类型患者，进行嗅觉fMRI检查。评价双侧POC区的激活情况，比较不同痴呆组患者各项结果之间的差异并评估主观与客观嗅觉功能检查的诊断效能。探讨嗅觉fMRI对于临床AD和其他不同类型的痴呆患者的诊断价值。结果显示，不同类型痴呆的嗅觉fMRI：对于AD和PDD嗅觉fMRI显示绝大部分患者嗅觉功能受损；而对于FTD和VaD，大部分患者嗅觉功能正常，嗅觉fMRI较主观嗅觉评分具有更高的灵敏度和特异度，能更好地反映AD或PDD过程中的嗅觉功能受损情况，而FTD和VaD则无特异的嗅觉功能损害，证实嗅觉fMRI可用于不同类型痴呆的诊断与鉴别诊断。部分患者包括后皮层萎缩中未发现明显的嗅觉功能受损。提示临床的不同AD类型中可能存在不同的发病机制与过程。该研究通过优化嗅觉功能性磁共振成像（olfactory fMRI）气味刺激方式、序列采集间隔时间、图像后处理过程中的时间同步性，提高诊断的准确性，更好地观察和评价嗅觉功能活动的情况，从而反映AD的早期病理改变。（刘　群）

【肝移植术后非外科技术性胆道并发症病因学研究】　目前肝移植已成为治疗终末期肝病的有效有段，但移植术后胆道并发症发生率较高，是影响患者预后的主要因素之一。肝移植术后缺血型胆道损伤（Ischemic－type Biliary Lesion，ITBL）是指肝移植后供肝的胆道树出现非吻合口性的狭窄和扩张，最终导致胆道机械性梗阻和继发性感染。天津市第一中心医院孙晓叶、孙丽莹、朱志军等通过前瞻性研究，对移植肝的热缺血时间、冷缺血时间、相对热缺血时间以及移植肝组织进行能量检测及超微结构观测，术后不同时间段胆汁进行成分分析，结合患者的免疫情况、巨细胞病毒感染情况以及胆道细菌感染情况等进行研究。观察术后1年内ITBL的发病情况，根据是否出现ITBL，将肝移植患者分为ITBL组及非ITBL组，对两组患者以上因素进行分析。探讨肝移植术后非外科技术性胆道并发症ITBL的可能相关因素。得出ITBL组与非ITBL组相比，冷缺血时间长、能量代谢指标无差异、肝组织超微结构破坏严重、特定时间段特定类型胆汁酸成分有差异、胆汁细菌感染率高的结论。为临床供肝分配及ITBL预防提供理论依据。2017年2月，该研究通过天津市卫生计生委组织的专家结题验收。

（刘　群）

【多模态MRI评价肾移植术后移植肾功能的临床研究】　体素内不相干运动（Intravoxel Incoherent Motion，IVIM）以及动脉自旋标记（Arterial Spin Labeling，ASL）MRI均为无创性检测移植肾血流灌注且无需应用外源性对比剂的MRI技术，而血氧水平依赖（Blood Oxygen Level－Dependent，BOLD）MRI利用人体自身内部血氧浓度变化作为天然造影剂成像，能提供足够高的空间和时间分辨率。天津市第一中心医院陈丽华、沈文、付迎欣等采用功能性磁共振成像（Functional Magnetic Resonance Imaging，fMRI）、BOLD、ASL、IVIM等技术，对不同功能移植肾的水分子扩散、血氧代谢和血流灌注情况进行定量评价，验证fMRI评价移植肾功能的可行性，探讨多技术联合应用对肾移植术后急性排斥反应（AR）与急性肾小管坏死（ATN）的鉴别诊断价值，及fMRI多时间点纵向评价移植肾功能的可行性。结果显示，IVIM、ASL、BOLD MRI作为无创性的检查方法，能够评价正常肾脏和早期移植肾脏的水分子扩散和血流灌注特点，多技术联合fMRI能够更好的鉴别不同移植肾功能。fMRI联合应用有助于鉴别移植肾功能正常者与AR、ATN。fMRI能够反映肾移植术后肾功能变化，有可能成为肾移植术后移植肾功能监测的长效手段之一。2017年2月，该研究通过天津市卫生计生委组织的专家结题验收。

（刘　群）

【功能MR对未分化关节炎RA转归预测研究】　未分化关节炎（Undifferentiated Arthritis，UA）是指一种由隐匿持久致病因素引起的外周性关节炎，并可以进展为类风湿性关节炎（Rheumatoid Arthritis，RA）或其他慢性炎性疾病。转归方向不同，临床干预方式不同，了解UA向RA进展的预测指标尤为重要。动态增强MRI通过动态观察组织的强化方式和程度，可定量评估组织强化程度和强化方式。天津市第一中心医院雷新玮、展影、龚宝琪等采用MRI核磁共振扫描仪，对UA患者行双手及腕关节MRI平扫和动态增强扫描，观察各指标差异；用受试者操作特征（Receiver Operating Characteristic，ROC）曲线下面积评价各指标的预测诊断价值。探讨动态增强MRI与实验室指标联合应用在预测UA向RA转归中的临床诊断价值。结果显示，动态增强MRI指标中的最大强化斜率（Wash in Rate）值越大对UA向RA转归的预测价值越高；抗环瓜氨酸肽抗体（ACCP）与抗突变型瓜氨酸波形蛋白抗体（MCV）是RA发生的高危因素，其特异性高于类风湿因子（RF），对RA患者诊断具有较高的特异性，对预测UA向RA转归有很高临床价值，与Wash in Rate联合，对于RA的早期诊断、早期治疗具有指导意义。2017年11月，该研究通过天津市卫生计生委组织的专家结题验收。（刘　群）

【急性心肌梗死患者血清补体水平与血管炎性因子相关性研究】 天津市人民医院齐新、李琦、贾文军等通过检测急性心肌梗死（Acute Myocardial Infarction，AMI）患者发病24小时、3天、7天的血清补体C3、C4、C5b－9及CKMB、TnT的水平，分析血清中补体及心肌损伤标志物动态变化情况；检测血清中血管炎性因子sICAM－1及hs－CRP水平，对血清补体、血管炎性因子与血清CK－MB及TnT行相关性分析，探讨血清补体及血管炎性因子水平与心肌损伤程度的关系；对急性心肌梗死患者行GRACE评分，评估不同危险分层下血清补体、血管炎症因子的水平。结果显示，急性ST段抬高性AMI患者在急性期存在补体激活并呈动态变化，补体激活与炎症因子与心肌损伤程度密切相关；GRACE评分高危组患者发病急性期补体及血管炎性因子水平均高于评分中低危组。提示补体因子C3、C4、C5b－9和sICAM－1可能是判断发生心肌梗死时新的生物标志物，可应用于临床对AMI患者进行的早期检测。同时抑制补体活性，减少补体激活产物介导的炎性反应造成的心肌细胞损害，可能改善AMI患者的预后。2017年5月，该研究通过天津市卫生计生委组织的专家结题验收。

（刘　群）

【肿瘤标志物全自动化学发光免疫检测仪及配套试剂的研发与产业化】 博奥赛斯（天津）生物科技有限公司、天津市医疗器械质量监督检验中心栾大伟、刘萍、丁军、齐丽晶等完成，获2017年度天津市科技进步三等奖。科研人员开发全自动磁微粒化学发光免疫分析仪Axceed 260仪器，及14项配套检测试剂盒：AFP、CEA、CA19－9、f－PSA、HE4、NSE、CA50、PSA、CA125、SCC、CA242、CA72－4、CA15－3、CYFRA21－1；完成仪器的设计、定型，Axceed 260几十台样机制备；在试剂方面，①研究高效率抗体与酶偶联技术，制备酶结合物；②制备高效率、高活性的磁微粒链霉亲和素；③研究曲线拟合与质量控制方法；④试剂盒性能评估、优化及临床应用研究；⑤建立产品工艺流程；⑥产品注册报批，获得医疗器械在注册证，逐步增加市场占有率。化学发光已被公认为肿瘤标志物和各种激素最精确和最成熟的检测方法之一。磁微粒分离酶联免疫检测技术是在化学发光免疫分析的基础之上引入一种以磁性微粒作为固相分离载体，将免疫磁微粒分离技术与酶联免疫检测技术相结合的一种新型免疫检测方法。其以灵敏、快速、无污染、自动化程度高等特征，在生物分析方面得到越来越多的关注，并在临床检验领域得到广泛的应用。国内80%以上三级医院都应用化学发光免疫分析技术进行检测，其中99%以上三级医院都采用进口系统，价格昂贵，导致肿瘤诊断成本较高。该研究开发具有自主知识产权的肿瘤标志物全自动化学发光免疫检测仪器和配套试剂，并实现产业化，可扭转长期以来国外产品垄断国内市场的被动局面、替代进口，有利于在提高国内医疗水平的同时降低医疗费用。项目执行期间，产品已销往全国31个省（直辖市）的500多家医疗检测机构。

（博奥赛斯（天津）生物科技有限公司）

【ACR及α1微球蛋白在DKD实验室诊断中的应用研究】 天津市人民医院刘蕊、郑晓莉、朱劲刚等通过联合检测糖尿病肾病（Diabetic Kidney Disease，DKD）患者尿ACR和α1－MG以评估DKD不同分期中肾小球、肾小管损伤情况；在Ⅱ型糖尿病患者中分析eGFR与尿α1－MG水平之间的相关性，探讨肾小管损伤和肾功能下降的风险因素；Ⅱ型糖尿病患者中分析血糖控制对肾小管功能损伤的影响。结果显示，DKD早期患者中肾小管损伤的发生率高于肾小球损伤及肾功能下降发生率，而在eGFR基本正常的患者中，α1CR也可出现异常升高；风险因素分析发现导致肾小管损伤和肾功能下降的危险因素各不相同。研究证实除肾小球损伤外，肾小管损伤在糖尿病患者的肾脏损伤中发挥主要作用。提示在Ⅱ型糖尿病患者中加强血糖控制，能够延缓糖尿病所致肾脏损伤的发生、发展。临床上在关注eGFR和尿白蛋白排泄的同时也应该重视肾小管损伤指标的监测。2017年8月，该研究通过天津市卫生计生委组织的专家结题验收。 （刘　群）

【慢性乙肝患者中炎症因子在脂肪肝发生发展中作用】 慢性乙型病毒性肝炎（Chronic Hepatitis B，CHB）和非酒精性脂肪肝（Non Alcohol Fatty Liver Disease，NAFLD）是发病率较高的慢性肝病，两者均是进展为肝硬化、肝癌的常见病因。天津市第三中心医院梁静、韩涛、高英堂等针对乙肝合并脂肪肝这一特殊人群，进行血清及肝组织中炎症因子细胞角蛋白CK18片段M30及M65、胸腺素β4及肿瘤坏死因子TNF－α的水平测定。探讨乙肝合并脂肪肝患者的炎症、脂肪变程度及慢性纤维化进展的相关性。结果显示，CK－18 M30，TNF－α、胸腺素β4分别与乙肝合并脂肪肝患者的炎症、脂肪变程度及慢性纤维化进展具有相关性，提示CK－18 M30，TNF－α及Tβ4分别在乙肝合并脂肪肝的形成、脂肪变进展及炎症纤维化进展中参与作用。2017年8月，该研究通过天津市卫生计生委组织的专家结题验收。

（刘　群）

【老年痴呆的早期诊断与系统治疗】 天津市应用基础与前沿技术研究计划项目，由天津市环湖医院、天津医科大学总医院纪勇、石志鸿、蔡莉等承担完成，2017年12月结题。研究人员应用11C－PIB－PET和18F－FDG－PET联合脑显像及ApoE 4等位基因检查对老年性痴呆（Alzheimer disease，AD）及遗忘型轻度认知障碍（amnestic Mild Cognitive Impairment，aMCI）人群进行研究，进一步揭示aMCI的异质性。结果显示，11C－PIB－PET能在活体内准确地显示淀粉样蛋白在脑内的沉积部位和相对沉积量，较好的反应AD的病理改变。11C－PIB PET脑显像能为AD型aMCI及FTD鉴别诊断提供双重的影像学依据，有效筛选出AD型aMCI，有助于AD痴呆前期的诊断；研究人员对大样本AD及额颞痴呆（FTD）患者进行基因筛查，以揭示痴呆患者遗传学特征。研究证实PIB＋aMCI患者伴有后头部葡萄糖代谢减低及ApoE ε4等位基因携带提示更快及更大的可能向AD的转化。

（刘　群）

【定量分析let－7在肝癌中的表达及其临床意义】 慢性病毒性肝炎及其引起的肝硬化是肝癌发生的主要诱因。let－7作为抑癌miRNA在多种肿瘤呈现逆胚胎生长方式，表达降低，且其低表达与肿瘤细胞增殖、血管侵袭、患者预后差等相关。天津市第三中心医院石文霞、高英堂、杨斌等以microRNA let－7为研究对象，采用PCR array筛查其在11例早期肝癌及相应癌旁组织中的表达差异；以qRT－PCR对let－7在不同肝病患者肝组织（8例正常、6例肝炎、20例肝硬化、94例肝癌）及血清（41例正常、42例肝炎、30例肝硬化、58例肝癌）中的表达进行检测；通过单因素/多因素分析、COX比例风险回归分析、ROC曲线分析等对let－7 microRNA水平与肝癌患者性别、年龄、肿瘤数目、肿瘤大小、血管侵犯、TNM分期、术后生存时间、HCC诊断敏感性/特异性等因素进行相关分析。结果显示，let－7a/7b/7c/7e在良性肝病（肝炎、肝硬化）患者肝组织及血清中的表达高于其在健康人群、肝癌患者肝组织及血清中的水平；let－7a/7c/7e高表达的肝癌患者更易伴发肿瘤浆膜/血管侵袭，TNM分期更高；let－7c高表达的肝癌患者术后生存期更短。提示let－7a/7b/

7c/7e对HCC具有一定的诊断价值。2017年11月，该研究通过天津市卫生计生委组织的专家结题验收。（刘　群）

【嗅觉功能与阿尔茨海默病的相关性研究】 阿尔茨海默病（Alzheimer disease，AD）是以进行性记忆丧失和后天获得的知识丧失为特征的神经退行性疾病，严重影响患者的生活质量。轻度认知障碍（Mild Cognitive Impairment，MCI）是指正常脑老化与痴呆之间的一个临床状态。天津市环湖医院刘钢、杭伟、张金玲等，选取AD患者40例，MCI患者40例，健康对照组（NC组），所有受试者均行耳鼻喉科一般检查、鼻内镜及简易精神状态检查表（MMSE）、蒙特利尔认知评估表（MoCA）、临床痴呆评定量表（CDR）的神经心理学量表评分，应用T&T嗅觉计定量检测嗅觉功能、容积MRI测量嗅觉初级中枢结构及体积并进行组分析。探讨嗅觉功能与AD病情程度相关性。结果显示：NC组、MCI组、AD组的T&T嗅觉检查评分依次增高、嗅球体积依次减小；三组受试者的嗅觉检查评分、嗅球体积大小在控制年龄因素条件下呈相关性，并且嗅觉检查评分、嗅球体积大小与AD疾病的严重程度呈相关性；研究证实T&T嗅觉检查分数、容积MRI测量嗅球体积与AD病情程度相关，通过检测患者嗅觉中枢结构及体积的变化，可以预测MCI向AD转化的进程。2017年5月，该研究通过天津市卫生计生委组织的专家结题验收。（刘　群）

【COPD患者机械通气模式与腹腔压力关系研究】 天津市胸科医院李月川、赵晓赟、李冠华等以接受机械通气治疗的慢性阻塞性肺疾病（Chronic Obstructive Pulmonary Disease，COPD）大肺容量患者为研究对象，观察在不同通气模式及参数下，用生理信号监测仪记录胃内压、膀胱压、肝脏形态、门静脉血流动力学的变化，探讨机械通气参数设置、呼吸力学、血流动力学和腹腔内压之间的相互关系。结果显示，在SIMV+PSV通气模式下，Tplat、Ti的变化对腹腔压力（IAP）无明显影响。随着不同呼气末正压（PEEP）的增加，IAP随之升高，门静脉血流减慢，门静脉内径无显著改变，肝脏形态未发生明显变化；与IAP正常组对比，IAH组患者的平均气道压、气道峰压增高，静态肺顺应性下降；与IAP正常的患者相比，给予IAH组患者较高的PEEP值产生的呼吸力学指标影响更为明显。研究发现，对于COPD呼吸衰竭行机械通气的患者，PEEP可引起IAP的增加，进而对腹腔血流动力学产生影响；IAP升高对机械通气呼吸力学指标会产生影响，导致Ppeak、Paw升高，Ve、Cstat下降。发生IAH时应当调整机械通气参数，较低的PEEP和其他降低IAP的措施可以改善呼吸力学指标。2017年2月，该研究通过天津市卫生计生委组织的专家结题验收。

（刘　群）

【稽留流产患者JAK2多态性与VEGF表达相关性分析】 稽留流产（Missed Abortion，MA）又称滞留流产，是产科的一种常见疾病，对妇女的身心健康造成较大的损害，其发病机制尚不明确。天津市中心妇产科医院殷震惠、赵璐、胡浩梅等采用病例对照研究方法，收集天津市中心妇产科医院门诊稽留流产患者及正常早孕人工流产者外周血各200例。对标本进行DNA提取，对JAK2基因位点rs1887427，rs10758669的各基因型，采用荧光探针—实时定量PCR法进行分析，完成JAK2基因型检测。对MA患者血管内皮生长因子（Vascular Endothelial Growth Factor，VEGF）的4个较常见的单核苷酸多态性（SNPs）位点（—2578C/A、—1154G/A、—460C/T、和+936C/T）进行检测和分析，从基因水平探讨MA发病的分子生物学机制。结果显示：JAK2基因rs1887427位点AG基因型是导致稽留流产的易感基因，JAK2基因型患者通过JAK2—STAT3信号通路造成血管内皮生长因子表达下降，从而导致稽留流产的发生。该研究为稽留流产发病的遗传学病因研究提供新思路，为基因治疗提供理论依据。2017年8月，该研究通过天津市卫生计生委组织的专家结题验收。

（刘　群）

【胸腺素β4在非酒精性脂肪性肝炎诊断中的意义】 天津医科大学第二医院江勇、张志广、季英兰等通过检测健康人群、单纯脂肪肝组、NASH

组不同组别、不同肝功能及不同氧化程度时血清中Tβ4表达情况。结果显示：血清中Tβ4在NASH组中的表达水平较健康对照组与单纯脂肪肝组表达明显降低，其差别具有统计学意义；血清中Tβ4在健康对照组与单纯脂肪肝组表达，其差别无统计学意义；血清中Tβ4的表达与肝功能有关，与肝病转氨酶ALT成负相关性，其差别具有统计学意义；血清中Tβ4的表达与肝脏不同氧化程度有关，与8－OHdG表达呈负相关性，其差别具有统计学意义。提示血清中Tβ4的表达与肝脏的功能、肝脏的氧化状态密切相关，其减少与肝脏的氧化状态密切相关，而单纯脂肪肝与NASH的主要区别就是肝内氧化状态的的不同所致，因此，检测血清中的Tβ4的表达可用于区分单纯脂肪肝与NASH。该结论在以往的研究中尚无报道，提示血清中的Tβ4可作为NASH无创性诊断的的血清学检测指标之一。2017年5月，该研究通过天津市卫生计生委组织的专家结题验收。

（李劭鹏）

【依据患者分类合理配置泌尿外科护理人员的研究】 天津医科大学第二医院李丽、王婷、孙志平等结合泌尿外科的疾病特色制订护理项目框架表，从天津医科大学护理学院及3所天津市三级甲等医院中，选取10名临床护理及护理管理的专家，对护理项目框架表中的护理项目进行专家讨论，增加、删除或修改相应条目，并拟定患者的分类标准，并对护理项目框架表初稿进行内容效度检验。根据该量表的分类标准将2015年某三级甲等医院泌尿外科所有住院患者进行统计分类，通过各类患者护理所需工时来计算泌尿外科临床实际应配置的护士人数。泌尿外科每日每例患者的平均护理时间为（179.21±13.65）分钟，根据测算最终确定该三级甲等医院泌尿外科实际应配置的护士人数为18名。通过研究发现，依据患者分类配置护士人数，可科学合理地对泌尿外科护理人力资源进行配置。该研究2017年8月，通过天津市卫计委组织的专家结题验收。

（李劭鹏）

【恩度联合 ^{125}I 粒子植入治疗肺腺癌的实验研究】 天津医科大学第二医院霍小东、杨景魁等通过建立裸鼠移植瘤模型，随机分成对照组（A组），^{125}I植入组（B组），恩度组（C组），^{125}I植入联合恩度组（D组），每组20只。移植瘤直径达2厘米行 ^{125}I放射性粒子植入，处方剂量20Gy，采用TPS计算移植瘤的体积及接受剂量，恩度每只20毫克/千克·天给予，连续14天，观察记录肿瘤生长的速度和瘤体体积的变化，分别第15、30天处死裸鼠，并免疫组化检测VEGF，MVD表达的情况及RT－PCR分别检测各组肿瘤组织中整合素αvβ3mRNA。探讨恩度对肺腺癌移植瘤近距离辐射增敏作用研究，证实低剂量率放疗增加肿瘤组织VEGF，MVD，整合素αvβ3mRNA的表达，使肿瘤细胞对恩度的抗整合素αvβ3作用靶点增多，从而起到增敏作用。该成果可为临床重组人血管内皮抑素（恩度）联合 ^{125}I放射性粒子组织间植入治疗肺癌提供理论基础。可以在临床中尝试使用重组人血管内皮抑素（恩度）联合 ^{125}I放射性粒子组织间植入治疗中晚期肺癌患者，改善患者预后，为今后抗血管生成治疗联合 ^{125}I放射性粒子组织间植入肿瘤提供方向。2017年5月，该研究通过天津市卫生计生委组织的专家结题验收。

（李劭鹏）

【早、中孕期多指标对不良妊娠结局联合预测】 天津市中心妇产科医院崔洪艳、于宁、陈叙等采用前瞻性队列研究，通过对5000例门诊产检的单胎初产妇检测孕早期（11~13+6周）母体血清标记物（PAPP－A，freeβ－hCG，ADAM12，PP13及PlGF），孕中期（20~24周）子宫动脉多普勒、胎盘血管多普勒，以及胎盘病理检查，研究血清学标记物及超声指标与胎盘病理改变及不良妊娠结局的相关性，探讨血清学指标及超声指标单独或联合对妊娠高血压疾病、胎儿生长受限的预测价值。结果显示，孕早期母体血清PAPP－A、ADAM12水平及孕中期子宫动脉搏动指数与胎盘病理改变及妊娠高血压疾病、胎儿生长受限发病有关。采用血清学与子宫动脉多普勒联合筛查可提高对子痫前期及胎儿生长受限的预测价值。可早期识别高危人群，及早干预及治疗，从而有效改

卫生健康科技

善妊娠结局。2017年8月，该研究通过天津市卫生计生委组织的专家结题验收。

（刘 群）

【BSSRO对双侧下颌角宽度影响的研究分析】 天津市口腔医院、天津大学宋大立、侯敏、石广玉等运用三维有限元法构建下颌骨模型，模拟下颌升支矢状劈开截骨（Bilateral Sagittal Split Ramus Osterotomy，BSSRO）手术内固定后的模型，为用有限元法分析BSSRO术后不同组织机构的生物力学提供参考。研究人员从生物力学角度，观察在BSSRO手术两种裂开方式、前移量不同的情况下，髁状突的位移变化，了解BSSRO手术后髁突位置的变化情况，探索下颌角间距增宽的原因，为改进临床手术方式，避免髁状突位移提供理论基础。研究发现BSSRO术后早期咀嚼肌负荷，两种骨裂开方式均出现下颌骨近心骨段横向增宽，但两种骨裂开方式之间未发现差异。随着前移量的增加，同一裂开方式近心骨段间距增宽量差异有统计学意义。近心骨段的横向位移图提示咀嚼肌组对下颌骨近心骨段横向位移有影响，但相比之下术后早期的位移变化主要由前移固定引起。载荷条件下近远心骨板接触形成的支点可以认为是一个影响宽度变化的影响因素。BSSRO截骨移动使下颌骨生物力学的发生一定的变化。2017年8月，该研究通过天津市卫生计生委组织的专家结题验收。（刘 群）

【胃腺癌循环肿瘤细胞的HIF—1a表达与其复发转移的初步研究】 天津医科大学第二医院李熳、张志广、江勇等应用体外和体内实验证实了微环境缺氧的变化与胃腺癌循环肿瘤细胞发生之间的相关性。实验选用人胃腺癌BGC—823细胞经不同终浓度CoCl2（0、100、200、300、400微摩尔/升）处理4h后筛选最适浓度；将40只BALB/c小鼠随机分为2组：缺氧组与常氧组，尾静脉注射后采用密度梯度离心法富集CTC，免疫荧光鉴定并计数CTC。结果发现缺氧组小鼠CTC检出数量较常氧组增高，说明微环境缺氧可能促进胃腺癌CTC的发生。在此基础上他们采集45例胃癌患者的外周血，应用密度梯度离心法和免疫荧光法检测外周血中的CTC，及肿瘤干细胞标志物CD44的表达并比较其临床病理意义。结果发现CD44阳性的CTC与胃癌患者的肿瘤部位、淋巴结转移、远处转移和复发有关，因此得出结论：CTC与胃癌的不良预后相关，检测干细胞标志物表达的CTC可能对临床预后更有意义。该课题关注胃腺癌患者CTC的临床意义，较以往不同的是，采用密度梯度离心法富集和免疫荧光法检测CTC，其灵敏度和特异性更强，创新之处在于检测CTC上CD44的表达，以探讨CTC干细胞标志物表达的临床意义，在目前胃癌CTC研究领域还是首次。该课题于2017年4月通过天津市教委的结题验收。

（李劭鹏）

【负载内皮抑制素基因的胶原基复合角膜替代物的开发研究】 天津医科大学眼科医院赵少贞承担的天津市科技支撑重点项目，2017年结题。实验所用超分子聚合物水凝胶角膜基质替代物成分为多聚丙烯酰基甘氨酰胺［Poly（N—acryloylglycinamide）；PNAGA］。超分子聚合物水凝胶作为角膜基质替代物有以下特点：①结构紧密：随着水凝胶中NAGA单体浓度的增加，水凝胶的孔隙越来越小，结构越来越致密，防止水渗入到水凝胶内。②形状稳定：水凝胶在溶胀实验中表现非常稳定，其形状在水中甚至可以维持数月不发生改变。③热塑性：加热后材料变软，冷却后变硬。④可塑性：在合成过程中，可根据需求合成各种形状、厚度的材料。⑤高含水量：超分子聚合物水凝胶角膜基质替代物含水量高达80.5%，与天然角膜含水率（78%）非常接近。⑥高透光率：水凝胶对可见光具有良好的透光率，同时对紫外光有一定的吸收作用，透光率可达95%。⑦优良的综合机械性能：具有高弹性模量和高抗张强度，同时韧性极强，含有25%单体浓度PNAGA水凝胶表现出超过1000Jm^{-2}高韧性强度。⑧具有较高的生物相容性及良好的生物降解性，水凝胶不含有交联剂，由氨基酸衍生物合成，可直接降解，不会对环境造成污染。

（杜 静）

【视网膜表面微电极阵列的研制和动物实验研究】 天津医科大学眼科医院汪建涛承担的天津

市科技支撑重点项目，2017年结题。课题组设计并制作完成长方形排列视网膜表面微电极刺激阵列，力图在水平方向提供更宽广的视野；微电极阵列采用单层加工，降低微电极加工难度，使电极阵列可以做的更薄，提高电极阵列的柔韧性。该课题完成视网膜表面微电极阵列的设计、制作、封装；完成视网膜表面微电极阵列的技术参数的测定和微电极阵列的体外评价，包括微电极阵列的体外电化学特性测试和每个电极的阻抗和相位测试。评价微电极阵列的性能及对视网膜的影响，完成微电极阵列的植入动物实验，在动物实验研究上取得的突破性进展，为失明患者提供一种辅助型人工视网膜假体突破难关，可为进一步的临床试验打下基础。

（杜　静）

【环孢霉素A修饰人工晶状体的实验研究】　天津医科大学眼科医院张红承担的天津市自然科学基金项目，2017年结题。研究表明，将高分子缓释材料PLGA联合抗增殖药物环孢霉素A定量涂层至人工晶状体的袢部，可以制备出生物相容性好、不影响光学部性能，并能有效抑制晶状体上皮细胞增殖的人工晶状体，成功的构建人工晶状体药物修饰体系；CsA－PLGA－IOL植入兔眼后通过CSA的缓释能够有效地抑制后发性白内障，且无明确眼内毒性。将抑制晶状体上皮细胞增殖的药物加载在人工晶状体上，在行人工晶状体植入手术的同时将药物携带进入眼内可以有效地避免其它给药物途径的缺陷，且避开血眼屏障，药物局部浓度高，靶向性强，对眼内其他组织毒性小，可以更加直接的作用于晶状体上皮细胞，不失为一种好的给药方法，且该方法不增加治疗难度、无额外创伤。（杜　静）

【氢气通过影响非酶促蛋白糖基化改善糖尿病大鼠早期视网膜病变的机制研究】　天津医科大学眼科医院华宁承担的教育部高等学校博士学科点专项科研基金项目，2017年结题。该课题验证：①氢气干扰早期糖基化产物果糖胺的生成；晚期糖基化产物的产生与糖蛋白作用时间正相关，氢气亦减低AGEs的生成；②进一步研究发现，AGEs活化BV－2小胶质细胞NF－κB通路，刺激分泌TNF－α；氢气可抑制AGEs引起的NF－κB p65核移位，进而降低TNF－α的分泌；③HRS可部分降低糖尿病大鼠视网膜非酶促糖基化产物生成；④HRS下调AGEs－RAGE系统诱导的NF－κB信号通路的活化，减少TNF－α等炎症因子的合成与释放，改善视网膜组织损伤；⑤HRS可能通过抑制非酶促蛋白糖基化来减轻视网膜炎症反应，达到细胞保护作用，有望成为治疗糖尿病视网膜病变的新方法。

（杜　静）

【染色质高级结构调控基因活性的机制研究】　天津医科大学基础医学院刘喆课题组承担的国家自然科学基金重大研究计划集成项目，2017年12月结题。科研人员以胎儿脐静脉分离的HUVEC为主要实验体系，利用3C技术，深入研究这种启动子间相互作用的形成机制及其功能，包括这种启动子间相互作用如何调控启动子活性；何种表观遗传标记指导等位基因特异性染色质环的形成等；同时应用4C结合高通量测序技术研究HUVEC中以SHC1为核心的三维染色质高级结构在细胞重编程过程中的动态变化。人类基因组中超过60%的基因具有多个启动子，其中很多基因的不同启动子编码的蛋白不同，对细胞的功能起着相反的作用，并且与疾病相关，细胞如何调控不同启动子的活性目前还不清楚。SHC1基因含有两个启动子，分别编码p66和p52，p66促进细胞凋亡，而p52促进细胞增殖，两个蛋白在内皮细胞中同时表达。利用SHC1为模型，研究发现内皮细胞中p66和p52分别在不同的等位基因表达，表达模式能够很好的避免上游启动子的转录对下游启动子产生影响。进一步的机制研究发现，不同启动子之间的相互作用是决定这种表达模式的关键因素，启动子间相互作用仅发生于一个等位基因，其相互作用将上游启动子置于一个小的环状结构中，不利于RNA聚合酶的结合或者转录的延伸，因此抑制上游启动子的活性，释放下游启动子，使得转录由下游启动子进行。

（戚　红）

【减弱的胰岛素信号在AD神经退行性变的作用和相关的治疗研究】　天津医科大学基础医学院邓

艳秋课题组承担的国家自然科学基金项目，2017年12月结题。课题组探讨减弱的胰岛素信号在AD神经纤维退行性变的作用和相关的治疗研究，着重阐明减弱的胰岛素信号导致AD神经纤维退行性变机制以及胰岛素增敏剂提高认知功能的基本原理，提出新的AD发病机制，为开发新的药物防治阿尔茨海默病提供理论依据。胰岛素信号和葡萄糖代谢的减弱与阿尔茨海默病（AD）学习记忆减退和神经细胞的退行性变密切相关。改善胰岛素信号提高脑内糖代谢是AD药物研发的重要靶点，引起广泛关注。基于之前的研究和发现，课题主要采用散发和三重转基因AD模型，通过高脂高糖饮食和脑内注射STZ改变胰岛素信号，诱导Ⅱ型糖尿病，探讨胰岛素信号的失调和脑内糖代谢的减弱在AD神经纤维退行性变的作用及其机制，并应用胰岛素增敏剂等药物改善脑内糖代谢和胰岛素信号研究对学习记忆和神经退行性的影响和机制。从细胞和动物水平的研究发现：减弱的胰岛素信号通过下调PI3K和MAPK途径和脑内的糖代谢，影响tau和神经丝蛋白的过度磷酸化和聚集，引起神经细胞的退行性变和学习记忆的减退；而胰岛素增敏剂等糖尿病治疗药物通过改善胰岛素信号，调节tau蛋白的磷酸化，改善AD的神经退行性变和学习记忆。另外，通过LncRNA高通量数据分析胰岛素信号改变后非编码RNA（Long non－coding RNA， lncRNA）和mRNA的变化，为深入研究AD发病机制和治疗提供参考。

（戚　红）

疾病预防

【社区空气$PM_{2.5}$昼夜来源变化特征及人群健康风险评估】 天津市疾病预防控制中心科技基金项目，由天津市疾病预防控制中心赵岩、冯利红、曾强等完成，2017年5月通过天津市卫计委组织的科技成果认定。大气细颗粒物$PM_{2.5}$是近年来严重影响中国城市大气环境质量的主要问题之一，有流行病学研究资料显示，粒径小于2.5微米的细颗粒物对发展中国家人体健康的损害最为严重。该研究在对市区、市郊和农村不同季节、昼夜不同时段$PM_{2.5}$中金属类金属元素、多环芳烃和无机水溶性离子污染特征差异性分析的基础上，利用特征元素比值，富集因子分析，主成分因子分析，正矩阵因子分解等多种源解析的分析方法，对研究地不同季节昼夜$PM_{2.5}$的来源贡献率水平进行分析，并通过美国EPA的人群健康风险评估模型，对暴露人群的健康风险进行了评估。研究结果显示，农村地区$PM_{2.5}$污染状况最为严重，$PM_{2.5}$中多环芳烃冬季夜间污染较严重，金属类金属元素秋冬季日间（昼）污染较严重，无机水溶性离子秋冬季污染较重；非采暖期三地区$PM_{2.5}$昼夜的主要来源均存在差异，而采暖期和雾霾天市区和农村的机动车尾气排放均为空气$PM_{2.5}$污染的主要来源，市郊则为道路扬尘；三地区$PM_{2.5}$中致癌金属类金属元素对成人和儿童均存在一定的全年综合致癌风险，致癌风险高低依次为As＞Cr＞Cd＞Ni，且所有致癌组分的综合人群致癌风险农村最高、市区次之，市郊最低。

（孙　颖）

【乙苯耳毒性效应的生物标志物研究】 该研究获得天津市卫生计生委科技基金重点项目资助，由天津市疾病预防控制中心张明等完成。2017年11月通过天津市卫生计生委组织的结题验收。乙苯（Ethylbenzene）在工业上是通过苯与乙烷的烷化工序合成，作为化学稀释剂也存在于杀虫喷雾剂、家用脱脂剂、抗爆剂、油漆、粘合剂等工业产品中。乙苯作为工业上广泛使用的有机溶剂，对职业接触人群听力损伤的毒效应逐渐受到重视。乙苯可导致职业暴露人群和大鼠听力损伤，为耳毒性化学物。既往动物实验显示乙苯可导致大鼠听力阈值增加，耳蜗毛细胞减少。该课题组在前期一项乙苯与石化工人听力损伤关系的职业流行病学研究中证实乙苯是导致职业人群听力损伤的独立相关因素。线粒体损伤和细胞凋亡已被该课题组前期研究证实为乙苯毒作用的位点之一，但其在乙苯耳毒性机制中的作用尚未见报道。该研究以乙苯耳毒性效应为切入点，通过CPCs细胞模型，观察线粒体膜电位、细胞超微结构、凋亡、Wnt/β－catenin通路相关调控蛋白、Lgr5蛋白在乙苯诱导的耳毒性机制中的作用，并初步找出乙苯耳毒性的亚细胞层面的生物标志物。该研究成果为乙苯耳毒性效应的机制及标志物研究方面提供了理论和试验基础，具有较高的实用性和参考价值。

（孙　颖）

【乙苯职业暴露诱导听力损伤的流行病学研究】该研究由天津市疾病预防控制中心顾清、张明、曾强等完成。2017年11月通过天津市卫生计生委组织的科技成果认定。乙苯（Ethylbenzene）在工业上主要用于苯乙烯的生产。石化、橡胶产业工人因生产和使用过程中接触到乙苯，成为乙苯的主要职业接触人群。动物实验方面，乙苯耳毒性和致听力损伤效应已通过动物实验得到证实，主要表现为听力阈值增加和耳蜗组织形态学改变，毛细胞减少、甚至消失。亟需开展乙苯职业流行病学相关研究，观察乙苯是否为导致工人听力损伤的独立相关因素。该项目采用病例—对照研究，以乙苯职业暴露人群为研究对象，评估人群接触乙苯和噪声的水平，电测听力法评估职业人群听力损伤情况，并通过多元回归分析，控制年龄、工龄、烟酒史后，观察乙苯导致听力损伤OR值，以上研究初步阐述了乙苯对职业人群听力健康的影响，探讨了乙苯诱导职业人群耳毒性和致听力损伤的剂量—效应关系。研究成果为国内乙苯职业接触限值的修订提供科学依据。

（孙　颖）

【百日咳抗PT抗体血清学诊断标准的建立与应用研究】　该研究获得天津市卫生计生委科技基金项目资助，由天津市疾病预防控制中心黄海涛、刘勇、高志刚等人完成。2017年2月通过天津市卫生计生委组织的结题验收。百日咳是由百日咳鲍特菌引起的急性呼吸道传染病，在百日咳疫苗广泛接种之前，它是婴幼儿发病率、死亡率很高的传染性疾病之一。尽管百日咳疫苗的使用大幅降低其发病水平，但近年来国内外均出“百日咳再现”的相关报道。但是中国百日咳监测存在诸多问题，误诊率、漏报率很高，主要是疫苗时期百日咳的临床症状不典型，现有的实验检测方法存在漏洞所致。该项目采用病例对照研究方法，建立适合中国人群的百日咳抗PT—IgG抗体检测的诊断标准为70IU/ml，确定单份血抗PT—IgG抗体合理的采样时间为7～68天。提出在国内现有百日咳免疫策略与疫苗种类不变的情况下，接种疫苗及接种后的时间长短对诊断阈值没有任何影响，解决国内外在该项研究中的短板。该诊断阈值的建立填补天津市百日咳抗PT抗体血清学诊断方法学的空白，提高百日咳临床诊断的能力与百日咳流行病学监测的水平，并为下一步建立全国的百日咳抗PT—IgG抗体检测的诊断标准提供科学技术支撑。

（孙　颖）

【天津市手足口病预警模型的构建及应用】　天津市卫生计生委科技基金项目，天津市疾病预防控制中心李佳萌、李琳、高璐等承担完成，2017年2月通过天津市卫生计生委组织的专家结题验收。科研人员通过对天津市手足口病的病例及病原学监测，分析天津市手足口病的流行趋势。在手足口病发病率与手足口病病原学（EV71和CoxA16）呈正相关的基础上，建立天津市手足口病病例及病原学的预警模型，并对预警模型分别进行评价，选取符合率较高的病原阳性率的移动百分位数预警方法作为天津市手足口病的预警模型，应用该方法，预警成功的疫情在发现时间、波及人数上均低于预警失败的疫情。结果显示，预警成功疫情从首发病例出现到发现疫情的时间要短于预警失败的疫情，应用预警模型后，发现有暴发倾向的疫情而采取防控措施减少的病例数及相关经济效益。研究结果对手足口病的防治以及制定相应的预防和控制措施、早期的预测预警提供科学的方法和理论学依据。

（刘　群）

【口腔综合治疗台外置式水路消毒装置研制与评价】　天津市疾病预防控制中心纪学悦、费春楠、董杰等结合预防医学与临床口腔诊疗医院感染控制的需求，研制出口腔综合治疗台模拟机和智能外置式水路消毒装置，其水路消毒装置申请专利并获得授权。该装置能够有效分离口腔综合治疗台、牙科手机管线中的水、气，通过保留的水流，指示口腔综合治疗台水路回吸的长度，从而计算出回吸量。经临床验证，运行该装置消毒程序后，按照美国口腔综合治疗台水路菌落总数标准，实验组合格率可达到100%。临床效果评价，证实该消毒装置以其智能提示、消毒有效、无损安装、易于推广的特点，可有效提高医护人员执行消毒工作的依从性。2017年2月，该研究通过天津市卫生计生委组织的专家结题验收。

（刘　群）

【肺结核继发性耐药危险因素及结核菌基因型改变研究】 天津市疾病预防控制中心张国钦、谢彤、张玉华等利用既往天津市结核病防治机构病例数据和相关菌株，采用流行病学方法，结合分子生物学检测，探讨肺结核患者继发性耐药产生的相关流行病学危险因素，及肺结核患者发生表型继发性耐药的危险因素和相应结核菌基因型的改变情况，为制定策略预防肺结核继发性耐药产生提供依据。研究人员通过对表型继发性耐药患者相应菌株进行基因型检测，获知再感染和同源性菌株的基因突变均是肺结核患者产生表型继发性耐药的主要原因。结果显示，12.8%（42/327）发生异烟肼/利福平表型继发性耐药；初始异烟肼敏感患者中有7.9（24/303）发生异烟肼表型继发性耐药，初始利福平敏感的患者中有9.5%（30/313）发生利福平表型继发性耐药，两种药物表型继发性耐药的发生率差异无统计学意义（P=0.48）。患者胸片显示有空洞、初始痰菌株有异烟肼/利福平耐药、有明确的接触史、取药量≥60天、未规律治疗和治疗失败是肺结核患者发生表型继发性耐药的危险因素。结核菌基因型鉴定显示，23.1%（6/26）的利福平继发性耐药和27.3（6/22）的异烟肼继发性耐药归因于再感染，即随访菌株和初始菌株非同源。发生利福平表型继发性耐药且前后菌株为同源性的患者中，55.0%（11/20）患者的菌株在rpoB位点发现有改变，而其余患者未发现rpoB位点的变化；发生异烟肼表型继发性耐药且前后菌株为同源性的患者中，均未发现katG/inhA位点的改变。2017年11月，该研究通过天津市卫生计生委组织的专家结题验收。

（刘　群）

【环境与融合基因及交互作用对儿童ALL发病风险研究】 天津市卫生计生委科技基金重点资助项目，由天津市疾病预防控制中心、中国医科院血液病医院曾强、张丽、赵亮等完成，2017年2月，通过天津市卫生计生委组织的专家结题验收。研究人员针对公众关注的儿童白血病发病率升高的情况，急性淋巴细胞性白血病（Acute Lymphoblastic Leukemia，ALL）患儿为研究对象，从环境流行病学的角度入手，采用环境流行病学与分子生物学相结合的研究方法，采用病例对照研究，探讨环境与基因及其交互作用对儿童ALL的发病风险，以期为儿童白血病的预防控制提供新的科学依据。结果显示，母亲孕前和孕期被动吸烟（OR=2.093，95% CI：1.188～3.686）、母亲流产史（OR=2.573，95% CI：1.444～4.584）、儿童接触油漆涂料、（OR=2.296，95% CI：1.065～4.949）儿童偏食（OR=5.365，95%：3.184～9.039）、儿童出生后居室装修（OR=2.900，95% CI：1.372～6.130）可能是儿童ALL发病的环境危险因素；儿童年龄（OR=0.787，95% CI：0.650~0.954）、母亲孕前和孕期经常接触石油化工（OR=5.526，95% CI：1.100～27.764）和空气清新剂（OR=2.947，95% CI：1.072～8.102）、母亲流产史（OR=3.191，95% CI：1.200～8.483）可能导致儿童TEL/AML1融合基因发生风险升高。该研究为儿童ALL病因提供流行病学证据，为预防儿童ALL提供理论依据。

（刘　群）

【化学物质经皮职业暴露定量评估模型的研究及应用】 天津渤海化工集团有限责任公司劳动卫生研究所自主开发，2017年12月20日通过天津市高新技术成果转化中心鉴定。科研人员通过模型的对比研究，对新加坡半定量评估模型、美国AIHA模型、美国NIOSH模型进行对比研究。通过皮肤吸收数据库对NIOSH模型进行验证，并进行案例应用。提出采用NIOSH模型进行工作场所化学物质经皮职业暴露定量评估的评估方法：现场职业暴露调查与化学物质理化性质资料收集；化学物质经皮职业暴露场景设定，包括施加剂量、渗透介质、蒸发量、暴露时间、模拟时间、暴露频次、暴露量、暴露方式等多方面暴露因素；化学物质经皮职业暴露吸收率及吸收量的模拟估算；在职业病危害风险评估方法中，补充化学物质经皮职业暴露评估方法，采用工作场所化学物质经皮职业暴露定量评估方法，是对职业健康风险评价方法的补充和完善。

（王志东　殷伊琳）

【石油化工行业职业性肿瘤高危害人群监控技术的应用及示范】　天津渤海化工集团有限责任公司劳动卫生研究所、南开大学和天津大沽化工股份有限公司承担，2017年10月20日通过天津市高新技术成果转化中心鉴定。科研人员基于风险评估的石油化工行业职业性肿瘤高危人群监控技术：化学致癌物的职业暴露定量风险评估技术、化学致癌物职业暴露综合评估技术、典型化学致癌物定量风险评价方法、登记管理软件及风险管理指南的化学致癌物管理系统，实现化学致癌物所致职业病预防控制技术开发与集成创新。提出根据内暴露剂量反应模型与蒙特卡洛模拟的致癌风险概率分析方法，应用于化学致癌物职业暴露定量风险评估及化学致癌物所致职业性肿瘤的风险预测预警；依据职业流行病学数据及毒理学资料采用统计回归的方法，提出由外暴露到内暴露数据的外推进行化学致癌物职业暴露评估，并应用于职业病危害评价。采用CFD计算机模拟技术的化学致癌物常态复杂工况暴露评估方法，利用计算机模拟技术弥补工作场所空气浓度采样检测不能评估化学致癌物逸散后在工作场所空间扩散及变化规律的技术问题，并通过实例研究验证科学性、实用性。研究成果在企业和行业中得到应用，社会及经济效益显著。

（王志东　殷伊琳）

【尘肺血清miRNA生物标志物调控机制的研究】天津市应用基础与前沿技术研究计划项目，由天津市疾病预防控制中张明心、刘保峰、王欣等承担完成，2017年7月结题。科研人员采用分子流行病学和分子毒理学研究方法，在已筛查的血清目的miRNA生物标志物基础上，寻找血清miRNA水平与其TGF－β1/ERK－MAPK通路这一尘肺纤维化关键节点的靶基因表达水平及两者的交互作用于尘肺发生之间的关系。主要研究结果：①应用芯片技术对血清miRNA进行直接测序以获取尘肺和粉尘暴露工人的血清miRNA差异表达谱；采用Real－Time RT－PCR的方法进行多阶段的验证筛选和优化，分别利用尘各期和粉尘暴露多阶段血清miRNA样本作为目标职业病早期生物标志物。②明确血清和组织中miRNA水平及其TGF－β1介导的ERK/ MAPK信号通路靶基因表达水平及两者之间、与外暴露之间的交互作用。③阐明miRNA通过对TGF－β1介导的ERK/ MAPK信号通路的调控，进而在尘肺发生、发展中作用的机制。④通过体外细胞研究，验证效应miRNA及其靶基因的表达异常在肺上皮细胞纤维化中的作用；通过体外基因转染技术上调或下调miRNA表达对靶基因的调控作用。该研究为优化用于尘肺筛查诊断的外周血miRNA生物标志物，确定简单易行、微创价廉的职业病早期筛查生物标志物提供理论和技术基础。项目执行期间，发表论文9篇，SCI收录2篇，培养研究生4名。

（刘　群）

【基于大数据分析的天津市免疫规划脱漏儿童预警模型构建】　天津市卫生计生委科技基金项目，由天津市疾病预防控制中心陈伟、丁亚兴、骆晓艳等完成，2017年5月通过天津市卫生计生委组织的结题验收。该研究通过现场主动搜素、数据交叉比对、特尔菲专家咨询等方法，掌握天津市免疫规划脱漏儿童的总体规模、人员分布、变化趋势和影响因素等重要信息。通过数据挖掘技术研究预防接种数据变量与目标地区脱漏儿童风险的定量关系，以此为基础利用多元回归法建立基于大数据分析技术的脱漏儿童高风险地区预警模型，并通过实地调查数据证明模型预警结果良好，准确度、灵敏度和特异度分别达到0.83、0.74、0.89。该研究紧扣当前国家倡导运用大数据科学制定和调整策略的社会形式，通过对现有免疫规划大数据的深度挖掘利用，解决传统模式难以克服又亟待解决的现实问题，提高天津市脱漏儿童管理效率和准确性，具有推广应用价值。

（孙　颖）

【经男男性途径感染HIV者病程进展及影响因素的研究】　天津市疾病预防控制中心科技基金项

目，由天津市疾病预防控制中心周宁、于茂河、柳忠泉等完成，2017年2月通过天津市卫生计生委组织的科技成果认定。人类感染人类免疫缺陷病毒（Human immunodeficiency virus，HIV）后会表现出不同的疾病进程，其具体机制不清，国内外不同研究得到的艾滋病疾病进展有较大差别，时间跨度从4~12年不等。从传播途径来比较发现经MSM途径和异性性接触途径感染的HIV病人疾病进展显著快于其他途径感染的病人，2005年Gaston Djomand对巴西羣约热内卢39名MSM人群研究发现CD4下降加快。近期深圳市报道过MSM人群中位潜伏期约为5.63年；协和医院门诊就诊者的小样本研究也提示MSM人群中快速进展者比例较高，疾病进展时间低于国外同类人群，也低于国内献血和吸毒人群。天津市每年新发现报告HIV/AIDS病例中75%以上为MSM人群，而且晚发现比例逐年升高，这是否是由于MSM人群感染HIV后进展加速造成，亟待研究。该项目重点通过队列随访观察及病例回顾性调查方式，双向对经男男性行为途径感染HIV者发生HIV血清学转换后的疾病进展情况进行分析，研究指标为CD4+T细胞计数检测。经过分析，疾病进展有加快的趋势。为研判天津市男男同性性行为人群艾滋病的流行趋势，探索尽早在该人群中开展抗病毒治疗的可能性提供科学数据和技术支撑，具有一定前瞻性。同时，该研究分析不同时期影响该人群HIV感染疾病进展的不同因素，为临床选择合适的治疗时机提供科学的数据。

（孙　颖）

【天津市居民膳食铝的摄入风险性研究】　天津市疾病预防控制中心科技基金项目，由天津市疾病预防控制中心马洁、江国虹、郑文龙等完成，2017年2月通过天津市卫生计生委组织的科技成果认定。铝普遍存在于自然环境和日常生活中，有研究表明，铝化合物对神经系统有潜在危害，用含铝食品添加剂导致铝含量较高，成为中国居民膳食铝暴露的最主要来源。天津市居民的饮食特点偏北方特性，喜好面食，如油条、炸制面制品、面条、馒头，从而易导致铝含量超标。国内的食品污染物监测网对11类食品（共计6654份样品）进行铝含量检测的结果显示，在天津市居民中有32.5%的人从饮食中摄入的铝超标。该项目通过评估天津市居民膳食铝暴露状况，以及不同食品类别对膳食铝暴露量的贡献率，掌握居民膳食铝的来源及其污染水平，结合铝暴露水平提出居民膳食建议，进一步对风险进行评估，针对控制该市膳食铝暴露风险提出相关意见和推荐措施，为食品安全监管提供依据。同时采用国际推荐的铝的暂定每周耐受摄入量（PTWI）2mg/kg.BW作为暴露量评估标准，首次制定出天津市居民含铝食品每日安全摄入参考量表（成人、儿童），方便大众对照查询、普及和推广。

（孙　颖）

【基于疾病负担的农村改水措施效果评价研究】
提升农村地区饮水安全是社会关注的重大公共卫生问题之一，综合评价农村改水措施效果对改水进程有着重要指导作用。天津市疾病预防控制中心张磊、王睿、高璐等以农村地区不同供水水质和人群疾病特征为研究对象，对人群饮水和腹泻疾病的特征与规律进行研究。通过实验室检测研究农村地区饮用水基本情况及不同类型供水之间的区别与联系，通过健康风险评估指标量化人群饮用不同类型水源的健康风险，在此基础上采用现场流行病学方法研究不同人群腹泻发病及疾病负担。验证改水措施能够有效提升农村地区饮水水质合格率，量化不同类型供水的人群健康风险；阐明改水措施能够有效降低人群腹泻的发病水平，间接印证水与环境卫生状况与人群的腹泻发病密切相关。结果显示，天津市农村地区饮水存在一定的健康风险和疾病负担。针对研究中发现的水氟水砷和微生物超标问题，课题组提出加快农村供水管网提升改造、加强供水工程设施维护管理的措施。建议以水质合格率、人群健康风险评估及伤残调整寿命年等疾病负担指标综合评价农村地区改水措施效果。该研究为系统评价农村改水措施效果和政府卫生决策，保障农村地区饮水安全提供科学依据。2017年2月，该研究通过天津市卫生计生委组织的专家结题验收。

（刘　群）

【浴池男男性行为人群HIV双向队列的研究】　天津市卫生计生委科技基金资助项目，由天津市疾病预防控制中心郭燕、于茂河、周宁等完成，2017年5月，通过天津市卫生计生委组织的专家结题验收。男男性行为（Men who have sex with men，MSM）是艾滋病传播的主要人群，而近年中国MSM人群HIV感染状况日趋严重，连续多年艾滋病感染人数、感染率持续增高。源自浴池的MSM情况尤其严重。为摸清天津市浴池的MSM情况，科研人员通过对浴池MSM人群开展开放性队列研究，同时整理既往监测资料，形成双向队列，对HIV阴性研究对象每半年开展一次随访调查。以“HIV阳转”为结局因变量，将从研究对象进入队列到出现HIV阳转的时间为时间因变量，应用Cox比例风险模型（Cox proportional hazard model）进行浴池型MSM人群HIV新发感染影响因素的分析。以全面掌握和监测浴池MSM人群艾滋病的相关危险行为特征及HIV新发感染的影响因素。通过研究获得浴池男男性行为人群HIV新发感染的危险因素，依据危险因素针对浴池男男性行为人群开展有目标、有针对性的干预措施。结果显示，年龄较高、长期在天津市居住者，为研究对象HIV新发感染的保护因素；多性伴、同性性伴数多、同时发生多人性交、感染性病、本身是商业性服务工作者为HIV新发感染的危险因素，引入反转录/巢式PCR方法对队列研究中的新发病例进行分子生物学检测，能够及时敏感监测天津市HIV的基因亚型与传播特征，第一时间发现耐药株的出现，为指导治疗工作提供科学依据与技术支持。

（刘　群）

【高碘致神经损伤的早期生物学标志研究】 天津市卫生计生委科技基金资助项目，由天津市疾病预防控制中心、天津市预防医学研究所赵亮、刘洪亮、曾强等完成，2017年2月通过天津市卫生计生委组织的专家结题验收。针对公众关注的高碘暴露对人群健康的影响，尤其是对儿童智力发育的影响。研究人员采用环境毒理学的研究方法，通过不同浓度的碘作用于体外培养的SH—SY5Y神经细胞，使用聚合酶链反应（PCR）、蛋白印迹法（western blot）、基因激活（activation）和沉默（silencing）等实验技术，对SH—SY5Y细胞给予不同剂量KI染毒处理，观察高碘的毒性效应，检测相关基因和蛋白表达水平，研究Ⅰ型PCD和Ⅱ型PCD的分子机制，从分子生物水平探讨高碘对人群健康的影响，并寻找高碘对神经损伤的生物标志物。结果显示，高碘暴露可对SH—SY5Y神经细胞产生毒性作用，Ⅰ型PCD和Ⅱ型PCD均参与毒作用的过程；在特定高碘暴露剂量下，Ⅱ型PCD可抑制Ⅰ型PCD的作用水平。提示LC3和Caspase—3有可作为高碘致神经损伤的生物标志物。该研究为实施“农村饮水”工程和“科学补碘”工程提供理论依据。

（刘　群）

【高水碘对孕妇甲状腺功能及后代神经发育影响队列研究】 天津市卫生计生委科技基金资助项目，由天津市疾病预防控制中心常春、刘忠慧、刘绍英等完成，2017年11月，通过天津市卫生计生委组织的专家结题验收。研究人员以不同水碘地区孕妇及其后代为研究对象，开展前瞻性队列研究调查，对孕妇的碘摄入、碘营养水平、甲状腺功能、生活行为方式以及其后代甲状腺功能和神经发育情况进行分析，探讨高水碘和孕妇甲状腺功能对婴儿甲状腺功能和神经发育的影响。主要研究结果：①天津市高水碘未导致孕妇的碘营养过量。高碘地区和高碘病区孕妇尿碘中位数分别为198.95微克/升和247.60微克/升，总体处于碘营养适宜状态，尿碘与饮水摄碘量、食物摄碘量、碘摄入总量呈正相关。②高水碘并未增加孕妇低FT4血症、亚甲减和甲状腺抗体阳性的患病风险。不同水碘地区孕妇低FT4血症患病率分别为0.34%、0.33%和0.85%，孕妇亚甲减患病率分别为3.10%、3.28%和2.13%，TGAb阳性率分别4.83%、6.91%和4.26%。③孕妇亚甲减危险因素分析：单因素分析得出碘摄入总量>600微克/升、尿碘>500微克/升、TPOAb阳性、TGAb阳性的孕妇亚甲减患病率较高。多因素Logistic回归分析得出，碘摄入总量（>600微克/升）和尿碘（>500微克/升）是孕妇亚甲减的危险因素。④环境高水碘未损害后代的甲状腺功能和神经发育。新生儿TSH初筛异常者，经复筛后全部正常，后代DDST筛查未发现异常者。研究结果显示，饮水、食物摄碘量及碘摄入总量与尿碘呈正相关；碘摄入总量≥600微克/升和尿碘≥500微克/升可能是孕妇亚临床甲状腺功能减退症的危险因素。

（刘　群）

【天津市儿童肺炎、水痘疫苗接种现状及影响因素研究】 天津市卫生计生委科技基金资助项目，由天津市疾病预防控制中心安立群、孙美玲、李谬等完成，2017年8月，通过天津市卫生计生委组织的专家结题验收。研究人员利用天津市免疫规划信息管理系统，分析天津市儿童7价肺炎、23价肺炎、水痘及口服轮状四种疫苗的接种特征；对儿童家长或监护人通过面对面问卷形式全面调查对四种疫苗及疾病的相关认知，明确影响接种的因素。研究发现天津市四种二类疫苗接种率仍处于较低水平，接种率主要受儿童年龄、地区及户籍影响，此外家庭月收入、母亲健康状况及家长对疫苗信息的认知程度也是影响二类疫苗接种的主要因素。家长对疫苗相关知识认知普遍不够全面和深入，信息获取渠道相对局限等。该研究为天津市卫生行政部门制定相关疫苗管理策略、提高二类疫苗接种率，发挥疫苗预防相关传染病的作用提供科学依据。

（刘　群）

【大气灰霾污染致人群心脑血管疾病及预警平台研究】 该研究获得天津市卫生计生委科技基金项目资助，由天津市疾病预防控制中心王德征、江国虹、徐忠良等完成，2017年11月3日通过天津市卫生计生委组织的结题验收。心脑血管疾病是一种多因素疾病，是遗传因素和环境因素共同作用的结果，特别是随着工业化进程的不断加快、城市规模的不断扩大和人口快速增长，人类活动导致的环境变化特别是气颗粒物（PM_{10}，$PM_{2.5}$）、SO_2、NO_2、CO、O_3等的增加对心脑血管疾病发病、死亡的影响已引起人们广泛关注。该研究开展以全人群为基础的急性心肌梗死、脑卒中发病、死亡长期趋势趋势分析，和长时间跨度（7年）的以大气灰霾空气污染致急性心肌梗死、脑卒中发病和死亡急性危害的时间序列分析和预警研究。科研人员考虑气象因素、长期趋势、效应以及人口数等混杂因素的影响，发现$PM_{2.5}$、PM_{10}、SO_2、SO_2、O_3日平均浓度短期升高是人群急性心肌梗死、脑卒中发病、死亡的危险因素，为大气污染治理、干预效果评估、经济损失分析、空气质量标准制定提供科学依据。研究采用等高线图展示相同分类相对危险度对应的污染物浓度和迟滞天数的关系；采用三维曲面图展示特定污染物浓度、迟滞天数对应的心脑血管疾病发病、死亡相对危险度，为大气污染预警结果的发布和心脑血管疾病分级预防提供依据。该研究首次应用统计宏程序交互获取病例交叉设计参数并自动完成数据整理的思路和方法，实现无需因原始记录的增减而调整参数设置；实现自由设置前后对照、对照数、对照间隔并自动完成匹配；可满足对急性危害迟滞效应的分析，大大提高病例交叉设计数据整理的灵活性和工作效率。研究首次应用人机交互程序软件结合专业统计宏程序开发大气污染致心脑血管疾病发病、死亡综合智能预警计算机系统，该方案简化预警系统软件二次开发过程，降低编程工作量，缩短设计周期。

（孙　颖）

【天津绝经前健康女性与乳腺癌患者雌马酚代谢状况研究】 天津市卫生计生委科技基金项目，由天津市疾病预防控制中心王卓、江国虹、杨溢等人完成，2017年8月通过天津市卫生计生委组织的结题验收。目前关于中国人肠道菌群代谢产生雌马酚能力的研究资料仅北京、上海、广州等地区有相关报道，而天津尚未见报道。特别是关于乳腺癌患者产雌马酚能力的研究目前国内尚未见报道。研究人员对天津市绝经前健康女性和乳腺癌患者尿液中雌马酚的代谢情况进行调查。了解其基线水平，获得雌马酚代谢表型，并分析二者的差异；通过给予干预，进一步了解健康女性在大豆异黄酮负荷试验后雌马酚产生能力的变化；同时，通过对日常膳食中大豆及相关制品的摄入模式进行调查，探讨膳食模式与雌马酚产生能力及排泄量的相关关系。该研究完成人群纳入、分组、一般情况调查、膳食调查、尿液收集、含量检测、结果反馈、数据分析、报告撰写等工作，为在绝经前女性中开展膳食指导，预防乳腺癌等慢性疾病提供指导依据。

（孙 颖）

中医中药研究

【中药治疗代谢性疾病药效物质发现关键技术与应用】 天津中医药大学、广西梧州制药（集团）股份有限公司、天津同仁堂集团股份有限公司王涛、张祎、韩立峰、高秀梅、刘二伟等完成，获2017年度天津市科技进步二等奖。该项目从治疗代谢性疾病临床常用中药出发，形成治疗代谢性疾病活性组分/成分分离、结构鉴定、分析关键技术，明确不同功效中药组分对代谢性疾病治疗的重要靶标，揭示改善糖脂代谢方剂配伍科学内涵，应用于中药大品种二次开发，产学研合作，提高中药质量，促进产业技术升级。项目系统开展临床常用治疗代谢性疾病清热药、补虚药、活血化瘀药、利水药的化学成分研究，形成活性组分/成分分离、结构鉴定、分析的关键技术；采用系统生物学与网络药理学等研究思路与技术手段，分析总结不同功效中药调节糖脂代谢的作用规律，明确主要作用靶标，形成治疗代谢性疾病活性评价与相关靶点分析关键技术，为临床合理用药和中药新药研发提供科学依据；项目从组分中药理论，分析调节糖脂代谢紊乱方剂中不同功效中药的作用，揭示具有清热、活血化瘀、补虚等功效临床常用中药改善糖脂代谢方剂配伍的科学内涵，阐明方剂组分对疾病相关靶点的网络调控模式。活性组分/成分分离、结构鉴定、分析的关键技术应用于三叶片新药临床前研究以及注射用血栓通、葶苈草颗粒、荷丹片、复方益母胶囊、金芪降糖片、连花清瘟胶囊等中药大品种质量标准提升；基于中药组分—功效关联性药物组方设计关键技术应用于荷丹片、金芪降糖片中药大品种二次开发；以产学研合作方式推广，2014年至2016年，累计实现利税总额29.8亿元，其中注射用血栓通单品种年销售额超10亿元。

（魏 巍）

【银杏叶提取物干预脑胆固醇代谢防治阿尔茨海默病的研究】 天津中医药大学姜希娟、范英昌、郭茂娟等完成，获2017年度天津市科技进步三等奖。阿尔茨海默病（老年性痴呆，AD）属于中医“呆病、健忘”的范畴，髓海不足、气滞血瘀是其主要病机，高胆固醇血症可诱发AD。①科研人员从脑胆固醇来源、局部代谢及逆向转运入手，系统阐明高胆固醇血症对脑胆固醇影响及其诱导AD的机制。②中医药与现代医学有机结合，基于脑胆固醇代谢揭示EGB防治AD新机制，丰富EGB的作用机制，拓展AD防治药物的范畴。③在体与离体、实验研究与临床观察相结合，注重成果转化，丰富中医药防治痴呆理论、拓展活血化瘀药物的应用范围。项目执行期间，在国内外杂志发表论文及学术报道21篇，其中SCI收录5篇，发表文章被广泛引用，单篇最高他引53次；培养研究生3名；该研究成果已推广应用于天津中医药大学第二附属医院、天津市人民医院等6家医院；EGB改善AD患者的认知、记忆能力，总体有效和显效率较高，社会效益显著，应用前景广泛。

（天津中医药大学）

【孢子丝菌主要致病菌种的亲缘地理学和分子流行病学研究】 天津市中医药研究院附属医院张宇、张理涛、袁静等完成，获2017年度天津市科技进步三等奖。项目组开展不同地域孢子丝菌临床与环境来源菌株的分离、收集和保藏；应用多位点序列分析方法对孢子丝菌临床和环境分离株的钙调蛋白编码区、转录延伸因子—1和转录延伸因子—3基因片段进行研究，通过构建系统发育树对其基因型和基因亚型的相关性进行研究；系统回顾了1940年至今所有在*Pubed*发表的孢子丝菌病相关文献，结合全球孢子丝菌临床与环境株基因分型及系统发育学研究结果，研究其亲缘地理学和分子流行病学特征。①该研究证实以往文献报告的孢子丝菌致病菌种并非只有申克孢子丝菌唯一一个菌种，该菌是一种复合体结构，至少包含5个致病性孢子丝菌菌种，各菌种地域分布不均等也各不相同。②该研究明确孢子丝菌各主要致病菌种及其基因型、基因亚型在全球的分布以及各国在该病全球流行趋势中的各自地位和独立特征，目前国内孢子丝菌致病菌种以植物传播的球形孢子丝菌为主，而巴西则是以动物传播的巴西孢子丝菌为主。③该研究为最终切断致病性孢子丝菌的生态位点与宿主间的传播途径奠定基础，从而为临床治疗孢子丝菌病，亦为预防和控制目前还在蔓延的流行建立亟需的理论基础与技术储备。该研究成果应用于天津医科大学总医院、天津南开医院、天津医院和天津市第五中心医院和天津市中医药大学第二附属医院等多家临床医院。

（天津市中医药研究院附属医院）

【基于循证医学《伤寒论》方治疗优势病证规律研究】 天津中医药大学宋俊生、高岑、熊俊等完成，获2017年度天津市科技进步三等奖。《伤寒论》以其完整的辨证论治体系和丰富的辨证论治思想著称于世，而其113（亡佚1方）方是蕴涵中医辨证组方大法的载体，也是后世方剂化裁的不竭源泉。但《伤寒论》各首方究竟治疗哪些病证，未有客观依据。该研究运用循证医学的研究方法，对《伤寒论》112方60年的临床文献进行收集、整理、分类，并对文献的内部质量进行系统评价，最终提炼出各首方剂治疗的优势病证谱，进而确立优势病证的客观分型。该研究成果对指导临床实践及治疗决策极其重要，可促进中医理论的发展与提高，使中医的治疗决策更具有科学性、规范性、实用性、和可推广性，为中医走向世界打下坚实的理论基础。

（魏　巍）

【糖尿病足疮面修复过程中关键外治法的机制及临床应用】 天津中医药大学第二附属医院张朝晖、马静、朱朝军等完成，获2017年度中华中医药学会科学技术二等奖。糖尿病足具有致伤因素多、机制复杂、治疗难度大、医疗费用高等特点，是严重危害人民身心健康的慢性疾病，是国际上研究的重点与难点。该研究揭示糖尿病足疮面分期处理过程中的箍围消肿、洞式引流、化腐再生关键外治法的机制。① 首次确定中医外科护场理论的内涵，将护场分为整体护场和局部护场，探讨整体护场与局部护场的关系，并将护场理论引入糖尿病足处理中。箍围消肿法适用于疮面各个阶段。研究显示：箍围消肿法可减轻局部炎症反应，增加创周血供以抗感染、抗炎，进而促进护场形成。箍围消肿法能够使皮肤脓肿尽早局限，促进护场形成。②在给邪出路理论指导下，糖尿病足脓疡期，采用电刀针洞式引流术联合箍围消肿法处理疮面。洞式引流术能够使引流通畅，促进脓液排出，使得邪有出路，从而促进伤口及全身内环境的良性改变，并且通过调动机体自身修复功能，在糖尿病足伤口周围形成“护场”，为防止糖尿病足感染扩散提供生物屏障。电刀针洞式引流处理的疮面，患者的白细胞计数和C—反应蛋白下降较快，住院天数、疮面愈合天数与对照组相比缩短，减少抗生素使用，降低材料费用。通过临床总结出，护场形成是糖尿病足清创的最佳时机。③创立糖尿病足溃疡伴肌腱暴露疮面的化腐再生法，首次观察并提出筋之血化。化腐再生法换药能够尽早液化坏死肌腱及坏死组织，使疮面渗出液中的总蛋白、总氨基酸、溶菌酶单位面积含量等在不同时期显著增加，为疮面愈合提供适合的营养物质，构建适合疮面愈合的微环境，加速疮面愈合，符合祛腐生肌、肌平皮长的疮疡愈合过程。化腐再生法处理疮面，在其构建的微环境下靶向祛除坏死肌腱及组织，并逐渐实现筋之血化、生肌长皮，促进疮面愈合。

（魏　巍）

【从老年性痴呆探讨“肾生髓，脑为髓之海”理论的临床实践与基础研究】 天津中医药大学第二附属医院、上海中医药大学附属龙华医院张玉莲、周震、张琳琳、刘爽等完成，获2017年度中国中西医结合学会科学技术奖二等奖。该研究以老年性痴呆为研究对象，通过中医证候学调查、临床试验与基础实验研究，对“肾生髓，脑为髓之海”理论进行临床实证与机理探讨。一是通过中医证候学调查证实肾虚证与老年性痴呆密切相关；二是通过RCT临床试验研究明确“从肾论治”老年性痴呆的证治规律及效应机制；三是通过实验研究发现：①“肾精”的生物学基础在脑内部分体现为神经干细胞（NSCs），补肾中药激活脑内NSCs，促进其增殖并向神经元方向分化的作用，与中医“肾（精）生（脑）髓”理论的科学内涵相吻合；②补肾中药通过影响NEI网络及NSCs的微环境，进而调控NSCs生物学行为的作用，部分体现肾精“化生”脑髓的动态过程，初步揭示“肾生髓”的科学内涵；③补肾中药抑制神经元凋亡、激活沉默突触进而改善学习记忆的作用与“脑髓充盈以成脑神之用”具有一致性，初步揭示“脑为髓之海”的科学内涵；④在“肾主骨”“肾生髓，脑为髓之海”理论指导下，初步探讨“肾—骨—脑”相关性。四是构建并证实“肾脑相关”理论：脑的生理结构与功能有赖于肾精的旺盛与滋养，肾精的异常可导致脑的结构与功能异常，因此肾精在“肾脑相关”理论中处于核心地位；肾诸多与意识、思维及智能相关的功能主要由脑来执行与体现，这些功能的运行主要依赖肾精的充盈。因此，在“肾脑相关”理论中肾（精）是脑的物质基础，脑是肾（精）的外在功能体现与延伸。

（魏　巍）

【治疗代谢性疾病常用中药药效物质基础研究及作用机制分析】　天津中医药大学王涛、张祎、刘二伟等完成，获2017年度高等学校科学研究优秀成果奖（科学技术）科技进步二等奖。随着城市化进程加速，不健康饮食、缺乏运动等不良生活方式使代谢性疾病发病率逐年攀升，成为国内十大致死慢性病之一。中医临床治疗代谢性疾病有着悠久历史，形成完整的临床诊治体系。为明确临床调节糖脂代谢异常常用中药的药效物质，揭示中药治疗代谢性疾病的科学内涵，课题组以四十余种临床常用调节糖脂代谢异常中药为研究对象进行系统化学成分研究，得到组分5000余个；单体化合物1500余个，其中新化合物245个。建立可用于调节糖脂代谢紊乱组分中药配伍、新药研发、中药质量控制和评价的中药化学组分/成分库。同时，开展基于组分中药理论的多靶点整合指纹的中药质量控制研究，建立中药微量药效成分在线富集、分离、活性评价、结构鉴定等一体化研究技术，实现中药多药效成分化学和活性信息的同时表征，明确药效物质基础及贡献。为中药产业技术升级提供技术支撑。项目实施期间，发表SCI收录论文47篇，总引用252次，申请并获得授权发明专利10项，包括美国授权专利1项；培养教育部“组分中药基础与应用研究创新团队”“省部共建—现代中药国家重点实验室”多名骨干，其中教育部新世纪优秀人才2名，天津市特聘教授1名，天津市青年千人计划1名，天津市131创新人才第一层次人选2名；博士研究生10名，硕士研究生25名。

（魏　巍）

【益气养阴法活化白血病干细胞多药耐药负调控因素的研究】　天津中医药大学第一附属医院史哲新、杨向东、李德冠等完成，2017年通过天津市科委组织的成果鉴定。科研人员将益气养阴方含药血清与KG1a细胞共培养后，诱导LSC从G0期进入细胞周期；增强LSC胞内酶拓扑异构酶活性；活化LSC核内基因PTEN水平，抑制PI3K/Akt/mTOR通路，发挥逆转多药耐药的作用。电镜分析细胞形态；MTT鉴定细胞抑制率；流式细胞技术检测细胞周期分布，CD95.CD34.CD38.CD123；PT—PCR检测ToPo Ⅱ α、PTEN、mTOR，并以Western blot法加以验证。证实益气养阴法方药可促进小鼠细胞由G0期进入细胞周期，G0/G1期细胞比例下降，S期、G2期细胞比例升高，并呈剂量依赖性。结果表明，可增强耐药模型小鼠体内酶拓扑异构酶活性；活化LSC核内基因PTEN水平，抑制PI3K/Akt/mTOR通路，增强化疗效药物的敏感性诱异白血病细胞凋亡。

（魏　巍）

【丹参酮响应盐诱导的分子机理】　天津市农业生物技术研究中心尉万聪承担的天津市农业科学院院长基金项目，2017年10月结题。现代药理学研究表明，丹参中丹参酮类化合物对于治疗心脑血管疾病具有显著疗效。丹参酮是萜类次生代谢产物，其生物合成受到各种环境因子的调控。针对天津特有的盐碱地环境，科研人员利用不同浓度NaCl胁迫处理丹参植株，检测盐胁迫处理后丹参丹参植株中生理生化活性及丹参酮类物质的动态变化规律，主要取得以下研究结果：①筛选出适于丹参生长发育及丹参酮类物质积累的盐浓度范围为50~100 mM NaCl。②丹参在盐胁迫下光合、呼吸作用减弱，膜质过氧化程度提高，可以通过

卫生健康科技

启动抗氧化酶、非酶类抗氧化剂清除多余的活性氧，并通过有机分子脯氨酸的合成调节渗透，以维持生理平衡。当胁迫程度过高时，活性氧清除机制、渗透调节机制受到损伤，致使丹参生理严重失衡，代谢受损。盐胁迫能够促进丹参体内次生代谢产物丹参酮类物质的合成与积累，其分子机制表现为盐胁迫下丹参酮生物合成关键基因表达量上调，关键酶活性增加2～4倍。该研究成果有助于通过代谢调控手段提高丹参酮生物合成效率，有利于丹参品质改良，为丹参遗传育种研究奠定基础。（王　姝）

【蒙药尖叶假龙胆药效物质基础的晶型与活性相关性研究】　天津农学院吕丽娟主持完成的国家自然科学基金青年基金项目，2017年3月通过国家自然科学基金委验收。项目组深入开展尖叶假龙胆抗心律失常药效物质基础的晶型筛选与活性研究工作，为从民族药用植物资源中寻找抗心律失常新药提供科学依据。科研人员通过对两种口山酮类化合物——雏菊叶龙胆酮和当药醇苷进行系统深入的晶型研究，初步阐明二者的晶型物质规律；揭示雏菊叶龙胆酮和当药醇苷对H_2O_2诱导的H9c2和PC12细胞氧化损伤均具有保护作用，对室性心律失常模型动物表现出明显的抗心律失常作用。另外雏菊叶龙胆酮还对金黄色葡萄球菌、大肠杆菌、沙门氏菌和绿脓杆菌具有抑菌活性。阐明尖叶假龙胆抗心律失常药效物质基础为口山酮类化合物，为尖叶假龙胆的开发和综合利用奠定基础，为从民族药用植物资源中寻找抗心律失常新药提供科学依据；提升抗心律失常活性成分雏菊叶龙胆酮和当药醇苷的晶型质量，深入挖掘其药理活性，提高其在心血管疾病治疗中的有效性，为新药创制提供晶型研究数据。

（徐大为）

【代谢组学创新技术的建立及在中药领域中的应用】　天津中医药大学李遇伯、张艳军、邹敬韬等完成，2017年通过天津市科委组织的成果鉴定。科研人员针对代谢小分子物质鉴定的不确定性，建立根据数据后处理技术的金字塔筛选方法，通过小分子物质质量碎片、断裂特征等信息，可以快速的对小分子物质进行分类以及鉴定；建立根据固相萃取和柱切换技术的生物样品中小分子代谢组和脂质组学方法，同时快速、灵敏的对极性差异较大的成分进行分析，克服内源性物质成分之间的干扰，体现出良好的分离能力。生物标志物的应用是代谢组学研究的难点，开创新的建立生物标志物应用技术，将生物标志物的相对含量和支持向量机分类预测功能相结合，为代谢组学的应用提供技术支撑。该项目根据所建立的代谢组学创新技术，应用于中药药效物质基础及作用机制研究，建立符合中药自身特点的整体药效评价体系；应用于中药质量控制中，解决现有指纹图谱评价模式敏感度差、准确度差的难题，准确快捷的评价制剂的质量，保证中药药效，提高中药工业整体水平；解释中药炮制规范化以及临床用药的合理性等困扰中医药发展的难题。（魏　巍）

【从长春花根中寻找新型肿瘤耐药逆转剂及其作用机制研究】　天津中医药大学王春华、柴欣、郭浩等完成，2017年通过由天津市科委组织的成果鉴定。该项目研究表明长春花主要含有吲哚类生物碱成分，其中二聚吲哚类成分具有很好的抗肿瘤作用，而单吲哚类生物碱毒性较低，且含量丰富。科研人员以经典抗肿瘤天然植物长春花根为研究对象，对其进行再研究，将重点放在长春花中单吲哚类生物碱的肿瘤耐药逆转活性研究，是对经典药用植物的其它功效的发现和尝试。在该项目的研究中，通过课题组的协同合作，对长春花进行系统的硅胶、凝胶和制备液相等方法从长春花根中分离得到40余种生物碱结构，发现1种新的二聚吲哚类生物碱和两种新的天然产物生物碱，其中二聚吲哚类生物碱cathachunnine具有很好的细胞毒活性和细胞杀伤选择性；发现1种化合物perivine具有一定的肿瘤耐药逆转活性课题组通过现代生物学研究手段并运用现代药理学手段，研究二聚吲哚类生物碱cathachunnine的细胞毒活性机制和单吲哚类生物碱perivine的肿瘤耐药逆转活性机制，为从中药及天然药物中发现其它的药用活性先导化合物做出大胆的尝试。该项目研究过程中所涉及到的生物碱的提取、分离和结构鉴定技术成熟、稳定能应用到天然产物生物碱的分离和鉴定工作中。项目发现的活性化合物cathachunnine和perivine可作为活性1类化合物先导物进行进一步研究与开发，其活性好，毒性低，是潜在的抗肿瘤药物先导物。

（魏　巍）

【中医药防治大肠癌基础及临床研究】 天津中医药大学孟静岩、边育红、张建岭等完成，2017年通过由天津市科委组织的成果鉴定。该项目实验研究成果：①化坚解毒法对干细胞影响方面，成功分离人结肠癌干细胞，并发现西黄丸能够显著抑制肿瘤干细胞的细胞活力以及迁移、浸润能力，并且可以显著降低大肠癌干细胞多能干基因sox2、oct4和nanog的mRNA表达水平。②对微环境影响方面，发现中、高浓度西黄丸浸提液可以显著降低VEGF及MMP9的mRNA表达水平，低、中浓度西黄丸浸提液可以显著升高CXCR4的mRNA表达水平；西黄丸对bFGF mRNA的影响不具有显著性。③对大肠癌细胞多药耐药方面影响方面，明确西黄丸可通过下调PKC－Nrf2－GST/MRP通路相关基因的mRNA和蛋白的表达而抑制大肠癌耐药株HCT8/V及HCT－116/L－OHP的增殖，逆转其耐药性。④对大肠癌细胞DNA甲基化影响方面，课题组以MeDIp－Seq方法对中医药在肿瘤细胞整个基因组的甲基化影响进行研究，证明西黄丸浸提液对LoVo细胞的DNA甲基化水平确有影响，以KOBAS和IPA两个平台对差异甲基化基因的功能注释和聚类研究，发现其影响主要与Ras、Rac、Cdc42蛋白信号转导调控等7个生物学过程有关，并负性调控PTEN Signaling与Colorectal Cancer Metastasis Signaling两条肿瘤相关通路。课题组完成计划例数患者的临床观察，发现西黄丸联合化疗较单纯化疗组可明显改善大肠癌患者的中医症状、提高患者的生活质量，延缓病情的进展。此外有降低外周血端粒酶水平，提高外周血中抑癌基因P53表达水平的趋势。该研究进一步阐明化坚解毒中药西黄丸治疗大肠癌的作用靶点，为化坚解毒法治疗大肠癌的临床实践提供充分的理论和实验依据。

（魏　巍）

【补肾中药调控脐带间充质干细胞对器官损伤修复的研究】 天津中医药大学边育红、王丽、宋新波等完成，2017年通过由天津市科委组织的成果鉴定。该研究来源于国家自然基金项目“补肾中药活性成分对脐带间充质干细胞多能性影响及表观遗传学机制的研究”，从现代药理学研究出发，以中医“肾藏精”为理论基础，考察补肾中药对干细胞多能性的影响，筛选出影响干细胞多能性的补肾中药活性成分，并开发研制干细胞培养液一种，为补肾中药的现代应用奠定坚实的实验基础。同时，将补肾中药干预后的干细胞移植治疗常见重大疾病，取得良好动物实验结果，为中西医结合治疗重大疾病提供新的思路，也扩宽“补肾生精”的现代应用研究。项目执行期间，发表多篇SCI论文；项目中淫羊藿苷提高人脐带间充质干细胞多能性方面，创新程度高，为首次提出，成果已申请相关专利；项目在研究、开发和应用过程中所采用的技术方法和手段的技术经济指标高；项目技术应用于两家企业，经济和社会效益显著。

（魏　巍）

【针刺手法作用规律及神经电信息机制】 天津中医药大学、天津大学郭义、刘阳阳、郭永明、邓斌等完成，获2017年度中国中西医结合学会科学技术奖一等奖。该项目围绕针刺手法的科学表征、作用规律及机制开展研究。构建针刺手法数学模型，用以诠释针刺手法操作过程，实现针刺手法的客观化、量化；多尺度、多模态下揭示针刺手法的时空效应特点及作用规律；从神经编码角度切入，揭示针刺神经电信息的动力学特征，阐释基于神经电信息的针刺手法作用机制，如发现不同针刺手法诱发的神经电信号特征存在差异；证明针刺神经电信号是具有典型非线性特征的混沌信号；发现针刺作用可提高全脑的同步性水平，增强人脑小世界网络特性；发现针刺电信息的同步和共振编码机制，建立针刺作用下神经元动态特性模型及具有生物物理特征的神经元网络模型；揭示针刺神经元放电的起始动力学机制和历史依存性特征及神经元网络的同步和共振的针刺编码机制，为针刺手法应用提供现代科学基础。神经电信息编码的引入，为从神经系统角度研究针刺作用原理提供新的思路；项目中提出的多种神经信息、脑功能网络分析与计算方法被国内外专家广泛借鉴与应用；以该技术为基础实现成果转化，研制针刺手法仿真仪等仪器，促进针刺手法的传承、应用与发展。

（魏　巍）

【肿瘤扶正解毒祛瘀法临床用药规律及综合疗效研究】　天津中医药大学第一附属医院、天津医科大学肿瘤医院、天津市人民医院的贾英杰、李小江、于建春、杨佩颖、谢广茹等完成，获2017年度中华中医药学会科学技术奖三等奖。该项目涉及中医内科学、分子生物学、中药药理学和循证医学等科学领域，由三部分组成：①强调“虚”“毒”“瘀”贯穿于肿瘤发生发展的整个过程，针对“正气内虚、毒瘀并存”基本病机，提出“扶正解毒祛瘀法”为治疗恶性肿瘤的原则，此法“扶正”“解毒”“祛瘀”三管齐下，以“平”为期，攻补兼施，并紧紧围绕“始终扶正，时时攻邪，以益气为第一要务”的思想。项目组创新性将“截断疗法”运用到癌毒的治疗中，在扶正基础上稍加消癌解毒之品，不可一味攻伐。首次将“三焦理论”运用到肿瘤的扶正治疗当中，重视“以通为补”，扶助正气以调三焦之气为主，尤重调理中焦之气。项目组扩大对扶助正气内涵的认识，认为正气亏虚不仅导致患者体质虚弱，强调正气亏虚失于固摄易导致肿瘤的复发、转移。②项目组通过20多年临床及实验研究探索恶性肿瘤临床用药规律，强调在辨证论治的基础上运用“立体疗法”，即针对恶性肿瘤的发病特点和演变规律，根据不同临床分期、不同治疗阶段、不同病理分型、不同临床症状，运用中药系列的口服制剂、静脉点滴、外用以及配合针灸、穴位注射进行治疗，创立从多角度、多手段、多途径、多靶点给药的治疗模式，使中西医有机地结合，顺利完成西医治疗，使得中西医并举，相得益彰，达到最佳的治疗效果。并创新根据时间生物学和药理学原理选择最适宜时间进行中西医结合治疗，以达到最佳疗效和最小毒副作用的目的，探索中西医结合治疗用药规律。③在循证医学的指导下进行临床研究，发现扶正解毒祛瘀法联合西医治疗手段具有“增效减毒”作用，并可逆转耐药，通过体内、外基础研究阐释以扶正解毒祛瘀法为治疗原则治疗肿瘤的作用机制。该项目开拓性探讨中西医结合治疗恶性肿瘤的理论创新、综合疗效和临床用药规律，形成完整“理法方效”体系，已在全国数十家医院开展应用。

（魏　巍）

【益气活血法心肌保护的作用途径及机制研究】　天津中医药大学郭利平、樊官伟、任明等完成，2017年通过由市科委组织的成果鉴定。该研究在中医理论的指导下，选择临床确有疗效的益气活血法代表方芪参益气滴丸为干预方法，根据“中医经典理论—药效评价—作用机制”的研究思路进行顶层设计，开展芪参益气滴丸心肌保护的作用途径及机制研究。最终明确芪参益气滴丸抗血小板活化、稳定斑块的作用，揭示其抑制斑块和稳定斑块的分子机制，为中药新药的研发与临床应用提供技术方法和实验依据；通过心肌缺血预适应的延迟保护研究，从分子生物学水平揭示芪参益气滴丸预适应作用机制，阐明激发机体内源性保护物质是益气活血中药防治冠心病的重要机理；通过心肌缺血再灌损伤模型，阐释益气活血法代表方芪参益气滴丸基于能量代谢调节和线粒体保护等方面多途径、多靶点激发心肌内源性保护的作用途径及机制。

（魏　巍）

【化浊解毒法改善糖脂代谢紊乱及胰岛素抵抗的机制研究】　天津中医药大学第一附属医院吴深涛、章清华、周静等完成，2017年通过由天津市科委组织的成果鉴定。该研究首次提出糖尿病由浊致毒的中医病机理论及化浊解毒理法方药，从浊毒角度阐述糖脂代谢紊乱及胰岛素抵抗，研发化浊解毒方药——糖毒清颗粒。经历从临床实践提出理论，到基础实验，再回到临床实验的序列研究。在成功建立糖脂代谢异常—IR动物模型基础上，通过特异性siRNA干扰技术，分别针对DGAT2、脂联素、Lp基因进行siRNA干扰，探讨Lp— DGAT2—脂联素调控体系在糖脂代谢紊乱—IR病变过程中的重要作用，DGAT2作为控制TG代谢的中心环节，DGAT2的表达调控脂肪因子脂联素和Lp的基因表达和TG在肝脏组织的沉积，在脂质代谢异常—IR的病变过程中可能发挥启动子的作用。化浊解毒方（糖毒清颗粒）可降低脂质代谢异常—IR动物模型空腹血糖、空腹胰岛素，改善ISI，降低TG、TC、FFA、改善大鼠模型的脂代谢紊乱状态，可下调模型鼠的DGAT2、leptin mRNA水平，上调adiponectin mRNA水平，影响TG合成和TG在肝脏组织的异位沉积，减轻胰岛素抵抗，改善糖脂代谢。同时临床研究表明，糖毒清颗粒既可改善糖尿病脂代谢紊乱患者症状、体征，又可显著降低血糖、血脂及游离脂肪酸，初步证实该药具有降糖、调脂、减轻脂毒性、改善患者症状的作用，疗效显著。

（魏　巍）

【基于转换医学研究治疗痛经的中药经前方的作用机制】 天津中医药大学方玲、邢淑丽、刘昌孝等完成，2017年完成成果登记。科研人员从经前方的优化，经前方治疗原发性痛经的动物实验，临床患者血清性激素水平等方面考察JQF黄体期给药治疗原发性的疗效及作用机制，初步明确中药经前方治疗原发性痛经的作用机制，创新性地将代谢组学研究应用到原发性痛经研究中。项目组通过采用基于UPLC—Q—TOF/MS的代谢组学技术，对比痛经患者于健康志愿者体内内源性代谢标志物的含量，明确在月经不同周期体内的代谢物的异常变化，筛选出黄体退化期和月经期的特异性标志物；通过MetPA分析，找到痛经患者区别于健康志愿者月经期以及黄体期的体内代谢通路，为原发性痛经的发病机制探索以及黄体退化期质量原发性痛经的机制研究奠定基础。该项目初步阐明JQF治疗原发性痛经的用药时机、作用特点、药效基础及作用机制，为JQF在临床的进一步推广和应用提供实验基础，并为临床原发性痛经的研究提供良好的示范作用。

（魏　巍）

【中药网络药理学若干关键技术及其应用研究】 天津中医药大学李正、张砚、王春华等完成，2017年完成科技成果登记。该研究开发化学分析与网络药理相结合的方法，初步阐明4种中药的主要药效成分及作用机制。研究发现，①生脉注射液通过调节能量代谢通路抑制炎症反应和氧化损伤达到心肌保护作用，主要成分人参皂苷、麦冬皂苷D、五味子醇甲，可从能量代谢和氧化应激两方面进行综合调节。蛋白质组学研究发现，生脉注射液主要通过调节多条能量代谢相关通路：促进糖代谢、抑制脂代谢、促进三羧酸循环和呼吸链ATP生成等功能，协同作用优化心肌能量代谢、提高心肌能量代谢效率，增加心肌缺血再灌注损伤时的心肌能量供应，并最终起到心肌保护的作用。②对连花清瘟胶囊的原料药进行系统的化学成分研究，运用多种色谱手段，包括硅胶柱层析、凝胶柱层析、制备高效液相等手段，从中分离得到20个化合物，结合质谱、NMR等手段鉴定其中的18个主要化学成分。根据连花清瘟胶囊鉴定的61个化合物，创新建立网络药理分析方法，预测连花清瘟胶囊的化合物—靶点作用网络，成功预测出连花清瘟胶囊中具有抗病毒、NO抑制活性的化合物，并结合药理学实验对其预测出的化合物进行验证，进一步阐明连花清瘟胶囊中具有抗病毒、抗炎的活性成分。③鉴定当归建中汤中的134个化合物，提出双重网络分析的方法预测并验证3个化合物具有拮抗ADP诱导的血小板聚集活性。④参芪扶正注射液中芪皂苷类化合物具有通过调节免疫功能辅助杀伤肿瘤细胞的功效。

（魏　巍）

【从ZEB1—SCRIB双向途径探讨化坚解毒活血法干预大肠癌转移的分子机制】 天津中医药大学孟静岩、张建岭、贾彦焘等完成，2017年完成成果登记。该研究旨在探讨西黄丸抗转移的深层次机制，观察其对EMT表型和上皮细胞极性表型的影响以及对ZEB1—SCRIB环路的作用。同时，寻找转录抑制因子ZEB1的其他可能靶点，以进一步解释其在促进肿瘤进展中的作用，并研究西黄丸对哪些ZEB1—靶基因启动子的结合具有影响，以及对EMT过程中哪些其他的分子和通路具有影响。实验结果显示，西黄丸干预可以恢复大肠癌LoVo细胞株上皮表型分子E—cadherin的基因和蛋白表达，抑制间质表型分子N—cadherin、Fibronectin

的基因表达，从而逆转EMT的发生；恢复细胞顶底极性标志物JAM－1、Occludin、Claudin－7的基因和蛋白表达，从而逆转顶底极性的丧失。对该效应的机理探讨发现抑制转录因子ZEB1的蛋白表达，提高极性蛋白Scrib和Lgl2的表达，恢复ZEB1－SCRIB环路的平衡，是西黄丸引起EMT表型分子和极性标志物变化，逆转EMT和极性丧失以抗转移的机制。此外，以ChIP－on－chip法发现的115个ZEB1的疑似靶基因主要富集于包括引发凋亡和细胞运动等与肿瘤相关的生物学过程及G蛋白偶联受体通路，提示ZEB1的促进肿瘤进展作用可能与上述生物过程相关。西黄丸干预抑制ZEB1和其疑似下游靶点IL19和MSX2的结合，从而恢复二者表达，与其抗肿瘤效应的发挥有关。敲低ZEB1基因引起3个与DNA损伤应答相关的疑似靶基因USP17、CH D1L和DUX4的mRNA水平的升高，进而引起细胞的凋亡增加和G1/S期阻滞，增加其对顺铂和依托泊苷的敏感度，该发现完善ZEB1促进耐药的分子机制。以QIAGEN Human Epithelial to Mesenchymal Transition PCR芯片筛选受西黄丸影响的EMT相关基因发现西黄丸干预可下调PLEK2、PTP4A1、NOTCH13个促转移基因的mRNA表达，完善西黄丸抗转移的机制。项目执行期间，发表学术论文6篇，其中SCI2篇，中文核心期刊2篇；参加国内外学术会议2次；培养博士研究生2名，在读博士1名，在读硕士1名。该成果应用于天津中新药业集团有限公司乐仁堂制药厂。（魏　巍）

【三七总皂苷对脑缺血大鼠M1/M2型小胶质细胞转化的影响】 天津中医药大学王少峡、胡利民、孟凡英等完成，2017年完成成果登记。三七在治疗脑缺血方面已有广泛的应用，但其机制仍不明确。科研人员建立大鼠脑中动脉缺血再灌注模型，检测三七总皂苷对激活的小胶质细胞M1型标志物，M2型标志物的表达情况；明确三七总皂苷能否选择性抑制小胶质细胞M1促炎型激活，同时促进小胶质细胞M2抗炎修复型激活，促进M1型向M2型转化，并从M1/M2型小胶质细胞转化的角度阐释三七总皂苷治疗脑缺血的作用机制，阐释三七“活血化瘀”的现代科学涵义。结果表明，三七总皂苷可以减小脑缺血再灌注大鼠脑梗死体积和水肿系数，降低神经功能评分。能够减小永久性脑缺血大鼠脑梗死体积和水肿系数，降低其死亡率。在中远期行为学研究中，能够显著增加体重，降低神经功能评分，减少EBST偏向次数，增加前肢放置实验评分，改善动物在28天时的肢体协调功能。能够减少脑缺血部位促炎症因子或损伤型小胶质细胞标志物mRNA的表达。但是不能增加脑缺血部位抗炎因子或修复型小胶质细胞标志物的mRNA表达。能够降低脑缺血部位Prx6及TLR4的蛋白表达，抑制NF－κB的激活，降低p38磷酸化水平，增加STAT3的磷酸化水平。项目执行期间，发表论文4篇，其中SCI收录2篇；培养研究生1名。（魏　巍）

【辣木果实治疗糖尿病及其神经病变并发症的药效学研究】 天津市医药科学研究所承担的天津市卫生计生委中医中西医结合课题，由贺艳培、陶遵威、孔令钰等完成。科研人员以辣木果实为研究对象，通过正交试验方法优化提取其黄酮类成分，并考察所提取的辣木果实总黄酮对糖尿病小鼠和糖尿病大鼠血糖水平的影响。在此基础上，以糖尿病大鼠为对象，从辣木果实总黄酮对大鼠空腹血糖、糖耐量、糖化血清蛋白、红细胞和坐骨神经中山梨醇含量等方面，对辣木果实降血糖、改善周围神经病变机制进行探讨。旨在为扩大辣木在降血糖及改善糖尿病神经病变的应用提供理论基础和技术支持。该项目于2017年3月30日通过天津市卫计委组织的专家评审，并进行科技成果登记。

（贺艳培）

城建与交通科技

概　况

【城市建设科技工作概况】　2017年，天津市建委继续以促进城建领域技术进步为引领，以提升建筑能效、加速建筑产业现代化为着力点，科技工作取得明显成效。①下达建设系统科学技术发展计划40项，完成科技项目成果鉴定和验收36项，申请专利10余项。“张弦预应力钢结构网架与吊挂层二步整体提升施工技术研究”获国家授权的实用新型专利1项，同时获天津市级工法1项。2013年度立项的“东亚运动会自行车馆弦支穹顶结构施工及健康监测关键技术研究与应用”、2014年度立项的“大跨体育馆结构选型、分析设计及施工关键技术研究与应用”和“深层触探关键技术及其在城市轨道交通工程勘察中的应用研究”获2017年度天津市技术发明二等奖。②组织完成天津市建设系统2017年度华夏建设科学技术奖励项目申报和核查工作，推荐14项华夏科学技术奖励项目。③组织完成住建部2018年度科学技术项目申报和初审工作，共有19项科学技术项目通过立项。受国家住建部委托完成部级科学技术项目验收7项。④按照住建部水专项管理办公室要求，组织完成国家“十三五”水体污染控制与治理科技重大专项——“天津海绵城市建设与海河干流水环境改善技术研究与示范”项目的立项评审、合同审查及签订等工作，获中央财政资金支持超过1亿元，可为天津市海绵城市建设、海河干支流水质提升、城市水体生态恢复、污水高标准处理等提供强有力的技术支持。⑤加快促进建设领域科技成果转化，2017年，共计评选收集74项技术纳入推广新技术项目库。评选确定10项建设领域推广新技术、21项新技术应用示范工程和67项市级工法。⑥做好天津市建设领域科技专家库建设工作，积极打造“千人专家库”，为天津市建设系统科技发展提供人才基础。2017年，组织开展科技专家库申报工作，确定入选科技专家629名并成功纳入专家库。

（顾叶飞）

【天津住宅集团科技工作简况】　2017年，天津住宅集团围绕该集团总体发展规划，在建筑产业化、装配式建筑、绿色生态社区、砂加气制品的生产和应用、新型节能门窗、建筑节能检测和四新技术应用等方面加大科技研发力度，取得丰硕的成果：组织申报并获批市级科研课题5项（包括市科委重大专项1项）、市级施工工法5项、各级示范工程5项、各级科技创新奖项13项，其中国家级4项，获批天津市高新技术企业认定1家；正在实施的科研课题27项，包括4项国家级课题，其中12项课题完成研究任务，通过鉴定及评审验收；主持参与国家级标准3项、行业标准5项、地方标准10项；组织申报专利38项，其中发明专利4项。获得科研费用税金减免、各级科研经费共计130.5万元，年度科技活动总投入28089.17万元，占主营业务收入1.85%。

（李迎迎）

【天津建科建筑节能环境检测有限公司科技工作简况】　天津建科建筑节能环境检测有限公司将科学技术工作做为企业创新发展的原动力，加强自身科研能力提升建设。2017年，科研工作以服务建筑节能为中心，紧跟建筑科技领域前沿，积极开展课题研究、标准编制和撰写科技著作，较好地完成2017年各项科研工作：①开展市建委课题“外墙外保温工程质量风险因素分析与控制研究”，完成理论研究和试验研究，为课题结题奠定基础；②完成市建委“屋面用保温材料的性能研究”课题的前期调研、理论研究和部分实验研究。完成《天津市建筑节能技术、工艺、材料、设备的推广、限制和禁止使用目录（2017本）》建材部分的编制工作，该目录已通过评审。科研著作方面，《薄抹灰外墙外保温系统抹面层柔韧性研究》《基于高温高湿条件下薄抹灰外墙外保温系统抹面层与保温材料协调性研究》等多篇科技文献在《绿色建筑》等杂志发表。通过科技工作的开展，公司科研能力稳步提高，科技服务能力进一步增强，员工技术水平不断提高，为公司的进一步发展起到引领作用。

（马 彪 郭 磊）

【中国建筑第六工程局科技工作简况】 2017年，中国建筑第六工程局持续提升项目技术管理水平，发挥在桥梁建造、轨道交通、铁路建设上的技术优势，进行绿色建造、智慧建造、建筑工业化等技术研发与应用，强化科技管理体系建设，形成具有六局特色的科技创新体系，推进科技工作再上新台阶。主要科技成果包括：获得国家级及省部级以上科研课题立项4项；参编国家、行业、地方标准10项；获省部级以上科学技术奖34项；6项科技成果通过科技成果评价；获省部级以上工法32项；获得专利申请受理256项、专利授权268项，其中发明专利22项；获得2017年度天津市专利奖优秀奖1项；获得鲁班奖3项、国优奖2项；获得住建部绿色施工科技示范工程立项5项、省部级科技示范工程通过验收4项；由天津市科委批准筹建的“天津市土木工程绿色建造与节能企业重点试验室”2年建设期满，经过专家评审，通过验收，正式认定为天津市企业重点实验室。

（李 娟）

【中交天津航道局有限公司科技工作简况】 2017年中交天津航道局有限公司 科技创新工作围绕“强盛天航”核心战略，加强科技创新体系建设，持续推动科技创新研发，加大科技成果转化力度，已拥有7家国家高新技术企业单位，1家国家级和4家省级企业技术中心；2017年成功获批环保博士后科研工作站分站，建立了以河湖流域环境综合治理为核心的环保技术研发平台；公司连续9年获得中国施工企业管理协会科学技术先进企业荣誉称号。科技创新工作以重大工程和环保业务为核心，以整船装备及关键疏浚机具研发、挖掘与输送机理试验研究及疏浚土质、施工工艺、环保核心技术等为重点，全年实施科研项目113项，完成科研项目29项；公司14项成果通过省部级鉴定；获集团级以上技术进步奖18项；公司“天鲸号绞吸式挖泥船”获2017年度中国好设计金奖；“超大型耙吸挖泥船研制及工程应用”获交通运输部提名申报国家奖；全年授权知识产权100项；主、参编的2项国际标准已进入编辑出版阶段；主、参编的3项国际标准均已进入DIS阶段；在中国第五届疏浚发展会议上，公司荣获新世纪中国疏浚“十大创新工程”4项、“十大创新科技成果”4项、2人入选青年才俊、3人入选优秀青年人才。

（张亚楠）

【中交第一航务工程局有限公司科技工作简况】 2017年中交第一航务工程局有限公司继续坚持“科技兴企”战略，进一步完善科技创新体系，科技管理工作又上新台阶。2017年，由公司独立或参与完成的多项科技成果获得国家和省部级及天津市级科技奖励，其中“外海深水超大沉管安装成套技术及装备研发”获2017年度中国水运建设行业协会科技特等奖，“深埋沉管隧道半刚性沉管结构体系研发与应用”获2017年度中国航海学会科技特等奖，“外海厚软基大回淤超长沉管隧道设计与施工关键技术”获2017年度中国公路学会科技特等奖。另有7项成果分别获2017年度省部级科技一等奖，12项成果分别获2017年度省部级科技二、三等奖。“海上钢圆筒施工定位系统”获中国专利奖优秀专利奖。2017年，共有21项科研成果完成科技成果鉴定，取得173项国家专利，其中发明专利26项。科技成果在生产实践中发挥了至关重要的作用。例如：“外海深水沉管安装创新技术研究及装备研发”成果，针对港珠澳大桥海底沉管隧道管节的浮运和安装的技术难题开展研究，攻克外海、深水条件下大型沉管浮运、沉放、对接、水力压接、安装、水下精调等一体化施工作业过程中的一系列关键技术，弥补了中国外海沉管隧道成套施工技术的空白，实现快速完成深水条件下的大型沉管安装施工技术，保证了港珠澳大桥岛隧工程的顺利实施，并可推广应用到港口工程、海洋工程等领域的结构工程施工中；“外海超长沉管隧道安装免精调定位控制技术研发与应用”成果，结合港珠澳大桥沉管隧道外海、深水深埋建设环境的复杂性，以及隧道距离长、管节体量大、管节数量多的特点，提出并突破形成了外海沉管隧道安装免精调定位控制技术，攻克了开敞海域超长沉管隧道安装免精调定位控制系列关键技术难题和各项世界级技术挑战，颠覆了国际外海沉管隧道安装后尾端需要调整的传统施工工艺，填补了国内外对外海、深水深埋条件下超长沉管隧道安装免精调定位技术、定位控制和线形管理的空白，是中国在外海、深水深埋条件下沉管隧道安装技术上的一次全新尝试，研究成果提高了中国在同类大型跨海通道建设中的国际竞争力，促进了世界交通行业的科技进步。2017年，公司通过国家高新技术企业认定；公司技术中心通过国家级企业技术中心年审。公司2017年大幅度提高了对下属单位拨付的科技研发经费数额；制定了全新的科技奖励办法，对获奖成果的主要完成人以及在其研究领域中有突出贡献的研究人员增大奖励力度，调动科技研发人员的积极性。科技工作对公司经营、转型和发展起到重要的支撑作用。

（毛轶伦）

【中交第一航务工程勘察设计院有限公司科技工作简况】 2017年，中交第一航务工程勘察设计院有限公司以“成为提供知识服务和管理服务的优秀国际化企业”为目标，按照“以咨询为先导，以设计为主体，以勘测为支撑，以管理为拓展，全程同步发展”为战略，以“创新引领下的坚守与拓展”为路径，科技创新硕果累累。2017年，一航院继续入选中国工程设计企业60强，位列50位；入选2017年效益工程设计企业60强，位列第2位。2017年，技术开发项目新立项36项，生产性科研项目新立项68项；主编国家标准规范1项，行业标准规范14项，地方标准规范1项；申请专利13项，授权专利7项，其中发明专利2项，实用新型专利5项；拥有有效专利91项，其中发明专利31项，实用新型专利60项；拥有软件著作权7项；施工工法1项。2017年，该院共获省部级以上奖项36项，其中国家级奖项8项，科学技术奖7项，工程技术奖29项。“深水板桩码头新结构关键技术研究与应用”获2017年度国家科学技术进步二等奖。

（韩瑞洁）

市政工程

【温拌阻燃沥青在长大隧道路面中的应用研究】 天津市市政工程设计研究院、长安大学王新岐、贺海、王朝辉、周骊巍等完成，获2017年度天津市科技进步二等奖。该项目以天津市中央大道海河隧道路面工程为依托，自主研发2种温拌沥青改性剂和2种无机阻燃沥青改性剂，确定温拌阻燃改性沥青的制备方法，科学阐释温拌阻燃改性沥青的微观结构与作用机理，首次提出沥青混合料阻燃性能评价指标与标准，系统测试温拌阻燃沥青混合料的阻燃性能、降噪性能和抗滑性能，完善温拌阻燃沥青性能评价体系与功能效果评价方法，创建温拌阻燃改性沥青混合料施工工艺与质量控制方法，编制《温拌阻燃沥青混合料设计施工技术指南》，形成具有自主知识产权的成套关键技术体系，减少长大隧道沥青路面施工过程中的能源消耗和环境污染，提高长大隧道运营安全性，推动绿色公路的发展。项目研究成果技术创新程度较高，已获得国家授权发明专利10项、实用新型专利5项，软件著作权2项，发表学术论文13篇，其中SCI或EI检索8篇。项目成果已应用于天津市中央大道海河隧道路面工程、轻纺经济区段路面工程、中心渔港陆域一期和二期基础设施工程，取得显著的经济效益和社会效益，项目核心技术实现产业化成果转化，具有较强的市场竞争力，符合公路建设绿色发展理念，对于推动绿色交通运输体系战略目标的实现具有重要的意义。

（天津市市政工程设计研究院）

【地下多点地震动生成理论和方法、软件研发及工程应用】 天津大学、天津市市政工程设计研究院、中南大学柳国环、国巍、于西尧、杨立坡、燕翔等完成，获2017年度天津市科技进步二等奖。该项目针对地下多点地震动生成理论、方法及软件研发等难题开展研究。①国内外率先建立了地下与地表空间多点地震动相干函数的关系，形式简单实用、物理意义明确，解决了模拟地下多点地震动的关键技术难题；②构造参数明确的地下多点地震动功率谱矩阵，理论严格、方法可行、方案具体，生成结果的合理性可直接得以判定，可满足地下目标功率谱、相干函数和反应谱拟合标准，控制误差低至3%；③研发地下多点地震动生成软件TJU.MEUMS，前处理填入目标点坐标、选择场地类别、抗震等级、强度因子、阻尼比参数，后处理导出多点地震动时程，直接满足长大桥隧结构体系对地下多点地震动的需求；④研究成果应用于7项大型工程抗震校核，突破了技术壁垒，摆脱由于缺乏严格理论支持而长期被沿用的不尽合理的方法，避免计算结果被低估或被高估而导致的不安全或不经济。项目发表论文15篇（SCI检索6篇，EI检索9篇）、出版著作1本、获批软件著作权1项、授权发明专利10项。成果应用于滨海中央大道海河隧道、文城隧道、塘沽海河大桥、沿黄公路张家沟大桥、明珠跨海大桥和洞庭路立交桥的抗震分析与咨询。

（天津大学）

【液态粉煤灰在高速公路扩建工程中的系统应用关键技术研究】 天津市市政工程设计研究院、河北工业大学、天津高速公路集团有限公司王新岐、叶强、孙吉书、李洪亮、何玉宝等完成，获2017年度天津市科技进步三等奖。该课题采用正交试验和优化技术，研究水泥掺量、不同水、外掺剂用量等对液态粉煤灰的容重、强度、稠度等特性的影响，确定适用于高速公路扩建工程的液态粉煤灰优化配比；通过现场观测与有限元分析，明确不同高速公路路基加宽断面形式对新旧路基界面相互作用特性、整体稳定性的影响规律，进而优化高速公路扩建工程的断面形式，减小新旧路基之间的不均匀沉降。主要技术经济指标如下：①试验确定液态粉煤灰混合料的最佳含水量、外加剂剂量等，推荐液态粉煤灰混合料的优化配合比，开发出满足软土地基上扩建路基需求的超轻质液态粉煤灰材料。②确定液态粉煤灰材料干缩率与成型龄期、水泥含量、含水量之间的相关关系。系统研究液态粉煤灰材料强度、刚度、水稳定性、冻融稳定性等路用性能的影响因素。③首次进行发泡液态粉煤灰混合料的实验研究，开发满足软土地基上扩建路基需求的超轻质液态粉煤灰材料，并研究发泡液态粉煤灰的路用性能。④运用有限元法，系统研究高速公路加宽路基断面形式对路基受力及变形特性的影响规律，提出减小高速公路拓宽工程中新旧路基差异沉降的优化路基断面形式。得出液态粉煤灰用于高速公路扩建工程的优化配合比和施工流程、施工工艺，以及液态粉煤灰用于高速公路扩建工程的施工质量控制方法。⑤结合课题研究，获得2项国家专利，发表8篇科技论文。课题成果在唐津高速公路改扩建等工程中得到推广应用，取得良好的社会经济效益。

（天津市市政工程设计研究院）

【高速公路扩建工程桥梁拼接关键技术研究】 天津市市政工程设计研究院曹景、何玉宝、张洪海等完成，获2017年度天津市科技进步三等奖。该项目以唐津高速公路桥梁拓宽工程为依托，开展系统理论分析、设计技术和施工工艺研究。①桥梁拓宽方案与新旧结构连接构造研究；②新旧结构不同连接方式的受力性能研究；③新旧结构沉降差的受力性能研究；④新旧梁混凝土徐变、收缩差异影响的研究；⑤拓宽后结构活载受力性能研究；⑥桥梁拓宽施工工艺研究；⑦拓宽后典型桥梁的试验及研究。其技术特点：①通过对国内外典型桥梁拓宽工程的分析，结合工程所处地域、地质及扩建要求提出合理、可行、标准化的拓宽方案及新旧结构连接方式。②采用精细化有限元数值方法，分析基础沉降差和混凝土徐变收缩差对新旧桥梁结构受力性能的影响，确定新旧结构的连接刚度、允许沉降差、合理的拼接时间与时机。③提出能够反映新旧结构拼接工程特点的桩底后压浆施工工艺，减少新旧结构的沉降差。该课题成果应用于唐津高速改扩建工程，解决一系列技术难题，节约工程投资5171.6万元。通过课题研究形成了以下专利：①一种防撞防落物的构造设施（实用新型）；②一种桥梁防护设施（发明专利）；③一种拓宽箱涵的施工方法（发明专利）。该项研究得出的结论和创新点及发表的学术论文、专利和系列工法具有示范意义。

（天津市市政工程设计研究院）

【喷涂缠绕直埋式保温管成型技术开发】 天津市管道工程集团有限公司邵丽云、杨宁、周曰从等完成，获2017年度天津市科技进步三等奖。项目完成喷涂缠绕保温管生产线机械结构设计、电气控制系统设计、关键设备的引进与消化、配套设备及其全系统的研究与设计、土建设计与施工、设备安装与调试、喷涂缠绕式保温管试生产及该保温管性能指标研究等工作。①聚氨酯配方、喷涂质量的研究；②喷涂厚度的研究；③聚乙烯保护层厚度减薄可行性的研究；④聚乙烯外护层缠绕厚度及缠绕质量研究；⑤喷涂管材传输线的研究。其工艺技术特点为：①采用“喷涂缠绕”工艺生产的预制直埋保温管，聚氨酯保温层和聚乙烯外护层厚度可根据用户需要任意调整，生产过程无需增加相应的模具工装投入，灵活机动，简便易行。由于“喷涂缠绕”工艺不存在发泡时对聚乙烯外护层产生膨胀应力，因此聚乙烯外护层厚度能够制作的相对较薄，可节约50%聚乙烯原材料。②采用聚氨酯喷涂形成的保温层表面粗糙，可使熔融的聚乙烯外护层挤压嵌入保温层表面的微小凹陷处，形成“三位一体”结构。③突破传统的“管中管”成型工艺，可满足不同工况、不同输送介质温度所要求的保温层厚度，并且节约10%聚氨酯原材料。喷涂缠绕直埋式保温管产品特点是：①聚氨酯保温层密度、导热系数、抗压强度等核心指标呈现均匀一致，产品整体性能好。②聚乙烯外护层和聚氨酯保温层在保证其使用功能的前提下，可减薄厚度，节省成本。聚氨酯喷涂聚乙烯缠绕式保温管已应用到重庆江北城CBD区域江水源热泵集中供冷工程，承揽各项工程200多千米，产值达30000万元。

（天津市管道工程集团有限公司）

【滨海新区城市建设三维可视化信息管理技术的研究】 天津市测绘院胡珂、周奎、王冬等完成，获2017年度天津市科技进步三等奖。以城市级三维空间数据为管理对象，以三维虚拟现实可视化渲染为技术表现方式，研究开发一套城市级别的三维可视化地理信息管理及开发平台软件。该软件不仅可以对城市空间信息实现传统的地理信息空间定位和管理功能，还可以利用三维虚拟现实技术将城市地理信息进行渲染展示，实现全面的三维视觉效果及三维空间信息管理功能。该课题以滨海高新区为试验区域，实现一套以滨海高新区DOM和DEM为地形基础、利用三维可视化虚拟现实技术表现城市地上以及地下三维场景，对地下管网设施属性、信息管理的三维可视化地理信息管理平台；完成城市级别三维可视化地理信息管理平台功能的设计、开发；完成基于时间的信息管理功能，实现全程对滨海高新区城市建设的动态管理。结合滨海高新区的工作业务需要开发完成的“滨海高新区城市三维规划管理系统”满足用户需要，对各业务单位开展相似工作有借鉴意义。该项目成果在天津市津南区规划分局、津南区国土资源分局、北辰区规划分局等部门得到了应用，同时在大连市勘察测绘研究院有限公司、贵州省第三测绘院、重庆市勘测院等单位应用。该项目申请发明专利7项，其中3项获得授权；获软件著作权2项，辅助编写天津市地方标准3部，共发表论文3篇。获得中国地理信息产业协会、中国测绘地理信息学会评选的奖励3项。

（天津市测绘院）

【天津市普通公路交通安全保障技术研究】 天津市公路处、天津市公路工程设计研究院承担，2017年4月结题，2017年6月9日由天津市交通运输委员会评审通过。该课题适用于天津市所有国、省、县的普通公路，在影响公路交通安全方面，进行技术指标控制或采取相应措施：①视距：强调规范中的各种视距指标。②运行速度协调性评价：提出具体的评价方法，并提出相邻路段速度协调性具体评价指标。③渐变段：提出4种情况的渐变段长度的计算方法或具体指标。④提出在公路路线设计中特别需要注意的几种不良线形组合。⑤爬坡车道：提出设置爬坡车道的具体指标。⑥接入口间距：依次从视距要求、警告标志设置距离的要求、接入道路出口道通行能力要求、接入口识别距离要求方面综合分析、计算，最终确定不同等级公路中不同设计速度情况下，与各等级公路相交的接入道路（乡村公路，厂矿单位自建道路）之间的最小距离。路基：①路侧净区：确定路侧净区宽度的具体指标。②山区公路高边坡路基防护，提出适用于天津市高边坡路基的几种较新颖的路基防护形式。路面：论述音乐公路的工作原理、对交通安全的作用及需要注意的事项。桥梁：①桥梁防撞护栏：给出几种常用的设置形式；确定桥梁护栏、人行道栏杆构造要求的具体指标。②桥墩防护：引进桥墩附着式柔性防车撞装置、分块式复合材料防车撞设施、箱式复合材料防车撞设施等较为新颖的防护形式，并就其优点进行具体的论述。隧道：分析并确定不同设计速度时隧道横断面中的侧向宽度值，之后对影响隧道视距的3个关键半径进行论述，包括隧道安全视距半径、隧道一般视距半径和隧道最小视距半径。沿线景观：主要分析公路绿化不合理可能会造成的几种安全隐患，并分析确定采用绿化防眩时，绿化的横向净距、绿化植物控制高度等具体指标。安全设施：①交通标志：透光标志的结构原理、制作步骤和适用范围；多级预告的适用情况，并确定不同设计速度的道路中警告标志多级预告设置级数、前置距离的具体指标。②交通线：确定天津市16米宽路面施划3车道标线的具体方法和相配套标志；介绍道路标线涂改材料，并详细介绍高亮度反光成型标线带的分类、产品特性、施工方法和应用实例。③其他设施：在规范的基础上进行拓宽，对轮廓标的颜色和形状进行进一步的分类，并在土路肩宽度不足时，通过在波形梁护栏立柱处设置混凝土基础以保证其稳定性；论述新、旧反光膜标准的调整以及公路使用中的相应变化，从反光膜原理上进行分析、论证；详细介绍隧道圈式反光标、球形道钉的结构组成、技术说明、安装步骤和特性等内容。

（高一新　陈正攸　刘国慧　刘伟杰　张金龙）

【蓟汕高速海河特大桥工程】　“蓟汕高速海河特大桥工程”由中国建筑第六工程局有限公司和天津路桥建设工程有限公司承建，获2017年度鲁班奖。海河特大桥全长4024米，桥宽35.6米，双向8车道，建筑面积14.3万平方米，工程造价5.98亿元，是贯通海河两岸的节点工程，对天津环城高速公路圈的建成起到了关键性作用。该项工程全线施工技术难点最多、规模最大、环境最复杂。施工期间，工程主要应用了以下新技术：水中大体积异形围堰深基坑支护施工技术、滨海相软弱地层水中超深桩基施工技术、大体积混凝土施工技术、小水平角大悬臂多维曲面大体积“V”形墩柱施工技术、狭小作业空间大跨径超宽桥面大吨位变截面连续钢箱梁架设施工专有技术、多维曲面竖向预应力筋定位专有技术、大吨位大跨径全焊接钢箱梁施工专有技术、透水性模板布新材料应用技术、环氧沥青混凝土、改性沥青混凝土应用技术、BIM技术等；同时推广应用建设部10项新技术中的8大项19小项及7项天津市建设领域推广新技术。该工程先后荣获“中建杯”金奖、天津市“结构海河杯”和“金奖海河杯”优秀设计奖、天津市新技术应用示范工程、天津市市级文明工地、全国建筑业绿色施工示范工程，获省部级工法1项、科学技术奖4项、发明专利1项，实用新型专利25项。

（李　娟）

【物联网技术在路面施工质量监控中的应用】　天津市交通科学研究院周卫峰、孙妍枫、韩伯雅等完成，2017年12月通过由天津市高新技术成果转化中心组织的课题鉴定。随着信息技术的发展，物联网技术可以进一步应用在路面施工质量监控中。利用物联网技术将基层拌合站生产、沥青拌合站生产、混合料运输、摊铺机摊铺、压路机碾压等各个环节进行智能化的连接，在充分利用已有条件的基础上提高工作效率。①拌合站实时监控系统研究。分析混合料质量实时监控系统需求，建立监控系统的My sql数据库和监控系统的体系结构。针对半刚性基层混合料和热拌沥青混合料，分别依据混合料的组成设计和配合比设计方法，实现配合比调整和质量判定的功能。②运输过程实时监控系统研究。基于RFID技术对混合料的运输车辆身份进行识别，记录每辆车装载混合料和卸载混合料的时间，监测混合料的运输时间。根据运输车辆的身份，结合沥青混合料监控与路面摊铺监控，实时反应不同盘数、盘号的混合料在现场施工时的摊铺位置和摊铺面积及平均摊铺厚度，对比现场施工质量和施工作业指导方案，监测现场施工质量能否达到要求并将施工质量与指导方案的符合度数字化，实现施工质量的全过程质量监控。③摊铺机实时监控系统研究。通过传感器采集熨平板振动状态及倾斜角，实时计算路面摊铺高度，并利用激光测距仪根据相似三角形原理实时计算摊铺厚度，从而实现对摊铺厚度进行监测。④压路机实时监控技术研究。对水泥稳定碎石、沥青混合料碾压过程进行监控，提高碾压质量。通过DTU无线数据通信模块，将压路机中的数据通过GPRS无线网络，传输到处理服务器中，以便服务器对采集到的数据进行处理。⑤基于物联网的施工全过程信息化控制平台。开发可视化的平台系统，在多机械种类（包括搅拌站、运料车、摊铺机、压路机等4个机种）联合作业的情况下，将监控数据和监控结果在平台上呈现，便于管理者进行施工机械的调度、报警、监控、管理。

（吴艳霞）

【独塔混合梁斜拉桥疲劳寿命及结构安全评估】 天津市交通科学研究院、天津滨海新区基础设施养管有限公司、同济大学孙运国、闫燕红、邵兵、何立忠、陈惟珍等完成，2017年12月 通过天津市建设工程技术研究所组织的专家鉴定。①评定桥梁结构的整体技术状况，为桥梁加固处治对策提供指引；②利用WIM系统现状通行荷载调查，对通行车道荷载和车辆荷载模型拟合技术进行研究；③对正交异性钢箱梁进行整体状况、局部应力及疲劳性能计算，进行正交异形板局部开裂病害诊断分析技术研究；④对正交异性板基于UHPC的加固处治对策研究；⑤对基于UHPC加固的正交异性板钢箱梁进行理论分析和加载试验测定，进行加固后钢箱梁结构疲劳状况及拉索安全性评估技术研究；⑥对正交异性板钢箱梁基于UHPC加固处治后的桥梁进行整体技术状况跟踪检测，分析基于UHPC加固后正交异性钢箱梁加固的适应性研究。创新点：①基于动态监测系统，分析确定海河大桥老桥的车辆总重及荷载效应概率分布模型，提出实桥现状通行活载的静力计算荷载为现行公路—Ⅰ级车道荷载的1.8倍，车辆荷载等效模型为98T车辆，采用Monte—Carlo法模拟交通荷载虚拟车流，得到交通荷载极值以及疲劳应力谱。②对斜拉桥钢箱梁正交异性板的病害机理、强度及疲劳性能进行专项研究，提出斜拉桥正交异性板采用密集配筋的超高性能混凝土刚性加固方法，改善正交异性板的局部受力性能，解决正交异性板局部开裂和桥面铺装破损的风险。③利用爬索机器人检测得到拉索PE状况，根据拉索内钢丝锈蚀分布模拟以及拉索钢丝力学性能模拟，结合拉索串并联力学模型对锈蚀后拉索的力学性能进行评估，得出海河大桥老桥典型拉索均处于安全状态；依据该疲劳应力谱进行采用高性能混凝土加固的正交异性板疲劳性能分析，提出加固后正交异性板局部疲劳细节寿命满足桥梁设计使用寿命，得出桥梁整体安全性。

（闫燕红）

【沥青路面常温环氧沥青混合料水损害环保快速修复技术研究】 天津市交通科学研究院，唐山市交通运输局公路管理站宋晓燕、刘树祥、周卫峰、吴凤国等人完成，获2017年中国公路学会科学技术奖三等奖。该课题以水性环氧树脂改性乳化沥青的乳化和改性机理为出发点，以所要求的水损害环保快速修复技术为落脚点，对原材料的筛选及其配伍性设计等进行一系列研究，并且通过室内力学试验对常温环氧沥青混合料的力学性能进行验证，自主研发一种自乳化型水溶性环氧树脂，其本身具有表面活性剂的特性，可以乳化基质沥青。利用该特性生产稳定的水性环氧树脂改性乳化沥青，通过试验对原材料种类和比例进行配伍性设计，再确定水性环氧树脂改性乳化沥青配伍性的适应条件，以保证制备得到的水性环氧树脂改性乳化沥青性能和储存稳定性最优。该课题主要技术经济指标为：①通过正交试验对原材料及比例进行配伍性设计确定生产工艺。②水性环氧树脂改性乳化沥青胶结料可以在常温下与石料拌和，进行配合比设计确定矿料级配、稀释剂、最佳用量。③通过大量室内外试验及施工经验，提出水性环氧乳化沥青质量评价标准，形成沥青路面坑槽快速修补施工技术指南。④通过试验工程总结，确定水性环氧树脂改性乳化沥青在常温下修补坑槽的施工工艺。该项目研究成果应用于承唐高速公路2015年路面桥梁维修工程、国道112线黎河桥至遵化丰润界段西半幅路面大修工程和承唐高速公路2016年路面维修工程，节约成本，减少污染，综合性能优越，具有较高的性价比，应用前景广阔。该课题申请专利1项。

（苗　乾）

【《给水排水管道水下沉管工程施工及验收规程》颁布实施】　由天津市管道工程集团有限公司主编的天津市工程建设标准DB/T29—242—2016《给水排水管道水下沉管工程施工及验收规程》（以下简称《规程》），于2017年3月1日正式颁布实施。《规程》编制组经过广泛调查研究，结合相关专业专家意见及天津市给水排水管道水下沉管工程的成功施工经验，依据国家及地方法律法规、现行相关标准、规范，对天津市给水排水管道水下沉管工程施工技术进行专题论证、反复讨论而编制形成。《规程》明确给水排水管道水下沉管工程施工前的准备、钢管组对、焊接、补口及检验、水下沟槽开挖及管基处理、钢制管道水面浮运法施工、钢制管道铺管船法施工、钢制管道底拖法施工、预制钢筋混凝土管沉管施工、稳管与沟槽回填、工程质量验收等内容。其中，提出钢制管道水面浮运法施工、钢制管道铺管船法施工、钢制管道底拖法施工的相关计算公式，对天津市给水排水管道水下沉管工程中的安全作业具有指导意义。

（陈宝强　刘秉武　潘中奇　王景松）

【火灾后混凝土桥梁检测与安全评估技术研究】天津市交通科学研究院承担的天津市市政公路管理局科技计划项目，2017年4月结题，并通过天津市高新技术成果转化中心鉴定。该课题在归纳分析混凝土、钢筋热工参数及火灾后力学性能的基础上，通过有限元模拟，分析在不同受火温度、受火时间下混凝土内部温度场分布规律，提出使用指数模型，能够较好地与模拟结果相吻合。通过分析指数模型的组成，提出温度场的计算方法。根据不同温度下混凝土的物理、化学变化，找出碳化界面、烧疏层界面两个能够通过常规手段测试深度的特征点，并通过钢筋混凝土梁火烧试验，验证有限元模拟的可靠性。基于碳化深度和烧疏层厚度检测的温度场计算方法，能够定量推定单面受火混凝土内部温度场。避免传统温度场计算方法中推定受火温度、受火时间的工作，提高计算结果的准确性，并在较大程度上降低推定的难度。基于温度场计算法提出单面受火钢筋混凝土梁抗弯承载力计算的等效强度法与等效截面法，分析两种方法适用条件。通过对未进行火烧及不同火烧程度的钢筋混凝土梁进行抗弯承载力试验，并与实测值进行对比，结果显示，在受拉区受火时，该课题的计算方法可提高单面受火梁抗弯承载力计算的准确性。结合温度场计算方法、抗弯承载力计算方法制定火灾后混凝土桥梁检测评估流程，根据该流程对某受火钢筋混凝土箱梁桥进行检测，应用该课题温度场推定方法、承载力计算方法，对桥梁进行安全评估，并制定相应的维修、加固方案，经荷载试验及桥梁后续运营验证，桥梁加固后技术状况良好。该课题的应用，能够保障火灾后桥梁的快速检测与评估，准确制定维修加固方案，缩减火灾桥梁恢复通行的时间，节约维修加固费用，对保障桥梁安全运营、减缓城市交通压力具有经济与社会意义。

（常翔宇）

【橡胶集料混凝土桥面铺装技术应用研究】　天津市市政工程设计研究院、天津大学骆春雨、朱涵、孙煜、靳灿章等完成，2017年9月27日通过天津市建设工程技术研究所组织的专家鉴定。该项目通过研究橡胶集料混凝土桥面铺装的配合比设计、基本力学性能、本构关系、耐久性能等多方面技术指标，进行橡胶集料混凝土桥面铺装的数值模拟计算分析，开展橡胶集料混凝土桥面铺装试验段的工程实践。橡胶集料混凝土桥面铺装的研发为解决普通混凝土桥面铺装易破损、易开裂等难题提供一种新的解决思路。通过在原有多组分混凝土中引入一定量的橡胶颗粒使桥面铺装混凝土性能得到大幅提升，使之具有较高的柔性、低弹性模量、良好的变形性能和抗裂性能、较高的韧性及抗冲击性能。作为桥面铺装层材料，还具有良好的耐久性、抗渗性、抗冻性、收缩小以及隔热、隔音性能。同时，橡胶集料混凝土采用的橡胶主要来源于废旧的橡胶制品。对橡胶集料混凝土桥面铺装技术的研发，为橡胶废弃污染物找到合理的利用途径，实现变废为宝，使废旧橡胶制品污染问题得到解决。该项目的研究成果在青银高速公路石家庄段收费站、天津市武清区二百户东口桥及武香路、津港路、汉蔡路、白张路、于槐路、双津路、李陈路、新方路、程白路等工程中的30余座桥梁上得到实际应用，研究成果在天津市及周边省市推广，取得良好的社会经济效益，推广应用前景广阔。

（骆春雨）

建筑工程

【软土地区城市岩土与地下工程安全控制关键技术及应用】 天津大学、天津市勘察院、天津市地下铁道集团有限公司、天津城建隧道股份有限公司、天津建城基业集团有限公司郑刚、周玉明、刘永超、胡浩、刘畅、李竹等完成，获2017年度天津市科技进步一等奖。①提出天津地区新近沉积土划分和液化土的判别新方法。提出天津滨海地区新近沉积土划分和天津市深层地基土成因界限标准，揭示其工程地质特性，为滨海地区工程建设和天津市超高层建筑桩基设计提供依据。提出天津地区粉土液化判别新方法，解决现行国家标准对天津粉土液化误判率高的问题；②研发强震下高抗震性能预应力混凝土桩型。揭示常用不同桩型的抗震性能差异，研发高抗震性能复合配筋预应力桩等桩型，解决软土强震区高强预应力混凝土桩发生脆性破坏的难题，保证软土强震区桩基础支承建筑物的安全；③建立大型基坑和盾构隧道工程整体安全控制理论和设计方法。首次提出大型基坑与隧道工程的整体安全概念，建立整体安全控制理论与设计方法，有效防止基坑和隧道发生渐进破坏，为保障大型基坑与盾构隧道工程的整体安全提供支撑；④建立新建隧道和已运营隧道的变形精细控制方法。提出基坑施工对邻近既有隧道影响区划分方法，研发基坑外既有隧道矢量法注浆变形控制技术和盾构施工对周边环境影响的成套精细控制技术，实现隧道施工对环境影响、基坑施工对既有隧道影响的mm级变形控制。该项目发表SCI/EI论文31篇，省部级工法4项，发明专利3项、实用新型专利26项，成果纳入《建筑地基基础设计规范》《天津市岩土工程技术规范》《天津市岩土工程勘察规范》《预应力混凝土管桩技术规程》等多项国家及地方标准，应用于天津周大福中心、空客A320总装线厂房、新一代运载火箭基地、天津地铁6条线路多个车站基坑和区间盾构隧道等百余项重大岩土与地下工程。

（天津大学）

【天津自行车馆新型弦支穹顶设计与施工技术研究及应用】 天津大学、天津市建筑设计院、天津市建设工程技术研究所、天津大学建筑设计研究院、天津中际装备制造有限公司陈志华、闫翔宇、黄兆纬、支家强、张永波、陈文渊等完成，获2017年度天津市科技进步二等奖。天津自行车馆是天津为承办东亚运动会和全国运动会新建体育设施中最具标志性的场馆之一，其外部造型复杂，内部采光要求高。该项目提出新型双层正交正放网格弦支穹顶结构体系，以及配套的节点专利技术和系列施工方法。①首次研发头盔形双层正交正放网格弦支穹顶结构体系。提出正交正放——局部肋环的网格划分方法，建立头盔状复杂外形钢结构的设计方法，系统研究双层弦支穹顶结构的预应力设定方法和风荷载特性，得到结构静动力和稳定性能；研究下部结构对屋盖结构力学性能和极限承载力的影响，为复杂大跨度仿形结构的设计奠定基础。②发明向心关节节点索杆体系。基于撑杆上节点试验以及考虑接触非线性的有限元分析，建立铰节点设计中刚性转动核心的概念，提出向心关节节点承载力及转动能力的计算公式；通过铸钢构件及节点的理论分析，研发铸钢索夹不可滑动撑杆下节点。③提出仿形结构施工控制和监测技术。建立模型快速生成技术及杆件加工BIM系统，开发基于遗传算法的可拼接条型材排料系统；利用向心关节节点转动能力，提出分段环索张拉为主、径向杆张拉为辅的混合张拉方法；通过正、反分析法确定了放样态和施工控制过程，布设实施施工监测及健康监测。该项成果 应用于天津自行车馆和射击馆、河北联合大学体育馆、沁阳体育馆、广饶国际博览中心等10余项大型预应力空间结构工程。取得授

权发明专利3项，实用新型专利5项，发表论文30余篇。（天津大学）

【超深与复杂地质条件混凝土防渗墙关键技术】 中国水电基础局有限公司、中国水利水电科学研究院宗敦峰、刘建发、肖恩尚、王玉杰等完成，获2017年度天津市科技进步二等奖。在水利水电工程中，防渗墙主要有槽孔型和连锁桩柱式。连锁桩柱式是在土体中，采用钻机钻孔形成独立桩体，并通过套接、平接方式形成连续体。槽孔型是利用钻孔、挖槽机械分独立单元挖掘槽形孔，浇筑混凝土或回填其他防渗材料后，通过接头技术形成连续体。防渗墙工程是隐蔽工程，通过周密设计、严谨施工和有效的检测，达到设计要求和质量标准，有其独特的规律和要求，防渗墙的质量与效率直接关系到工程安全与成败。防渗墙施工技术与装备，如施工机械、工艺、材料等不断有新的成果涌现，防渗墙的施工能力关系到工程建设的方案、技术经济水平。与其他行业地下连续墙施工技术相辅相成，已被建筑领域广泛推广应用。该项研究依托一大批高难度防渗墙工程，边研究、边应用、边改进。研究成果被广泛应用于水利水电和房屋建筑、交通桥梁、高速铁路、市政地铁、环保、核电站等其他基础设施行业的工程，并可应用于国际工程。

（中国水电基础局有限公司）

【大坡度长距离深埋富水含煤地层煤矿斜井TBM法建造关键技术】 中国铁建大桥工程局集团有限公司、中铁十一局集团有限公司、中国铁建重工集团有限公司、中铁第四勘察设计院集团有限公司、西南交通大学宋伟俊、张丕界、邹春华、李向海、李铁成、武永新、吴建顺等完成，获2017年度天津市科技进步二等奖。该项目依托神华新街台格庙矿区TBM法施工煤矿斜井工程，结合国家科技支撑计划及天津市滨海新区自主创新重大项目，针对TBM法施工煤矿斜井存在深埋超长、连续下坡、富水高压、地层多变等技术难点，对TBM装备、掘进施工、TBM地下拆解等进行研究，取得创新性成果：①建立斜井角度影响的TBM推力和扭矩分析模型，提出双模式TBM及配套设备的选型配置技术，形成TBM设备系统快速模式转换技术，研制集TBM开式模式和TBM闭式模式于一体的双模式TBM。②研发长距离大坡度斜井双模式TBM连续反坡高效掘进综合施工技术，包括连续下坡掘进参数控制技术、刀具磨耗预测与更换技术、姿态控制技术、物料运输保障技术、煤矿TBM斜井监测硬件平台及监测技术等。③研发TBM刀盘、盾体等关键部件可拆解的系统结构，研制TBM拆解专用装置，形成深部原位小空间煤矿斜井TBM安全快速拆解成套技术。建立适应强度2~200兆帕岩层掘进的煤矿斜井TBM建造综合技术体系，具有广泛的地层适应性、掘进施工高效性和安全性等特点。该项目推广应用前景广阔，对大型现代化矿井建设具有示范和引领作用。申请专利35项，其中发明专利14项；授权专利29项，其中发明专利9项；发表学术论文44篇，出版学术专著2部，编制相关标准和规范性技术文件2项，取得工法2项。

（中国铁建大桥工程局集团有限公司）

【损伤简支混凝土梁承载能力检测评估及处治对策研究】 天津市交通科学研究院闫燕红、孙运国、何立忠等完成，获2017年度天津市科技进步三等奖。①先张预应力混凝土板梁梁端横裂病害进行专项分析及加载试验研究，分析先张板梁梁端横裂病害产生的原因，研究先张预应力混凝土板梁梁端横裂处治对策；②板梁跨中横裂病害进行专项分析试验及加固对策研究；③预应力混凝土板梁梁底纵裂病害分析、检测及加固对策研究；④T梁横向联结体系加固对策研究；⑤基于应力释放法的预应力混凝土板梁有效预应力测试研究。其主要特点：①对先张板梁梁端横裂病害进行病害分析及黏钢板加固试验研究，首次提出先张板梁预应力钢绞线放张过程中引起梁端锚固处局部微裂纹，为先张板梁梁端横裂的诱发点，提出梁端横裂粘钢板加固的最短有效锚固长度值不小于40厘米。②对板梁梁底纵裂病害梁体进行实验研究，提出纵裂裂缝对板梁梁体构件的抗弯使用性能影响较小，设计荷载作用下纵向裂缝处箍筋的应力是非裂缝处箍筋应力的3倍左右，随着荷载的继续增加至承载能力极限荷载阶段，纵向裂缝处箍筋的应力成线性增加，非裂缝处箍筋应力变化较小。③通过板梁应力释放法试验研究，提出后张预应力板梁混凝土压应力释放效率范围系数及切割参数。④研制一套精确控制加载值的反力加载装置，可实现桥梁预制构件的大吨位加载和精确控制，为科研开展提供技术保障。该项目应用于津蓟、滨石高速，芦台大桥及九王庄大桥维修加固，以及应用于高速及国省干道桥梁维修加固工程。 （闫燕红）

【中加生态城示范区二组团项目BIM应用】 项目设计和BIM技术应用由天津市建筑设计院完成，BIM技术应用获2017年第三届“科创杯”中国BIM技术交流暨优秀案例作品展示会大赛设计组优秀奖。工程建设单位旨在通过BIM技术辅助完成设计工作，最大限度地提高设计质量，并通过BIM技术起到整合资源、协调各方工作的作用。同时希望通过完善设计阶段的BIM模型，出具工程量清单用于招标使用。通过BIM技术的实际应用，一方面有效减少传统二维图纸的错漏碰缺问题，减少由于后期返工造成的成本增加，节约工期；另一方面，提高成本控制中工程量计算环节的工作效率和精度。通过实践和对比检验证明，类似项目只要设计单位提交合格的BIM设计模型，甲乙方造价工作人员在算量阶段无需再次建模，工作量可减少50%以上，且精度不受人为因素影响。BIM算量成果用于招投标、预结算，可大幅提高工作效率；用于过程控制，可对单层或者单构件所用工程量进行实时控制和预警，作为材料采购和编制施工计划的依据，有利于材料管理和控制，便于及时发现工程量偏差，从而及时纠偏；另外，可以用于制作竣工模型，便于后期运维管理。 （天津市建筑设计院）

【天津银行二期改造项目BIM技术应用】 该项目属于设计、施工一体化的EPC工程总承包项目，由天津市建筑设计院承担，其设计阶段的BIM技术应用获2017年天津“海河杯”工程建设BIM应用大赛民用建筑设计组一等奖。由于该工程为改造项目，保留原有结构框架，原功能、外檐不做改变，仅对部分房间隔墙做调整。建筑专业设计出图范围仅局限于装修专业的平面图和局部细化节点图。在保留现状的楼层，机电专业仅做出与现状连接出的主干管。BIM技术从施工准备前期开始应用，涵盖建、结、水、暖、电等全专业。该工程存在大量的拆除、加固、新建的工作，需要充分了解原有各专业施工图和改造后各专业施工图，将前后变更的工程量反映在BIM模型中，进行拆改工程量统计，减少造价。依据工程施工计划进行管线综合，对复杂部位导出关键断面并标注，对完成综合的模型配合建筑、结构，进行模型输出及配色说明。根据管线综合排布的结果，重新校核之前拟定的吊顶净空方案，并给出不同区域的吊顶净空排布图。该项目将BIM技术与预制装配工艺结合起来，可更有效的指导施工。 （天津市建筑设计院）

【预制装配式剪力墙住宅产业化关键技术研究与应用】 天津住宅建设发展集团有限公司、天津住宅科学研究院有限公司、天津住宅集团建设工程总承包有限公司、天津市房屋鉴定建筑设计院、天津工业化建筑有限公司康庄、张文龄、张书航、李军华、李呈蔚、王忠和、冯云等完成，2017年8月通过天津市高新技术成果转化中心组织专家鉴定。该项目对装配式整体式混凝土结构存在的主要技术问题，在构件、户型标准化设计、构件制作与质量检验、施工吊装、模板支撑、节点连接、工程质量验收等方面进行系统的研究，提出多种户型模块化设计和标准构件设计，优化预制构件生产线的设备和工艺，在生产施工安装过程中创新提出首件和首段的验收技术，并进行套筒连接节点、套筒、灌浆料和剪力墙的试验研究，自主研发“筑研营造”套筒及灌浆料，对预制剪力墙的连接节点的质量制定严格的控制措施，形成成套的预制装配式建筑技术体系，为预制装配式结构的安全和设计与施工提供技术支撑。项目研究成果成功指导实际工程，应用面积达100余万平方米，对装配式建筑的实施推广具有指导意义。 （刘子赓）

【天津卓朗科技园数据中心项目BIM技术应用】 项目设计和BIM技术应用由天津市建筑设计院完

成，获2017年天津“海河杯”工程建设BIM应用大赛民用建筑设计组二等奖。卓朗科技园建筑具有体量小、数量多的特点，建筑形式较为单一，建筑功能要求类似，BIM技术应用主要针对项目影响较大的优化设计内容及管线综合方面进行。在设计阶段实行同步验证。搭建项目建筑、结构、给排水、暖通及电气专业模型，基于BIM可视化的特点充分展示设计成果，通过漫游查看的方式提前发现设计盲点及潜在的问题隐患。整理相关问题资料，协调设计人员针对项目问题隐患进行解决及优化，实现项目建设前问题排查及设计优化工作的全面实施。该项目应用BIM技术进行机电专业管线综合应用，深入分析机电各专业管线分布特点，结合建筑结构模型充分梳理各功能区域管线布置情况，按房间功能的不同分别进行净空分析，提出房间净高合理化建议；针对复杂施工部位进行预处理，合理安排施工工序，消除施工潜在隐患，提高施工效率及施工质量。BIM技术的应用保证了项目的施工质量，加强了协调性，提高了工作效率。应用BIM技术进行图纸信息的梳理，将图纸深藏的问题逐一解决，大幅减少返工造成的时间及成本的浪费；通过运用BIM技术对项目进行预处理，合理化施工工序，明确施工人数，确定施工工期，使复杂部位的施工与整个项目的进度管理结合的更加紧密，现场管理工作事半功倍。

（天津市建筑设计院）

【天津住宅集团获批“装配式建筑产业基地”】 2017年6月22日，住房和城乡建设部科技与产业化发展中心（住房和城乡建设部住宅产业化促进中心）会同天津市城乡建设委员会共同组织召开天津住宅集团申报“装配式建筑产业基地”专家评审会。专家评审认为天津住宅集团具有独立法人资格，是以科技为先导、以全产业链发展为特色、以建筑产业现代化发展为目标、率先推动I—EPC模式的大型建筑产业集团，致力于提供高品质建筑的整体解决方案，具备较强的装配式建筑产业能力；天津住宅集团围绕装配式建筑“结构工业化、内外装工业化、设备设施集成化”三大系统，开展以“七化”技术体系为核心的技术创新，取得400余项科研成果，形成成熟适用技术体系集成，同时在示范项目建设中广泛开展BIM技术应用，在BIM应用方面获国家级奖项11项、市级3项，实现建设全过程管理信息化；天津住宅集团在建装配式示范工程完成10余个项目，100余万平方米，均由天津住宅集团下属天津住宅科学研究院、天津市房屋鉴定建筑设计院、天津工业化建筑有限公司、天津天筑建材有限公司、天津住宅集团建设工程总承包有限公司、天津市华惠安信装饰工程有限公司完成科研攻关、设计、部品构件生产、施工安装、装饰装修等环节，形成完善的装配式建筑产业系统。主持研发装配式建筑相关科研项目市级6项，参与国家级3项，具备完善的装配式建筑产业科研平台，对装配式建筑的实施推广具有指导意义。评审会批准住宅集团为“装配式建筑产业基地”，同时住宅集团全链产业建筑产业集团发展模式被编入住建部主编的《2017中国装配式建筑发展报告》，成为住建部重点推广单位。

（李迎迎）

【基于BIM技术的机电管线及装饰装修工程的施工现场应用项目】 天津市建筑设计院提供BIM咨询服务项目，获2017年天津“海河杯”工程建设BIM应用大赛施工组一等奖。该工程以装饰装修专业为主要应用项目。项目实施阶段装饰装修工程整体效果要求较大，机电管线与结构桁架之间的碰撞关系较为严重，机电与装饰装修专业的交叉作业面较多。作为体育场馆，机电系统复杂，涉及空调风系统、空调水系统、给排水系统、消防系统、配电设备、人防防护设备等内容，相比普通住宅、公建类项目，对机电管线综合的要求更高。为了减少精装修及大型设备布置期间二次拆改，必须制定完善的管线综合计划，为后续装修、设施布局预留出足够的空间。检查无法满足现场实际施工要求的问题并进行整理汇总。该工程在施工建设过程中全面采用BIM技术，利用建筑信息模型（BIM）技术建立建筑、结构模型，并利用BIM模型进行验证，解决施工过程中脚手架与钢结构的碰撞问题。利用BIM进行精装修出图，精准定位电气开关面板，疏散照明等点位在墙体上的位置。利用BIM管线综合，并分区统计净空，出具净空分析。通过在BIM软件中完整反映算量模型，考虑构件的优先级并正确处理构件间相互扣减关系，完善BIM模型，出具工程量清单。

（天津市建筑设计院）

【熙汇广场工程（一期）设计】 天津市建筑设计院完成，获2017年“海河杯”天津市优秀勘察设计三等奖。项目总占地面积65600平方米，总建筑面积193400平方米。该项目的技术难点主要是在相同的标准层面积下，通过调整大体量商业业态布局解决进深场地与高效率商业的矛盾。项目注重营造体验消费的商业空间，提供更大的商业展示面，增强引导性与通达性，增加购物乐趣；提高商业品质，提高商铺效率。可靠的消防设计，支持通透的商业空间，集中的服务核设计，尽量避免大悬挑、超大跨度，选择商业空间的适宜结构，节省用钢量。项目特点：①丰富多元的城市载体：作为天津市南开西区城市综合体，快速路沿线的城市形象，营造开敞、渗透、参与性的公共空间，打造消费、休闲、娱乐多元化的服务平台。②协调一致的空间造型：规划依据地形展开，整体布局呈舒展的流线型。立面流畅的曲线与内部消费空间相呼应，外檐石材模数化处理，结合了构造、防火、设备等建造需求。③流畅通达的商业内街：内部空间以曲线为主，营造体验式消费空间，注重消费的引导性，利用线路的流畅性与通达性促进消费。④生态的中庭设计：中庭设计实现的生态建筑的设计理念，通过自然采光通风，优化室内空间物理环境，为人们营造舒适的购物空间。

（天津市建筑设计院）

【红旗剧院改扩建工程】 天津市建筑设计院完成，获2017年“海河杯”天津市优秀勘察设计三等奖。该改扩建工程建设地点位于南开区红旗南路复康路立交桥下西北侧。基地面积4500平方米，建筑面积8544.31平方米，地上为剧场及其附属用房，地下为设备用房。①设计理念：改造设计在不改动原结构框架的基础上，在原有剧院西侧扩建一座4层附属建筑，扩建部分功能以剧团内部办公、排练厅、剧场配套用房为主。②改造重点：功能扩展，综合剧场改为专业评剧场；增加升降乐池，扩大表演区，增加吊杆、丰富舞台灯光；增大排距和视线升起；混响时间由综合剧场1.4改造为专业评剧场1.2，背景噪声、声场均匀度、混响时间、语言清晰度符合建筑声学指标，音质效果好；增加化妆间、排练厅、改善办公、提高贵宾厅标准；外檐及节能提升。③设计创新：加建部分通过日照分析严格控制建筑高度，并在西侧居民区方向尽量减少开窗面积，以降低噪声对居民的影响和西晒对排练厅的影响。形式结合功能，立面元素提取自古典花格窗和镂空砖墙，表达了剧院传统文化特点。

（天津市建筑设计院）

【天津数字广播大厦】 天津市建筑设计院设计，获2016年“海河杯”天津市优秀勘察设计建筑工程公建一等奖、2017年“海河杯”天津市优秀勘察设计人防工程类二等奖。项目位于天津市和平区广电集团卫津路院区内西南侧，西侧隔卫津路与天津大学相望，西北侧为建于20世纪90年代的天宇酒店，主体28层，形象突出。用地面积17897.56平方米，总建筑面积64720.9平方米，地上20层，地下2层。该建筑以“和谐于城市、和谐于功能、和谐于形象”为设计理念，以129米高的天宇酒店为整个地块中心，新建建筑与原有建筑面对卫津路形成开放的“U”形活力空间；将天津大学主轴线引入数字广播大厦内部，结合裙房首层的对外录播功能形成广播文化展示长廊。在功能设计上，把工艺设计作为整个建筑整体设计的组成部分，充分考虑先进的广播多媒体生产流程，使各分区的组织清晰、通畅。

（天津市建筑设计院）

【天津市海河医院配套工程】 天津市海河医院配套工程——传染病门诊住院楼空调系统能源站项目，由天津市建筑设计院设计一院机电研究所设计，获2016年第六届中国建筑学会优秀暖通空调工程设计奖一等奖、2017年“海河杯”天津市优秀勘察设计建筑工程建筑结构、设备组二等奖。该工程坐落于津南区津沽高速公路旁，总建筑面积28668平方米，地下1层，地上6层，建筑高度

26.45米。该工程采用的空调形式为冷、热源为地源热泵机组，溶液调湿型新风机组，干式风机盘管，即地源热泵机组冬季提供50℃/45℃热水做为空调系统的热源；夏季提供14℃/19℃冷水作为空调系统的冷源。采用温湿度独立分控系统，使冷水供、回水温度提高至14℃/19℃，采用高温型地源热泵机组，机组制冷性能系数8.08，综合部分性能系数10.18，使机组效率提高30%以上。该工程由两个动力中心综合考虑，最终使地源热泵机组装机容量降低三分之一，室外换热井数量减少160口，节约初投资200万元。溶液调湿型机组集中设置在屋顶，降低噪声对功能区的影响，避免机组对层高的额外要求，节省机房面积300平方米以上。（天津市建筑设计院）

【预制装配式建筑构件生产和安装中的自动化质量控制和信息化管理技术研究】 天津住宅集团建设工程总承包有限公司完成。项目对预制构件生产过程和安装过程中的质量控制、预制构件信息化管理进行研究。2017年装配式结构在双青新家园实现常态化应用。该工程总建筑面积158054.06平方米，共分为17个相对独立的单体栋号，7#、16#楼的结构形式为钢筋混凝土剪力墙结构，采用装配整体式施工方法，预制构件包括：叠合楼板、预制梁、预制内墙板、预制外墙板、空调板、预制楼梯等。针对7#楼的全装配式结构，在预制构件生产阶段，使用三维激光扫描技术对模具和构件的尺寸精度进行抽查；在构件安装阶段，使用全站仪配合反光片的方法控制构件安装精度；运用物联网的二维码技术实现构件生产、运输、安装、验收全过程的信息化管理。

（刁晓翔）

【天津市建筑设计院新建业务用房及附属综合楼项目】 天津市建筑设计院完成，获2017年“海河杯”天津市优秀勘察设计评选中获工程总承包一等奖、建筑工程公建二等奖、绿色建筑一等奖。项目总建筑面积3125平方米，地上10层，地下1层，建筑高度41.9米，分为业务用房及附属综合楼两部分。本着最大限度的节约资源和保护环境的原则，将绿色建筑的设计理念贯穿在设计的全过程，实现国内绿建三星，获美国LEED金奖和新加坡GREEN MARK INTERNATIONAL（CHINA）铂金奖。该项目是土建、设备、岩土、装修、景观、项目管理、施工运营等全过程设计一体化项目，创新性的将BIM技术应用于项目的全生命周期中。在设计阶段，以“低影响开发”为原则，运用模拟分析，指导方案在建筑立面造型、开窗形式、结构体系、气流组织、自然通风等方面优化设计，在施工阶段，采取EPC总承包模式，解决设计与施工的衔接问题。在建设过程中，充分利用设计阶段的BIM模型，补充施工建设所需的附属构件，进一步拆分模型，使其满足算量、排期等需求。（天津市建筑设计院）

【天津生态城亲老公寓项目】 天津市建筑设计院设计二院完成，获2017年“海河杯”天津市优秀勘察设计奖（住宅与住宅小区）一等奖。基地为中新天津生态城内中生大道与和畅路交口，地块呈“L”形，设计内容含汽车库、会所和1~10号楼。总用地面积为2.9万平方米，总建筑面积为6.75万平方米，最高建筑高度为54.8米。①整体设计以满足老年人生活便捷的需求，同时具备对年轻居民的吸引力。设计融合100%无障碍要素，符合中国老年人居住建筑设计标准。②规划布局结合城市整体环境、基地总体规划与日照影响，住宅采用行列式布局；全部高层住宅南偏东15.5度，以求得日照与通风的最好角度。③交通系统采取人车分流方式，避免机动车对居住区内部环境的干扰。④项目设计将景观的层次化、体系化、主题化相结合，营造老年人交往空间与儿童活动空间的氛围。⑤在建筑的全寿命周期内，最大限度地节约资源（节地、节能、节水、节材）保护环境和减少污染。

（天津市建筑设计院）

【生态绿植景观基材及扬尘抑制固废综合利用技术的研究与应用】 天津市建筑科学研究院有限公司承担，王毅、纪慧宇、任小伟等完成，2017年8月9日通过天津市高新技术成果转化中心鉴定。该项目配合建科院公司泥浆分离技术，将工程废弃泥浆分离出的砂性土作为原材料之一，采用特殊的发泡工艺制成生态绿植景观基材，实现工程废弃物的综合再利用。基材具有吸水、保水特性，可以调节局部环境的温湿度，吸声降噪、改善城市生态环境。该项目对相关技术持续研究，实现该技术在海绵城市雨水蓄滞、水生态治理、山体生态修复等方面的广泛应用。基材是唯一一种可广泛应用于海绵城市建设的固体海绵，能实现雨水快速渗透、滞留、吸蓄、净化和利用，满足海绵城市对水体治理需求，而且基材的可塑性使其在海绵城市中的应用范围广，有利于推进海绵城市的建设，提升海绵城市品质。该课题以基材为主形成“陡坡山体坡面植被生态保护施工方法”“一种用于陡坡加固修复的生态绿植构件及制备方法”“用于陡坡加固的生态修复绿植基质及制备方法”“一种边坡客土干喷作业中防客土过湿堵塞管道的办法”等4项护坡专利技术，获2017年度国家建材行业技术革新奖技艺工法类二等奖，2017年度天津建材行业“技术革新奖”二等奖、“科学技术奖”二等奖。

（张鸿毓　郭岩岩）

【天津解放南路社区文体中心项目】　天津市建筑设计院与天津大学建筑学院、美国emsi环境管理咨询有限公司共同完成，获2017年度AEC Excellence Awards（全球工程建设行业全球卓越奖）“可持续发展类”二等奖。作为社区公共建筑，文体中心定位为低碳零能耗的绿色公共建筑，已获得美国LEED铂金认证、中国绿色建筑三星级。该项目利用BIM技术进行全过程设计及可持续分析，从信息收集、环境分析、参数模拟形成方案形体，到被动措施选用及主动措施的优化逐步完善建筑设计，完成建筑自然生长的设计过程的同时，通过各种主被动措施将能耗降低到765兆瓦时/年，可再生能源可达到870兆瓦时/年的产能标准，最终实现零能耗设计目标。①全程采用BIM技术进行设计，实现建筑形体的三维设计、全专业协同设计、重要节点构造的精细化设计，结合计算软件将分析数据模型化，实时与各专业互动；②通过提取模型中包含的数据信息，便捷计算体型系数等设计参数，指导设计深化。同时利用数据接口，将模型导入其他分析软件中，进行模拟与验证；③利用Revit模型直接生成施工图纸，将模型信息完整表达。该项目绿色建筑设计主要从主动、被动、可再生能源利用三个方面着手：①在被动式设计方面：基于分析数据，进行场地设计，确定建筑与人工湖位置，利用软件对环境模拟分析，指导气候响应设计；进行场地光环境模拟分析，指导气候响应设计基础条件分析，确定最佳形体；对建筑室外进行风环境模拟，指导生态中庭设计；进行室内风环境分析，根据共享空间垂直方向速度矢量图和温度分布云图结合地道风设计指导生态中庭设计；通过能耗模拟，进行窗墙比限值计算；基于辐射得热的能耗分析确定立面样式以及合理的外窗和墙体的传热系数；依据日照条件，不同朝向采用适合的遮阳形式。②主动式设计方面：利用高效暖通空调设备；利用高效照明设备；优化其他机电设备。③可再生能源方面：利用太阳能并梯级利用地热低温热水；对太阳能光伏板发电量的数据进行计算，针对15°坡屋顶建立详细分析模型并导入当地气候条件，计算出一年中每月总发电量。

（天津市建筑设计院）

【伊利研发中心项目】　天津市建筑设计院完成，获2017年度“创新杯”建筑信息模型BIM应用大赛“优秀科研办公BIM应用奖”、2017年度“龙图杯”全国BIM大赛设计组三等奖。项目位于呼和浩特市土默特左旗金山开发区伊利乳都科技示范园区，建设为4个单体建筑，该项目以BIM模型为手段，实现建筑设计、景观设计、室外管线、建筑幕墙、内部装修一体化设计。①场地设计：通过Infraworks对现状场地、地形起伏、周边环境进行直观的了解。使用Civil 3D对地形控制点做编辑，一键生成等高线模型。根据地勘报告，在Civil 3D中写好计算土方量需要放坡的条件，创建操作平面，拾取轮廓线设置设计标高，在放坡运算公式里选择设置好的放坡条件，生成放坡模型，为操作平面添加底面，由Civil 3D进行土方计算。②单体设计：利用室内小环境模拟等手段，提高室内舒适度。③装修设计：装修专业同步介入建筑设计过程，利用BIM技术实现多个限制条件下的装修效果。④景观设计：在总图设计完成后与主体设计同时开始，利用BIM技术进行视线分析。⑤室外管线设计：通过BIM设计，确定室外管线的走向，做到设施与景观的完美结合。

（天津市建筑设计院）

【芳庭雅苑项目】 天津市建筑设计院完成，获2017天津市“海河杯”工程建设BIM应用大赛一等奖。项目位于天津市南开区，总建筑面积74039.85平方米，地上功能为住宅与配套公建，地下功能为地下车库与自行车库，同时设有设备用房与人防工程。该项目通过BIM技术，整合各专业的协同关系，确保模型的可行性；施工图利用BIM技术，进行三维空间推敲和协同工作。项目发挥BIM模型信息化特点，对几何信息展示提取，设计全专业通过服务器，建立各自的中心文件进行协同工作，并严格执行标准对模型完成度的要求。项目实现BIM协同设计管理流程与实际工程良好协调，利用BIM技术生成二维图纸及三维节点详图，提高设计质量及深度，为建设方提供精确施工指导。

（天津市建筑设计院）

【天津卓朗科技园数据中心项目】 天津市建筑设计院完成，获2017天津市“海河杯”工程建设BIM应用大赛二等奖。项目坐落于天津市红桥区湘潭道1号。总建筑面积4800平方米。该项目在设计阶段运用BIM技术进行了深化设计、优化设计。运用BIM模型进行技术交底，并将重要节点出示意图，提高沟通效率，缩短施工工期，实现对BIM设计模型有效利用，对错综复杂管线进行综合及优化，并将优化结果落实到图纸指导施工。该项目在设计过程中运用BIM技术对模型进行数据整理、数据采集，录入大量数据中心信息，为后续的运维提供基础数据。

（天津市建筑设计院）

【天津市碧海明珠住宅】 天津市建筑设计院设计，获2016年“海河杯”住宅与住宅小区二等奖、2017年全国优秀工程勘察设计行业三等奖。该项目在符合城市规划相关退界、限高规定的同时，结合周围环境进行整体设计，总平面布局充分珍惜土地资源及区位，注重城市道路沿街面及绿化环境的整体打造。地下车库采用无缝设计，为节省工期，采用设置膨胀加强带代替传统的后浇带做法，为防止大面积现浇钢筋混凝土的收缩裂缝出现，在抗渗混凝土中掺加抗裂防水剂。框架梁采用600×800再加300腋高的方法，让设备专业的管线从腋间穿过，满足结构受力的要求，保证地下车库的净高。该工程给水、中水系统1层至4层采用市政直供，充分利用市政管网压力。给水系统5层及以上楼层采用变频调速供水装置加压供水，且配置小流量辅泵和气压水罐；中水系统5层及以上楼层采用叠压变频供水。给水系统采用竖向分区方式控制最不利处用水器具处的静水压不超过0.35兆帕，分区内底层部分设减压设施，保证供水点压力不大于0.20兆帕，且不小于用水器具要求的最低压力。在暖通专业方面，热力入口设置自力式压差控制阀，实现二次网系统变流量工况运行；室内设计参数、保温材料的性能参数及厚度、公建供暖系统、热计量散热器均符合建筑节能设计要求。在电气专业方面，大量采用新型、节能、高效光源，视不同场合选用不同灯具，利用天然采光与人工照明合理分布与组合。

（天津市建筑设计院）

【迦陵学舍设计】 天津市建筑设计院设计完成，获2017年度“海河杯”工程建设一等奖、2017年度全国优秀工程勘察设计行业优秀建筑工程设计二等奖。该项目规模仅有550平方米，迦陵学舍选址于南开大学主教学区内，是南开大学为旅居国外的国学大师叶嘉莹先生建设的集科研、教学、办公于一体的现代书院。设计思路既适应当代的生活和技术条件，又能传承中国文化。迦陵学舍的功能布局合理，流线清晰，造型简约，充分体现建筑设计的创新精神。该项目在有限的面积中，设计出创造力丰富的建筑空间，并借鉴中式四合院的空间布局，营造现代中式的建筑特色。建筑外檐选用清水砖的材质，不但与周边环境协调，更能充分体现叶先生的朴实、宁静、高洁的气质。（天津市建筑设计院）

【天津·中海八大里—四信里设计】 天津市建筑设计院完成，获2017年度天津市优秀城乡规划设

城建与交通科技

计奖（城市规划类）二等奖、2017年“海河杯”天津市优秀勘察设计住宅与住宅小区一等奖。项目位于河西区黑牛城道与洞庭路交口，定位为天津顶级都市社区。该项目设计亮点为：①窄路密网社区空间的重新诠释。②地铁无缝衔接的交通出行体验。③创新道路断面的步行空间营造。④城市型公寓的公建特性塑造。⑤普通住宅的适老化全程设计。（天津市建筑设计院）

【东亚运动会射击馆设计】 天津市建筑设计院完成，获2017年全国优秀工程勘察设计行业建筑工程设计二等奖。项目坐落于天津健康产业园体育基地东北侧地块内，总建筑面积约37996平方米。场馆标准采用《国际射联章程与规则》进行设计，达到国家体育总局射击射箭运动管理中心的使用要求，可承办全国性和单项国际比赛。设计特点：①功能分区明确、流线简捷。建筑布局合理组织4个赛区分区明确、流线简捷、功能完备。②平赛结合的场地设计。设计综合考虑场馆赛后利用，融合剧场、乒乓球场、羽毛球场等功能，提高体育建筑使用效率。③独特的体育建筑造型。建筑造型设计以“速度”为主题，建筑立面采用参数化设计。④节能措施的应用。射击馆观众厅布置天窗，合理组织自然通风，减少大空间热负荷。（天津市建筑设计院）

【渤海银行业务综合楼设计】 天津市建筑设计院、罗麦庄马香港有限公司共同合作完成，获2017年度全国优秀工程勘察设计行业建筑工程设计公建类一等奖、“海河杯”天津市优秀工程勘察设计一等奖、2016～2017年度中国建设工程鲁班奖（国家优质工程）。项目建设地点位于天津市河东区海河东路218号地块，总用地面积31094平方米，总建筑面积187000平方米。建筑使用功能主要为金融办公和营业场所。该项目于2009年年底进行国际设计竞赛，由RMJM、HOK、日建设计3家国际知名建筑设计公司方案竞标，最终采纳RMJM的设计方案，由天津市建筑设计院负责初步设计技术咨询及施工图设计工作。渤海银行业务综合楼是天津市第一座银行总部超高层办公建筑，从城市规划空间角度，使超大建筑体量与周边建筑及景观和谐；毗邻综合交通枢纽提供交通集散场所在商吸引与银行业务间取得平衡；通过幕墙构造及机电智能模糊控制降低运行能耗；优化结构选型，克服结构高度超限难点。作为渤海银行开展金融信息化并与国际现代化银行接轨的保障和服务基地，明确的功能分区、简捷的交通流线便于银行业务的开展。通过玻璃中庭，提供“城市客厅”，合理解决交通密集区域与银行经营间的冲突并创造商业价值。外檐幕墙及内部机电设计中，运用绿色生态技术措施，降低能耗减少运用经费，营造高品质人性化的金融办公建筑。项目设计中，以“综合化、智能化、生态化、高办公效率和高技术设施水平”为目标，通过精细设计、优质服务，保证大厦的建成使用，成为海河沿岸的永恒地标。

（天津市建筑设计院）

【预制装配整体式混凝土结构施工技术及工程质量控制与验收研究】 天津住宅建设发展集团有限公司、天津住宅科学研究院有限公司、天津住宅集团建设工程总承包有限公司康庄、张文龄、李呈蔚、李军华、冯云等完成，2017年11月获中国施工企业管理协会科学技术奖科技创新成果二等奖、中国建筑业协会建设工程施工技术创新成果三等奖。预制装配整体式混凝土结构由预制混凝土构件通过可靠的方式进行连接，并与现场后浇混凝土形成的装配式混凝土结构，具有建筑设计标准化、部品生产标准化、现场施工装配化、结构装修一体化、建造过程信息化等特点。与传统的现浇结构相比，预制装配整体式混凝土结构对设计、生产、施工技术、工程质量控制与验收提出新的要求。通过课题研究，形成《装配整体式混凝土结构工程施工与质量验收规程》等地方标准3项、《装配式整体式混凝土剪力墙结构施工工法》等市级施工工法2项，授权《一种预制连梁和预制墙连接端部施工方法》等发明专利3项、实用新型专利13项。课题研究成果成功指导实际工程，应用面积达100余万平方米，对装配式建筑的实施推广具有指导意义。

（刘子赓）

【天津中德应用技术大学改扩建一期工程EPC项目BIM应用】 天津市建筑设计院承担的天津中德

城建与交通科技

应用技术大学改扩建一期工程EPC项目设计、施工一体化总承包项目，BIM技术应用获2017年第三届“科创杯”中国BIM技术交流暨优秀案例作品展示会大赛设计组及施工组优秀奖。该项目从设计阶段、施工管理、运营维护等全过程创新性地利用EPC+BIM的管理模式。该管理模式解决了设计与施工协同困难的现象。利用BIM技术辅助设计进行优化深化，减少施工问题。构件细分精细化统计工程量提供BIM工程量清单，辅助项目制定采购计划。依托BIM5D管理平台，在质量、安全、进度、资料等多方面开展试点应用，为项目管理提供手段和方法，提高工程质量、节约成本、缩短工期，取得一定的成效。项目成果确定了天津市建筑设计院中德项目为广联达公司在天津市首个“BIM应用示范项目”。

（天津市建筑设计院）

【建筑结构用高性能泡沫混凝土制备与应用技术研究】 天津市建筑科学研究院有限公司、天津城建大学、天津建工特种混凝土材料科技发展有限公司及天津市建工工程总承包有限公司承担，黄靖、黎春海、王欣、张建业、张环宇等完成，2017年1月通过天津市城乡建设委员会鉴定，获2017年度天津市建材行业科学技术奖二等奖。该项目提出高性能泡沫混凝土与普通混凝土及轻骨料混凝土相比具有重量轻、单位质量强度高、整体性好、施工成本低等优点，是一种集围护、承重和节能于一体的新型建筑结构材料，主要应用于建筑结构工程领域。研发发泡倍数高，稳泡效果好的新型泡沫剂，并对泡沫混凝土的配合比进行优化，制备出收缩小、吸水率低、强度较高的高性能泡沫混凝土。应用于建筑物的内外墙体、层面、楼面、立柱等部位，可以使建筑物的自重降低20%以上，工业固体废弃物掺量达30%以上，节约基础造价10%以上。

（张鸿毓　郭岩岩）

【基桩动刚度试验及高应变动力检测导向装置研究】 天津市建筑科学研究院有限公司承担，张旭、何晶、李宾等完成，2017年7月项目验收，获2017年度天津市建材行业技术革新奖二等奖。该项目中基桩动刚度试验研究，是通过对实测信号曲线的计算研究，得出导纳值及动刚度与桩身缺陷的关系，并且能够准确指出缺陷的位置及类型。基桩动刚度试验研究的创新点在于通过仪器采集的锤击后相关速度及力信息，经过再次计算获得导纳数值，从而绘制试验桩的导纳曲线，经数据对比及研究判定试验桩缺陷的实际信息。高应变动力检测导向装置研究的创新点在于改革原有装置的设计，使其不仅能准确控制落锤方向，还能满足不同桩型基桩的高应变动力检测，以保证检测数据的准确、可靠，高效地完成高应变动力检测并获得更好的效果。该项目研制的基桩高应变动力检测导向装置，在国外多项工程中得到应用。

（张鸿毓　郭岩岩）

【岳阳道小学常德道58号校区主楼落地重建工程】 天津市建筑设计院设计完成，获2017年“海河杯”天津市优秀勘察设计建筑工程公建三等奖。该建设地点位于天津市和平区常德道58号，建筑地上3层，地下1层（局部夹层），总建筑面积8141.2平方米。该建筑充分发掘市中心区宝贵的用地资源，充分利用地下空间和建筑控制高度。建筑风格与周围风貌建筑相和谐，建筑形体比例恰当，细部设计较为精致，立面丰满有层次。使用功能合理，技术设计较为周全。项目传承五大道街道空间形态，围墙及建筑前部开敞空间强调街区的延续与渗透，与周围建筑相融合。利用有限的用地资源、有限的建筑高度和周边配套设施，地上地下结合使用，尽可能布置出最大使用面积、使用功能最合理的平面布局。五大道建筑限高12米且用地狭窄小，设计最大化的利用阁楼和地下空间，利用窗井和下沉庭院，引入自然光和自然通风，提高地下空间的使用舒适度。抬高首层地面标高，充分利用建筑限高，用地下空间解决整个校区的供暖、供电和消防设备用房，并利用地下空间，设置教学附属用房。充分利用建筑限高，抬高首层地面1米，为地下夹层直接采光通风提供条件，在南向设计一条沿地下房间采光面的下沉窗井，解决地下房间的采光、通风和自然排烟。抬高首层地面的做法也更暗合五大道建筑常见的建筑形式。在技术设计上，建筑外墙采用300厚蒸压轻质砂加气混凝土砌块墙体自保温系统，外贴面砖，均为A级防火材料，环保延年，非常适合学校建筑 。建筑外排雨水管设计为中密度PE管材外墙砌块内暗敷，使立面干净整齐。项目已于2016下半年投入使用，很好的满足了校区学生、教师的教学使用要求。

（天津市建筑设计院）

【祥云名苑、商业及车库项目设计】 天津市建筑设计院完成，获2017年“海河杯”天津市优秀勘察设计住宅及住宅小区二等奖、2017年度全国优秀工程勘察设计行业住宅及住宅小区三等奖。项目总占地面积15511.3平方米，总建筑面积124887平方米。该项目地处中心城区，用地紧张、容积率较高，方案通过在首二层设置架空停车层解决地面停车及交通问题，在二层平台通过加大覆土埋深，形成居民日常活动的公共室外平台花园。公寓建筑采用折板式体型，板式小进深为通透式户型创造了先决条件，折板建筑体型也解决居住建筑与超高层建筑体型之间的问题。在单体平面中，通过划分空间的整齐对正，为降低含钢量及精装品质提供先决条件。该项目的实施增加了该区域发展程度，取得良好的经济、社会和环境效益。

（天津市建筑设计院）

【锦程嘉苑三期工程】 天津市建筑设计院设计完成，获2016年“海河杯”天津市优秀工程勘察与住宅小区项目一等奖、2017年全国优秀工程勘察设计行业奖住宅与住宅小区项目二等奖。项目位于天津市西青区津涞公路以南，秀川路以西。用地面积49575平方米，建设面积48700平方米。为钢筋混凝土结构低层住宅。小区北侧为高层住宅，南侧为多、低层住宅，结合小区北侧主出入口设置配套公建及商业用房。错落布置以争取多变的外部空间，使更多户型能够充分利用水面和绿地资源。小区内道路布置为环形与鱼骨式相结合，通过住宅一侧下沉，形成台地，道路平坡结合。围绕会所与开放水体形成社区的核心景观意向，并通过水脉贯穿整个中心社区，与社区绿化开放空间共同构成别具特色的生态网络体系。在外观设计造型元素中渗透了英伦风格，突出砖砌手工质感，屋顶为两坡顶，局部有交叉山花，使长向立面富于变化，立面有突出的壁柱做为装饰，入口处均有拱廊加以突出。

（天津市建筑设计院）

【依云郡、依水郡项目】 天津市天泰建筑设计院设计，获2017年“海河杯”天津市优秀勘察设计评选住宅及住宅小区二等奖。项目位于天津市静海区健康大道与巢湖路交口，依云郡用地面积为47496.8平方米，依水郡用地面积为37641.8平方米，总建筑面积为81838平方米。项目主要建筑功能为住宅及配套公建，建筑立面设计中高层住宅以简欧风格为主，低层住宅以英式风格为主。通过屋顶体系、墙面体系、细部体系结合园林景观体现艺术精细化设计。项目在设计阶段结合不规则用地，化弊为利，总平面规划布局一举多得：全区正南北朝向、高层零遮挡摆位、多层组团式微地形花园、纯净的步行居住小区、便捷的停车入户体系，丰富项目空间形态，营造良好的居住环境，提高业主的生活体验。因分期施工需求，该项目地下车库为多个单体地库分别施工，通过连廊联通和谐设计，统筹不同功能、不同体型、不同规模的16个地上建筑单体及3个地下车库单体，使项目形成紧密结合、有机联系的和谐居住体系。每个地下车库分别结合地上居住产品的特点，灵活变化层高，优化土方平衡，在满足设备管线要求的覆土深度前提下相互紧密联系。

（天津市建筑设计院）

【天津国际贸易中心项目】 天津市建筑设计院作为机电设计单位，与外方土建设计单位合作完成，获2016年中国建筑学会公共建筑类优秀给水排水、暖通空调和电气设计二等奖，2017年天津市 “海河杯”给水排水、暖通空调和电气设计二等奖。项目建设地点位于小白楼商务中心区，总建筑面积239600平方米，由3座超高层塔楼、5层商业裙房和地下3层车库组成。最高的A塔57层，建筑高度235米。①给排水专业设计特点：给排水专业设置生活给水、中水、冷却循环水、排水、雨水、消火栓、自动喷水灭火、大空间智能型主动喷水灭火和气体灭火系统。管线综合设计优化走道内的管线综合排布，部分管道穿梁敷设，保证走道的吊顶标高；地下一层的雨污水出户管布置进行合理优化。给水和中水系统采用分区供水方式，首层和地下室利用市政水压直接供水，二层以上采用变频水泵加压供水，并进行合理分区。消防系统设置消火栓系统和自动喷水灭火系统，合理布置自动扫描射水高空水炮。地下室变电站设置气体灭火系统。②暖通专业设计特点：暖通专业设置中央空调系统，通风系统，防排烟系统，采暖系统。空调、通风系统采用直接数字控制（DDC）系统进行自控，可在空调控制中心显示并自动记录、打印出各系统的运行状态及主要参数，并进行集中控制。③电气专业设计特点：强电部分用两路独立35千伏电源及备用1600千瓦发电机组供电，重要负荷另设集中EPS（UPS）应急电源。采用35千伏/0.4千伏系统，深入负荷中心分三处设置35千伏主附变配电站。弱电部分设计有火灾自动报警系统，安全防范系统（含视频监控系统、出入口控制、入侵报警系统、电子巡查、门禁控制系统），照明设有独立的智能灯光控制系统，建筑设备监控系统（BAS）中，空调制冷、供暖通风、给水排水、热力等均纳入BAs系统进行监控或监视。合理布局超大型空间弱电配线间，达到布线合理、使用灵活。各弱电系统提供通用接口及通信协议，对建筑物内子系统的信息进行综合管理，实现系统集成。

（天津市建筑设计院）

【预制装配整体式剪力墙住宅与传统现浇住宅绿色施工环境影响评价研究】 天津住宅建设发展集团有限公司、天津住宅科学研究院有限公司、天津住宅集团建设工程总承包有限公司、天津市房屋鉴定建筑设计院、天津工业化建筑有限公司共同完成，2017年12月 结题。该课题以双青新家园项目为载体，对其施工现场及构件厂进行调研分析。①从“四节一环保”综合评价项目涉及的浪费、污染、环境等多类问题入手，对住宅建造各工艺环节潜在问题进行调研梳理，并从绿色施工及“四节一环保”角度，初步对装配式住宅与现浇式住宅施工过程各工艺环节的“四节”程度及对周边环境影响进行定性定量统计，并初步建立一套较为完整的标准化“四节一环保”数据统计方法。通过两种施工工艺间相关评价指标的定性定量对比，分析装配式住宅相对于现浇式住宅在绿色施工方面的优势与不足，初步研究确定两种工艺各施工环节对绿色施工的影响权重。②通过对比国内外装配式建筑相关工程及研究案例，进一步探讨相关绿色建筑技术在装配式住宅建筑体系中应用的可行性，促进装配式技术体系的不断优化，推动装配式住宅产业发展。该项目以实际调研和测试数据为依据，研究装配式建筑绿色施工的环境效益，确定装配式建筑的环境效益指标，制定相应的施工绿色化控制方案，具体对比分析装配式建筑相对于传统现浇施工在“四节一环保”上数据对比，提出改进措施。项目研究使装配整体式建筑在生态环境、技术经济、管理机制和综合效益方面产生绿色优势，对推进装配式建筑的发展具有指导意义。（刘子赓）

【中国农业银行股份有限公司客户服务中心（天津）项目】 天津市建筑设计院设计完成，获2017年“海河杯”天津市优秀勘察设计二等奖。项目总用地面积42462平方米。地下1层，地上12层，总建筑面积12万平方米，其中地下24000平方米，地上96000平方米。建筑总高度63米。容积率2.24。①贯彻“适用、经济、安全、绿色、美观”的建设方针。②在总图布局、平面功能、空间组织上与建筑形式相协调，根据不同适用功能合理分区，形成不同的视觉空间，创造现代、高效、注重交往、有文化气息的办公环境。解决的技术难点：①从人的活动空间尺度和城市的空间尺度出发进行总图的设计。②设计中，依靠通高的共享中庭，化解进深过大带来的采光不足和通风问题，改善呼叫中心的办公环境。③立面设计采用虚实对比的处理手法。该项目对于建筑功能复杂、平面形状呈弧形、全楼多出共享和高大空间的设计技术有所创新。项目引入绿色建筑设计理念，取得天津市二星级绿色设计标识证书。

（天津市建筑设计院）

【滨海直属（欣嘉园）中学（天津实验中学滨海学校）】 天津市建筑设计院采用一体化设计，获2017年度天津市“海河杯”优秀建筑设计二等奖。项目地处天津滨海新区黄冈欣嘉园居住片区，各单体建筑物地上1~5层，地下1层，建筑高度均不超过24米。项目通过合理的规划及设计，创造出一流的教育环境及优质的城市景观，形成该区域的地标建筑。整个用地分为3个功能区块：教学区、生活区、运动区，3个区块相对独立又紧密联系。教学区采用以综合教学楼为中轴的对称布局，东、西侧教学楼及艺术楼、实验楼分列于综合教学楼两侧，每栋教学楼各自形成院落。教学区最北端为食堂，同时可容纳约900名学生及200名教师就餐。生活区包含学生宿舍及教师宿舍，南侧为800人的报告厅。运动区包含一个标准400米环形跑道的室外足球场地及室外田径运动设施，周边布置室外篮球、排球、网球场地。运动区功能完善、用地完整，便于组织管理，形成相对独立的区域，可开展对外服务活动。建筑整体注重段落层次的设计。单体建筑外檐主要采用棕色装饰砼砌块外墙，教学区采用中轴对称的布局，由南向北开始由低至高排布，采用坡屋顶。体育馆及报告厅采用拱顶的设计，外檐处理成柱廊，营造出丰富的建筑空间。生活区建筑以院落式的布局，形成一定的节奏感。

（天津市建筑设计院）

【呼和浩特市赛罕区全民健身中心项目】 天津市建筑设计院完成，获2017年度AEC Excellence Awards（全球工程建设行业全球卓越奖）设计组二等奖以及由中国勘察设计协会举办的2017年度“创新杯”建筑信息模型BIM应用大赛“文化体育最佳设计奖”。项目整体分为两个区域，其中包括一个拥有5000个座位、可举办各类体育赛事的多功能体育馆。项目全程基于Revit平台，采用BIM技术进行设计。通过建立中心文件的方式，使各设计师共享同一数据源，实现复杂空间三维协同设计，解决专业间因信息壁垒而产生的错误。三维的可视化模型可对复杂空间进行详细推敲，发现并解决问题。利用Revit模型直接生成施工图纸，将模型信息完整表达，通过参数化手段将模型信息批量提取，利用数据信息对接预制构件加工及现场安装。项目采用参数化设计手法，逐步延伸到扩初设计和施工图设计，将rhino+grasshopper的参数化结果与Revit对接，在Revit中完成全专业的三维协同设计工作。利用参数化手段进行屋面完成面的嵌板优化。利用模型将嵌板信息进行图纸表达，便捷对接数字加工及现场装配，采用预制构件缩短工期。①以dynamo等参数化手段进行构件空间定位，结合计算软件将分析数据模型化，实时与各专业互动；②在钢屋架与柱顶结合处，应用Dynamo，通过Python语言实现一键生成桁架支座，并自动对齐角度，完成桁架节点下部的支座设计；③利用dynamo进行体育馆座椅快速排布，并根据不同使用功能，进行座椅分级；④应用Dynamo进行管道位置预排步，指导机电设计优化。通过拾取Excel中关于管线的截面尺寸、圆心距、标高等参数，驱动REVIT生成体量，直观进行路由排布，通过修改参数便捷调整，获得最佳方案进行管线设计；⑤应用API编程，将构件信息完整输出，解决Revit数据在施工图出图阶段的读取障碍，将参数化信息完整展现。项目结合BIM与绿建，使建筑实现 可持续发展的目标。

（天津市建筑设计院）

【《铸钢结构技术规程》】 《铸钢结构技术规程》（JGJ/T395—2017）（以下简称《规程》）由中国建筑第六工程局有限公司、天津大学主编，宝钢钢构有限公司、北京机电院高技术股份有限公司、北京市建筑工程研究院有限责任公司、重庆大学哈尔滨工业大学等单位参编共同完成，2017年2月20日经住建部批准作为行业标准，自2017年9月1日起实施。该《规程》共分11章，主要内容按顺序依次是：总则、术语和符号、基本规定、材料和设计指标、设计与计算、构造规定、铸钢件加工、结构安装、防护和保养、检测和监测、工程验收。主要创新点为：在《规程》中增加铸钢的国产牌号，提出了不同厚度分组下的铸钢抗力分项系数，在《规程》中加入了铸钢构件的设计内容，对铸钢件焊缝内部缺陷检测进行了规定。编制过程中，编制组对近10年国内工程中的铸钢材料进行广泛的调查研究，并借鉴国外相关技术标准，将成熟、先进的技术纳入《规程》，并与现行国家规范相适应。《规程》作为实施铸钢结构的工程技术依据，规范了铸钢结构的

设计、施工、检测监测及验收等环节的工作，促进铸钢结构的进一步发展及国内新型建筑结构的创新性发展。（李　娟）

【天津数字电视大厦二期工程】　中建六局于2017年12月完成。该工程位于天津市河西区梅江道与九连山路交口，是一栋集多功能剧场、电视文化交流中心和电视产业开发于一体的综合性高层公共建筑。建筑面积99980平方米，建筑高度83.4米，地下两层，地上18层。包括南北两栋对称18层塔楼和一栋5层裙房。该工程处于富水软土地基区域，基坑开挖深度10.75米，局部深度达17.25米，地下水位埋深仅1.5米，且设计要求基坑最大变形量仅为30毫米。为确保基坑安全，项目部采用灌注桩+环撑+止水帷幕体系，岛式、分层对称开挖的施工方案，其开挖引起的基坑变形量小于设计值，超过 设计要求。项目部以科技为先导，在工程施工中推广应用“建筑业10项新技术”中9大项25子项新技术，涉及到混凝土、钢筋、模板、钢结构及机电安装工程；自主创新技术6项，分别为大跨度重型悬臂桁架支撑胎架法施工技术、薄壁空心管楼板抗浮处理技术获国家实用新型专利、轻型钢结构灯栅层安装技术、大空间石材干挂内钢架整体预制安装技术研究与应用。该工程秉承绿色施工的环保理念、精益求精铸造精品工程的质量控制标准，获全国建筑装饰行业科技创新成果奖及2016～2017年度中国建设工程鲁班奖。（李　娟）

【天津津湾广场9号楼工程】　中建六局于2017年12月完成。该项工程位于天津市和平区赤峰道、解放北路、哈尔滨道、合江路围合的地块，地上部分属于超高层建筑，框筒结构、桩基础。地上由70层塔楼和4层裙房组成，建筑高度300.65米，地下室4层，基坑深度为24.6米，总建筑面积为209500平方米。该建筑运用多项国际、国内先进技术，获得美国LEED绿色建筑金奖认证，同时从德国引入了国内首例载重最大、速度最快的双子电梯，该电梯由两个轿厢在同一井道独立运行，让两个乘客同时抵达不同楼层成为可能。该建筑工程应用的大吨位外挂型动臂塔外挂钢支架倒运施工技术工法，解决动臂塔爬升时由于高空作业数量繁琐而导致的工期过长，减少构件的吊装时间，同时增大安全系数，实现空中作业动作少、作业零死角、提高安全性、节省空中吊装时间，被评为2017年天津市城乡建设领域市级工程建设施工工法。（李　娟）

【中国汽车技术研究中心风洞试验室项目创新技术】　中建六局胡杰、刘志业、王安等于2017年12月完成。该试验室位于天津市东丽区经济开发区先锋东路南侧、三经路东侧，建筑面积38418平方米，高度23.7米，3层局部4层，最大单跨13.5米，最大基坑深度4米。该项目建成后成为国内最大的实车风洞，其风流道扩散段水平方向由圆渐变为方形，长度为33米，圆端直径为9.49米，方端边长11米，是该工程施工最大难点。为保证流道内表面平整度，提高风流素质，项目部决定采用定型内钢筒模和外木模板的组合模板方式进行支模，其内钢筒模共计204块模板。技术创新点：①利用BIM技术对模板进行三维建模，依据模型数据利用数控切割机进行大模板切割成型，使成品定型内钢筒模，与国内已有混凝土风流道采用的现场支设架体，钢板蒙皮制作模板的施工方法相比，具有加工周期短，加工精度高，现场安装精准度高的特点。②钢模板设计时沿风流方向每2米一节，每节分为12块，在确保安装可行性的前提下，最大程度保证单块模板面积，从而更能保障流道混凝土表面平整度，确保流道扩散段内壁曲率与设计一致。③利用BIM管理技术，对模板构件的三维模型进行节点出图，详细展示每块模板的四角标高，并制作安装、拆除模拟视频，以便对施工人员进行可视化交底，通过BIM5D平台记录施工过程，细化管理。通过项目技术创新管理，解决实车风洞试验室混凝土结构的最大施工难点，使风洞试验室项目顺利实施。

（胡杰　刘志业　王安　崔佳雨）

【天津市公共建筑节能设计标准（DB29—153—2015）】　天津市建筑设计院编制完成，获2017年“海河杯”天津市优秀勘察设计一等奖。《标准》确定新一阶段的节能目标，采用能耗计算的方法，给出各类型建筑的设计总能耗指标，新增给水排水、可再生能源应用和建筑设计能耗计算的有关规定。计算分析选择2000年以后建设的公共建筑（不同类型）进行模拟计算，以及全年能耗统计调查，确定不同类型公建能耗基线；分析计算确立公建标准的节能率；确定并归纳总结不同类型公共建筑的技术数据，明确其输入参数，优化建筑节能的计算。通过经济、技术综合分析，经过反复计算，确定实施后全市公共建筑的整体节能目标，平均约为65%。结合经济、技术因素的综合分析，将节能目标逐项分解到建筑围护结构、暖通空调及建筑照明系统。

（天津市建筑设计院）

【《天津市民用建筑施工图设计审查要点》】《天津市民用建筑施工图设计审查要点·建筑篇》（津16MS－J）修编工作由天津市建筑设计院编制完成，获2017年度天津市“海河杯”优秀勘察设计一等奖。该次修编是将原审查要点进行系统分类，使用时可根据建筑类别快速便捷的进行查询，亦即该修编的创新点；对原审查要点中规范、标准已修订的条款进行调整，使审查要点和规范有序统一；对部分内容空泛的条款做适度精简，避免使用者在查询时抓不住审查重点；对2013年3月颁布的规范、标准等内容予以补充；增加国家及地方行政相关法令文件章节的内容，便于使用者更全面、更好掌握审查要点依据；基于防火设计的重要性、专项性涉及多专业内容，为利于防火设计内容的系统性、完整性及对新颁布规范的掌握与理解，建筑防火设计审查内容另行成篇，审查要点中不再重复；考虑到个别规范、标准等不经常使用，编制时未纳入审查要点范畴。（天津市建筑设计院）

【编制《绿地灌溉与体育场地给水排水设施》】《绿地灌溉与体育场地给水排水设施》15SS510是依据住房和城乡建设部《关于印发〈2012年国家建筑标准设计编制工作计划〉的通知》，由中国建筑设计院有限公司和天津市建筑设计院联合编制的国家建筑标准设计图集（海绵城市建设系列）之一，适用于居住区、校园区、文化广场区等种植绿地，建筑屋顶绿地和体育运动场的草坪绿地的新建、改建、扩建工程给水排水设施的选用与安装。图集对居住区、学校、广场、屋顶、体育运动场等工程的给水排水设施选用及安装进行全面细致的要求，是国内推进海绵城市建设的重要标准依据。获2017年度天津市海河杯优秀勘察设计奖标准类一等奖。《绿地灌溉与体育场地给水排水设施》15SS510响应国家建设美丽中国号召，针对国内海绵城市建设问题，对相关工程的设施选用和建设标准进行梳理、汇总和明确。

（天津市建筑设计院）

【天津生态城南部片区23#地块幼儿园】 天津市建筑院设计，获2017年“海河杯”天津市优秀勘察设计建筑工程公建三等奖。该项目设计的整体入口环境力求景观化，景观环境的设计使主体建筑交通与城市主干道相联系，同时又可避免各种噪音的干扰，闹中取静。幼儿园采用回廊式平面，幼儿活动用房、多功能教室、音体教室等幼儿生活用房全部布置在南侧，以争取最好的朝向。教师用房和其他辅助性用房与幼儿生活区联通，布置在北侧。中间则是被门厅贯通的露天内庭院。方形的建筑形体获得有利的体形系数；内庭院的设置避免建筑过大进深带来的采光通风问题；采用先进的光导筒技术为幼儿卫生间提供日间照明；整个建筑的生活热水由屋面太阳能集热板集热供应。该建筑获得绿建2星认证。

（天津市建筑设计院）

【天津市南开区黄河道永基二期基坑支护】 天津市建筑设计院完成，获2017年度“海河杯”天津市优秀勘察设计二等奖、全国优秀勘察设计二等奖。工程位于天津市南开区黄河道与广开大街交口处，基坑深度为13.750米，基坑形状为不规则的多边形，基坑面积为10962.1平方米，基坑周长约512.4米。该工程基坑支护设计采取多种支护结构（钢筋砼灌注桩+地下连续墙+TRD工法桩）相结合的形式。既最大限度的满足基坑支护的要求，为业主节省造价，又保证基坑周边的安全，特别是基坑南侧既有地铁线路的正常运营。该设计经过反复缜密的计算，提出两层钢筋砼支护的设计形式。结合主体结构的标高设置和施工要求，在满足基坑安全的前提下节省一道支撑系统，缩短了施工工期。该项工程采取多种支护形式，为在软土地区临近地铁区间线路及深大基坑中的应用，积累设计经验。

（天津市建筑设计院）

【河东区营门口地块项目基坑支护】 天津市建筑设计院岩土设计所完成，获2017年“海河杯”天津市优秀勘察设计“工程勘察岩土设计”一等奖、2017年度全国优秀工程勘察设计“优秀工程勘察”三等奖。①基坑面积约3万平方米，开挖深度较深，大面积开挖深度约12米，局部最深处约14米；②现场地土质条件一般，场地浅层存在较厚的杂填土层，水文条件苛刻，基坑深度范围内土体渗透性较好，且第一承压含水层距离坑底较近，存在坑底突涌风险，需采取严密的隔断措施；③基坑四周用地条件紧张，且近邻基坑北侧存在既有基础形式为天然地基的学校教学楼和居民楼，基坑东侧和南侧近邻主要市政道路，基坑的开挖对周边环境的影响较严峻。设计采用大面积仅设置一道水平内支撑系统，局部靠近既有老建筑的位置增设第二道水平内支撑系统的大胆布置形式。基坑支护结构采用大面积φ1100×1400毫米的钢筋混凝土灌注桩结合一道钢筋混凝土水平支撑系统，局部增设为两道水平支撑的形式，并在变形敏感的位置缩小灌注桩的间距至1300毫米或加大灌注桩的桩径至1200毫米，提高支护系统的性价比。基坑止水措施将止水帷幕穿透第一承压水含水层实行封闭，在紧贴支护桩外侧选用技术成熟的常规Φ850毫米@1200毫米的三轴水泥土搅拌桩作为封闭的止水帷幕。水平支撑布置形式经过多轮计算比选，最终选择为7组直径不等的环梁，最大环梁直径约100米，最小环梁直径约30米，其余部位则用辐射撑连接至腰梁；局部第二道水平支撑系统为角撑+对撑的形式，第一道水平支撑中心标高设置在-4.050米，第二道水平支撑中心标高设置在-9.150米。

（天津市建筑设计院）

【陕西省渭南市中心医院一门诊急诊住院综合楼】 天津市建筑设计院完成，获2017年“海河杯”天津市优秀工程勘察设计奖三等奖，项目建设地点在渭南市胜利大街与乐天大街交口处，总用地面积134962平方米。该项目贯彻“以人为本”的设计理念，通过采光中庭等手段建立适合病人的建筑空间及室外环境。通过医患分流、分区挂号、分层收费、整合药剂科等手段力求为病人治疗提供合理简明的流线及功能分区。工程北侧保留大片绿地作为科室未来发展用地。在医院整体设计中充分体现现代化医院标准，全空调环境，经济、节能、节地、高效。在环境设计中，尽可能降低层数，设置中庭和内庭院及集中绿化花园，创造更适宜医疗的环境。在交通组织中，采用以15米宽主街作为水平主要交通干线，联系各功能房间，达到治疗路线短而清晰，避免交叉感染，创造安静有序治疗环境。

（天津市建筑设计院）

【西青郊野公园简介】 西青郊野公园一期工程由天津市建筑设计院设计完成，获2017年度天津市“海河杯”风景园林景观一等奖、全国优秀工程勘察设计行业园林与景观分会计成奖二等奖。规划区位于西青区精武镇，是天津市环城区域与中心城区联系的5条楔形生态廊道之一的南河生态廊道。公园主要营造一种“以林为体、以野为魂、以水为韵”的生态自然景观，公园在设计过程中结合现状、因势利导；结合水利，土方平衡；结合生态，大绿野趣；结合功能，城园互动，做到节约、生态可持续设计。按空间划分为水域景观、森林景观、农业体验景观。水域景观贯穿全区，形成环形水廊，收放有序，体验水—人—植物浑然天成的结合；森林景观塑造生态自然场景，开敞的绿茵草地，饱览整个湖区及跌瀑，多样的小径穿梭于疏密有序的自然空间当中；农业体验景观为生产农业与观光农业相结合，体验不同于城市的安逸场景。

（天津市建筑设计院）

【天津市环湖医院迁址新建工程项目】 天津市建筑设计院完成。获2017年“海河杯”天津市优秀勘察设计建筑工程二等奖。天津市环湖医院新院建设地点为天津市津南区吉兆路与柳盛道交口西北侧，总建筑面积124330平方米。①利用地形的总平面设计：在南北仅160米、东西600米的狭长地块内，解决从门诊、急诊到医技、住院、科研再到后勤的整个医疗流程，保证各个就医行为的通达和高效，各功能相互联系又相对独立。②符合脑系科医院特点的平面组合：根据脑系科医院争取患者抢救时间的要求，重点打造急诊区域的流线设计，保证绿色通道的高效。设计思路以最便捷简明的医疗使用为原则，完备的功能做依托，扩展到医院的各个组成部分。住院病房按专科特点分为内科、外科组团，并临近各自使用的医技用房。③技术创新：通过智能化、精细化设计和医疗工艺设计，有效避免各设计分项、各工种之间时间、空间上的误差，节省工期，节约工程造价，便于管理，实现从设计到施工整个流程的高效节能。（天津市建筑设计院）

【潍坊港中港区西作业区液化品库区工程一期项目BIM应用】 天津市建筑设计院提供BIM咨询服务项目，获2017年第八届“创新杯”建筑信息模型（BIM）应用大赛工业工程组优秀BIM应用奖。项目通过采用BIM技术建立从施工图设计到施工准备、施工深化、总分包施工管理高度集成的一体化BIM5D管理，完成项目的BIM相关标准和专业应用，最大限度地提高项目预控水平，降低施工风险，提高施工进度，更科学地指导工程施工，有效地对工程管理目标进行控制，为工程的顺利实施提供有力的技术保障，并为后期BIM运维奠定基础。通过BIM深化优化、预演、工程量统计等精细化施工管理工作，实现施工现场合理流水无返工、停工和窝工，效益明显。项目采用BIM技术，通过设计验算和BIM施工模拟，管廊选用预制柱+钢结构横梁的混合结构形式，管廊柱全部采用工厂预制的方法，大大提高施工效率，节约施工成本。工程储罐采用BIM技术对排版图重新设计，损耗率由设计的4.3%降为3.2%，节省钢材共计200余吨。该项目BIM技术的应用实践，整理并完善企业标准化施工BIM族库、EPC化工储罐项目LOD100—500专用族库，编制基于BIM技术的EPC工作流程、制度和标准，建立结合BIM技术的工程建设管理体系，为后续项目应用、工程管理积累经验。

（天津市建筑设计院）

【天津中医药大学第一附属医院迁址新建工程（一期）设计】 天津市建筑设计院完成，获2016年“海河杯”天津市优秀工程勘察设计奖二等奖、2017年全国优秀工程三等奖。项目建设地点为天津市西青区昌凌路与宝通道交口西南侧，总用地面积123500平方米。该工程设计贯彻“以人为本”的设计理念。通过采光中庭等手段建立适合病人的建筑空间及室外环境。针对中医医院诊治一体，门诊时间长及门诊量较大的特点，通过医患分流、分区挂号、分层收费、整合药剂科等手段力求为病人治疗提供合理简明的流线及功能分区。门诊西侧保留大片绿地作为科室未来发展用地。在大型现代化医院中充分体现中医特色。通过设置内庭院引入中国传统院落概念，通过以医院街为中轴的对称布置，对于重点科室（如国医堂）进行中式特色装修，在为患者提供良好就医环境的同时弘扬中医文化。采用医院街及模块化门诊医技的布局模式，利用气动传输物流系统等现代化物流及信息流手段，设置地下连廊，连接各主要建筑，同时敷设能源供应管道，便于检修维护。在满足功能适用的前提下，选择最经济可行的空间组合、结构体系与设备运行方式。充分利用自然通风和采光。

（天津市建筑设计院）

公用事业

【机动车维修服务标准与行业运行评价体系研究】 天津市机动车维修管理处孙玉栋等承担的省部级科学技术项目，2017年3月通过天津市交通运输委员会验收。主要研究完成7个地方标准：①《机动车维修从业人员从业资格条件》适用于机动车维修从业人员的资格审核以及任职条件的管理，对各类机动车维修从业人员的任职条件、岗位职责等做出规定。②《纯电动汽车维护、检测、诊断技术规范》适用于在用纯电动汽车的维护和检测诊断作业，规定纯电动汽车的维护分级、维护周期、维护作业内容及技术规范。③《机动车维修业开业条件》对机动车维修企业开业应具备的基本要求、经营管理、安全生产、环境保护等通用条件做详细规定。④《机动车维修服务客户满意度评价方法》通过规范性、公开性、人性化、专业性、服务费用合理性以及环境保护6个维度，对客户满意度进行评价。⑤《机动车维修服务规范》对机动车维修经营者向客户提供维修服务的术语和定义、基本要求、维修服务流程、服务质量管理和诚信经营要求等方面进行规定。⑥《道路运输车辆综合性能检验检测机构通用条件》从经营资格、人员、检验检测仪器/设备等通用条件方面详细规定。⑦《营运车辆二级维护企业技术条件》对营运车辆二级维护企业的资质条件、设施条件、设备条件、人员条件等详细规定。

（程　颖）

【在用柴油发动机货运车辆加装颗粒物捕集器技术条件】 根据市政府《关于制定清新空气行动相关专项工作方案的通知》的要求，为有效应对天津市中、重型柴油发动机货运车辆日益严重的排放污染问题，由天津市机动车维修管理处贾彦勇等承担的地方标准。2017年12月由天津市市场和质量监督管理委员会批准发布。该标准对在用柴油发动机货运车辆加装颗粒物捕集器的要求、排放检测和产品维护等方面进行规定，为规范天津市在用柴油发动机货运车辆加装颗粒物捕集器工作提供技术支持，有效的指导加装工作，实现标准化作业。标准的出台有利于保证中、重型柴油发动机货运车辆加装颗粒物捕集器工作的质量与效果，有利于控制车辆的污染物排放，促进和改善天津市环境质量，有利于人民身体健康。

（王耀宇）

【城市燃气高压规划管网输储调分析研究与应用】 津燃华润燃气有限公司、中国市政工程华北设计研究总院有限公司承担的天津市建委科技发展计划项目，2017年3月 通过由天津市建委组织的成果鉴定。 主要研究内容及创新点：①在天津市燃气高压管网供应现状条件下，研究规划高压燃气管网的输气、储气及调峰能力；②在天津市燃气高压管网形成“一张网”的条件下，研究规划高压燃气管网的输气、储气及调峰能力；③在满足规划高压管网输储调性能最优的前提下，研究不同气源的最佳接气量；④动态分析研究天津市高压燃气管网在事故工况下的输储调性能及应急调峰站在高压燃气管网事故工况下的供气性能。该项目在完成负荷统计基础上，以2017年、2020年高压天然气管网为模型，以管道仿真软件TGNET为工具，分析研究不同工况下的高压管网的输气、储配、调峰能力，优化天津市高压天然气管网系统的接气门站、调峰储配站等气源选址位置，为“十三五”期间规划新增高压天然气管线、场站提供技术依据。依据研究成果，规划高压管道及各类场站22项，基本形成天津市高压输配“一张网”的供气格局。建设完成津晋高压（青凝侯路、赛达大道）管道建设、宝坻分输站增容扩建、陈塘电厂临时计量调压站等工程；完成空港二期等8座高压场站升级改造工程，提高现有管网接气、输配能力，保障中心城区改燃用户的用气需求，完善公司高压燃气管网系统，提升燃气管网的安全性，经济效益、社会效益显著。

（周琳生）

【公用事业服务标准体系研究】 天津市标准化研究院孙彩英、申娜娜、高玉斌等于2017年12月完成。其创新点：①构建包括横向要素和纵向要素的公用事业服务标准化模型。从纵向要素（微观层面）公用事业服务标准国际化的核心纵向链条——国际标准的制定链和横向要素（宏观层面）——机构建设、平台搭建、标准化技术委员会承担、标准体系设计、主导标准制定、标准化人才培养等6大要素战略2个层面构建1套公用事业服务标准化模型。②设计天津公用事业服务标准体系。根据对天津市公用事业管理和服务要素的全面规范和系统整合，顶层设计公用事业服务标准体系建设的框架，建立以通用基础标准为基础，服务事项标准为主体，服务运行标准和服务评价标准为支撑的天津市公用事业服务标准体系；标准体系突出标准工作重点，分轻重缓急，统筹安排，明确各模块的急需标准。③构建“三步走”公用事业服务标准国际之路战略。运用STOW分析方法对天津市的公用事业服务现状分析，对比国际一流公用事业服务标准化模型的差距，从机构建设、平台搭建、标准化技术委员会承担、标准体系设计、标准制定、标准化人才等几个方面梳理出天津打造国际一流公用事业服务品牌的区域、国内、国际3个阶段的战略步骤。

④以公用事业为命运共同体，设计服务标准化国际路径。将供电、供水、供暖等公用事业联合起来，系统地将公用+事业作为一个整体，研究其标准化发展的路径。该项目取得的成果：①《天津市公用事业服务标准化建设研究》报告；②《供电服务品质评价规范》地方标准。

（孙彩英）

国土资源与房屋管理

【社区“互联网+物业服务管理”建设问题及其发展对策研究】 天津市红桥区房地产管理局、天津城建大学完成，2017年5月 通过天津市国土资源与房屋管理局验收。项目研究围绕红桥和苑西区社区“互联网+物业服务管理”供需现状、问题—影响制约因素—机制设计—推进对策，在智慧社区网格化管理体系下，从平台治理视角探讨和解决“互联网+”环境下的社区物业服务管理样态表征、矛盾问题、运作管理模式、制约因素、驱动根源与支持路径问题，通过社会网络研究范式，重点解决社区“互联网+物业服务管理”建设的理论到实践的建构问题，基于理论和实证视域内的社区“互联网+物业服务管理”实现机制如何设计，实现社区“互联网+物业服务管理”长效和高效化发展，建立一套行之有效的社区“互联网+物业服务管理”发展实践模式和运行机制体系。包括：社区“互联网+物业服务管理”系统内外情境场域和主体关系、能力及行为，建构“互联网+”平台工具化的社区物业服务管理共生生态圈体系。基于价值性矛盾纾解基础上，以职能性和发展性矛盾解决为重点的“互联网+物业服务管理”机制构建，基于平台相关主体间基于利益耦合下的政策新体系创新，以及社区“互联网+物业服务管理”作为共生网络生态圈进行管理等观点，通过和苑西区社区实践活动，为社区“互联网+物业服务管理”建设提供新的治理工具，将和苑西区社区建设成为智慧、便利、宜居的居住社区，形成能实行、能复制、能推广的社区“互联网+物业服务管理”示范项目典范，为天津市乃至全国社区的“互联网+物业服务管理”建设提供参考与借鉴。

（天津市红桥区房地产管理局　天津城建大学）

【天津土地有形市场信息化建设研究】 天津土地交易中心完成，2017年1月通过天津市国土资源与房屋管理局验收。该项目通过互联网技术，对天津市土地有形市场及现行远程报价系统进行标准提升和功能优化，拓展信息化服务水平，建立起符合国家技术标准的土地交易电子服务系统，研究并实现土地市场数据环境的统一，建立信息安全保护制度，提高信息网络防护水平，全面提升市场服务功能，创新土地市场信息化模式与监管体制，实现与国家公共资源交易电子公共服务系统的安全、有效对接。依据国有建设用地使用权出让相应法律法规，结合天津市本土交易过程，制定《交易系统银行接口规范》《保证金缴纳凭证》《网上交易规则》《单独/联合竞买申请书》《成交结果确认书》等交易标准和规范，形成土地交易系统信息化平台标准体系，为土地交易市场服务及系统开发奠定基础。项目组开发的系统平台包括用地储备转出让、公告发布、地块预申请、网上报名、报名材料获取、在线审核、网上竞价、保证金缴纳单在线自动生成及查询、资格审核随机分配、竞价号牌随机生成、网上观摩、在线模拟、现场pad端竞价、保证金退款结转等功能，减少交易过程中人为影响，切实达到交易过程公开、公正和公平，提升市场服务功能，创新土地市场信息化模式与监管体制。系统的诚信体系查验，通过数字证书、与信用中国黑名单信息结合等方式，实现对竞买人资格的自动审核，减少业务中间环节，提高资格审核工作的实效性。与公共资源交易平台实时数据对接，已向该交易平台数据库推送数据，包括出让公告、成交宗地信息、竞买人信息等，完成国家发改委所要求的数据上报要求。

（天津土地交易中心）

【天津市土地整治“整村统筹”模式研究】 天津市国土资源和房屋管理局武清分局、北京舜土规划顾问有限公司完成，2017年10月通过天津市国土资源与房屋管理局验收。该项目研究以最小的行政单位—村为对象，按照“整村统筹”解决天津市土地整治现实难题、提高土地整治综合效益、推动新农村建设、现代农业和生态文明建设协调发展的思路，在充分借鉴各地区“整村统筹”土地整治经验的基础上，以解决问题为导向，以天津市武清区代庄子村为例开展实践探索，进行“整村统筹”土地整治模式的推广应用分析。项目结合天津实际，采用实地调研与文献阅读相结合、理论和实证分析相结合等研究方法，针对天津市土地整治存在的现实问题，在充分借鉴外省市有益经验的基础上，提出“整村统筹”土地整治新思路。从统筹的内容、实施要点层面进行“整村统筹”土地整治模式的设计。该成果应用于代庄子村土地整治项目的实践，证明该模式的可行性。研究提出的“整村统筹”土地整治模式应用的重点和推广要点，对进一步促进天津市土地整治事业的发展具有重要参考意义。

（天津市国土资源和房屋管理局武清分局　北京舜土规划顾问有限公司）

【天津市公共租赁住房准入退出管理与对策研究】 天津市住房保障管理办公室、天津城建大学完成，2017年1月通过天津市国土资源与房屋管理局验收。在理论框架下将天津市公租房的准入退出管理制度与国内外具有典型代表性的管理模式进行比较，并通过实地走访调研、按比例发放问卷等手段，充分搜集基础资料和直接数据，分析天津市公租房的准入退出情况。具体结合全市居民住房现状及准入退出机制满意度的问卷调查结果分析公租房准入退出制度的困境及问题，总结实施经验、剖析问题成因、制定对策方案，重点就法律制度、权责主体、组织协调、机构运行、长效管养、公共服务、政策倾斜、市场支持、监督考评等方面需解决的问题和运作机制提出可行性建议，以期达到指导操作实践的效果。项目紧密结合天津市公租房准入退出实际情况，针对承租人对于承租政策看法和影响其退出意愿的因素等问题采取问卷调查的方式，获得第一手资料，对天津市公租房准入退出制度的满意度情况进行定量分析。课题从域的角度研究天津市公租房的准入退出制度，依次从过程域、投入域、产出域和能力域4个方面提出对公租房准入退出管理的对策建议，具有较强的针对性和应用性。

（天津市住房保障管理办公室　天津城建大学）

【天津市危旧建筑评估标准与安全性能提升技术方法研究】 天津市国土资源和房屋管理局房管处、天津大学完成，2017年5月通过天津市国土资源与房屋管理局验收。该项目从分析天津市不同类型既存危旧建筑现状及安全隐患入手，就探索危旧建筑的评估标准和可持续的安全性能提升技术方法进行研究，实现促进危旧建筑进入良性发展进程的工作要求，为天津市危旧建筑安全性能提升以及管理工作提供技术支撑。项目以天津市既存危旧建筑为主要研究对象，运用现场实测、物理模拟与数字技术相结合的方法，同时考虑建筑周边环境要素，研究影响不同建筑类型、结构类型危旧建筑安全性能的致灾要素及其发展规律；构建天津市危旧建筑安全评估标准、天津市危旧建筑安全应急预案及天津市危旧建筑修缮细则，研究设计危旧建筑安全性能提升技术方法以及建筑玻璃幕墙安全防护技术方法。该项目采用现场调研与数字模拟等手段，研究影响危旧建筑安全性能的致灾要素，构建天津市危旧建筑评估体系；从提升建筑自身结构与材料安全性、改善建筑内部空间防灾效能、优化建筑生态效应优化三个方面进行可持续安全性能提升技术方法研究；针对既存危旧建筑安全风险形成原因，探索提升危旧建筑本体和建筑空间环境安全性能的危旧建筑修缮细则，以及基于危旧建筑公共安全的安全应急预案；结合现存热点问题进行建筑玻璃幕墙安全防护技术方法等专题研究。

（天津市国土资源和房屋管理局房管处　天津大学）

【基于综合统计分析监管平台的工作效率分析研究】 天津市房地产经济技术信息中心完成，2017年8月 通过天津市国土资源与房屋管理局验收。项目针对一张图相关系统的区县报件和退件情况、市国土资源与房屋管理局处室各个节点的审批时间及整体的审批时间，通过工作流流转记录，建立国土房管工作流模型，用注入式工作流信息截取方式进行数据提取，统计分析季度和年度的办件情况，得出该业务系统整体业务办理情况，对办件效率给出科学评价，提醒和督促业务处室进行相应的改进。通过对各个节点的办件监管，可以提醒、警告办件人员加快办件进度，以免延误办件周期。通过对业务系统的分析和监管，获取丰富的经验，提出对系统业务办理的改进意见。

（天津市房地产经济技术信息中心）

【天津市农村集体经营性建设用地入市实践探索及对策研究】 天津市国土资源和房屋管理研究中心、天津城建大学完成，2017年6月通过天津市国土资源与房屋管理局验收。该项目系统分析新一轮全面深化改革对土地制度驱动机理，梳理十几年来农村集体建设用地流转的发展历程，总结借鉴各个试点地区的模式及实践经验，分别从天津市农村集体经营性建设用地现状及新时期土地制度变革、农村集体经营性建设用地产权制度完善、入市体系构建、收益分配机制、入市平台搭建与服务监管等方面探讨中国农村集体经营性建设用地入市的切实路径。并创新思路，构建集体经营性建设用地入市与保障房建设、养老地产项目及小产权房的衔接框架，从天津市集体经营性建设用地入市的法律政策规制、制度框架、收益分配机制及流转制度的配套措施等方面提出对策建议。该课题的观点及建议具有一定的前瞻性和创新性，对天津市农村集体经营性建设用地入市的推进具有重要理论与实践意义。

（天津市国土资源和房屋管理研究中心　天津城建大学）

【普通住宅小区物业服务公允成本估算模型及动态调整机制研究】 天津市国土房管局物业处、天津市物业管理协会完成，2017年11月通过天津市国土资源与房屋管理局验收。该项目主要研究物业服务成本费用现状、物业服务公允成本影响特征因素、物业服务公允成本测算模型构建、公允成本的应用方式4个方面内容，其研究方法包括文献调查法、归纳法、特征价格法、案例验证法。其中，文献调查法主要用于收集法律法规部门规章，确定物业服务法定项目及要求；归纳法主要通过搜集服务合同等案例，归纳常见服务项目，通过搜集服务运营案例，归纳各种服务项目的品质及对应的成本；特征价格法用于分析各服务项目的品质与成本的关系，形成特征价格模型；案例验证法对间接影响因素模型的估计准确性、执行度和覆盖性进行验证。通过以上4种方法综合研究，最终建立直接构成因素体系测算模型和间接影响因素体系测算模型。基于广泛和深入的调研，对比国内外研究成果，分析天津市住宅物业服务成本及其定价机制的现状，设计相关成本模型和定价机制，对构建人民美好生活具有现实意义。通过备案信息和专项数据采集，分析并确定住宅物业服务成本的直接构成和间接影响因素，基础充分、数据翔实。基于特征价格法设计直接构成因素测算模型，基于回归分析和参数估计方法设计间接影响因素测算模型。模型设计方法适当，结构合理，推证严谨，验证充分，具有较好的科学性和实用性。该项研究在国内率先提出住宅物业服务成本的区间估计，给出置信概率，提高了物业管理招投标审价工作的精确度。

（天津市国土房管局物业处　天津市物业管理协会）

【直管公房移动互联网报修服务系统】 市房产总公司、津房科技公司完成，2017年4月通过天津市国土资源与房屋管理局验收。该项目提出把互联网技术与传统公房维修服务相结合，用互联网+改造传统的直管公房报修、维修的工作流程，应用移动互联网、智能终端、地理位置信息、线上线下联动等创新技术，打破传统工作的固有模式，实现“响应用户需求快速化、报修维修过程透明化、维修任务分配计量化、维修结果公开化”的目标。该系统具备直管公房住户手机移动客户端报修、维修工人派工管理、管理人员数据统计分析功能，达到系统设计任务要求。该系统与网络版报修管理系统有机结合，手机移动客户端实现直管公房住户的注册、登录、报修，维修工人接单、办妥以及房管站报修接待人员查询统计、报表统计等功能，满足直管公房报修业务需要。该系统使用Visual Studio.NET 2005开发工具和SQL Server 2005数据库平台，采用面向对象、自顶向下的结构化设计，系统界面友好，操作便捷，易于更新与维护。

（天津市房产总公司　津房科技公司）

【国际矿业市场数据库平台建设】 天津矿博国际会展有限公司完成，2017年4月通过天津市国土资源与房屋管理局验收。该项目建立的国际矿业市场数据库平台，通过对矿业相关数据的统一管理和分析，实现行业分析、行业预测、日常运行情况的监测。建立人员库、专家库、矿业项目库、产品库等一系列数据库。项目完善并建立以中国国际矿业大会为代表会展行业在展商数据管理和观众数据管理为原型的一套数据分析系统。系统基于B/S结构，可随时随地为查询人员提供数据可视化分析服务。系统设计体现了先进性、可靠性、实用性、安全性、易使用性、开放性、开源性、可扩展性、可维护性等原则。

（天津矿博国际会展有限公司）

【货币化租赁补贴政策实施效果及对策研究】 天津市住房保障管理办公室、南开大学社会建设与管理研究院完成，2017年11月17日通过天津市国土资源与房屋管理局验收。该项目以租赁补贴政策对保障对象家庭的居住条件、消费行为、家庭生活、就业等多个方面影响进行调查分析，对调查结果与住房保障政策的根本宗旨进行比对评价，为该政策的发展完善提供合理可行的方案，在政策的制定、调整、执行过程中得到应用，使住房租赁补贴作为一项社会性保障政策，在扶助居住贫困人口、促进租赁市场发展、构建和谐社会等方面更加充分的发挥作用。该项研究紧密联系天津市租房补贴政策实施的实际情况，通过系统抽样问卷调查及个案访谈等方式收集样本数据，采用单变量描述统计和双变量交互分类统计等方法，对租房补贴政策的实施效果进行定量测评；基于调查结果分析，揭示存在问题及成因；结合天津市实际，提出货币化租赁补贴未来发展的对策建议。

（天津市住房保障管理办公室　南开大学社会建设与管理研究院）

【关于企业多源异构数据库数据集成的研究】 天津市津房置换有限责任公司完成，2017年8月通过天津市国土资源与房屋管理局验收。该项目对天津市津房置换公司的业务情况进行研究分析，依据津房业务系统与财务系统和银行往来凭证的案例，设计多源异构数据库数据集成系统方案，并按软件工程方法得以实现，达到预期效果。该项目使用多种数据载体作为异构数据库系统之间交互的媒介，通过Socket技术、OCR识别等技术手段完成信息集成，实现异构数据库项目间的数据整合与交叉验证。该系统打通原五大系统（预算管理系统、业务管理系统、财务管理系统、银行POS收款系统、税票票据开具）信息孤岛，通过OCR自动识别票据数据，使五大系统数据互联、互用、校准，可直接产生财务凭证，有效提高工作效率。

（津房置换有限责任公司）

【天津市煤炭地下气化工程地下水保护研究】 天津华北地质勘查局地质研究所完成，2017年2月通过天津市国土资源与房屋管理局验收。该项目研究通过煤炭地下气化室内模拟试验，系统获取静海地区煤炭地下气化室内模拟试验相关参数，获得不同气化时段气化煤层温度场、浓度场和压力场的变化规律、煤气组成及气化过程的稳定性特征。测定煤气及冷凝水中各污染物的含量及富集特性。该项研究对气化后各反应段的灰渣进行污染物分析，得出污染物含量指标及分布特征。对气化后灰渣进行淋滤试验，获取了Pb、Cd、Zn、As在淋滤液中的含量及淋出规律。项目针对煤炭地下气化模拟实验，初步探讨了在气化工程中采用合理的气化压力及温度控制其污染物向周围环境中扩散特点，探讨防治地下水受到污染的措施。该项目研究为煤炭地下气化工程的选址提供科学有效的选址依据；实现气化压力的有效控制，以杜绝污染源的扩散；掌握污染物的污染途径、类型、特征、浓集和迁移规律等，为有效解决地下水污染提供方案。

（天津华北地质勘查局地质研究所）

【农用地质量地球化学评价与农用地分等成果整合研究】 天津市国土资源和房屋管理局地质事务中心、天津市地质矿产测试中心完成，2017年6月通过天津市国土资源与房屋管理局验收。国内主要从两个角度开展土地质量评价工作，一是农用地分等，一是土地质量地球化学评价。农用地分等是依据构成土地质量稳定的自然条件和经济条件，在全国范围内进行的农用地质量综合评定。土地质量地球化学评价是依据有益元素、有毒有害和有机污染物等地球化学指标，及其对土地基本功能的影响程度而进行的土地质量级别评定。土地质量地球化学评价和农用地分等都是全面衡量农用地质量及分布状况的基础工作，属于对土地质量的评价，但两种成果分别建立在不同的评价体系上。农用地分等是在力求差别化目标下的一种基础性评价，侧重于反映因农用地潜在的（或理论的）区域自然质量、平均利用水平和平均效益水平不同，而造成的农用地生产力水平差异；土地质量地球化学评价工作虽查明了土地有益有害元素和有机污染物的含量水平及对土地功能的影响，但评价结果未能充分体现土地资源的利用水平及土地的生产能力。利用两种方法、两种成果的互补性进行整合评价，进一步提升土地质量表述的科学性，探索符合中国国情的土地质量评价方法与成果表达方式，具有现实意义和指导作用。

（天津市国土资源和房屋管理局地质事务中心　天津市地质矿产测试中心）

【基于建设用地双控的天津市土地节约集约利用管理模式研究】　天津市土地学会、天津市国土房管局土地利用处、天津城建大学完成，2017年9月通过天津市国土资源与房屋管理局验收。该项目系统梳理国内土地节约集约利用政策演变规律，找准新时期提升建设用地总量与强度控制的着力点；从天津市土地节约集约利用变化分析入手，总结土地节约集约利用演变特点，选取西青区区域内的西青经济技术开发区（国家级）等作为主要分析对象，全面分析西青区内区域层面及经济开发区土地利用现状；对美国、新加坡、德国鲁尔及上海、深圳、苏州和北京等国内外双控措施及土地节约集约利用管理模式管理制度创新改革思路、做法、模式进行总结，分析不同模式的操作方式及应用特点，归纳其成功经验及教训；系统分析建设用地双控对土地节约集约利用的影响，并搭建模型分析天津市建设用地集约利用和产业结构高级化的影响关系，总结出建设用地双控下产业转型升级对土地节约集约利用要求；对天津市土地节约集约利用现有管理模式进行梳理，总结天津市土地节约集约利用管理模式特色及存在问题，结合天津市土地节约集约利用管理面临关键问题，提出“六位一体”管理模式和管理体制创新思路。

（天津市土地学会　天津市国土房管局土地利用处　天津城建大学）

【天津市住宅物业服务标准研制】　天津市物业事务服务中心完成，2017年7月通过天津市国土资源与房屋管理局验收。该项目结合天津市物业管理工作实际，解决广大业主在物业管理活动中缺少专业知识的需要，为业主与物业企业协商签订物业服务合同和评判物业企业履行合同约定提供参考。该项目形成的《天津市住宅物业服务标准》符合实际，具有较强的针对性和可操作性，对促进行业规范发展、提升全市物业服务整体水平具有很好的应用价值，可有效减少物业管理矛盾纠纷，为物业企业履行合同约定提供参考，是规范服务行为、促进提高服务质量和业主满意度的需要，为物业管理行业协会和市、区两级指导和监督工作提供参考。

（天津市物业事务服务中心）

【保障性住房套型设计及产业化模块适应性研究】　天津市住房保障管理办公室、天津市中怡建筑规划设计有限公司、河北工业大学共同完成，2017年9月结题，并通过天津市国土资源与房屋管理局验收。项目紧密联系天津市保障性住房的实际情况，针对住宅产业化迅速发展的社会背景，提出保障性住房套型平面设计的改进方案，利用空间句法对套型的空间使用效率进行定量分析，从居住者的需求角度出发，户型多样性及适应性增强，具有较强的针对性和广泛的应用前景。项目研究以不同套型对基础模块的相容性与套型平面的多样性为基础进行设计，并作出户型模块的初步组合，分析结构设计与施工方法的可行性，为模块化住宅建设提供设计策略与方法。

（天津市住房保障管理办公室 天津市中怡建筑规划设计有限公司 河北工业大学）

【地热水中硫化物测定新方法的应用研究】 天津市国土资源和房屋管理局地热处、天津市地质矿产测试中心完成，2017年6月通过天津市国土资源与房屋管理局验收。项目从优化资源利用、增强经济效益、维护环境友好的角度出发，对地热水中硫化物的传统采样方式进行改良，开展针对地热水中硫化物测试新方法的应用研究，获得更为准确可靠的数据结果，更真实地反映硫化物在地热水中的含量，达到简化技术流程、提高检测效率的目的，为天津市地热资源的合理开发与综合利用提供科学规范的数据支持和技术支撑。该项目在充分收集整理国内外有关资料的基础上，阐述地热水中硫化物现有的采样方式和检测方法，简要说明各方法的原理及不足之处，为该课题研究奠定良好的基础。研制地热水硫化物采样器，通过新旧比对实验和采样完整性实验，证明采样器的均匀性和密闭性，有效避免由于地热水水温高，硫化物化学状态不稳定易分解逸出以及地热水泵口出水量大，水流速度快而造成的硫化物损失。采样器设计科学、方便实用，具有独创性。阐述新的硫化物测定方法即连续流动分析法的方法原理和仪器原理，对其进行检出限、精密度、准确度、重复性、加标回收率等方法实验，优化样品固定剂和样品保存时间。新方法准确可靠，科学高效，更加适用于地热水中硫化物的测定，具有极大的推广应用价值。

（天津市国土资源和房屋管理局地热处 天津市地质矿产测试中心）

【天津市农用地规模化经营及流转模式研究】 天津市国土资源与房屋管理研究中心、天津城建大学完成，2017年11月通过天津市国土资源与房屋管理局验收。该项目在比较研究国内外农用地规模化经营及流转模式经验与教训的基础上，分析农用地规模化经营及流转的动力因素和机制。以天津市宝坻区和静海区为例，实地调研分析两地农用地规模化经营及流转的现状和存在问题，总结不同流转模式及不同经营规模下农用地流转的特点。比较单户流转和家庭农场模式的主要差异，根据调研对象的空间特征，提出天津市农用地适度规模及流转模式选择的决策方法及方案。该项目为构建适合天津市及面向全国推广的农用地流转模式、规模及流转制度等工作提供参考依据。

（天津市国土资源与房屋管理研究中心 天津城建大学）

【房地产BIM云销售系统的研究】 天津市房地产业协会、天河大成建筑云科技（天津）有限公司完成，2017年9月通过天津市国土资源与房屋管理局验收。房地产BIM云销售系统的研究，是BIM技术与GPS\GIS\VR\云技术相结合，应用于房地产销售过程，全方位动态展示房地产项目的区位、交通、室外环境、街景，实现室内外真实场景虚拟漫游，为房地产项目展示增添创意元素，增加与客户的互动；通过云技术突破线下销售的不足，实现销售终端多样化，减少销售环节，同时降低客户和开发商的成本。房地产BIM销售云平台积累大量客户需求数据，有助于开发商从产品型销售向服务型销售的转变，客户可方便快捷地参与到房地产项目的产品设计环节。房地产BIM云销售系统是集成化的信息化管理系统，采用B/S架构，以BIM技术为基础，以室外导航（GPS+GIS）、实时街景（BIM+GIS）、室内虚拟（BIM+VR）以及云技术为支撑，实现房地产项目全方位、全流程、全周期的数字模型仿真模拟展示，实现购房者互动参与，突破时空限制，实现线上线下综合销售模式。该项目通过对国内外房地产项目销售系统现状的研究，依托具有代表性的房地产项目的真实需求，运用BIM\GPS\GIS\VR\云技术等信息化技术，提出网络经济、大数据时代以及消费者体验经济时代房地产销售的创新模式，详细阐述房地产BIM云销售系统的技术实现路径及政策建议。研究成果为天津市房地产行业的发展提供科学参考与依据，具有一定指导意义。

（天津市房地产业协会 天河大成建筑云科技（天津）有限公司）

水　务

【城市黑臭水体治理工程实施技术指南】　中国市政工程华北设计研究总院有限公司孙永兴、张秀华等完成，获2017年度天津市科技进步三等奖。受住房和城乡建设部城市建设司委托，结合国务院2015年4月2日颁布的《水污染防治行动计划》，国家城市给水排水工程技术研究中心牵头编制了《城市黑臭水体整治工作指南》（简称《工作指南》），并于2015年8月28日由住建部和环保部联合颁布实施。《工作指南》对城市黑臭水体识别与分级分类方式进行明确规定，对治理技术方案编制、技术选择、治理效果评估等提出明确要求，结合“城市黑臭水体”的实际治理目标对象，将公众参与引入水体识别、工程治理、绩效评估和跟踪督察的全过程，对指导城市政府开展水体整治工作具有重要意义。结合城市水体“水量少、流速低、污染重”等特征，对水体黑臭特征及原因进行科学剖析；以水体在城市中的功能定位为核心，提出“水变清－水流动－水自净”的三步走城市黑臭水体治理策略，提出以“复式断面、循环补水、生态基流”为核心，以“安全、和谐、亲水”为基调的城市水体治理工程技术理念；提出控制水体污染、保障生态流量、规避污染转移、恢复城市水体生态的措施与手段；从技术可行性、经济合理性、生态安全性、公众安全性等角度对投加硝酸钙控泥的同时严控污水厂出水硝态氮、过分夸大生物原位处理在黑臭水体治理中的效能等5种“伪环保技术”进行科学评估；系统总结水生植物和人工湿地在城市水体生态修复中的作用与贡献，对水生植物生态修复过程中的充氧机制进行模拟实验研究。编制《城市黑臭水体治理工程实施技术指南》，为工程设计提供科技支撑。作为住建部和环保部《城市黑臭水体整治工作指南》的技术解释单位，先后配合完成省部级指南解读近20次，部级黑臭水体整治工作推进会技术解读2次，各级政府机构受众近万人。

（中国市政工程华北设计研究总院有限公司）

【天津市深层地下水水文地质条件数字化及开采状况模拟和预测】　天津市科技支撑计划重点项目，由天津市水文水资源勘测管理中心张伟、李文运、李华等完成，获2017年度天津市科技进步三等奖。①水文地质基本要素数字化研究。以GIS为技术平台，利用Access、Surfer等软件，从空间网格化结构等三方面开展水文地质条件数字化研究，主要包括水文地质结构、地下水流场及水位动态、地下水水化学场数字化。②数值模型研究。首先查明研究区内各含水层和隔水层岩性、结构、空间分布及水文地质条件，在分析定界条件、源汇项基础上，建立三维水文地质概念模型；其次在概化黏性土层结构、给出模型定解条件、处理土力学参数基础上，建立地下水流—地面沉降耦合数值模型；最后选择历史模型和现状模型，经过识别和模拟效果分析，建立时间序列达34年的地下水流—地面沉降耦合三维数值模型。③数值模型应用。反演地下水开采量，考虑粘性土压缩滞后性，将压缩释水量作为源汇项，确定深层地下水资源组成；评价地下水资源，结合南水北调工程及相关的地下水开发利用规划，预测地下水水位变化及流场变化趋势；开展地下水关键控制水位研究，应用地下水数值模型、回归分析、风险评价和动态曲线图解4种方法研究地下水关键控制水位，并对地下水关键水位进行对比分析和综合评价。主要创新点：①将天津市水文地质条件数字化并应用于地下水流－地面沉降耦合数值模型的建立。②建立天津市大区域、多层结构、长时间序列地下水流－地面沉降数值模型，采用相关要素分析法估算地下水开采量，开发源汇项数据处理的子程序包RAW（recharge and well，RAW），提高模型模拟的工作效率。③提出多种确定天津市地下水关键控制水位的方法，预测规划条件下的红、蓝线控制水位值。课题成果已在天津市水利地矿等部门推广应用，并取得显著的社会效益、经济效益和环境效益，对提高天津市地下水资源管理水平具有重要的指导和借鉴作用。　（天津市水文水资源勘测管理中心）

【管幕－顶涵法在大型输水箱涵穿越高速公路工程中的关键技术研究与应用】　天津市水利工程有限公司杜辉、李梅、禹作利等完成，获2017年度天津市科技进步三等奖。该课题针对国外引进的管幕—顶涵工艺理论，围绕南水北调中线干线廊坊市段TJ4—5标津保高速穿越工程开展。根据查证的文献纪录，最早的管幕—顶涵法工程是1971年位于日本Kawase—Inae穿越铁路的通道。中国于2003年引入该工法，并首次应用于上海北虹路地道工程，开创了国内管幕—顶涵法穿越地面建筑的先河，随后在国内得到逐步拓展。从应用效果看，管幕—顶涵法尚不够成熟，相关技术仍处于不断探索和完善中。该项目针对顶进阶段润滑注浆系统、润滑浆液的选择、管幕构造、顶进保压系统、顶进工作面周围的土体加固、顶进开挖阶段掌子面的稳定、路面沉降调控、路面沉降观测及信息反馈等关键环节进行了系统的研究和创新性完善，实现了工程的全过程受控状态，将管幕—顶涵法推向新的高度，并形成自主的技术核心，为展开后续研究与应用起到良好的借鉴意义。该项目成果首次在南水北调中线一期工程天津干线廊坊市段TJ4—5标工程中应用，形成系列创新成果，并陆续在南水北调邯郸配套工程、河北省南水北调配套工程石津干渠工程北庄至晋州西段工程、津南污水处理厂（纪庄子污水处理厂迁建）配套进出水管网工程及津南再生水厂（纪庄子再生水厂迁建）配套输水管网工程（第4标段）、天津市北辰区双青片区污水干管及泵站工程等项目中应用。该项目获发明专利2项，实用新型专利4项，水利水电工程建设工法1项，发表论文5篇。（天津市水利工程有限公司）

【海河流域非常规水安全利用模式及关键技术】

水利部公益性行业科研专项项目，由天津市水利科学研究院周潮洪主持完成，2017年3月通过水利部验收。项目由4个分项目组成，分别是“海河流域非常规水现状调查”“海河流域咸水及微咸水安全利用模式及关键技术”“海河流域再生水安全利用模式及关键技术”和“海河流域海水淡化水安全利用模式及关键技术”。①开展海河流域再生水、咸水和微咸水利用现状调研与评价，分析其用于农业和生态的开发利用潜力；②研究再生水用于农业对土壤和农作物的影响特征，提出海河流域不同区域农业再生水安全利用模式；③研究建立海河流域微咸水安全灌溉技术体系，筛选大田耐盐作物，提出不同作物及种植条件下微咸水灌溉指标体系；④对流域海水利用现状进行调研，研究淡化海水的输送和使用安全性，比较不同的海水淡化后处理工艺的安全性和成本，提出海水直接利用和海水淡化安全利用模式。项目提出海河流域再生水和浅层咸水、微咸水的可开发总量及分布规律；提出适合海河流域不同区域的农业再生水利用模式；建立适合海河流域的微咸水灌溉含盐量指标体系；提出了海河流域小麦、玉米、棉花和部分蔬菜品种咸水、微咸水灌溉制度，制定一套咸水安全灌溉利用技术示范推广的具体办法和保障措施。该项目研究成果可增加海河流域水资源的可利用量，为当地经济社会的快速发展提供更高的水资源保障。

（于　谧）

【天津河道入河污染物截控及水环境改善研究】

水利部公益性行业科研专项经费项目，由天津市水利科学研究院常素云主持完成，2017年11月通过水利部验收。项目建立具有串接混接性质的城市排水管网水质数学模型并将其与河道水质数学模型相耦合，提出城市降雨、汇流、管网、入河、河道污染迁移、河道净化全过程模拟算法，为城市河道水环境治理规划、设计、施工提供了技术支撑；揭示天津市入河污染时空分布规律，将地表径流污染、串接混接污染、管道沉积污染进行量化，提出适用于老城区的入河污染截控技术；定量分析城市已建成区入河污染截控及河道治理工程的污染物削减效果，提出综合治理模式；基于旱季管网水质变化特性，综合水量导流、水质导流及雨污错峰入流措施，提出分质分量导流技术，研发分质分量导流系统，实现“由雨转污，异位处理”，达到入河污染截控的目的；基于天津市雨水泵站排水水质规律，将磁絮凝技术与旋流沉淀原理相结合，开发磁絮凝—旋流沉淀雨水泵站快速治理技术，降低高负荷污染物直接入河的风险；研发基于利用河道岸边空间净化入河污染的多维汇水污染截控技术，降低对河道水质的冲击影响，提升河道景观效果。项目揭示的入河污染空间分布规律及污染组成，得出的不同下垫面污染平均浓度、非降雨期雨水管网水质变化规律，为天津市排水规划修编提供重要的技术支撑；建立城市串接混接排水管网水质数学模型，分析初雨调蓄池方案、LID设施方案、旱季导流方案以及串接混接封堵方案对入河污染的削减效果，为中心城区水环境提升规划方案制定提供技术支撑。项目组通过大量的客观数据使入河污染特征及各项措施对水环境改善效果有了更全面、更深的认识，为天津市水环境治理决策提供重要的依据。（于　谧）

【非开挖地下输水管道修复装备联合研发】　水利部公益性行业科研专项经费项目，由天津市水利科学研究院张振主持完成。2017年1月通过水利部验收。非开挖地下输水管道修复装备是加拿大LINK－PIPE公司先进的管道修复装备，该套装备主要由管道修复器及不锈钢发泡筒组成。通过了解非开挖地下输水管道修复装备各组成部件的功能，掌握各组件的工作原理，熟悉掌握整套装备的使用方法，并在消化吸收的基础上，对非开挖地下输水管道修复系统进行试验研究，通过试验积累数据，对管道修复器及不锈钢发泡筒进行国产化研究开发，最后将自主研发的管道修复器及不锈钢发泡筒在地下输水管道修复中应用。项目所采用的修复技术是指在不开挖或微开挖的情况下对有缺陷管道进行修复和更新，以保障管道良好运行、延长管道使用寿命的施工技术及其辅助技术。其对周围交通、环境影响小，具有较低的社会成本。采用非开挖技术对地下管道进行修复、更新有良好的经济、社会和环境效益。项目组对修复设备及技术进行消化、吸收，实现管道修复器及不锈钢发泡筒的国产化。国产化的管道修复器经济实用，其成本仅为进口设备的三分之二；不锈钢发泡筒成本仅为进口产品的四分之一，推广应用前景广阔。在消化吸收的基础上，经过室内室外试验研究，用玻璃纤维布和氰凝胶体材料可部分替代不锈钢发泡筒，简化施工流程，降低管道修复成本。该设备可应用到复杂地下输水管网的管道修复，并可广泛推广应用到其他管网的管道修复。使用该设备修复管道，无需占用道路、阻塞交通、破坏绿地，给施工带来了极大地便利，不仅提高劳动效率，亦保证维修人员的生命安全。该修复设备技术先进，修复过程仅需10～15分钟，修补快速，市场前景十分广阔。该项目申请专利1项。

（于　谧）

【管道灌溉新型给水栓示范推广】　水利部推广项目，由天津市水利科学研究院李娟主持完成，2017年6月通过水利部科技推广中心验收。给水栓是天津市水科院自主开发的专利产品，列入《2013年水利先进实用技术重点推广指导目录》。项目主要研究内容为：对原新型给水栓专利产品的加工工艺进行升级改造，将手糊制作方法改为模压成型工艺，改进后产品尺寸精确，表面光洁，可一次成型，且质量稳定，生产效率较高，适合于大批量生产；委托国家玻璃钢制品质量监督检验中心对新型给水栓进行性能检测，检测结果表明：产品外观质量、结构尺寸、水压渗漏、抗老化性能等各项指标均达到规范规定的合格标准，能够满足使用要求；2015～2016年，在全市6个农业区县推广应用Φ110毫米、Φ200毫米2种规格新型给水栓2259套，推广面积28140亩。开展新型玻璃钢给水栓的田间应用试验，包括给水栓运行情况考核、灌溉水利用系数测试和灌溉制度试验。针对天津市春旱的特点，提出单方水生产效率最高的小麦节水灌溉制度，即灌3水（冻水+返青水+拔节水）+灌水定额50立方米/亩组合，以指导农业生产，发挥示范推广工程的综合节水效益。项目的示范推广工程建成后，项目区年新增节水能力289.68万立方米，节地效益210.42万元，增产效益407.98万元，省工效益84.42万元，降低工程维修费27.12万元，年累计新增效益为729.94万元。通过田间应用试验考核，安装的新型给水栓均未出现丢失和漏水现象；与土渠灌溉相比，项目区灌溉水利用系数达到0.81，亩均节水10^3立方米，节地7%，省工50%，增产13%。项目的实施有利于缓解灌溉水资源短缺的问题，使有限的水资源得到更加合理有效的利用。有利于发挥示范带动作用，带动周边地区节水型农业的发展。同时由于新型给水栓具有防丢失、耐腐蚀、结构合理、使用方便、经济耐用等特点，克服了铸铁给水栓的缺点，有效解决给水栓丢失造成管网系统无法运行的问题，从而保证管道节水灌溉工程效益的长期发挥，促进管灌节水灌溉技术的持续发展。

（于　谧）

【农业用水计量智能管控新技术培训】 水利部推广项目，由天津市水利科学研究院焦丽娜主持完成。2017年12月通过水利部验收。该培训班邀请水利部灌排中心、全国工业过程测量控制和自动化标准化技术委员会、天津大学、天津市武清区水务局科技推广中心等有关单位领导、专家、工作人员讲解农业水价改革相关政策解读、农业用水计量管控新技术，以及农业用水计量设施具体应用情况等内容。参加人员为各区水务局农水科、水利技术推广中心负责人及相关管理人员、设计人员，以及各区农业用水计量重点乡镇水利站管理人员。通过培训，参训人员对农业水价综合改革政策机制有了更加深入的了解，对改革工作的必要性和重要意义有了充分认识，对改革工作内容、工作重点和工作方式有了系统的学习和理解，了解了相关前沿技术和先进经验，业务能力得到加强，工作任务进一步明确，活动取得扎实成效。（于　谧）

【天津市水科院绿化节水灌溉技术示范推广】 天津市水利局推广项目，天津市水利科学研究院史庆生主持完成，2017年12月通过验收。项目完成院内绿地节水灌溉技术的应用，根据不同植物的需水规律和需水量向植物提供“精准”灌溉。在草地、乔木需水量较大的绿地中使用地埋喷灌，在带状绿篱中使用小管出流，在竹子地块使用微喷。通过统一的自动控制系统进行智能控制，完成对绿地的灌溉。工程内容主要包括院区绿地植物选择与补种、绿地喷灌设备安装工程、路面恢复工程及监控系统更新工程。完成楼内绿植节水灌溉技术的应用，其中楼内植物墙滴灌设备安装工程完整实现自动上水、自动补光，达到了定时定量灌溉的效果，并且做到了保证室内绿植生长良好的情况下，以最慢速度生长，维持绿植墙效果更长久。结合绿植墙深入研究其他方式的室内绿化形式成为一个主要的发展方向，如与办公室内办公桌椅相结合的绿植，与照明系统结合的绿植等，通过不同绿化形式将“室内氧吧”的概念具体化。室外绿地自动灌溉技术在国内相对比较成熟，但对于不同种类植物“一对一”的灌溉方式尚未得到推广，智能灌溉技术更适用于园林绿地中，值得进一步推广应用。

（于　谧）

【于桥水库环境现状诊断及其对上游调水的响应研究】 天津市水务局科技计划项目，由天津市水利科学研究院张凯主持完成，2017年5月通过市水务局验收。项目对于桥水库现状进行全面的诊断，2012年的洪水、2014～2015年的全年调水、2014年年底的大黑汀水库黑臭底水入库以及2015年冬季高磷水入库等极端工况进行分析研究，制定出近期、长期治理的方案和目标。开展包括水质、生物、底质、污染来源等的全面调查，从而对于桥水库的生态现状、底泥污染以及调水影响进行评估，为后续的治理措施提供技术支撑。分析诊断于桥水库生态系统的现状及存在的问题，明确问题的主要驱动因子并预测生态系统的未来可能发展趋势，为于桥水库近期整体治理对策的提出、流域间水质改善的关键考核指标和关键时间节点等的确定提供技术依据；摸清水库底泥污染现状，分析污染底泥来源、历史过程以及分布特征，通过对底泥污染释放的条件和通量的估算，分析于桥水库清淤的必要性，为于桥水库底泥治理工程提供指导和依据；从降低藻类暴发风险方面出发，阶段性提出2016年秋季和2017年夏季于桥水库调水的指导性参数和建议。项目主要研究于桥水库水生态问题诊断、底泥污染现状与源汇辨识及清淤建议以及于桥水库水质和藻类对调水的响应研究。项目得出磷污染是于桥水库最突出的水质问题，总磷是长尺度时间藻华生长的关键驱动因子，总氮在年内尺度上起重要作用；于桥水库底泥中有机质和氮磷污染严重，在温度较高季节，于桥水库沉积物—水界面磷的释放对上覆水柱磷的补充起到一定的作用，能够促进藻类水华的形成与发展。研究报告对重点污染区域提出局部清淤建议；于桥水库氮磷污染负荷主要来自上游潘大水库调水，污染物浓度较高的调水导致水库氮磷升高，加重水体富营养化，研究报告对近期调水方案提出建议。

（于 谧）

【七里海湿地生态及景观需水量与保障措施研究】 天津市水务局科研项目，由天津市水利科学研究院康婧主持完成，2017年11月通过市水务局验收。项目根据七里海湿地动植物优势种类和地质条件，综合植物、动物、土壤需水量及补给地下水量，分5个等级计算不同季节的生态需水量。根据水位—蓄量关系曲线，计算不同生态需水量条件下的水位。西七里海最小生态需水量为4491万立方米，东七里海最小生态需水量为2541万立方米。根据七里海景观建设、景观水位、景观水质要求，计算七里海湿地景观需水量，七里海湿地景观需水量。西海景观水位要求在2.3～2.6米，东海景观水位要求在2.3～3.36米，西海景观一次补水量约为900万立方米；东海景观一次补水量为1300万立方米。项目从水源、水量、保证率、降雨量、一级河道、二级河道过水能力，工程条件等方面进行七里海湿地水资源保障可行性研究。得到以下结论：当降雨和来水频率在50%时候，入境水加上再生水从水量上可以满足农业和生态需求，但可能在时间上有冲突；当降雨和来水频率在75%时候，农业用水和生态用水发生冲突，入境水加上再生水从水量上不能同时满足农业和生态需求；调水路线中的一级河道都满足调水条件；二级河道原设计都能满足调水条件，但部分河道过流能力不能满足调水要求，需进行清淤处理，加高加固堤防，保持输水路线的畅通和正常的调度运用；沿线水闸基本能够满足调水需要；七里海南站、北站需要维护和改建；造甲泵站和曾口河后辛扬水站在规划建设中，工程尚未投入使用；对七里海湿地水质进行监测，监测结果显示，七里海湿地水质超出地表水V类标准要求；以TN、TP的浓度计，存在中度富营养化的风险；水质整体优于补水水源的水质状况。

（于 谧）

【典型污染物在土壤与潜水中的迁移实验研究】 天津市水务局科研项目，由天津市水利科学研究院刘瑜主持完成，2017年3月通过市水务局验收。①基于天津市土壤及潜水的污染调查分析，选取天津市北辰区原同生化工厂铬渣堆周边区域作为研究区，以重金属铬作为特征污染物。②通过野外钻井设置地下水观测井，掌握研究区的水文地质特征以及研究区土壤及潜水的污染分布情况。③通过室内静态吸附实验，研究土壤对六价铬的吸附特征和吸附机理，且通过等温吸附模型拟合计算得到吸附分配系数，为数值模型提供参数。④通过土柱渗流模拟实验，揭示铬在一维土柱中的迁移规律，并为建立铬在土壤及潜水中的迁移数值模型提供参数及模型验证实测数据。吸附在土壤中的重金属铬，在雨水淋滤作用下，会解吸并重新释放到地下水中，从而造成地下水再次污染。对于不同深度土壤，土层越深，淋出液中重金属浓度增加越慢；六价铬进入土壤后，会源源不断的向下迁移，并迁移到地下水中，造成地下水的污染。⑤通过土槽模拟实验，模拟还原现场六价铬的污染情况，结果表明六价铬的迁移与地水位高低即水力梯度有关，下游土壤及地下水更早更容易被污染。⑥运用Hydrus软件建立研究区土壤数值模拟模型，并预测模拟研究区域非饱和带中的水位运动及六价铬的迁移变化。污染源区土壤中总铬的含量随着土壤剖面深度的增加而减少，但整个剖面土壤的总铬含量更是严重超出农业用地总铬浓度标准（250毫克/千克）；农田区和生活及工业区不同深度的土层中总铬的含量随时间的变化趋势也不明显，且浓度一直低于农业用地总铬浓度标准。⑦运用Visual Modflow软件建立研究区地下水运动数值模型，并运用野外监测和室内试验进行验证，表明Visual Modflow模型可以用于预测模拟研究区域地下水中铬的运移。研究区域污染源处地下水中六价铬含量严重超标，且污染晕随地下水的流动在不断迁移，高浓度污染物的范围在10到30年间在不断扩大，所以需要对污染源处采取一定的措施，阻断或减缓污染晕的扩散。

（于 谧）

【基于GIS与遥感的水土流失监测技术应用研究】 天津市水务局科研项目，由天津市水利科学研究院李彦涛主持完成，2017年3月通过市水务局验收。项目应用通用土壤流失方程、GIS技术与遥感技术相结合的方法对天津市蓟县山区进行水土流失监测技术应用研究；应用数字高程模型分析地表坡度、坡向等地形参数，应用遥感影像提取植被覆盖指数（NDVI），定量演算研究区内水土流失情况；研究分析适用于本区域的水土流失遥感定量监测参数；计算监测时段内（2010年、2011年、2012年）监测区水土流失量，研究分析水土流失分布情况、演变原因及发展趋势；研究分析监测区3年的水土流失情况及发展分布情况、分析土壤侵蚀原因及发展趋势预测；提交监测区内小流域水土流失遥感监测与遥感调查可适用的参数指标体系，监测区水土流失空间分布图集。项目3个年度的监测计算结果表明，监测区属于轻度侵蚀级别，低于国家划定的北方土石山区中度侵蚀级别的标准，该研究成果有助于了解蓟县山区水土流失情况，了解地形、植被、降水、水保措施等要素对土壤侵蚀发生发展的影响，从而为当地水土保持政策的制定、水土保持方规划、咨询、评价及开发建设项目水土保持方案的制定提供数据参考。根据国内外同类地区的计算结果与经验公式，该研究分析计算获得的监测区降雨侵蚀因子R、土壤可侵蚀因子K、坡度坡长因子LS、植被覆盖因子C及水土保持措施因子P等参数，可为监测区内水土流失遥感调查及定量监测提供可参考的指标体系和演算公式。监测区的水土流失分布情况及相应的参数率定计算与分布成果，可为该区内水土流失发展原因分析及发展趋势研究提供参考，有助于监测区内水土流失治理工作的开展及水土保持工程的实施，对当地政府制定水土流失保护措施具有指导意义。

（于　谧）

电　力

【有源配电网电能质量监测与高品质供电关键技术及应用】　国网天津市电力公司电力科学研究院、天津大学、中国电力科学研究院、天津凯发电气股份有限公司、南开大学王守相、赵洪磊、盛万兴、项添春、王传启、徐科、王金丽等完成，获2017年度天津市科技进步一等奖。该项目开展有源配电网电能质量监测与高品质供电技术研究及应用，以破解有源配电网规模大、影响因素多导致的建模困难、溯源和治理难度大的问题，实现对用户的高品质供电。①构建有源配电网的三相潮流模型和谐波模型，提出有源配电网潮流计算和谐波分析方法，解决不确定性和三相不对称条件下电能质量仿真建模和分析计算难题。②提出有源配电网电压波动源和谐波源定位追踪理论，攻克不确定性条件下电能质量问题溯源的难题，为有源配电网的综合评估提供理论依据，实现电能质量监测终端的优化配置。③提出改进空间矢量单周控制滤波、多变量电压模糊控制和实时在线负荷调相与分相网络重构相结合的有源配电网电能质量综合治理技术，开发基于云存储的有源配电网电能质量分布式在线智能监测分析和综合治理系统平台，实现高品质供电。成果应用于天津、江苏、浙江、山东等10余省（直辖市）322个城乡配电网、电气化铁路、城市轨道交通供电系统的电能质量监测和供电品质提升工程，保证监控点用户电压偏差不大于2%、电压总谐波畸变率不大于2%、负序电压不平衡度不大于0.5%，与国际标准相比居领先水平。成果已授权发明专利10项，软件著作权4项，发表SCI/EI论文24篇，编制行业标准和企业标准15项。

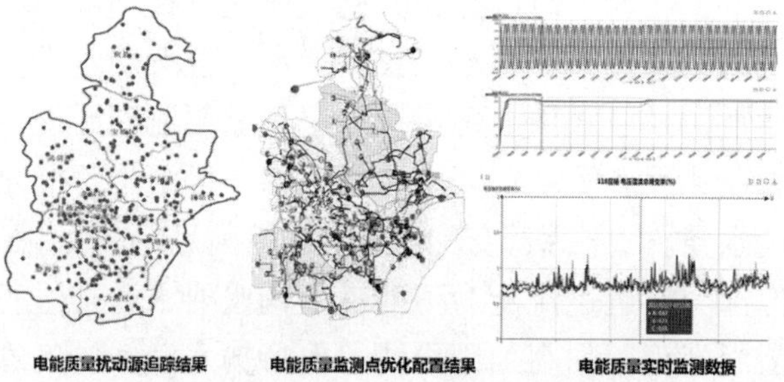

电能质量扰动源追踪及监测点优化配置技术

（国网天津市电力公司电力科学研究院）

【智慧园区用户侧能源信息融合与高效利用关键技术及工程应用】　国网天津市电力公司电力科学研究院、国电南瑞科技股份有限公司、东南大学、天津三源电力集团有限公司于建成、项添春、徐青山、徐科、李国栋、杨永标等完成，获2017年度天津市科技进步二等奖。该项目围绕智慧园区“综合能源利用率提升”“能源信息服务质量提升”两大目标，从接入融合、信息融合、服务融合3个方面入手，攻克5大技术难题：①提出并设计开发集多表采集、能源调控潜力评估、能效管理及用户交互一体化的用户能效智能控制终端，突破基于能源ID技术的分布式能源便捷化接入与管理技术；②提出并实现面向分布式电源、电气负荷的非侵入式感知技术，以及覆盖水电气热多源信息的采集、通信及融合技术；③提出精细化考虑用户侧电、气、热等能源互补特性的能效提升调控技术、基于多样化“源－荷”精准匹配的清洁能源消纳技术；④提出基于用户用能行为特征分析的多能源大数据宏观经济预测及能效预测预警技术；⑤提出智慧园区多方主体趋优的能源信息服务模式和大数据交易模型，首次实现对智慧园区能源信息服务的综合评价。项目成果在天津生态城示范应用，覆盖园区6236户居民用户、207户工商业用户以及动漫园二号能源站，建成智慧园区综合能源信息服务平台，提供12项以上能源信息综合应用服务，园区综合能效水平提高15%，分布式电源就地消纳能力提高10%。成果推广到包括天津、江苏、江西等国内20余省（直辖市）的百余个智慧园区。成果应用区域能效水平和可再生能源消纳能力显著提升，多能源数据融合规模和内在价值挖掘能力明显提高。项目共授权发明专利8项；取得软件著作权4项；发表论文39篇；开发硬件装置2套、软件系统4套。

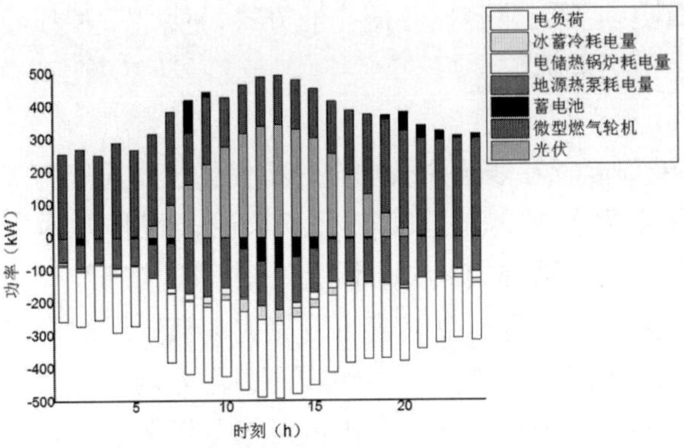

提升能效和清洁能源消纳的多能互补控制

（国网天津市电力公司电力科学研究院　吴磊）

【城市电网量测质量提升及智能化应用关键技术】　国网天津市电力公司电力科学研究院、中国电力科学研究院、同济大学、国网天津市电力公司、北京科东电力控制系统有限责任公司、北京清大高科系统控制有限公司、天津市英环信诚科技有限公司王强、郭凌旭、林济铿、郎燕生、张志君、陈建、王海林、蒋菱等完成，获2017年度天津市科技进步二等奖。该项目立足电网量测数据质量的提升，从满足城市电网主配一体化调度控制的迫切需求出发，全面掌握电网关键参数辨识、数据预处理与状态估计等关键技术，研发城市电网主配一体化智能调度控制系统，为国内城市电网安全运行提供有效的调控决策支撑。项目成果在天津电网事故处置及灾害应对等方面发挥不可替代的作用。①提出基于最小生成树和粒子群算法的电网设备参数辨识方法，提高线路和机组参数辨识速度和精度。②提出变压器分接头可观测性快速判断方法，基于规则与混合法的遥信错误辨识方法和动态分区不良遥测数据辨识方法，显著提升电网量测预处理质量。③提出基于双层分区辨识和自适应核密度理论的确定性状态估计，及基于改进自适应稀疏伪谱法的不确定性状态估计技术，满足不同调控场景计算需求。④系统性提出主配电网一体化在线安全稳定分析与预警、智能告警与诊断、含新能源的无功电压自动控制、多元能源优化互补和实时协调控制策略等技术，适应城市复杂电网智能化调度控制新需求。⑤提出多级调度协同控制建模与数据交互标准及主配网一体化信息安全防护机制，在前期成果基础上研发城市电网主配一体化智能调度控制系统，并成功应用。项目成果于2014年率先应用于天津市，大幅提高电网多级协同调控和应急处置能力，3年中状态估计技术指标在同业对标的27家省级电网排名第一，网损平均降低0.78%，新能源消纳成效明显，有力支持达沃斯等重大保电工作；先后推广至四川等25个省、承德等74个地市电网应用。项目获授权发明专利15项、软件著作权3项；发表专著1部、发表EI检索论文13篇，主导编写国网标准5项。

（张志君）

【综合能源数据分析平台构建及其在智慧城市中的应用】　国网天津市电力公司、南开大学、国电南瑞科技股份有限公司、天津三源电力信息技术股份有限公司、朗新科技股份有限公司许静、刘杰、王扬、韩强、于建成、张会建、于海涛、谢

城建与交通科技

浩等完成，获2017年度天津市科技进步二等奖。该项目研究对象是综合能源数据，主要目标是构建高性能综合能源数据分析平台，提出数据分析方法，并将其应用于智慧城市建设。该项目成果针对综合能源数据来源广泛、结构复杂，且与用户、时间、空间信息关系紧密的特点，开展4个层面的研究工作：①搭建统一高效的综合能源数据存储与计算服务平台，实现数据共享和业务融合；②构建面向大规模综合能源数据的基于联合隐变量分析的用能特性细粒度分析框架；③在细粒度用能特性分析框架基础上，提出时间维度与空间维度相结合的多尺度综合能源需求预测模型；④实现面向智慧城市的综合能源信息应用服务场景，并利用GIS技术实现配电网分析和用户用能特性分析的可视化。研究成果已成功应用于包括中新天津生态城国家智慧城市试点建设项目在内的百余个智慧城市实际工程项目，对推进中国智慧城市建设具有重要的经济和社会意义。

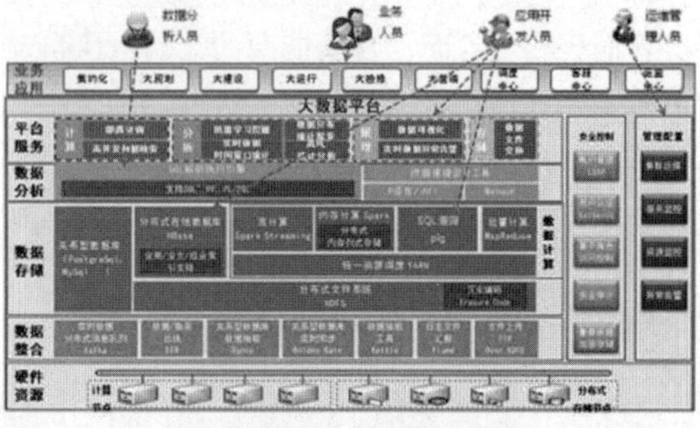

综合能源数据分析平台构架图

（王　扬）

港　口

【淤泥质海岸土壤改良及生态加固关键技术研究】　交通运输部天津水运工程科学研究所、天津大学裴文斌、张宇亭、安晓宇、李铭铭等完成，获2017年度天津市科技进步三等奖。该研究课题是天津滨海新区科委的科技小巨人项目，课题组从2012年开始，相继完成淤泥质海岸土壤改良的试验研究，提出污染土固化/稳定技术以及污染土改良评价指标体系和方法；进行海岸新型生态护岸结构的物理模型试验；开展土工离心机试验，研究固化土中微量重金属离子在长期渗流条件下的迁移规律。创新点：①研究生态加固技术对海岸带盐渍土、污染土的改良作用，形成适用于淤泥质海岸带盐渍土改良和污染土固化的新型技术。②通过试验研究，综合确定护岸植被尺寸、布置参数，开发一种适合淤泥质海岸的新型生态护岸型式。③在淤泥质土体中重金属污染物的迁移规律研究基础上，提出重金属离子大部分被固定在固化土中的新型处理方法。研究成果为国内滨海生态城市和生态海岸建设提供技术支撑，对“环境友好、生态节约、宜居”的滨海城市建设目标产生积极、深远的影响。

（裴文斌　张宇亭　安晓宇）

【散货门机实时控制抓斗抓取量研究】　天津港远航矿石码头有限公司陈晓兵、乔勇、仇立新等人完成，2017年3月通过天津市高技新术成果转化中心鉴定，获2017年中国港口协会科技进步二等奖、2016年度天津港集团科技进步一等奖。项目通过改变支持绳输出力矩与输出时间点实时控制抓斗的抓取量，经过实际测试，建立数学模型匹配输出力矩与输出时间点。开发新型抓斗控制程序，在门机司机室主令控制台加装控制旋钮，并有多档位调节。改变散货门机传统的依据货物比重更换不同斗容抓斗的作业方式，使某一型抓斗的适用范围扩大。　（冯绍峰）

【港口能耗在线监测及动态分析优化技术研究与工程应用】　交通运输部天津水运工程科学研究所、天津港（集团）有限公司刘磊磊、郭旭、朱连义、杜伟等于2017年5月完成，获中国航海科技二等奖。该项目利用物联网、互联网技术以及系统优化理论，研究提出港口作业机械能耗在线监测技术方法，构建基于节能降耗角度的作业协调优化模型，实现港口装卸运输设备能耗与运行状态的实时同步采集、能耗动态分析、能效考核以及生产运行优化等功能。项目形成《港口用能设备能耗及排放在线监测技术规程》，开发港口能耗及排放监测数据库和能耗及排放动态分析优化系统平台，实现能耗及排放数据的动态、图形化显示与统计分析、基于能源高效利用角度的装卸生产调度辅助决策，建立港口码头作业环节能效评价指标体系，建立能效三级预警机制。主要技术创新点：形成港口用能设备能耗在线监测技术标准规范；研制高精度港口流动机械燃油计量设备；开发能耗大数据分析系统；构建典型作业环节能源分析及协调优化模型；建立港口作业过程能源消耗预警机制。通过对港口能源消耗与排放实施在线监测与动态分析，可有效提高企业的生产效率和能源利用效率；显著提升港口能源管理的信息化、智能化水平。通过该技术的研究及示范推广，可有效提高行业节能减排相关统计监测能力，提高行业能耗统计数据的全面性、准确性，提升行业节能减排信息化管理水平；从能源消耗优化角度指导港口作业生产调度，提高企业的生产效率和能源利用效率，促进绿色低碳港口的建设。　　（刘磊磊　郭　旭　朱连义）

【港池“L”形主动吸收式造波机研发与应用】　交通运输部天津水运工程科学研究所、天津理工大学陈汉宝、刘海源、王收军、张鹏等完成，获2017年度中国水运建设行业协会科技三等奖。该项目通过系统研究港池三维主动吸收造波、自动化控制、伺服电机和传感检测等高新技术，自主开发研制国内第一台“L”形吸收式多向不规则波造波机，填补国内空白。主要成果和创新点：①自主研发和制造国内首台“L”形港池多方向造波机，实现144个造波单元的位移和速度实时同步双闭环控制。②研发三维主动式吸收造波技术，解决连续造波的二次反射问题。③发明造波机复合机械结构，实现各造波单元推波板之间的光滑铰接，避免锯齿波的产生，使得波面更为平滑。④研发高精度嵌入式波高传感器，改善传感器的抗破坏性能，延长传感器的使用寿命。该造波机为国家“863计划”、交通运输科技项目等多项国家科技攻关任务完成提供了重要支撑，并应用于大连、烟台、青岛、海南等地区以及韩国、马来西亚、印度尼西亚等国家近100项港口海岸工程项目研究，提高了波浪模拟试验精度，取得一批高水平的成果，产生显著的经济效益和社会效益。随着国家深水建港、岛礁开发以及“一带一路”沿线港口的建设，“L”形造波机将持续发挥其作用，应用前景十分广阔。通过该造波机研发形成的三维吸收造波技术，多造波单元位移、速度双闭环实时控制技术，造波板无缝铰接技术以及研发成功的高精度嵌入式传感器，可以应用于国内外相关造波机研制，大力推进造波技术的进步。

（陈汉宝　刘海源）

【新型深水防波堤结构型式与消浪块体稳定性研究】　交通运输部天津水运工程科学研究所高峰、李焱、戈龙仔等完成，获2017年度中国水运建设行业协会科技三等奖。该项目通过广泛搜集和整理大量资料文献，在总结归纳国内外研究成果的基础上进行创新性研究，提出新型的浮式防波堤结构、生态海洋建港理念和新型的消浪护面块体。主要包括：在总结与分析国内外浮式防波堤消浪机理和结构型式的基础上，结合中国以风浪作用为主的建港特点，通过理论分析和不同波浪要素、水深等条件下的模型试验研究。其主要创新点是提出和验证一种适合风浪海域的“开”字形浮式防波堤结构型式，建立浮式堤透浪系数与相关参数的计算方法。通过国内外人工块体实例的总结，基于消浪块体设计中消浪性、稳定性与施工便利性的三大要素，结合深水防波堤的环境特点，提出一种基于块体改良的“十”字形新型消浪块体，并通过物理模型试验研究确定相关设计参数的确定方法，同时将该新型块体与国内外工程上应用广泛的“扭王字”块体进行对比试验，为该新型块体的结构设计提供参考依据。科技查新表明，国内外未见与该项目综合技术特点相同的深水防波堤结构型式与消浪块体稳定性研究的文献报道。提出的“开”字形的新型浮式防波堤结构型式和“十字块”新型消浪护面块体均获得国家知识产权局颁发的实用新型专利证书，对增强国内深水港口建设中新技术的开发能力，对保障工程安全、降低工程造价和生态环境建设具有较大的促进作用。

（高　峰　李　焱　戈龙仔）

【散货运输车辆全车冲洗清洁与用水清洁利用技术】　天津港焦炭码头有限公司李洪建、史立洲、杨金祥等人完成，2017年3月通过鉴定，获

2016年度天津港集团科技进步二等奖。该项目通过自主研制的适合散货码头作业现场实际工况的散货运输车辆全车冲洗清洁系统，实现焦炭公司出港车辆的全天候100%冲洗清洁。同时，该项目在提升冲车平台用水资源的清洁与循环利用技术方面寻求突破，取得实际应用效果。该设备由焦炭码头公司自主研制并实施建设，控制方面采用自主设计的PLC可编程控制程序，在实现车辆全车快速连续冲洗、快速沥干功能的同时，应用自动化交替沉淀和螺旋分离技术，解决大型运输车辆的冲洗设备在清洁水资源的循环与集约利用方面存在的缺陷，实现环保效益与经济效益的双赢，具有在同类行业中较高的推广价值。

（冯绍峰）

【基于公司管理和服务的模块化“微”平台的开发】 天津港第二港埠有限公司高强、王学峰、周丽等人完成，2017年3月通过天津市高技新术成果转化中心鉴定，获2016年度天津港集团科技进步三等奖。该项目围绕公司的生产经营活动，包括对外服务、内部管理和公司宣传3个功能模块，所有的功能均以用户的身份识别为前提，客户、员工和游客拥有不同的查看权限。应用微信公众平台接口、地理定位、地图API、多媒体处理等技术，为客户提供船舶和货物信息、场区示意图和易速宝等功能，通过个性化菜单提供定制服务，内部管理实现交接班、微信点检、安全检查、员工打卡、客户审核等功能，微课堂模块提供安全文化、作业标准、公司新闻、政治学习和公司网站等内容。该项目实现利用手机对数据进行处理和操作，与公司业务系统进行交互，以业务系统的数据为基础提供数据支持。在信息传递和系统应用中具有及时性和便捷性，为用户提供更优质的服务。（冯绍峰）

【海上高桩承台基础斜桩吊打施工工艺】 天津港航工程有限公司张佩良、丁文智、陈强等人完成，授权发明专利2项、实用新型专利2项，获2017年中国港口协会技术发明奖。该项目研究的一种海上高桩承台基础斜桩吊打导架及其施工工艺，能够实现360度旋转，实现基桩的精确定位，满足直桩和任意角度斜桩的施工要求。其打桩斜度由定位桩上下两层导架控制，且打桩导架不与打桩船接触，较传统工艺受风浪影响程度大大降低。施打群桩过程中，只需旋转上下两层导架的角度即可，无需移船驻位，可节约大量移船时间，实现一次船舶驻位即施打全部桩基础，显著提高海上斜桩的施工效率。（冯绍峰）

【PHC管桩防风网立柱施工技术研究与应用】 天津港航工程有限公司丁文智、李刚、陈强等人完成，授权实用新型专利2项，2017年3月通过天津市高技新术成果转化中心鉴定。该项目研究的一种PHC管桩防风网立柱，可通过工厂预制化生产，立柱质量可靠；PHC管桩立柱外侧设置有预埋件，兼具钢结构立柱的安装功能。PHC管桩立柱具有施工效率高、施工质量可靠、工厂造价较低的优势，可用于防风网建设，并可推广应用于桥墩基础、工业厂房立柱等结构中。该项研究成果在天津港南疆中部散货堆场（防风网工程）项目中进行试点工程应用，取得良好效果，是一种先进的防风网立柱结构，具有广阔的应用前景。

（冯绍峰）

【防淤堵新型塑料排水板在真空预压地基加固中的应用研究】 天津港航工程有限公司丁文智、张晓滨、陈强等人完成，授权发明专利1项、实用新型专利1项，2017年3月通过天津市高技新术成果转化中心鉴定。该项目依托连云港金海二期软基加固工程，验证在某些工况及设计条件下，防淤堵标准板、防淤堵非标准板、传统“B”形板地基加固效果无明显差异，地基加固效果均能满足设计加固要求，其中防淤堵非标准板工程造价最经济。并验证防淤堵标准板抗弯折性能、防淤堵能力明显高于传统“B”形板，在黏粒含量高、打设深度大的工况下加固效果更具优势，但在某些土质及设计条件下，防淤堵标准板加固效果不具优势。通过试验区检测，防淤堵非标准板地基加固效果可满足要求且具有较好的经济优势，在连云港金海二期软基加固工程中进行大面积推广应用，节省大量工程施工费用。

（冯绍峰）

【门座式起重机旋转机构关键制造技术及在线检测系统研发】 天津金岸重工有限公司朱宝东、李晓、刘峰等人完成，2017年3月通过天津市高技新术成果转化中心鉴定，获2016年度天津港集团科技进步二等奖。该项目以门座式起重机的旋转机构为重点研究对象，对其开展在线状态监测与故障诊断研究：针对门座式起重机旋转机构生产过程中产生的复杂微弱状态信息，以非线性理论和非平稳信号处理理论为核心，深入研究恶劣工况下设备微冲击振动信号的特征提取、状态辨识和故障诊断决策的理论方法和实用技术，提供具有普遍意义的门座式起重机旋转机构早期故障诊断的理论与技术，开发一套专用的门座式起重机旋转机构在线监测与故障诊断系统；根据本单位过往门机设备的制造经验，基于先进、高效、可靠的先进制造装备，开展旋转机构新焊接、加工工艺及装配技术研究，以提高其制造、加工精度与运转稳定性。（冯绍峰）

【轮胎起重机变幅机构及其监控系统的优化研究】 天津港机械设备租赁有限公司霍胜春、黄文栋、阚金明等人完成，授权实用新型专利2项，2017年3月通过天津市高技新术成果转化中心鉴定，获2016年度天津港集团科技进步二等奖。该项目实现适宜天津港散杂货作业、且具有良好稳定性能、高效作业能力的大吨位轮胎起重机的设计制造。并针对轮胎式起重机起升机构进行设计，采用纵置平衡滑轮摆放形式，使用新设计的卷筒、滑轮等部件，不仅实现起重机变幅机构使用寿命的提高，还降低维修设备操作难度，减轻维保人员对设备维保过程中的工作负担，间接达到降低安全隐患的效果。该机同时增设远程监控，通过网络系统将各类数据传输至数据服务器，系统通过对各类数据的挖掘、分析，指导日常生产作业，实现流动机械设备的集中管理，使公司实现设备信息化管理，节约大量人力物力。

（冯绍峰）

【毛里塔尼亚友谊港泥沙综合治理与可持续建设研究】 中交第一航务工程勘察设计院有限公司、水利部交通运输部国家能源局南京水利科学研究院、中国路桥工程有限责任公司刘晔、孙林云、王利军、郭旬、孙波等共同完成，2017年4月5日通过中国水运建设行业协会鉴定，获2017年度中国水运建设行业协会科学技术奖一等奖、2017年度中国交建科学技术进步奖二等奖。该项目针对毛里塔尼亚友谊港海域海洋动力强、沿岸输沙强度大、港口淤积及下游岸线侵蚀问题突出等特点，通过现场实测、理论研究、数值模拟和物理模型试验等手段，研究友谊港泥沙运动及岸线演变规律、港口平面布置及水工建筑物结构等关键技术，形成毛里塔尼亚友谊港泥沙综合治理与可持续建设研究创新成果。①科学阐述友谊港海岸动力特征与泥沙运动特性，改进沙质海岸考虑岸滩泥沙粒径、破波类型等参数的沿岸输沙率计算公式，丰富和发展沙质海岸泥沙运动理论。②在国内首次开展波浪作用下沙质海岸动床泥沙物理模型试验，进行突堤式建筑物上游岸滩淤积与工程建设时序试验、下游岸滩冲刷与防护试验、上下游岸滩冲淤演变与泥沙综合治理整体试验；提出沙质海岸波能加权平均的代表波确定方法；开发以轻质模型沙模拟沙质海岸进行较长时间序列冲淤模拟的物理模型试验技术。③统筹考虑港口建设与上下游岸线演变的关系，提出集港口开发、淤积治理与海岸防护于一体的强输沙率海岸综合治理技术，创新沙质海岸港口设计理念和方法；拓展沙质海岸港口可持续发展空间，丰富港口发展模式。④根据友谊港石料缺乏而沙源丰富的实际情况，提出沙质地基沉箱后无抛石棱体条件下的沉箱结构稳定计算方法，创新沉箱结构的防漏沙技术，成功建设重力式沉箱码头。该成果在类似沙质海岸建港具有较好的推广应用前景。

（韩瑞洁）

【7025型绞吸船泥泵串联施工技术研究与应用】 天津港航工程有限公司庆明、张佩良、胡桂香等人完成，2017年3月通过天津市高技新术成果转化中心鉴定。该项目结合工程需要，通过理论分析、研究论证、现场实践，完成7025型绞吸式挖泥船泥泵串联施工技术试验，对泵船吸入端合理选取，形成特有的泵船甲板泵吸入端管路切改方案，设置支护墩、行走通道、入口处采用自浮

城建与交通科技

管，保证施工安全、生产高效。其形式有别于传统意义中的接力施工及接力泵船舶施工，具备良好的创新性。该项目依据绞吸式挖泥船泥泵串联特性曲线及管线摩阻特性，科学推算出泵船理论位置范围，形成一套涉及土质、浓度、管线特性等参数的计算办法，能够保证改换施工工况后对工艺的及时调整。该技术彻底消除了长排距疏浚工程中绞吸式挖泥船施工排距不足的条件限制，使绞吸式挖泥船在疏浚工程施工中应用更加普遍。

（冯绍峰）

【老码头结构等级提升新方法的研究】 天津港第四港埠有限公司汪宝、佟继东、吕涛等人完成，授权实用新型专利3项，于2017年3月通过天津市高技新术成果转化中心鉴定，获2016年度天津港集团科技进步二等奖。该项目采用相对独立“空中楼阁”的结构形式，将新的靠船墩台嵌入老码头结构中，形成“新、老”两个结构体系，新结构承担船舶水平靠泊力，老结构承担原有的垂直荷载，相互分离、互不干涉，“新、老”两个结构体系又相互依存。将3个万吨级泊位改造成为2个5万吨级散杂货泊位。

（冯绍峰）

【基于油液监测预报港机总成件最佳维修时机的研究】 天津港第五港埠有限公司佟继东、张文渤、安志家等人完成，2017年3月通过天津市高技新术成果转化中心鉴定，获2017年中国港口协会科技进步三等奖、2016年度天津港集团科技进步二等奖。该项目利用发动机油主要指标变化规律筛选出故障或异常发动机作为跟踪车，预报发动机维修的最佳时机。在油样采集过程中由专人用取样器在同一标准下采集油样，避免采集油样不规范带来的数据变化。油样采集后经化验分析得到的数据运用得当的统计分析方法，得到正常使用设备发动机油主要指标的变化规律，通过对比历史大修过的发动机机油的化验数据验证发动机油主要指标变化规律的可靠性。

（冯绍峰）

【《煤炭矿石码头粉尘控制设计规范》】 中交第一航务工程勘察设计院有限公司、中交第二航务工程勘察设计院有限公司、交通运输部天津水运工程科学研究所和天津大学季则舟、武守元、邹北川、汪悦平、龚小红、郭仲先共同完成，获2017年度中国水运建设行业协会科学技术奖二等奖。该《规范》于2015年12月24日由交通运输部发布， 2016年5月1日实施，广泛应用于煤炭、矿石码头设计中。①为水运行业首部煤炭、矿石粉尘控制设计规范，填补行业空白，对中国大气环境治理、绿色港口建设意义重大。②首次提出煤炭、矿石露天堆场与环境敏感区的防护距离要求，对煤炭、矿石码头选址提出限制性条件。③首次系统地对不同种类矿石进行起尘规律研究，揭示矿石起尘量与堆垛表层含水率、风速变化以及堆垛表层板结对起尘的影响。分别给出煤炭、矿石堆垛表层低含水率，对水资源节约、环境保护有重大意义。④针对不同季节气候条件，首次提出洒水次数、洒水量及洒水时间计算公式；对装卸工艺设备提出采用水雾或干雾喷嘴及指标要求，不仅更有效抑制粉尘扩散，同时节约水资源。对于带式输送机转运站干法除尘，首次提出除尘风量计算公式。⑤首次确定防风抑尘网的高度、开孔率等参数取值范围，对堆场防风抑尘网设计具有指导意义。该《规范》相关规定条款内容，在黄骅港矿石码头一期工程、唐山港京唐港区36#～40#煤炭码头工程、盐城港滨海港区煤炭码头工程、珠海港神华煤炭码头工程等多个煤炭、矿石码头设计中采用，取得较好的经济和社会效益。该《规范》除应用于煤炭、矿石码头粉尘控制设计外，对于煤炭、矿石散货物流园区粉尘控制设计也有指导意义，具有广阔的应用前景。

（韩瑞洁）

【壁桩框架结构及其施工工艺研究与应用】 天津港航工程有限公司张佩良、丁文智、何军等人完成，授权发明专利3项，实用新型专利1项，2017年3月通过天津市高新技术成果转化中心鉴定，获2016年度天津港集团科技进步一等奖。该项目研究一种新型水工结构及其施工工艺——壁桩框架结构。该结构综合板桩式、高桩式、重力式结构的优点，具有施工速度快、材料用量省、工程造价低等优点，其主要技术特征包括：①结构型式：该结构主要由整体框架结构、PHC壁桩结构组成。框架结构和壁桩为钢筋混凝土预制构件，框架由导梁、立柱、连系梁、挡板构成，导梁上设有预留桩孔，框架和壁桩通过水上现浇帽梁和水下浇筑混凝土连接成整体，框架既是保证前后排壁桩均匀受力的圈梁，又是连接两排壁桩的拉杆，同时还是壁桩施工的限位导架。②施工效率高且质量可靠：壁桩框架结构施工时，先安装框架，后吊打壁桩，框架和壁桩均为陆上预制及工厂化生产，运至施工现场进行安装和施工，构件的预制质量可靠，施工效率高。

（冯绍峰）

【港口岸线环境补偿人工沙滩工程理论与实践】 交通运输部天津水运工程科学研究所杨华、解鸣晓、张义丰等于2017年4月完成，获中国航海科技一等奖。项目创建复杂泥沙环境下人工沙滩工程建设理论与关键技术，推进学科发展。主要技术创新点：①发展了复杂、多重泥沙环境下近岸沙滩动力地貌学基础理论。首次探索淤泥质海岸波生流系三维特征；揭示离岸沙坝发育的内在机理；提出波浪最大衰减淤泥容重、波浪在淤泥及浮泥层面上的衰减率计算公式。②自主研发波生近岸流三维数值模拟技术、波浪数值与物理模拟实时耦合技术，物理模型中模型沙选沙技术。③提出 适用于各种复杂泥沙环境下人工沙滩设计原则，即人工沙滩用沙应略粗于原有海岸泥沙粒径，淤泥质海岸人工滩沙应保证一定透水率，沙滩设计线型应符合静态岬湾平衡岸线理论、设计坡度应符合平衡剖面。④研发人工沙滩防侵蚀、防泥化的整治养护技术：采用环抱式防波堤、勾头丁坝、坡脚及离岸潜堤、离岸纳泥池、滩下抽泥管廊等措施。该项目成果 在10余个实际工程中推广应用，覆盖淤泥质、粉沙质、沙质、沙泥混合质等多种海岸类型，解决了沙滩泥化和侵蚀问题，以上沙滩均已成为当地经济发展的重要组成部分。项目理论成果填补了海岸动力学的空白，具有通用性，可直接服务于海岸防护、海岸整治修复研究，推广应用前景十分广阔。项目成果发表学术论文34篇，出版专著4本，获专利授权3项、软件著作权6项；培养省部级计划人才3人。

（杨　华　解鸣晓　张义丰）

【海岸河口全动力过程有限掺混与制紊机制下泥沙输移数值模拟技术研发与应用】 交通运输部天津水运工程科学研究所、国家超级计算天津中心严冰、赵张益、黄玉新、刘涛等完成，获2017年度中国水运建设行业协会科技二等奖。该项目通过模拟技术研发、国家级超算系统融合，开发能够用于实际工程研究的海岸河口全动力过程泥沙输移精细化三维数值模拟技术与系统，在工程泥沙数值模拟技术方面取得了突破 。①创新性提出包含泥沙影响的水流紊动强度理论模型，阐明高浓度泥沙对周期性非恒定水流的制紊机制，给出水流紊动强度与泥沙浓度的定量关系，是数学模型刻画泥沙对水流反作用机制的重要理论支撑。②基于有限掺混理论，提出新的泥沙掺混长度理论公式，建立水流、波浪及波流共同作用下高低浓度自适应的含沙量垂向分布理论模型，突破传统泥沙扩散理论基于菲克假定的缺陷，实现先进理论的发展和再创新。③以“水沙相互作用”为突破口，深化泥沙运动内在动力学机制，兼顾先进性与可靠性，研发有限掺混与制紊机制下泥沙输移三维数值模拟技术，达到国际领先水平；利用“天河一号”国家级超算系统，研发大气、波浪、潮流和径流全动力过程三维泥沙数值模拟系统，实现精细化和过程化模拟研究的工程化应用，提高了国内泥沙输移数值模拟技术水平。该项目研发的数值模拟技术具有广泛的通用性，可直接应用于水运及水利工程应用技术研究领域，特别适用于海岸河口涉水工程范畴和复杂环境下泥沙运动的相关研究。成果应用于以滨州港航道回淤规律、东营沿海防护堤侵蚀修复工程和长江口深水航道回淤原因等为代表的海岸河口重大工程项目，有力支撑各工程项目的决策与实践。

（严　冰　赵张益　黄玉新）

【全球近岸工程海浪模拟技术及应用】 交通运输部天津水运工程科学研究所陈汉宝、徐亚男、刘针等完成，获2017年度中国水运建设行业协会科技二等奖。该项目在国际先进海浪数值模拟技术研究基础上，开发和改进海浪模拟关键技术，包括全球海洋水动力数据系统、非对称性风场数值模拟关键技术、中尺度海浪模型改进关键技术、风浪流耦合数值模拟关键技术。期间承担国家和省部级多项重大研究课题。项目的研究对象以近岸工程包含港口、电厂、航道等为主，解决陌生海域深水海浪要素难以确定的问题，建立一套全球海洋水动力要素分析平台，针对台风、旋风及飓风频发海域、提出改进后的台风及台风浪精细化模拟技术。项目从全球海洋水动力多要素数据采集、多源海洋水动力数据同化、台风模型的改进、台风模型及背景风场的联合模拟、波浪数值模拟技术的改进等方面进行系统研究，通过国内外不同近岸工程实践丰富了海浪在不同海区传播时引起的浅水变形、波浪破碎、波浪折绕规律。主要创新点为：①基于全球气象海浪数据，同化卫星高度计数据、浮标数据及现场风浪观测数据，建立全球海洋水动力数据分析系统，为缺乏实测资料海域的近岸工程提供数据支撑。可针对不同海域进行海浪数据的自动化分析，包括风速波浪的分频分级分析，极值分析与重现期分析。②通过引入环境气压变量，改进最大风速半径计算方法。提出压差修正系数，取值范围为0.75～0.85之间，使模拟的风圈平均半径和风速极值误差在10%以内。③基于改进的风场模式、风暴潮与海浪模式，建立风浪流耦合数值模型，采用局部深槽边界处理方法提高风暴潮的计算精确度。该成果已获得软件著作权6项，实用新型专利2项。研究成果在多个涉海工程项目中使用，尤其是在涉及海上丝路沿线的城市，为港口、码头、航道、电厂等工程的实施提供有力的技术保障。

（陈汉宝　徐亚男　刘　针）

【装配式墙体榫卯节点抗震性能及离心混凝土柱应用研究】　天津港（集团）有限公司、天津大学建筑设计研究院、天津港航工程有限公司余厚新、张佩良、丁文智、付海峰、陈强等人完成，授权实用新型专利3项，2017年3月通过天津市高新技术成果转化中心鉴定，获2016年度天津港集团科技进步一等奖。该项目对装配式墙体的榫卯式连接节点、预制离心混凝土柱展开系列研究，完善装配式建筑的连接方式和结构体系。该项目提出装配式剪力墙榫卯式连接节点，能简化施工工艺、提高效率、降低造价；预应力混凝土管柱将用于基础的管桩加以改进应用到上部结构，是一种具有高度装配化的结构形式，具有良好的经济性，通过改变管柱的结构应用范围以及结构配筋形式，能够提高其抗震性能和装配式墙体及管柱应用前景。

（冯绍峰）

【基于移动互联架构的远程监控平台】　天津港（集团）有限公司、天津港国际物流发展有限公司、维特联合（北京）科技发展有限公司李勋、董宏伟、关坤、邹本铭、李强等人完成，授权实用新型专利1项，2017年3月通过天津市高技新术成果转化中心鉴定，获2016年度天津港集团科技进步一等奖。该项目中的远程监控系统通过对两大核心部件——发动机和变速箱相关数据分析和比对全面掌握部件状况，为故障判断维修决策、大修安排提供依据，合理解决好设备生产安排和设备停机检查之间的矛盾，并能生成数据报表、趋势分析、数据报警等易于设备管理者判断与决策的信息。对设备油耗的监控和管理，减少无谓的能源消耗，真正达到低碳环保。系统监控设备的正常预热并报警防止增压器早期损坏并引发火情，及时有效的减低设备使用中的风险，防止重大安全事故的发生，为企业安全生产提供保障。

（冯绍峰）

【石油化工码头危险源动态分级智能巡检及预警技术】　交通运输部天津水运工程科学研究所、天津理工大学彭士涛、关文玲、洪宁宁、赵俊杰等于2017年3月完成，获中国航海科技二等奖。该项目对石油化工码头危险源动态分级、智能巡检及预警技术和方法进行系统深入的研究，首次提出适用于石油化工码头危险源管理的动态分级方法，开发具有集成创新性的石油化工码头危险化学品泄漏智能巡检、实时监测系统，结合危险源动态分级和智能巡检系统，构建适合于中国石油化工码头的预警模型，建立可以在事故萌芽阶段发出警报、提示决策人员采取预控对策的石油化工码头安全预警系统，可操作性强。项目已获得国家授权发明专利4项。研究成果对推动石油化工码头危险源安全管理从传统的静态、粗放、被动、滞后管理转变到动态、精细、主动、超前管理具有显著作用，为制定港口危险源分级管理标准提供有力的技术支撑。①创新性建立石油化工码头危险源动态分级模型及方法，通过利用分析误差函数，对危险源的最佳分级标准进行科学界定，实现石油化工码头危险源数量、分级标准同时变化的动态分级。②开发石油化工码头危化品在装卸、储存等作业过程中泄漏检测的智能巡检系统，为石化码头危险源的管控提供先进的技术手段及装备。③构建基于可拓理论的石油化工安全预警模型，建立石油化工码头危险源动态安全预警系统，集成实时监测系统、风险管理评估系统、智能巡检系统，实现对危险源的远程监控和动态预警。该项研究成果对提升国内石油化工码头现代化安全管理水平，实现从源头上规避石油化工码头重大事故发生发挥重要的科技支撑作用。研究成果不仅对提升石油化工码头安全管理水平具有实践意义，对其他类似行业的安全管理也具有借鉴作用。研究成果在曹妃甸港集团有限公司、天津临港思多尔特码头有限公司、唐山曹妃甸中重石油仓储有限公司等8家企业应用。

（彭士涛　关文玲　洪宁宁）

【基于门机减速器振动监测技术的研究与应用】　天津港第五港埠有限公司佟继东、张文渤、安志家等人完成，2017年3月通过天津市高技新术成果转化中心鉴定，获2016年度天津港集团科技进步一等奖。该项目研发的门机减速箱振动监测仪能准确掌握门机减速箱的工作状态，对整个变化过程进行跟踪，使设备管理人员及时发现减速箱的故障并适时安排维修，避免因维修减速箱造成门机停工而影响生产。该振动监测仪适用于港口门座式起重机和长桥起重机上的减速箱，具有很强的扩展性。　（冯绍峰）

【沿海高桩码头健康监测与信息处理关键技术研究】　交通运输部天津水运工程科学研究所张强、刘现鹏、焦从松等于2017年3月完成，获中国航海科技二等奖。项目针对沿海高桩码头生产安全问题，开展码头健康检测与监测技术方法研究，基于“互联网+”光纤传感技术，建立沿海高桩码头结构健康监测系统的设计、构建与施工技术，提出沿海高桩码头结构健康监测系统的基本框架，建议监测数据的处理分析方法及基于监测数据的结构安全状态评估方法，并依托天津港22#～24#泊位码头工程，建立国内首个在役高桩码头结构的健康监测系统，并成功运行。与传统检测方法相比，结构健康监测系统实现结构全寿命周期监测、实时监测，监测过程不受恶劣环境影响，基于监测数据实现结构的灾变预警，具有自动化程度高、无人化操作、对于突发状况反应及时等优点。①首次在现役高桩码头开展试验，在没有中断码头生产的情况下，完成健康监测系统的部署和调试；②建立的首个在役高桩码头健康监测系统中，采用电信号、光信号等多类型传感器组建传感器子系统，实现电信号与光信号、静态信号与动态信号等传感器的耦合使用，实现数据采集时间的精确同步；③实现健康监测系统采集数据的数据处理和可视化显示、分析，形成具有独立自主知识产权的健康监测管理与分析软件，并编制一部《沿海高桩码头健康监测及数据处理技术指南》。项目成果在天津港22#～24#码头健康监测工程应用，完成监测系统的部署、调试及长期监测工作，节约码头设施定期检测成本，实现直接经济效益480万元。2014～2016年，项目成果应用到天津博迈科海洋工程有限公司滑道、重载通道和出运码头施工期岸坡安全监测，避免了安全事故的发生，间接节约施工成本3600万元。项目成果在码头健康检测领域起到示范作用，提升了码头健康检测技术水平，提高了港口设施管理信息化、智能化程度。

（张　强　刘现鹏　焦从松）

【厦门港招银港区10号泊位工程】　中交第一航务工程勘察设计院有限公司吴令权、杨丽民、常雪峰等设计完成，获2017年度国家优质工程奖和全国工程建设项目优秀设计成果二等奖。该项目于2014年12月5日竣工验收，是福建省重点建设项目。工程定位于特大构件的出运及安装，主要满足各特种船舶靠泊需要。特点和难点为：①码头功能多，在国内码头中首屈一指。工程码头部分分为5种功能区域：高空吊行走区域、高空吊锚碇与固定作业点区域、测试区域、滚装区域和转向区域。②船型特殊、种类多，设计代表船型有13种之多，针对每种船型进行具体设计。③工艺复杂、作业方式特殊、荷载巨大。码头上运行的高空吊（SKYHOOK）起重能力达到2400吨，是世界第一大的港口移动式装卸机械，在国内首次使用。特殊的工艺设备和运输使用要求，需要码头结构承受巨大的荷载，其支腿荷载为25000千牛，而且对轨道不均匀沉降、水平变位变形要求极高。④结构创新：为承担码头上部巨大的工艺荷载，设计华南地区尺度最大、重量最重的沉箱，单沉箱重量约6000吨。研发出在沉箱侧面设置剪力传递结构，利用相邻沉箱间形成剪力腔传递剪力；对沉箱后墙与上部混凝土板采取铰接的处理方式；提出对重力式码头结构采用堆载预压以消除后期沉降的工程措施，效果良好。⑤测试区上部结构现浇混凝土体积（1.6万立方米），是国内港口工程中现浇结构最大尺度和方量。该项目创造4个国内港口工程第一：码头功能第一、停靠船型种类第一、行走起重机吊重第一、单结构现浇混凝土方量第一。对重力式码头采用堆载预压、消除后期沉降的工程措施，在厦门地区尚属先例 。

（韩瑞洁）

【天津浮式液化天然气（LNG）接收终端项目配套码头工程】 中交第一航务工程勘察设计院有限公司刘晔、邹北川、武守元等设计完成，获2017年度水运交通优秀设计三等奖，曾获2014年度中国水运建设行业协会水运工程优秀咨询成果奖二等奖。该项目是国内首个浮式LNG项目，是天津市重点工程，国家能源局首批首都大气污染防治重大能源保障项目。①首创在国内LNG接收终端项目采用FSRU浮式气化外输方式，以极小代价扩大接收站的能力和集约化利用码头岸线的典范，是实现天津市快速输气任务的有效保障。②作为天津市和国家能源局的重点项目，一座26.6万立方米LNG船接卸泊位、一座26.6立方米方浮式储存气化装置（FSRU）泊位和一座3000吨级工作船兼重件码头同时建设，码头主体工程工期只用8个月。③首次在港口行业使用BRIDGEMASTER桥梁大师桥面铺装体系，形成集防水、防腐蚀和优越抗滑性能的美观桥面铺装层，解决困扰北方地区港口桥梁设计的铺装难题，实现北方港口桥梁耐久性设计质的突破。④兼顾船型跨度大，为1万～26.6万立方米，工作平台和靠船墩成直线布置，LNG泊位工作平台上设置橡胶护舷兼顾较小船型。⑤码头钢结构按照海上平台防腐标准设计，大型螺栓采用国内院士专利防腐技术，大大提高构件的使用年限。⑥接收站挡浪墙采用双层组合型式，解决LNG码头罐区的掩护问题。⑦根据天津地区软土地基的特点及工艺要求，取水口基础采用锤击式桩基基础方案，解决软土地基上取水结构的沉降问题（控制在80毫米以内），为国内其他工程提供良好借鉴。⑧首次将港口钢引桥吊点从传统的“吊装弦杆”改为“吊装主横梁”，突破大跨度空间非对称钢桁桥吊装技术上的难点。⑨码头平面布置和结构型式多方案比选，在人行钢联系桥上加带缆通道，方便运营和使用，克服墩式码头带缆操作上的不便；码头登船梯安装电梯，属国内LNG首次使用。该项目累计供气超过6.49亿立方米，经历多个冬季用气高峰的考验，为京津冀地区的能源结构优化和环境改善发挥作用。

（韩瑞洁）

【深水板桩码头新结构关键技术研究与应用】 中交第一航务工程勘察设计院有限公司、水利部交通运输部国家能源局南京水利科学研究院、唐山港口实业集团有限公司、天津深基工程有限公司、大连理工大学蔡正银、刘永绣、于泳、季则舟、关云飞、李立东、刘进生等共同完成，获2017年度国家科技进步二等奖。针对板桩码头深水化存在的关键问题，依托国家“863计划”项目及30多项重大工程科研项目，组织科研、设计、建设和施工方面的5家单位联合攻关，开发4种深水板桩码头新结构，从设计理论、计算方法、模拟技术、监测技术、抗震技术、施工技术等方面进行系统研究，形成深水板桩码头成套技术，取得创新性成果：①开发深水板桩码头新结构。提出旨在减小结构土压力的“遮帘”和“分离卸荷”设计思想；开发“半遮帘式”“全遮帘式”“分离卸荷式”和“带肋板的分离卸荷式”4种板桩码头新结构。将中国板桩码头结构第一等级从3.5万吨级提升至20万吨级，建成世界第一吨级的板桩码头。②建立水板桩码头新结构设计理论，包括4种板桩码头新结构的概化模型和计算方法；"遮帘效应"的分析方法；基于变形的板桩结构极限土压力计算模型与方法。③研发深水板桩码头新结构5大关键技术，包括：数值分析技术、离心模拟技术、现场监测技术、地震反应分析技术、施工成套技术。解决板桩码头新结构建设关键技术难题。该成果在唐山港京唐港区和曹妃甸港区成功应用，建成57个5万~20万吨级板桩码头深水泊位，码头长度14.7千米，年货物通过能力达2.58亿吨；新结构成功推广应用到江苏盐城港滨海港区等港口建设。该成果纳入《板桩码头设计和施工规范》《码头结构设计规范》和《港口工程离心模型试验技术规程》等行业标准，对中国水运工程技术走向世界具有重大意义。该项目先后获得省部级特等奖1项，一等奖2项，二等奖2项。相关研究共获得发明专利15项，实用新型专利11项；发表论文82篇，出版专著4本；培养全国优秀科技工作者、交通运输部青年科技英才、天津市规划设计大师、江苏省"333"中青年科技领军人才、河北省"三三三"人才、天津市"131"人才各1名。该项目应用于大量的实际工程中，取得巨大的经济效益和社会效益。

（韩瑞洁）

【天津港南疆港区26号铁矿石码头工程地质勘察】　中交第一航务工程勘察设计院有限公司杨鸿钧、戚玉红、陈伟等完成，获2017年度水运交通优秀勘察一等奖。该勘察项目查明勘察区内各岩土层的分布情况及各土层物理、力学性质指标，为工程的设计施工提供依据。①技术先进，多种方法综合勘察。该勘察使用野外勘察使用全球卫星定位、全断面取芯回转钻探、薄壁静压取土、标准贯入试验、重型动探试验以及十字板剪切试验等各种技术，室内试验采用全自动三轴压缩、全自动高压固结、应变控制式直接剪切、水/土化学成份分析等，勘察数据采用专业化软件自动采集与处理，技术先进，数据准确，图表规范。②注重技术创新，解决若干技术难题：勘察使用该公司特有的具有公司专利的水上十字板剪切试验装置，其控制器、轴杆与平台相分离的特点，使剪切试验取得良好效果；勘察对于吹填超软土创新性的采用公司自主研发的挡板封闭式取土器，使吹填超软土原状样的采取成为可能，可得到其重度、孔隙比等指标，为其固结沉降的估算提供可靠依据；勘察采用原状取土、原位十字板剪切、室内土工试验等多种手段，准确查明吹填软土层与原海相沉积土层的分布规律和分层特征，为后期的地基处理及不均匀沉降预防、工后沉降估算等提供依据。③分析细致，建议科学合理。该勘察对场地地层分布、地基土应力历史、地下水类型、地震液化等，均进行深入细致的分析研究，结合天津港地区特点，参照相邻建筑的结构形式，对码头结构基础形式、地基处理方案等提出多项科学合理建议，并被设计施工方所采纳，产生良好效益。（韩瑞洁）

【青岛港前湾港区QQCT码头检测评估】　中交第一航务工程勘察设计院有限公司曹胜敏、李继广、张喜平完成，获2017年度水运交通优秀勘察三等奖。该项目检测内容繁多，部分检测项目复杂、困难，并需要对码头现状进行安全性、使用性和耐久性进行计算、评估，涉及的专业多。项目中存在的难点主要有：①测量控制点的缺失。检测采用假定基准的方法，测量码头的相对变形。②基床冲刷情况检测。码头前沿水深在15米以上，检测采用潜水人工探摸结合水下摄影和摄像的方法进行。③倒滤层缺失情况检测。后方回填工程的检测主要指后方抛石棱体、倒滤层结构的完好性检测及回填土的变化情况检测。该项目采用先进的地质雷达进行检测，为减弱海水电离层对检测结果的影响，实施过程中在低潮位的时间短进行检测。为增多检测点数，分别平行码头前沿线和垂直方向布置多条测线。④安全性、使用性及耐久性的评估。该3项指标关系到码头是否能够继续使用和升级改造。该项目是首次对码头结构检测评估项目，为公司检测领域开辟新的亮点。

（韩瑞洁）

【江苏LNG项目接收站配套码头工程】　中交第一航务工程勘察设计院有限公司杨志国、刘红宇、杨长义等设计完成，获2017年度全国工程建设项目优秀设计成果二等奖。该项目位于江苏岸外特有的辐射沙洲中南部的"烂沙洋—西太阳沙"海域。①“水道—沙洲”系统工程稳定性的研究，解决辐射沙洲海域建设LNG接卸港的滩槽稳定性难题，得到西太阳沙海域能够建大型海港的论证，填补辐射沙洲10万吨级海港建设的空白。论证烂沙洋北水道深槽利用的可靠性和西太阳沙核心区域的稳定性，得出辐射沙洲海域能够建设大型海港的宏观论证。在自然条件复杂、滩槽动态活跃、曾长期被认为是建港禁区的辐射沙洲和潮汐通道上建设LNG接受终端尚属首创。②突破建港“禁区”，首次在辐射沙洲海域建设大型LNG港口，提出港口布置模式及布置原则。项目探索出一种与当地海洋环境相适应的总体布置格局和水工结构形式。基本实现人为无固定边界对自然无固定边界的布置格局。工程要害部位，留有一定的超常安全储备量用以应对一定的工程风险。确立离岸岛式的LNG接卸港建设途径。③论证构建乘潮航道与应急内锚地组合的LNG码头水上通道模式，利用海域潮差资源，避免开挖航道带的风险，保障LNG接卸港的安全运行。通过设置应急锚地的创新方式，解决对LNG船舶不宜乘潮的限制，实现国内LNG船舶乘潮进出港的突破。应急锚地的设置方式被《液化天然气码头设计规范》采纳，并写入强制性条文。④采用不同的防护理念，通过平、立护结合的新型预防护工程，预留冲刷储备深度适时后防护的措施，应对和化解工程稳定性风险。该项目创造性提出“平护与立护相结合”的防冲护底设计理念，固滩保滩与常规结构护底相结合，平护侧重于岛壁结构前沿的防冲刷护底并兼顾保滩作用，立护侧重于固滩保滩，围护、保持人工岛岛壁前沿基础区域的稳定，从而保证人工岛结构的长期稳定与安全。为应对强潮流环境下LNG码头、引桥桩基的局部冲刷，同时为避免大规模预防护工程改变滩槽地形带的负面影响，对于LNG码头、引桥桩基的冲刷采取预防护和后防护相结合的途径。

（韩瑞洁）

【软土地基加固水气分离工艺技术研究】 天津港（集团）有限公司、中交天津港湾工程研究院有限公司、天津港湾工程质量检测中心有限公司余厚新、诸葛爱军、李彪、付海峰、陈智军等人完成，授权实用新型专利1项，2017年3月通过天津市高技新术成果转化中心鉴定，获2016年度天津港集团科技进步二等奖。该课题进行真空泵比选和水气分离罐罐体设计，开发导压分流水气分离新设备，研究室内试验条件下真空泵和射流泵抽水、抽气效率以及二者的对应关系，并将水环式真空泵成功应用于真空预压地基加固，水、气分别排出，提高抽气效率，该水气分离成套设备在实际应用中可集成、拆分，能够适应临近道路和远离道路等各种地基处理工况。

（冯绍峰）

航道与水运

【复杂河口超大型跨海交通工程涉海关键技术研究】 交通运输部天津水运工程科学研究所、水利部交通运输部国家能源局南京水利科学研究院李孟国、何杰、李文丹、辛文杰等完成，获2017年度天津市科技进步三等奖。该项研究采用水沙特征和滩槽演变规律分析、潮流泥沙整体数学模型、超宽动床潮流泥沙整体物理模型、宽水槽非恒定流正态系列试验人工岛及桥墩局部动床冲刷物理模型试验等综合手段开展深入研究和论证。①全面系统研究珠江口伶仃洋水沙动力特征、滩槽演变机理及对河口治理开发活动的响应，揭示珠江口伶仃洋“微变性、趋稳性、可塑性”的重要特征。②采用宽水槽非恒定流条件下正态系列试验，研究桥墩群的阻力效应，采用超宽动床整体物理模型对伶仃洋水动力和滩槽冲淤变化进行试验研究，解决“桥—岛—隧”不对称布置和伶仃洋东、西两侧动力差异明显条件下的试验模拟难题。③开发拥有自主知识产权的非结构网络加密技术的精细化二维水沙数学模型，实现对不同尺度的桥墩和人工岛形状进行合理刻画；研究桥墩群的阻力处理方法，提出边壁摩阻系数随水深变动关系式，提高桥墩阻水效应数值模拟的水平。④开发研制数字网络化控制技术和自动化量测仪器，开发能使潮汐模型滚动式运行的不间断控制技术，显著加快验证试验进程。通过该项目研究确定的桥址位置、隧道长度、人工岛形状和尺度、大桥通航孔和非通航孔合理跨距、桥墩和人工岛局部冲刷及工程对港口航道回淤的影响等研究成果均被设计采用，为工程建设提供了重要科技支撑，节省大量工程投资。

（李孟国　何　杰　李文丹　辛文杰　解鸣晓）

【面向海洋基建工程的悬浮物防扩散装置研究与开发】　中交天津港航勘察设计研究院有限公司、中交天航环保工程有限公司、天津工业大学、长沙理工大学组织实施，刘树东、胡保安、邵亮、李兰、蒋昌波等完成，2017年4月经天津市科学技术信息研究所组织鉴定，获2017年度天津市科技进步三等奖。该成果对疏浚吹填施工中的悬浮物扩散规律进行研究，建立悬浮物扩散水力学模型，开发具有自主知识产权的计算软件。①研发具有自清洁功能的新型过滤材料，首次创立一套防污帷幕结构设计及计算方法，研制悬浮物防扩散装置，由于表底层纤网的孔隙差异，可更好的利用海洋潮汐冲刷作用使滤饼脱落，降低过滤阻力，实现自清洁，其抗污染能力可提升3.14倍，自清洁能力提升1.77倍。②依托天津南港吹填工程，设计研制2组单元长度为20米的防扩散装置，并进行现场试验，检测结果表明SS平均值由拦截前的408毫克/升下降至56毫克/升，悬浮物指标满足《海水水质标准》（GB 3097—1997）第三类水质要求。③具有自清洁功能的防污帷幕的使用寿命与传统使用的过滤材料相比，使用寿命提高至少1倍，每延米可节省1000元。该成果已应用于烟台港西港区30万吨级航道工程、滨州港海港港区3万吨级航道工程中。

（张亚楠）

【山区河流两坝间航道治理关键技术研究】　交通运输部天津水运工程科学研究所、贵州省航务管理局张华庆、王诚、马殿光、黄强等完成，获2017年度中国水运建设行业协会科技一等奖。该项目是“龙滩库区航运建设工程关键技术研究”等省部级研究项目为主提出技术研究成果的系统总结。通过系统研究：①从泥沙交换的随机现象出发，考虑推移质输移强度和速度的相互影响，基于统计理论推导出新的推移质输沙率公式，较好反映山区河流推移质输沙过程，具有更好的计算精度，开发考虑弯曲河道横向底坡输沙影响的三维数学模型。②首次提出确定变动回水区航道设计参数的“时段保证率法”及确定脱水段航道设计流量的“单机流量折减法”。③提出河道自动调整为主，引导性工程为辅，自上而下加大工程强度的变动回水区砂卵石滩治理原则；针对山区河流两坝间水库水位不衔接段非恒定流影响水位变幅较大特点，提出中水整治与枯水整治统筹考虑的急险滩航道治理技术；提出提前消峰、降低非恒定流影响的坝下港口水域通航治理思路。④针对构皮滩枢纽升船机中间渠道两端窄中间宽的特点，研究提出不同航速条件下中间渠道（包括通航隧洞和渡槽）的最小尺度要求。项目成果已在“西南水运出海中线通道南盘江、北盘江、红水河（贵州段）航运建设工程”“乌江（乌江渡—龚滩）航运建设工程”“乌江构皮滩枢纽通航建筑物建设工程”设计中应用；并逐步推广应用到黄河上游部分河段的“黄河贵德至李家峡航运工程（二期）”等，有效提高设计效率和质量，工程效果明显；项目成果形成的符合枢纽调节实际情况的有流量调节河流“单机流量折减法”，可作为其他两坝间航道整治流量的确定依据；提出的复杂条件下枢纽坝下变动回水区河段智能通航保障成套技术可作为数字化枯水航道的示范技术；研究提出的不同航速条件下的Ⅳ级单线中间渠道（包括通航隧洞和渡槽）的最小尺度要求为中间渠道设计规范的制定提供重要参考。

（张华庆　王　诚　马殿光）

【“机/船一体化”大型反铲挖泥船关键技术研究】　中交天津港航勘察设计研究院有限公司、中交天津航道局有限公司、天津市疏浚工程技术企业重点实验室组织实施，顾明、李瑞祥、王立强、罗刚等完成，获2017年度中国航海学会科技二等奖。该成果建立整套分析、计算与设计方法，掌握“机/船一体化”大型反铲挖泥船在设计、建造和使用方面的关键技术，并对“津泰”轮实施改造。①建立“机/船一体化”大型反铲挖泥船各种工况下的力学、动力学模型，提出疏浚施工反铲机力学分析方法、反铲船稳定性核算方法、提船定位系统力学分析方法，采用系统设计方法优化反铲机、船体、提船定位系统等设计，形成“机/船一体化大型反铲挖泥船设计关键技术”。②提出“单桩失效后船舶不倾覆”的设计理念，通过船体加宽、压载舱优化配置、设计钢丝绳尾端减载卷筒、钢桩结构优化、液压应急系统等措施，解决提船钢丝绳断缆及造成船舶倾覆的安全风险问题。③提出“机/船一体化”大型反铲挖泥船液压系统设计方案，开发反铲船专用液压动力分配系统，采用油路蓄能器、比例阀斜坡降零等技术，解决反铲船冲击载荷大、易造成液压系统油压流量不稳定、管路频繁爆管等问题。④研制“机/船一体化”大型反铲挖泥船疏浚监控系统，将水下三维土质模型及潮位实时推算技术嵌入反铲挖泥船疏浚轨迹与剖面显示系统，实现铲斗精确定位控制；研制反铲船船体一键自动升降系统、提船钢丝绳拉力监测装置；开发故障智能诊断系统。⑤针对“机/船一体化”大型反铲挖泥船的特点，编制安全操作规格和操作手册。该成果应用于潍坊港中港区航道工程、厦门海沧项目、南沙三期疏浚吹填项目工程。

（张亚楠）

【疏浚挖掘与输送关键技术实验平台研制及应用】 中交天津航道局有限公司、河海大学组织实施，倪福生、刘瑞祥、王力威、李进军等完成，2017年3月10日经中国水运建设行业协会组织鉴定，获2017年度中国水运协会科技进步一等奖。①研制国内首个大比尺疏浚试验平台，为国内开展疏浚挖掘与输送机理理论研究和疏浚工程工艺研究提供物模试验平台。②自主研制大比尺、高精度、长距离输送实验平台，DN450管线、650米管长、双泵串联、2×1200千瓦变频驱动，可开展约1：2比尺的泥泵研发及管道输送机理与工艺研究。③自主研制大比尺疏浚挖掘实验平台。该平台具有绞吸、耙吸疏浚，土样制备和测量等实验功能。水槽主尺度54米×10.7米×3.5米，三槽合一、多段分隔，自驱动主台车装机功率550千瓦、拖曳力80kN、绞刀挖掘功率90千瓦、高压冲水破土功率185千瓦，可开展二维切削、三维挖掘机理及工艺研究。④针对复杂、动态、偏心荷载下台车行走难题，研发台车行走四轮同步自驱动关键技术；发明挖掘机具的电力/液压双驱动升降装置，实现挖掘机具的三维运动和精确定位，保障挖掘实验装置的精准性、平稳性和安全性。⑤针对泥泵扭矩、管道浓度及其分布和高浓度泥浆压力精确测量的难题，研发泥泵及管路水力输送高精度测量关键技术，在国内首次实现0.5%的系统测试精度。⑥设计“零水耗”的疏浚实验水循环系统，实现疏浚水沙槽、浑水池、清水池及输送平台之间水的调用和回收，满足节能环保要求。⑦通过试验平台试验研究，国际首次提出卵石混砂水力输送计算和硬质黏土、岩石切削新模型，并用于指导疏浚施工。该成果获授权发明专利11件，实用新型专利7件，发表论文20余篇。该成果应用于天津南港、大连太平湾、马来西亚碧桂园、葫芦岛绥中港和河北黄骅港等疏浚工程。

（张亚楠）

【耙吸船疏浚含高浓度硫化氢（H_2S）气体土质安全防护及施工技术研究】 中交天津航道局有限公司组织实施，冯晨、杨立楠、张凤锟等完成，2017年3月经中国水运建设行业协会组织鉴定，获2017年度中国交建科技进步奖二等奖、2017年度中国水运建设行业协会科学技术奖三等奖。针对纳米比亚鲸湾港油码头疏浚工程海底土质含有大量剧毒、易燃、易爆、腐蚀性的H_2S气体的难题，制定针对性的船舶安全防护方案并进行专项的船舶施工技术研究。①分析H_2S气体剧毒及易燃易爆的特性，首次提出耙吸船疏浚含H_2S气体土质的安全防护标准，填补耙吸船疏浚含H_2S气体土质安全防护标准的空白。②研发船舶人员安全防护技术，采用负气压原理，实施泥舱封闭和强制排放的泥舱防护技术。③采用正气压原理，实施舱室密闭、设置隔离舱、空调内循环、提高进风口高度及强制送风等活动舱室防护技术。④提出船舶二氧化硫气体检测监测预警技术，确定施工区有毒气体安全影响警戒范围。⑤研究二氧化硫扩散特性，制定择风向施工、薄层开挖、交替施工、安全施工航速、满舱置换施工、低速装舱等系列化施工工艺，首次形成耙吸船疏浚含二氧化硫气体土质的施工技术。⑥首次编制耙吸船疏浚含二氧化硫气体土质安全防护管理规程，保障船舶人员在有毒气体环境下施工的人身安全。该成果应用于纳米比亚鲸湾港油码头及集装箱码头清淤工程。

（张亚楠）

【亚洲最大绞吸挖泥船"天鲲号"】 中交天津航道局有限公司自主研制，具有完全自主知识产权，获评2017年全球十大名船。该船可挖掘抗压强度50兆帕的岩石；输送能力世界第一，最大排距15000米；适应恶劣海况能力世界最强，最大可在4米高的波浪海况下作业。该成果创新点为：①自主研制新型柔性钢桩定位系统，全球首创在重型自航绞吸船配置钢桩台车/三缆定位双定位系统。②研发采用上下双耳轴形式的重型桥架，实现6.5～35米挖深，最大挖深居世界前列，亚洲第一。③国际首次提出不同工况下泥泵叶轮系列化设计理念并研制系列化叶轮。④国际首次提出绞刀系列化设计理念并研制出挖掘岩石、黏土、密实砂等系列化绞刀。⑤国际首创的水下疏浚土质三维建模与剖面显示、远距离潮位实时推算和基于水下土质的自主疏浚大数据智能分析三大新技术，形成国际领先的新型精确与高效绞吸挖泥船疏浚自动化控制技术，智能化程度世界最高。该成果实现国内重型自航绞吸船关键技术的突破和核心技术的掌握，填补国内自主设计建造重型自航绞吸船的空白。 （张亚楠）

【内河航道岸坡生态治理技术研究与应用】 交通运输部天津水运工程科学研究所、天津大学、河海大学张华庆、马殿光、李旺生、王元战、钟春欣等于2017年5月完成，2017年7月通过中国航海学会组织的科技成果鉴定。该项目重点解决制约国内外河流生态治理，尤其是内河生态航道领域的建设理论、重大关键技术、共性技术和公益技术问题，构建内河航道岸坡生态治理理论方法和技术支撑体系，并作为内河生态航道建设体系的组成部分，经过科研攻关，攻克了6项关键技术难题，自主创新技术在总体技术中所占比重超过90%。①首次提出可有效进行多因素复杂条件下航道岸坡稳定模拟理论和方法，并构建数学模型；②系统揭示生态岸坡治理中植物根系的力学锚固效应和水文效应机理，为生态护岸植被应用提供理论基础；③建立航道岸坡生态治理和修复防护分区理论，提出系统的生态护岸设计技术及参数，填补国内外该领域理论和技术空白；④研发具有自主知识产权，兼具生态、景观性适用于不同地形地质条件多个新型生态护岸结构；⑤开创性提出航道岸坡生态治理评价指标体系和评价方法；⑥首次提出内河生态旅游航道建设标准，填补国内外技术空白。该项目取得发明专利6项，实用新型专利3项。应用于广西、海南等依托工程以及黄河、长江干线，直接指导工程设计及建设，改善工程河段河流水生态条件，对其受损生态进行修复，并形成优美的水景观，使航道及沿线成为优良的生态景景观廊道，推动经济、社会、生态环境协调发展。

（张华庆 马殿光 李旺生）

轨道交通

【沿海城市复杂环境盾构信息化智能反馈施工技术】 中国铁建大桥工程局集团有限公司、中铁建大桥工程局集团第一工程有限公司、大连海事大学、天津大学、西安建筑科技大学姜谙男、史洪涛、宋战平、吴雷雷、甘玉林、张文军、顾金权、李晓飞完成，获2017年度天津市科技进步二等奖。项目组攻克关键技术难题，建立一套盾构信息化智能反馈施工技术。①建立远程自动实时数据采集传输与处理和时间序列滚动（DE－ANN）预测模型，形成盾构施工的多元信息监测与三维地质可视化管理系统，实现施工风险实时预警与预测。②提出基于围岩单元状态指标（ZSI）破坏接近度的盾构隧道流固耦合工作面稳定性分析方法，为富水地层盾构掘进施工安全评价及掘进参数调整提供依据。③提出基于差异进化的地质参数反分析方法，通过对上软下硬地层参数反分析和模型预测，对盾构掘进参数进行优化，形成下穿复杂构筑物盾构施工分析反馈控制方法。④针对特殊工程条件，建立盾构整体始发和整体接受的施工工法，建立导管柱注浆的复杂地层加固技术。该项目成果获授权发明专利3项，实用新型专利6项，软件著作权登记3项；辽宁省工法1项，发表学术论文14篇。应用该技术成果实现大连地铁202标段复杂条件下盾构施工，缩短了工期，取得显著的社会、环境及经济效益。项目成果在大连地铁204标段、103标段、104标段均有应用，并推广到南昌地铁和深圳地铁。在富水区不良地质和建（构）筑物密集的盾构隧道施工中有很高的推广价值。

（中国铁建大桥工程局集团有限公司）

【轨道交通智能广播系统研制及产业化】 天津渤海奥立电子有限公司、天津职业技术师范大学王仲民、李士心、苗笛、卢世璜等完成，获2017年度天津市科技进步二等奖。该项目紧密结合轨道交通行车、客运、防灾、维护等具体要求和可预见需求，将通信、电声、计算机、数字、网络等先进技术相结合，研制功能完善、先进可靠、经济实用、配置灵活、易于维护的轨道交通智能广播系统，该系统由中心设备、车站及区间设备、车辆段（车场）设备、与传输系统接口及便携式维护终端组成。具有以下特点：①由开发主功放模块和开关电源模块组成一体化整机，具有宽带音频输出特性和低失真、低噪声的高保真性能。②开发高精度广播网络自动检测技术，对轨道交通车站每个广播区的扬声器线路阻抗进行检测，实现高精度的广播网络远程遥控自动检测。③采用模块化组合设计，根据用户需求灵活调整或扩展功能配置，增减车站及广播区数量，调整优先级数量及优先级设置，配置不同音源，修改语音信息存贮容量及重新划分语音段，适应国内轨道交通、轻轨等城市快速轨道交通对广播系统功能需求的变化。该项成果广泛应用于地铁、轻轨、铁路等交通运输系统，在天津地铁、北京地铁、大连地铁、西安地铁、深圳地铁、合肥地铁、广州地铁等轨道交通运营企业广泛应用，并推广应用到朝鲜、缅甸、伊朗等国家。企业实际应用表明，该系统所具有的功能完全符合地铁运营工作要求，性能稳定、运行效果良好、可靠性高、操作便利。项目研制具有自主知识产权，不仅增强了中国制造在国际市场的竞争力，而且打破轨道交通广播系统长期被国外企业垄断的历史。

（天津渤海奥立电子有限公司）

【大直径盾构隧道扩挖修建地铁车站设计研究】 天津市市政工程设计研究院李爱民、王文军、颜莓等完成，获2017年度天津市科技进步二等奖。课题依托北京地铁14号线酒仙桥工业老区复杂的环境和工程条件，做为大盾构扩挖车站技术方法的设计前提和技术理论技术，研究成果直接指导设计成果和施工过程。①依托试验段工程将建筑功能和结构工法融合，形成单洞双线侧式车站的建构型式，形成扩挖站台及外挂设备用房及集散厅的功能布局，探索实现新工法的车站整体布置思路；②课题研究形成新的地铁建设技术方案，合理选取大盾构扩挖车站结构型式和施工方法，开展大直径盾构隧道扩挖结构受力行为的研究；③进行全施工过程的大型有限元数值模拟分析，对大盾构扩挖修建车站结构体系关键受力部位、结构构件进行预判和受力分析。科学确定不同工况下结构内力、变形关键部位及对结构体系安全性影响较大的关键节点；④开展大直径盾构车站管片结构研究，研制适宜在地下水土压力下安全拆除的特殊钢制封顶块；⑤研制车站段扩挖盾构管片内支撑体系，提出扩挖构件关键节点和防水技术处理措施等关键技术问题的解决方案；⑥开展大直径盾构穿越站端风道影响的研究，形成盾构先、后穿越车站不同建设实施条件下的可行技术方案，与常规建设方案相比，增加了地铁建设的灵活性，缓解工程筹划难题。⑦对大直径盾构隧道扩挖修建地铁车站技术进行风险控制预分析，形成大盾构扩挖整体和分步沉降变形标准，获得大直径盾构扩挖技术风险预测经验。北京地铁14号线大直径盾构扩挖修建车站试验段工程于2014年年底开通运营，效果良好。该项目的实施，证明大直径盾构扩挖修建地铁车站技术在难以建设地铁的复杂城市环境中，可实现安全、高效、经济的地铁工程建设。课题研究成果可应用于复杂城市环境中的地铁、城市隧道、地下空间等工程建设，推广应用前景广阔，技术辐射能力强。课题申请2项发明专利，5项实用新型专利。

大直径盾构隧道扩挖技术

（李爱民）

【深层触探关键技术及其在城市轨道交通工程勘察中的应用研究】 铁道第三勘察设计院集团有限公司许再良、李鹏、陈新军等完成，获2017年度天津市科技进步二等奖。课题组围绕深层触探设备、工艺、应用技术等方面展开深入研究，开发成套深层触探（深层静力触探和旋转触探）测试装备及工艺：研发贯入深度达74.9米的深层静力触探车、贯入深度达64米的轻便型深层静力触探仪及测试工艺；发明旋转触探技术、设备及测试工艺，最大测试深度达86米，解决深层土的触探测试技术难题；创建深层触探成套测试理论和方法：提出旋转触探比功理论及计算方法，并通过理论分析、数值模拟、模型试验、现场试验等，揭示深层触探测试机理；建立深层触探技术的工程应用分析方法及系列经验公式：建立应用深层静力触探、旋转触探测试成果确定土体物理力学性质参数、基床系数、地基承载力、桩侧摩阻力、桩端阻力和基础沉降变形等分析方法及系列经验公式，为深层触探技术应用奠定坚实基础；创新细粒土地区城市轨道交通项目综合勘察模式和标准体系：提出并形成细粒土地区触探与钻探相结合的城市轨道交通项目综合勘察新模式，开发出深层触探技术应用软件，编制《深层静力触探技术暂行规定》和《旋转触探技术暂行规定》企业标准，成果纳入新修编的《铁路工程地质原位测试规程》行业标准，为深层触探技术应用提供标准支撑。该项目获得发明专利4项，实用新型专利2项、软件著作权2项。课题研究成果应用于天津地铁1号线延长线、4号线、5号线、6号线、7号线、10号线、11号线、滨海新区Z4线和哈尔滨地铁2号线、3号线等多项工程，实现深层静力触探最大测试深度达74.9米、旋转触探最大测试深度达86米，取得应用示范效果和社会、经济效益。

（李京涛）

【大型地下综合交通枢纽于家堡站建造技术研究】 铁道第三勘察设计院集团有限公司、津滨城际铁路有限责任公司、中铁建工集团有限公司承担，周铁征、马瑾、张凤龙、秦宝来等完成，获2017年度天津市科技进步二等奖。于家堡站是集铁路客站、地铁、地面公交、出租车及社会车辆等于一体的综合交通枢纽，也是国内首批地下铁路客站，无现行针对性规范。铁三院联合建设、施工单位，进行综合研究，取得多项创新性的科研成果：①提出大型地下综合交通枢纽一体化规划设计、建造新技术；在大型地下铁路客站首次采用与城市交通配套工程集中布局，换乘空间集中设置于同一标高的地下空间；②提出地下铁路客站站台有效长度、宽度、线间距、限界、站台层温度等技术标准及列车噪声影响下的抑制声缺陷的方法；提出站台层环境控制系统方案；③7万平方米超大基坑采用多工法的组合基坑开挖方案；提出20.5米超大跨地下结构结构体系方案；④首创143米大跨度贝壳形双螺旋杆件单层网壳钢结构体系；创新球铰双支座设计传力体系、“X”形刚性节点板及双螺旋曲线屋面空间定位方法；首次建立铁路客站钢结构健康监测系统技术标准；⑤提出铁路客站贝壳形ETFE膜采光屋面环境下采光、遮阳技术方案及穹顶反射条件下抑制声缺陷的方法；创新了ETFE气枕熔断排烟系统技术标准。该项目获得发明专利1项，实用新型专利3项。该项目在于家堡站工程中得到应用，并在滨海机场站、青岛机场站等多个大站推广应用，取得很大的社会和经济效益。（苏燕舞）

【城市轨道交通工程渣土综合利用技术研究】 中国铁建大桥工程局集团有限公司、天津城建大学、中国建筑科学研究院建筑材料研究所宋伟俊、荣辉、王海良、李向海、张宝辉完成，获2017年度天津市科技进步三等奖。该项目以天津地铁盾构渣土为研究对象，开展渣土综合利用技术研究。①渣土墙体材料制备、性能及其应用技术。制备墙体材料用渣土砖、砌块产品，并对上述材料进行相关性能研究，获得渣土砖、砌块等绿色墙体材料制备技术；分别研究渣土砖、砌块砌筑墙体受力性能。②渣土陶粒制备、性能及其应用技术。研发500～900密度等级、10～15毫米、15～25毫米两种粒径渣土陶粒产品，对其相关性能进行研究，获得500～900密度等级渣土陶粒制备技术；开展渣土陶粒掺量对多孔混凝土力学性能、抗冻性能和植生性能影响研究。③渣土在水泥基材料中应用技术。研究渣土掺量对不同混凝土强度等级下工作性、力学性和耐久性影响规律，探明不同混凝土强度等级下适宜渣土掺量。④渣土废泥浆絮凝脱水技术。研究无机絮凝剂、有机絮凝剂和两者复掺对渣土泥浆脱水絮凝效果影响，探明不同含水率渣土泥浆所需适宜絮凝剂种类和掺量，可为渣土泥浆脱水提供可靠支撑。该项目特点：①首次开展城市轨道交通工程渣土综合利用技术，将废弃渣土制备成砖、砌块墙体材料、陶粒、矿物掺和料等产品，具有明显创新性；②研究成果为大量废弃渣土安全消纳指出出路，不仅可解决土地占用、环境污染等问题，而且还将废弃渣土制备成墙体材料和轻骨料等建材产品，节约黏土、矿石等不可再生资源，符合国家发展战略。该成果已应用于6项工程建设中，社会、经济效益显著。项目申请专利8项，其中授权发明专利1项、实用新型专利1项；发表论文9篇，培养硕士2名、学士13名。

（中国铁建大桥工程局集团有限公司）

【重载铁路接触网成套关键技术创新及应用】 铁道第三勘察设计院集团有限公司、中铁电气化集团公司电气化公司、中铁电气化局集团宝鸡器材有限公司、浙江旺隆轨道交通设备有限公司罗健、崔校玉、侯震宇、邓洪等完成，获2017年度天津市科技进步三等奖。课题组针对中国重载铁路技术标准体系尚未制定与大量重载铁路长大干线工程项目建设需求紧迫的矛盾，通过系统性地研究，从理论基础、设计标准、装备制造和施工技术等方面对重载铁路接触网系统亟需掌握的关键技术问题进行系统研究，在重载铁路弓网关系研究方法、30吨轴重重载铁路接触网总体技术方案、重载铁路单线隧道内接触网系统安装方案、重载铁路接触网腕臂计算、预配、安装及监测成套技术等方面实现重大突破。①基于悬链线方程建立链型悬挂接触网系统模型，创新重载铁路弓网关系研究方法，解决大截面导线接触网与受电弓动态稳定受流的难题；②创新性提出30吨轴重重载铁路接触网总体技术方案；③创新重载铁路接触网腕臂吊弦计算、预配、安装成套技术；④优化重载铁路单线隧道内接触网悬挂方案；⑤研发适用于重载铁路的锻造型铜合金终端锚固线夹、腕臂底座、窄型横腹型混凝土支柱、槽钢格构钢支柱和多棱钢管柱等新型装备。该项目获得发明专利4项、实用新型专利8项、软件著作权3项。该项目在山西中南部铁路通道、张唐铁路、天津站至天津西站地下直径线等多个重载铁路项目中应用，并编制出《重载铁路设计规范》，推动重载铁路接触网系统设计标准的制订，经济和社会效益突出，具有良好的推广前景。

（罗法水）

【于家堡站房穹顶网壳钢结构设计】 铁道第三勘察设计院集团有限公司、奥雅纳工程顾问（上海）有限公司北京分公司负责设计，黄桂兴、宋长江、高修建等完成，获2017年“海河杯”天津市优秀勘察设计（建筑结构、设备组）一等奖。于家堡站总建筑规模约8.6万平方米，为京津城际延伸线的终点站，站房穹顶是由36根正螺旋和36根反螺旋型杆件相互编织而成的非规则贝壳形曲面造型，长跨143米，短跨80米，失高25.5米，为国内最大跨度非规则单层网壳结构。①开创性提出36根正螺旋和36根反螺旋组成的新型空间网格结构体系，填补国内外空白；②开创性提出双球铰钢支座技术、新型的X形钢节点（均已获专利），解决超大跨度网壳底部产生的巨大推力问题，降低工程造价；③首次把结构健康监测系统应用于高铁站房，为国内其他复杂高铁客站的健康监测系统设计和运营提供参考和经验；④首次使用杆件法线、节点坐标和空间向量联合进行定位的空间表示法，解决空间扭曲杆件和节点的准确定位及高精度加工制作的难题；⑤提出网壳径向和环向联合合拢技术，减小温度变化和焊接对网壳安装过程中温度效应的影响，保证施工过程的安全性和稳定性。该项目获中国钢结构设计金奖和天津市钢结构金奖2项，获实用新型专利2项，在重要期刊上发表多篇论文。设计成果应用在于家堡站房穹顶的建造，解决超大跨正反螺旋型空间结构设计的关键难题，缩短工期、节约建设投资，穹顶成为滨海新区地标建筑。成果应用于大连金普线地铁车站屋盖结构、北京S1线、高铁站房健康监测系统等多项工程，取得显著的经济社会效益。

（苏燕舞）

【AFC智能票务处理终端设备】 中国机房设施工程有限公司韩雪松、董淳、闫威等于2017年9月完成，获天津市中小企业“专精特新”产品奖励资金。AFC（自动售检票）智能票务处理终端（业务内置型读写器）从概念上提出把传统AFC系统5层架构改为6层，把业务内置型读写器作为单独一层来进行票务规则的处理，使票务规则脱离上位机的束缚。内置型读写器硬件设计充分考虑传统AFC设备内部空间有限的问题，在整体尺寸上能够满足空间不足，芯片性能采用主流芯片组，降低能耗。业务内置型读写器在设计和应用中的创新点：①架构创新：率先将传统的AFC5层架构拓展为6层架构，业务内置型读写器作为独立的设备层，解决系统升级和更新困难问题；②模式创新：提出基于蓝牙、NFC、二维码的智能移动票务支付系统。采用文件证书方式，利用不对称数据加密签名方法，票卡账户后台监控等方法保证系统的安全；③票卡产品创新：提出基于蓝牙、NFC、二维码的智能移动票务支付系统及终端上的程序控制，通过升级更新程序，实现新的票务规则。业务内置型读写器拥有实用新型专利3项，软件著作权1项，通过了第三方质量检测机构的产品检测。业务内置型读写器产品应用到天津地铁1、2、3、5、6、9号线系统中，在天津市市场占有率达到100%。（张冬艳）

【天津至保定铁路桥梁工程设计】 铁道第三勘察设计院集团有限公司负责设计，宋顺忱、张雷、徐平伟、闫阿利等完成，获2017年“海河杯”天津市优秀勘察设计（市政道桥）一等奖。项目桥梁设计针对工程的特点，采取多种桥梁结构形式，技术创新点为：①国内首座三线铁路曲线预应力混凝土矮塔斜拉桥。该斜拉桥为津保铁路及其动车线共6条铁路跨越天津市外环路和外环河而设，6条铁路分成两座桥跨越，采用（84+56+32）米三线铁路曲线预应力混凝土矮塔斜拉桥。该结构为国内铁路首次采用，首次将分丝管索鞍应用于多线曲线铁路斜拉桥结构，提高桥梁结构的安全性，便于施工和维修、养护；首次将环氧喷涂钢铰线应用于多线曲线铁路斜拉桥结构，增强钢铰线斜拉索在结构中的防腐性能；梁体截面采用单箱4室、变高度、变截面斜腹板形式，箱梁顶宽23米。索塔采用钢筋混凝土结构，梁顶面以上全高20.0米，采用实心截面，外轮廓作倒角、凹槽等处理，以增强建筑造型表现力。②超长、超宽、侧向通过速度最高的道岔梁设计。曹庄北线路所采用（30.226+11×31.176+30.226）米长联道岔梁，全长为403.4米，桥面最宽处为31.85米，根据其特点，梁截面选择单箱多室结构，横向采用梁格法计算，考虑宽桥面横向的效应，横向设置5~7支座。在安全线变宽处，有部分支座采用多向支座，释放温度荷载。③采用门式墩，解决12线小角度多次跨越设计。设计采用集中设置门式墩群的方式，有效解决复杂区域多线小角度多点跨越的技术难题。疏解区共集中设置43组门式墩特殊结构，实现12条铁路线的相互交叉跨越。框架墩最高墩高23米，最大框架墩柱距22米，多为三层跨越。门式墩墩身采用双曲线流线型，增加美观性，与城市环境协调融合；④长联大跨连续梁抗震技术及摩擦摆式减隔震支座设计。子牙河主桥为（76+4×120+76）米长联连续梁，设计采用摩擦摆式减隔震球形支座新技术，有效降低地震力对下部结构的影响，优化桥墩结构尺寸和桩基础数量及长度，节省工程投资。

（王津同）

【新建客运专线北京调度所工程暖通空调设计】 铁道第三勘察设计院集团有限公司负责设计，张亚静、朱建章、黄保民等完成，获2017年“海河杯”天津市优秀勘察设计（建筑结构、设备组）一等奖。该工程为新建客运专线北京调度所，主体工程总建筑面积81386.06平方米。该项目难点是如何解决大楼的节能设计，其技术创新点为：①针对调度大厅层高、人员密集特点，推出新型岗位空调送风系统设计，实现个性化分层送风需求（于2014年获得实用新型专利）；②结合工程特点，电子设备机房全年均采用水冷型机房专用空调系统进行供冷闭式冷却塔供应冷却水，办公用房夏季通过水源热泵机组制冷，开式冷却塔供应冷却水，冬季供暖采用提取内区电子设备用房的大量散热，通过工艺空调冷却水的循环及热泵机组的工作，实现舒适空调耗热和工艺空调排热的能量转移；③冷冻水采用一次泵变频技术，通常应不低于额定转速的50%，最好在70%～100%之间。当环境温度、空调末端负荷发生变化时，各路冷冻水供回水温度、温差、压差和流量亦随之变化，调节各变频器输出频率，控制冷冻水泵的转速，改变其流量使冷冻水系统的供回水温度、温差、压差和流量运行在控制器给出的最优值，采用输出能量的动态控制，实现水系统的节能；④冷却水及冷却塔风机系统采用变频技术，实现最佳转换效率控制，最大限度地节约冷却水泵和冷却塔风机的能量消耗；⑤组合空调箱的风系统采用变频技术，控制系统通过回风温度对空调箱风机的送风量和排风量进行调节，并根据回风温度自控系统自动调节水阀开度 。

（罗法水）

【车站基坑安全与环境影响控制关键技术研究】 天津市建委科学技术重点研究计划，由天津市地下铁道集团有限公司、天津大学共同承担完成，2017年4月通过天津市城乡建设委员会组织的专家鉴定。该项目针对天津地铁车站基坑安全与环境影响控制关键技术开展研究，推动基坑支护工程的理论与技术发展，提高软土地区地铁基坑工程建设水平。研究通过理论研究、数值分析、大型现场试验与工程实测，揭示围护结构施工、基坑开挖前及开挖过程降水产生变形的规律，建立系统的计算理论与方法，并提出相应的变形控制技术。研究成果应用于多项大型建筑基坑工程和地铁基坑工程，并纳入天津市《岩土工程技术规范》，编制《天津市区地铁基坑施工安全及周围环境安全控制指导书》，取得显著的社会、经济和环境效益，具有广阔的应用前景。

（唐　扬）

【天津盾构法区间隧道施工安全及运营期安全关键技术】 该项目为2012年天津市建委科学技术重点研究计划，由天津市地下铁道集团有限公司、天津大学共同承担完成，2017年4月，通过了天津市城乡建设委员会组织的专家鉴定。该项目提出基于盾构掘进力学参数控制的地表变形的控制方法及定量的风险评估方法，研发了注浆模拟专用设备，提出考虑土体成层性、结构性和欠固结影响的建筑物抬升的注浆修复技术；揭示了基于土拱作用的小净距隧道盾构相互机理及建立了变形控制措施评价方法，提出了既有隧道收敛变形指标和挠曲变形指标评价加固措施。项目研究成果已应用于天津地铁5、6号线工程，主要研究成果已纳入天津市《岩土工程技术规范》，并编制了《天津市区地铁基坑施工安全及周围环境安全控制指导书》，取得了显著的经济和社会效益。

（唐　扬）

【失稳球形钢构屋架拆除研究】 天津市交通委科学技术重点研究计划，由天津滨海快速交通发展有限公司完成，2017年10月通过天津市城乡建设委员会组织的专家鉴定。该项目利用ABAQUS软件对津滨轻轨东海路站柱承式网架结构建立有限元模型，通过对爆炸地震单独作用下、空气冲击波单独作用下和两者联合作用下网架结构的动力响应进行数值模拟分析，获得3种工况对网架结构动力响应的影响规律，验证空气冲击波是网架结构破坏的主要因素。建立非隔震、水平隔震和三维隔震结构有限元模型，对比分析不同隔震措施下网架结构分别在爆炸和天然地震作用下的动力响应的差异，对传统水平隔震支座和三维隔震支座的隔震效果进行对比评价分析，指出三维隔震支座隔震效果较好。研究成果有效保障天津津滨轻轨东海路站受损柱承式钢网架结构的安全拆除，经济效益和社会效益明显。

（唐　扬）

现代服务业科技

概　况

【软件和信息服务业简况】　2017年，天津市软件和信息技术服务业实现收入1352亿元，同比增长14.1%，略高于全国平均增速。其中信息技术服务、软件产品和嵌入式软件收入分别达到952亿元、332亿元、68亿元，以云计算、大数据、互联网等新兴领域为代表的信息技术服务收入增长较快，占总收入的70%，同比增长25%。软件和信息技术服务业企业研发投入大幅增长，研发经费支出达到66亿元，同比增长38%，软件著作权申请超过1万件。企业盈利能力显著提高，利润总额突破170亿元，上缴税收12.6亿元。滨海新区作为软件和信息技术服务产业发展的主要载体，继续保持平稳增长，收入996亿元，占全市总量的73.6%。

全市软件和信息技术服务业规模以上企业超过700家，从业人员10万人以上，系统集成获证企业达到184家。业务收入超过10亿元的企业22家，超过亿元的企业达到108家，过亿元企业收入占到总收入的90%以上，龙头企业对产业的带动效果明显，招商引资成果显著。

以天河、腾讯、今日头条为代表的云计算、大数据领域蓬勃发展，核心及关联产业规模达到350亿元。以飞腾、麒麟、南大通用、360为代表的安全可靠领域全国领先，产业规模超过50亿元。以凯发电气、恒银金融、天堰科技为代表的行业应用软件领域稳步增长，规模已经突破200亿元。数字内容领域汇集了完美世界、乐道互动、未来电视、搜狐视频等代表性企业，产业发展后劲十足，规模实现200亿元。以滴滴、摩拜单车、曹操专车、五八同城为代表的互联网及共享经济领域快速发展，以唯品会、当当、美团等企业为代表的电子商务领域也日趋成熟，成为推动“软”产业发展的重要力量。软件和信息技术服务业逐步形成了产业集聚、区域联动、特色鲜明的产业发展新格局。

【中国移动天津公司简况】　2017年，中国移动天津公司勇于创新，市场发展和网络能力得到双提升。发展结构转型明显，四轮驱动更趋均衡。4G发展与流量经营价值持续凸显，4G客户规模接近600万，保持区域领先地位。家客发展成为增强融合竞争能力的重要手段，集团市场成为拉动收入增长的主要驱动力，数字化服务实现规模发展，渠道转型逐步发力。同时，网络规模跨越发展，网络能力持续增强。2017年全年开通4G基站约3000个，4G基站规模达到约1.5万个，实现全市地铁运行线路4G网络全覆盖，新增无线网络能力创近几年新高。传输资源体量快速壮大，网络质量进一步优化。打造4G精品网络，集中开展全网、场景等5个维度共10项优化工作，支撑网络能力进一步加强，新技术应用取得进展。

（汪雅堃）

【中国联通天津分公司简况】　2017年，中国联通天津分公司新建4G基站550余个，完成百余个疑难站址攻坚，4G无线资源利用率达到62.2%。规模部署GNL900基站3000余个，开通NB—IoT基站300个。新建FTTH端口13万个，宽带端口利用率提升至39.2%。开展隐患整治、管线清整，故障量同比下降68%。圆满完成十三届全运会、厦门金砖会晤、十九大等重大活动的通信重保任务。重塑品牌口碑，开发应用“掌上客服”APP，组建“专家团队”覆盖四大类22个专业疑难问题，建立“倒三角”服务管理工单处理流程。全年申诉率24.9件/百万用户，同比下降39%，行业排名第一。移网NPS提升12.5分；宽带服务NPS保持全国领先。与百度合作探索智能客服，利用大数据模型优化IVR流程，人工服务通话时长下降20.8%。

（钟　琪）

【中国电信天津分公司简况】 2017年，中国电信天津分公司推进供给侧改革和产业转型升级，助力智慧天津宏伟蓝图建设。网络基础能力进一步增强，完成2383个L800基站开通入网，同步部署NB—IoT物联网络，基本实现全市覆盖，FTTH用户覆盖数达308.46万，小区光宽覆盖率达60%，网络全面具备千兆接入能力。服务公共管理与民生水平不断提升，与14个区政府签订智慧城市战略合作协议，推进“互联网+”政务、金融、教育、医疗、工业，津南智慧园区、河西智慧停车、南开消防平台等20余个标杆项目落地；发力新兴业务生态建设，推动产业转型升级，实现NB—IoT全市商用，成立NB—IoT实验室，凭借商用契机和实验室孵化辐射作用，营造产业链双创环境，与多家物联网企业结成战略伙伴，联手推出智能燃气表、共享单车云锁等应用，物联网用户规模激增至37.3万户；布局手机支付生态，翼支付大型连锁超市覆盖率超过70%，个账交易额达4.1亿元，促进了“互联网+”新兴产业繁荣。开展全网提速降费，3年中惠及光宽用户38万户，自有光宽100%提速至50M，取消手机国内长漫费用，惠及160万用户；深入推进防范打击通讯信息诈骗、实名制、网络信息安全专项工作，手机实名率达100%；圆满完成十九大、世界智能大会、全运会、蓟州大火等通信重保任务，实现零重大通信网络故障。 （白 哲）

【中国铁塔天津分公司简况】 2017年，天津铁塔全年新建宏站1862个，3年累计建设量达到4806个，新建宏站共享水平达到91.87%，租户规模累计超过2万户，塔均租户数为1.64，新建站造价差异率降至0.7。室分建设方面，全年订单交付起租205个，完成全市3条新建地铁线路和在用1号线、全运会重点比赛场馆室分信号全覆盖。推进社会资源的批量获取，重点聚焦路灯杆、交通监控杆、电力杆等社会资源，通过天津市人民政府召开的通信基础设施协调会，获取了公安监控杆、工业园区内杆体等资源，解决了大批疑难站址。天津铁塔积极支撑行业立法和专项规划工作，相继出台《天津市公共电信基础设施建设和保护条例》《天津市通信基础设施专项规划（2016～2030年）》《天津市加快推进通信基础设施建设实施方案》。该公司坚持深化共享理念，利用路灯杆、监控杆等社会资源新建基站近千个，在全国实现了“政务专网类、视讯类综合解决方案服务、高炮广告塔业务”3个首创，配合环保局进行秸秆焚烧监控项目，彰显“社会塔”变“通信塔”“通信塔”变“社会塔”发展战略。2017年，全市通信基站已达1.4万个，天津铁塔通过7×24小时监控进行维护与故障处理，超24小时断站数量较去年下降68pp，平均故障处理时长较去年下降15pp；全网平均断站退服时长11.65分钟，故障处理及时率99.52%，发电及时率为98.30%，断电退服率6.10%。同时，圆满完成了“一带一路”国际合作高峰论坛、十九大、第十三届全运会的通信保障任务。中国铁塔已被政府明确为梯级电池利用主体单位，天津铁塔作为试点单位，开展退役动力电池替换现有的铅酸蓄电池的试验，证明技术经济性可行，为解决大量退役动力电池未有效回收利用和妥善处置。

（孙羽裳）

【公安交通管理科技工作简况】 2017年，天津市公安交通管理局坚持科技引领、数据支撑，推进基础建设与科技增效齐头并进，加快从警力密集型向科技集约型转变，交通智慧管理服务体系日趋完善、效果逐渐显现。完成“两类设施”市政府20项民心工程建设任务，全市新建改造中心隔离高护栏291千米、交通信号灯1273处、交通标志1.03万面，施划交通标线4367千米，新建电子警察3142处、视频监控909处、交通信号区域协调控制系统777处，交通安全设施和科技管理设施建设管理水平取得明显进步；建立“天津交警”微博矩阵三级联动模式，利用双微平台进行权威解读、热点交流、整合传播、典型警示、直播互动，共发布交通安全信息3280条，总阅读量5840万次，微博、微信平台排名稳居全国前列，“天津交警”微博矩阵被评为全国“十佳政务服务矩阵”；开放道路自动驾驶试验区，向全国提供技术测试、体验示范、交通管控探索环境，智慧城市建设服务水平实现突破；在交通信息服务系统建设方面，实现交通数据与高德互联网交通数据的有效融合，完成系统基础环境搭建，开发交通拥堵状况、实时路况展示、路况预测和区域流量统计分析功能，并通过交管局建成的交通诱导屏实时发布路况信息。

（交管局科研所）

【检验检疫科技工作简况】 2017年，天津出入境检验检疫局全面落实《2017年质检科技工作要点》，按照全国质检工作会议和全国科技工作会议的部署，不断提高质检科技创新能力，鼓励科研人员申报科技部、国家质检总局、天津市科委、天津市知识产权局等部门组织的各类科技计划项目、奖励评定等科技工作，鼓励科研人员申报专利、软件著作权、出版专著等；优化科技资源布局，促进科技成果转化，强化技术能力建设。2017年共承担天津市科委、知识产权局立项8项，结题1项；新申报专利13件，公开授权实用新型专利17件，授权或进入实质审查阶段的发明专利38件；申请检验检疫行业标准制修订项目30项，国际标准1项，获批国标1项，检验检疫行业标准10项；发布检验检疫行业标准15项；获得国家科技进步二等奖1项，天津市科技进步奖3项，中国检验检疫学会奖3项。2017年5月，结合“科技强国，创新圆梦”的主题，举办丰富多彩的科技互动、科技成果展览、“工业产品儿童安全”质检科普基地对外开放、博士论坛，科技大讲堂活动、“实验室对外开放”活动、“国门生物安全宣传”系列活动等，在充分利用质检科普优势资源的基础上，发挥质检科技在提高全民科技素质方面的作用，促进社会各界对质检工作的了解与支持，扩大了“科技周”的知名度，为向全社会普及科学技术知识、提高全民族科学素质、展示质检科学权威的良好形象做出应有的贡献。2017年落实、实施天津市科技创新“十三五”规划、质检科技创新“十三五”规划等战略发展要求，以“科技兴检”“科技引领”为己任，为检验检疫事业发展提供了有效技术支撑，为拉动天津市经济增长、推动产业结构优化升级、增加口岸贸易总量，保护和提高国际市场竞争力等发挥 重要的作用。

（连春雨）

【气象科技工作简况】 2017年，天津市气象局修订《天津市气象局科学技术成果认定办法》《天津市气象局科研项目经费管理办法》。全年共组织申报评审各类项目70项，立项41项，验收（协助）32项。年初，经天津市武清区政府推荐、天津市科协批复同意，天津市气象局武清区局挂牌成立市级“院士专家工作站”，聘请徐祥德院士给予指导。结合环渤海区域科技协调成效及北方海洋气象中心职责，2017年积极筹建海洋气象方向天津市重点实验室，初步编制完成“北方海洋灾害天气天津重点实验室建设方案”，并积极与地方科委沟通。继续推进环渤海区域海洋气象科技协同创新工作，2017年5月，在大连组织召开第七届区域技术研讨会，围绕共同关注问题，区域共同出资95万元，支持14个基金项目开展联合攻关。区域各省围绕明确年度重点攻关任务、强化管理和加强成果应用，进一步完善区域科技协同任务和相关机制。经过务实的合作机制及取得的成效，吉林省气象局主动加入区域科技协同工作。该局认真总结区域科技协同阶段性成果，以“面向共同需求强化务实合作，建立环渤海区域气象科技协同新机制”申报中国气象局年度创新工作，通过第一轮评审。围绕海洋气象、环境气象、农业气象、气候变化等特色研究领域，与天津大学、南开大学、西班牙马德里理工大学等国内外知名高校开展密切合作，联合研发和学术交流，承担多项科研项目，培养科技人才，并开展人员互聘交流。依托天津市引智项目和中欧科技合作计划，围绕海洋气象、数值模式和农业气象服务技术等，邀请美国、加拿大和中国台湾地区有关专家进行技术指导，并派出优秀科技人员成果访问交流。

（李 磊）

【防震减灾科技工作简况】 2017年，天津市地震局全年承担各级各类科技课题共34项，其中申报和实施省部级以上重大科技项目11项。获得软件著作权2项，国家实用新型专利3项。①科技项目：牵头承担实施全国地震系统信息网络安全防护项目，总投资额2747.24万元；推进国家烈度速报与预警工程项目天津分项建设，完成天津简易烈度计地震预警试验区建设项目；地震科技星火计划青年项目和攻关项目通过验收，其中3项获得优秀；完成京津冀监测台网更新改造项目主体建设任务；完成数字地震台网中心数据处理软件系统的升级改造和测试运行工作；深入开展中短期地震预测技术方法专项研究，完成地震预测准确度评估方法清理，完善震后趋势判定资料库，持续开展电离层、热红外等观测预测技术实用化研发，开展遗漏小震识别、前兆异常信息提取、强余震预测、数字地震预测判据等地震预测新方法研究；完成和平区房屋抗震设防性能调查任务，建立全区1880万平方米、5793栋房屋抗震能力基础数据库；创新利用VR虚拟现实技术，在全国率先建成多场景避震逃生虚拟现实训练平台系统。②科技发展：会同北京市地震局、河北省地震局起草完成《京津冀协同发展防震减灾“十三五”专项规划》，经中国地震局批准正式印发；推动中国地震局与天津大学达成战略合作意向；推动科技体制改革发展，释放科技人员创新活力；全年更新改造测震、强震台站供电线路和通讯设施41台次，新建浅层地温观测点30个，台网密度稳居全国前列；完成地震速报11次，地震编目413次；召开各类震情会商会121次，开展现场异常核实11次，编制观测环境巡查、观测资料异常等零报告1600余份，完成4次显著地震的震后趋势判定工作；牵头制定的2项国家标准正式颁布实施；新创建国家级防震减灾科普示范学校2所，国家级地震安全示范社区4个，市级地震安全示范社区5个；成功应对天津及周边地区多次地震应急突发事件，支援新疆精河6.6级地震抗震救灾工作，完成19个调查点的震害调查和灾害评估任务。

（吴　肖）

【国家海洋标准计量中心计量检测公益服务简况】　国家海洋标准计量中心积极探索，提升量值溯源保障能力，为海洋仪器提供优质计量检测服务。2017年度计量检测业务量稳中有增，样品收检1630台次，高于2016年度的1599台次；2017年度标准海水发放量仍维持历史高位，发放标准海水4475瓶。

（胡　波）

信息技术服务

【信息化与工业化融合】　2017年，天津市着力提升两化融合发展水平。重点企业数字化研发设计工具普及率达76.7%，关键工序数控化率达54.8%，数字化设备联网率达44.6%。首次将两化融合工作纳入全市市区两级政府绩效考核指标，同时将智能制造与“互联网+”应用纳入天津市新一轮中小企业创新转型行动计划转型路径。天津市下发《天津市推进京津冀大数据综合试验区建设实施方案》等指导性文件。推进工业企业两化融合管理体系建设，引导企业以融合和创新理念系统推进两化深度融合，逐步探索管理体系标准引领两化深度融合发展的新路径。2017年，全市400余家工业企业参加两化融合发展现状自评估、自诊断、自对标，9家单位被评为2017年国家级两化融合试点企业，国家两化融合管理体系贯标试点单位累计达到49家，1家企业被评为贯标示范企业，遴选市级贯标示点企业20家，累计有21家试点企业通过认定，贯标企业运营成本平均下降8.8%，经营利润平均增加6.9%。全市10人被评为全国优秀首席信息官。

（李　媛）

【工业云和工业大数据】　2017年，面向全市征集了一批大数据优秀产品服务和应用解决方案、工业云平台典型案例，加强行业内部经验的交流和推广。“天津滨海工业云2.0版”正式上线，“e企云”平台开通运营，“天津工业云”进入试运行阶段，有效提升了工业企业协同设计、研发、制造能力，满足中小企业降低信息化投入成本的需求。构建工业互联网生态，加强与阿里巴巴、浪潮集团、航天云网等国内工业互联网服务商的合作对接，汇聚优质服务资源，提升云平台服务能力，促进平台和服务落地。

（李　媛）

【制造业与互联网融合】　2017年，全市推广个性化定制、网络化协同制造等互联网制造新模式，选树了40个制造业与互联网融合示范项目。“天津市国资系统创新创业服务平台”等7个项目入选工业和信息化部制造业“双创”平台试点示范，重点行业骨干企业“双创”平台普及率71.4%。中环易企采电商平台、天纺集团电子采购平台等开放型集采集销平台，以及天天印网络自助印刷服务平台、百利MRO+工业电商平台等面向特定领域的电商平台应用不断深化，重点工业企业电子商务应用水平显著提高，工业电子商务普及率达到64.2%。（李　媛）

【信息基础设施服务】　2017年，天津市加快推进通信基础设施建设。实施“2046”工程，移动通信网络承载能力较上年提高20%。互联网城市出口带宽17260G，光纤入户覆盖能力1143万户，光纤接入用户占宽带用户总数的比例全国排名第1位，100Mbps及以上接入速率的宽带用户总数占宽带用户总数的比重达全国排名第3位，光纤宽带网络覆盖全市3340个行政村，实现全市行政村全覆盖。

（李　媛）

【信息产品和服务供给】　2017年，新一代信息技术产业整体发展质量和水平不断提升，智能产品种类和形态不断丰富，行业领域不断扩大，涵盖智能家居、可穿戴设备、智能医疗、机器人、3D打印、智能汽车、无人机系统等诸多科技前沿领域。软件和信息技术服务保持良好发展势头，产业结构日益优化，企业实力逐渐增强，曙光高性能服务器、飞腾芯片、麒麟操作系统、南大通用数据库等具有自主知识产权的产品日趋成熟，形成天津开发区、滨海高新区、中新生态城等软件和信息服务业聚集区。

（李　媛）

【便民信息服务】　2017年，天津市不断提升信息消费在市民日常生活中的影响力。“天津政务网”、食品安全监管服务平台、金财应用支撑平台、数字化城管平台等公共服务平台，促进了政府部门间信息共享和业务协同，方便了群众办事。交通、旅游、医疗等领域便民信息服务得到有序推进，智能公交大数据平台、手机APP便民供水服务平台、e管家智能社区服务平台、交管12123手机APP、智慧门诊、家庭医生签约APP等一批便民惠民信息化项目应用效果日益彰显，使市民感受到信息技术带来的高效和便捷。

（李　媛）

【电子商务应用】　2017年，在电子商务应用方面，渤商网、融通物贸电商平台、百利MRO工业品电商、津港通、中环易企采电商平台等一批电商应用不断深化，形成了东疆保税港区、天津港保税区、空港航空物流区、中心商务区于家堡环球购、东丽航空商务区、武清开发区、红桥大龙网龙工场等一批跨境电商创新试验区。农村电商建设日益完善，不断促进农民增收，农村电子商务村级服务站点创建得到有力推动。天津品牌企业、B2B企业、中小企业借助互联网拓展网络销售渠道、扩大市场销售规模，网上销售额和网上社零额均有较好增长。

（李　媛）

【培育创新能力】　2017年，全市软件著作权申请超过1万件，软件研发投入同比增长38%，从业人员薪酬同比增长12%，本科以上的学历人员占比超过54%。“天河三号”验证系统研发稳步推进，曙光“星云”计算机连续8年位居中国高性能计算机市场份额首位。在人工智能及关联领域，天津积极布局，解放军军事科学院人工智能军民融合创新中心、科大讯飞人工智能语音识别研发中心、中科院智能识别产业技术研究院、京东智慧物流产业基地等项目相继落户，美克家居、暴风影音、展讯、恩智浦等企业也在智能工厂、可穿戴设备和智能芯片设计等方面不断创新。

（蔡　飞）

【国产数据库软件】　2017年，天津市国产数据库软件发展继续保持良好发展态势，以南大通用和神舟通用等国产数据库为代表，突破重要行业，市场份额稳步上升，数据库产品继续占据国内领先地位。全年数据库软件业务收入达3.3亿元，数据库软件产品已深入金融、电信、电力、交通、能源、国防等17个行业领域，覆盖中国、英国、哥伦比亚、美国、泰国、南非等五大洲、30余个国家和地区，充分证明了国产数据库产品在可用性、可靠性、技术成熟度等方面的水平和能力，有效地改变行业和用户对国产数据库的认识。2017年，南大通用发布新版GBase 8s安全数据库，率先具备了两地三中心容灾能力，可用性达99.999%。该产品采用共享存储集群技术，实现了同机房服务故障的自动快速切换和负载均衡；采用实时复制技术，实现了同城数据中心服务备份，可达到数据零丢失；采用准实时多路复制技术，实现了数千公里远程异地数据中心容灾。安全数据库在高可用方面的突破，将有效推动高端应用领域数据库的国产化替代，拉动整个安全数据库行业的发展。（蔡　飞）

【天津联通完成计费系统CFS文件系统替换】 天津联通自2017年5月起，推进取消CFS项目。CFS集群文件系统，指运行在多台计算机之上，之间通过某种方式相互通信从而将集群内所有存储空间资源整合、虚拟化并对外提供文件访问服务的文件系统。CFS可以提高应用软件访问文件系统的便利性，但随着业务使用，文件碎片问题无法解决，应用效率受到影响，且需要支付较高的维保费用。通过对应用软件进行改造，对各模块进行重新规划、部署，经过测试、对账、割接、验证等一系列的步骤后，实现系统不依赖CFS的平稳过渡、正常运行的目的，并提高运行效率，每年可节约维保支出50万元。

（李　梅）

【基于HBASE数据库的云化详单系统】 2017年，天津联通充分利用互联网云架构体系，引入分布式数据库，建立基于HBASE数据库的云化详单系统。云化详单系统采用X86刀片机部署详单处理的分布式架构，替换原有EMC构成的CDR数据库存储，解决流量详单激增，详单管理系统越发复杂，数据处理和查询变慢等一系列问题。相比传统的EMC数据库存储，云化详单系统采用HIVE GZ模式进行存储，将存储的效率提高50%；通过中间键Phoenix和封装函数TTH替换中间键JDBC访问HBASE数据库，接口的访问效率提升35%。（田学伟）

【天津联通研发沃装维APP处理装维工单】 2017年，天津联通自行研发沃装维APP系统，通过手机客户端为装维人员提供各类装维业务的服务支撑，如：宽带固话装机、移机、变更ONU、变更IPTV机顶盒、宽带固话IPTV修机等，同时具有装移机工单地址修改、资源修改、转派、各类工单及障碍单的详细信息展示、流转情况查询、回单、用户电子签名、营销任务推送等功能。通过区域试点和持续优化，截至2017年年底实现天津联通内全面使用，工单从生成到受理不到1分钟，大大提高营维经理的工作效率。

（冯伟立）

【天津联通优化系统提升互联网业务处理效率】 随着“互联网+”业务的不断发展，电商化成为中国联通公司存量经营与服务的主渠道，是广大用户互联网生活服务的平台。天津联通加大力度推广电商业务，为做好对电商业务支撑，提升客户感知，进行系统接口优化工作。针对电商接口，系统从业务逻辑、SQL脚本、接口重构等方面进行优化。2017年全年天津电商接口业务交易量高达3亿6千余万笔，每月电商接口成功率和响应时长在集团考核中均取得100分。针对虚拟运营商接口，通过BPM分离、调整工单处理优先级等手段，对工单指令进行优化。月业务成功率和竣工及时率均达标，在集团考核中取得100分。多措并举提高接口成功率、缩短接口耗时，从系统运维角度提升系统吞吐量，提高交易量并发能力，进一步提升用户感知。（毛燕茹）

【通信机房能耗监控平台】 该项目由中国联通天津分公司张悦斌、杜晟、吴汉起等于2017年12月完成。智能电表计量能耗管理系统可精确计量通信机房、接入网机房内的主设备耗电、空调耗电、照明耗电，分析通信机房、接入网机房能耗占比合理性，验证节能技术应用成果，查找能耗漏洞，有针对性的进行节能工作，避免人工估算能耗数据存在不准确的问题，对于节能减排的建设和用电的精细化管理具有积极的意义。工程建设包括系统应用和管理平台两大模块，系统应用又分为角色层和功能层。角色层主要是指公司数据师、公司领导、运维人员，功能方面包括能源管理、分析和预警以及设备的管理。管理平台包括服务层、采集层、物理层，采集机先从物理层采集到的数据上传至采集层，再到服务层对数据的调度在各个终端展示和分析。

（柴　智）

【天津联通网间信令监测系统】 该系统由中国联通天津分公司康永红、王谡、左爽等于2017年11月完成。该监测系统采用分层分布处理方式，实现对固移网内各种链路的集中监测、集中管理、集中维护能力。通过多个采集模块并行实现信令采集和数据发送功能，便于实现监测链路的扩容和变更。监测系统处理和存储部分采用任务静态分担方式工作，充分利用已有设备资源。该设备主要实现信令消息处理、XDR合成、数据统计、系统接口、数据存储和管理等多种功能。应用部分实现数据呈现、数据分析、数据发布和数据共享、系统操作维护等功能。（柴　智）

【天津联通建成沃行销APP系统】 2017年，天津联通信息化事业部自建“沃行销APP”系统，大力推进传统“坐商”变“行商”。沃行销APP系统以手机客户端的方式，为行销营维人员提供“APP轻触点+薄装备”的专业受理设施；运用互联网思维，简化操作流程，实现受理简单化；通过集成纸化确认单、电子发票、扫码支付能力，解决以往行销人员需要收取携带纸质单据和现金等问题；通过嵌入大数据精准营销、提高营销效率；对接线上触点，支撑线上订单的派发及上门受理，真正实现宽带电商化。

（毛燕茹）

【天津联通顺利完成全运会通信保障】 2017年全运会期间，天津联通按照组委会竞赛、电视转播和安保网大带宽、高安全、低时延等业务需求，采用MSTP+PeOTN方式承载三张网的大带宽MSTP和SDH业务。PeOTN网络具有容量大、管道隔离、安全可靠等特点，能够高质量地保证全运会业务的快速开通和安全运行。针对组委会竞赛场馆互联网专线电路，安保网公安视频1000M MPLS－VPN专线电路由传输设备统一承载。线路方面，中继光缆、主干光缆、接入光缆、联络光缆充分考虑业务和保障需求，全部按照物理双路由规划建设，充分保障网络安全。全运会专线组网项目建设，共计新建传输设备75套，管道6.25孔千米，光缆10424芯千米。涉及竞赛场馆47个、电视转播场馆29个、公安网数字电路点位13个、公安视频监控点位6个、公安局裸光纤点位5个、武警点位37个。为保障全运会移动网络覆盖，天津联通共新建基站16个，扩容基站20个，新建和扩容场馆室分共20个。

2017年天津全运会看台覆盖

（吴海燕）

【天津联通装维助手系统】 该系统由中国联通天津分公司张悦斌、郭以平、黄荣誉等于2017年10月完成。该系统定位为光改装机环节中重要的操作工具。在支撑外线装机、故障诊断、故障机换机方面，简化操作的复杂性，减少局内局外的无效联系和反馈确认，提高装机速度，改善用户感知。工程建设包括系统基本功能、设备信息查看、业务状态查看、业务管理、Wi-fi管理、实时测速功能模块。实现装维助手近端接入管理能力，通过Wi-fi对HGU设备进行管理。后期规划可增加装维助手远端管理平台，结合资源、工单、宽辅等其他系统信息，通过调用云平台SDK能力，实现HGU设备的远端管理。

（柴　智）

【天津联通开通智能客服全语音门户】 2017年，天津联通率先尝试智能客服全语音门户的技术创新与实践应用，客服系统由传统按键交互式服务升级为全语音交互式服务模式，于2017年8月正式上线试运营并开放部分客户使用，到2017年底推广到全部本地网客户使用阶段，全语音门户的入口覆盖率超过85%，客户使用总量约425.25万通，转人工率31.39%，较传统服务模式下降7个百分点，话务分流效果明显。全语音门户的创新和应用不仅为客户带来全新的服务体验和使用感知，而且通过AI技术的实际应用降低人工客服需求量，从而为企业节约人工成本、运营成本和管理成本奠定基础，也为该公司向互联网和人工智能转型提供技术保障，具有较高的实用价值和推广价值。（崔　忻）

【天津联通OSS系统智能保障平台】 中国联通天津分公司张英华、张彬、王弢等于2017年10月完成。该项工程建设实现OSS2.0省份ESB数据采集保障；面向业务系统应用保障，端到端的数据保障，OSS系统数据传输保障；OSS域内各系统接口动态监控。通过多专业多系统对接，打通各专业间信息孤岛。利用移动互联网技术，对各专业网管和综合网管账户明细信息、账户登陆日志、账户操作日志等与业务现场密切相关的信息进行统一采集和适配处理，通过智能终端应用实现随时随地的展示，并支持账户信息、账户登陆、账户操作的实时监控和多种形式、呈现灵活的汇总统计，实现高危指令实时客户端推送，有效提高账户的管控能力。（柴　智）

【天津联通UTN第三方网管系统】 该系统由中国联通天津分公司张英华、张彬、王弢等完成，2017年1月启动，2017年12月正式上线。通过构建统一的UTN第三方网管系统，实现对UTN网络层管理功能、业务层管理功能；提供规范化的面向网元的统一接口管理功能，实现网元控制集中化、规范化、流程化和标准化，提高业务支撑系统服务效率。该系统功能主要包括网络资源数据采集、资源管理、告警管理、性能管理、流量管理、拓扑管理、业务开通管理、工单管理、统计分析及预警管理、对外接口、系统管理等。通过UTN第三方网管，实现对网络中各厂商设备统一管理、数据集中处理、网络及业务集中监控管理，提升效能；实现UTN网络资源的分类管理，包含设备物理资源与业务资源，不仅可管理拓扑、网元、槽道、板卡、端口等物理资源，还可管理IP地址、TUNNEL通道、PW伪线等逻辑资源，并按照指定格式输出到表格和资源管理系统；实现UTN网络拓扑全程呈现，不同厂商网络拓扑集中展示，实现全网全程端到端拓扑视图并展现告警、流量、业务等信息；满足同一城市内不同厂家分区域组网情况下，跨域VPN大客户专线业务全程端到端呈现；提供面向UTN全业务的支撑能力，支撑全业务自动配置激活（3G、4G、OLT、集团大客户专线业务），与各网元直接对接下发业务配置，业务可快速开展；通过定制业务开通数据模板，实现业务配置自动化和规范化。

（柴　智）

【天津联通实现分组增强型光传送网络（PEOTN）承载集团客户专线业务】 2017年6月，天津联通在大量技术论证和实验测试后，建设完成本地光传送网络100G带宽传输波道在市区、塘沽、静海、武清、蓟州的通信节点部署工作，本地网开放同步数字序列虚容器VC（synchronous digital hierarchy virtual container）交叉业务、分组交换PKT（packet switching）业务，能为业务专线电路提供高质量传送和毫秒级保护能力。在2017年“第十三届全运会”通信组网项目中得到应用，其中各比赛场馆专线组网、广播电视直播信号、公安各竞赛场馆视频监控专线、国家广播中心IBC宽带专线使用了该项技术，在保证高带宽的基础上，使用APS FOR PW1：1保护和混合波道组网方式，提升网络承载安全性，节约网络设备的投入量和相关用电量，诠释“绿色通信”“绿色全运”的理念。

（黄业明）

【天津联通铁塔对接管理系统】 该系统由中国联通天津分公司张英华、张彬、王弢等于2017年8月完成。为加强天津联通公司与铁塔公司维护对接工作的衔接和顺畅开展，规范维护对接流程，统一维护标准，加强铁塔相关资源、成本的精准、有效管控，做好降本增效工作，保证与铁塔公司结算工作顺畅开展，开发“铁塔对接管理系统”。该项工程建设涉及资源成本管理模块和网络监控模块。通过将物理站址和逻辑站址进行关联，实现物理站址与逻辑站址的全量对应，为基站起租费用核对及结算支付提供基础支撑。新增铁塔派单功能，支持告警合并和按照物理站址派单，确保移动网络的运行质量及维护工作效率。新增统计分析功能，自动统计铁塔服务指标，为铁塔服务考核提供支撑。扩展移动综合网管系统和电子运维铁塔系统的接口，实现铁塔相关的资源共享和业务协同。

（柴　智）

【研发建成数据库运维与安全平台】　为提高Oracle数据库应用系统的运行效率、保证数据库完整与可用性以及数据库口令安全，天津联通于2017年9月建成数据库运维与安全平台。该平台通过自主创新研发的ORACLE数据库自动优化新技术，使数据库应用系统效率得到实时保证，上线后未发生数据库性能引起的重大障碍；通过自动分析和标准化技术，对数据库备份日志进行实时分析处理，如有异常可通过短信、邮件等方式通知运维人员进行处理，障碍修复时长从24小时缩短至30分钟内，保证数据库完整与可用性；通过研发数据库弱口令正向加密检测技术，规避检测技术检测风险高、在线系统性能影响大且检测不全面等技术缺点，大大提高骇客通过弱口令侵入数据库系统的成本，保证数据库系统的安全。

（伍　军）

【软通动力信息技术有限公司】　软通动力信息技术有限公司于2006年12月6日在天津成立，是国家高新技术企业、国家规划布局内重点软件企业、计算机信息系统集成大型一级企业，拥有ISO 9001、ISO 27001、ISO 20000、CMMI4级、ITSS运维、电子与智能化二级等资质认证。公司内设研究院，且已通过天津市企业技术中心和企业重点实验室认定。公司的经营范围包括软件开发与销售、IT技术服务、IT咨询服务、软件信息、数据处理服务、计算机信息系统集成、建筑智能化、展览展示服务、安全技术防范系统工程设计、施工、人力资源服务等。公司已连续两年保持10亿元以上的营业规模，在行业中处于领军地位，并连续多年获评保税区百强企业。该公司以“产业先行、聚焦民生、和谐共赢”的战略理念积极拥抱“互联网+”。包含通过智慧城市科学解决方案促进产城融合并加快城市发展；关注民生服务，运用大数据等信息技术协助政府提升城市的公共服务水平；通过大数据服务平台促进城市数据开放及深掘数据价值，并结合线下乐业空间助力双创产业发展；基于云计算、大数据、移动互联网、物联网、社交等新一代的信息技术打造智慧城市的“互联网+城市云”。软通动力具备端到端“软件+服务”综合业务能力和强大的纵深服务优势，凭借深厚的技术实力和整合的生态资源，公司提供信息技术服务，咨询与解决方案，云计算、大数据及互联网服务，为城市、产业、企业等各领域的客户创造价值。作为中国领先的创新型技术服务商，公司主营业务涵盖智慧业务与信息技术服务两大领域。为城市、产业、民生服务等领域提供科学化的解决方案，促进智慧城市建设的蓬勃发展与产业快速升级。

（王　煦）

【天津麒麟信息技术有限公司】　天津麒麟信息技术有限公司成立于2014年12月，设有院士专家工作站、博士后科研工作站分站，通过军工二级保密资质、ISO 9001质量体系认证、知识产权体系认证、武器装备质量管理体系认证和国家高新技术企业认定，是国产自主可控操作系统的领军企业。2017年，中国电子集团在世界互联网大会正式发布“PK体系”“麒麟+飞腾”PK体系作为重要组成部分，助力中国电子集团的网络安全与信息化科技创新工程取得国家科技进步一等奖；公司为“银河麒麟操作系统+飞腾平台”打造了一款安卓兼容运行环境Kydroid，解决了用户的多样化应用需求，能够让用户在银河麒麟操作系统中安装和运行安卓系统的所有应用程序；正式加入Linaro企业级&服务器开发工作组（LEG），成为国内第一家加入Linaro社区的专业Linux操作系统厂商；麒麟云在openstack社区贡献度进入全球前20；完成基于“麒麟飞腾”的个人征信查询系统的研制，获得了批量应用，具有安全可控、精准升级、实时监控等优势，能完全抵御“勒索”等病毒。

（周瑞平）

【天津天地伟业数码科技有限公司】 天地伟业技术有限公司是以视频监控产品的研发、生产、销售为主营业务的物联网企业，是国家企业技术中心和国家地方联合工程实验室，是中国软件百强企业、国家规划布局内重点软件企业、国家火炬计划重点高新技术企业，设有国家级院士专家工作站和博士后科研工作站。2017年，天地伟业公司进行大数据、人工智能等相关技术创新，提升企业核心竞争力，入选“中国软件业务收入前百家企业”，在“全球安防50强”中排名第11位。8月，天地伟业正式通过CMMI 5认证，荣获国际软件领域最严格认证机构颁发的CMMI DEV1.3 ML5证书。2017年，天地伟业针对视频信息跨部门不共享、跨系统不互通等问题进行信息服务平台的研究，实现视频专网与公安网、政务网、交警设备网、公网等不同网络间的视频、图片、车辆结构化信息、违法信息、移动警务信息等各类信息的共享，推出视频信息服务平台，实现各方资源海量信息秒级检索，满足不同服务部门对视频监控信息的应用需求。成功参与起草了公安视频图像分析系统和视频图像信息应用系统的5项行业标准。该公司开发的产品先后应用于北京天安门、达沃斯论坛、中国运载火箭试验中心、伦敦希斯罗机场、巴西世界杯场馆等大型工程项目中。天地伟业已跻身全国安防行业视频监控领域第三位，连续14年荣获“中国安防十大品牌”。

（肖萌璐）

【天津国家信息安全产业基地】 天津国家信息安全产业基地（以下简称“基地”），是国家信息安全工程技术研究中心、天津市科学技术委员会和天津市西青区人民政府共同支持建设的天津市重大产业项目，被列入天津市第三批自主创新产业化重大项目，2011年6月被国家科技部认定为国家火炬计划信息安全特色产业基地。该基地完善产业服务体系，成立生产力促进中心并以该中心为核心成立产业服务联盟，引进科技咨询、法律、知识产权等专业服务机构，其中海澜德生产力促进中心被天津市科委授予市级示范生产力促进中心，基地被天津市授予“中小企业创业基地”、天津市科技众创空间、被西青区授予“博士后创新实践基地”，形成工商、科技、人才、商务等产业发展综合服务平台。在产业发展金融服务方面，基地结合产业发展的需要，已形成拥有银行授信、金融信托、风险投资、融资租赁、商业保理等机构的产业发展金融服务体系，解决产业发展的资金难题，夯实基地发展的金融服务基础。在产业集聚方面，基地引进国家信息安全工程技术研究中心、上海宝信软件股份有限公司、北京华胜天成股份有限公司、北京新威公司等机构和企业近300多家，形成较为完整的信息安全产品开发和应用的产业发展体系。基地入驻企业先后承担国家各类科技项目立项近100多项，获得各类政府资助资金约3000多万元；200多家企业通过天津市科技型中小企业认定；10多家企业通过高新技术企业认定。专利申请400多项，授权300多项；申请商标40多项；银企对接5项，完成上市企业2家，有效推动了基地的发展。

（周双荣）

【天津滨海信息安全产业园】 2017年，天津滨海信息安全产业园累计入驻企业90家，注册资本金超13亿元。重点落户紫光云项目。按照从芯到云的战略布局，紫光集团在天津注册成立紫光云全国总部公司，并在重庆等地设立区域中心节点。园区在招商的同时，积极开展各项服务职能，自建、引入服务内容，丰富园区生活氛围，打造园区人文环境。在市场开拓服务方面，与滨海时报形成合作模式，建设了微信公众号，实时报道园区内容，并链接滨海新区、滨海高新区、海洋高新区板块，多位一体的交织呈现，推介互通。引入第三方服务机构，在金融、科技、OTC、人才、司法保障、财税管理等方面为企业提供帮扶。海洋管委会及园区内部多方链接外部优质服务资源，开展园区企业家专访、科技大讲堂等服务，为企业架接知识与市场的桥梁。

（张　静）

【电信网络基础设施建设】 2017年，天津电信以实施宽带天津建设为抓手，推进固定和移动宽带网络升级，全面提升网络基础设施服务能力，为推动互联网和实体经济深度融合、营造良好营商软环境以及建设“五个现代化天津”提供强力网络支撑。2017年12月底，互联网城市出口带宽17340G，光纤入户覆盖能力1143万户，光纤接入用户总数达到320.1万户，占宽带用户总数的比重达到94.3%，占比全国排名第1位。100Mbps及以上接入速率的宽带用户总数达到200.6万户，比上年末净增181.6万户，占宽带用户总数的比重达59.1%，占比全国排名第3位。4G基站净增5937个，达到32159个，占移动通信基站比重达到57.7%，占比全国排名8位。4G用户总数达到1121.7万户，占移动电话用户的比重达到71.0%，4G上网用户1098.3万户，比上年末净增248.0万户。三网融合双向业务深入推进，IPTV用户达到165万户，广电企业有线电视网络接入互联网的用户达到46万户。（牛海梅）

质量技术监督

【封堵三通的检测工艺及仿真研究】 天津市市场和质量监督管理委员会科技计划项目，由天津市特种设备监督检验技术研究院司永宏、韦晨等完成，2017年4月通过天津市市场和质量监督管理委员组织的验收。该项目以封堵三通焊缝为研究对象，根据不同的管径、管壁厚度（吨，20毫米＜吨＜85毫米），以超声相控阵检测技术为主要检测手段，同时结合模拟软件分析模拟检测结果，综合比较其他检测方法的检测效果，优化组合，形成一整套检测方法，制订方便高效的检测工艺，并对相应检测工艺软件进行开发，实现对该技术的完全掌握。国内管道封堵三通焊缝检测需求量规模大、数量多，研究成果应用于工程实际，有效提高检验的风险管理水平，为特种设备运行增加安全系数，防止恶性事故发生。

（司永宏）

【永磁同步电机驱动电梯封星技术的研究】 天津市市场和质量监督管理委员会科技计划项目，由天津市特种设备监督检验技术研究院赵秋洪、孙书成等完成，主要协作单位包括天津市和平区市场监管委、天津市第二继电器厂、奥的斯电梯（中国）有限公司天津分公司、蒂森电梯有限公司天津分公司、天津市合峰电梯有限公司等。2017年3月通过天津市市场和质量监督管理委员组织的验收。该项目从理论上计算封星技术作用时的各项参数，分析对电梯可能产生的影响。现场对各种封星技术进行试验，测试其存在的风险，找出改进的方法。该项目研究成果丰富封星技术的理论基础，加深对封星技术的认识，对提高电梯运行安全、减少电梯意外伤害事故发生具有重要现实意义。（赵秋洪）

【浮子流量计检定装置改造】 天津市计量监督检测科学研究院安海骄、于劲竹、刘明等完成，2017年10月27日通过天津市计量监督检测科学研究院验收。主要研发内容是：通过合理改造，使该装置能同时模拟垂直与水平方向流场，以适应浮子流量计和其他多种流量计的检定工作；开发一套浮子流量计自动读数装置，该装置引入计算机视觉技术，采用数字图像处理技术提取和识别目标，实现浮子流量计读数的自动判读，可避免人工读数造成的粗大误差，提高检定工作效率和装置的自动化、信息化程度。该改造项目旨在用先进的自动化、信息技术提高浮子流量计检定的工作效率，缩小浮子流量计检定装置的不确定度，以适应更高准确度等级浮子流量计的检定要求，同时扩展装置所能提供的流量范围，满足不同规格流量计的检定要求。该项目解决的关键技术：①可移动浮子流量计检定装置的结构设计；②可移动浮子流量计检定装置的水利阻力特性分析；③浮子流量计刻度识别程序的编写。该项目研制移动浮子流量计检定装置1套，编写并实现浮子流量计刻度识别程序，撰写1篇科技论文，已被《自动化与仪表》录用，获1项实用新型专利，申请1项发明专利。（安海骄）

【火焰光度计用溶液标准物质的研制】 天津市计量监督检测科学研究院孙银合、杨佳、李微微等完成，2017年5月通过天津市计量监督检测科学研究院验收。项目研制火焰光度计溶液标准物质，相对扩展不确定度，稳定性指标达到国家二级标准物质水平，标准值相对不确定度达到Urel=1%（k=2）以内。该项目满足天津市周边范围内

对火焰光度计用溶液标准物质的需求，实现相关仪器的溯源需求。（孙银合）

【基于PDA智能设备库存管理系统研究】 天津市计量监督检测科学研究院冉勇、马宁、王强等完成，2017年6月通过天津市市场监管委验收。该项目设计开发一套基于PDA设备的信息系统，系统结合条码、无线通讯和数据库等技术，提供网络化、实时化、动态化的全方位计量数据信息共享平台。通过不断整合和规范仪器设备在检定周期中的过程化管理，打造无线网点计量信息化平台，解决送检仪器动态化过程中的计量数据实时对接，实现全院无线网点信息高度共享，建立更加高效、快捷的实时化与动态化管理模式，全面实现计量数据处理的科学、准确、规范、高效。（冉　勇）

【基于手持移动终端的计量数据系统研究】 天津市计量监督检测科学研究院王强、冉勇、马宁等完成，2017年4月通过天津市计量监督检测科学研究院验收。基于手持移动终端的计量数据系统是以计量业务的需要为前提，通过深入研究，针对计量送检的特点，通过对数据资源进行分解、归类、重新组合，设计开发计量数据系统，从而实现对器具整个计量工作全生命周期管理。该项目成果提供一整套自主研发的符合JF 1069—2003《法定计量检定机构考核规范》、JJF 1033—2001《计量标准考核规范》标准要求的计量数据系统。（王　强）

【热量表检定装置介质温度实时采样系统】 天津市计量监督检测科学研究院安海骄、刘明、于劲竹等完成，2017年6月通过天津市市场监管委验收。该项目致力于改进热量表检定装置和热量表流量示值误差计算过程，通过优化热量表流量误差试验过程中被检表位平均介质温度的计算方法，提高测量结果的准确性，针对传统的离线温度测量方法，提出温度实时采集—加权平均算法，研制温度实时采集装置和上位机软件程序，搭建介质温度实时采样系统并进行试验研究，分析不同试验条件下介质温度的变化规律，验证温度实时采集—加权平均算法对测量结果准确性的改善效果。该项目提出多点位温度测量方法，搭建三点位介质温度实时采样系统，根据额外温度传感器测得数据有效地对管路上温度损失进行补偿，排除距离被测热量表较远管路上温度损失对该热量表的影响。通过试验分析管路温度散失对不同表位热量表误差计算的影响，验证该方法的测量结果比传统方法更接近真实值。该项目制成介质温度实时采样装置样机1套，获得专利1项，发表论文2篇。（安海骄）

【余氯分析仪检测用溶液标准物质的研制】 天津市计量监督检测科学研究院孙银合、魏树龙、李微微等完成，2017年5月通过天津市计量监督检测科学研究院验收。余氯检测仪是用于快速检测余氯的仪器，相当于一台小型分光光度计，水样经与专门的试剂反应后，通过分光光度方法计算出其余氯。仪器的准确度对人们的身体健康、环境污染等有重要意义。天津市基于比色法的余氯计约有200多台，每年仪器检定及企事业单位仪器自校等对标准试剂都有较大需求量。基于DPD比色法的余氯计溶液标准物质的研制具有重要的社会效益和经济效益。该标准溶液的研制生产，可满足天津计量院相应校准测试工作，同时满足天津市周边范围内对DPD余氯线性溶液标准物质的需求，实现仪器的溯源工作。

（孙银合）

【基于视觉检测的全自动线纹尺检定装置研究】 天津市计量监督检测科学研究院路瑞军、王仲、李元耀等完成，2017年6月通过天津市市场监管委验收。该项目研制可自动巡回检定的全自动钢卷尺检定系统，可实现自动对零、自动判别待检刻线并计算偏差、生成检定记录，解决钢卷尺自动检定难题。主要研究成果包括钢卷尺自动检定系统样机1套，计算机控制软件1套，发表论文2篇。（路瑞军）

【能源计量仪表环境试验在线检测装置的研制】 天津市计量监督检测科学研究院高森林、孙权、王锡钢等完成，受国家质量监督检验检疫总局科技司委托，2017年2月通过天津市市场监管委验收。该项目是将管路直接接入到环境试验装置内，仪表可以从试验装置内部直接接入管路中，整个试验过程仪表完全处于被设定好的环境条件中，通过观察窗口可以观测仪表的测试数据，从而实现在环境条件变化时，测量仪表的计量性能，达到对计量仪表进行在线测量目的。该装置机械结构设计充分利用天津计量院检测流量仪表设备管路，同时保证管路与试验装置间达到良好的密封性，在原管路不改变情况下，直接将试验装置设计成移动式、并能操作灵活的将管路及仪表包在试验装置内的外形结构，以达到对计量仪表进行环境试验动态测量目的。电气控制部分主要是电路设计、温湿度可编程控制系统的设计，使试验温度范围在－20℃～+60℃，湿度范围在30%～95%相对湿度内可控，控制准确度满足试验标准要求。主要研究成果：研制能源计量仪表环境试验在线检测装置1套，实用新型专利3项。

（高森林）

【温度变送器（带传感器）自动校准系统】 天津市计量监督检测科学研究院沈文杰、蒋静、田昀等完成，2017年6月通过天津市市场监管委验收。该项目探索开发1套温度变送器（带传感器）的自动校准系统，适用于传感器为热电阻温度变送器的自动校准。系统采用多项控制技术，解决校准方法数据处理工作量大、测量结果易受主观因素影响的问题，具有较高自动化水平和校准技术指标，填补温度变送器自动校准领域的空白。实现功能主要包括：①自动控温：计算机程序根据被测元件校准温度点的需要对恒温槽进行温度控制；②温场判定：计算机根据标准铂电阻温度计数值实时监测工作腔内的温度变化，根据监测数据确定温度偏差和温场波动性等指标，判定温场是否符合校准要求；③数据读取：计算机按照规定方式自动读取标准铂电阻温度计和温度变送器的数据；④记录生成：计算机根据预先编写程序对数据进行处理，并根据国家校准规范要求生成校准记录；系统通过引入智能转换开关，可以实现多支被测元件同时校准。

（沈文杰）

【液相色谱仪检定用标准物质（萘－甲醇）的研制】 天津市计量监督检测科学研究院李微微、孙银合、杨佳等完成，2017年5月通过天津市计量监督检测科学研究院验收。该项目完成1.0×10^{-4}克/毫升、1.0×10^{-5}克/毫升、1.0×10^{-7}克/毫升3个不同浓度的萘－甲醇溶液标准物质的配制工作，并完成安培瓶封装及不确定度评定。对标准物质的浓度、均匀性、稳定性进行考核。

（李微微）

【大口径气体容积式流量计检定操作台的研究与设计】 天津市计量监督检测科学研究院甄杨、施鑫、于劲竹等完成，2017年10月通过天津市计量监督检测科学研究院验收。该项目转换传统的气体容积式流量计水平检定方法，将不易安装与检定的大口径气体容积式流量计转换为水平安装，使安装过程更安全、简单快捷、检定过程效率更高。可广泛应用于各个计量部门以及气体流量计厂家临界流文丘里喷嘴法气体标准装置，具有极大的适用性。项目组通过硬件和软件的自主开发，具有完全的自主知识产权。

（甄　杨）

【基于光栅及CCD的新型便捷式线纹尺检定装置的研究】 天津市计量监督检测科学研究院李元耀、路瑞军、网中等完成，2017年10月通过天津市计量监督检测科学研究院验收。该项目对线纹尺新型检定技术进行系统性、工程化研究，形成一套完整的技术手段和技术体系及工程化体系，为计量设备的开发奠定技术基础。研制新型线纹尺检定装置，可实现线纹尺方便、快速检定，减少劳动强度与操作复杂度，以提高检定质量与效率，工程化应用将大大提高国内计量检定能力。①研制具有自主知识产权的新型线纹尺自动检定装置，实现线纹尺在线快速检定。②研发线纹尺图像硬件采集系统，包括图像采集光源系统、光学传感器图像捕获系统和数字信号处理系统等各子模块的研发和试验，实现线纹尺图像采集与传输。③研发刻线对齐及微调量示数获取系统，实现被检尺误差快速、准确获取。④研发检定数据自动分析软件，实现检定记录自动输出及结论判断。该项目研制的线纹尺检定装置，将小车、精密导轨、CCD图像捕获、数据自动处理及结论判定软件综合成一个反馈与处理的鉴定系统，有效提高测量准确度和鉴定效率。

（李元耀）

【称重仪器标准检测装置的可行性研究】 天津市计量监督检测科学研究院申涛、黄爱军、范占峰等完成，2017年10月通过天津市计量监督检测科学研究院验收。该项目是称重仪器标准检测装置的可行性研究，项目组通过对称重仪器（主要是称重传感器和其与称重仪表的组合）的检定、测试和检测方法、设备的深入了解，对称重仪器标准检测装置的设计、选取和制作等方面进行详细规划，制定实施方案，完成称重仪器标准检测装置的可行性研究报告。（申 涛）

【电子计价秤防作弊系统的可行性研究】 天津市计量监督检测科学研究院申涛、黄爱军、范占峰等完成，2017年10月通过天津市计量监督检测科学研究院验收。该项目通过调研、研讨，在已有条件和合理投入范围内，建立一整套电子计价秤防作弊系统，并达到预想的经济效益和社会效益。该系统在借鉴其他省市先进经验基础上，根据天津市具体情况，确定在天津市建立一套电子计价秤防作弊系统技术上的可行性。

（申 涛）

【环境污染物在线监测装置溯源方法的验证】 天津市计量监督检测科学研究院常子栋、魏树龙、张婉洁等完成，2017年5月通过天津市计量监督检测科学研究院验收。该项目根据离子迁移谱的溯源要求，采用渗透管法配制不同浓度的痕量苯气态标准物质。采用固相微萃取技术对标准物质中的苯进行富集，并采用气相色谱法对痕量苯气态标准物质进行定量，同时采用质谱仪对被萃取成分苯进行验证。经实验验证，采用渗透管法可有效制备离子迁移谱溯源用痕量苯气态标准物质；采用固相微萃取—气相色谱法可对痕量苯气态标准物质进行定值。制备的痕量苯气态标准物质量值稳定，选择的定量方法准确可靠，可满足进一步研究工作的需求。（常子栋）

【一体化温度变送器现场自动校准装置】 天津市计量监督检测科学研究院田昀、蒋静、沈文杰等完成，2017年2月，受国家质量监督检验检疫总局科技司委托，天津市市场监管委对该项目进行验收。该项目基于JJF-1183—2007《温度变送器校准规范》要求，研制一种用于现场使用的自动校准装置，解决现场校准过程中的难题，填补国内一体化温度变送器现场自动校准装置的空白。该装置将温度控制模块与测量模块、直流供电模块、通道转换模块高度集成设计，具有小型化、便携式特点，并通过计算机控制软件实现一体化温度变送器自动校准。便携式恒温槽内置微电脑控制，采用触摸式人机交互界面，可在没有计算机控制情况下独立完成校准工作。校准装置使用范围为50℃~300℃、温场均性优于0.01℃、温场波动性优于0.03℃/10分钟，电测仪表准确度等级为0.02级，具有直流电流、直流电压和电阻的测量功能，范围分别为（0~30）毫安、（0~12）伏和（0~100）欧。创新点为：①将侧面搅拌结构引入便携式恒温槽的设计，增大扇叶搅拌力度，提高温场的性能指标；增加工作腔深度，克服传感器插入深度不足对测量造成的影响。②采用局部保温和强化散热技术，减少恒温工作区域温度过高对测量模块造成影响，实现从50℃~300℃的宽温区跨度。该项目可提高一体化温度变送器现场校准的工作质量，提高工作效率，可在同行业内进行推广。（田 昀）

【电子式电能表脉冲光纤采集传输装置】 天津市计量监督检测科学研究院郭景涛、张一萌、张涛等完成，2017年4月通过天津市计量监督检测科学研究院验收。该装置用于电子式电能表辐射抗扰度实验中，将被测表光脉冲引出暗室，输入电能表检定装置。结构简单可靠，提出采用光纤进行脉冲采集传输，从根本上排除引入干扰的可能。该装置设计光纤头卡具，便于实际使用时光纤头的定位。（郭景涛）

【海洋温度、深度及风要素观测仪器检测技术研究】 国家海洋标准计量中心承担，2017年5月通过国家海洋局科学技术司、财务装备司组织的海洋公益性海洋科研专项验收。该项目研制1套海水温度量值传递装置、1套海上测风仪器检定装置、1套全自动水三相点复现装置、1套汞三相点复现装置和3套海洋环境非接触式数据传输仪科研样机；集成建立1套海洋压力量值传递装置、2套高低温湿热试验设备、1套振动试验设备和1套冲击试验设备；获批2项国家批准和5项行业标准，其中1项行业标准已出版；获得发明专利1项、实用新型专利1项。该项目针对亚太区域海洋仪器检测评价中心能力建设的需求，开展海洋温度、深度和风要素测量仪器检测技术研究，形成相应检测系统和计量检定能力，完善全球观测计划中海洋仪器环境适应性检测手段，制定国内面向全球集成观测系统海洋领域的标准体系及相关基础性标准，形成相应的试验标准及指导规范，满足对相关仪器开展计量检定、校准和国际比对的要求。

（索利利）

【钟罩式气体流量检定装置中的新型流量设定装置的研究与设计】 天津市计量监督检测科学研究院甄杨、施鑫、王锡钢等完成，2017年10月通过天津市计量监督检测科学研究院验收。该项目运用气动伸缩装置与节流装置的结合，实现钟罩式气体检定装置输出的不同流量值，并实现不同流量值的重复性测量，装置整体结构、布局合理经济，装置外观整洁；气动伸缩装置气动布局合理，气动伸缩结构设计先进，效率高效；节流装置设计准确，可实现目标流量点的检测，检测效率大大提升。可广泛应用于各个计量部门以及气体流量计厂家临界流文丘里喷嘴法气体标准装置中，具有极大的适用性。项目组通过硬件和软件的自主开发，具有完全自主知识产权。

（甄 杨）

【天津市行政审批标准体系建设及关键标准研究】 天津市标准化研究院、市场委标准化处王家祥、刘爽、高丽梅、张永来等于2017年12月完成。技术创新点为：①通过对先进国家、国内省市行政审批工作以及行政审批标准化工作现状研究，结合天津市行政审批标准化开展的实际情况，创新建立一套系统、科学的标准体系，顶层设计天津行政审批标准化发展布局，为天津行政审批标准化建设梳理清晰的路线，实现天津行政审批标准化工作的科学性、系统性、前瞻性、先进性。②以科学的标准体系为基础，提炼、制定关键行政审批事项地方标准，实现天津行政审批事项的“十二统一”（事项统一、依据统一、类别统一、条件统一、材料统一、审查标准统一，时限统一、程序统一、环节统一、收费统一、标准文本统一、申报途径统一），打造全事项、全过程、全环节的审批事项操作程序标准化，实现天津行政审批的规范审批、简化审批、高效审批新突破。③通过天津行政审批标准体系的引领及天津关键行政审批标准的突破，为京津冀行政审批规范化发展提供经验，为全国探索行政审批标准化发展提供示范，巩固和深化行政审批制度改革成果。项目成果形成《国内外行政审批标准化发展研究报告》、1套天津市行政审批标准体系、2项关键行政审批事项地方标准、1篇行政审批标准化相关论文。

（王家祥 刘 爽）

【中空纤维超滤膜性能检测技术平台研发】 国家海洋标准计量中心承担，2017年7月通过国家海洋局科技司、财务司组织的海洋公益性行业科研专项验收。建立国内首个超滤膜产品性能检测业务化与研究平台，其中包括《中空纤维超滤膜组件纯水通量检测方法》《中空纤维超滤膜纯水透过率检测方法》《中空纤维超滤膜截留率检测方法》等12项检测方法，中空纤维超滤膜纯水通量/纯水透过率检测装置、截留率/切割分析量检测装置等7套自主研制检测装置，电子拉力机、出水污染指数测试仪等数十台商品化仪器设备，并设立微信公众号“ncosmmb”作为咨询与业务委托的电子窗口。编写完成GB/T 31327—2014《海水淡化预处理膜系统设计规范》国家标准1项并实施发布，立项《中空纤维膜组件细菌截留性能检测方法》《中空纤维超滤膜耐氧化性和耐酸碱性的测试评价方法》等行业标准5项，“一种中空纤维膜点通量的测定方法”获国内发明专利，“高性能聚偏氟乙烯中空纤维膜制备及在污水资源化应用中的关键技术”获国家技术发明二等奖。该项目建立的超滤膜性能检测技术平台，对超滤膜产品质量和应用的关键性能指标提供系统的检测服务，填补国内空白，有利于超滤膜生产企业改进生产工艺，提高产品质量，规范和促进膜产业健康发展。

（赵 虹）

【水静压力试验新装置】 2017年，国家海洋标准计量中心申请通过发明专利—“水静压力试验系统准线性排箫式卸压装置及其卸压方法”。通过该专利可实现水静压力试验准线性排箫式自动卸压控制，卸压速率可控制为每分钟（0.1～1）兆帕，解决精确自动化检测中卸压过程不可控的问题，提高水静压力试验的应用效率和分析能力，并为提高海洋仪器的研发速度和工作性能提供保障。

（刘 宁）

【“全球变化与海气相互作用”专项年度质量控制与监督管理】 该项目是“全球变化与海气相互作用”专项，国家海洋标准计量中心2017年对调查航次组织开展航前备航质量监督检查，委派质量监督员进行随船质量监督，保障调查数据及成果的准确性和规范化。7～11月，以集中会议和现场检查形式完成7批次101项任务专项任务质量评估，组织各方专家共计50人次，共出具101份质量评估报告，评估涵盖海洋局属单位和相关涉海单位共计19家。分别在杭州、青岛、厦门等地举办调查技术规程补充培训，培训项目包括物理海洋、生物、光学、化学、地球物理、地形地貌6项调查技术规程，培训综合调查人员300余人/次。

（王延凤）

检验检疫技术

【进出境消费品安全快速检测关键技术研究】 国家质检总局科技计划和天津出入境检验检疫局科技计划的系列项目，由天津出入境检验检疫局工业产品安全技术中心等单位赵琢、杨向莹、柳明等共同完成，获2017年度天津市科学技术进步二等奖。项目组以进出境消费品的化学品安全、生物安全为重点方向，研发系列消费品安全快速检测技术，帮助辖区内企业进行技术培训，利用新方法和新技术提高进出境消费品安全检验监管力度，间接提高产品质量，扩大市场份额。该项目获授权国家实用新型专利3项、发明专利3项、软件著作权1项；制定行业标准10项；主编专著2部；发表论文22篇。项目成果直接推动天津出入境检验检疫局消费品检测实验室的建立，不仅为进出境消费品安全的监管、消费品标准制定提供强有力的技术支持，而且在安全监管、进出境管理等领域发挥重要作用，产生显著的经济效益和社会效益。

（连春雨）

【进境种用动物生物安全保障综合技术体系构建与应用】 国家质检总局科技计划和天津出入境检验检疫局科技计划的系列项目，由天津出入境检验检疫局动植物与食品检测中心赵祥平、董志珍、张瑞峰等完成，获2017年度天津市科学技术进步二等奖。该项目根据天津港进境种用动物的种类，针对高风险动物疫病，开展快速精准检测技术研究和应用；针对动物疫病传播扩散风险，开展防疫消毒和熏蒸处理等阻控关键技术研究与应用，重点研究多种动物病毒的精准快速检测技术，在国际首次获得中国山羊痘病毒疫苗株AV41和流行强毒株ANHUI株的全基因组信息，发现山羊痘疫苗株AV41基因缺失位点序列及变异基因，建立基于末端反向重复序列（ITR）的羊痘病毒和山羊关节炎—脑炎病毒TacMan—MGB探针荧光PCR方法；建立检测山羊关节炎—脑炎病毒血清抗体的间接ELISA方法。利用全基因组5碱基步移法分析施马伦贝格病毒、西尼罗河病毒和猪德尔塔冠状病毒不同地理生态型病毒的2000条全基因组序列，建立高灵敏度分子检测方法。构建进境种用动物生物安全综合保障技术体系，对加快种用动物通关速度，促进贸易便利化，有效保障国内畜牧业、养殖业和奶业的健康发展，提升人民的生活水平具有十分重要意义。成果应用于全国质检系统15个直属检验检疫局，显著提升国内动物检疫工作质量。该项目获国家发明专利6项，实用新型专利9项，出版专著3部，发表代表性论文30篇，制定行业标准5项。

（连春雨）

【锂离子电池安全失效机理及加速循环测试关键技术研究与应用】 国家质检总局科技计划和天津

出入境检验检疫局科技计划的系列项目，由天津出入境检验检疫局工业产品安全技术中心于智睿、李晶、潘迎芬等完成，获2017年度天津市科学技术进步三等奖。项目组通过研究锂电池安全失效机理，分别从材料、隔膜等方面研究锂电池循环容量衰减机理，试验提出针对循环后电池进行抽样分析检测方案，建立寿命快速检测方法，制定检验检疫行业锂电池安全唯一标准。明确锂电池在过充放条件下出现热失控的关键原因，提出改进锂电池过充安全性措施，开发一系列高安全高性能的锂离子电池材料。根据研究成果结合曲线拟合分析等方法，建立锂离子电池高倍率循环加速检测方法，大幅缩短循环寿命检测时间。建立的相关理论基础和方法直接应用到天津市地方企业，使企业从原材料研发、生产关键点监测、成品安全检测等方面均得到全面技术支持，帮助多家企业电池产品顺利出口。该项目研究成果对提升国内锂电池产品整体质量，缩减企业检测周期和成本，扩大对外贸易发挥积极作用。

（连春雨）

【表面增强拉曼光谱的应用研究】 国家质检总局科技计划项目，由天津出入境检验检疫局工业产品安全技术中心韩伟、胡新功、于艳军等共同完成，2017年12月7日通过验收。该项目针对危险化学品有害物质痕量检测需要繁琐前处理与大型精密仪器投入问题，通过引入在分子水平上能定性识别化合物的拉曼技术手段，以合成出金属纳米颗粒为材料：①以不同尺寸大小的玻璃载片为基础，通过简单的溶液滴加或旋涂法，在基片表面构筑平整度和粗糙度均一的单分子金属层簇。利用原子力显微镜、扫描电子显微镜、投射电子显微镜等手段对玻璃基底的金属薄膜层进行表征；通过表征反馈的结果，控制滴加溶液含量与旋涂时间来精确控制金属薄膜层厚度；②通过界面自组装、原位反应或溶液共聚 方法，制备纳米颗粒——聚合物复合薄膜。通过实时表面增强拉曼信号监控，调整薄膜表面纳米颗粒的浓度与薄膜厚度，优化金属纳米颗粒的浓度与聚合物薄膜的厚度，获取拉曼信号最佳聚合物薄膜基底。研制的纳米颗粒——聚合物薄膜具有快速富集检测物体表面痕量有害物质功效，通过调控薄膜表面纳米颗粒的浓度与聚合物薄膜的厚度等参数，调节复合薄膜对目标分子的检测灵敏度，实现对检测物体表面的快速无损检测。该项目成果为口岸进出境商品表面的快速无损检测和天津口岸危险化学品的检验监管技术执法提供技术支撑。

（连春雨）

【基于危险特性分类技术对储能电池运输风险的研究】 国家质检总局科技计划项目，由天津出入境检验检疫局工业产品安全技术中心丁宇、李涛、于智睿等共同完成，2017年12月20日通过验收。在锂电池航空运输事故中，冒烟、起火是发生次数最多、后果最为严重的事故。基于危险特性分类技术建立储能电池的运输风险分析，项目组对锂电池运输中由于自身构造及工作原理造成的风险因素及其他风险因素进行分析阐述，对锂电池的安全性如热冲击、挤压、过充电、短路等进行测试，模拟电池在极端环境或保护电路出现问题的情况下，考核电池是否有爆炸、起火等事故现象的发生。针对锂电池运输和使用中存在的漏液、短路、起火、爆炸等风险，结合锂电池运输检测标准进行针对性分析和比较研究。为增加锂离子电池自身的热稳定性，在保证电池循环性能前提下有效改善电池的安全性能，避免电池在过热条件下燃烧和爆炸等问题，大大提高电池运输与使用安全性，进而提高电池的质量。对锂电池运输检测标准中关键性项目过充电实验和强制内部短路实验进行深入研究，对燃料电池的危险性进行风险评估。（连春雨）

【危险化学品物理危害快速筛分检测技术方法及装备研究】 国家质检总局科技计划项目，由天津出入境检验检疫局工业产品安全技术中心李宁涛、熊中强、于艳军等共同完成，2017年12月7日通过验收。项目组以危险化学品分类检测试验及监管过程中的快速筛选、检测分析需求为研究对象，深入分析液体危险化学品分类检测试验替代方法标准，对闪点试验的替代方法应用领域、适用范围等进行研究，提出替代性试验方法的范围及关键阈值领域；以热分析仪器为基础对具有易燃性、氧化性、自反应性等危险性的物质进行分类筛分试验，提出基于热分析仪器（DSC、TSU）方法为基础的危险化学品筛分检测技术方法，并对危险化学品的相容性效应、反应动力学进行研究，提出可靠的动力学预测模型；对喷雾剂类危险品分类检测需求、现场快速查验检索需求，研制开发喷雾剂类危险品复合试验仪、基于便携式终端的快速查询筛分软件。

（连春雨）

【聚合物纳米复合材料阻燃性能MCC评估的研究】 天津市科委应用基础与前沿技术研究计划项目，由天津出入境检验检疫局工业产品安全技术中心周磊、王劭妤、赵青等完成，2017年12月通过验收。项目以PLA和MWCNT、MMT共混复合改性后得到的PNC为研究对象，以MCC为主要研究手段，以氧耗原理得出的热释放速率为核心，在与锥形量热仪、LOI和水平燃烧仪表征相比对基础上，开展基于氧耗原理的微型量热检测技术研究，重点考察PNC物理、化学特性对阻燃性能评估的影响因素，建立基于MCC/SEM/FTIR方法的PNC阻燃性能微量化评估技术，使检测效率显著提升。该项目发表论文3篇，其中中文核心期刊2篇，EI收录1篇；授权专利2件，其中发明专利1件，实用新型专利1件；发布行业标准1项。

（连春雨）

【果汁风味物质检测技术研究及质量控制体系的建立】 质检公益性行业科研专项项目，由天津出入境检验检疫局动植物与食品检测中心郑文杰、王硕、张灿等完成，2017年11月通过验收。项目组建立以风味物质为主的品质质量控制体系、以重金属、农药残留为主的污染物控制体系、以脂环酸芽孢杆菌为主的微生物控制体系。①建立果汁风味物质检测技术及品质质量控制体系：建立柑橘汁中主要256种汁风味物质的固相微萃取—全二维气相色谱—质谱检测方法，建立苹果汁中79种风味物质的固相微萃取—气相色谱—质谱检测方法；采集2013年和2014年度云南、湖南、广西、福建、重庆、湖北、江西等国内柑橘主产区77种柑橘样品的芳香物质数据；采用主成份分析、判别分析建立柑橘汁不同产区、不同年份、不同品种的判别方法；采用主成分分析、判别分析建立市售柑橘汁和初榨柑橘汁的判别分析方法。②建立以重金属、农药残留为主的污染物控制体系：建立西维因直接竞争免疫检测方法；建立速灭威直接竞争免疫检测方法；建立烯啶虫胺间接竞争免疫检测方法；建立重金属镉竞争间接免疫检测方法；开发研制西维因、速灭威、烯啶虫胺以及重金属铅的快速检测试剂盒，速灭威及重金属镉的胶体金试纸条。③建立以脂环酸芽孢杆菌为主的微生物控制体系：建立苹果汁和市售果汁生产过程中脂环酸芽孢杆菌的分离和鉴定方法；建立分析果汁中脂环酸芽孢杆菌主要代谢产物愈创木酚和2，6—二溴苯酚的顶空SPME—GC—MS方法；探讨传统、新型消毒技术对脂环酸芽孢杆菌灭活效果影响规律——二氧化氯和中压紫外线分别对脂环酸芽孢杆菌和愈创木酚具有灭活效果。该项目授权发明专利2项、实用新型专利1项；发表论文9篇，其中SCI论文1篇；起草标准文件4项，起草技术规范1项。

（连春雨）

【输油钢管快速检测技术研究】 国家质检总局科技计划项目，由天津出入境检验检疫局化矿金属材料检测中心傅志强、刘锡贝、金宝炎等共同完成，2017年12月7日通过验收。输油钢管是一种重要的战略资源性商品，其质量至关重要。针对输油钢管产品质量和检验检测方法中存在的问题和难点，项目组创新地研制自动超声无损检测扫查装置，可提高检测效率，加快检验速度，有效减少漏检；能够有效地减少输油钢管在检验环节的破坏性损失，为客户节约成本，为国家减少损失。该成果不仅可以在输油钢管应用，对石油管线、石油套管、高中压力锅炉管、输气管道等也可使用，具有社会价值和经济价值。

（连春雨）

【电动自行车用锂离子电池组安全性能检测关键技术及设备研究】 国家质检总局科技计划项目，由天津出入境检验检疫局工业产品安全技术中心于燕燕、丁宇、李晶等共同完成，2017年12月20日通过验收。项目组分别从正负极材料、隔膜等方面研究锂电池循环容量衰减机理，通过相关试验提出针对循环后的电池进行抽样分析检测的方案。根据电池在使用过程中可能存在的危险性，研究不同充放电循环对锂电池安全失效影响，从而避免大部分标准中只针对新电池进行测试的弊端。同时，借助相关设备和仪器，分析不同充放电循环电池的内部结构，找出影响安全因素的原因，避免大部分安全事故的发生。提出锂电池性能检测控制系统总体设计方案，锂电池充放电控制模块、信号采集模块等设计。系统电路简单、响应速度快、精度高、具有很好的扩展性和可靠性，满足常规检测工程需求。方案能对充放电过程参数实时跟踪分析，采用闭环控制确保锂电池充放电过程安全、可靠，数据采样方案能够准确反应产品品质，进而便于进行严格的评定与筛选。研制一种电动自行车用锂离子电池的安全检测装置，采用超声波检测电池内部结构，可以在不破坏电池的情况下，准确判断电池内层结构变化，采用自制夹板，提高变形检测的准确性，同时创造性设置滑轨，有效提高夹板的重复利用度，降低检测成本。检测装置结构简单、安全性能高，研究的方法同时检测锂离子电池的多项安全指标，提高检测效率，节约检测经费。

（连春雨）

公共安全

【天津市公安局科技信息化建设】 2017年，天津市公安局科技信息化建设取得新突破。①天津市公安局综合数据库整合共享数据达704类、741亿条，较2016年增长100亿条，全库封装154个服务器接口向全局开放共享，日均服务30万次以上，为各警种及基层民警开展分析研判提供有力数据共享服务。同时，建立全市统一的数据规范体系，有效提升公安数据资源质量和应用效能。②警综平台完成与信息资源服务平台、情报、PGIS、图像联网、图侦平台的深度对接。丰富完善“天地e搜”“天地e控”“全息档案”等示范应用模块，为全局提供信息化手段支撑能力达到85%以上。③警用地理信息平台（PGIS）实现对全局无线数字集群（PDT）电台、警务通、警用车辆、动中通、无线图传等的定位，对全市实有人口、网吧上网、旅店住宿等人员信息、油气管线、实景点位信息以及电子警察等数据分层集中展示，数据图层达235个，建立40多万个覆盖全市的三维独立建筑模型，以及20多万个建筑物精模；市公安局图像联网平台汇集全局2万余路视频监控点位，拓展接入各类专网能力，建立4G图传系统、340兆无线图传车、单兵等660余路无线视频图像资源，为预警研判、“一三五分钟处置圈”、侦查破案、重大活动安保等公安业务提供更加直观、翔实、立体的可视化应用。④新一代移动警务平台开发巡逻盘查、车易扫、警务微信、重点人员乘车验票移动消息推送等9个应用APP，为治安查控提供强力技术支撑。同时，牵头编制《移动警务总体技术要求》以及《公安移动信息网技术要求》公安行业标准征求意见稿，为全国新一代移动警务建设提供依据。

（郭　强）

【天津市视频监控网大数据应用研究与示范】 天津市公安局图侦技防总队组织研发，于2017年完成。综合利用图像处理、模式识别、多源异构数据整合、多维数据关联分析等人工智能和大数据技术，深度挖掘公安视频监控网各业务系统生成的数据信息，研制满足公安机关实战需要的多网络运营商融合视频监控骨干网、应用基础数学模型和综合智能应用平台，提升视频监控在反恐处突、治安防控、打击犯罪、社会管理和服务民生等领域的应用效能。研发内容紧贴公安实战需要，实现全时空、多层次、系统性的视频信息应用。公安机关通过大数据进行案件侦查，查询效率、检索速度、办案效能等均较前有较大提升，人脸识别数据库在亿级检索响应时间小于3秒，部分侦查难、取证难的小案破案率大幅提升，如非机动车盗窃案的破案率从10%左右提升到80%以上，每年为群众挽回各类经济损失过亿元。同时，多运营商网络骨干网融合后累计节省网络租赁费用7.2亿元。视频监控网大数据关联、比对、分析等技术在2017年“10・17持枪杀人案”“西青区抢劫杀人案”“静海区杀人抛尸案”等多起重特大案件侦破工作中发挥重要技术支撑作用。

（郭　强）

【天津市公安局组织举办公安第31届科技周活动】 2017年，天津市公安局组织举办公安第31届科技周活动。科技周围绕活动主题共举办“示范活动”“培训讲座”“服务咨询”和“科普使者进基层”等4大系列重点活动，面向全警、全社会普及宣传公安科技知识，展示公安科技成果。①举办公安科技信息化大讲堂，邀请知名专家、学者就大数据、云计算等科技信息化知识对全局民警进行授课。②开展全市消防科普教育基地及消防队、站向社会开放活动，普及消防科普知识，提高群众安全意识等。③交管局、消防局、经侦总队、和平分局、东丽分局等单位面向社会开展公安科普宣传和服务咨询活动。④各单位结合科技周活动在公安科技信息化、警务技能、公安业务工作、科技成果应用等方面积极开展学习交流、业务培训活动。⑤以科技周活动为契机，宁河分局、生态城分局、静海分局、河东分局开展面向社区居民、学校师生开展形式多样的科普知识普及、宣传推广活动。（郭　强）

【典型室外固定场所火焰分析报警系统】 天津市公安局消防总队组织研发，于2017年完成。该项目针对石油化工、电力系统、文博系统等室外场所消防报警系统不足的情况，集合安防监控系统，采用先进的图像处理和模式识别技术，实现室外火灾早期报警。该系统经过典型室外场所实际使用，证明可以迅速有效地对室外早期火灾进行报警，并且有效地对误报进行控制。利用图像监测方法，可以解决消防报警设备与技术应用在室外固定场所时面临的缺点和不足，促进火灾图像探测系统在社会各个领域的广泛应用，为保护人民生命财产的安全发挥重要作用。

（郭　强）

【基于交警执法装备的轻微交通事故现场还原系统】 天津市公安局交管局组织研发，于2017年完成。该项目是利用计算机高速图形图像运算处理能力，结合道路交通事故现场处理的相关法规而研制的专业的轻微交通事故现场还原系统，通过民警在交通事故现场拍摄若干数码照片，系统自动生成与实际交通事故现场一一对应的交通事故现场图像，并根据需要快捷地绘制出二维平面交通事故现场图，为交通事故责任认定分析和交通事故现场的恢复考证提供形象、准确、客观的依据。对于较大的事故现场要在20分钟内完成勘查处置，基本改变现有交警勤务模式，极大化简轻微交通事故处理过程。该成果的应用在全国属前列。（郭　强）

【伪基站识别定位系统】 天津市公安局塘沽分局组织研发，于2017年完成。项目针对电信网络诈骗犯罪新型侵财犯罪持续高发，公安塘沽分局提出“积极打击、立足于防”的工作策略，创新工作思路，探索并大胆实践主动反制、协同联动、积极防控打击的创新举措，根据辖区内“伪基站”诈骗案件情况，进行研发打伪侦测系统。在研究过程中，主要对如何对伪基站发送诈骗短信情况进行发现、对发现的伪基站定位及轨迹行踪进行跟踪、建立监控后台，收集前端反馈信息进行分析及前端设备小型化及隐蔽化进行研发。通过在塘沽分局管辖区域布置600个伪基站识别定位系统终端设备，实行对伪基站犯罪行为的快速发现、精确定位和轨迹跟踪，建立一张打击伪基站的大网，共计抓获利用伪基站进行电话诈骗的犯罪嫌疑人34人。（郭　强）

【公安交警移动警务通安卓终端软件】 天津市公安局交管局组织研发，于2017年完成。项目结合公安交通管理业务，实现综合查询、现场执法、非现场执法、事故快速处理、GPS信息采集、身份认证、应用管理、消息指令收发、信息显示、状态监控、用户反馈功能。系统提供一个跨业务数据库、跨地理阻隔、以专网和无线通信为依托的移动执法终端，融合无线接入、身份认证、信息加密等多种移动通信、信息处理和计算机网络的前沿技术。投入使用后，公安一线民警现场执法效率大大提高，对交通违规行为，实现现场记录、现场处理，提升了执法水平。同时，民警能在第一时间获得上述信息，并与内网数据库中的数据进行比对，为侦破案件提供及时、准确、有效的信息，从而提高执法和办案效率，尽量减少由于公安内网获得信息时间滞后而导致信息失效的情况发生。（郭　强）

【火针对脊髓损伤后内源性NSCs增殖分化及其调控机制研究】 天津市公安局公安医院组织研发，于2017年完成。在前期研究基础上，从诱导内源性神经干细胞增殖分化角度探讨火针治疗脊髓损伤的机制。结果表明，火针可以促进脊髓损伤大鼠神经功能恢复，改善细胞结构，并可以通过抑制ERK信号通路活性促进内源性神经干细胞增殖并向神经元分化，从而促进脊髓损伤修复。该研究成果不仅为火针治疗脊髓损伤提供翔实的实验依据，临床上为解决患者疾苦，提高患者生活质量提供一个有效的方法，具有良好的社会效益。

（郭　强）

气　象

【黄渤海及西岸地区大雾微气象特征和预报应用研究】 天津市气象科学研究所、中国海洋大学、北京大学吴彬贵、高山红、张宏升、黄鹤、魏伟等完成，获2017年度天津市科技进步二等奖。针对大雾预报难题，围绕黄渤海及西岸大雾生消机理、同化技术改进、大雾模式最优参数化方案配置、集合预报技术以及多变量诊断大雾预报技术等展开研究。提出以净长波辐射20瓦/平方米为阈值标准区分雾霾天气的新指标；指出雾天气中，风速归一化标准差符合近地面经典湍流相似性理论，而温、湿度均一化标准差与湿度成正相关；发现大雾启动的微观预报信号；补充有利大雾的气压场类型，提出黄海平流雾雾顶长波辐射与云水含量的正反馈过程促成大雾垂直发展，丰富大雾生消机理；扩展循环同化多普勒雷达径向风速和MTSAT湿度，模拟雾区改进大于62%；加入海温扰动的集合预报比确定性预报ETF评分高出29%，为大雾预报拓展新思路；利用MTSAT数据反演海雾三维湿度信息结合循环3DVAR同化方法，研发“扩展循环3DVAR数据同化方案”，并基于中尺度天气预报WRF模式扩展循环同化葵花8号卫星，构建高垂直分辨率和高度模块化的黄渤海海雾数值实时预报系统；研发多重筛选神经网络方法，构建基于WRF的72小时逐时能见度动力释用预报系统，使小于10千米的逐时能见度比WRF模式预报提高10.5%～35.4%，日最低能见度TS评分达到75%。该项目在黄渤海周边省市气象部门及天津机场气象台广泛应用，是中国气象局台海中心指导全国海雾天气会商的重要参考依据。

（天津市气象科学研究所）

【低能见度条件下的日极端气温订正方法研究】 天津市气象局项目，由天津市北辰区气象局承担，马庚雪主持，2017年4月通过天津市气象局科技与发展处验收。该项目研究北辰地区近10年日极端气温及日极端气温与850百帕气温差值的四季短期气候规律，分不同季节和不同级别分析能见度和日极端气温、日极端气温与850百帕气温差值的相关性。重点分析能见度小于7.5千米条件下，日极端气温及日极端气温与850百帕气温差值的变化，对日极端气温与850百帕气温差值开展拟合订正预报试验。项目建立北辰区低能见度条件下的日极端气温及日极端气温与850hPa温差的预报模型，为研究低能见度对日极端气温的影响奠定基础。

（马庚雪）

【冬季雾霾天气对典型日光温室热量条件的影响研究】 天津市气象局科研项目，由天津市气候中心承担，陈跃浩主持，2017年4月20日通过天津市气象局验收。该项目通过分析冬季雾霾天气下西青砖墙温室和宝坻土墙温室内温度的变化，得到持续不同天数的雾霾天气下温室内平均温度和最低温度，结合设施蔬菜种植所需的温度条件，得到持续不同天数雾霾对设施作物的致灾风险。通过对温室内逐时温度变化进行详细分析，利用温室黄瓜低温冷害指标，评估不同温室的保温性能以及对温室黄瓜冷害致灾程度的大小。研究成果可为设施农业生产及应对灾害风险能力提供科学依据。

（陈跃浩）

【Wheat SM模型在农业气象预报和灾害评估中的应用研究】 天津市气象局科研项目，由天津市气候中心承担，董朝阳主持，2017年4月通过天津市气象局验收。该项目引进成熟的冬小麦生长发育模型，对天津北部蓟州、宝坻、武清3个冬小麦主要种植区进行模型的本地化参数调整和有效性验证，通过验证，模型在模拟3个地区冬小麦生育期长度和产量方面表现出良好的一致性。基于验证后模型，对接天津本地CIMISS数据平台，开发1个基于CS架构的冬小麦生长发育预报软件，使预报产品更加定量化、机理化，同时初步开展水分胁迫对冬小麦产量损失的定量化研究。该成果应用到天津市现代农业气象服务平台——作物预报模块，可以直观展示冬小麦整个发育进程、产量和土壤水分变化，方便用户实时动态了解冬小麦当前和未来生长发育状况。

（董朝阳）

【天津地区气溶胶海陆差异特征及标识研究】 天津市科委项目，由天津市气象科学研究所承担，韩素芹主持，2017年11月通过天津市科学技术委员会验收。该项目 通过外场观测和数值研究确定天津地区气溶胶污染的海陆差异；明确气溶胶污染海陆差异主要影响因素；确定气溶胶海陆差异的标识方法。该项目通过外场观测和数值模拟2种方法研究对比，分析海岸带地区（塘沽点位，距海岸线约5千米）与内陆（市区点位，距海岸带约50千米）和渤海（海上平台，距海岸线约70千米）气溶胶污染特征的海陆差异，揭示天津作为沿海城市的大气气溶胶的污染特征，并从气象条件和颗粒物来源两个方面分析影响渤海西海岸带气溶胶污染的影响因素，通过污染物浓度、化学组分、源解析等方法构建沿海工业城市海陆气溶胶差异的标识。

（韩素芹）

【生态城建设对区域热岛/环境影响—监测与评价方法的研究】 “中新生态城微气候改善研究”的分专题，由天津市气象局承担，天津市气候中心、天津市滨海新区气象局完成，郭虎主持，郭军负责，2017年9月通过中新生态城环境局验收。该项目建立基于中新生态城建设评估的气象资料数据库，开发气象数据管理系统，通过转换数据格式，可对数据库进行追加、检索、风统计等功能。应用多种数值模式，针对大气背景、生态城规划建设以及生态城小区建筑布局形态进行气象环境数值模拟，为规划、科研提供支撑。应用卫星遥感影像反演、气候统计、空间插值等方法，分析生态城建设对气象环境的影响，主要是气温（热岛效应）。掌握热岛效应四季的差异、年变化规律、日内变化等特征；应用空间插值方法，得到生态城上空风场的特征；结合高空间密度的实际气象要素观测数据，应用克里金空间插值绘制空间分辨率为50米×50米、100米×100米、200米×200米四季气温、湿度空间分布图。该项目是气象学与城市规划紧密相结合的多学科交叉研究，为引进新加坡国立大学的STEVE Tool在生态城微气候研究中的应用，提供气象背景和逐时的典型季节的气象数据。该项目成果可为城镇尺度的规划、建设提供参考，为进一步研究热岛效应对建筑节能的影响可提供详细的数据支撑。基于“气候容量分析”对中新生态城发展规划的思考，从生态城自然环境和气候容量分析，详细评价制约生态城建设的水资源、光资源、大气自净能力、排水能力等，结合生态城建设目标对生态城建设提出建议。该项目共发表论文7篇，其中核心期刊3篇，一般期刊2篇，会议论文1篇，1篇论文被收录到2016年气候变化绿皮书。

（郭　虎）

【静海区冬小麦大风灾害保险天气指数模型设计】 天津市气象局区县专项项目，由天津市静海区气象局承担，黄冬梅主持，2017年4月通过天津市气象局科技发展处的验收。该项目利用天津市静海区1991至2015年气象要素、作物产量数据以及自动站的要素数据，结合统计方法分离出冬小麦和玉米的气象产量序列，筛选并分析静海区冬小麦和玉米的农业气象保险天气指数，利用天气指数对静海区冬小麦风灾和玉米旱灾进行风险评估和区划，构建静海区冬小麦风灾和玉米旱灾的农业气象保险模型，确定保险的触发值和赔付系数。项目建立静海区农业气象保险研究EXCEL数据库；完成静海区冬小麦风灾和玉米旱灾的风险区划图；构建易于操作的静海区农业气象保险模型；撰写文章《静海区冬小麦大风灾害保险天气指数模型设计》发表在《天津科技》。

（黄冬梅）

【天津城市热岛与海风锋相互作用触发局地暴雨机制研究】 天津市科委应用基础与前沿技术研究计划项目，由天津市气象台承担，东高红主持，

2017年10月通过天津市科委验收。该项目通过对发生在天津城区附近的局地暴雨个例过程进行分析，总结局地暴雨发生的形势场特征、发生前后的局地动热力条件等特征。利用天津地区2009至2011年自动站资料、微波辐射计等非常规观测资料，分析天津地区城市热岛环流与海陆风环流的时间（日、季、年）分布、空间分布及垂直分布特征。利用中尺度wrf模式输出资料及更改模式下垫面土地利用类型进行模拟试验，分无天气过程和局地暴雨天气过程分析天津地区城市热岛环流与海风环流的垂直分布，空间范围、空间结构特征（环流高度与范围），并通过典型局地暴雨天气个例，分析城市热岛环流与海风环流的相互作用及对局地暴雨触发加强的影响机制，给出在有利天气形势条件下，天津地区城市热岛与海风锋相互作用触发局地暴雨的概念模型，为沿海城市在突发性局地暴雨短时临近预警及预报降水强度、落区方面具有指导意义。项目研究共撰写3篇论文。（东高红）

【天津生态城气象环境与可再生能源供应的预警机制研究】　中新天津生态城中新科技合作计划项目，由天津市滨海新区气象局承担，沈岳峰主持，2017年9月通过生态城建设局和环境局验收。该项目研究为规模化开发利用天津生态城可再生能源提供可靠的基础数据和决策依据。建立太阳能、风能加密观测网，太阳能、风能数据库，利用遥感监测和数值模拟技术开展对太阳能遥感监测与风能数值模拟，开展太阳能、风能资源区划和开发利用对策研究。项目研究所获成果在建立生态城能源保障气象服务体系方面发挥主要作用，提供天气条件的参数信息结果能够直接用于可再生能源的生产，提高可再生能源的利用率。该系统可以实现生态城风电场实时风资源监测信息、实时功率、实时机组状态、预测功率等信息的实时监测、统计分析。将生态城光伏电站未来一段时间光伏发电量（功率）及太阳辐射量进行预报预测，支撑系统向生态城管委会发送风能、太阳能的可利用率气象因子预报产品。项目研究共撰写2篇论文，取得2项新型实用专利。

（沈岳峰）

【利用四维集合卡尔曼滤波迭代同化多普勒雷达资料的研究】　国家自然科学基金青年基金项目，由天津市气象科学研究所承担，邱晓滨主持，2017年3月通过 国家自然科学基金委员会验收。该项目开展四维集合卡尔曼滤波迭代同化连续多时次雷达观测研究。期望通过该方案可以利用雷达资料高时间密度特点，在单次同化中分析连续多个时次的观测信息，在经验信息不足情况下，从观测中获取有用信息，减小初始样本质量问题的影响，加速同化收敛，建立一套基于4DEnKF－RIP同化雷达资料方案，实现对多个时次雷达资料的迭代同化能力。利用浅水方程和模拟雷达资料进行循环同化的理想试验，试验结果验证方法的有效性。在多同化非分析时刻观测后，分析场有进一步改善，而迭代同化主要在同化循环的前2次中进行迭代有改进。在实际个例同化试验中，4DEnKF－RIP方案并没有明显优于EnKF的分析结果，但是1小时预报结果从系统的落区、形态和虚假回波等几个方面都与实况较为接近。通过研究，能够结合两种方法的优点，改进雷达资料单次和循环同化的效果，使预报能更快更好地反映出中小尺度高影响天气系统。

（邱晓滨）

【天津市高层建筑气象服务技术研究】　天津市气象局科技计划重点项目，由天津市气象服务中心、天津市气象台、天津市气候中心、天津市防雷中心承担，郝立生主持，2017年7月通过 天津市气象局验收。该项目针对高层建筑物事前（前期设计）、事中（安全施工）、事后（建成后科学运行）的气象服务技术开展相关研究，主要包括高层建筑设计气候可行性分析、高层建筑雷电灾害风险评估及设计方法、高层建筑室外节能设计气象参数计算方法、高层建筑施工精细化预报预警技术方法、高层建筑对周围气象环境影响模拟技术等方面的研究。该项目研究所形成的高层建筑气候可行性分析规范、高层建筑雷电灾害风险评估及设计方法、室外节能设计气象参数计算方法、施工精细化预报预警技术方法、对周围气象环境影响模拟技术等一套技术方法体系，可以在高层建筑物前期设计论证、建设施工、科学运行等气象技术服务中参考使用。

（郝立生）

【武清区冬小麦适宜灌溉时间及适宜灌溉量研究】 天津市气象局区县专项项目，由天津市武清区气象局承担，于红主持，2017年4月 通过天津市气象局科技发展处验收。该项目利用天津市武清区气象监测资料、农业气象观测资料，采用美国农业部土壤保持局推荐方法计算有效降水量，应用FAO推荐的Penman－Monteith方法，并引进土壤修正系数，量化武清区冬小麦播种至成熟期8个生育期需水量指标、有效降水量、灌溉量指标，明确适宜灌溉时间，进行灌溉量时间变化及空间分布特征分析，确定越冬前灌溉、拔节前灌溉、孕穗前灌溉及乳熟期灌溉是武清区理想灌溉模式，形成《武清区冬小麦灌溉气象服务周年方案》，为武清区政府、镇政府及农口部门提供《武清区冬小麦播种至成熟期灌溉量分析报告》，撰写论文《天津市武清区冬小麦各生育期灌溉需水量分析》。（于　红）

【基于ECMWF模式耦合的VIC分布式水文模型在滦河流域的构建与应用】 天津市气象局项目，由天津市气象台承担，陈宏主持，2017年4月通过天津市气象局科技处验收。该项目利用业务中普遍使用的欧洲中心控制预报的气象要素预报和VIC分布式水文模型耦合，通过耦合之后的水文预报模式得到滦河流域滦县站的逐日径流结果和滦河流域的逐日土壤含水量分布。与历史水文站的径流量相比，该水文模型基本上模拟出滦河流域的径流状况，且纳什系数也基本达到一般水文模型模拟结果的要求；土壤含水量的模拟效果与实际降水的分布对应较好，反映降水造成的渍涝风险、土壤含水量预报效果也与实况降水分布比较接近，能够一定程度反映降水造成的风险可能。

（陈　宏）

【强对流自动识别产品一体化集成】 天津市气象局项目，由天津市气象台承担，孙建元主持，2017年4月通过天津市气象局科技处验收。该项目对强对流天气多普勒雷达回波特征自动分类系统单机版软件的强对流自动识别成果进行梳理，完成对自动识别产品如冰雹、短时强降水、大风、中气旋、MARC、出流边界等特征信息量相应的数据格式的解析、格式转换和数据接口模块研发；实现对不同单部雷达识别成果的组网拼图，并在天津一体化气象业务平台上进行集成现实，逐6分钟滚动更新的同时伴有语音和弹窗提醒，对强对流分类产品具备告警提示功能。

（孙建元）

【A平台与海岸降水差异特征及机理分析】 天津市气象局项目，由天津市气象服务中心承担，郭玲主持，2017年4月 通过天津市气象局验收。该项目利用渤海A平台、地面气象观测站1988至2015年降水资料，统计给出渤海湾海区与陆地降水的不同时间尺度变化规律，对比分析年、季以及日变化特征及其差异，以及海区与陆地不同降水等级、类别的差异。针对渤海A平台与陆地降水差异明显的典型个例，分析天气尺度系统、环流动力强迫等引起渤海与陆地降水差异的原因，并探讨海陆下垫面造成海陆降水差异的可能机理，提高业务人员对海区降水特征的认识，为渤海降水天气的预报提供参考 。

（郭　玲）

【中高纬大气低频振荡对天津市冬季冷空气过程的影响】 天津市气象局科研项目，由天津市气候中心承担，马宁主持，2017年4月通过天津市气象局验收。该项目通过分析得到京津冀冬季冷空气过程与京津冀气温低频变化及亚洲中高纬环流场低频演变的关系，以及亚洲中高纬大气低频振荡影响京津冀冷空气过程的途径。喀拉海附近地区气温、西伯利亚高压的低频变化及亚洲中高纬低频环流主模态与京津冀低频气温和冷空气过程的发生有对应关系，可以作为冬季京津冀冷空气过程预报指标。根据低频信号建立冷空气过程的预测指标以及相应的低频预测方法和预测模型，制作低频预测程序模块并嵌入到延伸期过程低频预测系统。该预测方法及相应的程序模块自2017

年起开始业务运行，作为天津市冬季冷空气过程延伸期预测的主要方法和工具，提供客观预测依据。

（马　宁）

【天津地区霾的3~10天预报技术方法研究】　天津市气象局项目，由天津市气象科学研究所承担，东高红主持，2017年4月通过天津市气象局验收。该项目通过对持续重度霾天气个例进行统计分析，提取持续重度霾天气过程中特征明显的气象因子指标，并对提取的气象因子指标进行筛选，采用线性分类判别法和决策树法，建立预报模型。选取霾实况资料，对2种方法的霾预报结果进行对比，选取预报效果好的线性分类判别法建立霾的预报模型，分无霾、轻微霾、轻度霾、中度霾和重度霾5个等级，给出霾的1~10天预报结果和可实时业务试运行系统。项目成果可为预报霾等级天气预报及制作霾旬天气预报提供参考依据，有助于提高天津霾天气预报的准确率和对环保部门服务的效果，产生一定的经济和社会效益。

（东高红）

【静止卫星云图降水云团自动识别、追踪方法应用研究】　天津气象局科研项目，由天津市气象探测中心承担，张庆主持，2017年4月20日通过天津市天津市气象局科技发展处验收。项目利用具有超高时空分辨率的Himawari－8（向日葵8）卫星云图，使用多通道云检测方法，识别天津（及华北、海河流域）地区降水云团，特别是强降水云团，并通过追踪连续时次卫星云图上云的运动，反演大气运动矢量，获取大气流场信息，推算降水云团未来的移动路径及可能影响区域（降水落区），生成预报产品，将其集成到天津一体化预报服务平台中，为短时临近天气预报提供直观参考。

（张　庆）

【多普勒雷达在ROSE系统的显示应用技术】　天津市气象局科研项目，由滨海新区气象局承担，庄庭主持完成，2017年2月通过天津市气象局科技与发展处验收。该项目开发一套“多普勒天气雷达数据传输平台（RSCS）”，该平台具备通过省局专线实时获取天津周边的雷达站（河北省和北京市的雷达）ROSE基数据文件的能力，并具有迅速将获取的ROSE雷达基数据推送到装有ROSE软件的LINUX系统服务器的功能。该功能通过使用沧州雷达站和塘沽雷达站基数据的测试，获得成功。当数据进入LINUX系统服务器中，ROSEPUP软件迅速生成沧州雷达站和塘沽雷达站的雷达产品图，从而对比清晰反映出塘沽雷达站南部被消隐区域的回波情况，业务人员也能对沧州雷达站的雷达产品进行实时ROSEPUP操作。

（庄　庭）

【气象用湿度传感器在不同温度条件下检定特性研究】　天津市气象局项目，由天津市气象探测中心承担，颜平江主持，2017年4月通过天津市气象局科技发展处验收。该项目通过对天津市不同型号的湿度传感器进行不同温度条件下的湿度测试检定分析，得到湿度传感器在不同温度条件下的检定特性；统计出不同温度条件对检定合格率的影响；修订完成《自动站湿度传感器检定装置作业指导书》。该项目根据数据分析得出自动站湿度传感器在使用过程中需要考虑温度对其湿度示值误差有影响的结论，提出解决方法：即在对湿度传感器的检定过程中增设低温检定点，提前排查受温度影响较大的传感器。根据该方法原理修订完成《自动站湿度传感器检定装置作业指导书》并应用于实际工作，获得提高湿度传感器数据质量的效果。（颜平江）

【气象灾情收集上报一体化平台建设】　天津市气象局科研项目，由东丽区气象局承担，杨妍辰主持，2017年4月通过天津市气象局科技发展处验收。项目完成气象灾情收集上报一体化平台建设，包括设计完成微信公众平台灾情收集上报功能模块，建立灾情信息存储数据库，并通过灾情信息管理后台进行信息管理。微信公众平台气象灾情收集上报模块，实现用户管理和灾情录入2项功能，用户管理子模块主要用于灾情信息上报人员的身份信息认证，完成用户信息登记；灾情录入子模块包含：灾情类别、灾情发生地点、时间、人员伤亡、财产损失、灾情实景照片、灾情描述等内容。建立MySQL数据库表单，包括信息员用户表单和灾情信息存储表单。灾情信息管理后台主要用于气象工作人员掌握信息员用户信息及其上报的灾情信息，包含3个模块：信息员管理、上报信息管理、管理员。东丽区气象灾情收集上报一体化平台基本实现利用微信公众平台收集气象灾情，并建立存储灾情信息的数据库及灾情信息管理后台。基于微信平台的气象灾情收集上报一体化平台在东丽区试运行，实现全区各街道气象协理员、气象信息员用户的录入及预审核，并在2016年汛期通过该平台上报气象灾情信息10余条，包含暴雨、大风、冰雹等灾情。平台初步实现灾情收集和上报工作的及时化、自动化、便捷化，使灾情信息处理和保存更为规范化。

（杨妍辰）

【天津地区采暖期逐时温度预报系统开发】 天津市气象局区县专项，由天津市津南区气象局承担，赵玥主持，2017年2月通过验收。该项目通过研究2013年至2016年天津市津南区采暖期内的气温日变化，利用分级日较差的方法计算出不同采暖月份下的逐时气温变量，形成一套针对津南局地天气特征的采暖气象服务系统。该系统通过应用业务效果检验，能够提供预报准确率较高的逐时气温产品，满足当地冬季供暖气象服务需求，为供暖运行生产调度和能源节约管理发挥作用。该成果可为津南当地供热部门提供相应的逐时采暖温度预报。该系统显示在多媒体LCD大屏上，平台操作简单、系统结构清晰、流程实际合理，实现全天24小时温度变化曲线图及逐时气温的显示，罗列出逐时温度下单位面积能源消耗。该系统采暖气象服务产品取得较好的社会、经济和生态效益。

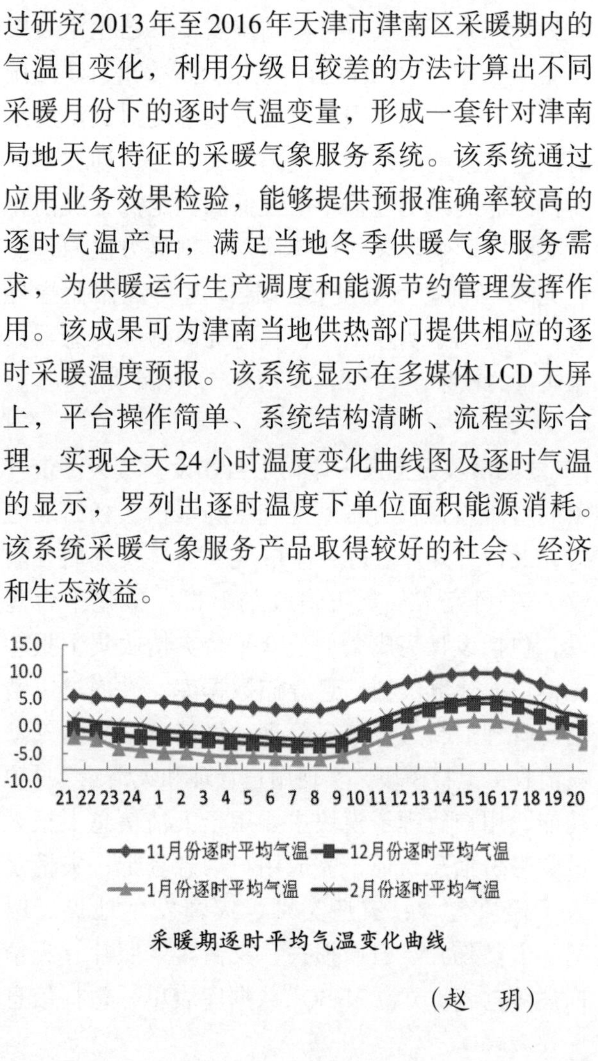

采暖期逐时平均气温变化曲线

（赵　玥）

【渤海高压对天津夏季不同区域降水减弱差异特征研究】 天津市气象局科研项目，由天津市滨海新区气象局承担，许长义主持，2017年4月通过天津市气象局的验收。该项目以渤海高压为出发点，解决渤海高压如何影响西风带系统，以及何种情况下会减弱西来系统，进而导致常规方法预报天津夏季降水尤其是东部滨海新区降水空报问题，寻找渤海高压对天津不同区域夏季降水减弱时的差异特征。项目利用常规气象观测资料、京津地区风廓线雷达和天津多普勒天气雷达资料，采用统计分析和合成分析方法，建立渤海高压背景下天津北部、南部和东部3个区域降水减弱个例库，将其分为3种类型（高空槽型、冷涡型、副高型），分别对比分析3种类型天津降水的水汽来源、中小尺度热力、动力特征、雷达回波及对流层中低层和边界层风场垂直差异特征；研究总结3种影响系统下渤海高压的差异特征（强度演变、伸展高度、热力及动力特征等）及其对西风带系统在强度、移向和移速等方面的作用。业务化的天津夏季不同区域降水减弱个例库有效补充天津夏季降水异常减弱方面研究不足的情况，为渤海高压背景下天津夏季降水预报提供理论依据；充分对比并应用天津宝坻、西青、静海、塘沽和北京海淀等多部风廓线雷达资料，细致分析降水前和降水时对流层中低层和边界层风场垂直结构差异特征，为非常规资料在天津夏季降水的短临预报预警中的应用提供参考。

（许长义）

防灾减灾

【天津及周边地区地震活动概况】 2017年1月至12月，天津地区共发生1.0级以上地震12次，未发生2.0级以上地震（最大地震为3月16日天津西青1.9级地震）。2017年，天津的地震活动空间分布不集中，其中宁河和汉沽各2次，其余主要分散在宝坻、西青和静海区。2017年天津地区地震频次与2016年相当，最大震级有所下降。从首都圈范围看，2017年全年共发生1.0级以上地震151次，2.0～2.9级地震19次，3.0级以上地震2次（1月2日河北怀安3.6级地震，3月24日渤海3.9级地震），未发生4.0级以上地震。地震活动主要分布在唐山老震区、冀晋蒙交界地区及渤海西部地区。首都圈地区地震频次和强度都比2016年有所减弱。与天津紧邻的唐山老震区，2017年地震活动水平明显弱于2016年，每月地震活动状态比较平稳。（刘双庆）

【两项国家标准正式实施】 经国家质检总局、国家标准委批准《中小学校地震避险指南》（GB/T 33735－2017）、《医院地震紧急处置》（GB/T 33743－2017）2项具体场所应急标准于2017年12月1日正式实施。2项国家标准由中国地震局提出，天津市地震局牵头编写，国家质检总局和国家标准化管理委员会发布。《中小学校地震避险指南》规定中小学校地震避险准备、震时避险及震后疏散的内容、程序、方法和要求，适用于中小学校的地震避险工作，其他学校或其他灾害的避险也可参照使用。《中小学校地震避险指南》可以有效促进中小学校防震减灾工作的开展，最大限度地保护学生和教职工生命安全。《医院地震紧急处置》在总结医院地震紧急处置经验和教训的基础上，借鉴其他突发事件的紧急处置要求，规定医院地震紧急处置预案编制、宣传教育、设施设备管理等内容和要求，以及震时避险、岗位处置、次生灾害源处置、震后疏散、紧急救援等方面的紧急处置方法和要求，适用于医院地震紧急处置工作，其他医疗机构也可参照使用。

（郭　靖）

【中国地震信息网络安全防护】 天津市地震局于2016年开始承担建设中国地震信息网络安全防护项目，总投资2747.24万元，建设范围涵盖地震行业47家单位的网络系统，建设内容包括防火墙、网络安全全流量系统、主机安全防护、全网即时通讯、网闸、安全策略可视化、抗DDOS系统、统一网络防病毒系统等13大类，项目于2016年进行论证与任务下达，2017年完成整体建设实施。项目采用流量、主机安全防护、安全策略可视化、云+端的防DDOS平台、APT平台、综合等级信息保护平台等一系列新时代网络安全防护与应用系统，在系统与行业网络有效结合后，可形成新时代网络安全防护工作新模式，使未来行业网络安全防护工作得到全面提升。项目在全国行业骨干网和广东地震局备份链路上各部署一套统一的防火墙系统，通过防火墙系统将行业整体大网变成具备省级区域防护边界的47个小网。防火墙安全策略部署完成后，可有效控制安全事件扩散范围，将网络安全事件影响尽量控制到最小区域，降低跨网攻击事件发生概率。在部署安装网络全流量分析系统的过程中，发现勒索木马病毒告警，通过38台设备进行全网情况分析后，定位查找到30家单位的560余台计算机系统感染勒索木马病毒，并可对受感染的计算机病毒清除工作进行跟踪分析。项目在47个单位完成行业网即时通信系统部署，各节点在实现单位内部高效工作信息交换的同时，可通过部署在台网中心的行业消息控制中心实现单位间的即时信息交换。出差用户可通过手机VPN方式接入行业网进行远程信息交换，解决行业依赖公共即时通信工具带来的安全风险隐患，提升行业即时交换信息的安全性。

（李　刚）

【完成震情保障服务工作】 天津市地震局围绕党的十九大、第十三届全运会、“一带一路”高峰论坛等重要会议活动，联合10余家有关单位，开展地震业务技术系统运行维护、地震速报与信息服务、震情跟踪研判、信息上报与异常核实、地震应急准备与处置、舆情监控与网络安全保护和值班值守等工作。共召开专题震情会商会38次，完成35个场馆的地震应急安全检查，编制震情通报、异常零报告、舆情监视报告等各类报告449份，安排应急值班值守12类981人次，圆满完成震情保障服务工作。（陈光磊）

【完成和平区建构筑物抗震性能调查】 2017年天津市地震局在天津市和平区房屋抗震性能基础数据建设工作的基础上，调查完成和平区全区5793栋房屋的抗震性能，给出和平区建筑物的地震易损性指数和单栋房屋的抗震性能评价，编制和平区建构筑物抗震能力分布图，为和平区地震灾害隐患消减和风险评估夯实基础。该次调查，对开展城市建（构）筑物抗震性能调查的关键点与技术难点进行探索，提供城市（构）筑物抗震性能评估的技术思路与工作方法，为城市（构）筑物地震风险评价的开展奠定基础。

（郭　靖）

【天津简易烈度计地震预警试验区建设】　中国地震局2015年度地震预警示范区建设任务分项首都圈简易烈度计地震预警示范区建设项目子项，由天津市地震局完成，2017年11月通过天津市地震局自验收。建设期间，天津市地震局共完成80个烈度计台站、6个预警信息终端和1个数据汇集系统与信息发布平台的建设任务，台站观测系统采用MEMS传感器，壁挂式安装，4G无线通讯，地震监测预报中心部署广东JOPENS软件系统。80个简易烈度仪观测点与天津市行政区内具备实时传输能力的测震台站和强震动台站共同组建天津地震预警观测网络，平均台站间距约为10千米，软硬件技术指标符合相关要求，设备安装规范。信息发布平台能够实现接收和向预警信息接收终端发布预警信息，在5所示范学校和1个石化企业安装预警信息接收终端，开展预警信息发布试验。

（卞真付）

【天津地区典型农居抗震能力分析与防震减灾对策研究】　中国地震局地震科技星火计划青年项目，由天津市地震局完成，2017年通过中国地震局组织的验收，获得优秀。项目对全国典型地震农居震害和易损性进行分析，给出农居破坏等级的划分标准和地震易损性指数的定义，以天津地区有代表性的3个区农居结构为研究对象，提出农居抗震性能三级调查方法，对天津农居抗震性能开展调查与分析工作，对天津农居中主要的材料、构件进行力学试验，给出材料、构件的力学性能和墙片破坏等级的双参数划分方法和标准，在农居抗震性能调查和试验的基础上，对天津农居的地震易损性进行分析，并和全国农居震害中给出的易损性指数进行对比分析，对天津农居中典型的砖木结构农居进行弹塑性有限元模拟分析，对天津农居抗震能力分布进行研究，给出抗震能力分布和震害分布指数的定义，通过人口、破坏比和结构类型及比例因素分析天津农居抗震能力分布的特征，给出天津地区农居防震减灾对策。项目成果在哈尔滨理工大学和天津市3个区级地震办公室应用。发表EI期刊文章2篇，核心期刊文章4篇。

（姚新强）

【南北带中强地震序列叠加遗漏地震事件分离检测方法研究】　中国地震局2015~2016年度地震科技星火计划青年项目，由天津市地震局完成，2017年通过中国地震局组织的验收，获得优秀。测震台网在中强地震发生后，常规分析方法应用过程中遗漏地震事件较多、地震序列目录完整性较差。该项目基于模板匹配滤波和单台高频分析2种方法，设计稀疏台网余震序列遗漏地震检测和波形互相关震相检测的新算法，编写遗漏地震检测及震中震级估计软件代码，完成界面化软件包的程序编写和测试，并对国内南北地震带内发生的5次6级以上显著地震的余震序列进行分析，给出其余震序列较为完整的地震目录和震相报告。通过该项目研究，发现目录遗漏地震检测对精确测定余震序列衰减速率p值、c值有重要作用，早期余震缺失可能使得余震序列的衰减速率出现低估。项目取得软件著作权1项，在全国14个省、自治区、直辖市地震局和直属单位推广应用。项目研究成果发表SCI收录论文2篇，为震后趋势判定、前震序列识别和震群机理分析等工作提供更加完整的数据支持和技术支撑。

（谭毅培）

【新疆精河6.6级地震震害调查和灾害评估】　2017年8月9日7时27分，新疆博尔塔拉州精河县（北纬44.27度，东经82.89度）发生6.6级地震，震源深度11千米。天津市地震局派出地震现场应急工作队协助新疆维吾尔自治区地震局进行灾害现场调查、烈度评定等工作。现场队于8月10～12日对新疆建设兵团第五师82团所有连队、博乐火车站到阿拉山口站沿线等现场14个调查点开展灾害调查和烈度评定，对82团4个单独建构筑物开展震害调查，对1个极震区自然村进行震害考察，共计完成19个点的调查工作，总行程1000多千米，圆满完成全部工作任务。

（邱　虎　朱　宏）

广播电视

【梅地亚大剧院启用】 天津梅地亚大剧院于2012年11月18日动工，2017年12月建设完工。剧场主舞台区域设置4台3米×18米的双层升降台，与左右8台侧车台组合使用，使大型布景在演出中多次快速迁换，以增加表演效果；在1号双层升降台中心位置设置1台直径1.8米的旋转升降台，上升高度至1.8米。还配备国内剧场少有的1块（5米×5米）万向车台，用于特殊艺术效果展示。剧场观众厅设置9块国内首次采用的观众厅升降台，主舞台上部的电动吊杆共43道，主舞台上配置8道灯光吊杆、10套灯光吊笼和12台活动单点吊机。在观众厅上方设置10台单点吊机和12台链式吊机，音视频系统主要采用世界一流的线阵列扬声器和数字调音台。剧场灯光系统配备电脑摇头切割灯、三合一电脑灯、LED染色灯及成像灯等各类灯具共计700余台，并且配备2台大型电脑灯控台及2台大型调光台。

（天津广播电视台电视制作部）

【天津数字广播大厦声学装饰装修工程】 2014年1月至2017年年底，天津广播电视台广播录制部组织完成数字广播大厦内声学房间的装修，包括16套直播室和导播室，10套标准语言录音室和控制室，18套简易语言录音室，200平方米、400平方米录音棚及录音控制室各1套，1000平方米和200平方米多媒体演播厅，一个5.1环绕声标准审听室和一个立体声审听审看室。200平方米和400平方米录音棚以及1000平方米演播厅的录音控制室都具备5.1环绕声节目录音制作能力。

（天津广播电视台广播录制部）

【松耦合apple制作网方案】 2017年，天津广播电视台电视制作部搭建完成新苹果制作网。新网以松耦合方式完成复杂节目制作，通过紧耦合网实现网络送播流程。系统建成后具有360TB网络化物理存储容量，并具备6个32TB单机盘阵，可稳定提供单机1GB/s磁盘带宽，整个网络恒定提供不低于2.4GB/s总网络存储带宽，并且匹配19台非编工作站及1台音频工作站，实现网络化非编制作能力，该系统具有单独的文件和账户管理能力（账户至少可管理40用户）及客户端带宽管理能力。新网建成后实现带宽可管理的分层使用及多种制作软件可共存并充分可用的设计理念。

（天津广播电视台电视制作部）

【新闻部高清新闻网改造】 2017年1～12月，天津广播电视台电视网络部通过建设以纯以太网单网、IP集群存储的虚拟化平台，构建天津广播电视台私有云、平台+工具的新型架构，便于新闻制作能力的平滑扩展。使用“万兆核心、万兆核心编辑、千兆桌面编辑”连接方式，充分保证业务各流程间快速、高效、安全的传输要求。系统具备节目编辑制作、文稿、串联单编辑制作、演播室播出、网络送播、归档媒资等功能。作为新闻网网络，以安全稳定作为设计规划的首要原则，包括数据安全、网络安全、节目质量安全等。该新闻网已经建成投入使用，新闻部各栏目陆续迁入新网制作播出。

（天津广播电视台电视网络部）

【利用智能化终端管理创新协同工作模式】 2016年3月至2017年11月，天津广播电视台广播网络部通过搭建vCenter（虚中心）虚拟化管理平台，在4台物理服务器上创建30台虚拟机系统（覆盖Windows活动目录、DNS、DHCP、FTP、打印服务器、微信企业号等）统筹管理物理机资源，细化资源分配。利用高效智能化的网络WDS（视窗部署）服务与MDT（微软部署工具包）工具实现办公终端操作系统以及业务软件、运行环境的自动化安装，利用活动目录、组策略等管理功能灵活下发终端配置，提供便捷的远程服务功能。通过活动目录完成各种应用安装及服务配置，大规模下发约5000余台次的自动部署安装。

（天津广播电视台广播网络部）

【4G新闻直播车系统集成】 2017年，天津广播电视台电视转播部针对新闻节目的需求，进一步优化设计4G新闻直播车，在SUV车体内集成5台大小不一摄像机，采用公网4G信号回传直播，并

于2017年2月顺利完成2辆4G新闻直播车的建造，自行完成系统设计、集成、调试工作。该4G新闻直播车小巧、反应速度快，可完成7×24不间断移动、定点直播。截至2017年10月底，完成2017年新闻类4G直播200余场次、全运会16站火炬传递的直播工作。

（天津广播电视台电视转播部）

【文艺录音棚节目制作系统】 2017年7月，天津广播电视台广播录制部组织完成数字广播大厦400平方米和200平方米文艺录音棚节目制作系统。录音控制室配置5.1环绕声监听系统、立体声近场监听系统，具备立体声音频和5.1环绕声音频制作能力。系统选用网络化调音台，2个录音棚系统既可以分别进行文艺类和语言类节目的录制工作，系统音频工作站选用ProTools工作站，是一款国内录音棚通用的专业级工作站，拥有对各类音频素材强大的编辑制作能力，同时支持各类第三方插件。

（天津广播电视台广播录制部）

【应用4G传输方式完成智能大会智能驾驶赛转播】 2017年6月29日，首届智能大会在天津举行。天津广播电视台技术管理部组织在智能驾驶赛现场创新搭建4G传输系统，实现无人驾驶汽车、记者连线等信号的实时回传，较传统的微波传送方式，4G传输信号稳定且不受地域环境的影响，直接传回转播车参与直播，使整体电视转播呈现出精彩的效果。电视传输部在转播过程中通过协调运营商，保障4G传输的带宽，有效降低4G传输延时，提高图像质量，赛时对无人驾驶汽车的4G传送信号进行跟踪与保障。

（天津广播电视台技术管理部　传输部）

【演播剧场扩声系统及流动系统改造】 2016年7月至2017年6月，天津广播电视台广播录制部组织完成数字广播大厦1000平方米多功能演播剧场扩声系统及流动系统改造。整个系统全部采用数字音频设备，调音台核心处理引擎采用FPGA（Field Programmable Gate Array，现场可编程逻辑门阵列）模块化芯片，音频处理、效果处理、数据处理分别为离散式处理模式，提高调音台稳定性。功放具备模拟输入和数字输入，两类音频信号互备，提高系统安全性。功放与功放之间采用网线连接，形成功放组群网络，实现软件远程控制与监控，提高工作效率。

（天津广播电视台广播录制部）

【多媒体演播室系统建设】 2017年1～7月，天津广播电视台广播录制部组织完成数字广播大厦多媒体演播室系统建设，包括200平方米和1000平方米演播厅。该系统应用于在制作传统广播节目的同时录制新媒体视音频。具备新闻、访谈、小型综艺等节目类型的录制功能。该系统由6讯道高清摄像机、2张互为备份的切换台和1套周边板卡组成。在演播室级联方面，200平方米演播室可与1000平方米导控室之间进行备份连接使用，6个讯道的SONY E85摄像机利用光缆实现视频、音频、通话和切换显示灯等信号互通。在2个导控室内导播均可利用通话系统互相通讯，对摄像机进行指挥，可在演播室电视墙监视另一演播室的信号源，把一个演播室作为另外一个演播室的附属景区。该系统为数字高清标准，能与网络直播、后期制作等无缝结合。多媒体演播室与8层总控机房布有光纤路由，能够把音视频信号连入总控矩阵，在传统广播节目直播的同时录制多媒体音视频节目。（天津广播电视台广播录制部）

【基于IP架构的多业务传输平台】 2017年8月，天津广播电视台传输部以第十三届全运会为契机搭建基于IP架构的多业务传输平台，开始传输系统全方位的IP应用。该平台是一套全IP音视频传输系统，配置多种信号接口，同时具备强大的路由交换能力，为天津广播电视台对全运会、中共十九大等重大转播工作提供强大的技术基础。该平台实现广电SDI信号在全IP广域网络上的传输，借助运营商OTN网络，可以实现信号传输的全国覆盖。

（天津广播电视台传输部）

【全运会转播车建造】 天津广播电视台电视转播部于2016年初启动建造新高清电视转播车项目，同年9月完成调研、方案论证，于2017年5月底完成建造任务，交付使用。该系统分别安装在2个车载平台中，既能完全集联成一大型高清电视节目制作系统，又能分成2个可独立完成节目制作的车载子系统。该系统由电视转播部技术人员根据天津广播电视台节目制作特点承担音视频系统设计，将工业化、标准化、模块化的思维带到设计中，使新的转播车系统既能为独立制作节目使用，又能对原有高清车系统进行提升。该系统在全运会电视直播中完成火种采集、火炬传递、轮滑冰球、篮球、乒乓球、羽毛球等6大项、20多天的直播公传信号制作。

（天津广播电视台电视转播部）

【完成标准语言录音室系统项目】 该项目包括10套标准语言录音室系统，位于天津广播电视台数字广播大厦4层。截至2017年4月，天津广播电视台广播录制部组织完成系统中核心硬件调音台以及周边硬件设备的安装工作。2017年6月，所有设备之间的线缆连接完毕并全部试通，音频系统指标测试满足国家Ⅰ级标准。2017年7月，完成标准语言录音室系统项目验收。

（天津广播电视台广播录制部）

【世界智能驾驶车挑战赛转播】 2017年，天津广播电视台电视转播部完成“世界智能驾驶车挑战赛”直播，共派出高清车1辆、高卫车1辆和4G车2辆。该项直播共包含各路信号21路，其中演播室5路，记者连线2路，无人飞机1路，远端高点5路，无人车及裁判车4G信号5路，无线摄像机3路，是国内外首次对“智能驾驶车挑战赛”进行全程电视直播。转播技术团队规划转播流程、方案，解决技术难题，在现场搭建转播系统，根据统计现场铺设各类缆线近5千米，各类无线设备50余台，车内增加设备近20台。

（天津广播电视台电视转播部）

【中波发射机自控系统软件开发】 2017年6月8日，由天津电视台网络信息部承担的天津广播电视台传输发射部塘沽机房中波发射机自控系统在线试运行。项目完成历经11个阶段，期间技术会商6次，全系统调试10次，压力测试50次，软件版本修订5版，技术攻关突破等。通过设置合理全面的采样点，实时记录机房内设备的运行状态，结合工作人员的统计分析，预测潜在故障隐患，避免设备损坏停播事故的发生。在线运行期间，自动开关机准时可靠，应急处理迅速准确，系统整体运行稳定，功能达到设计要求。

（天津广播电视台网络信息部）

【智能4K机顶盒】 2017年，天津广播电视网络有限公司推出智能4K机顶盒。该智能机顶盒具有高度融合性，继承原有直播互动基本业务和增值业务，直接运行基于智能操作系统的应用程序。智能机顶盒拥有优良的运算速度和存储配置，搭建智能操作系统，与普通电视机相配合可以实现智能电视的功能，用户可自行安装和卸载适合广电运营商的电视应用软件，并可持续对应用进行扩充和升级。智能机顶盒支持4K（3840×2160）分辨率的超高清视频解码和超高清视频输出功能，在内容上也更为丰富，集成腾讯视频等优质视频资源。（天津广播电视网络有限公司）

【基于工业化流程的采编综合业务系统】 该系统是天津广播电视台在媒体融合背景下搭建的广播节目制作业务支撑系统。2015年3月至2017年9月，天津广播电视台广播网络部针对编播一线的新闻采编和音频制作功能，通过调研国内外先进的广播生产流程，研发完成“以企业云为依托，以资源为中心，多业务系统互联互通”的广播综合业务系统，运用云搜索、自动化部署、企业总线布局等多种技术途径，结合企业微信服务，打破传统编播的业务瓶颈，实现从采访、写稿、制作音频、审核、推送播出网、直播互动、播后收录的广播业务流程全覆盖。

（天津广播电视台广播网络部）

【完成电视播出部分控系统高清化改造】 2017年1月～12月，天津广播电视台电视播出部完成公共、科教、文艺、新闻4个频道的高清化改造，4个频道高、标清同播。天津广播电视台实现卫视频道和地面频道共9个频道全高清化播出。新建4个分控系统采用矩阵加键控器播出方式，系统结构得到优化。

（天津广播电视台电视播出部）

【完成电视播出部字幕播出系统高清化改造】 2017年1~7月，天津广播电视台电视播出部完成字幕播出系统高清化改造。原32位系统改为64位系统，提高系统兼容性；软件功能提升，提高字幕播出系统的安全性能，原系统隐患被排除。配合天津广播电视台实现电视全高清化播出任务。

（天津广播电视台电视播出部）

【新闻频道无缝化过渡高清化改造】 2017年9月，天津广播电视台电视网络部以台内新闻部新闻网云平台为基础，通过扩展系统规模和性能，建设具有高清视音频制作、演播室直播的全数字化网络系统，提供优化的新闻业务流程管理模式，建设支撑新闻部和新闻频道制播业务的统一内容生产、管理云平台，实现统一资源调配、具有系统规模伸缩、流程灵活可控的能力，进一步提高新闻节目采、编、播效率，为新闻业务拓展提供支撑。该建设项目内容包括核心服务资源、计算资源和存储资源扩充，更新新闻频道非编站点，建设7层、8层演播室播出系统。

（天津广播电视台电视网络部）

【完成电视播出部备播系统高清化改造】 2017年1~6月，天津广播电视台电视播出部完成备播系统高清化改造。网络架构采用NAS架构，单条任务迁移速率达到90MB/S；存储空间432TB，存储带宽达到2500MB；技审采用集群方式，极大提高技审效率；新增文件导入方式（介质导入），提高上载效率；新建备播系统实时监控，保证系统正常运行；采用基于备播系统的、与播出系统硬件、软件完全异构的第三备播出系统，提高播出系统的安全性；替换原有进口服务器的跟随播播出模式。 （天津广播电视台电视播出部）

【完成电视播出部总控系统高清化升级改造】 2017年1~6月，天津广播电视台电视播出部完成总控系统高清化改造。二级存储新增2个存储节点，有效提高存储容量和数据传输带宽。完善博汇监测系统，对于节目的安全播出提供保证。补充部分迁移服务器和技审服务器，保证总控系统运行更加稳定可靠。对时钟系统进行更新，补充完善报警系统，提高播出周边系统的可靠性，进一步提升“十九大”安全播出保障能力。

（天津广播电视台电视播出部）

【第十三届全运会IBC公共素材文件交换平台项目规划建设】 2017年1~8月，天津广播电视台电视网络部完成IBC中心公共素材云交换平台建设，系统采用“私有云+公有云”的混合云方式，在IBC现场搭建私有云支撑系统，用于完成赛事综合采编平台收录素材转码工作。由赛事综合采编平台中的收录服务器完成对IBC全运会现场信号的收录，并与该平台的私有云支撑系统对接，由媒体处理集群完成对素材的统一转码工作，将转码后的文件上传至公有云文件交换平台，进而实现全运会IBC现场收录素材共享，对资源实施有序管理，通过互联网服务于用户，以便合作机构在任何时间、任何地点通过浏览器即可对文件进行检索、浏览、下载和分享。实现将现场赛事信号通过公有云直播服务，为专业机构提供视频直播流服务。全运会期间素材共享量共计9920条，共享素材总时长1600小时；共享素材下载量共计150条，总时长24小时；云盘空间总共10T，赛事期间总共使用6.7T，占总空间的67%。

（天津广播电视台电视网络部）

【全运会IBC主转播机构演播室建设与应用】 2017年5~6月，天津广播电视台电视制作部与体育频道共同组织搭建全运会IBC主转播机构演播室，该演播室音视频系统是具有完善应急功能的4讯道直播演播室系统。该系统设计的PGM输出有4路信号，其中主备2路信号为经过延时器延时后传送至播出中心播出，2路为主备延时前信号传送到梅江数字大厦体育频道12楼演播室或异地（现场）任何可以接收信号的点位，同时体育频道12楼演播室的延时前信号或异地（现场）任何点位信号也可以传送至IBC演播室，2个演播室或异地（现场）连线互动直播。该系统使用的LED大屏幕，屏体采用点距为1.9毫米，面积7.5平方米，分辨率达到1920×1080。配置3套控制系统，以满足直播需要，双路在线，即控制信号双路在线、供电系统双路在线。该系统所组建的灯光系统，采用电视演播室先进的第4代LED光源灯具，节能、环保、无污染，延年、高效、高显指。该系统使用42台100瓦/LED平板灯具，12台100瓦/LED聚光灯具，在供电系统上采用工艺电与UPS并举的供电方式，以满足电视直播需要。

（天津广播电视台电视制作部）

【第十三届全运会IBC赛事综合采编平台规划建设】 2017年1～8月，天津广播电视台电视网络部设计搭建第十三届全运会IBC赛事综合采编平台，该平台实现全运会各项赛事信号收录、赛事场记信息记录、赛事节目网络化编辑制作以及所有节目的集中媒资归档保存，并提供查询检索下载等功能，满足国际广播电视中心对该届全运会赛事资料的资源共享、数字化采集、网络协同编辑制作及文件化资料交互的需求。该系统主要技术特点包括：①完善的工具集支持；②第三方内容生产工具免开发接入；③4K体育赛事制作；④多渠道汇聚、融合媒体内容生产、多渠道分发/发布；⑤统一媒体资源管理。IBC赛事综合采编平台8月10日正式启用，至9月8日开幕式结束，收录有回传信号的全部体育赛事节目，总计收录高清格式素材3889小时，场记1412小时。

（天津广播电视台电视网络部）

【第十三届全运会IBC现场制播系统项目规划建设】 2017年1～8月，天津广播电视台电视网络部完成第十三届全运会IBC现场制播系统项目建设，实现外场和台内体育网互联互通和无缝兼容。该系统是具有视音频制作、演播室直播的全数字化网络系统，同时提供优化的工作流程管理模式。该系统采用以太网络为基础网络架构，“万兆核心、千兆桌面”接入方式。在编辑制作方面采用网络化、数据化工作模式。遵循高清新闻制播所要求的统一接口标准与规范，保证IBC中心现场新闻制播业务系统与台内体育制播网互联互通。全运会期间，IBC现场制播系统共收录素材257条，计900小时；制作包括新闻类节目及非新闻类节目38小时；演播室每天播出包含3个时段的“精彩全运汇”节目，总计13.3小时；全运会期间素材归档媒资总计430小时。

（天津广播电视台电视网络部）

【组织完成第十三届全运会IBC基础建设】 2015年7月至2017年8月，天津广播电视台技术管理部协调各相关单位与部门，组织完成第十三届全运会IBC主楼及持权转播机构演播区的基础建设工作。在IBC基础建设中，首次采用主播机构技术区、服务区与持权转播机构演播区物理区域分离的方案，将主播机构技术区、服务区规划在IBC主楼内，利用IBC主楼旁4个训练馆的物理资源，进行内部区域分割，改造为持权转播机构演播区，满足各持权转播机构进行宣传报道和赛事转播的要求。（天津广播电视台技术管理部）

【全运会IBC信号调度中心建设和运营】 第十三届全运会IBC信号调度中心（简称CDT）建设工程施工自2017年5月开始，7月底完成整体施工，8月初完成整体测试并投入使用。天津广播电视台传输部承担全运会IBC信号调度中心建设和运营管理工作，经过历时4年的深入调研、反复讨论、精心设计，完成该次国家级重点体育赛事的广播、电视传输方案；完成IBC信号调度中心建设并投入使用。该中心为全国20家广播电视台提供7000多小时、共200多路高质量的直播信号以及通信、时钟等其他信号，实现天津全运会的全国播出覆盖，为宣传全运会做好技术保障。

（天津广播电视台传输部）

【全运会IBC节目质量控制中心建设和运营】 全运会IBC节目质量控制中心（简称PQC）建设工程施工自2017年5月开始，7月底完成施工，8月初完成功能测试并投入使用。天津广播电视台传输部承担全运会IBC节目质量控制中心PQC的建设和运营维护工作，实现对全运会36个电视直播场馆、6个风景摄像机共200多路直播信号的质量监测和控制。通过节目质量控制中心PQC高效的运营管理，为全国各大媒体机构提供全程式、标准式体育赛事转播服务，保证全运会高质量、高水平的广播电视制作和转播水平。

（天津广播电视台传输部）

【实现IBC新闻素材资源共享】 为全方位呈现第十三届全运会的精彩赛事，满足新闻记者对IBC公共素材和IBC现场自制新闻素材的使用需求，便捷高效地实现IBC新闻素材共享，充分利用天津广播电视台台内网络设备资源，协调华栖云的免费云空间，电视网络部搭建新闻共享和业务网共享FTP（File Transfer Protocol文件传输协议）。2017年5~8月完成项目建设并投入使用。赛事期间，新闻频道下载素材627条，104.5小时；新闻部下载素材294条，49小时。赛事结束后，该系统仍可以服务于各部门频道，实现素材资源共享。

（天津广播电视台电视网络部）

【建设与运营全运会国际广播电视中心IBC】 天津广播电视台从2015~2017年历时3年建设第十三届全运会国际广播电视中心（简称IBC）技术运行与服务平台，搭建基础建设平台、信号调度中心、赛事综合采编平台、IBC演播室等子系统，编制《十三运IBC技术运行手册》，赛时为各持权转播机构提供专业技术服务。天津广播电视台技术管理部技术骨干全面投入，做好该项工作。筹备期间，转播规模的确定、转播计划的制定、技术方案的制定、预算的拟定等，与组委会相关部门协调沟通推进工作开展，并首次在全运会IBC建设中应用云平台、4K超高清、全景声音频、全IP传输与调度等技术，系统运行稳定可靠，达到国内领先水平。赛时，为各持权转播机构提供优质服务，受到各方好评，显著提升全运会宣传报道的影响力，具有较高的经济效益和社会效益，对国内大型综合性赛事IBC建设具有一定的示范和借鉴意义。

（天津广播电视台技术管理部）

科技创新创业

概　况

【科技创新体系建设概况】　2017年，天津市新认定市级孵化器4家、市级工程中心29家，新批准组建22家工程技术中心。全市共有科技企业孵化器75家（其中国家级39家），工程中心253家（其中国家级12家），生产力促进中心70家（其中国家级6家）。科技部公布的国家级孵化器2016年度考核评价结果中，天津市39个国家级孵化器5个被评为A类，C类以上孵化器数量超过80%。2017年，天津市国家级孵化器在孵企业2800余家，在孵企业总收入65亿元，在孵企业从业人员达48000余人，孵化器全年组织开展教育培训活动超过1000场次。立项支持考核优秀的13家工程技术中心搭建公共技术服务平台。国家锂离子动力电池工程技术中心顺利通过科技部验收。研究制定天津市工程技术中心评估工作实施方案，并组织开展第一批工程技术中心评估工作。开展市级工程技术中心年报统计和学访活动，为各中心搭建沟通交流的桥梁。天津市生产力促进中心通过整合社会科技资源，为企业特别是科技型中小企业提供科技信息、技术咨询、知识产权、科技金融和人才培训等服务，在服务区域经济、服务科技型企业中发挥重要作用。以市级生产力促进中心为骨干，依托高企认定与专利、检验检测、技术转移、股改上市与融资、品牌设计和策划5支科技服务队，立足企业需求，坚持分类指导，进企业、入园区，开展各类科技对接活动，有力助推科技型企业发展。　（吴　星）

【发展众创空间简况】　2017年，众创空间建设取得新成效。优化众创空间顶层设计，实施众创空间备案管理。制定出台天津市众创空间备案管理与绩效评估办法，强化服务绩效，促进其质量提升。新备案天津市众创空间17个，全市已备案众创空间数量达到154个。新备案国家众创空间8个，全市已备案国家众创空间数量达到81个；全市已备案国家专业化众创空间4个。对备案满一年的50余个众创空间实施绩效评估，参评单位评估结果全部在合格等次以上，其中评估优秀达到26%，良好达到37%。截至2017年年底，全市众创空间共聚集创业团队5600余个，孵化创业企业3500余家，众创空间内的创业企业等研发转化技术成果超过2000个，申请和批准知识产权近2600余件。创新创业大赛取得新进展。作为中国创新创业大赛地方赛之一，天津市大赛连续成功举办五届，参赛项目规模、水平位居全国前列。2017年天津市大赛参赛项目近1000项，继续保持良好发展势头。大赛聚集创投机构、银行等一批优质创新资源为参赛企业提供全方位全过程服务，大赛期间举办各类公益讲堂、投资路演、创业论坛等各类公益活动数十场次，累计服务创业者超过2000人次。对大赛获奖企业，按奖项给予财政奖励并推荐参加中国创新创业大赛决赛。2017年7月，在国务院第四次大督察“双创”专项实地督察中，天津市落实国家“双创”政策情况受到督察组高度认可和好评。天津市企业科技特派员等2项典型经验得到国办通报表扬。

（吴　星）

【科技与金融结合简况】　2017年，天津市科委科技金融工作坚持围绕中心、服务大局，以服务企业为主线，以注重财政资金引导和市场化运作相结合，发挥政府资金的杠杆放大和催化作用，助推科技型企业加快发展。①完善和规范科技金融各项支持政策。制定并颁布《市科委市财政局关于〈科技型企业股份制改造补贴资金管理办法〉的补充通知》和《市科委关于印发天津市科技金融服务平台评价指标体系的通知》。②创新和丰富各类科技金融产品与服务。2017年，完成批复引导基金参股2支天使、8支创投和2支并购子基金的参股工作，规模达到24.8亿元；引导基金共向8支天使、16支创投和2支并购子基金参股，规模达到50.42亿元；17支子基金完成设立，引导基金出资2.56亿元，投资41个项目，投资额6.96亿元。联合市财政局下发《市科委市财政局关于的补充通知》，推动199家科技型企业完成股份制改造、111家科技型企业完成上市挂牌。2017年，天使引导基金批复直投13家企业，直投资金1900万元，帮助17家创新创业大赛获奖企业解决无抵押无担保的信用贷款1018万元，共受理35家众创空间种子引导基金申请材料，参股25家种子引导基金，共收到全市8家担保机构的注资申请。③做大支撑服务体系，搞好对接服务。推动新设6家区级和6家专业化科技金融对接服务平台，平台总数达到31家，全年开展服务活动380场次，对接融资10.71亿元。2017年7月13日，天津市科委、市金融局、天津银监局、滨海高新区联合召开天津国家自主创新示范区1区21园投贷联动工作推动会，筛选出156家优质融资企业推荐给北京银行、天津银行、中国银行等银行金融机构，支持中国银行、北京银行建设科技金融对接服务平台。举办14期科技金融大讲堂，参加人数800多人次，28家科技企业进行路演，意向融资3.91亿元。举办第十届中国企业国际融资洽谈会——科技国际融资洽谈会，举办第十一届融洽会科技板块的活动，引导基金论坛、融资项目路演对接、创新企业展览展示、科技金融开放服务日等一系列活动。

（单迎春）

【科技条件平台建设简况】 2017年，天津市科委加强科技基础条件建设，在科技文献、大型仪器管理、实验动物管理、创新方法推动等4个方面开展工作，并取得进展。文献工作聚焦科技型企业个性化信息需求，实现文献工作服务模式的新突破。精准定位企业核心诉求，为一家领军型企业搭建知识服务平台；科技文献共享服务平台申请3项软件著作权；完成新疆文献平台搭建，实现平台建设的跨地域拓展；文献服务工作以用户多样化需求为核心，建立起文献检索、专题服务、平台建设三级服务体系。科技文献共享服务平台访问量300多万人次，注册用户15600个，用户总量比去年增长400多个。全年开展一对一上门培训、调研、推广活动19次。贯彻落实科技部《国家重大科研基础设施和大型仪器开放共享管理办法》，加强管理部门在大型仪器开放共享中的职责、评价考核和奖惩，制定《共享平台管理单位评估考核奖励管理实施细则（征求意见稿）》，推进大型科学仪器的综合使用水平和深度服务能力。进行“天津市大型科学仪器开放共享平台”网络平台改版升级，实现与国家网络管理平台互联对接。加强科技供给，80家资源服务单位、803台（套）大型仪器面向社会和科技型企业开放共享，全年服务企业1431家，共享机时达26万小时，为企业和院校累计培养专业技术人员800余名；“科服网”注册服务机构达百余家。截至2017年年底，全市在有效期实验动物许可证42个，其中生产许可证6个，使用许可证36个，实验动物设施建筑面积累计达到5.5万平方米。完成2017年实验动物从业人员专业技术培训、考核和5年教育培训、考核工作，全市经考核合格取得实验动物从业人员岗位证书人数累计1350余人。“天津市创新方法推广应用与示范”项目，获2017年科技部创新方法工作专项经费240万元；新建15个创新方法推广应用服务工作站。分别组织技术和管理创新方法专家深入企业开展诊断和咨询服务40余次。举办“津冀企业协同创新方法应用及能力提升高级研修班”，培训技术创新方法和管理创新方法高级应用人才70余人。面向新型企业家举办系列创新方法专题讲座。面向一线创新工程师分别举办技术和管理创新方法专题培训班。组织举办第三届天津市大学生创新方法应用大赛，承办2017年中国科协全国企业创新方法大赛天津分赛，成为全国首个举行分赛的地区。协办中国科协第二届全国企业创新方法大赛。天津市创新方法推广应用服务中心获得中国科协第二届全国企业创新方法大赛突出贡献奖。协办OIPEC技术创新方法国际研讨会企业家分论坛。

（丁彦文）

【培育科技型中小企业简况】 2017年，市科委把培育科技型企业作为统筹推进创新驱动发展战略、科技服务经济建设主战场，为全市深化供给侧结构性改革，加快转方式、调结构提供强大支撑。2017年确定新增科技型企业8000家，规模超亿元科技型企业300家的年度目标任务。①科技型企业成为引领高质量发展新动能。全市科技型企业、规模超亿元科技型企业和国家高新技术企业总数超过9.69万家、4200家和4093家，其中70%的科技型企业、85%的科技“小巨人”企业集中在生物医药、高端制造等战略性新兴领域。科技型企业已经成为全市推进“三大变革”、推动高质量发展的生力军。截至2017年年底，规模超亿元科技型企业工业总产值占规上工业比重达到54%，高新技术产业产值占规上工业总产值比重超过三分之一。②科技型企业创新主体地位和主导作用显著增强。全市研发人员和研发经费投入77%以上来自企业，企业为主体建设的重点实验室、工程中心等平台占比达到近70%。以培育科技领军企业为重点实施169项重大创新项目，认定和支持“杀手锏”和市级重点新产品超过1000项，其中张伯礼院士主持的“中成药二次开发和新技术体系创新及产业化”项目获国家科技进步一等奖，32个二次开发的中成药品种年销售额超50亿元。支持科技领军企业牵头高校、院所以及上下游企业，组建50家产学研用创新联盟，形成产学研用合作长效化、组织化、网络化模式，在引领技术创新、带动产业集群发展等方面发挥重要作用。③推动科技企业升级为高新技术企业。建立高新技术企业培育备选库，选择一批具有成长性的科技型企业，在技术创新、专利创造、研发人员聚集等方面给予政策倾斜。2017年，认定市级高企1188家，国家高企有效总量超过4000家。④推动科技型企业“走出去”。组织科技型企业参加天津－法兰克福科技企业跨境合作与投资贸易洽谈会，举办“2017‘智汇天津’国际科技创新合作暨技术转移对接洽谈会”“2017‘华博会’科技创新项目对接洽谈会暨高科技项目路演活动”，与14个国家20余个创新机构发起成立“一带一路”科技合作创新联盟。截至2017年年底，市级国际科技合作基地总数达到147家，“一带一路”研发推广中心达到49个。⑤实施新型企业家培养工程。2017年，深入实施天津市“新型企业家培养工程”，新增153位“新型企业家培养工程”入选人才，累计达737人。通过举办企业家大讲堂活动、开展专题培训及新型企业家科技政策宣讲会、开办企业家高级研修班等各类活动，培训企业家近1400人次。⑥优化服务，降低企业成长成本。加强高企认定培训，累计召开培训会30余场，培训人员4500余人。发放2016年度首次认定的高企奖励资金16245万元，涉及1007家企业。落实创新创业大赛奖励，为141家获奖企业兑现奖励资金1490万元。创新券服务机构达到270家、提供服务产品超过1300项，分两批向435家企业兑现创新券990多万元，带动企业研发投入上千万元。开展科技型企业周转资金项目结转，为324家落实贷款贴息贴保资金8580万元。新征集企业科技特派员650人，入驻544家企业开展科技服务。（吕景礼）

众创空间建设与服务

【天津联通参加中央企业熠星创新创意大赛】 2017年12月26日，中央企业熠星创新创意大赛总结活动在北京举办。大赛通过项目征集、项目初选、项目复选、导师辅导、项目对接等环节，从网络安全、大数据与云计算、人工智能与无人系统、物联网与新型智慧城市4个方向，共征集到76家中央企业和社会其他创新主体的1237个参赛项目。天津联通“沃信达安全箱及物联网应用平台”获创业类三等奖。该项目是首期入孵中国联通集团“沃创客”项目。（吴海燕）

【组建产学研用创新联盟】 2017年1月，天津港保税区金发科技、华大基因、瑞普生物3家企业组建的天津功能高分子材料产业技术创新联盟、天津市医学基因组学创新联盟、天津市农牧产业技术创新战略联盟，获得市科委公布的2016年度领军企业产学研用创新联盟认定。组建产学研用创新联盟是市科委为加强产学研用结合、促进产业集群发展、落实创新驱动发展战略而提出的新的工作举措，“十三五”期间将着力打造百家领军企业产学研用创新联盟。保税区借此契机继续加强对领军企业产学研用创新联盟的指导和建设，推动各创新联盟做好共同开发产业关键技术和共性技术、提供设计和检测服务、促进科技成果转化和产业化、提供人才培训、开展交流活动等几方面工作，探索产学研用结合的协同创新机制，成为具有行业影响力的创新联盟。

（高 轶）

【2017创业沙拉活动】 2017年7月6日，天津港保税区科技局、团区委、创新创业中心、创新公园天津基地在空港经济区组织开展“2017创业沙拉—天津滨海站”活动。活动要求创业者在1分钟内表达出自己的创意和想法，接受观众投票并现场组队，入围选手在48小时内完成项目参与路演比赛，实现创业从0到1的质变。该项活动吸引百余名年轻创客、高校学生及社会各界创业精英参加，为青年人搭建深入体验创业的优质平台，为区域营造浓郁的“双创”氛围。

（高 轶）

【空港橙郡社会组织服务中心成为双创周的天津项目】 橙郡社会组织服务中心是由滨海新区社会组织管理服务中心、空港顺橙众创空间联合孵化培育的枢纽型社会组织，总部位于空港融和广场欧贸中心。橙郡社会组织主要致力于为青年大学生创新创业提供有效支持的创新公共平台，激发青年大学生创新潜能和创业活力，促进创新支持创业、创业带动就业，是天津地区唯一实现聚合“互联网+高校+跨境电商+文创街区”的创新服务品牌生态系统。在2017年全国大众创业万众创新活动周，橙郡社会组织服务中心历经中国科协专家组多轮严谨筛选下，从全国2125个申报项目中脱颖而出，作为天津地区唯一代表，受邀进驻活动周上海主会场核心区参展。

（高 轶）

【两名企业家及两家众创空间入选新区“双创英雄榜”】 2017年，保税区2名企业家及2家众创空间入选滨海新区“双创英雄榜”。滨海新区“双创英雄榜”由新区科委设立。天津智通信息系统集成有限公司董事长孙云权、云瑞科技（天津）有限公司董事长梁瑞东及南开公能众创空间、北京大学创业训练营天津基地分别入选滨海新区“十大创客”及“十大众创空间”。截至2017年，保税区科技孵化器（众创空间）已达15个，其中国家级孵化器、众创空间4家，市级孵化器、众创空间3家，区级孵化器7家。

（高 轶）

【无线通信国家专业化众创空间】 无线通信国家专业化众创空间依托天津光电通信技术有限公司为主体，优化无线通信技术、设备、资本、市场等创新资源配置，聚集高端创新资源，建设无线通信尤其是专用无线信号监测系统、航管信息通信设备、对准信息等专用无线传输设备、防护通信设备、全频无线直采设备和电子信号识别、水下声波通信、毫米波通信、物联网等领域产品的设计研发、测试检测、成果转化、生产制造、创业孵化、军民融合为一体的国际化专业技术协同创新平台。以下一代通信网络、物联网、医疗电子为产业方向，通过国际合作、校企协同，充分发挥和放大天津光电产业、技术、平台、资金、空间、市场、品牌等资源，实施产业投资运营和产品协同创新，促进优秀人才聚集，优势项目落地。①聚焦无线通信领域的细分行业，完善产业协同创新平台服务体系。依托天津光电通信技术有限公司创新创业资源，为无线通信方向的创新创业提供专业化的服务，强化供应链对接、研发设计、产品推介、投融资等专业化服务能力。②大力提升无线通信相关的协同创新科研条件和配套服务。建立完善的、对外开放的科研设备、开发平台、检测设施、小试中试平台等研发条件，为创业者提供低成本的硬件设施支持。③促进无线通信技术链和产业链的整合，形成协同创新技术链和产业链的聚集效应，提升无线通信领域协同创新的产业集聚度。④与国外技术服务机构、创业孵化机构、创投资本开展合作，整合全球资源要素，构筑开放式、具有国际化视野的高端协同创新服务平台。不断吸引海外（北欧、北美、以色列等）留学生、研发团队到专业化众创空间创业，在全球范围内集聚精通技术、投资、市场等技能的高端科技服务人才。

（张天晶）

【天津融智众创空间在天交所挂牌】 2017年4月26日，天津融智众创空间与天津股权交易所形成战略合作关系，双方共同打造天交所特色行业板块，同时筛选优质企业股改到天交所A板挂牌。5月26日，在天交所第129届企业挂牌仪式上，天津融智众创空间挂牌新兴产业园区板，成功走进多层次资本市场，为跨越式发展打下坚实基础。通过对企业进行培育孵化，打造以交易所为核心、以产业基金、投资生态圈为资本导向、由众创空间进行培育孵化的深度整合平台。天津融智众创空间作为依托天钢集团、国资委华泽集团、东丽区无瑕街政府相关优势为一体的创新创业平台，致力于新材料、环保等科技领域项目孵化，累计服务创客团队55家，孵化企业19家。

（张　慈）

【推进融合发展促进军地共赢】　2017年，天津市滨海新区军民融合创新研究院（以下简称“研究院”）打造军民融合先行先试创新示范载体，首批从国防科大引进飞腾CPU、麒麟操作系统项目成功孵化，建立可替换“英特尔+微软”的“麒麟+飞腾”技术生态。飞腾CPU、麒麟操作系统联合CEC、中国软件、南大通用、清华紫光、浪潮、长城等国内优势企业组成“飞腾CPU+麒麟操作系统”的软件+硬件技术生态和产业生态。市政府机关及落地天津的大火箭（长征五号）等重大项目、企业均安装了飞腾CPU和麒麟操作系统。“U麒麟”国际创客联盟参加者突破一万人，极大地提升麒麟操作系统的创新能力和国际知名度。研究院下辖物联网事业部联合国内多地标准化研究院、行业领军企业、知名科研院所共同打造自主物联网产业联盟，积极推动行业标准制定、关键技术产品研发、跨行业应用推广、重大示范性项目落地、检测认证体系建设，自主物联网感知生态已渐成气候。研究院“军地共建、军人共管、军队成果”的“军字特色”体制机制创新，以“技术构建生态、平台孵转产业”为主线实现自主可控重大专项成果落地的新模式。国家科技部、军委科技委先后将国家“军民科技协同创新平台研讨会”“军民融合技术转移体系工程、全军技术转移中心实施方案论证研讨会”交由研究院承办。全军技术转移中心是《经济建设和国防建设融合发展“十三五”规划》的军民融合重大示范专项，是推进全军科技成果形成战斗力和生产力的重大举措，是集管理、展示、评估、孵化、服务等功能于一体的共建共享共用型平台。研究院全力协助军委科技委创建全军技术转移中心，并期望借助该中心实现研究院搭建“全军系统科技成果转化平台”的职能，成为研究院继续挺在全国科技军民融合前列的“助推器”。

（天津市滨海新区军民融合创新研究院）

【保税区创新创业工作】　2017年，天津港保税区以创新创业中心为主要载体，不断培育区域创新创业氛围，搭建创新创业载体，取得阶段性成果。先后引进北京大学创业训练营、南开大学创新创业基地和欧美同学会海归创业学院等众多知名创业服务机构，先声药业创业社区、瑞普生物智创谷、天铁六九八五、西子智造空间等企业化运作的创业服务平台相继投入运营，“一中心多平台”联动工作模式初步形成。全区共有科技孵化器（众创空间）16个，其中国家级孵化器、众创空间4家，市级孵化器、众创空间3家，区级孵化器8家，孵化载体总面积近20万平方米，累计吸引入孵企业400余家。举办三届创新创业大赛，涌现正丽科技、鲸宇科技、空弦科技等多个高科技含量项目入区孵化。

（高　轶）

【天津市众创空间名单（各区）】　2017年天津市众创空间名单（各区）

2017年天津市众创空间名单

表3

序号	众创空间名称	运营主体名称
1	津京互联创业咖啡	天津泰达科技发展集团有限公司
2	TjAb众创空间	天津国际生物医药联合研究院有限公司
3	创想空间	天津滨海新区科技金融投资集团有限公司
4	北京大学创业训练营天津基地	燕园校友(天津)投资管理有限公司

续表3

序号	众创空间名称	运营主体名称
5	民航科技创业苗圃	天津航空产业开发有限公司
6	瑞普生物智创谷	天津瑞普生物技术股份有限公司
7	顺橙众创空间	天津顺橙科技有限公司
8	六九八五众创空间	天津六九八五双创科技有限公司
9	创意魔法空间	天津科创科技企业孵化器有限公司
10	凯立达创投咖啡	天津凯立达众创空间孵化器有限公司
11	榴莲咖啡众创空间	榴莲咖啡众创空间(天津)有限公司
12	德人环境共创空间	天津众科广联环境科技有限公司
13	天津创元众创发展中心	天津南开创元信息技术有限公司
14	灵动众创空间	天津共识网络科技有限公司
15	天大求实众创空间	天津天大求实电力新技术股份有限公司
16	医疗器械及再生医用生物材料专业化众创空间	生物云(天津)众创空间有限公司
17	顶层众创空间	天津南开允公科技园有限公司
18	直播间studio众创空间	中广新型媒体研究院有限公司
19	高分众创空间	天津中科旭升众创空间有限公司
20	扑克众创空间	天津普盈科技有限公司
21	易·空间众创空间	易创高科集团有限公司
22	Think Big创意空间	天津生态城产业园运营管理有限公司
23	腾讯众创空间(天津)	未来企业管理(天津)有限公司
24	创始空间—于家堡自贸区创业及教育平台	天津新金融文化科技发展有限公司
25	临港科创众创空间	天津大学滨海工业研究院有限公司
26	临港鲲鹏众创空间	天津临港高新技术发展有限公司
27	天津市和平睿先锋众创空间	天津新滨江机电广场有限公司
28	中投首科众创空间	天津中投首科众创空间有限公司
29	博思星客众创空间	天津博思星客科技有限公司
30	梦工坊众创空间	梦工坊创新科技(天津)有限公司
31	创+时代众创空间	天津市创佳时代科技企业管理有限公司
32	巷肆·缘创众创空间	天津市福莱特文化交流有限公司
33	银博缘众创时代众创空间	天津市银博印刷集团有限公司
34	天津电气院智能电气众创空间	天津电气科学研究院有限公司
35	M3创空间	天津新岸创意产业投资有限公司
36	手牵手众创空间	天津滨创生产力促进有限公司
37	宜棠熙悦众创空间	天津宜棠熙悦众创空间有限公司
38	DS创客空间	蜂巢空间(天津)创业服务有限公司
39	天津四六零众创空间	天津四六零众创空间有限公司
40	北方创客体验中心	天津人民公园经营有限责任公司
41	华德福众创空间	天津市华德福众创空间有限公司
42	天津光电众创工场	天津光电通信技术有限公司
43	九安智慧健康众创空间	天津九安医疗电子股份有限公司
44	3X—e客空间	源创三象(天津)企业孵化器有限公司
45	一八九五众创空间	一八九五众创空间(天津)有限公司
46	中汽智能制造·机器人众创空间	中国汽车工业工程有限公司
47	天津智汇众创空间	天津智汇众创空间有限公司
48	意库众创空间	天津意库创意企业管理服务有限公司
49	青年众创空间	天津青年创业园管理有限公司
50	百狼众创空间	天津市百狼众创空间有限公司
51	速创空间	速普创新(天津)科技发展有限公司
52	天津东丽青年创新创业学院	天津东丽青年创新创业中心
53	馒头咖啡创客空间	执信(天津)科技企业孵化器有限公司

续表3

序号	众创空间名称	运营主体名称
54	蓝海硅谷众创空间	天津赢家伟业科技文化企业孵化器有限公司
55	慧谷蜂巢众创空间	清控科创(天津)科技园管理有限公司
56	胶片咖啡众创空间	文创智库(天津)科技企业孵化器有限公司
57	天津融智众创空间	天津融智众创空间有限公司
58	天津大无缝众创基地	天津天管企业孵化器有限公司
59	源创空间	天津市中北福源开发建设有限公司
60	学府科创广场	天津精武科技产业发展有限公司
61	凌智空间	天津凌奥众创空间管理服务有限公司
62	赛达众创空间	天津市赛达生产力促进中心
63	创客工场	天津鑫泰鼎实投资发展有限公司
64	中日韩文化创意公社	天津九洲新罗商业管理有限公司
65	恒创空间	天津恒生科技孵化器有限公司
66	领航未来工业创意产业众创空间	领航未来(天津)众创空间有限公司
67	星谷创业工场	天津海天缘生产力促进中心有限责任公司
68	创E空间	天津河北工业大学科技园发展有限公司
69	佳盼众创空间	天津华丰达企业管理有限公司
71	天赋前沿众创空间	天津大学前沿技术研究院有限公司
72	品格创客坊	天津武清汽车产业园有限公司
73	易创空间	华北城(天津)投资有限公司
74	智慧·硅谷众创空间	天津赛得投资发展有限公司
75	宝星众创空间	天津宝星节能科技企业孵化器有限公司
76	思创(strong)众创空间	天津市九园新能源科技企业孵化器有限公司
77	京津新城众创特区众创空间	天津众创特区科技发展有限公司
78	大匠工坊	天津天海同步科技孵化器有限公司
79	虫洞众创空间	虫洞(天津)众创空间有限公司
80	fish工坊	天津市天祥水产有限责任公司
81	WE+创客空间	天津永辉众创空间有限公司
82	陶趣缘众创空间	天津洛基特陶瓷制品有限公司
83	天津市巾帼聚联众创空间	天津俏纾红坊手工艺品有限公司
84	天津市生态农业互联众创空间	天津隆裕共源电子商务有限公司
85	华宇众创空间	天津华宇众创空间有限公司
86	博菲德众创空间	天津博菲德科技有限公司
87	生物制造专业化众创空间	中科育成(天津)科技发展有限公司
88	瑷车众创	中国汽车技术研究中心
89	八戒天津文化创意O2O众创空间	天津猪八戒众创空间有限公司
90	锂离子中科创客中心	天津中科先进技术研究院有限公司
91	挖客空间	天津海量重度大数据企业孵化器有限公司
92	求是众创空间	浙江大学滨海产业技术研究院
93	渤化集团众创空间	天津渤化讯创科技有限公司
94	天津鑫光艺术众创空间	天津感光空间现代雕塑艺术研究院
95	创客总部天津基地	天津创客飞马科技有限公司
96	公能众创空间	允能众创空间(天津)有限公司
97	创客工坊众创空间	创客工坊(天津)有限公司
98	奇想众创空间	天津奇想众创空间有限公司
99	中关村e谷(南开)众创空间	意谷(天津)科技企业孵化器有限公司
100	鱼坞众创空间	鱼坞(天津)众创空间有限公司
101	武清开发区青年创业社区	天津新技术产业园区武清开发区总公司
102	冠城众创空间	天津冠城科技企业孵化器有限公司
103	四众基地	天津网商汇科技有限公司

（吴 星）

【打造特色鲜明的专业化众创基地】 BIOINN生物制造众创空间（以下简称BIOINN众创空间）是依托中科院天津工业微生物研究所建设的创新创业孵化平台，由中科育成（天津）科技发展有限公司建设并运营，建成专业平台依托、双轨人才制度、资本对接集聚、企业运营管理等四大要素支撑的专业化众创基地。2017年，BIOINN众创空间获批科技部第二批33家国家专业化众创空间之一。BIOINN众创空间入驻的企业和项目中，40%来自中科院系统，30%来自归国创业人才和技术合作企业。入驻企业生物制造类企业9家，2017年新增投资总额1200万元，带动就业58人，年生产总值过亿元。BIOINN众创空间建设开放共享公共实验室，可满足多数生物技术企业基本实验条件需求，拥有从分子水平到细胞水平再到系统生物学水平上的技术研发，以及从产品小试到中试生产放大等全套技术开发能力。为企业提供微生物高通量筛选平台、微生物系统生物学技术平台、发酵过程优化与中试平台、蛋白（酶）研究平台以及大型公共仪器平台。根据企业需求提供技术对接、仪器设备共享、项目申报、项目运营、投融资对接等定制化专业服务：①针对入驻企业的技术需求，帮助企业对接天津工生所及所外相关成熟技术成果，促进企业技术转型升级。②针对缺少运营人员的成熟科技成果，运用项目孵化平台帮助项目运营，从中试放大到产品推广再到项目公司设立，解决科技成果转化“最后一公里”难题。③设立500万元种子基金，支持可转化、有发展前景的高新技术项目及高成长性科技企业快速发展。④举办BIOINN Lecture系列讲座、中科院联想学院生物技术成果转化培训班等针对性培训辅导。

（BIOINN生物制造众创空间）

高等院校科技创新

【南开大学提升科技创新服务能力取得成果】 2017年，南开大学以提升科技创新服务能力为主要目标，通过开展重大项目培育、鼓励军民融合和促进科技成果转化工作，激发科技人员的积极性。2017年陈军教授增选为中国科学院院士；获得国家杰出青年基金3项，优秀青年基金4项，天津市杰出青年基金7项；获批重点研发计划5项，基金委重大项目1项，重大专项课题2项；药物化学生物学国家重点实验室通过第一次评估，成绩良好；陈威等6人入选“万人计划”创新人才领军人才；展思辉等3人带领的团队入选第二批天津市特殊人才发展支持计划高层次创新创业团队。2017年，在天津市科学技术奖评选中，共12项成果获奖，其中以第一完成单位获7项，分别为自然科学一等奖1项、二等奖2项、三等奖1项，科技进步二等奖2项、三等奖1项；教育部高等学校科学研究优秀成果奖（科学技术）自然科学一等奖1项，二等奖1项；陈军教授获评天津市创新争先人物，5人入选天津市青年科技奖；龙以明院士获第十三届华罗庚数学奖；方勇纯团队获第七届吴文俊人工智能自然科学奖一等奖（唯一一项）。获“2017年度中国产学研合作创新成果一等奖”1项，“2017年中国产学研合作创新奖（个人）”2项。2017年度，南开大学SCI收录论文1392篇，全国高校排名第48位；EI收录论文数817篇，全国高校排名第59位。2017年共提交专利申请333项（其中发明专利313项，实用新型20项），取得授权专利160项（其中发明专利157项，实用新型3项）。计算机软件著作权登记申请32项，申请国际专利7项。

（南开大学）

【天津大学科技创新体系】 2017年，天津大学通过深化科技体制机制改革，强化科研前瞻性布局，优化科研过程服务，实现科技工作跨越式发展。科技工作总体质量和水平显著提升。科研业务总经费26.68亿元。学校获批重点研发计划18项，国家自然科学基金重点项目10项，国家自然科学基金项目345项，天津市自然科学基金68项。科技奖励成果丰硕，4项成果获国家科学技术奖，1项成果获得中国高等学校十大科技进展，4项成果获高等学校科学研究优秀成果奖，1位专家、32项成果获天津市科学技术奖。5项成果获中国专利优秀奖，1项成果获外观设计优秀奖。6项专利获天津市专利奖，SCI论文发表达到3531篇，专利授权1192件。2017年，新增基金委创新研究群体1项；国家优秀青年科学基金获得者10

名。29人入选"北洋青年学者"计划，61人入选"北洋学者·青年骨干教师"计划。2017年天津市"创新人才推进计划"入选名单，天津大学"重点领域创新团队"3项，"中青年科技创新领军人才"6项，"青年科技优秀人才"5项。2017年科技部"创新人才推进计划"，天津大学4个团队入选"重点领域创新团队"，1人入选"中青年科技创新领军人才"。天津大学科研基地创新能力不断提升，精密测试技术及仪器国家重点实验室和光电信息技术科学教育部重点实验室在评估中均获评优秀。新增1家国家地方联合工程研究中心、6家天津市工程中心、7家天津市国际联合研究中心，4家智库入选中国智库索引（CTTI）来源智库。截至2017年，共有国家重点实验室4家、国家工程（技术）研究中心3家（含参建）、工程实验室4家（含参建）、国家国际科技合作基地3家、教育部国际合作联合研究中心1家、111引智基地7家、教育部重点实验室8家、教育部工程研究中心5家、天津市重点实验室23家、天津市工程中心27家、天津市国际科技合作基地31家，形成全链条科技创新体系。

（天津大学）

【天津医科大学激发科技创新活力提升创新质量】 2017年，天津医科大学以机制改革促进科技人才释放创新活力，提升创新质量，实现新突破。学校获得国家自然科学基金项目161项，直接经费超过7600万元。余鹰教授作为项目负责人 获得国家自然科学基金重大项目资助。获得重点项目3项、重点国际合作研究项目2项、"优秀青年科学基金"项目1项、重大研究计划重点支持项目和战略研究项目各1项。全年获得国家重点研发计划项目2项，资助经费2631万元；课题9项，累计科研经费超过4700万元。2人入选国家"万人计划"领军人才，1支创新团队获得教育部"创新团队发展计划"滚动支持，1支团队入选天津市人才发展特殊支持计划高层次创新团队。2017年，以天津医科大学为作者单位发表SCI收录论文总计1671篇，其中以学校为第一作者单位和（或）通讯作者单位且五年影响因子大于5的论文数达到140篇。施福东教授团队以天津医科大学为第一作者、通讯作者单位在Cell子刊Immunity（五年影响因子22.928）发表论文。天津肿瘤医院金勋博士作为第一作者在国际医学著名杂志*Nature Medicine*（五年影响因子32.261）发表论文。2项参与完成的成果获得国家科技奖励，主持完成的成果获天津市科技进步一等奖3项。

（天津医科大学）

【人工智能与信息处理国际联合研究中心入选天津国际科技合作基地】 2017年，在天津市科委发布的《天津市第三批国际科技合作基地认定名单》中，由天津师范大学梁启联教授负责的"人工智能与信息处理国际联合研究中心"被认定为天津市国际科技合作基地。"人工智能与信息处理国际联合研究中心"依托天津师范大学电子与通信工程学院、天津市信息与通信工程重点学科、天津市无线移动通信与无线电能传输重点实验室，联合英国斯特拉斯克莱德大学、美国南加州大学，以及韩国、中国香港、中国台湾等国家和地区相关高校共同建立。该中心通过国际联合研究，致力于组建一支国际化的人工智能与信息处理的研究团队，将提升天津师范大学在该领域的国际知名度，同时也可为学校的引才引智提供高水平平台。

（天津师范大学）

【"六方氮化硼制备及其应用关键技术"团队入选"创新团队发展计划"】 河北工业大学唐成春教授带领的"六方氮化硼制备及其应用关键技术"创新团队入选2017年教育部"创新团队发展计划"，获资助金额300万元。这是继2013年该创新团队入选后再次进入支持名单。"六方氮化硼制备及其应用关键技术"创新团队是以"河北省微纳尺度氮化硼材料研究"重点实验室、材料物理与化学国家重点学科、材料科学与工程河北省强势特色学科以及高分子材料与工程河北省重点学科为依托。团队核心成员全部具有博士学位且多人具有海外留学经历，其中多名成员获得包括"教育部新世纪人才""河北省高端人才""省管优秀专家""河北省杰出专业技术人才""河北省百人计划特聘专家""河北省政府特殊津贴专家""河北省三三三层次人才"等荣誉称号。在首个培育期内各研究方向均取得显著成果，为河北工业大学工程学、材料科学2个学科领域进入ESI全球前1%作出重要贡献。在国家“双一流”建设中，所属材料科学与工程学科被纳入河北省“世界一流学科建设项目”。该团队致力于氮化硼基新材料的基础理论和实验研究，系统进行BN纳米材料在水处理、空气净化、储氢、LED器件等新型热门领域的应用工作，实现产学研有效结合。团队配备完善的材料制备、分析测试和计算平台，拥有国内一流的材料科学研究及实验基地。团队成员在*Nature*，*Nature Commun.*，*Angew. Chem. Int. Edit.*，*Adv. Mater.*，*J. Mater. Chem. A*等权威期刊上共发表300余篇高质量SCI论文。承担国家、省市级科研项目20余项，科研课题经费达2000余万元。获得包括河北省自然科学一等奖在内的省部级奖励6项，授权发明专利70余项。该团队与日本国立物质材料研究所、清华大学、天津化学化工协同创新中心等国内外著名科研院建立 良好的合作研究关系。整个学术梯队的科研能力保持强劲的发展态势， 提升了高等教育创新人才的培养能力，为建设创新型国家提供 人才和智力支撑。

（毛 维）

【国家技术创新方法与实施工具工程技术研究中心通过验收】 2017年7月25日，科技部高新司组织专家组对河北工业大学“国家技术创新方法与实施工具工程技术研究中心”（以下简称“工程中心”）进行现场验收。该工程中心依托河北工业大学，下设技术创新方法研究部、实施工具研发部、成果推广部、TRIZ国际研究中心、综合管理部5个部门，形成专兼职的研发团队，制定18项规章制度。工程中心组建期间，形成C-TRIZ理论体系，开发技术创新关键技术及其辅助工具。工程中心累计完成各类科研项目127项；申请发明专利216项，其中授权18项；登记软件著作权8项；参与制定创新方法应用国家标准1项；获得省部级科技奖励3项；出版著作5部；发表论文76篇；培养硕士研究生136人、博士研究生14人；工程中心组建期间，构建技术创新方法转移平台与网络，为13个省市721家企业培训技术人员3000余人，其中培养创新工程师1692人；帮助10家企业构建创新团队；协助企业解决技术难题1385项，申请发明专利648项，形成一批新产品、新技术，产生经济效益3.18亿元。验收专家组对工程中心建设工作给予高度评价，一致认为工程中心依托河北工业大学传统优势学科，从支撑国家创新驱动发展战略需求出发，以推进创新驱动发展为目标，在技术创新方法研究、关键技术开发及其推广应用等方面形成良好的工程化基础，具有该领域国内人才优势，取得一批代表性研究成果，承担一批研究及工程化项目，在国内处于领先地位，在国际上有重要影响。

（毛 维）

【国际ED离子交换膜技术研究中心落户河北工业大学】 2017年12月18日，“国际ED离子交换膜技术研究中心”签约及揭牌仪式在河北工业大学海洋学院会议室举行。日本ASTOM公司、三菱商事（中国）商业有限公司、北京津工海水科技有限公司、河北工业大学等有关负责人出席，日本ASTOM公司大越时夫社长和河北工业大学副校长段国林代表双方单位签订合作协议，并为中心揭牌。河北工业大学利用自身在ED离子交换膜研究与应用等相关领域的独特优势，加强与日方的合作与交流，充分发挥双方各自在基础研究与应用推广方面的优势，强化在海水、浓海水综合利用与环保高盐水处理领域的特色，致力于推进两国产业界实质性发展，并期待为解决中国工业化发展而带来的环境问题做出贡献。同时，推动中日离子交换膜及电渗析领域学术交流常态化，提升在该方面国际、国内影响力。

（毛 维）

【阿奇舒勒TRIZ研究院中国分院落户河北工业大学】 2017年12月11日，阿奇舒勒TRIZ研究院中国分院签约揭牌仪式在河北工业大学国家技术创新方法与实施工具工程技术研究中心举行。美国阿奇舒勒TRIZ研究院院长艾萨克·布柯曼（Isak Bukhman）与河北工业大学副校长、国家工程技术研究中心主任檀润华教授共同签署协议并揭牌。阿奇舒勒TRIZ研究院是为全世界学习发明问题解决理论学者提供条件的一所非营利性组织，是以TRIZ创始人根里奇·阿奇舒勒命名的唯一的正式组织。河北工业大学国家技术创新方法与实施工具工程技术研究中心在檀润华教授的带领下，在TRIZ理论研究方面形成富有特色且具有优势的研究方向，建立了一种面向中国企业创新需求的技术创新方法体系（C-TRIZ）。阿奇舒勒TRIZ研究院中国分院的成立，标志着世界TRIZ研究组织对中国TRIZ理论研究的认可，也为广大中国学者在该领域与世界高水平研究学者交流合作、资源共享开辟新的途径，为进一步推动TRIZ相关研究领域开展深度国际合作打下坚实基础。

（毛　维）

产业创新联盟建设

【天津市装配式建筑产业技术创新联盟】 由天津住宅集团牵头，组织全市42家从事装配式建筑相关工作的企业、单位，成立天津市装配式建筑产业技术创新联盟，于2017年9月被批准确立为天津市领军企业产学研用创新联盟，同年10月，在第六届国家装配式建筑产业技术创新联盟工作会上，被批准成为国家联盟天津分会。联盟的核心任务是整合从事装配式建筑相关单位的资源，加强全产业链各成员单位的相互合作，加强装配式建筑技术基础研究和综合研究，发挥科研院校创新研究优势，增强企业技术创新能力和产业化生产能力，推动天津市装配式建筑健康发展。

（李迎迎）

【天津市轨道交通产业技术创新联盟】 2016年9月，以天津凯发电气股份有限公司为龙头企业，筹备成立天津市轨道交通产业技术创新联盟。凯发公司是专注于轨道交通自动化领域的一家高新技术企业，截至2017年，有55家企业加入该联盟，包括中国铁路设计集团有限公司、中铁第六勘察设计院集团有限公司、清华高端院、中车机车车辆厂、天津铁路信号有限责任公司、川铁电气、保富电气等。涉及高端装备制造、电力电子、计算机技术、人工智能技术等细分领域，分布产业链中设计、生产、制造、施工、咨询等各个环节，可为轨道交通的供电、机车、信号、基建等提供技术和产品，形成初具规模的轨道交通产业圈。在市场开拓和项目合作过程中，联盟内成员企业增进了解，相互合作，资源共享，发挥联盟龙头企业带头作用，充分利用各企业的优势，采用“组合拳”模式实施市场开拓和产品服务工作，真正实现合作共赢。推进清华高端院与北辰区签署战略协议，按照“政府引导、科技驱动、人才助力”的原则，在北辰区建设轨道交通联合研究中心和产业基地。

（天津市轨道交通产业技术创新联盟）

【天津市手性和晶型药物制备技术产业创新战略联盟】 2017年，“天津市手性和晶型药物制备技术产业创新战略联盟”根据《国家药品安全“十二五”规划》中对仿制药疗效与质量一致性评价的要求，在联盟主要成员单位中开展仿制药一致性评价研究。天津药物研究院有限公司成立仿制药一致性评价综合研究中心，在全国范围内接受委托进行服务，内容包括：药品质量一致性评价的整体解决方案、一致性评价药学研究技术服务、生物等效性研究内容、临床研究技术服务。药研院药业公司、泰普药品科技公司及亨必达化学合成物公司、天津市药品安全评价中心、康鸿公司也在自己的技术研究领域开展相应工作：原料药工艺改进达到欧美药典标准，对原料药晶型和粒度进行深入研究改善制剂的溶出行为，对制剂产品进行处方工艺改进，开展生物等效性试验，最终达到与仿制药杂质谱一致、稳定性一致、体内外溶出规律一致。仿制药质量和疗效一致性评价研究是国内医药企业面临的重大项目，联盟内科研机构可以为其担任药学研究任务，后期陆续吸收临床研究机构可以为其提供临床研究平台。联盟成员单位内共开展11个品种的仿制药一致性研究，年底前有3个品种进入临床试验阶段。2017年，该联盟为协助市科委组织实施天津市新药创制科技重大专项，新纳入成员24家，其中包括科研实力优势明显的企事业单位、医药临床专业单位和天津市著名医药企业。为进一步扩大联盟在医药行业的涉及范围，新加入成员包括天士力医药集团股份有限公司、天津中新药业集团股份有限公司新新制药厂等中药企业以及汉氏联合（天津）干细胞研究院有限公司、康希诺生物股份公司等生物医药企业。联盟成员单位的18个研发项目通过天津市新药创制科技重大专项申报的技术审查，整体提升天津市医药行业技术创新水平。

（天津市手性和晶型药物制备技术产业创新战略联盟）

【天津市节水灌溉产业技术创新联盟】 联盟成立于2013年12月，由大禹节水集团股份有限公司牵头，整合全国高校、研究所和节水灌溉优势企业组建而成，在技术协同创新、科技成果转化与产业化方面开展合作。2017年，该联盟成员单位达40余家，包括节水灌溉装备制造商、IT服务企业、系统集成商、软件产品商等企业及多家科研院所、高等院校、行业协会等，基本涵盖节水灌溉产学研用全产业链。联盟先后组织4次年会及大型学术研讨会，聚焦节水科技发展、人才培养、节水产品竞争力提升等，探讨节水科技产业发展战略、方针政策等，开展200多项科研项目，筹集科研经费5亿元左右，取得国家新产品8项，国家科技进步奖3项，省级科技进步奖10余项，获得知识产权证书400余项。在科技创新活动中，联盟首次建立滴头性能与流道结构参数逆向设计方法，攻克低压下灌水器水力性能下降的国际性难题，发明以"物理屏障+生化祛根"为核心理念的地下滴灌防根系入侵和防负压设计方法；创制宽幅压力–流量自调节系列设备、水力驱动自清洁式系列过滤装置、经济安全型系列管材管件等3大类精量滴灌核心产品与设备，形成经济适用、高效可靠的国产化精量滴灌自主技术产品体系；构建符合中国国情和区域特征的低压高均匀地表滴灌、宽幅压力补偿式滴灌、祛根抗堵型地下滴灌等精量滴灌技术应用模式，成为国内干旱半干旱区普遍采纳的主导型精量滴灌技术应用模式。截至2017年，联盟单位在全国范围内推广高效节水灌溉农田达2000万亩以上。依托天津市节水灌溉企业重点实验室，联盟建立以基层水利和农业服务组织为主体，政府扶持和市场引导相结合的节水灌溉技术推广服务体系。

（天津市节水灌溉产业技术创新联盟）

【天津市大气污染防治产业技术创新联盟】 该联盟成立于2016年9月，2017年1月被市科委认定为领军企业产学研用创新联盟。截至2017年年底，联盟成员单位由43家增加至80家。2017年，联盟成员单位大气污染防治业务总收入超过8亿元，利润总额超过7000万元，大气污染防治研发总投入超过6000万元。新认定国家级高新技术企业1家、市级高新技术企业1家，新增市级工程技术研究中心2家、市级企业技术中心1家、博士后工作站1个和院士专家工作站1个。申请专利超过110项，授权专利超过50项，计算机软件著作权登记超过30项，企业发表论文超过20篇，获得省部级奖项1项。组织研究天津市大气污染防治产业技术创新发展方向，协助制定针对联盟成员单位的"2017年天津市生态环境治理科技示范工程申报指南"，组织联盟成员单位开展"工业挥发性有机物（VOCs）控制技术开发与应用示范项目"申报工作。年内，联盟11家企业、高校和科研院所申报或联合申报的6项项目获得立项。组织技术交流会、研讨会、论坛等会议7项，参加人员1200人次。签订10余个污染治理工程服务合同；天津同阳科技发展有限公司组织"近红外光谱测量机应用"及"传感器在大气污染防治中的应用"等研讨会。

（天津市大气污染防治产业技术创新联盟）

科技小巨人企业

【科技型中小企业技术创新资金项目】 2017年，天津市科委为深入实施科技型企业发展行动计划，组织实施科技型中小企业技术创新资金项目。2017年该类项目共有183个项目完成研究，验收结题。"高精密度柔性电缆生产线研发及产业化"项目与世界第一电缆设备制造商SKET合作制造相关设备及配件，为中国电缆、海缆及绕线设备在国际市场上的竞争占有一席之地。"三网融合、数字地面、无线覆盖和卫星数字广播监测系统"项研发的仪器频率测量范围5～1100兆赫兹，将网络与有线电视及数字（DVB-C）和数字地面无线覆盖（DTMB）、完美结合；测试频率达到2100兆赫兹，测试精度10分贝；采用

(WinCE) 系统设计，具有极快的测试速度，是数字地面业务建设常备的一款仪器；突破国外产品的路测功能，并在仪器内增加蓄电保温功能，解决仪器在低温恶劣条件下不能使用的问题。“海洋平台切割作业用高能（天然气）钢瓶燃气”项目采用纳米稀土元素制备高能增效催化添加剂，产品安全性能好，应用范围广阔，涵盖工业生产的各个领域，添加综合成本是其他同类增效剂的50%～70%；采用抽真空负压快速一体化充装增效添加剂及压缩天然气工艺，是高能切割瓶装气充装最便捷高效、新型的实用工艺创新；采用纳米稀土元素制备高能增效催化添加剂生产的CNG高能切割气体具有比重轻、安全性好、工效高、切割加工成本低、性价比高等优点。“ABS塑料改性方案”项目将ABS经过改性（加添加剂或合金等方法）提高性能，改性后的ABS属工程塑料，ABS合金产量大、种类多、应用广。“高密封性双组份塑料汽车连接板”项目采用热流道点浇口注塑工艺加工，浇口废料减少了80%，节约成本，节约能源，提高生产效率；软料与硬料的结合部位采用阶梯面结构连接，提高软硬料的黏合强度；将普通型抽芯结构改为移动模结构，使得模具机构简化。

2017年科技型中小企业技术创新资金项目取得的主要成果

表4

类别	发表论文(篇)				申请专利(件)		授权专利(件)	
		国内发表	国外发表	三大系统收录		发明专利		发明专利
在研项目	21	20	1	4	142	42	199	11
结题项目	38	28	10	13	383	108	272	30
合计	59	48	11	17	525	150	471	41

2017年科技型中小企业技术创新资金项目取得的主要成效

表5 **单位：人次**

类别	培养研究生			晋升职称			
		博士	硕士		正高级	副高级	中级
在研项目	116	25	91	118	13	37	68
结题项目	59	8	51	52	5	9	38
合计	175	33	142	170	18	46	106

2017年科技型中小企业技术创新资金项目获得经济效益情况

表6 **单位：万元/万美元**

类别	主营业务收入	利税合计	出口创汇
在研项目	240954	38821	764
结题项目	6772853	835778	1263
合计	7013807	874599	2027

（发展计划处）

【天津绿茵景观生态建设股份有限公司】 该公司成立于1998年，是中国北方地区第四家、天津第一家A股上市的园林绿化企业，其业务涉及生态修复、市政园林、地产景观、旅游景区建设等诸多领域，形成集“规划设计—生态技术研发—园林工程施工—抗性苗木繁育—园林植物养护”于一体的生态产业链。公司全面启动园林设计研究院建设，重点打造盐碱地绿化技术研发团队，共拥有博士3名、硕士26名，2017年从市政设计单位引进行业资深领军人才。与中国农业大学、北京林业大学、南开大学、天津大学等8所高校建立产学研合作关系，合作建立3个科技研发平台，即“天津市景观生态修复企业重点实验室”“天津市景观生态化技术工程中心”“天津市环境变化与生态修复校企联合重点实验室”。截至2017年，申请国内专利99项，拥有国内授权专利52项；依托专业化的科研技术平台，实现多项技术和工法的集成；主持与参与编制天津园林标准3项；攻克一批对产业竞争力整体提升具有全局性、带动性的关键共性技术；集成创新，形成引领行业的核心竞争力，为公司从传统园林绿化向景观生态修复行业拓展和转型提供科技支撑。积极推动“低能耗、低投入、可持续”生态工程实践，瞄准科技创新前沿，加大核心技术攻关，分别在“山水林田湖草”生命共同体中做足功夫打深基础，形成盐碱地绿化、矿山修复绿化、小流域治理、农田系统修复和植被恢复一系列集成工法和科研成果。充分发挥京津冀战略联盟在产业层面的影响力，服务京津冀生态与景观建设。

（天津绿茵景观生态建设股份有限公司）

【中水北方勘测设计研究有限责任公司】 2017年，该公司积极推动科技进步与创新，提高自主创新能力，依托重点工程开展技术攻关和课题研究。2017年获得国家级澜沧江—湄公河合作专项资金项目“水利水电技术标准推广”；参与国家重点研发计划课题5个子课题研究；获得天津市技术创新引导专项（基金）科技小巨人领军企业培育重大项目“基于BIM+GIS的水利水电工程信息系统研发”；依托天津市水利水电安全与质量技术工程中心获得天津市科技计划项目（课题）——水系统及泵站工程运行快速测试技术与安全评价服务平台 。与中国电建集团合作开展重点科技项目。2017年自立科技项目19项，实施中43项，结题验收11项；承担《水力机械（水轮机、蓄能泵和水泵水轮机）振动和脉动现场测试规程》《大中型水利水电强制性标准》《溢洪道设计规范》《水电站压力钢管设计规范》等标准编制、翻译10项；年内申报专利34项，获得专利授权16项，其中发明专利9项，实用新型7项；获软件著作权1项；获省部级以上奖项8项，其中天津市科学技术进步奖1项，“海河杯”天津市优秀勘察设计奖3项，全国优秀水利水电工程勘测设计奖3项，全国优秀工程勘察设计行业1项，评选2017年度中水北方公司优秀科技成果41项。加快BIM推广与建设，推进企业标准化建设，发布各类标准（模板）153项。

（中水北方勘测设计研究有限责任公司）

【天津市数字安防技术工程中心】 该中心依托天津天地伟业技术有限公司组建，是全市唯一一家安防行业市级工程技术中心。2017年，中心吸纳社会各界人才210人，同时通过重点项目与天津大学中科院院士姚建铨、“973”首席专家刘铁根教授、国家社科基金重大项目首席专家王文俊教授签署柔性引进协议，全面指导企业高精尖技术研发。中心加强实验室建设，完善视频实验室、可靠性实验室、生产试制中心，购置能量色散型X射线光谱仪、深度学习训练服务器、表情识别仪等先进实验设备，中心实验设备原值已达到1.1亿元，年均使用率达到70%，开放使用率达到60%以上。利用该设施设备，可为行业领域内企业提供软件产品的白盒测试、黑盒测试、功能测试、压力和老化测试以及硬件产品的功能测试、性能测试、环境测试、电性能测试等服务，提高新产品的稳定性、适应性和实用性，提高新产品的研发速度，提升新产品的视频效果、处理性能，助推全市行业中小企业发展。2017年，中心承担技术开发类服务37项次，技术咨询类服务42项次，举办技术咨询、技术服务、开放共享实验仪器、中试基地等服务平台百余次。

（天津市数字安防技术工程中心）

【天津市轨道交通供电系统技术工程中心】 该中心依托中铁电气化勘测设计研究院有限公司，于2010年组建，2012年通过验收。主要研发方向为电气化铁道技术、城轨牵引供电技术、磁悬浮牵引供电技术。截至2017年，EDI情报出版13期，发行700余册，服务全国30余个地区近百家建筑、设计、施工、生产企业。参与研制“三电频的能馈式再生制动装置”将产品效率提高至98%，谐波水平从5%降至3%，每天节电达到

1300千瓦时左右，投资回收期在5年以下，该装置在北京、宁波等地推广使用，促进产品升级换代。开展城市轨道交通雷电防护研究，将雷击事故跳闸率由80%降至5%，协助厂家开发新型雷电防护产品，2017年工程中心将城市轨道交通雷电防护方面自主创新成果形成《城市轨道交通架空接触网雷电防护导则》，由中国铁路总公司发布实施。2017年，该中心科研经费投入比重超过5%，申请发明专利9项，授权发明专利5项，申请实用新型专利2项，授权实用新型专利2项，申请软件著作权3项，授权软件著作权3项。参与国家标准《城市轨道交通再生制动能量吸收逆变能量》制定，完成中国铁道学会标准《市域铁路设计规范》，正式发布实施。

（天津市轨道交通供电系统技术工程中心）

【天津市天元生产力促进有限公司】 该公司为科技型中小企业提供专业化、系统化、规范化的专利运营和技术转移专业服务，是市级示范生产力促进中心。与天津融智众创空间有限公司共同设计并投资建设“天津产业结构转型升级服务平台（国资）”（以下简称“国资平台”），该平台根据企业实际需求，线上系统按照“资源信息系统→项目产业转化信息系统→科技创新人才信息系统→科技服务系统”的流程开发建设，线下运营团队面向企业和创业团队开展培训宣传和推广服务。2017年，该平台面向科技园、孵化器、众创空间等创新载体开展培训、技术推广会近50场；组织开展科技型中小企业专题培训6场，服务企业600余家。依托全市各国资企业汇聚技术人才，将上下游企业、供应商、用户、金融机构、技术服务机构、设计机构、贸易机构等进行聚集，通过平台为知识产权供需双方搭建桥梁，帮助传统产业单位知识产权运营活动实现转型升级。

（天津市天元生产力促进有限公司）

【天士力医药集团股份有限公司】 公司致力推动中医药与现代医学融合发展，以提高人类生活和生命质量为使命，持续通过多种方式引入创新产品，聚焦中国市场心脑血管、消化代谢、抗肿瘤等治疗领域，实现以现代中药、生物药、化学药三大药协同发展的大生物医药产业格局的构建。2017年，自主研发投入6.16亿元，其他研发方式实现投资5.77亿元，有力支持项目研发和创新发展。通过自主研发，拥有在研新药及仿制药37项，通过产品引进，拥有在研管线产品31项。拥有专利总数1480件，其中发明专利1327件。被中国医药企业管理协会等主办单位评选为“2017中国医药上市公司研发创新10强”；通过实验室软硬件改造、业务流程改进和工艺质量优化，以零显著缺陷项的优秀成绩通过欧盟GMP复审；以“信息化、智能化、集成化”的复方丹参滴丸制造车间为载体，获批国家工信部“2017年智能制造新模式应用项目”；2017年10月，被市科委认定为天津市2017年第二批科技领军企业。

（孟　洋）

【天津海天缘生产力促进中心有限责任公司】 该公司成立于2008年12月，是一家集政策研究、平台门户和专业服务于一体的科技服务咨询公司，是市级示范生产力促进中心。2017年，该公司依托中国生产力促进中心协会，成立中国科技政策应用专委会，整合国家各部委、各领域的专家资源，出版政策季刊。2017年，公司调研走访北辰区323家企业和南开区245家企业，对企业所属领域、成长性、知识产权状况、研发费用投入等进行深入分析。对其中有迫切提升发展需求的45家企业，开展一对一咨询服务，帮助企业在科技成果转化、技术提升、管理咨询等方面有所提升。该公司采用互联网的思维模式，开发研发数据流程跟踪管理系统，该系统是国内首套以“过程管理”为设计理念的线上平台系统，通过实时记录企业研发活动，自动抓取计算研发费用，形成合理合规的研发活动过程文件及研发费用辅助账，实用价值显著。该系统被市勘察院、金山线缆、市建筑材料质量检测中心、北方阀门、福云天裂等上百家企业使用，反响良好。

（天津海天缘生产力促进中心有限责任公司）

【康希诺生物股份公司】 2017年，该公司由单一的研发型企业向集研发、产业化、营销于一体的综合型企业转型，2017年，完成4.5亿元的新一轮融资；完善生产中心和质量中心组织架构，建立符合GMP要求的产品质量管理体系，组织完成生产中心65人及质量中心52人的初步培训；完成疫苗生产基地37000平方米6条生物制品生产线建设、验证并投入试生产；取得重组埃博拉病毒病疫苗新药证书和生产文号。2017年，公司新引入研发、生产专业人士121人，组织专业培训120余次。依托天津市呼吸道细菌重组及结合疫苗重点实验室和技术平台，将多糖蛋白结合技术、蛋白重组技术、腺病毒载体疫苗规模化培养技术等做到更加扎实、全面、成熟和灵活，流脑疫苗推进到临床三期，配合药审中心完成百白破疫苗临床注册评审和发补，新增马尔堡疫苗、寨卡疫苗、B群流脑结合疫苗、A型流感嗜血杆菌结合疫苗等4个新型疫苗项目。完成6个省部级重点专项的结题验收，新申请并承担6个重大新药创制专项或重大传染病防治专项，四价流脑结合疫苗临床研究获得天津市科委新药专项支持，新增4项国内发明专利申请和1项国际申请，新增1项国内授权。与全球结核病疫苗基金会、加拿大萨斯喀彻温大学等8家研究机构建立合作，邀请4位国际专家到公司进行技术指导和交流，派遣3人分别赴加拿大、美国等学习病毒拯救系统、人源化动物疫苗评价模型等新技术；完成埃博拉疫苗在塞拉利昂的二期临床试验，启动新型结核病疫苗在加拿大的黏膜免疫一期临床试验，与意大利Vaxhethic公司达成初步合作意向，为其稳定提供高纯度的肺炎多糖。

（康希诺生物股份公司）

科技载体与平台建设

【技术创新引导专项】 为进一步突出企业的创新主体地位，市科委设立技术创新引导专项，主要包括创新型企业培育、补贴奖励、科技金融三类。通过前补助、奖励、风险补偿、创投引导等多种方式发挥财政资金的杠杆作用，支持技术创新活动，促进科技成果转移转化和资本化、产业化。2017年，市科委主要支持领军企业培育重大项目、领军企业品牌培育、“杀手锏”产品研发、“一带一路”国际科技合作项目、重点新产品认定奖励、产学研用创新联盟补贴、创业大赛奖励、企业创新券补贴、大仪补贴、众创空间建设补贴、科技型企业股份制改造补贴、优秀企业科技特派员奖励、国家高企奖励、政策性担保资金、产业并购引导基金、创业投资引导基金、天使投资引导基金等。（发展计划处）

【创新平台专项】 2017年市科委创新平台专项通过进一步优化总体布局，支持科技创新基地建设和能力提升，支持创新人才和优秀团队的科研工作，不断促进天津市科技资源开放共享，提高科技创新的条件保障能力。主要包括重点实验室、工程技术中心、生产力促进中心、科技企业孵化器、产业技术研究院、国家级科研院所、科技企业海外研发机构及国家自主创新示范区创新生态系统建设等。（创新体系建设与管理处）

【重点实验室建设】 天津市重点实验室根据国家科技发展方针，围绕国家和天津市发展战略目标，针对学科发展前沿和经济、社会发展的重要科技领域和方向，开展创新性研究，培养、聚集高层次科学研究人才，推动技术进步。企业重点实验室面向社会和行业未来发展的需求，开展应用基础研究、关键技术和共性技术研究，研究制定国际、国家和行业标准，聚集和培养优秀科学研究和工程技术人才，引领和带动天津市相关行业技术进步。2017年，该领域共有19个项目完成研究，验收结题。“基于生物药剂学特征的释药行为研究平台建设”建立了以Caco-2细胞体系考察药物渗透性的模型，从指导原则中选取高渗透性（≥85%）8种、中渗透性（50%～84%）2种、低渗透性（＜50%）1种、零渗透性1种、外排基质2种工具药，应用Caco-2细胞模型评价工具药的肠渗透性。建立的药物肠渗透性评价体系及药物表观渗透系数与其渗透性类别的相关性，为仿制药申请生物等效性豁免、BCS分类提供可靠的渗透性评价技术和依据；建立具有区分力的溶出/释放评价方法；承接了10余个药物的药学一致性研究，涵盖BCS1类、BCS2类和PH依赖型等，进行了9个药物生物等效性相关的定量分析方法开发、预BE、正式BE研究。“新型检测仪表研发与实验测试平台建设”建设了用于科研过程中仪表电子电路及样机性能测试的研发与实验测试平台，并开展多介质分布测试方法研究及测试系统的开发，初步完成研发平台方案的设计；研制了电学与超声模态融合测试系统仪样机；采用数值建模仿真和物理模拟实验测试相结合的方法，构建新测试机理模型，引入多传感器数据融合在线估计方法，建立融合测量模型，实现了流动过程参数在线估计和流型在线表征。　　（基础研究处）

【工程技术中心建设】　天津市工程技术中心经过多年的快速发展，形成以企业为主体，建设布局合理、技术优势明显、服务业绩突出的科技创新群体，成为全市科技创新的核心力量。2017年，新批准组建22家工程技术中心，认定验收通过的29家工程技术中心为市级工程技术中心，开展天津市工程技术中心评估工作，加强工程技术中心动态管理，持续提升市级工程技术中心建设水平。

2017年工程技术中心建设取得的主要成果

表7

类别	发表论文(篇)	国内发表	国外发表	三大系统收录	申请专利(件)	发明专利	授权专利(件)	发明专利
在研项目	233	161	72	102	146	103	86	39
结题项目	148	100	48	89	178	111	77	41
合计	381	261	120	191	324	214	163	80

表2　2017年重点实验室建设取得的主要成效

表8　　**单位：人次**

类别	培养研究生	博士	硕士	晋升职称	正高级	副高级	中级
在研项目	280	63	217	37	2	27	8
结题项目	108	13	95	24	4	11	9
合计	388	76	312	61	6	38	17

（创新体系建设与管理处）

【生产力促进中心建设】　2017年，天津市生产力促进中心，为中小企业提供技术信息、技术咨询、技术转让和人才培训等专业化服务，逐渐实现组织网络化、功能社会化和服务产业化，为科技型企业搭建起与政府、科研机构、教育机构、金融机构之间的沟通桥梁。2017年，该类项目共发表论文9篇；申请专利39件，其中发明专利13件；授权专利17件，其中，发明专利10件。培养硕士研究生12人，晋升职称113人，其中，正高级1人，副高级3人，中级6人。

（创新体系建设与管理处）

【科技企业孵化器建设】　2017年，天津市市级及以上孵化器数量超过70家。“南开大学滨海学院大学生创新创业服务平台”整合原有创新创业资源，成立创业指导中心，与企业合作建立南滨GENSBOX众创空间；制定《南开大学滨海学院深化创新创业教育改革的实施方案》等，在创新创业服务平台支持下，设置“创业管理”公共必修课以及多门公共任选课程和专业必修、选修课程，“孵化企业市场推介服务平台”通过同步建设孵化网站，将推介平台服务延伸至线上，实现线上与线下相结合。增加吸引和孵化高成长的科技型中小企业数量，形成高新技术产业聚集效应，孵化成功一批骨干高新技术企业、小巨人企业及科技创业家和高新技术企业家，辐射带动高新区和天津市科技型孵化企业发展。“生态环境保护技术公共服务平台”投入运行，提高企业的科技研发能力和技术水平，为企业节省科研经费累计100余万元。“WEME互联网+技术推广服务平台”为创业者及小微创业公司提供“互联网+”技术推广服务平台，形成耦合服务，侧重应用创新服务，将科技服务和后续专业操作有效连接。“天津青年创业园孵化服务平台建设”研发双创网络孵化平台APP，实现以创业线下服务为基础，手机应用为载体，将创业服务互联网化。通过搭建专业化、网络化、集成化的创业孵化服务平台，将专业化创业服务与网络化协作互动有机结合，帮助创业扶持单位与创业者建立高效的创业服务体系。

（创新体系建设与管理处）

【省部共建食品营养与安全国家重点实验室】 该重点实验室以天津科技大学“食品科学”“发酵工程”等传统特色专业为依托，围绕食品质量安全与食品营养健康研究的前沿和热点领域，针对食品营养机理与功能评价、食品中危害物识别机制与风险评估、加工制造过程营养与安全调控机理3个研究方向开展基础与应用研究。实验室有固定人员67人、流动人员15人，固定人员中有教授33人、副教授13人。学校每年单独给予重点实验室人才特别是高层次人才引进指标，并提供相应的科研配套费。实验室建有1.1万平方米的科研用房，仪器设备总值超过1.3亿元，具备良好的软硬件条件。获得各类科技奖励40余项，其中国家级科技奖励7项；主持或参与国家级科研课题100余项，其中牵头主持国家重点研发计划2项；发表SCI检索论文370余篇；获授权国家发明专利137项。学校高度重视科研平台建设，制定《天津科技大学省部级及以上科研平台管理办法（试行）》《省部共建食品营养与安全国家重点实验室（筹）建设方案》《关于加强省部共建食品营养与安全国家重点实验室（筹）建设的支持政策》等一系列文件，明确国家重点实验室为学校直属单位，实行人财物相对独立的管理机制。学校每年至少投入1000万元用于实验室建设，并提供11000平方米的科研场地，将仪器设备最先进集中的现代分析测试中心纳入重点实验室，保障实验室优先使用。

（省部共建食品营养与安全国家重点实验室）

【天津七六四通信导航技术有限公司被认定为“市级工业设计中心”】 2017年11月，天津七六四通信导航技术有限公司工业设计中心被授予“市级工业设计中心”。该公司是天津市“技术创新先进企业”、科技小巨人领军企业、天津市高新技术企业，是国内最早研制生产通信、导航产品的国有军工骨干企业和国家重点保军单位之一，成为以高新技术为依托，融产品研发、生产、销售、服务于一身的多元国有军工企业。该公司一直坚持走自主创新道路，累计获得17项发明、134项实用新型、4项外观设计专利，43项软件著作权，并且主持和参与制定多项国家行业标准。

（王　健）

【中药活性组分分离纯化平台建设】 天津市科技创新体系及条件平台建设计划，由天士力医药集团股份有限公司承担，2017年6月通过天津市科委结项验收。项目依托天津市组分中药企业重点实验室，通过组分中药研发平台中提取纯化、分析和制剂3个分平台建设，实现中药活性组分的分离、纯化、鉴定能力显著提升，承担起天士力在研新品种中药复方和创新中药物质基础研究的全部工作，覆盖新品研究30项以上；中药活性组分制备工艺转化放大能力显著增强，在项目实施过程中，依托该平台新立项预实验项目5项，完成技术储备9项；整个新品研发链条不断完善，从实验室开发到产品转化速度有效提升，平台建设期间完成新增正式立项项目1项，完成临床前研究2项，获得临床批件2项。该平台与中国药科大学、长春中医药大学、天津中医药大学、天津药物研究院等单位开展一系列项目合作；与武汉药谷建立联合研究中心，开展本科和硕士研究生实践基地建设；持续与中国药科大学、沈阳药科大学、天津中医药大学、天津工业大学、天津医科大学、河北工业大学等高校药学专业进行学生联合培养。通过完善提升中药活性组分分离纯化平台硬件设施和研究团队水平，形成以企业为主体、产学研相结合、多方力量促进成果转化的有效机制，中药研发为主的创新技术体系，成为面向全行业、具有国内领先水平和国际先进水平的开放式企业中药活性组分提取分离工艺开发及转化平台。

（孟　洋）

【中环天仪股份有限公司获“示范院士工作站”称号】 2017年8月，经天津市科委认证，并通过专家组答辩，中环天仪股份有限公司与中国气象局共同合作创建的研发机构“院士专家工作站”获“示范院士工作站”荣誉称号。“院士工作站”促进院士专家团队与企业技术创新团队的结合，利用院士的学术优势，发挥院士在企业科技创新、决策咨询、人才培养中的重要作用，为企业引进资金、项目、人才、智力，承接院士科技成果的孵化和转化，实现成果产业化创造良好条件，为公司更好、更快发展奠定良好基础。

（皇甫晓蓉）

【京津冀科技成果转化与协同创新】 2017年，天津市以建立北京研发、天津转化、辐射河北科技创新新格局为目标，完善区域创新创业生态系统，推动更多优质资源在天津市聚集。重点支持京冀科技成果在天津转移转化、创新生态系统建设、产业协同发展及天津滨海—中关村科技园和京津中关村科技城等京津冀合作园区平台建设。通过京津冀协同创新项目引导，鼓励和支持一批高校、科研院所和服务机构为京津冀协同创新服务；支持三地科技统计部门成立京津冀科技统计协同创新中心，联合开展京津冀协同创新指数研究；支持三地科技信息研究部门共同建设“京津冀科技资源数字地图平台”，共享三地科技文献、科研院所等信息；支持三家医科大学和工业大学组建京津冀协同创新联盟，围绕重点领域开展协同创新；支持京津冀农业科技创新联盟围绕农产品质量安全等领域开展联合研发；支持“京津冀众创联盟”“京津冀技术转移联盟”为三地创新创业者搭建专业服务平台。

（示范区建设工作处）

【天地伟业生产力安防监控技术公共服务平台】 该平台面向中小企业提供产品检验检测服务，成立星光级测试实验室，配备低照度测试仪、投射灯箱、测试卡片，可以满足星光级及微星光的测试要求；面向科技小巨人企业以及中小企业提供大型仪器共享服务，最大限度提高产品品质和性能，提供技术咨询服务，解决其在检验检测等方面遇到的紧急问题。打造中国安防行业高端视频测试实验室，为各企业快速定位研发中的问题、提出解决方案，完善实验室服务功能；组建现代化工艺实验室，为各企业提供工艺设计、工艺流程检验、工艺改进、各工艺检验和审核服务，帮助各企业进行工艺相关检测。组建中试实验室，建立一条小批量验证生产线，进行产品的小试、中试、试生产销售过程中测试，帮助各企业提高科技成果产业化的成功率。

（创新体系建设与管理处）

【专利流转储备服务平台】 该平台通过技术研发、技术创新取得自主知识产权软件著作权6项。建立并完善平台“综合数据库”，将大量闲置状态及弃权窗口期的专利及时吸纳汇总入数据库，实现有限专利的储备与利用。依托平台内部的信息化管理系统，搭建内外高效对接的服务通道，创新建成大数据、云服务的服务模式，完善平台内部的相关功能，将平台进行全面推广，积极促进平台内部资源的科技成果转化。

（创新体系建设与管理处）

【体外快速诊断技术公共服务平台建设】 该平台购置高效液相色谱仪、马尔文激光粒度仪、荧光光谱分析仪、德国MMM稳定性试验箱等专业设备，及网络平台建设所需服务器、软件等基础设施。对GMP车间进行局部改造、功能升级，基本完成平台建设所需的设备设施购置。平台借鉴电商网站的成熟运营模式，针对体外诊断技术产业特点，聚合资源、信息、服务、产业要素等形成稳定的集群式网络架构，改造并优化服务环境。

（创新体系建设与管理处）

【河北工业大学省部共建国家重点实验室建设运行实施方案】 2017年8月20日，河北省科技厅会同科技部基础研究司组织专家对依托河北工业大学建设的省部共建“电工装备可靠性与智能化国家重点实验室”建设运行实施方案进行专家论证。专家组审阅相关资料，对实验室建设情况进行量化打分，从国内外前沿科研动态以及实验室运行的实际情况出发，就实验室建设和发展面临的关键问题提出具有重要指导意义的意见和建议，经质询和讨论，形成实施方案论证会专家组意见，一致认为依托河北工业大学传统优势学科建设的该重点实验室，符合国家基础科学研究平台的布局和京津冀区域科技创新体系建设的需要，定位准确、特色鲜明、建设任务明确，组织架构合理、运行机制可行、经费来源有保障、经费预算合理、政策措施有力、人才队伍建设及年度计划安排与考核目标明确，能够满足国家重点实验室的建设运行要求，同意通过论证。2017年10月17日，科技部正式发文公布关于批准建设河北工业大学“省部共建电工装备可靠性与智能化国家重点实验室”的通知。

（毛　维）

【市属科研院所创新能力建设】 2017年，“市属科研院所创新能力建设”项目搭建一批创新服务平台和中小企业资源服务平台，建成一批创新创业孵化和行业资源载体，攻克一批行业关键技术难题，形成一批具有自主知识产权的核心产品，为市属科研院所创新能力的提升打下良好基础。“天津市科技企业创新与发展能力评价体系建设”项目在前期研究、赴外调研、文献查阅的基础上，完成天津市科技企业创新与发展能力指标评价体系的框架建设和评价系统编程相关工作，初步建立企业创新能力评价系统，建立企业创新能力统计信息数据库，实现为天津市科技型企业提供创新能力评价的功能等。

（体制改革处）

【创新方法推广应用和科技资源服务平台】 2017年，“中小企业智造资源服务平台的研发与应用”项目形成具有特色的智造通、技术通、管理通、云应用等专业服务板块，形成在线设计、管理咨询服务，支持大众创新资源，开辟众创通板块，开展相应的推广工作。中小企业智造服务平台与e-works旗下的《优制网》、武重集团“制造服务平台”等专业机构合作，完成数据级别、业务级别的深度对接。“创新方法推广应用基地服务能力建设”项目在基地配备 完整的软硬件设施，建设创新方法公共服务平台，构建“小中心、大基地、云网络”服务模式，形成为企业提供创新方法的“集中培训、终身学习，即时服务、全程服务”的能力；组建一支师资培训、咨询服务团队，为企业提供包括管理创新方法、技术创新方法、商业模式、知识管理、专利地图等系统化创新方法培训、咨询等服务。

（体制改革处）

【创新创业孵化和行业资源载体】 2017年，天津环天南大创新创业“十字街区”核心孵化载体建设项目围绕构建南开创新创业“十字街区”核心载体的定位和目标，构建服务功能完善、承载能力突出、优质资源丰富，具有标杆和引领意义的孵化平台；完成“十字街区”创业网络服务平台“天创汇”的初步搭建和栏目设计，为街区各类业务的开展提供支撑平台；提升中心在市场、投融资、技术、人力、法律、国际合作等方面的创业服务能力，为全市创新创业载体工作人员提供指导服务。（体制改革处）

【省部共建分离膜与膜过程国家重点实验室】 2017年，该重点实验室以天津工业大学为依托，在平台建设、人才培养、科学研究、对外交流等方面取得较为突出成绩。获批“科技部创新人才培养示范基地”“天津市膜科学与技术引智基地示范单位”等称号；肖长发教授领衔的“纤维新材料团队”获教育部首批“全国高校黄大年式教师团队”；入选中国纺织学术带头人1人，中国科协“青年人才托举工程”1人，中国纺织青年科技奖1人，并拥有包括教育部创新团队在内的科研团队14支。重点实验室2017年度发表SCI一区文章53篇，SCI二区文章66篇，其中：发表*Advanced Materials*、*Angewandte Chemie*、*Energy&Environmental Science*等影响因子大于10的论文5篇、国际知名杂志封面论文2篇，影响因子在7～10之间的论文6篇；授权5项国际专利。重点实验室所在的材料科学与工程、化学和工程学科进入ESI全球1%，获天津市技术发明一等奖1项、获日内瓦国际发明展金奖1项、银奖1项、中国纺织工业联合会科技奖2项、第十九届中国专利奖优秀奖1项。该实验室开发聚苯硫醚生产工艺成套技术，完成万吨级PDI建设；开发超低压中空纤维纳滤膜并实现产业化。重点实验室注重国际化发展，逐步形成特色化国际运行模式，促进国际间在科学研究、人员互访和研究生互换等方面的合作交流，助力国家“一带一路”倡议实施。

（省部共建分离膜与膜过程国家重点实验室）

【生猪养殖技术推广服务平台】 通过该平台建设带动生猪产业的优化发展，服务平台整合各种资源解决生猪养殖类型企业间实现有效的合作和交流，引导生猪养殖企业成立研发中心，促进技术升级，使猪肉制品高端化、绿色化，积极利用高科技改造传统产业，加快传统产业升级换代，不断提高产品附加值；引导生猪养殖企业延伸企业产业链，带动产业链上下游环节关联产业的发展，以利于产业结构的提升；以技术辅导、政策咨询、市场联系和管理规划等方式进行合作，促进整个行业良性竞争，推动宁河生猪养殖企业技术创新和产业化发展。

（创新体系建设与管理处）

科技金融创新发展

【围绕科技金融主线助推天津市科技创业与产业创新】 天津清研陆石投资管理有限公司成立于2016年5月，由陆石控股联合清华大学汽车研究院、清华大学启迪之星、上市公司天汽模共同发起设立，专注投资汽车和军民融合领域，为所投企业提供全方位投后管理服务。2017年，获天津市2017年度“最佳创业投资机构奖”、获2017年度中国投资100“中国最具发展潜力青年投资人”与天津市2017年度“创业投资人新锐奖”。2017年8月，该公司首支军民融合领域的产业基金——陆石昱航正式成立，总规模5亿元，投资方向为航天、航空、兵器、电子、船舶等领域军民融合项目，储备项目20余个。2017年，清启陆石基金获得东丽区政府引导基金3200万元与京津冀引导基金3150万元的配资支持。2017年，共收集项目超过400个，立项项目超过20个，通过终审项目并最终完成投资项目5个，总投资额4700万元，其中4个项目通过投资落地天津，投资额3700万元。对外投资项目11个，投资总金额1.181亿元，其中投资到天津市8110万元，清智科技、清研捷运等10多个技术产业化项目落地，总市值近15亿元。

（天津清研陆石投资管理有限公司）

【坚持科技创新引领打造民族自主品牌】 恒银金融是国内首家智慧银行解决方案提供商，提供传统银行向智慧银行转型升级所需的现金类、非现金类、支付安全类全方位的智能产品、技术和服务。2017年9月20日，登陆上交所主板市场。该公司坚持以提高科技创新能力为出发点，2017年首次突破实现六大国有银行全部入围，市场占有率跃居国内第二，形成“南有广电运通、北有恒银金融”的行业格局。①坚持技术引进与自主创新结合，立足自主研发、自主创新，掌握核心技术，形成独立的技术开发能力。加大第二代金融自助设备核心模块技术研发力度，不断创新完善“中国芯”。②全年申请发明专利28项，获得软件著作权登记27项，软件评估证书25项，实用新型专利17项，外观专利7项；推出50多款多功能金融产品，完成94个工程项目的立项、研发和测试。公司获批全国信息技术标准化技术委员会自助服务设备标准工作组组长单位，参与行业标准制定工作，牵头主笔制定国家标准3项、参与起草编写5项。③坚持人才驱动战略，以人才助推企业发展，借助天津市“特殊人才支持计划”“创新创业人才推进计划”等高端人才引进培养工程，发挥公司院士工作站、博士后工作站和研发中心的优势，打造恒银人才高地。

（恒银金融科技股份有限公司）

【北京银行天津分行打造“科技金融”区域特色品牌】 2017年，北京银行天津分行加大对市科技型企业科技金融服务工作力度，打造北京银行科技金融品牌。该行具有北京银行科技金融产品体系，设置相关考核指标体系，中小企业部指定专职产品经理负责推动全行科技金融工作，定期开展科技金融业务培训，在科技金融业务上增加资源配置，设有科技专营支行及直营团队，集全行营销力量服务天津科技型企业客户。该行加强特色产品应用及创新，将“智权贷”“网速贷”“成长贷”“投贷通”等科技金融产品做好本地化应用，为不同成长阶段的科技型企业提供多元化金融支持。2017年，分行创新“股改补贴贷”产品，通过信用贷款方式支持天津市股改科技型企业发展，落地首笔中小型科技企业债权融资计划。分行积极对接各职能机构和部门，及时学习掌握最新政策。建设分行科技金融综合服务中心，联合相关机构举办“中小企业融资融智”系列活动，参加各类银企对接活动近40余次。加强与京津两地优质担保公司业务合作，引入北京地区的总行级优质担保公司资源，服务天津市科技型企业，截至2017年底，分行与北京地区担保公司合作在保业务余额近3亿元。分行设立天津科创支行，下设直营团队，通过差异化指标考核与管理、政策及资源的优先倾斜、人员团队力量的增配等举措，为科技型企业提供专业化融资服务。专营支行（含团队）小微企业贷款较2017年年初新增3.7亿元，小微企业贷款户数较年初新增30户，投资联动新落地11户。分行中小企业部设立天津科创支行为投资联动试点专营机构，与天津高新区签署投贷联动合作协议，并分别与4家服务机构签署《投贷联动合作协议》，截止2017年底，分行累计落地投贷联动客户17户。

（北京银行天津分行）

【以服务企业为核心提升南开区科技金融服务水平】 2017年，南开区科技金融对接服务平台（以下简称“平台”）落实创新驱动发展战略，以服务企业为核心，全面提升科技金融水平，在帮助企业融资、股改及挂牌上市、创新金融服务等方面取得成效。该平台与多家金融机构建立战略合作伙伴关系，重点与各银行优势产品和差异化产品合作，实现银行与企业的有效对接。为加快南开区科技型中小企业规范化、规模化发展，鼓励企业利用资本市场进行融资，该平台多次组织召开股改及挂牌上市政策说明会、实务培训会等活动，为企业讲解资本市场知识，并为有需求的企业做好服务。帮扶13家企业完成股改，4家企业挂牌（其中3家企业在新三板挂牌），制定并发布《南开区2017年贷款贴息项目申报指南》，共有26家企业提出申请，其中15家企业符合条件，共获得补贴资金265万元。与南开区人力社保局连续4年开展合作，平台负责开展无息担保贷款政策的推广、受理、初审等工作，符合基本条件的南开区科技型企业可获得20万元无息贷款额度。2017年，共有87家初创期企业获得无息担保贷款，总额度1310万元。该平台2017年组织多场融资培训和融资对接等活动。

（南开区科技金融对接服务平台）

科技队伍与人才

概　况

【科技人才发展简况】 2017年天津市科委落实《天津市2017年人才工作要点》，深入实施创新驱动发展战略，深化科技体制改革，积极营造优化人才发展环境，积极推进科技人才队伍建设取得明显成效，综合科技进步水平连续保持全国第三。截至2017年年底，全市从事科技活动人员25.04万人，拥有15名中国科学院院士、23名中国工程院院士，105位国家杰出青年科学基金获得者、7个国家自然科学基金资助的优秀创新群体，入选国家“万人计划”科技创新创业领军人才73人，入选科技部创新推进计划科技创新创业领军人才89人，国家创新人才培养基地8家，115人入选天津市人才发展特殊支持计划，475人入选天津市创新人才推进计划，887人入选天津市“新型企业家培养工程”。发挥科技部和天津市科技人才计划遴选作用，推荐高层次科技人才进入国家级人才序列。每年按照科技部的工作部署，完成科技部“创新人才推进计划”和国家“万人计划”推荐人选工作。全市累计入选科技部创新人才推进计划的科技创新创业人才89人，入选国家“万人计划”科技创新创业领军人才73人，创新人才培养示范基地8个。按照市人才工作领导小组的部署安排，天津市科委负责“天津市人才发展特殊支持计划”部分人才项目的组织申报和遴选推荐等工作。组织实施“天津市创新人才推进计划”，培育优秀的科技创新创业人才队伍。发挥天津市杰出青年科学基金作用，加强高端人才后备队伍建设。贯彻落实《中共天津市委天津市人民政府关于贯彻落实的实施意见》（津党发〔2016〕19号），设立天津杰出青年科学基金，以加强高端人才后备队伍建设为目标，在天津市优势领域、优势学科遴选资助一批杰出青年人才。截至2017年底，遴选支持30名青年杰出人才。实施新型企业家培养工程，加强科技型企业家培养，引导科技人才向企业聚集。深入实施“新型企业家培养工程”工程，自2013年启动实施以来，每年遴选150名左右，截至2017年年底，已遴选出六批共计887位新型企业家培养对象。通过开展企业家大讲堂、专题培训、高级研修班等14场活动，已培训企业家千余人次。2017年，落实《天津市中长期人才发展规划（2010～2020年）》（津党发〔2010〕8号）、《关于深化人才发展体制机制改革的实施意见》（津党发〔2016〕43号），在启动的第六批天津市“新型企业家培养工程”培养对象的申报工作中增设“青年企业家”申报条件，加大对40岁以下青年企业家的培养力度。推动体制机制创新，聚焦关键环节释放科技人员创新活力。2017年9月，天津市政府印发《关于深化体制机制改革释放科技人员创新活力的意见》的通知（津党办发〔2017〕44号），集成科技、财政、人力社保、国资、外事、编制等多个领域体制机制改革创新，围绕健全科技成果转化机制，完善科技人才评价机制，加快转制科研院所改革步伐，有效提升科技人员获得感，改革科研经费使用管理方式，营造识才爱才引才用才良好环境等提出22项突破性政策措施。

（董　怡）

【公有制经济单位自然科学专业技术人员情况】 2017年，天津市公有制经济单位自然科学专业技术人员共计224252人。其中，天津市单位164859人，驻津单位59393人。

2017年天津市公有制经济单位自然科学专业技术人员情况统计表

表9 单位：人

项目	编号	总数			本市单位			驻津单位		
		小计	高级	中级	小计	高级	中级	小计	高级	中级
甲	乙	1	2	3	4	5	6	9	10	11
总计	1	224 252	47 044	77 039	164 859	34 657	59 624	59 393	12 387	17 415
其中：1、高级职务	2	47 044	47 044		34 657	34 657		12 387	12 387	
正高级职务	3	7 867	7 867		5 560	5 560		2 307	2 307	
2、中级职务	4	77 039		77 039	59 624		59 624	17 415		17 415
工程技术人员	5	113 833	21 277	32 651	63 911	12 565	18 849	49 922	8 712	13 802
农业技术人员	6	2 663	528	912	2 605	516	891	58	12	21
科学研究人员	7	5 527	2 119	2 492	3 367	1 156	1 600	2 160	963	892
卫生技术人员	8	64 130	8 804	23 390	60 704	8 466	21 941	3 426	338	1 449
教学人员	9	38 099	14 316	17 594	34 272	11 954	16 343	3 827	2 362	1 251

（龙 欢）

科技队伍建设

【“131”创新型人才培养工程】 2017年选拔2017年度113名“131”第一层次人选、28个人才团队，为2016年度人选和团队建立一人（队）一策培养计划。选派3名人选赴清华大学做访问学者。举办四期清华大学、北京大学“131”人才和团队创新意识高级研修班，举办两期“131”创新型人才大讲堂。建立“131”创新人才学术活动中心。

（天津市人力社保局）

【专家管理与服务】 2017年，按照《人力资源社会保障部办公厅关于开展2017年百千万人才工程国家级人选选拔工作的通知》（人社厅函〔2017〕42号）要求，天津市组织开展2017年百千万人才工程国家级人选的选拔推荐工作。经个人申报、单位推荐、专家评审、全市公示，确定全市21名百千万人才工程国家级推荐人选，有六人入选。按照《人力资源社会保障部办公厅关于做好2017年国家“万人计划”哲学社会科学领军人才推荐选拔工作的通知》（人社厅函〔2017〕122号）要求，天津市人力社保局开展2017年国家“万人计划”哲学社会科学领军人才的选拔推荐工作，推荐1名建议人选。组织首批80名市突贡专家进行座谈交流，并颁发证书及津贴。组织9名医学专家赴宁夏回族自治区开展专家服务活动，活动共接诊患者400余人次，教学查房10余次，举办大型学术讲座2次、科内学术小讲座20余次，开展不孕症、心脏介入、整脊推拿等临床技术推广项目15项。按照人力社保部通知要求，选派天津市4名百千万人才工程国家级人选参加在中国浦东干部学院、井冈山干部学院、延安干部学院举办的国情研修班，进一步提高天津市创新型人才的专业水平和创新能力。

（天津市人力社保局）

【博士后管理与服务】 为加快引进高层次创新型青年人才，充分发挥博士、博士后在天津经济社会发展中的人才智力优势，2017年5月12日，天津市人力社保局会同中国博士后基金会举办“京津冀博士后人才与项目引荐会”。吸引北京大学、清华大学、等全国40多所知名高校400余名博士、博士后参会。京津冀地区165家单位参会，提供包括挂职、博士后、岗位招聘等1000多个岗位需求，共有近300名博士、博士后达成来津发展意向。为引进和培养具有创新意识、国际化视野的高层次金融人才，2017年9月16日至17日，举办第六届“全国博士后金融论坛”，全国著名高校和金融机构的专家、学者、博士后一百多人参会，收到全国著名高校近百篇稿件。论坛紧扣中央对天津“金融创新运营示范区”的功能定位，邀请与会学者和博士后建言献策，成为推进京津冀协同发展，为天津市金融创新聚集人才的有效平台。2017年，扩大博士后设站规模，在重点领域和大项目、小巨人企业建立25家博士后科研工作站分站。全市共有博士后科研流动站77个，博士后科研工作站252个（含分站）。对全市民营企业建立博士后科研工作站给予30万元资金资助。2017年度共有4家民营企业获得民营企业建站资助。为帮助设站单位招收博士后人员，组织天津市设站单位参加“2017京津冀博士后人才招收洽谈会”，13家单位提供50多个岗位需求，与来自清华大学、北京大学等高校、科研院所的40多名博士、博士后达成来津发展意向。2017年天津市共招收357名博士后研究人员，为218名博士后办理出站、工作分配、户口迁移等手续。实施天津市优秀博士后国际化培养计划，选派30名优秀博士后，前往世界著名大学、顶尖科研机构或企业，进行为期三个月的培训考察或开展合作研究。实施企业博士后创新项目择优资助计划。遴选32个具有较高的理论意义、实践价值和学术水准，研究成果有助于解决企业生产经营中关键性难题的项目予以重点资助。根据《天津市人才发展基金使用管理办法》（津人才〔2013〕12号）等有关规定，对高校自筹经费招收博士后给予每年200万元的日常经费资助。出台《天津市人民政府办公厅关于改革完善我市博士后制度的实施意见》《关于贯彻落实〈天津市人民政府办公厅关于改革完善我市博士后制度的实施意见〉有关问题的通知》。从改革管理制度、完善管理办法、提高培养质量、支持创新创业、提升服务保障等提出相关政策措施，尤其在博士后参缴社保、职称评定、创新创业、就业服务等方面提出有力改革举措。

（天津市人力社保局）

【继续教育工作】 2017年，聘请两院院士、相关专业具备丰富实践经验专家以及国际著名专家学者举办“区域能源转型助推供给侧结构性改革”等6期国家级高级研修项目，全国31个省（自治区、直辖市）的552名从事新能源、信息技术、装备制造等专业研究的高层次专业技术人才参加研修。按照《天津市经济社会发展重点领域人才培养工程实施意见》的要求，围绕国家和天津市支柱产业、战略新兴产业，秉承“紧贴生产实际、提升培训效果”的原则，组织实施“新材料在战略性新兴产业发展中的应用”等20期市级高级研修项目，全市1314名相关专业的高层次专业技术人员和管理人员参加研修。依托全市41家市级继续教育基地，紧密结合专业技术岗位职责和工作实际，开发设计《建筑交通环境与交通设施》《深基坑工程稳定与变形问题》《大宗淡水鱼种业发展及新品种养殖技术》《智能电网与新能源发电技术》等240余门急需紧缺和岗位培训课程，内容涵盖装备制造、信息技术、生物制药、农业技术等12个重点领域以及9个现代服务业领域。2017年培训急需紧缺和骨干专业技术人才1.1万余人，基本实现岗前培训与岗位培训并重，岗位培训与工作职责结合的要求。按照《天津市专业技术人员继续教育基地建设管理办法》要求，继续认定21家市级继续教育基地，使基地数量达到41家，在投入使用“天津市专业技术人员继续教育网站”的基础上，全年新录制200余门公需课程和100余门专业课程课件。同时增强交流平台功能，增加补学功能，开发手机APP。将《国家和天津市“十三五”规划纲要解读》设定为公需科目“必修课”，全市专业技术人员免费在“天津市专业技术人员继续教育网”上参加学习，同时制定4大类32门公需科目选修课指导目录，通过公需课目远程教育平台培训专业技术人员22万余人。结合全球经济发展和世界科技前沿热点问题，邀请国家行政学院专家学者，开设2期人才大讲堂活动，全市700余名高层次专业技术人员和管理人员从中受益。依托专业技术人才知识更新工程，在组织举办国家级高级研修项目中，每期研修班专门为新疆和田、西藏昌都、甘肃甘南等天津市对口支援地区预留培训名额，并联合有关省（自治区）人力社保行政部门开展报名工作，共培训20余名对口支援地区相关行业专业技术骨干人才。根据《京津冀专业技术人员继续教育合作协议》目标，选派15名相关行业高层次专业技术人员参加北京市、河北省组织举办的国家级高研班，招收北京市、河北省22名相关行业高层次专业技术人员来津参加国家级高研班。在津组织召开京津冀专业技术人员继续教育合作首次联席会议，三省市继续教育主管部门共同签署《合作备忘录》。组织部分委办局、区人力社保局和市级继续教育基地等单位21名相关负责同志，参加在北京大学举办的“京津冀专业技术人员继续教育协同发展”国家级高级研修班。会同有关行业主管部门加强继续教育专业课程管理，发布2017年度环境保护等26个行业专业技术人员继续教育专业科目学习指南，规范各行业专业科目学习内容，对单位、施教机构和个人开展专业科目学习提出要求，形成人力社保行政部门负责公需课程、行业主管部门负责专业课程的工作机制。印发《市人力社保局关于开展专业技术人员继续教育政策宣传工作的通知》，发布《专业技术人员继续教育工作宣传提纲》。（天津市人力社保局）

【职称评定】 2017年，天津市共有6.6万人取得职称，其中0.7万人取得高级职称，2.2万人取得中级职称，3.7万人取得初级职称；推进调整专业技术人员资格考试和职业水平评价制度，共组织考试25项，累计报考15万人次。在职称改革方面，一是完成天津市深化职称制度改革实施意见的起草工作；二是实现京津冀三省市专业技术职称资格互认。落实京津冀人力社保合作框架协议，推动京津冀三地实现专业技术职称资格互认。对取得京冀两地职称主管部门核发确认的职称证书并受聘专业技术职务的人员，可由用人单位考核确认并按岗聘用相应专业技术职务，不再更换证书。在晋升高一级职称时，可持原证书直接申报；三是健全基层卫生专业技术职称评价新机制。配合全市三医联动政策推进，会同市卫生计生委调整卫生技术基层卫生专业技术职称结构比例，组建基层卫生专业评审组织，开展首次评审工作，全市共有181名基层卫生专业技术人员取得职称；四是大力推进“简政放权、放管结合、优化服务”。下放中小学教师高级职称评审权，各区中小学教师高、中级职称评审工作将全部由各区自主管理，全市共有2566名中小学教师取得高级职称，2821名中小学教师取得中级职称。指导农科院开展职称自主评聘工作；五是拓展职称评价范围，启动天津市工程技术知识产权专业的职称评审试点，确定评审范围、评审条件，建立评审组织并完成首次评审工作；六是推动职称管理信息化进度。2017年天津市职称管理信息系统上线试运行，全市首次通过互联网开展职称评审，共有2.5万专业技术人员通过系统注册账号，按照个人申报、单位审核、主管单位呈报、评委会评审等流程申报职称评审。

（天津市人力社保局）

优秀科技人才简介

【在天津的中国科学院院士】 截至2017年年底，在天津的中国科学院院士共有16人。其中：新增院士1人，为中国科学院院士陈军；调离院士1人，为中国科学院院士尚永丰；新当选外籍院士1人，为中国科学院外籍院士詹姆斯·弗雷泽·司徒塔特（James Fraser Stoddart）。逝世院士1人，为中国科学院院士申泮文。名单及简介如下：

余国琮 男，1922年出生，化学工程专家，天津大学教授，1991年当选为中国科学院化学部院士。曾获国家教委科技进步奖一等奖，天津市科技进步奖一等奖及天津市科技重大成就奖。

刘广均 男，1929年出生，同位素分离专家，核工业理化工程研究院高级工程师，1991年当选为中国科学院技术科学部院士。

周　恒 男，1929年出生，流体力学家，天津大学教授，1993年当选为中国科学院数学物理部院士。1987年获国家自然科学奖二等奖。

彭一刚 男，1932年出生，建筑专家，天津大学教授，1995年当选为中国科学院技术科学部院士。

张春霆 男，1936年出生，生物信息学家，天津大学教授，1995年当选为中国科学院生命科学和医学学部院士。曾获国家自然科学奖二等奖等奖项。

宋礼成 男，1937年出生，有机化学家，南开大学教授，2007年当选为中国科学院化学部院士。曾获2005年天津市自然科学一等奖，3项教育部科技进步二等奖及2004年第一届黄耀曾金属有机化学奖等多项奖励。

葛墨林 男，1938年出生，理论物理学家，南开大学教授，2003年当选为中国科学院数学物理部院士。1990年、1996年先后获国家教委科技进步奖一等奖。

姚建铨 男，1939年出生，激光与光电子科学家，天津大学教授，1997年当选为中国科学院信息技术科学部院士。

程津培 男，1948年出生，有机化学家，南开大学教授、副校长，2001年当选为中国科学院化学部院士。

龙以明 男，1948年出生，数学家，南开大学教授，2007年当选中国科学院数学物理部院士。曾获2004年第三世界科学院数学奖、国家自然科学二等奖等奖励。

饶子和 男，1950年出生，分子生物物理与结构生物学家，清华大学教授，任天津国际生物医药联合研究院院长，2003年当选为中国科学院生命科学和医学学部院士。曾获“陈嘉庚科学奖”“第里雅斯特科学奖”等。

周其林 男，1957年出生，有机化学家，南开大学教授，2009年当选中国科学院化学部院士。

陈永川 男，1964年出生，数学家，南开大学教授，2011年当选为中国科学院数学物理部院士。曾获联合国教科文组织侯赛因青年科学家奖等。

张伟平 男，1964年出生，数学家，南开大学陈省身数学研究所研究员、所长，2007年当选中国科学院数学物理部院士。曾获2000年第三世界科学院数学奖、教育部科技进步一等奖等。

陈　军 男，1967年出生，无机化学家，南开大学教授，2017年当选为中国科学院化学部院士。曾获国家自然科学奖二等奖。

詹姆斯·弗雷泽·司徒塔特 男，1942年出生，英国国籍，化学家，2014年受聘为天津大学药学院教授，2017年当选为中国科学院外籍院士。2016年入选“外教中国”十大年度人物，获2017年度中国政府友谊奖。

【在天津的中国工程院院士】 截至2017年年底，在天津的中国工程院院士共有23人，其中：新增院士1人，为中国工程院院士夏长亮；调来院士3人，分别为中国工程院院士曹雪涛、吴以成、张玉卓。逝世院士1人，为中国工程院院士曹楚生。名单及简介如下：

吴咸中 男，1925年出生，中西医结合专家，天津医科大学教授，1996年当选中国工程院医药卫生学部院士。曾获国家科技进步二等奖和天津市重大科技成就奖。2009年被授予全国首批国医大师称号。

钱皋韵 男，1927年出生，核燃料工程、同位素分离专家，中国核工业集团公司研究员，1994年当选中国工程院能源与矿业工程学部院士。

侯　锋 男，1928年出生，蔬菜育种专家，天津市农业科学院研究员，1999年当选中国工程院农业学部院士。曾获国家科技进步二等奖、国家发明二等奖各1项，获省部级科技进步一等奖。

陈予恕 男，1931年出生，工程非线性振动专家，天津大学教授，2005年当选中国工程院机械与运载工程学部院士。曾获国家自然科学二等奖和国家科技进步二等奖各1项，省部级科技奖励一等奖3项、二等奖6项，中国专利优秀奖1项和天津市专利金奖1项。

李正名 男，1931年出生，有机化学与农药化学家，南开大学教授，1995年当选为中国工程院化工、冶金与材料工程学部院士。曾获全国科技大会奖、国家自然科学二等奖、国家科技进步一等奖、国家技术发明二等奖、化工部科技进步一等奖、天津市科技重大成就奖等20项国家与部级奖项。

李猷嘉 男，1932年出生，燃气供应专家，中国市政工程华北设计研究院顾问总工，2001年当选中国工程院土木、水利与建筑工程学部院士。

叶声华 男，1934年出生，测试计量技术及仪器专家，天津大学教授，2003年当选中国工程院信息与电子工程学部院士。

汪顺亭 男，1935年出生，惯性技术与导航设备专家，中国船舶工业总公司第七研究院第七〇七研究所研究员，1995年当选为中国工程院机械与运载工程学部院士。1994年获国家级科技进步一等奖。

谢世楞 男，1935年出生，港口和海岸工程专家，天津大学教授，1999年当选中国工程院土木、水利与建筑工程学部院士。曾获国家科技进步二等奖1项、国家科技进步一等奖2项、获全国优秀工程设计金奖，国家级有突出贡献专家。

邹　竞　女，1936年出生，感光材料专家，天津大学化工学院教授，1994年当选为中国工程院化工、冶金与材料工程学部院士。曾获国家科技进步一等奖、二等奖各1项，化工部科技进步二等奖2项，1996年度何梁何利基金科学与技术进步奖等。

余贻鑫　男，1936年出生，电力系统分析、规划与仿真专家，天津大学教授，2005年当选中国工程院能源与矿业工程学部院士。获国家科技进步二等奖和国家发明二等奖各1项、高校十大科技成果奖1项、省部一等奖5项。

石学敏　男，1938年出生，中医、针灸学专家，天津中医药大学第一附属医院教授，1999年当选中国工程院医药卫生学部院士。获国家科技进步奖1项、省部级科技进步奖33项（次）、国家教委及天津市教学成果奖3项、获何梁和何利基金科学与技术进步奖。

王静康　女，1938年出生，工业结晶科学与技术专家，天津大学化工学院教授，1999年当选为中国工程院化工、冶金与材料工程学部院士。获国家技术发明二等奖及三等奖各1项，国家科技进步二等奖3项；何梁何利技术科学奖，天津市科技重大成就奖。

陈念念　男，1941年出生，核材料与核燃料专家，核工业理化工程研究院研究员，2005年当选中国工程院能源与矿业工程学部院士。曾获国家科技进步二等奖3项和国防科学技术一等奖3项。

苏万华　男，1941年出生，内燃机动力工程专家，天津大学教授，2011年当选工程院能源与矿业工程学部院士。曾获国家技术发明奖二等奖1项，省部级奖励5项。

刘昌孝　男，1942年出生，药理学家、药代动力学家，2003年当选中国工程院医药卫生学部院士，曾获国家部省级成果奖34项次、国际奖5项。

郝希山　男，1945年出生，肿瘤学家，天津市肿瘤研究所所长，2003年当选中国工程院医药卫生学部院士。曾获国家教学成果一等奖1项、省部级科技进步一等奖3项、天津市重大成就奖1项。

吴以成　男，1946年出生，功能材料专家，天津理工大学教授，2005年当选为中国工程院化工、冶金与材料工程学部院士。曾获国家发明一等奖。

张伯礼　男，1948年出生，中医内科专家，天津中医药大学校长，2005年当选中国工程院医药卫生学部院士。曾获国家科技进步一等奖等国家奖7项，省部级科技进步一等奖10项。

张玉卓　男，1962年出生，洁净煤技术专家，中共天津市委常委、滨海新区区委书记，2011年当选中国工程院能源与矿业工程学部院士。

钟登华　男，1963年出生，水利水电工程专家，天津大学教授，2009年当选中国工程院土木、水利与建筑工程学部院士。获国家科技进步二等奖2项，省部级一等奖3项。

曹雪涛　男，1964年出生，免疫学专家，中国医学科学院院长，2005年当选中国工程院医药卫生学部院士。获国家自然科学二等奖1项、中华医学科技奖一等奖2项、军队和上海市科技进步一等奖2项、上海市自然科学一等奖4项。

夏长亮　男，1968年出生，电机设计与控制专家，天津工业大学教授，2017年当选中国工程院机械与运载工程学部院士。曾获国家技术发明二等奖1项、国家科技进步二等奖1项、省部级科技一等奖6项。

【新当选在津中国科学院院士】　**陈军**，2017年当选为中国科学院院士，无机化学家，南开大学教授。1989年毕业于南开大学，1999年在澳大利亚Wollongong大学获博士学位。现任南开大学化学学院院长、先进能源材料化学教育部重点实验室主任。主要从事无机固体化学的研究，在无机固体功能材料的合成化学、固体电极制备以及新型电池电极材料开发研究方面做出重要创新性贡献。提出“室温—氧化还原—转晶”新合成方法，室温合成出稳定的导电纳米尖晶石$CoMn_2O_4$，替代贵金属铂电极，应用于可充电金属锂、锌空气电池。提出电极微纳化可改善多电子电极反应活性和结构稳定性的设想，经大量实验制备可充锂、钠、镁电池的微纳多级结构电极，提高电池的安全性，为降低电池电极材料成本及解决电池燃烧爆炸提供了新思路。曾获国家自然科学奖二等奖。

【新当选在津中国科学院外籍院士】　**詹姆斯·弗雷泽·司徒塔特**（James Fraser Stoddart），男，英国国籍，化学家，2017年当选为中国科学院外籍院士，2014年受聘为天津大学药学院教授。研究领域主要为超分子化学和分子机器，基于分子机械互锁结构创造性地发展出一种全新的人工合成分子机器，有别于传统化学价键理论，该机械键概念为化学领域的进一步拓展做出里程碑式的贡献。合成出由热能驱动的分子机器原型——分子梭，以及可以对外部刺激做出响应的分子开关等。设计合成可以对外做功的分子机器——分子泵。在分子级别上实现如奥林匹克环、博罗米恩环等具有拓扑结构的复杂体系，进一步将超分子化学与拓扑学进行有机结合，提出"机械立体化学"的概念。带领团队在大环化合物和纳米器件等多个领域取得阶段性研究成果，作为牵头人在天津大学举办包括五位诺贝尔奖得主在内的33位国际一流科学家参与的"分子科学与人类科技的未来"研讨会，在天津大学设立"司徒塔特发展基金"，以鼓励和延揽更多优秀的中国青年人才从事化学研究。为中国化学领域的研究、高水平人才的培养以及一流学科的建设做出贡献。2016年入选"外教中国"十大年度人物，获2017年度中国政府友谊奖。

【新增在津中国工程院院士】 **夏长亮**，2017年当选中国工程院机械与运载工程学部院士，电机设计与控制专家，天津工业大学教授、博士生导师、副校长。1995年毕业于浙江大学，获工学博士学位，长江学者特聘教授、国家杰出青年基金获得者、国家"973计划"首席科学家、国家"万人计划"科技创新领军人才。长期从事高效能电机系统的研究与开发工作，提出电机和变流控制一体化统筹设计方法、复杂工况下电机系统高稳定控制方法、电机效能协同设计方法等，为推动中国电机系统的理论发展和技术进步做出突出贡献。作为首席科学家主持国家"973计划"；作为项目负责人，主持国家自然科学基金重大项目。作为第一完成人获国家技术发明二等奖1项、国家科技进步二等奖1项、省部级科技一等奖6项。同时，获"何梁何利科学与技术奖""光华工程科技奖""中国青年科技奖"。出版专著4部。发表SCI/EI收录期刊论文200余篇。作为第一发明人获授权中国发明专利58项、美国发明专利3项。

吴以成，2005年当选为中国工程院化工、冶金与材料工程学部院士，功能材料专家，2017年任天津理工大学教授。1970年毕业于中国科学技术大学，1986年获中国科学院福建物质结构研究所博士学位。长期从事非线性光学材料研究和发展工作，在新型非线性光学材料探索、晶体生长及非线性光学特性研究、晶体结构与非线性光学性能相互关系等方面取得多项成果。与合作者一起发明LiB3O5（简称LBO）、CsB3O5（简称CBO）、La2CaB10O19（简称LCB）等多种非线性光学晶体。LBO晶体广泛应用于激光技术领域，适用于高平均功率全固态激光器的二、三倍频晶体，曾被美国《激光与光电子学》杂志评为1989年度国际十大激光高技术最佳产品之一。"新型非线性光学晶体三硼酸锂—LiB3O5"获国家发明一等奖。

张玉卓，2011年当选为中国工程院能源与矿业工程学部院士，洁净煤技术专家，2017年3月任中共天津市委常委、滨海新区区委书记。1982年毕业于山东科技大学，1989年获北京科技大学博士学位。1992年至1996年，先后在英国南安普顿大学和美国南伊利诺伊大学从事研究工作。曾任神华集团有限责任公司董事长、党组书记，神华集团有限责任公司总经理、中国神华煤制油化工公司董事长和中国煤炭科学研究总院院长，国家能源专家委员会成员、中国煤炭学会副理事长、中国能源研究会副理事长和国际能源署（IEA）煤炭咨询委员会（CIAB）执委。

曹雪涛，2005年当选中国工程院医药卫生学部院士，免疫学专家，2017年12月任南开大学校长。1990年毕业于第二军医大学，获博士学位。曾任中国医学科学院院长、北京协和医学院校长。中国工程院院士、德国科学院外籍院士、法国医学科学院外籍院士、英国医学科学院外籍院士，兼任中国生物医学工程学会理事长、中国科协生命科学联合体主席、亚太免疫学会联盟秘书长、医学免疫学国家重点实验室主任。创办《中国肿瘤生物治疗杂志》并任主编，*Cellular and Molecular Immunology*共同主编、任*Journal of Molecular Medicine*、*Cancer Immunology Research*副主编等。主要从事天然免疫与炎症的基础研究、肿瘤免疫治疗应用研究。发表SCI论文230余篇，引用

1万余次。获国家自然科学二等奖（2003）、中华医学科技奖一等奖等奖项，获国家发明专利16项，获国家Ⅱ类新药证书2个。获中国工程院光华工程奖（2012）、中科院陈嘉庚生命科学奖（2016）、教育部长江学者成就奖、中国青年科学家奖等，获首届中国研究生教育特等奖、Nature杰出导师终身成就奖。

【2017年度天津市重大成就奖获得者陈予恕简介】 陈予恕，中国工程非线性振动的主要创始人，主要成就和贡献：①创建求周期分岔解的C—L方法，用于大型旋转机械系统振动故障非线性机理分析中。建立非线性系统振动周期分岔解的拓扑结构与系统参数的全面联系，发展非线性振动理论。为解决工程中的疑难振动问题奠定理论基础。基于C—L方法，提出大型旋转机械重大振动故障非线性治理的五项新技术：非线性油振荡参数综合（偏心量、润滑、轴承负荷分配）治理技术，轴系支承内共振综合治理技术，裂纹类型故障综合类比技术，碰摩故障治理技术以及轴系外伸端不平衡的非线性治理技术。在天津、黑龙江等七省市11个发电厂的共2830MW机组上得到应用，1998年到2002年累计经济效益4亿多元；②提出动力学参数的三优设计技术，用于大型振动机械和旋转机械的动力学设计及特征分析中。通过系统动力学行为的机理分析，使动态响应达到国家标准为设计目标：结构动强度优化技术—整体结构的任何零部件动强度都应少于或不超过许用应力；结构动刚度优化技术—整体或部件模态数据都应符合工作频率的动态要求；支承弹性参数优化—整体工作点应选在共振区之外。据此研制出国内最大的32平方米非线性共振筛，同比节能50%，筛分率提高20%。针对大型火电机组转子系统长期存在的振动超标故障治理，提出多项故障机理及特征及治理技术；③基于提出的工程降维准则，开展航空发动机振动故障非线性机理研究。重要进展：①提出航空发动机整机动力学建模和降维准则，建立工程降维的基本概念；②提出滚动轴承增强稳定性一体化选用准则；③提出重要振动故障的诊断特征。作为第一完成人获国家自然科学二等奖（2003年）、国家科技进步二等奖（2005年），以及多项省部级一、二等奖。为国家培养一批研究非线性振动的拔尖人才。被评为中央电视台和中华人民共和国教育部主办的“2016寻找最美教师”活动的最美教师。

（天津大学）

【刘昌孝院士获中国药学会突出贡献奖】 2017年11月，天津药物研究院学术委员会主任、名誉院长刘昌孝院士获中国药学会突出贡献奖。中国药学会突出贡献奖是为展现中国药学会110年的历史积淀、文化传承、精神追求和发展理念，增强广大药学工作者的凝聚力，由24届理事会理事长办公会审议通过设立的，以表彰那些对中国药学会多年发展历程中做出重大贡献的专家。颁奖仪式于11月3～6日召开的“2017年中国药学大会暨第十七届中国药师周”举行。

中国药学会突出贡献奖

（李亚卓　田　红）

【天津药物研究院人才培养工作】 2017年天津药物研究院在人才培养方面取得成果。创新中心赵桂龙博士入选第十四届天津青年科技奖，并带领“代谢和内分泌团队”获评2016年度天津市“131”创新型人才团队，获项目资助60万元；孙双勇博士入选第二批天津市人才发展特殊支持计划—青年拔尖人才，获项目资助100万元；田成旺、胡金芳两人选天津市“131”创新型人才培养工程第一层次人选，刘巍、王博、李亚卓、吴赟、闫少杰、张海枝、张赫然、张洪兵入选天津市“131”创新型人才培养工程第二层次人选；穆帅、孙双勇获天津青年“创新创业创优”先进个人荣誉称号。

（李　琳　赵丽丽）

科学研究与技术开发机构

【简况】 2017年，天津市区及区以上独立科学研究与技术开发机构（不包括国防所）共有257家纳入科技统计调查范围，其中，自然科学研究与开发机构43家（市属34家，驻津9家），转制研究与开发机构59家（市属41家，驻津18家），社会人文类研究机构4家，信息和文献类机构9家，区属机构26家，其他类机构116家。从业人员41289人，R&D人员折合全时工作量11725人年，R&D经费内部支出45.05亿元。 （孟 媛）

【自然科学研究与技术开发机构】 2017年，天津市有43家自然科学研究与开发机构（市属34家，驻津9家）纳入统计范围。

2017年天津市自然科学研究与开发机构情况

表10

	机构数（个）	从业人员（人）	经费收入总额（万元）	经费支出总额（万元）	课题数（项）	课题投入人员（人年）	课题经费内部支出（万元）
合计	43	4 889	246 395	241 915	1 694	2 650.6	118 029.6
一、按隶属关系分							
市属单位	34	2 777	104 742	104 537	682	1 180.4	36 310.6
中央各部驻津单位	9	2 112	141 653	137 378	1 012	1 470.2	81 719.0
二、按机构服务国民经济行业分							
农、林、牧、渔业	15	689	32 478	32 840	371	474.9	14 574.5
制造业	4	1 275	58 446	48 443	471	825.8	22 738.9
建筑业	2	202	12 282	10 351	26	58.3	2 105.4
科学研究和技术服务业	11	1 535	100 757	104 985	559	790.6	58 701.8
水利、环境和公共设施管理业	5	391	18 169	19 305	75	222.4	11 407.3
卫生和社会工作	5	630	23 238	24 965	191	266.2	7 705.4
公共管理、社会保障和社会组织	1	167	1 026	1 026	1	12.4	796.3

注：表1-8中，部分数据的合计数和相对数由于四舍五入取舍不同而产生的计算误差，均未做机械调整

（孟 媛）

科技队伍与人才

【转制科学研究与技术开发机构】 2017年天津市有59家转制科学研究与技术开发机构（市属41家，驻津18家）纳入统计范围。

2017年天津市转制科学研究与技术开发机构情况

表11

	机构数（个）	从业人员（人）	经费收入总额（万元）	经费支出总额（万元）	课题数（项）	课题投入人员（人年）	课题经费内部支出（万元）
合计	59	12 141	1 176 769	893 677	1 245	3 659.9	112 674.9
一、按隶属关系分							
市属单位	41	2 228	93 927	76 305	188	672.4	12 018.9
中央各部驻津单位	18	9 913	1 082 843	817 371	1 057	2 987.5	100 656.0
二、按机构服务国民经济行业分							
农、林、牧、渔业	1	26	160	161	3	7.0	94.0
采矿业	1	212	17 406	16 704	35	120.0	2 489.1
制造业	37	3 504	419 640	254 578	271	1 356.6	25 886.9
电力、热力、燃气及水生产和供应业	1	199	1 097	735	6	32.6	374.9
建筑业	2	313	14 606	9 883	64	134.0	2 215.6

续表11

	机构数（个）	从业人员（人）	经费收入总额（万元）	经费支出总额（万元）	课题数（项）	课题投入人员（人年）	课题经费内部支出（万元）
信息传输、软件和信息技术服务业	2	166	3 833	2 624	21	112.0	1 097
科学研究和技术服务业	13	6 318	596 604	488 809	692	1 728.3	75 376.1
卫生和社会工作	1	1 402	123 425	120 183	153	169.4	5 141.3
文化、体育和娱乐业	1	1	0	0	0	0.0	0.0

（孟　媛）

【科学技术信息和文献机构】　2017年天津市有9家科技信息和文献类机构纳入统计范围。

2017年天津市科学技术信息和文献机构情况

表12

	机构数（个）	从业人员（人）	经费收入总额（万元）	经费支出总额（万元）	课题数（项）	课题投入人员（人年）	课题经费内部支出（万元）
合计	9	669	40 984	37 831	55	379.8	12 770.1
一、按隶属关系分							
市属单位	8	279	11 521	10 686	29	63.8	1 337.4
中央各部驻津单位	1	390	29 463	27 144	26	316.0	11 432.7
二、按机构服务国民经济行业分							
制造业	3	41	670	664	2	15.0	135.2
信息传输、软件和信息技术服务业	1	9	70	131	1	3.0	25.0
科学研究和技术服务业	4	562	37 718	35 214	52	361.8	12 609.9
卫生和社会工作	1	57	2 526	1 822	0	0.0	0.0

（孟　媛）

【社会人文科学研究与技术开发机构】　2017年天津市有4家社会人文科学研究与技术开发机构纳入统计范围。

2017年天津市社会人文科学研究与技术开发机构情况

表13

项目	机构数（个）	从业人员（人）	经费收入总额（万元）	经费支出总额（万元）	课题数（项）	课题投入人员（人年）	课题经费内部支出（万元）
合计	4	456	15 833	14 462	155	264.3	4 867.2
一、按隶属关系分							
市属单位	4	456	15 833	14 462	155	264.3	4 867.2
中央各部驻津单位	0	0	0	0	0	0.0	0.0
二、按机构服务国民经济行业分							
科学研究和技术服务业	3	371	14 018	12 526	155	264.3	4 867.2
文化、体育和娱乐业	1	85	1 815	1 936	0	0.0	0.0

（孟　媛）

【区属研究与开发机构】 2017年天津市有26家区属研究与开发机构纳入统计范围。

2017年天津市区属研究与开发机构情况

表14

	机构数（个）	从业人员（人）	经费收入总额（万元）	经费支出总额（万元）	课题数（项）	课题投入人员（人年）	课题经费内部支出（万元）
合计	26	565	12 219	11 353	13	47.0	829.9
按机构服务国民经济行分							
农、林、牧、渔业	15	359	6 494	6 445	13	47.0	829.9
科学研究和技术服务业	11	206	5 725	4 908	0	0.0	0.0

（孟　媛）

【其他机构】 2017年天津市有116家其他机构纳入统计范围。

2017年天津市研究与试验发展活动类机构情况

表15

	机构数（个）	从业人员（人）	经费收入总额（万元）	经费支出总额（万元）	课题数（项）	课题投入人员（人年）	课题经费内部支出（万元）
合计	116	22 569	2 263 614	1 801 905	1 648	5 943.5	191 363.6
一、按隶属关系分							
市属单位	97	8 619	374 090	312 646	731	3 167.8	112 710.4
中央各部驻津单位	19	13 950	1 889 524	1 489 259	917	2 775.7	78 653.2
二、按机构服务国民经济行业分							
农、林、牧、渔业	8	209	8 083	7 306	77	120.4	4 515.1
采矿业	2	765	22 560	22 113	41	98.0	2 173.0
制造业	26	2 423	222 330	167 210	114	863.1	14 403.9
电力、热力、燃气及水生产和供应业	1	41	1 343	1 238	9	28.0	716.8
建筑业	6	1 495	74 626	71 339	76	214.8	7 297.9
交通运输、仓储和邮政业	1	5 123	691 257	556 124	548	1 025.8	23 772.1
信息传输、软件和信息技术服务业	6	513	25 185	18 613	45	342.7	10 671.1
金融业	1	8	1 103	797	0	0.0	0.0
租赁和商务服务业	1	56	1 327	1 354	10	31.0	399.7
科学研究和技术服务业	56	10 242	1 080 229	852 303	664	2 944.7	114 630.3
水利、环境和公共设施管理业	5	1 584	132 715	99 967	60	255.0	11 857.0
卫生和社会工作	3	110	2 857	3 542	4	20.0	926.9

（孟　媛）

【科研机构承担课题情况】 2017年，科研机构共承担各类课题4810项，课题经费内部支出44.05亿元，其中R&D课题为33.06亿元，占全部课题的75.0%；课题投入人员折合全时工作量为12945.1人年，其中R&D人员为10538.7人年，占全部人员的81.4%。人均课题经费34.03万元/人年，比上年略有上升。从课题来源看，有近五成的课题经费来自中央和地方政府部门，其中来自中央政府部门的课题经费为11.28亿元，占25.6%；来自地方政府部门的课题经费为9.48亿元，占21.5%；企业委托课题经费为8.64亿元，占19.6%，自选课题经费为12.46亿元，占28.3%；其他课题（含国际合作课题）2.20亿元，占5.0%。

2017年天津市科学研究与技术开发机构承担课题情况

表16

	课题数		课题经费内部支出	
	项	%	亿元	%
合计	4810	100	44.05	100
国家科技项目	1128	23.5	11.28	25.6
地方科技项目	1146	23.8	9.48	21.5
企业委托项目	904	18.8	8.64	19.6
自选科技项目	1342	27.9	12.46	28.3
国际合作项目	10	0.2	0.17	0.4
其他科技项目	280	5.8	2.03	4.6

（孟　媛）

【科研机构专利情况】　2017年，天津市科研机构专利申请1978件，其中发明专利1071件，占专利申请量的54.1%；获专利授权1121件，其中发明专利455件，占专利授权量的40.6%。

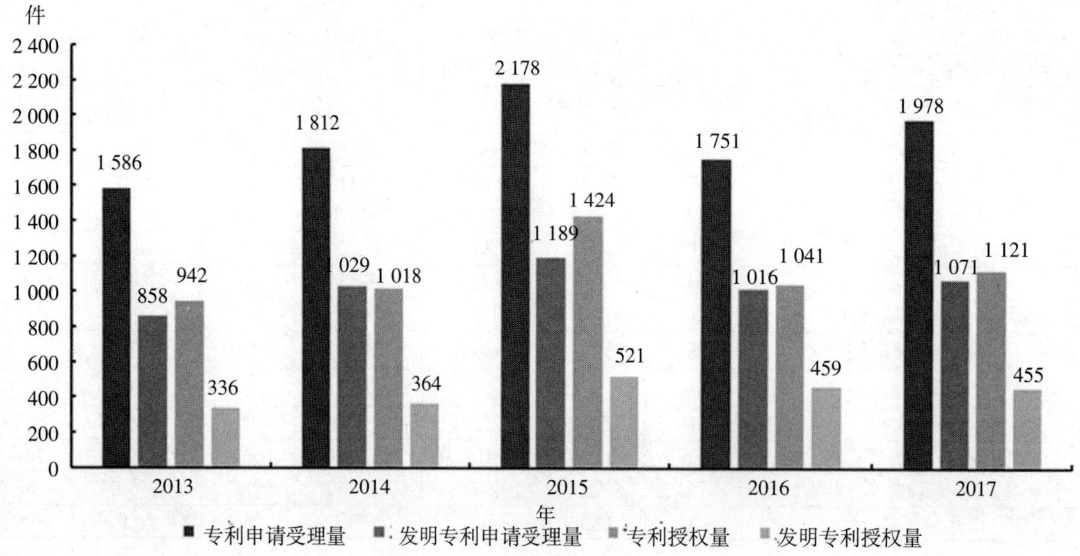

2013～2017年天津市科学研究与技术开发机构专利情况

（孟　媛）

【科研机构R&D活动情况】　2017年，天津市科研机构R&D人员折合全时工作量11725人年，比2016年下降1.5%。R&D经费内部支出为45.05亿元，比上年增加4.5%。

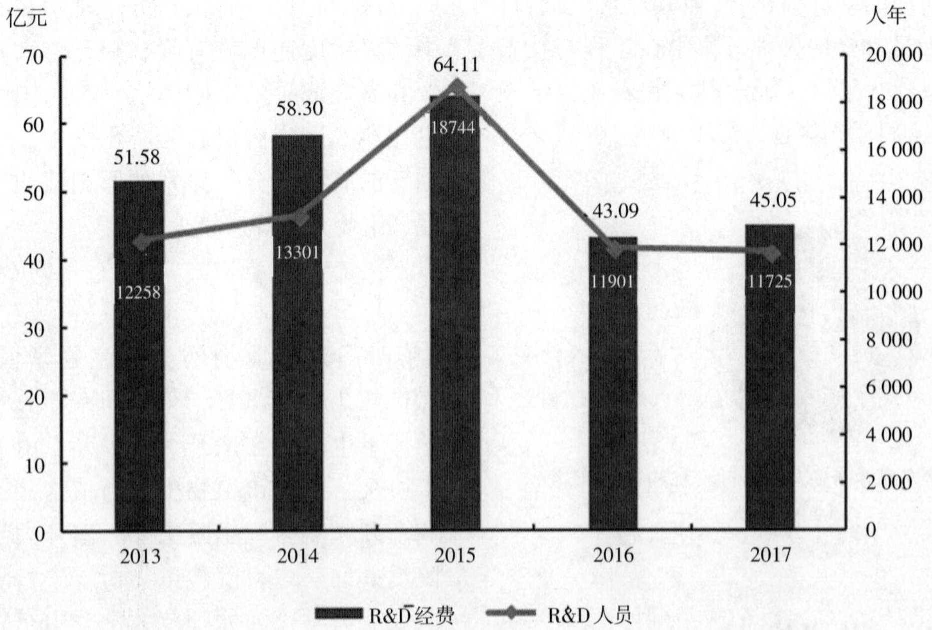

2013～2017年天津市科学研究与技术开发机构R&D活动人员和经费情况

2017年，天津市科研机构R&D经费中政府资金为23.82亿元，占52.9%；企业资金为16.95亿元，占37.6%；其他资金4.27亿元，占9.5%。R&D活动由基础研究、应用研究和试验发展三部分构成。2017年，天津市科研机构中基础研究经费支出4.76亿元，占10.7%；应用研究经费为13.26亿元，占29.4%；试验发展经费为27.02亿元，占59.9%。

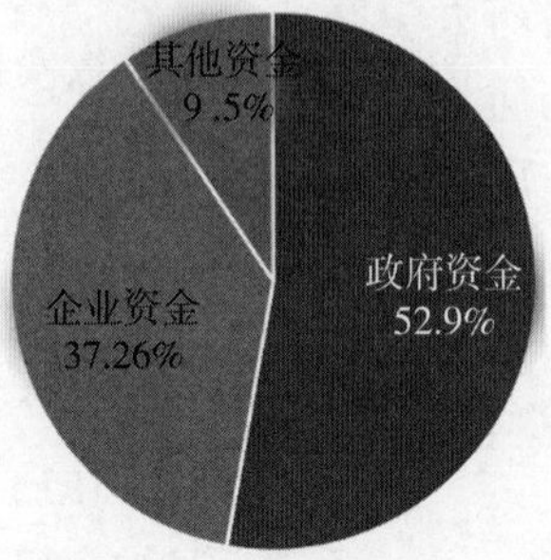

2017年天津市科学研究与技术开发机构R&D经费按来源分布

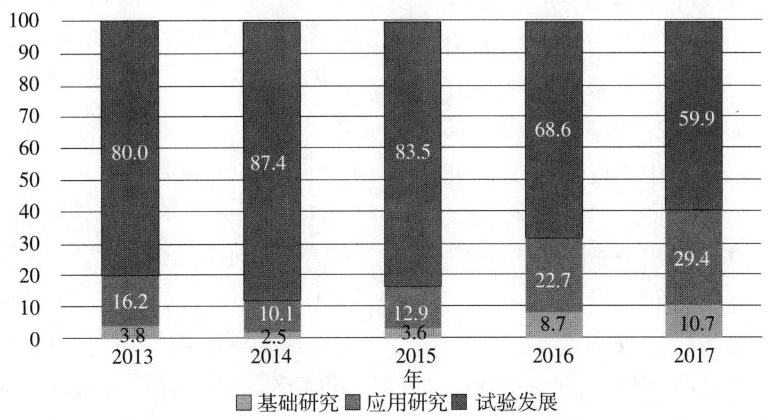

2013～2017年天津市科学研究与技术开发机构R&D经费按活动类型分布

从R&D活动的学科分布看，2017年，科研机构R&D活动人员和经费大部分集中在工程与技术科学，其次为自然科学、医学科学和农业科学领域，人文与社会科学领域投入最少。

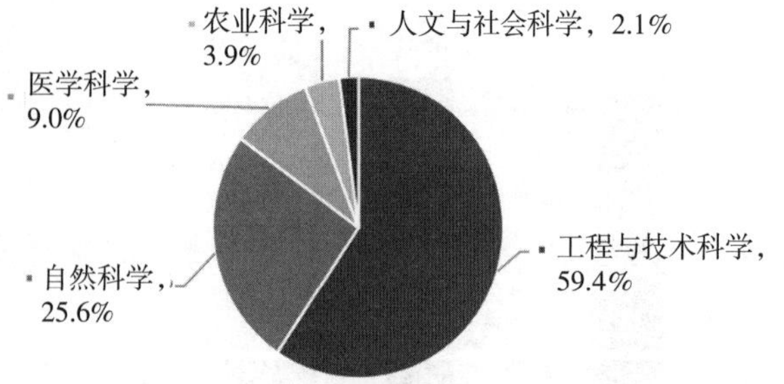

2017年天津市科学研究与技术开发机构R&D经费按学科分布

（孟　媛）

学术会议

【国家自然科学基金委应急管理项目“中药质量战略研究”】　2017年1月17～18日，刘昌孝院士牵头在南开大学召开中药质量战略与方法学研究研讨会。会议由国家自然科学基金委员会主办，天津药物研究院、南开大学和天津中医药大学联合承办。会议特邀专家40余人，就中药质量研究战略和中药质量标志物的研究方法和应用进行专题报告。刘院士牵头形成战略研究报告并报送国家自然科学基金委员会。2016年12月，刘昌孝院士申请的国家自然科学基金委应急管理项目“中药质量战略研究”获批。

（李亚卓）

【2017全国有机超分子化学前沿研讨会】　2017年4月13～14日，“2017全国有机超分子化学前沿研讨会”在南开大学召开。与会专家就有机超分子的结构及功能应用研究举行29场学术报告，从不同角度介绍国内有机超分子化学近年来的研究进展，并对有机超分子化学的挑战、机遇和发展趋势进行讨论交流。国内有机超分子化学在新基元设计、新体系构建和应用功能开发等方面取得成绩，构造出冠芳烃、螺芳烃、分子诱导聚集、超分子有机框架等中国学者原创性的超分子化学新基元、新方法和新结构。国内有机超分子化学研究存在的问题：①与有机化学其它研究方向如反应方法学相比，有机超分子化学在有机化学研究中的显示度还比较有限，缺乏重大研究项目的引领和研究成果的集中体现；②与国际一流的研究组相比，国内有机超分子化学工作者在具有源头创新的有机超分子体系如原创性的理论、组装基元、组装方法等还较少。

（陈　湧）

【第四届京津冀植物分子生物学博士生会议】　2017年7月2～3日，第四届京津冀植物分子生物学博士生会议在南开大学举办，由天津市科学技术协会、天津市植物生理与植物分子生物学学会和南开大学研究生院主办，南开大学生命科学学院承办的。中科院微生物所、中科院动物所、中国农业大学、河北师范大学、山东农业大学、南开大学、天津大学、天津师范大学、天津农学院等京津冀及山东的高校和科研院所100余位专家学者及师生与会。中国科学院微生物研究所孔照胜研究员做主题报告，河北师范大学生命科学学院谢启光教授、山东农业大学李厦副教授、中国科学院动物所张晓明研究员和中国农业大学王献兵教授依次做学术报告。

（吝春红）

【第六届IEEE通信、信号处理、系统国际会议】　2017年7月14～17日，由天津师范大学主办的第六届IEEE通信、信号处理及系统国际会议在哈尔滨举行。爱丁堡英国皇家学会物理科学和工程分会副主席、斯特拉思克莱德大学塔里克–杜拉尼（TariqS.Drrani）教授、清华大学牛志生教授、梁启联教授等分别作主题报告。会议期间召开中英基于传感网的地质灾害监测研讨会以及中韩智能通信学术研讨会。来自英国University ofStrathclyde、University of Newcastle、Coventry University、University of Exeter等高校和国内天津师范大学、武汉大学、哈尔滨工业大学、重庆邮电大学、成都信息工程大学、内蒙古大学等高校研究机构的40余位专家学者参加研讨，共收到论文500余篇，录用360余篇，发表在*Springer: Lecture Notesin Electrical Engineering*。该会议的召开是通信与信号处理国际学术界的一次重要会议，进一步加深天津师范大

科技队伍与人才

学与国内外行业专家的交流合作，对中国通信及信号处理领域的发展起到积极的促进作用。

（天津师范大学）

【第十四届国际杯芳烃会议】 2017年8月，第十四届国际杯芳烃会议在天津召开。该系列学术会议在1991年在德国首次召开，其后在日本、美国、意大利、澳大利亚、荷兰、加拿大、捷克、韩国、西班牙等国先后举行，该系列学术会议首次在中国举办。会议主席由南开大学刘育教授和清华大学王梅祥教授担任。会议邀请中国、美国、德国、加拿大、法国、比利时、日本、捷克、以色列、阿联酋、俄国、韩国、智利、克罗地亚、印度等国内外著名高校和研究机构的160位专家学者做学术交流。会议共举办邀请报告20场，口头报告17场以及墙报展讲57篇。国际学术期刊*Supramolecular Chemsitry*为该会议出版专辑。

（陈　湧）

【京津冀地区遗传学博士生论坛】 2017年8月26~27日，京津冀地区遗传学博士生论坛及学术交流会在南开大学举办，由南开大学和天津市遗传学会联合主办，南开大学生命科学学院承办，天津市科学技术协会、南开大学提供资助。会议有来自南开大学、天津医科大学、天津农学院、天津市第三中心医院、军事医学科学院微生物流行病研究所、中国科学院植物研究所、北京理工大学、北京师范大学、中央民族大学、首都师范大学院、卫生部/北京医院老年医学研究所、农业部科技发展中心、河北工业大学、廊坊师范学院等高校和科研单位的近90名专家学者和研究生与会。会议学术报告共分四场，11名博士生分别就医学遗传学及植物遗传学的前沿理论和技术进行交流，会后特邀导师及专家对报告内容进行点评及建议，为京津冀地区从事遗传学相关课题研究的博士生提供平台。（吝春红）

【参加第四届中国天津国际直升机博览会】 2017年9月14~17日，第四届中国天津国际直升机博览会在在天津滨海新区空港经济区中航直升机产业基地举行，主题为“创新融合、协同发展”。天津直博会是中国唯一的国家级国际直升机专业展会，也是中国境内唯一具有飞行表演的国际直升机专业展会，旨在搭建交流平台，拓展合作领域，提供开放服务，集中展示国际直升机产业的新理念、新技术和新产品，推动国际直升机产业的合作、创新与发展，同时向世界展现天津滨海新区的发展成就。天津直博会为全球直升机厂商提供展示与交流的平台，促进国际直升机产业的合作与发展，推动军民融合发展，为公众近距离了解直升机创造良机。天津七六四通信导航技术有限公司作为国内唯一一家专业研发制造机场地面导航设备的公司，以公司的VI视觉识别规范和品牌建设为依据参加会展，将“专业机场通信导航设备生产商”作为主要宣传定位。

（王　健）

【2017国际反病毒大会】 2017年11月8日，“2017国际反病毒大会”在天津召开。会议由公安部、中央网信办、工信部、国家外专局、天津市政府指导，天津市公安局、天津市外专局、天津经济技术开发区管委会主办，国家计算机病毒应急处理中心、国家网络与信息安全信息通报中心承办。大会以“万物互联背景下反病毒的新挑战”为主题，旨在推进技术革新，阐明中国在网络安全、移动安全和反病毒领域的工作主张。邀请大会名誉主席、中国工程院院士沈昌祥，中国工程院院士倪光南作大会报告；亚洲反病毒研究者协会主席艾伦·迪尔（Allan Dyer）、国际刑警组织打击网络犯罪司战略与外联科主任克里斯多夫·杜兰（Christophe DURAND）、中国香港警务处网络安全及科技罪案调查科督察陈鸿等国内外知名专家、学者作技术报告。邀请政府主管部门领导、国内外信息安全专家、信息安全企业负责人，交流反病毒技术、移动APP管控、网络威胁治理等信息网络安全前沿技术和发展趋势，促进国际合作、技术发展和产品创新。发布“中国技术勒索的现状、趋势及对策研究报告”。

（张　超）

【2017年天津市动植物抗性重点实验室学术委员会会议】 2017年11月17日，天津市动植物抗性重

点实验室第二届学术委员会第七次会议于在天津师范大学召开。会议听取实验室2017年度工作报告，邀请专家分别做题为“肿瘤微环境及小分子干预”“石斑鱼虹彩病毒感染致病机理与免疫防控技术”的学术报告。专家委员针对进一步凝练研究方向和引进所需人才等方面提出意见和建议。天津市动植物抗性重点实验室于2007年10月批准建设，先后通过天津市科委组织的2012年、2015年重点实验室评估，并取得较好的成绩。实验室依托天津师范大学生命科学学院生物科学和生态学一级学科和生物教学科研实验中心，搭建开放、流动、联合、竞争的创新研究和人才培养的平台。（天津师范大学）

【组织工程与干细胞治疗学术研讨会】 2017年11月21日，组织工程与干细胞治疗学术研讨会在南开大学举行，随着“健康中国2030”国家战略提出以来，全面提升中国的医疗水平和全民健康水平作为国家战略上升到前所未有的高度。南开大学建立一支高水平干细胞研究队伍，拥有国家千人、长江学者特聘教授、国家杰青、国家青千、国家优青等一批人才，先后入选“心血管组织工程”教育部创新团队和天津市“干细胞与再生医学”重点领域创新团队。研讨会旨在扩大天津市组织工程和干细胞研究的对外影响，进一步提升研究水平，推动高水平国内外合作及天津干细胞产业发展。会议由天津市生物医学工程学会组织工程专业委员会主办，南开大学生命科学学院、药物化学生物学国家重点实验室、生物活性材料教育部重点实验室承办。

（吝春红）

【中韩2017人机交互研讨会】 2017年12月26日，中韩人机交互研讨会在天津师范大学举行，由天津师范大学和韩国崇实大学共同主办，中国计算机学会青年科技论坛天津分论坛协办，旨在汇聚中国和韩国的HCI研究团体，为两国科研人员展示当前人机交互领域的前沿技术研究方向，国家高端外专项目入选者、天津千人计划入选者、韩国崇实大学信息技术学院、全球媒体学院等国内外知名高校和科研单位的专家、学者参加研讨会。该研讨会为中韩两国的专家学者们搭建学术交流平台，为提升人机交互领域的科学研究水平提供智力支持，为实现天津师范大学在该领域的对外合作、深度融合和技术推广等方面树立品牌效应做出贡献。与会专家、学者围绕主题分别作学术报告，围绕人机交互领域的新理论、新技术和新方法进行深入交流研讨，涉及工业生产中的虚拟现实与增强现实技术、情感计算研究的现状与挑战、虚拟现实中的体感交互研究进展、数字艺术中的3D打印技术应用、新一代移动学习界面开发与设计、基于投影的动态物体空间增强现实技术、混合现实在城市计算和影视制作中的应用和基于ID-4重新考虑新媒体关键因素等多个领域。

（天津师范大学）

科技管理与服务

概　况

【科技工作】 2017年，天津市R&D占GDP比重达到3.0%，连续10年位居全国第三；综合科技创新水平指数达到80.55%，连续15年位居全国第三；科技进步贡献率预计达到59%；获国家科技奖励19项，获奖数同比提高近60%；新增科技型企业、科技"小巨人"企业1.19万家和420家，净增国家高企835家，总数9.69万家、4228家和4093家；新支持199家科技型企业开展股份制改造，推动110家科技型企业上市挂牌；国务院第四次大督查发现天津市企业科技特派员等2项典型经验，国办给予通报表扬；组织实施科技重大专项与示范工程，对221个项目投入市财政资金1.48亿元，撬动社会研发投入8.54亿元，全市获国家自然科学基金、科技重大专项等项目经费近14亿元；被国际三大检索系统收录科技论文达到2.33万篇，同比增长近6%；技术合同成交金额658.48亿元，同比增长9.3%；促成中国工程院、中国人民解放军军事科学院与市政府首次签订市级层面科技合作协议，在申报建设重大科技基础设施、重大创新平台方面成效显著，其中国家科技统计数据中心、省部共建食品安全与营养国家重点实验室获批准；全市国家"创新人才推进计划"和国家杰出青年科学基金获得者等累计达到369人；国家创新人才培养基地累计达8家。市级"创新人才推进计划"等人才总数超过1360人，"新型企业家"超过730人；坚持以"一带一路"倡议框架整合国际科技合作资源，出台"一带一路"科技创新合作行动计划和专项，与14个国家成立"一带一路"科技合作创新联盟，进一步畅通20多个国家地区合作渠道；认定市级国际科技合作基地37个，总数达到147个；支持建设中外联合研究中心和海外研发推广中心26个，总数达到49个；开通科技外交官技术转移服务线上平台，依托驻47个国家144名科技外交官搭建的国家科技外交体系，为科技型企业"走出去"提供有力支撑；举办"科技企业跨境合作与投资贸易洽谈会"等系列国际交流培训活动，促成合作意向260多项，签署战略合作框架协议60多项。

（吴　婧）

科技计划

【航空航天领域】 2007年，航空航天产业发展呈现出大项目带动的显著特征。以空客A320落户发展为起始，先后引入中直机、无人机等一批大项目，形成"三机+一箭+一站+一星"（大飞机、直升机、无人机，大火箭，空间站，北斗卫星）的产业格局。形成以大火箭、大飞机、直升机、无人机总装为龙头，涵盖研发、部附件组装、零部件制造、机载设备和飞机内饰改装的航空航天产业链，并加快向下游高附加值服务环节延伸。拥有天津大学航空航天产业研究院、中国民航大学、8357所、8358所、直升机研究所等一批科研机构，拥有"973"首席科学家一名。航空机电生产的高可靠性航空断路器满足国际通用标准，占国内市场80%以上；七六四通信导航公司在民航领域实现首套国产全向信标/测距仪销售，围绕无人机、航空电子、适航审定、飞行器故障诊断等方向，依托科技支撑计划、杀手锏项目支持企业发展，共立项4项，投入财政资金200万元，带动社会投资1730万元。

【电子信息领域】 2017年，天津市大力推动人工智能、大数据与云计算、高性能集成电路、物联网等新一代信息技术产业发展，产业规模及创新能力进一步增强。以CPU为核心，操作系统、数据库、服务器配套发展，上下游应用为支撑的完整自主安全信息产业链进一步整合和强化。聚集天津超算、军民融合、北大新一代信息、浙大滨海、清华电子信息、中科智能识别等一批新型研发机构。拥有国家级工程（技术）研究中心4家，国家部委级重点实验室3家；拥有市级工程技术中心19家，市级重点实验室25家。恒银金融在上交所主板上市，成为第一家主板市场金融自助设备及解决方案提供商上市公司；飞腾信息推出双核嵌入式微处理器FT-2000A/2，实现在武器装备和工业控制领域对同类国外芯片的替代；天大明东团队、徐江涛团队在脑机协同领域、智能感知领域进入国家布局。2016年和2017年，以科技创新为主线，重点支持人工智能、大数据、云计算、集成电路、物联网、移动互联网等方面关键技术研发与应用。领军企业培育重大项目立项3项、科技支撑项目立项18项、杀手锏项目立项6项，推荐领军企业认定7家，推荐产学研用领军企业创新联盟3家，推荐国家重点研发计划4项；编制天津市人工智能科技创新专项行动计划，提出“11893N”任务体系，启动实施科技重大专项，立项18项，财政支持1500万，吸引社会资金投入超过1亿元；组织中国工程院和天津市签署合作协议，共建中国新一代人工智能发展战略研究院，组织战略研究院申报工程院课题2项、天津市战略研究课题3项，召开第一次领导小组会议和学术委员会；推进5家智能科技领域院士工作站建设、组织3场院士津门行活动；推动天津超算争取承担国家“百亿亿次超级计算机”研制任务。

【能源交通领域】 2017年，天津市在新能源汽车动力电池、风电装备、光伏组件等领域，建成8家市级工程中心、10家市级重点实验室、3家国家级重点实验室以及1家国家工程技术研究中心，聚集中汽中心、天津大学、南开大学等一批科研机构与人才队伍，吸引清华大学、南京理工大学等一批外地高校院所产业化机构来津发展。动力电池形成涵盖正负极材料、隔膜、电解液的全产业链条，2017年全市动力电池生产企业累计配套量超过20亿瓦时，力神公司装机量全国排名第五。通过重点研发计划，攻克一批高水平的核心技术，立项21项，支持1015万元，带动社会投资1.1亿元；通过技术创新引导专项，加强本领域内杀手锏产品研发及领军企业培育，立项13项，支持912.5万元，带动社会投资1.23亿元。通过互联网跨界融合创新示范工程与人工智能科技重大专项，支持新能源汽车运营模式创新、监控平台开发以及智能网联汽车关键技术与示范运营，立项12项，支持875万元，带动社会投资近1.5亿元。力神公司获得国家支持资金1.4亿元，其开发的第三代电池技术体系，将实现300瓦时/千克以上的能量密度，并建成国家唯一锂离子动力电池工程技术研究中心。在2017年新能源汽车重点专项中，天津10家高校、科研机构及企业，承担23个项目，获得国家1.48亿元科技专项资金支持。推动通用设备安全节能、智能车辆、智慧能源与智能微电网三个产业技术创新联盟成立。

【新材料领域】 2017年，新材料领域形成以金属新材料、化工新材料、新型功能材料及复合材料等为核心，较为完善的产业链和配套体系。金属新材料领域形成以无缝钢管、镁合金、钛合金、焊接材料等产品为代表门类齐全的产品体系；化工新材料在合成树脂、涂料和膜材料等领域形成规模；LED产业形成上游基础材料、外延材料，中游芯片封装以及下游应用产品的完整产业链。天津市新材料科技研发综合实力居于国内前列，拥有王静康院士、余国琮院士等多名院士，拥有河北工业大学殷福星团队、南开大学陈永胜团队、欧泰激光史伟团队等在金属材料、碳纳米材料和激光领域具有国内领先水平的创新团队。天津新材料领域承担和参与课题达到51项，获国拨经费共计1.9亿元。启动新材料科技重大专项，共立项支持22个项目，投入财政资金2700万元，带动社会投资1.6亿元。支持“杀手锏”产品34项，财政经费1700万元，带动总投资1.9亿元。组织小巨人领军企业培育重大项目5项，投入财政资金575万元，带动社会投资1.2亿元。组织轨道交通高性能材料产业创新联盟等3家联盟，切实发挥龙头企业的引领作用。

【装备制造领域】 2017年，装备制造业作为天津市首个万亿元规模产业，形成以通用装备制造业为主导，以专用设备制造业、光机电机械及零部件制造业等为支撑，门类较为齐全的装备制造体系。集聚夏长亮等两院院士27名，杰出青年46人；吸引中科院、清华大学、浙江大学等一批外地高校院所产业化机构来津发展，形成一批活力强、效率高的科技人才团队和创新平台。重点支持具有核心自主知识产权机器人、集成电路制造装备、先进轨道交通、海工装备等高端装备及关键核心零部件的研发和产业化，支持针对智能工厂的生产要素、能效管理、智能决策和生产服务关键技术的研发。连续三年实施“天津市智能制造重大科技专项”，累计投入财政经费1.21亿元，获批国家科技计划项目9项，获科技专项经费总额2.6亿元。中汽工程等7家企业获得国家智能制造示范专项支持，天汽模和中材粉体入选制造业单项冠军示范企业，宜科电子入选国家首批智能制造系统解决方案供应商。启动实施先进轨道交通科技重大专项，设定“三个板块十八项具体任务”体系，分批分次启动实施。2017年立项支持项目10项，投入财政经费1330万元。组建机器人、自动化与信息化、高端加工产业、磁悬浮技术等8家智能制造创新联盟，通过科技计划全面推进产业加快发展，支持四家企业获得领军培育项目；提出凯发和长荣两家上市企业为领军认定和品牌建设；推荐组建科技创新平台，其中工程中心4家、企业重点实验室7家获得批复；在机器人、大型成套装备、先进控制及检测系统、人工智能产品等四个方向，投入505万元财政经费支持支撑重点项目9项；投入700万财政经费支持杀手锏产品研发14项。

【科技服务业领域】 2017年，科技服务业领域产业不断做强。规上营业收入2303.42亿元，较2016年同期增长19.8%。天辰公司、铁路设计集团有限公司2家企业入选2017年中国工程设计十强企业。中交第一航院有限公司牵头完成的“深水板桩码头新结构关键技术研究与应用”项目获2017年国家科技进步二等奖；深之蓝“白沙MAX”获2017年德国“红点”设计大奖；天津建院获得全球AEC（工程勘察设计）卓越BIM大赛可持续设计二等奖和建筑设计二等奖。组建成立“天津市高端装备检验检测产业创新联盟”“天津市工程设计产业创新联盟”，河西陈塘园区获批“国家火炬天津陈塘工程设计特色产业基地”，2017年河西区工程设计上下游企业营业收入达418亿元。天津市拥有国家级文化和科技融合示范基地1个，国家高新技术产业化基地8家（含2家国家现代服务业产业化基地），国家火炬特色产业基地9家。高新区基于国产自主可控的信息安全产业等4个产业集群进入国家创新型产业集群布局。国家超算中心通过“大数据、云计算与超级计算融合的新兴科技一体化服务环境”项目的实施，获国家高性能计算重点研发项目近3000万元的支持。2017年专项共支持项目13项，财政资金1000万元，带动社会资本投入总额达8200余万。

【人口健康领域】 2017年，天津市在人口健康领域，聚集一批高水平的科研机构和临床医院，建立较完备的创新体系，研究能力位于全国前列。在基础研究方面，拥有2个国家级重点实验室，20个市级重点实验室；5家国家级医学科研院所（中国医学科学院所属3个，军事医学科学院所属2个），数量在全国仅次于北京；在临床转化方面，拥有1个国家临床医学研究中心和7个市级临床医学研究中心；在临床方面，拥有39家三甲医院，数量在全国仅次于北京、上海，居第三位；拥有17个国家临床重点专科，为临床研究提供有力支撑。启动实施重大慢性疾病防治专项，对于高发病和高致死率的重大慢性疾病，包括恶性肿瘤、心脑血管疾病、神经退行性疾病、慢阻肺、代谢病、自身免疫疾病等方向临床研究项目进行支持。共支持54个慢性病防治项目，项目总经费6744万元，其中市财政经费2640万元。

【新药创制领域】 2017年，制药行业年工业总产值超过600亿元，位于全国中游水平。超过1千家企业从事新药研发和生产，其中127家企业获得GMP认证，67家企业成为国家高新技术企业，20家企业成为科技小巨人领军重点培育企业，3家主板上市公司和2家创业板上市公司，4家企业进入全国医药工业百强。天津市制药行业拥有较为完善的科技创新体系，是科技部批复的首个国家干细胞科技产业化基地和首批国家中药现代化科技产业化基地之一，拥有3个国家重点实验室、1个国家部委级重点实验室、1个国家级工程（技术）研究中心、4个国家级企业技术中心、2个国家产业技术创新战略联盟和7个市级重点实验室、4个市级企业重点实验室、8个市级工程中心、2个市级生产力促进中心、34个市级企业技术中心、1个市级产业技术创新战略联盟，拥有以张伯礼院士、刘昌孝院士、13名国家专家和数十名天津市专家为代表的专家团队，自国家“重大新药创制”科技重大专项启动实施以来，立项课题近80项，获得中央财政经费超过6亿元。通过组织实施天津市新药创制科技重大专项、科技支撑计划重点项目等科技计划，累计投入超过2000万元，重点支持新药临床前和临床研究、关键共性技术平台建设、化学仿制药一致性评价等方面研究。

【生物医学工程领域】 2017年，生物医学工程领域年工业总产值约80亿元，自2010年以来复合年增长率达到20%以上。拥有500余家医疗器械生产企业，其中规模以上企业共28家，产值过亿企业15家，其中上市公司2家，新三板上市科技型中小企业10余家。生物医学工程领域建立较完备的创新体系，拥有国家生物防护装备工程技术研究中心等国家级工程中心2个，激光医学、医用材料、医学仿真等市级工程中心8个；生物医学材料、介入医疗器械、临床免疫分析技术等市级重点实验室8个。2200余个医疗器械产品注册证，年均获批首次注册三类医疗器械注册证约20个。认定天津市杀手锏产品8项，认定天津市重点新产品33项。通过组织实施天津市中高端医疗器械科技重大专项、科技支撑重点项目等科技计划，累计投入近2000万元，重点支持医学影像设备、先进诊疗设备、微创手术器材、高端康复护理器具辅具等新型医疗器械产品开发，新型植入、介入类生物医用材料相关产品的开发，临床检验分析仪器及新型体外诊断试剂产品的开发，医疗器械产品核心零部件的开发和共性关键技术的研发等。

【生物技术领域】 2017年，天津市拥有发改委工业酶国家工程实验室和绿色合成与转化、系统生物工程、工业发酵微生物等三个教育部国家重点实验室，中科院系统微生物工程重点实验室以及微生物功能基因组学、生物与制药工程、工业微生物、食品生物技术、蛋白质科学、工业生物系统与过程工程等一批市级重点实验室和工业微生物、生物催化、合成生物、微生物代谢与发酵过程控制等市级工程技术中心。天津大学与国内外多家机构联合开展真核生物酵母人工基因组合成（Sc2.0）国际合作计划，合成两条酿酒酵母人工染色体，研究成果发表于学术期刊*Science*。中科院天津工业生物技术研究所以“工业酶国家工程实验室”等国家级创新载体为依托，开展面向国民经济的应用型工业生物技术研究，突破工业酶筛选与评价、蛋白晶体结构解析与分子改造、工业酶高效表达与规模化制备等关键技术，形成完整的酶制剂产品研发技术平台，解析数十个重要工业酶的晶体结构，开发一系列基于工业酶的绿色生产工艺，通过与国内数十家高校、研究机构和企业联合组建工业酶产业技术创新战略联盟（SATIIE）。天津科技大学围绕药品生产中的生物发酵和生物催化技术研发开展一系列创新型工艺研究，取得良好的经济效益。

【现代农业领域】 2017年，天津市共有26家企业重点实验室、2家国家工程技术中心、38家市级工程中心、12个领军企业产业技术创新战略联盟、2家国家农业科技园区、16家国家级星创天地、61支科技帮扶团队、833名农业科技特派员，重点在种业、高端兽药、一二三产业融合发展、科技帮扶提升等方面支撑美丽天津建设。①培育具有国际竞争力的种业科技企业，建立以市场为导向、“产学研”相结合、贯穿全产业链的现代种业科技创新体系，2017年，立项12项，支持财政经费500万元。②通过GMP认证兽药企业35家，年产值30亿元，其中3家科技领军企业进入全国兽药行业前20强，农业科技型企业数量达到4809家，农业科技小巨人企业205家，领军企业22家。2017年，天津市高端兽药先进制造科技重大专项在动物疫苗及关键工艺技术开发、现代中兽药产品及技术开发、生化药物制备及关键技术开发等三个方向共支持9个项目，支持财政经费共600万元。③围绕天津市优势农业产业，在畜牧、林果、水产等条件成熟的产业链，在生产、加工、流通环节的关键节点，开展技术攻关，完善产业链条，形成农村与城市交融、人与自然和谐发展的农村一二三产业融合发展格局。2017年立项19项，支持财政经费990万元。④以构建政府引导和市场化运作相结合的科技帮扶长效机制为目标，在菜、肉、蛋、奶、果、水产品等10个重点农业产业，建立面向帮扶村的技术研发与引进、集成与示范、对接与咨询、培训与指导“四位一体”服务体系，打造现场对接、观摩培训、网络咨询、入户（社）指导四个科技进村入户的通道；引导科技特派员在服务困难村基础上，将帮扶范围向困难村周边延伸，使更多农户受益。2017年共支持3个方向33个项目，新增9个帮扶团队，103名科技特派员。

【资源环境领域】 2015~2017年，天津市围绕生态环境建设、水安全与高效利用、资源再生与综合利用、钢铁行业和重化工节能减排等领域共立项支持科技计划项目39个，涵盖污水处理、盐碱生态绿化、大气污染治理、资源高效利用等相关领域。全市建成资源环境领域国家重点实验室5家，市级重点实验室36家；国家级工程中心5家，市级工程中心44家。建成产业技术创新联盟8个，涵盖污染场地修复、恶臭污染控制、城市固体废物、水环境治理、大气污染防治、海绵城市建设、盐碱地生态修复等多个领域，2017年共组织实施科技计划项目22项，建立工程示范点22个，推广先进适用技术超过1000项；依托水环境联盟编制并发布天津市水污染防治技术指导目录，推动先进适用技术推广应用，其中天津海之凰科技有限公司的强化耦合生物膜反应器技术在近30个项目中得到应用推广。培育膜天膜、航天环境、海泰环保等一批科技型领军企业。在大气污染成因与控制技术研究、水资源高效开发利用、海洋环境安全保障、煤炭清洁高效利用和新型节能技术等资源环境领域承担国家重点支撑研发计划重大专项17项，获得中央财政经费支持4.6亿元。

【城乡建设与交通领域】 2017年，城乡建设与交通领域通过组织实施“安全天津、科技惠民与可持续发展实验区建设科技重大专项”，逐步实现改善民生，壮大相关产业的目标，推动城建与交通领域先进技术成果应用推广。围绕新型城镇化、既有建筑节能改造、绿色建筑新材料等领域建成市级重点实验室3家，市级工程中心6家，产学研用创新联盟5个；支持重点研发计划项目13项，重大工程项目12项，杀手锏产品14项，领军企业9家，涵盖轨道交通、绿色建筑、隔热节能等相关产业领域，其中包括：天津市土木建筑结构防护与加固重点实验室；天津市建筑智能化系统集成与检测技术工程中心；天津绿色建筑产业技术创新战略联盟等，促进城市建设与新兴产业相互带动发展。2017年争取科技部绿色建筑及建筑工业化重点专项，“协同互补利用大宗固废制备绿色建材关键技术研究与应用”项目，获得国家财政经费约1291万元。相关企业、高校、科研院所等承担装配式建筑关键技术研究与应用示范、高性能绿色建筑保温材料研究、复合管道关键技术开发等市级计划项目48项，获得天津市财政经费支持2100万元。

【公共安全与防灾减灾领域】 2017年，公共安全与防灾减灾领域通过组织实施“安全天津、科技惠民与可持续发展实验区建设科技重大专项”，有力提升城市重大基础设施安全保障能力、提高城镇公共安全风险防控与治理水平，为打造生态宜居的现代化天津奠定基础。围绕公共安全、科技惠民等领域建成科技工程示范点30余个，转化推广先进技术成果300余项，涵盖城市供水、公交、公共热网、环境事故应急等相关民生领域。建成市级重点实验室2家，市级工程中心1家，产学研用创新联盟1家；支持重点研发计划项目13项，重大工程项目12项，领军企业3家，其中包括：天津市应急抢险救援堵漏装置企业重点实验室；天津市公共安全大数据技术工程中心；公共安全应急产业创新联盟，推动天津市公共安全领域产业持续健康发展。相关企业、高校、科研院所等承担社会安全检测预警、生产安全保障、突发事件现场处置、重大基础设施安全保障等市级计划项目32项，获天津市财政经费支持2050万元。

【项目安排】 2017年，天津市共执行各类科技计划项目8894项，其中，新增项目3559项，结转项目5335项，完成项目结题验收1094项。天津市科技计划新增项目总经费为384626万元，其中，国家财政经费3550万元，市财政经费141813万元，单位自筹资金235908万元，银行贷款3355万元。天津市科技计划新增财政经费145363万元，其中，高等学校获得财政经费10848万元，企业获得财政经费126503万元，事业单位获得财政经费

7730万元，其他单位获得财政经费282万元。新增科技计划项目3559项，其中，高等学校承担542项，企业承担2728项，事业单位承担281项，其他单位承担8项。新增项目负责人中，国家千人计划1人，国家杰出青年基金获得者2人，教育部长江学者特聘教授1人，享受国务院政府特殊津贴专家16人，国家“百千万”人才工程第一、二层次人选5人，国家部委人才计划人选3人，教育部新世纪人才工程人选5人，天津市“131”人才工程第一、二层次人选53人，省市千人计划9人，其他人才计划149人。

2017年天津市科技计划项目执行情况

表17　　单位：项

类别	自然科学基金	重点研发计划	科技重大专项与工程	技术创新引导专项	创新平台专项	科技发展战略研究计划	中央引导地方科技发展专项	科学技术普及项目	其他计划	总计
在研项目	1 836	1 117	774	4 269	359	355	54	115	15	8 894
新增	464	233	221	2 288	94	158	36	65	0	3 559
结转	1 372	884	553	1 981	265	197	18	50	15	5 335
结题项目	413	215	51	264	43	99	0	5	4	1 094

2017年天津市科技计划新增项目经费投入情况

表18　　单位：万元

类别	自然科学基金	重点研发计划	科技重大专项与工程	技术创新引导专项	创新平台专项	科技发展战略研究计划	中央引导地方科技发展专项	科学技术普及项目	总计
总经费	7 840	74 172	100 287	151 431	42 052	938	7 065	841	384 626
财政经费	7 790	10 380	14 850	91 205	16 205	883	3 550	500	145 363

2017年天津市科技计划新增项目研究人员按技术职称分布

表19　　单位：人次

	总人数	正高级	副高级	中级
自然科学基金	2 660	210	286	577
重点研发计划	2 245	289	538	720
科技重大专项与工程	6 046	389	610	940
技术创新引导专项	900	62	141	276
创新平台专项	887	148	175	243
科技发展战略研究计划	1 176	155	293	418
总计	10 914	1 253	2 043	3 174

2017年天津市科技计划新增项目研究人员按学位分布

表20　　单位：人次

	博士	硕士	学士
自然科学基金	933	1 046	973
重点研发计划	465	727	880
科技重大专项与工程	581	1 029	1 208
技术创新引导专项	36	202	488
创新平台专项	266	251	310
科技发展战略研究计划	420	487	245
总计	2 701	3 741	4 104

2017年天津市科技计划项目发表论文情况

表21 单位：篇

类别	发表论文				三大系统收录			
		国内发表	国外发表	会议宣读		SCI收录	EI收录	ISTP收录
在研项目	7 554	3 747	3 807	849	4 815	3 388	1 233	194
结题项目	3 956	2 104	2 227	385	398	245	144	9
合计	11 510	5 851	6 034	1 234	5 213	3 633	1 377	203

2017年天津市科技计划项目申请与授权专利情况

表22 单位：项

类别	申请专利				授权专利			
		发明专利	实用新型	国外申请		发明专利	实用新型	国外授权
在研项目	4 468	2 624	1 686	31	2 677	808	1 766	13
结题项目	5 815	3 987	1 610	20	6 140	2 916	2 708	9
合计	10 283	6 611	3 296	51	8 817	3 724	4 474	22

2017年天津市科技计划项目制定标准与获奖情况

表23 单位：项

类别	制定标准						成果获奖
		国际标准	国家标准	行业标准	地方标准	企业标准	
在研项目	561	6	59	72	36	388	289
结题项目	150	5	43	30	16	56	396
合计	711	11	102	102	52	444	685

2017年天津市科技计划项目培养人才情况

表24 单位：人次

类别	培养研究生			晋升职称			
		博士	硕士		正高级	副高级	中级
在研项目	7 347	1 423	5 924	2 400	271	895	1 234
结题项目	3 444	741	2 703	736	177	322	277
合计	10 791	2 164	8 627	3 136	448	1 217	1 511

2017年天津市科技计划项目取得经济效益情况

表25 单位：万元/万美元

类别	主营业务收入	利税合计	出口创汇
在研项目	8 215 389	1 183 098	231 274
结题项目	9 072 216	1 098 252	35 756
合计	17 287 605	2 281 350	267 030

（发展计划处　高新技术及产业化处　生物医药处　农村科技处　社会发展处）

【自然科学基金】　2017年，天津市共执行自然科学基金项目1836项，新增464项，其中，重点项目100项，一般项目150项，青年基金项目150项，绿色通道项目29项，京津冀合作专项项目5项，杰出青年科学基金项目30项；结转项目1372项。新增项目市财政经费投入7790万元，其中，重点项目资助2000万元，一般项目资助1500万元，青年基金项目900万元，绿色通道项目290万元，京津冀合作专项项目100万元，杰出青年科学基金项目3000万元。新增项目主要由驻津高校、地方高校、驻津科研单位、地方科研单位等66家承担。其中5家驻津高校承担186项，15家地方高校承担195项，17家驻津科研单位承担41项，29家地方科研单位承担42项（含医疗机构和科研企业）。参与新增项目研究共3124人次，其中，重点项目856人次，一般项目1095人次，青年基金项目927人次，绿色通道项目167人次，京津冀合作专项项目49人次。参与自然科学基金项目研究的人员按技术职称统计，高级职称787人次，中级职称740人次；按学位统计，博士1365人次，硕士1074人次；吸引留学回国人员525人。2017年天津市自然科学基金在研项目整体执行进度较好，按计划正常执行率为95%。截至2017年年底，结题413项，其中，重点项目98项，一般项目187项，青年基金项目128项。2017年，天津市获得国家自然科学基金资助1107项，获得直接经费约5.7亿元，获国家重点研发计划纳米科技等基础类项目4项，获国家经费约1亿元。

2017年天津市新增自然科学基金项目负责人情况

表26　　单位：人次

类别	人员数	正高级	副高级	中级	初级	博士	硕士	留学回国
重点项目	100	65	32	3	0	98	1	69
一般项目	150	38	80	32	0	134	13	68
青年项目	150	3	24	115	5	136	14	46
绿色通道项目	29	8	7	12	1	29	0	29
京津冀合作专项项目	5	3	1	1	0	5	0	1
杰出青年科学基金项目	30	28	2	0	0	30	0	25
合计	464	145	146	163	6	432	28	241

2017年天津市新增自然科学基金项目负责人按年龄分布

表27　　单位：人次

类别	35岁以下	36～45岁之间	46～55岁之间	56岁以上
重点项目	12	46	42	0
一般项目	43	90	17	0
青年项目	150	0	0	0
绿色通道项目	21	8	0	0
京津冀合作专项项目	1	4	0	0
杰出青年科学基金项目	10	20	0	0
合计	237	168	59	0

2017年天津市新增自然科学基金项目其他研究人员情况

表28　　单位：人次

类别	人员数	正高级	副高级	中级	初级	博士	硕士	留学回国
重点项目	756	54	80	174	35	257	287	82
一般项目	945	83	98	187	69	320	375	84
青年项目	777	61	84	179	55	281	317	88
绿色通道项目	138	6	16	30	6	56	48	26
京津冀合作专项项目	44	6	8	7	3	19	19	4
杰出青年科学基金项目	0	0	0	0	0	0	0	0
合计	2660	210	286	577	168	933	1 046	284

2017年天津市新增自然科学基金项目其他研究人员按年龄分布

表29　　单位：人次

类别	35岁以下	36～45岁之间	46～55岁之间	56岁以上
重点项目	593	100	47	16
一般项目	719	147	63	16
青年项目	632	95	41	9
绿色通道项目	114	19	5	0
京津冀合作专项项目	32	6	6	0
杰出青年科学基金项目	0	0	0	0
合计	2 090	367	162	41

2017年自然科学基金项目取得的主要成果

表30

类别	发表论文（篇）				申请专利（件）		授权专利（件）	
		国内发表	国外发表	三大系统收录		发明专利		发明专利
在研项目	3 722	1 219	2 503	3 119	864	754	348	231
结题项目	2 693	1 046	1 647	1 516	695	592	391	286
合计	6 415	2 265	4 150	4 635	1 560	1 346	739	517

2017年自然科学基金项目培养人才情况

表31　　单位：人次

类别	培养研究生			晋升职称			
		博士	硕士		正高级	副高级	中级
在研项目	3 019	742	2 277	478	72	245	161
结题项目	1 448	361	1 087	212	58	98	56
合计	4 467	1 103	3 364	690	130	343	217

（基础研究处）

【重点研发计划】　2017年，天津市在研项目共计1117项，其中，新增项目233项，结转项目884项。新增项目总经费74172万元，其中，市财政经费10380万元，银行贷款950万元，单位自筹62842万元。新增项目共有2284人次参与实施，其中，正高级职称301人次，副高级职称526人次，中级职称716人次，初级职称300人次；博士后64人次，博士432人次，硕士757人次，学士808人次；留学回国人员121人次。新增项目共有230家单位参与实施，其中高等学校16家，企业150家，事业单位64家。重点研发计划新增财政经费10380万元，其中，高等学校获得财政经费755万元，企业获得财政经费7010万元，事业单位获得财政经费2615万元。2017年该计划项目均按进度安排执行，共有215个项目完成研究，验收结题。

2017年重点研发计划发表论文情况

表32　　单位：篇

类别	发表论文				三大系统收录			
		国内发表	国外发表	会议宣读		SCI收录	EI收录	ISTP收录
在研项目	980	524	456	129	652	384	228	40
结题项目	702	408	294	46	106	75	31	0
合计	1 682	932	750	175	758	459	259	40

2017 年重点研发计划申请与授权专利情况

表 33

类别	制定标准	国际标准	国家标准	行业标准	地方标准	企业标准	成果获奖
在研项目	56	0	12	7	2	35	31
结题项目	45	0	10	11	10	14	92
合计	101	0	22	18	12	49	123

2017 年重点研发计划培养人才情况

表 34 **单位：人次**

类别	培养研究生	博士	硕士	晋升职称	正高级	副高级	中级
在研项目	1 055	298	757	412	57	162	193
结题项目	468	94	374	219	49	94	76
合计	1 523	392	1131	631	106	256	269

2017 年重点研发计划取得的主要经济效益

表 35 **单位：万元/万美元**

类别	主营业务收入	新增利润	出口创汇
在研项目	310 755	59 283	8 056
结题项目	602 634	62 089	8 578
总计	913 389	121 372	16 634

（发展计划处）

【科技支撑重点项目】 2017年，天津市在研项目共计658项，其中，新增项目105项，结转项目553项。新增项目总经费47521万元，其中，市财政经费5005万元，单位自筹42516万元。新增项目共有1273人次参与实施，其中，正高级职称173人次，副高级职称262人次，中级职称380人次，初级职称159人次；博士后40人次，博士249人次，硕士457人次，学士415人次；留学归国人员83人次。新增项目共有105家单位参与实施，其中高等学校12家，企业67家，事业单位26家。

2017 年科技支撑重点项目取得的主要成果

表 36

类别	发表论文（篇）	国内发表	国外发表	三大系统收录	申请专利（件）	发明专利	授权专利（件）	发明专利
在研项目	816	423	393	545	361	284	201	85
结题项目	536	339	240	192	519	306	282	111
合计	1 352	762	633	737	880	590	483	196

2017 年科技支撑重点项目取得的主要成效

表 37 **单位：人次**

类别	培养研究生	博士	硕士	晋升职称	正高级	副高级	中级
在研项目	793	194	599	310	40	122	148
结题项目	304	67	312	188	44	80	72
合计	1 097	261	911	498	84	202	220

2017年科技支撑重点项目获得经济效益情况

表38　单位：万元/万美元

类别	主营业务收入	新增利润	出口创汇
在研项目	219 338	40 109	821
结题项目	440 368	43 493	4 755
总计	659 706	83 602	5 576

（发展计划处）

【科技重大专项与工程】　2017年，天津市在研项目共计777项，其中，新增项目224项，结转项目553项。新增项目总经费100287万元，其中，市财政经费14850万元，银行贷款800万元，单位自筹84637万元。新增项目共有2359人次参与实施，其中，正高级职称308人次，副高级职称479人次，中级职称704人次，初级职称332人次；博士后57人次，博士391人次，硕士789人次，学士835人次；留学回国人员140人次。新增项目共有181家单位参与实施，其中，高等学校11家，企业125家，事业单位45家。2017年该计划项目均按进度安排执行，共有51个项目完成研究，验收结题。

2017年科技重大专项与工程发表论文情况

表39　单位：篇

类别	发表论文				三大系统收录			
		国内发表	国外发表	会议宣读		SCI收录	EI收录	ISTP收录
在研项目	987	591	396	150	538	358	126	54
结题项目	267	158	109	36	23	16	7	0
合计	1 254	749	505	186	561	374	133	54

2017年科技重大专项与工程申请与授权专利情况

表40　单位：项

类别	申请专利				已授权专利			
		发明专利	实用新型	国外申请		发明专利	实用新型	国外授权
在研项目	562	299	245	4	336	72	237	5
结题项目	336	169	136	2	170	38	122	0
合计	898	468	381	6	506	110	359	5

2017年科技重大专项与工程制定标准与获奖情况

表41　单位：项

类别	制定标准						成果获奖
		国际标准	国家标准	行业标准	地方标准	企业标准	
在研项目	80	5	9	23	8	35	39
结题项目	17	0	0	2	1	14	48
合计	97	5	9	25	9	49	87

2017年科技重大专项与工程培养人才情况

表42　单位：人次

类别	培养研究生			晋升职称			
		博士	硕士		正高级	副高级	中级
在研项目	976	226	750	533	53	158	322
结题项目	193	40	153	90	22	41	27
合计	1 169	266	903	623	75	199	349

2017年科技重大专项与工程取得的主要经济效益

表43　　　　单位：万元/万美元

类别	主营业务收入	新增利润	出口创汇
在研项目	932 418	87 953	25 957
结题项目	91 056	18 947	583
总计	1 023 474	106 900	26 540

（发展计划处）

【科技领军企业培育重大项目】 2017年，天津市在研项目共计163项，其中，新增项目19项，结转项目144项。新增项目总经费24884万元，其中，市财政经费2425万元，区财政经费2425万元，银行贷款400万元，单位自筹19634万元。新增项目共有306人次参与实施，其中，正高级职称19人次，副高级职称57人次，中级职称83人次，初级职称63人次；博士后2人次，博士19人次，硕士94人次，学士117人次；留学回国人员7人次。新增项目共有19家企业参与实施。2017年该类项目均按计划进度执行，共有5个项目完成研究，验收结题。

2017年科技领军企业培育重大项目取得的主要成果

表44

类别	发表论文（篇）	国内发表	国外发表	三大系统收录	申请专利（件）	发明专利	授权专利（件）	发明专利
在研项目	95	84	11	17	585	280	504	144
结题项目	0	0	0	0	121	76	26	2
合计	95	84	11	17	706	356	530	146

2017年科技领军企业培育重大项目取得的主要成效

表45　　　　单位：人次

类别	培养研究生	博士	硕士	晋升职称	正高级	副高级	中级
在研项目	178	32	146	296	16	74	206
结题项目	20	7	13	10	2	1	7
合计	198	39	159	306	18	75	213

2017年科技领军企业培育重大项目获得经济效益情况

表46　　　　单位：万元/万美元

类别	主营业务收入	新增利润	出口创汇
在研项目	3 375 856	518 505	95 601
结题项目	411 870	39 769	14 753
总计	3 787 735	558 274	110 354

（发展计划处）

【“杀手锏”产品研发项目】 2017年，天津市在研项目共计214项，其中，新增项目52项，结转项目162项。新增项目总经费34816万元，其中，市财政经费2600万元，区财政经费2600万元，单位自筹29616万元。新增项目共有587人次参与实施，其中，正高级职称39人次，副高级职称83人次，中级职称181人次，初级职称136人次；博士10人次，硕士90人次，学士348人次；留学回国人员5人次。新增项目共有52家企业参与实施。2017年该类项目均按计划进度执行，共有26个项目完成研究，验收结题。

2017年杀手锏产品研发项目取得的主要成果

表47

类别	发表论文（篇）	国内发表	国外发表	三大系统收录	申请专利（件）	发明专利	授权专利（件）	发明专利
在研项目	62	58	4	5	440	133	376	39
结题项目	29	29	0	0	240	85	135	9
合计	91	87	4	5	680	218	511	48

2017年杀手锏产品研发项目取得的主要成效

表48 **单位：人次**

类别	培养研究生	博士	硕士	晋升职称	正高级	副高级	中级
在研项目	84	16	68	180	15	47	118
结题项目	43	11	32	48	3	11	34
合计	127	27	100	228	18	58	152

（发展计划处）

【“一带一路”国际科技合作示范项目】 2017年，天津市在研项目共计21项，其中，新增项目16项，结转项目5项。新增项目总经费6800万元，其中，市财政经费1250万元，银行贷款200万元，单位自筹5350万元。新增项目共有143人次参与实施，其中，正高级职称17人次，副高级职称29人次，中级职称45人次，初级职称26人次；博士26人次，硕士31人次，学士72人次。新增项目共有16家企业参与实施。从合作领域来看，项目主要涉及装备制造、新药创制、人口健康和资源环境四个产业技术领域。从合作国别与地区分布来看，“一带一路”技术合作研发及产业化合作主要集中在印度、匈牙利、德国、俄罗斯、捷克五个“一带一路”沿线国家。

（合作交流处）

【科技发展战略研究计划】 2017年，天津市科技发展战略计划在研项目355项，其中新增项目158项，结转项目197项，验收结题项目99项。新增项目经费938万元，其中，市财政经费883万元，银行贷款5万元，单位自筹50万元。新增项目共有1155人次参与实施，其中，正高级职称159人次，副高级职称293人次，中级职称416人次，初级职称65人次；博士后42人次，博士412人次，硕士478人次，学士205人次；留学回国人员68人次。新增项目共有45家单位参与实施，其中，高等学校18家，企业3家，事业单位24家。发表CNKI论文143篇，其中核心期刊60篇；发表“科技战略研究报告”45篇；公开媒体发表论文、专著及市委市政府内刊14篇。“打造京津冀协同创新共同体研究”项目，分析新时代背景下京津冀协同创新共同体建设的战略意义和实现路径，构建京津冀协同创新共同体建设的整体框架，提出未来京津冀协同创新共同体建设的对策建议和保障措施。“科技人才创新创业辅导天津基地建设路径研究”项目，在天津市创新人才推进计划、新型企业家培养工程具体组织过程中，开展中国科技创新创业人才投融资集训营、新型企业家大讲堂、科技金融高级研修班、科技创新创业CEO特训营，“科技小巨人企业创新人才订单式高职教育模式研究”项目，借鉴国内外高职教育人才培养经验，研究订单式创新人才培养的涵义、起源、教育模式及发展趋势，分析全市科技小巨人企业创新人才现状、存在问题和未来需求，提出构建符合科技小巨人企业创新特点和需求的高职教育订单式培养模式及深化高职院校订单式创新人才培养的对策建议，研究发表论文2篇。“推进天津市创新生态系统建设的机制与模式研究”项目，基于国内外经验借鉴，深入分析天津市创新生态系统建设发展现状，研究推进全市创新生态系统建设的机制及实现路径，从系统结构、运转及治理角度凝练天津市创新生态系统建设的发展模式及对策建议，研究发表论文4篇。“创新生态导向的天津高校众创空间发展模式与机制研究”项目，深入全市8所高校众创空间开展问卷调查，并赴浙江四所高校进行深度调研，构建天津市高校众创空间创新生态发展模型，设计高校众创空间生态化服务机制，为优化高校众创空间提出对策建议，研究发表论文2篇。“发挥财政资金作用 推动科技创新发展”项目，通过调查研究、典型案例及统计分析等方法，分析天津市财政资源配置和科技创新政策执行情况、京津科技合作、公共协同政策视角下中国科技财政投入现状及存在问题，以此提出天津市促进科技创新发展的财政政策相关建议，研究发表咨询报告及学术论文4篇。

2017年科技发展战略研究计划发表论著情况

表49　　单位：人次

类别	发表论文（篇）					出版科技著作（部）
		国内发表	国外发表	会议宣读	三大系统收录	
在研项目	226	210	16	18	25	9
结题项目	198	184	14	9	9	4
合计	424	394	30	27	34	13

2017年科技发展战略研究计划培养人才情况

表50　　单位：人次

类别	培养研究生			晋升职称			
		博士	硕士		正高级	副高级	中级
在研项目	247	32	215	62	10	32	20
结题项目	906	229	677	51	16	26	9
合计	1 153	261	892	113	26	58	29

2017年科技发展战略研究计划取得的主要成果

表51　　单位：人次

类别	发表论文（篇）					出版科技著作（部）
		国内发表	国外发表	会议宣读	三大系统收录	
在研项目	226	210	16	18	25	9
结题项目	198	184	14	9	9	4
合计	424	394	30	27	34	13

2017年科技发展战略研究计划取得的主要成效

表52　　单位：人次

类别	培养研究生			晋升职称			
		博士	硕士		正高级	副高级	中级
在研项目	247	32	215	62	10	32	20
结题项目	906	229	677	51	16	26	9
合计	1 153	261	892	113	26	58	29

（李　颖）

【科技支撑美丽天津建设】　2017年，天津市共实施国家相关领域科技计划项目41项，实施“RTO、RCO技术处理挥发性有机废气技术开发”等生态环境治理科技示范工程项目，“装配整体式混凝土结构建筑关键技术研究”等安全天津、科技惠民与可持续发展实验区建设科技重大专项项目和互联网跨界融合创新示范项目。建成示范点30余个，转化推广先进技术成果突破300项，为改善大气、水体和生态环境质量，促进城市美化绿化、宜居便民等提供有力科技支撑。实施天津市重点企业园区大气污染排放监测治理技术研究，在全国首次建设从企业固定源VOCs在线监测到市专门机构的监测信息接收和管理应用示范。推进节能领域技术研发和装备开发；建立天津市二次颗粒物及前体物浓度关系模型、重污染案例库和重污染天气概念模型；在京津冀地区首次利用系留汽艇综合立体观测技术，获得不同季节大气边界层污染物垂直分布规律；基于二次颗粒物生成潜势系数和污染物垂直分布规律模式校验技术，对全市数值模式进了优化及本地化，构建多模式数值预报系统，形成较为完善的全市重污染天气预报预警体系。海绵城市产业技术创新联盟整合京津冀及周边产业上下游技术创新产业链资源，建立产学研用技术创新体系，提升水环境产业整体水平和竞争力。盐碱地生态产业技术创新联盟对产业发展趋势进行科学研判，编制《中国土壤修复技术与市场发展研究报告》。

（曹建华）

科技成果管理与奖励

【科技奖励与成果转化】 2017年3月，天津市政府召开2016年度天津市科技奖励大会。评选出189项获奖成果，其中一等奖23项、二等奖57项、三等奖109项。获奖成果覆盖新材料、新能源、电子信息、高端装备、农业、医疗卫生等经济社会发展的重点领域，科技型中小企业获奖数连续三年占进步奖获奖总数半数以上，为天津市建设创新型城市和产业创新中心提供强有力的技术支撑；组织、推荐天津市经济和社会效益显著的科技成果申报国家科学技术奖，2017年度全市共有19项科技成果获国家科学技术奖励，其中，技术发明奖2项，科技进步奖17项，涉及装备制造、生物医药、新材料等多个领域；2017年登记科技成果2319项，其中基础理论成果221项，应用技术成果2044项，软科学成果54项。截至2017年年底，天津市共登记科技成果5061项，应用技术成果4538项，占登记总数的89.67%，其中，达到成熟应用阶段的成果3105项，占应用技术成果的68.42%；产业化应用项目数2398项，占应用技术成果的52.84%，全市成果应用率达到50%以上。登记43家技术转移机构，组织技术交易活动852次，服务企业数量1.03万个，促成项目1259项，促成技术转移交易金额7.58亿元，获技术性收入3950万元。

（刘　杰　梁传辉）

天津市获2017年度国家科学技术奖项目

表53

序号	项目名称	获奖人	获奖单位	奖种及等级
1	内燃机气流快速检测与评价技术及应用	王天友　刘书亮　王利民　贾　明　孙　凯　韩义勇	天津大学、……	技术发明二等奖
2	高性能锂离子电池用石墨和石墨烯材料	康飞宇　杨全红　李宝华　黄正宏　贺艳兵　吕　伟　陈立泉　邹广田　南策文	……、天津大学、……	技术发明二等奖
3	煤制油品/烯烃大型现代煤化工成套技术开发及应用	张玉卓　吴秀章　舒歌平　张继明　闫国春　张传江　……	……、天津大学、……	科技进步一等奖
4	蛟龙号载人潜水器研发与应用	徐芑南　刘　峰　崔维成　胡　震　朱　敏　王晓辉　……	……、天津电源研究所（中国电子科技集团公司第十八研究所）、……	科技进步一等奖
5	复杂环境下高速铁路无缝线路关键技术及应用	高　亮　陈　峰　曾宪海　尹　辉　蔡小培　肖　宏　……	……、铁道第三勘察设计院集团有限公司、……	科技进步一等奖

科技管理与服务

续表53

序号	项目名称	获奖人	获奖单位	奖种及等级
6	新一代超低排放重型商用柴油机关键技术开发及产业化	尧命发 郑尊清 王 辉 李 云 刘海峰 覃 文 王 浒 林铁坚 覃星念 张 鹏	天津大学、……	科技进步二等奖
7	食品和饮水安全快速检测、评估和控制技术创新及应用	高志贤 李君文 关亚风 宋大千 谢增鸿 宁保安 邱志刚 周焕英 金 敏 尹 静	中国人民解放军军事医学科学院卫生学环境医学研究所、……	科技进步二等奖
8	深水板桩码头新结构关键技术研究与应用	蔡正银 刘永绣 于 泳 季则舟 关云飞 李立东 刘进生 徐光明 郑建民 唐小微	中交第一航务工程勘察设计院有限公司、……，天津深基工程有限公司、……	科技进步二等奖
9	工业排放烟气用聚四氟乙烯基过滤材料关键技术及产业化	郭玉海 徐志梁 陈美玉 朱海霖 王 峰 郑 帼 ……	……、天津工业大学、……	科技进步二等奖
10	高汽油收率低碳排放系列催化裂化催化剂工业应用	高雄厚 申宝剑 魏昭成 张忠东 田文君 刘 涛 ……	……、中国石油天然气股份有限公司大港石化分公司、……	科技进步二等奖
11	锦屏二级超深埋特大引水隧洞发电工程关键技术	张春生 陈云华 陈祥荣 吴世勇 冯夏庭 单治钢 ……	……、中铁十八局集团有限公司、……	科技进步二等奖
12	泥沙、核素、温排水耦合输移关键技术及在沿海核电工程中应用	方红卫 纪 平 张红武 赵懿珺 何国建 张华庆 ……	……、交通运输部天津水运工程科学研究所	科技进步二等奖
13	我国检疫性有害生物国境防御技术体系与标准	朱水芳，陈乃中，黄庆林，赵文军，张永江，章桂明、------	……、天津出入境检验检疫局动植物与食品检测中心、……	科技进步二等奖
14	危险废物回转式多段热解焚烧及污染物协同控制关键技术	严建华 蒋旭光 李晓东 张文辉 池 涌 陆胜勇 ……	……、中国市政工程华北设计研究总院有限公司、……	科技进步二等奖
15	中药大品种三七综合开发的关键技术创建与产业化应用	孙晓波 孙桂波 徐惠波 杨崇仁 张颖君 王 涛 ……	……、天津中医药大学……	科技进步二等奖
16	神经根型颈椎病中医综合方案与手法评价系统	朱立国 冯敏山 于 杰 魏 戍 王 平 李金学 ……	……、天津中医药大学第一附属医院、……	科技进步二等奖
17	国家海岛礁测绘重大关键技术与应用	党亚民 程鹏飞 章传银 罗建军 周兴华 王中祥 ……	……、中国人民解放军海军海洋测绘研究所、……	科技进步二等奖
18	脑胶质瘤诊疗关键技术创新与推广应用	江 涛 尤永平 王伟民 康春生 张 伟 邱晓光 ……	……、天津医科大学总医院、……	科技进步二等奖
19	胃癌综合防治体系关键技术的创建及其应用	季加孚 游伟程 陈 凛 沈 琳 梁 寒 吕有勇 ……	……、天津医科大学肿瘤医院、……	科技进步二等奖

天津市2017年度科技重大成就奖

表54

序号	获奖人
1	陈予恕(天津大学)

自然科学一等奖

表55

序号	奖励编号	项目名称	获奖单位	获奖人
1	2017ZR-1-001	大梯度余热能回收的高效底循环匹配理论及方法	天津大学、北京工业大学	舒歌群 田 华 张红光 王恩华 卫海桥 梁兴雨 范伯元
2	2017ZR-1-002	功能导向金属-有机框架的设计、合成与性质研究	南开大学	程 鹏 赵 斌 师 唯 马建功
3	2017ZR-1-003	催化过程中的表界面结构调控与机理研究	天津大学、南开大学	巩金龙 李兰冬 王 拓 闫俊青 赵志坚 李水荣 常晓侠 张 鹏 张冀杰

自然科学二等奖

(空缺)

自然科学三等奖

表56

序号	奖励编号	项目名称	获奖单位	获奖人
1	2017ZR-3-004	图像紧致嵌套理论方法研究	天津大学、中国科学院西安光学精密机械研究所	庞彦伟 李学龙 袁 媛 冀 中
2	2017ZR-3-005	正逆联合循环工质替代及泄漏燃爆特性的基础研究	天津大学	杨 昭 赵 力 赵海波 张世钢 吴 曦
3	2017ZR-3-006	二氧化碳活化转化催化剂创新研究	天津大学	刘昌俊 祝新利 潘云翔 程党国 王周君

技术发明一等奖

表57

序号	奖励编号	项目名称	获奖单位	获奖人
1	2017FM-1-001	同质增强型中空纤维膜制备关键技术及其产业化应用	天津工业大学、天津膜天膜科技股份有限公司	肖长发 胡晓宇 黄庆林 刘建立 刘 振 安树林 李洪港 刘海亮 孙文挺 张旭良 李娜娜 李梁梁
2	2017FM-1-002	高比例可再生能源配电网保护控制关键技术及应用	天津大学、许继电气股份有限公司、国网天津市电力公司电力科学研究院、西东控制集团(沈阳)有限公司	李 斌 李永丽 李瑞生 陈晓龙 李博通 李国栋 刘叶冰 黄利军 王 峥 谢卫华 薛士敏 贺家李
3	2017FM-1-003	多尺度结构有序的高强度高导热碳复合材料关键技术	天津大学	封 伟 冯奕钰 秦盟盟 吕 鹏 李双雯 李 瑀 李健鹏
4	2017FM-1-004	废弃物生物质全组分高效转化利用技术及应用	天津大学、天津市天人世纪科技有限公司、广州迪森热能技术股份有限公司、北京化工大学、天津市环境保护科学研究院	陈冠益 崔 勇 马 革 刘广青 颜蓓蓓 袁 敏 戴 雷 白晓飞 吕学斌 张书廷 马文超 邓 娜

技术发明二等奖

表58

序号	奖励编号	项目名称	获奖单位	获奖人
1	2017FM-2-005	移动封闭座舱空气环境控制技术	天津大学	刘俊杰 裴晶晶 孙贺江 龙正伟 姜 楠 尤学一 王志强 沈 雄
2	2017FM-2-006	复杂井况油井防砂开采一体化系统关键技术及应用	中国石油大港油田石油工程研究院、中国石油大学(华东)	李怀文 李志广 董长银 王 超 刘 伟 李 川 邵力飞 闫永维
3	2017FM-2-007	能质调配与转化关键技术及应用	天津大学	张于峰 邓 娜 穆永超 于晓慧 董胜明 贺中禄 张 彦 姚 胜

技术发明三等奖

表59

序号	奖励编号	项目名称	获奖单位	获奖人
1	2017FM-3-008	油气井连续油管措施改造技术及工具研究	中国石油集团渤海钻探工程有限公司工程技术研究院、中国石油集团渤海钻探工程有限公司油气合作开发分公司	程智远 张永忠 冯 强 丁柯宇 周后俊
2	2017FM-3-009	太阳光/人工光半导体稀土转光生态玻璃	天津理工大学	王达健 毛智勇 陆启飞 田 华 马 健
3	2017FM-3-010	一种双定子电机驱动系统	天津市松正电动汽车技术股份有限公司	高小二 吴亚军
4	2017FM-3-011	压电陶瓷的组成结构与性能优化新技术	天津大学	马卫兵 李晓雷 戴叶婧 孙清池 季惠明

科学技术进步一等奖

表60

序号	奖励编号	项目名称	获奖单位	获奖人
1	2017JB-1-001	特大型钢CMA万能轧机成套设备及新工艺技术研发	天津市中重科技工程有限公司、燕山大学、鞍山紫竹重型特钢有限公司、天津天重中直科技工程有限公司	田学伯 孔祥东 陈延亮 林恩斌 王喜东 孙建亮 艾 超 俞 滨 赵 兵 吴江涛 高凤国 牛慧庆
2	2017JB-1-002	有源配电网电能质量监测与高品质供电关键技术及应用	国网天津市电力公司电力科学研究院、天津大学、中国电力科学研究院、天津凯发电气股份有限公司、南开大学	王守相 赵洪磊 盛万兴 项添春 王传启 徐 科 王金丽 蔡声霞 葛磊蛟 刘亚丽 王继东 王 凯
3	2017JB-1-003	基于高效焊接技术的柔性机器人工作站开发及产业化	天津七所高科技有限公司	胡 敏 成海晖 洪 涛 高忠林 王 勇 程正生 杨伟国 刘翥寰 史 涛 郭锦华 杨瑞军 郭春飞
4	2017JB-1-004	脊髓损伤流行病学特征及微环境理论的创立与临床应用	天津医科大学总医院、南开大学、天津大学	冯世庆 孔晓红 宁广智 常 津 周先虎 郑永发 徐云强 班德翔 刘 洋 周恒星 姚 雪 魏志坚
5	2017JB-1-005	功能性饵料微藻高密度培养关键技术与产业化应用	天津农学院、天津海友佳音生物科技股份有限公司	周文礼 王庆奎 窦 勇 高金伟 王永苓 孙金辉 张 丹 徐大为 贾旭颖 郭永军 徐海龙 白东清
6	2017JB-1-006	辽东湾特稠—超稠油勘探关键技术创新与亿吨级油田发现	中海石油(中国)有限公司天津分公司	薛永安 徐长贵 谭忠健 吴 奎 张如才 王冰洁 王飞龙 张中巧 黄晓波 尚锁贵 加东辉 樊建华

科技管理与服务

续表60

序号	奖励编号	项目名称	获奖单位	获奖人
7	2017JB-1-007	软土地区城市岩土与地下工程安全控制关键技术及应用	天津大学、天津市勘察院、天津市地下铁道集团有限公司、天津城建隧道股份有限公司、天津建城基业集团有限公司	郑　刚　周玉明　刘永超　胡　浩　刘　畅　李　竹　王世友　刁　钰　赵志峰　张立明　丁　杰　程雪松
8	2017JB-1-008	果蔬绿色冷链物流保鲜关键技术	天津科技大学、中华全国供销合作总社济南果品研究院、浙江大学、华东师范大学、天津捷盛东辉保鲜科技有限公司、灵武市果业开发有限责任公司、天津绿新低温科技有限公司	李喜宏　杨相政　李　莉　朱品宽　刘　霞　杨维巧　姜云斌　班兆军　贾晓昱　邵重晓　唐先谱　张　博
9	2017JB-1-009	宽带移动通信信号外场测试设备研发与产业化	天津大学、天津市德力电子仪器有限公司	侯永宏　汪　清　齐　进　张艳辉　侯春萍　雷建军　岳友红　霍岳恒　王宝亮　曹玉良　李素梅　沈丽丽
10	2017JB-1-010	化工废水全过程控制与资源化成套技术研发与应用	天津城建大学、天津大学、山东宇虹新颜料股份有限公司、天津泰达新水源科技开发有限公司、北京津工海水科技有限公司、天津市炜杰科技有限公司	季　民　费学宁　吕东军　姜远光　王　灿　孙淑琴　付翠莲　郝亚超　曹凌云　宋洪海　杨　昆　张惠源
11	2017JB-1-011	代谢综合征在子宫内膜癌发生发展中的作用机制及临床应用研究	天津医科大学总医院、天津医科大学肿瘤医院	薛凤霞　王颖梅　朱元喜　田文艳　张艳芳　宋学茹　张慧英　华绍芳　张丽志　滕　飞　高　超　赵　敬
12	2017JB-1-012	深海油气管道全寿命评估与焊接制造关键技术开发及应用	天津大学、海洋石油工程股份有限公司	徐连勇　陈宝洁　韩永典　李小巍　吕小青　顾留文　赵　雷　杨炳发　曹　军　马亚光　孙有辉　张志强
13	2017JB-1-013	机车综合无线通信设备(CIR)研发及产业化项目	天津七一二通信广播股份有限公司	董国军　郑　敏　郑彩顺　黄志刚　邹华勇　李世凯　路　远　赵化磊　王　朋
14	2017JB-1-014	胃肠肿瘤的个体化诊治	天津医科大学肿瘤医院、天津医科大学总医院	巴　一　张庆瑜　刘　锐　王　霞　姜　葵　张海洋　黄鼎智　葛少华　张　洁　李鸿立
15	2017JB-1-015	特高坝枢纽泄洪消能运行安全监测控制技术	天津大学前沿技术研究院、雅砻江流域水电开发有限公司、中国电建集团成都勘测设计研究院有限公司、中国电建集团中南勘测设计研究院有限公司、华北电力大学	王继敏　练继建　马　斌　刘　昉　周　钟　戴晓兵　段绍辉　张　华　杨　弘　李会平　刘　卓　梁　超
16	2017JB-1-016	高性能与多功能化改性高分子材料技术创新工程	天津金发新材料有限公司	陈国雄　陶四平　李　晟

科学技术进步二等奖

表61

序号	奖励编号	项目名称	获奖单位	获奖人
1	2017JB-2-017	进出境消费品安全快速检测关键技术研究	天津出入境检验检疫局工业产品安全技术中心、北京出入境检验检疫局检验检疫技术中心	赵　琢　杨向莹　柳　明　李小林　杨　磊　王　华　张　园　张　捷
2	2017JB-2-018	自体软骨组织细胞体外培养、移植技术研究与产品开发应用	关节动力安达(天津)生物科技有限公司	刘晓华　朱建民　孙雪莲　王亚娟　武秀雯
3	2017JB-2-019	淤泥质海岸带重盐渍土区生态绿化技术体系及可持续性研究	天津泰达绿化集团有限公司、天津泰达盐碱地绿化研究中心有限公司	张　清　王振宇　张金龙　杨永利　田晓明　赵秀芳　慈华聪　李婧男

续表61

序号	奖励编号	项目名称	获奖单位	获奖人
4	2017JB-2-020	BH-KSM高性能水基钻井液技术研究与规模化应用	中国石油集团渤海钻探工程有限公司泥浆技术服务分公司、中国石油大学(华东)	王磊磊　黄达全　邱正松　王伟忠　张　坤　李广环　郭剑梅　田增艳
5	2017JB-2-021	新能源客车用磷酸铁锂电池技术开发及应用	天津力神电池股份有限公司、力神动力电池系统有限公司、中通客车控股股份有限公司、天津市科技工作者创新创业服务中心	张　娜　邹玉峰　王钦普　高　飞　王永武　刘元刚　聂　磊　秦红莲
6	2017JB-2-022	城市电网量测质量提升及智能化应用关键技术	国网天津市电力公司电力科学研究院、中国电力科学研究院、同济大学、北京科东电力控制系统有限责任公司、天津市英环信诚科技有限公司	王　强　郭凌旭　林济铿　郎燕生　张志君　陈　建　王海林　蒋　菱
7	2017JB-2-023	中药治疗代谢性疾病药效物质发现关键技术与应用	天津中医药大学、广西梧州制药(集团)股份有限公司、天津同仁堂集团股份有限公司	王　涛　张　祎　韩立峰　高秀梅　刘二伟　于海洋　吴红华　黄宇声
8	2017JB-2-024	区域环境风险评价与区划技术及其在土壤分区管理中的应用	南开大学、农业部环境保护科研监测所、天津环科环境咨询有限公司	邵超峰　鞠美庭　师荣光　康　磊　关　扬　尚建程　郑向群　葛永慧
9	2017JB-2-025	肠促胰素类药物对2型糖尿病胰腺内外作用及临床应用	天津医科大学代谢病医院	陈莉明　常宝成　牛文彦　孙　蓓　李春君　杨菊红　韩　菲　马泽军
10	2017JB-2-026	石化用高合金无缝钢管关键制造技术及应用	天津大学、天津钢管集团股份有限公司	余黎明　刘晨曦　何　彪　肖功业　刘永长　岳世斌　张俊萍　高志明
11	2017JB-2-027	甲状腺微小癌精准诊疗策略的建立与应用	天津医科大学肿瘤医院	高　明　郑向前　于　洋　魏　玺　李大鹏　钱碧云　于津浦　张　晟
12	2017JB-2-028	视觉感知方法及其在智慧城市交通中的应用	天津天地伟业数码科技有限公司、天津理工大学、浙江工业大学	陈胜勇　王景彬　杨淑莹　郑宇军　王志岗　刘　凯　张剑华　高　赞
13	2017JB-2-029	THP11D-16000 160MN超塑性等温锻造智能化压制中心	天津市天锻压力机有限公司、天津大学、天津理工大学、陕西宏远航空锻造有限责任公司	潘高峰　王　鑫　吴爱国　蒲　伟　毕大森　陈永亮　计　鑫　管亚彬
14	2017JB-2-030	KF1300直流保护测控装置	天津凯发电气股份有限公司	宋金川　董文宽　武玉明　孙媛媛　曾庆钊　李　政　康　倩　高永江
15	2017JB-2-031	养猪源头减排关键技术研究与应用	天津市畜牧兽医研究所、中国农业科学院北京畜牧兽医研究所	穆淑琴　陈　亮　刘静波　唐湘方　闫　峻　李千军　马　墉　郑　梓
16	2017JB-2-032	沿海城市复杂环境盾构信息化智能反馈施工技术	中国铁建大桥工程局集团有限公司、中铁建大桥工程局集团第一工程有限公司、大连海事大学、天津大学、西安建筑科技大学	姜谙男　史洪涛　宋战平　吴雷雷　甘玉林　张文军　顾金权　李晓飞
17	2017JB-2-033	优质多抗西瓜种质资源创新及系列新品种选育	天津科润农业科技股份有限公司	焦定量　商纪鹏　高素燕　吕敬刚　焦　荻　董在成　郝建全　周彦辉
18	2017JB-2-034	超深与复杂地质条件混凝土防渗墙关键技术	中国水电基础局有限公司、中国水利水电科学研究院	宗敦峰　刘建发　肖恩尚　王玉杰　孔祥生　韩　伟　石　峰　胡　斌
19	2017JB-2-035	黄瓜商业化育种体系构建及新品种选育与推广	天津德瑞特种业有限公司	马德华　庞金安　张文珠　张庆栋　李怀智　夏宝莲　吴志强　张桂华
20	2017JB-2-036	基于模型和硬件在环的汽车电控系统关键技术研发及产业化	中汽研(天津)汽车工程研究院有限公司、中国汽车技术研究中心	高继东　刘全周　朱仲文　韩光省　李占旗　龚进峰　戎　辉　王　旭

续表 61

序号	奖励编号	项目名称	获奖单位	获奖人
21	2017JB-2-037	能源计量关键技术及应用	天津大学、国网天津市电力公司电力科学研究院、湖南威胜信息技术有限公司、中国电力科学研究院、天津赛恩能源技术股份有限公司	杨 挺 张卫欣 赵 兵 祝恩国 翟 峰 郭景涛 赵子瞻 石季英
22	2017JB-2-038	大直径盾构隧道扩挖修建地铁车站设计研究	天津市市政工程设计研究院	李爱民 王文军 颜 莓 李 斌 董 雪 郭 旺 赵国勇 梁大坚
23	2017JB-2-039	花椰菜靶向分子育种技术及在新型育种材料选育中的应用	南开大学、天津科润农业科技股份有限公司、天津农学院	王春国 宋文芹 江汉民 古 瑜 李 慧 孙德岭 陈成彬 耿美娟
24	2017JB-2-040	大型地下综合交通枢纽于家堡站建造技术研究	铁道第三勘察设计院集团有限公司、津滨城际铁路有限责任公司、中铁建工集团有限公司	周铁征 马 瑾 张凤龙 秦宝来 宋长江 冯世杰 邢家勇 王 欣
25	2017JB-2-041	综合能源数据分析平台构建及其在智慧城市中的应用	国网天津市电力公司、南开大学、国电南瑞科技股份有限公司、天津三源电力信息技术股份有限公司、朗新科技股份有限公司	许 静 刘 杰 王 扬 韩 强 于建成 张会建 于海涛 谢 浩
26	2017JB-2-042	代谢组学创新技术的建立及在中药领域中的应用	天津中医药大学、通化华夏药业有限责任公司	李遇伯 张艳军 邹敏韬 方 玲 杨 彬 王玉明 许妍妍
27	2017JB-2-043	大脑皮层神经元在缺血及变性状态下的神经保护研究	天津市第一中心医院	臧大维 拱忠影 郭 洁 汪志云 郑 勇 姚 扬 杨 卓 于士柱
28	2017JB-2-044	西非裂谷 Agadem 沙漠油田勘探开发技术攻关与应用	中国石油大港油田勘探开发研究院、中国石油大港油田采油工艺研究院、中国石油大港油田石油工程研究院、中国石油集团东方地球物理勘探有限责任公司	王振升 窦松江 翟光华 苏俊青 项 勇 代双和 张宏伟 江艳平
29	2017JB-2-045	4.3~4.4V 高电压体系锂离子电池电解液的开发	天津金牛电源材料有限责任公司	孙新华 秘军林 张丽红 陈世娟 桑俊利 张冬青 侯 雷 冯 锐
30	2017JB-2-046	滨海盐碱地区难降解有机废水提效减排技术及工程示范	天津市环境保护科学研究院、天津市联合环保工程设计有限公司	张志扬 张 涛 段云霞 白晓飞 庞维亮 许丹宇 石 岩 孟建丽
31	2017JB-2-047	温拌阻燃沥青在长大隧道路面中的应用研究	天津市市政工程设计研究院、长安大学	王新岐 贺 海 王朝辉 周骊巍 高志伟 王晓华 李 蕊 隋洪瑞
32	2017JB-2-048	海洋工程非线性动力学理论及工程应用	天津大学、大连理工大学、海洋石油工程股份有限公司维修公司、中海油能源发展股份有限公司采油服务分公司	唐友刚 刘利琴 李红霞 高喜峰 潘东民 陈 勇 杜 颖 杨贵强
33	2017JB-2-049	深层触探关键技术及其在城市轨道交通工程勘察中的应用研究	铁道第三勘察设计院集团有限公司	许再良 李 鹏 陈新军 李国和 王 福 高 敬 董永刚 齐春雨
34	2017JB-2-050	智能电网感知服务关键技术与应用	天津科技大学、国网信息通信产业集团有限公司、嘉兴学院、深圳市国电科技通信有限公司、上海欣影电力科技股份有限公司	张翼英 李祥珍 欧清海 刘 柱 杨巨成 林大朋 甄 岩 梁 琨
35	2017JB-2-051	海洋钻井平台结构用高性能无缝钢管的关键材料技术开发及应用	天津钢管集团股份有限公司、燕山大学	孙 宇 张传友 王青峰 刘江成 周晓锋 张国柱 宗卫兵 边令喜
36	2017JB-2-052	益气活血法心肌保护的作用途径及机制研究	天津中医药大学	郭利平 樊官伟 任 明 张 磊 王 怡 李 岩 孙 晓 赵宏杰

续表61

序号	奖励编号	项目名称	获奖单位	获奖人
37	2017JB-2-053	天津自行车馆新型弦支穹顶设计与施工技术研究及应用	天津大学、天津市建筑设计院、天津市建设工程技术研究所、天津大学建筑设计研究院、天津中际装备制造有限公司	陈志华 闫翔宇 黄兆纬 支家强 张永波 陈文渊 王小盾 马 青
38	2017JB-2-054	2,4,6-三甲基苯甲酰基苯基膦酸乙酯产品的新工艺研发与产业化	天津久日新材料股份有限公司、山东久日化学科技有限公司	张建锋 李欢欢 罗 想 毛桂红 李 钰 武 瑞 李小娟 窦 薇
39	2017JB-2-055	海上大型复杂成因油田持续上产关键技术创新与实践	中海石油(中国)有限公司天津分公司	苏彦春 田立新 张建民 马奎前 刘传奇 张 岚 蔡 晖 王月杰
40	2017JB-2-056	紫外杀菌-低温光照果蔬“产贮运销”全程冷链保鲜技术与集成示范	天津商业大学、国家农产品保鲜工程技术研究中心(天津)、天津市傲绿农副产品集团股份有限公司、天津科技大学	阎瑞香 刘 斌 景 君 关文强 张 娜 陈爱强 胡云峰 于晋泽
41	2017JB-2-057	家禽重大疫病疫苗关键工艺技术创新与集成应用	天津瑞普生物技术股份有限公司、江苏省农业科学院、瑞普(保定)生物药业有限公司	李守军 梁 武 于 漾 郁宏伟 朱秀同 付旭彬 刘海霞 刘 涛
42	2017JB-2-058	高碳行业温室气体排放核算检测关键技术突破与核查体系建设应用	天津市环境保护科学研究院、海油总节能减排监测中心有限公司	康 磊 李 波 张 宁 张海滨 陈 颖 张景奇 王文美 孟 硕
43	2017JB-2-059	阿尔茨海默病和轻度认知障碍患者脑微结构、功能及代谢改变的研究	天津市第一中心医院、天津大学	倪红艳 尹建忠 赵 欣 袁理想 陈元园 龙淼淼 孙 曼 周 鹏
44	2017JB-2-060	天津市科技统计调查与监测服务平台系统开发与应用	天津市科技统计与发展研究中心、常州市维邦网络软件有限公司	吴 达 高 文 邱维臣 叶剑秋 高俊峰 王江平 贾 超
45	2017JB-2-061	基于叶酸代谢关键酶的神经管发育缺陷风险评估体系建立及应用	天津市儿童医院、天津医科大学	蔡春泉 石鸥燕 方玉莲 张瑞苹 张玉琴 林书祥 舒剑波 赵林胜
46	2017JB-2-062	轨道交通智能广播系统研制及产业化	天津渤海奥立电子有限公司、天津职业技术师范大学	王仲民 李士心 苗 笛 卢世璜 周 宇 宋培培 曹丽娜 吴玉琴
47	2017JB-2-063	超宽重载卡车高强度铝合金车轮及其液态模锻关键技术	天津那诺机械制造有限公司、河北工业大学、辽宁工程技术大学	梁春永 孙跃军 张明新 刘 杰 胡中潮 刘 民 刘 宁 王洪水
48	2017JB-2-064	黄渤海及西岸地区大雾微气象特征和预报应用研究	天津市气象科学研究所、中国海洋大学、北京大学	吴彬贵 高山红 张宏升 黄 鹤 魏 伟 王兆宇 林 毅 曲 平
49	2017JB-2-065	水热法制大孔拟薄水铝石技术及产品	中海油天津化工研究设计院有限公司	于海斌 孙彦民 李晓云 张景成 肖 寒 耿 姗 李世鹏 曾贤君
50	2017JB-2-066	智慧园区用户侧能源信息融合与高效利用关键技术及工程应用	国网天津市电力公司电力科学研究院、国电南瑞科技股份有限公司、东南大学、天津三源电力集团有限公司	于建成 项添春 徐青山 徐 科 李国栋 杨永标 戚 艳 吴 磊
51	2017JB-2-067	基于中低温热能的区域能源站关键技术研究与应用	天津大学、天津市建筑设计院、哈尔滨工大金涛科技股份有限公司、约克(无锡)空调冷冻设备有限公司、天津地热勘查开发设计院	赵 军 伍小亭 安青松 芦 岩 赵 力 李 伟 张伟平 程万庆

科技管理与服务

续表61

序号	奖励编号	项目名称	获奖单位	获奖人
52	2017JB-2-068	保护地蔬菜害虫生物防治新技术的研究与应用	天津农学院、中国农业科学院植物保护研究所、天津市植物保护研究所	刘海学　张礼生　邹德玉　吴惠惠　李永俊　杨代显　陈　林　王海凤　朱文碧　王孟卿　刘晨曦
53	2017JB-2-069	北大港油田高含水期持续提高采收率技术与实践	中国石油大港油田勘探开发研究院、中国石油大港油田采油工艺研究院、中国石油大港油田第一采油厂、中国石油天然气股份有限公司勘探开发研究院	孟立新　张　津　蔡明俊　刘　扬　任瑞川　倪天禄　李　健　叶继根
54	2017JB-2-070	微/纳米稀土复合材料关键技术研究	天津城建大学、中国人民武装警察部队后勤学院、天津城市建设管理职业技术学院、天津儒创新材料科技有限公司	李军伟　张　敏　高　瑞　鄂　磊　李　岩　刘志华
55	2017JB-2-071	大坡度长距离深埋富水含煤地层煤矿斜井TBM法建造关键技术	中国铁建大桥工程局集团有限公司、中铁十一局集团有限公司、中国铁建重工集团有限公司、中铁第四勘察设计院集团有限公司、西南交通大学	宋伟俊　张丕界　邹春华　李向海　李铁成　武永新　吴建顺　程永亮
56	2017JB-2-072	无缝游牧主动服务策略(与系统)及其在移动环境中的应用	天津理工大学	张德干　李　可　姜凯雯　王法玉　肖迎元　赵德新
57	2017JB-2-073	基于快速SEP检测的自动脊髓监护系统的研制	中国医学科学院生物医学工程研究所、天津医药集团众健康达医疗器械有限公司	徐圣普　胡　勇　谢小波　伊德尔　崔红岩　乔　怡　王　磊
58	2017JB-2-074	基于高分散纳米陶瓷体系的有机/无机复合材料制备及应用	天津理工大学	陈民芳　刘德宝　赵　云　由　臣　杨进军　马玉春
59	2017JB-2-075	进境种用动物生物安全保障综合技术体系构建与应用	天津出入境检验检疫局动植物与食品检测中心、天津口岸卫生科技开发服务有限公司、天津卫技天马除害处理技术服务有限公司	赵祥平　董志珍　张瑞峰　王建华　王乃福　肖　妍　王　淞　张　弛
60	2017JB-2-076	大跨上承式劲性骨架混凝土铁路拱桥施工关键技术研究	中铁十八局集团有限公司、中铁十八局集团第二工程有限公司	杨继明　樊秋林　林春姣　吴　敏　黄　智　王景江　曾云川　刘建兵
61	2017JB-2-077	复杂环境下异型深大基坑盖挖逆作综合技术研究及应用	中国铁建大桥工程局集团有限公司、中铁建大桥工程局集团第二工程有限公司、天津大学、北京城建设计发展集团股份有限公司	刘海员　张　新　孙玉永　郑荣凯　胡显鹏　路占峰　刘百会　张　庆
62	2017JB-2-078	通脉养心丸物质基础、作用机制及应用研究	天津中医药大学、浙江大学医学院附属第二医院、天津中新药业集团股份有限公司乐仁堂制药厂	王　怡　张　玲　王　磊　王炎炎　金兆祥　杨　瑾　李来来　肖　扬
63	2017JB-2-079	甜瓜新品种示范推广及产业升级	天津科润农业科技股份有限公司	张若纬　彭冬秀　李秀秀　吕敬刚　武云鹏　郑华森　王　钦　张国华
64	2017JB-2-080	地下多点地震动生成理论和方法、软件研发及工程应用	天津大学、天津市市政工程设计研究院、中南大学	柳国环　国　巍　于西尧　杨立坡　燕　翔　刘　卓　高云起
65	2017JB-2-081	高精度轻量化电机外壳生产关键技术研究与应用	天津东方兴泰工业科技股份有限公司、天津理工大学、天津中德应用技术大学、天津大学	崔忠宝　刘振忠　毕　彦　李洪凤　武　晋　乔志峰　崔忠骏　马林旭

续表61

序号	奖励编号	项目名称	获奖单位	获奖人
66	2017JB-2-082	基于不同光催化体系的环境净化功能纺织品制备关键技术及产业化	天津工业大学、中纺院（浙江）技术研究院有限公司、江苏腾盛纺织科技集团有限公司、北京中纺化工股份有限公司、广西出入境检验检疫局检验检疫技术中心	董永春 崔桂新 李瀚宇 滕召部 李冰 刘春燕 许增慧 马帮奎
67	2017JB-2-083	高品质铸造铝合金材料制备工艺研发及产业化创新工程	天津立中合金集团有限公司	王如芬 李志琴 孙鹏
68	2017JB-2-084	潜油电泵技术创新工程	天津荣亨集团股份有限公司	庄朝荣 董树东 庄合义

科学技术进步三等奖

表62

序号	奖励编号	项目名称	获奖单位	获奖人
1	2017JB-3-085	钢铁企业循环物料使用技术开发与应用	天津天铁冶金集团有限公司、河北绿茵工贸有限公司、重庆科技学院	凌忠敏 谢文飞 万新 刘瑞东 汤学敏
2	2017JB-3-086	适应负荷灵活转移要求的城市电网规划运行关键技术研究与应用	天津大学、国网天津市电力公司	罗凤章 刘洪 王哲 李桂鑫 张军
3	2017JB-3-087	面向海洋基建工程的悬浮物防扩散装置研究与开发	中交天津港航勘察设计研究院有限公司、中交天航环保工程有限公司、天津工业大学	刘树东 胡保安 邵亮 李兰 蒋昌波
4	2017JB-3-088	雄激素受体相关乳腺癌分子亚型的研究及临床应用	天津医科大学肿瘤医院	牛昀 于琦 吕淑华 刘晓珍 申红红
5	2017JB-3-089	IGL-800全自动真菌/细菌动态检测仪项目开发及产业化	天津理工大学、天津喜诺生物医药有限公司、天津市一瑞生物工程有限公司	邵磊 黄炎彬 李超 王兴 张鹏远
6	2017JB-3-090	保障动物源食品安全的国家级新兽药生力欣的研制与开发	天津生机集团股份有限公司	王连民 郭群 刘睿芬 毕凤荷 段卓君
7	2017JB-3-091	IMC系列智能型阀门电动装置	天津百利二通机械有限公司	苗振海 杨雅静 黎守英 王海涛 卢香丽
8	2017JB-3-092	转炉单渣留渣法炼钢工艺研究与实践	天津钢铁集团有限公司	侯葵 任茂勇 王永然 钟国庆 吴杰
9	2017JB-3-093	聚天门冬长效防护快干涂料	天津科瑞达涂料化工有限公司	孟昭辉 姚学民 高鹏 李妲 汤树燕
10	2017JB-3-094	小尺度区域大气污染源动态调控关键技术及示范应用	天津市环境监测中心	陈魁 张骥 孙猛 刘佳泓 张丽红
11	2017JB-3-095	重载铁路接触网成套关键技术创新及应用	铁道第三勘察设计院集团有限公司、中铁电气化局集团有限公司电气化公司、中铁电气化局集团宝鸡器材有限公司	罗健 崔校玉 侯震宇 邓洪 范海江
12	2017JB-3-096	淤泥质海岸土壤改良及生态加固关键技术研究	交通运输部天津水运工程科学研究所、天津大学	裴文斌 张宇亭 安晓宇 李铭铭 刘晓强
13	2017JB-3-097	多功能超声成像测井技术研究	中海油田服务股份有限公司	陶爱华 陈洪海 刘西恩 王文梁 孙志峰
14	2017JB-3-098	食用菌废弃菌糠的综合利用	天津大学、天津市林业果树研究所、鼎正动物药业（天津）有限公司	乔建军 陈晓明 朱宏吉 刘鼎阔 青格乐

续表62

序号	奖励编号	项目名称	获奖单位	获奖人
15	2017JB-3-099	油水井套损机理及防治技术研究与规模应用	中国石油大港油田采油工艺研究院、中国石油大港油田石油工程研究院、中国石油大港油田井下作业公司	唐　庆　张　飙　饶富培　张康卫　步宏光
16	2017JB-3-100	淤泥质海岸人工港岛水沙环境与海洋生态研究	交通运输部天津水运工程科学研究所	孙连成　张　娜　陈　纯　许　婷　赵洪波
17	2017JB-3-101	污灌菜地重金属镉污染钝化与农艺调控修复技术	农业部环境保护科研监测所	徐应明　王　林　孙约兵　梁学峰　秦　旭
18	2017JB-3-102	原状非饱和土强度与其微结构的关系研究及在土木工程中的应用	天津城建大学、中国水利水电第十一工程局有限公司、新乡学院	李顺群　尚　军　王英红　张少峰　夏锦红
19	2017JB-3-103	补肾中药调控脐带间充质干细胞对器官损伤修复的研究	天津中医药大学、天津市第二人民医院、天津市人民医院	边育红　王　丽　宋新波　齐　新　褚晓倩
20	2017JB-3-104	骨巨细胞瘤分层治疗策略及相关研究	天津市天津医院	胡永成　韩　岳　张　玺　伦登兴　郭　林
21	2017JB-3-105	新一代大型宽幅聚酯网热定型机	天津工业大学、河南华丰网业科技股份有限公司	杨　涛　杜　宇　张宏杰　何　哲　董来印
22	2017JB-3-106	氢气对脓毒症的保护效应及其机制	天津医科大学总医院	于泳浩　刘　刚　谢克亮　陈红光　王国林
23	2017JB-3-107	S-THP63-2000+800/1300航空制件板材充液成形数控生产线	天津市天锻压力机有限公司、天津天锻航空科技有限公司	韩宝奎　郎利辉　张绍君　张　扬　张建民
24	2017JB-3-108	中厚板规格拓展及质量提升	天津钢铁集团有限公司、连铸技术国家工程研究中心	潘贻芳　徐李军　信海喜　王佩鑫　仇圣桃
25	2017JB-3-109	肿瘤标志物全自动化学发光免疫检测仪及配套试剂的研发与产业化	博奥赛斯（天津）生物科技有限公司、天津市医疗器械质量监督检验中心	栾大伟　刘　萍　丁　军　齐丽晶　石　巍
26	2017JB-3-110	肉鸡生产监测与产品质量可追溯平台	天津农学院、天津市新农肉鸡专业合作社、天津市畜牧兽医研究所	陈长喜　赵光煜　韦　冰　许晓华　何　玲
27	2017JB-3-111	银杏叶提取物干预脑胆固醇代谢防治阿尔茨海默病的研究	天津中医药大学	姜希娟　范英昌　郭茂娟　高　青　王少峡
28	2017JB-3-112	中药大品种清肺消炎丸技术改造研究	天津中新药业集团股份有限公司达仁堂制药厂	江永萍　李燕钰　王　杰　刘　彤　周　军
29	2017JB-3-113	管幕-顶涵法在大型输水箱涵穿越高速公路工程中的关键技术研究与应用	天津市水利工程有限公司	杜　辉　李　梅　禹作利　鲁桂祥　李洪亮
30	2017JB-3-114	华北平原集约化种植区氮素面源污染防控关键技术研究与应用	农业部环境保护科研监测所、山东省农业科学院农业资源与环境研究所、河北省农林科学院农业资源环境研究所	张克强　王　风　李　彦　张国印　肖　强
31	2017JB-3-115	海上溢油监测、预测及应急决策支持技术研究与应用	中海石油环保服务（天津）有限公司、国家海洋局第一海洋研究所、中国海洋大学	安　伟　宋莎莎　武卫锋　刘怀增　庄继泽
32	2017JB-3-116	液态粉煤灰在高速公路扩建工程中的系统应用关键技术研究	天津市市政工程设计研究院、河北工业大学、天津高速公路集团有限公司	王新岐　叶　强　孙吉书　李洪亮　何玉宝
33	2017JB-3-117	智能制造技术在方矩管生产中的应用及实现	天津理工大学、天津市友发德众钢管有限公司	李大华　顾金海　高　强　陈自林　李　栋

续表62

序号	奖励编号	项目名称	获奖单位	获奖人
34	2017JB-3-118	海水名优品种引进和繁养技术开发与应用	天津市水产研究所、天津盛亿养殖有限公司、天津市立信水产养殖有限公司	夏苏东　尤宏争　冯守明　李玉生　王国彬
35	2017JB-3-119	微生物发酵法生产透明质酸的研究	天津市康婷生物工程有限公司	刘小兵　李爱红　周　莹
36	2017JB-3-120	DVOR900型多普勒甚高频全向信标	天津七六四通信导航技术有限公司	张宝军　韩亚洲　孟祥鹏　高文晶　栗秀清
37	2017JB-3-121	高效长寿命潜油电泵机组研制及应用	中国石油集团渤海石油装备制造有限公司	汪卫军　王　雷　吴　频　邢厚伟　王建宝
38	2017JB-3-122	南水北调总干渠泥砾开挖料筑堤关键技术研究及应用	中水北方勘测设计研究有限责任公司	杜雷功　贾文利　杨天生　闵京声　雷　宇
39	2017JB-3-123	渤海海上油田电潜泵采油新技术研究及产业化应用	中海石油（中国）有限公司天津分公司	刘光成　司念亭　唐晓旭　高永华　龙江桥
40	2017JB-3-124	白粒抗穗发芽强筋冬小麦新品种“津农6号”的选育与示范	天津市农作物研究所	冯　刚　王建贺　梁　丹　王从磊　时晓伟
41	2017JB-3-125	复杂河口超大型跨海交通工程涉海关键技术研究	交通运输部天津水运工程科学研究所、水利部交通运输部国家能源局南京水利科学研究院	李孟国　何　杰　李文丹　辛文杰　解鸣晓
42	2017JB-3-126	渤海复杂压力油藏钻完井全过程储层保护关键技术创新	中海石油（中国）有限公司天津分公司、中海油田服务股份有限公司油田化学事业部	范白涛　张晓诚　叶周明　陈　强　何瑞兵
43	2017JB-3-127	苹果良种引进及现代化栽培关键技术集成示范与应用	天津市林业果树研究所、天津田生源林业科技发展有限公司	杨丽芳　王芝学　贾爱军　樊春芬　胡忠惠
44	2017JB-3-128	隧道掘进聚能水压光面爆破新技术	中铁十八局集团有限公司、中铁十八局集团第五工程有限公司	张进增　刘海波　赵帮轩　王树成　程志强
45	2017JB-3-129	米桑油田复杂地层安全高效钻井技术研究与应用	中海油田服务股份有限公司	赵景芳　马德新　罗宇维　杨鸿波　耿　铁
46	2017JB-3-130	甘油法环氧氯丙烷工艺技术开发	中国天辰工程有限公司、天津天辰绿色能源工程技术研发有限公司	杨克俭　赵敏伟　李　荣　梁军湘　赵　斌
47	2017JB-3-131	大断面瓦斯隧道水力压裂快速揭煤施工技术研究与应用	中铁十八局集团有限公司、中铁十八局集团隧道工程有限公司	曹美俊　邹永红　李林林　王明慧　张尚斌
48	2017JB-3-132	城市黑臭水体治理工程实施技术指南	中国市政工程华北设计研究总院有限公司	孙永利　郑兴灿　张秀华　葛铜岗　黄　鹏
49	2017JB-3-133	节能高效“三抽”采油装备研究与应用	中国石油集团渤海石油装备制造有限公司	王志明　邹祥城　李春茂　胡　勇　李永兵
50	2017JB-3-134	高速公路扩建工程桥梁拼接关键技术研究	天津市市政工程设计研究院	曹　景　何玉宝　张洪海　谢　斌　丁雪松
51	2017JB-3-135	锂离子电池安全失效机理及加速循环测试关键技术研究与应用	天津出入境检验检疫局工业产品安全技术中心、中华人民共和国东山出入境检验检疫局、中南大学	于智睿　李　晶　潘迎芬　李　翔　张　慧
52	2017JB-3-136	喷涂缠绕直埋式保温管成型技术开发	天津市管道工程集团有限公司	邵丽云　杨　宁　周曰从　张　扬
53	2017JB-3-137	海洋生态环境悬浮颗粒物在线可视化信息监测装备研发及应用	天津城建大学、国家海洋技术中心、天津市科技创业服务中心	于　翔　朱　森　于连生　田桂萍　刘丽娟

续表62

序号	奖励编号	项目名称	获奖单位	获奖人
54	2017JB-3-138	渔(农)光互补的大型集中式光伏电站工程关键技术研究及应用	信义光能(天津)有限公司、天津大学、国网天津市电力公司	刘　聪　葛磊蛟　陈　曦　李盛伟　迟福建
55	2017JB-3-139	化浊解毒法改善糖脂代谢紊乱及胰岛素抵抗的机制研究	天津中医药大学第一附属医院	吴深涛　章清华　周　静　王　斌　刘雅琴
56	2017JB-3-140	长井段互层油藏稳产关键技术研究与应用	中国石油大港油田勘探开发研究院、中国石油大港油田采油工艺研究院、中国石油大港油田第三采油厂	陶自强　唐世忠　芦凤明　朱红云　王庆魁
57	2017JB-3-141	环保型高效消音补强胶片关键技术研发与应用	三友(天津)高分子技术有限公司	高之香　李建武　李　程　姜继艳　张卫军
58	2017JB-3-142	大口径高钢级长距离输气管道外防腐关键技术研究	中国石油集团工程技术研究院	韩文礼　林　竹　张红磊　曹国飞　杨　涛
59	2017JB-3-143	城市轨道交通工程渣土综合利用技术研究	中国铁建大桥工程局集团有限公司、天津城建大学、中国建筑科学研究院建筑材料研究所	宋伟俊　荣　辉　王海良　李向海　张宝辉
60	2017JB-3-144	基于阴离子污染物(磷、铬)深度去除的纳米铁基氧化物净水技术	天津城建大学、天津市一滋科技有限公司	吕建波　程　方　苏润西　杨金梅　徐　凯
61	2017JB-3-145	基于循证医学《伤寒论》方治疗优势病证规律研究	天津中医药大学	宋俊生　高　岑　熊　俊　杨天群　肖照岑
62	2017JB-3-146	孢子丝菌主要致病菌种的亲缘地理学和分子流行病学研究	天津市中医药研究院附属医院	张　宇　张理涛　袁　静　李振化　闫学文
63	2017JB-3-147	高效人脸识别技术研发及应用	天津科技大学、常州蓝城信息科技有限公司	杨巨成　赵婷婷　张传雷　刘建征　李建荣
64	2017JB-3-148	免疫芯片在水产养殖动物疾病高通量诊断中的应用	天津市水产技术推广站、中国海洋大学	徐晓丽　绳秀珍　邵　蓬　唐小千　包海岩
65	2017JB-3-149	快速产前诊断常见染色体非整倍体的应用研究	天津医科大学总医院、天津市妇女儿童保健中心	张　颖　史云芳　李晓洲　辛　力　李　岩
66	2017JB-3-150	“华龙一号”-EPR堆型核安全壳用高强度预应力钢绞线的研制	天津冶金集团中兴盛达钢业有限公司	王文喜　毛爱菊　王鸿利　潘　捷　蔺秀艳
67	2017JB-3-151	多通道光-电化学型生化检测系统中关键技术的研究及产业化应用	南开大学、天津市兰力科化学电子高技术有限公司、天津市兰标电子科技发展有限公司	贾芸芳　范清杰　谷雅君　魏翠梅　龚振武
68	2017JB-3-152	万吨级墨粉树脂新工艺及产业化	天津市合成材料工业研究所有限公司	李振东　王雪辉　姚雪丽　王　肖　陈辉辉
69	2017JB-3-153	水质净化高效微生态制剂中试与示范应用	天津市农业生物技术研究中心、天津市益利来养殖有限公司、天津鑫三角水产养殖有限公司、天津市武清区金锁淡水养殖专业合作社	赵玉洁　谢凤行　张峰峰　周　可　赖立松　于建胜　赵　琼　李　继
70	2017JB-3-154	难采储量全生命周期效益开发技术研究与实践	中国石油大港油田勘探开发研究院、中国石油大港油田石油工程研究院、中国石油大港油田第三采油厂	王怀忠　王东林　赵郁文　张胜传　张家良
71	2017JB-3-155	基于中国车辆特征的侧面碰撞关键试验技术研究及应用	中国汽车技术研究中心	周　华　李向荣　刘志新　朱海涛　马伟杰
72	2017JB-3-156	长输管道自动焊全自动超声检测(AUT)可靠性及工艺评定技术研究	中国石油集团工程技术研究院	胡艳华　牛虎理　李春润　刘　峰　张东浩

科技管理与服务

续表 62

序号	奖励编号	项目名称	获奖单位	获奖人
73	2017JB-3-157	林木主要蛀干害虫信息诱引技术体系构建及非化学防控集成示范	天津市植物保护研究所、天津市森林病虫害防治检疫站、南开大学	谷希树　白义川　张素芬　范志金　刘宝生
74	2017JB-3-158	天津市深层地下水水文地质条件数字化及开采状况模拟和预测	天津市水文水资源勘测管理中心	张　伟　李文运　李　华　王志强　薛春国
75	2017JB-3-159	南海东部高含水油田水平井酸化技术研究与应用	中海油能源发展股份有限公司工程技术分公司	易　飞　黄　波　邹信波　孙　林　周际永
76	2017JB-3-160	损伤简支混凝土梁承载能力检测评估及处治对策研究	天津市交通科学研究院	闫燕红　孙运国　何立忠　邓　鸣　郑连生
77	2017JB-3-161	副干酪乳杆菌及其在功能酸奶发酵中应用和产业化	天津科技大学、蒙牛高科乳制品(北京)有限责任公司	王海宽　牛天娇　谢玉锋　冯　磊　耿伟涛
78	2017JB-3-162	车辆转向/驱动/制动集成控制关键技术研究与应用	天津职业技术师范大学、天津清源电动车辆有限责任公司、天津圣纳科技有限公司	杜　峰　关志伟　窦汝振　魏所库　任　山
79	2017JB-3-163	国际标准的甲泼尼龙片生产技术研究与开发	天津天药药业股份有限公司、天津药业集团有限公司、天津药业研究院有限公司	李　静　王福军　张　杰　韩　英　杨凤翙
80	2017JB-3-164	面向公共建筑内的智能无线节电控制管理系统开发与应用	天津科技大学、天津优特科技有限公司	张　锐　王以忠　王　燕　孙根元　李　达
81	2017JB-3-165	干眼的新型检测及治疗方法的应用研究	天津医科大学眼科医院	赵少贞　魏瑞华　黄　悦　张　琰　周　雷
82	2017JB-3-166	精准颅底外科手术技术平台的构建和应用	天津医科大学总医院	岳树源　苏少波　李勇刚　马　峻　张　川
83	2017JB-3-167	滨海新区城市建设三维可视化信息管理技术的研究	天津市测绘院	胡　珂　周　奎　王　冬　刘俊卫　王晓华
84	2017JB-3-168	能性 BOPET 薄膜研发及创新工程建设	天津世起科技发展有限公司	刘世起　王　韧　刘元娟
85	2017JB-3-169	高性能轻量化暖风散热器创新工程	天津亚星世纪实业股份有限公司	黄　斌　殷曼雄　任　杰
86	2017JB-3-170	不饱和羧酸金属盐改性三元乙丙橡胶自主研发与产业化创新工程	天津中和胶业股份有限公司	朱　峰　张瑞造　陈巧娜
87	2017JB-3-171	汽车内分型保险杠精密注塑模具技术创新体系建设	天津银宝山新科技有限公司	李　杰　舒丽丽　镇方勇
88	2017JB-3-172	超高速电梯科技创新平台	天津市奥瑞克电梯有限公司	刘永远

【技术市场】 2017年，天津市共登记、统计各类技术合同12512项，成交金额为658.48亿元，与2016年相比成交金额增长9.3%。

2017年天津市技术合同登记情况

表63

	登记合同数（份数）	合同成交总金额（万元）	其中技术交易额（万元）
总计	12 512	6 584 766.41	4 971 190.64
按技术合同类别分			
技术开发	5 981	635 484.16	438 378.30
技术转让	600	931 512.57	797 941.23
技术咨询	1 336	503 450.90	152 337.43
技术服务	4 595	4 514 318.78	3 582 533.69
按合同买方类别分			
机关法人	1 983	1 394 800.71	1 048 388.16
事业法人	3 840	310 253.91	230 409.76
社团法人	39	1 597.70	1 523.93
企业法人	6 560	4 861 966.18	3 677 824.24
自然人	39	3 295.54	3 208.93
其他组织	51	12 852.36	9 835.62
按合同卖方类别分			
机关法人	6	14 948.57	14 588.57
事业法人	6 535	834 793.88	428 163.72
社团法人	0	0	0
企业法人	5 951	5 730 062.68	4 523 557.74
自然人	19	4 944.33	4 871.35
其他组织	1	16.96	9.26
按社会经济目标分			
环境保护、生态建设及污染防治	436	239 079.13	81 200.62
能源生产、分配和合理利用	435	950 286.42	757 701.42
卫生事业发展	576	136 056.73	112 228.81
教育事业发展	527	18 002.01	14 758.57
基础设施以及城市和农村规划	949	766 964.15	576 986.55
社会发展和社会服务	6 185	2 277 687.01	1 603 518.75
地球和大气层的探索与利用	1	1.50	1.50
民用空间探测及开发	33	1 349.16	1 309.70
农林牧渔业发展	280	37 435.22	27 617.54
工商业发展	606	1 144 307.06	1 026 314.13
非定向研究	671	35 957.52	35 035.51
其他民用目标	1 723	939 865.09	700 379.09
国防	90	37 775.42	34 138.44
按技术流向分类			
本市	6 733	3 329 214.65	2 396 763.26
外地	5 779	3 255 551.76	2 574 427.38

（马东升）

软科学

【京津冀信用大数据一体化建设与应用研究】 由天津市信息中心完成。该项目在深入分析京津冀三地信用大数据基础现状的基础上，基于SWOT模型对京津冀信用大数据一体建设的优势、劣势、机遇和挑战进行分析，从归集汇聚体系、分析应用体系、共享开放体系、价值变现体系和综合管理体系五个方面对京津冀区域信用大数据一体化建设的重点内容进行阐述，重点探索信用大数据在政务领域、经济领域和民生领域的应用，并从组织、资金、试点应用及机制保障等方面提出如何加快推进京津冀大数据一体化的对策建议。研究成果为京津冀信用应用奠定一定的理论基础，对信用大数据在区域发展过程中的应用场景进行新的探索，有助于基于信用大数据破解区域协同发展中所面临的发展不均衡等难题，有助于基于信用大数据消除区域内公共服务不均等现象，对促进区域协调发展，全面提升公共服务质量具有重要意义。该项目获2017年国家经济信息系统优秀研究成果三等奖。

（天津市信息中心）

【关于推进天津市大数据产业发展的对策研究】 由天津市信息中心完成。该项目分析天津发展大数据产业的必要性和紧迫性，分析借鉴贵州省大数据产业的发展经验，对天津发展大数据产业的基础和现状进行分析，提出天津市具备产业基础雄厚、数据资源丰富、应用领域广阔、集聚态势显现的发展优势，同时也存在政府数据资源有待整合开放、产业链条和商业模式有待完善、关键技术研发投入有待增强、大数据专业人才队伍有待壮大的问题和不足。在此基础上提出天津要加快推进电子政务、智能制造、互联网金融、航运、跨境电子商务、医疗六个重点领域大数据应用，推动产品开发、评估定价、市场交易等关键环节率先突破，启动建设数据资源集聚、地区品牌培育、产业平台搭建、高端人才振兴等一批重大工程，并从加强规划引导、加强政策支持、加强统计监测、加强宣传推广四个方面提出保障措施。该项研究成果为天津市推动大数据产业发展提供经验借鉴和对策建议，助力京津冀大数据综合试验区建设取得良好成效。项目成果收录于天津市委研究室《决策与参考（第14期）》。

（天津市信息中心）

【现代化交通体系研究】 该课题从设施、运行和智能化管理三个层次对天津市交通系统现状进行全面分析，以支撑天津城市总体发展目标为基础，建立一套适用天津的现代化交通系统评价指标，判定天津综合交通体系所处的发展阶段，为2020年天津市交通运输发展总体达到全国一流水平、实现五个现代化的目标提供指导依据。得到以下结论：①天津交通综合交通网络的现代化实现程度为62%，部分实现现代化；优化调整后可提高至82%，基本实现现代化。②公众出行服务的现代化实现程度为65%，部分实现现代化；客运出行结构仍需调整，可达性不高。③现状公众出行服务的现代化实现程度为65%，部分实现现代化。④货运与物流服务的现代化实现程度为64%，部分实现现代化；物流成本和货运效率与发达国家相比有一定差距。⑤智能交通信息化建设和应用滞后，现代化实现程度仅为36%，是天津综合交通系统实现现代化的瓶颈和突破口。⑥交通治理能力的现代化实现程度为58%，尚未实现现代化；需尽快开展指导性和前瞻性研究，提高绿色交通发展水平，提高应急保障能力。该课题的成果的创新点为建立一套以目标为导向、重点突出、科学引领的指标评价体系，全面、客观、科学的评价天津市综合交通体系的现代化水平。评价指标体系框架包括目标层、功能层和指标层三级，共计5个目标层、20个功能层和70个指标层。评价体系流程的评价思路是“由小至大、逐级评价、明确薄弱环节、分析发展趋势”，评价流程为“单项指标评价→多项指标综合评价→整体发展水平评价→参考阈值确定发展阶段”。

（赵　巍）

【天津市加快落实“互联网+”及大数据的发展的策略研究】 该课题对天津市交通运输行业及其

信息化发展进行分析，总结天津市“互联网+”及大数据发展的基础条件和特殊要求，结合上海、广东、江苏等省市的经验，提出天津市加快落实“互联网+”及大数据交通发展策略的总体思路、发展目标和策略方案。课题主要结论包括：在智能交通领域，“互联网+”不仅对智能交通本身有着不同层面的影响，更加速行业间的融合以及技术间的优化组合。顺应“互联网+”及大数据发展趋势，推动互联网在交通运输领域的拓展应用。到2018年着力完成天津市1个智能综合交通云平台、1座行业数据中心、1张基础通信专网，推动交通运输信息化服务与治理水平全面提高，实现一站式出行信息服务、一票制客运服务、一单制货运服务、一体化监管联动。到2020年实现要素资源共网、数据信息共享、服务治理共进、产业合作共赢的“四位一体”发展新格局，创新便捷化的交通运输服务。需要在基础发展平台构建、出行信息服务创新、城市交通服务优化、现代物流运输发展、汽车维修高效便捷、路网管理能力提升、运输治理方式转变、安全监管全面联动、政务公开提质增效等领域开展20项工作任务。课题的创新点在于：全面梳理总结并分析国务院、国家各部委以及国内各主要省市“互联网+交通运输”相关的政策或方案文件，并且提出针对天津市交通运输行业及其信息化发展实际的“互联网+”行动总体策略。

（马红伟）

【关于加快建设金融创新运营示范区的对策研究】 由天津市信息中心完成。该项目对天津市承接北京金融资源要素疏解的基础优势进行分析，提出天津具备区位优势明显、综合交通便利、金融整体实力增强、金融制度环境更加优越、配套条件逐步完善等优势。结合天津自身基础条件，提出从央企金融板块、创业投资资源、民营金融机构、互联网金融机构、跨国公司及分支机构应等方面积极承接北京金融要素资源疏解，重点发展产业金融、科技金融、创新型金融、互联网金融和跨境金融五大产业。从加强金融监管、完善政策服务保障、强化人才保障、完善协同推进机制等方面提出加快推进天津金融创新运营示范区建设的保障措施。研究成果为天津承接北京金融资源要素疏解，加快建设金融创新运营示范区提供了思路借鉴。项目成果收录于天津市委研究室《决策与参考》(第34期)。

（天津市信息中心）

【关于推进天津市现代服务业高端发展的对策研究】 由天津市信息中心完成。发展现代服务业是贯彻新发展理念，深化供给侧结构性改革，建设现代化经济体系的有效途径。十九大报告明确提出，支持传统产业优化升级，加快发展现代服务业，瞄准国际标准提高水平，将推进现代化服务业高端发展上升到了新的高度。该项目从服务业创新主体、创新环境、技术支撑、政府支持创新路径四个方面总结“再工业化”进程中，欧美服务业创新发展经验及特征，分析天津现代服务业发展基础及存在的问题，提出天津服务业产业规模持续扩大、产业结构不断优化、服务能级持续提升、发展质量不断提高，但仍面临产业核心竞争力有待提升、人才技术基础有待夯实、载体支撑平台有待强化、金融服务体系有待完善等问题。在此基础上，从培育市场主体，促进服务业层次布局双提升；加强区域合作，扩大服务业对内对外双开放；强化创新驱动，激活服务业科技制度双动力；加强基础保障，强化服务业人才资本双支撑四个方面提出推动天津市服务业创新发展的对策。该项目为天津市推进服务业高端发展提供对策建议。项目成果收录于天津市委研究室《决策与参考》(第28期)。

（天津市信息中心）

【天津市科技统计调查与监测服务平台系统开发与应用】 天津市科技统计与发展研究中心、常州市维邦网络软件有限公司吴达、高文、邱维臣、叶剑秋、高俊峰、王江平、贾超完成。①提出“数据库+数据流+代码化”方法，利用JSONB格式存储将整张表数据“压缩”成一个字段的一条记录，以数据流方式存储解决大型表格的存储限制。②国内首创SARP语法规则扩展数据处理引擎（EDPE）核心技术，运用内存算法替代数据库SQL语法，通过对SARP语法解析转换生成对应的内存数组，便于统计人员采用非SQL描述处理业务。③开发逐级增加新指标的“派生”技术，满足系统报表逐级增加新指标，上级审核处理下级指标要自动抽取本级数据的需求。应用推广情况：①建立天津市国家级高企、科研机构、国家自主创新示范区等8类调查单位名录库，成为地方科技部门唯一掌握统计调查单位名录库的平台。②开展2015～2016年天津市火炬统计、地方财政科技支出等8项统计调查监测工作，开展2015年天津科技型中小企业创新专项调查和2016年的高新技术企业创新调查，形成天津市科技统计调查数据库和科技统计监测数据库。③平台建立21个市级、38个区局级、2932个调查单位账号，完成天津市科技统计管理体系建设。④平台设置的2000余项统计指标，300余项统计分组，1200项审核公式，150项计算公式及历史数据，提高统计调查监测工作效率，得到应用单位充分肯定。⑤平台开发获得软件著作权1项。基于该成果，完成单位继续开发“国家科技统计在线调查平台”2017年1月投入使用。⑥军委科技委和云南等地确定采用本项目设计思路开展系统建设。

（天津市科技统计与发展研究中心）

【天津市科技人才发展五年（2016～2020年）规划实施方案研究】 该项目由天津市科学学研究所承担，2017年8月结题验收。项目研究通过文献梳理与实地调研，针对天津市科技人才在成长环境、新生人才的引进培养使用，以及他们对天津市科研成果转化、创新引领、内生驱动等引领支撑情况，进行调查研究，重点把握天津市科技人才现状、培养需求；通过与先进地区科技人才联合培养比对差距，找出不足，研究对策措施，本课题有助于为进一步推进天津市科技人才工作提供参考，为政府工作和科学决策提供现实依据，推动人才体制机制创新，为政府部门科学决策提供较为可行的参考建议。

（郭连英）

知识产权

【知识产权工作简况】 2017年，天津市知识产权局围绕建设“五个现代化天津”的奋斗目标，深入实施知识产权战略纲要，以建设知识产权强市为目标，强化知识产权与经济社会发展的深度融合，积极服务供给侧结构性改革和企业发展提质增效真抓实干，积极进取全面完成年度各项工作任务。全市授权专利41675件，同比增长4.3%；有效专利144706件，同比增长16.3%，其中有效发明专利28601件，同比增长26.2%。企业知识产权主体地位日益巩固，全市每万人口发明专利拥有量达到18.3件，居全国第六。《中国知识产权指数报告2017》显示，天津市知识产权综合指数位列全国第七。

（耿玉祥）

【推进知识产权强市建设】 深入落实天津市《关于加快推进知识产权强市建设的实施意见》《天津市知识产权“十三五”规划》《天津市深入实施知识产权战略行动计划（2016～2020）》以及《天津市关于贯彻落实〈“十三五”国家知识产权保护和运用规划〉的实施意见》等部署要求，统筹规划、分层指导，构建以知识产权强市、强区、强企以及知识产权特色小镇建设为主线的知识产权强市建设格局，探索知识产权推动创新驱动发展、实现产业转型升级的新路径。

（耿玉祥）

【推进知识产权事业发展】 履行全市知识产权战略领导小组办公室职责，系统推进知识产权工作任务的落实，促进各类知识产权均衡发展。贯彻落实国务院《“十三五”国家知识产权保护和运用规划》，以市政府办公厅文件形式印发实施《天津市关于贯彻落实〈“十三五”国家知识产权保护和运用规划〉的实施意见》。组织27个领导小组成员单位及16个行政区，对2008年以来十年的全市知识产权战略实施工作进行总结和评估，完成《天津市知识产权战略实施十年总体评估报告》。制定《2017年天津市知识产权战略实施工作要点》，提出九大方面59条具体工作任务，推动知识产权战略领导小组成员单位分工落实。加强知识产权战略实施情况的监测和总结，发布年度《天津市专利实力报告》《天津市知识产权发展状况白

皮书》和《天津市知识产权保护状况白皮书》，向社会全面展示知识产权发展现状和知识产权保护取得的成效。（耿玉祥）

【推进知识产权强区建设】 召开2017年全市区域知识产权工作会，实施《天津市知识产权强区建设的意见》，组织推动区域知识产权工作，实施知识产权强区工程。强区工程提出包括建立完善知识产权管理工作体系等七大任务，明确到2020年，培育一批创新活力足、质量效益好、可持续发展能力强的企事业单位，形成一批知识产权管理水平高、保护环境好、对经济发展贡献大的知识产权强区目标。专利综合指数首次纳入全市各区绩效考评发展指标体系。2017年推动全市16个区共投入1.04亿元用于开展区域专利工作，其中12个区出台专利资助政策，114家企业取得《企业知识产权管理规范》国家认证。滨海新区、武清区、东丽区成为国家知识产权示范培育城区，河西区成为国家知识产权试点城区，国家知识产权试点示范城市（城区）累计达到7个。武清区、东丽区被国家知识产权局评为国家知识产权试点城市工作先进集体。（耿玉祥）

【推进知识产权强企工程】 印发《天津市知识产权强企实施方案》，以专利消零工作为先导，壮大企业工作者队伍，以实施知识产权管理规范为主线，按照区级试点、市级试点、国家知识产权优势（示范）培育工作三个层次，逐级推进，全面提升企事业单位的知识产权管理能力。全年共有4374家企业实现专利申请零突破，有专利企业达到11990家，其中拥有发明专利企业达3401家；各区财政投入区级企业专利试点资金达到4748万元，培育区级专利试点企业2262家；145家市级专利试点单位培育专利密集产品（技术）207项；新增国家知识产权优势示范企业9家，国家知识产权优势示范企业总数达53家，其中天士力集团、海鸥表业集团通过国家知识产权示范企业验收。2017年全市企业专利申请69738件，占全市80.2%，企业专利授权33993件，占全市81.6%，企业有效发明专利15553件，占全市54.4%。英利新能源、立中集团、中重科技等一批知识产权典型企业脱颖而出，全市企业知识产权主体地位进一步巩固。（耿玉祥）

【打造知识产权特色小镇】 在全国率先出台《天津市知识产权特色小镇培育工程工作方案》，启动知识产权特色小镇建设。小镇建设通过区局共建、政策引导、目标考核、动态管理，指导各区街镇加强知识产权工作，培育形成若干知识产权特色小镇，受到国家知识产权局高度评价。滨海新区、东丽区、武清区、西青区开展知识产权特色小镇建设纳入各区政府出台的国家知识产权示范城市培育工作方案，作为重点任务组织开展。东丽区华明镇积极制定知识产权特色小镇建设工作方案，充分利用特色产业优势开展知识产权工作，力争成为天津市首家知识产权特色小镇。（耿玉祥）

【推进京津冀知识产权协同发展】 深入贯彻京津冀协同发展国家战略，落实《国家知识产权局、北京市人民政府、天津市人民政府、河北省人民政府关于知识产权促进京津冀协同发展合作会商议定书》确定的天津重点任务，积极引进首都知识产权优质资源，促进知识产权优势资源在津集聚。（耿玉祥）

【多角度促进京津冀知识产权协作】 积极落实与国家知识产权局、北京市、河北省联合签署的《关于知识产权促进京津冀协同发展合作会商议定书》工作部署，印发《天津市知识产权局推进京津冀知识产权协同发展助力“一基地三区”建设实施方案》，重点从“强化知识产权跨区域流动保障、促进知识产权服务机构三地互设”等八个方面扎实推进知识产权协同发展。与北京市、河北省知识产权局签订《中国知识产权执法华北调度中心协作协议》，明确京津冀三地知识产权行政执法领域协作规则和操作办法，推进京津冀知识产权保护一体化进程。京津冀三地联合举办专利执法业务研讨会，开展跨区域协同执法办案，建立起高效顺畅的专利行政执法合作机制。建立京津冀举报投诉和维权援助联合工作站，推进京津冀重点产业知识产权保护一体化。在津举办第三届京津冀知识产权协同发展高层论坛，共同探讨推进京津冀一体化保护体系建设等热点问题，发起成立京津冀生物医药产业发展知识产权联盟，促进产业知识产权保护高端服务三地共享。

（耿玉祥）

【推进京津冀全面改革创新实验区】 加快推进知识产权改革工作，成立知识产权综合管理改革工作领导小组，落实协调统筹职责。制定《天津市推进知识产权全面创新改革试验工作方案》，确定探索知识产权综合管理改革试点工作、建设华北知识产权运营中心、探索知识产权融资模式等6项创新改革工作内容。研究制定《天津市知识产权局开展知识产权综合管理改革工作方案》，加强知识产权综合管理改革调研，形成《赴上海浦东新区、成都郫都区调研知识产权综合管理改革工作的报告》《我市区域知识产权综合管理体制初探》等调研报告。目前，滨海高新区知识产权综合管理改革试点方案正在讨论过程中，自贸区知识产权保护“1+4”工作体系逐步完善，华北知识产权运营中心基本成型。

（耿玉祥）

【集聚和使用国家知识产权优势资源】 与国家知识产权局专利复审委员会签订《合作备忘录》，共同建立专利审查信息共享、法律技术咨询绿色通道，为市高级人民法院解决审判中涉及的21项专利法律信息难题。与国家知识产权局专利审查协作天津中心签订《2017～2020年度合作框架协议》，联合审协天津中心在知识产权培训、知识产权课题研究、实施企业知识产权服务、开展人才交流等方面加强合作，服务天津创新发展。加强与国家知识产权局文献部沟通，争取专利信息传播利用（天津）基地工作等项目支持，高标准建设覆盖103个国家和地区的新一代专利检索服务系统，全面提升专利信息支撑能力。

（耿玉祥）

【华北知识产权运营中心建设】 推进华北知识产权运营中心分中心建设，确定天津中科先进技术研究院有限公司等7家华北知识产权运营中心特色分中心，“1+7+N”运营体系基本成形，金字塔式知识产权运营工作体系逐步完善，形成开放化、多元化、网络化格局。整合京津冀、华北地区主要专利运营力量，促进“专利+技术+资本+产业”有效融合和良性循环。“华北知识产权运营网”上线运行，运营中心积极引导组建电动车知识产权维权联盟、绿色电池产业知识产权联盟、磁敏产业主权专利池、轨道交通产业技术创新专利联盟、中药产业专利运营联盟，食用菌产业专利联盟，联盟企业成员过百。推动成立天津市首家基金规模亿元的知识产权运营基金。指导中国汽车技术研究中心推出首家汽车行业专利数据库服务平台。2017年通过组织首届中国汽车知识产权年会，开展各类宣传、培训活动、政策解读、银企对接活动，华北知识产权运营中心联盟成员单位促成专利交易1778件，总金额2239万元。

（耿玉祥）

【深化知识产权金融创新】 突破传统“企业+银行”两方模式，指导知识产权服务机构与天津中小企业信用担保中心合作，研发“担保+回购”模式的专利权质押担保产品——“智保贷”，形成“企业+银行+担保+回购”四方模式，为企业解决资金缺口和融资难题。天津光电安辰信息技术股份有限公司获得首笔利用“智保贷”产品以“担保+回购”模式发放的专利质押贷款300万元。引进北京中金浩资产评估公司与本地企业合作，研发专利权质押服务产品——“融知贷”，开展专利权质押贷款及专利质押物处置服务。鑫融资租赁（天津）有限责任公司开办全国首单专利售后回租赁业务。推动平安财险、人寿财险等4家财险公司开展专利保险承保业务，新增试点险种“境外展会专利纠纷法律费用保险”，海鸥表业获得全国首单“境外展会专利纠纷法律费用保险”。滨海新区、天津经济技术开发区、京滨工业园、武清开发区开展国家级知识产权投融资试点建设，深化和扩展知识产权质押融资工作。2017年通过开展专利权质押融资需求调查、政策培训、银企对接、金桥之友等活动，服务企业100余家，42家企业获得专利质押贷款65笔，贷款金额25.37亿元。

（耿玉祥）

【知识产权与产业融合】 组织重点产业和专利试点园区，实施专利导航产业发展工程，提高产业核心竞争力和发展质量。支持东丽开发区、百利集团等21家单位开展专利导航工作，其中东丽开发区国际医疗器械产业园等12个专利导航项目，利用专利大数据分析编制专利导航规划，建立项目引进知识产权评议机制。捷威动力工业有限公司通过专利导航项目，在动力电池原材料的开发设备和生产设备上进行技术改进。北科大国家大学科技园天津（磁敏）分园，通过专利导航运营孵化激光再制造、激光修复、激光3D打印、节能技术、真空泵等领域4家磁敏技术衍生企业，成立天津中知创富投资基金。

（耿玉祥）

【严格知识产权保护】 贯彻落实市委市政府《关于营造企业家创业发展良好环境的规定》，研究制定《天津市严格知识产权保护实施方案（2018~2020年）》，打造知识产权严格保护最优城市，为企业家在津创业发展提供良好的知识产权环境。落实《天津市关于完善产权保护制度依法保护产权的实施意见》，制定实施《关于推进严格专利保护工作实施意见》，推出深化专利保护专项行动、提升执法能力、建立保护协作机制、加强保护服务、优化市场环境五大领域21项重点举措，加大专利行政执法力度。建立市局与国家级知识产权试点城区委托执法协作工作机制，委托滨海新区、河西区、西青区开展区域专利行政执法，扩大专利行政执法队伍，提高全市专利行政保护水平。加强重点展会知识产权行政执法保护，先后进驻碧海（中国）2017年春季钓具产业博览会等大型展会开展专利行政执法，受理并快速处理专利侵权纠纷案件96起，有效维护市场竞争秩序。2017年全市开展专利行政执法行动40余次，出动执法人员650余人次，检查商品35.1万件，立案查处各类专利行政案件651件。

（耿玉祥）

【深化知识产权“大保护”协作机制】 推动与市场监管、版权、海关、公安经侦等部门协作，建立知识产权保护工作交流例会制度，围绕落实严格专利保护意见、加强知识产权保护协作等主题召开4次知识产权保护交流研讨会，增进知识产权行政保护协作，形成工作紧密协作、信息互通共享、定期沟通交流新局面。加强专利行政调处与司法审判的信息沟通和联合研判，协助市高院解决司法审判中专利法律信息难题，有效提高专利司法审判质量和效率。

（耿玉祥）

【加强知识产权保护规范化市场培育】 推动知识产权保护规范化市场建设取得新进展，与市商务委联合出台《天津市知识产权保护规范化市场建设推动工作方案》，开展知识产权保护规范化市场培育工作，组织评定红星美凯龙等10家市场为“2017年度天津市级知识产权规范化市场”，推荐友谊新天地等2家市场入选第四批全国知识产权保护规范化市场培育名单。累计有7家市场入选国家级知识产权保护规范化市场培育工作，天津市知识产权保护规范化市场培育工作处于全国领先行列。

（耿玉祥）

【提升知识产权服务水平】 加快打造天津市知识产权服务网，发挥国家专利信息传播利用（天津）基地的作用，完善“市、区、重点企业”三位一体专利信息服务体系，指导专利信息工作站为8家企业提供专利信息分析服务，组织开展专利信息大讲堂11期、培训近千人次。天津知识产权维权援助中心公开12330热线服务内容和标准，全年接待来访、来函等各类有效举报、投诉、咨询4260件，全国76个知识产权维权援助和举报投诉中心工作绩效考核排名全国第三。提高专利代办服务水平，全年受理专利新申请8.6万件，收缴专利费用1.05亿元，制作专利登记簿副本9272件，办理专利权优先审查322件，办理专利费用减缓备案1.4万件，办理远程票据业务2.1万件，专利代办窗口服务继续保持零投诉。

（耿玉祥）

【提升知识产权服务业发展水平】 高质量建设国家知识产权服务业集聚发展试验区，推动滨海高新区完善《国家知识产权服务业集聚发展试验区方案》，试验区集聚北京、河北、浙江和江苏等地各类知识产权服务机构225家（包括专利服务机构99家），为超过1000家高新区企业提供从交易到产学研用及产业交割全创新链服务，推动500家实施国家知识产权标准贯标工作。国家知识产权局甘绍宁副局长一行专程来津为高新区国家知识产权服务业集聚发展试验区揭牌并调研相关企业。建立国家、市、区联动推进知识产权服务业集聚发展的工作机制，东丽、西青、红桥等5个区（园区）启动开展市级知识产权服务业集聚发展实验区。加强对专利代理行业的监督管理，开展集中治理专利代理资格证书挂靠行为，对1家未按期进行年度报告公示的机构列入国家知识产权局专利代理机构异常名录。加强专利代理行业人才培养，争取国家知识产权局专利代理行业改革试点政策，扩大专利代理人队伍。截至2017年底，全市393人拥有全国和地方专利代理执业资质。

（耿玉祥）

【落实“放管服”改革】 制定出台《天津市知识产权局关于放管结合优化服务的具体工作措施》，梳理和规范具体职权和收费事项，清理专利行政法规和规范性文件。落实国家知识产权局《专利收费减缴办法》，对本市近8000家企业进行专利费用减缴申请的备案，为企业减免专利费用超过7000万元，降低企业专利成本。开通专利费网上缴费系统和信息补充系统，为社会创新主体提供便捷服务，有效解决专利缴费信息处理自动化程度低、费用信息匹配周期长、窗口排队等候时间长等问题。（耿玉祥）

【推进知识产权创新创业】 组织企业、发明家参评第十九届中国专利奖和2017年天津市专利奖，营造鼓励创新、尊重知识的浓厚氛围。2017年获得19项中国专利优秀奖、3项外观设计优秀奖，获奖数量创历史新高；10项天津市专利金奖、37项专利优秀奖和4项专利创业奖，累计新增销售额218亿元、新增利润50亿元、新增出口额8.3亿元。天津大学的“一种制备球形硫酸氢氯吡格雷Ⅰ晶型的方法”，近两年实现销售收入50.17亿元。举办“2017年天津市知识产权创新创业发明与设计大赛”，全市近1000个项目参加，60个项目获奖，大赛同时举办优秀项目推介会，搭建展示服务平台，推动优秀专利技术项目融资和实施转化。（耿玉祥）

【知识产权宣传】 利用“4·26世界知识产权日”“中国专利周”“12·4”普法宣传日等契机，策划宣传报道全市性知识产权重点活动20余期次，推动各区广泛开展知识产权宣传活动。“4·26知识产权宣传周”期间，组织召开天津市人民政府知识产权新闻发布会，联合天津电台《公仆走进直播间》栏目专题宣传知识产权政策，围绕发布知识产权发展状况和保护状况白皮书、全国首单境外展会专利保险等重点内容，组织媒体集中宣传报道。2017年全市各类媒体刊发知识产权报道1000余篇次，营造良好的知识产权舆论环境。

（耿玉祥）

【普及青少年知识产权教育】 开展青少年知识产权示范校工作，评定天津市第四中学等9所中小学为天津市青少年知识产权教育示范学校，全市市级青少年知识产权教育示范校达到29所，天津市实验小学等6所学校入选全国中小学知识产权教育试点学校。示范学校积极组织开展知识产权专家讲座、创新研讨会、情景剧、橱窗展示、张贴宣传海报等多种方式的活动，向青少年学生普及知识产权知识。与市教委、市科委、市科协共同组织天津市青少年小发明大赛活动，500多个项目参赛，66个优秀小发明受到奖励。2017年天津市青少年知识产权教育工作得到国家知识产权局的肯定，以专题片的形式将天津经验在全国推广。

（耿玉祥）

科学普及

【科学普及概况】 2017年，天津市公民科学素质达到12%，继续保持全国领先水平，位列全国第三位。科普投入不断加大，年度科普专项经费筹集额超过7100万元，比上年度增长了170余万，全市人均年度科普专项经费4.47元。科普专业人才队伍建设取得较快发展，科普专职人员达2384人，兼职人员31254人，注册科普志愿者30239

人。2017年，天津市萨马兰奇纪念馆等30家单位被新认定为天津市科普基地，全市市级科普基地总数达到93家，年接待量近千万人次。科普图书出版发行量达到205万册，比上年度增加6.8万册。天津市推荐的《不做不知道，科学真奇妙》《家庭实验室》被列入全国优秀科普作品名单。电视台播出科普（技）节目时间8500余小时，比上年增加近1000小时；电台播出科普（技）节目时间1200余小时；全市共建科普网站113个；发放科普读物和资料1100万份。科普活动蓬勃开展。共组织科普讲座、展览、竞赛8万余场，比上年度增加了1.7万余场，各类活动年公众参与量达到828万人次。第三届天津市科普微视频大赛，以“微视频”形式使科普知识和理念大众化，提高公众科普关注度。通过面向社会组织实施品牌科普活动、编制原创科普作品、开发新媒体科普传播平台等科普受众人员数量突破千万人次。

（党　馨）

【天津市科协系统深化改革实施方案】　为贯彻中央《科协系统深化改革实施方案》精神，根据天津市全面深化改革工作的总体部署，市委办公厅印发《天津市科协系统深化改革实施方案》。方案结合天津市特点和市科协实际，明确科协系统深化改革的指导思想、基本原则和主要目标。方案强调要按照“加强政治引领、密切联系群众、突出问题导向、坚持系统推进”原则，改革领导机构、管理模式和运行机制，进一步增强服务科技工作者、服务创新驱动发展战略、服务公民科学素质提高、服务党和政府科学决策的责任和能力。方案从五个方面提出22条具体措施：一是加强对科技工作者的政治引领。加强科协系统党组织建设，加强思想引领和舆论引导，引导科技工作者自觉践行社会主义核心价值观；二是改革面向基层的科协组织体系。提高科协领导机构中基层科技工作者代表比例，优化市科协机关内设机构，改革科协所属事业单位，加强学会组织建设，加强基层科协组织建设，改进科协干部培养选拔方式；三是改革联系服务科技工作者体制机制。健全科技工作者联系体系，完善为科技工作者服务方式，改革科技人才服务机制，搭建“网上科协”平台；四是全面改革学会治理结构与治理方式。深化学会治理结构改革，推动学会治理方式创新，实施学会分类考评管理，探索建立学会联合体；五是创新面向社会提供公共服务产品的机制。创新服务现代学术交流机制，创新服务科技成果转化机制，创新承接政府转移职能机制，创新服务全民科学素质提升机制，创新服务党和政府科学决策机制。

（张晓亭）

【服务经济社会发展】　2017年围绕京津冀协同发展，倡议并签署《京津冀科协全面合作意向书》，举办“京津冀科协科技成果转化平台项目（天津）发布推介会”，200余家企业团体参与，发布可转化科技项目、成果30项。开展科技创新智库建设，做好决策咨询服务。围绕京津冀协同与科技创新、供给侧结构性改革与先进制造、全运会与安全天津等举办研讨活动。聚焦京津冀城市群发展模式举办第31届“两科联盟”活动；参与天津市与中国工程院共建“新一代人工智能战略研究院智库”建设；组织开展“我为创新争先献一策”征集活动。持续推进天津重点产业链发展战略与人才企业招引目录研究，形成500万字专题智库研究成果。参加政协民主协商，提交智能制造、协同创新共同体建设等15篇民主协商建议。组织申报中国科协科技创新智库青年项目，天津大学青年教师张国栋申报的《“互联网”背景下的创新与治理协同路径研究》入选2017年度中国科协“高端科技创新智库青年项目”。促进企业提升自主创新能力。组织开展“会企协作”活动，征集技术成果197项，吸纳高级技术人才81名，引进含1位院士在内的高层次人才3名，发展新增科技信息应用企业648家，帮助企业培训专利转化科技人才和企业科技人员1152名，培育企业转化应用科技信息典型案例52宗。举办“创新引领 方法先行”研讨会，推动13个省80家企业与天津各区进行洽谈对接，达成合作协议9项；举办“2017京津冀科普资源天津推介会”，60多家企业350余名代表参与项目合作洽谈。加强院士专家工作站建设，完成建站24个，2017年组织4次科技下乡活动，邀请农业专家通过讲座、下田间等形式传播农业科普知识，推广新品种、新技术；对帮扶村进行测土、实地考察，研究制定科技精准助力扶贫方案。

（张晓亭）

【《科学素质纲要》实施及科普工作】 2017年2月27日，天津市政府办公厅印发《天津市全民科学素质行动计划纲要实施方案（2016～2020年）》。该方案提出到2020年天津市公民具备基本科学素质的比例要超过16%，对“十三五”期间天津市公民科学素质实现跨越提升作出总体部署。组织开展第31届天津市科技周活动、2017年全国科普日天津活动，全市开展群众性科普活动3159项；开展“百名专家进社区”活动，举办科普报告329场；与天津广播电台联合推出“我们爱科学”专题科普节目；培育市级科普示范社区20个、科普惠农先进单位10个、科普带头人10名。科普大篷车全年行驶169次。举办第三届天津市科普产品（智慧生活）展览会；举办2017天津市全民科学素质电视大赛；开展天津市反邪教警示教育“赶大集”活动等；举办青少年科技竞赛次数19次，38人获得全国性奖项。天津科技馆全年开馆267天，接待各类团体近250个、接待公众47万余人。天津市科协官方微信“天津科普说”全年推送各类科普信息770余篇；入驻“今日头条”号，共推送信息455篇。在天津市直机关“党建云”平台开辟“科技园地”专栏，开展科普中国百城千校万村行动，天津市科普中国科普员注册人数达到600余人，改版科普天津网站，整合创建“科普自媒体”和“全国科普教育基地”资源平台。

（张晓亭）

【学术交流】 开展创新驱动学术活动、天津科技论坛、天津科技交流学术月、津洽会等集中学术交流活动，共支持学术交流项目81项，直接参与人员达14000余人。组织参加第25届海峡两岸都市交通学术研讨会，天津市有14篇论文被录用。2017年资助出版11部天津市自然科学学术著作。实施天津市科协高端人才工作项目，组织全国科学道德和学风建设宣讲报告会天津分会场活动。承办“中国生命科学领域十大进展”年度交流会暨青少年生命科学普及报告会，2017年共派出出访团组7批24人次，分别参加在芬兰举办的第75届世界科幻大会、日本东京举办的2017永旺亚洲青少年环保领袖论坛，访问韩国、日本、新加坡科技馆，学习加拿大、美国的创新扶持政策和创业服务体系。组织举办第三届ISNM夏令营、以色列马沙夫科技项目—天津市水产养殖技术培训班等国际科技活动，邀请英国皇家工程院院士Paul Shore教授、美国西北大学Kornel Ehmann教授、以色列农业和农村发展部Margarita Smirnov博士等9位国内外知名专家分别介绍制造领域、水产养殖领域的前沿发展与最新研究进展。

（张晓亭）

【服务科技工作者】 以“天津青年科技奖”评选表彰为抓手重点培养选拔40岁左右的科技创新骨干人才，以“青年人才托举工程”为抓手着力培养选拔34岁以下科技创新潜力人才。开展天津市自然科学研究系列生物医药专业高、中级职称等评审工作，2017年天津市首批杰出人才中有2名当选两院院士，有2名在津专家当选外籍院士。举办吴咸中院士从医70周年活动，支持陈念念、周其林等10余位院士举办学术活动。支持“听力诊断与耳聋眩晕康复新技术学习班”等16项继教育项目。启动“滨海—中关村科技园”海外人才创新成果孵化平台建设项目；推荐4项创新成果参加第二届全国创新方法赛决赛，获一等奖1个、三等奖3个。发挥“天津科技工作者之家”服务平台作用，全年承接各类学术活动149场次，直接服务科技工作者13500余人次。向中国科协推荐张伯礼等12名优秀科技工作者，纳入中国科协宣传计划。天津市建立国家级科技工作者状况调查站点共12个，2017年对其中4个进行调整。修订《全国科技工作者状况调查天津站点管理办法》，组织国家级站点工作人员参加培训班学习；各国家级站点按时完成调查任务4次，获中国科协通报表扬1次；报送有效信息49篇。组织开展“我为‘创新争先’献一策”科技工作者建议征集活动，征集到3项科技工作者建议。组织召开科技工作者建议研讨会。专家建议在《天津日报》专版刊出2次，获得市领导批示3次。参加政协民主协商，参与专题调研和建言献策活动，提交智能制造、协同创新共同体建设等15篇民主协商建议。首个“全国科技工作者日”，天津市领导看望慰问中国工程院叶声华院士、中国科学院葛墨林院士及一线科技工作者。（张晓亭）

【区科协及基层科协组织】 天津共有区科协16个，独立建制的有3个。各区科协全面落实《天津市全民科学素质行动计划纲要实施方案（2016~2020年）》，武清区科协完成区科技馆提升改造工程，增设互动体验内容、实行免费讲解等；西青区科协推荐的曙光沙窝萝卜协会获“中国农村专业技术协会科普奖”先进单位荣誉称号；滨海新区科协与滨海电视台共同主办《科普帮》月播电视栏目，与滨海时报社共同主办《滨海科普》周刊专栏，举办“滨海科学名家讲堂”，中国科学院院士欧阳自远、中国科学院院士王静康、中国工程院院士童庆禧等院士先后到津为青少年做科普报告；河东区科协为全区22所小学配备安装“科普智慧墙”，启动“科普大篷车校园行”；蓟州区科协与相关部门联合组织举办“新型职业农民培训”等各类培训500余期，3万余人次受益；成立30支科技服务小分队，长年服务在“三农”一线。（张晓亭）

【市级学会、企业科协、高校科协】 天津市共有市级学会153个，企业科协599家，高校科协9家。其中，2017年新建企业科协38家，新建高校科协4家。学会承接人才评价、标准制定等政府转移职能，截至2017年参与承接政府转移职能的市级学会15家，承接工作职能21项。探索企业联合科协组织建设。开展园区科协和企业联合科协组织建设试点工作，共建设新型企业科协组织14家（以区科协批复为准），其中园区科协5家、企业联合科协9家，就建设主体划分，在国家级和市级、区级工业、经济园区建立园区科协8家，在楼宇和孵化器建成企业联合科协6家。14家新型企业科协吸收团体会员（企业）243个，辐射服务企业8168家、科技工作者3万多人。（张晓亭）

【2017京津冀科普资源天津推介会】 2017年5月14日，由天津市科协、北京市科协、河北省科协共同主办的“2017京津冀科普资源天津推介会”在津举行，中国科协科普部部长白希，天津市科协党组书记、常务副主席姚建军，河北省科协党组书记、常务副主席刘纪雷，北京市科协党组成员、副主席刘晓勘出席并讲话，京津冀三地科协、科普专业机构、科普企业代表350余人参加活动。推介会以“共建共享，全面合作”为主题，60家科普资源企业代表参与科普资源路演与项目合作洽谈，内容涵盖新科技产品、科普教育、科普旅游、科普新媒体、科普场馆等多个领域。三地科协共同签署《京津冀科协全面合作意向书》，为全面推进京津冀协同发展重大国家战略，充分发挥科协群团组织优势，进一步推动京津冀长效合作奠定坚实基础。（张晓亭）

【创新推进防震减灾科普宣传信息化建设】 建设完成防震减灾数字科普展馆，开发WEB端和移动端，WEB端内容嵌入天津市防震减灾科普教育网站平台首页，移动端绑定在天津市地震局公众号津震说下。沉浸式自主漫游数字展馆具有强大的交互功能，动态照明、实时光影及HDR反射探头让展馆具有更加精美细致的效果，并利用Audio Mixer音频技术提高浏览者身临其境的新深度。充分利用现代信息化科技手段，完成多场景避震逃生虚拟现实（VR）训练系统建设。系统设计创建一个逼真的虚拟现实世界，使观众在体验各种真实场景的同时学习各模块相关操作知识，认识灾害的发生、发展过程及危害，并通过交互学习，快速掌握每个模块的操作步骤及要点，提高民众应对地震灾害的整体技能。（郭　靖）

【《家有萌宠》系列科普图书】 由天津农学院胡烨实验师主持完成的天津市科普计划项目“《家有萌宠》系列科普图书”2016年12月通过市科委验收。《家有萌宠》系列科普图书围绕“宠物饲养”相关话题，选取目前国内饲养率最高的宠物犬和宠物猫为主题，分为《狗狗的世界》和

《猫咪的天空》两册进行编写。该系列图书针对宠物的身体结构特点、各种特殊生理功能、常见情感问题、驯养问题等等进行分类介绍，并针对不同种类宠物的常见疾病以及针对此类疾病的预防措施进行讲解。让读者对于宠物饲养所需了解的基础常识形成一定的理论认识，进而激发读者对于科普知识的兴趣和爱好。受众人群包括广大市民以及在校学生约2～5万人。该系列图书目前被天津农学院图书馆、天津科技大学图书馆、天津城建大学图书馆收录。

（徐大为）

【人畜共患病与公共卫生安全】 由天津农学院金天明教授主持完成的天津市科普计划项目，2016年12月通过市科委验收。《人畜共患病与公共卫生安全》主要围绕人畜共患病为主题进行编写，根据病原体种类进行编排，分病毒、细菌、支原体、衣原体、寄生虫等版块。针对近年来危害重大的人畜共患病，对其病原体生物学特征、传播方式，疾病临床症状、防治措施等进行介绍，使人们增强自身保护能力。配合图书发行开展疾病宣传和普及工作。该系列图书目前被天津农学院图书馆收录。（徐大为）

【院士增选工作取得突破】 2017年11月，中国科学院、中国工程院公布2017年院士增选结果，天津市有2人当选院士、2人当选外籍院士。其中，南开大学教授陈军当选中国科学院院士，天津工业大学教授夏长亮当选中国工程院院士；天津大学特聘教授、2016年诺贝尔化学奖获得者、美国西北大学教授詹姆斯·弗雷泽·司徒塔特当选中国科学院外籍院士，天津大学荣誉教授、美国密西根大学教授胡仕新（美籍华人）当选中国工程院外籍院士。截至2017年，天津“两院”院士增至38位（不包括外籍院士）。

（张晓亭）

【第十四届天津青年科技奖评审】 2017年10月12日，第十四届天津青年科技奖评审工作会议结束。会议评选出20名第十四届天津青年科技奖入选者、10名提名奖入选者，以及15名第十五届中国青年科技奖天津市候选人推荐人选。天津青年科技奖由市委组织部、市人力社保局、团市委、市科协共同设立，旨在培养造就一批进入世界科技前沿的青年学术和技术带头人，表彰奖励在国家和天津市经济发展、社会进步与科技创新中做出突出贡献的青年科技人才。

（张晓亭）

【中国科协第二届全国企业创新方法大赛总决赛】 2017年12月7～9日，中国科协第二届全国企业创新方法大赛总决赛在津举行。150支代表队共450位选手参加总决赛，产生一等奖15个，二等奖45个，三等奖90个，10个团队参加电视擂台赛。天津市部分参赛企业项目，与各区进行合作对接洽谈，达成多项项目合作协议。同时，组织“创新引领，方法先行”研讨会，邀请美国阿奇舒勒TRIZ研究院、Ideation公司和国家技术创新方法与实施工具工程技术研究中心与国内外知名专家学者进行交流。（张晓亭）

【天津市科协组织专业职称评审工作】 2017年3月16日，天津市科协组织召开2016年度天津市民航飞行技术系列高中级职称评审工作会议，8人通过评审，其中一级飞行员1名、二级飞行员7名。此次民航飞行技术系列高中级专业技术职务任职资格评审工作，是全国首次通过省市科协进行组织实施。12月13日，市科协组织召开2017年度天津市自然科学研究系列生物医药技术专业职称评审工作会议，共有24位科技人员进行申报，20人通过评审（其中研究员3名、副研究员8名、助理研究员7名，代为审定实习研究员2人）。

（张晓亭）

【第三届科普产品（智慧生活）展览会】 2017年5月13日，第31届天津市科技周主场活动暨第三届天津市科普产品展览会开幕。展览会分为智慧小屋展区、智慧通信展区、VR互动体验区、STEAM科技校本课程体验区、科普天津展示区、第三届全民营养周主题活动区等六大板块。全市共举办活动3000余项，发放科普材料超过10万份，受众达到90余万人次，媒体报道80余则。科技周首次将23个面向全市的开放式活动通过微信公众号、网站、公告牌等相关媒介，逐一公布详细的联系方式，供广大市民参与。首次将16个区的科技周总结汇编成《第31届科技周活动总结集萃》，供各区交流借鉴科技周工作的成功经验和工作模式，推动形成各级科协上下联动、协同创新、特色鲜明、服务大局的工作体系。

（张晓亭）

【“中国生命科学领域十大进展”交流会暨青少年生命科学普及报告会】 2017年6月3日，由中国科协生命科学学会联合体主办、市科协承办的2016年度“中国生命科学领域十大进展”交流会暨青少年生命科学普及报告会在天津大礼堂举行。中国科协党组成员兼学会学术部部长宋军，中国科学院院士、中国生物物理学会理事长、中国科协生命科学学会联合体首任轮值主席、天津市科协主席饶子和，中国工程院院士、中国科协生命科学学会联合体执行主席、中国医学科学院院长、北京协和医学院校长、中国生物医学工程学会理事长曹雪涛，中国科学院院士、中国科学院大学副校长，中国科学院动物研究所副所长、国际干细胞组织主席周琪，中国科学院院士、天津市科协副主席、南开大学元素有机化学研究所所长周其林出席会议。“十大进展”充分展示中国生命科学领域的重大科研成果，代表中国生命科学领域在2016年取得的重要成就。

（张晓亭）

【全国科普日天津主场活动暨天津市全民科学素质电视大赛】 2017年9月16日，天津市全民科学素质电视大赛决赛在天津广播电视台举行，市政协副主席、中国科学院院士陈永川，市科协主席、中国科学院院士饶子和，中国科普研究所所长王康友，市科协党组书记、常务副主席姚建军，天津广播电视台台长王奕出席，天津电视台和北方网对活动进行现场直播。河东区、河西区、静海区、宝坻区、西青区及河北区6支决赛代表队参加决赛，河东区代表队获一等奖，河西区代表队获二等奖，河北区、西青区、宝坻区和静海区代表队分获三等奖。（张晓亭）

【第十一届天津科技论坛活动】 2017年5月15日，第十一届天津科技论坛主论坛活动——京津冀食品行业科技创新协同发展高层论坛在天津科技大学举行，该论坛的主题为“科技引领京津冀协同发展”，包括2个主论坛活动和21个分论坛活动。天津科技大学、北京食品研究所、河北农业大学、康师傅控股有限公司、天津市肉类联合加工厂等负责人分别就京津冀三地食品行业科技创新发展做主旨报告。天津科技大学、天津商业大学分别与天津市利泽食品有限公司、山东福田制药有限公司和天津海河乳业有限公司签署产学研合作协议。天津科技论坛是由天津市科学技术协会主办、全市各科技团体承办的知名品牌学术活动，每2年举办一次，至今举办十一届。

（张晓亭）

【天津市粮食局食品安全宣传周】 天津市粮食局开展以“尚德守法，共治共享食品安全”为主题的食品安全宣传周活动。活动期间共出动人员37人，组织咨询和讲解活动3次，发放宣传材料共4500份。6月28日，市粮食局参加天津市2017年天津市食品安全宣传周活动民园体育场启动仪式。参展企业黄庄洼米业现场开展产品展示和食品安全宣传讲解，发放宣传手册和书籍，普及膳食科学和健康消费理念。7月4日在天津市粮油质量检测中心举办“粮油质检实验室开放日”活动，邀请公众参与交流互动，通过样本比对、科学实验等方式，介绍粮食质量安全检测技术和设备，开展咨询服务，普及科学知识，提升消费者对粮油食品安全的信心。

2017年6月28日，在食品安全宣传周启动仪式中黄庄洼米业展台

（王明刚）

【保税区科普基地建设】 2017年，推荐天津爱码信智能化技术有限公司、天津天纺投资控股有限公司、中国电子科技集团公司光电研究院、中国科学院天津生物技术研究所申报市级科普基地。天津爱码信智能化技术有限公司建成400平米工业机器人与智能制造科普基地，展示公司自主投资研发的以带行走轴的工业机器人链接数控加工中心、数控车床、气密检测、清洗、包装、码垛等工序，建成无人化智能加工生产线，建设生产线智能的MES系统，添置AGV物流小车，建设智能仓储系统。形成工业4.0智能展示工厂。添置具有典型代表性的四轴与六轴工业机器人，编制标准的示教、维护、点检等课程，建成可容纳60人同时上课的培训教室，引入机器人设计与动画编程软件，建成电装与发那科机器人在天津的教育培训基地。中国电子科技集团公司光电研究院，形成总占地面积达1000平米的科技展厅，其中高功率光纤激光器面积300平米，激光先进制造设备展厅300平米，新能源产品展厅200平米、安全电子产品200平米、其他光电产品展厅200平米。天津天纺投资控股有限公司科普馆藏场地1861平米，资料涉及15大类，文献300余册，文字说明达50000余字，各类自制、进口纺织机械等30余台，图片5000余幅，器具2000余件。天津纺织博物馆科普教育基地通过实物、模型、图片、文字资料、影视片等音像资料，以及国家非物质文化遗产之中国传统手工扎染体验、3D\VR\无人机操控体验，推广普及天津纺织产业历史知识、技术沿革创新以及天津纺织现状。

（高 轶）

科技社团活动

【天津市职工技术协会】 2017年，天津市职工技术协会召开职工技术创新成果认定会两次，认定成果43项，涉及7个区局、22个基层单位。以安全生产、组织变革、管理能力等为主题开办“农民工大讲堂”八讲。职工培训网站上线运行。组织开展2017年天津市职工职业技能大赛锅炉操作工和维修电工的比赛。共有12个区局44名选手参加锅炉操作工市级决赛，18个区局83名选手参加维修电工市级决赛，大港油田选手包揽两项比赛的团体和个人冠军。组织选手参加第二届京津冀职工职业技能大赛维修电工、锅炉操作工、有限空间作业、工程测量员、化学分析工、工业机器人操作系统、装调维修工等六个工种的决赛。配合市总工会基层工作部开展第二届“津门工匠”选树活动和“示范创新工作室”的评选工作。

（张贵生）

【举办科技企业家创新发展论坛】 2017年5月，天津市职工技术协会与市技术市场协会、机器人产业联盟联合举办“2017年天津市科技企业家创新发展论坛”。论坛主题是“科技强国创新圆梦”，经纬电材和正本电器的负责人作“远见、品质、成功—正本电器的成长”和“天津经纬电材的发展历程”专题报告，聘请浙江大学滨海产业技术研究院苏航博士，重点介绍智能制造产业技术平台和多项机器人技术，以及纺织品大批量云定制研究中心，为科技企业转型升级、创新发展提供有力的技术支撑与服务平台。

（张贵生）

【机器人大讲堂】 天津市技术市场协会专家委协办、中关村融智特种机器人产业联盟承办“机器人大讲堂”，主题为：机器人产业发展、机器人生产前沿技术、产业资讯、创业服务。北京邮电大学自动化学院教授刘伟，清华大学计算机系教授、博士生导师邓志东，河北工业大学专家张明路就《人机交互和智能的起源与本质》《深度学习是新一轮人工智能热潮的核心》《极限环境下服役机器人关键技术与发展趋势》作专题报告，与会代表参观正在天津福臻装备有限公司调试的大型汽车装备机器人生产线。

（张贵生）

【推动粮食仓储企业转型发展首届仓储管理和绿色储粮技术论坛举办】 2017年11月27～28日，天津市粮食局、天津利达粮油有限公司和天津市粮油学会共同举办的首届粮油仓储管理和绿色储粮技术论坛举办，全市各区粮食行政管理部门、购销公司和市级储备粮油承储企业有关负责同志和论坛论文主要作者100余人参加论坛，国家粮食局科学研究院曹阳和徐永安教授应邀到会就绿色储粮技术进行专题讲座，部分优秀论文作者在论坛上进行交流。论坛评选出优秀论文一等奖3篇，二等奖14篇，三等奖18篇，反映出天津市粮食行业在粮油仓储规范化管理和绿色储粮技术应用上取得成效，为粮食系统全面实施绿色储粮、生态储粮和信息化管理打下坚实基础。

（王明刚）

【北辰区科技成果超市启动仪式】 2017年11月30日，北辰区科技成果超市启动仪式在河北工业大学科技园举行。北辰区科技成果超市坐落于天津市北辰区河北工业大学科技园内，由北辰区科委主办，河北工业大学科技园承办，该项目借助河北工业大学丰富科技资源，通过构建信息服务平台及配套电子展示设备等实现科技成果展示交易服务功能。重点打造高端装备制造、新能源新材料、生物医药、电子信息四大科技成果板块，通过科技成果展示、科技成果发布、项目路演、技术人才对接等活动，实现高校先进技术、科技成果、科技人才与企业及时对接，实现双赢。科技成果超市投入运营后，按照“整合、共享、服务、创新”的总体思路，构建科技综合服务体系和技术展示交易平台。以线上平台作为支撑，线下科技成果超市作为成果转化阵地两者相结合方式展开技术服务工作。

（毛　维）

【协会专家获中国老科协奖】 协会老专家张春林、李志新分别获得中国老科协“突出贡献奖”和“2017年度中国老科协奖”。带领着协会专家团队，帮助经纬电材公司开发成功“正负800千伏/1000千伏特高压干式空心平波抗器用扁型换位铝导线”，并应用于国家重点特高压电力项目中，填补国内空白，获得天津市科技进步二等奖。他帮助天津市泉又今公司建立现代管理制度和生产工艺，拓展销售渠道，开发的新产品出口亚、非、欧多个国家，使该企业成为市级高新技术企业，先后为北辰区推介7个项目，引进以色列千亩草莓园大棚种植技术，产品全部出口，使果农增加收入。

（张贵生）

【津门工匠白津生】 中国国防科技工业特种焊接服务中心副主任白津生主持解决多项中国航天航空、武器装备、核工业、石油化工、海洋工程、超高压送变电等超级工程中的焊接难题。突破“顶水、顶油、顶气”焊接禁区，攻克“金属与非金属”焊接难关，获得国家专利20项。发明全天候太阳能储能螺柱多用焊机获法国列宾竞赛金奖，提出“通过变质处理改善焊接性能的方法”获英国剑桥“金星奖”，攻克并解决“神舟七号”卫星保护装置的焊接难题。依据硼的细化晶力和硅的异质作用用铝硅7焊丝解决海洋监测器的焊接难点，使其在南海经受了18.7米巨浪的冲击，获国家科技进步二等奖和布鲁塞尔尤里卡奖。发明太阳能多用焊机将太阳能转化为电能再转化为化学能，获得法国列宾竞赛金奖。调整焊缝组织结构方法，解决上海远洋巨轮铸铁件淬火钢焊接难题。带领团队焊接的“神六”、导弹发射车、歼-10发动机反馈钢索等军工焊接部件全部合格。在南蔡500千伏变电站工程中采用异质变质的焊接理论，改变焊缝处组织结构，提高6%到8%的电导率。在国际上首创根据焊接痕迹运用于刑事侦察，被天津市公安局刑事侦察局聘为特邀科技专家。2017年，白津生被评为天津市“津门大工匠”。

（张贵生）

滨海新区科技

概　况

【滨海新区科技概况】　2017年，滨海新区落实财政科技经费5.67亿元，组织申报国家级及市级科技项目569项，争取上级资金超过3亿元，占全市项目总量的47%；市级以上研发中心总量达到464家，科技型中小企业超过3万家，科技小巨人企业达到1527家，国家高新技术企业达到1944家，国家级孵化器达到15家；有效专利量超过4万件；新区企业承担的“国产陆地卫星定量遥感关键技术及应用”等6个项目获国家科技进步二等奖。

（孙家琦）

【开发区科技工作简况】　2017年，天津经济技术开发区科技投入超过2.5亿元。围绕区域新的发展理念，推出以“泰达科技创新十条”为核心的《天津经济技术开发区打造创新驱动新引擎、建设科技创新高地的若干措施》及10个实施办法，围绕科技企业生命周期配置政策资源，“十大科技创新工程”全面提升区域科技创新实力。中心商务片区出台科技创新产业发展指导意见和22条具体政策措施，组织“2017京津冀双创助力产业升级泰达高峰论坛”“三地匠心、创响于行”京津冀双创高峰论坛、“一带一路”海洋经济论坛、医疗大数据开发及应用大会、“感知天津、筑梦津门”中国台湾高校学生走进于家堡、于家堡国际大学生交流论坛等一系列大型创新论坛及交流活动，第四届泰达创新创业挑战赛等创新大赛2场，泰达创新创业挑战赛正式列入科技部国家级赛事。与中信出版集团、36氪、创客总部等“创联盟”单位共同组织中信泰达读书会、鲲鹏特训班、“互联网+”转型升级等联盟活动超300场，共吸引135家科技型中小企业落户，创新创业氛围日益浓厚。全年新注册科技类企业1754家，新认定科技型企业1356家，累计达8230家，新增科技小巨人企业66家，累计达553家，小巨人企业新增数及累计总量继续保持全市第一；新认定国家级高新技术企业86家，累计达461家。全年科技型企业新增注册资本累计达到45.6亿元。康希诺完成4.5亿元的C轮融资，占地6.5万平方米的疫苗产业化基地正式落成；利安隆、大林新材料、光电安辰、海易通供应链等14家企业挂牌上市，累计达到58家，其中科技型企业46家；天河科技园和泰达大健康产业园挂牌成立。智能无人装备产业园加速提升，一飞智控在农业无人机喷洒领域市场占有率近40%；深之蓝完成1.1亿元的A+轮融资，国内外订单累计超过1亿元，其白鲨MAX产品获2017年度德国“红点”产品设计大奖。超算中心“天河三号”验证系统加快研制，“京津冀大数据协同处理中心”启动，“天河工程仿真云服务平台”通过国家工信部服务型制造示范平台认定。军事科学院，首批6个项目完成专家评估。2017年，新增各类市级以上研发机构7家，累计达127家；新增市级领军企业产学研用创新联盟3个，累计达6家；新增市级众创空间3个，累计达10个；新增杀手锏产品8项，累计达到50项。313家企业获市级以上科技立项资金扶持。科宁医疗、优纳斯、航天泰心、泰达国际心血管病医院获科技部国家重点研发计划立项。23个项目入围天津市科学技术奖。专利申请量和专利授权量分别超过4000件和2500件，其中发明专利1500件。制定实施“人才港湾”计划，出台促进人才高地建设的若干措施，建立泰达创新创业人才服务基地、中心商务片区博士后创新实践基地、创始空间大学生创业孵化基地。

（陈志远）

【高新区科技工作简况】　2017年，高新区科技创新工作践行新发展理念，围绕“建设具有国际竞争力的产业创新中心”战略定位，深入贯彻落实《天津高新区落实创新驱动发展战略的实施意见》，以“一个体系五个突破”为工作重心，以“创新创业通票”制度为服务抓手，进一步优化完善高新区创新创业生态，提升各类创新主体发展的质量和效益，全面推进国家自主创新示范区建设。2017年，天津高新区科技型中小企业达到10713家，占全市11.05%；科技小巨人企业434家，占全市10.27%；高新技术企业总量1003家，占全市24.5%。新增上市企业1家，新三板挂牌企业5家，四板挂牌企业40家，累计新增上市挂牌企业46家。新增专利申请数量9406件，占全市新增总量的11.56%。国家级研发机构12家，占全市12.5%；市级及以上研发机构135家，占全市10.3%；新增市科委—高新区委区共建创新实验室8家，市级企业技术中心6家。国家级孵化器9家，占全市23%；国家级众创空间7家，占全市10.9%；市级众创空间15家，占全市14.3%。

（蓝　华）

【中新天津生态城科技工作简况】 2017年，中新天津生态城科技系统各单位组织开展创业推介活动103场、累计参加6100余人，涉及启迪之星创业行、投资对接会、CEO俱乐部、文娱活动、导师营等；组织企业培训17次，涉及政策普及解析、高企认定培训、股改上市培训、法律、新媒体等领域，累计2000余次，覆盖企业500余家。2017年，生态城新增科技型中小企业54家，累计463家；科技小巨人企业2家，累计15家；市级高新技术企业26家，累计51家；国家级高新技术企业22家，累计45家；其中，市级高企与国家级高企实现100%增长。2017年，7家科技型企业申报天津市及区县专利试点，其中1家通过市级专利试点备案，6家通过区县专利试点备案；推动企业申报设立院士工作站1家，推荐15家企业申报市、新区科技项目。推动中新绿色建筑科技合作一、二期的结项工作，推进第三期项目的研究，与新加坡国家发展部共同开展中新绿色建筑科技合作第四期项目遴选工作；开展新加坡科技创新政策与机制研究项目，学习新加坡在科技管理、支持创新方面的先进经验和做法。

（于滢芳）

【天津国家自主创新示范区建设简况】 2017年，天津市国家自主创新示范区内注册企业发展呈现顶层设计不断完善、创新主体茁壮成长、创新生态持续优化、示范引领作用加快突显的良好态势，累计达到11.2万家，科技型企业累计达3.13万家，科技小巨人企业累计达1738家，国家级高新技术企业累计达2305家。

（王一成）

滨海新区科委工作

【国家创新型试点城区建设】 2017年，天津滨海新区创新型城区建设全面完成建设任务，实现创新“跨越式大发展”，推动“创新滨海”“速度滨海”“龙头滨海”和“活力滨海”取得新突破，充分体现“创新型城区目标和任务双达标，创新实力和创新水平双提升，全市发展和京津冀协同双引领，企业主体地位和创新能力双增强”的“四双”特性。滨海新区探索出一条具有鲜明特色的创新型城区建设模式，即“三大一小”四轮驱动的创新型城区建设模式。大改革：综合配套改革，以自贸区和自创区双自联动为核心，优化体制机制；大开放：通过全方位扩大对内对外开放，以京津冀协同和一带一路为核心，聚集创新要素，构建创新网络；大平台：通过产业创新大平台，以产业研发平台和成果转化平台为核心，促进科技成果转化，整合创新资源，助力产业升级；小巨人：通过小巨人顶天立地，以科技型中小企业和小巨人企业为核心，培育创新主体，做大做强，引领产业发展。通过新模式，滨海新区创新创业生态系统不断优化，发展动力不断增强，现代产业发展体系不断完善，引领带动经济发展实现新跨越。　（周凤良　孙家琦）

【科技创新发展战略研究】 2017年，天津滨海新区科委围绕全区创新发展的重大战略部署，以全面实施创新驱动发展战略为主线，在京津冀协同发展、科技体制改革、战略性新兴产业发展等领域，组织开展创新发展战略研究10项。通过项目组织实施，提出滨海新区在新时代下的科技创新发展新理念、科技工作新策略和新举措，形成数十万字具有较高决策参考价值的研究报告和若干具备可操作性的政策措施，为增强新区科技综合实力，促进新区产业转型升级，构筑经济发展新优势，提供科学决策支撑。

（周凤良　周　明）

【推进京津冀协同创新】　2017年，天津滨海新区科委建立推动京津冀协同发展工作机制。①制定《关于落实京津冀协同发展战略承接北京非首都核心功能的工作方案》，举办“京津冀协同创新共同体高峰论坛”和“京津冀协同发展论坛”②吸引京津冀优质项目落户滨海新区。开发区聚集滴滴、摩拜、瓜子融资租赁等北京企业。保税区落成清华软件学院人工智能、北京工业设计促进中心、河北养元食品等项目。高新区引进北京合纵、奇虎360、今日头条、58到家等行业领军企业设立研发中心、运营中心、区域总部、生产基地等分支机构。③推动京津冀创新创业协同发展。举办京津冀“双创+实体经济”协同创新——2017第四届泰达创新创业大赛，成立京津冀众创联盟，聚集京津冀三地的创新创业资源，开展各类创新创业对接活动。④共建高水平研发平台。清华大学天津电子信息研究院完成“光电集成芯片工艺平台”“电子信息综合检测”“大数据云计算平台”3个高水平公共实验平台基础建设，入驻15个孵化项目，投资基金融资规模近10亿元。北京大学（天津滨海）新一代信息技术研究院，围绕新一代有机电子器件、微纳电子与系统集成等方向设立6个研究中心，累计申请发明专利27项、集成电路布图设计12项、软件著作权9项、在国内外核心期刊及会议上发表论文55篇、孵化科技型企业2家。天津中科智能识别产业技术研究院，被认定为院士专家工作站，院内组建生物特征识别等6个创新团队，孵化高科技企业2家，正在孵化企业2家，在研新产品10项，新产品示范应用2项，申请发明专利52项。⑤推动滨海－中关村科技园发展。制定京津两市支持科技园创新发展的支持政策，与市科委共同组织科技园8家企业申报天津市科委自创区创新生态系统建设项目，其中6家企业获得立项支持450万元。

（周凤良　王明涛）

【科技创新体系建设】　截至2017年年底，滨海新区建设市级以上研发机构总量达到464家，其中重点实验室达到111家（国家级16家），工程中心达到112家（国家级17家），企业技术中心达到241家（国家级30家）。2017年，滨海新区建设产业技术创新战略联盟达到33家，各联盟与国内外高校、科研院所、企业联合，各联盟成员单位总数超过1000家，涵盖国内外著名高校、科研院所以及行业内龙头企业；会聚两院院士、长江学者等海内外高端人才近500人，共建博士后流动站2家，成为新区聚集创新创业资源的核心力量，新区联盟对新区产业发展的引导和推动作用显著。2017年重点建设的科技平台进展顺利，浙江大学滨海产业技术研究院、天津滨海新区军民融合创新研究院、中英基地等项目成效显著。

（刘朱岩　于萍　张昂　刘树芳　皇甫键）

【规范项目管理】　2017年，滨海新区科委制定《滨海新区科委关于做好天津市科技计划项目组织与管理工作办法（试行）》《滨海新区科委科技计划项目管理工作办法（试行）》，起草《天津市滨海新区科委科技计划项目监理工作方案（试行）》，为规范科技计划项目实施过程和监督管理打好基础。2017年，新区科技企业获得市级科技计划项目资金支持达3.357亿元。

（周凤良　王　妍）

【科技计划项目验收】　2017年滨海新区科技计划项目验收工作圆满完成，经受理、审查、专家考核评价等程序，完成项目验收138项，其中，通过验收126项，中止结题10项，未通过验收2项。启动终止结题验收程序。验收项目按计划类别划分，包括小巨人成长计划项目、十大战役科技支撑计划项目、平台建设项目、自主创新重大项目、医疗卫生项目、科技发展战略研究项目等，涉及电子信息、新能源新材料、先进制造、生物医药、节能环保、石化纺织、建筑交通、现代农业等专业领域。（王明涛　张文学）

【科技金融】　2017年，滨海新区科委科技金融工作取得新进展。①全力推进科技企业股改上市工作。全区各金融服务平台全年共组织培训对接20

余次，股改挂牌金融中介服务逐步日常化。为64家科技企业落实股改政策补贴资金2504.7万元。全区科技企业新增股改70家，新增挂牌52家。②推进创投集聚示范区建设。形成“天津市滨海新区创业投资集聚示范区建设工作方案”。推动建立科技企业参与建立创投基金，积极争取天津市引导基金参股支持。推动天堰医教等多家科技企业建立创业投资基金和天使投资基金。开发区研究制定《天使投资和创业投资专项资金管理办法》；高新区科技金融服务中心建设“创投协会”，③推进科技金融对接服务平台建设。推荐生态城科技金融服务中心、中心商务区科技金融服务中心等申报市级科技金融对接服务平台，推荐新区投资担保公司申报市级担保资金配套支持。

（王用民　单　琪　马　骉）

【科学技术奖励】　2017年，滨海新区科委根据国务院办公厅发布的《关于深化科技奖励制度改革方案》要求，暂停滨海新区科学技术奖。开展国家、天津市科学技术奖推荐、申报工作，获奖项目继续保持较高水平。滨海新区单位参与完成的4个项目获得2017年度国家科学技术奖，其中，获科技进步一等奖1项，获科技进步二等奖3项。2017年度天津市科学技术奖评审结果，滨海新区单位和驻区单位主持或参与完成的87个项目，获得天津市科学技术奖，占全市获奖项目43.5%。其中，技术发明奖4项（一等奖1项、二等奖1项、三等奖2项），科学技术进步奖83项（一等奖8项、二等奖35项、三等奖40项）。

（王颖生）

【科技型企业发展】　2017年，滨海新区经认定科技型企业累计达到30096家、科技小巨人企业累计达到1527家，其中2017年新增科技型企业4322家、新增科技小巨人企业198家。制定印发《2017年天津市滨海新区标志性科技领军企业认定支持办法》，认定膜天膜、曙光、力神等10家企业为2017年度滨海新区标志性科技领军企业，每家给予100万元的奖励支持，通过认定的10家企业，上年度营业收入达到159亿元，研发投入达到13亿元，上市公司5家。在高性能计算机、核心芯片、基因科技等前沿技术领域形成148项“杀手锏”产品，占全市总数48%。截至2017年年底，全区共有422家企业首次通过国家高新技术企业认定，累计共有国家高新技术企业1939家，占全市总数的48%，滨海新区逐渐发展成为全市高新技术企业的重要聚集区。新建众创空间10家，新认定国家级众创空间2家，国家专业化众创空间1家，市级众创空间9家。累计建成各类众创空间58家，其中国家级21家、市级41家、国家专业化众创空间1家；累计建成国家级科技企业孵化器15家，其中2家孵化器获科技部优秀（A类）评价，占全市40%；生产力促进中心15家，其中市级12家，国家级3家。组织中美青年创客大赛天津赛区活动，组织团队参加中美青年创客大赛总决赛，天津3支团队分获中美决赛一、二、三等奖；组织滨海新区“双创英雄榜”活动，评选出“十大滨海创客”和“十大滨海众创空间”；举办英特尔创新大赛天津赛区活动；围绕智能科技产业，与各功能区共同举办海洋信息系统高峰论坛、京津冀智能科技产业论坛、天津市机器人产业发展论坛等智能科技产业系列活动。

（王鹏　戴宗桐　张昭遂　梁鹏　郑运昕）

【技术成果转化】　2017年，滨海新区持续深化与中科院的科技合作，推动各类技术转移机构开展成果对接活动，举办分领域科技成果对接活动5场。完成技术合同登记额185.97亿元。①与市科委共同举办“滨海新区与中科院北京分院科技成果对接交流会”。中科院相关院所专家、天津滨海—中关村科技园、天津科技成果转化交易市场、滨海新区小巨人企业等负责人参加活动。②组织“2017中国·天津华侨华人创业发展洽谈会”“滨海新区国际科技创新项目对接洽谈会”“2017知识产权与国际技术转移报告会”等多项国际技术对接活动。韩国、德国、美国、新西兰等10余个国家和地区的专家与滨海新区的100余家企业进行对接，达成合作意向40余项。③加快建设中加水资源研发转化基地、中英联合诺华基地、天津科技成果转化交易市场，推动国家超算（天津）中心、国际生物医药联合研究院、天津科技大学、天津中科先进技术研究院等国际技术转移基地建设。各基地共计引进“中法食品营养与药物化学国际合作基地”等国际技术转移机构10家，落地实施“美式整脊CLEARTM治疗项目”“日本新泉活水器项目”等项目10项。④组织滨海新区智能产业领域企业参加深圳高交会滨海新区展区的展览展示。期间，在中科院深圳先进院召开“滨海新区与深圳智能产业科技合作对接会”。滨海新区和深圳的智能制造领域30余家重点企业参加对接交流。深圳中科创客学院、深圳市机器人协会分别与北方技术交易市场、滨海新区智能制造产业技术创新战略联盟签署合作框架协议。⑤天津科技成果转化交易市场正式揭牌。市场运营公司和10家签约入驻机构完成注册。市场先期组织开展各项服务活动，全年组织各类技术转移对接活动10余场，为滨海新区科技型企业与海内外25个国家和地区的200余家企业、机构搭建对接合作平台，汇集国内外科技项目500余项。

（李加军　王　雪）

【知识产权工作】　2017年，滨海新区打造高新区国家知识产权示范园区和国家知识产权服务业发展集聚试验区，重点推进专利保护和运用，推动滨海新区经济、科技和社会发展。①出台《天津市滨海新区知识产权发展“十三五”规划》《天津市滨海新区关于加强“十三五”知识产权保护和运用行动计划》和《天津市滨海新区国家知识产权示范城区培育工作方案》等政策。获批国家中小企业知识产权战略推进工程试点城区，是全国首批20家试点之一。2017年，新区有效专利量超过4万件，比上年增长14.2%。②与市知识产权局开展联合执法工作，全年完成100余件专利案件。全年开展17次专利执法活动，配合区市场监管局开展4次“双随机”联合执法检查活动，对12家企业专利情况进行检查。与市知识产权局共同筹建“中国（滨海新区）知识产权保护中心”，营造知识产权保护贸易便利化环境。③新区6家企业获7项第十九届国家专利奖；中科院天津工业生物技术研究所等7家单位开展专利导航项目；共有18家企业评为市级专利优势企业、7家企业评为市级专利导航项目、4家企业评为市级专利信息传播利用和公共服务平台建设及运行维护项目、34家企业评为市级专利密集产品企业、337家企业申报市级专利企业备案项目，争取943.4万元市知识产权专项资金；完成市级专利综合指数考核，同时强化功能区、街镇知识产权工作。④依托华北知识产权运营中心，探索实施知识产权资本化新模式。与浦发银行、天津市中小企业担保中心、中国人保财险等金融机构协同推出系列专利质押融资产品及保险产品。滨海新区18家企业通过专利质押，获得金融机构贷款38笔，贷款金额超过17亿元。围绕知识产权运营、保护和专利实务等方向共举办知识产权培训10场。

（李加军　王雪　王颖生　杨京荆）

【科技合作与交流】　2017年，滨海新区科技合作交流工作围绕“十三五”科技规划和《国家创新驱动发展实施纲要》的要求，开展与各国科研机构合作交流、高校博士生实践基地和对口帮扶等工作。①与南开大学共同举办“专业领域博士后论坛”“水与环境安全国际论坛”“首届中加国际人才论坛”等活动，世界专业领域20多位顶级学者莅临新区，为中加双方在滨海新区进行水与环境安全领域科技合作建言献策；首批4个中加联合研发项目启动实施，区财政补助525万元；6个产创融合国际科技合作项目完成立项；推动加拿大水科技交流中心有限公司与中加水与环境安全联合研发中心签署合作协议；爱德华麦克宾和加尼雷泽普2位加拿大工程院院士落户新区。②“中国·以色列高科技创新论坛”“智能科技产业发展CEO座谈会”和“深度学习·技术培训”3个分论坛在世界智能大会举办。先后组织新区50余家科技企业和科研机构参加“第13届中国（天津）国际装备制造业（工业）博览会”“加拿大医疗器械国际前沿科研成果洽谈会”“2017智汇天津国际科技创新合作暨技术转移对接洽谈会”“智汇天津2017国际技术转移大会”等。上报11项国际科技合作基地和5项“一带一路”项目。③清华、浙大55名博士生到新区35家企事业单位开展实践活动。新区与清华大学签署与清华大学研究生院共建研究生社会实践正式协议书。组织学生开展“知行筑梦、求是创新、走进滨海”“清华、浙大校友恳谈会”和“博士生社会实践大讲堂”等主题实践活动。④启迪之星金融服务平台在新区启动，启迪金科·金融科技研究院落户滨海新区。首家京津冀科技金融俱乐部在新区揭牌。启迪之星（滨海）与天津科技大学签署合作协议。企鹅新媒体学院落户启迪之星（滨海）孵化基地。启迪之星（天津）与腾讯大燕网签署战略合作协议。⑤2017年开展新区与黄南洲、广安市对口帮扶和科技交流活动。新区政府与黄南州政府签署进一步深化对口援建合作工作协议；就加快滨海新区与四川省广安市科技合作交流进行讨论，达成科技合作框架协议；完成“黄南州科技培训班”学习考察工作。

（万伟东　辛　鹏）

滨海高新技术产业开发区

【科技型中小企业发展工作】　2017年，天津高新区根据企业发展阶段系统开展科技型企业培育和引进工作。①研究开发创通票初创服务包。充分激励高新区大众创新、万众创业，提高科技型创业企业成活率，制定创通票初创服务包实施细则，覆盖工位费、代理记账、法律服务、办公信息化、数据分析等服务内容。完成服务包系统开发工作。②启动“雏鹰计划”。围绕科技型中小企业的技术研发需求，出台鼓励企业开展高新技术企业认定、双软认定，以及参与各类创新创业大赛的科技型企业培育计划，促进高新区科技型企业快速发展。③制定“瞪羚计划”。为进一步做强做大高新区产业规模，大力度引进和培育瞪羚企业，设计高新区瞪羚企业发展计划，从知识产权、创新人才、研发投入、标准制定、研发平台、融资服务等方面给予专项支持，激发企业创新活力，促进企业实现跨越式发展。

（蓝　华）

【科技创新体系建设】　2017年，天津高新区鼓励企业建设研发机构申报各类科技项目，引导企业沿科技创新道路发展。①6家高新区企业申报天津市级企业重点实验室，组织英利新能源等3家企业完成市级工程中心挂牌验收，新增市级企业技术中心6家。推动中科先进院、水电十三局、天祥质量技术等8家企业成功申报市科委委区共建创新实验室。推进浙大研究院、军民融合产业技术研究院获批市级产业技术研究院。航天环境工程有限公司等10家获批市级领军企业产学研用创新联盟，占全市三分之一。②组织389家企业申报科技服务业重大专项、科技小巨人领军企业培育计划等项目。③支持天津中科先进技术研究院与20余家企业开展技术合作服务工作，其中有3项获得市科委立项，包括与天津耀通科技发展有限公司联合开发的“交互式民用服务机器人”项目，与天津同阳科技发展有限公司联合开发的“基于‘先进云’的工业园区环境监控预警和风险应急管理系统”，与天津市广通信息技术工程股份有限公司联合开发的“京津冀道路客运联网售票系统的建设与应用”项目。

（蓝　华）

【创新创业通票制度建设】　2017年，天津高新区创通票制度进一步升级，新上线市级高企服务包、新四板服务包，并制定出台相应的实施细则。企业申领创通票热情高涨，累计发放创通票5224张，其中2017年发放1438张，含初创服务包55张，知识产权包677张，国家高企包500张，四板包179张，新三板包27张。创通票运营服务机构进一步壮大，吸引全国各地的优秀服务机构（含金融机构）超470家，有效提升区域双创环境与创新创业活力。2017年，天津高新区创通票模式向外省市输出，安徽省人社厅、贵州贵安新区、江西南昌等地根据创通票理念，建设各具特色的平台。

（蓝　华）

【孵化服务体系建设】　2017年，天津高新区推动智慧山企业孵化器通过国家级科技企业孵化器认定，国家级孵化器总数达到9家，三分之一为专业孵化器。新增众创空间5家，建成的众创空间达到37个，其中国家级众创空间7家，市级众创空间15家。①着力推进众创空间发展。初步形成专业化平台型、综合服务型、投资促进型和创业辅导型4类众创空间，建成面积4.7万平方米，设立众创空间种子基金规模3900万元，累计服务各类创业团队和创客超过3000人，注册企业887个，解决就业人数3057人，申请各类知识产权410项，创业项目和企业获得融资额3411万元。重点引导专业化众创空间建设，培育中科遥感、天大求实、赛宁生物、中科先进技术研究院等领军企业和科研院所专注于细分技术领域建设专业化众创空间。②推动众创空间特色化发展。围绕“国际创业中心—科技金融大厦—智慧山”，聚集近20家各具特色的众创空间，打造创新型孵化载体集群。引入创客星创新孵化平台，推动“三五互联—创客星”众创空间建设，打造12万平方米的“京津冀互联网社区”。创意魔法空间、启迪之星（天津）等4家众创空间获得滨海新区“十大滨海众创空间”称号。③营造良好的双创文化氛围。启动“双创力量”全国创新创业大赛，推进大赛模式创新，充分运用移动互联网和广播电视联动的技术手段，发挥“双创”平台作用，实现创新创业互联互通、知识分享、资源共享、跨界联动，对聚集创新创业资源、活跃创新创业氛围起到积极推动作用。依托区内众创空间和孵化器积极开展各类创业培训，项目路演、创业大赛、创业论坛等各类活动超50场，推动形成良好的双创文化氛围。（蓝　华）

【科技金融工作】 2017年，天津高新区推动科技与资本的深度融合，围绕科技企业各成长周期的资金需求，整合政策资金、中介服务、金融机构等资源要素，促进高新区资本氛围的不断提升。①充分发挥平台支撑作用。进一步转型深化服务手段，变“推动”为“培育”，向企业发展前期延伸。2017年，全面推动高新区与天津OTC等四板市场的合作，设立“场外市场天津高新区板块”，依托天津科技金融中心建立高新区四板运营中心，建设集政策宣传、市场推广、中介评价、企业辅导、融资对接于一体的全流程服务平台，实现OTC市场服务的衔接落地。吸引150余家企业在OTC高新区专板挂牌。同时，在天津市证监局、金融局、滨海新区等相关单位的支持下，与深交所、上交所、股转系统公司、天交所建立紧密的合作关系，先后落地深交所的全国性路演中心、新三板敲钟路演大厅等，形成覆盖多层次资本市场的企业全成长周期服务体系。②营造深厚的资本运作氛围。以天津科技金融服务中心为载体，高密度举办路演、论坛、培训、沙龙等活动近百场，参与企业近万人次，接待全国各省市考察调研团组40余个，聚集各类金融机构300余家，有效实现各类金融要素的高效聚集和协同流转。③充分借助天津证监局资源，在充分调研的基础上形成理论提升，首创企业“资本力”理念。（蓝　华）

【知识产权工作】 2017年，天津高新区围绕建设国家专利导航产业发展实验区和国家知识产权服务业集聚发展试验区，按照“以点带面、重点突破、逐步推进”的工作原则，提升高新区企业知识产权创造和运用水平，集聚各类优质知识产权服务机构。①推动知识产权贯标工作。发挥创通票促进作用，完善贯标服务包流程设计，制定2017年高新区企业知识产权贯标工作计划，并针对新增国家高企和科技型亿元企业开展2期高新区企业知识产权管理体系内审员培训班，覆盖企业400余家。全年新增开展知识产权贯标企业100余家，累计500多家，有440余家企业完成服务签约，有100余家企业通过认证审核获得证书。②推进服务业集聚区建设。5月23日，国家知识产权局负责人听取高新区知识产权服务业集聚区建设工作汇报，给予充分肯定，在5月24日的“实施‘十三五’国家知识产权保护和运用规划加快知识产权强国建设”专题报告会上，为高新区国家知识产权服务业集聚发展试验区揭牌。③开展专利导航工作。制定“天津高新区专利导航产业发展实验区2017年工作计划”，与天津市知识产权服务中心、企兴知识产权管理咨询有限公司等专业机构合作开展新能源电池产业、动力汽车产业专利信息情报分析，并形成分析报告初稿报市知识产权局审核。（蓝　华）

【与中科院文献情报中心开展全面战略合作】 2017年10月19日，中国科学院文献情报中心、天津高新区双方签署《战略合作框架协议》，就促进双方深度合作、互利共赢达成共识。通过合作，中科院文献情报中心将针对天津高新区内重点产业和重大项目进行情报调研，分析国内外发展趋势和布局、核心技术在全球的技术排名、上下游配套；对产业链关键环节进行全面的专利信息分析，预测产业结构调整方向、技术发展重点方向和市场需求热点方向，明确重点产业在技术、人才、项目等方面的发展路径。双方还就组建项目专家组、推动企业专利微导航、协助办会等内容探索多元化合作。（蓝　华）

经济技术开发区

【新增16名“天津市新型企业家”】 2017年，经天津市人才工作领导小组批准，全市新增150名天津市“新型企业家培养工程”入选人才，其中深之蓝公司魏建仓、利安隆股份公司孙春光等16名开发区企业家入选，在滨海新区位居第一，占比超过30%。天津市“新型企业家培养工程”作为《天津市中长期人才发展规划（2010～2020年）》的10项重大人才工程之一，市科委从2012年开始，每年遴选150名左右新型企业家。2017年，为贯彻落实市委市政府《关于深化人才发展体制机制改革的实施意见》，进一步加大对青年企业家培养力度，增设“青年企业家”申报条件。截至2017年，开发区共有78人入选天津市“新型企业家培养工程”，其中包括3名“青年企业家”。

（陈志远）

【新增6家“天津市企业重点实验室”】 2017年12月，天津市科委批准筹建的30家企业重点实验室通过验收并获得正式认定。其中开发区有天津七一二通信广播有限公司、中星电子股份有限公司、凯莱英医药集团（天津）股份有限公司、天津国际生物医药联合研究院有限公司、鼎正动物药业（天津）有限公司和天津银宝山新科技有限公司等6家企业通过验收，获批“天津市企业重点实验室”，通过认定数量居全市各区县之首。开发区始终将企业作为区域创新的主体，全方位助力区内科技企业创新能力和科研水平的提升，致力于打造创新驱动新引擎、建设科技创新高地。为促进科技型企业发展，提升行业总体水平，开发区大力支持区内优秀科技企业建设各类研发机构，并对满足条件的企业研发机构和科技项目给予奖励。2017年，该区投入科技发展金1.63亿元，用于奖励和支持区内企事业单位开展各类科技创新活动。开发区围绕“一基地三区”的定位和目标，2017年持续推进对重点科技企业的实验室筹建工作，进一步加速科技创新要素的聚集，不断加强科技创新氛围，推进企业转型升级和科研转化。（陈志远）

【京津冀产业协同发展中心落户泰达】 2017年1月8日，天津开发区管委会与中国电子信息产业发展研究院签署投资合作协议。中国电子信息产业发展研究院将在天津经济技术开发区筹建京津冀产业协同发展中心及智能制造产业国家级创新平台和创新中心，积极推进“中国制造2025”部市合作，并择机进行智能制造产业园区建设等系列项目。

（陈志远）

【“一带一路”海洋高端技术论坛在开发区举行】 2017天津泰达“一带一路”海洋高端技术论坛3月7～8日在开发区举行。论坛主题为“‘一带一路’中海洋高端技术产业领域的发展趋势”。开发区管委会与俄罗斯自然科学院、圣彼得堡国立海洋技术大学、俄罗斯科学院希尔绍夫海洋研究所等签署《中俄高端技术促进战略协议》，推动开发区在“一带一路”倡议和海洋高端技术产业领域的发展。开发区管委会与中国银行天津市分行签订《助力“一带一路”建设全面合作协议》，天津海之星水下机器人有限公司与俄罗斯自然科学院、圣彼得堡国立海洋大学、俄罗斯科学院希尔绍夫海洋研究所等国际知名院所展开合作，该公司引入俄罗斯空化射流技术团队，实现首台空化射流水下清刷器样机下线。海之星（天津）中俄海洋高新技术研究院揭牌成立。打造中俄海洋高端人才技术交流、中俄知名院校联合研发、中俄海洋高新科技成果转化以及产业化推动的聚集平台主要科研方向为海洋高端智能装备、海洋环保技术、海洋新能源、海洋工业新材料、海洋勘测，以及海洋防灾减灾、海洋生态环境立体化监测、船舶技术、海水综合利用等。

（陈志远）

【天河科技园落户揭牌】 2017年4月25日，国家超算天津中心与天津开发区签署战略合作协议，天河科技园正式落户揭牌。作为滨海新区重要的国家级数据中心，“天河一号”服务30余个省市，近千家企业，也是新区政务信息服务的中枢神经所在。“天河一号”成为中国的“国之重器”，天河科技园的成立标志着泰达外包园的发展迈上新台阶，天河科技园是军民融合发展与开发区产业升级相结合的产物，借重天河品牌、资源、队伍优势，形成军民融合发展的产业集群。天河科技园的成立是管委会积极落实创新驱动、推动产业结构升级的重要举措，有利于创新资源向开发区集聚，进一步强化开发区创新优势。

（陈志远）

【天津开发区智能产业区揭牌】 2017年6月29日，世界智能大会在天津梅江会展中心开幕，期间，举行天津经济技术开发区智能产业区揭牌仪式。有关负责人为天津开发区智能产业区揭牌。天津经济技术开发区按照全国先进制造研发基地定位，全面实施“泰达智造”战略。该智能产业区将围绕智能制造、智能医疗、智能金融等重点领域，聚集更多优质项目、资源、要素和人才，持续推动智能制造与智慧政府、智慧城市深度融合，打造智能产业新高地。天津开发区智能产业区区域规划面积20.17平方千米，重点发展人工智能、智能制造、智能金融、智能健康医疗、智能物流等高端智能产业集群。

（陈志远）

【天津开发区企业利安隆登陆深交所】 2017年1月19日，天津开发区创新型企业利安隆成功登陆资本市场，实现泰达企业上市开门红。天津利安隆新材料股份有限公司成为国内高分子材料抗老化助剂领域首家IPO上市企业。利安隆于2003年在天津开发区成立，专业从事高分子材料抗老化化学助剂产品研发、生产、销售和服务，公司产品广泛应用于车漆、橡胶、纤维等领域。开发区制定出台《天津开发区促进高新技术产业发展的暂行规定》，加大对上市挂牌企业的奖励补贴力度，加强企业上市的培训与宣传，为科技型企业量身制定融资方案，研究制定长远发展目标和上市挂牌规划，对重点培育企业开展“一对一”的专业辅导，为企业提供“一站式”服务，开启企业上市绿色通道，合力打造科技型企业“一条龙”服务体系。2017年，开发区在各类资本市场累计挂牌及上市企业达56家，其中科技型企业44家。

（陈志远）

中新生态城

【对接科研院所】 2017年，清华大学天津电子信息研究院储备科技成果转化项目90项，注册企业13家，其中人脸识别、人工智能与图像识别等4个项目进入产品销售阶段。中新天津生态城（以下简称“生态城”）为进一步与清华大学开展合作，提高区域企业自主创新能力，支持清华电子院在生态城建设5.3平方千米科技产业园，实现“科研—成果孵化—产业化”全过程生态系统，推动清华大学电子信息科技成果产业化项目落地。2017年，交通部水科院创新基地项目落户生态城，并完成签约。该项目可带动国家海洋环保技术的快速发展，特别是带动溢油应急产业技术创新战略联盟成员单位和科技创新企业落户生态城。

（于滢芳）

【创新载体建设】 生态城结合区域发展规划与国家自主创新示范区建设发展规划，继续强化文化创意、“互联网+”高科技产业发展，提升区域创新创业氛围，建设支撑主导产业的全链条创新生态。2017年，以文创产业孵化为主题的ThinkBig国家级孵化器、以“互联网+”高科技为孵化主题的启迪之星孵化器、以大数据产业孵化为主题的海量大数据重度孵化器在生态城健康发展，累计在孵企业318家，在孵人员560人。2017年，生态城引入北航星空众创空间，该众创空间发挥北航的技术、人才优势，以社会力量推动科研成果转化，对生态城发展智能制造产业、形成新的产业亮点提供有力支撑，也为生态城的创新队伍注入新活力。

（于滢芳）

【区域干事创业】 2017年，在《中新天津生态城科技创新促进暂行办法》的基础上，研究制定《中新天津生态城科技创新促进专项扶持资金管理暂行办法》，发布《科技企业奖励实施细则》、《创新创业补贴实施细则》，将对区内科技型企业的创新支持落到实处，调动企业创新创业的积极性。2017年，生态城举办北航全球创新创业大赛天津赛区暨生态城首届“创新之星”评选大赛，积极营造创新氛围，引导创业企业、团队和社会资本向生态城聚集。会议共邀请30余家媒体，协助近40家创业企业，展示企业研发、生产的近50款产品。大赛评选出15家企业荣获生态城创新之星奖项，有5家企业获得投资意向，意向金额超千万，取得预期成果。该次大赛第1名成功落户生态城，进驻北航星空众创空间。

（于滢芳）

保税区

【研发1.2万瓦激光器】 1.2万瓦的工业级光纤激光器由天津东方锐镭公司联合国防科学技术大学高能激光技术团队研制。该产品作为军民融合产品的典范，打破国内万瓦级光纤激光器依赖进口的局面，填补国内市场空白。高功率光纤激光器主要应用于厚板切割和焊接领域，万瓦级光纤激光器可快速切割厚度达40毫米的碳钢、30毫米的不锈钢以及15毫米的铝、铜类材料，广泛应用于工业制造、汽车制造、航空航天等领域。

（高　轶）

【天津工业生物所举办2017年公众科学日活动】 2017年5月20日，在全国科技活动周期间，保税区科协同中国科学院天津工业生物技术研究所共同举行一年一度的公众科学日活动，科普主题为“合成生物技术重塑未来世界”，吸引近400名青少年学生参与。活动内容包括科普讲座及“神奇糖池”“3D微打印”“显微镜观察”“微绘平板菌”“面团小能手”“垃圾趣分类”6项创意科学实验。同时，社会公众参观天津工业生物所微生物高通量筛选平台和总体研究部实验室，近距离观摩高端设备的操作演示。

（高　轶）

【企业投贷联动业务达成协议】 2017年7月11日，保税区爱码信自动化科技公司与大连银行、中科达创业投资管理公司就投贷联动事宜达成战略合作，并举行签约仪式。“投贷联动”是银行与风险投资机构合作，通过股权+债权的方式，对创新企业给予资金支持的新手段。天津爱码信智能化技术有限公司，是专业从事生产自动化、智能工厂及工业机器人系统集成的新型高科技企业。投贷联动合作是大连银行与中科达创投共同与爱码信达成的战略合作协议，旨在对爱码信未来的融资需求提供贷款和股权投资，该项合作是2017年保税区第一项成功合作的案例，同时也是大连银行在全国范围内的第一项案例。

（高　轶）

【发挥知识产权平台作用】 2016年专利资助最后一批受理于2017年2月15～17日进行，保税区科技局与自贸区知识产权便利化服务平台相关运营机构一起现场办公，为企业提供服务。专利资助受理累计有近百家企业递交申请材料，科技局组织对企业申报材料进行现场审核，该平台相关机构利用审核间隙了解企业知识产权需求，同时在知识产权申请、知识产权保护、知识产权质押融资贷款以及知识产权维权等方面为企业进行指导和答疑，取得较好效果。科技局会同平台机构梳理企业情况，对有需求企业安排实地走访。

（高　轶）

【天津市自然科学基金项目立项】 2017年3月，市科委发布立项公示，保税区津航技术物理研究所、中交一航工程局、中科院工生所的“基于新型复合生长技术的纳米硬质防护薄膜生长机制与控制技术研究”“多向复合加载模式下箱筒型基础的承载力特性研究”和“谷氨酸棒杆菌单价阳离子转运蛋白的功能研究”等5个项目获批立项，其中3个青年科学基金项目、1个面上基金项目和1个重点基金项目，总支持金额为48万元。

（高　轶）

【5家企业专利获天津市专利优秀奖】 在2017年天津市专利奖评选活动中，保税区5家企业获奖。中国铁建大桥工程局集团有限公司“一种海中强风浪高强度裸岩钢管桩基的方法”、天津金发新材料有限公司“一种低气味、低散发聚丙烯组合物及其制备方法”、天津瑞源电气有限公司“一种风电行业铅酸电池快速智能充电方法及装置”、中铁电气化勘测设计研究有限公司“城市轨道交通接触网用

球头电极避雷器"、中交第一航务工程局有限公司"水下载荷试验系统" 获得2017年度天津市专利优秀奖。（高 轶）

【科技企业与科研院所交流活动】 空港经济区2017年8月10～11日组织区内生物医药行业企业和光电信息行业企业走访区内中国科学院天津工业生物技术研究所、滨海华大基因产业研究院、渤海农牧产业联合研究院，通用电气智能制造研发中心、中国电子科技集团公司光电研究院（原中电科53所）、天津津航计算技术研究所（原航天三院8357所）、天津津航技术物理研究所（原航天三院8358所）以及哈工大集团华北区总部。走访同时在中科院工生所、光电研究院、津航计算所和津航物理所进行院所科研成果路演。在该项活动中，企业代表进行经验交流，科技、人社、财税等部门进行政策宣讲，保税区管委会负责人参加活动并要求科技企业以精益促发展，向管理要效益，要求科技企业加大研发投入，实现突破发展，提醒企业关注金融形势，做好资金管理，呼吁企业运用好"双万双服"平台。央广网、天津日报等媒体记者跟踪采访，活动总人数超过120人次，取得预期效果。

（高 轶）

【入选科技部创新人才计划】 2017年1月，科技部发布公告，公布2016年创新人才推进计划入选名单，保税区中国科学院天津工业生物技术研究所郭瑞庭获中青年科技创新领军人才，天津瑞普生物技术股份有限公司李守军获科技创新创业人才。

（高 轶）

【保税区驻区央企和国家级科研院所形成聚集】 2017年，保税区高度重视落实京津冀协同发展战略，加大对央企总部、国家级科研院所的引进力度，共注册央企和科研院所36家，落户开展业务29家，其中整建制入区12家。以中铁大桥局、中铁六院、中铁设计集团、中冶天工、中远海运综合物流、中科院工生所等总部为代表的大型央企和大院大所，年营业收入超过1300亿元，纳税总额约14亿元，年合同额达到2000亿元，获国家和部省级科技进步奖科研成果100项以上。

（高 轶）

【瑞源电气主要业务全部转入保税区】 瑞源电气是保税区招商引资的优质项目，是中国最大民营风电集团——明阳风电集团子公司，自2010年落户保税区后，该公司陆续将天津地区的其他生产能力搬迁到该区，2017年正式将变桨系统转入后，即形成主控柜、变频器和变桨系统3个主力产品，成为明阳风电集团事实上的地区总部，预计新增产值8000万元，年产值达到5亿元。

（高 轶）

【公共无线网络覆盖试运行】 空港经济区公共无线网络覆盖项目一期工程进入试运行阶段，自2017年6月1日起正式运营。无线网络覆盖一期项目完成空港经济区3个办公楼宇的无线覆盖，包括投资服务中心、创新创业中心及空港科技大厦。投资服务中心办事大厅的广大群众及在创新创业中心、空港科技大厦办公的科技企业员工均可通过该项目免费享受无限网络服务，同时保税区相关政策资讯、便民服务等内容也可在登陆无线网络时向上网用户呈现。该项目充分利用空港经济区超算光纤链路，无线上网出口带宽达200兆。项目系统后台采用多种功能集中管理的核心设备，可进行上网行为规范管理、流量控制、病毒防护、网络抗攻击等功能。

（高 轶）

【科技企业获得股改上市补贴】 2017年5月，保税区为恒银金融、威瀚电气等7家科技型企业兑现股改和挂牌上市补贴，总补贴额超过700万元。2016年6月保税区出台《天津港保税区关于推动企业上市融资加快发展的实施意见》，明确为股改上市企业在滨海新区补贴基础上再给予100%匹配，符合条件的股改企业即可拿到80万元补贴，新三板挂牌企业可拿到280万元补贴，对上市企业的支持则达到1080万元。（高 轶）

【举办标准化工作培训暨半导体照明标准化高峰论坛】 2017年8月2～4日，标准化工作培训暨半导体照明标准化高峰论坛在空港经济区举办。该论坛由国家半导体照明工程研发及产业联盟（CSA）、天津滨海新区科委、天津港保税区（空港经济区）管委会主办，天津市半导体光源系统产业技术创新战略联盟、天津港保税区（空港经济区）科技发展局、天津工大海宇半导体照明有限公司承办。有关负责人、业界专家及20余家上中下游上市公司、近百家单位代表参会。天津港保税区科技发展局全面介绍区位优势、产业结构、科技创新、扶持政策，中国标准化研究院等单位3位标准化工作专家分别从标准化的原理与实践、企业标准化经验及做法及企业标准化体系建设思考三大主题开讲，详细讲解标准化基础、标准化战略、标准化工作能力培养、标准制定程序、标准编写方法等内容。该论坛举办多场分会，包括LED照明系统与控制工作组扩大会议、健康照明标准专题研讨会、设施农业光照标准专题研讨会、景观照明标准专题研讨会等。

（高　铁）

【2017年全国双创活动周天津市分会场】　2017年9月15日，全国双创活动周天津市分会场在天津空港经济区开幕。该双创活动周天津市分会场由天津市发改委、天津市科委、天津市科协等共同主办，天津空港经济区管委会承办。9月16日，空港经济区同期举办创新创业成果展示交易会，有空港经济区、东丽区、高新区等各类科技创新企业200余家参展。该展示活动分为主展区、小巨人企业展区、科大讯飞展区和工大集团展区4部分，主展区展示航天三院8357、8358所、中电科53所、GE智能制造中心、恒银金融、腾云智航、爱科维申、鲸宇科技等多个科研院所、科技创新企业的最新科研成果，涉及激光、3D打印、智能制造、无人机、机器视觉、虚拟现实/增强现实、人工智能、语音识别等众多科技创新的热门领域；小巨人展区则聚集展讯通信、瑞源电气、正天医疗等小巨人企业的优秀成果；科大讯飞展区展示先进语音识别技术、智能家居、智能汽车、智能教育等系统。活动吸引参观人员近500人。展会还邀请科大讯飞、云研资本、神州顺利办、高新技术成果转化中心等有关单位为广大创业者进行培训，讲解前沿技术、创业经验、财税技巧等内容。

（高　铁）

【恒银金融登陆上交所主板】　2017年9月20日，恒银金融作为国内首家定位于智慧银行解决方案提供商，成为上海证券交易所第1346家上市公司，也是主板市场第一家专注于金融自助设备及解决方案上市公司。恒银金融是国内专业研发、生产智能金融设备自主创新的民营企业，拥有循环机芯等核心技术，为全国5大国有银行、8大股份制银行、26家省级农信社等金融机构提供相关产品和服务，市场占有率排名全国第二。是空港经济区第6家上交所主板上市企业。

（高　铁）

【举办第九届中国工业生物技术发展高峰论坛】
第九届中国工业生物技术发展高峰论坛以“创新驱动绿色发展”为主题，颁发工业生物技术领域“创新先锋奖、科技转化奖、绿色企业奖”等奖项，开展生物技术对接及创业项目路演等多项活动，80余位行业顶尖专家、企业创始人和知名投资人，300余名工业生物领域从业人员出席会议。2017年，保税区已经形成以中科院工业生物技术研究所为龙头的生物产业集群，涉及三大产业板块：以华大基因、中原协和、奥维森、百康和信、先声药业为引领基因检测板块；以纳通、伊宁、南开蓖麻、关节动力为引领的生物基材料板块；以瑞普生物、生物化学、顶硕为引领的生物制药板块。

（高　铁）

国家自主创新示范区建设

【示范区工作机制逐步健全完善】　2017年，天津市国家自主创新示范区制定并发布年度工作要点，部署全年示范区建设目标和重点工作任务；构建“一区二十一园”统计监测制度，完善示范区基本单位名录库，进行园区主导产业发展分析，形成科学决策、协调推动的工作体系；召开市科委与滨海高新区共建示范区3次会商会议，进一步加强合作。召集核心区和各分园召开示范区建设工作推动会，印发《示范区加强委区共建加快主导产业发展工作方案》，实地对接共建需求，形成市区分园推进示范区建设合力。

（王一成）

【主导产业加快发展】　2017年，天津市国家自主创新示范区主导产业加快发展。支持核心区聚焦新能源和新能源汽车、新一代信息技术“两新”产业和文化创意、大健康“两特”产业，集聚国内外科技创新资源，促进主导产业集群壮大。支持各分园依托产业基础和优势，促进产业链条向高端衍生，向集群化、特色化、高新化、国际化发展。核心区推进新能源汽车动力电池创新中心、中科天津先进技术研究院等高端研发机构建设；完善“雏鹰—瞪羚—独角兽—国际型领军企业”新兴企业培育链条，累计培育南大通用、天地伟业、中科曙光等瞪羚企业54家，培育58到家、乐道互动等3家独角兽企业；引进万禾网外综贸平台运营总部、曙光primise、X86兼容服务器CPU研发及产业化飞等项目，吸引聚集赛德美新能源汽车动力电池回收、国能汽车、汽车零部件生产线、宝骏新兴建材等重点项目；推进国家影视网络动漫实验园、智慧山创意产业基地、国际医疗城等项目，积极布局“两特”产业集群。南开分园打造创新创业十字街区，吸引天津OTC南开双创合作运营中心落户。河西分园以“北方设计联盟”为依托，获批建设国家火炬陈塘工程设计特色产业基地，建成北方设计联盟展示平台和综合服务中心。武清分园以建设具有国际标准的高端生物医药产业集群为定位。空港分园建成国家合成生物技术创新中心。

（王一成）

【优化政策环境】 2017年，天津示范区出台创新生态系统建设实施方案，引导鼓励核心区和各分园加强与高校、科研院所的合作，支持华明高新区、武清汽车园等园区优化创新生态环境，建设研发、孵化转化和产业化“三位一体”的新型研发平台；引导鼓励园区结合功能定位、资源优势和产业基础，培育和聚集高端产业集群，支持中心商务区建设全国双创示范基地、高新区建设国家知识产权服务业集聚示范区、北辰区建设国家级产成融合示范区；支持南开、河北、东丽、北辰、武清分园建设集成果展示、企业服务为一体的展示服务中心；支持红桥分园引进“猪八戒”、西青分园引进中创众筹、滨海中关村科技园引进京东（滨海）等市场化运作的社会组织和中介机构，不断提升天津示范区综合服务能力和服务水平。核心区出台《创通票初创服务包实施细则》《创通票新四板服务包实施细则》《创通票市级高企服务包实施细则》，该模式在安徽省、江西南昌市、贵州贵安新区成功推广使用。和平分园吸引国家科技统计数据中心落户，为掌握科技统计数据资源、开展科技创新数据分析奠定基础。津南分园出台《津南区与高等院校（科研院所）共建研究院管理办法》，实现普兰纳米、塔米智能机器人等一批高科技项目的引进和成果转化。

（王一成）

【新型研发机构建设】 2017年，清华大学天津高端装备研究院、军民融合产业技术研究、天津中科无人机应用研究院等产业技术研究院加快建设，聚集高端资源要素，促进科技成果转化和产业化，发挥对产业的辐射带动作用。清华大学天津电子信息研究院、浙江大学研究院、南京理工大学北方研究院等30余家示范区新型研发机构建设进展顺利，不断创新管理体制和管理体系，在人才引进、成果转化、项目孵化和创新服务等方面积极探索新模式、新机制，加快科技成果研发、转化和产业化，为示范区产业发展提供有力支撑，在产学研深度融合方面闯出一条新途径。

（王一成）

【示范区建设与京津冀协同创新有机结合】 2017年，天津市国家自主创新示范区建设与京津冀协同创新有机结合正在成为示范区发展特色。核心区同北京首创集团推进未来科技城京津示范区建设，推动“启迪之星”孵化基地等重大创新创业项目建设；奇虎360、卓越互动等行业领军企业在高新区设立研发中心、运营中心、区域总部等。东丽分园深化与北京航材院合作引入中航装甲、汉尧石墨烯薄膜电池等优质的新材料产业项目。北辰分园制定“深耕首都”行动方案，中船重工七〇七研究所军工及产业化项目、苏宁智慧电商产业园、朝亚北辰云计算中心等一批重点项目落户。滨海—中关村科技园深化与中关村管委会对接，引进落地百度（滨海）创新中心、京东（滨海）云创空间、致导创新（天津）科技有限公司等60个项目。天大城市设计研究院、天士力现代中药资源公司、天津海棠盛源环保科技公司在雄安新区共建研发项目。

（王一成）

各区科技

和平区

【科技工作简况】　2017年，天津市和平区持续加大对中小企业特别是初创期企业的创新支持力度，落实各类政策，帮助企业提高市场竞争力，在企业研发、科研基地建设上给予支持，使之成为和平区经济发展的有效支撑。同时，抓住京津冀协同发展的机遇，紧紧围绕市、区落实创新驱动发展的实施意见，结合打造自主创新示范区建设，研究制定《关于加快扶持自创区和平园发展的实施意见（征求意见稿）》，重点扶持创新型科技服务企业、科技小巨人企业发展，以及经济贡献较大的科技载体。加强科学技术普及，推进知识产权战略的实施，和平区科技创新实力有所提升。

（王　媛）

【科技型企业发展】　2017年，和平区新增认定科技型中小企业321家，总量3611家；新增规模过亿元的科技型企业6家，累计达到56家；积极组织开展国家级高企认定工作，共有12企业通过国家级高企申报评审。

（王　媛）

【科技创新载体建设】　2017年，和平区自创区和平园建设成效初步显现，和平园内工商企业注册数1232家，纳入统计监测603家，其中科技型企业156家；园区企业总收入162.2亿元，其中规模超亿元的科技型企业5家，园区企业内部日常研发经费支出3.2亿元。2017年，和平区众创空间建设稳步推进，共有市区级众创空间7家，其中3家为市级众创空间。（王　媛）

【科技成果与奖励】　2017年，天津市市政工程设计研究院由和平区科委推荐，申报和平区首家市级创新联盟通过批准，获得2017年科技领军企业产学研用创新联盟补贴资金计划的支持；天津市市政工程设计研究院获得市政科学技术奖二、三等奖各一项。2017年，和平区组织专家对鼎力众创空间等4家进行评审认定，并对众创空间运行单位给予补贴奖励；和平区推荐“和平站·优客工场”申报市级众创空间备案。

（王　媛）

【知识产权工作】　2017年，和平区举办以“创新创造改变生活，知识产权竞争未来”为主题的和平区知识产权宣传周活动；开展2017年专利试点申报工作，和平区21家单位被确立为2017年天津市区级专利试点备案单位；做好专利申请工作，截至9月份，和平区万人均发明专利量为12.23件，有效专利427件，授权专利数662件，申请专利数897件，申请零突破单位数30家；完成专利资助工作，共受理发明授权补贴14项，实用新型授权补贴112项，发明维持专利6项，共发放补贴款共计7.1440万元。同时，完成2016年的专利资助发放工作，累计发放专利资助80.93万元，发放和平区区级试点专项资金652万元，涉及57家企业2114项专利资助。（王　媛）

【科技服务工作】　2017年，和平区持续深入开展“双万双服”活动，不断创新服务模式，加大服务力度，积极助推科技型中小企业发展及科技型企业转型升级持续加速，走访企业300余家次。2017年，和平区完成天津天衍星控城网科技股份有限公司、天津奥信通信技术股份有限公司企业股改；完成天津广正建设项目咨询股份有限公司在新三板、城通通信发展股份有限公司在OTC挂牌上市；配合和平区金融办完成中国租赁业企业创新服务中心和“金融荟”创新空间建设。

（王　媛）

【科技招商与引智】　2017年，和平区招商引企49

家，注册资金总额26391.40万元，技术合同交易额10.41亿元。

（王　媛）

【科普活动】　2017年，和平区举办以“科技强国创新圆梦”为主题的科技周、“创新驱动发展、科学破除愚昧”为主题科普日等主要活动8项，重点活动40项，共发放科普宣传资料4万余份、各类展板1200块，更换社区科普画廊展牌630块，太阳能科普画廊写真画面441块，组织讲座71场，听众达1.5万余人次，组织科普知识竞赛13场，覆盖全区所有街区活动近千项，数万名群众参与，取得较好的社会效果；实施2017年和平区“社区科普益民计划”，评选 劝业场街南京路社区，小白楼街开封道社区等区级科普示范社区6个，并对获得区级科普示范社区的单位 给予项目奖补资金3万元。

（王　媛）

【区特色工作】　2017年，经科技部同意，天津筹建的国家科技技术统计数据中心落户和平区并运行。

（王　媛）

河东区

【科技工作简况】　2017年，河东区科委贯彻落实党的十九大精神，围绕区委、区政府全力打造“四个之区”的工作部署，以打造科技活力之区为主战场，大力发展科技企业，加强创新载体建设，深入实施知识产权战略，推动科技工作再上新台阶。2017年，加大招商引资力度，科技招商项目齐推进。全年共完成招商引资6.4961亿元，引进项目141个。其中，亿元以上1个，五千万元以上1个，千万元以上13个。

（孟　莹）

【科技型企业发展】　2017年，河东区新增科技型中小企业400家，完成目标任务的133%，完成率在市内六区排名第一，累计达3140家；新培育规模过亿元企业3家，完成任务数的150%，累计达39家。11家企业通过国家级高新技术企业认定，完成任务数的220%，累计达54家。培育5家企业完成股份制改造，完成任务数的200%，帮扶新信网络科技股份有限公司实现挂牌上市。

（孟　莹）

【科技创新载体建设】　2017年，积极推进国家自主创新示范区——河东分园建设。中能建天津电力工程技术自主创新产业园工程建设正稳步推进，企业发展势头良好，电商项目2017年实现运营销售收入过亿元，科技公司、华北电力试验研究院与电商公司3家企业2017年1到11月实现税收466余万元。智能电气创新产业园“三中心、两基地”一期项目建设全部完成。建成嘉晟天创企业孵化器。孵化器入驻企业120家，入驻率达80%以上。为企业提供良好创业环境，提供全方位创业服务，促进企业快速健康发展，入驻企业在创新创业大赛获奖 有效提升众创空间运营质量。合理确定众创空间建设特色，为避免同质化，建成更多适应经济转型升级的众创空间，河东区实施众创空间季度信息填报制度，利用数据分析众创空间发展现状，给予针对性指导与扶持。2017年众创空间服务创业团队210个，服务初创企业92家。在年度全市众创空间绩效考核中，河东区参评的3家众创空间有2家被评为优秀等级，1家被评为良好等级，成绩居于全市前列。

（孟　莹）

【科技成果与奖励】　2017年，河东区开展重大专项、科学技术奖、“杀手锏”产品等11大类科技项目征集工作，全年共推荐68个项目。天津蓝巢电力检修有限公司等4家企业项目入围2017年支撑计划，获市区两级资金支持共计740万元。实施“新型企业家”培养工程、创新人才推进计划等一系列人才计划，制定《河东区院士专家工作站建设资助办法》等3个科技人才相关文件初稿。

（孟　莹）

【知识产权工作】　2017年，河东区万人均发明专利拥有量提高至12.7，位居市内六区前列。为增强服务企业力度，深入园区问需帮扶，服务电气院、金耀集团等企业申报2017年天津市专利导航项目，协助智能电气创新创新园申报天津市专利试点园区，完成29家专利试点单位的申报、考核及结项工作。第一家全国知识产权教育试点学校—河东区第五十四中学挂牌，河东区第二实验小学申报市级知识产权示范校。

（孟 莹）

【科普工作】 2017年，河东区共建共享筑阵地，打造科学普及新布局。一是河东区科普基地建设被列入全区二十项民心工程，二号桥街靓东花园、上杭路街红星国际社区科普基地建成，大王庄街、春华街、富民路街科普设施实现资源共享。二是建成“科普e站”74家。三是“科普大篷车校园行”活动正式启动。四是围绕“科技强国 创新圆梦”这一主题举办“第31届科技周”，开展70多项形式多样、内容丰富的科学传播活动。五是科普日期间，共有40余项群众性科普活动开展。2017年共完成专家进社区活动73场，其中科普讲座48场、科技义诊、咨询25场。

（孟 莹）

河西区

【科技创新载体建设】 2017年，河西区新增众创空间3家，指导1家众创空间通过市级众创空间备案，组织河西区2家科技企业孵化器申报市级科技企业孵化器，推荐4家企业申报技术工程中心，2家获批准筹建。按照市、区两级文件和市科委要求，加大对科技载体的管理力度，进一步完善日常管理和考核评价机制。对河西区5家区级科技企业孵化器进行2016年度考核；配合审计部门对河西区4家市级众创空间和2家科技企业孵化器进行审计，并与市科委创业孵化协会一同对存在问题的载体进行辅导整改；对河西区10家科技企业孵化器和8家生产力促进中心进行核查，对河西区8家众创空间2016年度绩效进行评估；2017年10月，组织河西区市级科技企业孵化器和市级生产力促进中心参加年度绩效考核。通过日常管理和考核，督促科技载体更加高效的为创业者和创业企业服务。截至2017年11月底，全区共有众创空间18家，科技企业孵化器13家，重点实验室7家，工程中心14家。（新 彤）

【高新技术企业】 2017年4~6月，河西区完成两批市级高新技术企业认定工作，共23家企业通过市级高新技术企业认定；组织专家对申报国家级高新技术企业的30家企业资料进行论证，审议并确定河西区2017年首次申报国家级高新技术企业名单和财政资助资金发放及调整的建议，推荐29家市级高新技术企业首次申报国家级高新技术企业。截至2017年12月，需要再认定的8家国家级高新技术企业，通过率100%；25家企业新认定为国家级高新技术企业（31家申请新认定，含2家2016年再认定未通过的高企），新认定通过率达到80.64%，比2016年提高6.64%，全区国家级高新技术企业达到80家。2017年，河西区共完成科技企业认定310家，累计达到3603家，规模过亿元科技型企业完成9家，累计达到73家。

（新 彤）

【科技型企业股改上市】 2017年9月，组织专家对该年申请股份制改造备案的科技企业提交材料进行评审并公示；2017年10月，组织专家对申请股份制改造补贴的科技型企业进行实地走访，并对其申报材料进行评审公示，共推荐3家企业申请补贴。截至2017年12月底，科技型企业股份制改造新增8家；4家科技型企业在各类资本市场挂牌，其中1家新三板、2家天交所、1家OTC。

（新 彤）

【知识产权工作】 2017年，经国家知识产权局批准，河西区成为全市中心城区唯一在建的“国家知识产权试点城区”，试点主题为“专利申请质量提升”。围绕“试点城区”建设，制定出台《天津市河西区国家知识产权试点城区建设工作方案》截至2017年12月底，市区两级专利试点由185家增至314家；截至11月底，专利零突破单位由358家增至715家；专利年申请量由6827件增至13682件；有效发明专利由873件增至1016件；万人均发明专利拥有量由8.88件增至10.34件。2017年，共办理专利面上资助519件，累计发放市级补贴金额26.958万元。对2016年第二批知识产权专项资金给予区级资金匹配，累计发放区级匹配资金120.4765万元。委托天津市发明协会组织专家对申报2016年区级专利试点单位开展评审工作，确定15家专利布局企业和2家首发明企业。2017年，确立科技大学、光电通信等6家单位为市级专利试点。天津四中获批2017年市级知识产权示范校，推荐四十一中申报国家级知识产权示范校并获批，推荐天津桂发祥十八街麻花食品股份有限公司申报知识产权保护百家优势企业，组织光电通信申报2017年国家知识产权优势企业，天津市水利工程有限公司成果获批2017年天津市专利优秀奖。东文高压电源（天津）股份有限公司正式成为河西区第一家知识产权贯标企业，推荐南京理工大学北方研究院“中国高校知识产权北方运营交易中心”、天津光电集团有限公司“天津光电激光打印机产业规划”两个项目申报专利导航试点。

（新　彤）

【科技成果与奖励】　2017年，河西区组织区内重点科技企业申报市级科技进步奖共4项。其中，1项科技成果获得2017年度天津市科技进步二等奖。组织申报2016年度区科技进步奖29项，其中17项获奖。办理完成科技成果登记43项，结项验收20余项，督促50余家未结项的企业完成2017年度检查报告。全年完成技术合同登记774份，合同交易额27.09亿元。（新　彤）

【科技重点项目】　2017年，河西区共有34家科技企业申报市科委各类科技计划项目，获得资金支持约500万元。同时，积极配合市科委、区财政把科技拨款发放到位。其中，杀手锏项目1个，领军小巨人企业培育计划项目1个。

（新　彤）

【青少年科学素质行动】　2017年，河西区科协与区教育局合作，利用校内课程、社团活动等载体开展丰富多样的创客活动，提升中小学生综合素质。区内8所中小学校获得“天津市科学素质教育先进学校”称号。与天津市青少年科技中心合作，高质量承办“第32届天津市青少年科技创新创业大赛”。区科协获全国创新大赛“基层赛事优秀组织单位”奖。组织全区中小学生参加“第4届天津市青少年科技创意设计竞赛”以及“无线电”“无人机”等竞赛活动，取得优异成绩。组织全区部分高中校参加青少年高校科学营活动，引导和激励广大中学生走近科学、了解科学、参与科学、拓宽思维、开拓视野，提高科技创新和实践能力。引导并支持中小学开展知识产权教育活动，河西区四十一中、四中、实验中学被评为天津市青少年知识产权教育示范学校。组织参加“第13届宋庆龄少年儿童发明奖”评选活动。

（新　彤）

【城镇劳动者科学素质行动】　2017年，河西区组织推动区内企业加强“院士专家工作站”建设，影响和带动企业科技人员参与科技创新活动。组织推动区内企业参与2017年天津市创新创业大赛暨第六届中国创新创业大赛（天津赛区）活动，制定出台《河西区促进科技创新体系建设资助管理办法》，2017年，东文高压电源（天津）股份有限公司刘申、中国机房设施工程有限公司李军入选天津市第五批新型企业家培养工程。天津光电久远科技有限公司牛贺群被评为天津市创新推进计划——创新创业人才。天津瑞晟先发激光技术科技有限公司高志山带领的先进激光技术与应用创新团队被评为天津市创新推进计划——重点领域创新团队。天津瑞晟智通新能源科技有限公司胡文斌带领的车桩位网一体化智慧交通瑞晟智通团队入选特支计划。南理工北方研究院引进的何清（加拿大）博士入选千人计划—创新人才短期项目，同时入选国家外专局专家项目。

（新　彤）

【社区科普益民活动】　2017年，河西区加强社区科普宣传工作的指导和服务，实施基层科普益民计划。评选20个区级科普示范社区，尖山街尚城社区和越秀路街港云里社区被评为市级科普示范社区，天塔街五一阳光社区被评为国家级科普示范社区。在社区开展“社区青少年科享汇”活动，普及科普知识。组织“第31届科技周”活动，累计安排各类活动60余项。专题筹划河西区科技周两项重点活动，2017年天津市全民科学素质电视大赛河西区总决赛和天津市第3届科普微视频大赛启动仪式。同时，被列为天津市科技周十个市级重点活动之一。（新　彤）

【区特色工作】 2017年，河西区政府与市科委达成共建“北方设计之都”的委区共建合作协议。组织天津建筑设计院、中交第一航务勘察设计院、中水北方勘测设计研究院等“北方设计联盟”重点企业申报一系列重大专项。陈塘科技商务区获批国家火炬特色产业基地，成为天津市第9家、中心城区唯一的火炬特色产业基地。建设“三无五融合”南京理工大学北方研究院取得阶段性成果。组建6家产业化公司和2家服务型公司，形成新能源和激光两大产业方向，其中光纤光栅、全固态薄膜锂离子电池等技术均属国际先进水平。推荐研究院的“全固态薄膜锂电池”项目申报市科委支持“国家级院所来津发展”项目。

（靳 彤）

南开区

【科技工作简况】 2017年，南开区新增科技型中小企业362家，全区达到4633家。新认定国家级高新技术企业45家，全区达到183家。新认定规模过亿科技型企业5家，全区达到76家。支持凯英科技等4家公司登陆新三板，全区上市挂牌企业37家。完成技术合同登记1167项，合同成交金额33.0500亿元（其中技术交易额32.4874亿元）。全年申请专利6391件，其中发明专利3577件，全区万人发明专利拥有量61.70件，位居全市各区首位。2017年，引进北京企业206家，三家央企二级总部落户南开。财政科技投入近1亿元，促进凡柯尔科技等10个成果转化项目落地。组织开展第31届科技活动周和“4·26”全国知识产权宣传周等系列活动，宣传科学文化知识，营造社会科普氛围，鼓励支持发明创造，提高全区广大群众科学素质。（袁根正）

【环天南大知识经济创新圈建设】 2017年，南开区成立专项工作组，规划建设启航湾创新产业区，出台《国家自主创新示范区南开科技园创新创业服务通票管理办法》和制定《天津市南开区启航湾创新产业引导基金管理办法》，加快推进国家自主创新示范区南开科技园建设，提升改造坐落在科研西路6号、16号，占地面积21456平方米，建筑面积15737万平方米的开放式“未来里”创新创业载体项目，形成创新创业生态街区。区财政科技投入近1亿元，促进凡柯尔科技等10个成果转化项目落地，光电生物所健康医学大数据平台投入使用。科技城项目建设进展顺利，吸引200多家高端企业洽谈签约。

（袁根正）

【京津冀协同发展】 2017年，南开区赴京开展承接非首都功能工作，走访金融街控股、中核产业基金等央企及重点企业，接待中关村意谷等单位来访，召开大型推动会，以高层互访推动科技创新项目落地。强化区域政府间合作，加强与北京海淀区等横向交流联系对接。联系中核集团、中国电子等央企77家，形成项目70个，中电建等3家央企二级总部项目落户，清华启迪南开科技城项目正式启动。3月10日，南开区落实京津冀协同发展战略重点项目签约会在金融街（南开）中心召开，现场签约项目35个，投资总额超过360亿元。其中，中核产业基金等央企及区域合作项目6个。10月25日，由天津市商务委、南开区人民政府主办，区相关职能部门承办的2017高端产业聚焦南开招商推介会在赛象酒店召开，现场签约项目10个，其中有中国电建等5个总部项目，投资总额超过100亿元。

（袁根正）

【众创空间】 落实《南开区促进大众创业、万众创新工作实施方案》，构建和打造南开众创空间。2017年，按照《南开区众创空间绩效考评指标体系》，对区级以上众创空间进行年度绩效管理考核。其中，8家考评为优秀，9家考评为良好，并根据考评结果分别给予20万和10万元的奖励。年内，新认定诚驿、奇点等7家载体为区级众创空间，中关村E谷、创客工坊等两家载体通过市级众创空间备案。2017年，与天津天颐科苑创新医药孵化器和博润斯文化创意产业园两家企业签订孵化基地建设协议，鼎泰丰、东方嘉城C92文创园两家孵化器通过验收。1895众创空间由天津大学建筑设计规划研究总院全资公司，空间聚集建筑产业与互联网经济及科技融合的优质项目及创业人才，聚焦名校重大前沿硬科技成果转化，依托1895创业商学院，整合天津大学院士、“973”首席科学家、博士生导师、国际知名专家、杰出校友，导师达170人。2017年，进驻空间创客147人、创业团队28个，入驻企业37家，其中初创企业8家，创新创业项目以建筑产业转型升级及高校实验室科技成果转化项目为主。

（袁根正）

【科技金融】 2017年，南开区发挥科技金融服务平台优势，解决科技企业融资难题，推动一批科技型企业完成股改及挂牌上市。区科委联合区科技金融对接服务平台针对区内规模过亿的科技企业、高新技术企业等重点单位进行调研、走访，了解企业发展状况，征询企业融资需求及股改上市意向，宣传市区两级关于股改及挂牌上市的奖励政策。2017年调研科技企业融资需求985家，帮助32家企业获得融资，融资总额1.8亿元。天津嘉仕科技发展股份有限公司、天津尊城轩科技股份有限公司、天津瑞智万达科技股份有限公司、天津广川科技股份有限公司等、天津市敏跃科技股份有限公司等8家科技型企业完成股改，天津市英讯通科技股份有限公司、天津凯英科技发展股份有限公司、天津比信科技股份有限公司等4家科技型企业挂牌上市，全区上市挂牌企业达到37家。

（袁根正）

【科技型企业发展】 2017年，制定出台《南开区支持科技产业发展政策实施细则》，搭建科技创新平台，重点推动技术创新，支持科技企业健康成长。鼓励在南开区区持续经营、行业带动强、对区域贡献高的优质企业和聚集度高、吸引力大、服务性强的载体进一步加快发展。实施科技小巨人企业培育计划，加强政策引导，探索“点对点”的重点服务工作机制，做好科技型企业和规模过亿企业认定管理。年内，新认定5家规模过亿科技企业，全区规模过亿科技企业76家。新增科技型中小企业362家，全区科技型中小企业达4633家。（袁根正）

【高新技术企业】 培育高新技术企业，加强认定管理工作与完善高新技术企业培育备选库，选择具有成长性的科技型中小企业，在技术创新、专利创造、研发人员聚集等方面给予政策倾斜。加大认定工作的培训和服务力度，引导各类资源和服务向企业聚集，推动一批符合条件的科技型中小企业成为市级和国家级高新技术企业。2017年，43家企业新认定为市级高新技术企业，39家企业通过国家级高新技术企业复审，45家企业新认定为国家级高新技术企业，现区内国家级高新技术企业达183家。（袁根正）

【科技人才工作】 2017年，南开区加强科技人才培育和管理工作，制定《南开区人才发展基金使用管理办法》《南开区人才引进、培养和奖励细则》，从政策、资金、项目等方面为人才解决后顾之忧。落实“131”创新型人才培养工程，2名高层次人才入选天津市“131”创新人才培养工程第一层次人选，11名高层次人才入选天津市“131”创新人才培养工程第二层次人选。7家企业入选天津市“千企万人”支持计划，1个项目入选天津市人才发展特殊支持计划，6位企业家入选天津市第五批“新型企业家”培养工程。探索京津冀协同发展的人才合作模式，与外省市签署人才合作协议，促进区域人才政策贯通、打开京津冀人力资源共享、优势互补的就业服务模式，搭建全区各类用人单位及毕业生之间的交流平台，引智引才帮助企业解决人才短缺问题。2017年3月，组织区内相关企业赴北京参加中国人民大学毕业生就业双选会。积极宣传南开区人才落户的优惠政策、提供就业环境政策咨询，促进在京高校毕业生了解认识就业的多种渠道和可用资源，吸引来自北京的学子到天津南开创新创业，投身科技南开建设。（袁根正）

【科技项目立项】 南开区贯彻落实新发展理念，以重点项目引领科技企业创新发展。年内，开展创新创业载体项目、贷款贴息项目申报工作，重点支持移动互联网、智能制造、生物医药、互联网＋、科技服务等技术领域的科技创新，确立支持37项科技重点项目和13项贷款贴息项目。开展首届创新创业载体项目征集工作，共征集11家载体申报符合评审条件的项目47项。科委组织专家依据创新性、可行性、项目进展、拥有知识产权等情况对项目进行综合考核，拟支持一批科技含量高、创新性强、市场前景广阔、具有良好的应用前景的科技项目38个。

（袁根正）

【知识产权工作】 2017年，结合南开区实际情况，实施知识产权战略，推动以企业为主体的知识产权创造和运用。2017年共完成专利企业（区级备案）61家，市级专利试点项目2家，立项市级专利导航项目2家，知识产权示范校培育项目1家，《企业知识产权管理规范》贯标认证补贴单位1家。引进超凡（天津）知识产权代理有限公司落户南开区，搭建起南开区知识产权服务平台。进一步提升科技型企业知识产权的综合能力，区知识产权局在驻区众创空间、孵化器、专业服务平台等创新载体和科研院所、科技型企业中，开展创新驱动系列培训推广活动，通过个性化培训服务，不断提高企业自主创新能力和知识产权规范化管理水平，全年举办13场政策宣讲和专项培训，累计培训企业240余家，400余人次。

（袁根正）

【专利申请和资助】 2017年，南开区专利申请量6391件，其中发明专利3577件；授权专利2975件，其中发明专利1295件；有效发明专利7007件，居全市第二位。万人均发明专利拥有量为61.70，位居全市各区首位，超过全市平均值（18.49）3倍。根据《天津市知识产权局关于2017年天津市专利资助领取的通知》安排，全年办理专利资助3批，共计441件，累计资助金额210880元，其中，发明专利授权资助38件，实用新型专利授权资助191件，外观设计专利授权49件，职务发明专利维持资助158件，非职务发明专利维持资助5件。2017年经评选择优推荐，天津市联大通讯发展有限公司“自动跟踪摄像系统”获2017年天津市专利奖优秀奖。

（袁根正）

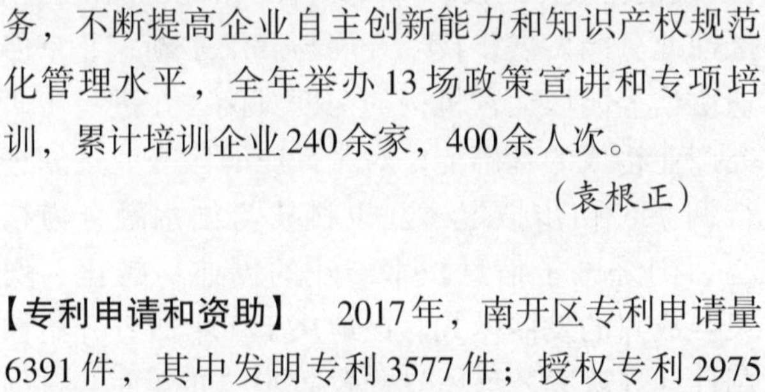

2017年为科技人员举办知识产权培训

【信息化建设】 2017年，南开区结合政务管理实际，应用科技新技术，自主研发系统软件“晴朗”系统，实现下发任务自动化、数据统计智能化、数据监测实时化，推进电子政务骨干网建设，以区政府中心机房为核心，建成连接区属66个节点单位千兆光纤政务网络。建设网络安全和信息化应急指挥中心，建成拥有40平方米的指挥大屏、300平方米的应急指挥平台，整合上线网络安全防护、舆情监测与引导、智慧城市管理三大功能板块，9个管理子系统。整合全区视频监控网络，将全区现有6000多个视频点位整合至应急指挥中心，供全区各单位指挥调度使用，实现互联互通、共用共享。搭建网络安全大数据态势感知监控系统、网络健康态势监控系统、网络情报溯源系统三个安全系统，实现安全态势感知、网络威胁检测、内外部威胁发现、攻击溯源取证、终端安全管控、持续合规审计等六大功能。

（袁根正）

【科技活动周】 2017年南开区举办“第31届科技周”。5月13日，主题为“科技强国创新圆梦”的2017年南开区科技周系列活动在大悦城拉开帷幕。科技周向公众展示南开区科技企业在智能科技、虚拟现实、信息技术、生物医药等领域的高新科技成果，让公众感受前沿科技魅力。活动期间，举办创客PK赛和科普讲座等丰富多彩科普活动，吸引众多科技爱好者和广大市民参观体验，人数达千人次，发放宣传材料近4000份。宣传创新、协调、绿色、开放、共享的发展理念，倡导创新创造创业和科学生活方式，组织开展“百名专家进社区”活动，深入社区举办15场科普讲座。

（袁根正）

【科普日活动】 2017年9月17日，由中国医学科学院、天津市科协、南开区政府主办，中国医学院放射医学研究所、南开区科委、科协承办的2017年度南开区科普日活动在水上公园举行。活动主题为“创新驱动发展，科学破除愚昧”，活动以“核”为中心，以展板形式展示核科学历史人物、发展历程、基本知识、核武辉煌成就、国民经济中的应用、核电等科普内容。其中互动展区分为设备演示、“核科学走进生活”科普知识普及、辐娃立体展板、《科技创新》邮票发行4个模块，以生动有趣的形式向公众展示高科技产品仪器设备，环境、水和食品的放射性核素监测等核技术，揭开“核”这层神秘的面纱，使公众近距离体验辐射检测、防护救治以及核技术的生活应用。

（袁根正）

【青少年科技工作】 2017年，南开区科协、南开大学附属中学、华夏小学、国家海洋技术中心等8家单位签署《共建青少年海洋科普教育实践基地框架协议书》，借助区域内国家级涉海单位的资源优势，积极开展青少年海洋科普教育活动，让青少年走近海洋、关注海洋、了解海洋、热爱海洋，培养海洋意识和增强创新精神，实现“科普南开”与学校、科研院所的精准对接和科普教育的广泛覆盖。青少年思维活跃，想象力强，是未来科技创新的后备军和栋梁，南开区注重青少年的科技实践活动，组织青少年参加2017年天津市青少年科技创新竞赛并取得优异成绩。南开区266个项目获得市级奖。其中，科技含量最高的学生创新项目（科技发明、科学论文）一等奖24项、二等奖33项、三等奖69项。13个项目被天津市推荐参加“第32届全国青少年科技创新大赛”。南开区被推荐为“第32届全国青少年科技创新大赛”基层赛事优秀组织奖单位。

2017年青少年科技实验活动

（袁根正）

河北区

【科技工作简况】 2017年，河北区深入实施创新驱动发展战略，以提高自主创新能力为核心，扎实推进区域科技创新工作再上新水平，为区域经济社会发展提供坚实保障。2017年新增科技型企业295家，累计达到3367家；新增规模过亿元的科技型企业2家，累计达到41家；完成科技成果登记110项；完成专利申请1705件；完成专利授权1183件；完成技术合同成交额33.8亿元。完成4家科技企业股份制改造；完成4家科技企业上市挂牌；拥有国家级高新技术企业55家。

（朱文洪）

【科技创新载体建设】 2017年，河北区加快自创区河北分园发展步伐。开展与武汉东湖、北京启迪协信等园区运营机构的深度对接，在进一步研究产业构成的基础上，对张兴庄园区产业规划进行调整，初步拟定建立以科技与创意融合为核心、围绕电子信息技术产业的创业—孵化—增长—成熟的发展模式。该地块于9月25日开始控制性详规草案公示环节。截至2017年年底，自创区河北分园内纳入统计的企业累计达527家，其中规模超亿元企业17家、国家级高新技术企业23家。榴莲墨汎和新创玺辉两家众创空间被拟认定为河北区众创空间。举办第三届“创客快跑”集训营活动，2017年5月，河北区留学生创业园正式授牌。

（朱文洪）

【科技型企业发展】 2017年，河北区新增科技型企业295家，新增规模过亿元的科技型企业2家，完成4家科技企业股份制改造、4家科技企业上市挂牌，国家级高新技术企业累计达55家。2017年，河北区认真贯彻落实《天津市中长期人才发展规划（2010～2020年）》和《天津市“新型企业家培养工程”实施意见》，针对新型企业家及其所属企业开展服务工作，取得良好效果。国网天津市电力公司“城市能源互联网技术创新团队”以及天津铸金科技开发股份有限公司钱铸入选第4批天津市创新人才推进计划。

（朱文洪）

【科技重点项目】 2017年，河北区科委积极对接企业和市科委相关职能部门，细化工作内容，完善对企业的服务工作。加大深入企业力度，对区内重点企业的科技研发情况进行深入挖掘，与企业领导、科技管理人员、企业财务人员进行政策讲解与项目情况沟通，帮助企业梳理科技研发脉络，做好政策的研究和解读，协助企业进行项目材料整理、形式审查等相关工作，提升对企业的服务质量。全年申报市级科技项目13项，天津六〇九电缆有限公司“跟踪器光伏线束组件优化研究”和天津建筑机械厂“移山牌—新型履带式推土机的优化研发”两个项目获得2017年天津市技术创新引导专项“杀手锏”产品研发项目立项，两个项目总投资分别为570万元和520万元，并分别获得市区两级政府100万元资金支持。

（朱文洪）

【科技成果与奖励】 2017年，河北区组织推荐天津市科技进步奖6项。铁道第三勘察设计院集团有限公司承担的“深层触探关键技术及其在城市轨道交通工程勘察中的应用研究”和“大型地下综合交通枢纽于家堡站建造技术研究”两个项目获得天津市科学技术进步二等奖，铁道第三勘察设计院集团有限公司承担的“重载铁路接触网成套关键技术创新及应用”项目获得天津市科技进步三等奖。2017年，河北区完成科技成果登记110项。

（朱文洪）

【知识产权工作】 2017年，河北区举办“4·26”知识产权管理规范专题、专利试点项目申报专题等培训会，宣传、解读2017年知识产权专项资金政策，推动河北区知识产权贯标工作开展。摄制播出知识产权专题节目《知识产权多措并举，营造双创浓郁氛围》，通过“科技创新之旅”微信公众平台推送知识产权政策科技创新动态、项目活动通知和科普知识等信息。培育专利优势企业，通过给予专项资金支持，提高企业专利申请的积极性；组织天津建筑机械厂通过知识产权管理体系认证；组织和指导企业申报专利优势项目企业2家、专利密集产品项目企业5家、备案区级专利试点企业24家、专利实施转化平台项目企业1家，推荐五十七中学、昆纬路第一小学申报天津市知识产权示范校；由河北区知识产权局推荐，国网天津市电力公司申报的发明专利“XLPE中压电缆水树老化试验装置”荣获2017年天津市专利奖金奖。承办第三届天津市知识产权创新创业发明设计大赛河北区创业旅“形”分赛活动，征集作品并申请外观设计专利451项，对参加天津国际设计周设计竞赛外观设计方面的50项作品免费申请专利加以保护。

河北区召开4·26知识产权专题培训会

（朱文洪）

【科技服务工作】 2017年，河北区开展“双万双服”活动。组织企业参加科技金融类培训和讲座，提高企业利用资本市场直接融资的能力。全年共组织召开科技政策、股份制改造、市级高新技术企业政策等有关专题政策培训会6次，148人次参加政策宣讲；编印发放政策宣讲材料165份；召开政企政策对接会5场，参加对接企业125户次。加大对企业股份制改造宣传引导力度，组织企业参加天津市科委“金桥之友”科技金融系列大讲堂活动，从财务管理、法律风险、融资洽谈等多方面帮助企业在股份制改造工作中减少成本，加快进度。2017年区内企业在“政企互通服务平台”上对区科委提出包括解决车位占用、科技型企业认定流程、知识产权优势企业项目申报等问题，全部予以办结，平台问题受理率、问题办结率和企业满意率达到100%。（朱文洪）

【科技招商与引智】 2017年，河北区采取走出去、引进来等措施，全面推进科技引资引智引企工作。多次召开河北区政策、资源推介会，向科技企业宣传介绍河北区情况，并做好企业、项目落地等各项服务。全年共引进天津易言科技有限公司等科技企业202家，累计注册资金11.7亿元。成功举办“第4届天津国际设计周”活动，期间累计接待外宾550人次，观众10万余人次。

（朱文洪）

【区特色工作】 2017年，河北区科委与河北区有线电视台继续联合在区有线台制作播出“对话科技”专题栏目，全年共制作播出4期，重点围绕科技奖励政策、知识产权宣传、“双万双服”活动、天津国际设计周、科技周等内容进行宣传和普及。2017年5月12～17日，以“未来就是现在”为主题的“第4届天津国际设计周”在河北区举办，设计周期间，在河北区北宁文化创意中心和巷肆创意产业园相继举办不同国家、内容各异的设计展览、交流论坛、设计实验班等活动18场，各类艺术展览17场，展品总数逾5000件，涵盖工业设计、建筑设计、平面设计、家居设计、摄影等多个设计领域，累计接待中外观众10万余次。2017年4～6月，河北区举办“第3届‘创客快跑’创业集训营活动”，该活动由河北区科委主办，以“科技创新 圆梦津城”为主题，通过“政府引导、平台展示、市场运作”的模式，以实战路演的方式推介创新项目；6月2日在河北区科技招商展示服务中心举行决赛，邀请运营管理、专业技术、投资咨询3个方面的导师组成专家评委组，对参赛项目进行点评。

（朱文洪）

2017年5月13日，第31届天津市科技周主会场活动在河北区北宁文化创意中心举行

【科普活动】 2017年，河北区科协组织开展专家进社区活动32场，受益公众达3000余人；大篷车进社区等各类科普活动60余项，参加人数达20000余人，发放科普知识宣传册、消防安全手册、反邪教知识手册等宣传资料10400余册，展出展板近30块。望海楼街中远里社区、新开河街东海花园社区被命名为天津市科普示范社区。投入10万元科普专项资金在鸿顺里街仁恒滨河社区服务中心建立河北区首个“科普e站”。2017年5月13日，以“科技强国、创新圆梦”为主题的“第31届天津市科技周”主会场活动在河北区北宁文化创意中心举行。“第3届天津市科普产品展览会”同期启动。2017年5月21日，“科普一起来，科普我争先”2017年天津市公民科学素质电视大赛河北区示范赛在河北区有线电视台演播大厅举行。

（朱文洪）

红桥区

【科技工作简况】 2017年，红桥区科委、红桥区科协全面实施创新驱动发展战略和京津冀协同发展战略，积极稳妥推进“科技之城”建设。全年新增科技型企业460家，完成全年任务的153%，总数达到2429家；新增规模过亿元科技型企业4家，完成全年任务的200%，累计达到26家；新增国家级高新技术企业16家，新增市级高新技术企业17家；完成股份制改造科技型企业3家，上市挂牌科技型企业2家。2017年，红桥区政府印发《天津市红桥区科技型企业助创券管理暂行规定》《关于加快红桥国家自主创新示范区发展实施意见》《天津市红桥区人民政府关于印发红桥区扶持产业发展发展专项资金管理工作实施方案的通知》，红桥区科委印发《红桥区科技计划项目管理实施办法（试行）》等政策文件。保障科技管理工作制度化、科学化、规范化，提高科技工作在促进区域创新发展过程中的支撑作用。

（陈云红）

【科技型企业发展】 2017年，红桥区新增科技型企业认定460家，总数达到2429家；天津市嘉杰电子有限公司、中铁十五局集团第五工程有限公司、天津泰利信碳素制品股份有限公司、天津市东学堂教育信息咨询有限公司四家科技型企业规模超亿元。天津市华耀达电气控制设备股份有公司、天津兴创蓝天环保科技股份有限公司、天津润祥科技股份有限公司等3家科技型企业完成股改。天津金米特科技股份有限公司在新三板挂牌，天津卓朗科技发展有限公司以并购方式完成主板上市。天津卓朗科技发展有限公司、天津宏仁堂药业有限公司、天津津酒集团有限公司、天津利金粮油股份有限公司4家被帮扶企业在能力升级、规模升级和6大工程方面取得成效。区科委对区内企业进行三轮全面摸底和重点宣传动员，筛选符合高企认定条件的企业约80家，将年收入过百万企业，园区、众创空间企业等作为重点工作对象。完成市级高企培育库入库企业22家。开展两批市级高企评审，新增17家天津市高新技术企业；新增16家国家级高新技术企业，8家国家级高新技术企业全部通过重新认定，全区国家级高新技术企业累计达到48家。

（陈云红）

【科技创新载体建设】 2017年，红桥区加快国家自主创新示范区红桥分园建设，做好分园主导产业培育和科技服务平台建设，围绕大数据、云计算产业的上下游招商积极推进，加大政策对接落实力度，帮扶八戒产业园区等龙头企业发展。卓朗科技产业园二期正式竣工并投入使用，正融科技大厦、宝能科技广场、泰盈科技大厦等项目建设顺利。建立红桥分园企事业法人单位名录库，工商注册企业达490家，规模过亿元科技型企业6家。做好国家级众创空间建设，两个通过2017年天津市众创空间备案，一个通过国家众创空间备案。在2017年市级众创空间绩效评估中意库众创空间、青年众创空间被评为优秀，百狼众创空间评为合格。在2017年市级科技企业孵化器考核中一个评为合格。2017年国家级和市级示范生产力促进中心绩效评价，一个评为良好，两个评为合格。中铁隧道勘测设计院有限公司与北京交通大学联建“天津市隧道设计及安全评估企业重点实验室”通过市科委验收。

（陈云红）

【科技重点项目】 2017年，红桥区科委建立科技计划项目管理体系，实施《红桥区科技计划项目管理实施办法（试行）》，加强项目申报、结项管理的协调沟通和分工落实。扎实推进项目申报结项工作，全区科技型企业获得各类支持项目23项，财政资金支持总额达到1020万元；35家科技型企业获得天津市科技创新券补贴72.5万元。天津卓朗科技发展有限公司“卓朗视频大数据智能分析平台”项目、天津七所精密机电技术有限公司“工业机器人RV减速器研制”项目列入天津市科技支撑重点项目重点研发计划。天津市嘉杰电子有限公司“JEC野外全天候智能监控设备”认定为天津市“杀手锏”产品。天津猪八戒众创空间有限公司“八戒天津互联网+双创产业园创新生态系统建设”项目和“‘互联网+’型双创服务平台建设”项目分别获批中央引导地方科技发展专项和创新平台专项。天津复印技术研究所“数字化办公设备检验检测服务平台提升建设”项目获得科技服务业转型升级专项。天津中创天地科技发展有限公司“绿色设计·体验设计·氛围设计在LED高效低眩光投光灯等产品研制”项目获得科技重大专项与工程项目。通过各种渠道组织开展《天津市科技计划项目相关责任主体失信行为管理暂行办法》政策宣传。做好科技计划项目年度检查和结项工作，23个科技计划项目通过市科委年度检查，清理核实申报单位注销项目1项，办理科技项目结项8项。

2017年3月24日，红桥区科技计划项目培训会

（陈云红）

【科技成果与奖励】 2017年，红桥区科委把科技成果登记工作与项目结项、知识产权等工作结合，积极动员、指导企业开展登记工作，完成天津市科技成果登记69件。推荐“基于刀具自磨和高效清洁的碎样系统”等3个项目申报2017年度天津市科学技术奖。进一步扩大合同登记的覆盖面，主动争取优势企业支持，规范技术合同登记报送程序，完善《企业技术合同认定登记流程》和公共服务事项办理指南，提高技术合同认定效率和企业满意度，累计认定技术合同254份，技术合同交易额29.35亿元。

（陈云红）

【知识产权工作】 2017年，红桥区新增专利申请1649件；新增发明专利申请640件；新增专利授权858件；新增授权发明专利249件；有效发明专利773件；新增市级专利试点4家，区级专利试点20家。区知识产权局组织开展专利执法3次，对大型超市、电商企业进行专利检查；组织召开全区青少年知识产权工作推动会；新村小学、中心小学获批知识产权示范校培育项目，自创区红桥分园、天津八戒园区获批天津市知识产权试点园区项目。组织相关单位申报市知识产权示范校、知识产权导航项目、市知识产权百家优势企业，推荐天津金米特电子股份有限公司参加天津市知识产权创新创业大赛并获得二等奖。2017年复兴中学被评为市青少年知识产权教育示范学校。落实专利试点首件发明专利、专利资助等专利工作市区政策，涉及近50家企业与个人，共计发放资金88.572万元。

2017年3月7日，红桥区知识产权工作恳谈会

（陈云红）

【科技服务工作】 2017年，红桥区政府出资300万入股成立天津虹桥财富天使基金（规模3600万元）支持创新项目。组织区内科技型企业参加“金桥之友”培训，与招商银行等多家银行开展对接，设计符合企业需求的科技金融产品。帮助15家企业落实贷款1205万元，其中知识产权质押贷款362万元。制定《集资风险排查方案》并开展清理非法集资活动月活动。建立48家重点科技型企业帮扶工作台账，实行服务专员制度。深入企业40余次，累计搜集整理问题80余个，协调推动14家企业困难问题解决；共有5家企业提出10个问题，均按时办结，企业评价满意率100%。红桥区组织开展天津市人才特殊支持计划、天津市创新人才推进计划、天津市新型企业家培养工程等人才项目的申报工作。天津卓朗科技发展有限公司张坤宇入选杰出企业家，天津嘉杰电子有限公司王春宣入选天津市创新人才推进计划，中海油化工研究设计院有限公司于海斌等4人入选天津市第六批新型企业家培养工程。全年组织9批科技企业家参加市级新型企业家培训活动，推荐3位企业家参加天津市新型企业家培训基地的专项培训。推动科技特派员工作，促成南开大学博士入驻上嘉（天津）文化传播有限公司。

（陈云红）

【科技招商与引智】 2017年，全区科技招商152户，总计注册资本达到5.16亿元，其中注册资本5000万元以上企业5家，1000万元以上企业13家。参与“聚力京津冀共建副中心——天津·红桥京津冀协同发展主题招商大会”，发布《红桥国

2017年2月21日，天津红桥京津冀协同发展主题招商大会

家自主创新示范区产业发展规划》，与中国科学院大学金融科技发展中心、北京市科委北京工业设计促进中心、北京联合大学等签署合作协议，搭建科技成果转化平台，共建产业协同发展园区。引进太极计算机股份有限公司等有实力的央企和上市公司到红桥发展。国网旗下的电商平台天津智网新能科技有限公司等企业入驻红桥。重视招商联盟组织管理工作，发挥平台以商招商优势，推动奇想众创空间等重点优质资源与招商联盟各成员单位对接，进一步扩大招商联盟在招商以及资源共享上的优势。深入园区和招商联盟单位走访，帮助20余家企业完成注册和变更手续。

（陈云红）

【科普活动】 2017年，红桥区科委举办“第31届科技活动周”活动。围绕“科技强国·创新圆梦”主题，依照“举办特色活动与营造创新氛围相结合，线上共享与线下活动相结合，组织青少年和公务员线上有奖知识答题比赛，“彩红科普”活跃用户突破2100人，200余人获得奖项。组织联系单位参加2017年京津冀科普资源天津推介会活动。意库产业园、天津复印技术研究所建立基层科协组织。芥园街道河滨花苑居委会、西沽街民畅园社区居委会、丁字沽街六段社区居委会等获得2017年“社区科普益民计划”项目。

（陈云红）

【区特色工作】 2017年8月10日，天津市红桥区科协会第七次代表大会召开，顺利完成换届工作。2017年5月19日，红桥区人民政府召开《天津市红桥区科技型企业助创券管理暂行规定》新闻发布会。科技型企业在助创券平台上购买服务产品后，会获得相应的“助创券”，并可凭券向区政府申请兑付补贴。“助创券”采取分期发行的形式，每期发放总额为人民币500万元。凡在红桥区注册、纳税并通过天津市科技型企业认定的独立法人企业，均可申请获得“助创券”，同时京津冀地区的相关服务企业均可有条件地申请成为“助创券”指定服务商。“助创券”制度实施，为帮扶企业降低创新成本，激励科技型企业加大创新投入，引导科技创新服务类企业聚集搭建平台。助创券的申请、发放和兑现，以及相关信息均可在助创券工作平台上查询、操作。

2017年8月10日，天津市红桥区科学技术协会第七次代表大会

（陈云红）

东丽区

【科技工作简况】 2017年，东丽区坚持以落实创新驱动发展战略为工作核心，通过推进京津冀协同创新发展，加快实施“122”计划，引领产业转型升级。全区科技创新能力显著增强，创新活力迸发竞进，科技成果不断落地，为培育经济发展新动能，推动经济保持稳步增长、建设科技强区提供有力支撑。获“全国科技进步先进区、全国科普示范区、国家可持续发展实验区、国家知识产权试点城市”4项国家级荣誉。

（刘江喜）

【科技型企业发展】 2017年，东丽区广泛开展“双万双服”活动，进一步完善科技型中小企业帮扶体系，组织开展政策对接、银企对接、需求对接等活动，落实全市企业家工作会议精神。全年新增科技型中小企业980家（全市第三），累计7850家（全市第三）；新增科技小巨人企业32家（全市第三），累计338家（全市第五）；新增国家级高新技术企业41家。新增股改科技企业12家，累计40家，新增挂牌科技企业5家，累计25家，其中在新三版挂牌科技企业14家。

（刘江喜）

【科技创新载体建设】 2017年，东丽区科技载体建设不断完善，新建科技企业孵化器3家，累计57家，其中国家级3家、市级4家，孵化器注册资金达20551万元，在孵企业达1668家，科技型中小企1062家，年总产值37409.52万元，利润5253.92万元，纳税达2549万元。新建众创空间6家，累计35家，通过国家级及市级认定众创空间7家，其中国家级4家、市级3家；全区众创空间种子引导基金达4110万元，创业投资8670.24万元，总面积达56259平方米，为创业者提供工位1986个；拥有创业导师407人，开展辅导活动979次，服务创新创业3946人，服务创业团队587个；培育小微企业344家，解决就业人员1415人；申请专利264件。

（刘江喜）

【国家自主创新示范区东丽分园】 2017年，国家自主创新示范区东丽分园注册企业5396家，其中科技型中小企业1628家、小巨人企业90家、高新技术企业102家，市级以上创新平台累计达到86个，园区科技服务平台109个。前三季度园区营业收入485.9亿元，同比增长22.4%；园区企业总收入488亿元，同比增长21%；园区企业上缴税金总额19.9亿元，同比增长9.9%。

（刘江喜）

【科技创新成果发展】 2017年，东丽区争取市级各类科技资金4067.318万元，组织申报市级科技计划项目99项，包括重点研发计划项目19项、技术创新引导专项47项、科技重大专项与工程31项、创新平台1项、自然科学基金绿色通道1项。对2015年科技计划项目拨付资金850万元，项目年销售收入7138.2万元，利润769万元，税金315.5万元，企业销售收入22680万元，利润3825.8万元，税金1511.5万元。东丽区科技企业参加2017年天津市技术创新新创业大赛，分别获得一等奖2个、二等奖1个、三等奖3个、优秀奖3个，其中7个获奖项目代表天津市参加2017年全国创新创业大赛决赛。中国汽车技术研究中心等7家单位申报市科学技术奖。

（刘江喜）

【科技招商与引智】 2017年，东丽区新引进科研机构23家，累计104家。签约引进中恒动力研究院、天大数控创新研究院、航空关键技术研究院、中科天津能源与环境材料产业技术研究院、清华海尔全球创新中心、华测检测认证集团股份有限公司汽车事业部等18家科研机构，在谈储备科研院所及科技项目56个，其中大院大所及其分支机构34家、省市级院所高校分支机构46家、市级以上重点实验室、工程技术中心及企业技术中心29家、科研及服务机构47家。院所总产值达661706万元，引进孵化企业324家，引进各类人才约11000余人，其中博士684人，硕士2477人；专利授权量755项，与东丽区企业合作项目311项。市级以上技术工程中心14家，其中国家级1家；市级以上企业重点实验室20家，其中国家级5家。技术工程中心、企业重点实验室为科技型中小企业的发展、聚集培养优秀科技人才以及推进产学研合作发挥巨大作用。

（刘江喜）

【东丽湖论坛活动】 2017年，东丽区继续以“东丽湖论坛”为总抓手，巩固“政企研金才”五位一体协同创新模式的创新驱动发展东丽品牌。组织各类科技成果转化对接及论坛活动18次，480家院所、企业及机构参会，与会2500人次，对接科技成果25项。成功承办世界智能大会分论坛和东丽区个性化活动，制定东丽区新一代人工智能发展3年行动规划。“1+N”科技创新一站式服务平台服务企业352家，开展调研服务33次，发放宣传资料2000余份，提供各类信息1558次。“东丽区科研院所管理服务系统”于8月中旬正式上线，20家院所登录系统注册填报，与天津市“科服网”形成链接。以“创新券”为切入口与“华为云”智能大数据实现融合。

（刘江喜）

【知识产权工作】 2017年，东丽区培育市级专利试点企业6家，区级备案98家；培育天津市知识产权保护“百家优势企业”3家；2家企业获得天津市专利奖。完成155家企业专利“消零”工作；超额完成23家中小企业创新转型行动计划专利提升任务；确立70家知识产权战略合作企业。完成“东丽区专利综合服务平台”移动客户端建设并正式上线使用，实现政策信息发布、专利信息检索等多种功能。

（刘江喜）

【南开大学远程学历教育】 2017年，东丽区开展“科技强区千人圆梦计划”暨远程学历教育，东丽区政府与南开大学远程学院合作携手，通过政府补贴、企业资助，共同探索实践“校、政、企”三方合作的人才培养新模式，制定5年内培养人才1100人的计划。企业积极响应，共有625人被录取进修南开大学远程教育学历春季和秋季班，其中进修专科学员208人、本科学员417人。

（刘江喜）

【科技人才工作】 2017年，东丽区创新服务理念，科技人才推荐引进工作取得新业绩。新引进院士2名，院士专家工作站建设取得进展，天津市奥瑞克电梯有限公司、天津成立航空技术有限公司分别与中国工程院院士、专家签订建站合作协议。支持建站企业健康发展，先后向6家建站企业兑现建站匹配资金150万元，向3家建站企业拨付9万元项目扶持资金，向14名院士发送春节慰问金2.8万元。通过政务网、人才微信公众号、企业QQ群和进园区、进企业进行政策宣讲咨询等多元化、差别化有效形式，定期推送国家、天津市和东丽区人才政策，确保各项人才政策精准落实和推荐人选质量。2017年，共开展科技人才申报项目8个，组织56名各类科技人才、企业家和3个创新团队进行申报，21人分别入选天津市高端人才项目、天津市创新人才推进计划、天津市杰出企业家；1个团队入选天津市高层次创新创业团队；14名企业家入选第五批天津市“新型企业家”培养工程。4人进入天津市千人计划、天津市青年人才托举工程、天津市杰出青年科技基金项目候选人名单。（刘江喜）

【科普活动】 2017年，东丽区大力实施全民科学素纲要，群众组织力显著提升。举办“第31届科技周”、科技三下乡、全国科普日、“双百三进”“赶大集”“警示教育图书进社区（村）、校园”“科技+科普进社区、进学校”等具有鲜明特色的大型集中性科普宣传活动。通过科普讲座、知识竞答、参观展览、科普咨询等形式，广泛宣传普及防震减灾、安全避险、节能减排、低碳生活、健康保健等科技文化知识；完成东丽科学技术馆建设，支持军粮城街冬梅轩和万新街海悦秋苑社区建设科普体验室、宜垦公司建设“新食力有机+”科普体验馆、择月里社区建设社区科普e站、育才中学建设3D打印训练室，在冬梅轩社区建科普长廊，滨瑕实验中学建设无人机实训基地；新认定8个社区、5所学校为区级科普示范单位；在科技型种养殖业企业中，新认定6家企业为区级科普示范基地；推荐区级科普示范单位积极参加天津市基层科普行动计划项目，2个单位和1名个人获得天津市科普示范社区、科普惠农先进单位和科普带头人荣誉称号，并获得18万元奖补资金支持。（刘江喜）

【科技教育进校园】 2017年，东丽区坚持以提高青少年科学文化素质、培养创新精神、增强科技应用能力为导向，动员全区义务教育和职业技术学校，广泛开展科技教育进校园活动。加强科技辅导员队伍建设和业务培训，组织参加天津市青少年科学影像节培训、青少年无线电活动工作会、无线电测向和定向培训、青少年科学调查体验活动及科技创意设计竞赛培训等。充分利用科技资源，提高科技应用能力，组织开展高校科学营、“无人机”操控、“摩天轮”制作展示、科技二课堂、科学调查体验等科学实践活动。搭建实训实践成果展示平台，培养青少年讲科学、爱科学、学科学、用科学的核心素质和勤于思考、勇于探索、敢于创新的精神，举办“东丽区首届青少年无人机大赛”“东丽区第10届青少年科技创新大赛”“东丽区第4届青少年科技创意设计选拔大赛”。组织620余名学生和辅导员参加天津市和全国青少年科技创新大赛、科技创意设计大赛、机器人竞赛和天津市青少年无线电项目竞赛，15个比赛项目获奖，302名学生和辅导员分别获得一、二、三等奖和北斗杯专项奖、节水专项奖和天宫专项奖。天津市第一百中学选手在“亚洲青少年环保领袖论坛”天津选拔赛中，获得天津市“最佳环保领袖”称号，获赴日本参加决赛资格。东丽区小东庄中学在机器人竞赛中获得天津市初中组冠军和全国二等奖。东丽区科协被评为第32届全国青少年科技创新大赛基层赛事优秀组织单位；天津市第一百中学被评为亚洲青少年环保领袖论坛天津赛区优秀组织单位；东丽中学等五所学校获“天津市优秀组织单位”荣誉称号。

（刘江喜）

西青区

【科技工作简况】 2017年，西青区科委积极抢抓国家创新驱动发展、京津冀协同创新等历史发展机遇，大力推动大众创业、万众创新，聚焦科技与经济紧密结合，增强企业自主创新能力、加强科技平台建设、聚集高端人才及产业，推动科技工作进入跃升期，科技进步水平持续保持全市前列。全年区级财政科技投入达6824万元。完成市级高企认定109家，累计达到349家；新认定国家级高企81家。积极推进国家自主创新示范区西青分园建设，园区国家级高新技术企业达到33家，建成各类创新平台20个，科技服务平台33个，全年园区实现总收入375亿元，同比增长24%。人才和高新产业加快聚集，累计引进高层次创新创业人才290人，引进专家31名。新认定市级“杀手锏”产品6个，累计达到25个；新培育天津市重点新产品12项。企业全年专利申请量9000件。全区有效专利保有量1.1万件。拥有专利的企业达到1235家。实现股改企业12家，累计达62家。

（杨重华）

【优化创新创业环境】 2017年，西青区落实《中共西青区委西青区人民政府关于深入推进供给侧结构性改革的实施方案》《西青区推动经济转型升级政策汇编》《西青区全民科学素质行动计划纲要实施方案（2016～2020年）》《西青区鼓励高端制造创新驱动发展政策意见》等一系列区委、区政府颁布的政策文件和改革措施，全年兑现科技扶持资金6073余万元。做好科技平台建设，打造专业化创新载体。生产力促进中心、孵化器、众创空间、公共检测机构、成果评估、转化应用人才培训机构进一步完善，全区建成创新平台、创新机构30余家。做好“双万双服”区级服务组工作，实地走访企业36家，为企业解答、解决问题26个，开展各类科技培训、对接活动，服务企业300余家，协助158名领导干部高质量完成帮扶工作。大力推进创新券工作，成为天津市首批创新券初创服务包试点工作区县之一，33家企业获批创新券及初创包补贴共计76.1万元。

（杨重华）

【科技型企业和创新载体建设】 2017年，西青区通过新引进、新创办和大力推动转型升级，科技型中小企业新增910家，总数达到7149家；科技“小巨人”企业新增30家，总数达到412家。全区累计成立市级企业创新联盟2个、院士工作站市区级9个、市级工程中心8家，市级重点实验室3家，市级示范生产力促进中心10家，市级科技企业孵化器5家，市级众创空间4家，产业技术研究院3家。宜科（天津）电子有限公司被市科委首批认定为市级自动化与信息化技术创新战略联盟。

（杨重华）

【科技重点项目】 2017年，西青区通过组织各类科技项目，引导和鼓励企业加大科研投入，提高企业创新能力，带动产业集群发展。全年，12家企业研发产品被认定为市级重点新产品。6家企业研发产品获评市级“杀手锏”产品。

（杨重华）

【推动科技金融】 2017年，西青区新增立孚光缆、天瑞玮圣等12家企业完成股改，全区累计股改完成企业达62家。推荐23家企业申报2016年度天津市股改补贴，获批市级扶持资金504.1万元、7家企业申报2017年天津市股改补贴。

（杨重华）

【科技成果与奖励】 2017年，西青区申报市级及以上科技创新项目60项，获得市级科技扶持资金1924万元。科技成果登记151项。全年完成技术合同认定登记额达24.14亿元。对鉴定为国内领先以上水平的6项科技成果给予每项5万元总计30万元扶持。市级及以上专利奖资助2项，给予每项20万元共计40万元资助。

（杨重华）

【知识产权工作】 2017年，西青区大力推动专利创造，企业全年专利申请量9000件。注重专利申请质量，提高授权率。全区有效专利保有量1.1万件。推动科技型企业实施知识产权发展战略，拥有专利企业达到1235家。加强知识产权保护，积极开展专利执法检查，处理专利标识违规案件112件，有效保护企业专利技术成果。西青区科委全年完成向科技型转型30家，实现专利提升企业86家；区科委赵营获评2016年度全国知识产权系统和公安机关执法工作成绩突出个人；李旸获评天津市技术市场工作先进个人。

（杨重华）

【科技招才引智】 2017年，西青区 参加大连海创周，深圳高交会，广州留交会宣传西青区科技人才政策。配合区人才办组织春晖杯人员西青行、高层次人才西青行、旅美科技协会西青行等活动，介绍人才政策，对接项目。累计引进高层次人才创新创业项目113个，领军人才172人。其中，三个团队获评第二批天津市人才发展特殊支持计划高层次创新创业团队，六名人才（团队）获评第四批天津市创新人才推进计划，宜科（天津）电子有限公司被市科委首批认定为市级自动化与信息化技术创新战略联盟。积极开展企业科技特派员推荐工作，共有119名科研院所、高校的科技特派员入驻西青区79家企业，对促进科技成果转化和企业转型升级发挥积极作用。会同团区委举办“圆梦·西青”第四届西青区青年创新创业大赛，评选出26家获奖单位。

（杨重华）

【推进科技成果转化和产业化】 2017年，组织西青区6家企业参加科技创新与合作加拿大医疗器械项目对接会、科技沙龙（论坛）等活动；推荐5项企业需求对接2017中国·天津华侨华人创业发展洽谈会暨世界侨商项目与商品博览会；推荐西青区40项科技成果作为天津市线上线下交易平台参展项目；组织推荐五家企业参展“第19届深圳高交会”，其中天津晨祥丰凯新材料科技有限公司“碳气凝胶工业化生产及应用技术”获得市级优秀成果奖。

（杨重华）

【科普工作】 2017年，西青区组织区“第31届科技周”“天津市第17届天津市青少年机器人竞赛”和“百名专家进社区”活动，组织参加“天津市全民科学素质电视大赛”并获第三名。参与组织“科技文化卫生三下乡”“百名专家进社区”等科普宣传活动。区级科普示范学校新增5家，农村专业技术协会（合作社）新增9家，科普示范社区新增14个，科普示范基地新增3家，科普示范带头人7人，建设5处科普宣传设施。九百禾葡萄种植科普示范基地入选市“基层科普行动计划”。新增1家园区科协，2家企业科协。

（杨重华）

【提案回复工作】 2017年，西青区科委共承担4份提案办理工作，分别是区政协九届一次会议提案周雪松委员的“关于加强西青区自主创新的几点思考与建议”；张崇明委员的“关于重视竞业禁止协议立法工作，大力提高知识产权保护体系的提案”；张联齐委员的“关于设立面向区内高校的基础类科技研发项目的建议”；陈莹委员的“关于如何使中、小型企业准确把握区科技政策的建议”。区科委对四份提案与委员均进行电话沟通或实地拜访，根据委员的提案结合科委工作，均做出高质量的答复，委员满意率100%。

（杨重华）

津南区

【科技工作简况】 2017年，津南区科技工作在当前国内全面深化改革，深入实施创新驱动发展战略、京津冀协同发展战略、一带一路战略，积极推动产业转型升级、供给侧结构性改革的大背景下，紧密围绕津南区全面建设产学研用创新示范基地、京津先进制造基地的发展定位，加强科技创新、知识产权、科技人才、科技创新平台建设，推动科技政策落地实施，出台《津南区与高等院校（科研院所）共建研究院管理办法》，进一步明确研究院发展定位和新的管理模式。津南区科技工作稳步推进，取得明显成效。2017年，津南区新增科技型企业910家，完成全年任务126.4%，累计认定科技型企业6903家，位于全市第四位。完成市级高新技术企业认定89家，国家级高新技术企业认定84家，科技进步进步水平指数位于全市第四名。

（何洪梁）

【科技重点项目】 2017年，津南区支持科技重点项目，2017年2月与天津华海清科机电科技有限公司签订天津市津南区科技计划项目任务合同书，支持该公司“半导体晶圆化学机械抛光设备研发及产业化”立项，对该项目每年支持资金3000万元，连续支持三年，共计9000万元；天津市亚星散热器有限公司“高性能汽车冷却模块技术集成研发”，获批天津市2016年第二批科技领军企业重大创新项目，依据《市科委市财政局关于下达2016年第二批科技领军企业重大创新项目资金计划的通知》，市财政拨款100万元，区财政配套100万元。

（何洪梁）

【科技成果与奖励】 2017年，津南区推荐5家企业申报天津市科技进步奖。其中，天津渤海奥立电子有限公司“轨道交通智能广播系统研制及产业化”，获得2017年度天津市科技进步二等奖；天津亚星世纪实业股份有限公司“高性能轻量化暖风散热器创新工程”，获得2017年度天津市科技进步三等奖；指导市级项目承担单位按期进行结项并完成科技成果登记，全年登记科技成果79项。

（何洪梁）

【知识产权工作】 2017年，津南区加大对知识产权工作扶持力度，不断提升专利能力综合水平。制定《津南区促进专利提升与保护的实施意见》和《天津市津南区人民政府关于贯彻落实“十三五”国家知识产权保护和运用规划的实施意见》。开展津南区专利项目征集工作，共立项211项，涉及天津华海清科机电科技有限公司、天津立林机械集团有限公司等205家企业和天津大学、天津中德应用技术大学等6家院校。申报市级专利试点9家，区级试点备案338家，天津市专利奖3项。以“4·26”知识产权宣传周暨科技政策宣讲会为契机，推动企业进行核心产品专利布局提高知识产权保护意识，推动专利对经济发展的贡献。组织区内有融资需求的科技型企业参加天津市专利运营培训会，组织专利试点园区—北闸口镇工业园及“专利导航项目”负责人参加专利导航工作研讨会。通过系列活动的开展，提高社会公众的知识产权保护意识，增强企业运用知识产权制度维护自身权益的能力，营造保护知识产权的良好氛围。2017年，津南区专利申请4800件。授权专利2164件，发明专利授权89件，有效发明专利累计达到539件，专利综合指数位于全市第5名。

（何洪梁）

【科技服务工作】 2017年，津南区依托各镇、开发区、长青办事处等基层单位，发挥属地管理能动性，实现企业全程跟踪服务，做好科技型企业股改工作。全年完成科技型企业股改12家；完成2016年度18家股改企业的股改补贴资金市、区两级各498万元发放工作；完成平台内企业基本信息录入工作，并通过2017年市科委组织的专家评审。

（何洪梁）

【科技型企业发展】 2017年，津南区加强科技型企业认定工作，全年新增市级科技型企业910家，位于全市（不含滨海新区）第4位。其中，转型企业25家，引进企业471家，新创办企业414家。累计认定科技型企业6903家，位于全市（不含滨海新区）第4位。其中，初创期企业5875家，成长期企业717家，壮大期（含科技小巨人）企业311家。新增科技小巨人企业29家，位于全市（不含滨海新区）第五位，累计认定科技小巨人企业262家，位于全市（不含滨海新区）第5位。组织企业申报国家科技型中小企业，将近年来获得国家高新技术企业认定企业和取得授权专利企业，根据评价打分体系进行梳理汇总、上报。审核企业67家，参评企业29家，审核通过报送省级18家。积极贯彻落实津南区新一轮中小企业创新转型行动实施方案（2017~2020），组织企业在“天津市中小企业创新转型信息化平台”填报相关内容，完成审核工作。组织两批共139家企业参加天津市市级高新技术企业评审，89家被认定为市级高新技术企业；组织96家企业申请国家级高新技术企业

认定，84家企业被认定为国家级高新技术企业；截至2017年底，津南区共有国家级高新技术企业264家。（何洪梁）

【科技创新载体建设】 2017年，津南区市级工程技术中心和企业重点实验室科技创新取得实效。天津市天森智能设备有限公司同天津大学在产学研方面紧密合作，新立研发项目6个，新增4项实用新型专利。天津立林石油机械有限公司同多所大学进行合作，开展研发、改造项目共计5项，投资额2168万元，新增专利授权16项，其中发明专利2项。天津福臻工业装备有限公司2017年承担国家、市级课题2项，经费总额130万元，承担企业委托项目2项。天津市塑料研究所有限公司，申报10项实用新型专利，承担1项市重大科技专项。天津海友佳音生物科技股份有限公司拥有有效专利73件，其中发明17件，实用新型56件，完成专利转让10件。天津滨环化学工程技术研究院拥有专利16件，转让1件。天津市金台创业生产力促进中心和天津津溢生产力促进有限公司通过2017年市级示范生产力促进中心绩效评估考核，北闸口镇创客工场通过2017年市级众创空间绩效评估考核，津南开发区领航未来工业创意产业众创空间通过国家众创空间备案。区创新平台拥有常驻创业团队223个、常驻初创企业数量122家、科技人员创业63人。

（何洪梁）

【科技招商与引智】 2017年，津南区通过不断完善扶持政策，促进研究院规范运行。制定出台《津南区与高等院校（科研院所）共建研究院管理办法》，明确研究院的发展定位和新的管理模式。津南区科委分别同各高校研究院负责人、所在街镇负责人进行10余次对接交流，了解各高校在研究院管理模式调整中的困难、疑虑及遇到的具体问题。同时，分别同南开大学、天津大学、天津职业师范大学、天津中德应用技术大学、天津科技大学等5所高校领导进行有关研究院体制、机制和可持续发展问题的对接交流，取得共识，拓展一些新方法、新模式，调动企业积极性，扩展研究院建设新模式；同中国科学院半导体研究所签订共建中科津南智能产业技术研究院协议；研究院平台运营公司及天津塔米智能科技有限公司完成企业注册和相关手续，天津塔米智能科技有限公司开始生产运营；安排南开大学研究院、职业技术师范大学研究院申报12项产学研结合及成果转化项目予以立项，给予财政资金支持。

（何洪梁）

【科普活动】 2017年，津南区以提高全民科技素质为重点，认真做好科学普及宣传工作。5月13日，围绕“科技强国、创新圆梦”主题，举办“第31届科技活动周”，开展促进创新创业科学普及、节约能源资源保护生态环境、保障安全与健康三大系列，和以科普报告、科普讲座、科技培训和咨询服务为重点的近百余项活动。9月20日以“创新驱动发展，科学破除愚昧”为主题，开展2017年全国科普日津南区主场“反邪教”专场活动，围绕“反邪教”宣传内容，举办图书展览、“促进创新创造”中小学生科技竞赛、“小手搭建大未来”等活动广受欢迎。集中开展“百名专家进社区”活动，组织专家深入社区举办科普讲座50余场次，开展科技咨询活动10多次。组织开展青少年各类科技创新竞赛活动、科技公开课，面向全区中小学生进行科普讲座、科普展览、科普宣传等各类科普活动，开展青少年科技创意设计竞赛、津南区科技画比赛、科技创新大赛、青少年机器人竞赛、科技周科幻作品T台秀活动等活动。全区共40多家中小学6000多名中小学生参加区、市及国家级比赛，获得市级奖项一等奖46项，二等奖43项，三等奖137项。向市科协推荐华海清科机电科技有限公司常务副总经理李昆等申报优秀科技创新科技工作者，华海清科机电科技有限公司化学机械抛光装备与工艺创新团队申报优秀团队。落实“科普中国·百城千校万村行动”，实现“科普中国”在津南区精准落地应用，基层社区、学校、乡村志愿者加入科普信息员队伍，全区有注册科普员140人，传播活跃榜位居天津市第一名。

（何洪梁）

【天津国家自主创新示范区津南分园】 2017年，津南区通过不断完善、助推发展，深入推进自主创新示范区津南分园建设，初步形成以天津华海清科机电科技有限公司、天津市天森智能设备有限公司为代表的高端装备制造业基地，以天津易华录信息技术有限公司、天津市鸿远电气股份有限公司为代表的智慧产业生产制造聚集区，以天津中盛海天制药有限公司、天津市企美科技发展有限公司等公司为代表的生物医药产业聚集区，以天津恒生科技园、天津锦联新经济产业园、荣域启程等为代表的高端生产型服务聚集区。截至2017年年底，天津自主创新示范区津南分园工商注册企业达到6580家，其中科技型企业2278家，规模超亿元科技企业125家，高新技术企业269家（其中国家级高企186家，市级高企83家），拥有科技创新服务平台26个，园区企业总收入782.9亿元。

（何洪梁）

【津南国家农业园区建设】 2017年，津南国家农业园区通过科技部、农业部等部门的动态管理和考核。承担的国家863计划项目“农产品物流全供应链的安全危害因子检测与控制”正式通过科技部验收。该项目取得标志性成果3项，制定行业规程19项，研究开发新技术7项，开发新产品11个，通过项目的实施，有效降低试点地区的鲜活农产品在产、运、储、销过程中的经济损失，降低鲜活农产品在储运过程中的损失比例，同时减少鲜活农产品化学污染与生物污染，对农产品采后减损、保值、增值具有重要意义；编制起草园区分区方案，以发挥国家级津南农业示范园区的龙头作用，辐射周边农业设施，带动一产向二三产业延伸，促进农业规模化、科技化发展，提升综合效益为目标，计划在“十三五”期间培育认定3～5家津南国家农业科技园区分区，形成具有津南特色的农业科技创新高地，不断增强津南国家农业科技园区的影响力和辐射带动能力，扭转津南国家农业科技园区核心区载体不足，辐射带动作用弱化的局面。 （何洪梁）

北辰区

【科技工作简况】 2017年，北辰区深入贯彻落实创新驱动发展战略，以提高自主创新能力为核心，按照年初既定目标，积极开展科技创新工作，为全市经济和社会发展提供有力科技支撑。新增科技型企业、科技小巨人企业、国家高新技术企业均超额完成全年工作任务，“杀手锏”产品、重点新产品、科技领军企业、完成股改企业、专利综合实力等排名均居全市前列。为提高科技企业创新能力，在原有政策的基础上，出台《关于进一步促进科技创新发展的补充政策》，支持创新载体建设、众创空间良性运营等8个方面，用政策引导企业创新发展。健全完善北辰区规模以上科技型企业达标奖励制度，从研发平台、研发人员、研发投入等6大类33个子项对企业进行考核，对达标企业给予5~10万元奖励，共发放达标奖励390万元。

（杜飞腾）

【科技型企业发展】 北辰区始终把引导和推动科技型企业自主创新作为推动创新驱动发展战略的主要抓手，坚持对接企业政策需求，聚焦帮扶政策创新，促进科技型企业自主创新能力提升。2017年，新增科技型企业934家，总量达到6834家。科技小巨人企业新增30家，总量达到395家，科技型企业及小巨人认定均居环城四区第二。2017年国家级高新技术企业认定61家，总量达到245家。2017年，全区4项产品通过市科委杀手锏产品认定并立项，累计达到41项，占全市的11.2%；13项重点新产品通过市科委认定并立项，累计达到70项，占全市9.5%。

（杜飞腾）

【科技创新载体建设】 2017年，北辰区研发平台建设稳步推进，支持企业对接高校院所建立研发平台，促进科技成果转化。截止2017年底，建成市级以上企业重点实验室和工程中心累计分别达到10家和15家；积极推动众创空间建设，全区现有市级以上众创空间9家（包括大学众创空间5家），“星谷创业工场”和河北工大“创E空间”被市科委绩效评估为良好，被科技部认定为国家级众创空间；区属众创空间场地面积6700平方米，可为创业者提供工位244个，建立种子基金1200万元；聚集创客171名、创业团队183个、引

入创业导师101名，开展创业辅导204次，孵化企业152个，实现就业人员281人，研发与转化技术成果45个。（杜飞腾）

【科技重点项目】 天津中车风电叶片工程有限公司“基于RTMAVIP工艺的53.8米海陆两用型多兆瓦级防冰冻风电叶片优化研发”、天津普天单向器有限公司“超越离合器产品的优化研究”，天津飞踏自行车有限公司“基于互联网+智能应用终端技术的电动车优化研发”、天津市禹神建筑防水材料有限公司“禹神耐盐碱聚合物改性沥青防水卷材产品的优化研究”4项“杀手锏”产品研发项目立项；天津久日新材料股份有限公司“2，4，6—三甲基苯甲酰基—二苯基氧化膦（光引发剂TPO）”、天津市天缘电工材料股份有限公司“变频电机用耐电晕聚酰亚胺绝缘薄膜”等13项重点新产品通过市科委认定，累计达到70项；天士力医药集团股份有限公司、天津长荣科技集团股份有限公司被认定为科技领军企业培育品牌。（杜飞腾）

【产学研合作项目】 2017年，北辰区发挥创新联盟带动作用，推荐科技领军企业牵头高校、院所以及上下游企业，组建产学研用创新联盟，进一步整合创新资源、打通创新链条。银龙预应力材料股份有限公司、第六中药厂牵头成立创新联盟获得市科委认定。全区共建成4家市级领军企业产学研用创新联盟，联盟在引领技术创新、带动产业集群发展等方面的积极作用正在逐步显现。2017年，北辰区加大对区级科技项目支持力度，支持企事业单位开展产学研合作、京津冀协同发展、聘选科技特派员等，共支持天津先知邦科技股份有限公司、天津久日新材料股份有限公司、天津中荣印刷科技有限公司等9家企业开展产学研合作，支持资金180万元。（杜飞腾）

【科技成果与奖励】 2017年北辰区7项科技成果荣获天津市科技进步奖。其中，天津市中重科技工程有限公司“特大型钢CMA万能轧机成套设备及新工艺技术研发”、天津七所高科技有限公司“基于高效焊接技术的柔性机器人工作站开发及产业化”获2017年度天津市科技进步一等奖。天津金牛电源材料有限责任公司“4.3～4.4V高电压体系锂离子电池电解液的开发”、天津久日新材料股份有限公司“2，4，6-三甲基苯甲酰基苯基膦酸乙酯产品的新工艺研发与产业化”、天津市天锻压力机有限公司“THP11D-16000 160MN超塑性等温锻造智能化压制中心”，获2017年度天津市科技进步二等奖。天津市天锻压力机有限公司“S-THP63-2000+800/1300航空制件板材充液成形数控生产线”、中国天辰工程有限公司“甘油法环氧氯丙烷工艺技术开发”，获2017年度天津市科技进步三等奖。（杜飞腾）

【知识产权工作】 2017年，北辰区共申请专利7336件，其中发明专利2298件；专利授权3279件，其中发明专利授权493件；有效发明专利3368件，每万人拥有有效发明专利39.53件；通过知识产权质押融资方式，获得银行贷款；成功推荐20家企业获得市级专利试点和导航立项支持，资助金额157.4万元；两个单位完成《企业知识产权管理规范》贯标。（杜飞腾）

【科技服务工作】 2017年北辰区科技型企业上市挂牌11家，累计完成51家；科技型企业股改8家，累计完成53家；63位科技特派员入驻区企业，累计达到191人，占全市对接人数10%以上；以“科技强国 创新圆梦”为主题开展活动，共开展科普展览37场、志愿服务活动34次、知识竞赛24场、义诊咨询19次、影视展播19场、咨询服务54次、文艺展演10场、科普现场会31场、培训班34次、报告会14场，散发科普资料168种14.35万册。（杜飞腾）

【科技招商与引智】 2017年，北辰区推动高层次创新创业人才进一步聚集，积极对接各类人才计划，强化创新创业人才引进培养。全年引进培养2人入选第2批“天津市特殊人才支持计划”，累计达到4人；3位企业家入选第4批“创新人才推动计划”，累计达到11人；15名企业家入选天津市第5批新型企业家培养工程入选人才，累计达到

43人；落实《北辰区关于进一步集聚人才创新发展的实施意见》人才政策，评选2位北辰区科技创新拔尖人才，每人给予10万元奖励。

（杜飞腾）

【科普活动】 2017年，北辰区组织开展科技周、全国科普日、基层科普行动计划、科普中国e站、百名专家进社区等品牌科普活动，营造浓厚的科普氛围，并荣获2017年全国科普日活动优秀组织单位。中逸安科科技有限公司被认定为“院士专家工作站”；“天士力控股集团院士企业行”成功获得天津市科协高端人才工作项目立项；北辰区青水源农业科技协会等单位和个人，入选2017年天津市基层科普行动计划，获得奖补资金21万元；在“第32届天津市青少年科技创新大赛”中，共51项作品获奖。其中，个人创新项目获一等奖1项、三等奖2项。创意项目获二等奖3项、三等奖11项。优秀科技实践活动获二等奖1项、三等奖6项。少年儿童科学幻想绘画获一等奖8项、二等奖10项、三等奖4项。科技辅导员创新项目获一等奖1项、三等奖2项；华辰学校（小学部）等获“优秀组织单位奖”。集贤里小学获“科技创新大赛科技教育创新十佳学校”。在“天津市青少年科技创意竞赛”中，有58人获得一等奖，81人获得二等奖，63人获得三等奖。李桂来、刘冬荣获市级优秀组织工作者称号，区科协被评为市级优秀组织单位。

（杜飞腾）

【区特色工作】 2017年，北辰区建成科技成果超市，征集国内外院所高校科研成果1000余项、200余位高端人才、近2万件专利。超市通过线上线下相结合方式运营，以线下为主，无公休日专业人员现场服务。开展科技成果展示、院所项目专场推介、企业需求发布、融资路演、高端人才对接等活动。线上通过微信端实现科技成果线上展示、需求在线发布、在线互动、数据的信息查询检索等，使供需双方充分交流，促进项目、人才、资金的合理配置，实现科技成果转移转化。成功举办2017中国（天津北辰）直通硅谷创新创业大赛。大赛通过线上线下相结合方式征集项目，线上300余家媒体在线宣传征集，线下承办方在国内外举办150余场推介活动。大赛征集美、德、英等8个国家和北京、上海、深圳等20余个省市参赛项目1560个，其中有410个项目融资，市值超过1000亿元。红杉资本、IDG、清控科创资本等200余家投资机构跟踪大赛项目，初赛、复赛、决赛评委均为投资机构负责人。借助优质资本推动项目落地。在大赛整个过程中，人民日报海外版、新华网、中国网、腾讯网、今日头条等300余家媒体在国内外跟踪宣传报道。

（杜飞腾）

武清区

【科技工作简况】 2017年武清区新发展科技型企业1618家，累计达到9005家；新发展规模过亿元科技型企业39家，累计达到385家；新培育国家级高新技术企业101家，累计达到363家；新培育市级高新技术企业135家；新培育“杀手锏”产品6个，累计达到28个；新培育天津市重点新产品23项，累计达到64项；专利申请量达到12834件，专利授权量达到5243件，有效专利拥有量达到14480件；新增11名企业家入选天津市“新型企业家培养工程”，累计达到58名；新增市级企业重点实验室1家，累计达到7家；市级工程技术中心累计达到8家；累计8家科技企业孵化器投入运营，其中，国家级科技企业孵化器4家，市级科技企业孵化器2家；新备案市级众创空间1家，全区累计14家众创空间投入运营。其中，国家级众创空间3家，市级众创空间5家；吉林大学（天津瑷睿赛福科技有限公司）、中国科技大学（凡视（天津）科技有限公司）等21个高校院所项目落户；与清华大学、北京大学、中纺院、铁科院等80家大院大所建立合作关系，累计引进科技成果转化项目113个；新增3名企业家入选天津市创新人才推进计划，累计达到15个。

（宋嘉嘉　王　娟）

【科技型企业发展】 2017年武清区新发展科技型企业1618家，累计达到9005家；新发展规模过亿元的科技型企业39家，累计385家；新培育国家级高新技术企业101家，累计达到363家；新培育市级高新技术企业135家；培育“杀手锏”产品6个，累计达到28个；新培育天津市重点新产品23项，累计达到64项；3家企业创建领军企业产学研用创新联盟；新增1家天津市科技领军企业，累计达到3家。（边晓菲　宋嘉嘉）

【科技创新载体建设】 2017年武清区累计8家科技企业孵化器投入运营，其中，国家级科技企业孵化器4家，市级科技企业孵化器2家；新增市级企业重点实验室1家，累计达到7家；市级工程技术中心累计达到8家；新备案市级众创空间1家，全区累计14家众创空间投入运营，其中，国家级众创空间3家，市级众创空间5家。

（王　娟）

【科技重点项目】 2017年武清区6家企业获得天津市技术创新引导专项立项，支持金额400万元；6家企业获得天津市创新平台专项立项，支持金额740万元；4家企业获得天津市科技重大专项与工程计划项目立项，支持金额400万元；9家企业获得天津市重点研发计划项目立项，支持金额435万元；23家企业获得天津市重点新产品项目立项，支持金额340万元；3个项目获得天津市自然科学基金立项，支持金额26万元；1家企业获得天津市科技领军企业认定和品牌培育项目立项，支持金额50万元；90家企业获得武清区科技型企业创新资金项目立项，支持金额1350万元。

（宋嘉嘉　王　娟）

【产学研合作项目】 2017年武清区新引进中国科技大学、吉林大学、中科院高能物理所等高校院所科技成果转化及产业化项目21个。截至年底，与清华大学、中科院、铁科院等80余家高校院所建立合作关系，包括北航智能制造研究院、天津京津科学技术研究院在内的113个高端科技成果转化和产业化项目在该区落户。整合80余家高校院所科技资源，建立企业技术需求数据库。深化院所合作，引导和鼓励企业积极与高校院所合作搭建创新平台，推动高校院所高端项目成果落地转化，助推工业稳增长、调结构、促升级，实现与高校院所“优势互补、资源共享、互惠互利、共同发展”。（李瑞光）

【科技成果与奖励】 2017年武清区新增37项成果登记为天津市科技成果。4项科技成果荣获2017年度天津市科技进步奖。其中，天津大学前沿技术研究院研发的“特高坝枢纽泄洪消能运行安全监测控制技术”获得一等奖，中国水电基础局有限公司研发的“超深与复杂地质条件混凝土防渗墙关键技术”、天津东方兴泰工业科技股份有限公司“高精度轻量化电机外壳生产关键技术研究与应用”分别获得二等奖，天津中和胶业股份有限公司“不饱和羧酸金属盐改性三元乙丙橡胶自主研发与产业化创新工程”获得三等奖。

（边晓菲　宋嘉嘉）

【知识产权工作】 2017年武清区专利申请量达到12834件，专利授权量达到5243件，有效专利拥有量达到14480件。两项企业专利获得2017年度天津市专利奖优秀奖。新增2家天津市专利试点园区，累计培育5家市级专利试点园区和1家国家级专利试点园区。国家级知识产权优势企业累计达到7家，新增市级及备案专利试点282家，新增武清区区级专利试点企业49家。1家单位获批首批华北知识产权运营中心特色分中心。“武清区专利信息工作站”建成挂牌。武清区成功进入国家知识产权示范城区培育阶段。

（边晓菲　宋嘉嘉）

【科技招商与引智】 2017年4月，武清区与北京市科学技术研究院组织召开“京津冀科研院所恳谈会”，双方围绕打造天津京津科学技术研究院、相关产业化公司落地事宜进行交流。2017年6月，组织人员赴青岛蓝色硅谷、天津大学青岛海洋研究院考察，学习科技招商及院所发展工作经验，吸引高层次人才及高端科技项目落户。

（李瑞光）

【科技人才】 2017年武清区3家企业入选天津市特支计划创新创业团队；3名企业家入选天津市创新人才推进计划，累计达到15个；新增11名企业家入选天津市“新型企业家培养工程”，累计达到58个；2名企业家被评为武清区杰出人才，4名企业家被评为武清区优秀人才；14名企业家获得武清区人才引进、奖励资金，累计达到34名。

（边晓菲　李阳梓）

【科技金融】　2017年武清区新增27家科技型企业完成股份制改造，累计达到99家。新增16家科技型企业挂牌上市，累计达到68家。

（边晓菲　李阳梓）

宝坻区

【科技工作简况】　2017年，宝坻区科技工作全面贯彻党的十九大精神，夯实基础、加大投入，融入区委、区政府加快建设“北国江南、京畿重镇、人文宝地”之中，完成既定任务，达到预期目标。区委、区政府把促进科技型企业发展和科技平台建设列入2017年重点工作，相继出台《宝坻区专利资助暂行办法》《宝坻区关于打造科技小巨人升级版政策》和《天津市宝坻区人民政府关于进一步加强与高校、科研院所合作的意见》，有效助推科技型中小企业发展，做优做强做大规模过亿元科技型企业。区科委制发《宝坻区科技计划管理办法》，更加突出项目的科技含量，新增对申报单位的安全生产和环境保护方面的审查，使科技计划项目从设立、管理到验收更加规范。

（马　永）

【科技型企业】　2017年，宝坻区新增科技型企业354家，新增规模过亿元企业21家，新增市级高新技术企业50家，新增国家高新技术企业36家。培育国家重点研发计划重点专项1项，获得国家科技部1845万元资金支持。培育天津市科技计划项目26项，获得市财政2075万元资金支持，其中天津市“杀手锏”产品研发项目2项，天津市科技小巨人领军企业培育重大项目4项。

（周树良　孙凤国）

【科技创新载体建设】　2017年，宝坻区大力推进科技创新载体建设。新建生产力促进中心4家，分别是天津裕泰优农生产力促进有限公司、天津市融创生产力促进有限公司、天津鑫瑞生产力促进有限公司、天津鑫隆泉生产力促进有限公司。新建科技企业孵化器4家，分别是天津汇丰企业孵化器有限公司、天津宝创工场企业孵化器有限公司、天津鑫耀科技企业孵化器有限公司、天津奥达科技企业孵化器有限公司。新建众创空间1家即东旺联创众创空间。新建产业研究院3家，分别是天津宝坻丰华裕隆甘薯产业研究院、天津市宝坻区现代农业种植产业研究院、天津北方石墨烯产业研究院。新建产业创新联盟1家即京津冀微藻与水族产业创新联盟。

（孙凤国）

【科技重点项目】　2017年，由天津宝涞精工集团股份有限公司承担的“精密减速器高精度综合性能检测仪器开发与应用”，获得国家科技部1845万元资金支持。该公司联合国内精密仪器核心研发单位清华大学、天津大学、中科院重庆绿色智能技术研究院、天津理工大学和精密减速器制造优势企业恒丰泰精密机械股份有限公司、山东帅克机械制造股份有限公司、苏州绿的谐波传动科技有限公司，汇聚人才、技术和平台优势，牵头承担国家重点研发计划项目，实现精密减速器高精度综合性能检测仪及其应用技术的突破，推动和保障国家机器人产业的健康发展。

（毛雅楠）

【科普活动】　2017年，宝坻区积极开展科技周、反邪教宣传等科普宣传工作，举办科普讲座、科普报告会25场；展出科普展板280块；科技咨询2.3万人次；发放科普图书1.2万册、科普挂图1500张；各类宣传资料5万份；悬挂标语50多幅；反邪教宣传册1000余本，宣传手提袋200余个；参加各类活动 总人数超过万人。组织开展“第4届天津市青少年科技创意设计竞赛”，186名同学获得市级表彰，其中一等奖9名，二等奖15名，三等奖162名。

（王连玉）

【科技金融】　2017年，宝坻区针对区内企业共性需求，举行科技融资专场，进行大规模集中对接，联合中国银行、邮储银行、建设银行、浦发村镇银行等银行机构及天津中信汇通投资担保有限公司等投资担保机构。全年组织银企对接活动

12次，帮助62家科技企业，完成融资5.4亿元；联系各方金融机构，探索科技金融支持企业发展的新模式，促成中华联合担保公司、邮储银行宝坻公司与现代天骄水产饲料公司签约。现代天骄水产饲料公司为8名下游客户提供1000万元的信用担保贷款。（李国建）

【知识产权工作】 2017年宝坻区共申请专利4353件（发明专利1139件），专利授权2267件（发明专利59件），同比增长35.7%；有效专利5611件，同比增长27.9%，获天津市专利优秀奖1项。区级专利试点企业68家，市级知识产权优势企业培育项目试点企业2家，专利密集产品（技术）项目试点企业7家，专利（区级备案）企业140家，申报天津市知识产权保护“百家优势企业”5家，获批天津市专利实施转化项目1项，专利“消零”企业188家，天津市专利试点园区2个。

（张爱军）

【创新创业大赛】 2017年宝坻区人才办、团区委、区科委共同举办宝坻区首届创新创业大赛。大赛分为青创组和企业组，团区委负责青创组项目征集工作，区科委负责企业组项目征集工作。大赛共征集集青创组项目59项，企业组114项，根据申报材料进行专家评审，青创组28名晋级决赛，企业组37名晋级决赛。在京津新城众创空间，通过采取封闭路演（10分钟演讲推介+5分钟现场答辩）和专家评审，共评选出青创组一等奖1名，二等奖3名，三等奖5名；企业组一等奖2名，二等奖5名，三等奖8名。

（李国建）

宁河区

【科技工作简况】 2017年宁河区优化科技创新环境，推动实施创新驱动发展战略，进行创新资源聚集、创新载体提升、科技型企业升级、产业协同发展与转型升级、人才高地构筑、科技金融支持、创新服务体系建设等七大工程，落实《宁河区推动创新驱动发展支持政策》，加大在科研院所、载体建设、产业优化、主体升级、金融支撑、人才引进、服务体系、科技生态等方面的创新力度和支持投入，持续推进技术、制度、管理和服务各领域的创新，推动自主创新、协同创新、融合创新，不断强化创新驱动在区域经济与社会发展中的引领和带动作用，把宁河建设成为新兴产业协同发展和传统产业转型升级示范区，加速提升宁河区科技创新环境。全年全区科技财政投入4849万元，全社会科技投入总量12.4亿元。全年实施市级科技项目16项，争取上级扶持资金761.9万元，带动企业投入研发费用4700余万元；组织实施区级科技项目15项，其中科技攻关项目5项，试验示范及推广项目10项。培育天津市新型企业家和科技创新创业人才6名，全区累计达到27名；新认定“杀手锏”和天津市重点新产品3个，全区累计达到20个；申报专利636件，比2016年度增加186件，发明专利和实用新型专利占95%以上，企业科技创新能力持续提升。

（成文学）

【科技型企业发展】 2017年新增科技型企业200家，累计达到1773家。培育科技小巨人3家。认定市级高新技术企业13家，新增国家高新技术企业15家，全区国家高新技术企业累计达到50家。推动科技型企业进行股份制改造，实现上市挂牌。2017年宁河区完成股份制改造企业7家，全区完成股份制改造企业累计达到14家。企业实现OTC挂牌1家。

（成文学）

【产学研合作项目】 2017年宁河区内企业与北京工业大学、北京化工大学、天津科技大学、中国科学院等建立学研合作关系，引进各类科技人才，推动企业创新能力不断提高。全年引进科研院所10家，建立1家院士工作站及2家创新联盟。天津贾立明蚯蚓养殖有限公司获准建立院士专家工作站，引进中国工程院院士、中国环境监测总站魏复盛院士，合作开展“蚯蚓养殖中重金属难降解有机物的测控技术及标准研究”。天津市天祥水产有限责任公司联合中国科学院、中国水产科学研究院、天津农学院、天津师范大学等科研资源，牵头创建天祥淡水养殖产业技术创新联盟，

各区科技

创建“企业+专家+科技示范户+养殖户”的运营模式，实现强企富民。天津芦阳肥业股份有限公司依托天津市农学院、天津市农业资源与环境研究所技术优势，以及企业技术中心的研发成果，创建天津市肥料产业技术创新战略联盟，在行业交流、市场推广、品牌培育等方面实现共赢。

（成文学）

【科技成果与奖励】 2017年，天津荣亨集团股份有限公司承担的“潜油电泵技术创新工程”，获2017年度天津市科技进步二等奖。全年科技成果登记37项；技术合同交易额8.85亿元，比2016年增加1.73亿。（成文学）

【知识产权工作】 2017年宁河区完成专利申请636件，推进企业围绕核心产品（技术）实施专利布局，培育区域专利密集产品，达到“有发明专利、有专利布局、有销售收入”。2017年，认定市级密集产品企业3家，区级备案企业18家。专利信息工作站帮助企业建成水产良种培育基地、健康养殖示范推广基地、新型饲料生产基地、技术研发机构、养殖技术培训机构，开展水产信息服务网、专利储备库、行业专家库3项服务，成为天津水产类专利信息传播机构的骨干力量。信息工作站帮助养殖户进行20多个新产品推广，技术培训2000余人。（成文学）

【科技招商与引智】 2017年宁河区引进并注册双创项目12家，分别为天津博和利统计大数据有限公司、中系防务技术（天津）有限公司、航之境电子产品（天津）有限公司、天津市贝贝兴纺织品有限公司、天津市乾丰建筑工程有限公司、天津市樟桐科技有限公司、天津天清地明科技有限公司、天津华融智联科技有限公司、天津市东达高科科技研发有限公司、菲涅尔（天津）文化创新发展有限责任公司、天津市小军制衣有限公司、天津市广辉纸制品包装有限公司。注册资金人民币14565万元，其中天津博和利统计大数据有限公司及中系防务技术（天津）有限公司两家企业注册资金达到人民币5000万元，天津市樟桐科技有限公司注册资金人民币2000万元，天津华融智联科技有限公司注册资金人民币1000万元。

（成文学）

【科普活动】 2017年宁河区围绕《全面科学素质计划纲要》，以提高全区各界群众科学文化素质、传授各类种养技术、丰富群众文化生活为重点，立足服务于群众，开展多项次、多内容的服务活动。全年有400多人次专业技术人员和科技派员参加，累计开展各类服务近60（不包括影视节目）次，先后举行讲座、培训、指导咨询服务37次，受益4460人次；义诊查体服务10多项次，1060人受益；科普赶集4次，解答问题146个，受益3800人次；街道、学校、村镇、企业巡回展示宣传9次，受益9000人次；发放各类宣传资料23380份、各类图书2300册、光盘1000张；利用区电视台《农博士在线》《名医直播间》等节目，结合农时、时令季节邀请农技、卫生专家和“土专家”走进电视台与记者访谈、录制科普节目进行播放，深受观众好评。（成文学）

静海区

【科技型企业发展】 2017年静海区全区新增科技型企业171家，累计达到2156家；新增规模过亿元科技型企业6家，累计达到261家；新认定市级高新技术企业55家，新认定国家级高新技术企业40家，市级以上高新技术企业累计达到136家，其中国家级高新技术企业累计达到105家；新增新三板上市挂牌科技型企业2家；新增天津股权交易所上市挂牌科技型企业3家；完成股份制改造企业8家。（朱珏颖）

【知识产权工作】 2017年静海区新增专利申请2298件，完成全年任务的229.8%，其中授权专利1320件，157家企业专利申请实现零突破。新增市级专利试点项目6个，完成区级备案试点企业58家。获批市级知识产权优势企业培育项目、专利密集产品项目、专利导航项目等6项。

（朱珏颖）

【科技创新载体建设】 2017年静海区新增产业技术创新联盟1家——天津子牙循环经济产业投资发

展有限公司和天津大学合作申报的“装配式模块建筑产业创新联盟”，批准筹建市级工程技术中心1家，全区市级企业工程技术中心、重点实验室、众创空间、产业技术创新联盟等创新创业载体累计达到11家。大匠工坊、虫洞2家众创空间功能稳步提升，累计孵化科技型企业45个。

（朱珏颖）

【科技重点项目】 2017年静海区积极组织科技型企业申报“互联网+”、科技小巨人领军企业培育、京津冀协同创新等市级科技项目。其中，获批小巨人领军企业培育、互联网跨界融合创新、京津冀科技成果转化、“一带一路”等项目10项，获批“杀手锏”产品6项、重点新产品10项，一二三产业融合发展、农业科技成果转化、科技特派员等农业类科技项目6项。（朱珏颖）

【科技服务】 2017年静海区科技服务水平不断提高。一是科技投入明显增长，2017年，区级财政科技投入1.9亿元，同比增长23.56%，区级科技计划项目资金9735万元，同比增长39.14%，区级专利专项资金91万元，同比增长76.7%。二是“双万双服”活动效果明显，重点抓好线上企业问题的解决，走访线下重点帮扶企业，特别是抓好三级领导包联企业帮扶工作，为企业解决问题百余个。三是深化新型企业家培养工程，2017年，新型企业家培养工程入选人才6名，全区累计达到36名。四是落实企业创新券制度，组织52家企业申报企业创新券，获批30万元。

（朱珏颖）

【科普活动】 2017年静海区以全面提高公民科学素质为核心，以推动静海区创建全国文明城市工作为重点，加大科学技术的宣传和普及工作，组织开展科技周、科普日、社区主题科普月、百名专家进社区等科普活动，组织参加全民科学素质网络知识竞赛、全民科学素质电视大赛、青少年科技创新大赛等活动。静海区在全市全民科学素质电视大赛上获得线上第一线下第三的好成绩；在天津市第31届青少年科技创新大赛上，静海区51项作品获奖，其中一等奖8项、二等奖17项、三等奖26项，2项作品分别获国家一、二等奖。

（朱珏颖）

【防震减灾】 2017年静海区紧紧围绕地震监测预报、震害防御、应急救援三大体系，广泛深入地开展防震减灾工作。重新修订《静海区地震应急预案》和16个保障计划，制定《静海区2016～2020防震减灾规划》等多个制度性文件，在工作目标、组织管理、工作措施上做到量化；完善震情速报网络建设，新增建3个地震宏观监测点，加强对“三网一员”队伍的管理和培训，强化群测群防体系建设；加大防震减灾宣传培训，开展防震减灾知识讲座，组织应急疏散演练活动，开展“7·28防震减灾知识宣传周”“5·12全国防灾减灾日”等重点时段宣传活动，活动中发放各种宣传手册、挂图、宣传制品等6000余份，参与人数达到1500余人。通过活动使更多群众了解防护、应急、救援等防震减灾知识，增强应急疏散能力，提高安全意识和自救自护能力。

（朱珏颖）

蓟州区

【科技工作简况】 2017年蓟州区贯彻落实《国家创新驱动发展战略纲要》精神，以科技型企业创新发展为抓手，营造发展环境，构筑创新平台，激发双创活力，提升发展质量，增强创新能力，培育创新人才。科技创新成为实现绿色发展、跨越发展的主要驱动力，在全区经济社会发展中发挥主要作用。全年建立区级科技创新项目库，入库储备项目80项，组织申报市级以上科技创新项目50项，有25项获得立项支持，申报立项率达50%，争取到国家和市财政专项资金支持1200多万元。申报科技部第二批星创天地5家，有3家获得备案。蓟州区共有4家星创天地在国家科技部备案，备案数量位居全市前列。6个市级项目完成结题验收，1家企业完成股改OTC挂牌，3家企业完成股份制改造。天津国家创新示范园区蓟州分园建成企业工程中心、企业重点实验室等技术研发机构8家，建成企业院士专家工作站1个。2017年蓟州区建设科普中国e站电子大屏幕，建成科普中国乡村e站、社区e站、校园e站25家。

（张进京）

【人才培养】 2017年，蓟州区科委开展以企业为主体的科技创新，有8人入选市级新型企业家人才库，排全市第7位。累计为企业培育认定天津市新型企业家42名，天津市创新人才推进计划2人。博菲德科技有限公司“院士专家工作站”于2017年5月2日正式揭牌运行，聘请中国农业大学教授、中国工程院李德发院士为技术专家委员会主任，为科技研发与人才提供智力支持。在全区范围内，推进实施科技特派员制度，面向深入基层从事科技服务活动或创办（领办）企业、经济合作组织的农业领域科技人员，征集申请162人，经区科技特派员工作协调小组成员会议审议，认定2017年蓟州区科技特派员50名。

（张进京）

【科技型企业发展】 2017年，蓟州区新发展科技型中小企业129家。全区科技型中小企业规模总量达到1832家，新发展小巨人企业3家，科技小巨人企业总量达到53家；新认定市级高新技术企业11家，新认定国家级高新技术企业9家，全区高新技术企业总数达到40家，其中国家级高新技术企业36家。圣保路石油化工（天津）股份有限公司完成企业股改OTC挂牌，天津鑫天晨汽车零部件股份有限公司、天津那年头农业科技股份有限公司、天津永耀电光源股份有限公司3家企业完成股份制改造。（张进京）

【知识产权工作】 2017年，蓟州区继续开展专利试点工作，全区新增天津市专利密集产品2项，新增区级专利试点企业5家；申请专利达到700件，新增专利消零企业25家。借力金融平台，推进专利权质押融资工作，帮助企业办理专利质押贷款，新增专利质押贷款1笔，贷款金额1300万元。推进科技创新券申请工作，全区8家企业享受科技创新券补贴19.4万元。强化权责落实，登记录入蓟州区科技服务项目合同25项，技术合同成交额5.26亿元。

（张进京）

【科普活动】 2017年蓟州区科委以各类科普主题活动为载体，广泛开展多层次、多形式、多内容的科学普及和传播。一是加强科学素质培训。全区组织“新型职业农民培训”等各类培训500多期次，3万多人参加；组织城镇劳动人口各类职业技术培训700多班次，近4万人参加；举办公务员素质培训10期，4000人次。加强媒体宣传，利用蓟州电台、电视台、新蓟州报、蓟州广讯网等媒体平台，传播科学知识，科普宣传面覆盖全区。组织开展全民科学素质知识竞赛，利用掌上蓟州、科普蓟州网络组织群众性答题活动，分别集中组织4大人群的试卷答题竞赛，2000多人参加。二是组织开展重点科普活动9项。其中，举办蓟州区“第31科普宣传人员和各类专业技术人员3200余人次；举办小区科普广场、科普一条街、校园科普操场、农村田间科普现场等科普宣传活动136余场，参加人数18100人次；举办实用技术培训班90个，培训人员6100人；科技小分队下乡入村、户和田间地头600多次；科普大篷车送科普下乡9车次；更换科普橱窗160个；发放科普知识小册子5000多本，明白纸24万张；义诊10次，义诊民众830多人。全区科普宣传覆盖面达90%以上，收到预期效果。科普大篷车万里行活动全年活动90次，其中与区农委、街道办、区人力社保局、教育局等20几个相关部门和单位共开展“科普大篷车万里行”活动60次。总行程6500公里。成功举办蓟州区“科技杯”梨王争霸赛。2017年9月21日，由天津市科协、蓟州区科委（科协）、蓟州区罗庄子镇党委政府共同主办的“天津市2017年科普日科技下乡—蓟州区‘科技杯’梨王争霸赛”成功举办，同时开展科普宣传、咨询活动。发放“农业与科技”“环境与生存”“健康生活小常识”等科普宣传资料2000份，发放“果树栽培技术”“农业实用技术手册”等专业技术书籍500册，发放“崇尚科学、健康生活”“崇尚科学、反对邪教”科普宣传手提袋800个，林果技术专家现场咨询，解答果农提出的生产过程中遇到的问题30多个，现场受益果农800余人。加强科普阵地建设。创建科技示范镇、示范村、示范社区、示范校20个；建设科普教育基地10个；加强科普中国e站建设，投入近50万元，在城区社会主义核心价值观主题公园（府君山广场）建设科普中国e站电子显示大屏幕，同时建立乡村e站、社区e站、校园e站25个；增强科普橱窗等基础设施建设，新建造科普宣传栏、宣传橱窗50个，总长300米。2017年举办青少年科普教育活动，与区教育局、团委联合开展“科普进校园”“科技创新大赛”等青少年科普实践活动，组织参加天津市和全国青少年科技创新大赛，获得市级大赛一等奖4项、二等奖6项、三等奖15项。

（张进京）

【科技创新载体建设】 2017年，蓟州区按照天津国家创新示范园蓟州分园发展规划和实施方案，在招项目、聚产业、建载体、搭平台、引人才、促升级等方面持续用力。新发展科技型企业24家，新增小巨人企业1家，共建成企业工程中心、企业重点实验室等技术研发机构8家，新建成企业院士专家工作站1个。众创空间发展达到5家，其中综合类3家，专业类1家，电子商务类1家，共开展创业辅导536次，吸引创客158人，孵化企业101个，带动就业265人，研发转化科技成果26项。

（张进京）

2017年天津科学技术大事记

1月

1月5日 首届中国创新挑战赛（北京）现场赛举办。由科技部指导，科技部火炬中心、北京市科学技术委员会、天津市科学技术委员会、河北省科学技术厅联合主办。

1月6日 中国科学院、天津市人民政府院市合作领导小组工作会议在天津召开。会议对2016年院市合作工作进行总结，提出2017年院市合作工作思路。2017年院市双方在夯实工作基础、加强协同创新、支撑科技小巨人企业、助力“美丽天津”建设、发挥中科院科技人才优势、吸引创新力量等方面加强合作。

1月9日 国家科学技术奖励大会在北京召开。为2016年度国家最高科学技术奖获得者中国科学院物理研究所赵忠贤院士和中国中医科学院屠呦呦研究员颁发奖励证书。2016年度，天津市共有12项科技成果获国家科学技术奖励，其中，技术发明奖2项，科技进步奖10项，涉及装备制造、生物医药、新材料等多个领域。天津大学王树新教授领衔完成“混合驱动水下航行器关键技术与应用”、天津大学刘铁根教授领衔完成“混合式光纤传感技术及其在工程安全监测领域中的应用”获国家技术发明二等奖。

1月10日 天津市第三中心医院沃森联合会诊中心成立，由天津市第三中心医院、思创医惠科技股份有限公司及杭州认知网络科技有限公司共同发起。

1月15日 京津冀水环境综合治理研讨会召开，由天津市水环境产业技术创新联盟主办。会议落实天津市生态文明建设和水污染治理计划实施方案，研讨科技支撑区域水环境改善路径与方案。

1月17日 天津国际生物医药联合研究院2016年度引进项目与孵化成果交流分享会举行。13家联合研究院进行在研项目重点展示。

1月18日 天津市科委主持召开京津冀种业创新共同体建设研讨会。中国农业大学团队介绍在京津冀种业创新共同体建设方面理论、思路、机制及路径方面研究成果。

1月25日 2017年天津市科技和知识产权工作会议召开。会议总结2016年全市科技和知识产权工作，部署2017年重点工作任务，加快推进天津知识产权强市建设。

2月

2月9日 天津未来科技城（拓展区）管理委员会办公室揭牌，召开第一次工作会议，就管委会工作规则、办公室工作职责以及未来科技城（拓展区）统分结合管理体制实施方案进行讨论。

2月10日 天津高新区对辖区内2016年度优秀企业进行表彰并予以奖励。57家优秀企业被分别授予“年度综合贡献企业”“自主创新先进企业”“商业模式创新企业”等10类荣誉称号。

是日 天津高新区召开“双万双服（全市动员万名干部帮扶万家企业，服务企业、服务发展）”“抓改革、敢担当、促发展”活动动员大会。联系企业200余家，现场收集问题超过200个。

2月14日 天津市科委、市教委修订《天津市企业科技特派员工作实施细则（试行）》，旨在进一步贯彻落实国家创新驱动发展战略，落实市委市政府关于加快推进创新型城市和产业创新中心建设的部署要求，深化科技供给侧改革，促进高校、科研院所科技要素向企业转移，推动产业转型升级。

2月15日 国家超级计算天津中心和天津市消防总队在天津超算中心签署合作协议，共同构建“天津市智慧消防联合实验室”。

2月23日 2016诺贝尔化学奖获得者、天津大学药学院教授J.Fraser Stoddart（弗雷泽·斯托达特），2011诺贝尔生理学或医学奖获得者Bruce A. Beutler（布鲁斯·博伊特勒），2009诺贝尔化学奖获得者Ada E.Yonath（阿达·约纳特），2005诺贝尔化学奖获得者Robert H.Grubbs（罗伯特·格拉布），2001诺贝尔化学奖获得者K.Barry Sharpless（巴里·夏普莱斯）做客天津大学北洋大讲堂。

是日 中国电机工程学会在天津召开技术鉴定会，国网天津市电力公司牵头完成的“智慧园区用户侧能源信息融合与高效利用关键技术及工程应用”“城市电网量测及参数质量提升关键技术和工程应用”项目成果分别获评整体国际领先和整体国际先进水平。

是日 天津市科委联合天津市科学技术信息研究所，邀请中国科学技术信息研究所专家，举办2017年首期新型企业家大讲堂活动，主题为科技情报服务企业战略决策。

2月24日 中科曙光、台湾乔鼎资讯与天津滨海高新技术产业开发区举行联合签约仪式，宣布成立“曙光存储科技有限公司”，开展存储产品和技术研发、销售，并提供配套服务。

3月

3月7日 中俄海洋高端技术联合研究院揭牌成立，该研究院整合天津、哈尔滨、上海三个研发中心，以及俄罗斯自然科学、俄罗斯科学院海洋工程与实验设计所、圣彼得堡国立海洋技术大学、全俄世界海洋地质与矿源资源研究所等研发机构，围绕军工、石油、水利、港口等诸多海洋智能装备应用领域，打造中俄海洋科技成果转化交流平台。

3月8日 天津市科委与俄罗斯联邦委员会高新技术项目促进委员会签署共同推动天津与俄罗斯科技成果转移转化战略合作协议。合作协议支持双方在津共建中俄国际成果转移中心，利用天津科技成果转化交易市场，协同俄罗斯科学院等国家级科研机构，引进聚集俄罗斯高新技术成果，实现核心技术突破，支撑天津市先进制造研发基地建设。

3月12日 第32届天津市青少年科技创新大赛举行。大赛共收到创新作品1598件，评选出素质评测优胜奖9名、优秀组织单位奖13名、科技教育创新校11名、节水科技创新奖10名、北斗专项奖7名、环球自然日专项奖11名、绿色建筑专项奖10名、海洋专项奖9名、建行杯专项奖6名、天宫专项奖6名。小学生创新项目二等奖23名、小学生创新项目一等奖37名、中学生创新项目二等奖49名、中学生创新项目一等奖64名。

3月13日 天津市委、市政府正式公布首批天津市杰出人才入选名单。共有来自南开大学、天津大学等高校和科研单位的20名重量级科学家入选，包括自然科学基础研究（含应用性基础研究）领域7名，工程科学技术及工程管理领域13名。

是日 天津市科委对《天津市科技计划与项目管理暂行办法》（津科综〔2006〕298号）进行修订和完善。制定《天津市深入推行科技特派员制度行动方案》。

3月22日 科技部人才中心来津调研科技创新管理工作。就统筹国家和天津两个层面科技人才服务企业创新，探索以科技人才为本的创新驱动发展机制，形成科技创新管理新模式等进行深入研究。

3月24日 天津市科委与天津市自行车电动车行业协会共同主办2017中国（天津）自行车电动车走出去“一带一路”国际高峰论坛。论坛主题为“合作、创新、发展、共赢”，旨在为中国自行车电动车企业与“一带一路”沿线国家之间交流合作、增进了解、扩大交流、开拓市场平台。邀请日本、越南、墨西哥、美国、孟加拉、澳大利亚、印度、韩国等国家的专业人士进行现场交流，并签署多项合作协议。

3月25日 中国中小企业问题研究所成立。该所致力于汇聚政府、高校、科研院所等多方资源，连接顶层研究力量与底层生产实践，结合构建中小企业产业供应链咨询与服务体系等有效途径，解决中小企业发展过程中遇到的共性和难点问题，推动中小企业创新发展，提升中小企业国际竞争力，建设成为具有中国特色的高端智库。

3月28日 天津市科学技术奖励大会在天津礼堂召开。会议宣读《天津市人民政府关于颁布2016年度天津市科学技术奖的决定》，授予“微纳结构与电化学能源器件”等4项成果自然科学奖，“人工神经康复机器人系统及其关键技术”等8项成果技术发明奖，“生物降解药物涂层冠脉支架系统开发及产业化”等177项成果科学技术进步奖。2016年度天津市科学技术奖共评选出189项获奖成果，一等奖23项、二等奖57项、三等奖109项。

是日 由科技部火炬中心、深交所、天津滨海高新区共建的天津科技金融路演中心揭牌启动。该中心为科技型中小企业提供全方位、全生命周期融资和综合辅导服务。共举办大小型活动、论坛等92场，路演19场，参与活动人数近万人次，参与企业1200余家、金融机构300余家，实现各类融资对接200余次，对接融资金额达17.35亿元。

4月

4月6日 北京、天津、河北三地政府部门联合发布《京津冀协同推进北斗导航与位置服务产业发展行动方案（2017~2020年）》。方案提出，到2020年，北斗导航产业总产值将超过1200亿元，使京津冀成为国内最具影响力的北斗导航产业聚集区和科技创新制高点。

4月8日 天津市海河产业基金揭牌成立。该基金主要投向支柱产业与新兴产业，发展壮大先进制造业，助力实体经济稳健快速发展。

4月10日 由中科金控资本管理有限公司、博涵（天津）医疗健康股权投资基金等共同主办的“助力京津冀协同发展及健康中国战略，共建天津国际医疗城”学术研讨会在清华大学举行。

4月11日 中共中央政治局委员、国务院副总理马凯在天津调研长征五号运载火箭工程研制工作，并出席长征五号运载火箭首次飞行任务突出贡献代表座谈会。

4月18日 从国网天津电科院获悉，天津电力牵头的“城市配电网量测体系优化配置与关键特征参数辨识技术研究及示范”“售电市场环境下的智慧城市多能源综合利用关键技术研究及应用”等两项国网公司科技项目在津启动。两项目均由天津电科院具体组织实施，联合中国电科院、南瑞集团公司、华北电力大学等多家单位及高校，组建“产、学、研、用”紧密融合的柔性科技团队，共同进行技术攻关、开发和运用。

4月22日 迎全运暨迎接4·24航天日——“我爱祖国蓝天”航空航天科技进校园活动在天津红桥区第三中学启动。

4月27日 中国铁路总公司与天津市政府签署《关于推进天津铁路建设发展的会谈纪要》，构建和完善京津冀互联互通现代轨道交通体系。

4月28日 中国电子科技集团公司第四十六研究所新材料科技园项目在八里台镇奠基。项目建成后，可实现年销售收入60亿元，上缴税金3亿元，为1500人提供就业岗位。

5月

5月9日 天津市科委制定《天津市国际科技合作基地考核评估办法（试行）》，主要目的是检查国合基地的整体运行状况，引导国合基地的定位和发展方向，促进国合基地建设与发展，为全市相关管理部门的决策提供依据。

5月12日 2017中国·天津投资贸易洽谈会暨PECC国际贸易投资博览会开幕。"津洽会"围绕"加快科技成果转化，助力科技型企业发展"主题，以声光电等形式，突出宣传企业在自主研发、产学研合作、引进落地等三个方面的先进科技成果，21家高新技术企业参展。

5月13~20日 第31届天津科技周以"科技强国 创新圆梦"为主题，共开展市级重点活动10项，涉及智慧生活、科普产品推介、生态建设、天文科普、机器人竞赛、下乡惠农、微视频制作、防震减灾、生命科学、认知植物等内容。

5月14日 京津冀三地科协在"天津科技工作者之家"举办2017年京津冀科普资源天津推介会，推介三地优质科普项目，促进三地科普产业对接合作。天津科技周组委会选出23项体验性、针对性强，趣味性、参与度高的面向全体市民的开放式活动。

5月16日 第十一届中国企业国际融资洽谈会——科技国际融资洽谈会新闻发布会举办。第十一届融洽会科技板块主要内容及特点：一是举办引导基金论坛，二是举办融资项目路演对接，三是举办创新企业展览展示，四是举办科技金融开放服务日活动。

5月17日 2017年天津市科技型企业创新发展现场推动会暨第一次联席会议召开，部署推动全市科技型企业发展工作。

5月22日 以"科技探索 创新引领"为主题的2017年京津冀科普之旅启动仪式举行。北京市科委、天津市科委、河北省科技厅等有关领导出席活动，为推荐线路代表授旗。介绍京津冀科普之旅推荐的18条线路，涵盖72个景点。

5月24日 由天津市科学技术委员会主办，天津市高新技术成果转化中心、天津市科技金融促进会联合承办的2017年"金桥之友"科技金融大讲堂第三期——"融资路演商业计划书撰写方案"主题讲座在天津市高新技术成果转化中心报告厅举行，来自科技企业、投资服务等机构的30余人参加活动。

5月25日 由天津市科委主办的以"科普大家讲 今天我来说"为主题的2017年天津市科普讲解大赛决赛落幕。天津市规划展览馆、公安部天津消防研究所、天津市气象服务中心等单位的10名优胜者获"十佳科普使者"称号。

5月25~26日 2017"智汇天津"国际科技创新合作暨技术转移对接洽谈会在天津举行，由天津市科学技术委员会主办，北方技术交易市场、天津市对外科技交流中心、天津市国际科技合作协会和国际技术转移协作网络（ITTN）共同承办。会议包括 以色列诺贝尔论坛、中以（天津）技术转移主题论坛、中国—中东欧（16+1）林业与绿色建筑合作对接会、国际前沿创新技术路演与对接平行分会、中意创新创业大赛决赛、科技考察参观等7个环节。邀请2011诺贝尔化学奖得主丹·谢德曼教授，吸引来自以色列、斯洛文尼亚、捷克、意大利、英国、西班牙、瑞典、美国等国众多科技领域的百余位知名专家、学者、企业家，携带106项技术来津参会，进行300余项次的技术需求与供给对接，达成技术合作、合资建厂、技术引进、市场开拓、渠道建立等初步合作意向80余项。由南开大学、加拿大水科技交流中心、滨海新区人民政府、中国国际人才交流协会四方共建的"中加水与环境安全联合研发中心"和由挪威科技大学建筑设计学院与天津绿色设计研究院共建的中挪绿色设计创新中心也相继在天津成立。

5月27日 国家大学科技园京津冀片区政策调研座谈会在保定国家大学科技园召开。来自北京、天津、河北等地19家国家大学科技园负责人参加座谈，科技部高新司有关同志出席会议。京津冀地区19家国家级大学科技园负责人就国家大学科技园发展现状、存在问题与发展趋势展开讨论，对

《国家大学科技园认定和管理办法》《国家大学科技园评价指导意见》的修订提出建设性修改意见。

5月30日 在“全国科技工作者日”到来之际，天津市科技界围绕“精忠报国、敢为人先、求真诚信、拼搏奉献”主题，开展一系列“全国科技工作者日”活动，广大科技工作者共同庆祝自己的节日。

6月

6月5日 由科技部主办、火炬中心及天津市科委承办的以“机遇·共享·创新·使命”为主题的科技创新投资引导基金论坛举办。介绍天津的投资环境及科技金融工作的探索和成绩，介绍创业投资子基金的设立情况、九支子基金运营情况、设立引导基金的根本宗旨及下一步工作重点。

是日 第十一届中国企业国际融资洽谈会——科技国际融资洽谈会在天津开幕。由国家科技部、天津市政府、全国工商联、美国企业成长协会共同主办，以“创新·开放·协同·融合”为主题，旨在加快传统产业转型升级，培育战略新兴产业集群，有效防范金融风险，促进金融、科技与产业之间的深度融合。

是日 由中国互联网金融协会主办，天津滨海新区中心商务区管理委员会、天津中互金科技有限公司承办的“金融科技发展与安全”论坛在天津举行。

6月9~10日 以“科技强国 创新圆梦”为主题的2017年全国科普讲解大赛决赛在广东召开。来自全国各地56个代表队的183名选手参加决赛。天津地区代表队取得2个二等奖，1个三等奖和3个优秀奖。天津市科委被大赛组委会评选为优秀组织单位，获优秀组织奖。

6月14日 天津市科技成果转化交易市场正式授牌开业，面向全市科技型企业、大专院校、科研机构等创新主体提供服务，推动其与海外创新主体开展技术研发和产业化合作，在天津共建联合研究中心或实验室，共建国际技术转移机构、科技产业创新园区及产业技术创新战略联盟等。

6月15日 科技部公布2016年创新人才推进计划拟入选对象名单，天津市7名中青年科技创新领军人才、7名科技创新创业人才、4个重点领域创新团队入选、4个创新人才培养示范基地上榜。

6月19日 由天津市人民政府、中国银行主办的天津——法兰克福科技企业跨境合作与投资贸易洽谈会在德国法兰克福召开，天津市政府领导、中国银行副行长、中国驻法兰克福代总领事、法兰克福市市政委员以及中外企业代表在开幕式上致辞，共同见证中欧企业及机构完成20个合作项目的现场签约。

6月28日 由深圳市保千里电子有限公司与北京智尊保汽车科技有限公司联合主办的2017中国（天津）无人驾驶产业高峰论坛在天津中国汽车技术研究中心举行。

6月29日 首届世界智能大会在天津开幕。来自全球17个国家和地区的1200多名中外政要、著名企业家和院士等专家，共襄智能科技产业盛会，以“迈向大智能时代”为主题，深入对话和交流，探讨智能科技前沿趋势，展望智能科技产业发展，谋划智能社会未来愿景。“京津冀智能科技产业发展座谈会”在迎宾馆举行，签署《科技合作协议》《共建中国新一代人工智能发展战略研究院协议》。为中国新一代人工智能发展战略研究院揭牌。举行“智港论坛·中国新一代人工智能专题报告会”，人工智能产业技术创新战略联盟与东丽区人民政府签署战略合作协议，为“人工智能产业技术创新战略联盟天津创新中心”揭牌。以“人工智能、数据挖掘、云计算等智能核心技术的深度剖析与解读”为主题的“千人论坛·智能核心技术论坛”举行。

6月30日 天津市科委制定《天津市众创空间备案管理与绩效评估办法》，旨在按照科技部关于发展众创空间和专业化众创空间建设工作指引要求，进一步推动天津市众创空间健康有序发展。

7月

7月4日 由北京市科学技术研究院、天津市科学技术委员会与武清区人民政府三方共同建设的天津京津科学技术研究院正式揭牌成立。作为北京市科学技术研究院在天津布局的首个产业化基地，京津科学技术研究院结合武清区产业化需求，在基础项目研发、科技成果转化、项目引进孵化、科技服务平台、科技项目投资以及国际交流合作等六大板块开展合作，打造国内一流的科技成果转化平台及技术转移服务机构。

7月8日 天津市创新创业大赛暨第六届中国创新创业大赛（天津赛区）初赛举办。初赛采取网络评审的方式，由全国大赛专家库抽取的专家对企业参赛项目进行评审。共收到1290余个参赛项目，大赛参赛范围涵盖电子信息、互联网和移动互联、生物医药、先进制造、新材料、新能源及节能环保等六个领域，其中天津市传统优势领域的先进制造、电子信息产业等参赛项目数量居多。

是日 由天津市科学技术协会、天津市环渤海经济研究会、天津市滨海新区综合发展研究院、天津社科院京津冀及城市群研究中心共同主办的"京津冀协同：科技创新促进产业转型升级暨滨海新区开发开放高端研讨会"在津召开。会议着眼于"一带一路"建设、京津冀协同发展和滨海新区开发开放等国家重大发展战略，重点探讨"重大装备大型关键金属构件增材制造（3D打印）技术及其影响""技术创新推动产业变革""创新驱动产业迈向新高端""京津协同创新引领产业转型""滨海—中关村协同创新""创新转型与城市发展""构建创新引领新型产业体系""滨海新区产学研用一体化成果转化模式""营造软环境助力滨海新区发展"等议题。

7月13日 天津国家自主创新示范区一区二十一园投贷联动工作推动会在天津科技金融中心举办。会议介绍自创区一区二十一园的整体情况，详细解读《天津国家自主创新示范区支持投贷联动试点的六条政策（试行）》，介绍投贷联动工作进展情况以及分园园区情况。

是日 天津大学—中建股份科技合作会谈在天津大学举行。会谈围绕中建与APEC可持续能源中心组建可持续城市联合运营中心、中建与天津大学进一步的战略合作展开。

7月13～14日 亚太经合组织（APEC）技术转移协作与产业化研讨会暨中美大学技术转移与创新协作成都大会举办。大会邀请近40位国际技术转移领域专家及创新企业代表，针对中美两国高校国际技术转移合作开展前沿对话、聚集9个APEC成员经济体代表就区域内国际技术转移发展进行专题讨论。天津市科委参加大会，进一步推动天津市与APEC各成员国在国际技术转移行业资源共享、专业人才培养与交流等领域的深入合作。

7月21日 第三期"天河助力产业发展"系列论坛活动在天河科技园举办，交流峰会主题为——智慧装备产业BIM技术交流，由国家超级计算天津中心、天河科技园、泰富重装集团、天津滨海国际港口海洋装备交易服务有限公司共同举办。

7月25日 天津市科委制定《天津市科技计划项目验收管理办法（暂行）》，旨在进一步加强科技计划项目管理，规范项目验收程序，严格履行合同，按期进行项目验收。

8月

8月3日 天津市大气污染防治产业技术创新联盟2017年年会暨京津冀大气污染防治技术交流对接会召开。该联盟由天津市43家从事大气污染防治治理企业、高校、科研院所及金融科技服务机构等单位于2016年发起、组建的环境保护产业技术创新联盟。该联盟积极探索产学研用结合的协同创新机制，目前联盟成员达到73家，形成全方位服务于大气污染科研、治理、管理的创新平台和信息沟通的纽带。

8月10日 湖北省科技厅一行来津调研，学习天津在完善科技创新政策体系、加快创新型城市建设、推进科技人才工作、支持自贸区创新驱动发展等方面的经验做法，实地考察中国科学院天津工业生物技术研究所和天津自贸区内的部分企业。

8月17日 科技部资管司一行到津调研，实地考察了解天津科技金融中心建设运行情况。

8月17～18日 天津市可持续发展研究会和北京中关村国际环保产业促进中心在津联合召开“京津冀挥发性有机物（VOCs）污染防治及监测技术发展论坛”。来自京津冀地区的近100家高校、院所、企业和协会代表参加。

8月18日 正式启动“天津市人工智能科技重大专项”。该专项主要包括：推动智能传感、脑机协同、生物特征识别、语义音视频分析识别、智能网联车5项细分领域关键共性技术创新，开展智能制造、智能网联车2个应用示范，强化战略研究、超级计算、创新服务3大服务支撑平台建设。该专项旨在提升天津市人工智能原创能力，重点围绕智能传感、脑机协同、生物特征识别等攻破一批关键共性技术，打造10项重大关键共性技术（产品），2～3项技术领域进入国家布局，1～2个技术领域进入全国领先行列，培育人工智能领军企业10家，建设2个智能产业技术联盟。

是日 “科技支宁”东西部合作推进会暨宁夏沿黄科技创新改革试验建设启动会在银川召开。会议由科技部和宁夏回族自治区政府联合主办，东部六省市科技主管部门参加。天津市科委一行参加此次会议。会议提出要借鉴天津近年来大力扶持科技型企业发展，推动“双创”的经验和效果，鼓励科技人才来宁创新创业。天津大学分别与宁夏宝丰能源集团股份有限公司、宁夏中卫市利安隆新材料有限公司签订协议。

8月19日 国网天津经研院“电力体制改革背景下电网规划与投资优化决策技术”等三项科技成果高水平通过天津市科学技术评价中心组织的成果鉴定。

8月23～25日 2017“创响中国”天津站·国家科技专家团“科技行”活动——企业知识产权管理体系内审员培训班在天津广播电视大学举办，由天津市知识产权局、高新区管委会科技局主办，天津市知识产权服务中心承办。围绕贯彻企业知识产权管理规范和内审员工作职责、业务范围、工作要求等展开培训。

8月24日 由国网天津市电力公司牵头、国网天津电科院具体实施的国网总部科技项目“220千伏静止同步串联补偿器关键技术研究及示范应用”通过中期督导，获得优秀评价。

8月28日 甘肃省副省长、省政协副主席郝远率队考察天津国家自主创新示范区，先后实地考察天地伟业数码公司、中科先进技术研究院等企业及产业化平台，听取有关单位发展建设情况的汇报。

8月29日 国网天津武清公司科技成果“配电网下分布式电源接入方案的研究与应用”经天津市科学技术评价中心鉴定达到国际领先水平。

9月

9月1日 新修订的《天津市促进科技成果转化条例》（以下简称《条例》）在天津市施行。《条例》修订立足与天津市经济社会发展和科技体制改革的深入相适应，解决促进科技成果转化体制机制不完善、对科技人员激励作用不明显、企业主体作用发挥不够、专业服务机构发展滞后等突出问题。

9月5日 天津市委常委会会议审议通过天津市《关于深化体制机制改革释放科技人员创新活力的意见》。着力破除体制机制障碍，创造有利于激发创新活力的体制环境，以落实创新驱动发展战略的实际行动为经济社会持续健康发展提供强大引擎，加快建设创新发展的现代化天津。天津市

《关于深化体制机制改革释放科技人员创新活力的意见》共6个部分、22条政策措施。

9月7日 经天津市科学技术委员会综合评审，海航航空技术（天津）有限责任公司（简称“海航技术（天津）”）正式获得“天津市市级高新技术企业”证书。

9月8日 天津市召开全市科技型企业创新发展中期推动会，通报2017年以来全市科技型企业发展情况及下一步工作安排。

9月8~10日 以“新业态新理念”为年度主题的“2017中国汽车产业发展（泰达）国际论坛”在天津举办，旨在积极应对中国宏观经济调控思路和方式的新变化，为培育汽车产业可持续发展的内生动力展开前沿探讨。

9月12日 滨海—中关村协同创新展示中心正式对外开放。集中展示首批入驻的36家科技创新企业的最新科技成果和产品，对专业人士、高校以及企业开放预约参观，不定期组织公众开放日对市民开放。

9月13日 由中国航空工业集团公司和天津市人民政府共同主办，航空工业直升机公司承办的“2017中国直升机发展论坛”在天津空港经济区举行。论坛以“‘军民融合、一带一路’引领通航产业大发展”为主题。

9月14日 科技部与天津市人民政府在北京 就省部共建食品营养与安全国家重点实验室建设工作进行专题协商。

是日 国网天津电科院组织开展2017年华北地区电力科技信息工作研讨交流活动。来自华北地区6家电科院的科技信息专业代表围绕深度推进华北区域科技信息工作、提升科技信息业务水平、研究科技信息工作模式等进行经验交流。

9月15日 全国双创活动周天津分会场在空港经济区拉开帷幕，对空港经济区第四届创业大赛获奖项目进行颁奖。空港经济区主会场同期举办创新创业成果展示交易会。展会汇集空港经济区、东丽区、高新区等各类科技创新企业200余家，展品涉及激光、3D打印、智能制造、无人机、机器视觉、虚拟现实/增强现实、人工智能、语音识别等众多科技创新的热门领域。

9月16日 天津市开展以“创新驱动发展，科学破除愚昧”为主题的全国科普日活动。其中，全市性重点活动和基层重点活动共159项，3D打印、VR、AR、人工智能等高科技与市民“零距离”接触。

9月17~19日 由天津市种子行业协会、天津市作物学会联合主办的首届天津种子大会暨种业科技院士论坛召开。大会设立商务洽谈区、现货交易区和地展展示区3个功能区，开展种业科技论坛、商贸洽谈、种植展示示范、种子现货销售等形式多样的活动。

9月19日 为落实全国科技创新大会精神，推动京津冀协同创新发展，由北京市科委牵头的创新券京津冀对接会召开。会议讨论建立共同支持互相衔接的创新券合作机制。

9月25日 由天津市教育委员会、河北省教育厅主办的京津冀科技成果转化暨利津循环经济产业园区“产学研”研讨会在天津理工大学举办。与会领导、专家和企业负责人结合自身研究特色和园区现状，分别就循环经济成果转化、检验检疫、生态环境保护等方面成果做展示交流。

是日 京津冀青少年航空航天教育研讨会在滨海新区举办，对京津冀三地青少年科技教育合作框架协议内容进行了商议。

是日 天津创真金属科技有限公司与张学良教育基金会签订捐赠协议，捐赠20万元设立“东北大学创真教育基金”。该基金用于设立“材料科学与工程学院创真奖学金”“材料科学与工程学院创真助学金”以及相关活动的日常管理。

9月26日 由天津市北辰区人民政府主办的“2017

中国（天津北辰）直通硅谷创新创业大赛”举行。

9月26～27日　由中国OLED产业联盟再度联合全球显示行业学协会组织的“2017中国国际OLED产业大会”在中新天津生态城举办。大会以“OLED——开创显示产业新格局”为主题，涵盖“国内到国际”“从产业链的上游到下游”“从玻璃到柔性”和“产、学、研、政、经”五位一体等四大特点，打造高端论坛、高峰访谈、精品展览和OLED之夜暨行业评优颁奖四大版块。

9月27日　京津冀大数据联盟天津工作委员会、天津市大数据联盟成立大会召开。旨在搭建为行业提供集“资讯交流”“技术合作”“供需对接”“服务集成”于一体的全方位资源平台，以推进大数据、智能化技术的实际应用为核心目标，推动大数据健康快速发展，促进天津市大数据实现产业化。

9月28日　“2017京津冀协同发展创新驱动峰会暨京津冀影响力品牌发布仪式”在天津市滨海新区开幕。由天津市滨海新区人民政府和天津市海洋局主办，天津临港经济区管委会、泰富重装集团有限公司和天津振威展览股份有限公司承办，大会以“创新与匠心”为主题。

10月

10月9日　国家电网天津公司发布《国网天津电力科信部关于发布公司科技攻关团队的通知》。该公司“信息通信与大数据科技攻关团队”获批天津公司科技攻关团队。

10月14～15日　第十六届全国青年材料科学技术研讨会在天津大学召开。来自全国近200个高校、科研单位和企业共800余名材料学科代表参加。

10月16日　南开大学与天津市属12家三甲医院签署协议，确立战略合作关系，在医疗技术服务、科研平台建设、教学研究改革、医学人才培养等方面紧密对接，深度融合。该合作是全国医学教育改革发展工作会议召开和国务院《关于深化医教协同进一步推进医学教育改革与发展的意见》发布后，第一个中管高校与省级所属地方医院建立的医、教、研全方位协同联盟。

10月17日　由科技部国际合作司主办，中国科学技术交流中心、天津市科学技术委员会组织实施的发展中国家技术培训班项目——2017年大型现代化水泥生产技术培训班在天津水泥工业设计研究院有限公司开班。来自9个发展中国家的25名学员参加培训，旨在提高发展中国家的科技水平、科研能力建设和产业技术进步。

10月19日　天津电力牵头完成的“智慧园区用户侧能源信息融合与高效利用关键技术及工程应用”项目成果，获2017年度国网公司科技进步一等奖。该奖项是天津电力获得的首个国网公司级科技进步一等奖。

是日　国家食品药品监督管理局批准“重组埃博拉病毒疫苗（腺病毒载体）”的新药注册申请。该疫苗由中国独立研发、具有完全自主知识产权的创新性重组疫苗产品，由军事医学科学院生物工程研究所和天津开发区的康希诺生物股份公司联合研发，该公司年产三亿剂疫苗产品的生产基地已经落成。

10月24日　“创启未来”2017国际青年科技创业大赛天津城市赛举办。创业大赛以“创新驱动”国家战略为方向，以全球化视野为指引，着眼世界前沿科技和高端人才，着力增强科技驱动发展新动力，提升自主创新能力。

10月26日　天津大学与科技部高技术中心“煤炭清洁高效利用和新型节能技术”重点专项办公室在天津联合召开国家重点研发计划“膜法捕集CO_2技术及工业示范”项目启动会。

是日　由京东集团和牛棚重创共同打造的京东（滨海）云创空间正式落户天津滨海—中关村科技园，重点打造智能机器人、无人机、虚拟现实、增强现实等新兴领域。

10月27日 2017“酒店·金融·科技创新·无边界”产业高峰论坛天津站举行。由麦驰科技主办，一诺加速器、津门投、天津科技金融中心、中银华泰联合承办。

10月31日 天津经济技术开发区（泰达）出台“泰达创新十条”政策，包括：实施创业企业起航工程、实施科技重点企业腾飞工程、实施高新技术企业培育工程、实施创新能力提升工程、实施重点科技领域突破工程、实施创业投资引导工程、实施融资环境优化工程、实施股改上市助推工程、实施知识产权强区工程、实施科技服务体系建设工程。

11月

11月2日 《天津市“一带一路”科技创新合作行动计划（2017～2020年）》出台。天津市坚持引进来和走出去并重，全面发挥科技合作对共建“一带一路”的支撑引领作用，通过深化科技人文交流、共建联合实验室（研究中心）、支持科技园区合作发展、实施国际技术转移四项重点任务。

11月3日 京津冀三地科学技术协会共同举办京津冀科学技术协会科技成果转化项目推介会，发布30项重大产业集成、转型升级促进和成果转移对接三大类优秀科技成果项目。该活动由京津冀三地科学技术协会和天津市东丽区政府联合主办，中关村天合科技成果转化促进中心与东丽区科委和东丽区科协联合承办，北京环球英才交流促进会、北京电子电器协会、北京能源协会、中关村虚拟现实产业协会和北京中关村海外科技园有限责任公司联合协办。

11月7日 天津大学—天津经济技术开发区科技合作洽谈会在天津大学北洋园校区行政服务中心举行。

11月7～8日 第九届中国工业生物技术发展高峰论坛暨第二届中国生物工业投资大会在天津市空港经济区举办。论坛以“创新驱动绿色发展”为主题，聚焦新生物学与工业生物技术研究热点，设立“合成生物技术”“酶工程与生物催化”“细胞工厂”“生物计算与设计”和“高通量筛选装备与技术”五大技术主题。设立创新先锋奖、科技转化奖、绿色企业奖，发布《中国工业生物技术白皮书暨中国生物工业投资分析报告2017》和《“一带一路”沿线国家生物技术发展报告》。

11月10日 全国政协副主席、科技部部长、中国科协主席万钢一行到天津大学调研指导。实地考察天津大学科技创新及产业化工作，调研天津大学智能电网教育部重点实验室的建设情况，对天津大学的定位布局及工作进展给予肯定。

11月11～26日 由天津市滨海新区人民政府主办、北京科技报社（北青传媒）和滨海新区商务委承办的2017（天津）智慧城市科技酷品展暨智趣嘉年华举行。展会集中全国范围内40件最具代表性的科技产品，着重突出“航天强国”和“智慧社会”两方面智能科技要素。

11月11日 节水灌溉产业技术创新战略联盟会议暨节水科技产业融智创新发展论坛在天津举行。

是日 由天津科技大学承办，CCFYOCSEF天津、天津临港园区运营管理有限公司共同协办的人工智能创新论坛在天津科技大学滨海校区召开。来自南开大学、大连理工大学、西南财经大学、天津科技大学等高校的多位专家学者和临港人工智能领域企业代表100余人参加论坛。

11月14～15日 青海省科技厅一行到天津调研考察科技援青工作，就贯彻落实科技部等部门印发的《“十三五”科技援青规划》进行座谈交流。访问天津大学，进一步推进天津大学与青海省全面合作。

11月16～21日 第十九届中国国际高新技术成果交易会在深圳市会展中心举行。天津科技展团共有23项高科技项目参展，秉承“聚焦创新驱动 提升供给质量”的高交会主题，通过成果展示、经贸交流、洽谈合作等方式，全方位展示天津市落实京津冀协同发展战略引进的高水平项目、在智能装备等重点产业的重大创新产品、国家自主创新示范区的创新成就等内容。天津联汇制造科技发展有限公司的“工业智能机器人AIR-行动者系列”、天津知时捷科技发展有限公司的“智能立体停车设备”、河北工业大学的“新型智能移乘护理机器人”、天津吉玄节能技术股份有限公司的“磁屏蔽式套筒永磁调速器”、天津科技大学的“生活污水一体化处理净化槽集成技术”、天津晨祥丰凯新材料科技有限公司的“碳气凝胶新材料”、天津中环电子照明科技有限公司的“QD-LED封装产品”等一批高科技产品和创新创业大赛获奖项目获好评。

11月17日~18日 第八届中国（天津滨海）国际生态城市论坛暨全国智慧城市合作大会在天津市滨海新区滨海一号酒店会议中心举行。

11月19日 “2017京津冀智能科技产业论坛暨北京大学第四届京津冀创新创业论坛”在天津举行，旨在汇聚政、商、学界三方力量，同台探讨京津冀协同发展、促进创新创业的有效路径。该论坛以京津冀智能科技产业发展为主题，深度聚焦“智能科技”领域，邀请来自国家信息中心、北京大学、南开大学、科大讯飞等政、学、商界的知名学者、科技领头人和企业高管，深度探讨京津冀智能科技产业发展的战略规划和发展路径。

11月20日 由泰达科技集团、中信海洋直升机股份有限公司、一飞智控（天津）科技有限公司联合打造的中国北方首个大型无人机专业试飞基地在天津开发区签约建设。试飞基地由天津开发区、央企中信海直和一飞智控无人机公司三家共同建设。该基地依托中信海直塘沽机场，基地试飞场地半径5公里，高度空域600米，可基本满足国内目前的大型无人机测试飞行需求。

11月23日 以“携手曙光，成就梦想”为主题的2017中科曙光技术创新全国巡展来到天津，天津市工业和信息化委员、天津市科学技术委员会、天津市滨海新区工业和信息化委员会、天津市滨海新区科学技术委员会、天津市滨海高新技术产业开发区管理委等负责同志出席会议。

11月23~24日 由北京市科学技术研究院、清华大学公共管理学院、天津市科技协作促进会、河北省科学院、保定市人民政府共同主办的第三届百名科研院所领导者创新论坛暨京津冀科研院所联盟成立大会召开。会议得到北京市科学技术委员会、天津市科学技术委员会、河北省科学技术厅的支持，来自京津冀三地近百家科研院所的350多名领导、专家出席大会。

11月24日 由北京市科学技术研究院、清华大学公共管理学院、天津市科技协作促进会、河北省科学院共同发起的京津冀科研院所联盟在河北保定成立。科研院所、高校、企业等91家机构加入。联盟旨在发挥桥梁纽带作用，调动京津冀优质科技资源，打造协同创新服务平台，促进科技与区域经济融合，全面服务京津冀协同发展和雄安新区建设。

是日 “第四届天津市青少年科技创意设计竞赛”静海赛区拉开序幕。赛事由天津市科学技术协会、天津市教育委员会、天津市关心下一代工作委员会联合主办，旨在让青少年在游戏中体验科学知识、感受科学魅力。

11月25日 第三届天津市大学生创新方法应用大赛决赛举行。大赛由天津市科学技术委员会、天津市科学技术协会支持，天津市创新方法推广应用服务中心、天津市科技工作者创新创业服务中心、天津市创造学学会主办。

11月27日 中科院北京分院与天津院市合作座谈会暨中科院北京分院天津创新产业园签约仪式在天津举行。会后举行中科院北京分院天津创新产业园签约仪式。

11月28日 由国网天津市电力公司牵头申报、信通公司联合公司电力调度控制中心、电力科学研究院具体承担的“基于人工智能的电网调度机器人关键技术研究”项目获2017年天津市人工智能科技重大专项立项。

是日 第二届中国创新挑战赛（天津）暨2017第四届泰达创新创业挑战赛决赛在天津开发区举行。天津市科委、滨海新区科委、开发区科技局、开发区团委、泰达科技集团、36氪氪空间、天津明大华中企业孵化器有限公司、中科院Data-Fountain平台出席。

11月30日 由天津市科学技术委员会主办，天津市对外科技交流中心、北方技术交易市场、天津市国际科技合作协会和国际技术转移协作网络（ITTN）共同承办的“智汇天津”2017国际技术转移大会在津举办。大会聚焦新一代信息技术、生物医药、节能环保、新能源新材料和现代农业等重点产业，吸引来自美国、加拿大等9个国家40余位知名专家携带96项技术来津参会，进行160余项次的技术需求与供给对接，达成合作意向50项，签署合作备忘录10项。由科技部和天津同建设的科技外交官技术转移服务平台（international.tten.cn）正式开通。

12月

12月1日 国内首个科技外交官技术转移平台——天津市科技型企业走出去综合服务平台正式启用，标志着天津市科技企业对话海外的“绿色通道”正式启航。

12月5日 百度（滨海）创新中心启动仪式暨2017天津人工智能应用高峰论坛举办，来自天津滨海—中关村科技园管委会、北京中关村科技发展集团、百度创新中心的相关负责人为百度（滨海）创新中心揭幕。百度（滨海）创新中心基于百度云在“人工智能（AI）、大数据（Big Date）、云计算（Cloud Computing）”三位一体的ABC战略布局，赋能天津企业进行技术创新，共同打造属于天津的“AI城市时代”。

是日 科学技术部基础研究司一行考察天津市国家重点实验室建设工作，实地考察南开大学元素有机化学国家重点实验室、药物化学生物学国家重点实验室和天津大学水利工程仿真与安全国家重点实验室。重点听取了天津大学汇报的合成生物学相关技术以及系统生物工程教育部重点实验室的建设情况。

12月5～6日 中国生物发酵产业协会氨基酸分会主办，天津科技大学、中国科学院天津工业微生物技术研究所、梅花生物科技集团股份有限公司和CJ集团承办，宁夏大学协办的2017国际氨基酸产业高峰论坛在天津科技大学召开。

12月7～9日 天津市科协第二届全国企业创新方法大赛全国总决赛举行。大赛由中国科学技术协会主办，中国科协企业创新服务中心和天津市科学技术协会承办。来自全国31个分赛区的150支代表队（项目）、550余人在天津参加总决赛。

12月8日 天津市科学技术委员会、天津滨海高新区管委会联合主办的“百家院所走进天津京津冀协同与创新”系列活动召开，为京津冀及其他地区科研院所间科技交流合作搭建高规格平台。

12月14日 科技部与天津市人民政府联合发文，批准建设“省部共建食品营养与安全国家重点实验室”，这是依托天津地方高校建设的第二个省部共建国家重点实验室。

12月15日 （滨海）海外人才离岸创新创业基地在滨海—中关村科技园揭牌，进一步促进新区海内外人才与智力资源的整合，有利于开发和培育专业服务能力，并通过模式创新和政策支持，促进海外优质创新资源集聚。

12月20日 2017天津创业投资高峰论坛暨天津“浦发杯”创投之星颁奖仪式在天津高新区举办。论坛由天津市科委、北方网主办，天津市发改委、天津市金融局、浦发银行、中丽基金、天津市创业投资发展中心支持，天津市创业投资协会承办，以“聚融津门·创投未来”为主题，汇聚政府相关部门与创投行业专家、创新创业企业，畅谈科技金融与创投发展。

附　录

文件辑录

天津市财政科研项目资金管理办法

津财教〔2017〕72号

2017年12月13日实施

第一章　总　则

第一条　为改革和创新科研项目资金管理方式，更好激发广大科研人员积极性，根据《中共中央办公厅国务院办公厅印发〈关于进一步完善中央财政科研项目资金管理等政策的若干意见〉的通知》（中办发〔2016〕50号）、《中共天津市委办公厅 天津市人民政府办公厅印发〈关于深化体制机制改革释放科技人员活力的意见〉的通知》（津党办发〔2017〕44号）、《天津市人民政府办公厅关于转发市财政局拟定的天津市市级财政专项资金管理暂行办法的通知》（津政办发〔2015〕63号）精神，结合我市实际情况，制定本办法。

第二条　科研项目资金是指市级财政在部门预算中安排的支持科研活动的专项资金，主要用于支持在我市注册登记的、具有独立法人资格的单位开展基础科学与前沿技术研究、科技创新支撑、科技创新引导、创新创业人才培育、创新环境建设、科技研发平台、科技服务平台、科技创业平台等科研活动，以及市委、市人民政府确定的其他科技创新工作。

第三条　项目资金使用和管理原则是：

（一）以人为本，公平公正。以调动科研人员积极性和创造性为出发点和落脚点，强化激励机制，加大激励力度，激发创新创造活力。建立完善公平竞争的项目遴选机制，择优确定和资助项目承担者。

（二）遵循规律，合理配置。按照科研活动规律和财政预算管理要求，完善管理政策，优化管理流程，改进管理方式，适应科研活动实际需要。聚焦国家战略，围绕天津科技发展规划，科学配置创新要素，保障重要科研活动的实施。

（三）放管结合，优化服务。进一步简政放权，扩大高校、科研院所管理权限，为科研人员潜心研究营造良好环境。明确项目资金使用和管理各方的权利和义务，强化项目承担单位法人责任，加强自我约束意识，完善内控机制；建立健全绩效考评和评估监管机制，加强事中事后监管，严肃查处违法违纪问题。

（四）单独核算，专款专用。项目资金应纳入单位财务统一管理，实行单独核算，据实列支，确保专款专用，不得截留、挤占和挪用。

第四条　建立项目资金信用管理机制。市科委对项目承担单位、项目责任人等在项目资金使用和管理工作中的诚信进行记录，作为项目申报、审批、管理等重要依据。

第五条　科研项目资金的使用和管理接受财政、审计部门以及科技主管部门的监督检查。

第二章　职责分工

第六条　市科委是财政科研项目的主管部门，负责专项资金设立调整的前期论证、制定项目管理办法和年度申报指南，与市财政局共同制定资金管理办法，提出预算安排建议、编制资金安排使用计划，负责监督专项资金的使用，以及跟踪检查、绩效自评和信息公开等。

第七条　市财政局负责专项资金设立、调整和撤销的初步审核，会同有关部门制定资金管理办法，组织预算编制，办理资金拨付，实施监督检查和重点绩效评价，以及到期或撤销专项资金的清算等。

第八条　项目承担单位要强化法人责任，对项目负有主体责任，规范资金管理。落实国家及我市有关政策规定，按照权责一致的要求，强化自我约束和自我规范。制定内部管理办法，制定更加灵活的财政科研项目资金管理制度，解决单位内部科研经费预算考核僵化、报销程序繁琐等问题，落实项目预算调剂、间接费用统筹使用、劳务费分配管理、结余资金使用等管理权限。加强预算审核把关，规范财务支出行为，完善内部风险防控机制，强化资金使用绩效评价，保障资金使用安全规范有效。编制申报具体项目资金预算和决算报告，落实单位自筹资金及相关保障条件。

第三章　支持方式和支出范围

第九条　项目资金采用前补助支持方式，前补助支持方式是指项目立项后核定预算，并按照科研项目合同或任务书确定的拨款计划及项目执行进度核拨项目经费的支持方式。

第十条　项目资金的支出范围一般包括直接费用和间接费用两部分。

第十一条　直接费用是指项目实施过程中发生的与之直接相关的费用，主要包括：

（一）设备费。在项目实施过程中购置或试制专用仪器设备，对现有仪器设备进行升级改造，以及租赁外单位仪器设备而发生的费用。市属高校、科研院所使用科研项目资金采购科研仪器设备，可自行组织或委托采购代理机构组织实施，可在我市政府采购评审专家库外自行选定相应专业领域的评审专家；使用横向科研经费采购科研仪器设备的，可以参照上述规定执行。

（二）材料费。在项目实施过程中需要消耗的各种原材料、辅助材料、低值易耗品、元器件、试剂、实验动物、部件、外购件、包装物的采购、运输、装卸、整理等费用。

（三）测试化验加工费。在项目实施过程中由于承担单位自身的技术、工艺和设备等条件的限制，通过委托或与外单位合作等方式，必须支付给外单位（包括项目承担单位内部独立经济核算单位）的检验、测试、设计、化验及加工等费用。测试化验加工费单项超过1万元（含）时，需与协作单位签订相关的合同或协议。

（四）燃料动力费。在项目实施过程中相关大型仪器设备、专用科学装置等运行发生的可以单独计量的水、电、气、燃料消耗费用等。

（五）差旅/会议/国际合作与交流费。在项目实施过程中发生的差旅/会议/国际合作与交流支出，由科研人员结合科研活动实际需要编制预算并按规定统筹安排使用，其中不超过直接费用10%的，不需要提供预算测算依据。

1. 差旅费用是指在项目研究开发过程中开展科学实验（试验）、科学考察、业务调研、学术交流等所发生的外埠（国内）差旅费、市内交通费等费用。项目承担单位根据教学、科研、管理工作实际需要制定差旅费管理办法，合理确定乘坐交通工具等级和住宿费标准。对于难以取得住宿费发票的，项目承担单位在确保真实性的前提下，据实报销城市间交通费，并按规定标准发放伙食补助费和市内交通费。

2. 会议费用是指在项目实施过程中为组织开展学术研讨、咨询论证，以及组织协调项目或课题等活动而发生的会议费用。项目承担单位按照实事求是、精简高效、厉行节约的原则，结合科研需要，确定业务性会议（如学术会议、研讨会、评审会、座谈会、答辩会等）的次数、天数、人数以及会议费开支范围、标准等。会议代表参加会议所发生的城市间交通费，原则上按差旅费管理规定由所在单位报销；因工作需要，邀请国内外专家、学者和有关人员参加会议，对确需负担的城市间交通费、国际旅费，可由主办单位在会议费等费用中报销。

3. 国际合作与交流费用。在项目实施过程中，研究人员出国及外国专家来华开展科学技术交流与合作的费用。国际合作与交流费不纳入“三公”经费统计范围，各项目承担单位对相关出访团组、人次数和经费单独统计。

（六）档案/出版/文献/信息传播/知识产权事务费。在项目实施过程中，需要支付的出版费、资料及印刷费、专用软件购买费、文献检索费、通信费、专利申请及其他知识产权事务等费用。

（七）劳务费。在项目实施过程中支付给项目组成员、因科研项目需要引进的人才以及临时聘用人员的劳务性费用。主要指参与研究的研究生、博士后、访问学者以及项目聘用的研究、科研辅助等非项目承担单位在职人员的劳务费支出。

1. 劳务费开支预算应根据相关人员参与项目的全时工作时间合理编制，对于基础研究类、软科学类和软件开发类等项目，劳务费支出标准应控制在7000元/人月以内；其他类别项目，劳务费支出标准应控制在5000元/人月以内。引进人才以及临时聘用人员的支出标准在不突破该项目劳务费支出总额的前提下，由项目承担单位编制确定。2.项目聘用人员的社会保险补助纳入劳务费科目列支。

（八）专家咨询费。在项目实施过程中支付给临时聘请的咨询专家的费用。专家咨询费不得支付给参与项目研究及其管理相关的工作人员。专家咨询费的开支标准应当按照国家及我市有关规定执行。

（九）其他费用。在项目实施过程中发生的除上述费用之外的其它支出，应当在申请预算时单独列示，单独核定。项目承担单位在编制重大科研项目资金预算时，可在其他费用类别中编报一定比例的不可预见费，由项目负责人负责审批列支不可预见费用支出。

第十二条 间接费用是指项目承担单位在组织实施项目过程中发生的无法在直接费用中列支的相关费用。主要包括项目研究发生的现有仪器设备及房屋摊销费，水、电、气、暖消耗费，有关管理费用的补助支出以及项目承担单位在职人员的相关绩效支出等。

（一）财政科研项目资金中实行公开竞争方式的研发类项目，均要设立间接费用，核定比例可以提高到不超过直接费用扣除设备购置费的一定比例：500万元以下的部分为20%，500万元至1000万元的部分为15%，1000万元以上的部分为13%。

（二）项目承担单位统筹安排间接费用，科学合理地核定间接成本和科研人员的绩效支出。绩效支出应与科研人员在项目工作中的实际贡献挂钩，不计入绩效工资总额。

（三）高校、科研单位科研经费间接费用中的内部机构间成本分摊费用等合理的结算支出，可从承担单位零余额账户划转到单位基本账户。

项目承担单位应当建立健全间接费用的内部管理办法，将间接费用纳入单位财务统一管理，统筹安排使用。承担单位不得在核定的间接费用以外再以任何名义在项目资金中重复提取、列支相关费用。

第十三条 市财政性资金资助的市级自主创新项目计划中的软科学研究项目、软件开发项目、咨询服务类项目以及创新哲学社会科学项目的绩效支出比例，可达项目经费扣除设备购置费后的60%。

第四章 资金管理

第十四条 项目预算包括收入预算和支出预算，收入预算和支出预算应做到收支平衡。收入预算包括财政资金和自筹资金。自筹资金是项目承担单位为项目投入的货币资金。自筹资金的比例或规模结合科研活动特点和项目承担单位的性质，在编制和发布项目指南时明确。支出预算应当按照经费开支范围确定的支出科目和不同经费来源编列。

第十五条 项目下设课题，每个课题承担单位均须按预算编制的要求单独编制各自的课题预算，项目牵头承担单位将所有课题预算审核汇总后形成项目预算。

第十六条 市科委应每年根据工作计划和进度于8月底前发布项目申报指南。

第十七条 市科委应当完善公平竞争的项目遴选机制，通过公开择优、定向择优等方式确定项目承担单位，从受理项目申请到反馈立项结果原则上不超过120个工作日。其中，参与评审专家中一线科研人员的比例应达到75%左右。

项目立项评审过程中，应对项目（含下设课题）进行预算评估评审。预算评估评审应按照我市有关规定执行。

第十八条 项目经审核批准立项后，市科委应当将立项情况及时公布，并组织项目承担单位签订合同和任务书，明确项目预算金额和项目承担单位主体责任等事宜。

第十九条 市科委根据合同和任务书确定的拨款计划及任务实际完成进度向市财政局申请拨款，市财政局按照有关规定拨付经费。

第二十条 项目承担单位应当具备健全的财务制度，以及项目财务管理内控制度，由专职的财务人员负责项目资金的财务核算和管理工作。项目承担单位应当对不同来源的项目资金分别进行单独核算，即在单位适用的会计制度一级科目统括之下，按照本办法规定的项目支出范围设置明细科目，按开支范围与标准执行，并进行会计核算。高校和科研院校采取多种方式在预算编制、经费报销等方面推动建立科研财务助理或专员制度，完善信息管理服务平台，提升科研经费使用管理服务水平。

第二十一条 科研院所、高等学校等事业单位承担项目所发生的会议费、差旅费、材料费和测试化验加工费等，按财政部门相关规定实行银行转账或“公务卡”结算；企业承担的项目，上述支出也应当采用非现金方式结算。

第二十二条 项目承担单位应严格按合同和任务书规定的预算内容执行，确有必要调剂的，应按以下程序办理：

（一）项目预算总额调整、项目承担单位变更等应当报市科委批准。

（二）项目预算总额不变的，按照以下规定处理：

1.设备费预算总额调增、单台/套/件价格在50万元以上设备用途和数量发生调剂的，应当报市科委批准。因项目研究需要，其他设备费预算需要调剂的，由项目责任人根据项目研究需要提出申请，由承担单位法定代表人或其授权的相关负责人负责审批。设备费预算如有调减的，调减的经费可调剂用于直接费用中其他方面的支出。

2.直接费用中的科目预算如需调剂的，由项目责任人根据实施过程中科研活动的实际需要提出申请，由项目承担单位法定代表人或其授权的相关负责人负责审批。

（1）直接费用中材料费、测试化验加工费、燃料动力费、出版／文献／信息传播／知识产权事务费及其他费用由单位根据内部相关制度自行调剂。

（2）劳务费、专家咨询费、差旅/会议/国际合作与交流费预算不得调增，若调减根据内部相关制度调剂用于项目直接费用中其他方面的支出。

3.间接费用预算不得调剂。

第二十三条 在研项目年度结存资金由项目承担单位结转下一年度按规定继续使用。

第二十四条 项目因故终止，承担单位财务部门应及时清理账目与资产，编制财务报告及资产清单，由项目承担单位向市科委提出申请，市科委停拨经费，并组织进行清查处理。

第二十五条 项目完成后，承担单位应按规定向市科委提出验收申请，市科委根据有关规定组织项目验收工作。对财政资金资助达到一定金额或影响重大的项目，市科委应当组织专题财务验收或审计。

第二十六条 项目完成任务目标并通过验收，且承担单位信用评价好的，项目结余资金按规定留归项目承担单位使用，在2年内由项目承担单位统筹安排用于科研活动的直接支出；2年后未使用完的，按规定收回。未通过验收和整改后通过验收的项目，或承担单位信用评价差的，结余资金按原渠道收回。

第五章 监督检查

第二十七条 市财政局、市科委对项目资金使用和实施情况及时进行监督检查和绩效评价，建立健全定期报告制度，检查或评价结果作为安排以后年度项目支出预算的重要参考依据。

第二十八条 项目承担单位在项目（课题）经费使用和管理中，对发生以下违规行为的，按国家有关规定予以处理。

（一）未对项目（课题）资金进行单独核算。

（二）编报虚假预算、套取国家财政资金。

（三）截留、挤占、挪用项目资金。

（四）违反规定转拨、转移项目资金。

（五）未获市科委批准擅自变更项目承担主体。

（六）提供虚假财务会计信息，虚列支出。

（七）虚假承诺配套资金。

（八）未按规定执行和调整预算。

（九）随意调账变动支出、随意修改记账凭证、以表代账应付财务审计和检查。

（十）发生设备购置、租赁，测试、化验、加工，对外合作等事项未按规定签订相关合同或协议。

（十一）其他应当进行处理的违规行为。

第六章 附则

第二十九条 各区可参照本办法制定本级财政科研项目资金管理制度。

第三十条 行政事业单位使用专项经费形成的固定资产属于国有资产，一般由项目承担单位使用和管理。企业使用财政资金形成的资产，按照企业会计准则等有关规定执行。

第三十一条 项目财政资金形成的大型科学

仪器设备、科学数据、自然科技资源等，在保障有关参与单位合法权益的基础上，按照国家和我市有关规定开放共享，以减少重复浪费，提高资源利用效率。

第三十二条　高校、科研院所等单位以市场委托方式取得的横向经费，纳入单位财务专账管理，按照委托方要求或合同约定管理使用，承接横向委托项目的有关收入不纳入绩效工资总额。

第三十三条　高校、科研院所要制定出台差旅费、会议费内部管理办法，其主管部门应对其制定的差旅费和会议费内部管理办法进行工作指导和统筹。

第三十四条　本办法自印发之日起施行，有效期五年。2016年印发的《天津市财政科研项目资金管理办法》（津财教〔2016〕71号）同时废止。

天津市科技计划管理办法

津科计〔2017〕27号

2017年3月13日实施

第一章　总则

第一条　为加快建立以目标和绩效为导向、符合科技创新规律的科技计划管理体制，形成职责规范、科学高效、公开透明的组织管理机制，规范科技计划管理，充分发挥科技计划在提升我市综合竞争力中的支撑作用，根据《国务院关于改进加强中央财政科研项目和资金管理的若干意见》（国发〔2014〕11号）和《国务院印发关于深化中央财政科技计划（专项、基金等）管理改革方案的通知》（国发〔2014〕64号）精神，依据《天津市科学技术进步促进条例》（天津市人民代表大会常务委员会公告第35号），制定本办法。

第二条　天津市科技计划是天津市政府支持科技创新活动的重要方式，由天津市科学技术委员会（以下简称市科委）根据市科技创新发展规划和战略部署，由市财政资金给予支持，通过项目或投融资等形式资助各类主体从事科学技术研究开发及创新相关活动。

天津市科技计划项目是指在天津市科技计划中安排，由单位承担并在一定时间周期内进行的科学技术研究开发及相关活动，以及旨在促进科技进步和创新发展的相关事项。财政支持方式主要包括：前补助、后补助、补贴、奖励等。

投融资是指政府引导出资，通过市场化运作，聚集社会资本为科技企业提供投融资服务。财政支持方式主要包括：参股子基金、参股再担保机构、担保机构及担保风险补偿，以及其他投融资支持方式。

第三条　天津市科技计划管理遵循以下基本原则：

（一）简政放权。突出政府在计划设立与布局、监督与评估，以及资金监管中的重要作用，逐步退出对具体项目的直接管理，充分发挥专家和项目管理服务机构在科技计划具体管理中的作用。

（二）深度融合。科技计划要围绕产业链部署创新链，围绕创新链完善资金链、政策链，加强科技与经济融合。更多运用基金、股权投资等金融工具，加速科技与金融融合。

（三）战略聚焦。重点支持市场不能有效配置资源的基础前沿、社会公益、重大共性关键技术研究等公共科技活动。根据科技创新发展重大战略需求，形成集中力量办大事的新机制。

（四）市场主导。充分发挥市场配置技术创新资源的决定性作用和企业技术创新主体作用，突出成果导向。

（五）动态调整。建立科技计划体系动态调整机制，适应经济社会与科技发展的规律与需求。

第四条 本办法适用于由天津市科委组织实施、管理的科技计划及具体项目（不包括保密项目）。

第二章　科技计划的设立与调整

第五条　市科委根据国家和天津市科技发展战略、科技创新发展规划，结合国民经济和社会发展对科技的需求，设立科技计划。

第六条　天津市科技计划体系的构成与调整由市科委党委会审议决定。

第七条　天津市科技计划体系在保持相对连贯性与稳定性的基础上实施动态调整，科技计划体系的调整意见应根据监督与评估的结果提出。监督与评估的内容主要是科技计划及资源配置的科学性、规范性，重点突出科技计划的实施绩效。

第八条 各类科技计划可根据不同特点，参照本办法制定符合管理需要的实施细则。各类投融资工作应单独制定管理办法。

第三章 科技计划项目的管理与各方职责

第九条 天津市科技计划主要通过项目形式实施。项目管理应明确决策、执行、监督、评估、咨询等各类主体的权利与责任；依托科技计划管理信息平台，推进项目管理全过程的公开、公正、公平；加强监督与评估，不断提高管理效率和财政资金使用效益。

第十条 市科委是天津市科技计划项目的主管部门，主要职责包括：

（一）编制年度科技计划及项目经费预算，发布项目指南并组织申报；

（二）按照《天津市人民政府办公厅转发市财政局关于政府向社会力量购买服务管理办法的通知》（津政办发〔2014〕19号）要求，通过政府采购向项目管理服务机构购买服务，完成科技计划项目的受理、评审、过程管理、验收、监督与评估等具体管理工作，并对项目管理服务机构的工作进行监督与评估；

（三）安排科技计划项目立项、组织科技报告编制以及科技成果管理。

第十一条 项目第一承担单位的上级主管部门或注册地所在区科委（或功能区科技局）是科技计划项目组织单位，主要职责包括：

（一）负责对项目申报、合同签订、实施、调整、验收进行审查；

（二）配合开展相关监督与评估工作。

第十二条 项目第一承担单位是科技计划项目实施的责任主体。项目第一承担单位必须是在天津市注册的独立法人单位，主要职责包括：

（一）负责项目实施的日常管理。指导、督促项目负责人按照要求履行职责。按要求向市科委报送项目执行情况、经费到位及使用情况，编制提交科技报告，并及时报告项目实施中出现的重大事项；

（二）严格管理项目资金使用，开展项目资金使用的内部审计，配合相关部门开展审计工作；

（三）为项目实施提供良好的保障条件，严格履行合同，减少不必要的调整和撤项等情况；

（四）负责建立完备的自查自纠制度，在单位内部公开项目基本信息，严肃处理本单位出现的违规行为；

（五）负责加强知识产权保护，推进知识产权应用，促进技术交易和成果转化；

（六）对于涉及国家科学技术秘密的项目，履行相关保密义务；

（七）按照有关法律法规和相关部门要求，办理实施项目必要的手续并承担项目实施的安全责任；

（八）负责开展科研人员遵规守纪宣传和培训，强化科研人员自律意识和科研诚信。

第十三条 项目负责人的主要职责是：

（一）负责项目申报、实施，按要求完成合同书规定的任务，确保按时结项；

（二）按要求向项目第一承担单位报送项目执行情况、经费到位及使用情况，编制提交科技报告，并及时报告项目实施中出现的重大事项；

（三）负责推进项目产生的科技成果的转化；

（四）弘扬科学精神，恪守科研诚信，强化责任意识，严格遵守科技资金管理的各项规定，自觉接受有关方面的监督。

第十四条 项目管理服务机构是指具有独立法人资格、主要从事科研项目管理工作的企事业单位、社会组织、机构等，是经政府采购程序确定的项目管理相关环节的责任主体，其主要职责包括：

（一）根据政府购买服务的相关要求，按照市财政局有关规定，承担科技计划项目的受理、评审、过程管理、验收、监督评估等具体管理工作；

（二）客观及时地向市科委反映具体管理工作中发现的问题。

第十五条 评审或咨询专家的主要职责包括：

（一）接受市科委委托，对科技计划项目指南编制、调整、监督评估等各环节提出独立、客观、公正的咨询意见和建议；

（二）接受项目管理服务机构委托，对科技计划项目评审、验收、监督评估等各环节提出独立、客观、公正的咨询意见和建议；

（三）尊重项目申报和承担单位的知识产

权，依法保守项目的技术和商业秘密。

第四章　科技计划项目管理流程

第十六条　按照财政支持方式，科技计划项目主要包括前补助类项目和后补助、补贴、奖励类项目。

第十七条　前补助类项目管理程序：

（一）征集项目

根据项目实际情况，可采取公开征集、定向委托等方式征集项目。

1. 公开征集

市科委各类计划主管处室负责各类计划项目的指南编制。项目指南发布前要充分征求科研单位、企业、相关委办局、区县、协会、学会等有关方面意见，并建立由各方参与的项目指南论证机制。项目指南发布前需经市科委主任办公会审议。自指南发布日到项目申报受理截止日，原则上不少于30天。

各科技计划项目申报指南应明确以下内容：

（1）支持的领域方向和内容；

（2）项目申报单位、项目负责人的条件，申报需提交的材料，申报的时间、渠道、方式、要求；

（3）不予受理的范围；

（4）受理单位、地址、联系方式；

（5）评审方式；

（6）财政经费支持的额度或范围、支持的方式、拨付的方式；

2. 定向委托

按照市委市政府的决策与部署，围绕经济社会发展的重大科技需求，由市科委组织整合具有资质和能力的单位进行项目申报。

（二）项目申报

由申报单位委托项目负责人填写项目申报书，申报单位负责申报，上级主管部门负责审核。

（三）项目受理

项目管理服务机构和市科委项目主管处室负责对申报的项目进行审查和受理。

（四）评审专家产生

市科委依托科技专家库，随机抽取项目评审专家，评审专家的产生及职责履行实行保密制度、回避制度、轮换制度和调整制度。

（五）项目评审

由项目管理服务机构负责项目评审工作。评审方式主要包括网络评审、视频答辩评审和会议答辩评审等。网络评审应在线留痕，视频和会议答辩评审应录音录像。

（六）行政决策

市科委项目主管处室根据专家意见提出立项建议，市科委主任办公会审议立项建议，确定拟立项项目。

（七）项目公示

市科委在“天津科技”政务网上对拟立项项目进行公示，公示内容包括项目名称、承担单位、承担人、支持金额等，公示期为7个工作日。

（八）批复立项

市科委对公示无异议的项目批复立项。

（九）预算审核与修订

市科委根据《天津市财政局天津市科学技术委员会天津市教育委员会关于印发天津市财政科研项目资金管理办法的通知》（津财教〔2016〕71号）要求，对公示无异议的项目资金预算进行审核，申报单位根据审核意见对预算进行修订。

（十）合同签订

市科委项目主管处室代表市科委与项目承担单位签订项目合同任务书。

（十一）经费拨付

市科委会同市财政局联文下达科技计划项目经费。财政经费由市财政局负责拨付。

（十二）过程管理

1. 项目监督

项目管理服务机构根据项目所属的类别，分别制定具体管理监督方案，明确管理监督的对象、内容、时间、方式和结果要求等，并协调解决项目实施过程中出现的问题。原则上，市财政支持100万元及以上的项目，项目管理服务机构每年现场监督检查一次；市财政支持100万元以下的项目，每年以不低于10%的比例随机抽取上年立项项目，进行现场监督检查。项目管理服务机构在管理监督工作完成后向市科委提交项目管理监督工作报告。

市科委对过程管理中发现存在问题的项目，责成承担单位限期整改；对于问题严重的项目，终止项目执行。

2. 项目年度自评价

在研项目第一承担单位和项目负责人每年定期按市科委要求，填报“天津市科技计划项目年度执行情况报告”，对项目的实施情况、目标实现情况、成果产出情况、经费支出情况等进行自评价，报告经项目组织单位审核后，报送项目管理服务机构。

市科委将项目自评价完成情况作为项目经费结转的依据。对未按要求进行自评价的项目负责人及项目第一承担单位，纳入失信记录，并采取相应的惩处措施。

3. 项目调整与撤项

项目立项后，应严格按照合同执行。因特殊原因需调整项目合同书相关内容时，项目第一承担单位和项目负责人需向市科委提交书面申请，经市科委审批后方可进行。

项目批复立项后，项目承担单位未实施项目且财政资金未使用的，或项目实施后同意全额退回财政资金的，项目第一承担单位可向市科委提交书面申请，申请项目撤项，经市科委审批后方可进行。

市财政经费支持50万元（含）以上的项目申请调整项目承担单位、项目内容、考核指标，以及申请中止、撤项时，须提请市科委主任办公会审议批准后方可进行。

4. 经费结转

根据项目执行情况，项目主管处提出结转项目及经费额度，市科委会同市财政局办理经费拨付手续。

（十三）项目验收

1. 验收申请

项目第一承担单位在合同到期时，按照相关要求组织验收材料，提交项目管理服务机构，申请验收。

2. 验收组织

项目合同执行期满后，必须进行验收，验收工作须在项目合同执行期满后6个月内完成。原则上，市财政支持10万元（含）以下的项目，由项目管理服务机构组织简化验收，具体验收意见由项目主管处室确定；市财政支持10万元以上的项目，由项目管理服务机构组织专家验收。财务验收按相关办法执行。

无正当理由，项目合同执行期满后1年仍未能验收的，将项目第一承担单位及项目负责人纳入失信记录，并采取相应的惩处措施。

3. 项目评估

拟结项的项目，市财政支持100万元（含）及以上的，必须进行项目事后评估；市财政支持20万元（含）至100万元的，每年以不低于10%的比例随机抽取项目进行事后评估。项目事后评估工作可与项目验收工作相结合。由项目管理服务机构组织专家开展具体工作，主要对项目目标完成情况、产出、效果、影响等进行评估。

（十四）科技报告

项目第一承担单位按照《市科委关于印发天津市科技计划科技报告管理暂行办法的通知》（津科财〔2015〕63号）的要求，按时、按要求提交科技报告。

第十八条 后补助、补贴、奖励类项目管理程序：依照本办法第十七条所述流程，包括项目“预算审核与修订”前的程序及“经费拨付”程序，不包括“预算审核与修订”及其他后续程序。具体管理流程参照各相关管理办法。

第五章 科技计划管理制度

第十九条 科技计划管理实行信息公开制度。

（一）市科委通过官方网站公开科技计划申报指南，以及受理、评审、立项、验收、监督评估、科技报告等管理信息，接受社会监督。

（二）科技计划项目承担单位对项目立项、主要研究人员、资金使用、大型仪器设备购置以及项目研究成果等情况实行内部公开，接受内部监督。

第二十条 科技计划实行信用管理制度。

加强科技计划相关责任主体科研信用管理，完善守信激励和失信惩戒机制。逐步建立并推行覆盖相关责任主体在指南编制、申报、立项、实施、管理、验收和评审评估全过程的科研信用记录制度，对列入严重失信行为记录的责任主体，阶段性或永久取消其申请科技计划或参与实施与管理的资格。加强科研信用体系与其他社会领域信用体系的衔接，实施联合惩戒机制。

第二十一条 科技计划管理实行回避制度。

（一）在立项、资金分配、项目验收、监督评估、争议处理等环节，市科委以及项目管理服务机构有关人员与项目或争议处理存在利益关系的，当事人有义务主动提出声明，并实行回避。

（二）在进行评审、评估、验收等专家咨询活动中，与咨询对象有利益关系的专家应主动申请回避；项目申请单位认为存在回避事由的，可提出回避申请，经市科委审查后，决定是否回避。

（三）项目管理服务机构与科技计划项目承担单位主体之间存在利益关系的，项目管理服务机构应主动声明并实行回避。

第二十二条 科技计划管理实行监督与评估制度。

明确各类科技计划管理不同环节的实施主体和监督主体，采用内部监督和外部监督相结合的方式，由监督主体对实施主体的履职尽责情况进行监督、评价、问责。科技计划评估包括事前评估、事中评估和事后评估三类，评估实施者根据不同类别制订具体评估方案。市科委根据监督与评估的结果，优化调整科技计划管理，并将结果作为承担单位或负责人后续支持的重要依据。

第六章 附则

第二十三条 科技计划项目的资金管理参照《天津市财政局天津市科学技术委员会天津市教育委员会关于印发天津市财政科研项目资金管理办法的通知》（津财教〔2016〕71号）的有关规定执行。

第二十四条 本办法自发布之日起施行，有效期5年。市科委原制定的有关各类科技计划项目管理办法与本办法要求不一致的，按照本办法执行。

第二十五条 本办法由市科委负责解释。

天津市深入推行科技特派员制度行动方案

津科农〔2017〕24号

2017年3月13日实施

为深入贯彻《中共中央、国务院关于深入推进农业供给侧结构性改革加快培育农业农村发展新动能的若干意见》（中发〔2017〕1号）精神，推动农业供给侧结构性改革，激发广大科技特派员创新创业热情，推进农村大众创业、万众创新，促进一二三产业融合发展，按照《国务院办公厅关于深入推行科技特派员制度的若干意见》（国办发〔2016〕32号）、《科技部关于发布〈发展“星创天地”工作指引〉的通知》（国科发农〔2016〕210号）的有关要求，结合我市实际，就进一步引导各类科技创新创业人才和单位整合科技、信息、资金、管理等现代生产要素，深入农村基层一线开展科技创业和服务，与农民建立“风险共担、利益共享”的共同体，推动农村创新创业深入开展，制定本方案。

一、总体要求

（一）总体思路

全面贯彻党的十八大和十八届三中、四中、五中、六中全会精神，按照党中央、国务院决策部署，牢固树立创新、协调、绿色、开放、共享的发展理念，以建设京津冀创新共同体为契机，深入实施创新驱动发展战略，壮大科技特派员队伍，完善科技特派员制度，培育新型农业经营和服务主体，健全农业社会化科技服务体系，推动现代农业全产业链增值和品牌化发展，促进农村一二三产业深度融合，为补齐农业农村短板、促进城乡一体化发展、全面建成小康社会作出贡献。

（二）总体目标

到2020年，围绕10大农业产业链，布局1000名农业科技特派员，示范300项产业融合关键技术，打造5~10个农业产业科技示范园区、20~30家“星创天地”、100个农业产业创新示范基地，帮扶10000家农户加入产业链条，新增100家农业科技型企业、10家规模过亿元科技型企业，形成特派员科技帮扶服务体系和都市农业科技创新体系。

二、重点任务

（一）为农业供给侧结构性改革提供技术支撑

围绕农业供给侧结构性改革的技术难点、科技特派员创业和服务过程中的关键节点，加强农业供给侧研发体系建设，提高农业供给体系质量和效率，引导区政府和社会力量加大投入力度，积极推进农业科技创新，在良种培育、加工贮存、新型肥药、疫病防控、设施农业、农业物联网、食品安全、高效种养等方面取得一批先进实用技术成果，加快科技成果转化推广和产业化，为农业供给侧结构性改革和科技特派员农村科技创业提供技术支撑。

（二）加强农业科技创新载体建设

打造农业农村领域的众创空间——“星创天地”，完善创业服务平台，降低创业门槛和风险，为科技特派员和大学生、返乡下乡人员、农村青年致富带头人、乡土人才等开展农村科技创业营造专业化、便捷化的创业环境。支持科技特派员创办、领办、协办专业合作社、专业技术协会和涉农科技型企业等，围绕农业全产业链开展服务。推进农业科技园区和农业科技创新示范基地建设，发挥各类创新战略联盟作用，加强创新品牌培育，实现技术、信息、金融和产业联动发展。

（三）完善特派员科技帮扶服务体系

以科技特派员为载体，以农业科技创新示范基地为依托，围绕重点帮扶产业，推动创新链与产业的有机融合，建立与产业链需求相匹配、结构合理、管理有序的科技特派员队伍，建立面向农村的技术研发与引进、集成与示范、对接与咨询、培训与指导“四位一体”的服务体系，打造现场对接、观摩培训、网络咨询、入户指导四个科技进村入户的通道，构建公益性与经营性相结合、专项服务与综合服务相协调的特派员科技帮扶服务体系。

（四）加快推动一二三产融合，实现精准扶贫

围绕天津市优势农业产业、特色小镇建设，在林果、水产、花卉、中草药等条件成熟的产业链，将创新链布局到科研、生产、加工、流通等关键环节，优化农业产业结构，实现一二三产融合发展。推动科技特派员团队联合农业科技创新示范基地，围绕产业帮扶难点，农民致富短板，发挥基地在品种、技术、加工、市场方面的优势，创新生产方式、产品形式、商业模式，开展创业式扶贫，加快科技、人才、管理、信息、资本等现代生产要素注入，以科技手段实现精准扶贫，带动农民增收。

三、政策措施

（一）壮大科技特派员队伍

支持高校、院所、农业推广部门和科技型企业的科技人员发挥职业专长，到农村开展创业服务。引导大学生、返乡下乡人员、退伍转业军人、退休技术人员、农村青年、农村妇女等参与农村科技创业。鼓励高校、院所、科技成果转化中介服务机构以及农业科技型企业等各类农业生产经营主体，作为法人科技特派员带动农民创新创业，服务产业和区域发展。利用新农村发展研究院、科技特派员创业培训基地等，通过提供成果对接、创业辅导、技能培训等形式，提高科技特派员创业和服务能力。

（二）完善科技特派员选派政策

普通高校、科研院所、职业学校等事业单位对开展农村科技公益服务的科技特派员，在3到5年时间内实行保留原单位工资福利、岗位、编制和优先晋升职务职称的政策，其工作业绩纳入科技人员考核体系；对深入农村开展科技创业的，在5年时间内保留其人事关系，与原单位其他在岗人员同等享有参加职称评聘、岗位等级晋升和社会保险等方面的权利，期满后可以根据本人意愿选择辞职创业或回原单位工作。结合实施大学生创业引领计划、离校未就业高校毕业生就业促进计划，动员金融机构、社会组织、行业协会、就业人才服务机构和企事业单位，为大学生科技特派员创业提供支持，完善人事、劳动保障代理等服务，对符合规定的要及时纳入社会保险。

（三）健全科技特派员支持机制

鼓励高校、院所通过许可、转让、技术入股等方式支持科技特派员转化科技成果，开展农村科技创业，保障科技特派员取得合法收益。吸引社会资本参与农村科技创业，支持特派员参加农业科技创新创业大赛等赛事。将“天津市大型科学仪器协同开放共享网络”面向科技特派员创办、领办的企业开放，为企业开展科学实验和技术检测提供便利条件。对涉农科技型企业、农民专业合作社、家庭农场等农业经营主体，积极开展创业培训、融资指导等服务。

（四）实施农业科技帮扶提升工程

以现有科技帮扶体系为基础，推动科技帮扶由普惠性帮扶向精准帮扶提升，由优势产业帮扶向特色种植养殖品种深化，由特派员帮农户向特派员帮企业、企业带产业、产业带农户提升。推动科技特派员团队联合农业科技创新示范基地，

围绕产业帮扶难点，农民致富短板，发挥农业科技创新示范基地在品种、技术、加工、资金、市场方面的优势，创新生产方式、产品形式、商业模式，以科技手段实现精准扶贫，带动农民增收和农业科技型企业蓬勃发展。

四、组织实施

（一）强化组织领导

建立健全多部门联合协调工作机制，由各部门分管领导成立工作协调小组，协调小组办公室设在市科委。加强顶层设计、统筹协调和政策配套，形成部门协同、上下联动的组织体系和长效机制，为推行科技特派员制度提供组织保障。各区要将科技特派员工作作为加强区科技工作的重要抓手，结合实际制定本地区推动科技特派员创业的政策措施，抓好督查落实，推动科技特派员工作深入开展。

（二）加大财政投入

统筹市区两级财政资金，加大现有政策和资金渠道支持力度，合理安排专项资金，重点用于科技特派员帮扶、“星创天地”建设、农村创新创业、农业科技园区建设。发挥财政资金的杠杆作用，以创投引导、贷款风险补偿等方式，吸引社会资本、金融机构加入，推动形成支持农村创新创业的多元化、多层次、多渠道的融资机制。

（三）创新服务机制

加强对星火协会的指导，继续实行科技特派员选派制，启动科技特派员登记制。支持星火协会、“星创天地”等社会组织为科技特派员提供电子商务、金融、法律、合作交流等服务。建立完善科技特派员考核评价指标体系和退出机制，实行动态管理。加强对科技特派员工作的动态监测，完善科技特派员统计报告工作。

（四）加强表彰宣传

对作出突出贡献的优秀科技特派员及团队、科技特派员派出单位以及相关组织管理机构等，按照有关规定予以表彰。鼓励社会力量设奖对科技特派员进行奖励。宣传科技特派员农村科技创业的典型事迹和奉献精神，组织开展科技特派员巡讲活动，激励更多的人员、企业和机构踊跃参与科技特派员农村科技创业。

关于企业研究开发费用税前加计扣除项目鉴定有关问题的通知

津国税发〔2017〕59号

2017年6月8日实施

市国税系统各单位（不发车购税分局、天津税校），各地方税务局，各区科委：

为鼓励企业开展研究开发活动和规范企业研究开发费用加计扣除优惠政策执行，规范税前加计扣除项目鉴定工作，根据《财政部 国家税务总局 科学技术部关于完善研究开发费用税前加计扣除政策的通知》（财税〔2015〕119号，以下简称《通知》）第五条规定，结合本市实际，现就企业研发费用税前加计扣除项目鉴定有关问题通知如下：

一、鉴定范围

企业研究开发费用税前加计扣除项目鉴定范围：税务机关与企业对享受加计扣除优惠存在不同意见的研发项目，不包括企业承担的省部级以上科研项目，以及以前年度已鉴定的跨年度研发项目。

二、鉴定管辖

研究开发费用税前加计扣除项目鉴定工作按属地管理原则实施，各区国、地税局转请同一行政区（功能区）科技部门对异议项目实施鉴定工作。市国税、地税局直属局和稽查局转请企业实际经营地行政区（功能区）科技部门对异议项目实施鉴定工作。

三、鉴定内容

（一）享受加计扣除优惠研发项目是否属于《通知》规定的研究开发活动；

（二）享受加计扣除优惠研发项目的研发费用是否属于《通知》规定的归集范围；

（三）享受加计扣除优惠研发项目的人、财、物投入是否合理。

四、鉴定发起

税务机关对企业享受加计扣除优惠的研发项目有异议的，可以转请同级科技部门进行鉴定，同时附送以下资料。

（一）《天津市企业研究开发费用税前加计扣

除申报项目鉴定申请表》(附件1);

(二)企业自主、委托、合作研究开发项目计划书和企业有权部门关于自主、委托、合作研究开发项目立项的决议文件;

(三)企业自主、委托、合作研究开发专门机构或项目组的编制情况和研发人员名单;

(四)企业《研发支出辅助账汇总表》。

五、鉴定组织

科技部门依据税务机关《天津市企业研究开发费用税前加计扣除申报项目鉴定申请表》和有关附件材料，按照财税〔2015〕119号文件要求，组织专家组进行鉴定，并有权要求企业补充完善有关资料。税务机关可以派员参与，就有关疑问向专家质询。

鉴定专家组一般由3至5名技术专家、至少一名财务专家组成。鉴定专家一般从市级专家库中随机抽取，应具备高级职称，具有较高的专业知识水平和实践经验，熟悉鉴定项目的内容以及相关领域的发展状况，并应恪守职业道德，坚持独立、客观、公正、科学的原则。

申请鉴定项目的知识产权应在鉴定中受到保护，参与鉴定人员应按照国家有关保护知识产权的规定和办法执行。

区政府做好对鉴定工作的领导及经费落实，鉴定费用由科技部门通过专项经费列支。

六、出具鉴定意见

科技部门根据专家组鉴定结果，自税务机关提交鉴定资料起30日内出具一式两份的《天津市企业研究开发费用税前加计扣除项目鉴定意见书》(附件2)，一份由科技主管部门留存，一份由税务机关留存。鉴定意见作为企业享受加计扣除优惠的参考依据。

七、鉴定意见的复核

主管税务机关对科技部门出具的鉴定意见存在异议的，由市国税局、市地税局会同市科委研究，市科委可组织专家对鉴定意见进行复核，复核意见经三部门议定后执行。

八、执行时间

本通知适用于2016年度及以后年度企业所得税汇算清缴，《天津市科学技术委员会 天津市国家税务局 天津市地方税务局关于印发〈天津市企业研究开发费用加计扣除项目鉴定办法（试行）〉的通知》(津科政〔2009〕48号)同时废止。

科技型企业股份制改造补贴资金管理办法

津科金〔2017〕116号

2017年8月14日实施

各有关单位:

为深入贯彻落实天津市第十一次党代会精神，进一步发挥好财政资金的引导作用，支持以上市挂牌为目标的科技型企业完成股份制改造、利用资本市场融资发展，现将《市科委市财政局关于修订科技型企业股份制改造补贴资金管理办法的通知》(津科金〔2016〕152号)(以下简称《管理办法》)中部分条款补充通知如下:

一、对《管理办法》第四条补充如下

各区科技主管部门要切实履行职责，做好如下服务:

(一)应通过资料审查、实地走访、座谈、约见企业负责人等方式详细了解股改企业情况，支持符合条件的科技型企业完成股改;

(二)对拟股改的科技型企业提交股改备案申请时，要加强指导，对备案材料的真实性进行初审;

(三)对已完成股改的科技型企业提交的股改补贴申请材料进行初审，指导企业完善、规范申请材料。

二、对《管理办法》第六条补充如下

股改前备案的科技型企业应具有良好的成长性，具备上市挂牌条件，并已制定明确的股改及上市挂牌的计划和时间表。

三、对《管理办法》第十条补充如下

受理机构初审后，可聘请第三方专业机构到企业开展尽职调查，核实企业实际生产经营情况、股改实际发生费用和申报材料的真实性。

四、对《管理办法》第十一条补充如下

市科委组织召开专家评审会，对申请股改补贴的企业进行评审，市财政补贴金额按照股改实际发生费用的50%且不超过30万元确定。存在下列情形的，不予补贴或降低补贴上限：

（一）存在下列情形之一的，不予补贴

1. 提交的补贴申请材料信息不实；

2. 企业成立时间少于一年；

3. 最近一个完整会计年度营业收入低于30万元；

4. 股改前未到市科委委托的受理机构备案；

5. 股改前一年内发生过重大安全与质量事故、严重环境污染事故等重大违法失信行为。

（二）存在下列情形之一的，给予不超过10万元补贴

1. 注册资本低于500万元；

2. 最近一个完整会计年度营业收入低于100万元。

天津市“杀手锏”产品认定补贴办法

津科规〔2017〕3号

2017年10月26日实施

第一章 总 则

第一条 为贯彻落实创新驱动发展战略，深入推进科技型企业创新发展，引导和鼓励科技型企业培育“杀手锏”产品，进一步提升自主创新能力，提高企业产品质量和品牌影响力，特制定本办法。

第二条 “杀手锏”产品是指科技型企业自主开发并已上市销售的、具备“人无我有、人有我优、人优我特”特征的技术水平高、市场潜力大、竞争力强的优质产品。

第三条 市科委负责天津市“杀手锏”产品的认定管理。经认定后，由市和区（或局级主管部门）两级财政给予资金支持。

第二章 认定的标准和程序

第四条 申请“杀手锏”产品认定应满足以下条件：

（一）企业条件

1. 经认定的“天津市科技小巨人企业”，且上年度主营业务收入达到亿元以上；

2. 具有稳定的研发投入，企业上年度研发经费支出占主营业务总收入比重要达到3%以上；

3. 掌握申报产品的关键核心技术，拥有相关自主知识产权；

4. 具有完备的科研项目管理制度、研发投入核算体系和研发人员绩效考核奖励制度，研究开发组织管理水平较高；具有明确的企业创新发展战略和规划。

（二）产品条件

1. 产品须拥有发明专利或稳定性强的实用新型专利群，且技术水平达到国内领先及以上水平；

2. 产品年销售收入达到亿元以上，或者细分市场占有率居国内前三位，且上年度产品销售收入在5000万元以上；

3. 产品必须符合国家和我市“十三五”时期的产业政策，符合当年度产品申报指南；产品须具有执行标准，并通过国家或我市质量技术监督部门资质认定的实验室、检测机构或指定第三方检测机构、国际标准检测组织在中国授权的检测机构的检测；属于国家有特殊行业管理要求的产品，必须具有相关行业主管部门批准颁发的产品生产许可；属于国家实施强制性产品认证的产品，必须通过强制性产品认证。

4. 产品生产制造过程和/或产品本身（材料、结构、器件等）涉及有毒、有害物质等环境污染以及废水、废气、废渣、噪声等环境影响的产品，须经治理达到国家环保标准，提供有关环保检（监）测部门、第三方环保监督检测机构出具的检测报告或证明材料。

第五条 天津市“杀手锏”产品认定程序如下：

（一）申报

市科委发布公开征集通知和申报指南；企业按照要求填写申报系统，准备相关材料；经区（功能区）科技主管部门或局级主管部门初审推荐、市科委审查后，企业自申报系统生成纸质申报材料，加盖申报单位和区（功能区）科技主管部门或局级主管部门公章后报送市科委。

（二）评审

市科委委托相关中介部门组织技术、财务等方面专家进行评审。

（三）认定与发布

1. 市科委根据专家评审结果，提出天津市“杀手锏”产品拟认定名单，并向社会公示。

2. 公示无异议的产品由市科委颁发“天津市‘杀手锏’产品认定证书”。

第三章　支持办法

第六条　对于认定的天津市“杀手锏”产品，作为对企业研发投入后补助，给予不超过100万元的财政资金支持，市和区财政（或局级主管部门）各负担50%，并通过签订研发合同的方式下达支持资金。对已列入市科委科技领军企业培育重大项目、“杀手锏”产品研发项目支持的申报单位，其所申报的“杀手锏”产品只给予认定，不再给予资金支持。

第四章　附　则

第七条　经认定的天津市“杀手锏”产品有下列行为之一的，将取消其认定资格，追回财政补贴资金，并视情况轻重，追究其法律责任：

（一）在申请认定过程中存在严重弄虚作假行为的；

（二）发生重大安全、质量事故或有严重环境违法行为的。

第八条　本办法自颁布之日起执行，有效期至2020年12月31日。

第九条　本办法由市科委负责解释。

天津市重点新产品认定补贴办法

津科规〔2017〕4号

2017年10月26日实施

第一章　总　则

第一条　为贯彻落实创新驱动发展战略，深入推进科技型企业创新发展，引导和鼓励科技型企业积极开发新产品，进一步提升自主创新能力，提高企业产品质量，特制定本办法。

第二条　重点新产品是我市科技型企业自主开发，应用新技术原理、新工艺、新材质、新设计，对原有产品进行实质性改进，显著提高了产品性能、质量或在国内外率先提出技术标准并在国内首次（或首批）开发成功，且在近三年开始上市销售的产品。

第三条　市科委负责天津市重点新产品的认定管理。相关资金由天津市科技型企业发展专项资金列支。

第二章　认定的标准和程序

第四条　申请重点新产品认定的企业和产品应满足以下条件：

（一）企业条件

1. 经认定的“天津市科技型企业”；

2. 企业掌握申报产品的关键核心技术，拥有相关自主知识产权。

（二）产品条件

1. 产品须已进入市场销售并取得销售收入，产品的生产销售应单独核算；

2. 产品须符合国家“十三五”时期的产业政策，符合《天津市重点新产品申报指南》；

3. 产品须具有创新性，拥有自主知识产权，且与产品相关的专利应为近三年授权；

4. 产品须具有执行标准，并在近三年内通过国家或我市质量技术监督部门资质认定的实验室、检测机构或指定第三方检测机构、国际标准检测组织在中国授权的检测机构的检测；属于国家有特殊行业管理要求的产品，必须具有相关行业主管部门批准颁发的产品生产许可；属于国家实施强制性产品认证的产品，必须通过强制性产品认证；

5. 产品生产制造过程和/或产品本身（材料、结构、器件等）涉及有毒、有害物质等环境污染以及废水、废气、废渣、噪声等环境影响的产品，须经治理达到国家环保标准，提供有关环保检（监）测部门、第三方环保监督检测机构出具的检测报告或证明材料。

第五条　天津市重点新产品认定程序如下：

（一）申报

市科委发布公开征集通知和申报指南；企业按照要求填写申报系统，准备相关材料；经区（功能区）科技主管部门或局级主管部门初审推荐、市科委审查后，企业自申报系统生成纸质申报材料，加盖申报单位和区（功能区）科技主管部门或局级主管部门公章后报送市科委。

（二）评审

市科委委托相关中介部门组织技术、财务等方面专家进行评审。

（三）认定与发布

1.市科委根据专家评审结果，提出天津市重点新产品拟认定名单，并向社会公示。

2.公示无异议的产品由市科委颁发“天津市重点新产品认定证书”。

第三章　支持办法

第六条　对于认定的天津市重点新产品，给予市财政资金支持，每项产品补贴金额不超过20万元，通过后补助方式下达补助资金。

第四章　附　则

第七条　经认定的天津市重点新产品有下列行为之一的，将取消其认定资格，追回财政补贴资金，并视情况轻重，追究其法律责任：

（一）在申请认定过程中存在严重弄虚作假行为的；

（二）发生重大安全、质量事故或有严重环境违法行为的。

第八条　本办法自颁布之日起执行，有效期至2020年12月31日。

第九条　本办法由市科委负责解释。

天津市众创空间备案管理与绩效评估办法

津科规〔2017〕1号

2017年6月30日实施

第一章　总　则

第一条　为贯彻落实《国务院办公厅关于加快众创空间发展服务实体经济转型升级的指导意见》（国办发〔2016〕7号）精神，按照科技部关于发展众创空间和专业化众创空间建设工作指引要求，进一步推动我市众创空间健康有序发展，结合我市实际，制定本办法。

第二条　本办法所指众创空间是针对早期创业的新型创业服务平台和重要载体，为创业者提供低成本的工作空间、网络空间、社交空间和资源共享空间，通过创新与创业相结合、线上与线下相结合、孵化与投资相结合，以专业服务推动创业者应用新技术、开发新产品、开拓新市场、培育新业态。专业化众创空间是指聚焦细分产业领域，以推动科技型创新创业、服务于实体经济为宗旨的重要创新创业服务平台，强调服务对象、孵化条件和服务内容的高度专业化，是能够高效配置和集成各类创新要素实现精准孵化，推动龙头骨干企业、中小微企业、科研院所、高校、创客多方协同创新的重要载体。

第三条　支持鼓励企业、投资机构、行业组织等社会力量按照市场化原则投资建设或管理运营众创空间。支持鼓励由龙头骨干企业、科研院所、高校等牵头建设或管理运营专业化众创空间，优化配置技术、装备、资本、市场等创新资源，增加源头技术创新有效供给，与中小微企业、各类创客群体有机结合，为科技型创新创业提供专业化服务。

第四条　市科委、市教委负责天津市众创空间（含专业化众创空间）的备案与绩效评估组织工作。充分发挥行业协会等社会组织作用，采取政府购买服务的方式委托市创业孵化协会、市高校众创空间联盟分别对各区和高校众创空间进行政策辅导、业务指导，并协助开展众创空间备案与绩效评估工作。

第二章　建设条件与备案

第五条　申请备案的众创空间一般应具备以下条件：

（一）发展方向明确，科技创新创业服务特色鲜明，建设或管理运营主体为在我市注册的独立法人机构，并运营满一年以上。

（二）具备完善的运营管理制度，包括项目遴选、毕业或淘汰机制、信息管理和创业导师工作机制等。服务团队和主要负责人要具备一定行业背景、经历和相关行业资源，人员的知识结构、综合素质、业务技能和服务能力能够满足大众创新创业的服务需求。

（三）具备完善的基本服务设施，能够为创新创业者提供一定面积的办公空间，提供免费或低成本的办公条件，提供创业工位50个以上。可自主支配的场地面积，各区众创空间应在500平方米以上（含500平方米），高校众创空间应在200平方米以上（含200平方米），属租赁场地的，租期应不少于5年。

（四）具有完善的服务体系，建立开放式互联网线上平台，整合内外部创新创业资源，开展创业辅导、对接交流、投资路演等多元化线上线下活动，实现资源共享和有效利用。

（五）具备创业投融资服务功能，利用互联网金融、股权众筹融资等方式，加强与天使投资人、创业投资机构的合作，完善投融资模式，吸引社会资本投资初创企业。

（六）聚集与自身场地和服务条件相匹配的一定数量的创客、创业团队和创业企业。专业化众创空间应聚集有专业化的创新创业者，并初步形成良好的创新创业生态。

（七）专业化众创空间还应具备完善的专业化研究开发和产业化条件，具有专业化的研发设计、检验检测等研发、生产设备设施和厂房，并提供符合行业特征专业领域的技术、信息及资源对接等个性化、市场化服务。

第六条 申请备案的众创空间需填报《天津市众创空间备案申请表》（见附件），并按照所属区域报送区科委或所在高校；由区科委或高校负责对申请备案的众创空间进行初审；市科委、市教委组织复审，对复审合格且公示无异议的众创空间进行备案。此前，已经市科委或市教委认定的众创空间，自认定之日起视同为已备案。

第七条 已备案的众创空间，运营期间发生主体或运营场所变更等重大事项的，应及时按程序办理备案变更手续。

第三章 管理与绩效评估

第八条 已备案众创空间及其运营管理机构，应依法依规自觉接受市场监管、税务、人力社保、金融、民政、公安等相关部门的指导和监督。

第九条 各区应加强对辖区内众创空间的日常管理和服务，建立政府部门延伸服务机制，整合各类资源，对众创空间及区域内创业企业、团队和创客给予支持和服务。众创空间孵化的成果、项目优先在本区转化、产业化。

第十条 建立健全信息季度报送制度，已备案众创空间应按要求，填报建设情况和成效信息数据，于每季度末次月5日前分别报送区科委或所在高校；由区科委或高校审核后，于当月10日前分别反馈给市创业孵化协会、市高校众创空间联盟。

第十一条 建立众创空间绩效评估制度。按照公开、透明的原则，市科委、市教委分别对备案满一年的众创空间实施年度绩效评估。

第十二条 绩效评估主要内容包括：

（一）集聚创新创业者情况。成功吸引包括大学生、科技人员等在内的创新创业者以及注册成立创业企业的情况。

（二）提供创新服务情况。提供研发设计、检验检测、技术成果转移转化等技术创新服务的情况。

（三）提供创业投融资服务情况。通过与天使投资人、创业投资机构建立合作的方式为创新创业者提供投融资服务的情况。

（四）开展创业教育培训及创新创业活动情况。建立创业导师队伍和创业实训体系，开展各类公益讲堂、创业论坛、创业培育孵化、创业人才培训等活动的情况。举办投资路演、宣传推介、创业大赛等各类创新创业活动的情况。

（五）强化可持续发展能力建设情况。探索建立市场化的众创空间可持续发展商业模式，建立健全众创空间各项运营管理制度，提升众创空间服务能力和建设发展水平的情况。

（六）专业领域服务情况（侧重于专业化众创空间）。提供符合行业特征专业领域的技术、信息及资源对接等个性化、定制化服务的情况。

（七）其他富有特色的创新创业服务情况。众创空间整合优势资源创新性地为创新创业者提供有效服务，构筑创业孵化链条，搭建国际创新创业平台，促进众创空间依托主体业务转型升级和持续创新等的情况。

第十三条 绩效评估程序

（一）参加评估的众创空间应当对照第十二条内容，报送绩效评估自评材料，由区科委或所在高校进行初评，出具评估意见后，报送市创业孵化协会或市高校众创空间联盟。

（二）市科委、市教委分别委托第三方机构组织专家复评，并公示评估结果。

第十四条 绩效评估结果分为优秀、良好、合格、不合格四档。以三年为一个周期，对新备案的众创空间，首次获评优秀的，一次性给予20万元的财政奖励；累计三年考评优秀的，再给予

30万元财政奖励。奖励资金应专项用于众创空间房屋租赁、网络宽带、设备采购维护、活动组织、运行管理等支出。

第十五条　市科委、市教委组织众创空间绩效评估后，将评估结果函告市财政局。市财政局根据评估结果拨付奖励资金。其中：

（一）对市科委组织绩效评估的各区众创空间，通过国库集中支付方式将奖励资金直接拨付众创空间运营主体。

（二）对市教委组织绩效评估的高校众创空间，按现行资金拨付渠道，将奖励资金分别拨付教育行政主管部门、行业主管部门、高校。其中，教育行政主管部门及时拨付各区或海河教育园区所属的高校众创空间运营商或所在高校；行业主管部门及时拨付所属高校。高校接到奖励资金后，其众创空间运营主体为运营商的，将奖励资金拨付运营商。

第十六条　市财政局会同市科委、市教委对财政奖励资金使用情况进行监督管理，必要时可委托社会中介机构进行审计或评估，确保资金使用安全、高效。

第十七条　对评估结果不合格的给予帮扶指导。连续两年评估结果不合格的，取消其天津市众创空间备案资格。不按规定时间和要求报送绩效评估申报材料的，评估结果为不合格。

第十八条　对于提供虚假申报材料的众创空间，取消其申请备案资格；已备案的，取消其备案资格；已发放奖励的，追回已发放奖励资金，并取消其在今后三年内申请各项财政补助资金资格。对于情节严重的，追究法律责任。

第四章　附　则

第十九条　本办法由市科委、市教委、市财政局按照职责分工负责解释。

第二十条　本办法自印发之日起实行，有效期至2020年12月31日。2015年市科委、市教委印发的《天津市众创空间认定管理办法（试行）》（津科创〔2015〕50号）同时废止。此前已经市科委或市教委认定的众创空间，截至2017年12月31日仍未建立种子基金的，不再按《天津市众创空间种子引导基金管理暂行办法》（津财建一〔2015〕12号）和《天津市发展众创空间补助资金管理暂行办法》（津财建一〔2015〕13号）给予引导基金参股支持和一次性补助。

天津市促进科技成果转化条例

2017年7月26日天津市第十六届
人民代表大会常务委员会
第三十七次会议通过

第一章　总　则

第一条　为了加快实施创新驱动发展战略，促进和规范科技成果转化，加速科学技术进步和创新，推动经济建设和社会发展，根据《中华人民共和国促进科技成果转化法》和其他有关法律、行政法规，结合本市实际情况，制定本条例。

第二条　本市为提高生产力水平而对科技成果所进行的后续试验、开发、应用、推广直至形成新技术、新工艺、新材料、新产品，发展新产业等科技成果转化及相关活动，适用本条例。

第三条　科技成果转化活动应当遵循市场规律和科技创新规律，发挥企业的主体作用，按照自愿、互利、公平、诚信的原则，实施以增加知识价值为导向的激励政策，依法保障实施科技成果转化各方主体权益，激发全社会创新创业活力。科技成果转化活动应当有利于提高经济效益、社会效益和合理利用资源、保护环境。

第四条　市和区人民政府应当加强对科技成果转化工作的领导，将科技成果转化工作纳入国民经济和社会发展规划和年度计划，建立健全科技成果转化市场机制和转化体系。

本市各级人民政府应当加强科技、财政、投资、税收、人才、产业、金融、政府采购、军民融合、知识产权等政策协同，为科技成果转化创造良好环境。

第五条　本市鼓励国内外科技成果在本市实施转化，并予以支持。

单位和个人从事科技成果转化活动，依照国家和本市有关规定享受优惠政策。

第六条　本市积极推进京津冀协同创新发展，加强与京冀科技创新资源的开放共享，共建科技成果转化平台、科技产业园区和技术交易市场联盟、产业技术创新联盟；鼓励企业、研究开发机构和高等院校与京冀等市外创新主体联合建设重点实验室、工程中心等联盟，促进科技成果转化实施。

第二章 政府支持和保障

第七条 市和区人民政府应当对科技成果转化合理安排财政资金投入，积极发挥各类财政资金的引导作用，引导社会资金投入，构建多层次、多渠道投资融资保障体系，推动科技成果转化资金投入的多元化。

第八条 科学技术行政部门应当组织拟定促进科技成果转化的政策措施，管理、指导、协调、服务本市科技成果转化工作。

发展改革、工业、农业、教育、财政、人力社保、知识产权、金融管理等有关行政部门，在各自职责范围内做好促进科技成果转化工作。

第九条 发展改革、工业、农业、教育、科学技术等行政部门，应当改进和完善利用财政资金设立的应用类科技项目和其他相关科技项目的科研组织管理方式，在制定科技规划、计划和编制项目指南时，应当听取相关行业、企业的意见；在组织实施应用类科技项目时，应当明确项目承担者的科技成果转化义务，并将科技成果转化和知识产权创造、运用作为立项和验收的重要内容和依据。

第十条 本市支持天使投资、创业投资等机构投资初创期科技企业和高投入、高风险、高产出的科技成果转化项目。

第十一条 市和区人民政府应当通过政府采购、研究开发资助、发布产业技术指导目录、示范推广、后补助等方式，优先安排和重点扶持下列科技成果转化项目：

（一）对经济发展和行业技术进步有显著促进作用的；

（二）技术含量高、市场容量大，对形成高新技术产业有明显效果的；

（三）能够改造和替代落后技术、工艺和装备的；

（四）能够合理开发和利用资源、节约能源、降低消耗以及防治环境污染、保护生态、提高应对气候变化和防灾减灾能力的；

（五）能够改善民生和提高公共健康水平的；

（六）能够促进现代农业或者农村经济发展的；

（七）专利技术及其他重大科技成果在本市首次实施转化的；

（八）其他具有显著社会效益的。

第十二条 本市建立和完善促进科技成果转化的信息系统。

市科学技术行政部门应当建立科技成果信息库，向社会公布科技项目实施情况以及科技成果相关信息，提供科技成果信息查询、筛选等公益服务，但不得泄露国家秘密和商业秘密。

市知识产权部门应当完善专利信息服务平台，开展专利信息数据检索、加工和分析，推动专利运用。

市财政部门应当完善行政事业单位资产管理信息系统，规范对科技成果处置、使用和收益管理的统计工作。

科学技术行政部门和其他有关部门，应当为企业获取所需的科技成果信息提供帮助和支持。

第十三条 利用财政资金设立的研究开发机构、高等院校，应当将科技成果和相关知识产权信息汇交到科技成果信息库。

鼓励利用非财政资金设立的科技项目的承担者，将科技成果和相关知识产权信息汇交到科技成果信息库。

第十四条 利用财政资金设立的科技项目的承担者，应当按照规定及时向科学技术行政部门提交相关科技报告。

鼓励利用非财政资金设立的科技项目的承担者提交相关科技报告。科学技术行政部门应当提供方便。

第十五条 本市鼓励农业科研机构、农业企业、农业试验示范单位独立或者与其他单位合作实施农业科技成果转化，为农业生产提供产前、产中、产后综合配套技术服务。

第三章 研究开发机构和高等院校

第十六条 研究开发机构、高等院校应当完善科技成果转化管理制度，优化科技成果转化流程，加强科技成果转化工作的专业化建设。

第十七条 利用财政资金设立的研究开发机

构、高等院校中的科技人员经单位同意，可以采取离岗、兼职、到企业挂职或者在岗创业等方式从事科技成果转化活动。

科技人员离岗创业的，应当与单位签订离岗协议，对离岗创业事项、离岗期限、工资福利、社会保险、收益分配、成果归属等进行约定。

科技人员兼职或者在岗创业期间，应当完成本职工作，履行岗位职责，就兼职期限、保密、知识产权保护、收益分配、后续成果归属等与单位进行约定。

科技人员兼职或者离岗从事科技成果转化活动期间，不得损害或者侵占本单位合法权益。

第十八条 研究开发机构、高等院校可以设置一定比例的流动岗位，引进有创新实践经验的企业家和企业科技人员兼职从事教学和科研工作。

第十九条 研究开发机构、高等院校的主管部门以及财政、科学技术等相关行政部门，应当建立有利于促进科技成果转化的绩效考核评价体系，将科技成果转化情况作为对研究开发机构、高等院校考核评价、科研资金支持的重要内容和依据，并对科技成果转化绩效突出的相关单位加大科研资金支持。

研究开发机构、高等院校应当将科技成果转化的产值、利润等经济效益和吸纳就业、节约资源、保护环境等社会效益，作为科技人员职称评聘的重要内容。

在科技成果转化中做出重大贡献的科技人员，可以直接申报高级职称。

第二十条 利用财政资金设立的研究开发机构、高等院校对其持有的科技成果，可以自主决定采取转让、许可或者作价投资等方式实施转化。

第二十一条 利用财政资金设立的研究开发机构、高等院校转移其持有的科技成果，应当通过协议定价、在技术交易市场挂牌交易、拍卖等方式确定价格。通过协议定价的，应当在本单位公示科技成果名称、拟交易价格。公示时间不少于十五日。

第二十二条 利用财政资金设立的研究开发机构、高等院校转化科技成果所获得的收入全部留归本单位，由本单位按照国家和本市有关规定管理和使用。

第二十三条 职务科技成果转化后，科技成果完成单位应当按照本单位的规定或者与科技人员的约定，对完成、转化该项科技成果做出重要贡献的人员给予奖励和报酬。单位未规定、也未与科技人员约定的，按照下列标准执行：

（一）将该项职务科技成果转让、许可给他人实施的，从转让、许可收入扣除相关税费、科技成果维护费、交易过程中的评估费、鉴定费等直接费用后的净收入中，提取不低于百分之五十的比例；

（二）以该项职务科技成果作价投资的，从作价投资取得的股份或者出资比例中，提取不低于百分之五十的比例；

（三）将该项职务科技成果自行实施或者与他人合作实施的，应当在实施转化成功投产后连续三至五年，每年从实施该项科技成果的营业利润中，提取不低于百分之五的比例。

科技成果完成单位在前款规定比例的基础上，根据科技成果转化实际情况，可以自主提高奖励和报酬比例。

第二十四条 利用财政资金设立的研究开发机构、高等院校依照本条例规定，对完成、转化职务科技成果做出重要贡献的人员给予奖励和报酬的支出，纳入本单位统一管理，但不纳入当年本单位绩效工资总额。

国有企业依照本条例规定，对完成、转化职务科技成果做出重要贡献的人员给予奖励和报酬的支出，计入当年本单位工资总额，但不受当年本单位工资总额限制，不纳入本单位工资总额基数。

第二十五条 单位对在研究开发和科技成果转化项目中做出主要贡献的人员给予奖励的份额，应当不低于该项目奖励总额的百分之五十。

第二十六条 在利用财政资金设立的研究开发机构、高等院校中担任领导职务的科技人员，是科技成果的主要完成人或者对科技成果转化做出重要贡献的，可以按照有关规定获得科技成果转化的现金、股权等奖励或者报酬。研究开发机构、高等院校应当将其获得奖励和报酬的情况在本单位公示。

第二十七条 利用财政资金设立的研究开发机构、高等院校和国有企业在实施科技成果转化过程中，通过协议定价、在技术交易市场挂牌交易、拍卖等方式确定科技成果价格后市场价格发生变化的，或者以科技成果对外投资实施转化发生亏损的，其决策程序符合法律、法规、规章规定，且勤勉尽责，未牟取私利的，对单位负责人不作负面评价，免除相关决策责任。

第二十八条 利用财政资金设立的研究开发机构、高等院校应当按照有关规定，在每年第一季度末向其主管部门提交本单位上年度科技成果转化情况报告，说明本单位依法取得的科技成果数量、实施转化情况以及相关收入分配情况，该主管部门审核后按照要求报送市财政部门和市科学技术行政部门。

第四章 企业主体

第二十九条 本市鼓励企业在研究开发方向选择、项目实施和成果应用等方面发挥主体作用，支持企业加大研发投入，建立技术研发机构，开展关键、核心技术研发，承接转化国内外科技成果。

第三十条 本市支持企业加大对科技成果转化的投入，有下列情形之一的，市和区人民政府按照本市有关规定给予财政资金资助、奖励、补贴等政策支持：

（一）承接转化重大创新项目；

（二）承接转化科技成果形成的重点新产品；

（三）与研究开发机构、高等院校合作转化科技成果；

（四）自建或者与研究开发机构、高等院校合作建立重点实验室、工程实验室、工程中心、研发中心、研究院等创新机构；

（五）自建或者与研究开发机构、高等院校合作建立中间试验、工业性试验等科技成果转化平台。

第三十一条 本市鼓励各类企业发挥自身优势，利用老旧厂房、闲置房屋、商业设施等建设众创空间，制定有利于促进科技成果转化的人事管理制度；支持国有企业职工通过兼职或者离岗创业从事科技成果转化活动。

第三十二条 本市鼓励企业建立并完善科技成果转化的奖励机制，利用股权出售、股权奖励、股票期权、项目收益分红、岗位分红等方式激励科技人员开展科技成果转化。

第三十三条 企业为采用新技术、新工艺、新材料、新服务和生产新产品，可以委托专业服务机构征集其所需的科技成果或者征寻科技成果转化的合作者。

第三十四条 本市鼓励企业与研究开发机构、高等院校构建产学研联合体，形成优势互补、利益共享、风险分担的产学研相结合的市场化协同创新机制，通过企业创新联盟、博士后工作站等产学研合作方式，共同开展研究开发、成果应用与推广、标准研究与制定等活动。

第三十五条 本市鼓励各类金融机构开展知识产权质押贷款、股权质押贷款等贷款业务，推进面向科技企业的股权投资和信贷投放相结合的投贷联动，为科技成果转化提供金融支持。

市知识产权等部门对企业的知识产权质押贷款给予政策支持。市科学技术行政部门组织建设科技金融对接平台，为科技企业融资提供服务。

第三十六条 本市鼓励保险机构开发涉及技术转移、自主研发、知识产权等领域的关键设备研发、研发中断、产品质量保证、新产品试用等专属保险产品，推进面向科技企业的保投联动，为科技成果转化提供支持。

第三十七条 本市通过设立政策性担保资金等方式，支持担保机构为科技企业实施科技成果转化提供贷款担保。

第三十八条 本市支持科技企业利用多层次资本市场直接融资，促进科技企业改制上市、挂牌交易，鼓励符合条件的上市科技企业通过增发股份、定向收购等方式扩大资本规模，支持科技企业利用债务融资工具进行科技成果转化的项目融资。

第五章 技术交易和服务

第三十九条 市和区人民政府应当鼓励设立各类科技成果转化专业服务机构，培育和发展技术交易市场，为科技成果转化提供下列服务：

（一）科技成果信息的搜集、筛选、分析、加工；

（二）科技成果的交易代理；

（三）科技成果的价值评估；

（四）科技成果转化人才培训；

（五）科技创业孵化服务；

（六）科技成果转化的其他服务。

第四十条 本市支持创办以科技成果转化为主要内容、专业服务水平高、创新资源配置优、产业辐射带动作用强的科技企业孵化机构。

科技企业孵化机构应当加强服务设施和功能建设，为初创期科技企业科技成果转化提供管理运营、技术研发、检测检验、管理咨询等服务。

第四十一条 技术交易活动应当有利于加速科技成果的转化、应用和推广，遵守法律、法规和有关规定，不得损害国家利益和社会公共利益。

第四十二条 在技术交易活动中，禁止下列行为：

（一）侵犯他人知识产权、技术权益；

（二）窃取、泄露他人技术秘密；

（三）假冒专利技术；

（四）做虚假广告、宣传；

（五）串通招标、投标；

（六）以欺骗、胁迫等手段签订技术合同；

（七）国家法律、法规禁止的其他行为。

第四十三条 从事技术交易的，应当按照《中华人民共和国合同法》的相关规定订立技术合同。

技术合同签订后需要进行认定登记的，技术开发合同的研究开发人、技术转让合同的让与人、技术咨询和技术服务合同的受托人应当向所在地的技术合同登记机构提出认定登记申请。

第四十四条 合作进行科技成果转化的各方，应当就保守技术秘密达成协议。当事人不得违反协议或者违反权利人有关保守技术秘密的要求，披露或者允许他人使用该项技术。

第六章 法律责任

第四十五条 违反本条例规定的行为，相关法律、法规已有规定的，从其规定。

第四十六条 违反本条例规定，利用财政资金设立的科技项目的承担者无正当理由未提交科技报告、未汇交科技成果及相关知识产权信息，或者未按照规定时间开展科技成果转化工作的，由政府有关主管部门、管理机构责令改正；情节严重的，追缴财政资金，予以通报批评、记入科研诚信档案，并禁止其在规定期限内承担利用财政资金设立的科技项目。

第四十七条 单位和个人在技术交易活动中，违反本条例第四十二条规定的，由有关部门依法处理；构成犯罪的，依法追究刑事责任。

第四十八条 科学技术等相关行政部门及其工作人员，在科技成果转化活动中玩忽职守、滥用职权、徇私舞弊或者有其他失职、渎职行为的，由任免机关或者监察机关对直接负责的主管人员和其他直接责任人员依法给予处分；构成犯罪的，依法追究刑事责任。

第七章 附 则

第四十九条 本条例自2017年9月1日起施行。1998年4月14日天津市第十二届人民代表大会常务委员会第四十一次会议通过、2001年12月28日天津市第十三届人民代表大会常务委员会第二十九次会议和2016年3月30日天津市第十六届人民代表大会常务委员会第二十五次会议修正的《天津市促进科技成果转化条例》和2000年11月8日天津市第十三届人民代表大会常务委员会第二十次会议通过、2004年11月12日天津市第十四届人民代表大会常务委员会第十五次会议修正的《天津市促进技术交易条例》同时废止。

关于深化体制机制改革释放科技人员创新活力的意见

津党办发〔2017〕44号

2017年9月17日实施

为深入贯彻习近平总书记系列重要讲话精神和党中央治国理政新理念新思想新战略，特别是习近平总书记在全国科技创新大会、两院院士大会、中国科协第九次全国代表大会上重要讲话精神，认真落实党中央、国务院关于实施创新驱动发展战略的重要决策部署和市第十一次党代会精神，按照市委、市政府工作要求，深化体制机制改革创新，进一步激发科技人员创新活力，制定本意见。

一、健全科技成果转化机制

（一）建立健全依法促进科技成果转化制度。贯彻实施《天津市促进科技成果转化条例》，落实高校和科研院所科技成果使用处置和收益分配自主权，科技成果转化收益全部归单位所有，给予为完成、转化科技成果作出重要贡献的人员不低于50%的奖励；各单位在此基础上可自主提高对科技 人员的奖励比例。担任领导职务的科技人员作为科技成果主 要完成人或对科技成果转化作出重要贡献的，可以按照有关规定获得科技成果转化的现金、股权等奖励或者报酬。（牵头单位：市科委，责任单位：市教委）

（三）加大科技成果转化资金支持力度。统筹现有科技成果转化以及支持科技型企业发展等专项资金，进一步扩大我市创业投资引导基金规模，通过参股方式吸引社会资本设立子基金，支持科技成果转化。充分利用国投京津冀科技成果转化创业投资基金，发挥京津冀结构调整基金作用，加大对符合条件的科技成果转化项目分阶段支持力度。（牵头单位：市科委，责任单位：市财政局）

（四）建立健全科技成果转化容错免责机制。鼓励创新，宽容失败，建立容错免责机制。正确区分合法兼职获利行为、合法科技成果转化收益分配、科技创新探索失败、按实际需要使用科研经费和风险投资正常亏损等与违法违规违纪行为，依法保护科技人员的合法权益。对于在履行应尽义务、没有谋取非法利益的前提下，科技人员在科技成果使用、处置和收益中出现的过错，以纠正为主，不进行责任追究。（责任单位：市教委、市审计局、市国资委、市财政局、市科委）

（六）以产学研结合促进科技成果转化。围绕企业发展重大技术问题，进一步加大产学研结合项目组织实施和支持力度，纳入市级科技计划，提高科技创新对经济增长的贡献率。制定有关科技计划项目成果转化再支持管理暂行办法，对承担市科技计划项目的单位在项目完成后继续推进其所形成科技成果转移转化的，给予资金支持；对完成市科技计划项目时取得具有自主知识产权的科技成果并完成成果转化的项目第一承担单位，择优给予资金补助，或该单位再申报市科技计划项目且符合立项条件的，可适当增加经费资助额度。（牵头单位：市科委，责任单位：市教委）

二、完善科技人才评价机制

（七）创新科技人才分类评价制度。落实我市深化职称制度改革的实施意见，更好发挥职称评价“指挥棒”作用。针对不同人才岗位特征，制定科技人员评价标准，进一步提高评价的科学性和准确性。对基础研究人才以同行学术评价为主，突出代表作、论文等理论成果的权重；对应用研究和 技术开发人才突出市场评价，提高创新能力、创新成果的标 准权重；对科技成果转化人才强调转化效益评价，突出成果转化及其经济和社会效益的标准权重。实行标准应用定期评估制度，不断优化科技人员评价标准体系。充分发挥用人单位主体作用，在人才集中的高校、科研院所推行自主评价办法。积极探索引入国际同行评价、委托第三方专业化机构评价等机制。（牵头单位：市人力社保局，责任单位：市教委、市科委、市卫生计生委）

（八）创新市属高校机构编制管理方式。实行高校人员总量管理制度，制定市属高校人员总量管理试点方案。按照教育部有关生师比标准，依据试点高校办学类型、学科特点、在校生数等，合理确定市属高校人员总量并实行动态调整，纳入总量管理的人员享有事业单位相应待遇和保障。采取打破空编率、提前使用下一年度减员空额、系统内打包统 筹使用等措施，解决市属高校引进科技人才需求。按照办学实际需要，本着精简、效能的原则，市属高校可自主确定教学、科研、行政职能部门等内设机构的设置和人员配备。（牵头单位：市编办，责任单位：市教委、市财政局、市人力社保局）

三、加快转制科研院所改革步伐

（九）改革转制科研院所考评机制。实行转制科研院所分类管理，加大创新能力和服务行业能力的考评指标权重。对符合条件的研发投入超过上年部分，院所工资总额超过上年部分或科研人员工资奖金支出超过上年部分，境内外投资项目中形成的前期尽职调查、企业模式和业态创新转型相关 支出等费用视同年度考核业绩利润，真正解决“吃饭”与创新的矛盾。（牵头单位：市国资委）

（十）支持转制科研院所提升创新能力。支持转制科研院所建立和发展市级工程技术中心，引导其与企业合作共同开发和推广应用产业共性技术，探索“科技研发十创业孵化”的发展模式。积极推动先进制造业与转制科研院所市级工程技术中心开展项目对接，共同组建具有组织创新、协同创新、技术集成特点的产学研用联合体，探索融合创新发展合作新模式。对于依托转制科研院所建立的市级工程技术中心年度考核成绩优秀的，加大科技计划项目和经费支持力度，促进转制科研院所科技创新能力提升。强化与高校合作，推行“专项服务卡”制度，鼓励支持高校为转制科研院所科技人员提供科技文献检索便利。（牵头单位：市科委，责任单位：市工业和信息化委、市教委）

（十一）鼓励转制科研院所等科技型国有企业实施混合所有制改革。优先支持人才资本和技术要素贡献占比较高的转制科研院所、高新技术企业、科技服务型企业开展员工持股试点，在落实国有控股混合所有制企业开展员工持股试点意见的基础上，扩大试点范围和数量。鼓励转制科研院所等科技型企业对本单位科技成果进行产权认定和价值评估，以评估作价的技术成果作为资本参与混合所有制改革，吸引外部战略投资者。支持转制科研院所发挥技术、专利、人才等优势，积极引入大型产业集团实施混合所有制改革，更好发挥转制科研院所创新平台载体作用。（牵头单位：市国资委）

四、有效提升科技人员获得感

（十二）实施导向明确的教学科研人员因公出国（境）管理。鼓励支持教学科研人员广泛参加国际交流与合作，对开展教育教学活动、科学研究、学术访问、出席重要国际学 术会议以及执行国际学术组织履职任务等，因公出国（境）批次数、团组人数、在外停留天数等根据工作实际需要安排，不列入国家工作人员因公出国（境）批次、人次及在外停留天数等计划量化管理范畴。进一步优化审批程序，提高审批效率，对局级以下教学科研人员出访任务的审核、审批不超过2个工作日，因公证照制作不超过2个工作日。加强信息公开，强化服务意识，进一步向申办单位开放出访任务审批、因公证照制作和因公签证签注办理进度的查询权限。（牵头单位：市外办）

（十三）落实国有企业科研人员股权分红政策。进一步完善国有科技型企业自主创新和科技成果转化激励分配机制，指导有关企业拟定股权和分红激励方案，畅通国有企业科研人员股权分红政策实施途径，在市科委所属转制科研院所、市属高校投资的科技企业等国有科技型企业落实科研人员股权分红政策，实现激励政策全覆盖。（牵头单位：市财 政局，责任单位：市科委、市教委）

五、改革科研经费使用管理方式

（十四）完善“项目制”科研组织模式。完善科技发展规划、科技计划指南编制和科技计划项目评估等工作机制，支持企业投入和组织实施科技创新、成果转化项目，建立健全以目标和绩效为导向、以市场为导向、符合科技创新规律的“科研项目制”管理体制，使科技计划更好地适应创新环境和创新主体变化。（牵头单位：市科委）

（十五）赋予高校和科研单位更多财务自主权。高校、科研单位科研经费间接费用中的内部机构间成本分摊费用等合理的结算支出，可从承担单位零余额账户划转到单位基本账户。项目实施过程中科研人员发生的差旅、会议、国际合作与交流支出，由科研人员结合科技活动实际需要编制预算并按本单位规定统筹使用。在研项目年度结存资金可由项目 承担单位结转下年，按规定继续使用，承担单位信用评价较好的，项目结余资金2年内可统筹用于科研活动直接支出。市属高校、科研院所使用科研项目资金采购科研仪器设备，可自行组织或委托采购代理机构组织实施，可在我市政府采购评审专家库外自行选定相应专业领域的评审专家；使用横向科研经费采购科研仪器设备的，可以参照上述规定执行。（牵头单位：市财政局）

（十六）探索科研经费管理创新。财政科研项目资金中列支的国际合作与交流费不纳入“三公”经费统计范围，各单位对相关出访团组、人次数和经费单独统计。项目单位在编制重大科研项目资金预算时，可在其他费用类别中编报一定比例的不可预见费，由项目负责人负责审批列支不可预见费用支出。市财政性资金资助的市级自主创新项目计划中的软科学研究项目、软件开发项目、咨询服务类项目以及创新哲学社会科学项目的绩效支出比例，可达项目经费扣除设备购置费后的60%，绩效支出安排与科技人员在项目工作中实际贡献挂钩。以项目绩效为导向，探索科研经费由过程管 理向绩效管理转变，试行奖励补助机制。(牵头单位：市财政局)

（十七）提升科研经费使用管理服务水平。改变以“资金管理”为导向的科研经费管理制度，建立由科技人员充分参与的财务管理制度，破除科研经费使用过程中的行政化倾向。加强财政科研项目资金管理办法的宣传和解读，推动高校和科研院所在预算编制、经费报销等方面建立科研财务助 理或专员制度，支持建立“互联网+”信息管理服务平台，让科技人员更加专注科技创新。(牵头单位：市教委，责任 单位：市财政局、市科委)

六、营造识才爱才引才用才良好环境

（十八）健全高端人才激励机制。对引进的国内外高端人才，按层次、贡献加大财政奖励力度，改善其工作和生活条件，支持科研立项与配套、团队建设及研修培训等。引进的高端人才参加有影响的国际学术交流活动并发表创新成果的，市财政给予专项补贴。邀请来津参加学术交流、讲学、咨询的诺贝尔奖获得者、院士等高端人才，给予咨询费等专项补贴。加大对我市高校博士后科研流动站和工作站的资助力度，出站后与我市用人单位签订3年及以上工作协议（合同）的博士后人员（非在职），给予一次性安家费补贴。(牵头单位：市人才办，责任单位：市人力社保局、市财政局、市科委、市教委)

（十九）完善高端人才配套政策。探索建立高校、科研院所高端人才学术休假制度，符合相关条件的，可享受一定期限的带薪学术休假。支持符合条件、贡献突出的外籍人才申办永久居留资格。支持引进的高端人才在津购买首套自住住房。符合条件的外籍人才在缴存、提取住房公积金方面与 我市居民享受同等待遇。放宽对聘用外籍人才和引进急需高端人才年龄限制。对引进的高端人才，其配偶、子女可直接落户市级人才公寓，子女可按要求安排入学入园。(牵头单位：市人才办，责任单位：市人力社保局、市教委、市财政局、市国土房管局)

（二十）支持科研人员离岗创业。科研人员离岗创业期限最长为5年，期间原单位应当为其保留档案和人事关系， 工龄连续计算，档案工资正常晋升，社会保险费仍按原渠道 缴存，缴费基数参照原单位同类人员确定。离岗创业科研人员既可通过原单位也可通过创业单位参评职称，在创业单位 的成果可以作为参评职称的业绩。离岗创业期满，科研人员愿意回到原单位工作的，原单位应当按照现有职称与其订立聘用合同。(牵头单位：市人力社保局，责任单位：市教委、市科委)

（二十一）完善人才政策落实机制。全面梳理现有人才政策，进一步加强顶层设计，提升政策系统性、协调性，努力形成具有天津特色的人才政策法规体系。加强党委对科技人才工作的领导，充分发挥人才工作领导小组作用，制定党委联系服务专家制度，协调解决政策落实中的困难和问题。深入实施“千企万人”支持计划，增加专项资金投入，支持企业依托创新平台加大科技人才培养力度。构建人才政策权威发布平台，为科技人员提供更加便利的政策服务。加强督促检查，确保各项政策落地生根，释放科技人员创新活力。(牵头单位：市人才办，责任单位：市人力社保局、市教委、市科委、市财政局)

（二十二）加强科技创新宣传引导。建立健全新闻发布制度，加强对市委、市政府重大科技战略、重大任务部署、重要政策措施的宣传报道和解读。充分发挥我市和中央驻津各类媒体作用，深入挖掘科技创新创业典型，以专家和典型访谈、人物专栏、综述报道、走进直播间等多种形式，发挥典型引路和激励作用，弘扬科学精神和创新精神，营造创新 创业的社会氛围。(牵头单位：市委宣传部，责任单位：市科委)

天津市“一带一路”科技创新合作行动计划(2017～2020年)

津科规〔2017〕5号

2017年11月2日实施

为深入贯彻习近平总书记2017年“一带一路”国际合作高峰论坛主旨演讲精神，进一步落实科技部《“一带一路”科技创新行动计划》、

《天津市人民政府办公厅关于印发天津市参与丝绸之路经济带和21世纪海上丝绸之路建设行动方案的通知》（津政办发〔2017〕36号）、《天津市人民政府办公厅关于加快实施企业“走出去”战略促进对外投资合作健康有序发展行动方案（2017—2020年）的通知》（津政办发〔2017〕91号）要求，发挥天津地处“一带一路”交汇点区位优势，主动参与国家新时期的全方位对外开放格局，切实发挥科技创新在推进“一带一路”建设中的支撑和引领作用，推动全市开放型创新体系建设，支撑我市“一基地三区”战略定位实现，特制定以下行动计划。

一、指导思想

深入贯彻习近平总书记系列重要讲话精神，以及党的十八大、十九大会议精神，认真落实市委十届十次、十一次全会部署，以“一带一路”建设为重点，坚持引进来和走出去并重，遵循共商共建共享原则，加强创新能力开放合作，以全面发挥科技合作对共建“一带一路”的支撑引领作用为主线，通过深化科技人文交流、共建联合实验室（研究中心）、支持科技园区合作发展、实施国际技术转移四项重点任务，打造创新要素流动畅通、科技设施相互连通、创新链条相互融合、人才交流渠道顺通的创新共同体，为我市构建全方位、多层次、宽领域的开放型经济新体系、全面建成全球一流的创新型城市提供有力支撑。

二、工作目标

到2020年，坚持引进来与走出去并重，健全与“一带一路”沿线重点国家、区域和城市的国际科技合作新机制，形成国际科技创新合作新局面。

深化科技人文交流：提高与沿线国家科技人文交流的规模与质量，形成多层次、多元化的科技人文交流机制。重点支持500人次左右的海外科学家来津从事短期科研工作，培训沿线国家科研及管理人员、我市国际化人才500人次。

共建联合实验室（研究中心）：鼓励我市高校、科研院所和科技型企业与沿线国家相关机构合作，构建长期稳定的合作关系，提升沿线国家的科技能力。重点支持100家左右的中外联合实验室（研究中心）、海外研发机构、海外技术推广中心建设。

推动科技园区合作：鼓励多层次创新主体与沿线国家科技园区开展创新要素对接，推动一批园区国际创新生态系统建设，依托海外科技园区为科技型企业进入海外市场搭建平台、拓展渠道。

开展国际技术转移：支持我市技术转移机构与“一带一路”沿线国家共建技术转移中心，构建“一带一路”技术转移协作网络。重点支持50家左右的国际技术转移中心建设，推动海外先进技术引进、我市优质技术推广重点项目100项以上。

三、重点任务

（一）实施“一带一路”科技人文交流行动

1.实施科技人才共同培养计划

实施科技部“发展中国家杰出青年科学家来华工作计划”；面向沿线国家的科研及管理人员，举办适用技术及科技管理培训班；鼓励中外科技人员互访交流，联合培养复合型、实用型国际化人才。

2.搭建国际科技合作综合服务平台

发挥我市科技外交官服务平台作用，加强与沿线国家重点区域科技创新政策沟通；加强“一带一路”国际科技合作资源信息交流共享；加强对外科技合作渠道拓展。

3.开展多元化科技人文交流与活动

构建“一带一路”科技创新合作联盟，凝聚沿线国家高端智力资源；支持引进国际组织和科技民间组织，加强沿线国家民间科技组织之间的交流合作；组织策划以“一带一路”为主题的重大国际科技交流活动。

（二）实施“一带一路”联合实验室行动

1.共建联合研发机构

支持我市高校、科研院所和科技型企业与沿线国家相关机构以合资、合作的方式在我市建设联合实验室或研究中心；支持我市有条件的科技型企业以独资新建、收购兼并、合资合作等方式，在海外设立研发机构或技术推广中心。

2.推动联合实验室（研究中心）水平提升

支持联合实验室（研究中心）结合自身发展和沿线国家需求，提升高水平科学研究能力、科技成果应用与转化能力、国际化人才培养能力、实验室国际化运行与管理能力。

3.加强科研设施“共建共享”

积极推动天津市国际科技合作基地与沿线国家相关机构科研设施的“共建共享”；支持我市各类科技创新机构的科研设施向沿线国家开放。

（三）实施“一带一路”科技园区合作行动

1.共建国际科技合作园区

推动中欧先进制造产业园等一批国际科技园区建设；鼓励我市有能力的科技园区，在沿线国家建设研发及产业化示范园区，输出科技园区建设运营的新理念、新路径、新模式。

2.支持国际化创新创业服务体系建设

借助自由贸易试验区、自主创新示范区国际化人才、金融政策优势，开展科技成果转化等创新创业活动；吸引境外创业投资机构，培育具备对接国际创新资源能力的众创空间、创客工场、众包平台等一批新型创新创业服务机构，促进跨境、跨界、跨文化的协同创新。

3.推动科技园区多层次创新主体对接交流

支持企业与沿线国家科技园区内的高科技企业、研发机构、行业组织等，开展技术研发项目对接与合作；支持我市各类科技园区加入国际科技园协会（IASP）等国际园区组织；积极吸引沿线国家的产业联盟、行业协会等重要组织机构在津设立分支机构。

（四）实施“一带一路”技术转移行动

1.支持国际技术转移中心建设

充分发挥天津市科技成果转化交易市场的作用，聚集一批跨国技术转移服务机构；支持一批国际技术转移中心建设，构建“一带一路”技术转移协作联盟，促进与沿线国家间先进适用技术转移。

2.支持高端创新项目和机构落地

支持企业引进海外先进技术项目并落地转化；鼓励与国际知名实验室、研发机构等开展技术联合研发；积极吸引外资研发机构、隐形冠军企业等落户。

3.支持优势产能与技术成果输出

支持拥有自主优势技术和产品的高校、科研院所和科技型企业，开展先进技术在“一带一路”沿线国家的适用性研究和示范应用；推动高端技术、产品、标准和工程服务“走出去”，带动沿线国家产业结构升级。

四、保障措施

（一）强化组织领导

在天津市“一带一路”工作领导小组的统筹指导下，成立由市科委分管领导兼任组长的技术国际合作工作组，并在国际合作处设立联络工作办公室，统筹推动实施，根据重点任务拟定推动计划及督促检查方案，全面支撑天津市“一带一路”建设实施方案的落实。

（二）推进方案实施

根据行动重点制定任务时间表和路线图。形成市科委与市发展改革委、市商务委等相关部门在天津科技创新领域参与“一带一路”建设方面的定期沟通交流机制，以年度为时间节点，由技术国际合作工作组向市领导小组进行情况汇报，并提出工作推动、政策完善等方面的意见建议。

（三）制定支持政策

设立《天津市“一带一路”科技创新合作专项》，用于支持共建联合实验室（研究中心）、设立海外研发机构或技术推广中心；支持共建国际科技合作园区及园区国际化能力提升；支持开展技术引进、输出及联合研发；支持国际技术转移中心建设、国际科技合作基地能力提升等。

（四）完善人才支撑

完善人才国际化政策，支持沿线国家杰出青年来津交流，建立沿线国家科学家联盟。促进企业管理人才、科技人才往来便利化，建立与国际接轨的人才管理制度。充分利用我市科技外交官服务平台，发挥科技外交官作用，推动建立我市与沿线国家各类人才跨境交流机制。

天津市技术转移体系建设方案

津科规〔2017〕9号

2017年12月27日实施

技术转移体系是促进科技成果持续产生，推动科技成果扩散、流动、共享、应用并实现经济与社会价值的生态系统。建设和完善我市技术转移体系，对于促进科技成果资本化产业化、提升我市创新体系整体效能、激发全社会创新创业活力、促进科技与经济紧密结合具有重要意义。市委、市政府高度重视技术转移工作。改革开放以来，我市科技成果持续产出，技术市场有序发展，技术交易日趋活跃，但也面临技术转移链条不畅、人才队伍不强、体制机制不健全等问题，迫切需要加强系统设计，构建符合科技创新规律、技术转移规律和产业发展规律的技术转移体系，全面提升科技供给与转移扩散能力，推动科技成果加快转化为经济社会发展的现实动力。为深入落实《国务院关于印发国家技术转移体系建设方案的通知》（国发〔2017〕44号）文件精神，促进《天津市促进科技成果转化条例》（津人发〔2017〕24号）实施，制定本方案。

一、总体要求

（一）指导思想

全面贯彻落实党的十九大精神和习近平新时代中国特色社会主义思想，以及对天津工作“三个着力”重要要求，按照市十一次党代会“建设五个现代化天津”的总体目标，全面落实《中华人民共和国促进科技成果转化法》和《国家技术转移体系建设方案》，抓住用好京津冀协同发展、自主创新示范区建设等重大国家战略机遇，牢固树立和贯彻落实新发展理念，深入实施创新驱动发展战略，激发创新主体活力，加强技术供需对接，优化要素配置，与国家建设统一开放技术市场的要求对标对表，完善政策环境，发挥技术转移对提升科技创新能力、促进经济社会发展的重要作用，为加快建设全国先进制造研发基地和具有国际影响力的产业创新中心提供有力支撑。

（二）基本原则

——市场主导，政府推动。发挥市场在促进技术转移中的决定性作用，强化市场加快科学技术渗透扩散、促进创新要素优化配置等功能。政府注重抓战略、抓规划、抓政策、抓服务，为技术转移营造良好环境。

——改革牵引，创新机制。遵循技术转移规律，把握开放式、网络化、非线性创新范式的新特征，探索灵活多样的技术转移体制机制，调动各类创新主体和技术转移载体的积极性。

——问题导向，聚焦关键。聚焦技术转移体系的薄弱环节和转移转化中的关键症结，提出有针对性、可操作的政策措施，补齐技术转移短板，打通技术转移链条。

——纵横联动，强化协同。推进京津冀技术转移体系协同，加强军用与民用融合、国际与国内联通，整合各方资源，实现各区、各部门、各行业技术转移工作的衔接配套。

（三）发展目标

到2020年，适应新形势和京津冀协同发展要求的天津市技术转移体系基本建成，互联互通的技术市场初步形成，市场化的技术转移机构、专业化的技术转移人才队伍发展壮大，技术、资本、人才等创新要素有机融合，技术转移渠道更加畅通，面向“一带一路”沿线国家等的国际技术转移广泛开展，有利于科技成果资本化、产业化的体制机制基本建立，打造枢纽型技术交易网络平台，成为国家技术转移体系的重要组成部分。争创国家科技成果转移转化示范区。

到2025年，结构合理、功能完善、体制健全、运行高效的天津市技术转移体系全面建成，技术市场充分发育，各类创新主体高效协同互动，技术转移体制机制更加健全，科技成果的扩散、流动、共享、应用更加顺畅。

（四）体系布局

建设和完善天津市技术转移体系是一项系统工程，要着眼于构建高效协同的创新体系，从技术转移的全过程、全链条、全要素出发，从基础架构、转移通道、支撑保障三个方面进行系统布局。

——基础架构。发挥企业、高校、科研院所等创新主体在推动技术转移中的重要作用，以统一开放的技术市场为纽带，以技术转移机构和人才为支撑，加强科技成果有效供给与转化应用，推动形成紧密互动的技术转移网络，构建技术转移体系的“四梁八柱”。

——转移通道。通过科研人员创新创业以及跨军民、跨区域、跨国界技术转移，增强技术转移体系的辐射和扩散功能，推动科技成果有序流动、高效配置，引导技术与人才、资本、企业、产业有机融合，加快新技术、新产品、新模式的广泛渗透与应用。

——支撑保障。强化投融资、知识产权等服务，营造有利于技术转移的政策环境，确保技术转移体系高效运转。

二、优化技术转移体系基础架构

（五）激发创新主体技术转移活力

强化需求导向的科技成果供给。发挥企业在市场导向类科技项目研发投入和组织实施中的主体作用，在制定科技规划、计划和编制项目指南时，听取相关行业、企业的意见；在组织实施应用类科技项目时，应当明确项目承担者的科技成果转化义务，并将科技成果转化和知识产权创造、运用作为立项和验收的重要内容和依据。完善“沿途下蛋”机制，拉近成果与市场的距离。引导高校和科研院所结合发展定位，紧贴市场需求，开展技术创新与转移转化活动；强化高校、科研院所科技成果转化情况年度报告的汇交和使用。

促进产学研协同技术转移。鼓励企业与研究开发机构、高等院校构建产学研联合体，形成优势互补、利益共享、风险分担的产学研相结合的市场化协同创新机制。发挥国家级、市级各类创新平台载体作用，推动重大关键技术转移扩散。依托企业、高校、科研院所建设一批聚焦细分领域、功能完备的科技成果中试、熟化基地，推广技术成熟度评价，促进技术成果规模化应用。推动领军企业创新联盟建设，以技术交叉许可、建立专利池、参与重大科技专项组织等方式促进技术转移扩散。加快发展新型研发机构，探索共性技术研发和技术转移的新机制。充分发挥学会、学会联合体、行业协会、研究会等社会组织和联合体的优势，依托产学研协同共同体推动技术转移。

面向经济社会发展急需领域推动技术转移。围绕环境治理、精准扶贫、人口健康、公共安全等社会民生领域的重大科技需求，发挥临床医学研究中心等公益性技术转移平台作用，发布公益性技术成果指导目录，开展示范推广应用，让人民群众共享先进科技成果。聚焦高端装备、新一代信息技术、航空航天、生物医药与健康、新能源、新材料等领域，加强技术供需对接，加快推动重大科技成果转化应用。瞄准人工智能等覆盖面大、经济效益明显的重点领域，加强关键共性技术推广应用，促进产业转型升级。面向农业农村经济社会发展科技需求，充分发挥公益性农技推广机构为主、社会化服务组织为补充的“一主多元”农技推广体系作用，引导农业科研机构、农业企业、农业试验示范单位实施农业科技成果转化。（责任单位：市科委、市教委、市科协、市工业和信息化委、市知识产权局、市农委）

（六）建设统一开放的技术市场

构建互联互通的技术交易网络。建设枢纽型技术交易网络平台，以“互联网+云服务”的方式，集聚成果、资金、人才、服务、政策等创新要素，线上联通全国技术交易网络，线下连接高校、科研院所、科技型企业、技术转移服务机构，开展线上线下相结合的技术交易活动，以自创区“一区二十一园”为成果转化承载体，实现科技成果展示、交易、转化“三位一体”市场化运营。

加快发展技术市场。培育发展功能完善、辐射作用强的全市性技术交易市场，健全互联互通的区域性、行业性技术交易平台。推动技术市场与资本市场联动融合，拓宽各类资本参与技术转移投资、流转和退出的渠道。

提升技术转移服务水平。将国家技术转移服务规范进行宣贯，引导技术转移机构标准化、规范化服务，完善符合科技成果交易特点的市场化定价机制，明确科技成果拍卖、在技术交易市场挂牌交易、协议成交信息公示等操作流程。落实国家技术转移服务业专项统计制度，完善技术合同认定规则与登记管理办法。（责任单位：市科委、市统计局、各区政府）

（七）发展技术转移机构

强化政府引导与服务。强化天津市技术转移管理机构作用，市区两级联动，加强对我市技术交易市场、技术转移机构发展的统筹、指导、协调，面向全市组织开展财政资助产生的科技成果信息收集、评估、转移服务。培育、认定一批服务能力强、业绩显著、模式明确的示范机构，使其发挥示范带动作用，对技术转移示范机构的能力建设给予支持。

加强高校、科研院所技术转移机构建设。鼓励高校、科研院所建设专业化技术转移机构，加强科技成果的市场开拓、营销推广、售后服务。

创新高校、科研院所技术转移管理和运营机制，建立职务发明披露制度，实行技术经理人聘用制，明确利益分配机制，引导专业人员从事技术转移服务。

加快社会化技术转移机构发展。鼓励生产性企业结合自身实际设立技术转移机构，科学提出技术需求，精准转化先进成果；鼓励各类中介机构为技术转移提供知识产权、法律咨询、资产评估、技术评价等专业服务。引导各类创新主体和技术转移机构联合组建技术转移联盟，强化信息共享与业务合作。（责任单位：市科委、各区政府、市教委、市知识产权局）

（八）壮大专业化技术转移人才队伍

完善多层次的技术转移人才发展机制。加强技术转移管理人员、技术经纪人、技术经理人等人才队伍建设，畅通职业发展和职称晋升通道。支持和鼓励高校、科研院所设置专职从事技术转移工作的创新型岗位，绩效工资分配应当向作出突出贡献的技术转移人员倾斜。鼓励退休专业技术人员从事技术转移服务。统筹适度运用政策引导和市场激励，更多通过市场收益回报科研人员，多渠道鼓励科研人员从事技术转移活动。加强对研发和转化高精尖、国防等科技成果相关人员的政策支持。

加强技术转移人才培养。发挥企业、高校、科研院所等作用，通过项目、基地、教学合作等多种载体和形式吸引海外高层次技术转移人才和团队。鼓励高校和科研院所派出科技特派员，通过帮扶提高技术转移能力。鼓励有条件的高校设立技术转移相关学科或专业，与企业、科研院所、科技社团等建立联合培养机制。将高层次技术转移人才纳入地方和推荐国家高层次人才特殊支持计划。（责任单位：市科委、市教委、市工业和信息化委、市人力社保局）

三、拓宽技术转移通道

（九）依托创新创业促进技术转移

鼓励科研人员创新创业。引导科研人员通过到企业挂职、兼职或在职创办企业以及离岗创业等多种形式，推动科技成果向中小微企业转移。支持高校、科研院所通过设立流动岗位等方式，吸引企业创新创业人才兼职从事教学、科研工作和技术转移工作。引导科研人员面向企业开展技术转让、技术开发、技术服务、技术咨询，横向课题经费按合同约定管理。

强化创新创业载体技术转移功能。聚焦实体经济和优势产业，引导企业、高校、科研院所发展专业化众创空间，依托开源软硬件、3D打印、网络制造等工具建立开放共享的创新平台，为技术概念验证、商业化开发等技术转移活动提供服务支撑。鼓励龙头骨干企业、科技型领军企业开放创新创业资源，支持内部员工创业，吸引集聚外部创业，推动大中小企业跨界融合，引导研发、制造、服务各环节协同创新。优化各类创业孵化载体功能，构建涵盖技术研发、企业孵化、产业化开发的全链条孵化体系。加强农村创新创业载体建设，发挥农业科技特派员引导科技成果向农村农业转移的重要作用。针对国家、行业、企业技术创新需求，通过“揭榜比拼”、“技术难题招标”等“研发众包”模式，面向社会公开征集解决方案或征寻转化合作者。（责任单位：市科委、市教委、市人力社保局、市中小企业局、市国资委）

（十）深化军民科技成果双向转化

加强军民融合科技成果信息互联互通，建立军民技术成果信息交流机制。对接国家军民技术成果公共服务平台，探索军民科技成果评价、信息检索、政策咨询等服务。搭建军民技术供需对接平台，引导优势民品单位进入军品科研、生产领域，推动军民研发资源共享共用。贯彻落实国防科技成果管理相关政策，探索建立军民融合技术转移中心，开展军民融合技术转移机制探索，开展典型成果转移转化示范。（责任单位：市科委、市发展改革委、市工业和信息化委）

（十一）推动科技成果跨区域转移扩散

以京津冀合作为契机，加强创新资源的开放共享，支持共建科技成果转化平台、科技产业园区、技术交易市场联盟、产业技术创新联盟、重点实验室等创新机构，围绕“一基地三区”、自主创新示范区建设，在高端装备、智能制造等经济社会发展急需的领域，推动重大科技成果来津转化，促进产业转型升级。优化对口援助和帮扶机制，开展科技扶贫精准脱贫，推动新品种、新技术、新成果向贫困地区转移转化。建立与国内各技术市场互联互通的技术交易市场，形成市、区、各类科技园区三级技术转移工作网络，加快先进适用科技成果转移转化，推动区域创新驱动发展。（责任单位：市发展改革委、市科委、各区政府）

（十二）拓展国际技术转移空间

加快我市国际化技术转移机构建设，发挥科技型企业走出去综合服务平台的作用，在“一带一路”沿线国家以及欧美发达国家并购或设立研发机构、共建技术转移中心，构建国际化的技术转移协作和信息对接平台，在技术引进、技术孵化、消化吸收、技术输出和人才引进等方面加强国际合作，实现对全球技术资源的整合利用。加强与国外技术转移机构对接，创新合作机制，形成技术双向转移通道。引导我市企业与国外技术转移机构、创业孵化机构、创业投资机构开展合作，开展多种形式的国际技术转移活动，与技术转移国际组织建立常态化交流机制，围绕特定产业领域为企业技术转移搭建展示交流平台。（责任单位：市科委、市商务委、市发展改革委、市人力社保局、市外办）

四、完善政策环境和支撑保障

（十三）树立正确的科技评价导向

推动高校、科研院所完善科研人员分类评价制度，对科技成果转化人才强调转化效益评价，突出成果转化及其经济和社会效益的标准权重。发挥职称评价“指挥棒”作用，在科技成果转化中作出重大贡献的科技人员，可以直接申报高级职称。建立有利于促进科技成果转化的绩效考核评价体系，将科技成果转化情况作为对研究开发机构、高等院校考核评价、科研资金支持的重要内容和依据，并对科技成果转化绩效突出的相关单位加大科研资金支持。（责任单位：市人力社保局、市科委、市教委）

（十四）强化政策衔接配套

健全国有技术类无形资产管理制度，根据科技成果转化特点，优化相关资产评估管理流程，探索通过公示等方式简化备案程序。探索赋予科研人员横向委托项目科技成果所有权或长期使用权，在法律授权前提下开展高校、科研院所等单位与完成人或团队共同拥有职务发明科技成果产权的改革。健全技术创新与标准化互动支撑机制，加快科技成果向技术标准转化。按照强化科技成果转化激励的原则，对高校、科研院所、技术转移机构促进科技成果在我市转化，按照其上年度签订技术交易合同额的一定比例给予资金补助，对于在促进技术转移中做出贡献的技术经纪人等给予资金奖励。统筹研究科技成果转化奖励收入有关税收政策，落实技术交易奖酬金政策和技术转让免税政策。落实国家出口管制制度，加强技术转移安全审查体系建设，切实维护国家安全和核心利益。（责任单位：市国资委、市教委、市科委、市商务委、市财政局、市地税局、市国税局、市市场监管委）

（十五）完善多元化投融资服务

发挥财政资金的引导作用，引导社会资金投入，构建多层次、多渠道投资融资保障体系。引导和支持天使投资、创业投资等机构投资科技企业和高投入、高风险、高产出的科技成果转化项目。支持企业加大对科技成果转化的投入，按规定给予财政资金资助、奖励、补贴等政策支持。支持科技企业利用多层次资本市场直接融资，促进科技企业改制上市、挂牌交易。鼓励各类金融机构开展知识产权质押贷款、股权质押贷款等业务，推进面向科技企业的股权投资和信贷投放相结合的投贷联动，为科技成果转化提供金融支持。鼓励保险机构开发涉及技术转移、自主研发、知识产权等领域的关键设备研发、研发中断、产品质量保证、新产品试用等专属保险产品，推进面向科技企业的保投联动，为科技成果转化提供支持。通过设立政策性担保资金等方式，支持担保机构为科技企业实施科技成果转化提供贷款担保。落实创业投资企业和天使投资个人投向种子期、初创期科技型企业按投资额70%抵扣应纳税所得额的优惠政策。（责任单位：市财政局、市科委、市知识产权局、市金融局、天津银监局、市保监局、人行天津分行、市地税局、市国税局）

（十六）加强知识产权保护和运营

完善适应新经济新模式的知识产权保护，释放激发创新创业动力与活力，加强对技术转移过程中商业秘密的法律保护。发挥知识产权司法保护的主导作用，完善行政执法和司法保护两条途径优势互补、有机衔接的知识产权保护模式，推广技术调查官制度，统一裁判规范标准，改革优化知识产权行政保护体系，提升专利和商标服务能力，提升知识产权质量。（责任单位：市高级人民法院、市知识产权局、市市场监管委）

（十七）强化信息共享和精准对接

实施科技报告和科技成果转化年度报告制度。利用财政资金设立的科技项目要及时提交科技报告，并将科技成果和相关知识产权信息提交天津市科技计划项目管理信息系统。利用财政资金设立的研究开发机构、高等院校应每年向上级主管部门提交本单位上年度科技成果转化年度报告，说明本单位依法取得的科技成果数量、实施转化情况以及相关收入分配情况，各主管部门审核后按照要求报送市科委和市财政局。探索将未按规定及时提交科技报告、科技成果转化报告的单位纳入科技系统诚信体系制度。

建立天津市科技成果信息服务平台，整合现有科技成果信息资源，推动财政科技计划、科技奖励成果信息统一汇交、开放、共享和利用。以需求为导向，鼓励各类机构通过技术交易市场等渠道发布科技成果供需信息，利用大数据、云计算、人工智能等技术开展科技成果信息深度挖掘。建立重点领域科技成果包发布机制，开展科技成果展示与路演活动，促进技术、专家和企业精准对接。（责任单位：市科委、市教委、市财政局）

（十八）营造有利于技术转移的社会氛围

针对技术转移过程中高校、科研院所、国有企业等单位领导履行成果定价决策职责、科技管理人员履行项目立项与管理职责情况下，在实施科技成果转化过程中，按照规定通过协议定价、在技术交易市场挂牌交易、拍卖等方式确定科技成果价格后市场价格发生变化的，或者以科技成果对外投资实施转化发生亏损的，其决策程序符合法律、法规、规章规定，且勤勉尽责，未牟取私利的，对相关人员不作负面评价，免除相关决策责任。完善社会诚信体系，发挥社会舆论作用，营造权利公平、机会公平、规则公平的市场环境。（责任单位：市科委、市教委、市国资委、市市场监管委）

五、强化组织实施

（十九）加强组织领导

建立科技成果转移转化工作协调推进机制，市科委统筹推进天津市技术转移体系建设，各区、各部门要将技术转移体系建设工作纳入重要议事日程，制定工作方案，结合实际抓好组织实施。（责任部门：各区政府、各相关部门）

（二十）抓好政策落实

全面贯彻落实促进技术转移的相关法律法规及配套政策，着重抓好具有标志性、关联性作用的改革举措。加强对政策落实的跟踪监测和效果评估，对已经出台的重大改革和政策措施落实情况及时跟踪、及时检查、及时评估。（责任部门：各区政府、各相关部门）

（二十一）加大资金投入

各区、各部门要充分发挥财政资金对技术转移和成果转化的引导作用，完善投入机制，推进科技金融结合，加大对技术转移机构、信息共享服务平台建设等重点任务的支持力度，形成财政资金与社会资本相结合的多元化投入格局。（责任部门：各区政府、各相关部门）

（二十二）开展监督评估

各区、各部门要定期开展科技成果转移转化工作评估，掌握目标任务完成情况，及时发现和解决问题。市科委适时组织开展第三方评估。加强宣传和政策解读，及时总结推广典型经验做法。（责任部门：各区政府、各相关部门）

天津市深化科技奖励制度改革方案

津政办函〔2017〕92号

2017年8月28日实施

天津市科技奖励制度是市委、市政府落实创新驱动发展战略、激励自主创新、激发人才活力、营造良好创新环境的重要举措，对于提高我市科技创新有效供给能力、加快建设全国领先的创新型城市具有重要意义。为深入贯彻落实全国科技创新大会精神和《国家创新驱动发展战略纲要》，进一步提升我市科技奖励工作的水平和质量，调动广大科技工作者的积极性、创造性，按照《国务院办公厅印发关于深化科技奖励制度改革方案的通知》（国办函〔2017〕55号）要求，结合我市实际，制定本方案。

一、指导思想和基本原则

（一）指导思想。高举中国特色社会主义伟大旗帜，全面贯彻党的十八大和十八届三中、四中、五中、六中全会精神，以邓小平理论、“三个代表”重要思想、科学发展观为指导，深入贯彻习近平总书记系列重要讲话精神和治国理政新理念新思想新战略以及对天津工作“三个着力”重要要求，认真落实党中央、国务院决策部署，认真贯彻市第十一次党代会精神，根据国家科学技术奖励改革方向，围绕实施创新驱动发展战略，优化工作程序，明确职责分工，健全诚信机制，构建既符合科技发展规律又体现天津经济社会发展特色的科技奖励体系，激发全社会创新活力，营造促进大众创业、万众创新的良好氛围，以新应新、创新赢新，加快建设科技创新强市，为建设世界科技强国作出天津贡献。

（二）基本原则。

——服务发展大局。围绕国家战略全局，立足天津“一基地三区”发展定位，改进完善科技奖励工作，调动科技人员积极性、创造性，形成推动科技发展的强劲动力，为提升科技水平、促进创新体系建设、实现创新驱动发展、建设创新型国家服务。

——激励自主创新。以激励自主创新为出发点和落脚点，奖励具有重大国际影响力的科学发现、具有重大原创性的技术发明、具有重大经济社会价值的科技创新成果，奖励高水平科技创新人才，增强科技人员的荣誉感、责任感和使命感，激发创新内生动力。

——突出价值导向。积极培育和践行社会主义核心价值观，鼓励科技人员追求真理、潜心研究、学有所长、研有所专、敢于超越、勇攀高峰。加强科研道德和学风建设，健全科技奖励信用制度，鼓励科技人员争做践行社会诚信、严守学术道德的模范和表率。

——公开公平公正。坚持把公开公平公正作为科技奖励工作的核心，增强提名、评审的学术性，明晰政府部门和评审专家的职责分工，评奖过程公开透明，鼓励学术共同体发挥监督作用，进一步提高科技奖励的公信力和权威性。

——积极稳妥推进。充分考虑改革工作的系统性和复杂性，与国家科技奖励制度改革进程做好衔接，合理设计改革工作的实施步骤，兼顾政府职能转变和社会承接能力的实际情况，超前研究谋划配套制度和规则，积极稳妥推进科技奖励制度改革工作。

二、改革完善天津市科技奖励制度

坚持公开提名、科学评议、公正透明、诚实守信、质量优先、突出功绩、宁缺勿滥，改革完善天津市科技奖励制度，进一步增强学术性、突出导向性、提升权威性、提高公信力、彰显荣誉性。除市人民政府设立的天津市科学技术奖外，我市不再设立由财政出资的科学技术奖。

（一）实行提名制。

改革现行由行政部门下达推荐指标、科技人员申请报奖、推荐单位筛选推荐的方式，实行由专家学者、组织机构、相关部门提名的制度，规范和简化提名程序。

提名者承担推荐、答辩、异议答复等责任，并对相关材料的真实性和准确性负责。

提名者应具备相应的资格条件，遵守提名规则和程序。建立对提名专家、提名机构的信用管理和动态调整机制。

（二）建立定标定额的评审制度。

定标。自然科学奖围绕原创性、公认度和科学价值，技术发明奖围绕首创性、先进性和技术价值，科技进步奖围绕创新性、应用效益和经济社会价值，分类制定以科技创新质量、贡献为导向的评价指标体系。自然科学奖、技术发明奖、科技进步奖（以下统称三大奖）一、二、三等奖项目实行按等级标准提名、独立评审表决的机制。提名者严格依据标准条件提名，说明被提名者的贡献程度及奖项、等级建议。评审专家严格遵照评价标准评审，分别对一等奖、二等奖、三等奖独立投票表决，一等奖评审落选项目不再降格参评二等奖，二等奖评审落选项目不再降格参评三等奖。

定额。大幅减少奖励数量，三大奖总数由不超过300项减少到不超过200项，鼓励科技人员潜心研究。改变现行各奖种及其各领域奖励指标与受理数量按既定比例挂钩的做法，根据我市科研投入产出、科技发展水平等实际状况分别限定三大奖一、二、三等奖的授奖数量，进一步优化奖励结构。

（三）调整奖励对象要求。

三大奖奖励对象由“公民”改为“个人”，同时调整每项获奖成果的授奖人数和单位数要求。

分类确定被提名科技成果的实践检验年限要求，杜绝中间成果评奖，同一成果不得重复报奖。

（四）明晰学科（专业）评审组、评审委员会和政府部门的职责。

学科（专业）评审组和评审委员会履行对候选成果（人）的科技评审职责，对评审结果负责，充分发挥同行专家独立评审的作用。

政府部门负责制定规则、标准和程序，履行对评审活动的组织、服务和监督职能。

（五）增强奖励活动的公开透明度。

向全社会公开奖励政策、评审制度、评审流程和指标数量，对三大奖候选项目及其提名者实行全程公示，接受社会各界特别是科技界监督。

建立科技奖励工作后评估制度，每年天津市科学技术奖励大会后，委托第三方机构对年度奖励工作进行评估，促进科技奖励工作不断完善。

（六）健全科技奖励诚信制度。

完善科学技术奖励监督机制，全程监督科技奖励活动。完善异议处理制度，公开异议举报渠道，规范异议处理流程。建立评审行为准则与督查办法，明确提名者、被提名者、评审专家、组织者等各奖励活动主体应遵守的评审纪律。健全评价责任和信誉制度，实行诚信承诺机制，为各奖励活动主体建立科技奖励诚信档案，纳入科研信用体系。

严惩学术不端。对重复报奖、拼凑“包装”、请托游说评委、跑奖要奖等行为实行一票否决；对造假、剽窃、侵占他人成果等行为“零容忍”，已授奖的撤销奖励；对违反学术道德、评审不公、行为失信的专家，取消评委资格。对违规的责任人和单位，要记入科技奖励诚信档案，视情节轻重予以公开通报、阶段性或永久取消参与天津市科技奖励活动资格等处理；对违纪违法行为，严格依纪依法处理。

（七）强化奖励的荣誉性。

禁止以营利为目的使用天津市科学技术奖名义进行各类营销、宣传等活动。对违规广告行为，一经发现，依法依规予以处理。

合理运用奖励结果。有关部门和评价机构要坚持“物质利益和精神激励相结合、突出精神激励”的原则，适当提高天津市科学技术奖奖金标准，增强获奖科技人员的荣誉感和使命感。通过天津市科技成果展示中心和转化交易平台进一步做好优秀获奖成果的展示和后续转化工作。

强化宣传引导。坚持正确的舆论导向，大力宣传科技拔尖人才、优秀成果、创新企业，弘扬崇尚科学、实事求是、鼓励创新、开放协作的良好社会风尚，激发广大科技工作者的创新热情。

三、鼓励社会力量设立的科学技术奖健康发展

坚持公益化、非营利性原则，引导社会力量设立目标定位准确、专业特色鲜明、遵守国家法规、维护国家安全、严格自律管理的科技奖项，在奖励活动中不得收取任何费用。对于具备一定资金实力和组织保障的奖励，逐步培育若干在全国范围内具有较大影响力的知名奖项。

鼓励学术团体、行业协会、企业、基金会及个人等各种社会力量设立科学技术奖，鼓励民间资金支持科技奖励活动。加强事中事后监管，逐步构建信息公开、行业自律、政府指导、第三方评价、社会监督的有效模式，提升社会力量科技奖励的整体实力和社会美誉度。

四、工作实施

（一）由市科委负责修订《天津市科学技术奖励办法》《天津市科学技术奖励办法实施细则》，并按照程序报请市政府审批，从规章、制度层面贯彻落实科技奖励制度改革精神。

（二）关于天津市科技奖励具体实施工作中的提名规则和程序、分类评价指标体系、奖励数量和类型结构、评审监督、异议处理等问题，由市科委依据国家相关文件精神分别制定具体办法予以落实。

（三）关于鼓励社会力量科技奖励健康发展

问题，由市科委研究制定指导性意见，会同有关方面建立安全审查工作机制。

（四）由市科委会同市委宣传部等部门，进一步加强天津市科技奖励工作宣传报道和舆论引导工作。

天津市全民科学素质行动计划纲要实施方案（2016～2020年）

津政办发〔2017〕28号

2017年2月27日实施

为落实《全民科学素质行动计划纲要（2006-2010-2020年）》（以下简称《科学素质纲要》），根据《国务院办公厅关于印发全民科学素质行动计划纲要实施方案（2016-2020年）的通知》（国办发〔2016〕10号）和《天津市人民政府关于印发天津市国民经济和社会发展第十三个五年规划纲要的通知》（津政发〔2016〕2号），为实现2020年我市全民科学素质工作目标，进一步明确“十三五”期间全民科学素质工作的重点任务和保障措施等，制定如下实施方案。

一、背景和意义

自2006年国务院颁布实施《科学素质纲要》以来，特别是“十二五”期间，我市大力开展全民科学素质建设工作，各区人民政府、有关部门积极落实相关任务，全面完成了中国科协和市人民政府共建协议确定的目标。据调查，2015年我市公民具备基本科学素质的比例达到12%，超额完成市委、市政府确定的10%的目标，远远高于全国6.2%的比例，我市公民科学素质稳步提高并位居全国前列，为实现2020年规划目标奠定了坚实基础。

虽然我市全民科学素质建设取得一定成效，但仍然存在薄弱环节。比如，区域科学素质纲要实施工作发展不均衡，重点人群科学素质差异明显；科普基础工程建设仍需着力推进；科技科普资源有待充分发掘利用；社会科普工作和经费投入亟待加强；全民科学素质工作传播手段亟待创新；科普人才培养力度需要进一步强化。“十三五”时期，是加快实现中央对天津定位、全面建成高质量小康社会的关键时期，进一步加强全民科学素质建设，提升人力资源质量，提高自主创新能力，对于深入实施创新驱动发展战略，全面提升转型升级和发展的质量效益，实现经济社会持续健康发展具有十分重要的意义。

二、指导方针和目标

（一）指导方针。全面贯彻党的十八大和十八届三中、四中、五中、六中全会精神，深入贯彻落实习近平总书记系列重要讲话精神和对天津工作“三个着力”重要要求，牢固树立创新、协调、绿色、开放、共享的发展理念，按照“政府推动、全民参与、提升素质、促进和谐”的方针，立足于中央对天津定位和京津冀协同发展重大国家战略，围绕“践行新发展理念、节约能源资源、保护生态环境、保障安全健康、促进创新创业”的主题，扎实推进我市全民科学素质工作，为推进“五位一体”总体布局和“四个全面”战略布局天津实施筑牢公民科学素质基础，激发全社会创业创新的热情，为建设美丽天津、全面建成高质量小康社会和实现中华民族伟大复兴的中国梦作出新的贡献。

（二）发展目标。充分发挥我市科技、教育和人才资源优势，加快推进《科学素质纲要》实施工作，到2020年，我市科技教育、科学普及和服务创新发展的能力有长足发展，科学理论、科学知识、科学方法、科学思想、科学精神广为传播，创新、协调、绿色、开放、共享的发展理念深入人心，全市公民科学文化素质有较大提升，具备基本科学素质的比例超过16%，继续位于全国前列。

服务创新驱动发展战略，建设创新型城市的积极性明显提高。围绕全民科学素质工作主题，加强对节能减排、防灾减灾、公共安全、健康生活等观念和知识的宣传普及。积极倡导“全民阅读”，构建全民学习和终身学习的现代化教育体系，营造有利于科技创新、商业模式创新、管理服务创新、体制机制创新的社会氛围，创新型人才大量涌现，全社会的创业创新创造活力进一步增强。

广大市民积极参与大众创业、万众创新，提高科学素质的主动性显著增强。引导公众崇尚科学精神，树立科学思想，了解科学知识，掌握科学方法，积极参与大众创业、万众创新，不断提高运用科学知识和方法处理实际问题和参与公共事务的能力。持续推动青少年、城镇劳动者、领导干部和公务员科学素质行动，着力推动农民科学素质行动，以重点人群科学素质行动带动我市全民科学素质的整体提高。

公民科学素质建设的信息化手段广泛应用，科普公共服务能力大幅度提升。树立互联网思维，以“互联网+”为抓手，推动移动互联网、云计算、大数据等与科技教育培训基础工程、社区科普益民工程、科普信息化建设工程、科普基础设施工程、科普产业助力工程有机结合，创新科普表达形式和载体，大力提升科技传播能力，打造互联网时代科普工作新格局。

公民科学素质建设体制机制进一步健全、科普场馆设施不断完善，形成上下联通、横向协同、多元并举的模式。完善共建机制，发挥政府主导作用，统筹协调，积极推动，加大投入。强化社会动员机制，发挥各自优势，密切配合，形成合力。完善科普人才评价政策，鼓励更多专家学者开展科普工作。完善法规政策，鼓励企业、社会组织和个人多元化投入公益性科普事业。

三、重点任务

根据指导方针和目标，“十三五”期间重点开展以下工作：

（一）实施青少年科学素质行动。

1.任务：

完善基础教育阶段的科技教育。开足开齐与科学素养相关的课程，保证课时量，保证实验室达标，实验仪器齐全。鼓励校外资源进校园，融入校园社团活动及素质拓展活动，辅助科学教师培训。通过科普活动的开展，引导学生形成对科学知识的兴趣与爱好。

完善高等教育阶段的科技教育。组织开展多种形式的理论宣讲、大学生科技赛事、科学实践等活动，促进大学生科技类社团的建设，为大学生成长成材创造条件、搭建平台，引导大学生树立科学思想、弘扬科学精神。

健全校内外教育相衔接的有效机制。加快建设校外科普活动场所，就充分利用科技教育资源开展教育教学活动对全市科技辅导员和科普讲解员进行培训。利用公共文化设施、爱国主义教育基地和其他青少年科技教育基地的资源，为校外科技教育服务。充分利用我市雄厚的科普专家资源、大众传媒资源等，推进以青少年为对象的科学传播活动。

加大我市科技后备人才培养力度。继续培养青少年科技创新拔尖人才，利用重要时间节点选树先进典型。充分发挥校园媒体媒介作用，加强公益广告宣传，在青少年中营造科技创新氛围，鼓励青少年积极参与科技创新活动，激发青少年学习科学知识的兴趣，形成普及维度、优选维度和拔尖维度的三维整体培养选拔体系，使我市科技后备人才在质量和数量上再上一个新的台阶，使他们的创新精神、实践能力和整体科学素质明显得到提高。

2.措施：

推进义务教育阶段的科技教育。落实国家课程体系和课程标准，提高与科学素养相关课程的教学质量和效果，帮助学生掌握基本的科学知识与技能，鼓励学生通过参与、体验、实践和动手制作等方式提升科学认知水平。

加强高中阶段的科技教育。切实落实国家科学教育相关课程标准，鼓励学校开设更多优质的科技教育校本课程，并通过开展研究性学习、社区服务和社会实践活动，培养学生的探究能力和敢于创新、善于创造的精神与勇气，使学生的创造潜能和实践能力得到进一步发展。

提升大学阶段的科技教育。通过“挑战杯”中国大学生创业计划竞赛、全国大学生课外学术科技作品竞赛等活动，树立大学生的科学意识，培养科学精神，养成运用科学知识和方法思考、解决问题的习惯。在高校营造大众创业、万众创新的良好氛围，助力大学生自主就业创业。

丰富校内外的科技教育活动。运用校内外资源开展理论超市、青少年科学调查体验活动、青少年科技创意设计竞赛、高校科学营等科学普及类活动，建设环境友好型学校；组织策划科技创新大赛、机器人竞赛等优选类科技竞赛活动，选拔青少年科技人才；在前两者的基础上实施英才计划、“明天小小科学家”奖励活动等拔尖类科技活动，培养更多的创新人才。

营造崇尚科学的校园文化氛围。鼓励中小学校设立科普教育长廊、电子屏、校园科普e站等宣传平台；落实天津市环境教育条例，普及生态环保知识，倡导节约低碳等生活方式；鼓励中小学开展知识产权教育活动；加强珍爱生命、远离毒品和崇尚科学文明、反对愚昧迷信的宣传教育；开展节俭养德全面教育活动、青少年科普阅读活动，组织开展防灾避险应急演练。

3.分工：由市科协、市教委、团市委牵头，市委宣传部、市工业和信息化委、市科委、市人力社保局、市文化广播影视局、市卫生计生委、市环保局、市新闻出版局、市知识产权局、市妇联、市社科联、市社科院参加。

（二）实施农民科学素质行动。

1.任务：

提高农民科学生活的能力。根据城乡发展一体化要求，结合新农村建设和新型城镇化建设，重点开展保护生态环境、节约水资源、保护耕地、防灾减灾，倡导健康卫生、移风易俗和反对愚昧迷信、陈规陋习等内容的宣传教育，增强农民的健康意识，提高农民科学生活的能力；着力提升远郊区农村留守人员特别是农村妇女的科学素质，推动农村形成讲科学、爱科学、学科学、用科学的良好风尚，促进美丽乡村建设和新型农村社区建设。

提高农民运用科技发展农业生产的能力。围绕都市型农业发展布局和新型城镇化整体部署，根据各区功能定位，针对郊区农业发展以及农村劳动力转移的职业技能需求，将推广实用技术与提高农民科学素质结合起来，大幅提升农民保护生态环境、依靠科技发展生产、改善生活和增收致富的能力；发挥农村专业技术协会的示范、指导、引领作用，加强农村农技人员队伍建设，培养有文化、懂技术、会经营的新型农民和农村实用人才。

加强农村科普公共服务能力建设。继续实施科普惠农兴村计划；加强对大学生村官、农技员、种养殖专业户的科普知识培训；完善农村科技教育、传播与普及服务网络体系，为促进我市农业加快发展、推进现代化农业建设提供智力支撑。

2.措施：

健全农村科技教育培训体系。落实农民科学素质教育大纲，发挥农业广播电视学校、农村成人文化教育机构、乡镇文化站、农村中小学、村党员活动室、文化活动室等在农村科技培训中的作用，推动乡村科普橱窗、宣传栏、科普e站等建设，开发和充实适应需求、富有特色的展示教育内容，面向农民大力开展科技教育活动。

继续开展形式多样的农民科技培训。围绕农业科学生产和增效增收，以及农村劳动力转移的职业技能需求，发挥农村专业技术协会的示范、指导、引领作用，加强农村全科农技员队伍建设；鼓励各类农业科技教育机构、组织、企业和其他社会力量参与多元化的农技推广服务，采取农业科技入户、骨干农民研修、农民田间学校、乡土专家培训、农民致富科技服务套餐配送和专项技能培训等有效模式，开展现代农业实用技术和经营管理等方面的就业培训以及各类非农就业的技能培训，着力培养一批有文化、懂技术、会经营的新型农民。

不断提高农民科学生活的能力。继续开展文化科技卫生“三下乡”、科技活动周、全国科普日、社科普及周、理论超市、大学生志愿者千乡万村大型环保科普行动等活动，实施农村妇女科学素质行动，组织农民参加科学素质网络知识竞赛；深入开展保护生态环境、节约水资源、保护耕地、防灾减灾和安全生产等相关科学理念、知识和技能的普及活动，针对农村居民需求和关注的热点问题，重点普及卫生防病知识和科学健身知识，努力提高农民的基本科学素质特别是农村妇女的科学素质，引导农民建立良好的生活习惯和科学的生活方式；深化“双学双比”活动，引领农村妇女依靠科技创新创业。

加强农村科普公共服务能力建设。深入开展全国科普示范区创建活动；继续实施科普惠农兴村计划，结合美丽乡村、新型农村社区建设和乡村旅游业发展，建设一批农村科技、科普示范基地；大力实施农业科技入户示范工程，加强农村基础科普设施建设，推动农村科普信息化建设；发挥乡镇科协、农村专业技术协会和各类农村实用技术培训机构在农技服务中的作用；加强对大学生村官、农技员、种养殖专业户的科普知识培训，发挥其在科普宣传、科技咨询服务中的作用。

3.分工：由市农委、市科协、市妇联牵头，市委组织部、市委宣传部、市工业和信息化委、市教委、市科委、市民委、市财政局、市人力社保局、市文化广播影视局、市卫生计生委、市环保局、市出版局、市安全监管局、市总工会、团市委、市社科联参加。

（三）实施城镇劳动者科学素质行动。

1.任务：

努力提升城镇劳动者的学习能力、职业技能和整体科学素质。重点普及节约资源、保护环境、节能减排、安全生产、健康生活等知识；加强专业技术人员继续教育工作，开展多种形式的职业技能培训、职业技能大赛，培养大批具有良好素质的劳动者大军。

提高城镇劳动者的创新精神和创造能力。结合做大做强战略性新兴产业和经济结构调整优化，通过政策引导、企业扶持、创新培训、营造创新文化氛围等多元途径，努力营造“万众创新”良好氛围，筑强我市创新发展所需的科技创新人才基础。

2.措施：

加强城镇劳动者科技教育培训。加强职工素质建设，重点普及节约资源、保护环境、节能减排、安全生产、健康生活等知识，提升职工科学生产生活能力；鼓励企业开办科普专栏，设立科普橱窗、职工书屋，充分利用有关实验室、产品陈列室等建设科普宣传阵地，鼓励具备条件的企业创建公益性科普教育基地。

开展多种形式的职业技能培训。根据企业用工需求和劳动者的就业需求，组织订单式、定向式培训，提高劳动者职业技能水平；围绕企业自主创新和现代服务业发展需求，以学习能力、职业技术能力和技术创新能力为重点，提高二、三产业从业人员科学素质；加强高技能人才培养，加快培养生产、服务一线急需的技能型人才，特别是培养现代服务业技能型紧缺人才；深入实施妇女巾帼建功活动，广泛开展妇女岗位培训和创业技能培训，激励妇女在工作岗位建功成才；继续组织开展职业技能大赛，鼓励企业职工在工作岗位作出突出成绩。

加强专业技术人员继续教育工作。依托我市科技继续教育体系，举办专业技术人员高级研修班和培训班，开展专业技术人员继续教育工作，促进专业技术人员能力水平和科学素质的全面提升；积极推进科技社团承接政府转移的继续教育职能，充分发挥科技社团在专业技术人员继续教育中的重要作用，帮助专业技术人员开展技术攻关、解决技术难题，参加跨行业、跨学科的学术研讨和技术交流活动，提升专业技术人员的科学素质。

加大科技创新人才培养力度。加强科技创新方法的宣传普及，举办创新理论系列培训，鼓励倡导群众性技术创新和发明；加强“院士专家工作站”建设，影响和带动企业科技人员参与科技创新活动；对企业科技人员实施按专业、定方向的梯次深度培训，服务企业创新需求。

提升来津务工人员科学素质。强化来津务工人员的技能培训和知识普及，针对新生代来津务工人员的需求和特点，广泛开展科普进工地等活动；将相关的科技教育纳入来津务工人员的职业培训体系。

3.分工：由市人力社保局、市总工会牵头，市委宣传部、市工业和信息化委、市教委、市科委、市文化广播影视局、市卫生计生委、市出版局、市安全监管局、市知识产权局、团市委、市妇联、市科协、市社科联参加。

（四）实施领导干部和公务员科学素质行动。

1.任务：

将提高科学素质贯穿于领导干部和公务员的选拔录用、教育培训、综合评价全过程；通过科技教育培训、宣传普及等途径，使领导干部和公务员掌握科技发展动态，充分认识科技对于国民经济和社会发展的支撑和引领作用，增强领导干部科学决策能力；增强公务员终身学习和科学管理能力。

2.措施：

加强领导干部和公务员科技教育培训工作。加强规划，将提高机关干部、公务员和事业单位、国有企业负责人科学素质的内容列入各级干部教育计划；制定学习内容清单，全市各级行政院校和各类干部培训机构要将科技发展最新动态和前沿知识纳入教学内容；充分利用“天津干部在线学习平台”，开发科学知识系列精品课程，组织领导干部和公务员加强自学；依托科研单位和高新企业，建立科技创新现场教学基地。

将提高科学素质作为学习型机关建设的重要内容。鼓励引导领导干部参与科普活动，继续办好公务员大讲堂，举办公务员科学素质知识竞赛；组织参观科研单位和科普场所，了解最新科技发展前沿。

在领导干部和公务员选拔任用中增加对科学素质的考核。按照客观测评和主观测评相结合的原则，在选拔录用、竞争上岗、考察任命、综合评价工作中体现对领导干部和公务员科学素质的评价和要求，突出弘扬科学精神、提倡科学态度、讲究科学方法，增强领导干部和公务员科学素质。

3. 分工：由市委组织部、市人力社保局牵头，市委宣传部、市发展改革委、市工业和信息化委、市教委、市科委、市民委、市财政局、市农委、市文化广播影视局、市卫生计生委、市环保局、市出版局、市安全监管局、市知识产权局、天津警备区政治部、市总工会、团市委、市妇联、市科协、市社科联、市社科院参加。

（五）实施科技教育与培训基础工程。

1. 任务：

加强教师的科学素质建设，提高科技教师的教育水平；加强青少年科技辅导员队伍建设；加强科技教育教材编制；适应时代发展、满足培训要求，改进科技教育教学方法；加强科技教学基础设施建设。

2. 措施：

大力提高教师的科学素质。对在职教师的继续教育培训中增加科技教育内容，开发培训教材，录制培训课程，举办专题研讨会和培训班，提高教师的科学素质水平。

加强青少年科技辅导员队伍建设。依托科普专家、科普志愿者等建立兼职青少年科技辅导员队伍。加强对青少年科技辅导员队伍的培训，提高其科技教育和科学普及的能力。

提高科技教育与培训教材的编制质量。依据基础教育课程标准，增强与科学素养相关课程的趣味性、直观性和普及性，注重培养学生创新创造能力；根据公民科学素质基本标准，结合不同人群的特点，不断更新丰富科技教育培训的教材内容；健全完善社区科普大学课程体系建设，围绕卫生健康、科学生活、文化艺术、节能环保、安全避险等社区居民关心的问题多方面集成、开发、引进“有知有趣有用”的适合当地社区公众需要的科普教材（课程）、课件。

改进科技教育与培训的教学方法。加强中小学科技教育研究，改进教学方法，广泛应用现代教育技术与先进教学理念，增强教育教学效果；适应时代发展要求和培训对象需求，针对不同人群开展科技教育培训，改革与探索成人教育教学方式，提高培训效果。

加强科技教育与培训的基础条件建设。充分利用现有的教育培训场所、基地，配备必要的教学仪器和设备，为开展科技教育与培训提供基础条件；充分利用报纸、广播、电视、互联网等媒体，动员高等院校、科研院所、科技场馆、职业学校、成人文化教育机构、社区学校等公共机构对公众进行分类教育和培训。

3. 分工：由市科协、市教委、市人力社保局牵头，市委组织部、市委宣传部、市发展改革委、市科委、市农委、市文化广播影视局、市卫生计生委、市知识产权局、市总工会、团市委、市妇联、市社科联、市社科院、天津广播电视台参加。

（六）实施社区科普益民工程。

1. 任务：

培养社区居民掌握科学知识，形成科学生活方式，提升科学解决实际问题的能力。重点普及节约资源、保护环境、节能减排、健康生活等知识，促进社区居民树立科学精神、掌握科学方法，形成科学、文明、健康的生活方式；提升社区居民应用科学知识解决实际问题、改善生活质量、应对突发事件和防灾减灾的能力，激发社区居民提升科学素质的主动性和积极性。

努力提升社区科普服务能力。围绕改善民生和社会公共服务体系建设，结合新型城镇化建设和智慧社区建设，开展科普社区、文明社区、绿色社区等创建工作，完善社区科普公共服务体系，发挥“枢纽型”社会组织在社区科普工作中的作用。

2.措施：

大力开展社区科普宣传和教育活动。以宣传新发展理念为重点，围绕全民科学素质工作主题，开展科技活动周、全国科普日、社科普及周、科学大讲堂、百名专家进社区、科教进社区等活动；发挥社区服务中心和社区宣传设施的科普作用，街道（乡镇）要开展理论超市活动，推动社区教育在提高居民科学素质、服务民生和促进社会和谐方面的作用。面向老年人、妇女、少年儿童开展科学、安全、健康等宣传和教育活动；引导未成年人正确使用网络资源，获得有益知识，拒绝不良信息。激励社区居民主动学科学、爱科学、用科学，鼓励社区居民参与科技发明创造活动。

提升城镇新居民科学素质。根据城镇新居民在城市生活以及职业选择、职业适应、职业发展等方面的现实需求，围绕普及节约资源、保护环境、健康生活等知识以及职业技能，面向城镇新居民开展提升自身科学素质、提高职业技能、适应城市生活的科技教育活动，促进城镇新居民树立科学、文明、健康的生活方式。

提高社区科普服务能力。继续实施社区科普益民计划，根据社区地域、文化等不同特点，打造一批具有时代气息、体现区域特点、满足不同人群需要的科普示范社区、基层理论超市；深入推进社区科普益民服务站、科普学校、科普网络建设，引进科普中国社区e站，进一步加强社区科普组织人员和志愿者队伍建设。

构建社会化的社区科普工作格局。充分利用和整合社区内外科普资源，在科普产品、信息资源、人力资源等多方面建立共建共享机制；发挥“枢纽型”社会组织在社区科普工作中的作用，鼓励和动员社区学校、科普学会（协会、研究会）、科普俱乐部、科普志愿者，为社区居民的科学素质建设服务；动员驻区学校、科研院所、企业、科技社团、科普场馆、科普教育基地等开放科普资源，支持和参与社区科普活动，鼓励有志于社区科普教育的专家、学者和在校大学生为社区科普服务。

3.分工：由市科协、市文化广播影视局、团市委、市妇联牵头，市委宣传部、市工业和信息化委、市教委、市科委、市民委、市财政局、市卫生计生委、市环保局、市出版局、天津警备区政治部、市社科联、市社科院参加。

（七）实施科普信息化建设工程。

1.任务：

树立互联网思维，以“互联网+”为抓手，充分发挥互联网等新兴媒体在科技传播中的积极作用，研究开发基于互联网和移动客户端的科普新技术和新形式；针对社会热点问题及时开展科普宣传，推动大众传媒应急科普能力建设。

2.措施：

充分利用信息化手段推动科普方式方法创新。引导社会力量共同参与科普信息化建设；建立科普信息化社会动员和保障机制，着力加强信息化科普内容和传播渠道建设，推动科普行为模式、创作模式、服务模式和工作模式的转变；促进传统科普与信息化深度融合，推进科普活动线上线下结合，传统传播方式与新兴传播方式并举，实现多渠道全媒体传播。

充分发挥互联网等新兴媒体的科技传播功能。加强互联网新技术在科技传播服务中的应用和网络科普原创资源开发，发挥博客、论坛、在线通讯、网络电视（IP电视）、数字电视、手机等新兴媒体的科学传播功能；改版天津公众科技网站为科普天津，加强天津科普网建设，发挥“科普天津”“天津科普说”等手机微信平台的科学传播作用，开发基于移动互联网的科普应用程序（APP），实现全天候在线知识推送和用户互动。

建立大众传媒应急科学传播体系。发挥电视、广播受众广泛的优势，针对受众的不同心理和层次需求提供多样化的科学抗灾信息服务；发挥互联网交互性、时效性优势，推出专题网页，加强与网民的即时互动交流；发挥移动媒体方便快捷优势，加强抗灾期间移动媒体的科技传播规划，形成规模辐射效应；利用网络、电视、广播、报纸等媒体制作喜闻乐见的科技节目并增加播出时间，做好社会、民生、创新创造等热点问题、突发事件的舆论引导。

3.分工：由市科协、市委宣传部、市文化广播影视局牵头，市委网信办、市工业和信息化委、市教委、市科委、市民委、市农委、市环保局、市出版局、市总工会、团市委、市妇联、市科协、市社科联、天津广播电视台、天津广播电视传媒集团有限公司参加。

（八）实施科普基础设施工程。

1.任务：

增强科普基础设施的科普服务能力；优化科普资源配置，推进基层科普设施建设，增加科普基础设施总量；拓展社会设施资源的科普功能；完善科普基础设施建设与发展的保障体系。

2.措施：

建设现代化科技馆体系。建设好天津科技馆，鼓励有条件的区建设区级科技馆，开办网上数字科技馆，引进流动科技馆、科普大篷车，形成以天津科技馆、天津自然博物馆为龙头的现代化科技馆体系。充分发挥我市各级、各类科技场馆的教育功能，加强政府引导和组织，加强与教育体系的衔接，加强展览和教育活动的设计策划，加强科普志愿者组织建设，广泛动员青少年教育机构、科学院所、科技企业等社会力量，不断改进展品、展项，开展不同形式内容的科普活动，进一步提升科普服务能力。进一步发挥校外科普基地的作用。

大力推进科普基地建设。鼓励和推动有条件的科研机构、大学、企业，因地制宜建设和发展一批公益性专业科技馆或博物馆；配合重大科技项目和工程的实施或者企业闲置淘汰的生产设施，建立现代科技和创新成果展示基地；发展国家级和市级科普教育基地，加强工作考核和动态管理；鼓励各区政府建设科普场馆、青少年科技活动中心等科普类活动场所。

拓展社会设施资源的科普功能。引导公园、商店、书店、医院、影剧院、图书馆、体育场所等公共场所增加科普设施，推进社会科学普及基地建设，利用橱窗、电子屏等设施进行科普宣传；逐步提升科普主题公园以及观光农业园、动植物园、地质公园、自然保护区、湿地保护区、风景名胜区等场所科普能力，增加旅游业尤其是工业遗址开发的科普元素。

加强基层科普设施建设。大力推动街道（乡镇）、社区（村）建设科普活动站（室），推动社区数字科普视窗、科普书屋和数字图书室建设；加强科普画廊（宣传栏）的建设和管理，宣传内容定时更新；加快建设校园科技馆、社区科普体验馆。充分利用线上科普信息，强化现有设施的科普教育功能。

3.分工：由市科协、市发展改革委、市科委牵头，市委组织部、市委宣传部、市工业和信息化委、市教委、市民委、市财政局、市人力社保局、市农委、市文化广播影视局、市卫生计生委、市环保局、市出版局、市知识产权局、天津警备区政治部、市总工会、团市委、市妇联、市社科联、市社科院、天津广播电视台参加。

（九）实施科普产业助力工程。

1.任务：

促进科普资源开发社会化，推动科普产业发展；繁荣科普创作，推动科普与艺术、人文有机结合，丰富科普文化产品，打造具有社会影响力的科普作品；加强我市科普资源整合，完善科普资源集成、共享和服务机制，鼓励中央在津单位特别是国家科研机构、高等院校等将其科研成果转化为科普资源，为我市科普事业发展服务。

2.措施：

建立社会化科普资源开发模式。以政府相关部门为主导，鼓励和支持科研院所、高等院校、社会团体、企业通过招标、奖励、补贴等形式参与科普产品的研发、生产、传播，大力发展基于互联网、新兴媒体等宣传平台的科普微视频、短剧、动漫作品、游戏的开发，重视报刊、电视等传统媒体科普资源的制作，鼓励将科学、文化、艺术融为一体的科普创作形式，加大针对未成年人的科普动漫、游戏等科普资源的开发力度。

鼓励原创性科普作品。加大对优秀原创科普作品的扶持、奖励力度；鼓励社会各界参与科普作品创作，特别是针对青少年学生的科普作品；集中我市科普创作人才优势，打造具有社会影响力的科普作品；继续办好科普文艺展演、优秀科普作品评选等科普创作活动。

完善我市科普资源集成、共享与服务机制。加强我市科普资源整合，建立合作共建机制，发掘科普市场需求，推动科普产业发展；调动驻津科技、教育、文化以及企业的科技资源为我市公众科学素质服务，鼓励企业建立公益性博物馆、科技馆，倡导包括两院院士在内的科技工作者广泛深入地参与科普工作；推进科研机构、高校和大型国有企业的实验室面向社会公众开放，完善免费开放工作机制。举办科普产品展览会，搭建科普产品和服务交易平台。

3.分工：由市科委、市科协牵头，市委宣传部、市工业和信息化委、市教委、市民委、市农委、市文化广播影视局、市环保局、市出版局、市知识产权局、市总工会、团市委、市妇联、市社科联、市社科院、天津广播电视台参加。

（十）实施科普人才建设工程。

1.任务：

分层构建科普人才队伍；提升科普人才队伍的整体素质，优化科普人才队伍结构；大力培养面向基层的科普人才，多维度推动科普人才健康有序发展。

2.措施：

加强高端科普人才队伍建设。每年推荐一批院士和自然科学、社会科学两界专家学者，以及各领域杰出人物，作为科普大使，积极参与我市科普事业，形成一支高层次、多学科、常服务，具有专业理论水平、广泛社会影响力和科学公信力的高端科普人才队伍。

加强科普创作人才队伍建设。鼓励专家学者进行科普作品创作，以天津市科普作家协会为核心，吸引有志于科普工作的社会各界人士参与科普文学、影视、动漫等作品的创作；组织开展科普作家、科普大使培训；着力培育适应我市创新发展的高水平科普创作、传播人才。

加强科学传播人才队伍建设。推动科技社团与媒体交流互动；开展科技记者与编辑的培训，提高媒体从业者客观准确报道最新科技创新成果、具有科技背景的社会热点话题以及突发事件的能力，促进大众传媒科技传播质量的提升。

加强专职科普工作者队伍建设。建立科普工作者教育和培训机制；开展多种形式培训和进修活动，全面提升在职科学技术教育、传播与普及人员的科学素质和业务水平；完善政策措施，为高层次科普专门人才参与重大科普项目和活动创造有利条件。

加强基层科普人才队伍建设。大力培养农村实用技术科普人才，发挥农村科普带头人的示范作用，建立由大学生村官、农技员、种养殖专业户组成的科普宣传队伍；结合社区科普品牌活动以及社区科普益民计划、社区科普大学建设，建立社区科普宣传员队伍；鼓励高校、科研机构、企业、科技社团、科普场馆、科普教育基地等企业事业单位和部队的专业人才积极参与农村、社区科普服务。

3.分工：由市科协、市科委、市人力社保局牵头，市教委、市农委、市文化广播影视局、市环保局、市知识产权局、天津警备区政治部、市总工会、团市委、市妇联、市社科联、市社科院参加。

四、组织实施和保障条件

（一）实施主体。市人民政府领导全市《科学素质纲要》的实施工作，定期听取工作汇报，专项研究工作，并对全民科学素质实施工作进行督促检查；市科协承担全市《科学素质纲要》实施的日常工作，负责提出工作规划、年度工作计划和任务安排，协调各相关单位共同推动任务落实，指导全市科学素质工作。各有关部门要认真落实相关职责任务，把实施《科学素质纲要》的重点任务列入年度工作计划，科学谋划、合理部署，发挥各自优势，密切配合，形成合力。各区人民政府负责本区《科学素质纲要》的实施工作，将公民科学素质建设纳入当地国民经济和社会发展的总体规划，将本方案的重点任务列入年度工作计划，纳入目标管理考核。

（二）长效机制。

1.共建机制。推动“十三五”全民科学素质共建机制建设，市科协与各区人民政府建立共建机制，形成一级带一级、层层抓落实的工作格局。

2.监测机制。依据中国公民科学素质基本标准，定期开展天津市公民科学素质调查和科普统计工作，及时掌握我市公民科学素质建设情况，为《科学素质纲要》的实施提供依据。

3.动员机制。深入开展全国科普示范区、全国科普教育基地等的创建活动，进一步形成政府推动、社会参与的良性机制。按照国家和我市有关规定，奖励在科普工作中作出突出贡献的单位和个人；大力宣传各部门科普建设工作的经验和先进典型。

（三）保障条件。

1.政策法规。推进《中华人民共和国科学技术普及法》和《天津市科学技术普及条例》的实施，进一步明确政府、社会组织、科研院所、企事业单位及公民个人在公民科学素质建设中的权利、责任和义务，落实有关鼓励科普事业发展的税收优惠等相关政策。

2.科普投入。将科普经费列入同级财政预算，结合社会经济发展和全民科学素质建设发展的实际需要，逐步提高科普投入水平，保障《科学素质纲要》实施工作顺利开展；引导和鼓励社会资金投入科普事业，形成多元化的科普投入机制。

（四）进度安排。

1.启动实施阶段。2016年至2017年第一季度，协调市有关部门单位，明确任务分工，召开动员大会，印发本实施方案，做好动员和宣传工作。

2.深入实施阶段。2017年至2020年，全面推进各项任务的实施，坚持问题导向，针对薄弱环节，解决突出问题，切实取得实效。

3.总结评估阶段。2020年，组织开展督查，对“十三五”时期和《科学素质纲要》颁布实施以来的全民科学素质工作进行总结评估，按照国家规定开展表彰奖励。

重要报道

中国技术市场报：C919的天津元素

日前，在国产大飞机C919的首飞成功中，来自天津的科技小巨人企业和高校功不可没，他们的相关配套产品和技术，为大飞机的顺利研制做出重要贡献。

这两位“小巨人”分别是天津航天精工有限公司和天津航空机电有限公司，前者攻关成功的“飞机用钛合金、镍基合金高锁螺栓关键技术开发”项目，研制的大规格高强度钛合金紧固件已经成功装机使用。后者研发的“高可靠性航空断路器”项目，为C919客机提供电源系统、空气管理系统以及防火系统配套产品。

此外，天津大学扮演的角色也是重中之重。作为中国首款按照最新国际适航标准研制的干线民用飞机，C919的设计性能超过了大部分同类机型，其中，它的新型空气分配系统让空气“更清新”。与主流传统大飞机相比，优化设计获得的C919座舱内空气新鲜度提高了20%，乘客的热舒适满意度从70%左右提升至近90%。

打造大飞机“呼吸系统”

这套座舱环境控制系统，即飞机的“呼吸系统”，包括空气分配设计方案的数值仿真和优化设计，由天津大学团队完成。

据技术人员介绍，大飞机的座舱环境质量直接影响着乘客的健康和舒适程度，万米高空中，空气稀薄，机舱内外气压差增大，同时，飞机从起飞到巡航的十几分钟之内，外部大气温度变化超过70摄氏度。因此，保证大飞机空气环境控制系统的可靠性，尤为关键。

天津大学的任务，就是在大飞机的总体设计方案成型后，对座舱环境控制系统中最关键的空气分配进行数值仿真和优化设计，用科学的分析来确保方案的“落地”，让乘客无论坐在哪个位置上，都能呼吸到干净的空气，且体感热舒适指标适宜。

天津大学环境科学与工程学院教授刘俊杰介绍说，C919的亮点之一，就是运用了新型空气分配系统，让空气更加干净、新鲜、均匀。出风口采用了最新的设计，从机舱顶部和行李架侧面同时送风，不但加快了空气流动，还减少了乘客“冷热不均”的不适感。“空客、波音飞机的参考数据以西方乘客的舒适体感温度为主，我们则更多地积累了中国人热舒适满意度的数据，让中国乘客的热感觉更舒适。”

拥有世界唯一整机座舱实验平台

据悉，目前国际上对民用航空器内部环境控制的研究及相关系统的开发，主要集中在以波音飞机制造集团、空中客车飞机制造集团和前苏联民用飞机制造企业等相关专门研究机构。但除“波音787”外，其它机型只能对空气进行温度控制，“波音787”开始实现了温湿度、空气洁净度控制。我国在大型民航飞机的研究和生产刚刚起步，还未有针对机舱环境的专门研究平台和研究方向。

2008年，天津大学礼聘“长江学者”客座教授，美国普度大学教授陈清焰来校工作。陈清焰同时担任“美国客机机舱环境研究中心”主任，该中心联合美国7所大学开展了机舱环境控制领域的研究工作，具有国际领先水平。他到天津大学工作的唯一要求是，需要“一架适航的飞机”，连他自己都没想到，学校爽快地答应了。停泊在天津的“麦道82”大飞机是他科研生涯中一个最特别的实验室，这也是目前世界上唯一的整机座舱环境控制系统实验平台。该实验平台最初为波音公司做过相关科研测试，后于2009年参与了C919大型客机的座舱环境数值仿真和优化设计工作。

机舱环境的目标是要飞得舒服

刘俊杰是室内空气环境质量控制天津市重点实验室主任，也是陈清焰教授在国内开展工作的“最佳搭档”。

“我们的目标是做世界上最舒适、最干净的座舱空气环境。以前人们关注飞机能否飞，飞得是否快，现在关注点转移到是否安全、舒适和健康”。刘俊杰说，创造高能效的座舱空气环境是保障乘客和机组人员生命安全、健康和舒适的关键，是通过国际适航认证的瓶颈，也是在激烈的国际竞争中获得优势的突破口。

空气环境控制系统是飞机九大关键系统之一，也是涉及机密的关键技术。整机可以购买，但这些关键技术国外公司却不会提供。2009年起，天大师生们开始关注大型客机座舱空气环境控制的科学问题，“那时关于该领域，国内没有研究基础、没有实验平台，也没有验证装置等，一切都是从零开始。”

陈清焰提出的“逆向模拟与设计方法”如今应用在了C919国产大飞机上。当时这种设计理念与波音、空客公司等是有所区别的，“不是让乘客被动地适应环境，而是把乘客的舒适度作为主动考虑的因素，根据乘客需求设计机舱环境”。

“虽然中国大飞机起步晚，但我们只要突破关键基础问题研究，就一定能在世界竞争中走在前列”，陈清焰坚定地说。

（原载《中国技术市场报》2017年5月9日）

中国科技网：“大智能”创新体系花开津沽

站在路边，轻点手机，一辆没有方向盘、无人驾驶的通勤车就会停到身边，把你送到目的地，不仅如此，路上跑过的治安巡逻车，卫生清洁车，全都没有司机驾驶，“自觉自愿”地履行着各自的职责；进出家门，只要对着门禁刷一下脸，再也不用为找不到钥匙而烦心啦……这样科幻的场景，很快将在天津变成现实。

记者日前从天津市科委了解到，按照国家部署决策，天津市正式启动实施“人工智能科技重大专项”，借助中国新一代人工智能发展战略研究院年内在天津建成的契机，谋划建设国内首个具有中国特色“大智能”创新体系，让智能生活早日惠及百姓生活。

据了解，“大智能”创新体系，涵盖智能制造、智能交通、智能家居、智慧金融、智能医疗等生产、生活多个领域创新。天津市出台的人工智能重大专项对应国家《新一代人工智能发展规划》中的“构建一个体系、把握双重属性、坚持三位一体、强化四大支撑”总体部署，结合天津实际情况，重点围绕“523”工作任务开展实施，即推动智能传感、脑机协同、生物特征识别、语义音视频分析识别、智能网联车5项细分领域关键共性技术创新，开展智能制造、智能网联车2个应用示范，强化战略研究、超级计算、创新服务3大服务支撑平台建设。

在天津市华明高新区，人们偶尔会在街头遇到一辆造型奇特的巴士，白色的内饰、简洁的构造，车门旁边充满科技感触摸屏，然而，最令人称奇的是这辆车没有驾驶室和方向盘，更没有司机！这就是全国首台无人驾驶园区通勤车。截至目前，这辆车已在华明高新区内试验行驶超过了1万公里，并顺利通过了各类复杂工况测试。研发这款车的天津清智科技发展公司联合CEO郭磊，向记者描绘了这台没有方向盘的汽车上路时的应用场景："它会沿着固定路线自动行驶，中间设上下车站点，乘客想搭车，就用手机下单，车到了站就会自动停下来。到了站想下车时，手机控制自动打开车门……"郭磊介绍说，无人驾驶通勤车将在华明高新区内设置几个站点，服务园区内的短驳交通，未来将建成一个完整的智能交通物联网，在华明高新区范围实现智能交通出行。不仅通勤车，他们制造的巡逻车、清洁车很快也将开始试验运营，随着技术的成熟，智能交通系统还将拓展至天津机场、天津港以及周边景区，让交通出行、生产运输变得更加智能可控。

除了智能交通系统，天津还启动了智能制造、智能医疗、智能家居、智慧金融等产业聚集区建设，促进人工智能和各个领域深度融合。前不久，天津市东丽区与人工智能产业技术创新战略联盟完成了签约，将在国内创新性地开展一系列合作，打造智能产业链。联盟秘书长张伟民向记者介绍："我们设想在天津建设一个人工智能产业小镇，第一个小目标就是消除进出门都要用的钥匙。"目前该联盟已经有上百家企业成员，BAT、京东、华为、中兴都知名互联网企业都是联盟成员。"我们希望通过这种合作示范，能把更多与智能相关联产业聚集到天津来，形成完整的上下游产业链。"张伟民如是说。

天津市科委负责人在接受采访时也表示，天津产业结构调整已经为现代产业新体系建设打下了良好的基础。天津将抓住科技创新促进产业转型这一有利时机，从顶层设计入手，完善人工智能领域的科研和产业布局，加速人工智能、智能制造、智慧金融、智能医疗和智能农业等产业集聚区建设，打造"天津智港"，加快"大智能"创新体系建设，为京津冀协同发展战略顺利推进，为国家"大智能"创新体系和生态提供有益探索和有力支撑。

（原载《中国科技网》2017年9月26日）

科技日报：以新应新强化第一动力 以用立业力求变智为金

科技厅长话创新

天津市科委党委书记、主任戴永康

习近平总书记在党的十九大报告里强调要"加快建设创新型国家"，特别提出了注重前瞻性和引领性成果的科学技术发展重大战略以及互联网、大数据、人工智能与实体经济高度融合的经济发展战略……总书记所作的报告高屋建瓴，为科技领域和科技创新事业"举旗定向"，天津市科技系统要以总书记重要指示为元为纲，撸起袖子加油干，聚焦京津冀协同发展等国家重大战略，围绕"一基地三区"定位，坚持"稳中求进"工作总基调，打开脑袋上的"津门"。

2016年天津全市R&D占GDP比重超过3.0%，连续10年位居全国第三；全市综合科技进步水平指数连续15年位居全国第三。近日，在国务院第四次大督查中，天津向科技型企业选派科技特派员的工作还得到了国办通报表扬。未来，我们将进一步深入领会贯彻十九大精神，突出抓好六个方面工作，让创新成为引领发展的"第一动力"，为建设"五个现代化天津"提供强大科技创新新动能。

坚持"从严治党"，切实发挥党建在科技创新工作中的统领作用

始终做到全面从严治党与全面科技创新力度统一，抓牢主体责任这一"牛鼻子"，推动全面从严治党向纵深发展。牢固树立和自觉践行"四个意识"，旗帜鲜明讲政治，扎实推进"两学一做"学习教育制度化常态化，在思想上政治上行动上始终同以习近平总书记为核心的党中央保持高度一致。坚定不移推进党风廉政建设和反腐败斗争，严肃党内政治生活，坚决肃清黄兴国恶劣影响，坚定不移反对圈子文化、好人主义，持之以恒抓好中央八项规定精神落实，持续开展不作为不担当和作风纪律专项整治，努力培养忠诚干净担当作为的高素质干部队伍，深入推进全面从严治党向基层延伸，切实营造惠风和畅、天朗气清的政治生态，打造改革创新、担当作为的强大气场，从思想上筑牢科技创新的政治基础，保障创新的航船帆正身直，航向准确。

“以新应新”，全面增强自主创新能力

习近平总书记指出“抓创新就是抓发展，谋创新就是谋未来”。建设全国领先的创新型城市和产业创新中心，必须抓住窗口期，全面增强自主创新能力，在独创独有上下功夫“创新赢新”。一是以“一盘棋”思想推进京津冀科技协同创新。突出“抓落实”，用足用好与科技部的部市会商，中科院、工程院的院市合作，以及中关村和京冀科技部门等方面的合作机制，加快推进新一代人工智能发展战略研究院等重大合作事项落地见效。同时，主动出击，突出“抢”字，大力开辟合作新渠道、新领域，切实推进我市产业创新中心与北京科技创新中心全方位对接，吸引更多的创新资源集聚我市落地生根、开花结果。二是加强应用研究与技术开发破解“卡脖子”关键技术。突出服务全市供给侧结构性改革，紧紧围绕战略新兴产业发展和传统产业转型升级需要，实施一批重大科技创新基础工程和战略项目，加强新一代信息技术、合成生物、先进制造等领域共性关键技术攻关，推动创新成果向各行业、各领域覆盖融合。三是加强开放合作面向全球组织创新要素。以“一带一路”科技合作为重点，加快“引进来、走出去”步伐，大力吸引海内外顶尖实验室、国际技术转移机构等落户天津，支持推动科技型企业建立海外技术推广中心、研发中心以及国际科技合作基地，并购海内外企业、技术等核心资源。四是“双轮”驱动构建充满活力的科技管理体制机制。按照习近平总书记抓战略、抓规划、抓政策、抓服务“四抓”的要求，加快从研发管理向创新服务转变，市场能做的放手让市场“说话”。全面推进以增加知识价值为导向分配政策落实，下放科研项目预算调剂权，强化绩效激励，让科研经费更好地为人的创新性活动服务。

秉持“产业第一、企业家老大”理念培育新动能

始终把培育科技型企业，作为统筹推进创新驱动发展战略，科技融入经济主战场，支撑新旧动能转换的总抓手。一是推动科技型企业提质量、打品牌。坚持数量与质量并重，在进一步扩大科技型企业规模的基础上，深入开展“双万双服”和“一对一”干部帮扶，支持建设一批产学研用创新联盟，打造一批国际影响力“杀手锏”产品，培育一批科技领军企业，切实提升企业质量和品牌效应。二是加强新型企业家培育。建立“亲”“清”新型政商关系，进一步突出企业创新主体作用，大力弘扬企业家精神，培养一大批具有全球视野、精通现代管理、崇尚自主创新、善于开拓市场的新型企业家。三是做大做强科技服务业。重点支持培育一批科技服务龙头企业和区域性、职能性总部，打造一批生产性服务业集聚区，进一步提高科技服务业占全市服务业比重。

“以用立业”，大力推进科技成果市场化转移转化

遵循新时期科技创新规律和市场经济规律，加快建立以市场化为导向的成果转移转化体系，让更多的科研成果由“智”变“金”。一是加快建设面向海内外的科技成果展示中心和线上线下交易平台。充分发挥政府引导和市场配置资源优势，积极引进首都及国内外高新技术成果，打造集成果引进、技术转化和产业转移统筹发展，具有较强国际资本集聚与配置能力的技术转移载体，引进培育国际知名技术转移服务机构和专业技术经纪人队伍，形成技术评估、交易、投融资、信息咨询等全链条服务体系。二是改革创新项目管理方式。在项目研发立项时同步对项目成果转化做出相应安排，把项目成果转化能力和转化收益作为项目审核立项、验收结项等方面的重要指标，从源头上强化“以用立业”的导向，破解科技成果转化难的问题。三是打造成果产业化示范企业。重视发挥典型示范带动作用，依托技术创新能力强、产业接触密切的高校院所，鼓励领军企业牵头，开展科技成果中试熟化和产业化示范，建成一批成果产业化示范企业。

坚持“市场主导”，着力优化科技创新布局

以国家自主创新示范区为核心，进一步优化科技创新布局，切实提高科技源头创新能力和载体支撑水平。一是高质量建设示范区。按照引进和培育相结合、缺什么补什么的原则，围绕优势产业发展需要，进一步优化产业链、布局创新链，切实推动示范区主导产业培育和创新生态系统建设，着力打造新能源和新能源汽车、新一代信息技术等主导产业集群和环天南大知识经济创新圈等特色区。二是加强国家级创新平台和重大科技基础设施建设。积极推进国家合成生物技术创新中心以及大型地震工程模拟研究设施申报建设，力争在国家合成生物技术创新中心建设上拔得头筹，在我市国家重大科技基础设施建设上取得“零突破”。以此为基础，广泛吸引聚集国内外创新资源，推动相关领域重大技术突破和产业发展。三是加快新型研发机构培育。重点是按照“总院”+“研发机构、服务机构”的构架模式，加快建设具有国际影响力的先进制造产业技术研究院，围绕新能源汽车、机器人、光电技术等重点领域聚集一批技术研发机构、衍生一批创新企业。四是支持校企创新合作。引导科技领军企业在市内外高校、院所建立协同创新实验室，由企业提出研发需求，从源头上倒逼建立项目立项、研发、转化的市场化新机制。五是大力发展专业化、高端化众创空间。鼓励龙头骨干企业、科研院所、高校围绕优势专业领域建设专业化众创空间，让更多的创新点子从脑子里搬到桌子上、从实验室走向市场。

坚持“科技为民”，着力推进民生领域科技创新应用

始终把满足群众的生产生活需求作为推动科技创新的出发点和落脚点，积极推动健康天津、美丽天津、农业供给侧结构性改革等民生重点领域科技创新和技术示范应用，进一步发挥科技在治疗“未病之病”方面积极作用，以科技创新为引领促进一二三产业融合发展，强化科技对“绿色决定生死”理念的支撑，加快建设人与人、人与自然和谐共处的美丽家园，以实际行动让更多科技成果服务民生、惠及群众。

（原载《科技日报》2017年11月22日）

2017年中国十大科技进展新闻

（中国科学院、中国工程院主办，两院院士投票评选出）

1，中国科学家利用化学物质合成完整活性染色体

中国科学家利用化学物质合成了4条人工设计的酿酒酵母染色体，标志着人类向“再造生命”又迈进一大步。该研究利用小分子核苷酸精准合成了活体真核染色体，首次实现人工基因组合成序列与设计序列的完全匹配，得到的酵母基因组具备完整的生命活性。该研究结果2017年3月10日在《科学》发表，中国也成为继美国之后第二个具备真核基因组设计与构建能力的国家。自2012年开始，天津大学、清华大学和深圳华大基因研究院与美国等国家的科研机构共同推动了酵母基因组合成国际计划（Sc2.0），旨在对酿酒酵母基因组进行人工重新设计和化学再造。中国科学家此次成功合成的4条酿酒酵母染色体，占Sc2.0计划已经合成染色体的2/3。

2，国产水下滑翔机下潜6329米刷新世界纪录

中国自主研发的“海翼”号水下滑翔机于2017年3月在马里亚纳海沟挑战者深渊，完成大深度下潜观测任务并安全回收，最大下潜深度达到6329米，刷新了水下滑翔机最大下潜深度的世界纪录。“海翼”号水下滑翔机是根据中科院B类战略先导专项的部署，由中科院沈阳自动化所研制的、具有完全自主知识产权的新型水下观测平台。从原理样机的研发到深渊观测任务的圆满完成经历了13个年头，包含浅海、深海、深渊等不同型号的水下滑翔机20余台。此次“海翼”号在马里亚纳海沟共完成了12次下潜工作，总航程超过134.6公里，收集了大量高分辨率的深渊区域水体信息，为海洋科学家研究该区域的水文特性提供宝贵资料。

3，世界首台超越早期经典计算机的光量子计算机诞生

2017年5月3日，中国科技大学潘建伟院士科研团队宣布光量子计算机成功构建。潘建伟团队在多光子纠缠领域始终保持着国际领先水平，团队利用自主发展的综合性能国际最优的量子点单光子源，通过电控可编程的光量子线路，构建了针对多光子“玻色取样”任务的光量子计算原型机。实验测试表明，该原型机的取样速度比国际同行类似的实验加快至少24000倍，通过和经典算法比较，也比人类历史上第一台电子管计算机和第一台晶体管计算机运行速度快10倍至100倍。这台光量子计算机标志着中国在基于光子的量子计算机研究方面取得突破性进展，为最终实现超越经典计算能力的量子计算奠定了坚实基础。

4，国产大型客机C919首飞

中国首款国际主流水准的国产大型客机C919于2017年5月5日14时许在上海浦东国际机场首飞。C919的全称是“COMAC919”，COMAC是C919的主制造商中国商飞公司的英文名称简写，“C”既是“COMAC”的第一个字母，也是中国的英文名称“CHINA”的第一个字母，体现了大型客机是国家的意志、人民的期望。第一个9寓意“天长地久”，19寓意C919大型客机最大载客量190人。C919拥有完全自主知识产权，是建设创新型国家的标志性工程，凝聚了国内最优秀的设计人才和工程人才，针对先进的气动布局、结构材料和机载系统，研制人员共规划了102项关键技术攻关，包括飞机发动机一体化设计、电传飞控系统控制律设计、主动控制技术等。

5，中国首次海域天然气水合物试开采

2017年5月18日，中国首次实现海域可燃冰试采成功，南海神狐海域天然气水合物（又称可燃冰）试采实现连续187个小时的稳定产气。这是“中国理论”“中国技术”“中国装备”所凝结而成的突出成就，中国人民又攀登上了世界科技的新高峰。源源不断的天然气从1200多米的深海底之下200多米的底层中开采上来，点燃了全球最大海上钻探平台“蓝鲸一号”的喷火装置。这是中国首次，也是全球首次对资源量占比90%以上、开发难度最大的泥质粉砂型储层可燃冰成功实现试采。从“蓝鲸一号”起步的可燃冰试采，不仅对中国未来的能源安全保障、优化能源结构具有重要意义，甚至可能给世界能源接替研发格局带来改变。

6，中国“人造太阳”装置创造世界新纪录

国家大科学装置——全超导托卡马克核聚变实验装置东方超环（EAST）实现了稳定的101.2秒稳态长脉冲高约束等离子体运行，创造了新的世界纪录。这一重要突破标志着中国磁约束聚变研究在稳态运行的物理和工程方面将继续引领国际前沿。东方超环是世界上第一个实现稳态高约束模式运行持续时间达到百秒量级的托卡马克核聚变实验装置，对国际热核聚变试验堆（ITER）计划具有重大科学意义。由于核聚变的反应原理与太阳类似，因此，东方超环也被称作“人造太阳”。该成果将为未来ITER长脉冲高约束运行提供重要的科学和实验支持，也为中国下一代聚变装置——中国聚变工程实验堆的预研、建设、运行和人才培养奠定了基础。

7，中国科学家首次发现突破传统分类新型费米子

中国科学院物理研究所科研团队首次发现了突破传统分类的新型费米子——三重简并费米子，为固体材料中电子拓扑态研究开辟了新的方向。这一研究成果于2017年6月19日由《自然》杂志在线发表。寻找新型费米子是近年来拓扑物态领域一个挑战性的前沿科学问题，也是该领域国际竞争的焦点之一。此次新型费米子的发现从理论预言、样品制备到实验观测的全过程，都是由我国科学家独立完成的，它是凝聚态物理中固体理论的一个重要突破。这一研究成果对促进人们认识电子拓扑物态、发现新奇物理现象、开发新型电子器件以及深入理解基本粒子性质都具有重要的意义。

8，量子通信“从理想王国走到现实王国”

2017年1月18日，中国研制的世界首颗量子科学实验卫星“墨子号”在圆满完成4个月的在轨测试后，正式交付使用。2017年6月16日，中国科学技术大学潘建伟、彭承志等带领的团队宣布，利用“墨子号”在国际上率先成功实现了千公里级的星地双向量子纠缠分发，并于此基础上实现了空间尺度下严格满足“爱因斯坦定域性条件”的量子力学非定域性检验。世界首条量子保密通信干线——“京沪干线”于9月29日正式开通。结合“墨子号”卫星，中国科学家成功与奥地利实现了世界首次洲际量子保密通信。“墨子号”圆满实现了三大既定科学目标，用潘建伟的话说，千公里级的星地双向量子通信，终于“从理想王国走到了现实王国”。

9，中科院推出高产水稻新种质

由中科院亚热带农业生态研究所夏新界研究员领衔的水稻育种团队于2017年10月16日宣布，历经十余年研究，团队目前培育出超高产优质“巨型稻”：株高可达2.2米、亩产可达800千克以上、具有高产、抗倒伏、抗病虫害、耐淹涝等特点。经农业部植物新品种测试中心DNA指纹检测，以及华智水稻生物技术有限公司56k水稻SNP基因芯片指纹图谱检测，确认“巨型稻”是一种

水稻新种质材料。这种“巨型稻”光合效率高，单位面积生物量比现有水稻品种高出50%，平均有效分蘖40个，单穗最高实粒数达500多粒，单季产量可超过800千克/亩。它是运用突变体诱导、野生稻远缘杂交、分子标记定向选育等一系列育种新技术，获得的水稻新种质材料。

10，“悟空”发现疑似暗物质踪迹

2017年11月30日，中国暗物质粒子探测卫星“悟空”的首批探测成果在《自然》杂志上刊发。“悟空”测量到电子宇宙射线能谱在1.4万亿电子伏特（TeV）能量处的异常波动。这一神秘讯号首次为人类所观测，意味着中国科学家取得了一项开创性发现。如果后续研究证实这一发现与暗物质相关，将是一项具有划时代意义的科学成果，人类就可以跟随着“悟空”的脚步去找寻宇宙中5％以外的广袤未知，这将是一个超出想象的成就。即便与暗物质无关，也可能带来对现有科学理论的突破。“悟空”投入相对小，在“高能电子、伽马射线的能量测量准确度”和“区分不同种类粒子的本领”两项关键技术指标方面世界领先。

2017年世界十大科技进展新闻

（中国科学院、中国工程院主办，两院院士投票评选出）

1，新传感器技术可实现意念操控机械假肢

一个国际团队在《自然—生物医学工程》上发表论文表示，在他们研发的传感器技术助力下，机械假肢能探测到使用者脊髓运动神经元发出的电信号，使假肢的控制更加灵活，这相当于用意念控制假肢。有关技术有望帮助截肢人士恢复更多活动功能。这种新传感器能让机械假肢直接探测到来自脊髓运动神经元发出的电信号，比起单纯依靠肌肉抽动来控制的方式，这样的操控可做到更精确，可完成的动作也更复杂，机械假肢的实用性随之提高。团队下一步将对这一新型机械假肢进行更大范围的临床测试，经过不断改进后，这类产品有望在未来三年进入市场。

2，DNA数据存储新法问世

美国科学家在2017年3月2日出版的《科学》杂志上报告说，他们想出了一种新的方式将数据编码进脱氧核糖核酸（DNA），从而创造出迄今最高密度大规模数据存储方案。在这套系统中，1克DNA具有存储215拍字节（2.15亿千兆字节）的能力。原则上，它可以将人类有史以来的所有数据存储在一个大小和重量相当于两辆小货车的容器中。然而这项技术能否起飞主要取决于成本。用DNA存储数据有很多优势。它是超级压缩的，并且在寒冷干燥的地方可以保存数十万年。同时只要人类社会还在读取和书写DNA，他们就能够解码这些信息。科学家还可以为这些文件制作几乎不受数量限制的无差错文件副本。

3，“二手”火箭，成功发射回收

美国太空探索技术公司于2017年3月30日利用翻新的“二手”火箭把一颗商业通信卫星发射上天，这是人类太空史上的第一次。此次发射的主要任务是把欧洲卫星公司的SES-10卫星送至地球同步静止轨道，但特殊之处在于这枚“猎鹰9”火箭的第一级曾于2016年4月为国际空间站运送过货物，此后降落在太平洋的一艘无人船上，是人类从海上成功回收的第一个火箭第一级。经翻新并加上第二级后，火箭第一级被运回肯尼迪航天中心再次承担轨道级发射任务。火箭第一级回收的目的是研制可重复使用的运载火箭。传统火箭都是一次性使用，一旦能够回收重复使用，将有望降低发射成本。

4，3D打印卵巢具有生育能力

2017年5月16日出版的《自然—通讯》杂志报道称，美国科学家通过3D打印技术，由凝胶制成的人工卵巢能够使老鼠受孕并产下健康的后代。在这项研究中，科学家使用了一个具有发射凝胶喷嘴的3D打印机，而其所使用的凝胶来源于动物卵巢中天然存在的胶原蛋白。研究人员通过在载玻片上打印各种重叠的凝胶纤维图案来构建卵巢。随后，他们利用外科手术摘除了7只小鼠的卵巢，并在其位置上缝合了人工卵巢。小鼠交配后，其中3只雌鼠分别产下了健康幼崽。这些产崽的雌鼠同时还能自然泌乳，这表明嵌入支架的卵泡产生了正常水平的激素。该成果或能帮助因放疗或化疗导致不育的癌症幸存者恢复生育能力。

5，科学家成功用引力为星球测重

《科学》杂志于2017年6月7日发文称，爱因斯坦的广义相对论提出100年后，科学家成功地运用该理论确定了一颗白矮星的质量，使当初在爱因斯坦看来“不可能的希望”成为现实。科学家在5000多颗恒星中寻找具有这种直线排列形式的星球，发现白矮星STEIN 2051 B恰好有着这种完美的定位——它在2014年3月正好位于一颗背景星球之前。他们利用哈勃望远镜对此现象进行观察，测量背景星球表观位置的微移动，这一作用被称作天体测量的微引力透镜效应。根据所测得的数据，他们估计，该星球的质量约为太阳质量的0.675倍。直接测量STEIN 2051 B的质量对理解白矮星的进化具有重要意义。

6，全球首次发现双粲重子

欧洲核子研究中心于2017年7月6日宣布，经多国科学家共同努力，在世界上首次发现了一种被称为双粲重子的新粒子，这将有助于人类深入理解物质的构成和强相互作用的本质。中国团队对这一发现功不可没。这一最新发现来自欧洲核子研究中心的大型强子对撞机（LHC）上的底夸克探测器（LHCb）合作组。据介绍，这种双粲重子含有两个质量较大的粲夸克和一个上夸克，质量约3621兆电子伏，几乎是质子质量的4倍，理论预期其内部结构迥异于普通重子。底夸克探测器是欧洲核子研究中心大型强子对撞机上的粒子物理实验装置之一，专门研究重夸克粒子的产生和衰变。

7，华人科学家宣布发现“天使粒子”

美国斯坦福大学华人科学家张首晟等人于2017年7月20日在《科学》杂志上报告说，他们首次发现了马约拉纳费米子存在的证据。这一重大发现解决了困扰量子物理学80年的难题，对量子计算也具有重要意义。张首晟领导的理论团队预言了通过怎样的实验平台能够找到马约拉纳费米子，哪些实验信号能够作为证据；加利福尼亚大学洛杉矶分校的何庆林、王康隆以及欧文分校的夏晶领导的实验团队与理论团队密切合作，在实验中发现了被称为手性马约拉纳费米子的一类最基本马约拉纳费米子。意大利物理学家埃托雷·马约拉纳预言，自然界中可能存在一类特殊的粒子，它们的反粒子就是自身，这种粒子被称为马约拉纳费米子。

8，科学家用基因剪刀修复人类早期胚胎致病基因

2017年8月2日出版的《自然》杂志报告，一个国际团队利用CRISPR基因编辑技术，成功修复了人类早期胚胎中一种与遗传性心脏病相关的基因突变。这是美国国内首次进行人类胚胎基因编辑。研究人员以肥厚型心肌病为研究对象。这是一种常见的单基因遗传病，由MYBPC3基因突变引起，是青壮年运动员猝死的主要原因之一。研究人员利用CRISPR基因编辑技术修复了人类早期胚胎中的这种突变，且定向非常精确，没有在非靶点位置产生突变。研究人员介绍，精确的基因编辑技术还有助获得更多健康胚胎，提高体外受精成功率。但研究团队谨慎表示，相关基因编辑方法仍需进一步优化。

9，世界首个分子机器人诞生

《自然》杂志于2017年9月20日报道，英国曼彻斯特大学科学家研制出世界上首个“分子机器人”，其能接收化学指令并完成组装分子等基本任务，未来可用于研发药物、设计先进制造工艺以及搭建分子组装线和分子工厂。组成分子机器人的碳、氢、氧和氮等原子总共只有150个，大小只有百万分之一毫米，将几百亿个这种机器人堆起来，也只有一粒盐那么大。但如此微小的分子机器人，却拥有机器手臂，能够根据指令操控单个分子，用机器手臂搭建分子产品。由于非常微小，这些分子机器人具有很多优势，能降低材料需求、加速药物研发、大幅减少能源消耗及推进产品微型化等。

10，引力波研究获重要进展

全球多国科学家于2017年10月16日宣布人类第一次直接探测到来自双中子星合并的引力波，并同时“看到”这一壮观宇宙事件发出的电磁信号。美国“激光干涉引力波天文台”（LIGO）捕捉到这个引力波信号。此后2秒，美国费米太空望远镜观测到同一来源发出的伽马射线暴。这是人类历史上第一次使用引力波天文台和电磁波望远镜同时观测到同一个天体物理事件，标志着以多种观测方式为特点的“多信使”天文学进入一个新时代。6月1日，科学家就称，第三次探测到了引力波。此次结果不仅再次验证了广义相对论，也为了解双黑洞系统的成因提供了线索。9月27日，宣布第四次探测到引力波，这是欧洲和美国的探测器首次共同发现引力波。

2017年天津市科委领导成员及机构名录

领导成员

科委党委书记、主任：戴永康（2017.04~）
陆文龙（~2017.04）
科委党委副书记、副主任：李宝纯（正局级）（~2017.05）
科委党委委员、副主任：贾　堤　戴永康（~2017.04）
段志强（2017.06~）
科委党委委员、纪检组组长：刘海芙
科委党委委员、副主任：连东青　夏正淮（2017.09~）
祖延辉（2017.09~）
科委总工：王凤云
科委副巡视员：范英姿　薛景山

机构设置及处室负责人

办公室（党委办公室、科技信息动员办公室）
主　任　夏正淮（~2017.12）
张雪颖（2017.12~）
副主任　阎兴华（~2017.12）
张子英　樊　敏（2017.07~）
组织处（统战处）
处　长　王　海（~2017.12）
副处长　华　强（主持工作）（2017.12~）杨　坤
干部人事处
处　长　冯德义
宣传处
处　长　孙丽华（2017.05~）
副处长　孙丽华（主持工作）（~2017.05）刘爱林
发展计划处（重大项目办公室）
处　长（主　任）金双龙（~2017.12）
孙文秀（2017.12~）
副处长（副主任）赵莉晓（~2017.12）
王　锐（~2017.12）
殷亚辉（2017.12~）
高新技术及产业化处
处　长　刘惠忠
副处长　齐　鹏（~2017.12）王祯祥
生物医药处
处　长　孙文秀（~2017.12）
副处长　王　锐（主持工作）（2017.12~）
农村科技处
处　长　单光瑞
副处长　杨卫红（2017.02~）
社会发展科技处
处　长　曲　杨（~2017.07）高　宁（2017.12~）
副处长　华　强（~2017.12）
基础研究处
处　长　高　宁（2017.12~）金双龙（~2017.12）
副处长　殷亚辉（~2017.12）
政策法规处（研究室、执法监督处）
处　长（主　任）祖延辉（~2017.12）
副处长（副主任）赵莉晓（主持工作）（2017.12~）
王明国
创新体系建设与管理处
处　长　魏　东
副处长　姚　磊（2017.02~）
体制改革处（安全保卫处）
处　长　王育忠
副处长　储智强
科技成果与技术市场处
处　长　李庆兴（~2017.02）
高　宁（2017.02~2017.12）
副处长　齐　鹏（主持工作）（2017.12~）
姚　磊（~2017.02）刘　杰
合作交流处
处　长　刘建军
副处长　仲　诚
条件财务处（审计处、行政审批处）
处　长　邢向东
副处长　殷　毅
科技金融处
处　长　王润田（2017.05~）
副处长　王润田（主持工作）（~2017.05）
示范区建设工作处
处　长　张雪颖（~2017.12）
副处长　阎兴华（主持工作）（2017.12~）
纪检组
副组长　王希公（~2017.11）
庞　浩（2017.08~）
机关党委
专职副书记　韩　颖（~2017.12）
于　扬（2017.12~）
老干部处
处　长　高学海
副处长　陈铁明
科技工会
主　席　于　扬（~2017.12）
李庆兴（2017.12~）

附录

2017年天津滨海新区科委、各区科委领导名单

滨海新区科委主要领导名单

滨海新区科委党组书记、主任　　王　珂
滨海新区科委党组成员、副巡视员　曹富强
滨海新区科委党组成员、副主任　　朱希进
滨海新区科委党组成员、副主任　　刘秀清（～2017.7）

各区科委主要领导名单

和平区科委主任　郑国强
河西区科委主任　蔡　宁
河东区科委主任　袁　昆（～2017.2）　李文生（2017.3～）
河北区科委主任　孙育红（～2017.3）　周孜哲（2017.3～）
南开区科委主任　陈　岩
红桥区科委主任　刘　武
北辰区科委主任　魏贺明
东丽区科委主任　付　晟
西青区科委主任　高　英
津南区科委主任　王文德
宝坻区科委主任　王春雷
武清区科委主任　高巧生
宁河区科委主任　张国仲
静海区科委主任　靳秀江
蓟州区科委主任　贾宏伟

索　引

1.该索引包括单位名称索引和人名索引；

2.该索引按各字汉语拼音音序排列；

3.索引后的数字表示内容所在的页码。

单位名称索引

人名索引

索引

索引

国家海洋局天津海水淡化与综合利用研究所
国家海水及苦咸水利用产品质量监督检验中心
国家海水利用工程技术研究中心

套最大单机规模自主技术海淡化出口设备——印 2×4500吨/日低温效海水淡化装现场

国家海水及苦咸水利用产品质量监督检验中心先后于2010、2011、2015年作为牵头单位承担完成国家海水及苦咸水利用膜产品质量国家监督专项抽查任务。

环印联签订谅解忘录，决在国家海洋天津海水淡化综合利用研究所成IORA RCSTT 海水淡技术协调中心。

单位简介

国家海洋局天津海水淡化与综合利用研究所于1978年经国务院批准成立，是国内唯一专门从事海水及苦咸水淡化、海水直接利用、海水化学资源利用、海水净化与水再利用、膜科学及应用、海水及苦咸水利用检测与监测、海岛水资源保护与利用、防腐涂料等技术研发及海水利用发展战略研究的国家级公益类科研机构。

为“国家海水及苦咸水利用产品质量监督检验中心”“国家海水利用工程技术研究中心”“海水淡化技术国家地方联合工程实验室”“全国海洋标准化技术委员会海水淡化与综合利用分技术委员会”，“中国膜工业协会液体分离膜产品检验检测中心”和“亚太脱盐协会（APDA）秘书处”等的依托单位。

具备国家海洋行业工程甲级设计、海域使用论证、工程咨询单位、海洋功能区划编制技术单位等资质，通过ISO9001:2015质量管理体系认证和国家计量认证。建所以来，承担完成国家及省部级重大科技项目100余项，建成一批国家重大科技示范工程；编制完成国内首部《海水利用专项规划》和《海水利用标准发展计划》；获得国家和省部级科技奖励36项，拥有国家专利300余项，已发布国家及行业标准51项。

国家海水及苦咸水利用产品质量监督检验中心是经国家质量监督检验检疫总局、国家认证认可监督管理委员会批准成立的国家级海水利用产品质检机构，是具有第三方公正地位的国家级法定专业质量监督检验机构。中心所有检验产品和参数均通过了实验室“三合一”评审，获得国家认证认可委员会授权。中心按ISO/IEC17025:2017建立和运行实验室质量管理体系，技术力量雄厚，试验设施先进，检测设备齐全。检测能力覆盖37种海水利用产品332个检测项目，可开展蒸馏法海水淡化装备及部件、反渗透海水淡化装备及部件、海水冷却塔构件材料检验、海水水处理药剂检验、海水化学资源提取产品、海水及淡水水质全分析等检验工作。

国家海洋局天津海水淡化与综合利用研究所

地址：天津市南开区航海道55号
电话：022-87898181
传真：022-87892732
网址：www.sdmu.com.cn/
邮箱：87898181@163.com

国家海水及苦咸水利用产品质量监督检验中心

地址：天津市南开区航海道55号
电话：022-87898167
传真：022-87894423
网址：www.nsup.com.cn
邮箱：hszj@163.vip.com

国家海洋局天津临港海水淡化与综合利用示范基地（在建）

天津富通集团有限公司

天津富通集团有限公司（简称“天津富通集团”）是富通集团有限公司（简称“富通集团”）的全资子公司。富通集团创立于1987年，是中国企业500强，中国电子信息百强企业第26位，是国家重点高新技术企业和国家创新型企业。富通集团是全球互联网基础传输材料光纤通信产业的领军企业，是国家能源电力线缆传输产业的重要推动者。富通集团建有富通技术研究院和企业技术中心，承担了多项国家“863”计划，是中国光纤预制棒和光纤技术标准的制定者，也是国家信息产业重大技术发明奖和国家科技进步二等奖获得者。

天津富通集团产业方向瞄准光通信、新材料和新能源等领域，主导产品包括大尺寸光纤预制棒、特种光缆、高温超导电缆和精密漆包线。产品广泛应用于中国电信、中国移动、中国联通、国家电网、城域网、轨道交通、新能源传输、智能大楼等信息和电力传输领域。

天津富通集团拥有国内先进的光纤预制棒生产基地，填补了中国华北地区光纤预制棒技术的空白。天津富通集团承担并完成了国家“863”计划、天津市科技支撑计划、天津市滨海新区科技小巨人等重大项目的科研工作，在滨海新区建成了亚洲第一条二代钇系列高温超导电缆传输应用试验线并成功挂网运行，是“十三五”国家重点基础研发计划项目，拟申报国家科学技术进步奖。

自2008年落户天津以来，天津富通集团得到了快速、稳健的发展。面向未来，天津富通集团将积极把握“京津冀协同发展、自主创新示范区建设、自由贸易试验区建设、‘一带一路’建设、滨海新区开发开放”五大战略机遇，遵从“创新、协调、绿色、开放、共享”的五大发展理念，为推动国家信息化进程和国家能源战略作出积极贡献。

富通集团（天津）科技园鸟瞰图

富通集团产业主要包括电子信息光电子传输、能源电力线缆传输两大领域。

电子信息光电子传输

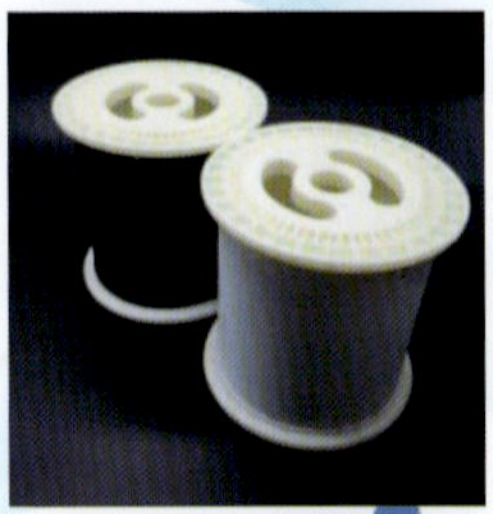
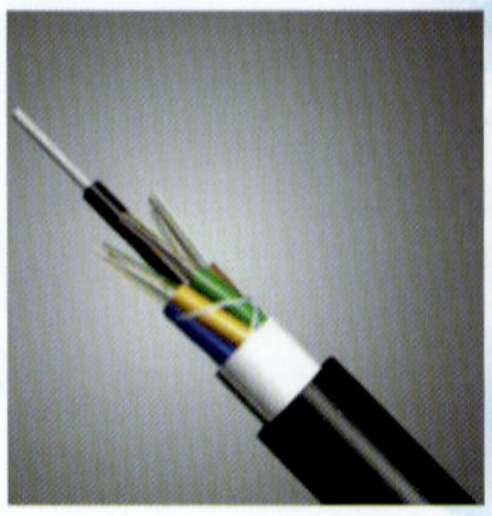

能源电力线缆传输

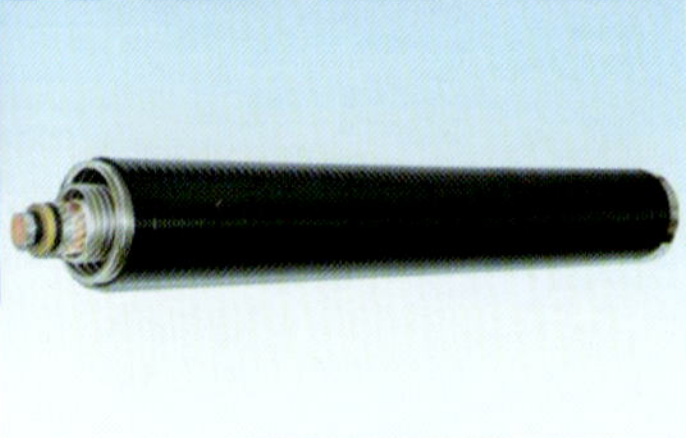

中国建筑第六工程局有限公司

道庆洲过江通道工程

由中建六局承建的道庆洲过江通道工程是福州主城与长乐市连接的一条快速通道。工程全长6.82km，为公轨公用桥梁。道庆洲大桥为福州首座公轨合建大桥，主跨276米变高度钢桁结合梁，是国内跨径最大的钢桁结合连续梁桥，也是国内首创的双层变高度钢桁结合梁桥。该项目施工特点主要为：①水文条件复杂，河床冲刷大，水流最大流速3m/s，最大潮差5.28m；②地质条件复杂，施工路线经过50米的抛石区和200米的裸岩区，裸岩区硬度高；③栈桥、平台施工体量大，主栈桥长达1980m；④承台埋置深、开挖量大，最大埋深水下16米，最大承台体积可达2337.5立方米。

该工程自开工以来，先后曾获得“双创”特色党支部、劳模创新工作室、争创超英廉洁文化建设示范点、年度突出效益奖、青年文明号、五四红旗团支部及导师带徒活动优秀单位等荣誉，并且多次被东南电视台、福州电视台、福州日报等主流媒体和报刊报导。项目建成后，将有利于完善乌龙江两岸城市组团的骨干交通网，推进马尾新城及滨海新城建设，将为东南大数据产业园、中国VR中心等滨海新城核心区首批启动建设项目提供强有力的交通基础支撑。

天津体育学院新校工程

天津体育学院新校区位于天津市静海县团泊新城西区。面积占地1115.7亩，拟建筑46.55万平方米，可满足8000人办学规模需求，是一所云集多所国际标准体育场馆的体育类高等院校。

由中建六局承建天津体育学院新校区一期一标段、二期、新建体育馆及排球馆三个标段，建设专业体育场馆众多，包含体育馆、田径场、田径馆、游泳馆、乒羽馆，网球馆、排球馆、武体馆等多个专业体育运动场馆。各个体育场馆专业性能强，建设标准高，建成后将承担天津体育学院体育教学、训练与比赛任务，其中田径场和体育馆为2017年全运会比赛场馆。

该项目先后获得天津市金奖海河杯、中国钢结构金奖、天津市新技术应用示范工程、全国工程建设优秀质量管理小组一等奖、全国建筑业绿色施工示范工程、全国建设工程项目管理成果一等奖、天津市市级文明工地等诸多荣誉。项目自开工以来备受天津市委市政府重视，天津日报等主流媒体多次对项目建设情况进行报道。工程完工后先后承接了2017年全运会击剑、女子足球比赛、全国体育院校篮球联赛、静海区全民健身运动会开幕式等诸多赛事活动，取得了良好的社会效益。

天津航天瑞莱科技有限公司

Tianjin Aerospace Reliability Technology Co.,Ltd.

天津航天瑞莱科技有限公司成立于 2009 年 7 月，是由中国运载火箭技术研究院和北京强度环境研究所共同出资组建的国家级高新技术企业。该公司遵循市场化、产业化、国际化总体战略思路，以提升产品价值，助力客户成功为使命，致力于成为国内领先、国际一流的环境、可靠性、结构动力学检测机构。该公司拥有了上海、天津、西安、成都、武汉、沈阳、苏州、郑州、青岛、石家庄、绵阳等多个试验分部，在北京建立了环境试验设备生产基地，打造了辐射全国的“瑞莱试验室”服务与支持网络和面向全球客户的环境试验设备开发能力。

该公司现有员工 300 余人，科研生产面积 3 万平方米，获得专利 115 项，多次获天津市及滨海新区科技进步奖，拥有各类试验设备 300 余台套，具备振动、冲击、噪声、多维振动、温度、湿度、砂尘、盐雾、霉菌、日照、淋雨、爆炸性大气、综合环境、加速寿命、结构疲劳等试验能力。该公司拥有系列化的液压振动、电磁振动、气候环境、综合环境、结构动力学、结构强度试验系统，可以满足 ISO、IEC、国标、国军标、美军标以及各行业标准，为航天、航空、铁路、汽车、船舶、风电、核电、通信、医疗、电子等行业提供专业的试验解决方案。该公司取得 ISO 质量体系认证、国家实验室认证、国防科技工业试验室认证、国家保密资格认证、安全生产标准化三级企业、中国计量认证认可、国际安全运输协会认可、欧盟 CE 认证等资质，还取得了国家高新技术企业认证、天津市企业技术中心认定，组建了“天津市强度环境可靠性技术工程中心”，担任多个行业联盟、协会的理事长、副理事长职务，并成为多家核心期刊的编委会成员。

产品分析

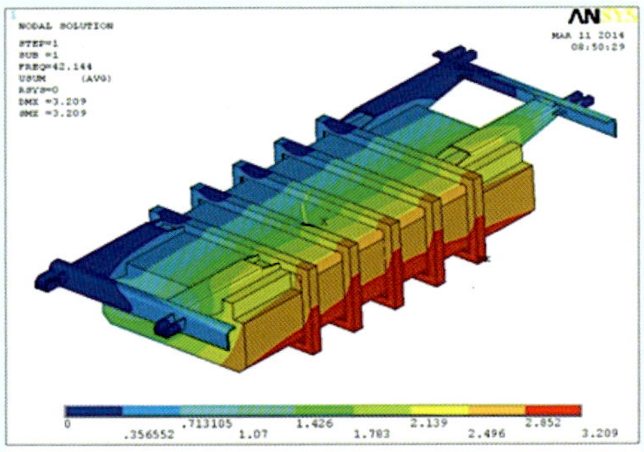

仿真计算（污水箱）

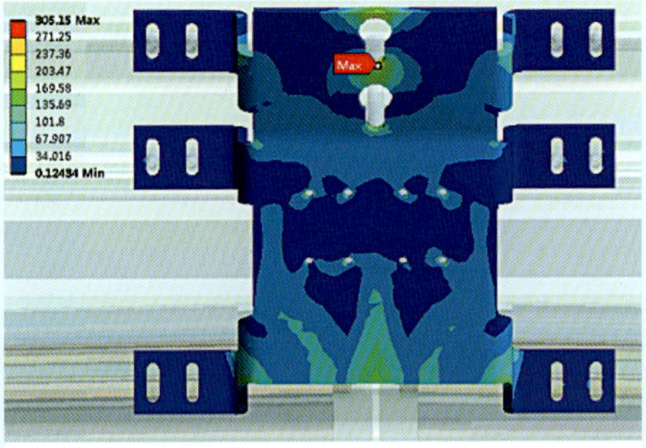

行李架仿真计算

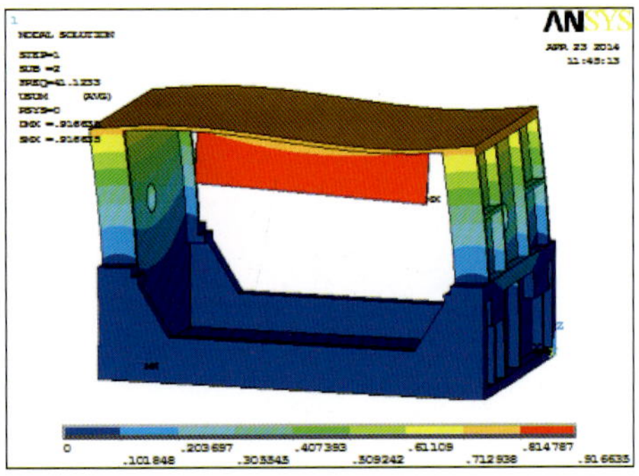

试验件仿真计算

环试装备

HALT- 高加速寿命试验箱

THDVB 振动温湿度（综合环境）

符合美军标的砂尘试验箱

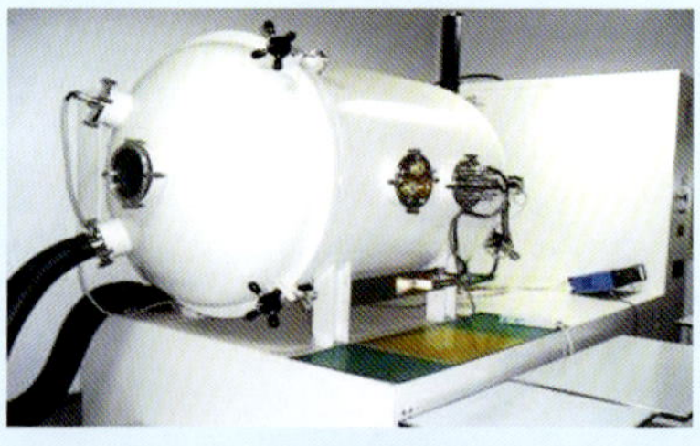

热真空罐

试验检测

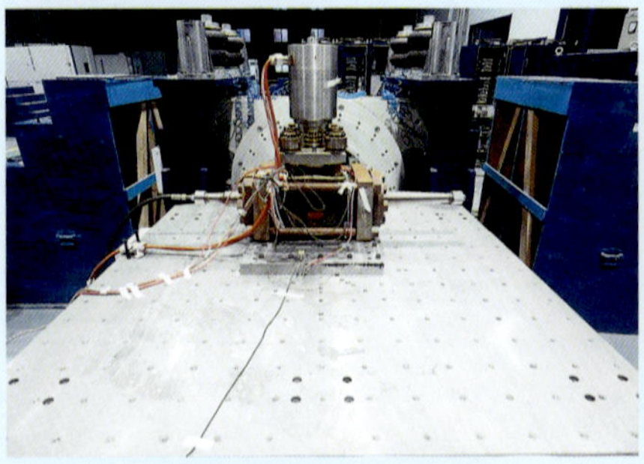

核电设备地震拍波试验

综合离心机环境试验系统

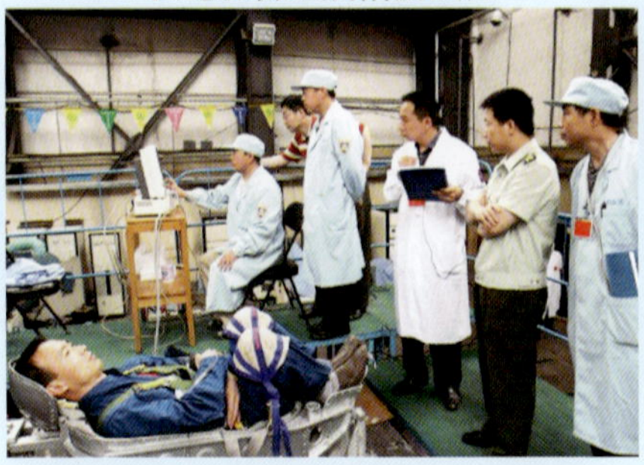

航天员振动试验

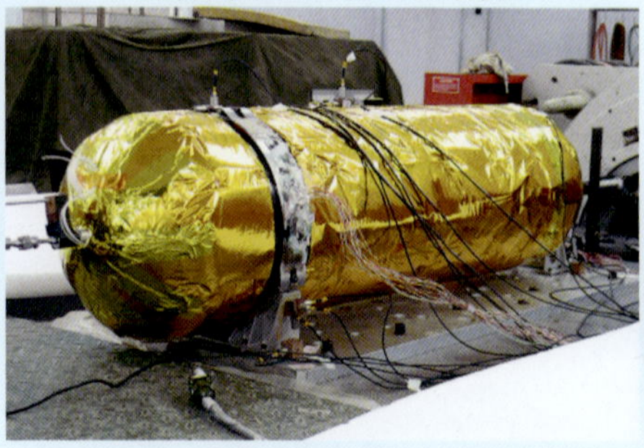

嫦娥三号高压气瓶力学环境试验

火箭整流罩振动试验

地铁车门系统振动试验

无人机力学环境试验

汽车车门系统疲劳试验

该公司以新试验技术作为动力引擎，不断围绕市场需求推行“产品＋服务”的经营理念，为客户提供涵盖从极地到赤道，从沙漠到海洋、从陆地到太空等各种自然环境再现以及加速老化的试验设备和检测服务，开辟了产业链延伸的新市场，先后为通用电气、博世、西门子、飞利浦、联想集团、南车集团、唐山客车、东风汽车、一汽轿车、中航工业、中船重工、GE、富士康、中国石油、中国电力等众多企业提供优质可靠的服务，用扎实的技术基础和丰富的工程经验为产品提供专业的检测解决方案，全力打造“专业、诚信、公正、权威”的“瑞莱试验室”品牌。

唐客热工试验室 3 内部
（试验室解决方案）

www.relialab.com

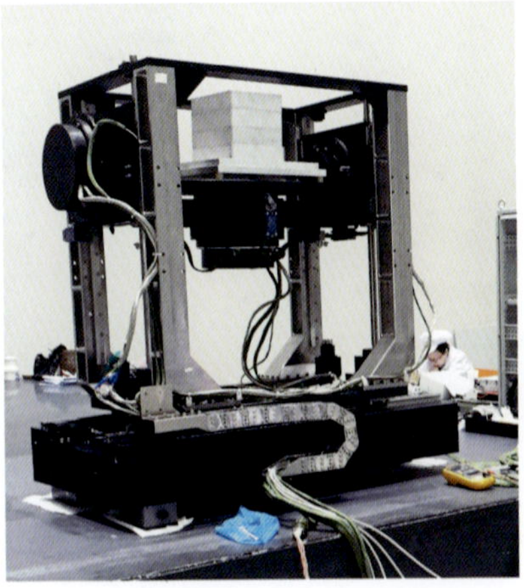

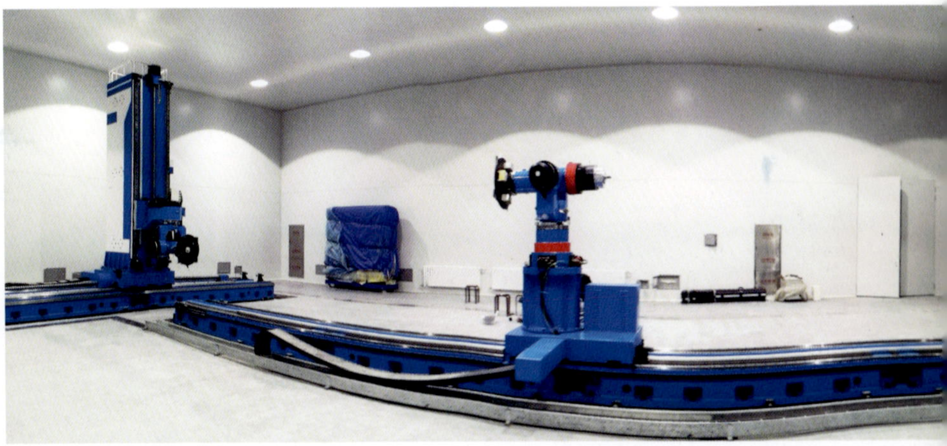

天津航天机电设备研究所研制的精密仿真测试设备是进行现代化仿真、测试的复杂的集光、机、电为一体的高精尖实验设备。可模拟各类高端装备在实际工作环境中不同的姿态变化，复现其运动时的各种动力学特性，对武器装备测量敏感器及其控制系统性能进行标定及测试。该所精密测试仿真设备为测试对象提供高精度的角位置、角速率，保证速度平稳性。

已形成系列化精密仿真测试产品：根据功能划分可分为：仿真类设备和测试类设备；根据自由度划分可分为单轴转台、两轴转台、三轴转台、四自由度运动模拟系统、五自由度运动模拟系统、九自由度运动模拟系统等；根据使用环境可分为常温常压类设备、真空类设备、高低温类设备。

精密仿真测试设备领域拥有一支专业、富有经验技术攻关团队，涉及机械、控制、力学、检测、土建等多学科领域，曾完成过多项重大专项工程的研制经验，且具备大型、超大型运动模拟系统论证研制能力，研制的产品广泛应用于航天、航空、船舶及科研研究院所等。

天津特检
TIANJIN SEI

天津市特种设备监督检验技术研究院

天津市特种设备监督检验技术研究院，是天津市唯一一家省级特种设备权威检验机构，承担着天津市境内特种设备的检测检定任务。除常规工作之外，还面向检测领域中出现的新技术新问题积极开展科研活动，开拓新的技术服务市场。现已经形成了以该院的天津市特种设备安全与节能技术工程中心牵头，事业发展部、焊材中心、科技研发部为骨干的承压机电两翼齐飞的科研局面。这些科研和业务部门在我院雄厚技术实力的支持下，已经拥有了针对特种设备、危化品储存设备及储罐等进行“声”（声发射、相控阵和TOFD）“光”（光谱分析、内窥镜、氦质谱检漏）“电”（涡流/远场涡流）“热”（红外热成像）“磁”（低频电磁、漏磁）全方位全手段全寿命检测和在线监测的能力，具有对突发事故进行仿真预警及事后调查分析的技术实力。

在当下以及今后一段时间内该院科研活动的重心将着眼于两方面：一方面着力于承压类特种设备新技术以及关键技术的研发和推广（目前已在复蓄能器设计及测试技术以及结构紧固件检测评价评价方面取得了一些技术进展，自主研发的紧急切断阀自动校验平台已形成初步的市场规模）；另一方面积极开展“互联网+”等新技术在特种设备安全预警方面的研究工作，提高特种设备的可靠性，保障群众的生命财产安全。

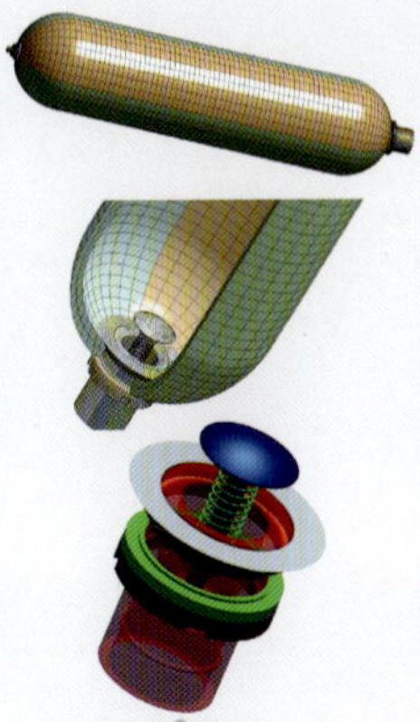

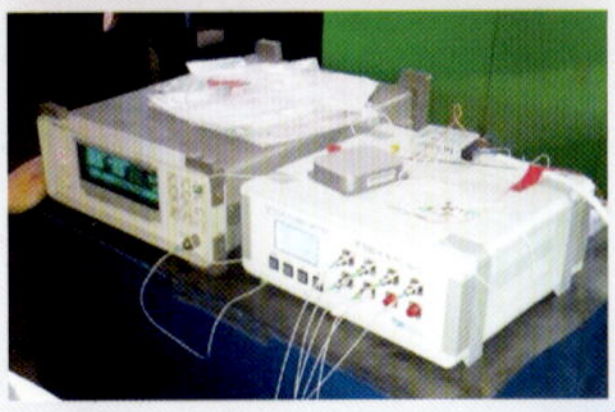

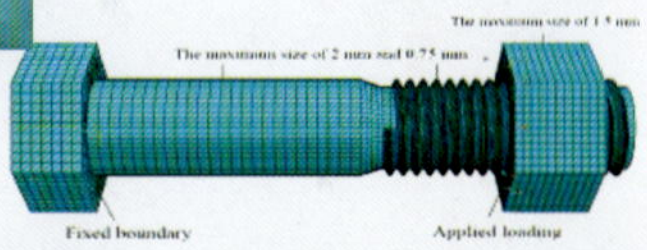

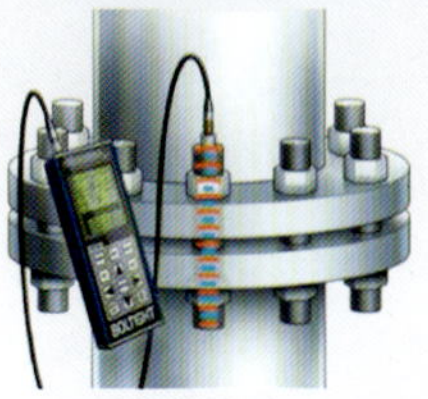

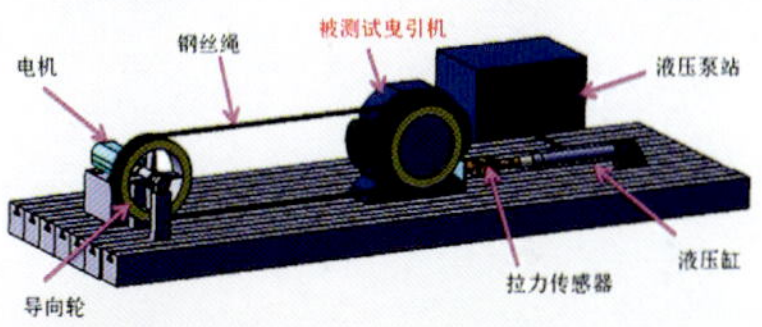

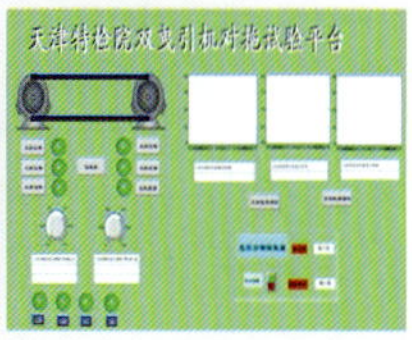

清華大學 天津高端装备研究院

TIANJIN RESEARCH INSTITUTE FOR ADVANCED EQUIPMENT, TSINGHUA UNIVERSITY

01 关于我们

清华大学天津高端装备研究院（简称“高端院”）是在国家京津冀一体化协同发展战略背景下，为发挥清华大学科技、人才优势以及天津市的产业、区位优势，于2014年7月16日，由天津市东丽区政府与清华大学签署协议联合建设的清华大学外派专业研究院

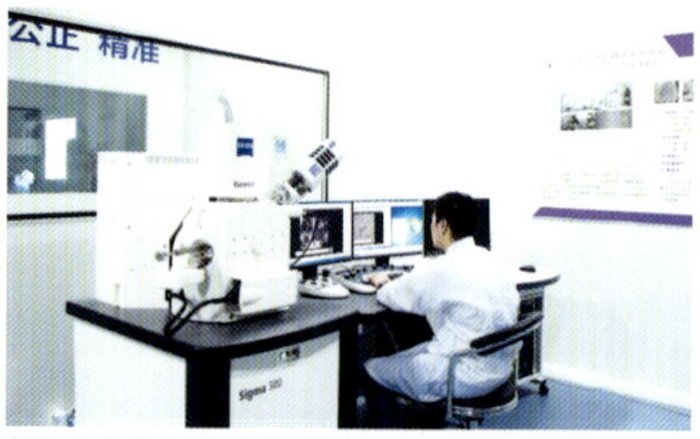

第三方权威检测平台–润滑与摩擦检测

2014年9月1日，天津市政府与清华大学签署战略合作协议。

环保金属加工液

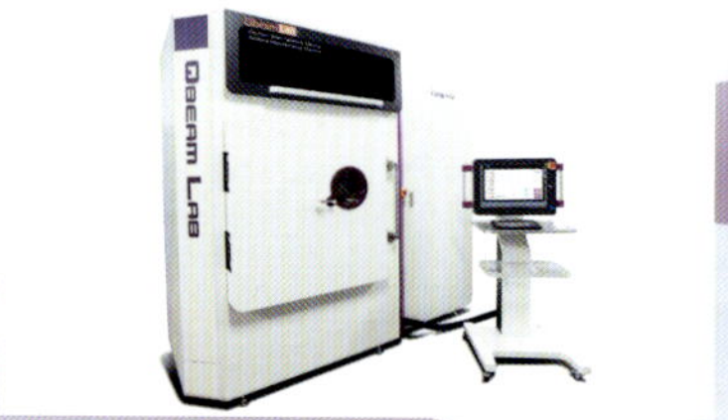

国内首台粉床3D打印机

建院宗旨

搭建“科技、产业、金融”高度融合的“握手区”，

助推科技创新和成果转化，解决高校与企业之间的鸿沟

02 发展目标

- 国际一流的高端装备技术与产品创新基地
- 国际一流的装备及零部件检测和认证基地
- 国际一流的智能产品设计与研发基地
- 国际化的行业高端人才汇聚和培养基地

03 取得成绩

- 34个专业研究所，与企业共建6个联合研究中心、8个研究室
- 孵化出10家科技成果转化公司。
- 科研项目总经费突破2.7亿元，申请专利累计达152项

（数据截至2018年7月31日）

04 研究方向

- 减摩降耗（超滑、超硬/超耐磨、新功能表面制造、智能检测与控制等）
- 机器人及自动化（工业机器人、喷涂机器人、特种工业装备、智能工厂等）
- 先进装备制造（固体激光器、增材制造、先进能源装备等）

天津市东丽区华明高新区科创慧谷4号楼　（022）84819310　http://www.tsinghua-tj.org

天津市人民医院

天津市人民医院是天津市卫生资源调整的标志性单位，由三家医院实质性合并而成，临床科室齐全，技术力量雄厚，是集医疗、康复、科研、教学为一体的现代化大型三级甲等综合医院。2003年4月组建，2004年5月正式开诊，于2010年底被确定为天津市五大医学中心之一。编制床位1800张，72个临床医技科室，建筑面积18.6万平方米。

医院以肛肠疾病诊疗、脊柱脊髓疾病诊疗、肿瘤诊疗、血管疾病诊疗、影像诊断为诊疗特色，普通外科、心脏内科、消化内科及康复医学等学科发展并举，为天津市民乃至华北、东北、西北等地区人民的健康保驾护航。

医院现有在岗职工2578人，高级职称人员334人，国务院特殊津贴专家21人，天津市有突出贡献专家2人，市千人计划1人，博士生、硕士生导师61名，博士和硕士研究生366人。医院拥有“131”第一层次人员8人，“131”创新型人才团队一支。

天津市病理会诊中心附设在医院。医院拥有天津市中西医结合肿瘤研究所、天津市脊柱外科研究所、天津市大肠肛门病研究所、天津市康复医学研究所等科研机构，及临床转化医学与分子生物学实验室、生物医学与纳米光子学实验室、分子医学和个体化检测实验室、组织库、大动物实验室、血管与血栓重点实验室和盆底实验室等科研平台。近3年来，医院获得国家级项目7项。医院还荣获科技进步奖一等奖3项、二等奖3项、三等奖2项。

医院作为天津市大肠癌筛查项目技术支撑单位，自2012年项目启动以来，6年共完成426万人的大肠癌筛查，获得了社会和公众的广泛关注和好评。医院作为首批6支国家紧急医学救援队组建单位之一，随时待命参与国内外的紧急医学救援工作。

国家紧急医学救援队应急演练

“大肠癌筛选”项目直通车走进高校启动仪式

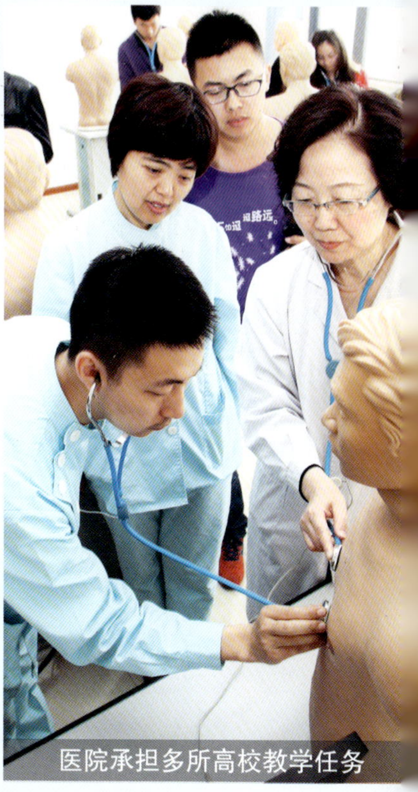
医院承担多所高校教学任务

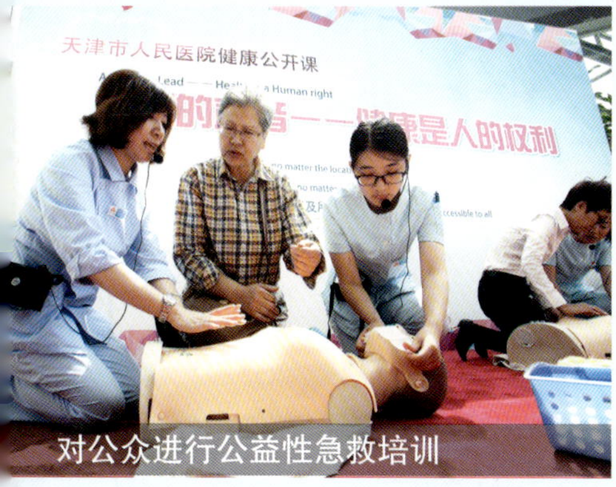

对公众进行公益性急救培训

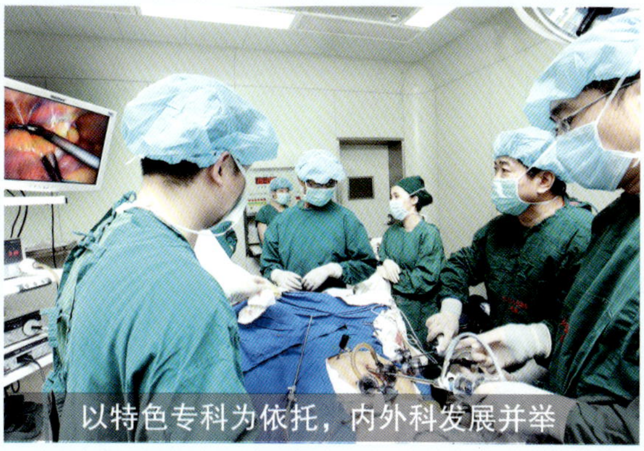
以特色专科为依托，内外科发展并举

公安部天津消防研究所

研究所介绍 I ABOUT

公安部天津消防研究所创立于1965年，是公安部直属专职从事消防科技工作的驻津科研单位。历经半世纪建设发展，天津消防研究所以其高水平科研专业技术队伍、现代化消防试验研究平台和公益型科技自主创新机制，已成为在国内处于领先地位、在国际具有较高声誉的国际化综合性消防科研机构。

天津所建有"国家固定灭火系统和耐火构件质量监督检验中心""国家消防工程技术研究中心""建筑消防工程技术公安部重点实验室""公安部消防局（天津）火灾物证鉴定中心""易燃易爆品火灾危险性测试中心"等权威研究与技术服务中心。其中，天津所质检中心可检测国内全部200余项消防产品，是国内唯一的具备全部3C消防产品检验能力的国家级指定实验室。工程中心可从事建筑消防设施、电气消防设施、建筑物防雷设施和钢结构防火涂装等多专业消防系统检测，具备开展消防工程设计性能化技术咨询、建筑消防安全评估和消防产品认证等多项权威资质。

目前，天津所形成了覆盖建筑防火技术、工程消防应用技术、工业消防技术、火灾基础科学、火灾调查技术、消防标准化、消防检测技术和消防软科学技术等消防科技前沿领域。成立至今，天津消防研究所共承担各类消防科技研究项目2300余项，249项科技成果获得了不同级别的成果奖励，包括17项获国家级奖、164项省部级奖，同时承担了近半数国家及行业消防标准规范的制修订任务及日常管理工作。

全所现有事业编人员288人。其中专业技术人员269人，含研究员26名、副研究员78名，中级职称人员129名，初级人员36名，高级、中级、初级专业技术人员比例达到3：4：1。学历分布为博士22人，硕士134人。硕士及以上学历占全部专业技术人员的比例为51%。现在职专业技术队伍中，有"国家万人计划科技创新领军人才"1人，"新世纪百千万人才工程国家级人选"2人，国务院政府特殊津贴获得者3人，公安部部级津贴获得者7人，天津市"有突出贡献专家"1人。

为在"新常态"下充分发挥消防科技的支撑与引领作用，天津消防研究所围绕提升消防部队实战急需和社会防控火灾新需求，启动城市及区域消防规划、城市综合体及超高层建筑防火、新能源防火、交通隧道防火、化工园区安全预警、工业及特殊场所火灾防治、消防安全评价、消防员防护装备、物联网及大数据技术应用、危化品火灾危险性检验测试等方向的技术创新与研发，取得了一大批兼具创新性与实用性的科技成果，实现了良好的社会与经济效益。

获奖研究成果

装配式钢结构体系建筑关键消防技术研究

主要完成人：倪照鹏等
获奖时间：2017年12月
获得奖项：2017年度公安部科学技术二等奖。

风力发电机组专用消防系统环境适应性研究

主要完成人：田亮等
获奖时间：2017年12月
获得奖项：2017年度公安部科学技术三等奖。

电动汽车火灾危险性及其鉴定技术的研究

主要完成人：刘振刚等
获奖时间：2017年12月
获得奖项：2017年度公安部消防局科技进步三等奖。

冷气溶胶油气环境抑爆效能研究

主要完成人：任常兴等
获奖时间：2017年12月
获得奖项：2017年度公安部消防局科技进步三等奖。

干粉灭火装置行业标准（GA602–2013）

主要完成人：高云升等
获奖时间：2017年12月
获得奖项：2017年度公安部消防局科技进步三等奖。

中国大冢制药有限公司

China otsuka pharmaceutical CO. LTD

中国大冢制药有限公司于1984年5月17日正式投产，是改革开放后中国制药行业第一家中外合资企业。注册资本3.15亿元人民币，中方股东是中国医药集团总公司（合资合同签约方为中国医药工业有限公司）和天津医药集团有限公司，日方股东是日本大冢制药株式会社，中日双方各占50%股份。公司于2010年并购广东大冢制药有限公司，2012年并购设立大连大冢制药有限公司。2017年公司总资产21.3亿元人民币，净资产13亿元人民币。公司占地面积105482平方米，建筑面积56247平方米。员工人数1438人。

主要生产COP品牌大输液、安瓿注射液、滴眼剂和营养输液等产品。公司于1984年建成投产，在全国建立二十余个分支机构，产品覆盖全国30个省市和地区，形成了遍及全国的销售网络。公司最先将PP塑瓶输液引入中国，生产出中国第一批塑瓶输液；2000年，引进聚丙烯共挤膜软袋输液，实现制袋、罐装一体化全密闭生产；2004年，在国内首家引入塑料安瓿包装小针，大大减少玻璃瓶在使用中的安全隐患；21世纪初，在国内首次引入外包装上双色印刷技术；2009年，在双色印刷技术基础上首创套色印刷技术，增加产品在临床使用中的识别性，至今仍为国内独家。

公司高度重视科技创新工作。2013年评为天津市工程技术中心，2014年天津市科学技术委员会批准公司作为依托单位组建：天津市注射剂包材技术工程中心。同年被认定为天津市科技型小巨人企业。公司已申请专利215项，发明专利60项（其中，已授权26项），申请实用新型专利129项（其中，已授权113项），有效外观设计专利21项。2014年设立新品研发中心，有关改造建设项目在2015年5月完成。

中国大冢制药有限公司

China otsuka pharmaceutical CO. LTD

地址：天津西青学府工业区管理委员会办公楼108室

电话：022-85295512

邮箱：ganjh@chinaotsuka.com.cn

安铺问答集

说明：在临床营养事业部开发出安舗膳食纤维固体饮料成品后，在公司内部举行试用效果观察的活动，对该产品在本司员工范围内进行一些宣传。在进一步的信息反馈和数据调研中，发现一些大家对于这个产品普遍存在的问题，为了更好的宣传本品，推动产品的开发，对相关问题进行归纳总结，并附上回复意见，供大家参考。

“安舗”是一个商标，是“中国大冢制药有限公司”已经提交申请的一个商标。具体到“安舗”这两个字。“安”字，我们都十分熟悉，代表着安全、安心等的意思；“舗”（发音，BU，三声）字，估计熟悉这个字的人不多，“康熙字典”里的解释是，“吃；申时吃的饭食。申时，傍晚”，也就是傍晚吃的饭。显然，“安舗”的意思就是，“安安心心地吃晚饭”。

安舗 —— **安舗牌膳食纤维固体饮料**

- **主要成分**
  - **抗性糊精**
    - 延缓餐后血糖的上升
    - 延缓餐后甘油三酯的上升
    - 降低血脂
    - 减少内脏脂肪囤积
    - 调整肠道环境（改善便秘及腹泻）
    - 促進矿物质的吸收
  - **低聚木糖**
    - 促进肠道菌群的健康发展
    - 促进矿物质的吸收
    - 润肠通便
    - 保护肝脏
    - 促进营养物质的消化与吸收
    - 在一定程度上降低血糖、降低血脂
    - 提高人体免疫力
    - 预防龋齿、清口臭
- **作　用** —— 改善肠道内环境、延缓餐后糖和中性脂肪的吸收等方面的问题
- **使用原因** —— 膳食纤维缺乏是导致糖尿病、高血糖高血脂、肥胖等疾病产生的原因之一。世界粮农组织建议膳食纤维摄入量：27克/日。中国营养学会建议的膳食纤维摄入量：25~35克/日。但中国成人平均每人每日摄入膳食纤维为13.3g。膳食纤维的摄入不足，会导致的生活习惯病的发病率增高。
- **其他介绍** —— “安舗”的产品为白色粉末状，属于固体饮料。不属于药品，也不属于保健食品，需要符合固体饮料的国家质量标准，但不需要国家行政部门批准即可上市销售。预包装食品，包装于食品级塑料包膜制成的棒装袋中。7克/袋，30袋/盒。用任何可食用的液体、饮料溶解，溶解性好，完全溶解后即可食用。保质期24个月。便秘的人群和习惯性腹泻的人群亦可使用。
- **服用后常见症状**
  - 该品会促进肠道蠕动，增殖有益菌群后会产生一些气体，有排气的可能。
  - 抗性糊精可抑制肠道内糖和脂肪的吸收，间接引起血糖含量或脂类浓度降低，可能出现饥饿感。
  - “安舗”的主要成分抗性糊精，在胃肠内吸水后，能够使胃、肠扩张，产生饱腹感，减少进食量。

安舗主要成分—低聚木糖与其他低聚糖相比较，具有四大特性。

- 高选择性增殖双歧杆菌
- 优良的酸热稳定性
- 摄入量少
- 难消化性

产品名称	酸稳定性	热稳定性
异麦芽低聚糖	PH值4-6	80℃以下稳定
低聚果糖	PH值4-6	80℃以下稳定
低聚木糖	PH值2.5-8	120℃以下稳定

比较结论：低聚木糖相对其他低聚糖酸热稳定性较好

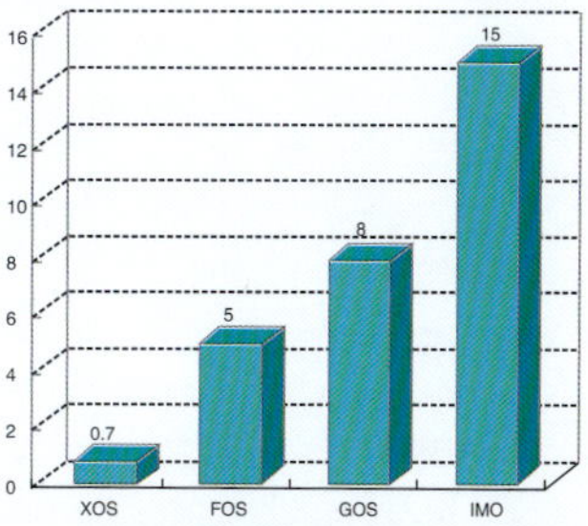

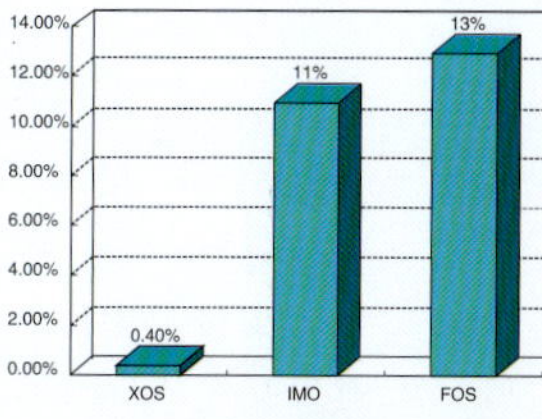

天津威曼
WALKMAN

关注骨科　铸就健康

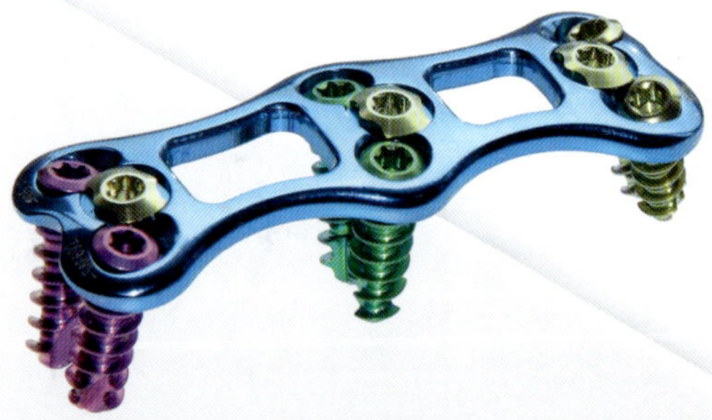

天津市威曼生物材料有限公司成立于2001年，坐落于天津静海经济开发区，地理位置独特，投资环境优良。公司致力于骨科内植入物领域，产品包括创伤、脊柱、关节、以及相配套的手术器械。产品销售网络遍布全国并远销欧洲、南美、中东等20多个国家和地区。

精湛的工艺铸就钻石的品质，威曼引进了一系列国际一流品牌的加工和检验设备，保证了产品的质量，并利用自身的技术特长，本着创新的发展理念，不断研发具有时代特征和市场需求的产品。2012年，发明专利桥接组合式内固定系统的上市开拓了生物力学内固定的先河。

在未来的发展中，天津威曼将充分利用现有的营销优势及先进技术，生产优质产品，提供一流服务，铸造行业品牌，力争发展为国内骨科医疗科技领域内的领跑者。

天津市威曼生物材料有限公司
TIANJIN WALKMAN BIOMATERIAL CO., LTD.

地址：天津市静海经济开发区南区科技路19号
电话：022-68660775 68660776
传真：022-68660778 68660780

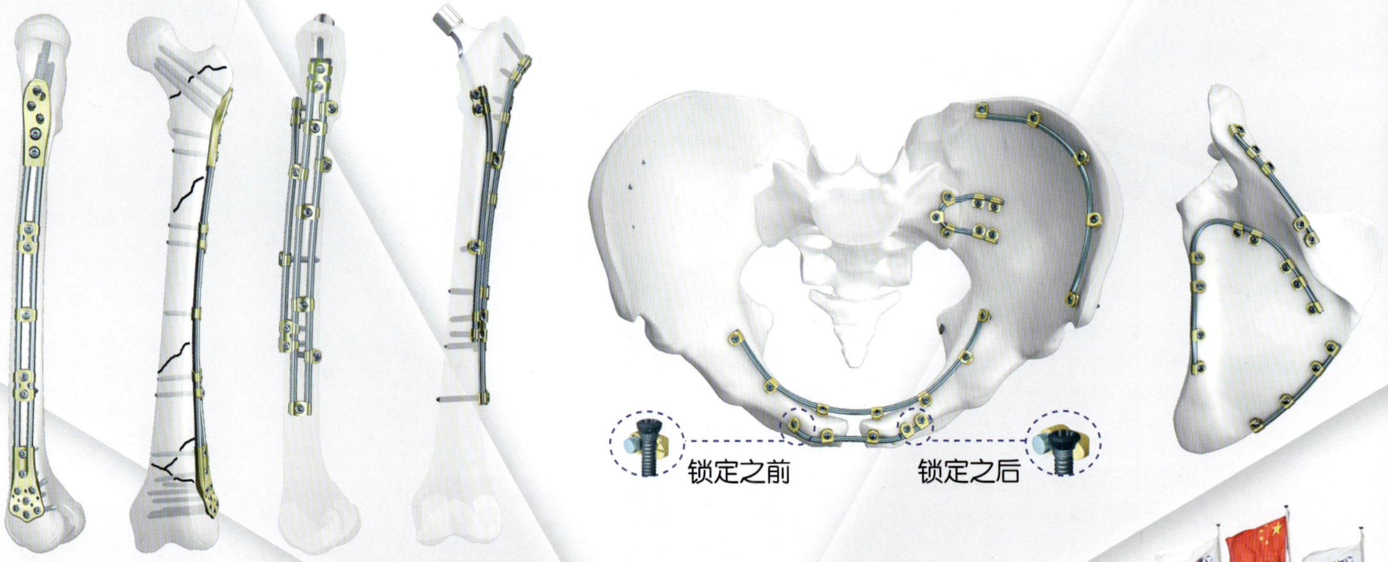